建筑模板脚手架标准规范汇编

本社 编

中国建筑工业出版社

图书在版编目（CIP）数据

建筑模板脚手架标准规范汇编/本社编．—北京：中国建筑
工业出版社，2016.10
　ISBN 978-7-112-19545-9

　Ⅰ．①建…　Ⅱ．①本…　Ⅲ．①建筑工程-模板-规范-汇
编-中国②脚手架-规范-汇编-中国　Ⅳ．①TU755.2-65②
TU731.2-65

中国版本图书馆 CIP 数据核字（2016）第 149161 号

模板及脚手架对于建筑施工质量和安全的重要性不言而喻，经过多年的发展，该领域技术不断创新，各种新型模板和脚手架得到推广应用。有关部门为规范和加强行业管理，制定了相关标准和规范，掌握和执行这些标准和规范在工作中是非常必要的。本社整理、收录了各种与模板和脚手架相关的现行标准、规范共计 32 种，基本涵盖了当今常用的建筑模板和脚手架类型，本书可为从事建筑施工的技术人员提供工作上的方便。

责任编辑：郦锁林　曾　威
责任校对：陈晶晶　党　蕾

建筑模板脚手架标准规范汇编

本社　编

*

中国建筑工业出版社出版、发行(北京海淀三里河路9号)
各地新华书店、建筑书店经销
北京红光制版公司制版
北京圣夫亚美印刷有限公司印刷

*

开本：787×1092毫米　1/16　印张：79¼　字数：1924千字
2016年12月第一版　2016年12月第一次印刷
定价：**198.00**元
ISBN 978-7-112-19545-9
(29080)

前　言

　　模板脚手架是建筑施工的必备条件，建筑施工离不开模板脚手架，由于近些年施工难度不断增大以及对混凝土施工质量的要求的不断提高，也对我们的模板、脚手架提出了新的更高的要求。模板脚手架与建筑工人生命价值息息相关。这些年来曾发生的一连串的重大建筑安全事故引起了各方面的高度重视，因此，模板脚手架这个行业不是一般的行业，它与建筑工人的生命和建筑质量紧密相关。

　　建筑技术的发展极大地推动了模板脚手架技术的进步，产品不断更新换代，目前呈现出多种类型并存的局面。有关部门为规范和加强行业管理，制定了相关标准和规范，促进产品的技术创新和新产品的推广使用建筑施工企业要推进质量监督管理，保证建筑安全施工，掌握和执行这些标准和规范是非常必要的。

　　应行业需要，本社整理、收录了各种与模板和脚手架相关的现行标准、规范共计32种，模板篇涉及钢模板、大模板、竹胶合模板、滑动模板、聚苯模板、液压爬升模板、钢框胶合板模板、木塑复合板模板、塑料模板、倒T形预应力叠合模板，脚手架篇涉及木脚手架、竹脚手架、门式钢管脚手架、扣件式钢管脚手架、碗扣式钢管脚手架、液压升降整体脚手架、满堂支架、工具式脚手架、承插型盘扣式钢管支架、悬挑式脚手架以及扣件水平模板的支撑系统等，基本涵盖了当今使用的建筑模板和脚手架类型，本书可为从事建筑施工的技术人员提供工作上的方便，进一步提高建筑质量，保障施工安全，为社会奉献更多的精品工程。

编　者

目 录

上篇 模 板

下篇 脚 手 架

上篇　模板

中华人民共和国建筑工业行业标准

预制混凝土构件钢模板

Steel formwork for prefabricated concrete products

JG/T 3032—1995

中华人民共和国建设部
1996-05-01 实施

目　　次

1 主题内容与适用范围

本标准规定了预制混凝土构件钢模板（以下简称钢模板）产品的分类、结构选型，技术要求，检验规则，标志、运输和贮存。

本标准主要适用于工业与民用建筑工程中预制混凝土和预应力混凝土构件的钢模板制造和验收，其它土木工程中类似的钢模板亦可参照本标准的有关条款执行。

2 引用标准

GB 700 普通碳素结构钢技术条件

GB 699 优质碳素结构钢技术条件

GBJ 17 钢结构设计规范

GBJ 18 冷弯薄壁型钢结构技术规范

GB 324 焊缝符号表示法

GB 985 气焊、手工电弧焊及气体保护焊焊缝坡口基本型式及尺寸

GBJ 321 预制混凝土构件质量检验评定标准

GB 2975 钢材力学及工艺性能试验取样规定

GBJ 205 钢结构工程施工及验收规范

3 术语

3.1 底模 soffit formwork
成型构件底面的钢模板部件。

3.2 侧模 side formwork
成型构件长边的钢模板部件。

3.3 端模 end formwork
成型构件短边的钢模板部件。

3.4 模车 the soffit formwork with wheel
带有车轮的钢模板。

3.5 热模 heating wupplied formwork
具有热媒腔或热源腔的钢模板。

3.6 工作面（工作表面、成型表面） working surface
接触混凝土的钢模板表面。

3.7 翘曲 buckle
钢模板中某一角处相对其它三个角构成的平面而产生的变形，此变形值表示翘曲值。

4 钢模板分类、型号编制及结构选型

4.1 钢模板分类
钢模板按构件分为下列六类：

a. 板类构件的钢模板。

b. 墙板类构件的钢模板。

c. 梁类构件的钢模板。

　　d. 柱类构件的钢模板。

　　e. 桩类构件的钢模板。

　　f. 桁架及薄腹梁类构件的钢模板。

4.2　钢模板型号编制

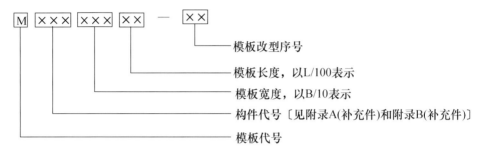

4.2.1　标记示例：

　　a. 1500mm×6000mm　预应力下型屋面板钢模，93 年定型设计，型号为：MYWB 15060—93 JG/T

　　b. 1200mm×3900mm　预应力圆孔板钢模，94 年定型设计，型号为：MYKB 12039—94 JG/T

4.3　钢模板结构选型

4.3.1　钢模板底模的一般结构型式（见图 1）

4.3.1.1　图 1（a）适用于 B 不大于 0.8m，承受单向预应力荷载及垂直荷载的底模；

4.3.1.2　图 1（b）、图 1（c）适用于 B 不大于 2m，承受单向预应力荷载及垂直荷载的底模；

4.3.1.3　图 1（d）适用于 B 不大于 3m，承受垂直荷载的底模；图 1（e）适用于 B 不大于 3m，承受单向预应力荷载及垂直荷载的底模；

4.3.1.4　图 1（f）适用于 B 大于 3m，承受双向预应力荷载及垂直荷载的底模；

4.3.1.5　图 1（g）适用于 B 大于 3m，承受双向预应力荷载及垂直荷载的等腰三点支承底模（模车）；

4.3.1.6　图 1（h）适用于 B 大于 3m，仅承受垂直荷载的等腰三点支承底模（模车）；

4.3.1.7　图 1（i）适用于在非移动式生产工艺及封闭式热模骨架结构中使用。

4.3.2　钢模板底模的典型结构构造

4.3.2.1　菱形格构（见图 2）

　　内骨架梁结构采用对角线十字形结构称菱形格构，适用于承受垂直荷载的底模。

　　斜肋与边框夹角 α 宜控制在 35°～55°之间，并以 45°为佳，斜肋根据计算应优先采用冷弯槽钢或冷弯 L 形型钢，也可选用普通热轧槽钢或扁钢。

4.3.2.2　组合式格构（见图 3）

　　组合式格构适用于承受单向预应力荷载和垂直荷载共同作用的底模，由高抗扭刚度的菱形格构和抗弯扭均佳的箱形截面梁矩形结构组合而成。

4.3.2.3　等腰三点支承底模

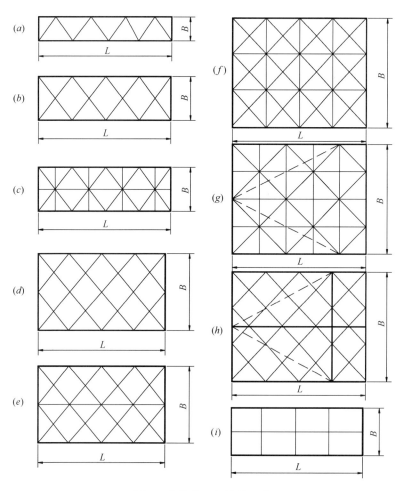

图 1　底模的一般结构型式

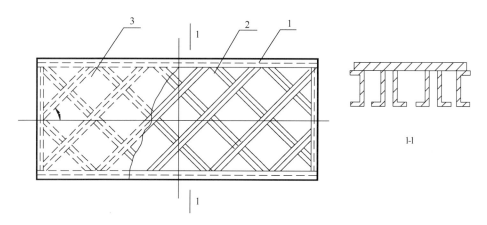

图 2　菱形结构
1—边框；2—斜肋；3—面板

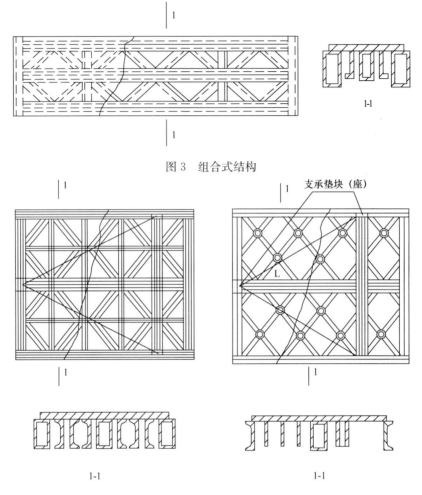

图 3　组合式结构

图 4　等腰三点支承底模格构

图 4（*a*）适用于承受双向预应力荷载和垂直荷载共同作用下的底模或模车，图 4（*b*）适用于垂直荷载的底模或模车。

模车采用三点支承型式（见图 5）。

图 5（*a*）适用于机组流水生产工艺；图 5（*b*）适用于轨道传送流水生产工艺。

4.3.3　侧模截面型式

侧模截面应根据混凝土构件的形状和尺寸、生产方式、工作条件及刚度要求来确定，其截面宜优先采用箱形截面（见图 6），在能满足刚度要求的条件下，其截面也可采用槽形截面（见图 7）或组合截面（见图 8）。

4.3.4　端模截面型式

端模截面应根据混凝土构件的开合和尺寸、生产方式、工作条件及刚度要求来确定，其截面可采用箱型和其它截面型式。

4.3.5　侧模与底模的联结型式

应根据混凝土构件的形状和尺寸、生产方式及工作条件来确定，可采用固定式［见图 9（*a*）］、活动式［见图 9（*b*）］和弹性联结式［见图 9（*c*）］。

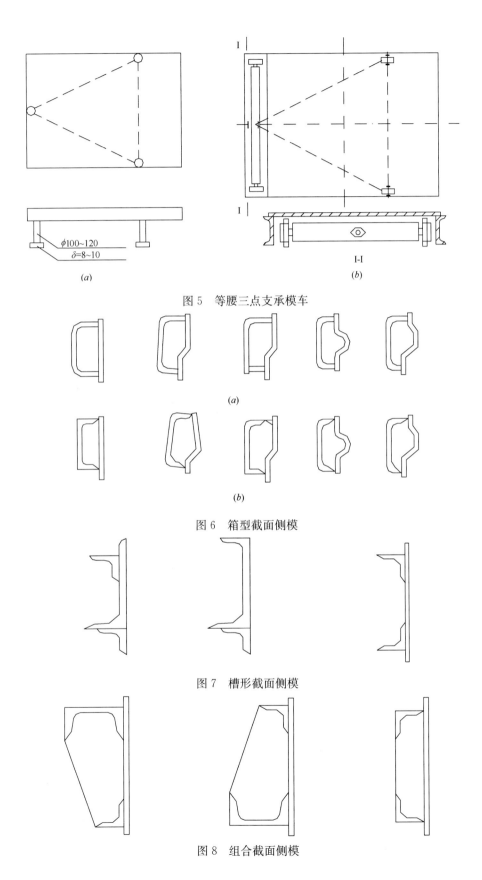

$\phi100\sim120$

$\delta=8\sim10$

(a)

(b)

I-I

图 5　等腰三点支承模车

(a)

(b)

图 6　箱型截面侧模

图 7　槽形截面侧模

图 8　组合截面侧模

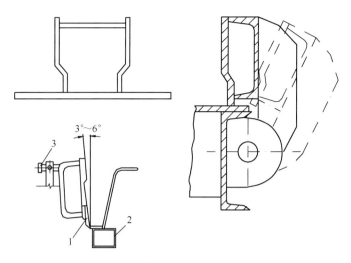

图 9 底模与侧模的联结型式

1—弹性件；2—底板；3—顶推机构

5 技术要求

5.1 钢模板的一般要求

5.1.1 钢模板应符合本标准要求，并按照经规定程序批准的图纸及技术文件制造。

5.1.2 钢模板必须具有足够的承载力、刚度和稳定性。

5.1.3 钢模板应保证混凝土构件顺利脱模，并不损坏构件。

5.1.4 钢模板的可拆卸部件，应保证拆卸方便，连接可靠，定位正确。

5.1.5 装有铰链侧模的钢模板应能开合灵活，并应设置开角限位器，侧模部件限位装置可靠，定位一致，且不得少于两个。定位锁具及销紧机构，应使用方便，性能可靠，坚固耐用，在振动成型时，不得出现自行松脱等现象。

5.1.6 钢模板的起吊装置应安全可靠，使用方便。

5.1.7 钢模板上承受预应力钢筋张拉力的零部件，应安全可靠。在锚固端和张拉端应设防护装置。

5.1.8 在使用中需要叠放的钢模板，根据生产工艺要求设置支承垫块或防滑装置。

5.1.9 带有蒸汽腔或蒸汽管的钢模板在结构上应满足混凝土构件养护工艺的要求，并能畅通地排出冷凝水。

5.1.10 电热养护钢模板应设置漏电保护装置，在模腔内的电热装置与钢架间应有绝缘处理，接地电线均使用软橡皮线，以保证使用安全。

5.1.11 钢模板的构造应便于易损零部件的更换。

5.2 钢模板的材料要求

5.2.1 制造钢模板的主材应有材质证明，如无材质证明，应作材性试验。

5.2.2 钢模板中结构用材的强度应符合设计要求，并应有良好的可焊性，宜采用低碳钢制造，且应符合 GB 700 的要求。

5.2.3 钢模板上承受张拉力的可拆卸锚固件、易损件应采用中碳钢制造，并作热处理，且应符合 GB 699 的要求。

5.2.4 钢模板的起吊装置应采用低碳钢制造，且应符合 GB 700 的要求。

5.3 钢模板的设计要求

5.3.1 钢模板首先按刚度设计，在荷载设计值作用下，其变形应符合本标准规定的设计允许变形值表 1 的要求；其次，钢模板承载力的校核和受压部件稳定性的验算按 GBJ 17 及 GBJ 18 的规定进行。

表 1 设计允许变形值 mm

项次	项 目	允 许 变 形 值
1	底模面板区格挠度	$b_1/200$，且不大于 0.5
2	底模翘曲变形	$L/1500$，且不大于 5
3	底模弯曲变形	$L/1500$，且水平板、桩模不大于 3；梁、柱模不大于 4
4	侧模侧弯变形	$L/2000$，且水平板、墙板模不大于 2.5；梁、柱、桩、桁架、薄腹梁模不大于 3.5

注：表中 b_1 为底模骨架区格中最小跨距，在矩形格构中为短向跨距，在菱形格构中为通过形心平行骨架边的最小跨距。

5.3.2 荷载设计值按标准荷载乘以荷载分项系数。刚度设计，承受非预应力荷载时钢筋、混凝土、模板自重荷载分项系数取 1.1，但不考虑动力系数；承受预应力时预应力张拉力荷载分项系数取 1.05；承载力校核和稳定性验算在非预应力荷载时，钢筋、混凝土、模板自重荷载分项系数取 1.2，且应考虑 1.4 的动力系数；承受预应力时预应力张拉力荷载分项系数取 1.05。

側模侧弯刚度设计，水平荷载分项系数取 1.1，且须考虑 1.4 动力系数。

5.3.3 底模面板的区格挠度、底模翘曲变形、底模弯曲变形、侧模弯曲变形，其设计允许变形值应符合表 1 的规定

5.4 钢模板的制造要求

5.4.1 钢模板底模工作面宜采用整体材料制造，如需拼接；宽度小于 2m 时，焊缝不得多于一条；不小于 2m 时，焊缝不得多于两条；长度小于 4.2m 时，焊缝不得多于一条；不小于 4.2m 时，焊缝不得多于两条。

5.4.2 钢模板主肋宜采用整体材料制造。

如拼接时，拼接焊缝不宜多于一条，且拼接的部位宜在受力较小处。主肋间拼接焊缝应错开，且不小于 200mm。

5.4.3 钢模板成型工作面上，不应有裂缝、结疤、分层等缺陷，如有某些擦伤、锈蚀、划痕、压痕和烧伤，其深度不得大于 0.5mm，宽度不得大于 2mm。

5.4.4 钢模板焊缝应按照规定程序批准的设计图纸要求进行加工，焊缝应符合下列规定：

钢模骨架节点处必须满焊；底模面板、侧模面板拼缝必须满焊；且板厚超过 8mm 以上时，必须用坡口焊；组拼骨架的通缝及骨架与面板的接触处，焊缝长度不得少于总缝长度的 40%。

5.4.5 钢模板上焊缝均应符合焊接标准 GB 324、GB 985。钢模板工作面上的焊缝，应磨平，接口平面之间及磨平后的焊缝与板面之间的高低差，均不得大于 0.5mm。

5.4.6 钢模板在制造中，应采取减少焊接变形的有效措施。

5.4.7 钢模板组装后，其侧模、端模和底模工作面之间的局部最大缝隙不得大于 1mm，

且0.8～1mm的缝隙累计长度每边不得大于接缝长度的25%。

5.4.8 钢模板组装后，在张拉力和荷载设计值作用下，其工作面的变形值，应符合表1的设计要求。

5.4.9 板类构件钢模板内腔尺寸允许偏差应符合表2要求。

5.4.10 墙板类构件钢模板内腔尺寸允许偏差应符合表3要求。

5.4.11 梁类构件钢模板内腔尺寸允许偏差应符合表4要求。

5.4.12 柱类构件钢模板内腔尺寸允许偏差应符合表5要求。

5.4.13 桩类构件钢模板内腔尺寸允许偏差应符合表6要求。

5.4.14 桁架、薄腹梁类构件钢模板内腔尺寸允许偏差应符合表7要求。

5.4.15 预应力钢筋锚固件槽口下边缘和底模工作面之间尺寸允许偏差不得超过0～－1mm。

5.4.16 预应力钢筋锚固件支承面和底模工作面垂直度的允许偏差，在预应力钢筋锚固件支承部分，不得超过该部分高度尺寸的1/50，且应向外倾斜。

5.4.17 钢模板工作面和转动部位涂刷防锈油，其它表面涂刷防腐防锈油漆。

表2 板类构件钢模板内腔尺寸允许偏差 mm

项次	项目		允许偏差
1	长度		0 －4
2	宽度		0 －4
3	高度		0 －3
4	对角线差	$L \leqslant 4200$	2
		$L > 4200$	3
5	肋宽		－1 －2
6	板厚		0 －3
7	侧向弯曲		$\Delta L/2500$
8	翘曲		$\Delta L/1500$
9	表面平整度		$\Delta 2$
10	拼板表面高低差		0.5
11	组装缝隙	端、侧模与底模	$\Delta 1$
		端模与侧模	
12	组装端模与侧模高低差		
13	中心线位移	插筋、预埋件	3
		安装孔	
		预留孔	

项次	项 目		允许偏差
14	张拉板、锚固件、端模槽口中线		Δ1
15	侧模与底模垂直度	H≤200	1
		200<H<400	2
		H≥400	3
16	起拱		L/1500，且<3

注：L—底模、侧模的长度；H—侧模高度。

Δ—为基本项目，必须符合本表规定的允许偏差。

表 3　墙板类构件钢模板内腔尺寸允许偏差　　　　　　　　　　mm

项次	项 目		允许偏差
1	长度		0 −4
2	宽度		0 −3
3	厚度		0 −3
4	对角线差	L≤4200	2
		L>4200	3
5	侧向弯曲		ΔL/3000
6	翘曲		ΔL/1500
7	表面平整度		Δ2
8	拼板表面高低差		0.5
9	组装缝隙	端、侧模与底模	Δ1
		端模与侧模	
10	组装端模与侧模高低差		
11	中心线位移	插筋、预埋件	3
		安装孔	
		预留孔	
12	侧模与底模垂直度		2
13	门窗口模	厚度	0 −2
		长度、宽度	0 +2
		位移	3
		垂直	2
		对角线差	2

注：L—底模、侧模的长度。

Δ—为基本项目，必须符合本表规定的允许偏差。

表4 梁类构件钢模板内腔尺寸允许偏差

mm

项次	项 目		允许偏差
1	长度		0 -4
2	宽度		0 -4
3	高度		0 -3
4	侧向弯曲		$\Delta L/2000$
5	表面平整度		$\Delta 2$
6	拼板表面高低差		0.5
7	端、侧模与底模组装缝隙		$\Delta 1$
8	端模与侧模组装缝隙		$\Delta 1$
9	中心线位移	插筋、预埋件	3
		安装孔	
		预留孔	
10	侧模与底模垂直度	$H<400$	2
		$H\geqslant400$	3
11	起拱		$L/1500$，且<3

注：L—底模、侧模的长度；H—侧模高度。

Δ—为基本项目，必须符合本表规定的允许偏差。

表5 柱类构件钢模板内腔尺寸允许偏差

mm

项次	项 目		允许偏差
1	长度		0 -4
2	宽度		0 -3
3	厚度		0 -3
4	侧向弯曲		$\Delta L/2000$
5	表面平整度		$\Delta 2$
6	拼板表面高低差		0.5
7	组装缝隙	端、侧模与底模	$\Delta 1$
		端模与侧模	
8	组装端模与侧模高低差		
9	中心线位移	插筋、预埋件	3
		安装孔	
		预留孔	
10	侧模与端模垂直度		$B/300$
11	侧模与底模垂直度	$H<400$	2
		$H\geqslant400$	3
12	牛腿支承面位置		0 -3

注：L—底模、侧模的长度；H—侧模高度；B—模宽度。

Δ—为基本项目，必须符合本表规定的允许偏差。

表6　桩类构件钢模板内腔尺寸允许偏差

项次	项　　目		允许偏差
1	长度		$+5$ -5
2	宽度		0 -4
3	高度		0 -3
4	侧向弯曲		$\Delta L/2500$
5	表面平整度		$\Delta 2$
6	拼板表面高低差		0.5
7	中心线位移	插筋、预埋件	3
		桩尖	
		预留孔	
8	桩顶对角线差		2
9	桩顶翘曲		$\Delta 1$
10	侧模与端模垂直度		$B/300$
11	侧模与底模垂直度		2

注：L—底模、侧模长度；B—模宽度。

　　Δ—为基本项目，必须符合本表规定的允许偏差。

表7　桁架、薄腹梁类构件钢模板内腔尺寸允许偏差　　　　　　　mm

项次	项　　目		允许偏差
1	长度		$+5$ -5
2	宽度		0 -4
3	高度		0 -3
4	侧向弯曲		$\Delta L/2500$
5	表面平整度		$\Delta 2$
6	拼板表面高低差		0.5
7	中心线位移	插筋预埋件	3
		安装孔	
		预留孔	
8	起拱		$L/1500$，且<3
9	侧模与底模垂直度	$H \leqslant 600$	2
		$H > 600$	3

注：L—底模、侧模的长度；H—侧模高度。

　　Δ—为基本项目，必须符合本表规定的允许偏差。

6 试验方法

钢模板在荷载设计值作用下的刚度性能试验方法。

6.1 在竖直荷载设计值作用下钢模板弯曲变形的测定[见附录 C(参考件)]。

6.2 在预应力张拉力作用下钢模板弯曲变形的测定[见附录 D(参考件)]。

6.3 在竖直荷载设计值作用下钢模板翘曲变形的测定[见附录 E(参考件)]。

6.4 在水平荷载设计值作用下钢侧模侧弯变形的测定[见附录 F(参考件)]。

7 检验规则

7.1 检验分类

钢模板产品检验分为出厂检验和型式检验两类。

7.1.1 出厂检验包括钢模板焊缝质量、钢模板尺寸偏差、钢模板外观质量。

7.1.2 型式检验包括钢模板焊缝质量、钢模板尺寸偏差、钢模板外观质量、钢模板在荷载设计值作用下的刚度性能试验。

7.2 出厂检验

7.2.1 每套钢模板进入成品堆场前都必须进行出厂检验。

7.2.2 钢模板内腔尺寸应在侧模、端模和底模组装后进行检测，并观察其外观质量。

7.2.3 焊缝按 GBJ 205 及 GB 985 的规定及本标准中 5.4.1、5.4.2、5.4.3、5.4.4 和 5.4.5 的规定进行检验。

7.2.4 钢模板内腔尺寸检验方法及量具应符合表 8 的规定。

7.3 型式检验

7.3.1 有下列情况之一时，应进行型式检验：

    a. 新产品（或老产品转厂）生产定型鉴定；

    b. 正式生产后，如结构、材料、工艺有较大改变，可能影响产品性能时；

    c. 产品停产半年后，恢复生产时；

    d. 出厂检验结果与上次型式检验有较大差异时；

    e. 批量生产并作为产品销售的钢模板，够 500 套者；

    f. 国家技术监督部门提出进行型式检验要求时。

7.3.2 钢模板焊缝质量、钢模板尺寸和钢模板外观质量检验同 7.2.2、7.2.3 和 7.2.4。

7.3.3 钢模板在荷载设计值作用下的刚度性能检验按 6.1、6.2、6.3 和 6.4 中的试验方法进行测定。

7.3.4 抽样方法采用随机抽样。受检总套数不少于 500 套时随机抽样两套进行检验，不足 500 套时抽取一套进行检验。

7.4 判定规则

7.4.1 判定内容和等级

判定内容有：保证项目、基本项目和允许偏差项目。

判定等级分：优良品、合格品、不合格品。

7.4.2 钢模板保证项目

    a. 按 5.1.2 规定，钢模板必须具有足够的承载力、刚度和稳定性。

b. 按 5.3.1 规定，钢模板首先按刚度设计，在荷载设计值作用下，其变形应符合本标准规定的设计允许变形值表 1 的要求；其次，钢模板承载力的校核和受压部件稳定性的验算按 GBJ 17 及 GBJ 18 的规定进行。

c. 按 5.4.8 规定，钢模板组装后，在张拉力和荷载设计值作用下，其工作面的变形值应符合表 1 的设计要求。

7.4.3　钢模板基本项目

按 5.4.9 表 2、5.4.10 表 3、5.4.11 表 4、5.4.12 表 5、5.4.13 表 6、5.4.14 表 7 的规定。

a. 钢模板组装缝隙必须符合本标准要求。

b. 钢模板表面平整度必须符合本标准要求。

c. 钢模板制造翘曲必须符合本标准要求。

d. 钢侧模制造侧向弯曲必须符合本标准要求。

e. 张拉板、锚固件、端模槽口中线必须符合本标准要求。

7.4.4　钢模板允许偏差项目

本标准表 2、表 3、表 4、表 5、表 6、表 7 中除有△符号的基本项目外，其它各项均为允许偏差项目。

7.4.5　优良品的判定

a. 保证项目必须符合本标准的规定。

b. 基本项目应符合本标准的规定。

c. 允许偏差项目的检查点应有 90％以上（含 90％）符合本标准的规定，其余检查点的允许偏差不得大于本标准规定值的 1.5 倍。

7.4.6　合格品的判定

a. 保证项目必须符合本标准的规定。

b. 基本项目应符合本标准的规定。

c. 允许偏差项目的检查点应有 70％以上（含 70％）符合本标准的规定，其余检查点的允许偏差不得大于本标准规定值的 1.5 倍。

7.4.7　不合格品的判定

不符合本标准合格品的规定者，即判定为不合格品。

7.4.8　型式检验中钢模板刚度性能测定，若其中一项试验不合格，可加倍取样进行试验，若该项仍不合格，则判定该批产品为不合格品。

表 8　钢模板内腔尺寸检验方法及量具

项次	项　目	检验方法及量具
1	长	用钢卷尺测量两角边
2	宽	用钢卷尺测量一端及中部
3	高（厚）	用钢板尺测量一端及中部
4	对角线差	用钢卷尺测量两条对角线长度
5	底模挠度	用 0.3mm 钢丝拉线，用钢板尺测量最大弯曲处
6	侧向弯曲	用 0.3mm 钢丝拉线，用钢板尺测量最大弯曲处

项次	项　目		检验方法及量具
7	翘曲		在工作面四角安置等高垫铁，用 0.3mm 钢丝对角线拉线，量测交点处的高度差值并乘以 2 倍即为翘曲值
8	表面平整		用 2m 靠尺和塞尺量
9	拼板表面高低差		
10	中心线位移	插筋、预埋件	用钢卷尺测量纵、横两中心位置
		安装孔	
		预留孔	
11	张拉板、锚固件、端模槽口中线		用 0.3mm 钢丝拉线，用钢板尺测量
12	侧模与底模间隙		用塞尺测量
13	垂直度		在底模上竖放直角尺，并紧贴侧模工作面，用塞尺测量尺边与侧板之间的最大缝隙
14	起拱（预定弯曲度）		在工作面两端安置等高垫铁，用 0.3mm 钢丝拉线，用钢板尺测量最大弯曲处

注：量具精度均为二级。

8　标志、运输和贮存

8.1　标志

8.1.1　每套钢模板上，应固定一块产品铭牌。

8.1.2　产品铭牌包括以下内容：

　　a. 制造厂的名称（全称）；

　　b. 产品名称；

　　c. 产品型号；

　　d. 产品编号；

　　e. 产品重量；

　　f. 产品最大外形尺寸；

　　g. 产品制造日期。

8.1.3　钢模板的附件，应在规定的位置打上与钢模板配套的标记。

8.2　运输

8.2.1　在起吊和运输过程中，宜按使用状态下放置，不得把钢模板碰伤或擦伤等。

8.2.2　在运输过程中应牢靠，避免滑移、倾覆。

8.3　贮存

　　钢模板应按使用状态存放在平坦的场地上，不得倾斜或改变方向，堆放时钢模板的支承点不得悬空，且应在一条垂线上。

附 录 A
常用预应力混凝土构件代号
（补充件）

序号	预应力混凝土构件名称	代号	序号	预应力混凝土构件名称	代号
1	板	YB	11	吊车梁	YDL
2	屋面板	YWB	12	过梁	YGL
3	空心板	YKB	13	连系梁	YLL
4	槽形板	YCB	14	基础梁	YJL
5	折板	YZB	15	楼梯梁	YTL
6	密肋板	YMB	16	檩条	YLT
7	楼梯板	YTB	17	屋架	YWJ
8	天沟板	YTGB	18	托架	YTJ
9	梁	YL	19	天窗架	YCJ
10	屋面梁	YWL			

附 录 B
常用非预应力混凝土构件代号
（补充件）

序号	非预应力混凝土构件名称	代号	序号	非预应力混凝土构件名称	代号
1	板	B	17	过梁	GL
2	屋面板	WB	18	连系梁	LL
3	空心板	KB	19	基础梁	JL
4	槽形板	CB	20	楼梯梁	TL
5	折板	ZB	21	檩条	LT
6	密肋板	MB	22	屋架	WJ
7	楼梯板	TB	23	托架	TJ
8	盖板或沟盖板	GB	24	天窗架	CJ
9	挡雨板或檐口板	YB	25	框架	KJ
10	吊车安全走道板	DB	26	刚架	GJ
11	墙板	QB	27	支架	ZJ
12	天沟板	TGB	28	柱	Z
13	梁	L	29	桩	ZH
14	屋面梁	WL	30	阳台	YT
15	吊车梁	DL	31	天窗端壁	TD
16	圈梁	QL			

附　录　C
在竖直荷载设计值作用下钢模板弯曲变形的测定
（参考件）

（一）支承方式

板类构件钢模板一般按简支的支承方式进行弯曲变形试验，即一端的二支点采用铰支承，另一端的二支点采用滚动支承，铰支承采用角钢焊于钢板上，滚动支承采用圆钢。并用对角拉线方法或水平仪使四支点在同一水平面上，随后放置钢模板见图C1。

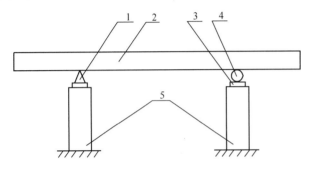

图 C1　钢模板竖直荷载弯曲变形试验的支承方式
1—角钢；2—钢模板；3—钢垫板；4—圆钢；5—支座

（二）荷载等效换算及加荷方式

钢模板实际是承受全长的均布荷载 q_1（包括钢筋、混凝土、钢模板自重荷载），见图C2（a）。为方便试验，通过荷载等效原则的换算，使全长均布荷载转换为只施加于支承间的均布荷载 q_2，见图C2（b）。

1. q_1 与 q_2 的关系推导如下：

图C2（a）的最大挠度

$$f_{max} = \frac{7 \cdot q_1 \cdot l^4}{3 \times 384 E \cdot I} \tag{C1}$$

图 C2（b）的最大挠度

$$f_{max} = \frac{5 \cdot q_2 \cdot l^4}{384 E \cdot I} \tag{C2}$$

按荷载等效原则，令（C2）式与（C1）式相等

$$\frac{5 \cdot q_2 l^4}{384 E \cdot I} = \frac{7 \cdot q_1 l^4}{3 \times 384 E \cdot I}$$

则

$$q_2 = 0.467 q_1 \tag{C3}$$

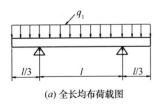

（a）全长均布荷载图

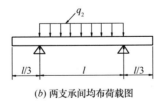

（b）两支承间均布荷载图

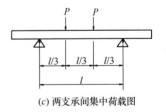

（c）两支承间集中荷载图

图 C2　按等效原则换算的荷载间关系图

为方便加荷方式的选择，通过荷载等效原则的换算，将均布荷载 q_2 转换为集中荷载 P，见图C2（c）。

2. q_1 与 P 的关系式推导如下：

图 C2（c）的最大挠度

$$f_{\max} = \frac{23P \cdot l^3}{648E \cdot I} \qquad (C4)$$

按荷载等效原则，令（C4）式与（C2）式相等

$$\frac{23Pl^3}{648E \cdot I} = \frac{5q_2 l^4}{384E \cdot I}$$

则
$$P = 0.367q_2 \cdot l \qquad (C5)$$

将（C3）式代入（C5）式得：

$$P = 0.367 \times 0.467q_1 \cdot l$$
$$P = 0.171q_1 \cdot l \qquad (C6)$$

3. 荷重块加荷，见图 C3。

4. 千斤顶加荷，见图 C4。

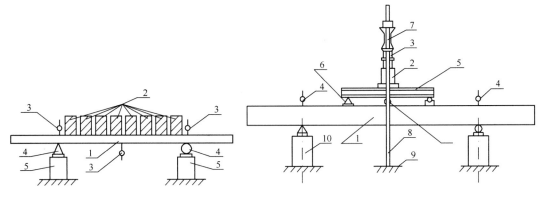

图 C3　荷重块加荷

1—钢模板；2—荷重块垛；3—百分表或位移
传感器；4—支承；5—支座

图 C4　千斤顶加荷

1—钢模板；2—千斤顶；3—荷载传感器；4—百分表或
位移传感器；5—分配梁；6—加载垫板；7—横架；8—拉
杆；9—地锚；10—支座

（三）挠　度　测　定

钢模板竖直荷载设计值作用下挠度可用百分表或位移传感器进行观测，其量测精度应符合有关标准的规定。

试验时，首先应将侧模开启，量测钢底模中位移和支承点沉陷，且应在钢模板每一量测截面的两边肋和中间纵肋布置测点。

模板跨中挠度为跨中位移消除支承沉陷影响后的平均值。

附　录　D
在预应力张拉力作用下钢模板弯曲变形的测定
（参考件）

（一）支承方式与加荷方式

在预应力张拉力作用下钢模板挠度的测定是在预应力张拉台上进行的。其测定方法是采用预应力钢筋在受力前与受力后相对于底模板面距离的差值来确定。施加预应力采用预

应力拉伸机。其支承方式与加荷方式见图 D1。

（二）测点位置与挠度测定

预应力张拉力作用下钢模板的挠度测定是以预应力钢筋作为参照点来实现的，因此，测点位置必须合理的布置在预应力钢筋上，见图 D2。若按底、侧模共同承担预应力张拉力，则侧模应组装后再进行测定；若只考虑底模承受预应力张拉力，则侧模应开启后再进行测定。

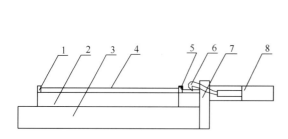 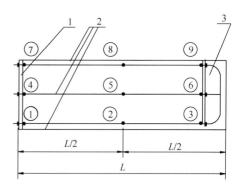

图 D1　预应力钢模板弯曲变形试验的
支承方式与加荷方式

1—固定疏筋条；2—钢模板；3—预应力张拉台座；
4—预应力钢筋；5—张拉板；6—张拉钩；7—预应
力张拉承座；8—预应力拉伸机

图 D2　预应力钢筋上的测点位置

1—固定疏筋条；2—预应力钢筋；3—张拉板

试验时，首先按预应力张拉力设计值的 5% 施加预应力，使钢筋保持直线度，并用游标卡尺或其它量测工具测定测点①～⑨各点预应力钢筋上面或下面至钢底模板面的距离，此值为初读数。但须注意，测点位置必须每次测定准确。随后，继续施加预应力张拉力直至设计值，同上，测定①～⑨各点，此值为终读数，将终读数减去初读数，即为各测点的位移。

测定的每根预应力钢筋相对于模板跨中的挠度，为此钢筋中间点处底模位移减去两端点处底模位移的平均值。

此套模板跨中挠度取测定的三根预应力钢筋相对于模板跨中挠度的平均值。

附　录　E
在竖直荷载设计值作用下钢模板翘曲变形的测定
（参考件）

（一）支承方式及荷载等效变换

钢模板翘曲变形的测定是以模板在对角线二点支承条件下，与另一对角线中的一点（称辅助支承）构成一个平面，在竖荷载设计值作用下，相对于此三点支承平面的自由角挠度，即为此钢模板的翘曲变形。其支承方式见图 E1。

钢模板翘曲变形的竖直荷载设计值系均布荷载，为方便试验，按力的等效变换原理，将均布荷载转换为集中荷载，见图 E2。

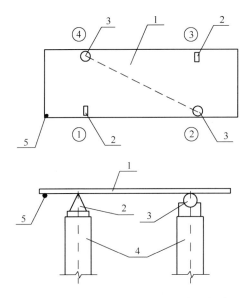

图 E1　钢模板翘曲变形试验的支承方式

①、②、③、④—支承编号；1—钢模板；2—角钢（用于①、③号支承）；
3—钢球（用于②、④号支承）；4—支座；5—自由角

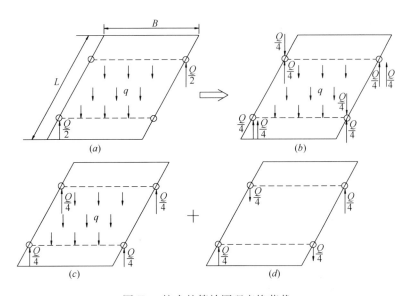

图 E2　按力的等效原理变换荷载

图 E2（a）为钢模板翘曲变形的原始受力状态；根据力的等效原理，将图 E2（a）变换为图 E2（b）；随后，又将图 E2（b）等效分解为图 E2（c）和图 E2（d）。即图 E2（a）的自由角挠度为图 E2（c）自由角挠度与图 E2（d）自由角挠度的叠加。由于图 E2（c）的钢模板在四点支承条件下均布荷载自由角挠度值对于图 E2（d）的自由角挠度值一般很小，约为 $1\% \sim 3\%$，因此，钢模板翘曲变形的测定主要是图 E2（d）钢模板在对角线两点支承条件下在集中荷载作用时的自由角挠度。

集中荷载　$P=\dfrac{Q}{4}$

$$P=\frac{1}{4}q \cdot B \cdot L$$

式中：q——均布荷载（钢筋、混凝土、钢模板自重荷载）；

　　　B——模板宽度；

　　　L——模板长度。

（二）加荷装置及翘曲测定

钢模板在对角线两点支承集中荷载 P 作用下自由角挠度的测定装置见图 E3。

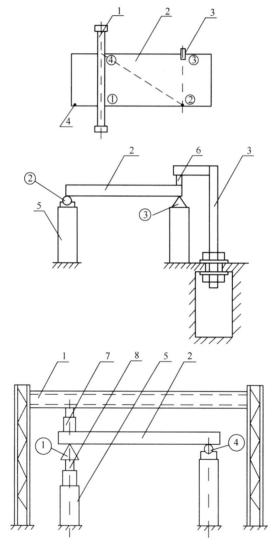

图 E3　钢模板翘曲变形试验装置

②、④—钢球（对角线两点支承）；①—角钢（临时支承）；③—角钢（辅助支承）；

1—加荷架；2—钢模板；3—稳定架；4—自由角挠度测点；5—支座；6—压力传感

器；7—加荷千斤顶；8—撤临时支承千斤顶

24

翘曲测定：用拉线方法使四支点在同一平面上，随后放置模板，并使模板在②与④对角线两点支承上处于平衡状态，若不平衡，可调整此两支点位置，使其次达到平衡。支承③为辅助支承，将设于稳定装置下的传感器压力调整到 50N 左右。测定自由角挠度有两种方法：

1. 钢模板在上述支承状态下，对四个支承点和自由角测点作初读数，随后用千斤顶 8 撤临时支承①，并按竖直荷载设计值（但要减去模板自重荷载）加荷，再对四个支点和自由角测点作终读数。各测点的位移为终读数减初读数。自由角的位移消除各支点位移的影响，即为此模板翘曲变形值。

2. 钢模板在上述支承状态下，用千斤顶 8 撤去支承①，随后对四个支承点和自由角测点作初读数，再按竖直荷载设计值加荷，而后对四个支点和自由角测点作终读数。各测点的位移为终数读减初读数。自由角的位移消除各支点位移的影响，即为此模板翘曲变形值。

附　录　F
在水平荷载设计值作用下钢侧模侧弯变形的测定
（参考件）

（一）支承方式及加荷方法

钢侧模侧弯变形试验是在侧模组装完毕，并支撑牢固的条件下，用千斤顶平卧加荷，且加荷的作用点应与水平荷载合力作用线相一致。

图 F1 是由侧模每边为三个支撑构成两跨连续梁的侧弯变形试验装置，若侧模每边支撑不是三个，而是两个或四个，则侧弯变形按钢侧模实际支撑状况布置试验装置，但试验方法不变。侧模承受的水平荷载见图 F2。

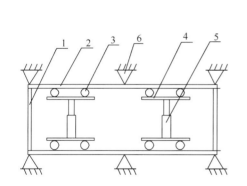

图 F1　侧模每边为三个支撑的侧弯试验装置
1—端模；2—侧模；3—加荷垫块；4—荷载分配
梁；5—千斤顶；6—侧模支撑

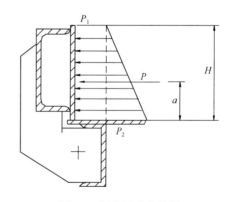

图 F2　侧模承受荷载图

在图 F2 中：

$$P_1 = Q$$
$$P_2 = \rho \cdot H$$

式中：Q——由成型加压装置所产生的单位面积水平荷载；

ρ——混凝土密度；

H——侧模高度。

总水平荷 $P = \dfrac{1}{2}\rho \cdot H^2 + Q \cdot H$

a——荷载 P 作用线至底模板面距离。

（二）测点位置及侧弯测定

按图 F1，当侧模每边为三个支撑时，其测点位置的布置见图 F3。

测点水平位移用百分表量测，且百分表水平置于侧模测点上端。

试验前，将侧模支撑牢固，读各测点的初读数，随后按荷载设计值加荷，读各测点的终读数。将各测点的终读数减去初读数，即为各测点的水平位移。侧模连续梁跨中测点②、④、⑦、⑨的水平位移消除相应支承点水平位移的影响，即为侧模连续梁跨中的侧弯变形。取此四点侧弯变形平均值即为此套模板侧模侧弯变形值。

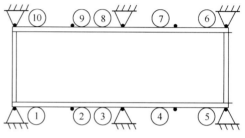

图 F3　钢侧模测点布置

①、③、⑤、⑥、⑧、⑩—侧模支撑处测点；

②、④、⑦、⑨—侧模连续梁跨中侧弯变形测点

附加说明：

本标准由建设部标准定额研究所提出。

本标准由建设部建筑工程标准技术归口单位中国建筑科学研究院归口。

本标准由北京市建筑工程研究院负责起草。北建院郑州建筑模板厂、中国建筑标准设计研究所、上海第二混凝土制品总厂、天津市建筑构件公司参加起草。

本标准主要起草人王绍民、鲍威、杨嵘、杨德建、金鸿年、许苏华、高峰。

本标准委托北京市建筑工程研究院负责解释。

中华人民共和国建筑工业行业标准

组 合 钢 模 板

Composite steel formwork

JG/T 3060—1999

中华人民共和国建设部

1999-12-01实施

前　言

本标准参照采用日本工业标准 JIS A 8652《金属模板》及国内相关标准的有关数据，按照 GB/T 1.1—1993 和 GB/T 1.3—1997 规定编写的。

本标准的附录 A 是标准的附录。

本标准由建设部标准定额研究所提出。

本标准由建设部建筑工程标准技术归口单位中国建筑科学研究院归口。

本标准起草单位：中国建筑科学研究院建筑机械化研究分院、芜湖市建筑机械钢窗厂、铁一局金属结构厂、新疆工业设备安装工程公司机械厂、烟台市钢模板厂、北京星河模板脚手架工程有限公司。

本标准主要起草人：杨亚男、张纯金、孙锡栋、张之江、胡昆利、姜传库。

本标准由中国建筑科学研究院建筑机械化研究分院负责解释。

目　　次

1 范围

本标准规定了组合钢模板（以下简称钢模板）的定义、分类、要求、试验方法、检验规则和标志、包装、运输与贮存。

本标准适用于工业与民用建筑现浇混凝土用组合钢模板。

2 引用标准

下列标准所包含的条文，通过在本标准中引用而构成为本标准的条文。本标准出版时，所示版本均为有效。所有标准都会被修订，使用本标准的各方应探讨使用下列标准最新版本的可能性。

GB/T 912—1989　碳素结构钢和低合金结构钢热轧薄钢板及钢带

GB 50204—1992　混凝土结构工程施工及验收规范

GB/T 12467.1～12467.4—1998　焊接质量要求　金属材料的熔化焊

GB/T 2828—1987　逐批检查计数抽样程序及抽样表（适用于连续批的检查）

3 定义

本标准采用下列定义。

3.1 组合钢模板　composite steel formwork

宽度和长度采用模数制设计，能相互组合拼装的钢模板。

3.2 小钢模板　small size steel formwork

宽度100～300mm、长度450～1500mm的模数制钢制模板。

3.3 扩大钢模板　extending steel formwork

宽度400～600mm、长度600～1800mm的模数制钢制模板。

3.4 肋高　height of edge rib

钢模板的边肋高度。

3.5 纵肋　longitudinal rib

平行于钢模板边肋的加强筋。

3.6 横肋　crossing rib

垂直于钢模板边肋的加强筋。

3.7 端肋　ending rib

钢模板端头的横肋。

3.8 凸棱　edge flange

钢模板边肋的突起边棱。

3.9 凸鼓　crowning

钢模板边肋连接孔两侧的鼓形突起。

4 分类

4.1 主参数

钢模板主参数由模板的宽度、长度和肋高组成，主参数系列见表1。

表 1　主参数系列　　　　　　　　　　　　　　　　　　　mm

小钢模板	宽度	100，150，200，250，300
	长度	450，600，750，900，1200，1500
	肋高	55
扩大钢模板	宽度	400，450，500，600
	长度	600，750，900，1200，1500，1800
	肋高	55

4.2　型式

钢模板按结构型式分为平面模板、阳角模板、阴角模板和联接角模。

4.3　代号

名称代号：ZGM

特性代号：P—平面模板；Y—阳角模板；E—阴角模板；J—联接角模

4.4　钢模板型号表示方法

4.4.1　钢模板型号由名称代号、特性代号、主参数代号组成，其型号说明如下：

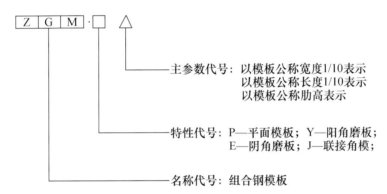

主参数代号：以模板公称宽度1/10表示
　　　　　　以模板公称长度1/10表示
　　　　　　以模板公称肋高表示

特性代号：P—平面模板；Y—阳角磨板；
　　　　　E—阴角磨板；J—联接角模；

名称代号：组合钢模板

4.4.2　标记示例

a）宽度为 300mm、长度为 1500mm、肋高为 55mm 的平面钢模板型号为：

ZGM·P30×150×55　JG/T 3060—1999

b）直角边为 150×150mm、长度为 900mm、肋高为 55mm 的阴角模板型号为：

ZGM·E15×90×55　JG/T 3060—1999

c）宽度为 600mm、长度为 1800mm、肋高为 55mm 的平面钢模板型号为：

ZGM·P60×180×55　JG/T 3060—1999

5　要求

5.1　一般要求

5.1.1　小钢模板的图样应按国家标准设计 GBJ T1—1985 执行，其他类型的钢模板应按
规定程序批准的图样及技术文件制造。

5.1.2　钢模板应选择性能不低于 Q235A 碳素结构钢薄钢板制造，小钢模板面板采用热轧
钢板公称厚度不得小于 2.5mm，扩大钢模板面板采用钢板公称厚度不得小于 2.8mm。

5.1.3　使用的钢板应有质量证明书，其化学成分和力学性能应符合 GB/T 912 的要求。

5.1.4 采用卷板必须经开卷校平后方可使用，不得采用锈蚀的钢材制造。

5.2 工作性能要求

5.2.1 钢模板必须具有足够的承载力和刚度，其设计和计算应符合 GB 50204 中的有关规定，钢模板的荷载试验标准见表 2。

表 2　钢模板荷载试验标准

项目	模板长度 mm	荷 载		允许挠度 mm	残余变形 mm
		q kN/m²	p N/mm		
刚度	1800 1500 1200	30	10	≤1.5	—
	900 750 600	—	10	≤0.2	—
承载力	1800 1500 1200	45	15	—	≤0.2 各部位不得破坏
	900 750 600	—	30	—	各部位不得破坏
注：q—均布荷载；p—集中荷载					

5.2.2 各种规格的钢模板应能任意组合拼装成大块模板，拼装成大模板的质量要求见表 3。

表 3　钢模板拼装质量允许偏差
　　　　　　　　　　　　　　　　　　　　　　　　　　　　mm

序　号	检测项目	允许偏差
1	拼装模板长度	±2.0
2	拼装模板宽度	±2.0
3	板面对角线差值	≤3.0
4	板面平面度	≤2.5
5	两块模板拼缝间隙	≤1.0
6	相邻模板板面高低差	≤2.0
注：拼装模板面积不小于 4m²		

5.3 制造质量要求

5.3.1 工艺要求

　　a）钢模板的面板和边肋必须用整块材料制作，不得采用分体焊接形式；

　　b）钢模板的凸棱需经专用设备冷轧成型，凸棱宽度不得小于 4mm，高度不得小于 0.3mm，凸棱与板面保证 90°，边肋圆角 ϕ0.5 钢针通不过去；

　　c）U 型卡孔和凸鼓宜采用一次冲孔压鼓成型工艺，凸鼓高度不得低于 0.8mm，多次冲孔压鼓成型定位设计要准确，保证孔的位置度偏差；

　　d）钢模板的纵、横肋尺寸应根据钢模板面板、纵、横肋采用钢板的实际厚度决定，纵、横肋低于边肋不得超过 1.2mm；

　　e）钢模板组装焊接必须采用专用模具，保证端肋、纵肋、横肋、面板相互垂直度

≤1.5mm，不得扭曲、偏斜、错位，端肋组焊不得超出板端，边肋外表面不得超出凸楞面；

  f）角模垂直度偏差应小于1mm；

  g）选择合理的焊接顺序，组装焊接后应采取消除应力变形措施；

  h）工序质量控制应设专职或兼职质检人员监督、检验，做检验记录，属终检项目检测结果报厂质量管理部门作为出厂检验依据。

5.3.2 钢模板制作质量允许偏差见表4。

表4 钢模板制作质量允许偏差   mm

序号	项目	要求尺寸	允许偏差
1	长度 L	—	0 −0.90
2	宽度 B	—	0 −0.70
3	肋高 H	—	±0.50
4	沿板长度孔中心距	—	±0.60
5	沿板宽度孔中心距	—	±0.60
6	孔中心与板面间距	22	±0.40
7	孔中心与板端间距	75	±0.30
8	孔直径 ϕ	13.8	±0.25
9	面板端与两凸楞面的垂直度 Δ	90°	≤0.50
10	板面平面度 f_1	—	≤1.00
11	凸楞直线度 f_2	—	≤0.50

5.4 外观质量要求

5.4.1 焊接质量

  a）钢模板焊接应符合GB/T 12467.1～12467.4中的有关规定，焊缝尺寸偏差见表5；

  b）焊缝应美观、整齐、不得有漏焊、裂纹、弧坑、气孔、夹渣、烧穿、咬肉等缺陷；

  c）飞渣、焊渣应清除干净。

表5 焊缝尺寸要求   mm

焊缝	要求尺寸	允许偏差
肋间焊缝长度	30	±5.00
肋间焊脚高度	2.5	+1.00 0
肋与面板焊缝长度	10	+5.00 0
肋与面板焊脚高度	2.5	+1.00 0

5.4.2 整形

  a）钢模板组焊后必须进行整形，使板面平面度达到质量规定；

  b）整形宜采用机械进行，手工整形板面不得留有锤痕；

  c）钢模板边缘、棱角及孔缘不得有明显的飞边、毛刺。

5.4.3 涂装

  a) 钢模板涂装前应去油、除锈，焊渣清除干净；

  b) 涂层应均匀、附着力强；

  c) 涂装表面不得有皱皮、漏涂、流淌、气泡等缺陷；

  d) 钢模板工作面可涂防锈油或脂。

6 试验方法

6.1 试验条件及仪器

6.1.1 试验用设备和计量器具应有检定合格证，使用前应进行校验。

6.1.2 制作质量检验必须在平台上进行，并配备必要的辅助检测器具。

6.2 制作质量检测项目及检测方法见表6。

表6 制作质量检测项目及方法

序号	项　目	检测方法	量　具
1	长度	检查中间及两棱角部位	1500mm 游标卡尺或专用卡尺
2	宽度	检查两端及中间部位	300～1000mm 游标卡尺
3	肋高	检查两侧面两端处及中间部位	150mm 游标卡尺
4	沿板长度孔中心距	检查任意间距的两孔中心距	200mm 游标卡尺
5	沿板宽度孔中心距	检查两端孔与板端的间距	150mm 游标卡尺
6	孔中心与板面间距	检查两端及中间部位	150mm 游标卡尺
7	孔中心与板端间距	检查两端孔与板端间距	150mm 游标卡尺、直角尺
8	孔直径	检查任意孔	150mm 游标卡尺
9	面板端与两凸棱面的垂直度	将直角尺的一边与凸棱面贴紧检查另一边与板端的缝隙	直角尺、塞尺
10	板面平面度	沿板面长度方向和对角部位检查测量最大缝隙	平尺、塞尺
11	凸棱直线度	沿凸棱面长度方向检查测量最大缝隙	2000mm 平尺、塞尺
12	凸棱高度	检查边肋的横肋部位	直角尺、塞尺
13	凸棱宽度	检查任意部位	150mm 游标卡尺
14	边肋圆角	检查任意部位	直角尺、φ0.5钢针
15	凸鼓高度	检查高度最低部位	深度尺
16	两端肋组焊位移	检查两端部位	直角尺
17	横肋、纵肋与边肋高度差	检查任意部位	300～1000mm 平尺、塞尺
18	边肋外突	检查横肋部位	直角尺
19	端肋、横肋、纵肋、面板相互垂直度	检查任意部位	直角尺、目测
20	肋间焊缝长度	检查焊缝最小长度	焊缝检查尺
21	肋间焊脚高度	检查焊缝最低高度	焊缝检查尺
22	肋与面板焊缝长度	检查焊缝最小长度	焊缝检查尺
23	肋与面板焊脚高度	检查焊缝最低高度	焊缝检查尺
24	角模垂直度	检查两端及中间部位	直角尺、塞尺
25	涂装质量	检查涂装表面	目测
26	整形质量	检查任意部位	目测

6.3 力学性能试验

6.3.1 试验条件

a）小钢模板试验应采用宽度为 200mm 或 300mm 的钢模板进行，扩大钢模板采用 400mm 或 600mm 的钢模板进行。

b）试验加荷方式根据条件可按表 2 采用均布荷载图 1 或集中荷载图 2 进行。

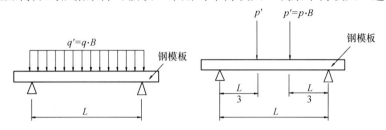

q—均布荷载；p—集中荷载；B—模板宽度

图 1 均布荷载   图 2 集中荷载

c）钢模板试验支点间距见表 7。

表 7 钢模板荷载试验支点间距   mm

模 板 长 度	支点间距 L	模 板 长 度	支点间距 L
1800		900	
1500	900	750	450
1200		600	

6.3.2 试验方法

a）百分表应放置在钢模板支点之距的 1/2 处，离钢模板边缘 10mm，每边各一块；

b）预加荷载为 0.1～0.2kN，钢模板承受预加荷载后将百分表调整到"零"位；

c）试验加荷应分级进行，每级加荷后留有恒载时间见表 8，记录变形情况。

表 8 加荷顺序及恒载时间

加荷级数	荷载百分比 %	恒载时间 min	备　　注
预加	0	2	
1	26.7	2	
2	20	2	
3	20	5	刚度荷载标准值
4	20	2	
5	13.3	15	承载力荷载标准值
6	—50	2	
7	—50	30	

d）试验加荷速度应不大于 200～300N/s；

e）按百分表测量数据的算术平均值，计算钢模板的最大挠度及残余变形值；

f）卸荷后检查样件有否破坏情况及焊缝有否裂纹。

6.4 拼装质量检测

6.4.1 钢模板拼装大块模板可参照示意图3、图4、图5、图6进行。

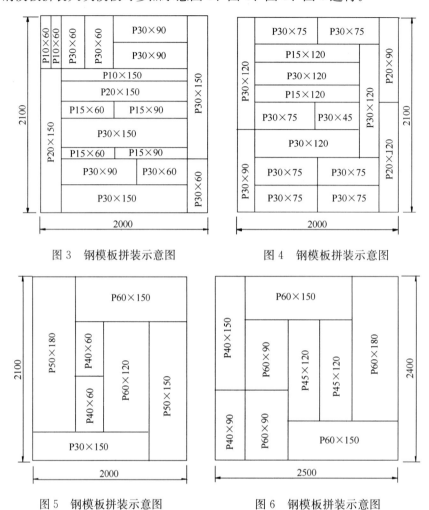

图3 钢模板拼装示意图   图4 钢模板拼装示意图

图5 钢模板拼装示意图   图6 钢模板拼装示意图

6.4.2 拼装质量检测项目及方法见表9。

表9 钢模板拼装检测项目

序号	检测项目	检测方法	量具
1	拼装模板长度尺寸偏差	检查长度尺寸	钢卷尺
2	拼装模板宽度尺寸偏差	检查宽度尺寸	钢卷尺
3	拼装模板板面对角线差值	检查对角线尺寸	钢卷尺
4	拼装模板板面平面度	检查任意部位	平尺、塞尺
5	两块模板间拼缝间隙	检查最大缝隙处	塞尺
6	相邻模板板面高低差	检查板面高低最大处	平尺、塞尺

7 检验规则

钢模板的检验分出厂检验和型式检验。

7.1 出厂检验

7.1.1 钢模板在出厂前均应由生产厂质量管理部门按要求逐批进行出厂检验，经检验合格并签发产品合格证后方可出厂。

7.1.2 钢模板出厂文件必须有使用钢材厚度说明和质量证明书。

7.1.3 检验项目

7.1.3.1 外部观测项目：

    a）焊接的牢固性；

    b）端肋、横肋、纵肋焊接位置的正确性；

    c）凸棱成型质量；

    d）凸鼓成型质量；

    e）涂装质量；

    f）标志。

7.1.3.2 抽测项目：

    a）长度；

    b）宽度；

    c）肋高；

    d）凸棱直线度；

    e）面板平面度。

7.2 型式检验

型式检验按本标准第 5 章的规定项目进行全面检验。

属下列情况之一应进行型式检验：

    a）新产品或老产品转厂生产的试制定型鉴定；

    b）正式生产后，如结构、材料、工艺有较大改变可能影响性能时；

    c）正常生产时，应一年进行一次检验；

    d）产品长期停产，恢复生产时；

    e）出厂检验结果与上次型式检验有较大差异时；

    f）省、市、国家质量监督机构或行业管理部门提出进行型式检验要求时。

7.3 抽样及判定规则

7.3.1 抽样方法

7.3.1.1 型式检验按 GB/T 2828 中规定的二次正常检验抽样方案进行，见表 10。样本应从受检查批中随机抽取。

表 10 钢模板抽样方案

不合格分类	检查水平	AQL	批量范围	样本	样本大小		A_c	B_e
A 类	S-2	6.5	281～500	第一	3		0	2
			501～1200	第二		3	1	2
B 类	Ⅱ	10	281～500	第一	32		5	9
				第二		32	12	13
			501～1200	第一	50		7	11
				第二		50	18	19

不合格分类	检查水平	AQL	批量范围	样本	样本大小		A_c	R_e
C 类	Ⅱ	15	281～500	第一	32		7	11
				第二		32	18	19
			501～1200	第一	50		11	16
				第二		50	26	27
注：AQL—合格质量水平；A_c—合格判定数；R_e—不合格判定数								

7.3.1.2 提供取样的钢模板应是经检验合格的当年入库的产品或生产厂近期售出但尚未使用过的产品。

7.3.1.3 钢模板批量必须大于 280 块，品种不少于 5 种，当批量超过 1200 件时，应作另一批检查验收。

7.3.1.4 提取的样本应封存交付检验，检验前不得修理和调整。

7.3.2 钢模板不合格分类

7.3.2.1 钢模板检查项目未达到本标准第 5 章要求均为不合格。

7.3.2.2 按不合格对钢模板质量影响程度分为 A 类不合格、B 类不合格、C 类不合格、不合格项目见表 11。

表 11 钢模板不合格项目分类

不合格分类	不合格项目	备　注
A 类	1. 刚度 2. 承载力	按 5.2.1 规定
B 类	1. 长度 2. 宽度 3. 肋高 4. 孔中心距 5. 面板端头与两凸棱面垂直度 6. 孔中心与板面间距 7. 孔中心与板面端间距 8. 凸棱直线度	按表 4 规定 按表 4 规定 按表 4 规定 按表 4 规定 按表 4 规定 按表 4 规定 按表 4 规定 按表 4 规定
C 类	1. 板面平面度 2. 凸棱成型质量 3. 凸鼓质量 4. 端肋、纵、横肋与边肋高低差 5. 孔直径 6. 端肋、纵肋、横肋、面板相互垂直度 7. 端肋组焊位移 8. 边肋外突 9. 焊接质量 10. 整形质量 11. 涂装质量 12. 拼装大模板质量	按表 4 规定 按 5.3.1b) 规定 按 5.3.1c) 规定 按 5.3.1d) 规定 按表 4 规定 按 5.3.1e) 规定 按 5.3.1e) 规定 按 5.3.1e) 规定 按表 5.4.1 规定 按表 5.4.2 规定 按表 5.4.3 规定 按表 3 规定

7.4 质量判定

7.4.1 根据样本检查结果，若在第一样本中发现的不合格数小于或等于第一合格判定数，则判定该批是合格批，若在第一样本中发现的不合格数大于或等于不合格判定数，则判定该批是不合格批。

若在第一样本中发现的不合格数，大于第一合格判定数同时又小于第一不合格判定数，则抽第二样本进行检查。若在第一和第二样本中发现的不合格品数总和小于或等于第二合格判定数，则判该批是合格批。若在第一和第二样本中发现的不合格品数总和大于或等于第二不合格判定数，则判该批是不合格批。

7.4.2 经检验发现的不合格品剔除或修理后，允许按规定方式再次提交检查。

8 标志、包装、运输与贮存

8.1 标志

钢模板应在适当位置标记生产厂名称、商标、产品名称、产品型号及批号。

8.2 包装

8.2.1 钢模板可采用简易包装箱或同规格打捆包装。

8.2.2 包装或码放时两块钢模板工作面应相对。

8.3 运输与贮存

8.3.1 散装运输时模板周围挤紧不要互相碰撞。

8.3.2 装卸模板时不得抛摔。

8.3.3 钢模板应存放在平整结实的地面上，下垫垫木离开地面。

8.3.4 钢模板应按规格堆放。

附 录 A

钢模板型号：

表 A1 钢模板制作质量检测记录表

检查项目		要求尺寸 mm	允许偏差 mm	模 板 编 号										判定
				1	2	3	4	5	6	7	8	9	10	
外形尺寸	长度 L	—	$+0$ -0.90											
	宽度 B	—	$+0$ -0.70											
	肋高 H	—	±0.50											
U形卡孔	沿板长度的孔中心距	—	±0.60											
	沿板宽度的孔中心距	—	±0.60											
	孔中心与板面间距	22	±0.40											
	板端孔中心与板端间距	75	±0.30											
	孔直径 ϕ	13.8	±0.25											
凸棱尺寸	高度	0.3	$\geqslant0$											
	宽度	4	$\geqslant0$											
	边肋圆角	—	$\phi0.5$ 钢针通不过											
	凸鼓的高度	1	-0.20											

检查项目	要求尺寸 mm	允许偏差 mm	模板编号										判定
			1	2	3	4	5	6	7	8	9	10	
面板端与两凸棱面的垂直度	90°	≤0.50											
板面平面度 f_1	—	≤1.00											
凸棱直线度 f_2	—	≤0.50											
横肋、纵肋与边肋高度差	—	≤1.20											
两端肋组焊位移	0.3	不超出板端											
端肋、横肋、纵肋、面板相互垂直度	—	≤1.5											
边肋外突	—	不超出凸棱面											
焊缝 肋间焊缝长度	30	±5.00											
焊缝 肋间焊脚高度	2.5	+1.00 0											
焊缝 肋与面板焊缝长度	10	+5.00 0											
焊缝 肋与面板焊脚高度	2.5	+1.00 0											
角模垂直度 Δ	90°	≤1.0											
涂装质量													
整形质量													

检测人员：　　　　　　　　　　　　　　　　　检测日期：　　年　　月　　日

表 A2　钢模板力学性能试验记录

模板型号：　　　　　　　　　　　　　　　　　　　　　　　　　模板编号：

加荷级数	每次荷载	累计荷载	百分表读数	
			1	2
预加				
1				
2				
3				
4				
5				
6				
7				
8				

试验人员：　　　　　　　　　　　　　　　　　检测日期：　　年　　月　　日

中华人民共和国行业标准

建筑工程大模板技术规程

Technical specification for large-area
formwork building construction

JGJ 74—2003

批准部门：中华人民共和国建设部
施行日期：2003年10月1日

中华人民共和国建设部
公　告

第 151 号

建设部关于发布行业标准
《建筑工程大模板技术规程》的公告

现批准《建筑工程大模板技术规程》为行业标准，编号为 JGJ 74—2003，自 2003 年 10 月 1 日起实施。其中，第 3.0.2、3.0.4、3.0.5、4.2.1（3）、6.1.6、6.1.7、6.5.1（6）、6.5.2 条（款）为强制性条文，必须严格执行。

本规程由建设部标准定额研究所组织中国建筑工业出版社出版发行。

中华人民共和国建设部
2003 年 6 月 3 日

前　　言

根据建设部建标〔1999〕309 号文的要求，《建筑工程大模板技术规程》标准编制组经广泛调查研究，认真总结实践经验，参考有关国际标准和国外先进标准，并在广泛征求意见的基础上制定了本规程。

本规程的主要技术内容是：1. 总则；2. 术语、符号；3. 大模板组成基本规定；4. 大模板设计；5. 大模板制作与检验；6. 大模板施工与验收；7. 运输、维修与保管。

本规程由建设部负责管理和对强制性条文的解释，由主编单位负责具体技术内容的解释。

本规程主编单位：中国建筑科学研究院建筑机械化研究分院（地址：河北省廊坊市金光道 61 号；邮政编码：650000）。

本规程参编单位：北京利建模板公司、北京星河模板脚手架工程有限公司、中国建筑一局集团有限公司、北京石景山区建筑公司、北京住总集团住三模板公司。

本规程主要起草人员：杨亚男　胡健　贺军　史良　金燕兰　高向荣　吴庆敏

目　次

1 总　　则

1.0.1 为了适应建筑工程大模板技术的发展，使其设计、制作与施工达到技术先进、经济合理、安全适用、保证工程质量，制定本规程。

1.0.2 本规程适用于多层和高层建筑及一般构筑物竖向结构现浇混凝土工程大模板的设计、制作与施工。

1.0.3 大模板的设计、制作和施工除应执行本规程外，尚应符合国家现行有关强制性标准的规定。

2　术　语、符　号

2.1　术　　语

2.1.1 大模板　large-area formwork

模板尺寸和面积较大且有足够承载能力，整装整拆的大型模板。

2.1.2 整体式大模板　entire large-area formwork

模板的规格尺寸以混凝土墙体尺寸为基础配置的整块大模板。

2.1.3 拼装式大模板　assembling large-area formwork

以符合建筑模数的标准模板块为主、非标准模板块为辅组拼配置的大型模板。

2.1.4 面板　surface panel

与新浇筑混凝土直接接触的承力板。

2.1.5 肋　rib

支撑面板的承力构件，分为主肋、次肋和边肋等。

2.1.6 背楞　waling

支撑肋的承力构件。

2.1.7 对拉螺栓　tie bolt

连接墙体两侧模板承受新浇混凝土侧压力的专用螺栓。

2.1.8 自稳角　angle of self-stebilization

大模板竖向停放时，靠自重作用平衡风荷载保持自身稳定所倾斜的角度。

2.2　符　　号

F——新浇筑混凝土对模板的最大侧压力；

H_n——内墙模板配板设计高度；

H_w——外墙模板配板设计高度；

h_y——有效压头高度；

L_a、L_b、L_c、L_d——模板配板设计长度；

S_d——吊环净截面积；

α——自稳角。

3 大模板组成基本规定

3.0.1 大模板应由面板系统、支撑系统、操作平台系统及连接件等组成，示意图见本规程附录 A。

3.0.2 组成大模板各系统之间的连接必须安全可靠。

3.0.3 大模板的面板应选用厚度不小于 5mm 的钢板制作，材质不应低于 Q235A 的性能要求，模板的肋和背楞宜采用型钢、冷弯薄壁型钢等制作，材质宜与钢面板材质同一牌号，以保证焊接性能和结构性能。

3.0.4 大模板的支撑系统应能保持大模板竖向放置的安全可靠和在风荷载作用下的自身稳定性。地脚调整螺栓长度应满足调节模板安装垂直度和调整自稳角的需要，地脚调整装置应便于调整，转动灵活。

3.0.5 大模板钢吊环应采用 Q235A 材料制作并应具有足够的安全储备，严禁使用冷加工钢筋。焊接式钢吊环应合理选择焊条型号，焊缝长度和焊缝高度应符合设计要求；装配式吊环与大模板采用螺栓连接时必须采用双螺母。

3.0.6 大模板对拉螺栓材质应采用不低于 Q235A 的钢材制作，应有足够的强度承受施工荷载。

3.0.7 整体式电梯井筒模应支拆方便、定位准确，并应设置专用操作平台，保证施工安全。

3.0.8 大模板应能满足现浇混凝土墙体成型和表面质量效果的要求。

3.0.9 大模板结构构造应简单、重量轻、坚固耐用、便于加工制作。

3.0.10 大模板应具有足够的承载力、刚度和稳定性，应能整装整拆，组拼便利，在正常维护下应能重复周转使用。

4 大 模 板 设 计

4.1 一 般 规 定

4.1.1 大模板应根据工程类型、荷载大小、质量要求及施工设备等结合施工工艺进行设计。

4.1.2 大模板设计时板块规格尺寸宜标准化并符合建筑模数。

4.1.3 大模板各组成部分应根据功能要求采用概率极限状态设计方法进行设计计算。

4.1.4 大模板设计时应考虑运输、堆放和装拆过程中对模板变形的影响。

4.2　大模板配板设计

4.2.1 配板设计应遵循下列原则：

　　1 应根据工程结构具体情况按照合理、经济的原则划分施工流水段；

　　2 模板施工平面布置时，应最大限度地提高模板在各流水段的通用性；

　　3 大模板的重量必须满足现场起重设备能力的要求；

　　4 清水混凝土工程及装饰混凝土工程大模板体系的设计应满足工程效果要求。

4.2.2 配板设计应包括下列内容：

　　1 绘制配板平面布置图；

　　2 绘制施工节点设计、构造设计和特殊部位模板支、拆设计图；

　　3 绘制大模板拼板设计图、拼装节点图；

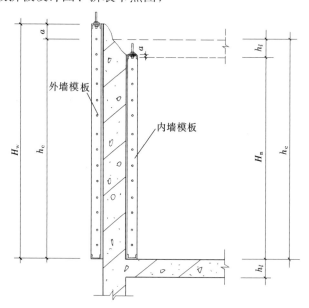

图 4.2.3-1　配板设计高度尺寸示意

　　4 编制大模板构、配件明细表，绘制构、配件设计图；

　　5 编写大模板施工说明书。

4.2.3 配板设计方法应符合下列规定：

　　1 配板设计应优先采用计算机辅助设计方法；

　　2 拼装式大模板配板设计时，应优先选用大规格模板为主板；

　　3 配板设计宜优先选用减少角模规格的设计方法；

　　4 采取齐缝接高排板设计方法时，应在拼缝外进行刚度补偿；

　　5 大模板吊环位置应保证大模板吊装时的平衡，宜设置在模板长度的 $0.2\sim0.25L$ 处；

　　6 大模板配板设计尺寸可按下列公式确定：

　　　1）大模板配板设计高度尺寸可按下列公式计算（图 4.2.3-1）：

$$H_n = h_c - h_l + a \qquad\qquad (4.2.3\text{-}1)$$

$$H_w = h_c + a \qquad (4.2.3\text{-}2)$$

式中 H_n——内墙模板配板设计高度（mm）；

$\quad\quad H_w$——外墙模板配板设计高度（mm）；

$\quad\quad h_c$——建筑结构层高（mm）；

$\quad\quad h_l$——楼板厚度（mm）；

$\quad\quad a$——搭接尺寸（mm）；内模设计：取 $a=10\sim30$mm；

$\quad\quad\quad\quad\quad$ 外模设计：取 $a\geqslant50$mm。

2）大模板配板设计长度尺寸可按下列公式计算（图 4.2.3-2、3）：

$$L_a = L_z + (a+d) - B_i \qquad (4.2.3\text{-}3)$$
$$L_b = L_z - (b+c) - B_i - \Delta \qquad (4.2.3\text{-}4)$$
$$L_c = L_z - c + a - B_i - 0.5\Delta \qquad (4.2.3\text{-}5)$$
$$L_d = L_z - b + d - B_i - 0.5\Delta \qquad (4.2.3\text{-}6)$$

式中 L_a、L_b、L_c、L_d——模板配板设计长度（mm）；

$\quad\quad L_z$——轴线尺寸（mm）；

$\quad\quad B_i$——每一模位角模尺寸总和（mm）；

$\quad\quad \Delta$——每一模位阴角模预留支拆余量总和，取 $\Delta=3\sim5$（mm）；

$\quad\quad a$、b、c、d——墙体轴线定位尺寸（mm）。

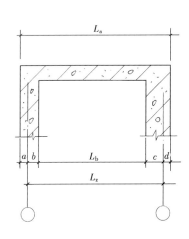

图 4.2.3-2　配板设计长度尺寸示意(一)　　图 4.2.3-3　配板设计长度尺寸示意(二)

4.3　大模板结构设计计算

4.3.1 大模板结构的设计计算应根据其形式综合分析模板结构特点，选择合理的计算方法，并应在满足强度要求的前提下，计算其变形值。

4.3.2 当计算大模板的变形时，应以满足混凝土表面要求的平整度为依据。

4.3.3 设计时应根据建筑物的结构形式及混凝土施工工艺的实际情况计算其承载能力。当按承载能力极限状态计算时应考虑荷载效应的基本组合，参与大模板荷载效应组合的各项荷载应符合本规程附录 B 的规定。计算大模板的结构和构件的强度、稳定性及连接强度应采用荷载的设计值，计算正常使用极限状态下的变形时应采用荷载标准值。

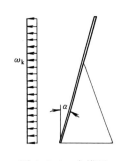
图 4.3.6 大模板
自稳角示意

4.3.4 大模板及配件使用钢材的强度设计值、焊缝强度设计值和螺栓连接强度设计值可按本规程附录 C 表 C.0.1、表 C.0.2、表 C.0.3、表 C.0.4 选用。

4.3.5 大模板操作平台应根据其结构形式对其连接件、焊缝等进行计算。大模板操作平台应按能承受 $1kN/m^2$ 的施工活荷载设计计算，平台宽度宜小于 900mm，护栏高度不应低于 1100mm。

4.3.6 风荷载作用下大模板自稳角的验算应符合下列规定：

1 大模板的自稳角以模板面板与铅垂直线的夹角 "α" 表示（图 4.3.6）：

$$\alpha \geqslant \arcsin[-P + (P^2 + 4K^2\omega_k^2)^{1/2}]/2K\omega_k \qquad (4.3.6\text{-}1)$$

式中 α——大模板自稳角（°）；

P——大模板单位面积自重（kN/m^2）；

K——抗倾倒系数，通常 $K=1.2$；

ω_k——风荷载标准值（kN/m^2）；

$$\omega_k = \mu_S\mu_Z v_f^2/1600 \qquad (4.3.6\text{-}2)$$

式中 μ_S——风荷载体型系数，取 $\mu_S=1.3$；

μ_Z——风压高度变化系数，大模板地面堆放时 $\mu_Z=1$；

v_f——风速（m/s），根据本地区风力级数确定，换算关系参照附录 D。

2 当验算结果小于 10°时，取 $\alpha \geqslant 10°$；当验算结果大于 20°时，取 $\alpha \leqslant 20°$，同时采取辅助安全措施。

4.3.7 大模板钢吊环截面的计算应符合下列规定：

1 每个钢吊环按 2 个截面计算，吊环拉应力不应大于 $50N/mm^2$，大模板钢吊环净截面面积可按下列公式计算：

$$S_d \geqslant \frac{K_d F_x}{2 \times 50} \qquad (4.3.7)$$

式中 S_d——吊环净截面面积（mm^2）；

F_x——大模板吊装时每个吊环所承受荷载的设计值（N）；

K_d——截面调整系数，通常 $K_d=2.6$。

2 当吊环与模板采用螺栓连接时，应验算螺纹强度；当吊环与模板采用焊接时，应验算焊缝强度。

4.3.8 对拉螺栓应根据其结构形式及分布状况，在承载能力极限状态下进行强度计算。

5 大模板制作与检验

5.0.1 大模板应按照设计图和工艺文件加工制作。

5.0.2 大模板所使用的材料，应具有材质证明，并符合国家现行标准的有关规定。

5.0.3 大模板主体的加工可按下列基本工艺流程：

下料 → 零、构件加工 → 组拼、组焊 → 校正 → 过程检验 → 涂漆 → 标识 → 最终检验 → 入库

5.0.4 大模板零、构件下料的尺寸应准确，料口应平整；面板、肋、背楞等部件组拼组焊前应调平、调直。

5.0.5 大模板组拼组焊应在专用工装和平台上进行，并采用合理的焊接顺序和方法。

5.0.6 大模板组拼焊接后的变形应进行校正。校正的专用平台应有足够的强度、刚度，并应配有调平装置。

5.0.7 钢吊环、操作平台架挂钩等构件宜采用热加工并利用工装成型。

5.0.8 大模板的焊接部位必须牢固、焊缝应均匀，焊缝尺寸应符合设计要求，焊渣应清除干净，不得有夹渣、气孔、咬肉、裂纹等缺陷。

5.0.9 防锈漆应涂刷均匀，标识明确，构件活动部位应涂油润滑。

5.0.10 整体式大模板的制作允许偏差与检验方法应符合表5.0.10的要求。

5.0.11 拼装式大模板的组拼允许偏差与检验方法应符合表5.0.11的要求。

表 5.0.10　整体式大模板制作允许偏差与检验方法

项次	项　目	允许偏差 （mm）	检　验　方　法
1	模板高度	±3	卷尺量检查
2	模板长度	−2	卷尺量检查
3	模板板面对角线差	≤3	卷尺量检查
4	板面平整度	2	2m靠尺及塞尺量检查
5	相邻面板拼缝高低差	≤0.5	平尺及塞尺量检查
6	相邻面板拼缝间隙	≤0.8	塞尺量检查

表 5.0.11　拼装式大模板组拼允许偏差与检验方法

项次	项　目	允许偏差 （mm）	检　验　方　法
1	模板高度	±3	卷尺量检查
2	模板长度	−2	卷尺量检查
3	模板板面对角线差	≤3	卷尺量检查
4	板面平整度	2	2m靠尺及塞尺量检查
5	相邻模板高低差	≤1	平尺及塞尺量检查
6	相邻模板拼缝间隙	≤1	塞尺量检查

6　大模板施工与验收

6.1　一　般　规　定

6.1.1 大模板施工前必须制定合理的施工方案。

6.1.2 大模板安装必须保证工程结构各部分形状、尺寸和预留、预埋位置的正确。

6.1.3 大模板施工应按照工期要求，并根据建筑物的工程量、平面尺寸、机械设备条件等组织均衡的流水作业。

6.1.4 浇筑混凝土前必须对大模板的安装进行专项检查，并做检验记录。

6.1.5 浇筑混凝土时应设专人监控大模板的使用情况，发现问题及时处理。

6.1.6 吊装大模板时应设专人指挥，模板起吊应平稳，不得偏斜和大幅度摆动。操作人员必须站在安全可靠处，严禁人员随同大模板一同起吊。

6.1.7 吊装大模板必须采用带卡环吊钩。当风力超过 5 级时应停止吊装作业。

6.2 施 工 工 艺 流 程

6.2.1 大模板施工工艺可按下列流程进行：

6.3 大 模 板 安 装

6.3.1 安装前准备工作应符合下列规定：

　1 大模板安装前应进行施工技术交底；

　2 模板进现场后，应依据配板设计要求清点数量，核对型号；

　3 组拼式大模板现场组拼时，应用醒目字体按模位对模板重新编号；

　4 大模板应进行样板间的试安装，经验证模板几何尺寸、接缝处理、零部件等准确后方可正式安装；

　5 大模板安装前应放出模板内侧线及外侧控制线作为安装基准；

　6 合模前必须将模板内部杂物清理干净；

　7 合模前必须通过隐蔽工程验收；

　8 模板与混凝土接触面应清理干净、涂刷隔离剂，刷过隔离剂的模板遇雨淋或其他因素失效后必须补刷；使用的隔离剂不得影响结构工程及装修工程质量；

　9 已浇筑的混凝土强度未达到 1.2N/mm² 以前不得踩踏和进行下道工序作业；

　10　使用外挂架时，墙体混凝土强度必须达到 7.5N/mm² 以上方可安装，挂架之间的水平连接必须牢靠、稳定。

6.3.2 大模板的安装应符合下列规定：

　1 大模板安装应符合模板配板设计要求；

　2 模板安装时应按模板编号顺序遵循先内侧、后外侧，先横墙、后纵墙的原则安装就位；

　3 大模板安装时根部和顶部要有固定措施；

　4 门窗洞口模板的安装应按定位基准调整固定，保证混凝土浇筑时不移位；

　5 大模板支撑必须牢固、稳定，支撑点应设在坚固可靠处，不得与脚手架拉结；

　6 紧固对拉螺栓时应用力得当，不得使模板表面产生局部变形；

7 大模板安装就位后，对缝隙及连接部位可采取堵缝措施，防止漏浆、错台现象。

6.4 大模板安装质量验收标准

6.4.1 大模板安装质量应符合下列要求：

1 大模板安装后应保证整体的稳定性，确保施工中模板不变形、不错位、不胀模；
2 模板间的拼缝要平整、严密，不得漏浆；
3 模板板面应清理干净，隔离剂涂刷应均匀，不得漏刷。

6.4.2 大模板安装允许偏差及检验方法应符合表6.4.2的规定。

表6.4.2 大模板安装允许偏差及检验方法

项　　目		允许偏差（mm）	检验方法
轴线位置		4	尺量检查
截面内部尺寸		±2	尺量检查
层高垂直度	全高≤5m	3	线坠及尺量检查
	全高>5m	5	线坠及尺量检查
相邻模板板面高低差		2	平尺及塞尺量检查
表面平整度		<4	20m内上口拉直线尺量检查下口按模板定位线为基准检查

6.5 大模板拆除和堆放

6.5.1 大模板的拆除应符合下列规定：

1 大模板拆除时的混凝土结构强度应达到设计要求；当设计无具体要求时，应能保证混凝土表面及棱角不受损坏；
2 大模板的拆除顺序应遵循先支后拆、后支先拆的原则；
3 拆除有支撑架的大模板时，应先拆除模板与混凝土结构之间的对拉螺栓及其他连接件，松动地脚螺栓，使模板后倾与墙体脱离开；拆除无固定支撑架的大模板时，应对模板采取临时固定措施；
4 任何情况下，严禁操作人员站在模板上口采用晃动、撬动或用大锤砸模板的方法拆除模板；
5 拆除的对拉螺栓、连接件及拆模用工具必须妥善保管和放置，不得随意散放在操作平台上，以免吊装时坠落伤人；
6 起吊大模板前应先检查模板与混凝土结构之间所有对拉螺栓、连接件是否全部拆除，必须在确认模板和混凝土结构之间无任何连接后方可起吊大模板，移动模板时不得碰撞墙体；
7 大模板及配件拆除后，应及时清理干净，对变形和损坏的部位应及时进行维修。

6.5.2 大模板的堆放应符合下列要求：

1 大模板现场堆放区应在起重机的有效工作范围之内，堆放场地必须坚实平整，不得堆放在松土、冻土或凹凸不平的场地上。

2 大模板堆放时，有支撑架的大模板必须满足自稳角要求；当不能满足要求时，必须另外采取措施，确保模板放置的稳定。没有支撑架的大模板应存放在专用的插放支架上，不得倚靠在其他物体上，防止模板下脚滑移倾倒。

3 大模板在地面堆放时，应采取两块大模板板面对板面相对放置的方法，且应在模板中间留置不小于 600mm 的操作间距；当长时期堆放时，应将模板连接成整体。

7 运输、维修与保管

7.1 运 输

7.1.1 大模板运输应根据模板的长度、高度、重量选用适当的车辆。

7.1.2 大模板在运输车辆上的支点、伸出的长度及绑扎方法均应保证模板不发生变形，不损伤表面涂层。

7.1.3 大模板连接件应码放整齐，小型件应装箱、装袋或捆绑，避免发生碰撞，保证连接件的重要连接部位不受破坏。

7.2 维 修

7.2.1 现场使用后的大模板，应清理粘结在模板上的混凝土灰浆及多余的焊件、绑扎件，对变形和板面凹凸不平处应及时修复。

7.2.2 肋和背楞产生弯曲变形应严格按产品质量标准修复。

7.2.3 焊缝开焊处，应将焊缝内砂浆清理干净，重新补焊修复平整。

7.2.4 大模板配套件的维修应符合下列要求：

　　1 地脚调整螺栓转动应灵活，可调到位；

　　2 承重架焊缝应无开焊处，锈蚀严重的焊缝应除锈补焊；

　　3 对拉螺栓应无弯曲变形，表面无粘结砂浆，螺母旋转灵活；

　　4 附、配件的所有活动连接部位维修后应涂抹防锈油。

7.3 保 管

7.3.1 对暂不使用的大模板拆除支架维修后，板面应进行防锈处理，板面向下分类码放。

7.3.2 大模板堆放场地地面应平整、坚实、有排水措施。

7.3.3 零、配件入库保存时，应分类存放。

7.3.4 大模板叠层平放时，在模板的底部及层间应加垫木，垫木应上下对齐，垫点应保证模板不产生弯曲变形；叠放高度不宜超过 2m，当有加固措施时可适当增加高度。

附录 A 大模板组成示意图

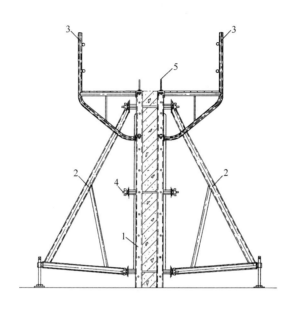

图 A 大模板组成示意

1—面板系统；2—支撑系统；3—操作平台系统；4—对拉螺栓；5—钢吊环

附录 B 大模板荷载及荷载效应组合

B.0.1 参与大模板荷载效应组合的各项荷载可符合表 B.0.1 的规定。

表 B.0.1 参与大模板荷载效应组合的各项荷载

参与大模板荷载效应组合的荷载项	
计算承载能力	计算抗变形能力
倾倒混凝土时产生的荷载 + 振捣混凝土时产生的荷载 + 新浇筑混凝土对模板的侧压力	新浇筑混凝土对模板的侧压力

B.0.2 大模板荷载的标准值应按下列规定确定：

1 倾倒混凝土时产生的荷载标准值

倾倒混凝土时对竖向结构模板产生的水平荷载标准值可按表 B.0.2 取值。

向模板内供料方法	水平荷载
溜槽、串筒或导管	2
容积为 0.2～0.8m³ 的运输器具	4
泵送混凝土	4
容积大于 0.8m³ 的运输器具	6
注：作用范围在有效压头高度以内。	

2　振捣混凝土时产生的荷载标准值

振捣混凝土时对竖向结构模板产生的荷载标准值按 4.0 kN/m² 计算（作用范围在新浇筑混凝土侧压力的有效压头高度之内）。

3　新浇筑混凝土对模板的侧压力标准值

当采用内部振捣器时，新浇筑混凝土作用于模板的最大侧压力，可按下列两式计算，并取较小值。

$$F = 0.22\gamma_c t_0 \beta_1 \beta_2 v^{1/2} \qquad (B.0.2-1)$$

$$F = \gamma_c H \qquad (B.0.2-2)$$

式中　F——新浇筑混凝土对模板的最大侧压力（kN/m²）；

　　　γ_c——混凝土的重力密度（kN/m³）；

　　　t_0——新浇筑混凝土的初凝时间（h），可按实测确定。当缺乏实验资料时，可采用 $t_0 = 200/(T+15)$ 计算（T 为混凝土的温度，℃）；

　　　v——混凝土的浇筑速度（m/h）；

　　　H——混凝土侧压力计算位置处至新浇筑混凝土顶面的总高度（m）；

　　　β_1——外加剂影响修正系数，不掺外加剂时取 1.0；掺具有缓凝作用的外加剂时取 1.2；

　　　β_2——混凝土坍落度影响修正系数，当坍落度小于 100mm 时，取 1.10；不小于 100mm 时，取 1.15。

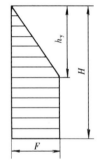

图 B.0.2　混凝土侧压力的分布示意

混凝土侧压力的分布可见图 B.0.2：

其中，有效压头高度 h_y，可按下列公式计算：

$$h_y = F/\gamma_c \qquad (B.0.2-3)$$

B.0.3　大模板荷载的分项系数

计算大模板及其支架时的荷载设计值，应采用荷载标准值乘以相应的荷载分项系数求得，荷载分项系数可按表 B.0.3 取值。

表 B.0.3　大模板荷载分项系数

项次	荷载名称	荷载类型	γ_i
1	倾倒混凝土时产生的荷载	活荷载	1.4
2	振捣混凝土时产生的荷载		
3	新浇筑混凝土对模板侧面的压力	恒荷载	1.2

附录C 大模板用钢材、焊缝连接及螺栓连接的强度设计值

C.0.1 Q235A（3号钢）钢材分组尺寸可按表C.0.1选用。

表C.0.1 Q235A（3号钢）钢材分组尺寸（mm）

钢材		圆钢、方钢和扁钢的直径或厚度	角钢、工字钢和槽钢的厚度	钢板的厚度
钢号	组别			
Q235A（3号钢）	第1组	≤40	≤15	≤20
	第2组	>40～100	>15～20	>20～40
	第3组		>20	>40～50

C.0.2 钢材强度设计值可按表C.0.2选用。

表C.0.2 钢材的强度设计值（N/mm²）

钢材			抗拉、抗压和抗弯 f	抗剪 f_v
钢号	组别	厚度或直径（mm）		
Q235A（3号钢）	第1组	—	215	125
	第2组	—	200	115
	第3组	—	190	110

C.0.3 焊缝的强度设计值可按表C.0.3选用。

表C.0.3 焊缝的强度设计值（N/mm²）

序号	焊接方法和焊条型号	构件钢材钢号	对接焊缝			角焊缝
			抗压 f_c^w	抗拉、抗弯 f_t^w	抗剪 f_v^w	抗拉、抗压和抗弯 f_c^w
1	自动焊、半自动焊和E43××型焊条的手工焊	Q235	215	185	125	160
2	冷弯薄壁型钢结构		205	175	120	140

C.0.4 螺栓连接的强度设计值可按表C.0.4选用。

表C.0.4 螺栓连接的强度设计值（N/mm²）

螺栓的钢号（或性能等级）和构件的钢号		构件钢材		普通螺栓					
				C级螺栓			A级、B级螺栓		
		组别	厚度（mm）	抗拉 f_t^b	抗剪 f_v^b	承压 f_c^b	抗拉 f_t^b	抗剪（I类孔）f_v^b	承压（I类孔）f_c^b
普通螺栓	Q235			170	130		170	170	

附录 D 风力、风速、基本风压换算关系

D.0.1 风力、风速、基本风压换算可按表 D.0.1 选用。

表 D.0.1 风力、风速、基本风压换算表

风力（级）	5	6	7	8	9
风速（m/s）	8.0～10.7	10.8～13.8	13.9～17.1	17.2～20.7	20.8～24.4
基本风压（kN/m²）	0.04～0.07	0.07～0.12	0.12～0.18	0.18～0.27	0.27～0.37

本规程用词说明

1 为便于执行本规程条文时区别对待，对于要求严格程度不同的用词说明如下：

1）表示很严格，非这样做不可的：

正面词采用"必须"；反面词采用"严禁"；

2）表示严格，在正常情况下均应这样做的：

正面词采用"应"；反面词采用"不应"或"不得"；

3）表示允许稍有选择，在条件许可时，首先应该这样做的：

正面词采用"宜"；反面词采用"不宜"；

表示有选择，在一定条件下可以这样做的，采用"可"。

2 条文中指明应按照其他有关标准执行的写法为："应按……执行"或"应符合……的要求（或规定）"。

中华人民共和国行业标准

建筑工程大模板技术规程

JGJ 74—2003

条 文 说 明

目　次

1 总　　则

1.0.1　大模板工程是一项自成体系的成套技术，由于适应了建筑工业化、机械化、高效、快捷、文明施工和高质量混凝土结构的要求得以快速发展和应用，为促进大模板技术的发展和保证工程质量，在总结现有实践经验的基础上制定了本规程。

1.0.2　本条界定了本规程的适用范围，供大模板的设计、制作、施工单位应用。

1.0.3　本规程主要针对多层或高层建筑剪力墙或墙体大模板施工工艺特点编写的，对于其他工程使用的特殊类型大模板，除执行本规程要求以外，尚应结合工程实际，符合现行有关标准和规范的规定要求。

2　术　语、符　号

2.1　术　　语

本规范给出的 8 个术语是为了使与大模板体系有关的俗称和不统一的称呼在本规程及今后的使用中形成单一的概念，并与其他类型模板的有关称呼趋于一致，利用已知或根据其概念特征赋予其涵义，但不一定是术语的准确定义。

2.2　符　　号

本规程的符号按以下次序以字母的顺序列出：
——大写拉丁字母位于小写字母之前（A、a、B、b 等）；
——无脚标的字母位于有脚标字母之前（B、B_m、C、C_m 等）；
——希腊字母位于拉丁字母之后；
公式中的符号概念已在正文中表述的不再列出。

3　大模板组成基本规定

3.0.1　本条简要的说明了大模板组成的必要部分，面板系统包括面板、肋、背楞等；支撑系统包括支撑架、地脚调整螺栓等；操作平台系统包括三角支架、护栏、爬梯、脚手板等。为清楚起见以一面墙体工作状态的示意图描绘。大模板结构形式有整体式、拼装式等，本规程无意通过示意图规范和统一大模板的具体结构和构造。

3.0.2　大模板与各系统之间一般是通过螺栓或销轴连接。为保证大模板施工安全，组成大模板的各系统之间的连接应保证施工的安全可靠性。

3.0.3 根据目前大模板的面板、肋和背楞等主要采用以钢材为主要材料的现状，本规程对使用钢材材质提出了最低的限制要求。如果面板采用其他材料如：木胶合板、竹胶合板或用木方做肋、背楞在现场制作、组拼的模板类型，不列入本规程要求的范围，应遵循国家现行有关标准的规定。

3.0.4 支撑系统的功能既要维持大模板竖向放置的稳定性，又要能在模板安装时调节板面的垂直度。大模板竖向放置的稳定性是靠模板及支撑系统等的自重通过调节自稳角来达到平衡，地脚调整螺栓作为调整自稳角的主要构件，其可调整长度应满足上述要求。

3.0.5 钢吊环是大模板必不可少的重要吊装部件，其材料的选择、加工或与大模板的连接等对保证大模板的安全施工至关重要，本条是对钢吊环提出的基本要求。

3.0.6 对拉螺栓的作用是连接墙体两侧模板、控制模板间距（墙体厚度），承受施工中荷载。因此，对拉螺栓应有足够的强度和安全储备以保证施工的安全性。

3.0.7 电梯井筒模是一种组合后的大模板群体，体型、重量大，结构形式和支、拆模方法多样，设置专用的操作平台以保证施工人员的安全。

4 大模板设计

4.1 一般规定

4.1.1 本条是合理确定大模板设计方案的必要条件，设计与施工双方应根据工程设计图纸、施工单位设备条件、具体要求等进行沟通和磋商，按拟定设计方案，进行具体的模板工程设计。

4.1.2 由于建筑物结构和用途的多元化，其开间、进深、层高尺寸也各不相同。本条规定要求大模板设计时既要做到模板的合理配置，又要考虑模板的通用性，以满足不同的平面组合，提高模板的利用率，降低成本。

4.1.3 以概率理论为基础的极限状态设计方法是当前结构设计最先进的方法，大模板各组成部分的结构和构造通过采用概率极限状态进行设计计算，能较好地反映可靠度的实质。

4.1.4 大模板在进行结构构造设计时，不但要考虑施工荷载效应组合，还要考虑外界因素，如运输、堆放、装拆过程中的碰撞等给大模板造成变形的影响，因为这些影响在模板结构设计中是不确定因素，难以通过计算确定，所以是实践经验的积累。

4.2 大模板配板设计

4.2.1 本条规定了大模板配板设计的各个步骤和工作程序要遵循的原则：

1 划分流水段是任何一项模板工程前期设计的重要步骤，划分流水段的合理与否与大模板投入量、周转使用次数、施工速度和工程总体经济效益有直接关系；

2 在配板设计时，最大限度地提高模板的通用比例，以提高模板工程的经济性；

3 起重设备能力指起重量、最大回转半径等技术指标，以此作为确定大模板板块重量的依据；

4　清水混凝土工程和装饰混凝土工程与一般结构混凝土的不同点是前者对外观的要求比后者更加严格。混凝土成品的表面质量与模板的质量密切相关，在设计清水混凝土工程和装饰混凝土工程的大模板体系时，应采取相应的措施达到工程期望的满意效果。

4.2.3　配板设计方法应符合以下规定：

1　本规程规定配板设计优先采用计算机辅助设计方法，旨在推动计算机技术在模板工程设计的应用进程。模板工程的配板设计工作繁琐、统计工作量大，应用计算机技术以提高配板设计准确性和工作效率。

3　模板配置过程中出现的剩余尺寸，如果采取"以板定角模"，即剩余尺寸由角模尺寸补偿，会导致多种规格尺寸的角模；若采取"以角模定板"的方法，即剩余尺寸由板补偿，可减少角模规格提高通用性，利于现场施工管理和降低成本。

5　吊环位置设计，按等强度条件计算给出了推荐位置。

吊环位置的计算如下（见图1）：

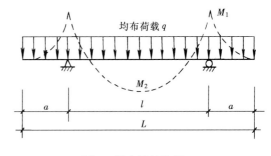

$$M_1 = \frac{1}{2}qa^2$$

$$M_2 = \frac{1}{8}ql^2(1-4\lambda^2)\ 其中：\lambda = \frac{a}{L-2a}$$

令 $M_1 = M_2$

求解此方程后：

$$a = \frac{-L+\sqrt{2}L}{2} = 0.207L$$

取 $a = 0.2L \sim 0.25L$。

图1　吊点计算简图

6　大模板配板设计尺寸的确定：

（1）大模板配板设计高度公式：

1）在一般工程中，同一层平面内往往有几种楼板厚度，计算公式中的"h_l"取值应按不同工程的具体情况自行确定；

2）采取隐蔽施工缝的搭接作法时，式中的"a"取值大小可根据工程具体要求另定；

3）由于施工工艺的不同，内外模板配板设计高度也可以相同，即：$H_n = H_w$。

（2）大模板配板设计长度公式：

1）公式（4.2.3-3～6）适于图示情况，是模板设计中几何尺寸的基本公式，特殊情况几何尺寸的计算应根据每个工程的具体情况确定；

2）关于"Δ"的取值：

a　在内墙设计时，阴角处应预留支拆余量"Δ"；

b　在阳角设计时，阳角因无拆模问题，故：$\Delta = 0$；

c　公式中给出的"Δ"，是一个模位预留支拆余量的总和。在实际设计中，"Δ"可分摊在两个阴角处，取值大小根据具体情况，在 $\Delta = 3 \sim 5mm$ 之间取舍。

3）"B_i"指一个模位角模尺寸的总和：

a　当一个模位有两个不同规格角模时，$B_i = B_1 + B_2$；

b　当一个模位仅一个角模时，$B_i = B_1$；

c 当一个模位有两个相同的角模时，$B_i = 2B_1$。

4.3 大模板结构设计计算

4.3.1 大模板结构形式有的有背楞、有的无背楞，且肋和背楞的布置形式也不一样，结构形式不同，计算模型也不同；按照大模板的结构形式选择合理地计算方法计算模板的变形值，以便更切合实际。

4.3.2 表面平整度是评定混凝土表面质量的重要参数，大模板抗变形能力的强弱直接影响混凝土的表面平整度；在验算大模板的刚度时，其允许变形值的确定以满足混凝土表面要求的平整度为依据，以保证大模板的刚度符合施工的要求。

4.3.3 大模板在使用过程中有多种荷载参与效应组合，应取各自最不利的组合进行设计计算。在附录 B 中，计算承载能力时的效应组合增加了"倾倒混凝土时产生的荷载"一项，由于目前大模板施工多采用泵送混凝土浇筑，混凝土浇筑与振捣往往是同时进行的，浇筑与振捣位置相距很近，因此增加了此项荷载；同时还在"倾倒混凝土时产生的水平荷载标准值"中增加了"泵送混凝土"一项，泵送混凝土产生的水平荷载标准值是通过在施工现场采用泵送混凝土与不同容积的运输器具输送混凝土进行测试、分析及比较得出的。

4.3.5 大模板操作平台是操作人员的工作平台，国外有关资料描述此项荷载的设计值为 $0.75 kN/m^2$，根据我国目前施工的具体情况参照有关模板脚手架资料，为提高安全性，操作平台按能承受 $1 kN/m^2$ 的施工活荷载设计计算。

4.3.6 大模板停放稳定性主要取决于大模板的自稳角，应根据建筑施工周围环境、施工地区的风力、模板自重等因素按公式验算，不同地区可根据现场情况计算取值。风荷载作用下大模板自稳角的验算公式是以大模板自身重力与大模板受到的风力且以大模板底边为支点，采用力矩平衡原理推导得出。计算风荷载标准值 w_k 时，按照《建筑结构荷载规范》GB 50009—2001 的规定，基本风压 ω_0 是按 $\omega_0 = v_1^2/1600$ 公式计算；当停放位置高度有较大变化时，应考虑风压高度变化系数 μ_z；根据大模板结构特性，风荷载体型系数 μ_s 取 1.3；本规程不考虑风振系数对大模板风荷载标准值的影响。大模板自稳角在 $10°\sim20°$ 之间取值，是通过计算及实践经验验证得出的，当大模板自稳角不能满足风荷载作用下停放的稳定性要求时，应采取必要的抗倾覆措施。

4.3.7 大模板钢吊环截面面积计算是根据《混凝土结构设计规范》GB 50010—2002 规定，每个钢吊环按 2 个截面计算，吊环拉应力不应大于 $50 N/mm^2$；考虑到大模板钢吊环在实际工作状况中有受拉、受弯等力的组合作用，为提高大模板钢吊环使用的安全度，在钢吊环截面面积计算公式中增加了截面调整系数 $K_d = 2.6$。

4.3.8 对拉螺栓承受施工荷载，分布的疏密程度关系到模板整体的抗变形能力和对拉螺栓截面面积的大小。由于对拉螺栓结构形式的不同，一般应计算它的最小断面及螺纹强度，锥形对拉螺栓还应根据楔板或楔块的结构形式分别计算剪切强度和接触强度。

5 大模板制作与检验

5.0.3 大模板的工艺流程表述的是模板加工的主要工序，每个工序中还应根据不同的加工件制定各自的加工工艺；连接件、配件等的加工应按设计图纸的要求制定相应的工艺文件。质量检验工作应贯穿于产品生产的始终，过程检验应以操作者的"自检"、"互检"为主，最终检验应由专职检验人员检验。

5.0.4 大模板零、部件下料尺寸准确、料口平整，是保证大模板组焊、组拼后尺寸准确和成品质量的重要环节。

5.0.5 由于大模板面积大，焊接部位多，不同部位的焊接往往有不同的工艺要求，如：板面和边肋采取塞焊工艺、面板与肋间采取断续焊及有的部位需要满焊等，实践经验证明，合理的焊接顺序和方法，可以有效的相互抵消由焊接产生的内应力，减少模板的焊接变形。

5.0.6 大模板校正专用平台配备调平装置可用来校正模板变形，调整大模板平整度。

5.0.8 大模板焊接部位存在缺陷将直接影响大模板的整体质量、使用寿命和安全性。

5.0.9 模板标识可在模板的背面和板侧醒目处，以便于吊装、堆放时的识别和管理，标识通常有两项内容：

1　模板的规格尺寸；
2　配板设计方案中模板的模位编号。

6　大模板施工与验收

6.1　一　般　规　定

6.1.1 本条要求施工现场的管理人员在组织大模板施工时，应按照大模板设计方案结合施工现场的规模、场地、起重设备、作业人员、模板流水段作业周转的施工期和滞留期等可能出现的问题做通盘考虑和安排，制定具体的施工方案，以利于大模板优越性的发挥和施工的均衡、有序、快捷。

6.1.3 大模板工程的均衡流水作业，可提高模板的周转率，加快施工进度。均衡流水作业是使每个流水段的工程量基本相等，投入的人工和占用的施工时间基本相当，工序间和各工种间配合协调，起重设备能优化配置和利用，保证施工流程顺畅。

6.1.5 浇筑混凝土时，由于泵送混凝土流量、振捣等动力影响和人为操作的不确定性因素，施工中设专人对大模板使用情况监控，以便发现胀模（变形）、跑模（位移）等异常情况能及时得到妥善的处理。

6.1.6 为使大模板的施工顺利进行和做到安全施工，结合现场实际，针对易忽视的安全隐患提出了必须做到的安全施工要求。

6.1.7 为保证吊运大模板的安全性，强调必须采用带卡环的吊钩吊运模板，避免因没挂好脱钩造成的安全事故。按照现行行业标准《建筑施工高处作业安全技术规范》JGJ80的规定，考虑大模板的面积大，揽风面积也大，当风力较大且作业高度增加后，大模板在空中会像风筝一样飘来荡去，存在安全隐患，本规程规定风力超过5级时应停止大模板的吊装作业。

6.3 大模板安装

6.3.1 安装前的准备工作

1 大模板安装前通过技术交底，将施工工艺要点和质量要求落实到班组和操作人员；

2 大模板的安装是按配板设计的模位"对号入座"，因此，模板进场后应清点核对数量、型号，保证施工顺利进行；

3 拼装式大模板有时需在现场组拼，在现场组拼后的大模板，还应按配板设计方案所在的模位重新进行编号；

5 测量放线是大模板安装位置准确度的依据，也是确保工程质量的关键工序；

8 隔离剂有时效性，涂刷时间过久或不均匀、放置时间过长落上灰尘或遇雨淋后失去效力都会直接影响脱模效果。隔离剂选择不当会造成对混凝土结构表面的污染，影响混凝土工程的表面质量和装修工程的质量；

9~10 按照现行国家标准《混凝土结构工程施工质量验收规范》GB 50204—2002 和《高层建筑混凝土结构技术规程》JGJ 3—2002 的要求规定的。

6.3.2 大模板的安装应符合下列规定：

2 从便于大模板的安装操作和安全施工的角度，规定了先安装墙体内侧模板，再安装外侧模板的顺序原则；

3~4 大模板安装后的根部和顶部固定，支撑牢固可靠，保证模板不会因承受荷载而移位或变形，确保混凝土结构位置和外形尺寸的准确；

5 模板支撑不牢固失稳易造成模板倾覆等安全事故，与脚手架搭接存在不安全隐患；

7 大模板安装后，为防止漏浆，对结构节点或连接部位存在的缝隙，可以用其他材料堵缝，但不能破坏模板及安装位置。

6.5 大模板拆除和堆放

6.5.1 大模板的拆除应符合下列规定：

1 本条款对拆模时混凝土应达到的强度提出了要求，过早拆除模板，混凝土强度低，容易造成混凝土结构缺棱、掉角及表面粘连等质量缺陷。拆模时混凝土强度，可依据与结构同条件养护混凝土试件的强度。

2 拆模是支模的逆过程，从施工工艺上先支的模板后拆，后支的模板先拆便于施工；从施工安全性考虑，外侧的大模板就位于外挂架上，且在建筑物外侧，当对拉螺栓等连接件拆除后，非常不安全，为了防止碰撞模板发生坠落，应先拆除外侧模板。

3 有支撑架的大模板，当对拉螺栓、连接件等拆除后，调整地脚螺栓使大模板稳固停放，无支撑架的大模板，连接件拆除后，则应采取临时固定措施，不能将模板直接倚靠在墙体结构或不稳定的物体上，以防破坏墙体结构或模板滑倒伤人。

4 大模板整装整拆，面积越大，模板与混凝土之间的粘结力也就越大，如果模板表面清理得不好、脱模剂涂刷有缺陷，表面光滑程度等出现问题，会给拆模带来困难，当出现这种现象时，可采取在模板底部用撬棍撬动模板，使模板与墙体脱离开。在模板上口采取撬动、晃动模板或用大锤砸模板方法拆摸，会造成对混凝土结构的破坏和模板的损坏、质量水平下降，影响大模板的重复使用效果。

6 由于对拉螺栓等连接件的漏拆、强行起吊模板而酿成的安全事故，会造成起重设备损坏和人员伤亡的重大损失，必须引起高度重视。

7 为不影响大模板的正常周转使用，拆除后要及时的清理和维修。

6.5.2 大模板的堆放应符合下列要求：

1 大模板堆放区布置在起重机回转半径范围之内，可直接吊运，减少二次搬运，提高工效。在施工的过程中，大模板多采取竖向放置，由于大模板体型、自重大，如果堆放场地不坚实平整停放不稳，受外力作用易造成倾覆的安全事故。

2~3 从施工及施工安全的角度考虑，大模板堆放除应满足自稳角的要求外，板面对板面相对放置，可以防止一块模板受外力作用失稳倾覆对相邻模板引发的连锁反应；模板与模板中间留置操作间距，便于对模板的清理和涂刷隔离剂。

7 运输、维修与保管

7.1 运 输

7.1.1~7.1.3 模板运输车辆的选择及模板在车辆上的位置、绑扎方法等是运输过程中注意成品保护的重要环节，为保证模板从出厂到施工现场的质量不因运输过程中的装车、绑扎等方法不当而造成模板或附件降低质量水平和使用效果而提出的要求。

7.2 维 修

7.2.1~7.2.4 对使用后的大模板及附件的维修，重点从影响模板及附件重复使用质量的关键部位，提出了维修工艺和具体方法的要求。

7.3 保 管

7.3.1~7.3.3 对暂不使用的大模板在露天堆放的场地、放置方法和维护提出的要求，对入库保管的配件同样地提出了保管方法和维护的要求。

中华人民共和国建筑工业行业标准

竹 胶 合 板 模 板

Plybamboo Form

JG/T 156—2004

中华人民共和国建设部

2004-06-01 实施

前　言

本标准代替 JG/T 3026—1995《竹胶合板模板》。

本标准与 JG/T 3026—1995 相比主要变化如下：

——更加明确了本标准的范围（见第 1 章）；

——修改了部分术语和定义（见第 3 章）；

——增加了组坯中的对称、方向和厚度要求（见 5.2）；

——提高了模板厚度、长宽、对角线长度、板面翘曲度的偏差要求，增加了四边不直度的要求（见 5.4）；

——提高了模板外观质量要求（见 5.5）；

——取消了产品一等品、密度、吸水率和胶合强度的技术要求，提高了静曲弹性模量、冲击强度和水煮、冰冻、干燥的保存强度的技术指标，增加了折减系数的技术要求（见 5.6）；

——修改了表面处理板模板外观质量要求，增加了胶合性能、耐碱性（见 5.7）；

——修改和增加了对应的试验方法（见第 6 章）；

——明确了检验规则（见第 7 章）；

——修改了标志、包装、运输和贮存中的部分要求（见第 8 章）。

本标准由建设部标准定额研究所提出。

本标准由建筑制品与构配件产品标准化委员会归口。

本标准负责起草单位：北京建筑工程学院、中国模板协会。

本标准参加起草单位：广西柳州铁路桂龙竹材人造板厂、浙江德清县莫干山竹胶合板厂、国林竹藤科技有限责任公司、中南林学院竹材工业研究所、江西省永安建材有限公司、福建三明市金鑫人造板有限公司、江西省崇义华森竹业有限公司。

本标准主要起草人：陈家珑、糜嘉平、鲁铁兵、郎妙国、赵仁杰、赵斌、林东平、莫先琴、李英长、叶欲成、徐国荣、王永建。

本标准所代替标准的历次版本发布情况为：

——JG/T 3026—1995。

1 范围

本标准规定了竹胶合板模板（以下简称竹模板）的术语与定义、分类、代号和规格、要求、试验方法、检验规则、标志、包装、运输和贮存。

本标准适用于混凝土施工用的竹模板

2 规范性引用文件

下列文件中的条款通过本标准的引用而成为本标准的条款。凡是注日期的引用文件，其随后所有的修改单（不包括勘误的内容）或修订版均不适用于本标准，然而，鼓励根据本标准达成协议的各方研究是否可使用这些文件的最新版本。

GB/T 14732—1993　木材工业胶粘剂用脲醛、酚醛、三聚氰胺甲醛树脂

GB/T 17657—1999　人造板及饰面人造板理化性能试验方法

LY/T 1574—2000　混凝土模板用竹材胶合板

3 术语和定义

下列术语和定义适用于本标准。

3.1

竹胶合板模板　plybamboo form

由竹席、竹帘、竹片等多种组坯结构，及与木单板等其他材料复合，专用于混凝土施工的竹胶合板。

3.2

竹席　bamboo woven-mat

竹篾经纵横交错编织而成的席子。

3.3

竹帘　bamboo curtain

竹篾经非塑料线或绳编扎织成的帘子。

3.4

竹片　bamboo strip

竹材除去竹青、竹黄后经刨削加工而成的片材。

3.5

组坯　assembly require

根据竹模板的结构设计，胶合前将各层材料按要求配置的组合。

3.6

竹篾　bamboo skin

竹材经劈刀纵剖而成的薄竹条。

3.7

素面板　untested face plybamboo form

表面未经处理的竹模板。

3.8

复木板　plybamboo form covered by veneer

表面复贴木单板的竹模板。

3.9

涂膜板　coated plybamboo form

表面敷有涂膜层的竹模板。

3.10

覆膜板　plybamboo form covered by saturate paper

表面复有浸渍纸的竹模板。

3.11

表板　face

竹模板的表层材料，又分面板和背板。

3.12

折减系数　reduction factor

因含水率的增加竹模板静曲弹性模量降低的系数。

4　产品分类、代号和规格

4.1　产品分类、代号

4.1.1　按组坯结构分类：

4.1.1.1　竹席模板　代号 ZX；

4.1.1.2　竹帘模板　代号 ZL；

4.1.1.3　竹片模板　代号 ZP；

4.1.1.4　竹席竹帘模板　代号 ZXL；

4.1.1.5　竹席竹片模板　代号 ZXP。

4.1.2　按表面处理分类：

4.1.2.1　素面板　按 4.1.1 代号续加 S；

4.1.2.2　复木板　按 4.1.1 代号续加 M；

4.1.2.3　涂膜板　按 4.1.1 代号续加 T；

4.1.2.4　覆膜板　按 4.1.1 代号续加 F；

4.1.2.5　覆膜复木板　按 4.1.1 代号续加 FM。

4.2　规格

应符合表 1 的规定。

表 1　竹模板规格   mm

长　　度	宽　　度	厚　　度
1830	915	
1830	1220	
2000	1000	9、12、15、18
2135	915	
2440	1220	
3000	1500	
注：竹模板规格也可根据用户需要生产。		

4.3 产品型号

由产品代号、特性代号和主参数代号3个部分组成，按下列顺序排列

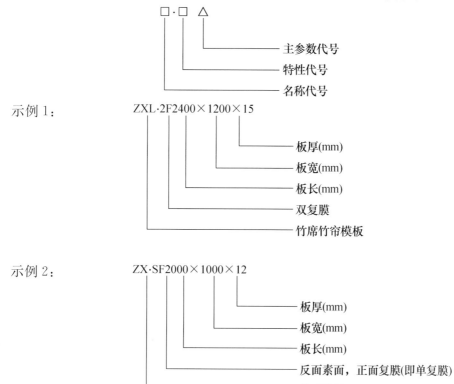

示例1：ZXL·2F2400×1200×15

- 板厚(mm)
- 板宽(mm)
- 板长(mm)
- 双复膜
- 竹席竹帘模板

示例2：ZX·SF2000×1000×12

- 板厚(mm)
- 板宽(mm)
- 板长(mm)
- 反面素面，正面复膜(即单复膜)
- 竹席模板

5 要求

5.1 材料要求

5.1.1 竹、木材应采用无霉变、无腐朽、无虫蛀的原料。

5.1.2 胶粘剂应采用性能符合 GB/T 14732—1993 要求的酚醛树脂胶或其他性能相当的胶粘剂。

5.2 组坯要求

5.2.1 竹席模板应由多层竹席组坯。

5.2.2 竹帘模板或竹片模板应由层数不少于3的竹帘或竹片对称组坯。其表层竹帘的竹篾或竹片的长度方向应与成品板长度方向一致。同张板内，各对称层竹帘或竹片厚度应相同。

5.2.3 竹席竹帘模板或竹席竹片模板，除应按5.2.2要求组坯外，其两表面各为1层以上的竹席表板。

5.3 板边封边处理要求

产品出厂时，竹模板的四边应采用封边处理。封边涂料应防水并涂刷均匀、牢固，无漏涂。

5.4 尺寸偏差

5.4.1 厚度的允许偏差应符合表2的规定。

表2 竹模板厚度允许偏差　　　　　　　　　　　　　　　　　　　　　　　mm

厚　度	等　级	
	优等品	合格品
9、12	±0.5	±1.0
15	±0.6	±1.2
18	±0.7	±1.4

5.4.2 长度、宽度的允许偏差为±2mm。

5.4.3 对角线长度之差应符合表3的规定。

表3 竹模板对角线长度之差　　　　　　　　　　　　　　　　　　　　　mm

长　度	宽　度	两对角线长度之差
1830	915	≤2
1830	1220	≤3
2000	1000	
2135	915	
2440	1220	≤4
3000	1500	

5.4.4 竹模板的板面翘曲度允许偏差，优等品不应超过0.2%，合格品不应超过0.8%。

5.4.5 竹模板的四边不直度均不应超过1mm/m。

5.5 外观质量要求应符合表4的规定。

5.6 物理力学性能应符合表5的规定。

5.7 表面处理板的外观质量与性能要求

5.7.1 涂膜板外观质量与性能除应满足表4、表5的要求外，还应符合表6的规定。

5.7.2 覆膜板外观质量与性能除应满足表4、表5的要求外，还应符合表7的规定。

表4 竹模板外观质量要求

项目	检 测 要 求	单位	优等品		合格品	
			表板	背板	表板	背板
腐朽、霉斑	任意部位	—	不允许			
缺损	公称幅面内	mm²	不允许		≤400	
鼓泡	任意部位	—	不允许			
单板脱胶	单个面积20mm²~500mm²	个/m²	不允许		1	3
	单个面积20mm²~1000mm²				不允许	2
表面污染	单个污染面积100mm²~2000mm²	个/m²	不允许		4	不限
	单个污染面积100mm²~5000mm²				2	
凹陷	最大深度不超过1mm单个面积	mm²	不允许	10~500	10~1500	
	单位面积上数量	个/m²	不允许	2	4	不限

表 5　竹模板物理力学性能要求

项　　目		单位	优等品	合格品
含水率		%	≤12	≤4
静曲弹性模量	板长向	N/mm²	≥7.5×10³	≥6.5×10³
	板宽向	N/mm²	≥5.5×10³	≥4.5×10³
静曲强度	板长向	N/mm²	≥90	≥70
	板宽向	N/mm²	≥60	≥50
冲击强度		kJ/m²	≥60	≥50
胶合性能		mm/层	≤25	≤50
水煮、冰冻、干燥的保存强度	板长向	N/mm²	≥60	≥50
	板宽向	N/mm²	≥40	≥35
折减系数		—	0.85	0.80

表 6　涂膜板外观质量与性能要求

项　　目	单　位	优　等　品	合　格　品
涂层流淌不平	—	不允许	
涂层缺损	mm²	不允许	≤400
涂层鼓泡	—	不允许	
表面耐磨性	g/100r	≤0.03	≤0.05
耐老化性	—	无开裂	
耐碱性	—	无裂隙、鼓泡、脱胶，无明显变色或光泽变化	无裂隙、鼓泡、脱胶

表 7　覆膜板外观质量与性能要求

项　　目	单　位	优　等　品	合　格　品
浸渍纸破碎	—	不允许	
浸渍纸缺损	mm²	不允许	≤400
覆膜面缝隙与鼓泡	—	不允许	
表面耐磨性	g/100r	≤0.07	≤0.09
耐老化性	—	无开裂	
耐碱性	—	无裂隙、鼓泡、脱胶 无明显变色或光泽变化	无裂隙、鼓泡、脱胶

6　试验方法

6.1　取样

6.1.1　尺寸偏差和外观质量的取样

板边封边处理、尺寸偏差和外观质量的取样，应随机抽取并采用二次取样方案，取样数量见表 8。

表 8　规格尺寸与外观质量检测取样表

批量范围	样本	样本大小	累计样本大小	合格判定数（A_c）	不合格判定数（R_e）
51～90	第一	3	3	0	2
	第二	3	6	1	2
91～150	第一	5	5	0	2
	第二	5	10	1	2
151～280	第一	8	8	0	2
	第二	8	16	1	2
281～500	第一	13	13	0	3
	第二	13	26	3	4
501～1200	第一	20	20	1	3
	第二	20	40	4	5
1201～3200	第一	32	32	2	5
	第二	32	64	6	7
3201～10000	第一	50	50	3	6
	第二	50	100	9	10

6.1.2　性能试验的取样

应从抽检的尺寸偏差和外观质量合格的板中均布截取。制取试件时，应先将板边各去除 100mm，试件边棱应平直，相邻两边成直角，不应有崩边缺角。各试件尺寸与制作精度见试验方法，数量见表 9。

表 9　性能检测试件数量

项 目		数 量
含水率		3
静曲弹性模量	板长向	6
	板宽向	6
静曲强度	板长向	6
	板宽向	6
冲击强度		3
胶合性能		3
水煮、冰冻、干燥的保存强度	板长向	6
	板宽向	6
折减系数		18
表面耐磨性能		3
耐老化性		3
耐碱性		2

6.2　检测方法

6.2.1　尺寸偏差和外观质量

应按表 10 规定的方法进行。

表 10　竹模板尺寸偏差和外观质量检测方法

项目	检 测 方 法	检测工具
长度、宽度	在距板边 10mm 处，分别测量每张板的长度和宽度，各测 2 点，取 2 点的平均值，精确到 1mm	钢卷尺 分度的读数精度为 1mm
厚度	在板的四边距边缘 20mm 处，长边四等分处测 3 点，宽边三等分处测 2 点，共测 10 点，精确到 0.02mm，各测点厚度的最大差距，不得超过表 2 规定的偏差值	游标卡尺 分度的读数精度为 0.02mm
对角线之差	测量两对角部位的长度，计算两个长度之差	钢卷尺 分度的读数精度为 1mm
板面翘曲度	将胶合板凹面向上，放置水平台面上，分别用钢卷尺测量对角线长度，再用靠尺沿两对角线置于板上，用钢直尺测量板面与靠尺的最大弦高，精确到 1mm，计算最大弦高与对角线长度的百分比，精确到 0.1%	靠尺 钢直尺 分度的读数精度为 1mm
四边不直度	将胶合板放置水平台面上，用靠尺分别紧贴在板边的侧面，用塞尺测量板边与靠尺之间的最大缝隙，精确到 0.1mm	靠尺 塞尺 分度的读数精度为 0.1mm
外观质量	表 4、表 6 第 1～3 项、表 7 第 1～3 项及 5.4 等外观质量，应采用目测、钢卷尺、游标卡尺等工具测量的方法进行检测	钢卷尺 分度的读数精度为 1mm 游标卡尺精度为 0.02mm

6.2.2　性能试验

6.2.2.1　含水率

按 GB/T 17657—1999 中 4.3 含水率测定规定进行。

6.2.2.2　静曲弹性模量和静曲强度

按 GB/T 17657—1999 中 4.9 静曲强度和静曲弹性模量测定规定的方法进行，但试验机可以为其他万能力学试验机，试件长度为 250mm±1mm，宽度为 75mm±1mm，试件厚度小于 15mm 时，两支座间距离固定为 150mm；试件厚度等于大于 15mm 时，两支座间距离固定为 180mm。

6.2.2.3　冲击强度

按 GB/T 17657—1999 中 4.19 冲击韧性性能测定规定进行，试件尺寸长为 300mm±1mm，宽为 20mm±0.5mm。

6.2.2.4　胶合性能

按 GB/T 17657—1999 中 4.17 浸渍剥离性能测定规定的Ⅰ类浸渍剥离试验方法进行。

6.2.2.5　水煮、冰冻、干燥的保存强度

按 GB/T 17657—1999 中 4.26 水煮（浸）-冰冻-干燥处理后静曲强度测定规定的Ⅰ类薄板的试验方法进行。但试件长度为 250mm±1mm，宽度为 75mm±1mm，试件厚度小于 15mm 时，两支座间距离固定为 150mm；试件厚度等于大于 15mm 时，两支座间距离固定为 180mm。

6.2.2.6　折减系数

6.2.2.6.1 原理

试件的静曲弹性模量随含水率增加而降低。

6.2.2.6.2 仪器

应符合 GB/T 17657—1999 中 4.9.2 的规定，但试验机可以为其他万能力学试验机。

6.2.2.6.3 试件

按 6.1.2 规定数量沿板长向制取，试件长度为 250mm±1mm，宽度为 75mm±1mm，按均布原则分为 3 组，其中任取 1 组为对照组，另 2 组为试验组，做好编号。

6.2.2.6.4 方法

a) 所有试件在（20±2）℃、相对湿度（65±5）％条件下放置质量恒定；测量试件的宽度和厚度，宽度在试件长边中心处测量，厚度在试件长边中心距边 10mm 处，每边各测一点，计算时采用两点算术平均值，精确至 0.01mm。

b) 将试验组的试件放入瓷盘中用水完全浸没的湿毛巾上，放置 24h±5min。

c) 按 6.2.2.2 测量静曲弹性模量和静曲强度的方法分别进行对照组和试验组所有试件静曲弹性模量的测定，试验组应在浸水到时后 30min 内进行，浸水面为受压面。

6.2.2.6.5 结果计算

a) 对照组和试验组静曲弹性模量分别计算，取算术平均值，精确至 1N/mm²。

b) 折减系数按式（1）计算，精确至 0.01。

$$A = \frac{E_s}{E_d} \tag{1}$$

式中：

A——折减系数；

E_s——试件组弹性模量，单位为牛每平方毫米（N/mm²）；

E_d——对照组弹性模量，单位为牛每平方毫米（N/mm²）。

6.2.2.7 表面耐磨性能

按 LY/T 1574—2000 中 5.3.6 表面耐磨性能测定规定的方法进行。

6.2.2.8 耐老化性

按 GB/T 17657—1999 中 4.45 耐老化性能测定规定的方法进行，其中试件宽为 75mm±1mm。

6.2.2.9 耐碱性

6.2.2.9.1 原理

确定试件表面耐碱的变化程度

6.2.2.9.2 试剂

浓度为 1％的 NaOH 溶液（将 1g NaOH 溶于 99mL 蒸馏水中）。

6.2.2.9.3 试件

边长为 75mm±1mm 的正方形试件 2 块。

6.2.2.9.4 方法

将试件水平放置后，在试件表面滴 1％的水溶液约 5mL，加塑料布盖 48h 后，立即用水冲洗，然后在室温下放置 24h。

6.2.2.9.5 结果判定

用眼观察试件表面有无裂隙、鼓泡、脱胶及有无明显变色或光泽变化的现象。

7 检验规则

7.1 检验分类

分出厂检验和型式检验。

7.1.1 出厂检验

检验项目：尺寸偏差、外观质量、含水率、静曲弹性模量、胶合性能、耐碱性。

7.1.2 型式检验

包括 5.4～5.7 的全部项目要求。

有下列情况之一时，应进行型式检验：

——新产品投产、定型鉴定；

——正式生产后，结构、材料、工艺有较大改变；

——正常生产时，每生产 5000m³ 进行一次；

——产品停产半年以上，恢复生产时；

——国家质量监督部门要求进行时。

7.2 组批规则

7.2.1 组批条件

以同一原材料、同一生产工艺、同一规格，稳定连续生产的产品为一个检查批。

7.2.2 批量

7.2.2.1 尺寸偏差和外观质量的检验应符合表 8 的规定。

7.2.2.2 各项性能的检验，以每 1000 张为一批（不足 1000 张按一批计算）。

7.3 判定规则

7.3.1 尺寸偏差和外观质量

若尺寸偏差和外观质量均符合 5.4、5.5 和 5.7 中有关规定，则判定该试件合格；若有一项不符合规定，则判定该试件不合格。

按表 8 的规定，第一检查批的样本中，若不合格试件数不超过 A_c，则判该批产品尺寸偏差和外观质量合格；如不合格试件数大于等于 R_c，则判该批产品尺寸偏差和外观质量不合格。

若样本中不合格试件数大于 A_c，小于 R_c，则抽取第二次样本，进行检验。如检验结果中，两次样本的不合格总数不超过 A_c，则判该批产品尺寸偏差和外观质量合格；若大于 R_c，则判该批产品尺寸偏差和外观质量不合格。

7.3.2 性能检验

检验结果均符合 5.6 和 5.7 相关规定，判该批产品为合格，若有一项性能不合格，在该批产品中双倍取样重新检验，检验结果都合格，判该批产品为合格。

7.3.3 综合判定

检验结果符合 7.3.1 和 7.3.2 相应等级合格判定时，判该批产品为相应等级品，否则应降等或为不合格。

8 标志、包装、运输和贮存

8.1 标志

在产品上应标识产品名称、生产厂厂名、厂址和生产日期或批号，并提供产品质量检验合格证明。

8.2 包装

竹模板的包装可采用散装或包装等方式。包装时应按不同规格和类别分别按扎用钢带捆扎包装，下设置托架，上、下方钢带折角处需衬有垫片或垫条。捆扎钢带数量应采用纵向大于等于2道，横向大于等于3道。

包装后每扎板侧面贴上标签标明产品名称、执行标准、规格、等级、数量、检验日期、生产厂厂名和厂址等，并在每扎板的侧面喷上本厂商标。

8.3 运输

竹模板在运输中应平铺堆放，不得碰撞、雨淋、暴晒等。装卸时严禁抛掷、撞击。

8.4 贮存

竹模板贮存时，地面应平整，板材不得直接与地面接触；应通风良好，防止潮湿和日晒雨淋。

中华人民共和国国家标准

滑动模板工程技术规范

Technical code of slipform engineering

GB 50113—2005

主编部门：中 国 冶 金 建 设 协 会
批准部门：中华人民共和国建设部
施行日期：２００５ 年 ８ 月 １ 日

中华人民共和国建设部
公 告

第 339 号

建设部关于发布国家标准
《滑动模板工程技术规范》的公告

现批准《滑动模板工程技术规范》为国家标准，编号为 GB 50113—2005，自 2005 年 8 月 1 日起实施。其中，第 5.1.3、6.3.1、6.4.1（1）、6.6.9、6.6.14、6.6.15、6.7.1、8.1.6（2）条（款）为强制性条文，必须严格执行。原《液压滑动模板施工技术规范》GBJ 113—87 同时废止。

本规范由建设部标准定额研究所组织中国计划出版社出版发行。

中华人民共和国建设部
二○○五年五月十六日

前　　言

本规范是根据建设部"关于印发《一九九七年工程建设国家标准制定、修订计划》的通知"（建标〔1997〕108 号）的要求，由中冶集团建筑研究总院（原冶金工业部建筑研究总院）会同全国有关单位共同对原国标《液压滑动模板施工技术规范》GBJ 113—87 全面修订而成的。

在修订过程中，编制组进行了广泛的调查研究，总结了我国滑模工程设计、施工技术和质量管理的实践经验，在原规范 GBJ 113—87 的基础上全面修订，以提高滑模工程质量和施工安全为重点，吸收成熟的滑模施工新设备、新材料、新工艺，拓宽滑模施工的应用范围，与国家现行的其他工程技术规范配套，并以多种方式广泛征求了有关单位和专家的意见，对主要问题进行了专题研究和反复修改，最后经审查定稿。

本规范共 8 章 24 节和 4 个附录，其主要内容包括：总则、术语和符号、滑模施工工程的设计、滑模施工的准备、滑模装置的设计与制作、滑模施工、特种滑模施工、质量检查及工程验收、附录。

本规范中以黑体字标志的条文为强制性条文，必须严格执行。本规范由建设部负责管理和对强制性条文的解释，中冶集团建筑研究总院《滑动模板工程技术规范》国家标准组负责具体技术内容的解释。在执行过程中，请各单位结合工程实践，认真总结经验，如发现需要修改或补充之处，请将意见和建议寄中冶集团建筑研究总院（地址：北京海淀区西土城路 33 号，邮政编码：100088），以供今后再次修订时参考。

本规范主编单位、参编单位和主要起草人：

主 编 单 位：中冶集团建筑研究总院

参 编 单 位：中国京冶建设工程承包公司

中国有色工程设计研究总院

北京住总集团有限责任公司一分部

中建一局建设发展公司

首都钢铁公司建筑研究所

江苏江都建筑专用设备厂

中煤能源集团公司第 68 工程处

上海住乐建设总公司

北京市建筑设计研究院

主要起草人：彭宣常　罗竟宁　张晓萌　胡洪奇　毛凤林　张良杰　董效良　王兰明

杜永深　张崇烨　程　骐　陈　冰

目　　次

1 总 则

1.0.1 为使采用滑动模板（以下简称滑模）施工的混凝土结构工程符合技术先进、经济合理、安全适用、确保质量的要求，制定本规范。

1.0.2 本规范适用于采用滑模工艺建造的混凝土结构工程的设计与施工。包括：筒体结构、框架结构、墙板结构以及有关特种滑模工程。

1.0.3 采用滑模施工的工程施工与设计应密切配合，使工程设计既满足建筑结构的功能要求又能体现滑模施工的特点。

1.0.4 在冬期或酷暑施工的滑模工程，应根据滑模施工特点制定专门的技术措施。

1.0.5 滑模施工的安全、劳动保护等必须遵守国家现行有关标准的规定。

1.0.6 采用滑模施工的工程设计和施工除应按本规范的规定执行外，还应符合国家现行有关标准的规定。

2 术 语 和 符 号

2.1 术 语

2.1.1 滑动模板施工 slipforming construction

以滑模千斤顶、电动提升机或手动提升器为提升动力，带动模板（或滑框）沿着混凝土（或模板）表面滑动而成型的现浇混凝土结构的施工方法的总称，简称滑模施工。

2.1.2 滑框倒模施工 incremental slipforming with sliding frame

是传统滑模工艺的发展。用提升机具带动由提升架、围圈、滑轨组成的"滑框"沿着模板外表面滑动（模板与混凝土之间无相对滑动），当横向分块组合的模板从"滑框"下口脱出后，将该块模板取下再装入"滑框"上口，再浇灌混凝土，提动滑框，如此循环作业成型混凝土结构的施工方法的总称。

2.1.3 模板 slipform

模板固定于围圈上，用以保证构件截面尺寸及结构的几何形状。模板随着提升架上滑且直接与新浇混凝土接触，承受新浇混凝土的侧压力和模板滑动时的摩阻力。

2.1.4 围圈 form walers

是模板的支承构件，又称围梁，用以保持模板的几何形状。模板的自重、模板承受的摩阻力、侧压力以及操作平台直接传来的自重和施工荷载，均通过围圈传递至提升架的立柱。围圈一般设置上、下两道。为增大围圈的刚度，可在两道围圈间增加斜杆和竖杆，形成桁架式围圈。

2.1.5 提升架 lift yoke

是滑模装置主要受力构件，用以固定千斤顶、围圈和保持模板的几何形状，并直接承受模板、围圈和操作平台的全部垂直荷载和混凝土对模板的侧压力。

2.1.6 操作平台 working-deck

是滑模施工的主要工作面，用以完成钢筋绑扎、混凝土浇灌等项操作及堆放部分施工机具和材料，也是扒杆、井架等随升垂直运输机具及料台的支承结构。其构造型式应与所施工结构相适应，直接或通过围圈支承于提升架上。

2.1.7 支承杆 jack rode or climbing rode

是滑模千斤顶运动的轨道，又是滑模系统的承重支杆，施工中滑模装置的自重、混凝土对模板的摩阻力及操作平台上的全部施工荷载，均由千斤顶传至支承杆承担，其承载能力、直径、表面粗糙度和材质均应与千斤顶相适应。

2.1.8 液压控制台 hydraulic control unit

是液压系统的动力源，由电动机、油泵、油箱、控制阀及电控系统（各种指示仪表、信号等）组成，用以完成液压千斤顶的给油、排油、提升或下降控制等项操作。

2.1.9 围模合一大钢模 modular combination steel panel form

以 300mm 为模数，标准模板宽度为 900～2400mm，高度为 900～1200mm；模板和围圈合一，其水平槽钢肋起围圈的作用，模板水平肋与提升架直接相连的一种滑动模板组合形式。

2.1.10 空滑、部分空滑 partial virtual slipforming

正常情况下，模板内允许有一个混凝土浇灌层处于无混凝土的状态，但施工中有时需要将模板提升高度加大，使模板内只存有少量混凝土或无混凝土，这种情况称为部分空滑或空滑。

2.1.11 回降量 slid variable

滑模千斤顶在工作时，上、下卡头交替锁固于支承杆上，由于荷载作用，处于锁紧状态的卡头在支承杆上存在下滑过程，从而引起千斤顶的爬升行程损失，该行程损失量通常称为回降量。

2.1.12 横向结构构件 transverse structural member

指结构的楼板、挑檐、阳台、洞口四周的混凝土边框及腰线等横向凸出混凝土表面的结构构件或装饰线。

2.1.13 复合壁 combination concrete wall of two different mix

由内、外两种不同性能的现浇混凝土组成的竖壁结构。

2.1.14 混凝土出模强度 concrete strength of the construction initial setting

结构混凝土从滑动模板下口露出时所具有的抗压强度。

2.1.15 滑模托带施工 lifting construction with slipforming

大面积或大重量横向结构（网架、整体桁架、井字梁等）的支承结构采用滑模施工时，可在地面组装好，利用滑模施工的提升能力将其随滑模施工托带到设计标高就位的一种施工方法。

2.1.16 滑架提模施工 slipforming in variable section

利用滑模施工装置对脱模后的模板整体提升就位的一种施工方法。应用于双曲线冷却塔、圆锥形或变截面筒壁结构施工时，在提升架之间增加铰链式剪刀撑，调整剪刀撑的夹角，变动提升架之间的距离来收缩或放大筒体模板结构半径，实现竖向有较大曲率变化的筒壁结构的成型。

2.2 主 要 符 号

A——模板与混凝土的接触面积；

F——模板与混凝土的粘结力；

H——模板高度；

K_a——动荷载系数；

K——安全系数；

L——支承杆长度；

N——总垂直荷载；

P_0——单个千斤顶或支承杆的允许承载能力；

P——单根支承杆承受的垂直荷载；

Q——料罐总重；

R——模板的牵引力；

T——在作业班的平均气温条件下，混凝土强度达到嵌固强度所需的时间；

V_a——刹车时的制动减速度；

V——模板滑升速度；

W——刹车时产生的荷载标准值；

a——混凝土浇灌后其表面到模板上口的距离；

g——重力加速度；

h_0——每个混凝土浇灌层厚度；

n——所需千斤顶和支承杆的最小数量；

t——混凝土从浇灌到位至达到出模强度所需的时间。

3 滑模施工工程的设计

3.1 一 般 规 定

3.1.1 建筑结构的平面布置，可按设计需要确定。但在竖向布置方面，应使一次滑升的上下构件沿模板滑动方向的投影重合，有碍模板滑动的局部凸出结构应做设计处理。

3.1.2 平面面积较大的结构物，宜设计成分区段或部分分区段进行滑模施工。当区段分界与变形缝不一致时，应对分界处做设计处理。

3.1.3 平面面积较小而高度较高的结构物，宜按滑模施工工艺要求进行设计。

3.1.4 竖向结构型式存在较大变异的结构物，可择其适合滑模施工的区段按滑模施工要求进行设计。其他区段宜配合其他施工方法设计。

3.1.5 施工单位应与设计单位共同确定横向结构构件的施工程序，以及施工过程中保持结构稳定的技术措施。

3.1.6 结构截面尺寸应符合下列规定：

1 钢筋混凝土墙体的厚度不应小于 140mm；

2 圆形变截面筒体结构的筒壁厚度不应小于 160mm；

3 轻骨料混凝土墙体厚度不应小于 180mm；

4 钢筋混凝土梁的宽度不应小于 200mm；

5 钢筋混凝土矩形柱短边不应小于 300mm，长边不应小于 400mm。

注：当采用滑框倒模等工艺时，可不受本条各款限制。

3.1.7 采用滑模施工的结构，其混凝土强度等级应符合下列规定：

1 普通混凝土不应低于 C20；

2 轻骨料混凝土不应低于 C15；

3 同一个滑升区段内的承重构件，在同一标高范围宜采用同一强度等级的混凝土。

3.1.8 受力钢筋的混凝土保护层厚度（从主筋的外缘算起）应符合下列规定：

1 墙体不应小于 20mm；

2 连续变截面筒壁不应小于 30mm；

3 梁、柱不应小于 30mm。

3.1.9 沿模板滑动方向，结构的截面尺寸应减少变化，宜采取变换混凝土强度等级或配筋量来满足结构承载力的要求。

3.1.10 结构配筋应符合下列规定：

1 各种长度、形状的钢筋，应能在提升架横梁以下的净空内绑扎；

2 施工设计时，对交汇于节点处的各种钢筋应做详细排列；

3 对兼作结构钢筋的支承杆，其设计强度宜降低 10％～25％，并根据支承杆的位置进行钢筋代换，其接头的连接质量应与钢筋等强。

4 预留与横向结构连接的连接筋，应采用圆钢，直径不宜大于 8mm，连接筋的外露部分不应先设弯钩，埋入部分宜为 U 形。当连接筋直径大于 10mm 时，应采取专门措施。

3.1.11 滑模施工工程宜采用后锚固装置代替预埋件。当需要用预埋件时，其形状和尺寸应易于安装、固定，且与构件表面持平，不得凸出混凝土表面。

3.1.12 各层预埋件或预留洞的位置宜沿垂直或水平方向规律排列。

3.1.13 对二次施工的构件，其预留孔洞的尺寸应比构件的截面每边适当增大。

3.2 筒 体 结 构

3.2.1 当贮仓群的面积较大时，可根据施工能力和经济合理性，设计成若干个独立的贮仓组。

3.2.2 贮仓筒壁截面宜上下一致。当壁厚需要改变时，宜在筒壁内侧采取阶梯式变化或变坡方式处理。

3.2.3 贮仓底板以下的支承结构，当采用与贮仓筒壁同一套滑模装置施工时，宜保持与上部筒壁的厚度一致。当厚度不一致时，宜在筒壁的内侧扩大尺寸。

3.2.4 贮仓底板、漏斗和漏斗环梁与筒壁设计成整体结构时，可采用空滑或部分空滑的方法浇筑成整体。设计应尽可能减低漏斗环梁的高度。

3.2.5 结构复杂的贮仓，底板以下的结构宜支模浇筑。在生产工艺许可时，可将底板、漏斗设计成与筒壁分离式，分离部分采用二次支模浇筑。

3.2.6 贮仓的顶板结构应根据施工条件，选择预制装配或整体浇筑。顶板梁可设计成劲性承重骨架梁。

3.2.7 井塔类结构的筒壁，宜设计成带肋壁板，沿竖向保持壁板厚度不变，必要时可变更壁柱截面的长边尺寸。壁柱与壁板或壁板与壁板连接处的阴角宜设置斜角。

3.2.8 井塔内楼层结构的二次施工设计宜采用以下几种方式：

1 仅塔身筒壁结构一次滑模施工，楼层结构（包括主梁、次梁及楼板）均为二次浇筑。应沿竖向全高度内保持壁柱的完整，由设计做出主梁与壁柱连接大样。

2 楼层的主梁与筒壁结构同为一次滑模施工，仅次梁和楼板为二次浇筑。主梁上预留次梁二次施工的槽口宜为锯齿状，槽口深度的选择，应满足主梁在次梁未浇筑前受弯压状态的强度；主梁端部上方负弯矩区，应配置双层负弯矩钢筋，其下层负弯矩钢筋应设置在楼板厚度线以下。

3 塔体壁板与楼板二次浇筑的连接。在壁板内侧应预留与楼板连接的槽口，当采取预留"胡子筋"时，其埋入部分不得为直线单根钢筋。

3.2.9 电梯井道单独采用滑模施工时，宜使井道平面的内部净空尺寸比安装尺寸每边放大 30mm 以上。

3.2.10 烟囱等带有内衬的筒体结构，当筒壁与内衬同时滑模施工时，支承内衬的牛腿宜采用矩形，同时应处理好牛腿的隔热问题。

3.2.11 筒体结构的配筋宜采用热扎带肋钢筋，直径不应小于 10mm。两层钢筋网片之间应配置拉结筋，拉结筋的间距与形状应作设计规定。

3.2.12 筒体结构中的环向钢筋接头，宜采用机械方法可靠连接。

3.3 框 架 结 构

3.3.1 框架结构布置应符合下列规定：

1 各层梁的竖向投影应重合，宽度宜相等；

2 同一滑升区段内宜避免错层横梁；

3 柱宽宜比梁宽每边大 50mm 以上；

4 柱的截面尺寸应减少变化，当需要改变时，边柱宜在同一侧变动，中柱宜按轴线对称变动。

3.3.2 大型构筑物的框架结构选型，可设计成异形截面柱，以增大层间高度，减少横梁数量。

3.3.3 当框架的楼层结构（包括次梁及楼板）采用在主梁上预留板厚及次梁梁窝做二次浇筑施工时，设计可按整体计算。

3.3.4 柱上无梁侧的牛腿宽度宜与柱同宽，有梁侧的牛腿与梁同宽。当需加宽牛腿支承面时，加宽部分可采取二次浇筑。

3.3.5 框架梁的配筋应符合下列规定：

1 当楼板为二次浇筑时，在梁支座负弯矩区段，应配置承受施工阶段负弯矩的钢筋。

2 梁内不宜设弯起筋，宜根据计算加强箍筋。当有弯起筋时，弯起筋的高度应小于提升架横梁下缘距模板上口的净空尺寸。

3 箍筋的间距应根据计算确定，可采用不等距排列。

4 纵向筋端部伸入柱内的锚固长度不宜弯折,当需要时可朝上弯折。

5 当主梁上预留次梁梁窝时,应根据验算需要对梁窝截面采取加强措施。

3.3.6 当框架梁采用自承重的劲性骨架或柔性配筋的焊接骨架时,应符合下列规定:

1 骨架的承载能力应大于梁体混凝土自重的 1.2 倍以上;

2 骨架的挠度值不应大于跨度的 1/500;

3 骨架的端腹杆宜采用下斜式;

4 当骨架的高度大于提升架横梁下的净空高度时,骨架上弦杆的端部节间可采取二次拼接。

3.3.7 柱的配筋应符合下列规定:

1 纵向受力筋宜选配粗直径钢筋以减少根数,千斤顶底座及提升架横梁宽度所占据的竖向投影位置应避开纵向受力筋;

2 纵向受力筋宜采用热轧带肋钢筋,钢筋直径不宜小于 16mm;

3 当各层柱的配筋量有变化时,宜保持钢筋根数不变而调整钢筋直径;

4 箍筋形式应便于从侧面套入柱内。当采用组合式箍筋时,相邻两个箍筋的拼接点位置应交替错开。

3.3.8 二次浇筑的次梁与主梁的连接构造,应满足施工期及使用期的受力要求。

3.3.9 双肢柱及工字形柱采用滑模施工时,应符合下列规定:

1 双肢柱宜设计成平腹杆,腹杆宽度宜与肢杆等宽,腹杆的间距宜相等;

2 工字形柱的腹板加劲肋宜与翼缘等宽。

3.4 墙 板 结 构

3.4.1 墙板结构各层平面布置在竖向的投影应重合。

3.4.2 各层门窗洞口位置宜一致,同一楼层的梁底标高及门窗洞口的高度和标高宜统一。

3.4.3 同一滑升区段内楼层标高宜一致。

3.4.4 当外墙具有保温、隔热功能要求时,内外墙体可采用不同性能的混凝土。

3.4.5 当墙板结构含暗框架时,暗框架柱的配筋率宜取下限值,暗柱的配筋还应符合本规范第 3.3.7 条的要求。

3.4.6 当墙体开设大洞口时,其梁的配筋应符合本规范第 3.3.5 条的要求。

3.4.7 各种洞口周边的加强钢筋配置,不宜在洞口角部设 45°斜钢筋,宜加强其竖向和水平钢筋。当各楼层门窗洞口位置一致时,其侧边的竖向加强钢筋宜连续配置。

3.4.8 墙体竖向钢筋伸入楼板内的锚固段,其弯折长度不得超出墙体厚度。当不能满足钢筋的锚固长度时,可用焊接的方法接长。

3.4.9 支承在墙体上的梁,其钢筋伸入墙体内的锚固段宜向上弯。当梁为二次施工时,梁端钢筋的形式及尺寸应适应二次施工的要求。

3.4.10 墙板结构的配筋,应符合 3.2.11 条的要求。

4 滑模施工的准备

4.0.1 滑模施工的准备工作应遵循以下原则：技术保障措施周全；现场用料充足；施工设备可靠；人员职责明确；施工组织严密高效。

4.0.2 滑模施工应根据工程结构特点及滑模工艺的要求对设计进行全面细化，提出对工程设计的局部修改意见，确定不宜滑模施工部位的处理方法以及划分滑模作业的区段等。

4.0.3 滑模施工必须根据工程结构的特点及现场的施工条件编制滑模施工组织设计，并应包括下列主要内容：

1 施工总平面布置（包含操作平台平面布置）；

2 滑模施工技术设计；

3 施工程序和施工进度计划（包含针对季节性气象条件的安排）；

4 施工安全技术、质量保证措施；

5 现场施工管理机构、劳动组织及人员培训；

6 材料、半成品、预埋件、机具和设备等供应保障计划；

7 特殊部位滑模施工方案。

4.0.4 施工总平面布置应符合下列要求：

1 应满足施工工艺要求，减少施工用地和缩短地面水平运输距离。

2 在施工建筑物的周围应设立危险警戒区。警戒线至建筑物边缘的距离不应小于高度的 1/10，且不应小于 10m。对于烟囱类变截面结构，警戒线距离应增大至其高度的 1/5，且不小于 25m。不能满足要求时，应采取安全防护措施。

3 临时建筑物及材料堆放场地等均应设在警戒区以外，当需要在警戒区内堆放材料时，必须采取安全防护措施。通过警戒区的人行道或运输通道，均应搭设安全防护棚。

4 材料堆放场地应靠近垂直运输机械，堆放数量应满足施工速度的需要。

5 根据现场施工条件确定混凝土供应方式，当设置自备搅拌站时，宜靠近施工地点，其供应量必须满足混凝土连续浇灌的需要。

6 现场运输、布料设备的数量必须满足滑升速度的需要。

7 供水、供电必须满足滑模连续施工的要求。施工工期较长，且有断电可能时，应有双路供电或自备电源。操作平台的供水系统，当水压不够时，应设加压水泵。

8 确保测量施工工程垂直度和标高的观测站、点不遭损坏，不受振动干扰。

4.0.5 滑模施工技术设计应包括下列主要内容：

1 滑模装置的设计；

2 确定垂直与水平运输方式及能力，选配相适应的运输设备；

3 进行混凝土配合比设计，确定浇灌顺序、浇灌速度、入模时限，混凝土的供应能力应满足单位时间所需混凝土量的 1.3～1.5 倍；

4 确定施工精度的控制方案，选配观测仪器及设置可靠的观测点；

5 制定初滑程序、滑升制度、滑升速度和停滑措施；

6 制定滑模施工过程中结构物和施工操作平台稳定及纠偏、纠扭等技术措施；

7 制定滑模装置的组装与拆除方案及有关安全技术措施；

8 制定施工工程某些特殊部位的处理方法和安全措施，以及特殊气候（低温、雷雨、大风、高温等）条件下施工的技术措施；

9 绘制所有预留孔洞及预埋件在结构物上的位置和标高的展开图；

10 确定滑模平台与地面管理点、混凝土等材料供应点及垂直运输设备操纵室之间的通讯联络方式和设备，并应有多重系统保障；

11 制定滑模设备在正常使用条件下的更换、保养与检验制度；

12 烟囱、水塔、竖井等滑模施工，采用柔性滑道、罐笼及其他设备器材、人员上下时，应按现行相关标准做详细的安全及防坠落设计。

5 滑模装置的设计与制作

5.1 总 体 设 计

5.1.1 滑模装置应包括下列主要内容：

1 模板系统：包括模板、围圈、提升架、滑轨及倾斜度调节装置等；

2 操作平台系统：包括操作平台、料台、吊脚手架、随升垂直运输设施的支承结构等；

3 提升系统：包括液压控制台、油路、调平控制器、千斤顶、支承杆及电动提升机、手动提升器等；

4 施工精度控制系统：包括建筑物轴线、标高、结构垂直度等的观测与控制设施等；

5 水、电配套系统：包括动力、照明、信号、广播、通讯、电视监控以及水泵、管路设施、地下通风等。

5.1.2 滑模装置的设计应符合本规范和国家现行有关标准的规定，并包括下列主要内容：

1 绘制滑模初滑结构平面图及中间结构变化平面图；

2 确定模板、围圈、提升架及操作平台的布置，进行各类部件和节点设计，提出规格和数量；当采用滑框倒模时，应专门进行模板与滑轨的构造设计；

3 确定液压千斤顶、油路及液压控制台的布置或电动、手动等提升设备的布置，提出规格和数量；

4 制定施工精度控制措施，提出设备仪器的规格和数量；

5 进行特殊部位处理及特殊设施（包括与滑模装置相关的垂直和水平运输装置等）布置与设计；

6 绘制滑模装置的组装图，提出材料、设备、构件一览表。

5.1.3 滑模装置设计计算必须包括下列荷载：

1 模板系统、操作平台系统的自重（按实际重量计算）；

2 操作平台上的施工荷载，包括操作平台上的机械设备及特殊设施等的自重（按实际重量计算），操作平台上施工人员、工具和堆放材料等；

3 操作平台上设置的垂直运输设备运转时的额定附加荷载，包括垂直运输设备的起重量及柔性滑道的张紧力等（按实际荷载计算）；垂直运输设备刹车时的制动力；

4 卸料对操作平台的冲击力，以及向模板内倾倒混凝土时混凝土对模板的冲击力；

5 混凝土对模板的侧压力；

6 模板滑动时混凝土与模板之间的摩阻力，当采用滑框倒模施工时，为滑轨与模板之间的摩阻力；

7 风荷载。

5.1.4 设计滑模装置时，荷载标准值应按本规范附录 A 取值。

5.1.5 液压提升系统所需千斤顶和支承杆的最小数量可按式（5.1.5）确定：

$$n_{\min} = \frac{N}{P_0} \tag{5.1.5}$$

式中 N——总垂直荷载（kN），应取本规范第 5.1.3 条中所有竖向荷载之和；

P_0——单个千斤顶或支承杆的允许承载力（kN），支承杆的允许承载力应按本规范附录 B 确定，千斤顶的允许承载力为千斤顶额定提升能力的 1/2，两者中取其较小者。

5.1.6 千斤顶的布置应使千斤顶受力均衡，布置方式应符合下列规定：

1 筒体结构宜沿筒壁均匀布置或成组等间距布置。

2 框架结构宜集中布置在柱子上。当成串布置千斤顶或在梁上布置千斤顶时，必须对其支承杆进行加固。当选用大吨位千斤顶时，支承杆也可布置在柱、梁的体外，但应对支承杆进行加固。

3 墙板结构宜沿墙体布置，并应避开门、窗洞口；洞口部位必须布置千斤顶时，支承杆应进行加固。

4 平台上设有固定的较大荷载时，应按实际荷载增加千斤顶数量。

5.1.7 采用电动、手动的提升设备应进行专门的设计和布置。

5.1.8 提升架的布置应与千斤顶的位置相适应，其间距应根据结构部位的实际情况、千斤顶和支承杆允许承载能力以及模板和围圈的刚度确定。

5.1.9 操作平台结构必须保证足够强度、刚度和稳定性，其结构布置宜采用下列形式：

1 连续变截面筒体结构可采用辐射梁、内外环梁以及下拉环和拉杆（或随升井架和斜撑）等组成的操作平台；

2 等截面筒体结构可采用桁架（平行或井字形布置）、梁和支撑等组成操作平台，或采用挑三角架、中心环、拉杆及支撑等组成的环形操作平台，也可只用挑三角架组成的内外悬挑环形平台；

3 框架、墙板结构可采用桁架、梁和支撑组成的固定式操作平台，或采用桁架和带边框的活动平台板组成可拆装的围梁式活动操作平台；

4 柱子或排架结构，可将若干个柱子的围圈、柱间桁架组成整体式操作平台。

5.2 部件的设计与制作

5.2.1 滑动模板应具有通用性、耐磨性、拼缝紧密、装拆方便和足够的刚度，并应符合下列规定：

1 模板高度宜采用 900～1200mm，对筒体结构宜采用 1200～1500mm；滑框倒模的滑轨高度宜为 1200～1500mm，单块模板宽度宜为 300mm。

2 框架、墙板结构宜采用围模合一大钢模，标准模板宽度为 900～2400mm；对筒体结构宜采用小型组合钢模板，模板宽度宜为 100～500mm，也可以采用弧形带肋定形模板。

3 异形模板，如转角模板、收分模板、抽拔模板等，应根据结构截面的形状和施工要求设计。

4 围模合一大钢模的板面采用 4～5mm 厚的钢板，边框为 5～7mm 厚扁钢，竖肋为 4～6mm 厚、60mm 宽扁钢，水平加强肋宜为[8 槽钢，直接与提升架相连，模板连接孔为 φ18mm、间距 300mm；模板焊接除节点外，均为间断焊；小型组合钢模板的面板厚度宜采用 2.5～3mm；角钢肋条不宜小于∟40×4，也可采用定型小钢模板。

5 模板制作必须板面平整，无卷边、翘曲、孔洞及毛刺等；阴阳角模的单面倾斜度应符合设计要求。

6 滑框倒模施工所使用的模板宜选用组合钢模板。当混凝土外表面为直面时，组合钢模板应横向组装；若为弧面时，宜选用长 300～600mm 的模板竖向组装。

5.2.2 围圈承受的荷载包括下列内容：

1 垂直荷载应包括模板的重量和模板滑动时的摩阻力；当操作平台直接支承在围圈上时，并应包括操作平台的自重和操作平台上的施工荷载。

2 水平荷载应包括混凝土的侧压力；当操作平台直接支承在围圈上时，还应包括操作平台的重量和操作平台上的施工荷载所产生的水平分力。

5.2.3 围圈的构造应符合下列规定：

1 围圈截面尺寸应根据计算确定，上、下围圈的间距一般为 450～750mm，上围圈距模板上口的距离不宜大于 250mm；

2 当提升架间距大于 2.5m 或操作平台的承重骨架直接支承在围圈上时，围圈宜设计成桁架式；

3 围圈在转角处应设计成刚性节点；

4 固定式围圈接头应用等刚度型钢连接，连接螺栓每边不得少于 2 个；

5 在使用荷载作用下，两个提升架之间围圈的垂直与水平方向的变形不应大于跨度的 1/500；

6 连续变截面筒体结构的围圈宜采用分段伸缩式；

7 设计滑框倒模的围圈时，应在围圈内挂竖向滑轨，滑轨的断面尺寸及安放间距应与模板的刚度相适应；

8 高耸烟囱筒壁结构上、下直径变化较大时，应按优化原则配置多套不同曲率的围圈。

5.2.4 提升架宜设计成适用于多种结构施工的型式。对于结构的特殊部位，可设计专用的提升架；对多次重复使用或通用的提升架，宜设计成装配式。提升架的横梁、立柱和连接支腿应具有可调性。

5.2.5 提升架应具有足够的刚度，设计时应按实际的受力荷载验算，其构造应符合下列规定：

1 提升架宜用钢材制作，可采用单横梁"Ⅱ"形架、双横梁的"开"形架或单立柱的"Γ"形架。横梁与立柱必须刚性连接，两者的轴线应在同一平面内。在施工荷载作用下，立柱下端的侧向变形应不大于 2mm。

2 模板上口至提升架横梁底部的净高度：采用 $\phi 25$ 圆钢支承杆时宜为 $400 \sim 500mm$，采用 $\phi 48 \times 3.5$ 钢管支承杆时宜为 $500 \sim 900mm$。

3 提升架立柱上应设有调整内外模板间距和倾斜度的调节装置。

4 当采用工具式支承杆设在结构体内时，应在提升架横梁下设置内径比支承杆直径大 $2 \sim 5mm$ 的套管，其长度应达到模板下缘。

5 当采用工具式支承杆设在结构体外时，提升架横梁相应加长，支承杆中心线距模板距离应大于 $50mm$。

5.2.6 操作平台、料台和吊脚手架的结构形式应按所施工工程的结构类型和受力确定，其构造应符合下列规定：

1 操作平台由桁架或梁、三角架及铺板等主要构件组成，与提升架或围圈应连成整体。当桁架的跨度较大时，桁架间应设置水平和垂直支撑；当利用操作平台作为现浇混凝土顶盖、楼板的模板或模板支承结构时，应根据实际荷载对操作平台进行验算和加固，并应考虑与提升架脱离的措施。

2 当操作平台的桁架或梁支承于围圈上时，必须在支承处设置支托或支架。

3 外挑脚手架或操作平台的外挑宽度不宜大于 $800mm$，并应在其外侧设安全防护栏杆及安全网。

4 吊脚手架铺板的宽度宜为 $500 \sim 800mm$，钢吊杆的直径不应小于 $16mm$，吊杆螺栓必须采用双螺帽。吊脚手架的双侧必须设安全防护栏杆及挡脚板，并应满挂安全网。

5.2.7 滑模装置各种构件的制作应符合现行国家标准《钢结构工程施工质量验收规范》GB 50205 和《组合钢模板技术规范》GB 50214 的规定，其允许偏差应符合表 5.2.7 的规定。其构件表面，除支承杆及接触混凝土的模板表面外，均应刷防锈涂料。

表 5.2.7 构件制作的允许偏差

名　称	内　容	允许偏差（mm）
钢模板	高度 宽度 表面平整度 侧面平直度 连接孔位置	± 1 $-0.7 \sim 0$ ± 1 ± 1 ± 0.5
围圈	长度 弯曲长度≤3m 弯曲长度>3m 连接孔位置	-5 ± 2 ± 4 ± 0.5
提升架	高度 宽度 围圈支托位置 连接孔位置	± 3 ± 3 ± 2 ± 0.5
支承杆	弯曲 $\phi 25$ 圆钢　　直径 $\phi 48 \times 3.5$ 钢管　直径 椭圆度公差 对接焊缝凸出母材	小于（1/1000）L $-0.5 \sim +0.5$ $-0.2 \sim +0.5$ $-0.25 \sim +0.25$ $< +0.25$

注：L 为支承杆加工长度。

5.2.8 液压控制台的选用与检验必须符合下列规定：

1 液压控制台内，油泵的额定压力不应小于12MPa，其流量可根据所带动的千斤顶数量、每只千斤顶油缸内容积及一次给油时间确定。大面积滑模施工时可多个控制台并联使用。

2 液压控制台内，换向阀和溢流阀的流量及额定压力均应等于或大于油泵的流量和液压系统最大工作压力，阀的公称内径不应小于10mm，宜采用通流能力大、动作速度快、密封性能好、工作可靠的三通逻辑换向阀。

3 液压控制台的油箱应易散热、排污，并应有油液过滤的装置，油箱的有效容量应为油泵排油量的2倍以上。

4 液压控制台供电方式应采用三相五线制，电气控制系统应保证电动机、换向阀等按滑模千斤顶爬升的要求正常工作，并应加设多个备用插座。

5 液压控制台应设有油压表、漏电保护装置、电压及电流表、工作信号灯和控制加压、回油、停滑报警、滑升次数时间继电器等。

5.2.9 油路的设计与检验应符合下列规定：

1 输油管应采用高压耐油胶管或金属管，其耐压力不得低于25MPa。主油管内径不得小于16mm，二级分油管内径宜为10～16mm，连接千斤顶的油管内径宜为6～10mm。

2 油管接头、针形阀的耐压力和通径应与输油管相适应。

3 液压油应定期进行过滤，并应有良好的润滑性和稳定性，其各项指标应符合国家现行有关标准的规定。

5.2.10 滑模千斤顶应逐个编号经过检验，并应符合下列规定：

1 千斤顶在液压系统额定压力为8MPa时的额定提升能力，分别为30kN、60kN、90kN等；

2 千斤顶空载启动压力不得高于0.3MPa；

3 千斤顶最大工作油压为额定压力的1.25倍时，卡头应锁固牢靠、放松灵活，升降过程应连续平稳；

4 千斤顶的试验压力为额定油压的1.5倍时，保压5min，各密封处必须无渗漏；

5 出厂前千斤顶在额定压力提升荷载时，下卡头锁固时的回降量对滚珠式千斤顶应不大于5mm，对楔块式或滚楔混合式千斤顶应不大于3mm；

6 同一批组装的千斤顶应调整其行程，使其行程差不大于1mm。

5.2.11 支承杆的选用与检验应符合下列规定：

1 支承杆的制作材料为HPB235级圆钢、HRB335级钢筋或外径及壁厚精度较高的低硬度焊接钢管，对热轧退火的钢管，其表面不得有冷硬加工层。

2 支承杆直径应与千斤顶的要求相适应，长度宜为3～6m。

3 采用工具式支承杆时应用螺纹连接。圆钢$\phi 25$支承杆连接螺纹宜为M18，螺纹长度不宜小于20mm；钢管$\phi 48$支承杆连接螺纹宜为M30，螺纹长度不宜小于40mm。任何连接螺纹接头中心位置处公差均为±0.15mm；支承杆借助连接螺纹对接后，支承杆轴线偏斜度允许偏差为（2/1000）L（L为单根支承杆长度）。

4 HPB235级圆钢和HRB335级钢筋支承杆采用冷拉调直时，其延伸率不得大于3%；支承杆表面不得有油漆和铁锈。

5 工具式支承杆的套管与提升架之间的连接构造，宜做成可使套管转动并能有50mm以上的上下移动量的方式。

6 对兼作结构钢筋的支承杆，应按国家现行有关标准的规定进行抽样检验。

5.2.12 精度控制仪器、设备的选配应符合下列规定：

1 千斤顶同步控制装置，可采用限位卡档、激光水平扫描仪、水杯自动控制装置、计算机同步整体提升控制装置等；

2 垂直度观测设备可采用激光铅直仪、自动安平激光铅直仪、全站仪、经纬仪和线锤等，其精度不应低于1/10000；

3 测量靶标及观测站的设置必须稳定可靠，便于测量操作，并应根据结构特征和关键控制部位确定其位置。

5.2.13 水、电系统的选配应符合下列规定：

1 动力及照明用电、通讯与信号的设置均应符合国家现行有关标准的规定；

2 电源线的选用规格应根据平台上全部电器设备总功率计算确定，其长度应大于从地面起滑开始至滑模终止所需的高度再增加10m；

3 平台上的总配电箱、分区配电箱均应设置漏电保护器，配电箱中的插座规格、数量应能满足施工设备的需要；

4 平台上的照明应满足夜间施工所需的照度要求，吊脚手架上及便携式的照明灯具，其电压不应高于36V；

5 通讯联络设施应保证声光信号准确、统一、清楚，不扰民；

6 电视监控应能监视全面、局部和关键部位；

7 向操作平台上供水的水泵和管路，其扬程和供水量应能满足滑模施工高度、施工用水及施工消防的需要。

6 滑 模 施 工

6.1 滑模装置的组装

6.1.1 滑模装置组装前，应做好各组装部件编号、操作平台水平标记，弹出组装线，做好墙与柱钢筋保护层标准垫块及有关的预埋铁件等工作。

6.1.2 滑模装置的组装宜按下列程序进行，并根据现场实际情况及时完善滑模装置系统。

1 安装提升架，应使所有提升架的标高满足操作平台水平度的要求，对带有辐射梁或辐射桁架的操作平台，应同时安装辐射梁或辐射桁架及其环梁；

2 安装内外围圈，调整其位置，使其满足模板倾斜度的要求；

3 绑扎竖向钢筋和提升架横梁以下钢筋，安设预埋件及预留孔洞的胎模，对体内工具式支承杆套管下端进行包扎；

4 当采用滑框倒模工艺时，安装框架式滑轨，并调整倾斜度；

5 安装模板，宜先安装角模后再安装其他模板；

6 安装操作平台的桁架、支撑和平台铺板；

7 安装外操作平台的支架、铺板和安全栏杆等；

8 安装液压提升系统，垂直运输系统及水、电、通讯、信号精度控制和观测装置，并分别进行编号、检查和试验；

9 在液压系统试验合格后，插入支承杆；

10 安装内外吊脚手架及挂安全网，当在地面或横向结构面上组装滑模装置时，应待模板滑至适当高度后，再安装内外吊脚手架，挂安全网。

6.1.3 模板的安装应符合下列规定：

1 安装好的模板应上口小、下口大，单面倾斜度宜为模板高度的 0.1%～0.3%；对带坡度的筒体结构如烟囱等，其模板倾斜度应根据结构坡度情况适当调整；

2 模板上口以下 2/3 模板高度处的净间距应与结构设计截面等宽；

3 圆形连续变截面结构的收分模板必须沿圆周对称布置，每对模板的收分方向应相反，收分模板的搭接处不得漏浆。

6.1.4 滑模装置组装的允许偏差应满足表 6.1.4 的规定。

表 6.1.4 滑模装置组装的允许偏差

内　　容		允许偏差（mm）
模板结构轴线与相应结构轴线位置		3
围圈位置偏差	水平方向	3
	垂直方向	3
提升架的垂直偏差	平面内	3
	平面外	2
安放千斤顶的提升架横梁相对标高偏差		5
考虑倾斜度后模板尺寸的偏差	上口	−1
	下口	+2
千斤顶位置安装的偏差	提升架平面内	5
	提升架平面外	5
圆模直径、方模边长的偏差		−2～+3
相邻两块模板平面平整偏差		1.5

6.1.5 液压系统组装完毕，应在插入支承杆前进行试验和检查，并符合下列规定：

1 对千斤顶逐一进行排气，并做到排气彻底；

2 液压系统在试验油压下持压 5min，不得渗油和漏油；

3 空载、持压、往复次数、排气等整体试验指标应调整适宜，记录准确。

6.1.6 液压系统试验合格后方可插入支承杆，支承杆轴线应与千斤顶轴线保持一致，其偏斜度允许偏差为 2%。

6.2 钢　　筋

6.2.1 钢筋的加工应符合下列规定：

1 横向钢筋的长度不宜大于 7m；

2 竖向钢筋的直径小于或等于 12mm 时，其长度不宜大于 5m；若滑模施工操作平台设计为双层并有钢筋固定架时，则竖向钢筋的长度不受上述限制。

6.2.2 钢筋绑扎时，应保证钢筋位置准确，并应符合下列规定：

1 每一浇灌层混凝土浇灌完毕后，在混凝土表面以上至少应有一道绑扎好的横向钢筋；

2 竖向钢筋绑扎后，其上端应用限位支架等临时固定；

3 双层配筋的墙或筒壁，其立筋应成对排列，钢筋网片间应用 V 字型拉结筋或用焊接钢筋骨架定位；

4 门窗等洞口上下两侧横向钢筋端头应绑扎平直、整齐，有足够钢筋保护层，下口横筋宜与竖钢筋焊接；

5 钢筋弯钩均应背向模板面；

6 必须有保证钢筋保护层厚度的措施；

7 当滑模施工的结构有预应力钢筋时，对预应力筋的留孔位置应有相应的成型固定措施；

8 顶部的钢筋如挂有砂浆等污染物，在滑升前应及时清除。

6.2.3 梁的配筋采用自承重骨架时，其起拱值应满足下列规定：

1 当梁跨度小于或等于 6m 时，应为跨度的 2‰～3‰；

2 当梁跨度大于 6m 时，应由计算确定。

6.3 支 承 杆

6.3.1 支承杆的直径、规格应与所使用的千斤顶相适应，第一批插入千斤顶的支承杆其长度不得少于 4 种，两相邻接头高差不应小于 1m，同一高度上支承杆接头数不应大于总量的 1/4。

当采用钢管支承杆且设置在混凝土体外时，对支承杆的调直、接长、加固应作专项设计，确保支承体系的稳定。

6.3.2 支承杆上如有油污应及时清除干净，对兼作结构钢筋的支承杆其表面不得有油污。

6.3.3 对采用平头对接、榫接或螺纹接头的非工具式支承杆，当千斤顶通过接头部位后，应及时对接头进行焊接加固；当采用钢管支承杆并设置在混凝土体外时，应采用工具式扣件及时加固。

6.3.4 采用钢管做支承杆时应符合下列规定：

1 支承杆宜为 $\phi 48 \times 3.5$ 焊接钢管，管径及壁厚允许偏差均为 $-0.2 \sim +0.5\text{mm}$。

2 采用焊接方法接长钢管支承杆时，钢管上端平头，下端倒角 $2 \times 45°$；接头处进入千斤顶前，先点焊 3 点以上并磨平焊点，通过千斤顶后进行围焊；接头处加焊衬管或加焊与支承杆同直径钢筋，衬管长度应大于 200mm。

3 作为工具式支承杆时，钢管两端分别焊接螺母和螺杆，螺纹宜为 M30，螺纹长度不宜小于 40mm，螺杆和螺母应与钢管同心。

4 工具式支承杆必须调直，其平直度偏差不应大于 1/1000，相连接的两根钢管应在同一轴线上，接头处不得出现弯折现象。

5 工具式支承杆长度宜为 3m。第一次安装时可配合采用 4.5m、1.5m 长的支承杆，使接头错开；当建筑物每层净高（即层高减楼板厚度）小于 3m 时，支承杆长度应小于净高尺寸。

6.3.5 选用$\phi48\times3.5$钢管支承杆时，支承杆可分别设置在混凝土结构体内或体外，也可体内、体外混合设置，并应符合下列要求：

1 当支承杆设置在结构体内时，一般采用埋入方式，不回收。当需要回收时，支承杆应增设套管，套管的长度应从提升架横梁下至模板下缘。

2 设置在结构体外的工具式支承杆，其加工数量应能满足5～6个楼层高度的需要；必须在支承杆穿过楼板的位置用扣件卡紧，使支承杆的荷载通过传力钢板、传力槽钢传递到各层楼板上。

3 设置在体外的工具式支承杆，可采用脚手架钢管和扣件进行加固。当支承杆为群杆时，相互间宜采用纵、横向钢管连接成整体；当支承杆为单根时，应采取其他措施可靠连接。

6.3.6 用于筒体结构施工的非工具式支承杆，当通过千斤顶后，应与横向钢筋点焊连接，焊点间距不宜大于500mm，点焊时严禁损伤受力钢筋。

6.3.7 当发生支承杆局部失稳、被千斤顶带起或弯曲等情况时，应立即进行加固处理。对兼作受力钢筋使用的支承杆，加固时应满足受力钢筋的要求。当支承杆穿过较高洞口或模板滑空时，应对支承杆进行加固。

6.3.8 工具式支承杆可在滑模施工结束后一次拔出，也可在中途停歇时拔出。分批拔出时应按实际荷载确定每批拔出的数量，并不得超过总数的1/4。对于$\phi25$圆钢支承杆，其套管的外径不宜大于$\phi36$；对于壁厚小于200mm的结构，其支承杆不宜抽拔。拔出的工具式支承杆应经检查合格后再使用。

6.4 混 凝 土

6.4.1 用于滑模施工的混凝土，应事先做好混凝土配比的试配工作，其性能除应满足设计所规定的强度、抗渗性、耐久性以及季节性施工等要求外，尚应满足下列规定：

1 混凝土早期强度的增长速度，必须满足模板滑升速度的要求；

2 混凝土宜用硅酸盐水泥或普通硅酸盐水泥配制；

3 混凝土入模时的坍落度，应符合表6.4.1的规定；

表6.4.1 混凝土入模时的坍落度

结构种类	坍落度（mm）	
	非泵送混凝土	泵送混凝土
墙板、梁、柱	50～70	100～160
配筋密集的结构（筒体结构及细长柱）	60～90	120～180
配筋特密结构	90～120	140～200

注：采用人工捣实时，非泵送混凝土的坍落度可适当增大。

4 在混凝土中掺入的外加剂或掺合料，其品种和掺量应通过试验确定。

6.4.2 正常滑升时，混凝土的浇灌应满足下列规定：

1 必须均匀对称交圈浇灌；每一浇灌层的混凝土表面应在一个水平面上，并应有计划、均匀地变换浇灌方向；

2 每次浇灌的厚度不宜大于 200mm；

3 上层混凝土覆盖下层混凝土的时间间隔不得大于混凝土的凝结时间（相当于混凝土贯入阻力值为 0.35kN/cm² 时的时间），当间隔时间超过规定时，接茬处应按施工缝的要求处理；

4 在气温高的季节，宜先浇灌内墙，后浇灌阳光直射的外墙；先浇灌墙角、墙垛及门窗洞口等的两侧，后浇灌直墙；先浇灌较厚的墙，后浇灌较薄的墙；

5 预留孔洞、门窗口、烟道口、变形缝及通风管道等两侧的混凝土应对称均衡浇灌。

注：当采用滑框倒模施工时，可不受本条第 2 款的限制。

6.4.3 当采用布料机布送混凝土时应进行专项设计，并符合下列规定：

1 布料机的活动半径宜能覆盖全部待浇混凝土的部位；

2 布料机的活动高度应能满足模板系统和钢筋的高度；

3 布料机不宜直接支承在滑模平台上，当必须支承在平台上时，支承系统必须专门设计，并有大于 2.0 的安全储备；

4 布料机和泵送系统之间应有可靠的通讯联系，混凝土宜先布料在操作平台上，再送入模板，并应严格控制每一区域的布料数量；

5 平台上的混凝土残渣应及时清出，严禁铲入模板内或掺入新混凝土中使用；

6 夜间作业时应有足够的照明。

6.4.4 混凝土的振捣应满足下列要求：

1 振捣混凝土时，振器不得直接触及支承杆、钢筋或模板；

2 振捣器应插入前一层混凝土内，但深度不应超过 50mm。

6.4.5 混凝土的养护应符合下列规定：

1 混凝土出模后应及时进行检查修整，且应及时进行养护；

2 养护期间，应保持混凝土表面湿润，除冬施外，养护时间不少于 7d；

3 养护方法宜选用连续均匀喷雾养护或喷涂养护液。

6.5 预留孔和预埋件

6.5.1 预埋件安装应位置准确，固定牢靠，不得突出模板表面。预埋件出模板后应及时清理使其外露，其位置偏差应满足现行国家标准《混凝土结构工程施工质量验收规范》GB 50204 的要求。

6.5.2 预留孔洞的胎模应有足够的刚度，其厚度应比模板上口尺寸小 5～10mm，并与结构钢筋固定牢靠。胎模出模后，应及时校对位置，适时拆除胎模，预留孔洞中心线的偏差不应大于 15mm。

当门、窗框采用预先安装时，门、窗和衬框（或衬模）的总宽度，应比模板上口尺寸小 5～10mm。安装应有可靠的固定措施，偏差应满足表 6.5.2 的规定。

表 6.5.2 门、窗框安装的允许偏差

项　目	允许偏差（mm）	
	钢门窗	铝合金（或塑钢）门窗
中心线位移	5	5

续表6.5.2

项 目	允许偏差（mm）	
	钢门窗	铝合金（或塑钢）门窗
框正、侧面垂直度	3	2
框对角线长度 ≤2000mm >2000mm	5 6	2 3
框的水平度	3	1.5

6.6 滑 升

6.6.1 滑升过程是滑模施工的主导工序，其他各工序作业均应安排在限定时间内完成，不宜以停滑或减缓滑升速度来迁就其他作业。

注：当采用滑框倒模施工时，可不受本条的限制。

6.6.2 在确定滑升程序或平均滑升速度时，除应考虑混凝土出模强度要求外，还应考虑下列相关因素：

1 气温条件；

2 混凝土原材料及强度等级；

3 结构特点，包括结构形状、构件截面尺寸及配筋情况；

4 模板条件，包括模板表面状况及清理维护情况等。

6.6.3 初滑时，宜将混凝土分层交圈浇筑至500～700mm（或模板高度的1/2～2/3）高度，待第一层混凝土强度达到0.2～0.4MPa或混凝土贯入阻力值达到0.30～1.05kN/cm² 时，应进行1～2个千斤顶行程的提升，并对滑模装置和混凝土凝结状态进行全面检查，确定正常后，方可转为正常滑升。

混凝土贯入阻力值测定方法见本规范附录C。

6.6.4 正常滑升过程中，相邻两次提升的时间间隔不宜超过0.5h。

注：当采用滑框倒模施工时，可不受本条的限制。

6.6.5 滑升过程中，应使所有的千斤顶充分进油、排油。当出现油压增至正常滑升工作压力值的1.2倍，尚不能使全部千斤顶升起时，应停止提升操作，立即检查原因，及时进行处理。

6.6.6 在正常滑升过程中，每滑升200～400mm，应对各千斤顶进行一次调平，特殊结构或特殊部位应采取专门措施保持操作平台基本水平。各千斤顶的相对标高差不得大于40mm，相邻两个提升架上千斤顶升差不得大于20mm。

6.6.7 连续变截面结构，每滑升200mm高度，至少应进行一次模板收分。模板一次收分量不宜大于6mm。当结构的坡度大于3%时，应减小每次提升高度；当设计支承杆数量时，应适当降低其设计承载能力。

6.6.8 在滑升过程中，应检查和记录结构垂直度、水平度、扭转及结构截面尺寸等偏差数值。检查及纠偏、纠扭应符合下列规定：

1 每滑升一个浇灌层高度应自检一次，每次交接班时应全面检查、记录一次；

2 在纠正结构垂直度偏差时，应徐缓进行，避免出现硬弯；

3 当采用倾斜操作平台的方法纠正垂直偏差时，操作平台的倾斜度应控制在 1‰ 之内；

4 对筒体结构，任意 3m 高度上的相对扭转值不应大于 30mm，且任意一点的全高最大扭转值不应大于 200mm。

6.6.9 在滑升过程中，应检查操作平台结构、支承杆的工作状态及混凝土的凝结状态，发现异常时，应及时分析原因并采取有效的处理措施。

6.6.10 框架结构柱子模板的停歇位置，宜设在梁底以下 100～200mm 处。

6.6.11 在滑升过程中，应及时清理粘结在模板上的砂浆和转角模板、收分模板与活动模板之间的灰浆，不得将已硬结的灰浆混进新浇的混凝土中。

6.6.12 滑升过程中不得出现油污，凡被油污染的钢筋和混凝土，应及时处理干净。

6.6.13 因施工需要或其他原因不能连续滑升时，应有准备地采取下列停滑措施：

1 混凝土应浇灌至同一标高。

2 模板应每隔一定时间提升 1～2 个千斤顶行程，直至模板与混凝土不再粘结为止。对滑空部位的支承杆，应采取适当的加固措施。

3 采用工具式支承杆时，在模板滑升前应先转动并适当托起套管，使之与混凝土脱离，以免将混凝土拉裂。

4 继续施工时，应对模板与液压系统进行检查。

注：当采用滑框倒模施工时，可不受本条第 2 款的限制。

6.6.14 模板滑空时，应事先验算支承杆在操作平台自重、施工荷载、风荷载等共同作用下的稳定性，稳定性不满足要求时，应对支承杆采取可靠的加固措施。

6.6.15 混凝土出模强度应控制在 **0.2～0.4MPa** 或混凝土贯入阻力值在 **0.30～1.05kN/cm²**；采用滑框倒模施工的混凝土出模强度不得小于 **0.2MPa**。

6.6.16 模板的滑升速度，应按下列规定确定：

1 当支承杆无失稳可能时，应按混凝土的出模强度控制，按式（6.6.16-1）确定：

$$V = \frac{H - h_0 - a}{t} \tag{6.6.16-1}$$

式中 V——模板滑升速度（m/h）；

H——模板高度（m）；

h_0——每个混凝土浇筑层厚度（m）；

a——混凝土浇筑后其表面到模板上口的距离，取 0.05～0.1m；

t——混凝土从浇灌到位至达到出模强度所需的时间（h）。

2 当支承杆受压时，应按支承杆的稳定条件控制模板的滑升速度。

1） 对于 $\phi 25$ 圆钢支承杆，按式（6.6.16-2）确定：

$$V = \frac{1.05}{T_1 \cdot \sqrt{KP}} + \frac{0.6}{T_1} \tag{6.6.16-2}$$

式中 P——单根支承杆承受的垂直荷载（kN）；

T_1——在作业班的平均气温条件下，混凝土强度达到 0.7～1.0MPa 所需的时间（h），由试验确定；

K——安全系数，取 $K=2.0$。

2）对于 $\phi 48 \times 3.5$ 钢管支承杆，按式（6.6.16-3）确定：

$$V = \frac{26.5}{T_2 \cdot \sqrt{KP}} + \frac{0.6}{T_2} \qquad (6.6.16\text{-}3)$$

式中 T_2——在作业班的平均气温条件下，混凝土强度达到 2.5MPa 所需的时间（h），由试验确定。

3 当以滑升过程中工程结构的整体稳定控制模板的滑升速度时，应根据工程结构的具体情况，计算确定。

6.6.17 当 $\phi 48 \times 3.5$ 钢管支承杆设置在结构体外且处于受压状态时，该支承杆的自由长度（千斤顶下卡头到模板下口第一个横向支撑扣件节点的距离）L_0（m）不应大于式（6.6.17）的规定：

$$L_0 = \frac{21.2}{\sqrt{KP}} \qquad (6.6.17)$$

6.7 横向结构的施工

6.7.1 按整体结构设计的横向结构，当采用后期施工时，应保证施工过程中的结构稳定并满足设计要求。

6.7.2 滑模工程横向结构的施工，宜采取在竖向结构完成到一定高度后，采取逐层空滑现浇楼板或架设预制楼板或用降模法或其他支模方法施工。

6.7.3 墙板结构采用逐层空滑现浇楼板工艺施工时应满足下列规定：

1 当墙体模板空滑时，其外周模板与墙体接触部分的高度不得小于 200mm；

2 楼板混凝土强度达到 1.2MPa 方能进行下道工序，支设楼板的模板时，不应损害下层楼板混凝土；

3 楼板模板支柱的拆除时间，除应满足现行国家标准《混凝土结构工程施工质量验收规范》GB 50204 的要求外，还应保证楼板的结构强度满足承受上部施工荷载的要求。

6.7.4 墙板结构的楼板采用逐层空滑安装预制楼板时，应符合下列规定：

1 非承重墙的模板不得空滑；

2 安装楼板时，板下墙体混凝土的强度不得低于 4.0MPa，并严禁用撬棍在墙体上挪动楼板。

6.7.5 梁的施工应符合下列规定：

1 采用承重骨架进行滑模施工的梁，其支承点应根据结构配筋和模板构造绘制施工图；悬挂在骨架下的梁底模板，其宽度应比模板上口宽度小 3~5mm；

2 采用预制安装方法施工的梁，其支承点应设置支托。

6.7.6 墙板结构、框架结构等的楼板及屋面板采用降模法施工时，应符合下列规定：

1 利用操作平台作楼板的模板或作模板的支承时，应对降模装置和设备进行验算；

2 楼板混凝土的拆模强度，应满足现行国家标准《混凝土结构工程施工质量验收规范》GB 50204 的有关规定，并不得低于 15MPa。

6.7.7 墙板结构的楼板采用在墙上预留孔洞或现浇牛腿支承预制楼板时，现浇区钢筋应与预制楼板中的钢筋连成整体。预制楼板应设临时支撑，待现浇区混凝土达到设计强度标准值 70％后，方可拆除支撑。

6.7.8 后期施工的现浇楼板，可采用早拆模板体系或分层进行悬吊支模施工。

6.7.9 所有二次施工的构件，其预留槽口的接触面不得有油污染，在二次浇筑之前，必须彻底清除酥松的浮渣、污物，并严格按施工缝的程序做好各项作业，加强二次浇筑混凝土的振捣和养护。

7 特种滑模施工

7.1 大体积混凝土施工

7.1.1 水工建筑物中的混凝土坝、闸门井、闸墩及桥墩、挡土墙等无筋和配有少量钢筋的大体积混凝土工程，可采用滑模施工。

7.1.2 滑模装置的总体设计除满足本规范第 5.1 节的相关规定外，还应满足结构物曲率变化和精度控制要求，并能适应混凝土机械化和半机械化作业方式。

7.1.3 长度较大的结构物整体浇筑时，其滑模装置应分段自成体系，分段长度不宜大于 20m，体系间接头处的模板应衔接平滑。

7.1.4 支承杆及千斤顶的布置，应力求受力均匀。宜沿结构物上、下游边缘及横缝面成组均匀布置。支承杆至混凝土边缘的距离不应小于 20cm。

7.1.5 滑模装置的部件设计除满足本规范第 5.2 节的相关规定外，还应符合下列要求：

　　1 操作平台宜由主梁、连系梁及铺板构成；在变截面结构的滑模操作平台中，应制定外悬部分的拆除措施；

　　2 主梁宜用槽钢制作，其最大变形量不应大于计算跨度的 1/500；并应根据结构物的体形特征平行或径向布置，其间距宜为 2～3m；

　　3 围圈宜用型钢制作，其最大变形量不应大于计算跨度的 1/1000；

　　4 梁端提升收分车行走的部位，必须平直光洁，上部应加保护盖。

7.1.6 滑模装置的组装应按本规范第 6.1 节的相关规定制定专门的程序。

7.1.7 混凝土浇筑铺料厚度宜控制在 25～40cm；采取分段滑升时，相邻段铺料厚度差不得大于一个铺料层厚；采用吊罐直接入仓下料时，混凝土吊罐底部至操作平台顶部的安全距离不应小于 60cm。

7.1.8 大体积混凝土工程滑模施工时的滑升速度宜控制在 50～100mm/h，混凝土的出模强度宜控制在 0.2～0.4MPa，相邻两次提升的间隔时间不宜超过 1.0h；对反坡部位混凝土的出模强度，应通过试验确定。

7.1.9 大体积混凝土工程中的预埋件施工，应制定专门技术措施。

7.1.10 操作平台的偏移，应按以下规定进行检查与调整：

　　1 每提升一个浇灌层，应全面检查平台偏移情况，做出记录并及时调整；

　　2 操作平台的累积偏移量超过 5cm 尚不能调平时，应停止滑升及时进行处理。

7.2 混凝土面板施工

7.2.1 溢流面、泄水槽和渠道护面、隧洞底拱衬砌及堆石坝的混凝土面板等工程，可采用滑模施工。

7.2.2 面板工程的滑模装置设计，应包括下列主要内容：

1 模板结构系统（包括模板、行走机构、抹面架）；

2 滑模牵引系统；

3 轨道及支架系统；

4 辅助结构及通讯、照明、安全设施等。

7.2.3 模板结构的设计荷载应包括下列各项：

1 模板结构的自重（包括配重），按实际重量计。

2 施工荷载。机具、设备按实际重量计；施工人员可按 $1.0kN/m^2$ 计。

3 新浇混凝土对模板的上托力。模板倾角小于 45°时，可取 3～5kN/m²；模板倾角大于或等于 45°时，可取 5～15kN/m²；对曲线坡面，宜取较大值。

4 混凝土与模板的摩阻力，包括粘结力和摩擦力。新浇混凝土与钢模板的粘结力，可按 $0.5kN/m^2$ 计；在确定混凝土与钢模板的摩擦力时，其两者间的摩擦系数可按 0.4～0.5 计。

5 模板结构与滑轨的摩擦力。在确定该力时，对滚轮与轨道间的摩擦系数可取 0.05，滑块与轨道间的摩擦系数可取 0.15～0.5。

7.2.4 模板结构的主梁应有足够的刚度。在设计荷载作用下的最大挠度应符合下列规定：

1 溢流面模板主梁的最大挠度不应大于主梁计算跨度的 1/800；

2 其他面板工程模板主梁的最大挠度不应大于主梁计算跨度的 1/500。

7.2.5 模板牵引力 R（kN）应按式（7.2.5）计算：

$$R = [FA + Gsin\varphi + f_1 \mid Gcos\varphi - P_c \mid + f_2 Gcos\varphi]K \qquad (7.2.5)$$

式中 F——模板与混凝土的粘结力（kN/m²）；

A——模板与混凝土的接触面积（m²）；

G——模板系统自重（包括配重及施工荷载）（kN）；

φ——模板的倾角（°）；

f_1——模板与混凝土间的摩擦系数；

P_c——混凝土的上托力（kN）；

f_2——滚轮或滑块与轨道间的摩擦系数；

K——牵引力安全系数，可取 1.5～2.0。

7.2.6 滑模牵引设备及其固定支座应符合下列规定：

1 牵引设备可选用液压千斤顶、爬轨器、慢速卷扬机等；对溢流面的牵引设备，宜选用爬轨器。

2 当采用卷扬机和钢丝绳牵拉时，支承架、锚固装置的设计能力，应为总牵引力的 3～5 倍。

3 当采用液压千斤顶牵引时，设计能力应为总牵引力的 1.5～2.0 倍。

4 牵引力在模板上的牵引点应设在模板两端，至混凝土面的距离应不大于 300mm；牵引力的方向与滑轨切线的夹角不应大于 10°，否则应设置导向滑轮。

5 模板结构两端应设同步控制机构。

7.2.7 轨道及支架系统的设计应符合下列规定：

1 轨道可选用型钢制作，其分节长度应有利于运输、安装；

2 在设计荷载作用下，支点间轨道的变形不应大于 2mm；

3 轨道的接头必须布置在支承架的顶板上。

7.2.8 滑模装置的组装应符合下列规定：

1 组装顺序宜为轨道支承架、轨道、牵引设备、模板结构及辅助设施；

2 轨道安装的允许偏差应符合表 7.2.8 的规定；

表 7.2.8　安装轨道允许偏差

项　目	允许偏差（mm）	
	溢流面	其他
标高	−2	±5
轨距	±3	±3
轨道中心线	3	3

3 对牵引设备应按国家现行的有关规范进行检查并试运转，对液压设备应按本规范第 5.2.10 条进行检验。

7.2.9 混凝土的浇灌与模板的滑升应符合下列规定：

1 混凝土应分层浇灌，每层厚度宜为 300mm；

2 混凝土的浇灌顺序应从中间开始向两端对称进行，振捣时应防止模板上浮；

3 混凝土出模后，应及时修整和养护；

4 因故停滑时，应采取相应的停滑措施。

7.2.10 混凝土的出模强度宜通过试验确定，亦可按下列规定选用：

1 当模板倾角小于 45°时，可取 0.05～0.1MPa；

2 当模板倾角等于或大于 45°时，可取 0.1～0.3MPa。

7.2.11 对于陡坡上的滑模施工，应设有多重安全保险措施。牵引机具为卷扬机钢丝绳时，地锚要安全可靠；牵引机具为液压千斤顶时，还应对千斤顶的配套拉杆做整根试验检查。

7.2.12 面板成型后，其外形尺寸的允许偏差应符合下列规定：

1 溢流面表面平整度（用 2m 直尺检查）不应超过 ±3mm；

2 其他护面面板表面平整度（用 2m 直尺检查）不应超过 ±5mm。

7.3　竖 井 井 壁 施 工

7.3.1 竖井井筒的混凝土或钢筋混凝土井壁，可采用滑模施工。采用滑模施工的竖井，除遵守本规范的规定外，还应遵守国家现行有关标准的规定。

7.3.2 滑模施工的竖井混凝土强度不宜低于 C25，井壁厚度不宜小于 150mm，井壁内径不宜小于 2m。当井壁结构设计为内、外两层或内、中、外三层时，采用滑模施工的每层井壁厚度不宜小于 150mm。

7.3.3 竖井为单侧滑模施工，滑模设施包括凿井绞车、提升井架、防护盘、工作盘（平台）、提升架、提升罐笼、通风、排水、供水、供电管线以及常规滑模施工的机具。

7.3.4 井壁滑模应设内围圈和内模板。围圈宜用型钢加工成桁架形式；模板宜用 2.5～

3.5mm 厚钢板加工成大块模板，按井径可分为 3～6 块，高度以 1200～1500mm 为宜；在接缝处配以收分或楔形抽拔模板，模板的组装单面倾斜度以 5‰～8‰ 为宜。提升架为单腿"Γ"形。

7.3.5 防护盘应根据井深和井筒作业情况设置 4～5 层。防护盘的承重骨架宜用型钢制作，上铺 60mm 以上厚度的木板，2～3mm 厚钢板，其上再铺一层 500mm 厚的松软缓冲材料。防护盘除用绞车悬吊外，还应用卡具（或千斤顶）与井壁固定牢固。其他配套设施应按国家现行有关标准的规定执行。

7.3.6 外层井壁宜采用边掘边砌的方法，由上而下分段进行滑模施工，分段高度以 3～6m 为宜。

当外层井壁采用掘进一定深度再施工该段井壁时，分段滑模的高度以 30～60m 为宜。在滑模施工前，应对井筒岩（土）帮进行临时支护。

7.3.7 竖井滑模使用的支承杆，可分为压杆式和拉杆式，并应符合下列规定：

1 拉杆式支承杆宜布置在结构体外，支承杆接长采用丝扣连接；

2 拉杆式支承杆的上端固定在专用环梁或上层防护盘的外环梁上；

3 固定支承杆的环梁宜用槽钢制作，由计算确定其尺寸；

4 环梁使用绞车悬吊在井筒内，并用 4 台以上千斤顶或紧固件与井壁固定；

5 边掘边砌施工井壁时，宜采用拉杆式支承杆和升降式千斤顶；

6 压杆式支承杆承受千斤顶传来的压力，同普通滑模的支承杆。

7.3.8 竖井井壁的滑模装置，应在地面进行预组装，检查调整达到质量标准，再进行编号，按顺序吊运到井下进行组装。

每段滑模施工完毕，应按国家现行的安全质量标准对滑模机具进行检查，符合要求后，再送到下一工作面使用。需要拆散重新组装的部件，应编号拆、运，按号组装。

7.3.9 滑模设备安装时，应对井筒中心与滑模工作盘中心、提升罐笼中心以及工作平台预留提升孔中心进行检查；应对拉杆式支承杆的中心与千斤顶中心、各层工作盘水平度进行检查。

7.3.10 外层井壁在基岩中分段滑模施工时，应将深孔爆破的最后一茬炮的碎石留下并整平，作为滑模机具组装的工作面。碎石的最大粒径不宜大于 200mm。

7.3.11 在组装滑模装置前，沿井壁四周安放的刃脚模板应先固定牢固，滑升时，不得将刃脚模板带起。

7.3.12 滑模中遇到与井壁相连的各种水平或倾斜巷道口、硐室时，应对滑模系统进行加固，并做好滑空处理。在滑模施工前，应对巷道口、硐室靠近井壁的 3～5m 的范围内进行永久性支护。

7.3.13 滑模施工中必须严格控制井筒中心的位移情况。边掘边砌的工程每一滑模段应检查一次；当分段滑模的高度超过 15m 时，每 10m 高应检查一次；其最大偏移不得大于 15mm。

7.3.14 滑模施工期间应绘制井筒实测纵横断面图，并应填写混凝土和预埋件检查验收记录。

7.3.15 井壁质量应符合下列要求：

1 与井筒相连的各水平巷道或硐室的标高应符合设计要求，其最大允许偏差为

±100mm；

2 井筒的最终深度，不得小于设计值；

3 井筒的内半径最大允许偏差：有提升设备时不得大于 50mm，无提升设备时不得超过±50mm；

4 井壁厚度局部偏差不得大于设计厚度 50mm，每平方米的表面不平整度不得大于 10mm。

7.4 复合壁施工

7.4.1 复合壁滑模施工适用于保温复合壁贮仓、节能型高层建筑、双层墙壁的冷库、冻结法施工的矿井复合井壁及保温、隔音等工程。

7.4.2 复合壁施工的滑模装置应在内外模板之间（双层墙壁的分界处）增加一隔离板，防止两种不同的材料在施工时混合。

7.4.3 复合壁滑模施工用的隔离板应符合下列规定：

1 隔离板用钢板制作；

2 在面向有配筋的墙壁一侧，隔离板竖向焊有与其底部相齐的圆钢，圆钢的上端与提升架间的联系梁刚性连接，圆钢的直径为$\phi 25\sim 28$，间距为 1000～1500mm；

3 隔离板安装后应保持垂直，其上口应高于模板上口 50～100mm，深入模板内的高度可根据现场施工情况确定，应比混凝土的浇灌层厚减少 25mm。

7.4.4 滑模用的支承杆应布置在强度较高一侧的混凝土内。

7.4.5 浇灌两种不同性质的混凝土时，应先浇灌强度高的混凝土，后浇灌强度较低的混凝土；振捣时，先振捣强度高的混凝土，再振捣强度较低的混凝土，直至密实。

同一层两种不同性质的混凝土浇灌层厚度应一致，浇灌振捣密实后其上表面应在同一平面上。

7.4.6 隔离板上粘结的砂浆应及时清除。两种不同的混凝土内应加入合适的外加剂调整其凝结时间、流动性和强度增长速度。轻质混凝土内宜加入早强剂、微沫剂和减水剂，使两种不同性能的混凝土均能满足在同一滑升速度下的需要。

7.4.7 在复合壁滑模施工中，不宜进行空滑施工，除非另有防止两种不同性质混凝土混涌的措施，停滑时应按本规范第 6.6.13 条的规定采取停滑措施，但模板总的提升高度不应大于一个混凝土浇灌层的厚度。

7.4.8 复合壁滑模施工结束，最上一层混凝土浇筑完毕后，应立即将隔离板提出混凝土表面，再适当振捣混凝土，使两种混凝土间出现的隔离缝弥合。

7.4.9 预留洞或门窗洞口四周的轻质混凝土宜用普通混凝土代替，代替厚度不宜小于 60mm。

7.4.10 复合壁滑模施工的壁厚允许偏差应符合表 7.4.10 的规定。

表 7.4.10 复合壁滑模施工的壁厚允许偏差

项　　目	壁厚允许偏差（mm）		
	混凝土强度较高的壁	混凝土强度较低的壁	总壁厚
允许偏差	−5～+10	−10～+5	−5～+8

7.5 抽 孔 滑 模 施 工

7.5.1 滑模施工的墙、柱在设计中允许留设或要求连续留设竖向孔道的工程，可采用抽孔工艺施工，孔的形状应为圆形。

7.5.2 采用抽孔滑模施工的结构，柱的短边尺寸不宜小于300mm，壁板的厚度不宜小于250mm，抽孔率及孔位应由设计确定。抽孔率宜按下式计算：

    1 筒壁和墙（单排孔）：

$$抽孔率(\%) = \frac{单孔的净面积}{相邻两孔中心距离 \times 壁(墙)厚度} \times 100\%$$

    2 柱子：

$$抽孔率(\%) = \frac{柱内孔的总面积}{柱子的全截面积} \times 100\%$$

    3 当模板与芯管设计为先提升模板后提升芯管时，壁板、柱的孔边净距可适当减少，壁板的厚度可降至不小于200mm。

7.5.3 抽孔芯管的直径不应大于结构短边尺寸的1/2，且孔壁距离结构外边缘不得小于100mm，相邻两孔孔边的距离应大于或等于孔的直径，且不得小于100mm。

7.5.4 抽孔滑模装置应符合下列规定：

    1 按设计的抽孔位置，在提升架的横梁下或提升架之间的联系梁下增设抽孔芯管；

    2 芯管上端与梁的连接构造宜做成能使芯管转动，并能有5cm以上的上下活动量；

    3 芯管宜用钢管制作，模板上口处外径与孔的直径相同，深入模板内的部分宜有0～0.2%锥度，有锥度的芯管壁在最小外径处厚度不宜小于1.5mm，其表面应打磨光滑；

    4 芯管安装后，其下口应与模板下口齐平；

    5 抽孔滑模装置宜设计成模板与芯管能分别提升，也可同时提升的作业装置；

    6 每次滑升前应先转动芯管。

7.5.5 抽孔芯管表面应涂刷隔离剂。芯管在脱出混凝土后或做空滑处理时，应随即清理粘结在上面的砂浆；再重新施工时，应再刷隔离剂。

7.5.6 抽孔滑模施工允许偏差应符合表7.5.6的规定。

表 7.5.6 抽孔滑模施工允许偏差

项目	管或孔的直径偏差	芯管安装位置偏差	管中心垂直度偏差	芯管的长度偏差	芯管的锥度范围
允许偏差	±3mm	<10mm	<2‰	±10mm	0～0.2%

注：不得出现塌孔及混凝土表面裂缝等缺陷。

7.6 滑 架 提 模 施 工

7.6.1 滑架提模施工适用于双曲线冷却塔或锥度较大的筒体结构的施工。

7.6.2 滑架提模装置应满足塔身的曲率和精度控制要求，其装置设计应符合下列规定：

    1 提升架以直型门架式为宜，其千斤顶与提升架之间联结应设计为铰接，铰链式剪刀撑应有足够的刚度，既能变化灵活又支撑稳定；

    2 塔身中心位移控制标记应明显、准确、可靠，便于测量操作，可设在塔身中央，也可在塔身周边多点设置；

3 滑动提升模板与围圈滑动联结固定，而此固定块与提升架为相对滑动固定，以便模板与混凝土脱离，但又能在混凝土浇灌凝固过程中有足够的稳定性。

7.6.3 采用滑架提模法施工时，其一次提升高度应依据所选用的支承杆承载能力而定。模板的空滑高度宜为 1～1.5m。模板与下一层混凝土的搭接处应严密不露浆。

7.6.4 混凝土浇灌应均匀、对称，分层进行。松动模板时的混凝土强度不应低于1.5MPa；模板归位后，操作平台上开始负荷运送混凝土浇灌时，模板搭接处的混凝土强度应不低于 3MPa。

7.6.5 混凝土入模前模板位置允许偏差应符合下列规定：

1 模板上口轮圆半径偏差±5mm；

2 模板上口标高偏差±10mm；

3 模板上口内外间距偏差±3mm。

7.6.6 采用滑架提模法施工的混凝土筒体，其质量标准还应满足现行国家标准《混凝土结构工程施工质量验收规范》GB 50204 的要求。

7.7 滑模托带施工

7.7.1 整体空间结构等重大结构物，其支承结构采用滑模工艺施工时，可采用滑模托带方法进行整体就位安装。

7.7.2 滑模托带施工时，应先在地面将被托带结构组装完毕，并与滑模装置连接成整体；支承结构滑模施工时，托带结构随同上升直到其支座就位标高，并固定于相应的混凝土顶面。

7.7.3 滑模托带装置的设计，应能满足钢筋混凝土结构滑模和托带结构就位安装的双重要求。其施工技术设计应包括下列主要内容：

1 滑模托带施工程序设计；

2 墙、柱、梁、筒壁等支承结构的滑模装置设计；

3 被托带结构与滑模装置的连接措施与分离方法；

4 千斤顶的布置与支承杆的加固方法；

5 被托带结构到顶滑模机具拆除时的临时固定措施和下降就位措施；

6 拖带结构的变形观测与防止托带结构变形的技术措施。

7.7.4 对被托带结构应进行应力和变形验算，确定在托带结构自重和施工荷载作用下各支座的最大反力值和最大允许升差值，作为计算千斤顶最小数量和施工中升差控制的依据之一。

7.7.5 滑模托带装置的设计荷载除按一般滑模应考虑的荷载外，还应包括下列各项：

1 被托带结构施工过程中的支座反力，依据托带结构的自重、托带结构上的施工荷载、风荷载以及施工中支座最大升差引起的附加荷载计算出各支承点的最大作用荷载；

2 滑模托带施工总荷载。

7.7.6 滑模托带施工的千斤顶和支承杆的承载能力应有较大安全储备；对楔块式和滚楔混合式千斤顶，安全系数不应小于 3.0；对滚珠式千斤顶，安全系数不应小于 2.5。

7.7.7 施工中应保持被托带结构同步稳定提升，相邻两个支承点之间的允许升差值不得大于 20mm，且不得大于相邻两支座距离的 1/400，最高点和最低点允许升差值应小于托带结构的最大允许升差值，并不得大于 40mm；网架托带到顶支座就位后的高度允许偏差，应符合现行国家标准《钢结构工程施工质量验收规范》GB 50205 的规定。

7.7.8 当采用限位调平法控制升差时，支承杆上的限位卡应每 150～200mm 限位调平一次。

7.7.9 混凝土浇灌应严格做到均衡布料，分层浇筑，分层振捣；混凝土的出模强度宜控制在 0.2～0.4MPa。

7.7.10 当滑模托带结构到达预定标高后，可采用一般现浇施工方法浇灌固定支座的混凝土。

8 质量检查及工程验收

8.1 质 量 检 查

8.1.1 滑模工程施工应按本规范和国家现行的有关强制性标准的规定进行质量检查和隐蔽工程验收。滑模施工常用记录表格见本规范附录 D。

8.1.2 工程质量检查工作必须适应滑模施工的基本条件。

8.1.3 兼作结构钢筋的支承杆的连接接头、预埋插筋、预埋件等应做隐蔽工程验收。

8.1.4 施工中的检查应包括地面上和平台上两部分：

  1 地面上进行的检查应超前完成，主要包括：

    1） 所有原材料的质量检查；

    2） 所有加工件及半成品的检查；

    3） 影响平台上作业的相关因素和条件检查；

    4） 各工种技术操作上岗资格的检查等。

  2 滑模平台上的跟班作业检查，必须紧随各工种作业进行，确保隐蔽工程的质量符合要求。

8.1.5 滑模施工中操作平台上的质量检查工作除常规项目外，尚应包括下列主要内容：

  1 检查操作平台上各观测点与相对应的标准控制点之间的位置偏差及平台的空间位置状态；

  2 检查各支承杆的工作状态；

  3 检查各千斤顶的升差情况，复核调平装置；

  4 当平台处于纠偏或纠扭状态时，检查纠正措施及效果；

  5 检查滑模装置质量，检查成型混凝土的壁厚、模板上口的宽度及整体几何形状等；

  6 检查千斤顶和液压系统的工作状态；

  7 检查操作平台的负荷情况，防止局部超载；

  8 检查钢筋的保护层厚度、节点处交汇的钢筋及接头质量；

  9 检查混凝土的性能及浇灌层厚度；

  10 滑升作业前，检查障碍物及混凝土的出模强度；

  11 检查结构混凝土表面质量状态；

12 检查混凝土的养护。

8.1.6 混凝土质量检验应符合下列规定：

1 标准养护混凝土试块的组数，应按现行国家标准《混凝土结构工程施工质量验收规范》GB 50204 的要求进行。

2 混凝土出模强度的检查，应在滑模平台现场进行测定，每一工作班应不少于一次；当在一个工作班上气温有骤变或混凝土配合比有变动时，必须相应增加检查次数。

3 在每次模板提升后，应立即检查出模混凝土的外观质量，发现问题应及时处理，重大问题应做好处理记录。

8.1.7 对于高耸结构垂直度的测量，应考虑结构自振、风荷载及日照的影响，并宜以当地时间 6：00～9：00 间的观测结果为准。

8.2 工 程 验 收

8.2.1 滑模工程的验收应按现行国家标准《混凝土结构工程施工质量验收规范》GB 50204 的要求进行。

8.2.2 滑模施工工程混凝土结构的允许偏差应符合表 8.2.2 的规定。

表 8.2.2 滑模施工工程混凝土结构的允许偏差

项 目			允许偏差（mm）
轴线间的相对位移			5
圆形筒体结构	半径	≤5m	5
		＞5m	半径的 0.1%，不得大于 10
标高	每层	高层	±5
		多层	±10
	全高		±30
垂直度	每层	层高小于或等于5m	5
		层高大于5m	层高的 0.1%
	全高	高度小于10m	10
		高度大于或等于10m	高度的 0.1%，不得大于 30
墙、柱、梁、壁截面尺寸偏差			＋8，－5
表面平整 （2m靠尺检查）	抹灰		8
	不抹灰		5
门窗洞口及预留洞口位置偏差			15
预埋件位置偏差			20

钢筋混凝土烟囱的允许偏差，应符合现行国家标准《烟囱工程施工及验收规范》的规定。特种滑模施工的混凝土结构允许偏差，尚应符合国家现行有关专业标准的规定。

附录 A 设计滑模装置时荷载标准值

A.0.1 操作平台上的施工荷载标准值。

施工人员、工具和备用材料：

设计平台铺板及檩条时，为 2.5kN/m²；

设计平台桁架时，为 2.0kN/m²；

设计围圈及提升架时，为 1.5kN/m²；

计算支承杆数量时，为 1.5kN/m²。

平台上临时集中存放材料，放置手推车、吊罐、液压操作台，电、气焊设备，随升井架等特殊设备时，应按实际重量计算。

吊脚手架的施工荷载标准值（包括自重和有效荷载）按实际重量计算，且不得小于 2.0kN/m²。

A.0.2 振捣混凝土时的侧压力标准值。对于浇灌高度为 80cm 左右的侧压力分布见图 A.0.2，其侧压力合力取 5.0～6.0kN/m，合力的作用点约在 $2/5H_p$ 处。

A.0.3 模板与混凝土的摩阻力标准值。钢模板为 1.5～3.0kN/m²；当采用滑框倒模法施工时，模板与滑轨间的摩阻力标准值按模板面积计取 1.0～1.5kN/m²。

A.0.4 倾倒混凝土时模板承受的冲击力。用溜槽、串筒或 0.2m³ 的运输工具向模板内倾倒混凝土时，作用于模板侧面的水平集中荷载标准值为 2.0kN。

A.0.5 当采用料斗向平台上直接卸混凝土时，混凝土对平台卸料点产生的集中荷载按实际情况确定，且不应低于按式（A.0.5）计算的标准值 W_k（kN）：

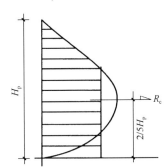

图 A.0.2　混凝土侧压力分布

注：H_p 为混凝土与模板接触的高度

$$W_k = \gamma[(h_m + h)A_1 + B] \qquad (A.0.5)$$

式中　γ——混凝土的重力密度（kN/m³）；

　　　h_m——料斗内混凝土上表面至料斗口的最大高度（m）；

　　　h——卸料时料斗口至平台卸料点的最大高度（m）；

　　　A_1——卸料口的面积（m²）；

　　　B——卸料口下方可能堆存的最大混凝土量（m³）。

A.0.6 随升起重设备刹车制动力标准值可按式（A.0.6）计算：

$$W = [(V_a/g) + 1]Q = K_dQ \qquad (A.0.6)$$

式中　W——刹车时产生的荷载标准值（N）；

　　　V_a——刹车时的制动减速度（m/s²）；

　　　g——重力加速度（9.8m/s²）；

　　　Q——料罐总重（N）；

　　　K_d——动荷载系数。

式中 V_a 值与安全卡的制动灵敏度有关，其数值应根据不同的传力零件和支承结构对象按经验确定，为简化计算因刹车制动而对滑模操作平台产生的附加荷载，K_d 值可取 1.1～2.0。

A.0.7 风荷载按现行国家标准《建筑结构荷载规范》GB 50009 的规定采用，模板及其支架的抗倾倒系数不应小于 1.15。

A.0.8 可变荷载的分项系数取 1.4。

附录 B 支承杆允许承载能力确定方法

B.0.1 当采用 $\phi25$ 圆钢支承杆，模板处于正常滑升状态时，即从模板上口以下，最多只有一个浇灌层高度尚未浇灌混凝土的条件下，支承杆的允许承载力按式（B.0.1）计算：

$$P_0 = \alpha \cdot 40EJ / [K(L_0 + 95)^2] \tag{B.0.1}$$

式中 P_0——支承杆的允许承载力（kN）；

α——工作条件系数，取 $0.7 \sim 1.0$，视施工操作水平、滑模平台结构情况确定。一般整体式刚性平台取 0.7，分割式平台取 0.8；

E——支承杆弹性模量（kN/cm²）；

J——支承杆截面惯性距（cm⁴）；

K——安全系数，取值不应小于 2.0；

L_0——支承杆脱空长度，从混凝土上表面至千斤顶下卡头距离（cm）。

B.0.2 当采用 $\phi48 \times 3.5$ 钢管支承杆时，支承杆的允许承载力按式（B.0.2）计算：

$$P_0 = (\alpha / K) \times (99.6 - 0.22L) \tag{B.0.2}$$

式中 L——支承杆长度（cm）。当支承杆在结构体内时，L 取千斤顶下卡头到浇筑混凝土上表面的距离；当支承杆在结构体外时，L 取千斤顶下卡头到模板下口第一个横向支撑扣件节点的距离。

附录 C 用贯入阻力测量混凝土凝固的试验方法

C.0.1 贯入阻力试验是在筛出混凝土拌合物中粗骨料的砂浆中进行。以一根测杆在 $10 \pm 2s$ 的时间内垂直插入砂浆中 $25 \pm 2mm$ 深度时，测杆端部单位面积上所需力——贯入阻力的大小来判定混凝土凝固的状态。

C.0.2 试验仪器与工具应符合下列要求：

1 贯入阻力仪：加荷装置的指示精度为 5N，最大荷载测量值不小于 1kN。测杆的承压面积有 100、50、20mm² 等三种。每根测杆在距贯入端 25mm 处刻一圈标记。

2 砂浆试模：试模高度为 150mm，圆柱体试模的直径或立方体试模的边长不应小于150mm。试模需要用刚性不吸水的材料制作。

3 捣固棒：直径 16mm，长约 500mm，一端为半球形。

4 标准筛：筛取砂浆用，筛孔孔径为 5mm，应符合现行国家标准《试验筛》GB/T 6005 的有关规定。

5 吸液管：用以吸除砂浆试件表面的泌水。

C.0.3 砂浆试件的制备及养护应符合下列要求：

1 从要进行测试的混凝土拌合物中，取有代表性的试样，用筛子把砂浆筛落在不吸水的垫板上，砂浆数量满足需要后，再由人工搅拌均匀，然后装入试模中，捣实后的砂浆表面低于试模上沿约 10mm。

2 砂浆试件可用振动器，也可用人工捣实。用振动器振动时，以砂浆平面大致形成为止；人工捣实时，可在试件表面每隔 20～30mm，用棒插捣一次，然后用棒敲击试模周边，使插捣的印穴弥合。表面用抹子轻轻抹平。

3 把试件置于所要求的条件下进行养护，如标准养护、同条件养护，避免阳光直晒，为不使水分过快蒸发可加覆盖。

C.0.4 测试方法应符合下列要求：

1 在测试前 5min 吸除试件表面的泌水，在吸除时，试模可稍微倾斜，但要避免振动和强力摇动。

2 根据混凝土砂浆凝固情况，选用适当规格的贯入测杆，测试时首先将测杆端部与砂浆表面接触，然后约在 10s 的时间内，向测杆施以均匀向下的压力，直至测杆贯入砂浆表面下 25mm 深度，并记录贯入阻力仪指针读数、测试时间及混凝土龄期。更换测杆宜按附录表 C.0.4 选用。

表 C.0.4 更换测杆选用表

贯入阻力值（kN/cm²）	0.02～0.35	0.35～2.0	2.0～2.8
测杆面积（mm²）	100	50	20

3 对于一般混凝土，在常温下，贯入阻力的测试时间可以从搅拌后 2h 开始进行，每隔 1h 测试一次，每次测 3 点（最少不少于 2 点），直至贯入阻力达到 2.8kN/cm² 时为止。各测点的间距应大于测杆直径的 2 倍且不小于 15mm，测点与试件边缘的距离应不小于 25mm。对于速凝或缓凝的混凝土及气温过高或过低时，可将测试时间适当调整。

4 计算贯入阻力，将测杆贯入时所需的压力除以测杆截面面积，即得贯入阻力。每次测试的 3 点取平均值，当 3 点数值的最大差异超过 20%，取相近 2 点的平均值。

C.0.5 试验报告应符合下列要求：

1 给出试验的原始资料。

   1） 混凝土配合比，水泥、粗细骨料品种，水灰比等；

   2） 附加剂类型及掺量；

   3） 混凝土坍落度；

   4） 筛出砂浆的温度及试验环境温度；

   5） 试验日期。

2 绘制混凝土贯入阻力曲线，以贯入阻力为纵坐标（kN/cm²），以混凝土龄期（h）为横坐标，绘制曲线的试验数据不得少于 6 个。

3 分析及应用。

   1） 按规范所规定的混凝土出模时应达到的贯入阻力范围，从混凝土贯入阻力曲线上可以得出混凝土的最早出模时间（龄期）及适宜的滑升速度的范围，并可以此检查实际施工时的滑升速度是否合适；

   2） 当滑升速度已确定时，可从事先绘制好的许多混凝土凝固的贯入阻力曲线中，选择与已定滑升速度相适应的混凝土配合比；

3） 在现场施工中，及时测定所用混凝土的贯入阻力，校核混凝土出模强度是否满足要求，滑升时间是否合适。

附录 D 滑模施工常用记录表格

表 D-1 滑模施工预埋件检查记录表

工程名称						施工单位			
标高 1	位置 2	编号、名称 3	尺寸简图 4	数量 5		加工情况 6	埋设情况 7	埋设日期 8	备注 9

负责人：　　　　　　　　　　复检人：　　　　　　　　　　记录人：

注：1～5 项在施工开始前填写；6～8 项在施工过程中填写。

表 D-2 贯入阻力试验记录表

编号：

工程名称						试验日期		试验部位		天气情况	
混凝土 设计强度	水灰比 （%）	坍落度 （cm）	水泥 品种	附加剂品种		混凝土配合比（kN/m³）					备注
				掺合料	外加剂	水泥	砂	石子	水	掺合料 外加剂	

测试记录							
测试环境			筛出砂浆时温度（℃）			贯入阻力曲线	
测试时间							
测试温度							
测杆面积							
贯入力 （kN）	1						
	2						
	3						
	平均值						
贯入阻力值 （kN/cm²）							

负责人：　　　　审核：　　　　计算：　　　　测试人：

注：1　按本规范附录 C 进行试验，绘制曲线的试验数据不得少于 6 个；
　　2　贯入阻力平均值达到 2.8kN/cm² 时可以停止；
　　3　贯入阻力 3 点数值的最大差异超过 20% 时，取相近 2 点的平均值。

表 D-3 提升系统工作情况记录表

工程名称						施工单位		
日期		作业班次				操作平台标高	接班时	
							交班时	
混凝土浇捣开始时间			时 分		混凝土浇捣完成时间		时 分	

提升次数	时间	提升行程数	实测提升高度	平均高度（mm/次）
1				
2				
3				
4				
5				
6				
7				
8				
9				
10				
11				
12				
13				
14				
15				
16				
17				
18				
19				
20				
本班提升总高		最高油压		
说明				

负责人：　　　　　　　　　　审核人：　　　　　　　　　　填表人：

表 D-4 滑模平台垂直度测量位移记录表

编号：

工程名称		施工单位	
施工部位		日期	
测点序号	时间		标高	
	位移值(mm)		方向	
1				
2				
3				
4				
5				
6				
7				
8				
9				
10				
11				
12				
13				
14				
15				
简图				
建议				

负责人：　　　　　　　　　　审核人：　　　　　　　　　　测量人：

表 D-5　滑模平台水平度测量记录表

编号：

工程名称			施工单位	
施工部位			日期	
测点序号	时间		基准标高	
	高程差 H_i(mm)		相对高程差 ΔH_i	
1				
2				
3				
4				
5				
6				
7				
8				
9				
10				
11				
12				
13				
14				
15				
简　图				
建　议				

负责人：　　　　　　　　　审核人：　　　　　　　　　　　　　　　测量人：

注："基准标高"指本次测量时所取参考水平面的标高值；

　　"高程差 H_i"指被测点与基准参考水平面的高差，高于参考平面为（＋），低于为（－）；

　　"相对高程差 ΔH_i"指被测点高程差（H_i）与各测点高程差平均值（$\overline{H}_i$）之差，即：

$$\Delta H_i = H_i - \overline{H}_i$$

$$\overline{H}_i = \Sigma H_i / n$$

式中　ΣH_i——各测点高程差之和；

　　　　n——同一参考平面的测点总数。

表 D-6 纠偏、纠扭施工记录表

工程名称		施工单位	
纠偏（扭）部位			
纠偏（扭）原因			
技术要点与 方法要求			
执行时间			
执行结果			

审核人：　　　　　　　　　　　　　　　　　　　　　　　　　　编制人：

负责人：　　　　　　　　　　　　　　　　　　　　　　　　　现场工程师：

本规范用词说明

1 为便于在执行本规范条文时区别对待，对要求严格程度不同的用词说明如下：

 1）表示很严格，非这样做不可的用词：

  正面词采用"必须"，反面词采用"严禁"。

 2）表示严格，在正常情况下均应这样做的用词：

  正面词采用"应"，反面词采用"不应"或"不得"。

 3）表示允许稍有选择，在条件许可时首先应这样做的用词：

  正面词采用"宜"，反面词采用"不宜"；

  表示有选择，在一定条件下可以这样做的用词，采用"可"。

2 本规范中指明应按其他有关标准、规范执行的写法为"应符合……的规定"或"应按……执行"。

中华人民共和国国家标准

滑动模板工程技术规范

GB 50113—2005

条 文 说 明

目　次

1　总　　则

1.0.1　滑模工艺是混凝土工程施工方法之一。与常规施工方法相比，它具有施工速度快、机械化程度高，结构整体性能好，所占用的场地小、粉尘污染少，有利于绿色环保及安全文明施工，滑模设施易于拆散和灵活组配，可以重复利用等优点。通过精心设计和施工，使滑模和其他施工工艺相结合（如与预制装配、砌筑或其他支模方法相结合），就能为进一步简化施工工艺创造条件。因此，滑模工艺在我国工程建设中已被广泛应用，并取得了较好的经济效益和社会效益。滑模工艺与普通的现浇支模方法比较有许多不同的特点，它主要表现在：

1　滑模结构混凝土的成型是靠沿其表面运动着的模板（滑框）来实现的，成型后很快脱模，结构即暴露在大气环境中，因而受气温条件及操作情况等方面因素的影响较多。

2　滑模施工中的全部荷载是依靠埋设在混凝土中或体外刚度较小的支承杆承受的，其上部混凝土强度很低，因而施工中的活动都必须保证与结构混凝土强度增长相协调。

3　滑模工程是在动态下成型，为保证工程质量和施工安全，必须及时采取有效措施严格控制各项偏差，确保施工操作平台的稳定可靠。

4　滑模工艺是一种连续成型的快速施工方法，工程所需的原材料准备，必须满足连续施工的要求，机具设备的性能要可靠，并保证长时间地连续运转。

5　滑模施工是多工种紧密配合的循环作业，要求施工组织严密，指挥统一，各岗位职责要明确。

近十多年来，随着我国高层建筑、新型结构以及特种工程的增多，滑模技术又有了许多创新和发展，例如："滑框倒模"技术的应用，"围模合一大钢模"的应用，大（中）吨位滑模千斤顶的应用，支承杆设在结构体外或结构体内、外混合使用技术的应用，滑模高强度等级（高性能）混凝土的应用，泵送混凝土与滑模平台布料机配套技术的应用，以及竖井井壁、滑模托带、复合壁、抽孔滑模、滑架提模等特种滑模施工，均在工程中得到了成功应用，证明技术上是成熟的，应予以肯定并规范化。

"滑框倒模工艺"是传统滑模施工技术的发展，该工艺对改善滑模工程表观质量有重要作用。其构造是在原滑模装置的围圈和模板之间加设"滑轨"，将提升架、围圈、滑轨组成滑框，模板用横向板组合，由"滑轨"支承，且能沿"滑轨"滑动。当混凝土充满模板提升滑框时，由于模板与滑轨之间的摩阻力小于模板与混凝土之间的摩阻力，滑轨随着提升架向上移动而模板维持原位。当最下一块横向模板露出滑轨下口时，即将其取下，并装入滑轨的上口，然后浇灌混凝土，再提升滑框，如此循环作业，成型竖向混凝土结构。由于施工中避免了模板与混凝土之间的相对运动、摩擦，而且可以随时对取出的模板涂刷脱模剂，从而较好地解决了早期滑模工艺由于管理不到位易发生的表面粗糙、掉棱掉角、拉裂等缺陷。"围模合一大钢模"是将常用的与围圈用挂钩连接的小块钢模板，改变为以300mm为模数，标准宽度为900～2400mm，高900～1200mm；模板与围圈合一的大型钢模板，其水平槽钢肋起围圈的作用并与提升架直接相连；由于这种模板刚度大，拼缝少，装拆较简便，对保证施工精度起到了积极作用。其他如大（中）吨位千斤顶的使用，支承杆布置在结构体外或体内外混合使用，高强度（高性能）混凝土的应用，混凝土泵送工艺和平台布料机的应用等新工艺、新装备、新材料在滑模施工中的使用，对提高滑模施工技术水平有着重要的作用，因此，本规范肯定了这些新的技术成果，并有相应的条款作出技术规定。

本规范原名称是《液压滑动模板施工技术规范》GBJ 113—87，现改名称为《滑动模板工程技术规范》，这里取消了原名称"液压"二字，并将"施工技术规范"改为"工程技术规范"，理由如下：

1 "液压滑动模板"指的是采用"液压"为动力来提升滑模装置进行滑模施工，尽管目前采用"液压"的情况已很普遍，本规范也主要就液压提升系统作出了相应规定，但仍然有采用其他方式（如手动、电动、气动千斤顶或其他机械牵引）作为动力的滑模施工，由于它们用于滑模时的工艺原理基本相同，在操作平台结构布置、施工操作以及对工程质量的控制方法上也都基本一样，因此，完全可以参照本规范进行设计和施工。将规范名称取消"液压"二字更有利于扩大本规范的覆盖面。

2 滑模施工通常并不给工程带来特殊的设计计算问题，但是国内外滑模施工都证明，工程施工一开始就应与设计单位密切结合，设计人员应对滑模工艺有所了解，使设计的工程符合滑模工艺的特点，满足施工条件的要求，才能达到最佳的技术经济效果。例如：滑模施工适宜于竖向结构的成型，但又对竖向布置有所限制，因为模板通过之前，任何物件都不允许横穿模板的垂直轨迹，故所有横向结构的施工方法设计时都需要作特殊考虑；平面布置时应尽可能使各层构件沿模板滑动方向投影重合，梁、柱截面尺寸尽量减少变化，避免模板系统在施工中作大的调整；滑模工程的横向钢筋只能在提升架横梁至模板上口之间，仅在几十厘米高的区段内安装、绑扎，这要求设计的钢筋尺寸和形状能够在施工中放置就位，不妨碍模板的滑动；汇交于节点处的钢筋必须详细排列各占其位，互不矛盾；又如框架柱或筒壁的壁柱，通常受到布置千斤顶提升架的干扰，制约纵向钢筋的定位；较高的框架梁不宜设置弯起钢筋等等。以上所述远未包括所有情况，可见滑模施工很需要设计的关注。

因此本规范编写的着眼点不仅仅是要告诉人们施工时怎样做才能达到"快速、优质、安全"的要求，而且还要告诉人们在从事工程设计时怎样体现出滑模的工艺特点。为此本规范在总则中强调了设计与施工需要密切配合外，规范的第三章中还专门规定了对滑模工程在设计上的要求，它在本规范技术条款中约占有 20% 以上的篇幅，这也许是本规范与其他施工规范的一个重要区别之所在。鉴于上述情况，原来的规范名称不能概括规范所涉及的并占有较大篇幅的设计内容，因此将规范名称改为《滑动模板工程技术规范》更为简明确切。

从事滑模工程的技术人员必须切实掌握滑模工程的特点，否则可能会出现工程设计不适于滑模，造成施工困难而降低综合效益；或因施工不当使工程质量低劣，出现混凝土掉楞掉角、表面粗糙、拉裂，门窗等洞口不正，结构偏斜等问题，影响结构的安全使用，甚至在施工中发生操作平台坍塌，造成人身伤亡、国家财产遭受严重损失等恶性事故。制定本规范是为了使滑模工程的施工和验收有一个全国统一的标准，使工程能够做到技术先进、经济合理、安全适用、确保质量的要求，更好地推动滑模施工工艺的发展。

1.0.2 本规范主要用于指导采用滑模施工的混凝土（不含特种混凝土或有特殊要求的混凝土）结构工程的设计与施工，所考虑的工程对象，包括滑模施工的竖向或斜向的工程，如混凝土筒体结构（包括烟囱、井塔、水塔、造粒塔、电视塔、筒仓、油罐、桥墩等），框架结构（包括排架、大型独立混凝土柱、多层和高层框架等），墙板结构（包括多层、高层和超高层建筑物）。近年来，滑模施工的应用范围有了较大的扩展，这些工程对象大多出现在工业建设中，它们都是以滑模施工为主导工艺，但又附有一些其他特殊要求，需要在制定滑模方案的同时予以研究，增加或改变一些附加的技术和管理措施才能顺利完成。这类滑模工程的施工，我们统称为"特种滑模施工"。这里所指的"特"主要考虑两个方面，一是施工的结构对象比较特殊，二是所使用的滑模方法比较特殊。随着国民经济的发展，工业生产的扩大，这类工程结构不断增加，有必要将那些技术上比较成熟的特种滑模施工工艺列入规范中，例如滑架提模施工（薄壁曲线变坡滑模）、竖井井壁施工（沿岩邦单侧滑模）、复合壁滑模施工（同一截面内两种不同性质混凝土滑模）、滑模托带施工（结构的支承体系在滑模施工时托带重、大结构如桁架、网架等就位）、抽孔滑模施工（在滑模施工的混凝土截面内同时抽芯留孔）等等。与 GBJ 113—87 规范相比，本规范修订中特殊滑模施工一章的内容有了较大的扩充。

1.0.3 采用滑模施工并不需要改变原设计的结构方案，也不带来特殊的设计计算问题。关于滑模施工的特点以及施工与设计配合的重要性在第 1.0.1 条条文说明已有较详细叙述，此处不再重复。采用滑模施工的工程如果设计方面参与不够，既会增加施工方面的困难，也使设计方面失去了对滑模施工的影响力，且无法利用滑模施工的特点来发挥结构设计方面的优势。只有设计和施工两方面的积极性都发挥出来了，才能使工程在设计上既体现滑模施工的特点，在施工上又能满足设计对建筑功能和质量的要求，工程建设综合效益明显。为此，除本条强调设计与施工密切配合外，在本规范的第三章中还专门提出了对滑模施工的工程在设计上的有关要求。

1.0.4 在气温较低情况下，混凝土强度增长十分缓慢，为保证滑模工程施工安全和工程质量，滑升速度既要与混凝土强度增长速度相适应，又要使出模混凝土不受冻害，施工速度将会受到很大影响。而滑模施工一般多为高耸建筑，冬期施工中为改善混凝土硬化环境和人员操作等条件，需要采取的保温、加热、挡风等措施则更为复杂，施工控制更加困难，施工费用也更高。因此滑模工程一般不宜安排在冬期施工。如果在冬期进行滑模施工，施工单位必须特别重视滑模冬施的技术和管理工作，保证根据滑模施工特点制定的专门技术措施得到完全落实。

滑模冬期施工的技术措施，除了要满足一般冬施要求的条件，如组织措施（包括：方案编制、人员培训、掌握气候变化等等），现场准备（包括有关机具、混凝土外加剂和保温材料准备、搭设加热用的临时建筑设施、临时用水及材料的保温防冻以及混凝土、砂浆及外加剂的试配等）、安全与防火（包括防滑措施、积雪清扫、马道平台松动、下沉处理，防烫伤、防腐蚀皮肤，防食物及毒气中毒，防火灾、爆炸，防触电、漏电等）外，在施工技术上重点要研究两个问题，一是混凝土应该在什么技术条件状态下才能满足拟定的滑升速度要求？二是在拟定的滑升速度下已脱模的混凝土应在什么温度条件下经过多长时间才能达到该混凝土必需的抗冻强度？关于第一个问题本规范第 6.6.16 条已得到解决，关于第二个问题在《建筑工程冬期施工规程》JGJ 104 第 7.1.1 条已有明确规定。当掌握了所使用的结构混凝土在不同温度下的强度发展关系（通过试验），我们就可以计算出：

1 在要求的滑升速度下混凝土硬化所需环境温度的下限；

2 出模混凝土的抗冻强度；

3 在不同温度条件下混凝土达到抗冻强度所需的时间（h）；

4 根据滑升速度要求、选用的保温材料性能等条件确定供热量值、上暖棚和下暖棚的长度和高度；

5 确定有关暖棚结构形式和有关设备、管线的配置等。

总之不论采用何种冬施方案都应通过热工计算，确保效果。可是，滑模冬期施工不但技术要求高，而且施工费用也会大幅度增加。因此多在不得已的情况下采用。由于我国幅员辽阔，冬施的自然条件差异很大，而冬施对策又各有千秋，一地的成功经验，不一定能适应其他地方，因此本规范对冬施的技术要求和措施未做出具体规定，仅指出在冬期施工时必须制定专门技术措施妥善处理施工中的各种问题。

在气温很高的情况下，混凝土强度增长又十分快速，表层混凝土失水很快，易发生裂缝，为保证滑模工程施工安全和工程质量，必须采取针对措施，使滑升速度与混凝土强度增长速度相适应，并重视滑模在酷暑条件下的各项管理工作，保证根据具体工程特点制定的专门技术措施得到完全落实。

1.0.5 滑模工艺是混凝土工程施工方法中的一种，对施工中的安全、劳动保护等要求必须遵守国家现行的有关规定（包括有关专业安全技术规程），原国家劳动人事部组织编制、国家建设部批准实施的《液压滑动模板施工安全技术规程》JGJ 65 是滑模施工安全工作的重要指导文件，它针对施工中的现场、操作平台、垂直运输、设备动力及照明用电、通讯与信号、防雷、防火、防毒、施工操作、装置拆除等的安全技术和管理，都作了全面、系统的规定。因此有关这方面的具体要求本规范未予规定。涉及有关其他专业的安全技术问题，还应遵守国家现行的其他有关专业规范和专业安全技术规程的规定。

1.0.6 滑模施工是混凝土工程的一种现浇连续成型工艺。本规范是针对滑模施工特点编写的，有关混凝土工程的设计和施工中的一般技术问题未予涉及，因此采用滑模施工的工程，在设计和施工中除应遵守本规范外，还应遵守国家现行其他有关规范中适用于滑模施工的规定，如《混凝土结构设计规范》、《混凝土结构工程施工质量验收规范》、《烟囱工程施工与验收规范》等，对于矿山井巷工程应遵守《矿山井巷工程施工及验收规范》，对于水工建筑应遵守《水工建筑物滑动模板施工技术规范》等等。

2 术语和符号

2.1 术 语

本规范给出了 16 个有关滑模工程设计、施工、设备制造等方面的专用术语，并从滑模工程的角度赋予了其特定的涵义，但涵义不一定是其严密的定义。本规范给出了相应的推荐性英文术语，该英文术语不一定是国际上的标准术语，仅供参考。

2.2 主 要 符 号

本规范给出了 20 个符号，并对每一个符号给出了定义，这些符号都是本规范各章节中所引用的。

3 滑模施工工程的设计

编写本章的主导思想如下：

1 在施工技术为主要内容的规范内规定了有关工程设计的条款，这本身表明滑模施工和结构设计紧密关联。滑模施工为结构设计提供了新的条件，同时也需要设计吸取滑模施工的基本要素，为施工创造必备的条件。本章的主要作用和目的在于：

1）指导设计。对设计方面来说，以此章为依据，遵照滑模工艺的基本要求，充分应用滑模施工的特点，设计出适宜于采用滑模施工的结构物。

2）服务施工。对施工方面来说，也需要清楚滑模施工对设计的要求。在研究一项工程采用滑模施工方案时，以此章为依据对设计图进行审查，澄清设计条件是否适合于滑模工艺和确定滑模施工的区段，提前理顺滑模区段内全部细节，采取必要措施满足设计的特殊要求。

3）协调共识。滑模施工的程度如何？应做哪些必要的修改？需把握修改范围限定在必须改的和值得改的，以此章作为有关各方谋取共识的基础。

2 本章条款内容的选定及限定尺度，综合遵循技术上可行、安全可靠、质量有保障、经济效益好、总体工期短的原则。不局限于提供解决具体技术疑难的方法。对待施工限制设计的要求，要区别是否具有共性，注意向前发展，避免停滞不前。

3 滑模工程的设计与施工，两者应该相辅相成。在总体结构方案上，应该遵循施工服务于设计，但在具体结构细节上，设计应照顾施工的需要，设计方面应积极地关注施工的变化，在维护设计效果的前提下，多为滑模施工创造一些有利于施工作业的条件。

4 本次修订规范重点在提高工程质量，保证施工安全，防止那些低水平的滑模施工队伍出现在建筑市场，应积极发展能提高滑模施工质量的新工艺，实事求是地对待滑模施工，把这一工艺用在最适合采用滑模施工的工程上，确保每项滑模工程施工质量合格。

3.1 一 般 规 定

3.1.1 滑模工程对建筑物的平面形态的适应性较强，这是滑模工艺的又一个特点，因此，对建筑物的平面设计不需作限定，可给设计以更大的灵活性。但是对建筑物的竖向布置有些限制，模板向上滑升通过之前，任何物件不能横穿模板的垂直轨迹，因此力求平面布置时使各层构件沿模板滑动方向投影重合，尽量避免滑升过程中对模板系统做大的变更。本次规范修订中取消了"立面应简洁，避免有碍模板的局部突出结构"的提法，改为"应做设计处理"，这是为了避免过多地制约设计。事实上，对于建筑功能上要求必须设置的局部凸出的横向结构，如民用住宅建筑挑出的阳台、公共建筑中的挑檐等，在滑模施工方案上做某些处置也是完全可以实现的。施工中遇到局部的突出结构要做特殊处理，采取何种处理方式规范未作具体规定，但处理的效果应符合设计要求。

3.1.2 如果一次滑升的面积过大，由于各道工序的工作量、设备量增大，施工人员增多，现场的统一指挥协调工作变得复杂或困难，以致使工程质量和施工安全难以得到有效保证，在这种条件下，我们可以将整个结构物分若干个区段进行滑模施工，也可以选择一段最适合滑模施工的区段进行滑模施工，另一部分结构采用其他工艺施工。本条重点在指出分区段问题不能完全由施工单位自行处理，需要从设计上创造条件，尽可能利用结构的变形缝（如沉降缝、伸缩缝、抗震缝等），变形缝的宽度一般不小于 250mm。如因施工限制，分界线与结构变形缝的位置不一致时，则可能要在结构的配置或构造上做某些局部变更，因此要求设计单位对分界处做出设计处理。

3.1.3 本条对设计提出的要求虽不具有定量的规定，但表明了最为体现滑模施工优势的是面积小而高度大的结构。滑模用的模板板面高度一般为 1～1.2m，用以成型建筑物的竖向结构，因此，结构物愈高，每立方米混凝土滑模设施的摊销费用就愈低，一般结构物高度大于 1.5m（对于圆形混凝土结构，直径在 10m 左右，高度在 10m 以上）采用滑模施工是经济的。当建筑平面相同，滑模施工的高度为 60m，每平方米墙体模板费用仅为施工高度 10m 时的 1/3 左右。对于一次滑升面积的大小，并无严格限制，主要视施工能力、装备情况及工程结构特点而定，一般为 200～800m²，这不是说技术上的可能性，而是从改进工程质量、提高综合经济效益方面考虑的。一次滑升的面积小一点，一次投入使用的机具数量和模板组装量较小，其重复利用率高，经济效益更显著。且较小的面积便于现场统一指挥，施工作业相互影响的因素较少，各工序协调的难度降低，从而也降低了施工管理的难度。这对保证工程质量和施工安全都是有益的。因此在这种条件下采用滑模施工，更能发挥这一工艺的优势。

3.1.4 采用滑模施工要因结构条件因地制宜，可以多种方法相结合，不强调单一扩大滑模施工面积和范围，避免过多地制约设计和增加施工的复杂性。例如：与塔楼相连接的裙房可采用其他现浇或预制方法施工，而塔楼采用滑模施工；多层或高层建筑的电梯井、剪力墙采用滑模施工，其他外围结构及墙板采用其他工艺施工等。

3.1.5 对某些高层建筑或高耸筒体结构，有时采取先滑模施工竖向结构（如外墙或柱、筒体外壁等）后，再施工横向结构（如楼板平台、内部横梁结构或筒体隔板等）的做法，这会使结构物在施工过程中改变原设计的结构工作状态，大大增加了竖向结构的自由高度，这涉及一次滑升结构的整体稳定问题。横向结构的二次施工方案，包括二次施工结构的制作安装方案和与滑模结构间的连接方案，处理不好会影响结构的受力性状，降低结构可靠性或耐久性。本条的规定是提醒设计与施工双方都应重视横向结构的施工程序与方案导致的设计条件的变化，防止损害原结构设计的质量及可能带来的施工安全问题。条文中把"施工单位"写在前面，有意指出应由施工单位采取主动，因为有关横向结构施工的程序和方案问题最终怎么解决，设计常处于被动地位。条文中规定"共同商定"，意在表明施工单位不应单方面自行其事，设计单位也不能回避滑模施工带给设计的特殊问题。

3.1.6 常规的滑模施工是指模板处于和结构混凝土直接接触状态，当模板提升时，在已浇灌的混凝土与模板接触面上存在着摩阻力，使混凝土被向上拉动，这需要由结构混凝土的自重去克服这一摩阻力，模板的移动就可能把混凝土带起，使结构混凝土产生裂缝。因此设计结构截面时，应考虑这个因素。影响摩阻力的因素很多，主要有：模板材质和粗糙程度、温度、模板和混凝土的持续接触时间等。本条规定的各种结构的最小尺寸，符合国内、国外的成功实践，但在实际工程应用中应注意具体工程的实际条件，采取相应的措施。

本条维持了 GBJ 113—87 规范的提法，但对第 5 款进行了修订，由于方形截面柱短边和长边相同，因此实际上也规定了方形的截面不应小于 400mm×400mm。

如采用滑框倒模施工，提升平台时，模板停留在原位不动，不存在模板对混凝土的摩阻作用，且"框"与模板间的摩擦力很小。因此结构截面尺寸可不加限制。

本条中对结构截面尺寸的要求是按采用钢模板的条件提出的。

3.1.7 关于滑模工程混凝土最低强度等级的要求，现行设计规范所规定的强度等级下限已可满足滑模施工的工艺需要。考虑到滑模施工的对象主要是体形较大的结构，在实际设计中混凝土等级已没有低于 C20 的，而且在高层建筑物中采用高强度等级混凝土（或高性能混凝土）乃是今后的发展趋势，因此本条对混凝土强度等级的上限未作规定。目前滑模施工中采用 C40 等级混凝土已常见，C60 等级混凝土已有一些成功的实例。对滑模工程来说，设计采用较高的强度等级，也有利于在施工期内结构强度增长的需要。但是采用通常的高强度等级混凝土，其初期凝结性能和强度发展规律有可能与通常的混凝土有所不同，因此应在滑模施工的准备阶段通过滑升试验，检验该混凝土性能是否满足滑模工艺的要求，否则应对其"改性"，使之既满足结构的需要也能满足滑模施工的需要。

要求同一标高上的承重构件宜采用同一强度等级的混凝土，是考虑到滑模施工速度快，每一浇灌层厚度较薄，滑升区段全范围成水平分层布料，而且先后浇灌的顺序又不是固定的，如果同一标高上使用几种不同强度等级的混凝土，势必要延缓浇灌时间，影响滑升速度，更严重的是直观上不易区分，极易在搅拌、运输、浇灌等几个环节中被弄混，而又很难被发现，这对结构安全的影响很大。

3.1.8 受力钢筋混凝土保护层厚度对保证结构的使用寿命具有重要意义，因为对有代表性的结构物损伤调查分析显示，影响结构寿命的就是混凝土的"中性化"碳化。即混凝土与空气中的二氧化碳或存在于水中的碳酸钠或酸的作用，使混凝土中的氢氧化钙变成为碳酸钙，硬化水泥的 pH 值由 12～13 的强碱性状态，降低到 pH 值为 11.5 以下。此时如果有水和氧的入侵条件，混凝土内的钢筋就会产生锈蚀。混凝土碳化由表及里，因此通常把混凝土碳化深度作为结构老化程度的一个重要指标。

本规范规定滑模施工的墙、梁、柱混凝土保护层最小厚度（在室内正常环境）比常规设计所要求的增加 5mm。这是考虑到模板提升时，由于混凝土与模板之间存在着摩阻力，如果控制不好，混凝土表面有可能因此出现微裂缝。虽然混凝土出模后要求经过原浆压光，对这种缺陷会有很大程度上的弥补，但要百分之百避免却十分困难。此外，由于梁一般不设弯起钢筋，箍筋直径有时较粗，柱子的纵筋需要焊接或机械连接，都涉及到保护层厚度的实效。从维护结构的耐久性考虑，将保护层厚度增加 5mm 是必要的。

3.1.9 滑模施工中若要较大地改变竖向结构截面尺寸，需要移动模板、接长围圈、增补墙体模板面积和平台铺板等，这是一项十分费时费力且不安全的高空作业。在一定条件下，优先考虑变动混凝土的强度等级及配筋量去适应结构设计的需要，从工程的综合效益出发，尽量减少竖向结构截面变化次数，则十分有利于施工作业。本条的意图在于使设计注意到这一情况。条文规定是"减少变化",并非不允许变化,对于高耸建(构)筑物,如限定设计上完全不变更截面,会使得设计显得不合理,也非必要。

3.1.10 本条第1、2款提到的对结构钢筋的要求,是滑模施工特定的操作条件所带来的问题。尤其是第2款,对交汇于节点处的上、下、左、右的纵横钢筋,必须在施工前做详细的排列检查,使每根钢筋各占其位,不相矛盾。因为在滑模施工中各种钢筋是随着滑升施工逐渐进行绑扎的,当横向梁的钢筋出现时,柱子纵向钢筋已经固定于混凝土中,不可能进行任何调位。发生这种情况必然迫使整个区段的滑模施工陷于停顿,处理的难度较大,故必须事先予以理顺。设计者应在施工图中有所处置,施工人员亦应在开始滑升前,对此进行仔细检查。

第3款关于结构钢筋兼作支承杆的规定,作了较大的修订,将 GBJ 113—87 规范中2.1.9条第3款的第一句话"宜利用结构受力钢筋作支承杆"取消了,不再强调利用结构钢筋作支承杆,这是从保障施工质量出发,也随着社会经济发展和滑模工艺技术发展,出现大吨位千斤顶,在结构体外设置支承杆,利用结构钢筋的必要性降低了。

对兼作钢筋使用的支承杆能否满足结构受力钢筋的性能要求,过去曾做过一些试验并得到以下结论:

1 由于卡头对支承杆有冷加工的作用,其屈服点有明显提高,极限强度也有所增大,但接头焊接时,增加的强度又会得而复失;

2 卡头对支承杆的压痕会减少其截面积,滚珠式卡头和楔块的卡头对 $\phi25Q235$ 支承杆造成的相应最大截面损失分别为 $6\%\sim7\%$ 和 3.3%;

3 混凝土在初凝前支承杆负载颤动,有助于提高混凝土对支承杆的握裹力,混凝土进入终凝后(常温约 6h)颤动会降低握裹力,并认为"对一般要求的结构构件支承杆与混凝土的握裹力能够保证两者的共同工作";

4 支承杆受到油污后使混凝土对钢筋的握裹力有明显影响,当油污面积达到 50% 时,握裹力可降低 40%;

5 施工中支承杆接头的位置较低,焊接操作条件较差较难保证接头质量。

另外,法国 SNBATI 编制的《滑动模板设计和应用建设》中指出:"支承杆在结构设计中不作钢筋受力,因其连续性和粘着性是不定的。"

基于上述理由,在编写 GBJ 113—87 规范时,作出了"其设计强度宜降低 $10\%\sim25\%$"使用的规定。例如,设计时 $\phi25$ 支承杆降低为 $\phi22$ 钢筋计算,以弥补因压痕、油污、颤动等不利因素带来的影响,同时又能节约一些钢材。但是上述处理方式有些设计单位的同志提出了不同看法。主要有:

1 既然支承杆代替结构钢筋使用存在着一些对质量不确定的因素,因此,不宜在规范中鼓励这种代用。

2 GBJ 113—87 规范中规定"对兼作支承杆的受力钢筋,其设计强度宜降低 $10\%\sim25\%$",问题是其降低的幅度应如何掌握?由施工单位自己确定?还是设计监理单位确定?

3 钢筋对构件承载力的作用,不仅与其数量有关,与其所在位置也有密切关系,而支承杆的位置却由施工要求确定,这两者的位置多数情况很难做到一致,如果不一致,就存在着支承杆能否代替钢筋或如何确定其代用量的问题?这里必须弄清楚在设计的内力下,用支承杆代替结构钢筋的截面与原设计截面之间在作用(应力)方面存在什么差别,才能确定这种代用是否有效或有效到什么程度。显然这已经不是单独由施工一方所能解决的问题，而需要有设计单位的协助和认可。

可见，用支承杆代替结构钢筋使用虽然是可行的，但代用的条件又是苛刻的，因此在GBJ 113—87规范第2.1.9条第3款基础上修改为："对兼作结构钢筋的支承杆，其设计强度宜降低10％～25％，并根据支承杆的位置进行钢筋代换，其接头的连接质量应与钢筋等强。"

本条第4款是针对二次施工的楼板连接的"胡子筋"说的。直径大于8mm的"胡子筋"不易调直，其外露部分有弯钩，施工中易钩挂模板，也不易事后从混凝土中拉出。锚入混凝土中的部位宜有弯折（U型），是为了防止钢筋被外力作用时产生旋转，而完全丧失锚固性能，同时弯折部分应满足锚固长度的要求。

3.1.11 在滑模施工中由于条件的变化，预埋铁件不便于埋设操作，设置较多的埋件往往要占用较长的作业时间，影响滑升速度，而且也容易产生遗漏、标高不准确、埋件阻碍模板提升、被模板碰掉或埋入混凝土中不靠近构件表面等问题，这说明预埋铁件的方式是陈旧了。采用在构件上用膨胀螺栓、锚枪钉、化学螺栓、钻孔植筋等后置方式，则要灵活得多，所以需要设计上尽量减少预埋件，这样既有利于施工，也使设计主动。有效的后锚固技术有多种多样，在规范中不必具体指定。

必须设置预埋铁件时，其设计应便于滑模施工中安装、固定。预埋件的竖向尺寸不应大于模板上口至提升架下横梁的净空距离，一般不宜大于400mm，柱上的预埋件宽度宜比柱宽度小50mm以上。

3.1.12 为了避免因设置预埋件或预留孔洞的胎模使滑升工作产生过多的停歇，也为了便于施工管理，建议设计上尽量将各种管线集中布置，使这些预埋件能沿垂直和水平方向排列，而且按一定规律排列的预埋件，在施工中也不易遗漏。

3.1.13 为防止因预留孔洞位置的偏差，使二次施工的构件不能顺利进行安装，这些预留孔洞（如梁窝、板窝等）的尺寸宜比设计尺寸每边增大30mm。

3.2 筒 体 结 构

3.2.1 大面积贮仓群采用整体滑模施工，在技术上是完全可以做到的。但是搞大面积的一次滑升存在经济效益低，质量不易保证的缺陷。因为一次滑升的面积过大，所需的机具设备量多，一次投入的人力、物力过于集中，滑模装置周转利用率低，滑模施工的经济效益明显降低。从施工质量方面考虑，一次滑升面积过大，使用的机具和千斤顶的数量增多，千斤顶的同步控制更加困难，液压系统和施工机具出现问题（故障）的几率增大。每道工序的工作量、单位时间要求供应的物料量以及施工人员数量都要增大，现场的统一组织和指挥的难度都加大。其结果易使施工人员常处于对付各类设备的故障处理或待料停工状态之中，迫使全系统经常出现非计划停歇，措施不当易使混凝土出现表面拉裂、掉楞掉角、冷缝等质量缺陷，设计应该关注这种局面。

贮仓主要是环向结构，不宜采取在筒壁上留竖向通长施工缝的办法去分割滑模施工区。需要设计上予以创造分成小群体滑模施工的条件。

3.2.2～3.2.6 这些规定都是贮仓滑模施工中常遇到的问题，需要设计人员在进行结构方案设计时尽可能予以配合和创造条件，几点要求也是提供设计处置不同情况的几种方式选择。条文是把滑模施工作为有效施工方法之一，并非限制性条文，不强调设计按照一套滑模装置从基础顶滑升到顶。

3.2.7 井塔的筒壁在结构形态及受力条件等方面都不同于一般的筒体构筑物。一般在其顶部安装有大型提升设备，塔体内有楼层，井塔的平面小，高度大（一般为40～60m，少数达70m），在冶金、煤炭等系统中的数量不少，采用滑模施工是优越的。根据井塔的结构特点，采用带肋壁板结构，以保持壁板厚度不变，必要时可调整壁柱截面的长边尺寸，既满足受力的设计要求，又有利于滑模施工。

壁柱与壁板、壁板与壁板连接处的阴角设置斜托，一方面可加强转角的刚度，另一方面也有利于保证滑模施工质量。

3.2.8 井塔内部楼层结构的二次施工，是滑模施工的特定现象，工作量很大，结构设计条件多变，多种结构构件的相互连接，既分为二次施工又要符合整体结构的受力性状，而且跨度、截面、荷载等条件是多变的。因此条文规定必须由设计确定二次施工的方式及节点大样，不得由施工单位自行处理。本条内容上作了较多补充，针对常见的几种不同的二次施工方案作了具体规定。这既提醒设计落实这些特定要求，也有益于施工单位核查设计条件。

关于第1款所说的仅塔身筒体结构一次滑升，连接楼层的主梁也为二次施工时，几十米高的塔体暂时成为无内部横向结构支撑的空心筒体，壁板为直线形平板，长度常为12～15m，有时达18m，塔体又是承受竖向压力为主的结构，必须慎重对待施工期的结构稳定性问题。带肋壁板中的肋对维护壁板稳定性起重要作用，必须保持肋沿高度范围内的完整，不得采取预留梁窝而使肋被分割。

壁柱与楼层主梁二次施工的连接构造比较复杂，在焦家金矿主井井塔工程中，主梁的跨度为12m，截面尺寸为350mm×2000mm，成功地实践了主梁的二次施工。本条规定由设计做出主梁与壁柱连接大样，意在促进设计认真地处理这种构造，也促进施工单位认真地对待主梁的二次施工。

3.2.9 本次修订将原规范第2.1.3条的内容作了删减。保留了电梯井道采用独立滑模施工时关于适当扩大净空尺寸的要求。但将扩大尺寸由每边放大50mm修改为30mm。这是因为要预防万一发生施工偏差过大时，为设备安装留出调整余地。

3.2.10 带内衬的钢筋混凝土烟囱，设计上大多采用在筒壁上设置斜牛腿支撑内衬。不少单位为缩短工期，采用筒壁与内衬同时滑模施工（即双滑）。筒壁上的斜牛腿给施工带来一定困难，在实际工程中多改为矩形牛腿。牛腿的隔热处理是烟囱结构中的薄弱点，设计与施工双方都应重视。

3.2.11 筒体结构钢筋采用热轧带肋钢筋，是为了搭接时可不设弯钩，避免滑升时弯钩挂模板，有助于绑扎的钢筋不向下滑动，也有利于模板滑升时阻止混凝土随模板带起。直径小于10mm的竖向钢筋容易弯曲，施工固定比较困难，建议不予采用。关于双层钢筋网片之间的拉结筋的设置，需考虑结构受力特性，应在图纸上予以规定。在筒仓类结构中，以环向钢筋受拉为主，拉结筋在施工中起控制钢筋网片的定位作用。但在井塔类结构中，是以竖向钢筋受压为主，拉结筋的作用除了在施工中起定位作用外，还要保证受压钢筋不屈曲，应参照柱子箍筋的要求设置。

另外，以适当间距增设八字形拉结筋，可以有效地阻止钢筋网片的平移错位。

3.2.12 简体结构中的环向钢筋为主要受力方向，其接头应优先采用性能可靠的机械连接方式。

3.3 框 架 结 构

3.3.1 本条各款是为了尽量避免在高空重新改装模板系统或简化模板改装工艺所作的规定。

3.3.2 本条是新增补的，意在促进设计理解在框架结构滑模施工中，希望增强柱子的刚度，加大柱子的层间高度，减少横梁的数量。采用异形截面的柱子，可以实现其刚度比相同截面积的常规矩形或圆形柱子大几倍，设计出最适合于滑模施工的框架结构，充分发挥滑模的优势。已有工程实例如安庆铜矿主井塔架高 48.7m，柱设计为四根角型柱，层高 10m 及 12m，横梁跨度为 3.6m。这种结构设计就很富有滑模施工的特性。

3.3.3 次梁二次施工，在主梁上预留梁窝槽口进行二次浇筑混凝土，对主梁承受弯曲及槽口处受剪切性能是否有影响，为此，在金川做过 12 根梁的对比破坏性试验（梁窝为锯齿状，次梁的高度占主梁高度的 1/3～4/5），没有发现二次浇筑与整体浇筑有区别，故指明仍可按整体结构计算。

3.3.4 本条规定柱上无梁侧的牛腿宽度宜与柱同宽，有梁侧的牛腿与梁同宽，是为了简化牛腿模板的制作安装，使施工时只需插入堵头模板即能组成柱和牛腿的模板。如果牛腿的支承面尺寸不能满足要求时，加宽部分可设计成二次施工，形成 T 型牛腿。

3.3.5 本条所列各项都是针对滑模施工特定条件提出的。

1 在楼板二次浇筑之前，梁的上部钢筋是外露的，不能承担施工期间的负弯矩，设计必须将梁端的负弯矩钢筋配置成二排，让下排负钢筋在施工期发挥作用，以承受施工期的负弯矩。

2 在滑模施工中，梁的主筋又粗又长，在高空作业穿插就位比较困难，若为弯起筋就更难穿插了。现行设计规范是允许梁中不设弯起钢筋的。

3 由于不设弯起筋，强化了的箍筋间距一般较密，有时直径也较粗。采用分区段按不同间距设置对施工没有困难，在梁端剪力较大区段，箍筋间距密一些，随着剪力的减小，在梁的跨中区段箍筋间距疏一些是合理的。

4 由于梁主筋较长，如钢筋端头有较大的弯折段，施工中不便向柱头内穿插，特别是梁的主筋端头有向下的弯折段时，由于柱内已浇灌有混凝土，后安设梁的主筋，其向下的弯折段常无法埋入混凝土中，因此设计上需将弯折段朝上设置。

5 主梁上的预留槽口处，截面受压的混凝土空缺过大，涉及梁在施工期间的弯曲强度问题，应防止二次施工时次梁和楼板发生事故。例如在槽口部位适当加粗主筋直径，增设粗的短钢筋，必要时可减少槽口深度，保留部分梁宽截面，都可以保持主梁在二次浇灌前的抗弯能力。

3.3.6 本条是采用劲性骨架或柔性钢筋骨架支承梁底模时，对骨架设计提出的要求。骨架挠度值不大于跨度的 1/500，是根据《混凝土结构工程施工及验收规范》GB 50204—92 规定关于梁、板模板起拱值（1/1000～3/1000）确定的。在设计骨架时，应考虑侧模板对混凝土的负摩阻力和梁体自重共同作用下，不使梁底下挠。骨架应设计成便于安装的形式，故宜采用端腹杆向下斜形式。骨架的上弦杆如作为梁配筋的一部分，在框架节点或连续梁的情况下，弦杆伸入支座内的长度应满足锚固要求。

3.3.7 本条为柱的配筋规定。

1 为了适应在柱内布置千斤顶，纵向钢筋的根数少一些，容易避开千斤顶底座及提升架横梁所占的位置。一般千斤顶底座宽度为 160mm，提升架横梁宽度为 $B=160\sim210$mm，如支承杆设置在提升架横梁的中间位置，则横梁两侧的纵向钢筋至支承杆中心的距离应大于 $B/2+$纵向钢筋直径。

2 纵向受力筋采用热轧带肋钢筋，有利于箍筋的定位；当其兼作支承杆使用时，其握裹力受油污、振动的影响较小。这都是相对而言的，故在条文中用了"宜采用"一词。在滑模施工中柱子纵筋在竖向就位后，不能立即绑扎箍筋，如直径小于 16mm 容易发生弯曲和定位困难。

3 保持纵向钢筋根数不变，而调整直径来适应配筋量变化的要求，在设计上不会有什么困难，却能给施工提供方便。

4 由于有千斤顶、提升架横跨在柱头上，柱子的箍筋不能按常规施工那样由上向下套入纵钢筋，只能在提升架横梁以下的净空区段从侧面置放箍筋，这是滑模施工的特定条件。关于箍筋的组合形式，由于柱子的尺寸及配筋情况变化很大，不宜具体规定，只写明了原则要求。

3.3.8 主次梁的二次施工连接构造是滑模施工中特有的最常见的问题。主次梁的各自截面尺寸、跨度、配置及荷载大小等等条件是多变的，而且差别很大。设计中应注意主梁槽口处在施工期间的弯曲强度、剪切强度，次梁端部钢筋的锚固性能，支座接触面的剪切强度，并注意二次浇灌的易操作性，确保混凝土密实，防止锚固钢筋锈蚀。以往滑模施工中，各地都有一些行之有效的做法，本规范中不便具体规定用哪一种。

3.3.9 要求设计上注意这两点是容易做到的。这样能够在施工中使用工具式胎模，简化施工工艺，并有利于保障施工质量。

3.4 墙 板 结 构

3.4.1 关于墙板结构的布置，要求上、下各层平面的投影重合，是为了避免施工中在高空重新组装模板。

关于对地下室部分的设计要求，在本规范中已经删除，这是考虑到高层建筑的地下部分，其使用性质包括人防、停车、商场及配置各类机电设备等等，常使地下结构配置不同于地上结构的配置，而且在结构条件方面，地下部分结构的截面尺寸及钢筋保护层厚度、防水等要求亦不同于地上部分。过多地强调扩大滑模施工范围，向设计提出过多限制性要求是不适宜的，实际上多数工程也是做不到的。设计不能削弱使用功能效果去适应滑模施工的要求。因此删除了原规范关于对地下部分墙板的提法。

3.4.2 要求各层门窗洞口位置一致，是为了便于布置提升架，避免支承杆落入门窗洞口内。对梁底标高等方面的要求，是为了减少滑升中停歇的次数，有益于加快施工进度。

3.4.3 一个楼层的横向结构工作量是比较大的。滑模施工每遇一个楼层必停顿较长时间，要做一定的技术性处理。这对滑模施工的效率影响较大，也是滑模施工质量方面的薄弱环节，规定要求在同一滑升区段避免错层，以减少滑模停顿次数，提高作业效率。

3.4.4 在我国北方地区墙板结构的高层建筑中，为满足热工性能要求，多采用轻质混凝土外墙，普通混凝土内墙。在滑模施工中对两种不同性质的混凝土，能在外观上直观地加以区别，同时采取相应措施做到不搞错、不混淆，质量上能够得到保证。本条意在提醒设计者可以如此设计。

3.4.5～3.4.10 这里所提到的墙体配筋只是涉及到与滑模施工有关的构造问题，其基本内容都是要求在设计钢筋的布置和形状时考虑到施工中便于实际操作，使钢筋不妨碍模板的滑升，各种钢筋不相互矛盾。

4 滑模施工的准备

4.0.1 滑模施工是一种现浇混凝土的快速施工方法。其工艺特点决定了要保证工程质量必须满足施工作业的连续性，避免过多或无计划的停歇，因为无计划的停歇常常会造成粘模现象，使结构混凝土掉棱掉角、表面粗糙，甚至拉裂，或者在停歇位置形成环带状的酥松区，使结构混凝土的质量遭受很大损失。经验告诉我们，滑模施工中切忌"停停打打"、"拉拉扯扯"，不能按计划对模板进行提升。由于滑模施工各工序之间作业要求配合紧凑，各种材料、机具、人员、水电、管理准备到位的要求就愈为重要，过去某些工程为此付出很大的代价。为了强调滑模施工准备工作的重要性，也为了使滑模施工负责人在检查施工准备工作时发现问题，以便进一步完善施工准备，本条列举了施工准备工作应达到的标准。这些标准写得比较原则，因为对不同的工程对象其施工准备的内容会有所不同，不宜写得过于具体。本条的目的：一是提请施工的组织者要十分重视准备工作；二是提出了应从哪几个方面来进行施工准备工作的检查。显然，在进行准备工作检查前尚应根据工程具体情况拟定检查大纲，检查过程中应有记录，检查结束后应有结论，提出尚有哪些不足，以及确定改正时间和正式开始滑升日期。

4.0.2 施工单位拿到了设计图纸后，首先是认真学习设计图纸，了解设计意图，掌握结构特点，对图纸进行全面复查。滑模工程的设计人员虽然对滑模工艺有所了解，但毕竟有局限性，因此施工单位总难免会有一些图纸上的问题需要与设计共同协商解决办法。如：适当对设计做局部修改，就能既满足结构上的功能要求，又能简化施工，便于保证工程质量；确定某些不宜滑模施工部位（如某些横向结构等）的处理方法、连接设计和构造要求；对因划分滑模作业区段带来的某些结构变化进行处理等等。这些问题的合理解决，对加快滑模施工速度、保证工程质量起到重要作用。因此，在施工准备中首先应关注此事，为充分发挥滑模技术优势，提高施工的经济效益创造条件，也为设计提供较充裕的时间对设计图纸进行修改。

4.0.3～4.0.5 滑模施工是在动态下连续成型的施工工艺，又是一种技术含量高，施工管理水平较高的施工方法。因此，根据滑模施工工艺的特点，对滑模工程的施工组织设计、施工总平面布置、施工技术设计等内容及要求做了一般性规定。本次修订，强调了滑模施工安全和质量的重要性，如将"施工安全技术、质量保证措施"明确作为施工组织设计的一项主要内容之一；增加了"对于烟囱类变截面结构，警戒线距离应增大至其高度的1/5，且不小于25m"；增加了"绘制所有预留孔洞及预埋件在结构物上的位置和标高的展开图"

及"通讯联络方式";增加了"制定滑模设备在正常使用条件下的更换、保养与检验制度"、"烟囱、水塔、竖井等滑模施工，采用柔性滑道、罐笼或其他设备器材、人员上下时，应按现行相关标准做详细的安全及防坠落设计"等内容。

5 滑模装置的设计与制作

5.1 总 体 设 计

5.1.1 将整套滑模装置根据作用不同划分为若干个部分，一方面可以使施工的组织者对一个庞大的施工装置的各个部分的作用和相互之间的联系有一个清晰的认识，另一方面也便于防止各部件在具体设计时不至于"漏项"。本条在修订中增加了以下内容：

1 近年来高层建筑应用滑模工艺不断增加，高层建筑结构截面随高度上升而变化，同烟囱等构筑物一样，高层建筑滑模设计时也必须考虑截面变化方法，设置可调节装置。因此本条第 1 款"模板系统"中包括的"模板"不仅指模板板面，也包括适应模板截面变化要求的模板可调节装置。

2 滑模施工中模板倾斜度是影响滑升和保证墙面质量的重要因素。初始设定的倾斜度，由于荷载影响滑模装置变形，易造成模板"倒锥"或倾斜度过大、墙面"穿裙"等现象，因此，必须经常进行倾斜度的检查和校正，所以在第 1 款中明确规定了包括倾斜度调整装置。

3 随着滑模技术的发展，滑模装置除必备的动力照明外，信号、广播、通讯早已广泛应用，近年来一些大型滑模工程已采用了电视监控，并逐步向全天候全自动监控方向发展。由于平台始终趋于动态中，向操作平台提供施工用水，不仅要求送水高度大，又存在着混凝土早期脱模等特殊问题，使电气系统和供水系统都已成为滑模施工不可缺少的部分。针对这种情况，本条增加水、电配套系统一款。

5.1.2 本条提出滑模装置设计的基本内容和具体步骤，与 GBJ 113—87 规范第 4.1.2 条比较有以下三点改变：其一是强调了滑模装置设计除应符合本规范外，还应遵守国家现行有关专业标准的规定。其二，将原第 1 款中"绘制各层结构平面的投影叠合图"改为"绘制滑模初滑结构平面图及中间结构变化平面图"。因"各层"仅适用于高层建筑，对构筑物而言不确切，另外投影叠合到一起的图也没有实际意义，而起滑、终止及中部结构变化，对滑模设计至关重要，如墙、柱、梁的截面变化，位置变化，形状变化等，都与滑模装置设计及滑模施工有关。其三，本条第 5 款，过去随升井架是附着在操作平台上的，但现在有了布料机以后，"特殊设施"与滑模的关系已超出了"操作平台"范围，故修订后的第 5 款局部改为："包括与滑模装置相关的垂直和水平运输装置等"，着重指出是"相关"而不一定是"附着"。

5.1.3、5.1.4 规定了设计滑模装置时必须计算的各种荷载和标准取值方法（见本规范附录 A）。现说明以下几点：

1 关于操作平台上的施工荷载标准值。施工荷载包括施工人员、工具和临时堆放用料的荷载，在结构设计中对板、次梁、主梁、柱等根据所承担的有效荷载，按最大负荷值存在的频率，不同类型的构件允许有不同的荷载组合系数，承受范围愈大组合系数愈小，荷载折减愈多。滑模施工操作平台布置比较紧凑，平台上出现异常荷载情况的机会也较多，根据现行国家标准《建筑结构荷载规范》GB 50009 的有关规定，将 GBJ 113—87 规范附录二中关于"施工人员、工具和存放材料"一项中设计平台桁架、围圈及提升架、支承杆数量的荷载修订为：

施工人员、工具和备用材料：

设计平台铺板及檩条时，为 2.5kN/m²；

设计平台桁架时，为 2.0kN/m²；

设计围圈及提升架时，为 1.5kN/m²；

计算支承杆数量时，为 1.5kN/m²。

吊脚手架的施工荷载，原 GBJ 113—87 规范未列出，考虑到滑模施工时，在正常情况下，吊脚手架上有混凝土表面抹灰、修饰、检查、附着混凝土养护用水管等作业，当出现质量问题时到脚手架上检查、观察和处理操作的人员较多，且很集中，因此规定了"吊脚手架的施工荷载标准值（包括自重和有效荷载）按实际重量计算，且不得小于 2.0kN/m²"，2.0kN/m² 系参照装修用脚手架施工荷载标准值确定的。

2 关于混凝土对模板的侧压力。侧压力是设计模板、围圈、提升架等的重要依据。混凝土对模板的侧压力与很多因素有关，如一次浇筑高度、振捣方式、混凝土浇筑速度和模板的提升制度等等。所以要精确计算施工中模板所承受的混凝土侧压力是困难的，国内外在计算侧压力时，都在实测的基础上提出多种简化的近似计算方法，但彼此间的计算结果出入较大。

滑模施工中，模板在初滑和正常滑升时的侧压力是不同的，初滑时一般是在分层连续浇灌 70~80cm 高度，混凝土在模板内静停 3~4h 之后进行提升，因此在这个高度范围内均有侧压力存在。四川省建研院和省建五公司曾在气温为 +26℃ 条件下，用坍落度 3~5cm、强度等级为 C20 的混凝土，以 20cm/h 的速度分层浇灌 70cm 高度，用插入式振捣器振捣，实测模板侧压力分布见图 1。

由图 1 可见，混凝土上部 2/3 高度范围内的侧压力分布，基本上接近液体静压力线；

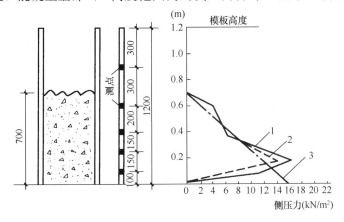

图 1　初滑时混凝土侧压力

1—机械振捣后侧压力曲线；2—未振捣时侧压力曲线；3—液体静压力线

下部的 1/3 高度压力线呈曲线状态，压力最大值约为 17kN/m²，作用在模板下口 1/3 高度处，总合力值为 5.9kN/m²。

在模板正常滑升时，由于模板存在着倾斜度，且模内下部混凝土逾期已达 4～5h，模板的下部与混凝土实际上已脱离接触，侧压力趋近于零，只有模板上部高度范围内有侧压力存在。

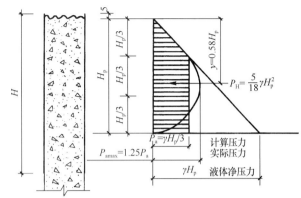

图 2　侧压力分布曲线

根据原民主德国、罗马尼亚及我国一些单位的实测资料，可以认为，振动捣实混凝土时，侧压压力按图 2 曲线分布。

侧压力作用高度 H_p 为混凝土与模板的接触高度，在 H_p 上部 1/3 范围的侧压力与液体静压力吻合，压力最大值是在下部 1/3 处，侧压力的合力为 P_H，并认为可将此种压力分布简化为一等量的梯形分布替代；

混凝土容重为 γ；

上部 $1/3H_p$ 处液体静压力 P_a，$P_a = \gamma H_p/3$；

最大侧压力 P_{amax}，$P_{amax} = 1.25 P_a$；

侧压力的合力 P_H，$P_H = 5/18 \times \gamma H_p^2$；

合力的作用点在混凝土表面以下的距离 y，$y = 26/45 H_p \approx 0.58 H_p$。

由于正常滑升时的侧压力小于初滑时的侧压力，所以应以初滑时的侧压力作为设计依据，取 5.0～6.0kN/m，合力的作用点约在 $2/5 H_p$ 处，H_p 为模板内混凝土浇筑高度。

3　关于模板滑升时的摩阻力。模板滑动时的摩阻力主要包括新浇混凝土的侧压力对模板产生的摩擦力和模板与混凝土之间的粘结力。影响摩阻力的因素很多，如混凝土的凝结时间、气温、提升的时间间隔，模板表面的光滑程度，混凝土的硬化特性、浇灌层厚度、振捣方法等等。实践证明，混凝土在模板中静停的时间愈长，即滑升速度愈慢，则出模混凝土的强度就高，混凝土与模板间的粘结力就大，摩阻力也就越大。

通常认为摩阻力由模板与混凝土之间的摩擦力和粘结力两部分组成。即：

$$Q = M + T = M + PF \tag{1}$$

式中　Q——摩阻力；

　　　M——切向粘结力；

　　　T——摩擦力；

　　　P——混凝土对模板的侧压力；

　　　F——混凝土与模板间的摩擦系数。

根据 Z. Reichverger 的试验，不同温度和不同接触持续时间，钢模板与砂浆的切向粘结力 M 如图 3 所示。钢模板与砂浆之间的摩擦系数与接触时间长短的关系不大，而与试验时的正压力有关，见表 1。

表1 钢模板与砂浆之间的摩擦系数表

接触持续时间（min）		5	60	120	240
试验压力值 （N/cm²）	0.025	0.52	0.57	0.50	0.50
	0.05	0.49	0.49	0.48	0.47
	0.1	0.38	0.37	0.36	0.35

试验条件：砂浆配比 $w/c=0.55$，$c/s=0.5$，$t=20℃±1℃$。

引用上述资料，并设正常滑升时平均的模板侧压力为 4.7kN/m²，摩擦系数为 0.35，则摩阻力 Q 在不同温度和接触持续时间下有如图 4 的关系。可以看出，当 $t=20℃$ 时，模板与混凝土的持续接触时间在 1.5h 时 Q 约为 1.5kN/m²，2h 时 Q 约为 1.8kN/m²，3h 时 Q 约为 3.0kN/m² 左右。

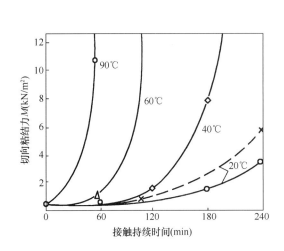 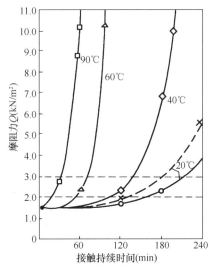

图3 切向粘结力与温度、接触持续时间的关系　图4 滑升时摩阻力与接触时间、温度的关系
—$w/c=0.55$，$c/s=0.5$；------$w/c=0.45$，$c/s=0.5$　　—$w/c=0.55$，$c/s=0.5$；------$w/c=0.45$，$c/s=0.5$

北京一建公司的试验结果见下表：

表2 实测摩阻力表

混凝土在模板内滞留时间（h）	2.5	3～4	5	6～7
摩阻力（kN/m²）	1.5	2.28	4.04	6.57

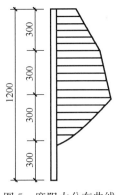

图5 摩阻力分布曲线

四川省五建采用 1.2m 高的钢模板方柱体试件，混凝土初凝时间为 2.8h，终凝时间为 5.5h，模板滑升速度为 30cm/h。在模板正常滑升时，摩阻力沿模板高度呈曲线分布，如图 5 所示，钢模板的平均摩阻力为 2.0～2.5kN/m²。

一般说，混凝土在模板中停留时间最长的情况发生在模板初滑或是滑空后开始浇灌混凝土时。正常情况下，混凝土在模板内的静停时间为 3～4h。从上述试验结果可以看出，在这个范围内，摩阻力值在 1.5～2.5kN/m² 之间。考虑到施工过程中可能出现由于滑升不同步、模板变形、倾斜等原因造成的不利影响，摩阻力取 1.5～3.0kN/m² 是适宜的。施工中因故停滑时，必须采取相应的停滑措施。

4 关于采用滑框倒模法时的摩阻力。采用滑框倒模时，混凝土与模板之间无相对移动，摩阻力不表现在混凝土与模板间的摩擦和粘结，而是表现在钢模板与钢滑轨间的摩擦和机械咬合，其摩阻力要比混凝土与钢模板之间的摩阻力小得多，据首钢建筑公司实践结果表明，模板与滑轨间的摩阻力标准值取 $1.0 \sim 1.5 \mathrm{kN/m^2}$ 是合适的。

5 倾倒混凝土时，模板承受的水平冲击力，系参照原《混凝土结构工程施工及验收规范》GB 50204—92，用溜槽、串筒或 $0.2 \mathrm{m^3}$ 的运输器具倾倒混凝土时，作用于模板侧面的水平集中荷载标准值为 $2.0 \mathrm{kN}$。

6 当采用料斗向操作平台卸料时，对平台会产生较大的集中压力，在原 GBJ 113—87 规范和其他有关规范中都没有指出这一集中力是否应在操作平台设计中予以考虑，也没指出该力的大小应如何确定。但实践证明，由于滑模施工平台一般柔性较大，在滑模平台结构设计时必须考虑这一集中力的影响，因此在规范中应对其作具体规定。关于该力的取值，目前尚未找到有关资料可供借鉴，本次规范修订中所采用的计算方法是基于以下理由确定的。

设混凝土是一种不可压缩的流体，下卸到操作平台上的混凝土压力由两部分组成。一部分为当漏斗中混凝土处于最高顶面时对平台造成的压力，另一部分是落下至平台上且尚未被移走的混凝土造成的压力，则总的压力应为两者之和。

混凝土最高顶面至平台的距离设为 H，则：

$$H = h_0 + h \tag{2}$$

根据流体稳定运动的伯努利方程可得到流体提供的单位面积上的压力 ω_0 为：

$$\omega_0 = 1/2 \times \rho v^2 = 1/2 \times \gamma/g \times v^2 \tag{3}$$

式中　γ——单位体积的重力（重力密度），混凝土一般取 $2.4 \mathrm{kN/m^3}$；

　　　v——质点下落至平台上的速度（m/s）。

已知质点自由下落至平台时的速度 v 为：

$$v = (2H \times g)^{1/2} \tag{4}$$

公式（4）代入公式（3）得：

$$\omega_0 = 1/2 \times \gamma/g \times 2H \times g = \gamma H$$

当卸料器的面积为 A_1 时，则混凝土下卸至平台的压力 ω_1 应为：

$$\omega_1 = \gamma H A_1 = \gamma(h_0 + h)A_1 \tag{5}$$

混凝土卸至平台上，尚未移开之前堆存的混凝土量，即每次开启卸料口至关闭卸料口之间下卸的混凝土量为 B（$\mathrm{m^3}$）。因此造成的平台压力 ω_2 为：

$$\omega_2 = \gamma B$$

施加在平台上总的压力 ω_k（标准值）为：

$$\begin{aligned} \omega_k &= \omega_1 + \omega_2 \\ &= \gamma(h_0 + h)A_1 + \gamma B \\ &= \gamma[(h_0 + h)A_1 + B] \end{aligned} \tag{6}$$

式中　h_0——料斗存料的最大高度（m）；

　　　h——卸料口至平台间的距离（m）；

　　　A_1——卸料口的截面积（$\mathrm{m^2}$）；

B——卸料堆存的最大混凝土量（m^3）。

由于该集中力为可变荷载，其设计值应乘以分项系数 $\gamma_c = 1.4$，作用点在漏斗口的垂直下方的平台上。

5.1.5 本条中对总垂直荷载的计算方法与 GBJ 113—87 规范第 4.1.4 条的规定有较大区别。原规范第 4.1.4 条要求计算千斤顶和支承杆布置最小数量时，要根据两种状态来计算总的垂直荷载。一种情况是当操作平台处于静止状态时，只考虑滑模装置的自重、施工荷载和平台上附着的起重运输设备运转时的附加荷载；另一种情况是当操作平台处于滑升状态时，只考虑装置的自重、施工荷载、模板提升时混凝土与模板之间的摩阻力，但不须考虑平台上起重设备运转时的附加荷载。总的垂直荷载取两者之中的最大者，这是因为当时强调了提升时平台上的起重运输设备是不允许运行的。现在的情况不同，为了保证滑模工程的外观质量，人们认识到应以滑升过程作为滑模施工的主导工序，实现微量提升，减短停歇，这样会使得提升过程中不仅不会使平台上的各种施工作业停顿，同时使用平台上的起重运输设备成为不可避免。因此，计算千斤顶和支承杆可能承受的最大垂直荷载应是全部垂直荷载的总和（包括混凝土与模板间的摩阻力和平台起重运输设备的附加荷载，即应按第 5.1.3 条中第 1～6 款之和）计算。

从千斤顶设备承载能力来说应不大于其额定承载能力的一半，是考虑因施工工艺控制方面造成的荷载的不均衡性以及设备制造中可能存在的缺陷。千斤顶在使用中至少应有不小于 2.0 的安全储备。

目前工程中使用的穿芯式滑模用千斤顶有两种，一种是额定承载能力为 30kN、35kN 千斤顶，与之配套的是 $\phi25$ 圆钢支承杆；另一种是额定承载能力为 60～100kN 千斤顶，与之配套的是 $\phi48 \times 3.5$ 钢管支承杆。根据研究分析，施工中支承杆失稳时，其弯曲部分首先发生在支承杆上部的外露段，随即扩展到混凝土的内部，这种情况多是由于支承杆脱空长度较大，平台有较大倾斜或扭转，相邻千斤顶升差较大等原因引起的，这种失稳施工中出现较多，如能及时发现处理，一般不会造成严重后果。下部失稳，弯曲首先发生在模板中部以下部位（混凝土内），产生的主要原因多是支承杆脱空长度较小，入模后的混凝土强度不能正常增长，滑升速度过快，出模混凝土强度过低，两者不相适应，混凝土对支承杆不能起到稳定嵌固作用，或支承杆严重倾斜或提升操作失误等。如因此引起群杆失稳，混凝土大片坍落，可造成整个平台倾翻，后果非常严重。但只要在施工中注意掌握混凝土强度的增长规律，适时调整滑升速度，严格对混凝土原材料质量进行检查，这种情况是完全可以避免的。

在滑模装置设计中确定支承杆的承载能力是以保证混凝土强度正常增长，控制支承杆脱空长度和混凝土出模强度为前提的。因此，应以上部失稳的极限状态作为确定支承杆承载能力的依据（见本规范附录 B）。

在编写 GBJ 113—87 规范时，曾收集到 6 个单位模拟滑模施工条件，对 $\phi25$ 支承杆承载力试验结果（模板下口处混凝土强度控制在 5～30N/cm²），经研究综合分析整理给出了 $\phi25$ 支承杆极限承载能力的计算式：

$$P_k = 40EI/(L_0 + 95)^2 \tag{7}$$

式中　L_0——支承杆的脱空长度（cm）；

　　　E——支承杆钢材的弹性模量，为 2.1×10^4（kN/cm^2）；

I——支承杆的截面惯性矩。

应注意，上式虽然具有欧拉公式的形式，而实质是以试验结果为基础归纳所得，其适用范围是：

1 公式（7）适用于一端埋入混凝土中的 $\phi25$ 支承杆，不能用于其他形式和截面的支承杆；

2 脱空长度 L_0 取混凝土上表面至千斤顶下卡头之间的距离；

3 适用于 L_0 在 $60\sim250$cm 之间。

群杆的承载能力会低于单杆承载力的总和，因群杆不能做到均匀负载。此外，施工中由于平台的倾斜、中心飘移、扭转、千斤顶升差等原因，也会造成个别杆子超载，故在计算支承杆数量时，杆子的承载能力应乘以工作条件系数 α。根据经验，α 视操作水平和平台结构情况等条件而定，一般整体式刚性平台取 0.7，分割式平台取 0.8，此外尚应取不小于 2.0 的安全系数 K，由此得出 GBJ 113—87 规范附录三中关于 $\phi25$ 支承杆承载能力的计算式：

$$P_0 = \alpha40EI/[K(L_0+95)^2] \quad (\text{kN}) \tag{8}$$

式（8）有较多的试验资料为依据，在 GBJ 113—87 规范颁布后使用了十余年，未反馈回什么不同意见或问题，因此在修订中仍维持该式不变，但删去了 α 取值中"采用工具式支承杆取 1.0"的规定，因结构设计师不提倡使用带套管的工具式支承杆。

近年来出现的中吨位穿芯式千斤顶，配套使用 $\phi48\times3.5$ 钢管作支承杆。关于该种支承杆承载能力的确定，因没有足够多的试验资料和统一的计算方法，各单位在使用中是根据自己的经验来确定其承载力。据调查，目前主要有以下三种计算方式：

方法 1：认为支承杆两端为固定取 $\mu=0.5$，杆下端嵌固于混凝土的上表面以下 95cm 处，上端嵌固于千斤顶下卡头处，套用《钢结构设计规范》GB 50017 中关于轴心受压构件的稳定性计算方式确定长细比 $\lambda=0.3165(L_0+95)$：

$$P_0 = 48.9\psi$$

式中 L_0——支承杆脱空长度，即下卡头至混凝土上表面的距离（cm）；

P_0——$K=2.0$、$\alpha=1.0$ 时支承杆的允许承载力（kN）。

方法 2：$\phi48\times3.5$ 钢管支承杆在结构体外使用时，认为杆子一端为铰支，另一端为半铰支状态，$\mu=0.75$，其承载能力按欧拉公式确定：

1 对大柔度杆（$\lambda\geqslant\lambda_1$）：

$$P_0 = (\alpha/K)[\pi^2EI/(\mu L)^2]$$

当 $K=2.0$，$\alpha=1.0$ 时：

$$P_0 = (1505.1/L)^2$$

式中 L 取千斤顶下卡头到模板下口第一个扣件节点距离。

2 如为中柔度杆（$\lambda<\lambda_1$）时，按下式计算杆子的稳定性，确定杆子的允许承载力：

$$P_0 = (\alpha/K)A(a-b\lambda) = (\alpha/K)(148.656-0.26L)$$

当 $\alpha=1.0$，$K=2.0$ 时：

$$P_0 = 74.328-0.13L$$

注：$\lambda_1 = \pi^2E/\sigma_p$

式中 σ_p——比例极限，Q235 钢为 20kN/cm^2；

a——常数（$a=3.040\text{kN/cm}^2$）；

b——常数（$b=0.112\text{kN/cm}^2$）。

$\phi48\times3.5$焊接钢管特性：

截面面积$A=4.89\text{cm}^2$、截面惯矩$I=12.296\text{cm}^4$；

截面回转半径$r=1.58\text{cm}$，A3钢弹性模量$E=2.1\times10^4\text{kN/cm}^2$。

方法3：假定支承杆一端为铰，另一端为半铰（即取$\mu=0.75$），杆子的计算长度L取千斤顶下卡头至混凝土上表面间的距离，套用《钢结构设计规范》GB 50017中关于轴心受压稳定公式确定支承杆允许承载能力（长细比$\lambda=0.474L$，当$a=1.0$，$K=2.0$时），即：

$$P_0 = 48.9\psi$$

以上三种关于$\phi48\times3.5$钢管支承杆的承载能力确定方法是目前比较具有代表性的，经同条件下这三种方法进行计算分析，并将结果绘于同一图中（图6）进行比较，可以得出：

直接采用欧拉公式计算钢管支承杆允许承载力（方法2）要比套用《钢结构设计规范》GB 50017中关于压杆稳定计算结果偏高40%左右，这是因为该方法是以欧拉公式为基础并考虑了材料的残余应力、几何缺陷、杆件的初弯、作用力初偏等多种不利因素，直接用欧拉公式计算的结果肯定要偏高。事实上，在实际工程中采用理想压杆的假定计算承载力偏于不安全。

方法1、方法3均按《钢结构设计规范》GB 50017方法计算，但对钢管支承杆工作状态的假定不同（方法1假定$\mu=0.5$，自由长度为（L_0+95）；方法3假定$\mu=0.75$，自由长度为L_0），两者承载力计算结果比较接近（当L_0较小时，方法3比方法1的结果约低8%；当L_0较大时，结果约高12%）。

由于$\phi48\times3.5$钢管支承杆的试验资料较少，这种情况下认为采用较为安全的方式确定支承杆的承载力是必要的。为了实用简便，经综合分析归纳并实例演算，可用直线形式来表示P_0与L之间的关系（见图6，本规范采用方法），当L在$80\sim280\text{cm}$之间时，偏差不大于$\pm4\%$。

据此，本规范附录B第B.0.2条规定$\phi48\times3.5$钢管支承杆的允许承载能力P_0为：

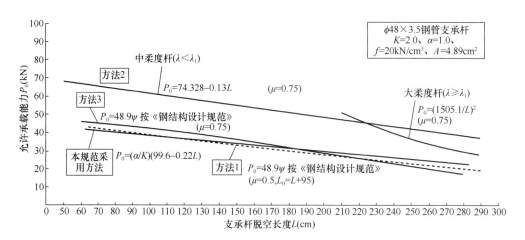

图6　$\phi48\times3.5$钢管支承杆承载力试算结果比较

$$P_0 = \alpha / K \times (99.6 - 0.22L) \quad (kN)$$

式中 α——群杆工作条件系数；

K——安全系数；

L——支承杆自由长度（cm）。

1 当支承杆在结构体内时，L 取千斤顶下卡头至混凝土上表面的距离；

2 当支承杆在结构体外时，L 取千斤顶下卡头至模板下口第一个横向支撑扣件节点的距离。

支承杆和千斤顶布置的总数量，除根据上述承载力计算所需最小数量外，尚应考虑结构平面布置形状和操作平台等实际状况，按构造要求调整所需的数量。

5.1.6、5.1.7 含义已很清楚。第 2 款中补充了：由于大吨位千斤顶和 $\phi48 \times 3.5$ 钢管支承杆的推广应用，在梁、柱滑模施工时可以将支承杆布置在结构体外，杆子用脚手架钢管进行加固，操作方便，节约钢材，但应根据工程结构的具体情况来做。第 3 款中考虑到某些结构的洞口较宽，当必须在其中布置千斤顶时，应是允许的，但支承杆应进行加固或增加布置支承杆。增加了第 4 款，在平台上设有较大的固定荷载时，应增设支承杆数量来满足这一荷载的需要。

提升能力必须与荷载相适应，当荷载增加就必须增加支承杆的数量。

电动、手动的提升设备应进行专门设计。

5.1.8 提升用的千斤顶放置在提升架的横梁上，因此两者的位置必须相适应。在结构的某些部位（例如在梁的部位）也放置一些不设千斤顶的提升架，用以抵抗模板侧压力。对于筒体结构或墙板结构，当采用 $30 \sim 35kN$ 的千斤顶时，提升架的间距建议不大于 2.0m。对于框架结构、独立柱等常采用非均匀布置或集中布置提升架。提升架的设计应根据结构部位的实际情况进行，例如，设计成 Ⅱ 型、Γ 型、X 型、Y 型或开字型等，在框架结构中的柱头或主、次梁相交处，至少应布置 2 榀提升架，组成刚度较大的提升架群。在连续变截面结构中，为满足直径变化的需要，一般将提升架布置在成对的辐射梁之间，用收分装置使其变径，以改变提升架的位置。

由于大吨位千斤顶和围模合一大钢模的应用，使提升架的间距扩大了。其合理的间距必须满足：

1 根据结构部位的实际需要，当计算间距较大，但按构造要求需增加提升架时，应以构造要求的为准；

2 千斤顶的吨位选择和提升架的间距应与模板围圈的刚度相适应。

5.1.9 操作平台的结构布置，应根据建筑物的结构特点、操作平台上荷载的大小和分布情况、提升架和千斤顶的布局、平台上起重运输设备情况和是否兼作楼盖系统的模板或模板的支托等施工条件来确定。本条中介绍的各类结构操作平台布置方案是我国滑模常用的方案，这里只做推荐，并非限制性条文。

5.2 部件的设计与制作

5.2.1 模板主要承受侧压力、倾倒混凝土时的冲击力和滑升时的摩阻力，因此模板应具有足够的刚度，保证在施工中不发生过大变形且拼缝紧密。考虑经济效益，模板应具有通用性、互换性、装拆方便。本条增加了围模合一大钢模和滑框倒模工艺所使用的模板内容，有关模板设计具体要求是根据我国工程实践经验提出的。

5.2.2～5.2.5 设计围圈和提升架部件时应按荷载进行计算，对两种部件的结构性能和构造要求是根据我国工程实践经验提出的。

5.2.3条第7款是指采用滑框倒模工艺时，滑轨与围圈要相对固定，并有足够刚度保证滑轨内的模板不变位、不变形。滑轨的材质可选用钢管或角钢。当结构截面为弧形时，滑轨应适当加密。

5.2.4条强调了多次重复使用或通用的提升架，不仅宜设计成装配式，还应考虑到工程结构截面变化的范围，一般50～200mm的变化可通过提升架立柱与围圈间的支顶螺栓进行调节，大范围的变化通过横梁孔眼位置调节两立柱之间的净间距，施工中立柱的平移可通过立柱顶部的滑轮和平移丝杠进行调节。

5.2.5条第2款关于模板上口至提升架横梁底部的净距离要求，修改为按$\phi25$支承杆和$\phi48\times3.5$钢管支承杆两种情况来区分，因这两者的刚度相差较大。同时考虑到施工时此距离设置太小会影响钢筋绑扎，太大则降低支承杆的稳定性和承载力，故本条明确了使用这两种支承杆时这一净距离的上下限。

第3款强调了对所有情况都应在提升架立柱上设有内外模板距离和倾斜度的调节装置，因为即使结构不是变截面结构，施工中模板倾斜度也可能发生变化，也都需要调节单面倾斜度，且设置的调节装置对于"粘模"问题也能做出应急处理。

增加的第5款是考虑当支承杆设在结构体外（即模板的外侧）时，要留出安装支承杆所需要的位置，提升架横梁必须适当增长。

5.2.6 设计操作平台时，一定要注意使整个平台有足够的强度和适当的刚度。因为，有时要靠调节操作平台的倾斜度来纠偏，如果操作平台刚度不足，则调整建筑物的垂直度和中心线的效果将会降低，带来施工困难，而且由于千斤顶的升差容易积累，造成平台和围圈的杆件产生过大变形；如果刚度太大，则易引起支承杆超载。

此外，操作平台在水平面内也应具有足够的整体性，以保证建筑物几何尺寸的准确。如果平台上设有提升塔架或平台塔吊时，这部分的平台和千斤顶数量应进行专门的设计和验算，本条提出的构造要求是以我国工程实践经验为基础的。

GBJ 113—87规范第4.2.6条内容基本不变。第3款中将外挑脚手架或操作平台的外挑宽度改为不宜大于800mm，并应设安全网。实践表明，外挑宽度大于800mm，易引起提升架立柱变形，改变模板锥度影响模板质量，而且结构外侧悬挑太宽，易产生"兜风"作用，不利于平台稳定和安全。由于平台外挑部分常设有人孔，除设置防护栏杆外，尚应设安全网。

5.2.7 本条规定的各类构件制作时的允许偏差，基本上沿用GBJ 113—87规范中提出的要求。根据以往施工经验，这些允许偏差要求能够保证滑模装置组装的总体质量，满足施工要求，各施工单位一般也是可以做得到的。

GBJ 113—87规范对钢模板宽度的允许偏差定为－2mm，如模板加工均按此偏差，则组装后会使结构尺寸偏差超过标准，故按现行国家标准《组合钢模板技术规范》GB 50214的质量标准确定。支承杆的直径分为$\phi25$和$\phi48\times3.5$两种，其允许偏差同液压千斤顶卡头允许偏差相适应。

5.2.8 目前国内在滑模施工中所用的液压设备种类较多，不同厂家生产的同种设备在性能、质量上存在着差距。为此，本条对常用于滑模施工的液压控制台的选用和检验作出了规定；

1 滑模用液压控制台内，油泵的额定压力应与使用的液压千斤顶的额定工作油压相适应，故规定为不小于 12MPa。

目前滑模液压千斤顶系列内增加了不少品种，它们的油缸容积不同，流量与千斤顶油缸容积直接相关。随着单位工程滑模施工面积的增大，液压系统流量需求越来越大，为适应这种需要，一是扩大单个控制台的流量直至 100L/min，另一种办法是多种控制台连用。

2 阀的公称内径不小于 10mm，是考虑内径太小会增加提升千斤顶的进回油时间。三通逻辑换向阀使用故障率低，应用技术已趋成熟。

3 油箱有效容量，GBJ 113—87 规范中规定"应为千斤顶和油管总容量的 1.5～2 倍"。实际施工中往往在充满油管后再往油箱补油，正常换向操作时油管中始终有油液存留其间，所以油管容油量也作为油箱有效容量计算依据欠合理。油箱有效容量与油泵排油量有一定的经验数据可循。

4 我国供电系统已在若干大城市实行三相五线制，控制台采用三相五线制，即可适用于这些地域，也可适用尚在执行三相四线制的地区。在控制台上加设多个插座，是考虑一旦需要就可方便地接电使用。

5.2.9 输油管的通径稍大，对加快进、回油速度，减少油路故障，降低油温有利，事实上有许多施工单位使用的油管已突破了 GBJ 113—87 规范的要求，适当加大油管的通径是必要的。油路出现破裂引起液压油泄漏，极易污染混凝土和结构钢筋，处理很困难，滑模施工中操作平台经常活动，人员和设备较集中，油管遭受损伤的机会较多，经验表明应适当加大油管的耐压能力，以保证油路的正常使用。

液压油应符合国家现行标准 GB 1118.1 的有关规定。其粘度应根据压力要求及气温条件选用。

液压油污染度测定标准是：

1 《液压油箱液样抽取法》JG/T 69—1999；

2 《油液中固体颗粒污物的显微镜计数法》JG/T 70—1997。

5.2.10 本条是对滑模千斤顶提出的要求。

1 不同的液压系统压力将形成不同的千斤顶提升能力，因而有必要统一，并形成系列。实际上真正衡量千斤顶提升能力的是活塞承力面积和千斤顶的密封性能。按我国密封、耐压能力区分规定，8～16MPa 为中高压级，密封耐压能力最大为 16MPa，只要选用这一级别的元件都能满足上至 16MPa 的液压力。当前施工使用的液压千斤顶，绝大多数是以 8MPa 的工作压力乘上活塞面积的积作为其提升能力，所以系列千斤顶的提升能力计算依据宜为 8MPa。随着滑模施工的发展，还可能出现更多更大提升能力的千斤顶，目前大致划出一个系列，以便规划开发。

2 液压千斤顶空载启动除了克服活塞复位弹簧预压缩力（该力是活塞复位并完全排油所必须的，通常其产生的压力为 0.3～0.4MPa）之外，还要克服活塞与缸筒、缸盖处密封的摩擦阻力，空载启动压力实际上可以衡量千斤顶的制造质量及千斤顶密封寿命。

3 本款明确了检验荷载为额定荷载的 1.25 倍，有利于检验工作的实际操作，也明确了千斤顶操作压力不得超过 10MPa。

4 本款规定了液压千斤顶超压试验压力为 12MPa，该压力比千斤顶最大工作压力高出 20%，比千斤顶额定压力提高了 50%，因而严格限制了千斤顶的上限，它保护了千斤顶和相关设备。实际现场千斤顶压力超过 12MPa，强行使粘连的模板提升的现象屡有发生，这是不允许的。

5 液压千斤顶的实际行程是千斤顶设计行程（即活塞相对于缸筒运动的行差，又称理论行程）与上下卡头锁固的损失行程之差。由于上卡头锁固平稳，行程损失量稳定，可以通过增大设计行程的办法来弥补，不同于下卡锁固时受冲击作用，行程损失量大，而且损失量不稳定造成千斤顶群杆的不同步，所以特别指出下卡头锁固时的回降量。

多年来的生产实践证明，GBJ 113—87 规范规定滚珠式千斤顶的回降量不应大于 5mm，这一点过去对部分厂家有一定难度，因回降量还与支承杆的材质情况、回降冲击、加工情况等因素有关，但随着技术的进步和认识的提高，一般厂家经过努力是可以达到的。

6 任何形式的千斤顶，下卡头锁固时的回降量随所受荷载的增加而增大，回降量的波动也随之增大。本款所指的是在筛选使用的千斤顶时要通过试验，在施工设计荷载下行程差不大于 1mm，以限制提升时操作平台不致因千斤顶固有行程差过大，造成升差积累，而出现过大变形。

5.2.11 本条对支承杆的选用与检验提出了要求。

1 千斤顶依靠其卡头卡固在支承杆上，支承杆的表面如有硬加工或采用硬度高的材料制造，不利于卡头钢珠和卡块齿的嵌入，形成较大的支承力，严重时卡头机构在支承杆上打滑，也影响卡头寿命。

2 支承杆在使用中长度太小，会使杆的接头数量增多；长度过大，使用中易弯曲变形，这都会在施工时不利于保证质量。

第 3～5 款是根据施工经验提出的，第 6 款是根据结构钢筋原材料检验的要求提出的。

5.2.12 本条对滑模精度控制仪器、设备的选用提出基本要求。

5.2.13 水、电系统是滑模装置系统工程中不可缺少的部分，但过去一些单位往往重视不够，影响混凝土外观质量和施工进度，本条文明确规定了动力、照明、通讯、监控与滑模施工相关的主要部分，应符合国家现行标准《液压滑动模板施工安全技术规程》JGJ 65、《建筑工程施工现场供用电安全规范》GB 50194 的要求。

6 滑 模 施 工

6.1 滑模装置的组装

6.1.1 本条是对滑模装置组装前的准备工作提出的基本要求。

6.1.2 本条是对滑模装置组装程序提出的一般要求。

1 滑模装置的组装宜按建议的程序进行，这里只提"宜"，没有提"必须"，是考虑到具体工程千变万化，组装时根据实际情况进行某些调整也是必要的。

2 安装内外围圈时，要调整好其位置，主要是指上、下两道围圈对垂线间的倾斜度，因为模板的倾斜度主要是靠围圈位置来保证的。

3 采用滑框倒模工艺时，框架式滑轨是指围圈和滑轨组成一个框架，框架限制模板不变位，但这个框架又能整体地沿模板外表面滑升，滑轨同样需要有正确的倾斜度来保证模板位置的正确。

4 第8款中提到的"垂直运输系统"，主要指与滑模装置有联系的垂直运输系统，例如：高耸构筑物施工中采用的无井架运输系统，设在操作平台上的扒杆、布料机等，它们的重量和安装工作量都较大，其支承构件又常常与滑模装置结构相连，因此，在滑模装置组装时应考虑垂直运输系统的安装问题。

6.1.3 组装好的模板应具有使上口小、下口大的倾斜度，目的是要保证施工中如遇平台不水平或浇灌混凝土时上围圈变形等情况时，模板不出现反倾斜度，避免混凝土被拉裂。但安装的倾斜度过大，或因提升架刚度不足使施工中的倾斜度过大，提升后会在模板与混凝土之间形成较大的缝隙，新浇混凝土沿缝隙流淌，而使结构表面形成鱼鳞片（俗称穿裙子），影响混凝土结构外观。法国国家钢筋混凝土和工业技术联合会曾对模板倾斜度作出原则建议，即模板倾斜度视以下因素确定：

    1） 模板表面材料的特性；

    2） 混凝土硬化速度与提升速度的比值，随比值的增大，模板倾斜度增大，并考虑模板的长度；

    3） 工程的几何尺寸；

    4） 混凝土的组成情况。

我国不少施工单位以往常采用混凝土浇灌层厚度为30cm左右的作业方式，混凝土浇灌和提升的时间均较长，混凝土在模板中停留时间长，滑升速度慢。采用0.2%～0.5%的模板倾斜度比较适应，可以基本上避免表面拉裂和"穿裙子"两种情况发生。近年来大家都认识到，采用薄层浇灌、均衡提升、减短停顿的作业方式，对保证结构施工外观质量有重要意义，相应地对模板的单侧倾斜度修订为宜在0.1%～0.3%较为合适。如前所述，合适的倾斜度尚受到其他因素的制约，因此，条文中指出"宜为"，也允许根据施工的实际情况适当增大或减少倾斜度。

关于模板保持结构设计截面的位置，各施工单位的经验不完全相同，一般当使用的提升架和围圈刚度较大，混凝土的硬化速度较快（或滑升速度较慢）时，结构设计尺寸位置宜取在模板的较上部位，例如取在模板的上口以下1/3或1/2高度处；当提升架和围圈刚度较小，混凝土的硬化速度较缓慢（或滑升速度较快），结构设计尺寸位置宜取在模板的较下部位，例如取在模板上口以下2/3，甚至模板下口处。即除了要考虑新浇筑混凝土自重变形的影响，还应考虑浇灌混凝土时胀模的影响。已有调查说明滑模施工的结构截面尺寸出现正公差的情况较多，故本条规定在一般情况下，将模板上口以下2/3模板高度处的净距与结构设计截面等宽。

6.1.4 滑模装置组装的允许偏差要求，基本上是按照GBJ 113—87规范列出，经征求有关单位意见后，有以下两点改动：

1 圆模直径、方模边长的偏差，原规范定为±5mm，事实上，浇灌混凝土后都有所增大，故修改为－2～+3mm；

2 相邻两块模板平面平整偏差，原规范定为2mm，按目前社会评优对墙面平整度的严格要求，相邻两块模板平面平整偏差如达到 2mm，则很难达到优质工程的标准，因此本次修订中，改为 1.5mm。

6.1.5 本条规定了液压系统组装完后进行试验和检查时的一般要求。

1 安装的千斤顶如排气不彻底，在使用中将造成千斤顶之间不同步（增大千斤顶之间的升差），导致部分支承杆超载，平台构件产生扭曲变形，可影响结构的外观质量，因此排气是一项重要工序。

2 液压系统安装以后，支承杆插入之前，应经一次耐压试验，保证在使用时系统无漏油、渗油现象。

6.1.6 插入的支承杆轴线与千斤顶轴线偏斜超差时，支承杆侧向挤压千斤顶活塞，造成排油不畅，延长回油时间。严重时甚至使排油不彻底，使在进油时活塞行程小于设计行程，因而会加大千斤顶之间的升差。

6.2 钢　　筋

6.2.1 对横向钢筋加工长度提出原则上应满足设计要求。本条提出的不宜大于 7m，主要是考虑施工时加工容易，运输绑扎方便，太长会造成运输、穿插、绑扎困难。筒体结构的环筋，在施工时如有条件连续布筋，显然不受此限制。竖向钢筋加工长度主要考虑要保证钢筋位置准确，利于钢筋竖起时的稳定。在 GBJ 113—87 规范中提出"直径小于或等于 12 的钢筋长度不宜大于 8m"。实践表明，$\phi \leqslant 12$、8m 长的钢筋施工中是立不起来的。因此修订为"不宜大于 5m"，并指出在有措施的情况下，如具有双层操作平台并有固定架时，其长度不受限制。

6.2.2 钢筋位置不正确会影响工程质量，因此应有具体措施保证。

1 混凝土表面以上至少有一道绑扎好的横向钢筋，以便借此确定继续绑扎的横向钢筋位置。

2 提升架横梁以上的竖向钢筋，如没有限位措施会发生倾斜、歪倒或弯曲，其位置变动会带来工程质量上的问题，施工中应设置限位支架等临时固定。这种限位支架应不妨碍竖向钢筋在限位装置中竖向滑动。如采用临时固定措施，则应适时拆除，不要影响模板的正常滑升。

3 配有双层钢筋的墙或筒壁，钢筋绑扎后用拉结筋定位。从施工角度说，目的是要保证两层钢筋网之间的距离和保护层的厚度。拉结筋的间距一般不大于 1m，拉结筋的形状，如仅仅采用直线型（S 型）一种，只能保证两层钢筋网片之间距离不增大，尚不足以保证两层钢筋网片之间的距离不会变小。为阻止浇灌混凝土时挤压内侧钢筋，使其不出现平行错位，需要设置一定数量的 V 字型拉结筋，或利用对应钢筋网片间增设 W 型拉结筋形成钢筋骨架定位。

4 钢筋弯钩背向模板面，是为了防止钩挂模板，造成事故。

5 钢筋保护层厚度对结构使用寿命有很大影响。滑模施工中，由于模板提升时受摩阻力的作用，混凝土表面易产生微裂缝，保证保护层的厚度要特别注意施工中应有相应的措施，例如，设置竖向钢筋架立的支架、钢筋网片之间设置 V 字型拉结筋，在模板上口设置带钩的圆钢筋来保证最外排钢筋与模板板面之间的距离。

6.2.3 采用承重骨架配筋的梁，其起拱值应保证施工后的梁不致产生向下挠曲现象，配合本规范第 3.3.6 条对骨架设计的挠度限制，梁跨度小于或等于 6m 时，取跨度的 2‰～3‰，跨度大于 6m 时由计算确定。

6.3 支 承 杆

6.3.1 接头处是支承杆的薄弱部位，因此不允许有过多的接头出现在同一高度截面内。接头过多会过大地影响操作平台支承系统的承载能力，因此，要求第一次插入的支承杆的长度应不少于 4 种，保证以后每次需要接长的支承杆数量不超过总数的 1/4。支承杆的接头需要错开，错开的距离应符合现行国家标准《混凝土结构工程施工质量验收规范》GB 50204 的要求，其最小距离应不小于 1m。

采用设置在结构体外的钢管支承杆，其承载能力与支承杆的调直方法、接头方式以及加固情况等有关，因此在使用时应对其作专项设计，以保证支承系统的稳定、可靠。

6.3.2 滑模施工中千斤顶漏油是不能允许的，必须及时更换这种千斤顶。支承杆表面被油污染后，如不处理，将降低混凝土对支承杆的握裹力及混凝土强度。因此应认真对待油污问题。据四川省建筑科学研究所的试验表明，当支承杆（埋在混凝土中的）被油污染面积在 15％时，比同样压痕条件下，但无油污者的握裹力（粘结力）降低 11.2～156.5 N/cm²，降低幅度为 2.82％～36.26％；比既无油污又无压痕的母材降低 46.8～201.9 N/cm²，降低幅度达 10.54％～45.45％。油污面积每增加 5％，支承杆的握裹力约降低 15～80N/cm²；油污面积达 75％时，握裹力降低至一半。黑龙江低温建筑研究所等单位试验结果表明，涂油的支承杆与混凝土的粘结力降低 2.2％～17％。因此被油污的支承杆应将油污清除干净。

本条规定"对兼作结构钢筋的支承杆其表面不得有油污"有两层含意，其一是遇这种情况应对使用的千斤顶油路（包括管路接头）有更高的质量要求和日常的维护检查，保证不会产生支承杆被油污染的情况；其二是如果万一被油污染，必须将油污彻底清除干净，例如在擦洗后再用喷灯加热烘烤，至油迹完全除净为止。

6.3.3 采用平头对接、榫接的支承杆不能承受弯矩。采用螺纹连接的支承杆，经原西安冶金建筑学院等单位试验在垂直荷载作用下，其破坏荷载可达无接头支承杆的 90％，但据有关资料介绍，其承受弯矩的能力很差，当试件产生弯曲时，杆的一侧出现应力，压杆即迅速破坏。因此都要求接头部位通过千斤顶后及时进行焊接加固。当其连接质量符合国家现行的《钢筋锥螺纹接头技术规程》JGJ 109 等要求时，可不受此条的限制。

当采用设置在结构体外的钢管支承杆时，应根据该套支承系统的专项设计要求及时进行加固。

6.3.4 本条规定了用钢管做支承杆时的基本要求。

1 $\phi48\times3.5$ 焊接钢管是一种常用做脚手架使用的钢管，市场采购比较方便。$\phi25$ 的实心圆钢和 $\phi48\times3.5$ 的钢管比较，其截面积基本相同，而钢管比实心圆钢的惯性矩约大 6 倍，这对压杆的稳定是十分有利的，因此当采用额定承载能力在 $60～100$kN 的穿芯式千斤顶时，大都使用 $\phi48\times3.5$ 钢管做支承杆与之配套。管径的公差要求是根据配套使用的千斤顶卡头性能确定的。

2 第 2、3 款是埋入式和工具式 $\phi48\times3.5$ 钢管支承接长时常用的方法（并非唯一的方法）。

    3 支承杆对千斤顶的爬升运动起导向作用。因此对支承杆本身的平直度和两根支承杆接头处的弯折现象严格要求，这对减少操作平台中心线飘移和扭转有重要作用。

    4 要求工具式支承杆长度小于建筑物楼层的净高是为了使支承杆在事后易于拆出。

6.3.5 本条是根据使用 $\phi48\times3.5$ 钢管支承杆时取得的经验撰写的。

6.3.6、6.3.7 筒体结构一般壁较薄，非工具式支承杆与横向钢筋点焊连接，可以缩短杆子的自由长度，对提高支承杆的稳定性十分有利。当发现支承杆有失稳或其他异常情况时，例如被千斤顶带起、弯曲、过大倾斜等，都会大幅度降低支承杆的承载能力，应立即进行处理，以防连锁反应，导致群杆失稳，造成恶性事故。

6.3.8 分批拔出工具式支承杆时，每批拔出的数量不宜超过总数的 1/4，这是考虑到当一批拔出 1/4 的支承杆后，其余支承杆的荷载将平均增大 33%。

    根据首钢的二烧结框架滑模施工支承杆受力情况实测结果，支承杆的平均荷载为实际可能发生的最大荷载的 59.3%，如支承杆的荷载为 12kN，若抽拔去总数的 1/4，则杆子的平均荷载将达到 16kN，支承杆的最大荷载可达 28kN，扣除提升时的摩阻力（当拔支承杆时模板不提升，摩阻力约占平台总荷载的 1/3），则支承杆的最大荷载为 24kN。按各单位对支承杆承载能力试验结果统计，当支承杆的脱空长度为 1.4m（模板上口至千斤顶下卡头的距离 1.1m 再加 0.3m），支承杆的极限承载能力约为 30kN，此时，当拔出 1/4 支承杆后，受荷载较大的支承杆的安全系数为 30/24＝1.25。因此建议一批拔出的支承杆数量不应超过总数量的 1/4。

6.4 混 凝 土

6.4.1 根据滑模施工特点，混凝土早期强度的增长速度必须满足滑升速度的要求，才能保证工程质量和施工安全（见第 6.6.16 条说明）。因此，在进行滑模施工之前应按当时的气温条件和使用的原材料对混凝土配合比进行试配，除了要满足强度、密实度、耐久性要求外，还必须根据施工工期内可能遇到的气温条件，通过试验掌握几种所用混凝土早期强度（24h 龄期内）的增长规律，保证施工用混凝土早期强度增长速度满足滑升速度的要求。

    在滑模施工中要特别注意防止支承杆在负荷下失稳（特别是支承杆下部失稳），使早期强度增长速度与滑升速度相适应。由于普通硅酸盐水泥早期硬化性能比较稳定，因此宜采用普通硅酸盐水泥。

    为了便于混凝土的浇灌，防止因强烈振捣使模板系统产生过大变形，滑模施工的混凝土坍落度宜大一些。采用泵送混凝土时，其坍落度是按泵车的要求提出的。

    化学外加剂和掺合料在我国已广泛使用，但过去施工中，因外加剂使用不当造成的工程事故确有发生。鉴于滑模施工多用于高耸结构物，故本条中强调外加剂或掺合料的品种，掺量的选择必须通过试验来确定。

6.4.2 本条规定了滑模施工混凝土浇灌时的一般要求。

    1 滑模混凝土采取交圈均匀浇灌制度，是为了保证出模混凝土的强度大致相同，使提升时支承杆受力比较均衡。滑模操作平台空间变位的可能性较大，混凝土浇灌中，平台上混凝土运输时的后座力、浇灌时的冲击振动，以及浇灌混凝土时的侧压力等，将会引起滑模装置结构系统的变形或位移。有计划、匀称地变换浇灌方向，可以防止平台的空间飘移造成的结构倾斜和扭转。

2 关于混凝土的"浇灌层厚度"问题，GBJ 113—87 规范中规定，混凝土分层浇灌的厚度以 200～300mm 为宜，各层浇灌的间隔时间不应大于混凝土的凝结时间（相当于混凝土贯入阻力值为 0.35kN/cm²）；当间隔时间超过时，对接茬处应按施工缝的要求处理。这是基于人们把浇灌混凝土——绑轧钢筋——提升模板作为三个独立的工序来组织循环作业的做法而规定的。即模板的提升应在一圈钢筋绑扎完毕和一个浇灌层厚度范围内的混凝土全部浇灌完毕后，才能允许进行模板提升，然后再进行下一个作业循环。模板的提升高度也就是混凝土浇灌层的厚度。当时在确定"浇灌层厚度"时，考虑到了"浇灌层厚度"定得太大固然不好，定得太低会使操作人员在操作平台上的穿插过于频繁，不利于施工组织和劳动效率的发挥，参考国内外经验确定为 200～300mm。而事实上，随着现代化的施工机械设备的大量普及应用，在施工中"浇灌层厚度"大多采用 300mm 甚至更多达500mm。现在大家都体会到，混凝土浇灌层盲目加厚确实给施工带来很多不利的影响（问题）：

1）会较大地增加支承杆的脱空长度，降低支承杆的承载能力；

2）模板中的混凝土对操作平台的总体稳定是一个有利的因素，滑空高度大，会削弱这一有利因素；

3）浇灌层过大会增大一次绑扎钢筋、浇灌混凝土的数量以及提升模板所需的时间，实际上是增大了混凝土在模板内的静停时间。这会增大模板与混凝土之间的摩阻力，提升时易造成混凝土表面粗糙、出现裂缝或掉楞掉角等质量缺陷；

4）一次提升过高，易产生"穿裙子"现象；

5）对有收分要求的筒体结构，由于提升时模板对初浇灌的混凝土壁有一定的挤压作用，如果一次提升过高，较难保证筒壁混凝土的质量；

6）浇灌层厚度过厚，施工组织管理协调的难度加大。

已有的工程实践已经表明，浇灌层过大带来的一系列问题，其中最突出的是管理跟不上，混凝土表面粗糙、外观质量不好。因此，本规范将分层浇灌的厚度修订为"不宜大于200mm"。

模板的"提升"操作是滑模施工的主导工序，其他作业均应在满足提升制度要求的前提下来安排，才能保证事先计划好的滑升速度和出模混凝土的质量。滑模施工讲究提高平台上作业人员的劳动效率，减少作业人员；讲究缩短作业时间实行不间断的正常滑升。国内外的经验表明，只要支承杆系统有足够负荷能力，完全可以不必为提升过程限制过多的条件（如停止其他工序的作业或物料的运输等等），即钢筋、混凝土和其他作业允许不停顿地进行，也无需太多地顾虑工序之间的穿插搭接等。但是要做到这一点，要求滑模施工的支承杆系统应有足够的安全储备，以抵抗更大的意外荷载。现在将浇灌层厚度控制在200mm 及以下，实行"薄层浇灌、微量提升、减少停歇"的提升制度，如还套用 GBJ 113—87 规范第 4.1.4 条计算千斤顶和支承杆的数量，由于提升过程的条件变化，荷载计算不全，其计算结果会偏于不安全，因此本规范第 5.1.4 条对荷载计算方法也做出了相应的修改。

支承杆系统工作的可靠性是保证滑模施工成功与否以及工程安全和质量的首要条件，

因此应得到施工人员特别的重视。

3 为使浇灌时新浇灌的混凝土与下层混凝土之间良好结合，浇灌的间隔时间不应超过下层混凝土凝结所需要的时间，即不出现冷接头。混凝土凝结时间系指该混凝土贯入阻力值达到 3.5MPa 所需的时间，当间隔时间超过凝结时间，结合面应做施工缝处理。因此，施工中应防止无计划地随意停歇。

4 高温季节时的混凝土浇灌顺序，也应考虑到使出模混凝土强度能基本一致。其他几点要求是根据工程实践经验提出的，先浇灌较厚部位（如墙角、墙垛厚墙等）的混凝土，对减少模板系统的飘移是有利的。

5 预留孔洞等部位，一般都设有胎模。强调在胎模两侧对称均匀地浇灌混凝土，是为了防止因胎模两侧浇灌混凝土时，其侧压力作用不对称使胎模产生过大的位移。

6.4.3 滑模施工中采用布料机布送混凝土，由于布料机要随着操作平台的提升而升高，在使用上有其独特的条件，因此应进行专项设计，以解决布料机的选型、覆盖面范围、机身高度、支撑系统、爬提方式、布料程序、操作方法、通讯、安全措施等一系列技术组织问题。

6.4.4 滑模操作平台自重及施工附加荷载全部由刚度较弱且靠低强度混凝土稳定的支承杆承担。在振捣混凝土时，如果振捣器直接触及支承杆、钢筋和模板，可能使埋入混凝土中的支承杆和钢筋握裹力遭到损坏，模板产生较大变形，以致影响滑模支承系统的稳定和工程质量。

振捣器插入深度，以保证两层混凝土良好结合为度，插入下层混凝土过深，可能扰动已凝固的混凝土，对保证已成型的混凝土质量和支承杆的稳定都不利。

6.4.5 由于滑模施工中脱模后的早期混凝土即裸露在大气环境中，这是滑模施工特有的情况，若养护不当，对混凝土强度增长是不利的，因此，应特别认真地对待养护工作。本条第 1 款是强调对所有混凝土表面进行养护，即不能因为某些局部喷水养护困难或喷水养护时影响下面工作面作业等就放弃对混凝土的养护，也不能在浇水养护时出现有水浇不到的地方。第 2 款的养护时间是根据现行国家标准《混凝土结构工程施工质量验收规范》GB 50204 要求规定的。第 3 款是提出适用于滑模施工混凝土的两种主要养护方法，浇水养护改为喷雾养护，因喷雾养护节水，对混凝土表面湿润均匀，而喷水（浇水）则大量水流失，且混凝土表面受水湿润不均匀；喷涂养护液是近年发展较快、性能较好的一类混凝土养生剂。

6.5 预留孔和预埋件

6.5.1 本条对预埋件的安装提出的基本要求是：固定牢固、位置准确、不妨碍模板滑升。允许偏差应满足现行国家标准《混凝土结构工程施工质量验收规范》GB 50204 的要求。

6.5.2 预留孔洞的胎模（或门窗框衬模）厚度，应略小于模板上口尺寸，保证胎模能在模板间顺利通过，避免提升时胎模被模板卡住，使胎模被带起或增大提升时的摩阻力。按经验，门、窗胎模厚度比模板上口尺寸宜小 5～10mm。门、窗框预先安装的允许偏差，参照《建筑工程质量检验评定标准》GBJ 301—88 给出。

6.6 滑　升

6.6.1　以往不少施工单位在滑模施工中仅对绑扎钢筋、浇灌混凝土、提升模板这三个主要工序重视，而对滑模施工的时间限定性常重视不够，即从事各工序操作的施工人员只考虑如何去完成本工序的工作，而对应该在什么限定时间内完成却注意较少，或者说要努力在最短时间（指定时间）内完成作业的意识并不十分强烈。常常因施工材料运输跟不上、施工设备维修不及时而无法运转，水、电系统故障，施工组织不合理等原因使滑模施工无计划地超常停歇时有发生，使计划的滑升制度得不到保证。应该提出，滑模施工的时限性要求是这一施工方法的显著特性之一。因此，"滑升"这个工序应是滑模施工的主导工序，其他操作应在满足提升制度要求的前提下安排。合理的"滑升制度"是综合了许多施工因素制定的，如气温条件、结构条件、原材料条件、施工装备和人员条件，特别是滑升速度和混凝土硬化速度相匹配条件等。破坏了"滑升制度"，就会直接影响滑模工程的质量和安全。例如：任一工序增加了作业时间，实际上就增长了在模板内混凝土的静停时间，也就增大了混凝土的出模强度，增大了混凝土与模板之间的摩阻力，增大了支承杆荷载，这样既增加了支承杆失稳的可能，也易使混凝土出现表面粗糙、掉楞掉角，甚至拉裂等质量缺陷。因此，在滑模施工中必须保证计划"滑升制度"的实现，其他作业都必须在限定时间内完成，不得用"停滑"或减缓滑升速度来迁就其他作业。

6.6.2　滑模施工的重要特点之一，就是滑模施工时的全部荷载是依靠埋设在混凝土中或体外刚度较小的支承杆承受的，其上部混凝土强度很低，因而施工中的一切活动都必须保证与结构混凝土强度增长相协调。即滑升程序或平均滑升速度的确定，至少应考虑以下两个主要条件：一是支承杆在承受可能发生的最大荷载作用下，杆子不会出现上部或下部失稳现象，以确保施工安全。二是出模的混凝土既不产生流淌或坍塌，也不至因过早脱模而影口向混凝土的后期强度，以确保施工质量。因此，施工前应根据现场的实际情况对滑升程序或平均滑升速度进行选择。本条提出了四个方面：当气温高、混凝土早期强度发展较快，可适当加快滑升速度，反之则需要降低滑升速度；混凝土原材料（如水泥品种、外加剂等）及强度等级都直接影响混凝土本身的早期强度发展的情况；此外，结构形状简单、厚度大、配筋少、变化小，有可能适当加快滑升速度；模板条件好，如光滑平整、吸水性小，也有可能加快滑升速度。

6.6.3　"初滑"是指工程开始时进行的初次提升阶段（也包括在模板空滑后的首次提升），初滑程序应在施工组织设计中予以规定，主要应注意两点：

 1）　初滑时既要使混凝土自重能克服模板与混凝土之间的摩阻力，又要使下端混凝土达到必要的出模强度，因此，应对混凝土的凝结状态进行全面检查；

 2）　初滑一般是模板结构在组装后初次经受提升荷载的考验，因此要经过一个试探性提升过程，同时检查模板装置工作是否正常，发现问题立即处理。

本条提出的初滑程序和要求，是根据以往施工经验编写的，并非限制性条文。初滑时混凝土的出模强度宜取规范规定的下限值。

混凝土贯入阻力值测定方法，是参照美国 ASTMC/403 和国家现行标准《普通混凝土拌合物性能试验方法标准》GB/T 50080 等有关标准修订的，其单位为"kN/cm²"而不采用"MPa"，主要是考虑与通常所称混凝土强度区别。

6.6.4 在滑模施工中能否严格做到正常滑升所规定的两次提升间隔时间（即混凝土在模板中的静停时间）的要求，是直接关系到防止混凝土出现被拉裂、出现"冷接头"，保证工程质量的关键。因此，本条对两次提升的时间间隔作出了一般规定，以防止超时间停歇。

规定两次提升的间隔时间不宜超过 0.5h，是考虑到在通常气温下，混凝土与模板的接触时间在 0.5h 以内，对摩阻力无大影响（见第 5.1.3 条说明）。当气温很高时，为防止混凝土硬化太快，提升时摩阻力过大，混凝土有被拉裂的危险，可在两提升间隔时间内增加 1、2 次中间提升，中间提升的高度为 1~2 个千斤顶行程，以阻止混凝土和模板之间的粘结，使两者之间的接触不超过 0.5h。

6.6.5 提升时要求千斤顶充分进油、排油，是为了防止提升中因进油、排油不充分，各千斤顶之间产生累积升差。进油、排油时间应通过试验确定。

提升模板时，如果将油压值提高至正常滑升时油压值的 1.2 倍，尚不能使全部液压千斤顶升起，说明已发生了故障。一般可能是系统中有油路堵塞、控制阀失灵、千斤顶损坏；两次提升间隔时间太长，混凝土与模板之间摩阻力显著增大；模板出现了反倾斜度；模板被钢筋钩挂或被横置在模板间的杂物阻挡；提升时固定在平台上的绳索未松开；部分支承杆已经失稳弯曲等等。此时应立即停止提升操作进行检查，找出故障原因及时处理。盲目增大油压强行提升，可能造成千斤顶或液压系统超负荷工作而漏油、结构混凝土被拉裂，操作平台千斤顶升差过大，滑模装置严重变形。如果引起大量支承杆失稳，可能出现重大质量和安全事故。因此应禁止盲目增压强行提升。

6.6.6 滑升中保持操作平台基本水平，对防止结构中心线飘移和混凝土外观质量有重要意义，因此每滑升 200~400mm 都应对各千斤顶进行一次自检调平。目前操作平台水平控制方法主要有：限位卡调平，在各支承杆上安装限位挡板（或挡圈），并使其固定在同一标高位置处，当限位阀（或触环）随千斤顶上升至与限位挡板（或挡圈）接触，限位阀就切断油路（或顶开上卡头），千斤顶则停止爬升，直至全部千斤顶在限位挡板位置处找平，提升才告结束。然后再移动挡板至下一个找平的标高上。此法简便易行，但需要经常移动挡板并找平。联通管自动调平系统，在各提升架上设水杯，杯内设长短不同的电极，水杯底端用联通管与平台中心水箱相连，电极与水面之间的相对位置控制着相应千斤顶的油路电磁阀的状态，使之开启或切断。当某千斤顶爬升较快时，该水杯中的水位下降，短电极脱离水面，切断该千斤顶油路，而停止爬升。待水位恢复正常后，千斤顶再开始爬升，如此保持平台的水平。经验表明，此法可使各千斤顶的高差控制在 20mm 左右（相当于一个提升行程）。此外，激光自动调平及手动调平等方法也可供选用。

6.6.7 根据一些施工单位的经验，连续变截面结构的滑升中一次收分量不宜大于 6mm。变坡度结构（如烟囱、电视塔等）施工习惯上是每提升一次进行一次收分操作。提升过程中内模板有托起内壁混凝土的趋势，收分过程中外模板又有压迫外壁混凝土的趋势，而一次提升高度和收分量愈大，对混凝土质量的影响也愈大。按上述数值，如每次提升高度 200mm，则结构的坡度应在 3.0% 以内；如结构坡度大于 3.0%，则在 200mm 的提升高度内应增加收分次数，以满足一次收分量不大于 6mm。连续变截面结构的支承杆一般均向变径方向倾斜，而且在进行收分操作时，也有水平力作用于支承杆的上端。因此在确定支承杆数量时，应适当降低支承杆的设计承载能力。

6.6.8 滑模工艺是一种混凝土连续成型的快速施工方法，模板和操作平台结构由刚度较小的支承杆来支承，因此整个滑模装置空间变位的可能性较大，过去有些工程由于对成型结构的垂直度、扭转等的观测不够及时，导致结构物的施工精度达不到要求的情况时有发生。而偏差一旦形成，消除就十分困难。这不仅有损于结构外观，而偏差大的还会影响受力性能。因此，要求在滑升过程中检查和记录结构垂直度、扭转及结构截面尺寸等偏差数值，及时分析造成偏差的原因并作纠正。

施工实践表明，整体刚度小，高度较大的结构，施工中容易产生垂直偏差和扭转。因此，每滑升一个浇灌层高度，都应进行一次自检，每次交接班时，应全面检查记录一次。要求填写提升过程记录的目的，不仅是作为作业班质量进度的考核资料，更主要是根据记录，分析滑升中存在的问题，平台飘移的规律，以及各种处置方法是否恰当，以便及时总结经验，进一步提高工程质量。

针对偏差产生的原因，如能在出现偏差的萌芽阶段就采取纠正措施，一般都是比较容易纠偏的（无需施加很大的纠偏力）。但应注意，当成型的结构已经产生较大的垂直度偏差时，纠偏应徐缓进行，避免出现硬弯。这主要是考虑急速纠偏，势必要对结构施加较大的纠偏力，有可能造成滑模装置出现较大变形，如模板产生反锥度、围圈扭曲、支承杆倾斜等不利情况，严重时还可能导致发生安全事故。另一方面，出现硬弯也有碍结构外观。因此，滑模施工精度控制应强调"勤观测、勤调整"的原则。

滑模施工中（特别是筒体结构）垂直度出现偏差后，常常有意将操作平台调成倾斜以纠正偏差。这种纠偏方法，除了利用模板对混凝土的导向作用和千斤顶倾斜改变支承杆的方向的作用外，还利用滑模装置的自重及施工荷载对操作平台产生的水平推力来达到纠偏的目的。操作平台倾斜角愈大，产生的水平推力也愈大，该水平力通过提升架，由支承杆和模板内混凝土产生的反力来平衡。当操作平台倾斜度小于 1.5% 时，通过模板传至混凝土的那部分水平力，一般不会使混凝土破坏，问题是通过千斤顶作用在支承杆上端的水平力，将使支承杆的工作条件变差。根据计算，当操作平台倾斜为 1% 时，支承杆在标准荷载（15kN）条件下承载力约降低 22%～23.5%。为避免因平台倾斜造成支承杆承载力损失过大，本条规定操作平台的倾斜度应控制在 1% 以内。此外，操作平台倾斜度过大还会引起模板产生反锥度，以及滑模装置的某些构件出现过大变形。

筒体结构在滑模施工中若管理不当很容易产生扭转，扭转的结果不仅有损于结构外观，更重要的是会导致支承杆倾斜，从而降低其承载能力。根据计算，支承杆在 1m 高度内扭转 10mm，其承载力约降低 10%，从确保施工安全出发，并考虑到施工的方便，故规定任意 3m 高度上的相对扭转值不大于 30mm，且全高程上的最大扭转值不应大于 200mm，即不允许发生同一方向上的持续扭转。

6.6.9 滑升过程中，整个操作平台装置都处于动态，支承杆也处于最大荷载作用状态下，模板下口部分的混凝土陆续脱离模板，因此要随时检查操作平台、支承杆以及混凝土的凝结状态。如发现支承杆弯曲、倾斜，模板或操作平台变形、模板产生反锥度、千斤顶卡固失灵、液压系统漏油、出模混凝土流淌、坍塌、裂缝以及其他异常情况时，应根据情况作出是否停止滑升的决定，立即分析原因，采取有效措施处理，以免导致大的安全质量事故的发生。

6.6.10 要求框架结构柱模板的停滑标高设在梁底以下 100～200mm 处，是考虑到停滑时为避免混凝土与模板粘结，每隔一定时间需要将模板提升 1～2 个行程，如果把框架结构柱的停滑标高设在梁底处，则继续提升起来的模板将妨碍钢筋的绑扎和安装。如把停滑位置设在梁底标高以下 100～200mm，就能为梁钢筋的绑扎或安装提供一定的时间，而不致妨碍其操作。

6.6.11 对施工过程中落在操作平台上、吊架上以及围圈支架上的混凝土和灰浆等杂物，每个作业班应进行及时清扫，以防止施工中杂物坠落，造成安全事故。对粘结在模板上的砂浆应及时清理，否则模板粗糙，提升摩阻力增大，出模混凝土表面会被拉坏，有损结构质量，尤其是转角模板处粘结的灰浆常常是造成出模混凝土缺棱少角的原因。变截面结构的收分模板和活动模板靠接处，浇灌混凝土时砂浆极易挤入收分模板和活动模板之间，使成型的结构混凝土表面拉出深沟，有损结构的外观质量，因此，施工中应特别注意清理。由于这些部位的模板清理比较困难，有时需要拆除模板才能彻底清除。已硬结的灰浆落入模板内或混入混凝土中，会造成上下层混凝土之间出现"烂渣夹层"，如混入新浇混凝土中会严重影响混凝土的质量。

6.6.12 液压油污染了钢筋或混凝土会降低混凝土质量和混凝土对钢筋的握裹力（见第 6.3.2 条说明），施工中如果发生这种情况应及时处理。处理方法：对支承杆和钢筋一般用喷灯烘烤除油，对混凝土用棉纱吸除浮油，并清除掉被污染表面的混凝土。

6.6.13 本条基本上是按 GBJ 113—87 规范第 5.6.10 条编写的，将原规范第 2 款中"模板的最大滑空量，不得大于模板全高的 1/2"，修改为"对滑空部位的支承杆，应采取适当的加固措施"。这是考虑到对滑空量的限制往往很难统一，但过大的滑空量会较大程度降低支承杆的承载能力，甚至造成安全事故。因此，规范中规定滑空时应对支承杆采取加固措施。

使用工具式支承杆时，由于支承杆一般都设置在结构截面的内部，模板提升时，其套管与混凝土之间也存在着较大的摩阻力，即产生的总的摩阻力要比使用非工具式支承杆时更大，因此在这种情况下应在提升模板之前转动和适当托起套管，以减小由此引起的荷载（摩阻力），防止混凝土被拉裂。

6.6.14 正常施工中浇灌的混凝土被模板所夹持，对操作平台的总体稳定能够起到一定的保证作用。空滑时，模板与浇灌的混凝土已脱离，这种保证作用就会减弱或丧失，且支承杆的脱空长度有时会达到 2m 以上，抵抗垂直荷载和水平荷载的能力都很低，因此"空滑"是一个很危险的工作状态，必须事先算在这种状态下滑模结构支承系统在自重、施工荷载、风载等不利情况下的稳定性。对支承杆和操作平台加固的方法很多，也可以适当增加支承杆的数量，相应减少支承杆荷载的方法来解决支承杆稳定性问题，本规范未一一列举各种加固方法，但事先都应有周密的设计。

6.6.15 关于出模混凝土强度的要求，人们常以保证出模的混凝土不坍塌、不流淌、也不被拉裂，并可在其表面进行某种修饰加工的要求提出来的，因此在早期的滑模施工的技术标准中都把这个值定得较低（如 0.05～0.25MPa）。根据近年来的研究和工程实践表明，出模混凝土强度的确定，至少还应考虑脱模后的混凝土在其上部混凝土自重作用下不致过分影响其后期强度这一重要因素。

国外有试验资料表明，即使具有 0.1MPa 强度的混凝土，在受到 1～1.2m 高的混凝土自重压力作用下（2.5N/cm²）也会发生较大的塑性变形，且 28d 强度平均损失达

16%；当强度大于或等于 0.2MPa 时，在自重作用下不仅塑性变形小，对 28d 抗压强度基本上无影响，试验结果见表 3。

表 3　混凝土出模强度对 28d 强度的影响

组别	出模强度（MPa）								
	0.1			0.2			0.3		
	28d 强度		相差率（%）	28d 强度		相差率（%）	28d 强度		相差率（%）
	对比试件	加荷试件		对比试件	加荷试件		对比试件	加荷试件	
1	12.7	10.8	−13.4	14.2	15.8	+6.2	16.2	16.1	−0.6
2	13.9	10.6	−23.7	16.0	15.2	−4.3	12.1	12.5	+3.5
3	15.0	12.4	−17.3	13.3	14.4	+8.3	14.1	14.4	+2.1
4	16.3	13.7	−15.9	13.8	13.8	0	15.5	16.8	+8.5
5	15.6	14.2	−9.0	14.8	15.3	+3.3	14.1	13.7	−4.6
6	13.8	11.4	−17.2	15.2	16.4	+3.4	15.8	15.5	−1.9

注：表中"加荷试件"系指 10×10×40（cm³）试件，脱模后按每平方厘米加 2.5N 荷载，相当于混凝土 8h 出模所受的力（每班滑升 1m），加荷连续 24h，最后 8h 增加至 7.5N/cm² 的压力，测定变形值后，再停放 24h，经养护后测得 28d 抗压强度。"对比试件"系指相同尺寸、相同养护条件，不加荷的试件。

原冶金部建筑研究总院曾对早龄期受荷载混凝土的强度损失和变形进行了试验研究。试验时模拟滑升速度分别为 10cm/h、20cm/h 和 30cm/h 对试件分级加荷，同时测其变形值直至荷载达到 7.5N/cm²。荷载保持 24h 后卸荷，再与未加荷的试件同时送标准养护室养护。待混凝土龄期达到 28d，取出试验，确定试件的强度。结果见表 4 及图 7。

表 4　早期受荷混凝土对 28d 强度的影响

模拟滑升速度（cm/h）	试件受荷混凝土对 28d 强度的影响（MPa）								
	0.1			0.2			0.3		
	28d 强度		差率（%）	28d 强度		差率（%）	28d 强度		差率（%）
	受荷	未受荷		受荷	未受荷		受荷	未受荷	
10	28.57	32.63	−12.44	33.13	33.80	−1.98	35.87	35.90	−0.09
20	29.23	34.03	−14.11	34.63	36.53	−5.2	33.43	34.17	−2.15
30	29.20	36.73	−20.51	30.50	34.07	−10.47	33.50	34.20	−2.1

注：每个数据系 9 个试件的平均值。

从试验结果可以看出，混凝土出模强度过低，会造成 28d 抗压强度降低，且滑升速度愈快降低的比例也愈大。当出模的最低强度控制在 0.2MPa 以上，滑升速度在 10～20cm/h 时，混凝土的 28d 抗压强度仅降低 2%～5%，出模强度达到 0.3MPa，混凝土 28d 强度则基本不降低。

早龄期混凝土在荷载作用下的相对变形，随混凝土的初始强度的提高而减少，与荷载速度的关系不大，早期受荷混凝土变形结果见表 5。

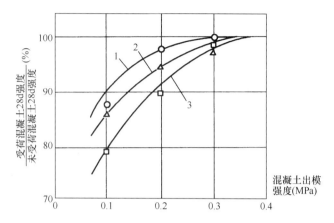

图 7 不同滑升速度和出模强度对 28d 强度的影响

1—滑升速度为 10cm/h；2—滑升速度为 20cm/h；3—滑升速度为 30cm/h

表 5 混凝土早期受荷时的相对变形

模拟滑升速度 （cm/h）	混凝土早期受荷初始强度（MPa）					
	0.1		0.2		0.3	
	28d 强度		28d 强度		28d 强度	
	试件相对变形（×10⁻²）					
	受荷	未受荷	受荷	未受荷	受荷	未受荷
10	6.35	7.33	2.17	4.05	0.75	3.24
20	5.18	6.19	1.72	4.34	0.92	3.07
30	5.46	7.18	1.77	3.58	0.82	4.33

注：相对变形值为试验荷载加至 7.5N/cm² 时测定的平均值。

国外对出模强度的要求很不一致，从 0.05MPa 至 0.7MPa 者均有。为了不过分影响滑模混凝土后期强度或不致为弥补这种损失而提高混凝土配合比设计的强度等级，也不因强度太高过分增大提升时的摩阻力而导致混凝土表面拉裂，因此，混凝土出模强度定为 0.2～0.4MPa 或混凝土贯入阻力值为 0.3～1.05kN/cm²。

采用滑框倒模施工时，由于仅滑框沿着模板表面滑动，而模板只从滑框下口脱出，不与混凝土表面之间发生滑动摩擦，因此只规定混凝土出模强度的最小值为 0.2MPa。

6.6.16 在我国滑模施工史上曾发生过几起重大安全事故，总结教训，认为在施工中支承杆失稳是导致发生事故的最主要原因，或者说是滑升速度与混凝土凝固程度不相适应的结果，因此规范中对滑升速度的控制提出了具体要求。

1 当滑模施工中支承杆不会（不可能）发生失稳情况时，可按混凝土出模强度要求来确定最大滑升速度。例如，采用吊挂支承杆滑模或支承杆经过加固在任何时候都不可能因受压失稳时，则滑升速度的控制只需满足出模混凝土不流淌、不拉裂，混凝土后期强度不损失等条件，即保证达到出模混凝土要求的强度即可，滑升速度可按下式确定：

$$V = (H - h_0 - a)/t$$

式中　V——模板允许滑升速度（m/h）；

　　　H——模板高度（m）；

h_0——每浇灌层厚度（m）；

a——混凝土浇灌完毕后其表面到模板上口的距离取 0.05～0.1（m）；

t——混凝土达到出模强度 0.2～0.4MPa 所需的时间，应根据所用水泥及施工时气温条件经试验确定。

2 当支承杆受压且设置在结构混凝土内部时（一般滑模多属这种情况），滑升速度由支承杆的稳定性来确定。前已述及，支承杆的失稳有两种情况，一种是杆子上部在临界荷载下弯曲，失稳时弯曲部位发生在支承杆的脱空部分；另一种是支承杆的弯曲部分发生在混凝土内部，这种情况一般是在混凝土早期强度增长很缓慢，杆子脱空长度较小时较易发生，一旦出现，模板下口附近的混凝土被弯曲的支承杆破坏，造成混凝土坍塌，甚至平台倾覆等恶性事故。因此，我们在确定支承杆承载力时，是以滑升速度与混凝土硬化状态相适应（即不发生下部失稳）为前提，求得支承杆在不同荷载、不同混凝土的硬化状态下与滑升速度的关系。

1）对于 $\phi 25$ 圆钢支承杆，附录 B 第 B.0.1 条中建议按下式确定支承杆的允许承载能力：

$$P_0 = 40\alpha EJ / [K(L_0 + 95)^2]$$

式中　L_0——支承杆的脱空长度；

　　　α——工作条件系数，取 0.7～0.8；

　　　K——安全系数，一般取 $K = 2.0$。

所以控制支承杆上部不失稳的条件是（见图 8）：

$$L_0 \leqslant \sqrt{40\alpha EJ / (KP_0)} - 95$$

式中　L_0——为千斤顶下卡头至模板上口的距离 L_1 与一个混凝土浇灌层厚度 L_2 之和，即 $L_0 = L_1 + L_2$。

上式说明，控制支承杆上部失稳的条件取决于支承杆的荷载和脱空长度，这些数值应在滑模工艺设计中予以保证。

滑模施工中滑升速度之所以要进行控制是因为支承杆下部混凝土强度太低，不足以嵌固杆子阻止其在纵向弯曲时产生的变形。如果我们能够确定混凝土需要达到多大的强度才能嵌固住支承杆，以及被嵌固点的位置，我们就能够近似地确定允许的滑升速度。

为简化计算，我们可以假定：

① 支承下部失稳是在上部不失稳的条件下发生的；

② 混凝土对 $\phi 25$ 圆钢支承杆的嵌固强度取 0.7～1.0MPa（这一结论已由原冶金部建筑研究总院、四川省建筑研究院试验研究以及常州、天津两座烟囱因支承杆下部失稳事故的调查结果所证实）；

③ 不考虑支承杆与横向钢筋联系等有利作用；

④ 杆子下部失稳时，上弯曲点的位置在模板的中部（由于模板有倾斜度，模板下部 1/2 的混凝土已与模板脱离接触）并处于半嵌固状态。其下端被 0.7MPa 强度的混凝土完全嵌固，见图 8。

通过上述假定就把一个很复杂的问题简化为一个上端为半铰、下部全嵌固的理想压杆来处理。

按欧拉公式：

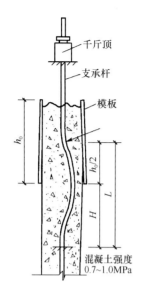

图 8　支承杆下部失
稳示意图

$$L = \left[\pi^2 EI/(\mu^2 P)\right]^{1/2}$$

对 $\phi 125$ 圆钢支承杆，$\mu = 0.6$，则杆子的极限长度为：

$$L = 10.5/P^{1/2} \quad (\text{m})$$

上述说明，施工中只要保证从模板中点到混凝土强度达到 $0.7 \sim 1.0\text{MPa}$ 处的高度 L 小于 $10.5/P^{1/2}$，就可以保证支承杆不会因下部失稳破坏，由此得出极限滑升速度如下：

$$V = (L + 0.5h_0)/T = 10.5/(TP^{1/2}) + 0.5h_0/T$$

如模板高度为 1.2m 并取支承杆安全系数 $K = 2.0$，则允许滑升速度 V_0 可写为：

$$V_0 \leqslant 10.5/\left[T(KP)^{1/2}\right] + 0.6/T$$

$$= 7.425/(TP^{1/2}) + 0.6/T \quad (\text{m/h})$$

式中　V_0——采用 $\phi 25$ 圆钢支承杆时，允许滑升速度（m/h）；

　　　　T——在该作业班平均气温下，混凝土达到 $0.7 \sim 1.0\text{MPa}$ 强度所需的时间（h），由试验确定。

　　2）对 $\phi 48 \times 3.5$ 钢管受压支承杆，在施工应用中有两种情况，一是支承杆设置在结构混凝土体内，一是支承杆设置在结构体外。前已述及这两种情况均可用同一方式表达 P 与 L 之间的关系：

从附录 B 第 B.0.2 条可知 $\phi 48 \times 3.5$ 支承杆的极限承载能力与杆子的脱空长度的关系如下：

$$P = 99.6 - 0.22L$$

当支承杆设在结构混凝土体内时，L 为千斤顶下卡头至混凝土表面的距离。

当支承杆设在结构体外时，L 为千斤顶下卡头至模板下口以下第一个横向支撑扣件节点的距离。

因此控制支承杆上部失稳的条件是：

$$L \leqslant (99.6 - P_k)/0.22 = 452.73 - 4.55P_k$$

当支承杆设置在结构混凝土体内，我们可仿照前述方法来确定极限滑升速度，但应重新确定 $\phi 48 \times 3.5$ 钢管支承杆的稳定嵌固强度值 $\tau_{\phi 48}$。遗憾的是目前这方面的试验资料没有见诸报道，原冶金部建筑研究总院利用 $\phi 25$ 圆钢支承杆试验的稳定嵌固强度结果 $\tau_{\phi 25}$ 对其进行了理论上的研究，推定结果为 2.5MPa。

其推导过程简介如下：

对于 $\phi 25$ 圆钢支承杆利用力的平衡原理和欧拉公式可以得出在临界力作用下其混凝土稳定嵌固强度为：

$$\tau_{\phi 25} = DI_{\phi 25}/L_{\phi 25}^4 d_{\phi 25}$$

式中　D——当支承杆材质、工作方式相同时为常数；

　　　$I_{\phi 25}$——$\phi 25\text{Q}235$ 支承杆的惯性矩；

　　　$L_{\phi 25}$——$\phi 25\text{Q}235$ 支承杆的自由长度；

　　　$d_{\phi 25}$——$\phi 25\text{Q}235$ 支承杆的外直径。

而原冶金部建筑研究总院、四川省建筑研究院试验的结果为 $0.7\sim1.0$ MPa，即：

$$\tau_{\phi25} = DI_{\phi25}/L^4_{\phi25}d_{\phi25} = 0.7\text{MPa}$$

对于 $\phi48\times3.5$ 支承杆，在临界力作用下其稳定嵌固强度应为：

$$\tau_{\phi48} = DI_{\phi48}/(L^4_{\phi48}d_{\phi48})$$

$$\tau_{\phi48}/\tau_{\phi25} = DI_{\phi48}/(L^4_{\phi48})L^4_{\phi25}d_{\phi25}/(DI_{\phi25})$$

则：

$$\tau_{\phi48} = \tau_{\phi25}I_{\phi48}d_{\phi25}/(I_{\phi25}d_{\phi48})(L_{\phi25}/L_{\phi48})^4$$

已知：$\tau_{\phi25}=0.7$ MPa，$I_{\phi48}/I_{\phi25}=6.36$，$d_{\phi25}/d_{\phi48}=0.521$，则：

$$\tau_{\phi48} = 0.7\times6.36\times0.521\times(L_{\phi25}/L_{\phi48})^4$$
$$= 2.319(L_{\phi25}/L_{\phi48})^4 \quad \text{（MPa）}$$

当 $\phi48\times3.5$ 钢管支承杆的自由长度与 $\phi25$ 圆钢支承杆的自由长度相同时，则 $(L_{\phi25}/L_{\phi48})^4=1$，此时 $\phi48\times3.5$ 支承杆的稳定嵌固强度 $\tau_{\phi48}=2.319\approx2.5$ MPa。

因为实际上 $L_{\phi48}$ 要大于 $L_{\phi25}$，当没有其他试验数据时，可用 $\phi48\times3.5$ 钢管支承杆的稳定嵌固条件为 2.5MPa。

与 $\phi25$ 圆钢支承杆相同，确定 $\phi48\times3.5$ 支承杆的允许滑升速度按其下部失稳条件进行控制，即杆子失稳时的上端弯曲点在模板的中部，处于半铰结状态，下端被 2.0MPa 强度的混凝土完全嵌固。按欧拉公式：

$$L = [\pi^2EI/(\mu^2P)]^{1/2}$$

对 $\phi48\times3.5$ 钢管支承杆 $\mu=0.6$，则杆子的极限长度 L 为：

$$L = [\pi^2\times2.1\times10^4\times12.1898/(0.6^2\times P)]^{1/2}$$
$$= 2649/P^{1/2} \quad \text{（cm）}$$

或

$$= 26.5/P^{1/2} \quad \text{（m）}$$

由此得出利用 $\phi48\times3.5$ 管支承杆时的极限滑升速度如下：

$$V_{\max} = (L+0.5h_0)/T_2 = 26.5/(T_2P^{1/2})+0.5h_0/T_2 \quad \text{（m/h）}$$

则允许滑升速度为：

$$V = 26.5/[T_2(KP)^{1/2}]+0.6/T_2$$

式中　T_2——在作业班的平均气温条件下，混凝土强度达到 2.5MPa 所需的时间，由试验确定（h）。

3 根据施工过程中滑模工程结构或支承系统的整体稳定来控制滑升速度，一般是在以下情况时需要：结构的自重荷载相对较大；施工中为保证结构稳定的横向结构后期施工（如高层建筑后做楼板、框架结构后做横梁等）；或支承杆系统组成一个整体结构。为防止整个工程结构或支承结构系统在施工中发生失稳才进行这种验算。验算中除了要考虑工程结构形式、滑模结构系统支承等具体情况，还涉及对混凝土强度增长速度的要求，因而需要对滑升速度做出限制。

6.6.17 当 $\phi48\times3.5$ 管支承杆受压且设置在结构体外时，支承杆四周没有混凝土扶持。其上端千斤顶卡固，假定为半铰状态，下端为铰支（即取 $\mu=0.75$）。按欧拉公式，其临界荷载 P 为：

$$P = \pi^2EI/(\mu L)^2$$

杆子的极限自由长度为：

$$L_{max} = \left[\pi^2 EI / (\mu^2 P)\right]^{1/2}$$

对 $\phi 48 \times 3.5$ 钢管：

$$L_{max} = \left[(\pi^2 \times 2.1 \times 10^4 \times 12.1898)/(0.75^2 \times P)\right]^{1/2}$$
$$= 2120/P^{1/2} \quad (cm)$$

当荷载安全系数为 2.0 时，则支承杆允许的自由长度（千斤顶下卡头至模板下口第一个横向支撑扣件节点的允许距离）$L_{允许}$ 为：

$$L_{允许} = 21.2/(KP)^{1/2} = 15/P^{1/2}$$

施工中必需从滑模工艺上保证支承杆的自由长度 L 在任何情况下都应小于 $L_{允许}$ 的要求。

按上式公式结合实例计算结果列于下表：

支承杆荷载（kN）	10	20	30	40	50	60	70
允许的自由长度（m）	4.74	3.35	2.74	2.37	2.12	1.94	1.79

我国曾发生过两起因支承杆下部失稳而引发的重大安全事故，因而规范中比较明确地规定滑升速度控制的要求十分必要。应该说目前提出的滑升速度的计算方法，其理论和试验都不够完善。为了解决当前一些实际问题，上面所做的探索特别是通过试算出来的结果，还要在理论和实践中进一步完善。

6.7 横向结构的施工

6.7.1 按整体设计的横向结构（如高层建筑的楼板、框架结构的横梁等）对保证竖向构件（如柱、墙等）的稳定性和受力状态有重要意义。当这些横向结构后期施工时，会使施工期间的柱子或墙体的自由高度大大增加，因此应考虑施工过程中结构的稳定性。另外，由于横向构件后期施工会存在横向和纵向结构间的连接问题，这种连接必须满足按原整体结构设计的要求，如果需要改变结构的连接方式（如梁、柱为刚接设计改变为铰支连接），则应通过设计认可，并有修改以后的完整施工图，才能实施。

6.7.2 本条指出滑模施工的建筑物其楼板结构的几种可行的施工方案。可根据结构的具体情况和施工单位的习惯选用。

6.7.3 墙板结构采用逐层空滑现浇楼板工艺施工时，本规范提出三点要求：

1 要保证模板滑空时操作平台支承系统的稳定与安全。措施是对支承杆进行可靠加固，并加长建筑物外侧模板，使滑空时仍有不少于 200mm 高度的模板与外墙混凝土接触。

2 逐层现浇的楼板，楼板的底模一般是通过支柱支承在下层已浇筑的楼面上，由于一层墙体滑升所需的时间比较短，下层楼面混凝土浇筑完毕，只能停顿 1~2d，即需要在其上面堆放材料，架设支柱，而此时混凝土强度较低，应有技术措施来保证不因此而损害楼板质量，例如在楼板混凝土中掺入适量早强剂，采用真空脱水处理浇筑的楼板混凝土等措施。

3 楼板模板的拆除应满足现行国家标准《混凝土结构工程施工质量验收规范》GB 50204 的要求，高层建筑的楼板模板采用逐层顶撑支设时，顶层荷载是依次通过中间各层楼板和支柱传递到底层楼板上的。因此，本规范要求拆除支柱时的上层楼板的结构强度应满足上部施工荷载的要求。

在上部施工荷载作用下，底层支柱究竟承受到多少荷载，综合冶建院、上海建院及美国、日本等对下层支柱传递下来的施工荷载进行研究的结果，得出如下结论：

1 最下层支柱所承受的最大施工荷载，以作用在最上层支柱的荷载为单位荷载来表示荷载比为 1.0～1.1；

2 作用在最下层支柱所承受的楼板或梁上的最大荷载（即传递给最下层楼板的最大荷载）如连其自重计算在内，一般荷载比为 2.0～2.1；

3 最大荷载比与使用多少层支柱、隔多少天浇筑混凝土无关，也基本上不受支柱刚性大小、楼板与其周边梁的刚度比例及其他因素的影响。

因此可求出楼板设计荷载与施工荷载的比值 γ：

$$\gamma = [2.1(\rho d + \omega_f)]/(\rho d + \omega_L)$$

式中 ρ——混凝土的重力密度（kN/m^2）；

d——板厚（m）；

ω_f——楼板模板单位面积上的重量（kN/m^2）；

ω_L——设计用活荷载（kN/m^2）。

用逐层顶撑支模方法施工对于 γ 值超过 1.5 时，不仅要对钢筋补强，还要待混凝土达到设计强度要求后才能拆模。

6.7.4 墙板结构采用逐层空滑安装预制楼板时，主要应注意两个问题：

1 支撑楼板的墙体模板空滑时，为防止操作平台的支承系统失稳发生安全事故，要求在非承重墙处模板不要空滑（要继续浇筑混凝土）；如稳定性尚不足时，还需要对滑空处支承杆加固；

2 安装楼板时，支承楼板的墙体的混凝土强度不得低于 4.0MPa，是为了保证墙体承压的混凝土在楼板荷载作用下不致破坏，也不造成后期强度损失。本条对混凝土最低强度要求是参照国家现行标准《高层建筑混凝土结构技术规程》JGJ 3 提出的。在混凝土强度低的墙体上撬动楼板易破坏混凝土，因此，施工中不允许这样做。

6.7.5 横梁采用承重骨架进行滑模施工时，对设计骨架的荷载、挠度、施工起拱值等要求，在本规范第 3.3.6 条、第 6.2.3 条均作了相应规定。本条强调要根据安装处结构配筋和滑模装置的情况绘制施工图，是因为横梁支座处纵向、横向构件来的钢筋密布，承重骨架的支承方式、位置、安装顺序、施工时穿插的可能性都应事先做周密考虑，并绘制施工图，才能保证现场安装工作顺利进行。悬吊在骨架下的梁底模板宽度应小于滑模上口宽度 3～5mm，是为了便于安装底模，并防止在提升模板时侧模卡住底模，造成质量事故。对于截面较小的梁，采用预制安装时，梁的支承点除应按设计图纸做好梁和竖向结构彼此钢筋的连接外，还应视情况在竖向结构的主筋上加焊支托或另设临时支撑，并在梁的支承端底部预埋支承短角钢或钢垫板，以加强其支承处的强度。

6.7.6 采用降模法施工楼板（或顶盖）时，利用操作平台作为楼板的模板或作为模板的支承，可以简化施工工艺。但在模板装置设计时，应周密考虑操作平台与提升架之间的脱离措施，以及脱离以后处于悬吊状态时，操作平台构件的自重和施工荷载作用下的强度和刚度。楼板混凝土的拆模强度应满足现行国家标准《混凝土结构工程施工质量验收规范》GB 50204 的有关规定，并不得低于 15MPa。

6.7.7 采用在墙体上预留洞，现浇牛腿支承预制板时，预制板的支撑应待现浇牛腿混凝土强度达到设计强度的 70% 以上时才能拆模，是考虑到牛腿是受力的关键部位，拆除支承后牛腿即可能承受荷载，因此参照了现行国家标准《混凝土结构工程施工质量验收规范》GB 50204 的有关规定。

6.7.8 本条是提醒施工人员注意到后期施工的现浇楼板可采用早拆模板体系，即利用早拆柱头以加快拆模时间和模板周转，减少模板的投入。也可利用已成型的结构，在墙、梁或柱子上设置支承点来悬吊支模，以简化支模工艺。

6.7.9 二次施工的构件与滑模施工的构件（已施工完毕的构件）之间的连接，为保证其受力需要，使结构形成整体，通常在节点处都做了必要的结构处理，如留设梁窝、槽口、增加插筋、预埋件、设置齿槽等等。这些部位比较隐蔽，设置时需要十分精心，使这些结构措施做到形状准确、位置及尺寸无误、混凝土密实完整。由于再施工是在后期进行，节点处理部位仍然存在被浮渣、油脂、杂物等污染的可能，因此二次施工之前必须彻底清理这些部位，并在二次施工时，按要求做好施工缝处理，加强二次浇筑混凝土的振捣和养护，确保二次施工的构件节点和构件本身的质量可靠。这里强调指出，二次施工点常为结构的重要部位，又多是设计变更的部位，二次施工点可能成为结构成败的关键，施工时应特别予以重视。

7 特 种 滑 模 施 工

7.1 大体积混凝土施工

7.1.1 本条是根据我国现阶段的工程经验，规定了可采用滑模施工的大体积混凝土的工程范围。

我国在水工建筑物中的混凝土坝、挡土墙、闸墩及桥墩等大体积混凝土的滑模工程中已取得了成功经验。

7.1.2 大体积混凝土工程施工的特点是混凝土浇筑的工序多、仓面大、强度高。一般多采用皮带机、地泵等机械化作业方式入仓下料，滑模装置设计必须适应这一特点，且应注意结构物的外型特征和施工精度控制装置的有效性。

7.1.3 本条根据我国水工施工经验，对仓面长宽较大的情况，采用几套滑模装置分段独立滑升，实践证明是行之有效的。

7.1.4 本条规定了大体积混凝土中滑模施工支承杆和千斤顶布置的原则和方式。对支承杆离边距 200mm 的限制，主要是为了防止因混凝土的嵌固作用不足使其发生失稳或混凝土表面坍塌或裂缝。

7.1.5、7.1.6 这两条规定是根据大体积混凝土滑模施工中，滑模装置设计、组装的实践经验及工程现场试验作出的一般规定。

7.1.7 大体积混凝土的浇筑厚度应根据仓面大小、混凝土的制备能力、机械运输及布料等因素确定；当相邻段的铺料厚度高差过大时，由于模板受力不均，平台间易发生错位或卡死现象。对于采用吊罐直接入仓下料，应设有专人负责安全，600mm 仅为警戒高度。

7.1.8、7.1.9 对出模强度的规定是根据普通滑模施工对混凝土出模强度的要求而定的，对滑升速度、预埋件等的规定是根据大体积混凝土滑模施工的实践经验作出的。

7.1.10 在大体积混凝土滑模施工中，对操作平台也应做到"勤观察、勤调整"，避免累积误差过大；纠偏调整必须按计划逐步地、缓慢地进行，当达到控制值还不能调平时，应立即停止施工另行处理。

7.2 混凝土面板施工

7.2.1 本条规定了混凝土面板工程施工的范围。

20世纪40年代美国工程兵就在渠道护面工程中采用滑模施工，其他如堆石坝的面板、溢洪道、溢流面、水工隧洞等在我国也普遍采用滑模施工，工程质量良好。

7.2.2 由于面板滑模装置及支承方式和一般滑模不同，例如模板结构一般采用梁式框架结构，支承于轨道上，牵引方式有液压千斤顶、爬轨器或卷扬机等形式，因此特别对滑模装置设计作了规定。

7.2.3、7.2.4 模板结构设计中，要求考虑浇灌时混凝土对模板的上托力（侧压力在垂直于滑动面上的分力）的影响，并特别对影响工程外观的模板结构的刚度提出了明确要求，这是根据水电系统已往工程设计经验、现场试验综合确定的。

本规范采用的"混凝土的上托力"不同于其他资料中的"浮托力"，因滑模装置在斜面或曲面上滑动时，模板前沿堆积了混凝土，混凝土对模板不仅有浮托力，模板对混凝土还有挤压力。上托力按模板倾角大小分两种情况计取。

7.2.5～7.2.9 是根据水工建筑滑模施工中滑模装置设计、组装的实践经验及工程现场试验作出的一般规定。

7.2.10 本条规定的出模强度，对坡面很缓的护面（例如倾角小于30°），因试验数据较少暂不作规定，可不受此约束。

7.2.11 在陡坡上采用滑模施工，一旦失控急速下滑，后果十分严重，因此，应设置多种安全保险装置。

7.2.12 水工建筑中的溢流面不平整度，设计详图中一般有规定。但根据已往工程实践经验在本规范中明确允许偏差，是为了表明滑模施工可以达到的质量标准，有利于施工现场质量控制。通常滑模施工的溢流面表面平整光滑，尤其是在解决大面积有曲率变化的表面平整光滑方面突显优势。

对于没有溢流要求的面板工程则相对放宽控制尺度。

7.3 竖井井壁施工

7.3.1 混凝土成型的各种竖井（也称立井）井壁，包括煤炭、冶金、有色金属、非金属矿山、核工业、建材、水利、电力、城建等各个行业工程建设中的竖（立）井，均可采用滑模施工。

尤其是煤炭系统的立井采用滑模施工已有20余年的历史，已是一种比较成熟的井壁混凝土施工技术。

现行国家标准《混凝土结构工程施工质量验收规范》GB 50204中有关混凝土、模板、钢筋工程和季节性施工的规定和《矿山井巷工程施工及验收规范》GBJ 213中有关边掘边砌时的规定，在本规范中不再重复，井壁滑模施工时都应遵照执行。

7.3.2 滑模施工的竖（立）井混凝土强度不宜低于 C25，这是因为：井壁一般为圆形，按 GBJ 113—87 规范墙板厚度不宜小于 140mm，圆形筒壁厚度不小于 160mm。本条规定井壁厚度不宜小于 150mm，是比较恰当的。此外井壁内径若小于 2m，由于其摩阻力会增大，易给施工质量带来问题。

竖（立）井的井壁根据井深和地质条件一般分为单层或两层结构，特殊情况分为三层结构。外层井壁在掘进时起到加固井壁岩（土）帮和防水作用，常用凿井与井壁主体并行方法（即边掘边砌）施工；内层井壁（内套壁）主要承受地层压力和安装各种设备，也起防水作用。当井筒内地下水丰富、渗水严重或地层压力较大时，还应增加一层井壁。此时各层的井壁厚度均不应小于 150mm。

7.3.3 本条提出了竖（立）井滑模与常规滑模所需要的不同施工设施，以便施工前做好准备。

7.3.4 井壁滑模时只有内模板，施工经验表明，模板提升时，其单侧倾斜度会变小；施工时如按常规滑模倾斜度要求 0.1%～0.3% 组装，则滑升时易产生"抱模"现象，易将混凝土拉裂。因此，井壁滑模的模板倾斜度应大于一般滑模时的倾斜度。现行国家标准《矿山井巷工程施工及验收规范》GBJ 213 中规定的倾斜度为 0.6%～1.0%，实践表明，倾斜度过大井壁表面易形成"波浪"或"穿裙子"，而且"挂蜡"现象也较严重。因此本规范适当减小了模板倾斜度值的要求。

7.3.5 本条对防护盘的设置提出了较具体要求。其他配套设施是指绞车、钢丝缆、提升设备、绳卡、通风、排水、给水、供电等设施的选择和使用，应按国家现行有关规范执行。

7.3.6 外层井壁采用边掘边砌时，井壁滑模的分段高度宜为 3～6m，主要考虑并行作业比较安全方便，凿井时井壁可不用临时支护。另外分段高度还应考虑竖向钢筋的进料长度，尽量减少接头，避免浪费。

7.3.7 竖（立）井滑模施工，宜采用拉杆式支承杆，一般设置在结构体外，一方面可回收重复使用，另一方面避免使用电焊来处理支承杆接头和对支承杆加固。

用边掘边砌方法，滑模施工外层井壁时，如能采用升降式千斤顶，并在模板及围圈系统增加伸缩装置可将滑模装置整体下降到一工作段上使用，这样就更能减少滑模装置的装拆时间。

压杆式支承杆设在井壁混凝土体内，作用与普通滑模支承杆相同，技术要求也一样。

7.3.8 井筒内工作面狭小，又常禁止使用电气焊，必须防止加工好的滑模装置各种部件运至井下组装时出现调整、改动等情况，因此必须在地面进行组装，保证井下组装时能一次成功。

7.3.9 对安装设备的竖（立）井井筒的内径，施工完毕后不能小于设计尺寸，考虑到混凝土对模板侧压力的作用，有可能会使模板直径变小，因此在组装模板时，其控制直径宜比设计井筒直径大 20～50mm。

7.3.10、7.3.11 井筒外壁多是分段施工，最后一茬炮的碎石留下，经过整平，一方面作为滑模装置组装的工作面，另一方面留下的碎石，其孔隙可积存一部分地下水，方便滑模装置的组装。

滑模装置组装前，要沿井壁四周安放刃脚模板，通过刃脚模板，可将上、下两段井壁的接头处做成 45°的斜面便于接茬，并防止渗漏。

刃脚模板一般用 8～10mm 钢板制作，断面为 45°等腰三角形，上口开口的宽度同外层井壁厚度，一条直角边靠近井壁。刃脚模板与井壁基岩之间的间隙宜用矸石充填密实。模板斜边面向井筒中心，其上按竖向受力钢筋的位置及直径打孔，竖向钢筋可通过模板斜面上的孔插入碎石中，钢筋插入的长度应满足搭接的要求。在每一段井壁的底部，其竖向钢筋的接头位置允许在同一平面上。刃脚模板安装并临时固定牢固后，再在其上安装滑模装置。

滑升时不得将刃脚模板带起，刃脚模板拆下后可转到下一段使用。

7.3.12 本条是竖（立）井滑模施工中遇有横向或斜向出口时，应采取的加固措施，这些措施应在竖（立）井支护设计中予以体现。

7.3.13 竖（立）井壁采用滑模施工时，同样应按"勤观测、勤调整"的原则，控制井筒中心的位移，保证井筒中心与设计中心的偏差不大于 15mm。

7.3.14、7.3.15 提出了竖（立）井壁施工时的检查记录、允许偏差。

7.4 复 合 壁 施 工

7.4.1 复合壁滑模施工是指两种不同材料性质的现浇混凝土结合在一起的混凝土竖壁，采用滑模一次施工的方法。采用复合壁的工程一般多是由于结构有保温、隔热、隔声、防潮、防水等功能要求的建筑物（结构物）。例如有保温要求的贮仓、节能型高层建筑外墙等。

7.4.2、7.4.3 复合壁采用滑模一次施工，最重要的是要使两种不同性质的混凝土截然分开，互不混淆，成型后两者又能自动结合成一体。在内外侧模板之间设置隔离板的目的是分隔两种不同性质的混凝土，以实现同步双滑，因此设计并安装好隔离板是复合壁滑模施工成功的关键。隔离板上的圆钢棍起到悬挂隔离板，固定其位置、增强隔离板的刚度、控制结构层混凝土钢筋保护层厚度，增加两种混凝土材料结合面积的作用。为方便水平钢筋的绑扎，悬吊隔离板高于模板上口 50～100mm，是防止两种不同性质混凝土在入模时混淆。隔离板深入模板内的高度比混凝土浇筑层厚度减少 25mm（即模板提升后，隔离板下口的位置应在混凝土表面以上 25mm），浇灌时使结构混凝土可以从此缝隙中稍有挤出，以增加两种混凝土之间的咬合。此外，应使圆钢棍的上端与提升井架立柱（或提升架之间的横向连系梁）有刚性连接，以保证在隔离板的一侧浇筑混凝土时，隔离板的位置不会产生大的变化。

7.4.4 强度低的混凝土对支承杆的稳定嵌固能力低，因此支承杆应设置在强度较高的混凝土内。

7.4.5 先浇灌强度较高的结构混凝土，可使结构混凝土通过隔离板下口的缝隙，少量掺入轻质混凝土内，起到类似"挑牛腿"的作用，使两者良好咬合，同时对轻质混凝土也起到增强的作用。先振捣强度较高的混凝土，一方面是防止振捣混凝土时隔离板向强度较高侧的混凝土方向变形，减小结构混凝土层的厚度，影响结构安全和质量；另一方面，先振捣较高强度一侧的混凝土，可使模板提升后钢棍留下的孔道和隔离板留下的空间由强度较高的结构混凝土充填，有利于两种不同性质混凝土的结合。

每层混凝土浇灌完毕后，必须保持两种混凝土的上表面一致，否则隔离板提出混凝土后，较高位侧的混凝土有向较低位侧的混凝土流动的趋势，从而造成两种不同性质混凝土混淆。

7.4.6 隔离板的内外两侧均与混凝土相接触，其表面如粘结有砂浆等污物，会变得粗糙，这将大幅度增加隔离板与混凝土之间的摩阻力，从而在提升中将混凝土拉裂或带起，造成质量问题。因此应随时保持隔离基线的光洁和位置正确。

复合壁滑模施工是两种不同性质的混凝土"双滑"成型，两种混凝土的滑升速度相同，因此，这两种混凝土都应事先进行试验，通过掺入外加剂（如早强剂、微沫剂、减水剂、缓凝剂、塑化剂等）调整它们的凝结时间、流动性和强度增长速度，使之相互配合，不出现一侧混凝土因凝结过于缓慢或过于迅速，使该侧混凝土坍塌或拉裂等有损结构质量的现象发生。

混凝土的浇灌及两次提升的时间间隔应符合本规范第6.4.2条、第6.6.4条的规定；混凝土的出模强度应符合本规范第6.6.15条的规定。

7.4.7 复合壁模板提升时，其内、外侧模板及隔离板同时向上移动，而隔离板的下口仅深入至内、外侧模板上口以下175mm。当每次提升200mm时，隔离板下口脱离混凝土表面并与表面形成25mm间隙，如提升高度增大，间隙也加大，隔离板将失去对两种不同性质混凝土的隔离作用，高位一侧的混凝土将向低位一侧流动，使两种混凝土混淆。对这一点，施工中应特别注意：其一，每次混凝土的浇灌高度和提升高度都应严格控制；其二，采用本工艺成型复合壁时不宜进行"空滑"施工，除非有防止空滑段两种不同性质混凝土混淆的措施。

当需要停滑时，应按本规范第6.6.13条规定采取停滑措施，即混凝土应浇灌至同一水平，模板每隔一定时间提升1～2个千斤顶行程，直至模板与混凝土不再粘结为止。复合壁滑模施工在停滑时，还必须满足模板的总的提升高度不应大于一个浇灌层厚度（200mm），因为提升高度大于一个浇灌层厚度，会使隔离板下口至混凝土表面间的间隙大于25mm，从而造成两种混凝土混淆。

7.4.8、7.4.9 施工结束要立即提起隔离板，使之脱离混凝土，然后适当振捣混凝土，使出现的隔离缝弥合，否则混凝土强度增长后已形成的隔离缝无法用振捣方法弥合，不能形成整体。

孔洞四周的轻质混凝土用普通混凝土代替，主要是为了对洞口起加强作用，另外也便于洞口四周预埋件的设置。

7.4.10 复合壁滑模工程的施工质量应符合本规范第8.2节的有关条款和现行国家标准《混凝土结构工程施工质量验收规范》GB 50204的有关规定，本条仅对复合壁滑模施工的壁厚规定了允许偏差。

7.5 抽 孔 滑 模 施 工

7.5.1 筒仓的立壁、电梯间井壁、某些建筑物的柱及内、外墙，如果设计允许留设或要求连续留设竖向孔道的工程（即在能够满足结构抗力需要的前提下），可采用抽孔滑模施工，具有防寒、隔声、保温作用的围护墙更宜采用抽孔滑模工艺施工。

7.5.2 规定结构的最小边长和厚度，主要考虑使模板和成孔芯管在滑升时所产生的摩阻力，不致使结构混凝土产生拉裂等问题。滑模设计抽孔率时，应考虑混凝土的自重大于混凝土与模板和抽芯管之间的摩阻力。目前滑模工程常采用的抽孔率在 15%～25% 之间。

7.5.3 确定孔的大小、位置时，除了要考虑因在混凝土内部设置了芯棒，增大了提升时的摩阻力，易产生将混凝土拉裂、带起等影响质量的问题，还应考虑不影响结构钢筋的配置、钢筋绑扎、混凝土浇灌及振捣等，使施工能有较方便的条件。

7.5.4 抽孔滑模与通常滑模的不同处是在两侧面模板之间增加了芯管，提升时侧模板和芯管与混凝土之间都存在着摩阻力，而且芯管的存在还分割了两侧面模板间的混凝土，使相应的混凝土厚度变薄，从而易使结构混凝土拉裂或带起，造成质量问题。因此，施工中尽量减小芯管与混凝土之间形成的摩阻力，是保证质量的一个十分重要的措施。采用能够转动并能适量上下移动的芯管，就能在浇灌混凝土后适时活动芯管，避免芯管表面与混凝土之间的粘结，大大降低两者之间的摩阻力。

用于抽孔芯管的钢管，如需在车床上加工出锥度，则钢管的壁厚不应小于 5mm；如锥度为零时，可用壁厚较薄的钢管做芯管。如采用锥度为零的芯管时，应设有能使芯管转动和适量上、下移动的装置，并控制好滑升的间隔时间，及时清理芯管，涂刷隔离剂，防止混凝土被带起的现象发生。

抽孔芯管在模板内的长度，取决于混凝土的强度增长速度、滑升间隔时间、混凝土的出模强度等，要保证成孔质量，防止坍孔和将混凝土带起。一般芯管的下口与模板的下口齐平，为装组方便，也可能芯管比模板下口高 10～20mm，但在模板内的长度不宜短于 900mm。

将两侧模板与芯管设计成能够分别提升，则可将两者的提升时间错开，而分别提升时的摩阻力远小于两者同时提升时的摩阻力，从而减小了结构混凝土被拉裂的危险。

7.5.5 抽孔滑模施工，由于混凝土内部有芯管存在，同时提升时，总的摩阻表面要比正常滑模时大得多，故抽孔滑模施工若管理不当，混凝土易被拉裂或带起，造成质量问题。因此应特别注意及时清洁粘在芯管上的砂浆并涂刷隔离剂，以减小芯管与结构混凝土之间的摩阻力。

7.6 滑架提模施工

7.6.1 滑架提模施工法，是在绑扎完一段竖向钢筋后，利用滑模施工装置整体提升就位模板，然后浇灌混凝土，并绑扎其上段钢筋，待混凝土达到必要强度后脱模，再整体提升就位模板，如此分段循环成型混凝土结构的施工方法。此法应用于双曲线冷却塔或圆锥形变截面筒体结构施工时，应在提升架之间增加铰链式剪力撑，调整剪力撑夹角，改变提升架之间的距离来缩小或放大筒体模板结构半径，实现竖向有较大曲率变化的筒体结构的成型。

7.6.2 采用直型门架的优点是，不论所施工的筒壁曲率如何变化，门架均处于垂直状态，这样附着的操作平台也始终保持水平，使工人操作更为习惯。采用直门架时，其千斤顶与提升架横梁之间的连接必须设计成铰接，使通过千斤顶的支承杆能够适当改变其方向，以适应圆锥形变截面筒体结构或双曲线冷却塔在不同标高上曲率的变化。

设置在提升架之间的剪力撑是控制提升架之间距离，改变变截面筒体结构的周长，使整个模板系统的直径放大或缩小，实现竖向曲率连续变化的关键部件，因此它必须具有足够刚度，使用中杆件不变形。这个由铰接连接起来的杆件系统，在调整状态时应轻便灵活，在稳定状态时又有足够的支撑能力。其性能需由优良的设计与精确的加工来予以保证。

滑模施工的双曲线冷却塔，不仅应混凝土密实，而且应外形曲线变化流畅，断面变化均匀对称。因此在施工中，每一个浇灌高度段的圆周半径、筒体表面坡度、断面厚度等参数，均应在施工前精确计算，列表或输入计算机内，以便施工控制。

滑模施工中要求围圈带动模板在提升架之间能整体松动脱离混凝土表面，空滑提升至一定高度又能整体紧固至混凝土断面设计位置。这要求模板应能收分、围圈应能伸缩、围圈与提升架的连接应能横向移动，采用调节丝杆来拉开或推动围圈和模板是一种较简易的方法，模板就位后，丝杆紧固的强度应能足够抵抗混凝土入模后的振捣力和侧压力，以保证模板位置准确不变形。

7.6.3 模板一次提升高度的确定是依据支承杆承载能力，经分析计算后确定（支承杆的承载能力与许多因素有关，如支承杆的截面形状与尺寸、材料类型、混凝土早期强度增长情况，包括施工中的气温和混凝土的品质、荷载偏心情况、杆子的最大脱空长度等等）。支承杆的最大允许脱空长度也就确定了模板允许的一次提升高度。另外，决定模板一次提升高度的因素是所选用模板的高度，这一点与变截面筒体结构或双曲线冷却塔的表面曲率有关。因采用的直线型模板来实现坡度为双曲线筒体的成型，当使用于双曲线表面曲率较大的筒体时，模板长度应适当短一些，曲率较小时，模板长度可适当长一些。

7.6.4 采用滑架提模法施工变截面筒体结构或双曲线冷却塔，应视施工季节、大气温度和所要求的速度试配出适宜的混凝土配合比，严格掌握脱模时混凝土的强度和开始浇灌混凝土时的强度。本条规定的混凝土脱模强度与开始浇灌时的混凝土强度是根据施工经验确定的。

7.6.5 采用滑架提模法施工的混凝土筒体，其质量标准还应满足现行国家标准《混凝土结构工程施工质量验收规范》GB 50204 的要求。

7.7 滑 模 托 带 施 工

7.7.1 钢网架、整体钢桁架、大型井字梁等重大结构物，如果其支承结构（如墙、柱、梁）采用滑模施工时，则可利用一套滑模装置将这种重大结构物随着滑模施工托带到其设计标高进行整体就位安装。该结构物是滑模施工的荷载，也可以作为滑模操作平台或操作平台的一部分在滑模施工中使用。滑模托带施工的显著优点是把一些位于建筑物顶部标高的特大、特重的结构物，在地面组装成整体，随滑模施工托带至设计标高就位，这样就使大量的结构组装工作变高空作业为地面作业，从而对提高工程质量、加快施工进度、保障施工安全有十分重要的意义。采用滑模施工托带方式来提升结构物，不仅省去了大型吊装设备，也省去了搭架安装等一系列作业。因此这是一种优质、安全、快速、经济的施工方法。

7.7.2、7.7.3 由于被托带的结构是附着在其支承结构（墙、柱或梁）的滑模施工装置上，因此滑模托带装置不仅要满足其支承结构混凝土滑模施工的需要，同时还应满足被托带结构随升和就位安装的需要。本条指出了托带施工技术设计应包括的主要内容，这里至少应包括整个工程的施工程序（包括滑模施工到被托带结构的就位固定）设计、支承结构的滑模装置设计、被托带物与滑模装置连接与分离方法和构造设计、整个提升系统的设计（包括千斤顶的布置和支承杆的加固措施等），被托带结构到顶与滑模装置脱离后，对托带结构的临时固定方法以及在某些情况下，被托带结构需要少量下降就位的措施，施工过程中被托带结构的变形观测（包括各杆件的变形和各支座点的高差等），如施工设计中发现支座高差在施工允许范围内，而某些杆件出现了超常应力时，应该在施工之前对那些杆件进行加固。鉴于托带施工使滑模受力系统增加了很大荷载，而且在施工过程中对操作平台的调平控制和稳定提升要求更高，因此施工的前期准备和技术设计应做到更加完善和可靠。

7.7.4 被托带结构往往是在地面组装好的具有较大整体刚度的结构，如在地面已经装组成整体的空间钢网架、钢桁架、混凝土井字梁等等。被托带物由多个支承点与其支承结构的滑模装置连接。可见在滑模托带提升时，由托带物施加到滑模装置上的荷载，也既是托带物支承点的反力。计算该支点反力时，其荷载除应包括托带结构的自重、附着在拖带结构上的施工荷载（施工设施和施工人员的荷载）、风荷载等外，还应包括提升中由于各千斤顶的不同步引起的升差，导致托带结构产生附加的支承反力，鉴于施工中各千斤顶的升差在所难免，控制不好有时还会较大。由此产生的附加支承反力的变化必须做到心中有数。千斤顶的升差（即被托带结构支承点不在同一标高上）一方面会导致被托带结构的杆件内力发生变化，升差过大时，可使某些杆件超负荷，甚至使结构破坏。另一方面是使某些支座的反力增大，使托带物施加到滑模装置上的荷载增大，甚至导致出现滑模支承杆失稳等情况。因此，在滑模托带工程的施工设计中，充分考虑到施工中可能发生的种种情况，对托带结构构件的内力进行验算，并对施工中提出相应的控制要求是十分必要的，例如提升支座点之间的允许升差限制、托带结构上荷载的限制、对某些杆件进行加固等等。

7.7.5 本条规定了滑模托带装置设计应计取的荷载。

7.7.6 滑模托带工程，由于在滑模装置上托带了重量较大、面积较大，且具有一定刚度的结构物，任何使托带结构状态（包括支座水平状态、荷载状态等）发生变化的情况都会影响到滑模支承杆的受力大小。因此，滑模托带施工时其支承杆受力大小的变化幅度，往往比普通滑模时变化的幅度更大，为适应这种情况，本条规定托带工程千斤顶和支承杆承载能力的安全储备，比普通滑模时要大。对楔块式或滚楔混合式千斤顶安全系数应取不小于3.0，对滚珠式千斤顶取不小于2.5。由于滚珠式千斤顶随荷载大小而变化的回降量比楔块式千斤顶要大，因此滚珠式千斤顶在使用时，对不均衡负荷的调整能力比楔块式千斤顶更强，故两者的安全储备提出了不同要求。

7.7.7、7.7.8 滑模托带施工的被托带结构一般是具有相当大刚度和多个支承点的整体结构，其支承点的不均匀沉降（即支承点不在同一标高）对被托带结构的杆件内力变化有很大影响。因此施工中必须严格控制托带结构支承点的升差。第7.7.7条规定了施工中支承点允许升差值的限制。要满足第7.7.7条规定的要求，施工中，必须做到"勤观察、勤调整"。经验表明，千斤顶的行程在使用前调整成一致的前提下，采用限位调平法控制升差时，如限位卡每150～200mm限位调平一次，是可以满足第7.7.7条要求的。

此外，应指出第7.7.7条是指施工过程中，支承点的允许偏差要求。但当托带到顶，支座就位后的高度允许偏差，对于网架则应符合现行国家标准《钢结构工程施工质量验收规范》GB 50205 的规定。

7.7.9、7.7.10 托带工程支承结构的滑模施工，其混凝土浇灌与普通滑模施工的技术要求基本相同。但由于施工过程中被托带结构的杆件内力，对支承点的升差十分敏感，更要求做到支承杆受力均衡，因而对混凝土的布料、分层、振捣等的控制更要严格，混凝土的出模强度宜取规范规定的上限值。

8 质量检查及工程验收

与一般的现浇结构或预制装配结构工程现场检验工作不同，滑模工程的现场检验工作，大部分只能在施工过程中的操作平台上，配合各工种的综合作业及时进行检验。作为成型的构件可供检查的区段不足 1m 高，通常没有专供检查人员进行复查的停顿时间，这给现场质量检查工作带来新的情况和困难。此外，滑模施工是一种混凝土连续成型工艺，各工序之间频繁穿插，各工序的作业时间要求严格，要保证工程获得优良质量，不仅施工操作正确与否很重要，施工条件和施工准备工作是否周全到位更是应受重视的工作，即是说滑模工程的质量检查，不仅在于要查出质量漏洞，更在于查出可能出现质量问题的因素，重在预防。因此，滑模施工中的现场检验应根据施工速度快和连续作业的特点进行。

8.1 质 量 检 查

8.1.1 指出了滑模工程质量检查及隐蔽工程验收的依据，本规范附录 D 列出了 6 种滑模施工常用的记录表格。

8.1.2 滑模施工的特殊条件是指其施工过程由绑扎钢筋——提升模板——浇灌混凝土三个主要工序组成的紧密的循环作业，各工序之间作业时间短，衔接紧，检查工作是在动态条件下进行，施工中不能提供固定的或专门的时间进行检查工作。这些特点要求检查工作必须是跟班连续作业。

滑模工艺要求施工能连续进行，不允许有无计划的停歇，因为无计划停歇的出现意味着施工组织出现了问题，不是施工质量失控，就是施工条件准备工作跟不上滑升速度的需要，而滑升速度跟不上时混凝土在模板内静停时间超长，又会导致结构被拉裂、缺楞少角等质量缺陷发生，这又会导致施工中出现非正常停歇，结果整个施工过程会在一种停停干干的状态下进行，工程质量必然会受到很大影响。因此应强化超前检查，即施工条件的检查是十分必要的。

此外，滑模施工是一种技术性较高的施工方法，检查人员不仅应能迅速发现施工存在的质量问题，而且应能分析问题发生的原因，并能提出中肯的改进意见供施工主管参考，以便问题得到及时处理。因此，要求滑模施工的检查不仅要有高度的责任感，而且应有高水平的技术素质。为此，施工前必须强调对检查人员的培训工作，即检查人员应熟知滑模施工工艺、工程的施工组织设计和本规范对工程质量的具体要求，并能针对工程的结构特点提出质量检查作业指导书。

8.1.3 兼作结构钢筋的支承杆，必须满足作为受力钢筋使用的性能要求，因此该支承杆的材质、接头焊接质量以及所在位置等都应进行检查，并做隐蔽工程验收。

8.1.4 本条指明在施工中的检查包括地面上和平台上两部分的检查工作。地面上的检查强调了要超前进行，平台上的检查强调了要跟班连续进行。

8.1.5 本条是针对滑模工艺特点提出的在操作平台上进行质量检查的一些主要内容。显然这些不是检查工作的全部内容，也未包括一些普通混凝土施工质检的常规项目。

    1 检查操作平台上各观测点与相对应的标准控制点位置偏差的方位和数值，掌握平台的空间位置状态，如偏移、扭转或局部变形等；

    2 检查各支承杆的工作状态与设计状态是否相符。如支承杆有无失稳弯曲、接头质量缺陷、异常倾斜现象（倾斜方向及倾斜值）、支承杆加固措施是否到位、支承杆的压痕状态是否正常、油污是否处理干净等；

    3 检查各千斤顶的升差情况，复核调平装置是否正确有效；

    4 当平台处于纠偏或纠扭状态时，检查纠正措施是否到位，纠正效果是否满足要求；

    5 检查模板结构质量情况，如模板有无反倾斜、伸缩模板与抽拔模板之间有无夹灰、支设的梁底模板是否会漏浆、提升架有无倾斜、围圈下挠等情况；检查成型混凝土的壁厚，模板上口的宽度及整体几何形状等；

    6 检查千斤顶和液压系统的工作状态，不符合技术要求的千斤顶或零部件是否已经修复或更换，如千斤顶漏油、行程偏差大于允许值、卡头损坏、回油弹簧疲劳、丢失行程、油管堵塞、接头损坏、油液泄漏等；

    7 检查操作平台的负荷情况，保证荷载分布基本均衡，防止局部超载；

    8 除应按常规要求对钢筋工程进行质量检查外，应特别注意节点处汇交的钢筋是否到位，竖向钢筋是否倾斜，钢筋接头质量是否满足技术要求；

    9 混凝土浇灌过程中应注意检查下列情况：每层混凝土的浇灌厚度是否大于允许值，有无冷缝存在以及处理质量，是否均衡交圈浇灌混凝土，模板空滑高度是否超过允许值，混凝土的流动性是否满足要求，钢筋保护层厚度是否有保证措施，混凝土是否做了贯入阻力试验曲线，总体浇灌时间是否满足计划要求等；

    10 提升作业时，应注意检查平台上是否有钢筋或其他障碍物阻挡模板提升、平台与地面联系的管线绳索是否已经放松、混凝土的出模强度是否满足要求等，提升间隔时间是否小于规定的时间；

    11 检查结构混凝土表面质量状态，是否存在有表面粗糙、混凝土坍塌、表面拉裂、掉楞掉角等质量缺陷，混凝土表面是否用原浆抹压（刷浆抹压）或抹灰罩面等；

    12 检查混凝土养护是否满足技术要求。

    对检查出的有关影响质量的问题应立即通知现场施工负责人，并督促及时解决。

8.1.6 滑模工程混凝土的质量检验，应按照本规范及现行国家标准《混凝土结构工程施工质量验收规范》GB 50204 的有关要求进行。由于滑模施工中为适应气温变化或水泥、外加剂品种及数量的改变而需经常调整混凝土配合比，因此要求用于施工的每种混凝土配合比都应留取试块，工程验收资料中应包括这些试块的试压结果。

    对出模混凝土强度的检查是滑模施工特有的现场检测项目，应在操作平台上用小型压力试验机和贯入阻力仪试验，其目的在于掌握在施工气温条件下混凝土早期强度的发展情况，控制提升间隔时间，以调整滑升速度，保证滑模工程质量和施工安全。

    滑升中偶然出现的混凝土表面拉裂、麻面、掉角等情况，如能及早处理则效果较好，并且可利用滑模装置提供的操作平台进行修补处理工作，操作也较方便。对于偶尔出现的如混凝土坍塌、混凝土截面被拉裂等结构性质量事故，必须认真对待，应由工程技术人员会同监理和设计部门共同研究处理，并做好事故发生和处理记录。

8.1.7 在施工过程中，日照温差会引起高耸建筑物或建筑结构中心线的偏移，这将给结构垂直度的测量及施工精度控制带来误差。为减小日照温差引起的垂直度的测量及施工精度控制的误差，规定以当地时间 6：00～9：00 间的测量结果为准。这一规定是根据四川省建筑科学研究所、原西安冶金建筑学院在钢筋混凝土烟囱滑模施工过程中，对日照温差的测试结果确定的。从测试结果可以看出，由于日照的影响，结构物的温差在昼夜 24h 里，始终处在变化的过程中。在 6：00～9：00 之间，日照温差变化较小且较缓慢，故规定以此时间范围测得的结果作为标准。其他时间的测量结果应根据温差大小进行修正。

8.2 工 程 验 收

8.2.1 滑模工艺是钢筋混凝土结构工程的一种施工方法，按滑模工艺成型的工程，其验收应满足现行国家标准《混凝土结构工程施工质量验收规范》GB 50204 的要求。

8.2.2 本条列出的滑模工程混凝土结构的允许偏差规定（表 8.2.2）主要是根据现行国家标准《混凝土结构工程施工质量验收规范》GB 50204 的要求提出的，但某些项目的要求要比 GB 50204 严格些，例如轴线位移偏差、每层的标高偏差、每层的垂直度偏差等。考虑到滑模施工特点，对建筑全高的垂直度 GB 50204 要求为 $H/1000$ 且$\leqslant$30mm；本规范规定为当高度小于 10m 时，为 10mm；高度大于或等于 10m 时，规定为高度的 0.1%，不得大于 30mm。这里的差别是：GB 50204 要求，全高在 10m 以内时允许偏差为高度的 1/1000，例如高度为 5m 时，则允许偏差应小于 5mm，这对于滑模施工而言要达到此要求是有一定困难的。因此本规范规定高度在 10m 以下时，允许偏差按 10mm 要求比较合理；而大于 10m 时则与 GB 50204 规范的要求相同。

中国工程建设标准化协会标准

聚苯模板混凝土结构技术规程

Technical specification for
polystyrene form concrete structures

CECS 194：2006

主编单位：中国建筑科学研究院
批准单位：中国工程建设标准化协会
施行日期：２００６年４月１日

前　言

根据中国工程建设标准化协会（2004）建标协字第 31 号文《关于印发中国工程建设标准化协会 2004 年第二批标准制、修订项目计划的通知》的要求，制定本规程。

聚苯模板混凝土结构房屋是以聚苯乙烯板作为施工模板和外墙内外保温材料的混凝土结构房屋。它具有保温、隔热、隔声、耐火性能好，裂缝问题不明显、平面布置灵活、建筑美观实用等优点，能满足我国对建筑节能的要求。这种房屋在国外已应用较多，本规程是在参考国外相关规程和技术资料的基础上编制的。在本规程编制过程中，结合我国情况进行了检测和试验，并安排了工程试点。

本规程的内容包括总则、术语、聚苯模板、建筑和建筑节能设计，结构设计、工程施工及验收等，以结构的设计和施工验收为主。

根据国家计委计标 [1986] 1649 号文《关于请中国工程建设标准化委员会负责组织推荐性工程建设标准试点工作的通知》的要求，现批准发布协会标准《聚苯模板混凝土结构技术规程》，编号为 CECS：194：2006，推荐给工程建设设计、施工和使用单位采用。

本规程由中国工程建设标准化协会混凝土结构专业委员会 CECS/TC 5 归口管理，由中国建筑科学研究院建筑结构研究所（北京市北三环东路 30 号，邮编：100013，传真：010-84281347）负责解释。在使用中如发现需要修改和补充之处，请将意见和资料径寄解释单位。

主 编 单 位：中国建筑科学研究院

参 编 单 位：上海美加德建筑系统有限公司

主要起草人：王翠坤　徐有邻　朱秦江　黄小坤　杨善勤　王晓锋　曹进哲　廖政锋
　　　　　　刘　刚

中国工程建设标准化协会

2006 年 1 月 15 日

目　　次

1 总 则

1.0.1 为了在房屋建筑工程中合理应用聚苯模板混凝土结构，做到安全适用、技术先进、经济合理、减少能耗，制定本规程。

1.0.2 本规程主要适用于低层、多层、高层住宅和其他民用建筑中聚苯模板混凝土结构的设计、施工及验收。

1.0.3 应根据建筑功能要求、材料供应和施工条件确定聚苯模板混凝土结构工程的设计、施工方案，并严格进行质量控制。

1.0.4 聚苯模板混凝土结构工程的设计、施工及验收，除应符合本规程外，尚应符合国家现行有关标准的规定。

2 术 语

2.0.1 聚苯模板 polystyrene form

采用聚苯乙烯材料和添加剂制成，具有保温、隔热、隔声等性能，用于混凝土结构浇筑而不再拆除的永久性模板。聚苯模板可用作墙体模板和楼（屋）盖模板。

2.0.2 聚苯墙体模板 polystyrene form for wall

用作现浇混凝土墙体侧模的聚苯模板。它由钢制连接组件连接两片聚苯板而构成。两片聚苯板可在生产厂连接为整体模板，也可在施工现场通过连接组件拼装成装配式模板。

2.0.3 聚苯楼（屋）盖模板 polystyrene form for floor/roof

用作现浇混凝土密肋楼（屋）盖底模的聚苯模板。

2.0.4 聚苯模板墙体 polystyrene form wall

采用聚苯墙体模板浇筑成型的钢筋混凝土墙体。

2.0.5 聚苯模板楼（屋）盖 polystyrene form floor/roof

采用聚苯楼（屋）盖模板浇筑成型的钢筋混凝土楼（屋）盖。

2.0.6 聚苯模板混凝土结构 polystyrene form concrete structures

由聚苯模板墙体和楼（屋）盖构成的房屋结构。

3 聚 苯 模 板

3.1 材 料

3.1.1 用于制作模板的聚苯乙烯材料的密度不应小于 $24kg/m^3$，其检测方法应符合本规程附录 A.1 的规定。

3.1.2 用于制作模板的聚苯乙烯材料的体积吸水率不应大于 3.5%，其检测方法应符合本规程附录 A.2 的规定。

3.1.3 用于制作模板的聚苯乙烯材料的导热系数不应大于 0.045W/（m·K）。

3.1.4 用于制作模板的聚苯乙烯材料的燃烧性能不应低于 B₁ 级。

3.2 模板类型和规格

3.2.1 整体式聚苯墙体模板的类型和尺寸宜符合表 3.2.1 的规定，模板的形状如图 3.2.1 所示。

根据结构设计及施工的需要，模板形状和尺寸可作适当调整。

表 3.2.1 整体式聚苯墙体模板的类型和尺寸（mm）

类型	高度 h	基本长度 l	转角最小长度 l'	总厚度 b	内腔厚度 b'	模板厚度 t	横拉杆最大间距	转角
平墙		1200		270	150			—
直角墙	300		100	320	200	60	400	90°
斜角墙			100	370	250			135°

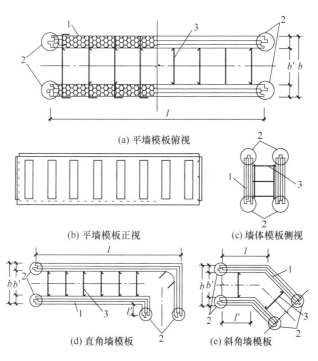

图 3.2.1　整体式聚苯墙体模板
1—聚苯板；2—企口；3—横拉杆

3.2.2 装配式聚苯墙体模板的尺寸与整体式聚苯墙体模板相同，模板的形状如图 3.2.2 所示。

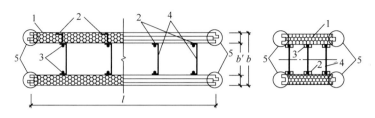

图 3.2.2 装配式聚苯墙体模板

1—聚苯板；2—内埋钢片；3—固定性；4—连接杆；5—企口

装配式聚苯墙体模板的两片聚苯板，可在施工现场通过连接组件拼装。

3.2.3 聚苯墙体模板的边缘应留企口，模板企口的形状、尺寸如图 3.2.3 所示。

根据结构设计及施工的需要，模板企口的形状和尺寸可做适当调整。

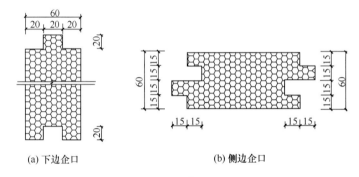

(a) 下边企口　　　　　　　(b) 侧边企口

图 3.2.3　墙体模板企口

3.2.4 楼（屋）盖模板的长度宜采用 1000mm，可沿跨度拼装成通长模板。各种跨度楼（屋）盖模板的规格宜符合表 3.2.4 的规定。楼（屋）盖模板的截面形状和尺寸如图 3.2.4 所示。

表 3.2.4　楼（屋）盖模板的类型和尺寸（mm）

类型	适用最大跨度 L	模板宽度 b	凹槽下宽度 c'	凹槽上宽度 c	底板厚度 t	模板厚度 h
短跨板	6000					260
中跨板	7000	600	180	160	40	320
长跨板	8000					380

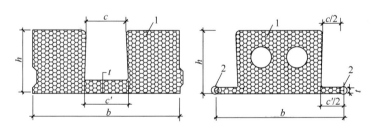

图 3.2.4　聚苯楼（屋）盖模板

1—聚苯板；2—企口

根据结构设计和施工需要，楼（屋）盖模板的形状和尺寸可做适当调整。楼（屋）盖模板的长度也可根据产品工艺和施工需要进行调整。

3.2.5 根据结构设计、施工的需要，可对墙体模板和楼（屋）盖模板进行截割加工。对墙体模板，截割加工后两片聚苯板之间应有不少于 2 组连接组件连接。

3.3 墙体模板的护面和连接

3.3.1 墙体模板的两侧应有厚度不小于 12mm 的纤维水泥板，或厚度不小于 15mm 的镀锌钢丝网水泥砂浆层，作为模板体系的护面。

3.3.2 墙体模板与护面之间应通过模板中预埋的钢片和铆钉等可靠连接。

4 建筑和建筑节能设计

4.1 建 筑 设 计

4.1.1 聚苯模板混凝土结构宜采用剪力墙结构；楼盖、屋盖可采用大开间单向密肋板；分室隔墙可采用轻质材料制作。建筑设计时宜在此基础上做协调布置。

4.1.2 当采用聚苯模板混凝土结构时，建筑中所需的各种管道和管线可铺设在聚苯模板内。

4.1.3 聚苯模板混凝土结构房屋的屋盖宜采用聚苯模板混凝土平屋盖或坡屋盖。混凝土屋盖上应设置保温隔热层和防水层。

4.1.4 当聚苯模板混凝土结构房屋有地下室或半地下室时，地下墙体可采用聚苯模板墙体，但应做相应的防潮、防水处理。

4.1.5 当采用聚苯模板楼（屋）盖时，其底面宜采用石膏板贴面，并与聚苯模板可靠连接。

4.1.6 聚苯模板墙体的耐火极限应符合现行国家标准《建筑设计防火规范》GBJ 16 和《高层民用建筑设计防火规范》GB 50045 的要求。

4.2 建 筑 节 能 设 计

4.2.1 在聚苯模板混凝土结构中，墙体、楼盖、屋盖的保温、隔热性能应满足国家现行有关标准的要求。

4.2.2 聚苯模板墙体（外墙和分户墙）的热工性能指标可按表 4.2.2 采用。

表 4.2.2 聚苯模板墙体的热工性能指标

序号	墙体厚度 (mm)	混凝土厚度 (mm)	模板厚度 (mm)	墙体传热系数 K [W/(m²·K)]	墙体热惰性指标 D
1	270	150			2.99
2	320	200	60	0.37	3.33
3	370	250			3.85

注：热工性能中已考虑了两侧护面层的作用。

4.2.3 聚苯模板屋盖（平屋盖和坡屋盖）的热工性能指标可按表4.2.3采用。

表 4.2.3　聚苯模板屋盖的热工性能指标

序号	跨度 （mm）	肋间距 （mm）	肋宽度 （mm）	肋高度 （mm）	模板厚度 （mm）	底板厚度 （mm）	屋盖传热系数 K [W/ (m²·K)]	屋盖热惰 性指标 D
1	≤6000			220	260		0.46	4.24
2	≤7000	600	160	280	320	40	0.44	4.83
3	≤8000			340	380		0.41	5.41

注：热工性能中已考虑了屋面板上表面水泥砂浆找平层和25mm厚挤塑聚苯板保温隔热层和防水层的影响。

4.2.4 聚苯模板楼盖的热工性能指标可按表4.2.4采用。

表 4.2.4　聚苯模板楼盖的热工性能指标

序号	跨度 （mm）	肋间距 （mm）	肋宽度 （mm）	肋高度 （mm）	模板厚度 （mm）	底板厚度 （mm）	楼盖传热系数 K [W/ (m²·K)]	楼盖热惰 性指标 D
1	≤6000			220	260		0.63	3.75
2	≤7000	600	160	280	320	40	0.59	4.34
3	≤8000			340	380		0.55	4.92

注：热工性能中已考虑了楼板下表面的石膏板，但未包括上表面地面材料的影响。

5　结　构　设　计

5.1　一　般　规　定

5.1.1 聚苯模板混凝土结构的设计应符合现行国家标准《混凝土结构设计规范》GB 50010、《建筑抗震设计规范》GB 50011 和现行行业标准《高层建筑混凝土结构技术规程》JGJ 3 的有关规定。

5.1.2 聚苯模板混凝土结构设计时，聚苯模板墙体可按剪力墙结构进行计算，并满足相应的构造要求。

5.1.3 聚苯模板楼盖、屋盖宜按单向密肋楼盖进行计算，并满足相应的构造要求。

5.1.4 聚苯模板混凝土结构的伸缩缝间距，可较现行国家标准《混凝土结构设计规范》GB 50010 关于剪力墙结构伸缩缝间距的规定适当放宽。

5.2　墙　体　和　基　础

5.2.1 聚苯模板混凝土结构的基础设计应符合现行国家标准《建筑地基基础设计规范》GB 50007 的有关规定，基础与上部结构必须连接可靠。

5.2.2 地下部分聚苯模板混凝土墙体的厚度不宜小于 200mm，并宜采用双层配筋。

5.2.3 聚苯模板墙体的竖向布置应规则、均匀，不应错位，且应避免过大的外挑和内收。门、窗洞口宜上下对齐，成列布置。

聚苯模板墙体的单层高度不宜大于 4m。

5.2.4 聚苯模板墙体的厚度和配筋方式宜符合表 5.2.4 的要求。

表 5.2.4 聚苯模板墙体的厚度和配筋方式（mm）

建筑高度	不高于三层	不高于十二层	高于十二层
墙体厚度	≥150，且≥h/25	≥200，且≥h/20	≥250，且≥h/16
配筋方式	单排	双排	双排

注：1　h 为结构层高；

　　2　高于三层的一、二级抗震等级剪力墙，在其底部加强部位墙厚不应小于 $h/16$；当墙端无端柱或翼墙时，还不应小于 $h/12$。

当采用框架剪力墙结构时，墙体厚度应根据计算和构造要求确定。

5.2.5 对不高于三层的聚苯模板混凝土剪力墙，其水平、竖向分布钢筋的配筋率均不应小于 0.2%，且直径不应小于 8mm，间距不应大于 300mm。

剪力墙边缘构件中的纵向钢筋数量不应少于 4 根，直径不应小于 12mm；箍筋直径不应小于 6mm，间距不应大于 300mm。

5.2.6 在墙体与围护结构或其他结构的连接处，应设置插筋或预埋件，并宜采取相应的构造措施以控制界面裂缝。

墙体中的预留洞口应采取必要的补强措施。

5.3　楼盖和屋盖

5.3.1 聚苯模板混凝土结构宜采用聚苯模板楼盖。根据跨度不同，聚苯模板楼盖的厚度宜按表 5.3.1 采用。

表 5.3.1　聚苯模板楼盖厚度（mm）

楼板跨度	≤6000	≤7000	≤8000
楼盖总厚度	300	360	420
混凝土结构厚度	260	320	380
混凝土面层最小厚度	40	40	40

聚苯模板混凝土结构的楼盖还可采用轻型钢结构楼板、混凝土叠合式楼板或装配整体式楼板。

5.3.2 聚苯模板楼板应在板端和板侧与周边墙体可靠连接。端部受力钢筋伸入支承墙体的锚固长度应符合现行国家标准《混凝土结构设计规范》GB 50010 的有关规定。

5.3.3 聚苯模板楼盖的洞口宜布置在肋梁之间。在洞边应配置不少于被切断钢筋截面面积的附加钢筋，并保证足够的锚固长度。

5.3.4 聚苯混凝土结构房屋的屋盖可采用聚苯模板屋盖、现浇混凝土屋盖、混凝土叠合式屋盖、混凝土装配整体式屋盖、轻型钢结构屋盖、木结构屋盖或其他形式的屋盖。

屋盖的设计应符合国家现行有关标准的规定。

6 工程施工及验收

6.1 一 般 规 定

6.1.1 聚苯模板混凝土结构各分项工程的施工及验收除应遵守本规程的规定外，尚应符合现行国家标准《混凝土结构工程施工质量验收规范》GB 50204 的有关规定。

6.1.2 聚苯模板混凝土结构工程的施工单位应与设计单位相配合，结合工程特点和施工条件，在编制施工技术方案时针对聚苯模板混凝土结构制定专门的技术措施。

6.1.3 施工单位应根据设计图纸和聚苯模板的规格尺寸绘制模板排块图，对模板进行编号，并在放线定位后按图施工，安装模板。

6.1.4 施工单位应对施工操作人员进行专门的技术培训，了解、掌握聚苯模板的施工特点和技术质量要求，并通过考核上岗操作。

6.1.5 聚苯模板安装应按模板分项工程进行施工质量控制及验收。

6.2 模 板 质 量 验 收

6.2.1 聚苯模板的表面应平整，不得有孔洞、蜂窝、裂纹、凹坑或影响混凝土成型的其他缺陷。模板周边的企口应完整无损。

6.2.2 聚苯模板的尺寸应符合设计规定，尺寸偏差应符合表 6.2.2 的要求。

表 6.2.2 聚苯模板尺寸的允许偏差（mm）

项目	允许偏差	检查方法
长度	+3，−5	直尺量测一边和中间，取较大值
高度	+1，−5	直尺量测一边和中间，取较大值
内腔宽度	±5	直尺量测一边和中间，取较大值
模板厚度	±2	直尺量测一边和中间，取较大值
对角线差	5	直尺量测两对角线，求差值
侧弯曲	5	直尺，塞尺量测

注：超过允许偏差 1.5 倍者为严重超差。

6.2.3 聚苯模板及其附件进入施工现场时，应按同一厂家、同一类型、同一规格且连续进场的不超过 2500 件产品为一个检验批，检查产品合格证、出厂检验报告并进行抽样复验。

当连续 3 批产品均一次检验合格时，可改为每 5000 件产品为一个检验批。

6.2.4 产品合格证中应有对保温隔热、燃烧性能以及有害成分含量进行型式检验的结论。出厂检验报告中应有对该检验批产品进行材料密度、体积吸水率进行检测的数据和结论。

6.2.5 应对每个检验批聚苯模板的外观质量进行全数目测检验，其质量应符合第 6.2.1 条的要求。对于不符合外观质量要求的聚苯模板，可在现场进行修补，经重新检验合格后可用于工程。

6.2.6 对每个检验批应随机抽取 20 件产品进行尺寸偏差检测。

当所抽取聚苯模板的尺寸偏差检测的合格点率不小于 80%，且没有严重超差时，该检验批产品的尺寸偏差项目可判为合格。

当合格点率小于 80% 但不小于 70% 时，应再随机抽取 20 件产品进行检测，当按两次抽样综合计算的合格点率不小于 80%，且没有严重超差时，该检验批产品的尺寸偏差项目仍可判为合格。

当仍不符合要求时，应逐件量测检查，剔除有严重超差的聚苯模板。

6.2.7 聚苯模板应进行密度和体积吸水率检测。应从尺寸偏差检测完成后的产品中随机抽取 3 件进行检测。检测方法应符合附录 A 的规定。

当检测结果符合本规程第 3.1.1 条和第 3.1.2 条的要求时，该检验批的模板可判为合格。

当某检验项目不符合要求时，应再随机抽取 3 件产品对该检验项目进行再次检测。当该 3 件聚苯模板的检验结果均符合要求时，该检验批的模板仍可判为合格。

6.2.8 模板进场检验纪录如附录 B 所示。

当设计对聚苯模板有其他特殊功能要求时，可依据要求进行专项性能检验，检验方案由有关方面协商确定。

6.3 施 工 技 术

6.3.1 聚苯模板体系和混凝土结构的主要施工工序流程宜符合图 6.3.1 的要求。

6.3.2 各种聚苯模板在运输、堆放及装卸过程中应小心轻放，严禁甩扔。宜采用专用设备运输至作业地点，并整齐码放。

6.3.3 安装前聚苯模板应分类编号，放线标志，按施工顺序（每步、每层）有序存放，并由专人负责。

6.3.4 聚苯模板应按排块图进行安装。安装时应注意横平竖直、互相对齐，企口合槽，拼缝密合。当有模板需要切削截割时，也应保持表面平整。

模板安装后，标高的偏差每步不应大于 3mm，每层不应大于 5mm；每层垂直度的偏差不应大于 4mm。

6.3.5 墙体模板安装就位后，应在门、窗、洞口安装门窗洞口模板并与墙体两侧的护面层连成一体。两者结合处应保持表面平整，且根据施工需要在其外侧布置龙骨、立柱等支撑依托，并固定牢固。

固定在模板上的预埋件、预埋管线均应安装牢固。

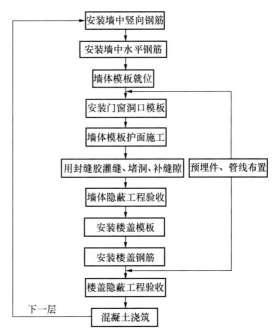

图 6.3.1 标准层典型施工工序流程

187

6.3.6 聚苯模板应采用聚氨酯胶进行拼缝密封。聚氨酯胶的质量应符合现行有关产品标准的要求。所有聚苯模板、预埋件和管线上的缝隙和缺损，均应采用聚氨酯胶填补并抹平。

6.3.7 聚苯模板体系安装完成后，在浇筑混凝土之前应进行隐蔽工程验收。

6.3.8 聚苯模板墙体应采用自密实混凝土浇筑，其拌合物的坍落度不应小于160mm。混凝土浇筑时，监理人员应在场进行全过程监督检查，确保混凝土的密实性。

6.3.9 楼盖模板应在墙体混凝土浇筑前安装。楼盖模板的底面应有立柱、龙骨支撑，以承受施工荷载。拼缝处应采用聚氨酯胶封闭抹平。模板底面标高的偏差不应大于5mm。

留孔、开洞、预埋件、预埋管线等工序应适时插入进行，并应在浇筑混凝土前进行隐蔽工程验收。

楼盖浇筑后应注意混凝土的覆盖和保水养护，防止产生裂缝。

6.3.10 聚苯模板屋盖施工时，应按设计要求完成屋面找坡，保温隔热层敷设以及做防水层，以满足屋面排水和保温的要求。

6.3.11 对采用轻型钢结构层盖的工程，应根据现行国家标准《钢结构工程施工质量验收规范》GB 50205 的要求进行施工及验收。

采用其他经审查同意的专门技术设计的屋盖，应按配套的专门技术施工，并按相应的标准进行质量验收。

6.4 结 构 工 程 验 收

6.4.1 聚苯模板混凝土结构采用的钢筋、水泥、砂、石、外加剂、掺合料等原材料的进场检验，应按现行国家标准《混凝土结构工程施工质量验收规范》GB 50204 的有关规定执行。

6.4.2 聚苯模板工程的施工、安装应按模板检验批进行检查验收，并参与模板分项工程的验收。检查验收时应填写质量验收记录表（附录C）。

6.4.3 聚苯模板混凝土结构应对聚苯模板的外表面进行检查，并符合现行国家标准《混凝土结构工程施工质量验收规范》GB 50204 的有关规定。

6.4.4 聚苯模板混凝土结构房屋的混凝土结构部分作为混凝土结构子分部工程，应按现行国家标准《混凝土结构工程施工质量验收规范》GB 50204 的有关规定进行验收；钢结构及其他结构部分作为钢结构等子分部工程应按现行国家标准《钢结构工程施工质量验收规范》GB 50205 等的有关规定进行验收。

6.4.5 聚苯模板混凝土房屋结构的主体结构分部工程，应根据各子分部工程验收结果按现行国家标准《建筑工程施工质量验收统一标准》GB 50300 的有关规定进行验收。

附录 A 聚苯乙烯材料密度和体积吸水率检测方法

A.1 密 度 检 测

A.1.1 量测聚苯模板的长、宽、厚，精确至1mm，根据量测结果计算聚苯模板的体积

V，精确至 $0.001m^3$。

A.1.2 在自然状态下干燥至恒重，称量聚苯模板的重量 m 及其金属件的重量 m_1，精确至 $0.01kg$。

A.1.3 聚苯模板的密度 ρ 可按下列公式计算，精确至 $0.01kg/m^3$：

$$\rho = \frac{m - m_1}{V} \tag{A.1.3}$$

A.2 体积吸水率检测

A.2.1 将试件浸泡在清水中，水面应高出试件上表面 $50mm$ 以上，浸泡时间应为 $24h$。

A.2.2 取出试样，用毛巾拭去表面的附着水，称取其重量 m'，精确至 $0.01kg$。

A.2.3 聚苯模板的体积吸水率 ω 可按下列公式计算，精确至 0.1%：

$$\omega = \frac{V_w}{V} \times 100\% \tag{A.2.3}$$

式中 V_w——聚苯模板吸入水的计算体积，按 $(m' - m)/\rho_0$ 计算，其中 ρ_0 为水的密度，可取 $1 \times 10^3 kg/m^3$。

附录 B 聚苯模板进场验收记录表

B.0.1 聚苯模板进场验收应按表 B.0.1 记录。

表 B.0.1 聚苯模板进场验收纪录

生产厂家			进场日期	
批次编号			批量	
产品合格证号			出厂检验报告号	
进场检验项目	检查数量		质量要求	检查结论
保温隔热				
燃烧性能				
有害物质含量				
外观质量				
尺寸偏差				
物理性能	密度			
	体积吸水率			
施工单位检查评定结论	项目专业质量检查员			年 月 日
监理（建设）单位验收结论	监理工程师 （建设单位项目专业技术负责人）			年 月 日

B.0.2 产品合格证应作为表 B.0.1 的附件，其中必须有关于保温隔热、燃烧性能和有害物质限量的型式检验结论。

B.0.3 厂家的出厂检验报告应作为表 B.0.1 的附件，其中检验日期应与本批次产品的验收时间对应。

附录 C 聚苯模板工程施工安装质量验收记录表

C.0.1 聚苯模板工程施工安装质量验收应按表 C.0.1 记录。

表 C.0.1 聚苯模板工程施工安装质量验收记录

<table>
<tr><td colspan="2">单位工程名称</td><td colspan="3"></td></tr>
<tr><td colspan="2">分部（子分部）工程名称</td><td colspan="3"></td></tr>
<tr><td colspan="2">验收部门（区段）</td><td colspan="3"></td></tr>
<tr><td colspan="2">施工单位</td><td></td><td>项目经理</td><td></td></tr>
<tr><td colspan="2">专业工长</td><td></td><td>施工班组长</td><td></td></tr>
<tr><td colspan="2">执行标准名称和编号</td><td colspan="3"></td></tr>
<tr><td colspan="2">检查项目</td><td>质量要求</td><td>施工单位
检查评定记录</td><td>监理（建设）
单位验收记录</td></tr>
<tr><td rowspan="6">主控
项目</td><td>1</td><td></td><td></td><td rowspan="6"></td></tr>
<tr><td>2</td><td></td><td></td></tr>
<tr><td>3</td><td></td><td></td></tr>
<tr><td>4</td><td></td><td></td></tr>
<tr><td>5</td><td></td><td></td></tr>
<tr><td>⋮</td><td></td><td></td></tr>
<tr><td rowspan="6">一般
项目</td><td>1</td><td></td><td></td><td rowspan="6"></td></tr>
<tr><td>2</td><td></td><td></td></tr>
<tr><td>3</td><td></td><td></td></tr>
<tr><td>4</td><td></td><td></td></tr>
<tr><td>5</td><td></td><td></td></tr>
<tr><td>⋮</td><td></td><td></td></tr>
<tr><td colspan="2">施工单位检查评定结论</td><td colspan="3">项目专业质量检查员　　　　　　　　　　　　年　月　日</td></tr>
<tr><td colspan="2">监理（建设）单位验收结论</td><td colspan="3">监理工程师
（建设单位项目专业技术负责人）　　　　　　年　月　日</td></tr>
</table>

本规程用词说明

1 为便于执行本规程条文时区别对待，对要求严格程度不同的用词说明如下：

1）表示很严格，非这样做不可的：

正面词采用"必须"；

反面词采用"严禁"。

2）表示严格，在正常情况下均应这样做的：

正面词采用"应"；

反面词采用"不应"或"不得"。

3）表示允许稍有选择，在条件许可时首先应这样做的：

正面词采用"宜"；

反面词采用"不宜"。

4）表示有选择，在一定条件下可以这样做的：

正面词采用"可"；

反面词采用"不可"。

2 条文中指定应按其他有关标准执行时，写法为"应符合……的规定"或"应按……执行"。非必须按所指定的标准执行时，写法为"可参照……执行"。

中国工程建设标准化协会标准

聚苯模板混凝土结构技术规程

CECS 194:2006

条 文 说 明

目　　次

1 总 则

1.0.1 本规程的编制目的是推广应用聚苯模板混凝土结构，其主要优点是施工方便、减少能耗，具有较好的应用前景。

1.0.2 聚苯模板混凝土结构在国外已有较多的应用经验，在我国的应用将以混凝土剪力墙和密肋楼盖结构为主。本规程主要适用于民用建筑，包括跨度和荷载都不大的各种低层、多层、高层住宅和其他民用建筑。当与其他材料的结构结合应用时，可以参考本规程的规定，并采取相应的构造措施。

1.0.3 聚苯模板混凝土结构多采用剪力墙和密肋楼盖结构形式，其设计、施工与传统做法有一定区别，故应针对结构的特点制定合理的设计、施工技术方案，严格进行质量控制，保证工程质量。

1.0.4 凡国家现行标准中已有明确规定的，本规程原则上不再重复。在设计、施工及验收中除符合本规程的要求外，尚应满足国家现行有关标准的规定、国内外相关的配套专用技术，在满足本规程和相关标准规定的基础上，可参考采用。

2 术 语

术语是根据本规程内容表达的需要而列出的。尚有不少常用和重要的术语，在其他相关标准中已有规定，此处不再重复。

聚苯模板主要由聚苯乙烯材料与钢制连接组件构成。为提高材料性能，需要时可加入适当的添加剂。本规程采用的聚苯模板为永久性模板，施工后不再拆除，混凝土成型后模板成为建筑的一部分，可明显改善建筑的使用功能。

整体式聚苯墙体模板具有刚性好，现场拼装速度快等优点，但对安装钢筋骨架造成一定困难，主要用于低层建筑单排配筋的情况。装配式聚苯墙体模板可在现场装配，基本上不影响墙体钢筋的安装，施工适应性好，主要用于多层和高层建筑双排配筋、钢筋网片的情况或整体式墙体模板不便使用的部位。

聚苯模板混凝土结构多采用剪力墙结构或框架-剪力墙结构。聚苯模板墙体用作竖向承重构件，楼（屋）盖可采用聚苯楼（屋）盖板模板浇筑成型的密肋板或其他楼盖形式。

3 聚 苯 模 板

3.1 材 料

3.1.1 聚苯乙烯材料的密度对模板的强度、刚度及其他力学性能有重要影响。本条对密度的要求,是为了保证模板的施工适应性而提出的。本条规定的密度下限值是为了防止模板刚度不足而影响施工效果。

3.1.2 聚苯乙烯材料的吸水率较小,有利于浇筑后混凝土保水养护,可避免因模板吸水而导致混凝土结构表面粉化。本条提出了限制最大体积吸水率的要求。

3.1.3 本条对聚苯乙烯材料提出了导热系数的要求。这是保证其保温、隔热性能,达到节能效果所需要的重要指标。

3.1.4 为了满足消防要求,本条提出了聚苯乙烯材料燃烧性能等级的要求。燃烧性能不低于 B_1 级是有关消防标准的要求。燃烧后气体的成分也应符合相关标准的要求,以保证火灾发生时不对人员造成伤害。

3.2 模板类型和规格

3.2.1 为了满足设计、施工模数化的要求,本条规定了墙体聚苯模板的基本尺寸。模板的高度统一取 300mm 是为了满足剪力墙水平配筋间距和建筑模数的要求,并方便施工。模板基本长度取 1200mm,必须时可根据拼装要求做适当的调整。模板内腔厚度有三种,可供结构设计时选择剪力墙厚度。两片模板之间由钢制连接组件拉接固定,其间距不大于 400mm,以维持墙体模板的强度和刚度。

为满足结构布置的需求,还提供了直角墙和斜角墙模板的规格,T 形墙可通过对直角墙模板的组装完成。

3.2.2 在双排配筋、配筋密集或配置焊接钢筋网片的区域,如采用整体式墙体模板会造成钢筋安装困难,此时可采用装配式墙体模板。可在钢筋安装完成后进行模板的拼接组装,形成现浇剪力墙结构的模板体系。装配式墙体模板适用于多层、高层剪力墙结构的施工。

3.2.3 为保证墙体模板组装后具有足够的整体性,并避免施工时混凝土浆体从拼缝处渗出,模板周边必须设有企口。企口形状、尺寸可采用图 3.2.3 的形式,也可根据需要适当调整。企口必须满足施工受力的要求,避免出现胀模和漏浆。墙体模板企口的形状和尺寸必须相对应,以便组装后相邻墙体模板能够互相紧密结合。

3.2.4 楼(屋)盖板的长度一般为 1000mm,施工时可拼接成各种结构跨度。模板可采用图 3.2.4 的形式,支模拼装以后配筋和浇筑混凝土,形成单向密肋楼(屋)盖结构。模板高度随跨度不同而变化,但聚苯板底厚度统一取 40mm,并留有企口,以满足隔热、隔声和布置管线的要求。根据产品制作工艺的需要,或设计施工的要求,楼(屋)盖模板的形状和尺寸可做适当调整。

3.2.5 为适应墙体高度和楼板跨度的变化,施工时尚可对模板进行截割。为保证墙体模板其有足够的刚度，截割后两片模板之间仍应有不少于 2 组连接组件实现可靠的连接。

3.3 墙体模板的护面和连接

3.3.1 为保证组装后模板体系的整体承载力和刚度，墙体模板外应有一定厚度的纤维水泥板或钢丝网水泥砂浆层护面，以作为墙体模板体系承载的依托。护面可以保证聚苯模板，同时还起保温、隔热、隔声和防水、抗渗等作用。

3.3.2 纤维水泥板或钢丝网水泥砂浆层护面，通过聚苯模板中的预埋钢件和铆钉与模板可靠连接。

4 建筑和建筑节能设计

4.1 建 筑 设 计

4.1.1 本条推荐了聚苯模板混凝土结构房屋的一般形式，建筑设计时应考虑结构特点协调布置。

4.1.2 聚苯模板混凝土结构中的聚苯乙烯层不仅有保温、隔热、隔声的功能，还可供埋管穿线之用，方便了设备安装。

4.1.3 屋盖结构如采用聚苯模板，其做法与一般楼盖相同，但应注意放坡，以利于屋面有组织排水。在屋面板顶部宜铺设一定厚度的聚苯板，也可采取其他形式的保温、隔热措施，以加强屋盖的保温、隔热性能，并可减缓温度变形对屋盖的影响。

4.1.4 低层聚苯模板混凝土结构房屋地下部分的墙体可采用聚苯墙体模板，以利与地上部分墙体衔接，但应做防潮、防水处理，以保护聚苯模板，并维护地下室的使用功能。

4.1.5 对于采用聚苯模板的楼盖或屋盖，其底面宜设置石膏板面层，以方便室内装饰施工。石膏板可通过连接件固定在聚苯楼（屋）盖模板的内置钢件上，以实现可靠的连接。

4.1.6 检测表明，采用聚苯模板的混凝土墙体，当两侧有纤维水泥板或钢丝网水泥砂浆层时，其耐火极限能够达到 4h，可满足消防的要求。

4.2 建 筑 节 能 设 计

4.2.1 聚苯模板混凝土结构的主要特点是在保温、隔热性能和节能上有优势。通过节能设计，这种建筑可以满足国家现行行业标准《民用建筑节能设计标准（采暖居住建筑部分)》JGJ 26、《夏热冬冷地区居住建筑节能设计标准》JGJ 134、《夏热冬暖地区居住建筑节能设计标准》JGJ 75 和现行国家标准《公共建筑节能设计标准》GB 50189 的有关要求。但门窗的保温性能和气密、遮阳性能以及配套的采暖和空调系统，仍应符合国家现行有关标准的要求。

4.2.2 在表 4.2.2 中，通过热工计算直接给出了不同厚度聚苯模板混凝土墙体的传热系数和热惰性指标。

4.2.3 在表 4.2.3 中，通过热工计算直接给出了不同厚度聚苯模板混凝土屋盖的传热系数和热惰性指标。对于厚度不同和其他做法的屋盖，可根据不同材料的导热系数和蓄热系数计算值自行计算。

4.2.4 在表 4.2.4 中，通过热工计算直接给出了不同厚度聚苯模板楼盖的传热系数和热惰性指标。对于厚度不同和其他做法的楼盖，可根据不同材料的导热系数和蓄热系数计算值自行计算。

在聚苯模板墙体、楼盖、屋盖的热工性能指标计算中，聚苯模板的导热系数计算值取 $\lambda_c = 0.045 \text{W}/(\text{m}^2 \cdot \text{K})$，蓄热系数计算值取 $S_c = 0.40 \text{W}/(\text{m}^2 \cdot \text{K})$。

5 结 构 设 计

5.1 一 般 规 定

5.1.1 聚苯模板混凝土结构的结构设计主要包括内力分析、承载能力极限状态计算、正常使用极限状态验算以及相应的构造措施等。设计时除应符合本规程的规定外，尚应符合现行国家标准《混凝土结构设计规范》GB 50010、《建筑抗震设计规范》GB 50011 和国家现行行业标准《高层建筑混凝土结构技术规程》JGJ 3 等的规定。

5.1.2 聚苯模板混凝土墙体可按相应规范中的剪力墙结构进行设计。

5.1.3 聚苯模板混凝土楼（屋）盖可按相应规范中的单向密肋楼板结构进行设计。

5.1.4 由于聚苯模板混凝土结构的保温、隔热性能良好，受大气环境温度变化的影响较小，因此，伸缩缝间距可按相应规范的要求适当放宽。

5.2 墙 体 和 基 础

5.2.1 聚苯模板混凝土结构基础的设计与一般混凝土结构相同。基础与上部结构的交接处传力必须通畅。

5.2.2 地下部分的聚苯模板墙体对房屋整体承载力和刚度影响较大，故本条提出了对基础墙体厚度的限值和配筋要求。

5.2.3 本条属于概念设计的内容。墙体尺寸不可太小；布置应均匀，避免不规则布置引起的抗力不均衡；确保传力途径简捷、明确，以提高结构的整体性和抵抗偶然作用的能力。

5.2.4 墙体的厚度与结构高度和配筋方式（单排、双排）有关。对结构的承载力影响很大，表 5.2.4 给出了建议的数值。

5.2.5 不高于三层的聚苯模板混凝土结构一般为荷载和跨度都不大的住宅。本条对有关标准的要求作了调整，根据具体条件适当降低了构造配筋的要求。

5.2.6 本条强调了聚苯模板混凝土结构与其他结构之间的可靠连接，以及对开洞等薄弱部位的构造要求。

5.3 楼 盖 和 屋 盖

5.3.1 根据楼（屋）盖跨度不同，表 5.3.1 给出了聚苯模板楼盖的适用尺寸。对于跨度、荷载较大的聚苯模板楼盖，在保证楼盖厚度不变的情况下，可加大肋梁的宽度，采用单向

"宽扁梁"的结构形式。

　　除采用聚苯模板的单向密肋楼板外，楼盖结构还可根据具体情况采用轻型钢结构、混凝土现浇、叠合式、装配整体式楼板。轻型钢结构楼板设计应符合现行国家标准《冷弯薄壁型钢结构技术规范》GB 50018 和国家现行行业标准《高层民用建筑钢结构技术规程》JGJ 99 的有关规定。叠合式和装配整体式混凝土楼板则应按现行国家标准《混凝土结构设计规范》GB 50010 进行设计。

5.3.2 采用聚苯模板的混凝土密肋楼板应在板端、板侧与周边支承结构实现可靠连接，以形成整体受力的结构体系。若板中钢筋直段锚固长度不够，可弯折锚入混凝土墙体中。

5.3.3 在楼板上开洞穿孔应避免伤及肋部，同时孔洞周边应采取构造措施予以加强。

5.3.4 屋盖是聚苯混凝土结构房屋的重要组成部分，应用时既要注意实用，又要注重美观，现行的多种屋盖形式均可选择应用。

6　工程施工及验收

6.1　一　般　规　定

6.1.1 本条说明聚苯模板混凝土结构施工及验收的依据。

6.1.2 采用聚苯模板施工的混凝土结构工程，在施工技术方案中应包括有关的针对性内容，反映对聚苯模板混凝土结构施工的特殊要求。

6.1.3 模板排块图是指导、控制聚苯模板混凝土结构施工的必要手段，应认真设计并在施工时严格按图装配模板。

6.1.4 聚苯模板混凝土结构施工是一种新的工艺技术，有关人员应通过专门的培训经考核后持证上岗，以确保施工质量。

6.1.5 聚苯模板施工仍属于模板工程，故其施工应按现行国家标准《混凝土结构工程施工质量验收规范》GB 50204 中的模板分项工程进行质量控制及验收。

6.2　模板质量验收

6.2.1 本条提出了对聚苯模板产品外观质量的要求，目的是保证施工后结构的表面质量和连接严密。

6.2.2 聚苯模板的尺寸允许偏差是参考混凝土结构工程施工质量验收中对模板分项工程的相应要求确定的。由于聚苯模板是工业化生产的产品，故要求更为严格。

6.2.3 聚苯模板作为产品，在进入施工现场时应进行进场检查、验收。本条对检验批的划分作出了详细规定。由于工厂化生产的定型产品，故抽检比例相对较少，且在质量稳定、连续多批合格时调整了抽样比例，以减少检验工作量。

6.2.4 本条提出对产品合格证和出厂检验报告有关内容的要求，必要时可作为进场复验的参考。

6.2.5 产品外观质量的要求由全数目测检查验收。因为模板仅是建筑的半成品，对于可见的缺陷可通过修补加以消除，并不影响验收使用。

6.2.6 模板的尺寸偏差，通过对检验批产品的抽样检查以合格点率进行验收。本规程还给出了在一定条件下进行复式抽样检验的方案。

6.2.7 本条给出了产品物理性能（材料密度和体积吸水率）抽样检测的方法及判定合格的条件。同时，为了避免误判补充了复式抽样检验的方法。

6.2.8 模板进场验收纪录表要求如附表 B。对聚苯模板产品的特殊要求，可按专项检验处理。

6.3 施 工 技 术

6.3.1 图 6.3.1 以框图形式给出了聚苯模板混凝土结构主要施工工序的流程。应据此合理安排各工种交叉作业，有序地进行现场施工。

6.3.2 本条提出了聚苯模板产品在运输、码放及装卸过程中保护质量的要求。应遵循保护免损、分类堆放、整齐堆积、取用方便的原则。

6.3.3 模板在安装前必须根据排块图编号、分类、放线、标志、有序存放，以方便施工，防止无序堆放和安装。

6.3.4 本条提出了模板安装的质量要求。包括外观质量和尺寸偏差的规定。特别强调了模板拼装后对标高和垂直度的要求。

6.3.5 墙体模板安装完成以后，还需在门窗洞口安装侧模板、底模板以及预埋管线、预埋件，并保证牢固。

6.3.6 模板修补、拼接处的封闭材料应采用聚氨酯密封胶，其质量应符合相应产品标准的要求，以确保连接可靠。

6.3.7 浇筑混凝土之前必须进行隐蔽工程验收，检验内容包括结构模板的尺寸、形状、配筋、埋件、管线等，验收通过后才可进行混凝土浇筑。

6.3.8 由于墙体混凝土的浇筑深度较大，聚苯模板混凝土结构应采用坍落度较大的流态自密实混凝土浇筑，并由监理方以旁站方式监督，以避免墙体（尤其是墙脚部位）产生蜂窝、孔洞（烂根）而影响结构抗力。由于聚苯模板墙体混凝土浇筑后无法直接进行质量检验，只能靠强化施工阶段的监督加以保证。

6.3.9 本条对楼盖模板的安装提出了质量要求，包括模板就位、支承、封缝补平、标高偏差等。浇筑混凝土之前应进行隐蔽工程验收。楼板混凝土浇筑以后，应进行覆盖养护，以利混凝土强度增长，并防止产生裂缝。

6.3.10 采用聚苯模板的混凝土屋盖施工时，应注意三件事：找坡，加做保温隔热层，加做防水层。

6.3.11 当采用轻型钢结构坡屋顶时，应按现行国家标准《钢结构工程施工质量验收规范》GB 50205 施工。采用其他成熟的专用技术设计及施工的屋盖工程，仍应按相关的标准检查验收。

6.4 结 构 工 程 验 收

6.4.1 混凝土结构原材料的进场验收应按现行国家标准《混凝土结构工程施工质量验收规范》GB 50204 的有关规定执行。

6.4.2 聚苯模板的施工安装应按模板检验批检验，并参与模板分项工程验收。

6.4.3 由于混凝土结构已被聚苯模板包裹，无法直接进行检查，因此，聚苯模板混凝土结构只能按现浇混凝土结构综合验收的方式，以复合结构的聚苯模板的护面作为检查面进行外观质量及尺寸偏差的检查验收。其内部混凝土的质量，主要依靠第6.3.8条的规定强化施工阶段的质量控制和监督检查加以保证。当对结构重要受力部位（如墙脚等）的混凝土质量有怀疑时，可采用有效的非破损方法进行检测或凿开模板观察检查。

6.4.4、6.4.5 聚苯模板混凝土结构的楼盖、屋盖，除采用现浇式、装配整体式或叠合式混凝土结构外，还可采用轻型钢结构、木结构或其他结构。此时各部分应按其他结构相应的验收规范进行子分部工程验收，然后进行主体结构分部工程的汇总性验收。

附录 A 聚苯乙烯材料密度和体积吸水率检测方法

A.1 密 度 检 测

A.1.1 本条给出了确定聚苯模板体积的方法，要求实测模板的尺寸后计算体积。钢制连接组件的体积很小，对检测结果的影响也很小，且有部分埋在聚苯乙烯塑料中难以测定，故对这部分体积忽略不计。

A.1.2 试验前干燥聚苯材料是为了减少水分对试验结果的影响，由于是定型产品，金属件的重量不必每次试验都逐个称量，而可采用模板厂提供的设计值，也可实测厂方提供的聚苯模板配套金属件的重量。

A.1.3 本条给出了计算材料密度的方法。

A.2 体积吸水率检测

A.2.1 吸水程度与浸泡时间和深度（反映水压力）有关。本条规定了试验条件。所得量测值仅为试验环境下聚苯模板吸水性能的相对值，并不代表实际工程中聚苯模板的吸水性能。

A.2.2 取出试件后应立即擦去游离水再称量，以减少试验偏差。

A.2.3 体积吸水率量测比较方便，且不受聚苯模板中金属件重量的影响。由于模板表面的吸水率可能影响浇筑后混凝土结构表面的水灰比和混凝土质量，因此，这是必须检验的重要项目之一。

附录 B 聚苯模板进场验收记录表

B.0.1 与第6.2节规定的聚苯模板进场验收要求一致。表B.0.1提供了进场验收记录表的格式。

B.0.2 对聚苯材料保温隔热和燃烧性能的检验和有害物质含量的检验，采取检查型式报告复印件的方式进行。

B.0.3 厂家的出厂检验报告应作为产品合格证的附件在进场时检查，并与进场后进行的复验结果互相印证，以确保进场模板的质量。

附录 C　聚苯模板工程施工安装质量验收记录表

表 C.0.1 列出了聚苯模板工程施工安装质量检验表格的形式。具体执行检验时，可根据本规程第 6.4 节并参照国家标准《混凝土结构工程施工质量验收规范》GB 50204—2002 第 4 章对模板分项工程的要求进行验收。

中华人民共和国国家标准

混凝土模板用胶合板

Plywood for concrete form

GB/T 17656—2008

中华人民共和国国家质量监督检验检疫总局
中国国家标准化管理委员会
2009-03-01实施

前　　言

本标准是在 GB/T 17656—1999《混凝土模板用胶合板》和 LY/T 1600—2002《混凝土模板用浸渍胶膜纸贴面胶合板》的基础上整合修订而成的。

本标准代替 GB/T 17656—1999。

本标准与 GB/T 17656—1999 相比，主要变化如下：

a) 在尺寸公差方面，调整 18mm 及 21mm 的厚度公差、垂直度和非模数制的长宽尺寸公差。

b) 在板的结构方面，修改了板面胶纸痕的规定，增加了表板厚度的规定；

c) 在外观质量方面，调整了芯板离缝加工缺陷的限量，将优等品改为 A 等品、合格品改为 B 等品。同时，增加了树脂饰面混凝土模板用胶合板和覆膜混凝土模板用胶合板的外观质量，也分 A 等品和 B 等品。

d) 在物理力学性能方面，对静曲强度和弹性模量作了调整；增加了浸渍剥离性能和试件处理方法。

e) 增加了附录 A，给出使用条件下混凝土模板用胶合板抗弯性能修正系数。

本标准的附录 A 为规范性附录。

本标准由国家林业局提出。

本标准由全国人造板标准化技术委员会归口。

本标准负责起草单位：中国林业科学研究院木材工业研究所。

本标准参加起草单位：上海市质量监督检验技术研究院、芬兰芬欧汇川木业有限公司上海代表处、佛山市正森木业有限公司、福建省三明市林业局、三明恒晟竹木业有限公司、北京太尔化工有限公司、广州市元荣木业有限公司、太尔胶粘剂（广东）有限公司、上海木材工业研究所、山东新港企业集团有限公司。

本标准主要起草人：曹忠荣、张莺红、俞蓁、唐志晔、黄庆邦、徐剑秋、叶佑萌、冯绍园、张文生、马骥、邵惠增、魏东。

本标准于 1999 年首次发布，本次为第一次修订。

混凝土模板用胶合板

1 范围

本标准规定了混凝土模板用胶合板的要求、试验方法、检验规则以及标志、标签、包装、运输和贮存等。

本标准适用于用木材单板制成的混凝土模板用胶合板，包括：

a) 未经表面处理的混凝土模板用胶合板（简称素板）；

b) 经树脂饰面处理的混凝土模板胶合板（简称涂胶板）；

c) 经浸渍胶膜纸贴面处理的混凝土模板用胶合板（简称覆膜板）。

2 规范性引用文件

下列文件中的条款通过本标准的引用而成为本标准的条款。凡是注日期的引用文件，其随后所有的修改单（不包括勘误的内容）或修订版均不适用于本标准，然而，鼓励根据本标准达成协议的各方研究是否可使用这些文件的最新版本。凡是不注日期的引用文件，其最新版本适用于本标准。

GB/T 9846.2—2004 胶合板 第2部分：尺寸公差

GB/T 9846.5—2004 胶合板 第5部分：普通胶合板检验规则

GB/T 9846.6—2004 胶合板 第6部分：普通胶合板标志、标签和包装

GB/T 9846.7—2004 胶合板 第7部分：试件的锯制

GB/T 17657—1999 人造板及饰面人造板理化性能试验方法

GB/T 19367.1—2003 人造板 板的厚度、宽度及长度的测定

GB/T 19367.2—2003 人造板 板的垂直度和边缘直度的测定

3 要求

3.1 尺寸和公差

3.1.1 混凝土模板用胶合板的规格尺寸应符合表1的规定。

表1 规格尺寸   mm

幅面尺寸				厚 度
模 数 制		非 模 数 制		
宽 度	长 度	宽 度	长 度	
—	—	915	1830	≥12～<15
900	1800	1220	1830	≥15～<18
1000	2000	915	2135	≥18～<21
1200	2400	1220	2440	≥21～<24
—	—	1250	2500	

注：其他规格尺寸由供需双方协议。

3.1.2 对于模数制的板，其长度和宽度公差为 $_{-3}^{\ 0}$mm；对于非模数制的板，其长度和宽度公差为±2mm。

3.1.3 板的厚度允许偏差应符合表2的规定。

表 2　厚度公差　　　　　　　　　　　　　　　　mm

公称厚度	平均厚度与公称厚度间允许偏差	每张板内厚度最大允差
≥12～<15	±0.5	0.8
≥15～<18	±0.6	1.0
≥18～<21	±0.7	1.2
≥21～<24	±0.8	1.4

3.1.4 板的垂直度不得超过0.8mm/m。

3.1.5 板的四边边缘直度不得超过1mm/m。

3.1.6 板的翘曲度A等品不得超过0.5%，B等品不得超过1%。

3.2　板的结构

3.2.1 相邻两层单板的木纹应互相垂直；中心层两侧对称层的单板应为同一树种或物理力学性能相似的树种和同一厚度。

3.2.2 应考虑成品结构的均匀性，组坯时表板和与表板纤维方向相同的各层单板厚度总和应不小于板坯厚度的40%，不大于60%。板的层数应不小于7层。表板厚度应不小于1.2mm，覆膜板表板厚度应不小于0.8mm。

3.2.3 同一层表板应为同一树种，表板应紧面朝外，表板和芯板不允许采用未经斜面胶接或指形拼接的端接。

3.2.4 板中不得留有影响使用的夹杂物。拼缝用的无孔胶纸带不得用于胶合板内部。如用其拼接或修补面板，除不修饰外，应除去胶纸带，并不留有明显胶纸痕。

3.3　树种

3.3.1 混凝土模板用胶合板的用材树种为马尾松、云南松、落叶松、辐射松、杨木、桦木、荷木、枫香、拟赤杨、柳安、奥克榄、克隆、阿必东等。

3.3.2 混凝土模板用胶合板的面板树种为该胶合板的树种。

3.4　胶粘剂

3.4.1 混凝土模板用胶合板的胶粘剂应采用酚醛树脂或性能相当的树脂。

3.4.2 树脂饰面处理的应采用酚醛树脂或性能相当的树脂。

3.4.3 覆膜用的树脂应采用酚醛树脂或性能相当的树脂。

3.5　等级与允许缺陷

3.5.1 一般通过目测成品板上允许缺陷来判定其等级。等级取决于允许的材质缺陷、加工缺陷以及对拼接的要求。

3.5.2 混凝土模板用胶合板（素板）按成品板上可见的材质缺陷和加工缺陷分成两个等级；A等品和B等品，其允许缺陷应符合表3的规定。

表3 混凝土模板用胶合板（素板）外观分等的允许缺陷

缺陷种类	检量项目		检量单位	面板		背板
				A等品	B等品	
针节	—			允许		
活节、半活节、死节	每平方米板面上总个数			5	不限	不限
	活节	单个最大直径	mm	25	不限	
	半活节、死节	单个最大直径	mm	15	30	
木材异常结构	—		—	允许		
夹皮、树脂囊	每平方米板面上总个数			2	不限	不限
	单个最大长度		mm	30	120	
裂缝	单个最大宽度		mm	1.5	4	6
	单个最大长度占板长的百分比 不超过		%	20	30	40
	每米板宽内条数		—	2	不限	
孔洞、虫孔、排钉孔	单个最大直径		mm	3	10	20
	每平方米板面上总个数		—	4	10（自5mm以下不计）	不呈筛孔状不限
变色	—		—	不允许	允许	
腐朽	—		—	不允许		
树脂漏	—		—	允许		
表板拼接离缝	单个最大宽度		mm	不允许	1.6	2
	单个最大长度占板长的百分比 不超过		%		20	30
	每米板宽内条数		—		2	4
表板叠层	单个最大宽度		mm	不允许	8	10
	单个最大长度占板长的百分比 不超过		%		20	40
芯板离缝	紧贴表板的芯板离缝单个最大宽度		mm	2	4	6
	上述离缝每米板宽内条数		—	2	3	4
	其他芯板离缝的最大宽度		mm	6		
芯板叠层	单个最大宽度		mm	4	12	
	每层每米板宽内条数		—	2	不限	
长中板叠离	单个最大宽度		mm	3	8	
鼓泡、分层	—		—	不允许		
凹陷、压痕、鼓包	单个最大面积		mm²	不允许	3000	不限
	每平方米板面上总个数		—		2	
	凹凸高度 不超过		mm	1		
毛刺沟痕	占板面积的百分比 不超过		%	3	20	不限
	深度 不超过		mm	0.5	不穿透，允许	
表面砂（刮）透	每平方米板面上的面积		mm²	不允许	1000	2000

续表3

缺陷种类	检量项目		检量单位	面板		背板
				A等品	B等品	
表面漏砂（刮）	占板面积的百分比	不超过	%	不允许	30	40
补片、补条	每平方米板面上总个数		—	不允许	5	10
	累计面积占板面面积的百分比	不超过	%		5	不　限
	缝隙	不超过	mm		1	1.5
板边缺损	自板边测量的缺损的长度或宽度	不超过	mm	不允许		8
其他缺陷			—	不允许		按最类似缺陷考虑

3.5.3 树脂饰面混凝土模板用胶合板（涂胶板）按成品板上可见的加工缺陷分成两个等级；A等品和B等品，其允许缺陷应符合表4的规定。基材板的外观质量应符合表3相应的要求。

表4　树脂饰面混凝土模板用胶合板（涂胶板）外观分等的允许缺陷

缺陷种类	检量项目		检量单位	A等品	B等品
缺胶			—	不允许	
凹陷、压痕、鼓包	单个最大面积		mm²	不允许	1000
	每平方米板面上总个数		—		2
	凹凸高度	不超过	mm		1
鼓泡、分层			—	不　允　许	
色泽不均	占板面积的百分比	不超过	%	3	10
其他缺陷			—	不允许	按最类似缺陷考虑

3.5.4 覆膜混凝土模板用胶合板（覆膜板）按成品板上可见的加工缺陷分成两个等级：A等品和B等品，其允许缺陷应符合表5的规定。基材板的外观质量应符合表3相应的要求。

表5　覆膜混凝土模板用胶合板（覆膜板）外观分等的允许缺陷

缺陷种类	检量项目		检量单位	A等品	B等品
覆膜纸重叠	占板面积的百分比	不超过	%	不允许	2
缺纸			—	不　允　许	
凹陷、压痕、鼓包	单个最大面积		mm²	不允许	1000
	每平方米板面上总个数		—		1
	凹凸高度	不超过	mm		0.5
鼓泡、分层			—	不　允　许	
划痕	单个最大长度		mm	不允许	200
	每米板宽内条数		—		2
其他缺陷			—	不允许	按最类似缺陷考虑

3.5.5 限制缺陷的数量，累积尺寸或范围应按整张板面积的平均每平方米上的数量进行计算，板宽度或长度上缺陷应按最严重一端的平均每米内的数量进行计算，其结果应取最接近相邻整数中的大数值。

3.5.6 从表板上可以看到的内层单板的各种缺陷不得超过每个等级表板的允许限度。因紧贴表板的芯板孔洞使板面产生凹陷时，按各个等级所允许的凹陷计。非紧贴表板的各层单板因孔洞在板边形成的缺陷，其深度不得超过该缺陷的1/2，超过者按离缝计。

3.5.7 混凝土模板用胶合板的节子或孔洞直径按常规系指与木纹垂直方向直径。节子或孔洞的直径按其轮廓线的切线间的垂直距离测定。

3.5.8 板的表面应进行砂光或刮光，如经供需双方协议可单面砂（刮）光或不砂（刮）光。

3.5.9 对非模数制板，公称幅面尺寸以外的各种缺陷均不计。

3.5.10 混凝土模板用胶合板的表板拼接单板条数不限，但拼接应符合表3中对表板拼接的规定。拼接需木色相近且纹理相似。修补应采用与制造混凝土模板用胶合板相近的胶粘剂进行胶粘，补片及补条的颜色和纹理应与四周木材适当相配。对于影响使用效果的板面允许缺陷，均需用填料填补平整。

3.5.11 树脂饰面混凝土模板用胶合板应双面涂树脂。如两面等级不同，则应有明确标示，四边要涂上防水的封边涂料。

3.5.12 覆膜混凝土模板用胶合板应双面覆膜，如两面等级不同，则应有明确标示。四边要涂上防水的封边涂料。

3.6 物理力学性能

3.6.1 各等级混凝土模板用胶合板出厂时的物理力学性能应符合表6的规定。

表6 物理力学性能指标值

项　　目		单位	厚度/mm			
			≥12～<15	≥15～<18	≥18～<21	≥21～<24
含水率		％	6～14			
胶合强度		MPa	≥0.70			
静曲强度	顺纹	MPa	≥50	≥45	≥40	≥35
	横纹		≥30	≥30	≥30	≥25
弹性模量	顺纹	MPa	≥6000	≥6000	≥5000	≥5000
	横纹		≥4500	≥4500	≥4000	≥4000
浸渍剥离性能		—	浸渍胶膜纸贴面与胶合板表层上的每一边累计剥离长度不超过25mm			

3.6.2 测定胶合强度全部试件的平均木材破坏率超过60%或80%时，胶合强度指标值可比表6规定的指标值分别低0.10MPa或0.20MPa。

3.6.3 在模板工程设计时，混凝土模板用胶合板抗弯性能修正系数见附录A。

4 试验方法

4.1 尺寸的测定

4.1.1 混凝土模板用胶合板尺寸测定用的成品样板，应从提交检查批中随机抽取。

4.1.2 混凝土模板用胶合板的厚度、长度、宽度按GB/T 19367.1—2003的规定进行；

边缘直度、垂直度按 GB/T 19367.2—2003 的规定进行；翘曲度的测定按 GB/T 9846.2—2004 的规定进行。

4.2 物理力学性能的测定

4.2.1 混凝土模板用胶合板的含水率、胶合强度试件制作按 GB/T 9846.7—2004 的规定进行。

4.2.2 混凝土模板用胶合板含水率的测定按 GB/T 17657—1999 中 4.3 的规定进行。

4.2.3 混凝土模板用胶合板胶合强度的测定按 GB/T 17657—1999 中 4.15 的规定进行，对试件的条件处理应按 4.15.4.2 中条件处理 a）Ⅰ类胶合板的方法进行。

4.2.4 混凝土模板用胶合板静曲强度和弹性模量的测定按 GB/T 17657—1999 中 4.9 的规定进行。每张样板按胶合强度试样分布部位截取长向与表板纤维方向平行（顺纹）或垂直（横向）的试件各 3 块。试件长度为板材公称厚度 20 倍加 50mm，宽度为 75mm。

4.2.5 覆膜混凝土模板用胶合板浸渍剥离性能的测定按 GB/T 17657—1999 中 4.17 的规定进行，方法按 4.17.4.1 中条件处理 a）进行。每张样板按胶合强度试样分布部位截取 75mm×75mm 试件 3 块。

4.2.6 各项测试结果数据应与相应技术要求量值的有效位数一致。

5 检验规则

5.1 在产品出厂交货前，应由生产厂质检部门进行质量检验，检验的项目包括规格尺寸、外观等级和物理力学性能三项，通过逐张检验确定产品的等级。

5.2 对成批拨交的产品进行产品质量检验时，应按以下规定。

5.2.1 规格尺寸检验

按 3.1.1～3.1.6、4.1.1～4.1.2 及 GB/T 9846.5—2004 中表 2 的规定进行。

5.2.2 外观等级检验

按 3.5.1～3.5.12 及 GB/T 9846.5—2004 中表 1 的规定进行。

5.2.3 物理力学性能检验

5.2.3.1 抽样

作为成品的混凝土模板用胶合板物理力学性能测定用的样板，应从拨交的板中随机抽取，抽样张数应符合表 7 的规定。

表 7　每批拨交成品中的抽样张数

拨交一批板的张数	第一次抽样张数	复检抽样张数
≤500	1	2
501～1000	2	4
1001～2000	3	6
2001～3000	4	8
>3000	5	10

5.2.3.2 检验方法

按 3.6.1～3.6.2 及 4.2.1～4.2.5 的规定进行。

5.2.3.3 判定原则

5.2.3.3.1 测试胶合强度结果判定如下：

凡符合胶合强度指标值要求的试件数等于或大于有效试件总数的90%时，该批胶合板的该项性能判为合格；小于70%时，则判为不合格。如符合胶合强度指标值要求的试件数大于或等于有效试件总数的70%，但小于90%时，允许重新抽样进行复检，其结果符合该项性能指标值要求的试件等于或大于有效试件总数的90%时，判其为合格；小于90%时，则判其为不合格。

5.2.3.3.2 测试含水率、静曲强度和弹性模量结果判定如下：

全部测试试件的算术平均含水率、算术平均静曲强度、算术平均弹性模量符合指标值要求时，判该批胶合板的含水率、静曲强度、弹性模量为合格。如某项不合格，允许重新抽样对其复检再判定其合格与否。

5.2.3.3.3 测试浸渍剥离性能结果判定如下：

全部测试试件符合指标值要求时，判其为合格；否则判其为不合格，允许重新抽样对其复检再判定其合格与否。

5.3 经规格尺寸、外观等级和物理力学性能三项检验均合格时，判定该批产品为合格；否则判定为不合格。对外观等级不合格的产品，生产厂应全部重检。

5.4 成品按立方米计算，其允许公差不得计算在内。测算单张板时，可精确到$0.00001m^3$；计算成批板时，可精确至$0.001m^3$。

5.5 产品出厂时，生产厂应出具产品质量证书，注明产品等级、规格尺寸、物理力学性能数值以及生产批号等。

5.6 在堆放平整、不受高温及不受潮的贮存条件下，生产厂受理产品质量争议的时效为自出厂之日起一年之内。

6 标志、标签、包装、运输和贮存

混凝土模板用胶合板的标志、标签、包装以及运输和贮存应符合GB/T 9846.6—2004的规定。加盖号印的等级标记应与该板等级相符。

附　录　A

（规范性附录）

使用条件下混凝土模板用胶合板抗弯性能修正系数

A.1 本附录给出的抗弯性能修正系数供模板工程设计时采用。

A.2 混凝土模板用胶合板抗弯性能修正系数：

顺纹静曲强度修正系数为0.6；

横纹静曲强度修正系数为0.9；

顺纹弹性模量修正系数为0.7；

横纹弹性模量修正系数为0.7。

中华人民共和国行业标准

建筑施工模板安全技术规范

Technical code for safety of forms in construction

JGJ 162—2008

J 814—2008

批准部门：中华人民共和国住房和城乡建设部

施行日期：２００８年１２月１日

中华人民共和国住房和城乡建设部
公　　告

第 79 号

关于发布行业标准《建筑施工模板
安全技术规范》的公告

现批准《建筑施工模板安全技术规范》为行业标准，编号为 JGJ 162‐2008，自 2008 年 12 月 1 日起实施。其中，第 5.1.6、6.1.9、6.2.4 条为强制性条文，必须严格执行。

本规范由我部标准定额研究所组织中国建筑工业出版社出版发行。

中华人民共和国住房和城乡建设部

2008 年 8 月 6 日

前　　言

根据国家计划委员会计综合［1989］30 号文和建设部司发（89）建标工字第 058 号文的要求，标准编制组在广泛调查研究，认真总结实践经验，参考有关国际标准和国外先进标准，并广泛征求意见的基础上，制订了本规范。

本规范的主要技术内容是：1. 总则；2. 术语、符号；3. 材料选用；4. 荷载及变形值的规定；5. 设计；6. 模板构造与安装；7. 模板拆除；8. 安全管理。

本规范以黑体字标志的条文为强制性条文，必须严格执行。

本规范由住房和城乡建设部负责管理和对强制性条文的解释，由沈阳建筑大学（地址：沈阳市浑南新区浑南东路 9 号沈阳建筑大学土木工程学院，邮编：110168）负责具体技术内容的解释。

本 规 范 主 编 单 位：沈阳建筑大学

本 规 范 参 编 单 位：安徽省芜湖市第一建筑工程公司

本规范主要起草人：魏忠泽　张　健　鲁德成　秦桂娟　魏　炜　周静海　刘　莉

贾元祥　李铁强　刘海涛

目　次

1 总　则

1.0.1 为在工程建设模板工程施工中贯彻国家安全生产的方针和政策，做到安全生产、技术先进、经济合理、方便适用，制定本规范。

1.0.2 本规范适用于建筑施工中现浇混凝土工程模板体系的设计、制作、安装和拆除。

1.0.3 进行模板工程的设计和施工时，应从工程实际情况出发，合理选用材料、方案和构造措施；应满足模板在运输、安装和使用过程中的强度、稳定性和刚度要求，并宜优先采用定型化、标准化的模板支架和模板构件。

1.0.4 建筑施工模板工程的设计、制作、安装和拆除除应符合本规范的要求外，尚应符合国家现行有关标准的规定。

2　术语、符号

2.1　术　语

2.1.1　面板　surface slab

直接接触新浇混凝土的承力板，包括拼装的板和加肋楞带板。面板的种类有钢、木、胶合板、塑料板等。

2.1.2　支架　support

支撑面板用的楞梁、立柱、连接件、斜撑、剪刀撑和水平拉条等构件的总称。

2.1.3　连接件　pitman

面板与楞梁的连接、面板自身的拼接、支架结构自身的连接和其中二者相互间连接所用的零配件。包括卡销、螺栓、扣件、卡具、拉杆等。

2.1.4　模板体系　shuttering

由面板、支架和连接件三部分系统组成的体系，可简称为"模板"。

2.1.5　小梁　minor beam

直接支承面板的小型楞梁，又称次楞或次梁。

2.1.6　主梁　main beam

直接支承小楞的结构构件，又称主楞。一般采用钢、木梁或钢桁架。

2.1.7　支架立柱　support column

直接支承主楞的受压结构构件，又称支撑柱、立柱。

2.1.8　配模　matching shuttering

在施工设计中所包括的模板排列图、连接件和支承件布置图，以及细部结构、异形模板和特殊部位详图。

2.1.9 早拆模板体系 early unweaving shuttering

在模板支架立柱的顶端，采用柱头的特殊构造装置来保证国家现行标准所规定的拆模原则下，达到早期拆除部分模板的体系。

2.1.10 滑动模板 glide shuttering

模板一次组装完成，上面设置有施工作业人员的操作平台。并从下而上采用液压或其他提升装置沿现浇混凝土表面边浇筑混凝土边进行同步滑动提升和连续作业，直到现浇结构的作业部分或全部完成。其特点是施工速度快、结构整体性能好、操作条件方便和工业化程度较高。

2.1.11 爬模 crawl shuttering

以建筑物的钢筋混凝土墙体为支承主体，依靠自升式爬升支架使大模板完成提升、下降、就位、校正和固定等工作的模板系统。

2.1.12 飞模 flying shuttering

主要由平台板、支撑系统（包括梁、支架、支撑、支腿等）和其他配件（如升降和行走机构等）组成。它是一种大型工具式模板，由于可借助起重机械，从已浇好的楼板下吊运飞出，转移到上层重复使用，称为飞模。因其外形如桌，故又称桌模或台模。

2.1.13 隧道模 tunnel shuttering

一种组合式的、可同时浇筑墙体和楼板混凝土的、外形像隧道的定型模板。

2.2 主 要 符 号

2.2.1 作用和作用效应：

F——新浇混凝土对模板的侧压力计算值；

F_s——新浇混凝土对模板的侧压力设计值；

G_{1k}——模板及其支架自重标准值；

G_{2k}——新浇混凝土自重标准值；

G_{3k}——钢筋自重标准值；

G_{4k}——新浇混凝土作用于模板的侧压力标准值；

M——弯矩设计值；

N——轴心力设计值；

N_t^b——对拉螺栓轴力强度设计值；

P——集中荷载设计值；

Q_{1k}——施工人员及设备荷载标准值；

Q_{2k}——振捣混凝土时产生的荷载标准值；

Q_{3k}——倾倒混凝土时对垂直面模板产生的水平荷载标准值；

S——荷载效应组合的设计值；

V——剪力设计值；

g_k——自重线荷载标准值；

g——自重线荷载设计值；

q_k——活荷线荷载标准值；

q——活荷线荷载设计值。

2.2.2 计算指标：

E ——钢、木弹性模量；

N_{EX} ——欧拉临界力；

f ——钢材的抗拉、抗压和抗弯强度设计值；

f_c ——木材顺纹抗压及承压强度设计值；

f_{ce} ——钢材的端面承压强度设计值；

f_j ——胶合板抗弯强度设计值；

f_{Lm} ——铝合金材抗弯强度设计值；

f_m ——木材的抗弯强度设计值；

f_t^b ——螺栓抗拉强度设计值；

f_v ——钢、木材的抗剪强度设计值；

γ_c ——混凝土的重力密度；

σ ——正应力；

σ_c ——木材压应力；

τ ——剪应力。

2.2.3 几何参数：

A ——毛截面面积；

A_0 ——木支柱毛截面面积；

A_n ——净截面面积；

H ——大模板高度；

I ——毛截面惯性矩；

I_1 ——工具式钢管支柱插管毛截面惯性矩；

I_2 ——工具式钢管支柱套管毛截面惯性矩；

I_b ——门架剪刀撑截面惯性矩；

L ——楞梁计算跨度；

L_0 ——支柱计算跨度；

S_0 ——计算剪应力处以上毛截面对中和轴的面积矩；

W ——截面抵抗矩；

a ——对拉螺栓横向间距或大模板重心至模板根部的水平距离；

b ——对拉螺栓纵向间距或木楞梁截面宽度，或是大模板重心至支架端部水平距离；

d ——钢管外径；

h_0 ——门架高度；

h_1 ——门架加强杆高度；

h ——倾斜后大模板的垂直高度；

i ——回转半径；

l ——面板计算跨度；

l_1 ——柱箍纵向间距；

l_2 ——柱箍计算跨度；

t_w —— 钢腹板的厚度；

t —— 钢管的厚度；

v —— 挠度计算值；

$[v]$ —— 容许挠度值；

w_s —— 风荷载设计值；

λ —— 长细比；

$[\lambda]$ —— 容许长细比。

2.2.4 计算系数及其他：

k —— 调整系数；

β_1 —— 外加剂影响修正系数；

β_2 —— 混凝土坍落度影响修正系数；

β_m —— 压弯构件稳定的等效弯矩系数；

γ —— 截面塑性发展系数；

γ_G —— 恒荷载分项系数；

γ_Q —— 活荷载分项系数；

φ —— 轴心受压构件的稳定系数；

μ —— 钢支柱的计算长度系数。

3 材 料 选 用

3.1 钢 材

3.1.1 为保证模板结构的承载能力，防止在一定条件下出现脆性破坏，应根据模板体系的重要性、荷载特征、连接方法等不同情况，选用适合的钢材型号和材性，且宜采用 Q235 钢和 Q345 钢。对模板的支架材料宜优先选用钢材。

3.1.2 模板的钢材质量应符合下列规定：

1 钢材应符合现行国家标准《碳素结构钢》GB/T 700、《低合金高强度结构钢》GB/T 1591 的规定。

2 钢管应符合现行国家标准《直缝电焊钢管》GB/T 13793 或《低压流体输送用焊接钢管》GB/T 3092 中规定的 Q235 普通钢管的要求，并应符合现行国家标准《碳素结构钢》GB/T 700 中 Q235A 级钢的规定。不得使用有严重锈蚀、弯曲、压扁及裂纹的钢管。

3 钢铸件应符合现行国家标准《一般工程用铸造碳钢件》GB/T 11352 中规定的 ZG 200-420、ZG 230-450、ZG 270-500 和 ZG 310-570 号钢的要求。

4 钢管扣件应符合现行国家标准《钢管脚手架扣件》GB 15831 的规定。

5 连接用的焊条应符合现行国家标准《碳钢焊条》GB/T 5117 或《低合金钢焊条》GB/T 5118 中的规定。

6 连接用的普通螺栓应符合现行国家标准《六角头螺栓 C 级》GB/T 5780 和《六角

头螺栓》GB/T 5782 的规定。

7 组合钢模板及配件制作质量应符合现行国家标准《组合钢模板技术规范》GB 50214 的规定。

3.1.3 下列情况的模板承重结构和构件,不应采用 Q235 沸腾钢:

1 工作温度低于-20℃承受静力荷载的受弯及受拉的承重结构或构件;

2 工作温度等于或低于-30℃的所有承重结构或构件。

3.1.4 承重结构采用的钢材应具有抗拉强度、伸长率、屈服强度和硫、磷含量的合格保证,对焊接结构尚应具有碳含量的合格保证。

焊接的承重结构以及重要的非焊接承重结构采用的钢材还应具有冷弯试验的合格保证。

3.1.5 当结构工作温度不高于-20℃时,对 Q235 钢和 Q345 钢应具有 0℃冲击韧性的合格保证;对 Q390 钢和 Q420 钢应具有-20℃冲击韧性的合格保证。

3.2 冷 弯 薄 壁 型 钢

3.2.1 用于承重模板结构的冷弯薄壁型钢的带钢或钢板,应采用符合现行国家标准《碳素结构钢》GB/T 700 规定的 Q235 钢和《低合金高强度结构钢》GB/T 1591 规定的 Q345 钢。

3.2.2 用于承重模板结构的冷弯薄壁型钢的带钢或钢板,应具有抗拉强度、伸长率、屈服强度、冷弯试验和硫、磷含量的合格保证;对焊接结构尚应具有碳含量的合格保证。

3.2.3 焊接采用的材料应符合下列规定:

1 手工焊接用的焊条,应符合现行国家标准《碳钢焊条》GB/T 5117 或《低合金钢焊条》GB/T 5118 的规定。

2 选择的焊条型号应与主体结构金属力学性能相适应。

3 当 Q235 钢和 Q345 钢相焊接时,宜采用与 Q235 钢相适应的焊条。

3.2.4 连接件及连接材料应符合下列规定:

1 普通螺栓除应符合本规范第 3.1.2 条第 6 款的规定外,其机械性能还应符合现行国家标准《紧固件机械性能螺栓、螺钉和螺柱》GB/T 3098.1 的规定。

2 连接薄钢板或其他金属板采用的自攻螺钉应符合现行国家标准《自钻自攻螺钉》GB/T 15856.1~4、GB/T 3098.11 或《自攻螺栓》GB/T 5282~5285 的规定。

3.2.5 在冷弯薄壁型钢模板结构设计图中和材料订货文件中,应注明所采用钢材的牌号和质量等级、供货条件及连接材料的型号(或钢材的牌号)。必要时尚应注明对钢材所要求的机械性能和化学成分的附加保证项目。

3.3 木 材

3.3.1 模板结构或构件的树种应根据各地区实际情况选择质量好的材料,不得使用有腐朽、霉变、虫蛀、折裂、枯节的木材。

3.3.2 模板结构设计应根据受力种类或用途按表 3.3.2 的要求选用相应的木材材质等级。木材材质标准应符合现行国家标准《木结构设计规范》GB 50005 的规定。

表 3.3.2 模板结构或构件的木材材质等级

主　要　用　途	材质等级
受拉或拉弯构件	Ⅰa
受弯或压弯构件	Ⅱa
受压构件	Ⅲa

3.3.3 用于模板体系的原木、方木和板材可采用目测法分级。选材应符合现行国家标准《木结构设计规范》GB 50005 的规定，不得利用商品材的等级标准替代。

3.3.4 用于模板结构或构件的木材，应从本规范附录 A 附表 A.3.1-1 和附表 A.3.1-2 所列树种中选用。主要承重构件应选用针叶材；重要的木制连接件应采用细密、直纹、无节和无其他缺陷的耐腐蚀的硬质阔叶材。

3.3.5 当采用不常用树种木材作模板体系中的主梁、次梁、支架立柱等的承重结构或构件时，可按现行国家标准《木结构设计规范》GB 50005 的要求进行设计。对速生林材，应进行防腐、防虫处理。

3.3.6 在建筑施工模板工程中使用进口木材时，应符合下列规定：

　　1 应选择天然缺陷和干燥缺陷少、耐腐朽性较好的树种木材；

　　2 每根木材上应有经过认可的认证标识，认证等级应附有说明，并应符合国家商检规定；进口的热带木材，还应附有无活虫虫孔的证书；

　　3 进口木材应有中文标识，并应按国别、等级、规格分批堆放，不得混淆；储存期间应防止木材霉变、腐朽和虫蛀；

　　4 对首次采用的树种，必须先进行试验，达到要求后方可使用。

3.3.7 当需要对模板结构或构件木材的强度进行测试验证时，应按现行国家标准《木结构设计规范》GB 50005 的检验标准进行。

3.3.8 施工现场制作的木构件，其木材含水率应符合下列规定：

　　1 制作的原木、方木结构，不应大于 25%；

　　2 板材和规格材，不应大于 20%；

　　3 受拉构件的连接板，不应大于 18%；

　　4 连接件，不应大于 15%。

3.4 铝合金型材

3.4.1 当建筑模板结构或构件采用铝合金型材时，应采用纯铝加入锰、镁等合金元素构成的铝合金型材，并应符合国家现行标准《铝及铝合金型材》YB 1703 的规定。

3.4.2 铝合金型材的机械性能应符合表 3.4.2 的规定。

表 3.4.2 铝合金型材的机械性能

牌号	材料状态	壁厚(mm)	抗拉极限强度 σ_b (N/mm^2)	屈服强度 $\sigma_{0.2}$ (N/mm^2)	伸长率 δ (%)	弹性模量 E_c (N/mm^2)
LD$_2$	C$_Z$	所有尺寸	≥180	—	≥14	1.83×10^5
	C$_S$		≥280	≥210	≥12	

牌号	材料状态	壁厚 (mm)	抗拉极限强度 σ_b (N/mm²)	屈服强度 $\sigma_{0.2}$ (N/mm²)	伸长率 δ (%)	弹性模量 E_c (N/mm²)
LY₁₁	C_Z	≤10.0	≥360	≥220	≥12	1.83×10⁵
	C_S	10.1～20.0	≥380	≥230	≥12	
LY₁₂	C_Z	<5.0	≥400	≥300	≥10	2.14×10⁵
		5.1～10.0	≥420	≥300	≥10	
		10.1～20.0	≥430	≥310	≥10	
LC₄	C_S	≤10.0	≥510	≥440	≥6	2.14×10⁵
		10.1～20.0	≥540	≥450	≥6	

注：材料状态代号名称：C_Z—淬火（自然时效）；C_S—淬火（人工时效）。

3.4.3 铝合金型材的横向、高向机械性能应符合表 3.4.3 的规定。

表 3.4.3　铝合金型材的横向、高向机械性能

牌　号	材料状态	取样部位	抗拉极限强度 σ_b (N/mm²)	屈服强度 $\sigma_{0.2}$ (N/mm²)	伸长率 δ (%)
LY₁₂	C_Z	横向	≥400	≥290	≥6
		高向	≥350	≥290	≥4
LC₄	C_S	横向	≥500	—	≥4
		高向	≥480	—	≥3

注：材料状态代号名称：C_Z—淬火（自然时效）；C_S—淬火（人工时效）。

3.5　竹、木胶合模板板材

3.5.1 胶合模板板材表面应平整光滑，具有防水、耐磨、耐酸碱的保护膜，并应有保温性能好、易脱模和可两面使用等特点。板材厚度不应小于 12mm，并应符合国家现行标准《混凝土模板用胶合板》ZBB 70006 的规定。

3.5.2 各层板的原材含水率不应大于 15%，且同一胶合模板各层原材间的含水率差别不应大于 5%。

3.5.3 胶合模板应采用耐水胶，其胶合强度不应低于木材或竹材顺纹抗剪和横纹抗拉的强度，并应符合环境保护的要求。

3.5.4 进场的胶合模板除应具有出厂质量合格证外，还应保证外观及尺寸合格。

3.5.5 竹胶合模板技术性能应符合表 3.5.5 的规定。

表 3.5.5　竹胶合模板技术性能

项　　目		平均值	备　　注
静曲强度 σ (N/mm²)	3层	113.30	$\sigma = (3PL)/(2bh^2)$ 式中　P——破坏荷载； 　　　L——支座距离（240mm）； 　　　b——试件宽度（20mm）； 　　　h——试件厚度（胶合模板 $h=15$mm）
	5层	105.50	

续表 3.5.5

项　　目		平均值	备　　注
弹性模量 E （N/mm²）	3层	10584	$E = 4(\Delta PL^5)/(\Delta fbh^3)$ 式中　L、b、h 同上，其中 3层 $\Delta P/\Delta f = 211.6$；5层 $\Delta P/\Delta f = 197.7$
	5层	9898	
冲击强度 A （J/cm²）	3层	8.30	$A = Q/(b \times h)$ 式中　Q——折损耗功； 　　　b——试件宽度； 　　　h——试件厚度
	5层	7.95	
胶合强度 τ （N/mm²）	3层	3.52	$\tau = P/(b \times l)$ 式中　P——剪切破坏荷载（N）； 　　　b——剪面宽度（20mm）； 　　　l——切面长度（28mm）
	5层	5.03	
握钉力 M（N/mm）		241.10	$M = P/h$ 式中　P——破坏荷载（N）； 　　　h——试件厚度（mm）

3.5.6 常用木胶合模板的厚度宜为 12mm、15mm、18mm，其技术性能应符合下列规定：

1 不浸泡，不蒸煮：剪切强度 1.4～1.8N/mm²；

2 室温水浸泡：剪切强度 1.2～1.8N/mm²；

3 沸水煮 24h：剪切强度 1.2～1.8N/mm²；

4 含水率：5%～13%；

5 密度：450～880kg/m³；

6 弹性模量：$4.5 \times 10^3 \sim 11.5 \times 10^3$N/mm²。

3.5.7 常用复合纤维模板的厚度宜为 12mm、15mm、18mm，其技术性能应符合下列规定：

1 静曲强度：横向 28.22～32.3N/mm²；纵向 52.62～67.21N/mm²；

2 垂直表面抗拉强度：大于 1.8N/mm²；

3 72h 吸水率：小于 5%；

4 72h 吸水膨胀率：小于 4%；

5 耐酸碱腐蚀性：在 1% 苛性钠中浸泡 24h，无软化及腐蚀现象；

6 耐水气性能：在水蒸气中喷蒸 24h 表面无软化及明显膨胀；

7 弹性模量：大于 6.0×10^3N/mm²。

4　荷载及变形值的规定

4.1　荷载标准值

4.1.1 永久荷载标准值应符合下列规定：

1 模板及其支架自重标准值（G_{1k}）应根据模板设计图纸计算确定。肋形或无梁楼板模板自重标准值应按表 4.1.1 采用。

表 4.1.1 楼板模板自重标准值（kN/m²）

模板构件的名称	木模板	定型组合钢模板
平板的模板及小梁	0.30	0.50
楼板模板（其中包括梁的模板）	0.50	0.75
楼板模板及其支架 （楼层高度为 4m 以下）	0.75	1.10

注：除钢、木外，其他材质模板重量见本规范附录 B 中的附表 B。

2 新浇筑混凝土自重标准值（G_{2k}），对普通混凝土可采用 24kN/m³，其他混凝土可根据实际重力密度或按本规范附录 B 表 B 确定。

3 钢筋自重标准值（G_{3k}）应根据工程设计图确定。对一般梁板结构每立方米钢筋混凝土的钢筋自重标准值：楼板可取 1.1kN；梁可取 1.5kN。

4 当采用内部振捣器时，新浇筑的混凝土作用于模板的侧压力标准值（G_{4k}），可按下列公式计算，并取其中的较小值：

$$F = 0.22\gamma_c t_0 \beta_1 \beta_2 V^{\frac{1}{2}} \tag{4.1.1-1}$$

$$F = \gamma_c H \tag{4.1.1-2}$$

式中　F ——新浇混凝土对模板的侧压力计算值（kN/m²）；

γ_c ——混凝土的重力密度（kN/m³）；

V ——混凝土的浇筑速度（m/h）；

t_0 ——新浇混凝土的初凝时间（h），可按试验确定；当缺乏试验资料时，可采用 $t_0 = 200/(T+15)$（T 为混凝土的温度℃）；

β_1 ——外加剂影响修正系数；不掺外加剂时取 1.0，掺具有缓凝作用的外加剂时取 1.2；

β_2 ——混凝土坍落度影响修正系数；当坍落度小于 30mm 时，取 0.85；坍落度为 50～90mm 时，取 1.00；坍落度为 110～150mm 时，取 1.15；

H ——混凝土侧压力计算位置处至新浇混凝土顶面的总高度（m）；混凝土侧压力的计算分布图形如图 4.1.1 所示，图中 $h = F/\gamma_c$，h 为有效压头高度。

4.1.2 可变荷载标准值应符合下列规定：

1 施工人员及设备荷载标准值（Q_{1k}），当计算模板和直接支承模板的小梁时，均布活荷载可取 2.5kN/m²，再用集中荷载 2.5kN 进行验算，比较两者所得的弯矩值取其大值；当计算直接支承小梁的主梁时，均布活荷载标准值可取 1.5kN/m²；当计算支架立柱及其他支承结构构件时，均布活荷载标准值可取 1.0kN/m²。

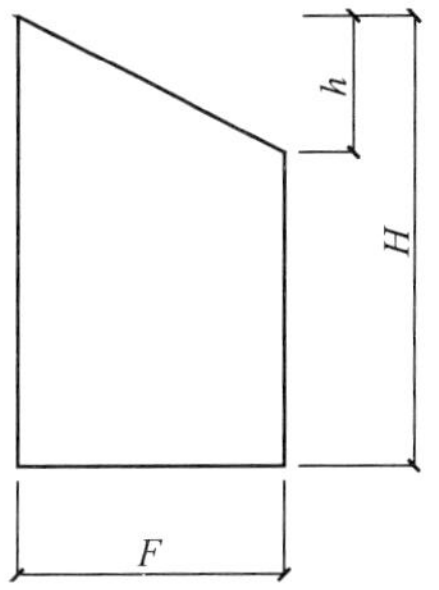

注：1 对大型浇筑设备，如上料平台、混凝土输送泵等按实际情况计算；采用布料机上料进行浇筑混凝土时，活荷载标准值取 4kN/m²。

2 混凝土堆积高度超过 100mm 以上者按实际高度计算。

3 模板单块宽度小于 150mm 时，集中荷载可分布于相邻的 2 块板面上。

2 振捣混凝土时产生的荷载标准值（Q_{2k}），对水平面模板可采用 2kN/m²，对垂直面

图 4.1.1　混凝土侧压力
计算分布图形

模板可采用 $4kN/m^2$，且作用范围在新浇筑混凝土侧压力的有效压头高度之内。

3 倾倒混凝土时，对垂直面模板产生的水平荷载标准值（Q_{3k}）可按表4.1.2采用。

表 4.1.2 倾倒混凝土时产生的水平荷载标准值（kN/m^2）

向模板内供料方法	水平荷载
溜槽、串筒或导管	2
容量小于 $0.2m^3$ 的运输器具	2
容量为 $0.2\sim0.8m^3$ 的运输器具	4
容量大于 $0.8m^3$ 的运输器具	6

注：作用范围在有效压头高度以内。

4.1.3 风荷载标准值应按现行国家标准《建筑结构荷载规范》GB 50009—2001（2006 年版）中的规定计算，其中基本风压值应按该规范附表 D.4 中 $n=10$ 年的规定采用，并取风振系数 $\beta_z=1$。

4.2 荷 载 设 计 值

4.2.1 计算模板及支架结构或构件的强度、稳定性和连接强度时，应采用荷载设计值（荷载标准值乘以荷载分项系数）。

4.2.2 计算正常使用极限状态的变形时，应采用荷载标准值。

4.2.3 荷载分项系数应按表4.2.3采用。

表 4.2.3 荷载分项系数

荷 载 类 别	分项系数 γ_i
模板及支架自重标准值（G_{1k}）	永久荷载的分项系数：
新浇混凝土自重标准值（G_{2k}）	（1）当其效应对结构不利时：对由可变荷载效应控制的组合，应取
钢筋自重标准值（G_{3k}）	1.2；对由永久荷载效应控制的组合，应取1.35；
新浇混凝土对模板的侧压力标准值（G_{4k}）	（2）当其效应对结构有利时：一般情况应取1；对结构的倾覆、滑移验算，应取0.9
施工人员及施工设备荷载标准值（Q_{1k}）	可变荷载的分项系数：
振捣混凝土时产生的荷载标准值（Q_{2k}）	一般情况下应取1.4；
倾倒混凝土时产生的荷载标准值（Q_{3k}）	对标准值大于 $4kN/m^2$ 的活荷载应取1.3
风荷载（w_k）	1.4

4.2.4 钢面板及支架作用荷载设计值可乘以系数 0.95 进行折减。当采用冷弯薄壁型钢时，其荷载设计值不应折减。

4.3 荷 载 组 合

4.3.1 按极限状态设计时，其荷载组合应符合下列规定：

1 对于承载能力极限状态，应按荷载效应的基本组合采用，并应采用下列设计表达式进行模板设计：

$$r_0S\leqslant R \tag{4.3.1-1}$$

式中 r_0——结构重要性系数，其值按 0.9 采用；

S——荷载效应组合的设计值；

R——结构构件抗力的设计值，应按各有关建筑结构设计规范的规定确定。

对于基本组合，荷载效应组合的设计值 S 应从下列组合值中取最不利值确定：

1）由可变荷载效应控制的组合：

$$S = \gamma_G \sum_{i=1}^{n} G_{ik} + \gamma_{Q1} Q_{1k} \qquad (4.3.1-2)$$

$$S = \gamma_G \sum_{i=1}^{n} G_{ik} + 0.9 \sum_{i=1}^{n} \gamma_{Qi} Q_{ik} \qquad (4.3.1-3)$$

式中 γ_G——永久荷载分项系数，应按本规范表 4.2.3 采用；

γ_{Qi}——第 i 个可变荷载的分项系数，其中 γ_{Q1} 为可变荷载 Q_1 的分项系数，应按本规范表 4.2.3 采用；

G_{ik}——按各永久荷载标准值 G_k 计算的荷载效应值；

Q_{ik}——按可变荷载标准值计算的荷载效应值，其中 Q_{1k} 为诸可变荷载效应中起控制作用者；

n——参与组合的可变荷载数。

2）由永久荷载效应控制的组合：

$$S = \gamma_G G_{ik} + \sum_{i=1}^{n} \gamma_{Qi} \psi_{ci} Q_{ik} \qquad (4.3.1-4)$$

式中 ψ_{ci}——可变荷载 Q_i 的组合值系数，当按本规范中规定的各可变荷载采用时，其组合值系数可为 0.7。

注：1 基本组合中的设计值仅适用于荷载与荷载效应为线性的情况；

2 当对 Q_{1k} 无明显判断时，轮次以各可变荷载效应为 Q_{1k}，选其中最不利的荷载效应组合；

3 当考虑以竖向的永久荷载效应控制的组合时，参与组合的可变荷载仅限于竖向荷载。

2 对于正常使用极限状态应采用标准组合，并应按下列设计表达式进行设计：

$$S \leqslant C \qquad (4.3.1-5)$$

式中 C——结构或结构构件达到正常使用要求的规定限值，应符合本规范第 4.4 节有关变形值的规定。

对于标准组合，荷载效应组合设计值 S 应按下式采用：

$$S = \sum_{i=1}^{n} G_{ik} \qquad (4.3.1-6)$$

4.3.2 参与计算模板及其支架荷载效应组合的各项荷载的标准值组合应符合表 4.3.2 的规定。

表 4.3.2 模板及其支架荷载效应组合的各项荷载标准值组合

项　　目	参与组合的荷载类别	
	计算承载能力	验算挠度
1 平板和薄壳的模板及支架	$G_{1k} + G_{2k} + G_{3k} + Q_{1k}$	$G_{1k} + G_{2k} + G_{3k}$
2 梁和拱模板的底板及支架	$G_{1k} + G_{2k} + G_{3k} + Q_{2k}$	$G_{1k} + G_{2k} + G_{3k}$

项　目	参与组合的荷载类别	
	计算承载能力	验算挠度
3	梁、拱、柱（边长不大于 300mm）、墙（厚度不大于 100mm）的侧面模板	$G_{4k} + Q_{2k}$	G_{4k}
4	大体积结构、柱（边长大于 300mm）、墙（厚度大于 100mm）的侧面模板	$G_{4k} + Q_{3k}$	G_{4k}

注：验算挠度应采用荷载标准值；计算承载能力应采用荷载设计值。

4.3.3 爬模结构的设计荷载值及其组合应符合下列规定：

1 模板结构设计荷载应包括：

侧向荷载：新浇混凝土侧向荷载和风荷载。当为工作状态时按 6 级风计算；非工作状态偶遇最大风力时，应采用临时固定措施；

竖向荷载：模板结构自重，机具、设备按实计算，施工人员按 1.0kN/m² 采用；

混凝土对模板的上托力：当模板的倾角小于 45°时，取 3～5kN/m²；当模板的倾角大于或等于 45°时，取 5～12kN/m²；

新浇混凝土与模板的粘结力：按 0.5kN/m² 采用，但确定混凝土与模板间摩擦力时，两者间的摩擦系数取 0.4～0.5；

模板结构与滑轨的摩擦力：滚轮与轨道间的摩擦系数取 0.05，滑块与轨道间的摩擦系数取 0.15～0.50。

2 模板结构荷载组合应符合下列规定：

计算支承架的荷载组合：处于工作状态时，应为竖向荷载加迎墙面风荷载；处于非工作状态时，仅考虑风荷载；

计算附墙架的荷载组合：处于工作状态时，应为竖向荷载加背墙面风荷载；处于非工作状态时，仅考虑风荷载。

4.3.4 液压滑动模板结构的荷载设计值及其组合应符合下列规定：

1 模板结构设计荷载类别应按表 4.3.4-1 采用。

2 计算滑模结构构件的荷载设计值组合应按表 4.3.4-2 采用。

表 4.3.4-1　液压滑动模板荷载类别

编号	设计荷载名称	荷载种类	分项系数	备　注
（1）	模板结构自重	恒荷载	1.2	按工程设计图计算确定其值
（2）	操作平台上施工荷载（人员、工具和堆料）： 设计平台铺板及檩条 2.5kN/m² 设计平台桁架 1.5kN/m² 设计围圈及提升架 1.0kN/m² 计算支承杆数量 1.0kN/m²	活荷载	1.4	若平台上放置手推车、吊罐、液压控制柜、电气焊设备、垂直运输、井架等特殊设备应按实计算荷载值

编号	设计荷载名称	荷载种类	分项系数	备 注
(3)	振捣混凝土侧压力； 沿周长方向每米取集中荷载5～6kN	恒荷载	1.2	按浇灌高度为800mm左右考虑的侧压力分布情况，集中荷载的合力作用点为混凝土浇灌高度的2/5处
(4)	模板与混凝土的摩阻力 钢模板取 1.5～3.0kN/m²	活荷载	1.4	—
(5)	倾倒混凝土时模板承受的冲击力，按作用于模板侧面的水平集中荷载为：2.0kN	活荷载	1.4	按用溜槽、串筒或 0.2m³ 的运输工具向模板内倾倒时考虑
(6)	操作平台上垂直运输荷载及制动时的刹车力： 平台上垂直运输的额定附加荷载（包括起重量及柔性滑道的张紧力）均应按实计算； 垂直运输设备刹车制动力按下式计算： $$W = \left(\frac{A}{g}+1\right)Q = kQ$$	活荷载	1.4	W —刹车时产生的荷载（N）； A —刹车时的制动减速度（m/s²），一般取 g 值的1～2倍； g —重力加速度（9.8m/s²）； Q —料罐总重（N）； k —动荷载系数，在2～3之间取用
(7)	风荷载	活荷载	1.4	按《建筑结构荷载规范》GB 50009 的规定采用，其中风压基本值按其附表 D.4 中 $n=10$ 年采用，其抗倾倒系数不应小于 1.15

表 4.3.4-2　计算滑模结构构件的荷载设计值组合

结构计算项目	荷载组合	
	计算承载能力	验算挠度
支承杆计算	(1)+(2)+(4) (1)+(2)+(6)　取二式中较大值	—
模板面计算	(3)+(5)	(3)
围圈计算	(1)+(3)+(5)	(1)+(3)+(4)
提升架计算	(1)+(2)+(3)+(4)+(5)+(6)	(1)+(2)+(3)+(4)+(6)
操作平台结构计算	(1)+(2)+(6)	(1)+(2)+(6)

注：1　风荷载设计值参与活荷载设计值组合时，其组合后的效应值应乘 0.9 的组合系数；
　　2　计算承载能力时应取荷载设计值；验算挠度时应取荷载标准值。

4.4　变 形 值 规 定

4.4.1　当验算模板及其支架的刚度时，其最大变形值不得超过下列容许值：

1　对结构表面外露的模板，为模板构件计算跨度的1/400；

2　对结构表面隐蔽的模板，为模板构件计算跨度的1/250；

3　支架的压缩变形或弹性挠度，为相应的结构计算跨度的1/1000。

4.4.2　组合钢模板结构或其构配件的最大变形值不得超过表 4.4.2 的规定。

表 4.4.2 组合钢模板及构配件的容许变形值(mm)

部 件 名 称	容 许 变 形 值
钢模板的面板	≤1.5
单块钢模板	≤1.5
钢楞	$L/500$ 或≤3.0
柱箍	$B/500$ 或≤3.0
桁架、钢模板结构体系	$L/1000$
支撑系统累计	≤4.0

注：L 为计算跨度，B 为柱宽。

4.4.3 液压滑模装置的部件，其最大变形值不得超过下列容许值：

1 在使用荷载下，两个提升架之间围圈的垂直与水平方向的变形值均不得大于其计算跨度的 $1/500$；

2 在使用荷载下，提升架立柱的侧向水平变形值不得大于 2mm；

3 支承杆的弯曲度不得大于 $L/500$。

4.4.4 爬模及其部件的最大变形值不得超过下列容许值：

1 爬模应采用大模板；

2 爬架立柱的安装变形值不得大于爬架立柱高度的 $1/1000$；

3 爬模结构的主梁，根据重要程度的不同，其最大变形值不得超过计算跨度的 $1/500\sim1/800$；

4 支点间轨道变形值不得大于 2mm。

5 设 计

5.1 一 般 规 定

5.1.1 模板及其支架的设计应根据工程结构形式、荷载大小、地基土类别、施工设备和材料等条件进行。

5.1.2 模板及其支架的设计应符合下列规定：

1 应具有足够的承载能力、刚度和稳定性，应能可靠地承受新浇混凝土的自重、侧压力和施工过程中所产生的荷载及风荷载。

2 构造应简单，装拆方便，便于钢筋的绑扎、安装和混凝土的浇筑、养护。

3 混凝土梁的施工应采用从跨中向两端对称进行分层浇筑，每层厚度不得大于 400mm。

4 当验算模板及其支架在自重和风荷载作用下的抗倾覆稳定性时，应符合相应材质结构设计规范的规定。

5.1.3 模板设计应包括下列内容：

1 根据混凝土的施工工艺和季节性施工措施，确定其构造和所承受的荷载；

2 绘制配板设计图、支撑设计布置图、细部构造和异形模板大样图；

3 按模板承受荷载的最不利组合对模板进行验算；

4 制定模板安装及拆除的程序和方法；

5 编制模板及配件的规格、数量汇总表和周转使用计划；

6 编制模板施工安全、防火技术措施及设计、施工说明书。

5.1.4 模板中的钢构件设计应符合现行国家标准《钢结构设计规范》GB 50017 和《冷弯薄壁型钢结构技术规范》GB 50018 的规定，其截面塑性发展系数应取 1.0。组合钢模板、大模板、滑升模板等的设计尚应符合现行国家标准《组合钢模板技术规范》GB 50214 和《滑动模板工程技术规范》GB 50113 的相应规定。

5.1.5 模板中的木构件设计应符合现行国家标准《木结构设计规范》GB 50005 的规定，其中受压立杆应满足计算要求，且其梢径不得小于 80mm。

5.1.6 模板结构构件的长细比应符合下列规定：

1 受压构件长细比：支架立柱及桁架，不应大于 150；拉条、缀条、斜撑等连系构件，不应大于 200；

2 受拉构件长细比：钢杆件，不应大于 350；木杆件，不应大于 250。

5.1.7 用扣件式钢管脚手架作支架立柱时，应符合下列规定：

1 连接扣件和钢管立杆底座应符合现行国家标准《钢管脚手架扣件》GB 15831 的规定；

2 承重的支架柱，其荷载应直接作用于立杆的轴线上，严禁承受偏心荷载，并应按单立杆轴心受压计算；钢管的初始弯曲率不得大于 1/1000，其壁厚应按实际检查结果计算；

3 当露天支架立柱为群柱架时，高宽比不应大于 5；当高宽比大于 5 时，必须加设抛撑或缆风绳，保证宽度方向的稳定。

5.1.8 用门式钢管脚手架作支架立柱时，应符合下列规定：

1 几种门架混合使用时，必须取支承力最小的门架作为设计依据；

2 荷载宜直接作用在门架两边立杆的轴线上，必要时可设横梁将荷载传于两立杆顶端，且应按单榀门架进行承力计算；

3 门架结构在相邻两榀之间应设工具式交叉支撑，使用的交叉支撑线刚度必须满足下式要求：

$$\frac{I_{\mathrm{b}}}{L_{\mathrm{b}}} \geqslant 0.03\frac{I}{h_0} \tag{5.1.8}$$

式中 I_{b} ——剪刀撑的截面惯性矩；

L_{b} ——剪刀撑的压曲长度；

I ——门架的截面惯性矩；

h_0 ——门架立杆高度。

4 当门架使用可调支座时，调节螺杆伸出长度不得大于 150mm；

5 当露天门架支架立柱为群柱架时，高宽比不应大于 5；当高宽比大于 5 时，必须使用缆风绳，保证宽度方向的稳定。

5.1.9 遇有下列情况时，水平支承梁的设计应采取防倾倒措施，不得取消或改动销紧装置的作用，且应符合下列规定：

1 水平支承如倾斜或由倾斜的托板支承以及偏心荷载情况存在时；

2 梁由多杆件组成；

3 当梁的高宽比大于2.5时，水平支承梁的底面严禁支承在50mm宽的单托板面上；

4 水平支承梁的高宽比大于2.5时，应避免承受集中荷载。

5.1.10 当采用卷扬机和钢丝绳牵拉进行爬模设计时，其支承架和锚固装置的设计能力，应为总牵引力的3~5倍。

5.1.11 烟囱、水塔和其他高大构筑物的模板工程，应根据其特点进行专项设计，制定专项施工安全措施。

5.2 现浇混凝土模板计算

5.2.1 面板可按简支跨计算，应验算跨中和悬臂端的最不利抗弯强度和挠度，并应符合下列规定：

1 抗弯强度计算

1） 钢面板抗弯强度应按下式计算：

$$\sigma = \frac{M_{max}}{W_n} \leqslant f \qquad (5.2.1-1)$$

式中 M_{max}——最不利弯矩设计值，取均布荷载与集中荷载分别作用时计算结果的大值；

W_n——净截面抵抗矩，按本规范表5.2.1-1或表5.2.1-2查取；

f——钢材的抗弯强度设计值，应按本规范附录A的表A.1.1-1或表A.2.1-1的规定采用。

2） 木面板抗弯强度应按下式计算：

$$\sigma_m = \frac{M_{max}}{W_m} \leqslant f_m \qquad (5.2.1-2)$$

式中 W_m——木板毛截面抵抗矩；

f_m——木材抗弯强度设计值，按本规范附录A表A.3.1-3~表A.3.1-5的规定采用。

表 5.2.1-1 组合钢模板 2.3mm 厚面板力学性能

模板宽度 （mm）	截面积 A （mm²）	中性轴 位置 y_0 （mm）	X轴截面 惯性矩 I_x （cm⁴）	截面最小 抵抗矩 W_x （cm³）	截 面 简 图
300	1080 (978)	11.1 (10.0)	27.91 (26.39)	6.36 (5.86)	
250	965 (863)	12.3 (11.1)	26.62 (25.38)	6.23 (5.78)	

模板宽度 （mm）	截面积 A （mm²）	中性轴 位置 y_0 （mm）	X轴截面 惯性矩 I_x （cm⁴）	截面最小 抵抗矩 W_x （cm³）	截 面 简 图
200	702 （639）	10.6 （9.5）	17.63 （16.62）	3.97 （3.65）	
150	587 （524）	12.5 （11.3）	16.40 （15.64）	3.86 （3.58）	200 （150,100） δ=2.3 55
100	472 （409）	15.3 （14.2）	14.54 （14.11）	3.66 （3.46）	

注：1 括号内数据为净截面；
　　2 表中各种宽度的模板，其长度规格有：1.5m、1.2m、0.9m、0.75m、0.6m和0.45m；高度全为55mm。

3）胶合板面板抗弯强度应按下式计算：

$$\sigma_j = \frac{M_{max}}{W_j} \leqslant f_{jm} \tag{5.2.1-3}$$

式中　W_j——胶合板毛截面抵抗矩；

　　　f_{jm}——胶合板的抗弯强度设计值，应按本规范附录 A 的表 A.5.1～表 A.5.3
采用。

表 5.2.1-2　组合钢模板 2.5mm 厚面板力学性能

模板宽度 （mm）	截面积 A （mm²）	中性轴 位置 y_0 （mm）	X轴截面 惯性矩 I_x （cm⁴）	截面最小 抵抗矩 W_x （cm³）	截 面 简 图
300	114.4 （104.0）	10.7 （9.6）	28.59 （26.97）	6.45 （5.94）	300 （250） δ=2.5　δ=2.5 55
250	101.9 （91.5）	11.9 （10.7）	27.33 （25.98）	6.34 （5.86）	
200	76.3 （69.4）	10.7 （9.6）	19.06 （17.98）	4.3 （3.96）	
150	63.8 （56.9）	12.6 （11.4）	17.71 （16.91）	4.18 （3.88）	200 （150,100） δ=2.5 55
100	51.3 （44.4）	15.3 （14.3）	15.72 （15.25）	3.96 （3.75）	

注：1 括号内数据为净截面；
　　2 表中各种宽度的模板，其长度规格有：1.5m、1.2m、0.9m、0.75m、0.6m和0.45m；高度全为55mm。

2 挠度应按下列公式进行验算：

$$v = \frac{5q_g L^4}{384 E I_x} \leqslant [v] \tag{5.2.1-4}$$

或
$$v = \frac{5q_g L^4}{384EI_x} + \frac{PL^3}{48EI_x} \leqslant [v] \qquad (5.2.1\text{-}5)$$

式中　q_g ——恒荷载均布线荷载标准值；

　　　P ——集中荷载标准值；

　　　E ——弹性模量；

　　　I_x ——截面惯性矩；

　　　L ——面板计算跨度；

　　　$[v]$ ——容许挠度。钢模板应按本规范表 4.4.2 采用；木和胶合板面板应按本规范第 4.4.1 条采用。

5.2.2　支承楞梁计算时，次楞一般为 2 跨以上连续楞梁，可按本规范附录 C 计算，当跨度不等时，应按不等跨连续楞梁或悬臂楞梁设计；主楞可根据实际情况按连续梁、简支梁或悬臂梁设计；同时次、主楞梁均应进行最不利抗弯强度与挠度计算，并应符合下列规定：

1　次、主楞梁抗弯强度计算

　　1）次、主钢楞梁抗弯强度应按下式计算：

$$\sigma = \frac{M_{max}}{W} \leqslant f \qquad (5.2.2\text{-}1)$$

式中　M_{max} ——最不利弯矩设计值。应从均布荷载产生的弯矩设计值 M_1、均布荷载与集中荷载产生的弯矩设计值 M_2 和悬臂端产生的弯矩设计值 M_3 三者中，选取计算结果较大者；

　　　W ——截面抵抗矩，按本规范表 5.2.2 查用；

　　　f ——钢材抗弯强度设计值，按本规范附录 A 的表 A.1.1-1 或表 A.2.1-1 采用。

　　2）次、主铝合金楞梁抗弯强度应按下式计算：

$$\sigma = \frac{M_{max}}{W} \leqslant f_{lm} \qquad (5.2.2\text{-}2)$$

式中　f_{lm} ——铝合金抗弯强度设计值，按本规范附录 A 的表 A.4.1 采用。

　　3）次、主木楞梁抗弯强度应按下式计算：

$$\sigma = \frac{M_{max}}{W} \leqslant f_m \qquad (5.2.2\text{-}3)$$

式中　f_m ——木材抗弯强度设计值，按本规范附录 A 的表 A.3.1-3、表 A.3.1-4 及表 A.3.1-5 的规定采用。

　　4）次、主钢桁架梁计算应按下列步骤进行：

　　　①钢桁架应优先选用角钢、扁钢和圆钢筋制成；

　　　②正确确定计算简图（见图 5.2.2-1～图 5.2.2-3）；

表 5.2.2　各种型钢钢楞和木楞力学性能

规　格		截面积 A（mm²）	重量（N/m）	截面惯性矩 I_x（cm⁴）	截面最小抵抗矩 W_x（cm³）
（mm）					
扁钢	—70×5	350	27.5	14.29	4.08

规　格 （mm）		截面积 A （mm²）	重量 （N/m）	截面惯性矩 I_x （cm⁴）	截面最小 抵抗矩 W_x （cm³）
角钢	L75×25×3.0	291	22.8	17.17	3.76
	L80×35×3.0	330	25.9	22.49	4.17
钢管	ϕ48×3.0	424	33.3	10.78	4.49
	ϕ48×3.5	489	38.4	12.19	5.08
	ϕ51×3.5	522	41.0	14.81	5.81
矩形 钢管	□60×40×2.5	457	35.9	21.88	7.29
	□80×40×2.0	452	35.5	37.13	9.28
	□100×50×3.0	864	67.8	112.12	22.42
薄壁 冷弯 槽钢	〔80×40×3.0	450	35.3	43.92	10.98
	〔100×50×3.0	570	44.7	88.52	12.20
内卷边 槽钢	〔80×40×15×3.0	508	39.9	48.92	12.23
	〔100×50×20×3.0	658	51.6	100.28	20.06
槽钢	〔80×43×5.0	1024	80.4	101.30	25.30
矩形 木楞	50×100	5000	30.0	416.67	83.33
	60×90	5400	32.4	364.50	81.00
	80×80	6400	38.4	341.33	85.33
	100×100	10000	60.0	833.33	166.67

③分析和准确求出节点集中荷载 P 值；

④求解桁架各杆件的内力；

⑤选择截面并应按下列公式核验杆件内力：

拉杆

$$\sigma = \frac{N}{A} \leqslant f \qquad (5.2.2\text{-}4)$$

压杆

$$\sigma = \frac{N}{\varphi A} \leqslant f \qquad (5.2.2\text{-}5)$$

式中　N ——轴向拉力或轴心压力；

　　　A ——杆件截面面积；

　　　φ ——轴心受压杆件稳定系数。根据长细比（λ）值查本规范附录 D，其中 l 为杆件计算跨度，i 为杆件回转半径；

　　　f ——钢材抗拉、抗压强度设计值。按本规范附录 A 表 A.1.1-1 或表 A.2.1-1 采用。

2　次、主楞梁抗剪强度计算

　　1）在主平面内受弯的钢实腹构件，其抗剪强度应按下式计算：

$$\tau = \frac{VS_0}{I t_w} \leqslant f_v \qquad (5.2.2\text{-}6)$$

式中　V ——计算截面沿腹板平面作用的剪力设计值；

　　　S_0 ——计算剪力应力处以上毛截面对中和轴的面积矩；

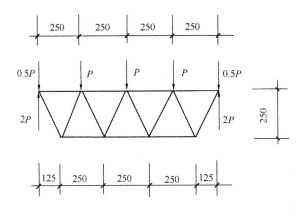

图 5.2.2-1　轻型桁架计算简图示意

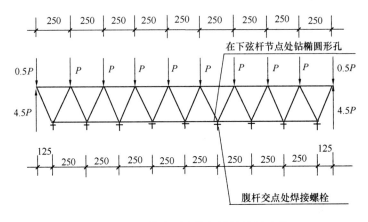

图 5.2.2-2　曲面可变桁架计算简图示意

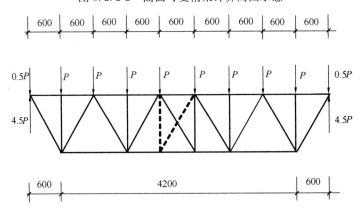

图 5.2.2-3　可调桁架跨长计算简图示意

I ——毛截面惯性矩；

t_{w} ——腹板厚度；

f_{v} ——钢材的抗剪强度设计值，查本规范附录 A 表 A.1.1-1 和表 A.2.1-1。

　　2）在主平面内受弯的木实截面构件，其抗剪强度应按下式计算：

$$\tau = \frac{VS_0}{Ib} \leqslant f_{\mathrm{v}} \tag{5.2.2-7}$$

式中　b——构件的截面宽度；

　　f_v——木材顺纹抗剪强度设计值。查本规范附录 A 表 A.3.1-3～表 A.3.1-5；

其余符号同式（5.2.2-6）。

3 挠度计算

　　1） 简支楞梁应按本规范式（5.2.1-4）或式（5.2.1-5）验算。

　　2） 连续楞梁应按本规范附录 C 中的表验算。

　　3） 桁架可近似地按有 n 个节间在集中荷载作用下的简支梁（根据集中荷载布置的不同，分为集中荷载将全跨等分成 n 个节间，见图 5.2.2-4 和边集中荷载距支座各 1/2 节间，中间部分等分成 $n-1$ 个节间，见图 5.2.2-5）考虑，采用下列简化公式验算：

当 n 为奇数节间，集中荷载 P 布置见图 5.2.2-4，挠度验算公式为：

$$v = \frac{(5n^4 - 4n^2 - 1)PL^3}{384n^3EI} \leqslant [v] = \frac{L}{1000} \tag{5.2.2-8}$$

当 n 为奇数节间，集中荷载 P 布置见图 5.2.2-5，挠度验算公式为：

$$v = \frac{(5n^4 + 2n^2 + 1)PL^3}{384n^3EI} \leqslant [v] = \frac{L}{1000} \tag{5.2.2-9}$$

当 n 为偶数节间，集中荷载 P 布置见图 5.2.2-4，挠度验算公式为：

$$v = \frac{(5n^2 - 4)PL^3}{384nEI} \leqslant [v] = \frac{L}{1000} \tag{5.2.2-10}$$

当 n 为偶数节间，集中荷载 P 布置见图 5.2.2-5，挠度验算公式为：

$$v = \frac{(5n^2 + 2)PL^3}{384nEI} \leqslant [v] = \frac{L}{1000} \tag{5.2.2-11}$$

式中　n——集中荷载 P 将全跨等分节间的个数；

　　P——集中荷载设计值；

　　L——桁架计算跨度值；

　　E——钢材的弹性模量；

　　I——跨中上、下弦及腹杆的毛截面惯性矩。

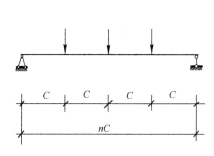 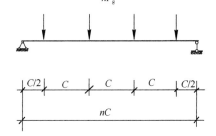

图 5.2.2-4　桁架节点集中荷载 　　　　图 5.2.2-5　桁架节点集中荷载
　　　布置图（全跨等分） 　　　　　　　　布置图（中间等分）

5.2.3 对拉螺栓应确保内、外侧模能满足设计要求的强度、刚度和整体性。

对拉螺栓强度应按下列公式计算：

$$N = abF_s \tag{5.2.3-1}$$

$$N_t^b = A_n f_t^b \tag{5.2.3-2}$$

$$N_t^b > N \tag{5.2.3-3}$$

式中 N ——对拉螺栓最大轴力设计值；

N_t^b ——对拉螺栓轴向拉力设计值，按本规范表 5.2.3 采用；

a ——对拉螺栓横向间距；

b ——对拉螺栓竖向间距；

F_s ——新浇混凝土作用于模板上的侧压力、振捣混凝土对垂直模板产生的水平荷载或倾倒混凝土时作用于模板上的侧压力设计值：

$$F_s = 0.95(r_G F + r_Q Q_{3k})$$

或

$$F_s = 0.95(r_G G_{4k} + r_Q Q_{3k});$$

其中 0.95 为荷载值折减系数；

A_n ——对拉螺栓净截面面积，按本规范表 5.2.3 采用；

f_t^b ——螺栓的抗拉强度设计值，按本规范附录 A 表 A.1.1-4 采用。

表 5.2.3 对拉螺栓轴向拉力设计值（N_t^b）

螺栓直径 （mm）	螺栓内径 （mm）	净截面面积 （mm²）	重 量 （N/m）	轴向拉力设计值 N_t^b（kN）
M12	9.85	76	8.9	12.9
M14	11.55	105	12.1	17.8
M16	13.55	144	15.8	24.5
M18	14.93	174	20.0	29.6
M20	16.93	225	24.6	38.2
M22	18.93	282	29.6	47.9

5.2.4 柱箍应采用扁钢、角钢、槽钢和木楞制成，其受力状态应为拉弯杆件，柱箍计算（图 5.2.4）应符合下列规定：

1 柱箍间距（l_1）应按下列各式的计算结果取其小值：

1） 柱模为钢面板时的柱箍间距应按下式计算：

$$l_1 \leqslant 3.276 \sqrt[4]{\frac{EI}{Fb}} \tag{5.2.4-1}$$

式中 l_1 ——柱箍纵向间距（mm）；

E ——钢材弹性模量（N/mm²），按本规范附录 A 的表 A.1.3 采用；

I ——柱模板一块板的惯性矩（mm⁴），按本规范表 5.2.1-1 或表 5.2.1-2 采用；

F ——新浇混凝土作用于柱模板的侧压力设计值（N/mm²），按本规范式（4.1.1-1）或式（4.1.1-2）计算；

b ——柱模板一块板的宽度（mm）。

2） 柱模为木面板时的柱箍间距应按下式计算：

$$l_1 \leqslant 0.783 \sqrt[3]{\frac{EI}{Fb}} \tag{5.2.4-2}$$

式中　E——柱木面板的弹性模量（N/mm²），按本规范附录 A 的表 A.3.1-3～表
　　　　A.3.1-5 采用；

　　　I——柱木面板的惯性矩（mm⁴）；

　　　b——柱木面板一块的宽度（mm）。

　　3）柱箍间距还应按下式计算：

$$l_1 \leqslant \sqrt{\frac{8Wf(\text{或 } f_\mathrm{m})}{F_\mathrm{s}b}}$$
(5.2.4-3)

式中　W——钢或木面板的抵抗矩；

　　　f——钢材抗弯强度设计值，按本规范附录 A 表 A.1.1-1 和表 A.2.1-1 采用；

　　　f_m——木材抗弯强度设计值，按本规范附录 A 表 A.3.1-3～表 A.3.1-5 采用。

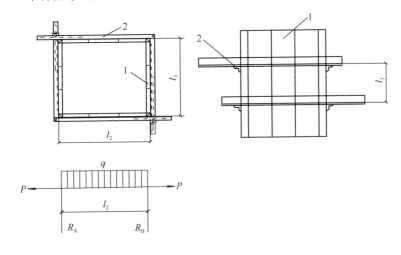

图 5.2.4　柱箍计算简图
1—钢模板；2—柱箍

　　2　柱箍强度应按拉弯杆件采用下列公式计算；当计算结果不满足本式要求时，应减
小柱箍间距或加大柱箍截面尺寸：

$$\frac{N}{A_\mathrm{n}} + \frac{M_\mathrm{x}}{W_\mathrm{nx}} \leqslant f \text{ 或 } f_\mathrm{m}$$
(5.2.4-4)

其中
$$N = \frac{ql_3}{2}$$
(5.2.4-5)

$$q = F_\mathrm{s}l_1$$
(5.2.4-6)

$$M_\mathrm{x} = \frac{ql_2^2}{8} = \frac{F_\mathrm{s}l_1l_2^2}{8}$$
(5.2.4-7)

式中　N——柱箍轴向拉力设计值；

　　　q——沿柱箍跨向垂直线荷载设计值；

　　　A_n——柱箍净截面面积；

　　　M_x——柱箍承受的弯矩设计值；

　　　W_nx——柱箍截面抵抗矩，可按本规范表 5.2.2-1 采用；

l_1——柱箍的间距；

l_2——长边柱箍的计算跨度；

l_3——短边柱箍的计算跨度。

3 挠度计算应按本规范式（5.2.1-4）进行验算。

5.2.5 木、钢立柱应承受模板结构的垂直荷载，其计算应符合下列规定：

1 木立柱计算

1） 强度计算：

$$\sigma_c = \frac{N}{A_n} \leqslant f_c \tag{5.2.5-1}$$

2） 稳定性计算：

$$\frac{N}{\varphi A_0} \leqslant f_c \tag{5.2.5-2}$$

式中 N——轴心压力设计值（N）；

A_n——木立柱受压杆件的净截面面积（mm²）；

f_c——木材顺纹抗压强度设计值（N/mm²），按本规范附录 A 表 A.3.1-3～表 A.3.1-5 及 A.3.3 条采用；

A_0——木立柱跨中毛截面面积（mm²），当无缺口时，$A_0 = A$；

φ——轴心受压杆件稳定系数，按下列各式计算：

当树种强度等级为 TC17、TC15 及 TB20 时：

$\lambda \leqslant 75$

$$\varphi = \frac{1}{1 + \left(\frac{\lambda}{80}\right)^2} \tag{5.2.5-3}$$

$\lambda > 75$

$$\varphi = \frac{3000}{\lambda^2} \tag{5.2.5-4}$$

当树种强度等级为 TC13、TC11、TB17 及 TB15 时：

$\lambda \leqslant 91$

$$\varphi = \frac{1}{1 + \left(\frac{\lambda}{65}\right)^2} \tag{5.2.5-5}$$

$\lambda > 91$

$$\varphi = \frac{2800}{\lambda^2} \tag{5.2.5-6}$$

$$\lambda = \frac{L_0}{i} \tag{5.2.5-7}$$

$$i = \sqrt{\frac{I}{A}} \tag{5.2.5-8}$$

式中 λ——长细比；

L_0——木立柱受压杆件的计算长度，按两端铰接计算 $L_0 = L$（mm），L 为单根木立柱的实际长度；

i——木立柱受压杆件的回转半径（mm）；

I——受压杆件毛截面惯性矩（mm⁴）；

A——杆件毛截面面积（mm²）。

2 工具式钢管立柱（图5.2.5-1 和图5.2.5-2）计算

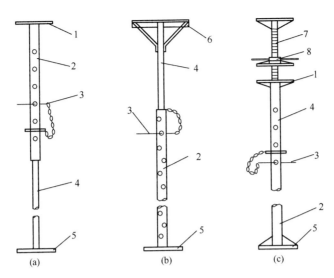

图 5.2.5-1 钢管立柱类型（一）

1—顶板；2—套管；3—插销；4—插管；5—底板；

6—琵琶撑；7—螺栓；8—转盘

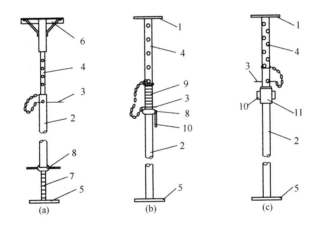

图 5.2.5-2 钢管立柱类型（二）

1—顶板；2—套管；3—插销；4—插管；5—底板；6—琵琶撑；

7—螺栓；8—转盘；9—螺管；10—手柄；11—螺旋套；

（b）—CH 型；（c）—YJ 型

1） CH 型和 YJ 型工具式钢管支柱的规格和力学性能应符合表 5.2.5-1 和表 5.2.5-2 的规定。

表 5.2.5-1　CH、YJ 型钢管支柱规格

型号 项目	CH			YJ		
	CH-65	CH-75	CH-90	YJ-18	YJ-22	YJ-27
最小使用长度（mm）	1812	2212	2712	1820	2220	2720
最大使用长度（mm）	3062	3462	3962	3090	3490	3990
调节范围（mm）	1250	1250	1250	1270	1270	1270
螺旋调节范围（mm）	170	170	170	70	70	70

型号 项目		CH			YJ		
		CH-65	CH-75	CH-90	YJ-18	YJ-22	YJ-27
容许荷载	最小长度时（kN）	20	20	20	20	20	20
	最大长度时（kN）	15	15	12	15	15	12
重量（kN）		0.124	0.132	0.148	0.1387	0.1499	0.1639

注：下套管长度应大于钢管总长的 1/2 以上。

表 5.2.5-2　CH、YJ 型钢管支柱力学性能

项　目		直径（mm）		壁厚	截面面积	惯性矩 I	回转半径 i
		外径	内径	（mm）	（mm²）	（mm⁴）	（mm）
CH	插管	48.6	43.8	2.4	348	93200	16.4
	套管	60.5	55.7	2.4	438	185100	20.6
YJ	插管	48	43	2.5	357	92800	16.1
	套管	60	55.4	2.3	417	173800	20.4

2）工具式钢管立柱受压稳定性计算：

①立柱应考虑插管与套管之间因松动而产生的偏心（按偏半个钢管直径计算），应按下式的压弯杆件计算：

$$\frac{N}{\varphi_x A} + \frac{\beta_{mx} M_x}{W_{1x}\left(1 - 0.8\dfrac{N}{N_{EX}}\right)} \leqslant f \qquad (5.2.5\text{-}9)$$

式中　N——所计算杆件的轴心压力设计值；

φ_x——弯矩作用平面内的轴心受压构件稳定系数，根据 $\lambda_x = \dfrac{\mu L_0}{i_2}$ 的值和钢材屈服强度（f_y），按本规范附录 D 的表 D 采用，其中 $\mu = \sqrt{\dfrac{1+n}{2}}$，$n = \dfrac{I_{x2}}{I_{x1}}$，$I_{x1}$ 为上插管惯性矩，I_{x2} 为下套管惯性矩；

A——钢管毛截面面积；

β_{mx}——等效弯矩系数，此处为 $\beta_{mx} = 1.0$；

M_x——弯矩作用平面内偏心弯矩值，$M_x = N \times \dfrac{d}{2}$，$d$ 为钢管支柱外径；

W_{1x}——弯矩作用平面内较大受压的毛截面抵抗矩；

N_{EX}——欧拉临界力，$N_{EX} = \dfrac{\pi^2 EA}{\lambda_x^2}$，$E$ 钢管弹性模量，按本规范附录 A 的表 A.1.3 采用。

②立柱上下端之间，在插管与套管接头处，当设有钢管扣件式的纵横向水平拉条时，应取其最大步距按两端铰接轴心受压杆件计算。

轴心受压杆件应按下式计算：

$$\frac{N}{\varphi A} \leqslant f \qquad (5.2.5\text{-}10)$$

式中　N——轴心压力设计值；

φ——轴心受压稳定系数（取截面两主轴稳定系数中的较小者），并根据构件长细比和钢材屈服强度（f_y）按本规范附录 D 表 D 采用；

A——轴心受压杆件毛截面面积；

f——钢材抗压强度设计值，按本规范附录 A 表 A.1.1-1 和表 A.2.1-1 采用。

  3）插销抗剪计算：

$$N \leqslant 2A_n f_v^b \tag{5.2.5-11}$$

式中 f_v^b——钢插销抗剪强度设计值，按本规范附录 A 表 A.1.1-4 和表 A.2.1-3 采用；

  A_n——钢插销的净截面面积。

  4）插销处钢管壁端面承压计算：

$$N \leqslant f_c^b A_c^b \tag{5.2.5-12}$$

式中 f_c^b——插销孔处管壁端承压强度设计值，按本规范附录 A 表 A.2.1-1 和表 A.2.1-3 采用；

  A_c^b——两个插销孔处管壁承压面积，$A_c^b = 2dt$，d 为插销直径，t 为管壁厚度。

 3 扣件式钢管立柱计算

  1）用对接扣件连接的钢管立柱应按单杆轴心受压构件计算，其计算应符合本规范公式（5.2.5-10），公式中计算长度采用纵横向水平拉杆的最大步距，最大步距不得大于 1.8m，步距相同时应采用底层步距；

  2）室外露天支模组合风荷载时，立柱计算应符合下式要求：

$$\frac{N_w}{\varphi A} + \frac{M_w}{W} \leqslant f \tag{5.2.5-13}$$

$$N_w = 0.9 \times \left(1.2 \sum_{i=1}^{n} N_{Gik} + 0.9 \times 1.4 \sum_{i=1}^{n} N_{Qik} \right) \tag{5.2.5-14}$$

$$M_w = \frac{0.9^2 \times 1.4 w_k l_a h^2}{10} \tag{5.2.5-15}$$

式中 $\displaystyle\sum_{i=1}^{n} N_{Gik}$——各恒载标准值对立杆产生的轴向力之和；

  $\displaystyle\sum_{i=1}^{n} N_{Qik}$——各活荷载标准值对立杆产生的轴向力之和，另加 $\dfrac{M_w}{l_b}$ 的值；

  w_k——风荷载标准值，按本规范第 4.1.3 条规定计算；

  h——纵横水平拉杆的计算步距；

  l_a——立柱迎风面的间距；

  l_b——与迎风面垂直方向的立柱间距。

 4 门形钢管立柱的轴力应作用于两端主立柱的顶端，不得承受偏心荷载。门形立柱的稳定性应按下列公式计算：

$$\frac{N}{\varphi A_0} \leqslant kf \tag{5.2.5-16}$$

其中不考虑风荷载作用时，轴向力设计值 N 应按下式计算：

$$N = 0.9 \times \left[1.2 \left(N_{Gk} H_0 + \sum_{i=1}^{n} N_{Gik} \right) + 1.4 N_{Q1k} \right] \tag{5.2.5-17}$$

当露天支模考虑风荷载时，轴向力设计值 N 应按下列公式计算取其大值：

$$N = 0.9 \times \left[1.2 \left(N_{Gk} H_0 + \sum_{i=1}^{n} N_{Gik} \right) + 0.9 \times 1.4 \left(N_{Q1k} + \frac{2M_w}{b} \right) \right] \quad (5.2.5\text{-}18)$$

$$N = 0.9 \times \left[1.35 \left(N_{Gk} H_0 + \sum_{i=1}^{n} N_{Gik} \right) \right.$$

$$\left. + 1.4 \left(0.7 N_{Q1k} + 0.6 \times \frac{2M_w}{b} \right) \right] \quad (5.2.5\text{-}19)$$

$$M_w = \frac{q_w h^2}{10} \quad (5.2.5\text{-}20)$$

$$i = \sqrt{\frac{I}{A_1}} \quad (5.2.5\text{-}21)$$

$$I = I_0 + I_1 \frac{h_1}{h_0} \quad (5.2.5\text{-}22)$$

式中 N ——作用于一榀门型支柱的轴向力设计值;

N_{Gk} ——每米高度门架及配件、水平加固杆及纵横扫地杆、剪刀撑自重产生的轴向力标准值;

$\sum\limits_{i=1}^{n} N_{Gik}$ ——一榀门架范围内所作用的模板、钢筋及新浇混凝土的各种恒载轴向力标准值总和;

N_{Q1k} ——一榀门架范围内所作用的振捣混凝土时的活荷载标准值;

H_0 ——以米为单位的门型支柱的总高度值;

M_w ——风荷载产生的弯矩标准值;

q_w ——风线荷载标准值;

h ——垂直门架平面的水平加固杆的底层步距;

A_0 ——一榀门架两边立杆的毛截面面积, $A_0 = 2A$;

k ——调整系数,可调底座调节螺栓伸出长度不超过200mm时,取1.0;伸出长度为300mm,取0.9;超过300mm,取0.8;

f ——钢管强度设计值,按本规范表A.1.1-1和表A.2.1-1采用。

φ ——门型支柱立杆的稳定系数,按 $\lambda = k_0 h_0 / i$ 查本规范附录D的表D采用;门架立柱换算截面回转半径 i,可按表5.2.5-3采用,也可按式(5.2.5-21)和式(5.2.5-22)计算;

k_0 ——长度修正系数。门型模板支柱高度 $H_0 \leqslant 30$m 时, $k_0 = 1.13$; $H_0 = 31 \sim 45$m 时, $k_0 = 1.17$; $H_0 = 46 \sim 60$m 时, $k_0 = 1.22$;

h_0 ——门型架高度,按表5.2.5-3采用;

h_1 ——门型架加强杆的高度,按表5.2.5-3采用;

A_1 ——门架一边立杆的毛截面面积,按表5.2.5-3采用;

I_0 ——门架一边立杆的毛截面惯性矩,按表5.2.5-3采用;

I_1 ——门架一边加强杆的毛截面惯性矩,按表5.2.5-3采用。

表 5.2.5-3　门型脚手架支柱钢管规格、尺寸和截面几何特性

门型架图示	钢管规格（mm）	截面积（mm²）	截面抵抗矩（mm³）	惯性矩（mm⁴）	回转半径（mm）
	$\phi48\times3.5$	489	5080	121900	15.78
	$\phi42.7\times2.4$	304	2900	61900	14.30
	$\phi42\times2.5$	310	2830	60800	14.00
	$\phi34\times2.2$	220	1640	27900	11.30
	$\phi27.2\times1.9$	151	890	12200	9.00
1—立杆；2—立杆加强杆； 3—横杆；4—横杆加强杆	$\phi26.8\times2.5$	191	1060	14200	8.60

门架代号		MF1219	
门型架 几何尺寸 （mm）	h_2	80	100
	h_0	1930	1900
	b	1219	1200
	b_1	750	800
	h_1	1536	1550
杆件外 径壁厚 （mm）	1	$\phi42.0\times2.5$	$\phi48.0\times3.5$
	2	$\phi26.8\times2.5$	$\phi26.8\times3.5$
	3	$\phi42.0\times2.5$	$\phi48.0\times3.5$
	4	$\phi26.8\times2.5$	$\phi26.8\times2.5$

注：1　表中门架代号应符合国家现行标准《门式钢管脚手架》JG 13 的规定；

2　当采用的门架集合尺寸及杆件规格与本表不符合时应按实际计算。

5.2.6　立柱底地基承载力应按下列公式计算：

$$p = \frac{N}{A} \leqslant m_f f_{ak} \tag{5.2.6}$$

式中　p——立柱底垫木的底面平均压力；

N——上部立柱传至垫木顶面的轴向力设计值；

A——垫木底面面积；

f_{ak}——地基土承载力设计值，应按现行国家标准《建筑地基基础设计规范》GB 50007 的规定或工程地质报告提供的数据采用；

m_f——立柱垫木地基土承载力折减系数，应按表 5.2.6 采用。

表 5.2.6　地基土承载力折减系数（m_f）

地基土类别	折减系数	
	支承在原土上时	支承在回填土上时
碎石土、砂土、多年填积土	0.8	0.4
粉土、黏土	0.9	0.5
岩石、混凝土	1.0	—

注：1　立柱基础应有良好的排水措施，支安垫木前应适当洒水将原土表面夯实夯平；

2　回填土应分层夯实，其各类回填土的干重度应达到所要求的密实度。

5.2.7 框架和剪力墙的模板、钢筋全部安装完毕后,应验算在本地区规定的风压作用下,整个模板系统的稳定性。其验算方法应将要求的风力与模板系统、钢筋的自重乘以相应荷载分项系数后,求其合力作用线不得超过背风面的柱脚或墙底脚的外边。

5.3 爬 模 计 算

5.3.1 爬模应由模板、支承架、附墙架和爬升动力设备等组成(见图5.3.1)。各部分计算时的荷载应按本规范第4.3.4条采用。

5.3.2 爬模模板应分别按混凝土浇筑阶段和爬升阶段验算。

5.3.3 爬模的支承架应按偏心受压格构式构件计算,应进行整体强度验算、整体稳定性验算、单肢稳定性验算和缀条验算。计算方法应按现行国家标准《钢结构设计规范》GB 50017的有关规定进行。

5.3.4 附墙架各杆件应按支承架和构造要求选用,强度和稳定性都能满足要求,可不必进行验算。

5.3.5 附墙架与钢筋混凝土外墙的穿墙螺栓连接验算应符合下列规定:

1 4个及以上穿墙螺栓应预先采用钢套管准确留出孔洞。固定附墙架时,应将螺栓预拧紧,将附墙架压紧在墙面上。

2 计算简图见图5.3.5-1。

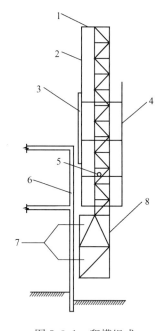

图 5.3.1 爬模组成
1—爬模的支承架;2—爬模用爬杆;3—大模板;
4—脚手架;5—爬升爬架用的千斤顶;6—钢筋
混凝土外墙;7—附墙连接螺栓;8—附墙架

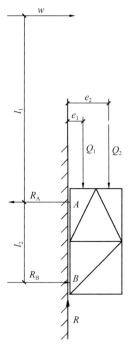

图 5.3.5-1 附墙架与墙
连接螺栓计算简图

图中符号:

w——作用在模板上的风荷载,风向背离墙面;

246

l_1——风荷载与上排固定附墙架螺栓的距离；

l_2——两排固定附墙架螺栓的间距；

Q_1——模板传来的荷载，离开墙面 e_1；

Q_2——支承架传来的荷载，离开墙面 e_2；

R_A——固定附墙架的上排螺栓拉力；

R_B——固定附墙架的下排螺栓拉力；

R——垂直反力。

3 应按一个螺栓的剪、拉强度及综合公式小于1的验算，还应验算附墙架靠墙肢轴力对螺栓产生的抗弯强度计算。

4 螺栓孔壁局部承压应按下列公式计算（图5.3.5-2）：

$$\begin{cases} 4R_2b - Q_i(2b_1+3c) = 0 \\ R_1 - R_2 - Q_i = 0 \\ R_1(b-b_1) - R_2b_1 = 0 \end{cases}$$
$$(5.3.5\text{-}1)$$

$$F_i = 1.5\beta f_c A_m \quad (5.3.5\text{-}2)$$

$$F_i > R_1 \text{ 或 } R_2 \quad (5.3.5\text{-}3)$$

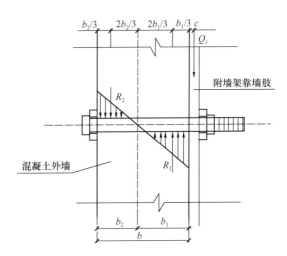

图5.3.5-2 螺栓孔混凝土承压计算

式中 R_1、R_2——一个螺栓预留孔混凝土孔壁所承受的压力；

b——混凝土外墙的厚度；

b_1、b_2——孔壁压力 R_1、R_2 沿外墙厚度方向承压面的长度；

F_i——一个螺栓预留孔混凝土孔壁局部承压允许设计值；

β——混凝土局部承压提高系数，采用1.73；

f_c——按实测所得混凝土强度等级的轴心抗压强度设计值；

A_m——一个螺栓局部承压净面积，$A_m = db_1$（d 为螺栓直径，有套管时为套管外径）；

Q_i——一个螺栓所承受的竖向外力设计值；

c——附墙架靠墙肢的形心与墙面的距离再另加3mm离外墙边的空隙。

6 模板构造与安装

6.1 一般规定

6.1.1 模板安装前必须做好下列安全技术准备工作：

1 应审查模板结构设计与施工说明书中的荷载、计算方法、节点构造和安全措施，设计审批手续应齐全。

2 应进行全面的安全技术交底，操作班组应熟悉设计与施工说明书，并应做好模板安装作业的分工准备。采用爬模、飞模、隧道模等特殊模板施工时，所有参加作业人员必须经过专门技术培训，考核合格后方可上岗。

3 应对模板和配件进行挑选、检测，不合格者应剔除，并应运至工地指定地点堆放。

4 备齐操作所需的一切安全防护设施和器具。

6.1.2 模板构造与安装应符合下列规定：

1 模板安装应按设计与施工说明书顺序拼装。木杆、钢管、门架等支架立柱不得混用。

2 竖向模板和支架立柱支承部分安装在基土上时，应加设垫板，垫板应有足够强度和支承面积，且应中心承载。基土应坚实，并应有排水措施。对湿陷性黄土应有防水措施；对特别重要的结构工程可采用混凝土、打桩等措施防止支架柱下沉。对冻胀性土应有防冻融措施。

3 当满堂或共享空间模板支架立柱高度超过 8m 时，若地基土达不到承载要求，无法防止立柱下沉，则应先施工地面下的工程，再分层回填夯实基土，浇筑地面混凝土垫层，达到强度后方可支模。

4 模板及其支架在安装过程中，必须设置有效防倾覆的临时固定设施。

5 现浇钢筋混凝土梁、板，当跨度大于 4m 时，模板应起拱；当设计无具体要求时，起拱高度宜为全跨长度的 1/1000～3/1000。

6 现浇多层或高层房屋和构筑物，安装上层模板及其支架应符合下列规定：

    1） 下层楼板应具有承受上层施工荷载的承载能力，否则应加设支撑支架；

    2） 上层支架立柱应对准下层支架立柱，并应在立柱底铺设垫板；

    3） 当采用悬臂吊模板、桁架支模方法时，其支撑结构的承载能力和刚度必须符合设计构造要求。

7 当层间高度大于 5m 时，应选用桁架支模或钢管立柱支模。当层间高度小于或等于 5m 时，可采用木立柱支模。

6.1.3 安装模板应保证工程结构和构件各部分形状、尺寸和相互位置的正确，防止漏浆，构造应符合模板设计要求。

模板应具有足够的承载能力、刚度和稳定性，应能可靠承受新浇混凝土自重和侧压力以及施工过程中所产生的荷载。

6.1.4 拼装高度为 2m 以上的竖向模板，不得站在下层模板上拼装上层模板。安装过程中应设置临时固定设施。

6.1.5 当承重焊接钢筋骨架和模板一起安装时，应符合下列规定：

1 梁的侧模、底模必须固定在承重焊接钢筋骨架的节点上。

2 安装钢筋模板组合体时，吊索应按模板设计的吊点位置绑扎。

6.1.6 当支架立柱成一定角度倾斜，或其支架立柱的顶表面倾斜时，应采取可靠措施确保支点稳定，支撑底脚必须有防滑移的可靠措施。

6.1.7 除设计图另有规定者外，所有垂直支架柱应保证其垂直。

6.1.8 对梁和板安装二次支撑前，其上不得有施工荷载，支撑的位置必须正确。安装后所传给支撑或连接件的荷载不应超过其允许值。

6.1.9 支撑梁、板的支架立柱构造与安装应符合下列规定：

1 梁和板的立柱，其纵横向间距应相等或成倍数。

2 木立柱底部应设垫木，顶部应设支撑头。钢管立柱底部应设垫木和底座，顶部应设可调支托，U 形支托与楞梁两侧间如有间隙，必须楔紧，其螺杆伸出钢管顶部不得大于 200mm，螺杆外径与立柱钢管内径的间隙不得大于 3mm，安装时应保证上下同心。

3 在立柱底距地面 200mm 高处，沿纵横水平方向应按下纵上横的程序设扫地杆。可调支托底部的立柱顶端应沿纵横向设置一道水平拉杆。扫地杆与顶部水平拉杆之间的间距，在满足模板设计所确定的水平拉杆步距要求条件下，进行平均分配确定步距后，在每一步距处纵横向应各设一道水平拉杆。当层高在 8～20m 时，在最顶步距两水平拉杆中间应加设一道水平拉杆；当层高大于 20m 时，在最顶两步距水平拉杆中间应分别增加一道水平拉杆。所有水平拉杆的端部均应与四周建筑物顶紧顶牢。无处可顶时，应在水平拉杆端部和中部沿竖向设置连续式剪刀撑。

4 木立柱的扫地杆、水平拉杆、剪刀撑应采用 40mm×50mm 木条或 25mm×80mm 的木板条与木立柱钉牢。钢管立柱的扫地杆、水平拉杆、剪刀撑应采用 ϕ 48mm×3.5mm 钢管，用扣件与钢管立柱扣牢。木扫地杆、水平拉杆、剪刀撑应采用搭接，并应采用铁钉钉牢。钢管扫地杆、水平拉杆应采用对接，剪刀撑应采用搭接，搭接长度不得小于 500mm，并应采用 2 个旋转扣件分别在离杆端不小于 100mm 处进行固定。

6.1.10 施工时，在已安装好的模板上的实际荷载不得超过设计值。已承受荷载的支架和附件，不得随意拆除或移动。

6.1.11 组合钢模板、滑升模板等的构造与安装，尚应符合现行国家标准《组合钢模板技术规范》GB 50214 和《滑动模板工程技术规范》GB 50113 的相应规定。

6.1.12 安装模板时，安装所需各种配件应置于工具箱或工具袋内，严禁散放在模板或脚手板上；安装所用工具应系挂在作业人员身上或置于所配带的工具袋中，不得掉落。

6.1.13 当模板安装高度超过 3.0m 时，必须搭设脚手架，除操作人员外，脚手架下不得站其他人。

6.1.14 吊运模板时，必须符合下列规定：

1 作业前应检查绳索、卡具、模板上的吊环，必须完整有效，在升降过程中应设专人指挥，统一信号，密切配合。

2 吊运大块或整体模板时，竖向吊运不应少于 2 个吊点，水平吊运不应少于 4 个吊点。吊运必须使用卡环连接，并应稳起稳落，待模板就位连接牢固后，方可摘除卡环。

3 吊运散装模板时，必须码放整齐，待捆绑牢固后方可起吊。

4 严禁起重机在架空输电线路下面工作。

5 遇 5 级及以上大风时，应停止一切吊运作业。

6.1.15 木料应堆放在下风向，离火源不得小于 30m，且料场四周应设置灭火器材。

6.2 支架立柱构造与安装

6.2.1 梁式或桁架式支架的构造与安装应符合下列规定：

1 采用伸缩式桁架时，其搭接长度不得小于 500mm，上下弦连接销钉规格、数量应按设计规定，并应采用不少于2个U形卡或钢销钉销紧，2个U形卡距或销距不得小于400mm。

2 安装的梁式或桁架式支架的间距设置应与模板设计图一致。

3 支承梁式或桁架式支架的建筑结构应具有足够强度，否则，应另设立柱支撑。

4 若桁架采用多榀成组排放，在下弦折角处必须加设水平撑。

6.2.2 工具式立柱支撑的构造与安装应符合下列规定：

1 工具式钢管单立柱支撑的间距应符合支撑设计的规定。

2 立柱不得接长使用。

3 所有夹具、螺栓、销子和其他配件应处在闭合或拧紧的位置。

4 立杆及水平拉杆构造应符合本规范第6.1.9条的规定。

6.2.3 木立柱支撑的构造与安装应符合下列规定：

1 木立柱宜选用整料，当不能满足要求时，立柱的接头不宜超过1个，并应采用对接夹板接头方式。立柱底部可采用垫块垫高，但不得采用单码砖垫高，垫高高度不得超过300mm。

2 木立柱底部与垫木之间应设置硬木对角楔调整标高，并应用铁钉将其固定在垫木上。

3 木立柱间距、扫地杆、水平拉杆、剪刀撑的设置应符合本规范6.1.9条的规定，严禁使用板皮替代规定的拉杆。

4 所有单立柱支撑应在底垫木和梁底模板的中心，并应与底部垫木和顶部梁底模板紧密接触，且不得承受偏心荷载。

5 当仅为单排立柱时，应在单排立柱的两边每隔3m加设斜支撑，且每边不得少于2根，斜支撑与地面的夹角应为60°。

6.2.4 当采用扣件式钢管作立柱支撑时，其构造与安装应符合下列规定：

1 钢管规格、间距、扣件应符合设计要求。每根立柱底部应设置底座及垫板，垫板厚度不得小于50mm。

2 钢管支架立柱间距、扫地杆、水平拉杆、剪刀撑的设置应符合本规范第6.1.9条的规定。当立柱底部不在同一高度时，高处的纵向扫地杆应向低处延长不少于2跨，高低差不得大于1m，立柱距边坡上方边缘不得小于0.5m。

3 立柱接长严禁搭接，必须采用对接扣件连接，相邻两立柱的对接接头不得在同步内，且对接接头沿竖向错开的距离不宜小于500mm，各接头中心距主节点不宜大于步距的1/3。

4 严禁将上段的钢管立柱与下段钢管立柱错开固定在水平拉杆上。

5 满堂模板和共享空间模板支架立柱，在外侧周圈应设由下至上的竖向连续式剪刀撑；中间在纵横向应每隔10m左右设由下至上的竖向连续式剪刀撑，其宽度宜为4～6m，并在剪刀撑部位的顶部、扫地杆处设置水平剪刀撑（图6.2.4-1）。剪刀撑杆件的底端应与地面顶紧，夹角宜为45°～60°。当建筑层高在8～20m时，除应满足上述规定外，还应在纵横向相邻的两竖向连续式剪刀撑之间增加之字斜撑，在有水平剪刀撑的部位，应在每个剪刀撑中间处增加一道水平剪刀撑（图6.2.4-2）。当建筑层高超过20m时，在满足以上规定的基础上，应将所有之字斜撑全部改为连续式剪刀撑（图6.2.4-3）。

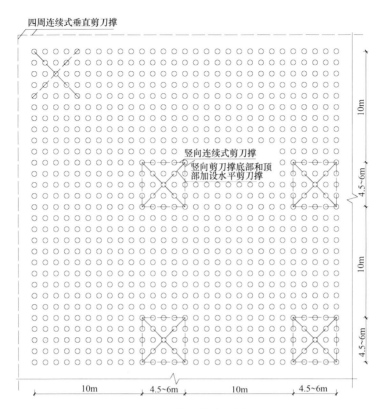

图 6.2.4-1 剪刀撑布置图（一）

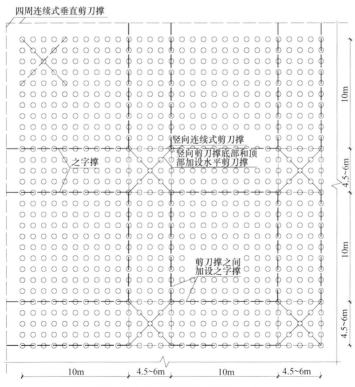

图 6.2.4-2 剪刀撑布置图（二）

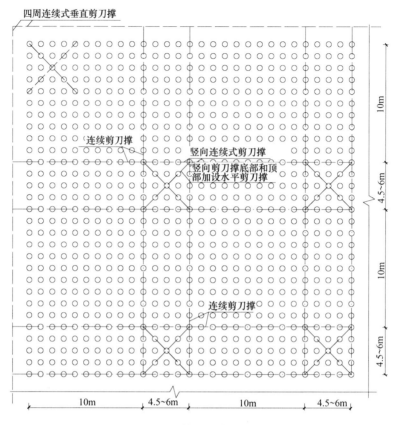

图 6.2.4-3 剪刀撑布置图（三）

6 当支架立柱高度超过 **5m** 时，应在立柱周圈外侧和中间有结构柱的部位，按水平间距 **6～9m**、竖向间距 **2～3m** 与建筑结构设置一个固结点。

6.2.5 当采用标准门架作支撑时，其构造与安装应符合下列规定：

1 门架的跨距和间距应按设计规定布置，间距宜小于 1.2m；支撑架底部垫木上应设固定底座或可调底座。门架、调节架及可调底座，其高度应按其支撑的高度确定。

2 门架支撑可沿梁轴线垂直和平行布置。当垂直布置时，在两门架间的两侧应设置交叉支撑；当平行布置时，在两门架间的两侧亦应设置交叉支撑，交叉支撑应与立杆上的锁销锁牢，上下门架的组装连接必须设置连接棒及锁臂。

3 当门架支撑宽度为 4 跨及以上或 5 个间距及以上时，应在周边底层、顶层、中间每 5 列、5 排在每门架立杆跟部设 $\phi48\text{mm} \times 3.5\text{mm}$ 通长水平加固杆，并应采用扣件与门架立杆扣牢。

4 当门架支撑高度超过 8m 时，应按本规范第 6.2.4 条的规定执行，剪刀撑不应大于 4 个间距，并应采用扣件与门架立杆扣牢。

5 顶部操作层应采用挂扣式脚手板满铺。

6.2.6 悬挑结构立柱支撑的安装应符合下列要求：

1 多层悬挑结构模板的上下立柱应保持在同一条垂直线上。

2 多层悬挑结构模板的立柱应连续支撑，并不得少于 3 层。

6.3 普通模板构造与安装

6.3.1 基础及地下工程模板应符合下列规定：

1 地面以下支模应先检查土壁的稳定情况，当有裂纹及塌方危险迹象时，应采取安全防范措施后，方可下人作业。当深度超过 2m 时，操作人员应设梯上下。

2 距基槽（坑）上口边缘 1m 内不得堆放模板。向基槽（坑）内运料应使用起重机、溜槽或绳索；运下的模板严禁立放在基槽（坑）土壁上。

3 斜支撑与侧模的夹角不应小于 45°，支在土壁的斜支撑应加设垫板，底部的对角楔木应与斜支撑连牢。高大长脖基础若采用分层支模时，其下层模板应经就位校正并支撑稳固后，方可进行上一层模板的安装。

4 在有斜支撑的位置，应在两侧模间采用水平撑连成整体。

6.3.2 柱模板应符合下列规定：

1 现场拼装柱模时，应适时地安设临时支撑进行固定，斜撑与地面的倾角宜为 60°，严禁将大片模板系在柱子钢筋上。

2 待四片柱模就位组拼经对角线校正无误后，应立即自下而上安装柱箍。

3 若为整体预组合柱模，吊装时应采用卡环和柱模连接，不得采用钢筋钩代替。

4 柱模校正（用四根斜支撑或用连接在柱模顶四角带花篮螺栓的揽风绳，底端与楼板钢筋拉环固定进行校正）后，应采用斜撑或水平撑进行四周支撑，以确保整体稳定。当高度超过 4m 时，应群体或成列同时支模，并应将支撑连成一体，形成整体框架体系。当需单根支模时，柱宽大于 500mm 应每边在同一标高上设置不得少于 2 根斜撑或水平撑。斜撑与地面的夹角宜为 45°～60°，下端尚应有防滑移的措施。

5 角柱模板的支撑，除满足上款要求外，还应在里侧设置能承受拉力和压力的斜撑。

6.3.3 墙模板应符合下列规定：

1 当采用散拼定型模板支模时，应自下而上进行，必须在下一层模板全部紧固后，方可进行上一层安装。当下层不能独立安设支撑件时，应采取临时固定措施。

2 当采用预拼装的大块墙模板进行支模安装时，严禁同时起吊 2 块模板，并应边就位、边校正、边连接，固定后方可摘钩。

3 安装电梯井内墙模前，必须在板底下 200mm 处牢固地满铺一层脚手板。

4 模板未安装对拉螺栓前，板面应向后倾一定角度。

5 当钢楞长度需接长时，接头处应增加相同数量和不小于原规格的钢楞，其搭接长度不得小于墙模板宽或高的15%～20%。

6 拼接时的 U 形卡应正反交替安装，间距不得大于 300mm；2 块模板对接接缝处的 U 形卡应满装。

7 对拉螺栓与墙模板应垂直，松紧应一致，墙厚尺寸应正确。

8 墙模板内外支撑必须坚固、可靠，应确保模板的整体稳定。当墙模板外面无法设置支撑时，应在里面设置能承受拉力和压力的支撑。多排并列且间距不大的墙模板，当其与支撑互成一体时，应采取措施，防止灌筑混凝土时引起临近模板变形。

6.3.4 独立梁和整体楼盖梁结构模板应符合下列规定：

1 安装独立梁模板时应设安全操作平台，并严禁操作人员站在独立梁底模或柱模支架上操作及上下通行。

2 底模与横楞应拉结好，横楞与支架、立柱应连接牢固。

3 安装梁侧模时，应边安装边与底模连接，当侧模高度多于 2 块时，应采取临时固定措施。

4 起拱应在侧模内外楞连固前进行。

5 单片预组合梁模，钢楞与板面的拉结应按设计规定制作，并应按设计吊点试吊无误后，方可正式吊运安装，侧模与支架支撑稳定后方准摘钩。

6.3.5 楼板或平台板模板应符合下列规定：

1 当预组合模板采用桁架支模时，桁架与支点的连接应固定牢靠，桁架支承应采用平直通长的型钢或木方。

2 当预组合模板块较大时，应加钢楞后方可吊运。当组合模板为错缝拼配时，板下横楞应均匀布置，并应在模板端穿插销。

3 单块模就位安装，必须待支架搭设稳固、板下横楞与支架连接牢固后进行。

4 U 形卡应按设计规定安装。

6.3.6 其他结构模板应符合下列规定：

1 安装圈梁、阳台、雨篷及挑檐等模板时，其支撑应独立设置，不得支搭在施工脚手架上。

2 安装悬挑结构模板时，应搭设脚手架或悬挑工作台，并应设置防护栏杆和安全网。作业处的下方不得有人通行或停留。

3 烟囱、水塔及其他高大构筑物的模板，应编制专项施工设计和安全技术措施，并应详细地向操作人员进行交底后方可安装。

4 在危险部位进行作业时，操作人员应系好安全带。

6.4 爬升模板构造与安装

6.4.1 进入施工现场的爬升模板系统中的大模板、爬升支架、爬升设备、脚手架及附件等，应按施工组织设计及有关图纸验收，合格后方可使用。

6.4.2 爬升模板安装时，应统一指挥，设置警戒区与通信设施，做好原始记录。并应符合下列规定：

1 检查工程结构上预埋螺栓孔的直径和位置，并应符合图纸要求。

2 爬升模板的安装顺序应为底座、立柱、爬升设备、大模板、模板外侧吊脚手。

6.4.3 施工过程中爬升大模板及支架时，应符合下列规定：

1 爬升前，应检查爬升设备的位置、牢固程度、吊钩及连接杆件等，确认无误后，拆除相邻大模板及脚手架间的连接杆件，使各个爬升模板单元彻底分开。

2 爬升时，应先收紧千斤钢丝绳，吊住大模板或支架，然后拆卸穿墙螺栓，并检查再无任何连接，卡环和安全钩无问题，调整好大模板或支架的重心，保持垂直，开始爬升。爬升时，作业人员应站在固定件上，不得站在爬升件上爬升，爬升过程中应防止晃动与扭转。

3 每个单元的爬升不宜中途交接班，不得隔夜再继续爬升。每单元爬升完毕应及时固定。

4 大模板爬升时，新浇混凝土的强度不应低于 $1.2N/mm^2$。支架爬升时的附墙架穿墙螺栓受力处的新浇混凝土强度应达到 $10N/mm^2$ 以上。

5 爬升设备每次使用前均应检查，液压设备应由专人操作。

6.4.4 作业人员应背工具袋，以便存放工具和拆下的零件，防止物件跌落，且严禁高空向下抛物。

6.4.5 每次爬升组合安装好的爬升模板、金属件应涂刷防锈漆，板面应涂刷脱模剂。

6.4.6 爬模的外附脚手架或悬挂脚手架应满铺脚手板，脚手架外侧应设防护栏杆和安全网。爬架底部亦应满铺脚手板和设置安全网。

6.4.7 每步脚手架间应设置爬梯，作业人员应由爬梯上下，进入爬架应在爬架内上下，严禁攀爬模板、脚手架和爬架外侧。

6.4.8 脚手架上不应堆放材料，脚手架上的垃圾应及时清除。如需临时堆放少量材料或机具，必须及时取走，且不得超过设计荷载的规定。

6.4.9 所有螺栓孔均应安装螺栓，螺栓应采用 $50\sim60N\cdot m$ 的扭矩紧固。

6.5 飞模构造与安装

6.5.1 飞模的制作组装必须按设计图进行。运到施工现场后，应按设计要求检查合格后方可使用安装。安装前应进行一次试压和试吊，检验确认各部件无隐患。对利用组合钢模板、门式脚手架、钢管脚手架组装的飞模，所用的材料、部件应符合现行国家标准《组合钢模板技术规范》GB 50214、《冷弯薄壁型钢结构技术规范》GB 50018 以及其他专业技术规范的要求。凡属采用铝合金型材、木或竹塑胶合板组装的飞模，所用材料及部件应符合有关专业标准的要求。

6.5.2 飞模起吊时，应在吊离地面 0.5m 后停下，待飞模完全平衡后再起吊。吊装应使用安全卡环，不得使用吊钩。

6.5.3 飞模就位后，应立即在外侧设置防护栏，其高度不得小于 1.2m，外侧应另加设安全网，同时应设置楼层护栏。并应准确、牢固地搭设出模操作平台。

6.5.4 当飞模在不同楼层转运时，上下层的信号人员应分工明确、统一指挥、统一信号，并应采用步话机联络。

6.5.5 当飞模转运采用地滚轮推出时，前滚轮应高出后滚轮 $10\sim20mm$，并应将飞模重心标画在旁侧，严禁外侧吊点在未挂钩前将飞模向外倾斜。

6.5.6 飞模外推时，必须用多根安全绳一端牢固栓在飞模两侧，另一端围绕在飞模两侧建筑物的可靠部位上，并应设专人掌设；缓慢推出飞模，并松放安全绳，飞模外端吊点的钢丝绳应逐渐收紧，待内外端吊钩挂牢后再转运起吊。

6.5.7 在飞模上操作的挂钩作业人员应穿防滑鞋，且应系好安全带，并应挂在上层的预埋铁环上。

6.5.8 吊运时，飞模上不得站人和存放自由物料，操作电动平衡吊具的作业人员应站在楼面上，并不得斜拉歪吊。

6.5.9 飞模出模时，下层应设安全网，且飞模每运转一次后应检查各部件的损坏情况，同时应对所有的连接螺栓重新进行紧固。

6.6 隧道模构造与安装

6.6.1 组装好的半隧道模应按模板编号顺序吊装就位。并应将 2 个半隧道模顶板边缘的角钢用连接板和螺栓进行连接。

6.6.2 合模后应采用千斤顶升降模板的底沿，按导墙上所确定的水准点调整到设计标高，并应采用斜支撑和垂直支撑调整模板的水平度和垂直度，再将连接螺栓拧紧。

6.6.3 支卸平台构架的支设，必须符合下列规定：

1 支卸平台的设计应便于支卸平台吊装就位，平台的受力应合理。

2 平台桁架中立柱下面的垫板，必须落在楼板边缘以内 400mm 左右，并应在楼层下相应位置加设临时垂直支撑。

3 支卸平台台面的顶面，必须和混凝土楼面齐平，并应紧贴楼面边缘。相邻支卸平台间的空隙不得过大。支卸平台外周边应设安全护栏和安全网。

6.6.4 山墙作业平台应符合下列规定：

1 隧道模拆除吊离后，应将特制 U 形卡承托对准山墙的上排对拉螺栓孔，从外向内插入，并用螺帽紧固。U 形卡承托的间距不得大于 1.5m。

2 将作业平台吊至已埋设的 U 形卡位置就位，并将平台每根垂直杆件上的 $\phi30$ 水平杆件落入 U 形卡内，平台下部靠墙的垂直支撑用穿墙螺栓紧固。

3 每个山墙作业平台的长度不应超过 7.5m，且不应小于 2.5m，并应在端头分别增加外挑 1.5m 的三角平台。作业平台外周边应设安全护栏和安全网。

7 模 板 拆 除

7.1 模 板 拆 除 要 求

7.1.1 模板的拆除措施应经技术主管部门或负责人批准，拆除模板的时间可按现行国家标准《混凝土结构工程施工质量验收规范》GB 50204 的有关规定执行。冬期施工的拆模，应符合专门规定。

7.1.2 当混凝土未达到规定强度或已达到设计规定强度，需提前拆模或承受部分超设计荷载时，必须经过计算和技术主管确认其强度能足够承受此荷载后，方可拆除。

7.1.3 在承重焊接钢筋骨架作配筋的结构中，承受混凝土重量的模板，应在混凝土达到设计强度的 25% 后方可拆除承重模板。当在已拆除模板的结构上加置荷载时，应另行核算。

7.1.4 大体积混凝土的拆模时间除应满足混凝土强度要求外，还应使混凝土内外温差降低到 25℃ 以下时方可拆模。否则应采取有效措施防止产生温度裂缝。

7.1.5 后张预应力混凝土结构的侧模宜在施加预应力前拆除，底模应在施加预应力后拆除。当设计有规定时，应按规定执行。

7.1.6 拆模前应检查所使用的工具有效和可靠，扳手等工具必须装入工具袋或系挂在身上，并应检查拆模场所范围内的安全措施。

7.1.7 模板的拆除工作应设专人指挥。作业区应设围栏，其内不得有其他工种作业，并应设专人负责监护。拆下的模板、零配件严禁抛掷。

7.1.8 拆模的顺序和方法应按模板的设计规定进行。当设计无规定时，可采取先支的后拆、后支的先拆、先拆非承重模板、后拆承重模板，并应从上而下进行拆除。拆下的模板不得抛扔，应按指定地点堆放。

7.1.9 多人同时操作时，应明确分工、统一信号或行动，应具有足够的操作面，人员应站在安全处。

7.1.10 高处拆除模板时，应符合有关高处作业的规定。严禁使用大锤和撬棍，操作层上临时拆下的模板堆放不能超过 3 层。

7.1.11 在提前拆除互相搭连并涉及其他后拆模板的支撑时，应补设临时支撑。拆模时，应逐块拆卸，不得成片撬落或拉倒。

7.1.12 拆模如遇中途停歇，应将已拆松动、悬空、浮吊的模板或支架进行临时支撑牢固或相互连接稳固。对活动部件必须一次拆除。

7.1.13 已拆除了模板的结构，应在混凝土强度达到设计强度值后方可承受全部设计荷载。若在未达到设计强度以前，需在结构上加置施工荷载时，应另行核算，强度不足时，应加设临时支撑。

7.1.14 遇 6 级或 6 级以上大风时，应暂停室外的高处作业。雨、雪、霜后应先清扫施工现场，方可进行工作。

7.1.15 拆除有洞口模板时，应采取防止操作人员坠落的措施。洞口模板拆除后，应按国家现行标准《建筑施工高处作业安全技术规范》JGJ 80 的有关规定及时进行防护。

7.2 支 架 立 柱 拆 除

7.2.1 当拆除钢楞、木楞、钢桁架时，应在其下面临时搭设防护支架，使所拆楞梁及桁架先落在临时防护支架上。

7.2.2 当立柱的水平拉杆超出 2 层时，应首先拆除 2 层以上的拉杆。当拆除最后一道水平拉杆时，应和拆除立柱同时进行。

7.2.3 当拆除 4~8m 跨度的梁下立柱时，应先从跨中开始，对称地分别向两端拆除。拆除时，严禁采用连梁底板向旁侧一片拉倒的拆除方法。

7.2.4 对于多层楼板模板的立柱，当上层及以上楼板正在浇筑混凝土时，下层楼板立柱的拆除，应根据下层楼板结构混凝土强度的实际情况，经过计算确定。

7.2.5 拆除平台、楼板下的立柱时，作业人员应站在安全处。

7.2.6 对已拆下的钢楞、木楞、桁架、立柱及其他零配件应及时运到指定地点。对有芯钢管立柱运出前应先将芯管抽出或用销卡固定。

7.3 普 通 模 板 拆 除

7.3.1 拆除条形基础、杯形基础、独立基础或设备基础的模板时，应符合下列规定：

1 拆除前应先检查基槽（坑）土壁的安全状况，发现有松软、龟裂等不安全因素时，应在采取安全防范措施后，方可进行作业。

2 模板和支撑杆件等应随拆随运，不得在离槽（坑）上口边缘 1m 以内堆放。

3 拆除模板时，施工人员必须站在安全地方。应先拆内外木楞、再拆木面板；钢模板应先拆钩头螺栓和内外钢楞，后拆 U 形卡和 L 形插销，拆下的钢模板应妥善传递或用绳钩放置地面，不得抛掷。拆下的小型零配件应装入工具袋内或小型箱笼内，不得随处乱扔。

7.3.2 拆除柱模应符合下列规定：

1 柱模拆除应分别采用分散拆和分片拆 2 种方法。分散拆除的顺序应为：

拆除拉杆或斜撑、自上而下拆除柱箍或横楞、拆除竖楞、自上而下拆除配件及模板、运走分类堆放、清理、拔钉、钢模维修、刷防锈油或脱模剂、入库备用。

分片拆除的顺序应为：

拆除全部支撑系统、自上而下拆除柱箍及横楞、拆掉柱角 U 形卡、分 2 片或 4 片拆除模板、原地清理、刷防锈油或脱模剂、分片运至新支模地点备用。

2 柱子拆下的模板及配件不得向地面抛掷。

7.3.3 拆除墙模应符合下列规定：

1 墙模分散拆除顺序应为：

拆除斜撑或斜拉杆、自上而下拆除外楞及对拉螺栓、分层自上而下拆除木楞或钢楞及零配件和模板、运走分类堆放、拔钉清理或清理检修后刷防锈油或脱模剂、入库备用。

2 预组拼大块墙模拆除顺序应为：

拆除全部支撑系统、拆卸大块墙模接缝处的连接型钢及零配件、拧去固定埋设件的螺栓及大部分对拉螺栓、挂上吊装绳扣并略拉紧吊绳后，拧下剩余对拉螺栓，用方木均匀敲击大块墙模立楞及钢模板，使其脱离墙体，用撬棍轻轻外撬大块墙模板使全部脱离，指挥起吊、运走、清理、刷防锈油或脱模剂备用。

3 拆除每一大块墙模的最后 2 个对拉螺栓后，作业人员应撤离大模板下侧，以后的操作均应在上部进行。个别大块模板拆除后产生局部变形者应及时整修好。

4 大块模板起吊时，速度要慢，应保持垂直，严禁模板碰撞墙体。

7.3.4 拆除梁、板模板应符合下列规定：

1 梁、板模板应先拆梁侧模，再拆板底模，最后拆除梁底模，并应分段分片进行，严禁成片撬落或成片拉拆。

2 拆除时，作业人员应站在安全的地方进行操作，严禁站在已拆或松动的模板上进行拆除作业。

3 拆除模板时，严禁用铁棍或铁锤乱砸，已拆下的模板应妥善传递或用绳钩放至地面。

4 严禁作业人员站在悬臂结构边缘敲拆下面的底模。

5 待分片、分段的模板全部拆除后，方允许将模板、支架、零配件等按指定地点运出堆放，并进行拔钉、清理、整修、刷防锈油或脱模剂、入库备用。

7.4 特殊模板拆除

7.4.1 对于拱、薄壳、圆穹屋顶和跨度大于 8m 的梁式结构，应按设计规定的程序和方式从中心沿环圈对称向外或从跨中对称向两边均匀放松模板支架立柱。

7.4.2 拆除圆形屋顶、筒仓下漏斗模板时，应从结构中心处的支架立柱开始，按同心圆层次对称地拆向结构的周边。

7.4.3 拆除带有拉杆拱的模板时，应在拆除前先将拉杆拉紧。

7.5 爬升模板拆除

7.5.1 拆除爬模应有拆除方案，且应由技术负责人签署意见，应向有关人员进行安全技术交底后，方可实施拆除。

7.5.2 拆除时应先清除脚手架上的垃圾杂物，并应设置警戒区由专人监护。

7.5.3 拆除时应设专人指挥，严禁交叉作业。拆除顺序应为：悬挂脚手架和模板、爬升设备、爬升支架。

7.5.4 已拆除的物件应及时清理、整修和保养，并运至指定地点备用。

7.5.5 遇 5 级以上大风应停止拆除作业。

7.6 飞 模 拆 除

7.6.1 脱模时，梁、板混凝土强度等级不得小于设计强度的 75%。

7.6.2 飞模的拆除顺序、行走路线和运到下一个支模地点的位置，均应按飞模设计的有关规定进行。

7.6.3 拆除时应先用千斤顶顶住下部水平连接管，再拆去木楔或砖墩（或拔出钢套管连接螺栓，提起钢套管）。推入可任意转向的四轮台车，松千斤顶使飞模落在台车上，随后推运至主楼板外侧搭设的平台上，用塔吊吊至上层重复使用。若不需重复使用时，应按普通模板的方法拆除。

7.6.4 飞模拆除必须有专人统一指挥，飞模尾部应绑安全绳，安全绳的另一端应套在坚固的建筑结构上，且在推运时应徐徐放松。

7.6.5 飞模推出后，楼层外边缘应立即绑好护身栏。

7.7 隧 道 模 拆 除

7.7.1 拆除前应对作业人员进行安全技术交底和技术培训。

7.7.2 拆除导墙模板时，应在新浇混凝土强度达到 $1.0N/mm^2$ 后，方准拆模。

7.7.3 拆除隧道模应按下列顺序进行：

1 新浇混凝土强度应在达到承重模板拆模要求后，方准拆模。

2 应采用长柄手摇螺帽杆将连接顶板的连接板上的螺栓松开，并应将隧道模分成 2 个半隧道模。

3 拔除穿墙螺栓，并旋转垂直支撑杆和墙体模板的螺旋千斤顶，让滚轮落地，使隧道模脱离顶板和墙面。

4 放下支卸平台防护栏杆，先将一边的半隧道模推移至支卸平台上，然后再推另一边半隧道模。

5 为使顶板不超过设计允许荷载，经设计核算后，应加设临时支撑柱。

7.7.4 半隧道模的吊运方法，可根据具体情况采用单点吊装法、两点吊装法、多点吊装法或鸭嘴形吊装法。

8 安 全 管 理

8.0.1 从事模板作业的人员，应经安全技术培训。从事高处作业人员，应定期体检，不符合要求的不得从事高处作业。

8.0.2 安装和拆除模板时，操作人员应配戴安全帽、系安全带、穿防滑鞋。安全帽和安全带应定期检查，不合格者严禁使用。

8.0.3 模板及配件进场应有出厂合格证或当年的检验报告，安装前应对所用部件（立柱、楞梁、吊环、扣件等）进行认真检查，不符合要求者不得使用。

8.0.4 模板工程应编制施工设计和安全技术措施，并应严格按施工设计与安全技术措施的规定进行施工。满堂模板、建筑层高 8m 及以上和梁跨大于或等于 15m 的模板，在安装、拆除作业前，工程技术人员应以书面形式向作业班组进行施工操作的安全技术交底，作业班组应对照书面交底进行上、下班的自检和互检。

8.0.5 施工过程中的检查项目应符合下列要求：

1 立柱底部基土应回填夯实。

2 垫木应满足设计要求。

3 底座位置应正确，顶托螺杆伸出长度应符合规定。

4 立杆的规格尺寸和垂直度应符合要求，不得出现偏心荷载。

5 扫地杆、水平拉杆、剪刀撑等的设置应符合规定，固定应可靠。

6 安全网和各种安全设施应符合要求。

8.0.6 在高处安装和拆除模板时，周围应设安全网或搭脚手架，并应加设防护栏杆。在临街面及交通要道地区，尚应设警示牌，派专人看管。

8.0.7 作业时，模板和配件不得随意堆放，模板应放平放稳，严防滑落。脚手架或操作平台上临时堆放的模板不宜超过 3 层，连接件应放在箱盒或工具袋中，不得散放在脚手板上。脚手架或操作平台上的施工总荷载不得超过其设计值。

8.0.8 对负荷面积大和高 4m 以上的支架立柱采用扣件式钢管、门式钢管脚手架时，除应有合格证外，对所用扣件应采用扭矩扳手进行抽检，达到合格后方可承力使用。

8.0.9 多人共同操作或扛抬组合钢模板时，必须密切配合、协调一致、互相呼应。

8.0.10 施工用的临时照明和行灯的电压不得超过 36V；当为满堂模板、钢支架及特别潮湿的环境时，不得超过 12V。照明行灯及机电设备的移动线路应采用绝缘橡胶套电缆线。

8.0.11 有关避雷、防触电和架空输电线路的安全距离应符合国家现行标准《施工现场临时用电安全技术规范》JGJ 46 的有关规定。施工用的临时照明和动力线应采用绝缘线和绝缘电缆线，且不得直接固定在钢模板上。夜间施工时，应有足够的照明，并应制定夜间施工的安全措施。施工用临时照明和机电设备线严禁非电工乱拉乱接。同时还应经常检查线路的完好情况，严防绝缘破损漏电伤人。

8.0.12 模板安装高度在 2m 及以上时，应符合国家现行标准《建筑施工高处作业安全技术规范》JGJ 80 的有关规定。

8.0.13 模板安装时，上下应有人接应，随装随运，严禁抛掷。且不得将模板支搭在门窗框上，也不得将脚手板支搭在模板上，并严禁将模板与上料井架及有车辆运行的脚手架或操作平台支成一体。

8.0.14 支模过程中如遇中途停歇，应将已就位模板或支架连接稳固，不得浮搁或悬空。拆模中途停歇时，应将已松扣或已拆松的模板、支架等拆下运走，防止构件坠落或作业人员扶空坠落伤人。

8.0.15 作业人员严禁攀登模板、斜撑杆、拉条或绳索等，不得在高处的墙顶、独立梁或在其模板上行走。

8.0.16 模板施工中应设专人负责安全检查，发现问题应报告有关人员处理。当遇险情时，应立即停工和采取应急措施；待修复或排除险情后，方可继续施工。

8.0.17 寒冷地区冬期施工用钢模板时，不宜采用电热法加热混凝土，否则应采取防触电措施。

8.0.18 在大风地区或大风季节施工时，模板应有抗风的临时加固措施。

8.0.19 当钢模板高度超过 15m 时，应安设避雷设施，避雷设施的接地电阻不得大于 4Ω。

8.0.20 当遇大雨、大雾、沙尘、大雪或 6 级以上大风等恶劣天气时，应停止露天高处作业。5 级及以上风力时，应停止高空吊运作业。雨、雪停止后，应及时清除模板和地面上的积水及冰雪。

8.0.21 使用后的木模板应拔除铁钉，分类进库，堆放整齐。若为露天堆放，顶面应遮防雨篷布。

8.0.22 使用后的钢模、钢构件应符合下列规定：

    1 使用后的钢模、桁架、钢楞和立柱应将粘结物清理洁净，清理时严禁采用铁锤敲击的方法。

    2 清理后的钢模、桁架、钢楞、立柱，应逐块、逐榀、逐根进行检查，发现翘曲、变形、扭曲、开焊等必须修理完善。

    3 清理整修好的钢模、桁架、钢楞、立柱应刷防锈漆。

    4 钢模板及配件，使用后必须进行严格清理检查，已损坏断裂的应剔除，不能修复的应报废。螺栓的螺纹部分应整修上油，然后应分别按规格分类装在箱笼内备用。

    5 钢模板及配件等修复后，应进行检查验收。凡检查不合格者应重新整修。待合格后方准应用，其修复后的质量标准应符合表 8.0.22 的规定。

    6 钢模板由拆模现场运至仓库或维修场地时，装车不宜超出车栏杆，少量高出部分必须拴牢，零配件应分类装箱，不得散装运输。

    7 经过维修、刷油、整理合格的钢模板及配件，如需运往其他施工现场或入库，必须分类装入集装箱内，杆应成捆、配件应成箱，清点数量，入库或接收单位验收。

    8 装车时，应轻搬轻放，不得相互碰撞。卸车时，严禁成捆从车上推下和拆散抛掷。

    9 钢模板及配件应放入室内或敞棚内，当需露天堆放时，应装入集装箱内，底部垫高 100mm，顶面应遮盖防水篷布或塑料布，集装箱堆放高度不宜超过 2 层。

表 8.0.22 钢模板及配件修复后的质量标准

项 目		允许偏差（mm）		项 目	允许偏差（mm）
钢结构	板面局部不平度	≤2.0	钢模板	板面锈皮麻面，背面粘混凝土	不允许
	板面翘曲矢高	≤2.0		孔洞破裂	不允许
	板侧凸棱面翘曲矢高	≤1.0	零配件	U形卡卡口残余变形	≤1.2
	板肋平直度	≤2.0		钢楞及支柱长度方向弯曲度	≤L/1000
	焊点脱焊	不允许	桁架	侧向平直度	≤2.0

附录 A 各类模板用材设计指标

A.1 钢 材 设 计 指 标

A.1.1 钢材的强度设计值，应根据钢材厚度或直径按表 A.1.1-1 采用。钢铸件的强度设计值应按表 A.1.1-2 采用。连接的强度设计值应按表 A.1.1-3、表 A.1.1-4 采用。

表 A.1.1-1 钢材的强度设计值（N/mm²）

钢 材		抗拉、抗压和抗弯 f	抗剪 f_v	端面承压（刨平顶紧）f_{ce}
牌号	厚度或直径（mm）			
Q235 钢	≤16	215	125	325
	>16～40	205	120	
	>40～60	200	115	
	>60～100	190	110	
Q345 钢	≤16	310	180	400
	>16～35	295	170	
	>35～50	265	155	
	>50～100	250	145	
Q390 钢	≤16	350	205	415
	>16～35	335	190	
	>35～50	315	180	
	>50～100	295	170	
Q420 钢	≤16	380	220	440
	>16～35	360	210	
	>35～50	340	195	
	>50～100	325	185	

注：表中厚度系指计算点的钢材厚度，对轴心受拉和轴心受压构件系指截面中较厚板件的厚度。

表 A.1.1-2　钢铸件的强度设计值（N/mm²）

钢　号	抗拉、抗压和抗弯 f	抗剪 f_v	端面承压（刨平顶紧）f_{ce}
ZG 200-400	155	90	260
ZG230-450	180	105	290
ZG270-500	210	120	325
ZG310-570	240	140	370

表 A.1.1-3　焊缝的强度设计值（N/mm²）

焊接方法和焊条型号	构件钢材 牌号	构件钢材 厚度或直径（mm）	对接焊缝 抗压 f_c^w	对接焊缝 焊缝质量为下列等级时,抗拉 f_t^w 一级、二级	对接焊缝 焊缝质量为下列等级时,抗拉 f_t^w 三级	对接焊缝 抗剪 f_v^w	角焊缝 抗拉、抗压和抗剪 f_f^w
自动焊、半自动焊和 E43 型焊条的手工焊	Q235 钢	≤16	215	215	185	125	160
		>16～40	205	205	175	120	
		>40～60	200	200	170	115	
		>60～100	190	190	160	110	
自动焊、半自动焊和 E50 型焊条的手工焊	Q345 钢	≤16	310	310	265	180	200
		>16～35	295	295	250	170	
		>35～50	265	265	225	155	
		>50～100	250	250	210	145	
自动焊、半自动焊和 E55 型焊条的手工焊	Q390 钢	≤16	350	350	300	205	220
		>16～35	335	335	285	190	
		>35～50	315	315	270	180	
		>50～100	295	295	250	170	
	Q420 钢	≤16	380	380	320	220	220
		>16～35	360	360	305	210	
		>35～50	340	340	290	195	
		>50～100	325	325	275	185	

注：1　自动焊和半自动焊所采用的焊丝和焊剂，应保证其熔敷金属的力学性能不低于现行国家标准《埋弧焊用碳钢焊丝和焊剂》GB/T 5293 和《低合金钢埋弧焊用焊剂》GB/T 12470 中相关的规定。

2　焊缝质量等级应符合现行国家标准《钢结构工程施工质量验收规范》GB 50205的规定。其中厚度小于8mm钢材的对焊焊缝，不应采用超声波探伤确定焊缝质量等级。

3　对接焊缝在受压区的抗弯强度设计值取 f_c^w，在受拉区的抗弯强度设计值取 f_t^w。

4　表中厚度系指计算点的钢材厚度，对轴心受拉和轴心受压构件系指截面中较厚板件的厚度。

表 A.1.1-4　螺栓连接的强度设计值（N/mm²）

螺栓的性能等级、锚栓和构件钢材的牌号		普通螺栓						锚栓	承压型连接高强度螺栓		
		C级螺栓			A级、B级螺栓						
		抗拉 f_t^b	抗剪 f_v^b	承压 f_c^b	抗拉 f_t^b	抗剪 f_v^b	承压 f_c^b	抗拉 f_t^a	抗拉 f_t^b	抗剪 f_v^b	承压 f_c^b
普通螺栓	4.6级、4.8级	170	140	—	—	—	—	—	—	—	—
	5.6级	—	—	—	210	190	—	—	—	—	—
	8.8级	—	—	—	400	320	—	—	—	—	—
锚栓	Q235钢	—	—	—	—	—	—	140	—	—	—
	Q345钢	—	—	—	—	—	—	180	—	—	—
承压型连接高强度螺栓	8.8级	—	—	—	—	—	—	—	400	250	—
	10.9级	—	—	—	—	—	—	—	500	310	—
构件	Q235钢	—	—	305	—	—	405	—	—	—	470
	Q345钢	—	—	385	—	—	510	—	—	—	590
	Q390钢	—	—	400	—	—	530	—	—	—	615
	Q420钢	—	—	425	—	—	560	—	—	—	655

注：1　A级螺栓用于 $d \leqslant 24$mm 和 $l \leqslant 10d$ 或 $l \leqslant 150$mm（按较小值）的螺栓；B级螺栓用于 $d > 24$mm 或 $l > 10d$ 或 $l > 150$mm（按较小值）的螺栓。d 为公称直径，l 为螺杆公称长度。

2　A级、B级螺栓孔的精度和孔壁表面粗糙度，C级螺栓孔的允许偏差和孔壁表面粗糙度，均应符合现行国家标准《钢结构工程施工质量验收规范》GB 50205的要求。

A.1.2　计算下列情况的结构构件或连接件时，本规范第 A.1.1 条规定的强度设计值应乘以下列相应的折减系数：

1　单面连接的单角钢

1）按轴心受力计算强度和连接 0.85；

2）按轴心受压计算稳定性

等边角钢 $0.6 + 0.0015\lambda$，但不大于 1.0；

短边相连的不等边角钢 $0.5 + 0.0025\lambda$，但不大于 1.0；

长边相连的不等边角钢 0.7；

λ 为长细比，对中间无连系的单角钢压杆，应按最小回转半径计算。当 $\lambda < 20$ 时，取 $\lambda = 20$；

2　无垫板的单面施焊对接焊缝 0.85；

3　施工条件较差的高空安装焊缝连接 0.90；

4　当上述几种情况同时存在时，其折减系数应连乘。

A.1.3　钢材和钢铸件的物理性能指标应按表 A.1.3 采用。

表 A.1.3　钢材和钢铸件的物理性能指标

弹性模量 E（N/mm²）	剪切模量 G（N/mm²）	线膨胀系数 α（以每度计）	质量密度 ρ（kN/mm³）
2.06×10^5	0.79×10^5	12×10^{-6}	78.50

A.2 冷弯薄壁型钢设计指标

A.2.1 冷弯薄壁型钢钢材的强度设计值应按表 A.2.1-1 采用、焊接强度设计值应按表 A.2.1-2 采用、C 级普通螺栓连接的强度设计值应按表 A.2.1-3 采用。电阻点焊每个焊点的抗剪承载力设计值应按表 A.2.1-4 采用。

表 A.2.1-1　冷弯薄壁型钢钢材的强度设计值（N/mm^2）

钢材牌号	抗拉、抗压和抗弯 f	抗剪 f_v	端面承压（磨平顶紧）f_{ce}
Q235 钢	205	120	310
Q345 钢	300	175	400

表 A.2.1-2　冷弯薄壁型钢焊接强度设计值（N/mm^2）

构件钢材牌号	对接焊缝			角焊缝
	抗压 f_c^w	抗拉 f_t^w	抗剪 f_v^w	抗压、抗拉、抗剪 f_f^w
Q235 钢	205	175	120	140
Q345 钢	300	255	175	195

注：1　Q235 钢与 Q345 钢对接焊接时，焊接强度设计值应按本表中 Q235 钢一栏的数值采用。
　　2　经 X 射线检查符合一、二级焊缝质量标准对接焊缝的抗拉强度值采用抗压强度设计值。

表 A.2.1-3　薄壁型钢 C 级普通螺栓连接的强度设计值（N/mm^2）

类　别	性能等级	构件钢材的牌号	
	4.6 级、4.8 级	Q235 钢	Q345 钢
抗拉 f_t^b	165	—	—
抗剪 f_v^b	125	—	—
承压 f_c^b	—	290	370

表 A.2.1-4　电阻点焊的抗剪承载力设计值

相焊板件中外层较薄板件的厚度 t(mm)	每个焊点的抗剪承载力设计值 N_v^s(kN)	相焊板件中外层较薄板件的厚度 t(mm)	每个焊点的抗剪承载力设计值 N_v^s(kN)
0.4	0.6	2.0	5.9
0.6	1.1	2.5	8.0
0.8	1.7	3.0	10.2
1.0	2.3	3.5	12.6
1.5	4.0	—	—

A.2.2　计算下列情况的结构构件和连接时，本附录表 A.2.1-1～表 A.2.1-4 规定的强度设计值，应乘以下列相应的折减系数。

1　平面格构式檩系的端部主要受压腹杆 0.85；

2 单面连接的单角钢杆件：

　　1） 按轴心受力计算强度和连接 0.85；

　　2） 按轴心受压计算稳定性 $0.6+0.0014\lambda$；

　　注：对中间无联系的单角钢压杆，λ 为按最小回转半径计算的杆件长细比；

3 无垫板的单面对接焊缝 0.85；

4 施工条件较差的高空安装焊缝 0.9；

5 两构件的连接采用搭接或其间填有垫板的连接，以及单盖板的不对称连接 0.9；

6 上述几种情况同时存在时，其折减系数应连乘。

A.2.3 钢材的物理性能应符合表 A.1.3 的规定。

A.3 木材设计指标

A.3.1 普通木模板结构用材的设计指标应按下列规定采用：

1 木材树种的强度等级应按表 A.3.1-1 和表 A.3.1-2 采用；

2 在正常情况下，木材的强度设计值及弹性模量，应按表 A.3.1-3 采用；在不同的使用条件下，木材的强度设计值和弹性模量尚应乘以表 A.3.1-4 规定的调整系数；对于不同的设计使用年限，木材的强度设计值和弹性模量尚应乘以表 A.3.1-5 规定的调整系数；木模板设计按使用年限为 5 年考虑。

表 A.3.1-1　针叶树种木材适用的强度等级

强度等级	组别	适　用　树　种
TC17	A	柏木　长叶松　湿地松　粗皮落叶松
	B	东北落叶松　欧洲赤松　欧洲落叶松
TC15	A	铁杉　油杉　太平洋海岸黄柏　花旗松—落叶松　西部铁杉　南方松
	B	鱼鳞云杉　西南云杉　南亚松
TC13	A	油松　新疆落叶松　云南松　马尾松　扭叶松　北美落叶松　海岸松
	B	红皮云杉　丽江云杉　樟子松　红松　西加云杉　俄罗斯红松　欧洲云杉　北美山地云杉　北美短叶松
TC11	A	西北云杉　新疆云杉　北美黄松　云杉—松—冷杉　铁—冷杉　东部铁杉　杉木
	B	冷杉　速生杉木　速生马尾松　新西兰辐射松

表 A.3.1-2　阔叶树种木材适用的强度等级

强度等级	适　用　范　围
TB20	青冈　椆木　门格里斯木　卡普木　沉水稍克隆　绿心木　紫心木　李叶豆　塔特布木
TB17	栎木　达荷玛木　萨佩莱木　苦油树　毛罗藤黄
TB15	锥栗（椆木）　桦木　黄梅兰蒂　梅萨瓦木　水曲柳　红劳罗木
TB13	深红梅兰蒂　浅红梅兰蒂　白梅兰蒂　巴西红厚壳木
TB11	大叶椴　小叶椴

表 A.3.1-3　木材的强度设计值和弹性模量（N/mm²）

强度等级	组别	抗弯 f_m	顺纹抗压及承压 f_c	顺纹抗拉 f_t	顺纹抗剪 f_v	横纹承压 $f_{c,90}$			弹性模量 E
						全表面	局部表面和齿面	拉力螺栓垫板下	
TC17	A	17	16	10	1.7	2.3	3.5	4.6	10000
	B		15	9.5	1.6				
TC15	A	15	13	9.0	1.6	2.1	3.1	4.2	10000
	B		12	9.0	1.5				
TC13	A	13	12	8.5	1.5	1.9	2.9	3.8	10000
	B		10	8.0	1.4				9000
TC11	A	11	10	7.5	14	1.8	2.7	3.6	9000
	B		10	7.0	1.2				
TB20	—	20	18	12	2.8	4.2	6.3	8.4	12000
TB17	—	17	16	11	2.4	3.8	5.7	7.6	11000
TB15	—	15	14	10	2.0	3.1	4.7	6.2	10000
TB13	—	13	12	9.0	1.4	2.4	3.6	4.8	8000
TB11	—	11	10	8.0	1.3	2.1	3.2	4.1	7000

注：计算木构件端部（如接头处）的拉力螺栓垫板时，木材横纹承压强度设计值应按"局部表面和齿面"一栏的数值采用。

表 A.3.1-4　不同使用条件下木材强度设计值和弹性模量的调整系数

使 用 条 件	调整系数	
	强度设计值	弹性模量
露天环境	0.9	0.85
长期生产性高温环境，木材表面温度达 40～50℃	0.8	0.8
按恒荷载验算时	0.8	0.8
用在木构筑物时	0.9	1.0
施工和维修时的短暂情况	1.2	1.0

注：1　当仅有恒荷载或恒荷载产生的内力超过全部荷载所产生的内力的80%时，应单独以恒荷载进行验算。

2　当若干条件同时出现时，表列各系数应连乘。

表 A.3.1-5　不同设计使用年限时木材强度设计值和弹性模量的调整系数

设计使用年限	调 整 系 数	
	强度设计值	弹性模量
5 年	1.1	1.1
25 年	1.05	1.05
50 年	1.0	1.0
100 年及以上	0.9	0.9

A.3.2　对本规范表 A.3.1-1、表 A.3.1-2 以外的进口木材，应符合国家有关规定的

要求。

A.3.3 下列情况，本规范表 A.3.1-3 中的设计指标，尚应按下列规定进行调整：

　　1 当采用原木时，若验算部位未经切削，其顺纹抗压、抗弯强度设计值和弹性模量可提高 15%；

　　2 当构件矩形截面的短边尺寸不小于 150mm 时，其强度设计值可提高 10%；

　　3 当采用湿材时，各种木材的横纹承压强度设计值和弹性模量以及落叶松木材的抗弯强度设计值宜降低 10%；

　　4 使用有钉孔或各种损伤的旧木材时，强度设计值应根据实际情况予以降低。

A.3.4 进口规格材应由主管的管理机构按规定的专门程序确定强度设计值和弹性模量。

A.3.5 本规范采用的木材名称及常用树种木材主要特性、主要进口木材现场识别要点及主要材性、已经确定的目测分级规格材的树种和设计值应符合现行国家标准《木结构设计规范》GB 50005 的有关规定。

A.4　铝　合　金　型　材

A.4.1 建筑模板结构或构件，当采用铝合金型材时，其强度设计值应按表 A.4.1 采用。

表 A.4.1　铝合金型材的强度设计值（N/mm²）

牌　号	材料状态	壁厚（mm）	抗拉、抗压、抗弯强度设计值 f_{Lm}	抗剪强度设计值 f_{LV}
LD_2	Cs	所有尺寸	140	80
LY_{11}	Cz	≤10.0	146	84
	Cs	10.1～20.0	153	88
LY_{12}	Cz	≤5.0	200	116
		5.1～10.0	200	116
		10.1～20.0	206	119
LC_4	Cs	≤10.0	293	170
		10.1～20.0	300	174

　　注：材料状态代号名称：Cz—淬火（自然时效）；Cs—淬火（人工时效）。

A.4.2 当采用与本规范第 A.4.1 条不同牌号的铝合金型材时，应有可靠的实验数据，并经数理统计确定设计指标后方可使用。

A.5　竹　木　胶　合　板　材

A.5.1 覆面竹胶合板的抗弯强度设计值和弹性模量应按表 A.5.1 采用或根据试验所得的可靠数据采用。

A.5.2 覆面木胶合板的抗弯强度设计值和弹性模量应按表 A.5.2 采用或根据试验所得的可靠数据采用。

A.5.3 复合木纤维板的抗弯强度设计值和弹性模量应按表 A.5.3 采用或根据试验所得的可靠数据采用。

表 A.5.1 覆面竹胶合板抗弯强度设计值（f_{jm}）和弹性模量

项 目	板厚度 (mm)	板的层数	
		3层	5层
抗弯强度设计值（N/mm²）	15	37	35
弹性模量（N/mm²）	15	10584	9898
冲击强度（J/cm²）	15	8.3	7.9
胶合强度（N/mm²）	15	3.5	5.0
握钉力（N/mm）	15	120	120

表 A.5.2 覆面木胶合板抗弯强度设计值（f_{jm}）和弹性模量

项 目	板厚度 (mm)	表 面 材 料					
		克隆、山樟		桦木		板质材	
		平行方向	垂直方向	平行方向	垂直方向	平行方向	垂直方向
抗弯强度设计值（N/mm²）	12	31	16	24	16	12.5	29
	15	30	21	22	17	12.0	26
	18	29	21	20	15	11.5	25
弹性模量（N/mm²）	12	11.5×10³	7.3×10³	10×10³	4.7×10³	4.5×10³	9.0×10³
	15	11.5×10³	7.1×10³	10×10³	5.0×10³	4.2×10³	9.0×10³
	18	11.5×10³	7.0×10³	10×10³	5.4×10³	4.0×10³	8.0×10³

表 A.5.3 复合木纤维板抗弯强度设计值（f_{jm}）和弹性模量

项 目	板厚度 (mm)	受力方向	
		横 向	纵 向
抗弯强度设计值（N/mm²）	≥12	14～16	27～33
弹性模量（N/mm²）	≥12	6.0×10³	6.0×10³
垂直表面抗拉强度设计值（N/mm²）	≥12	>1.8	>1.8

附录 B 模板设计中常用建筑材料自重

表 B 常用建筑材料自重表

材料名称	单位	自 重	备 注
胶合三夹板（杨木）	kN/m²	0.019	—
胶合三夹板（椴木）	kN/m²	0.022	—
胶合三夹板（水曲柳）	kN/m²	0.028	—
胶合五夹板（杨木）	kN/m²	0.030	—

材料名称	单位	自重	备注
胶合五夹板（椴木）	kN/m²	0.034	—
胶合五夹板（水曲柳）	kN/m²	0.040	—
铸铁	kN/m³	72.50	—
钢	kN/m³	78.50	—
铝	kN/m³	27.00	—
铝合金	kN/m³	28.00	—
普通砖	kN/m³	19.00	$\rho=2.5$ $\lambda=0.81$
黏土空心砖	kN/m³	11.00～4.50	$\rho=2.5$ $\lambda=0.47$
水泥空心砖	kN/m³	9.8	290×290×140—85 块
石灰炉渣	kN/m³	10～12	—
水泥炉渣	kN/m³	12～14	—
石灰锯末	kN/m³	3.4	石灰：锯末＝1：3
水泥砂浆	kN/m³	20	—
素混凝土	kN/m³	22～24	振捣或不振捣
矿渣混凝土	kN/m³	20	—
焦渣混凝土	kN/m³	16～17	承重用
焦渣混凝土	kN/m³	10～14	填充用
铁屑混凝土	kN/m³	28～65	—
浮石混凝土	kN/m³	9～14	—
泡沫混凝土	kN/m³	4～6	—
钢筋混凝土	kN/m³	24～25	—
膨胀珍珠岩粉料	kN/m³	0.8～2.5	干，松散 $\lambda=0.045～0.065$
水泥珍珠岩制品	kN/m³	3.5～4	
膨胀蛭石	kN/m³	0.8～2	
聚苯乙烯泡沫塑料	kN/m³	0.5	$\lambda<0.03$
稻草	kN/m³	1.2	
锯末	kN/m³	2～2.5	

附录 C 等截面连续梁的内力及变形系数

C.1 等 跨 连 续 梁

表 C.1-1 二跨等跨连续梁

荷载简图		弯矩系数 K_M		剪力系数 K_V		挠度系数 K_W
		$M_{1中}$	$M_{B支}$	V_A	$V_{B左}$ / $V_{B右}$	$w_{1中}$
	静载	0.07	−0.125	0.375	−0.625 / 0.625	0.521
	活载最大	0.096	−0.125	0.437	−0.625 / 0.625	0.912
	活载最小	0.032	—	—	—	−0.391
	静载	0.156	−0.188	0.312	−0.688 / 0.688	0.911
	活载最大	0.203	−0.188	0.406	−0.688 / 0.688	1.497
	活载最小	0.047	—	—	—	−0.586
	静载	0.222	−0.333	0.667	−1.333 / 1.333	1.466
	活载最大	0.278	0.333	0.833	−1.333 / 1.333	2.508
	活载最小	0.084	—	—	—	−1.042

注：1 均布荷载作用下：$M = K_M q l^2$，$V = K_V q l$，$w = K_W \dfrac{q l^4}{100EI}$；

集中荷载作用下：$M = K_M F l$，$V = K_V F$，$w = K_W \dfrac{F l^3}{100EI}$。

2 支座反力等于该支座左右截面剪力的绝对值之和。

3 求跨中负弯矩及反挠度时，可查用上表"活载最小"一项的系数，但也要与静载引起的弯矩（或挠度）相组合。

4 求跨中最大正弯矩及最大挠度时，该跨应满布活荷载，相邻跨为空载；求支座最大负弯矩及最大剪力时，该支座相邻两跨应满布活荷载，即查用上表中"活载最大"一项的系数，并与静载引起的弯矩（剪力或挠度）相组合。

表 C.1-2　三跨等跨连续梁

荷载简图		弯矩系数 K_M			剪力系数 K_V		挠度系数 K_W	
		$M_{1中}$	$M_{2中}$	$M_{B支}$	V_A	$V_{B左}$ $V_{B右}$	$w_{1中}$	$w_{2中}$
见图 （1）	静载	0.080	0.025	−0.100	0.400	−0.600 0.500	0.677	0.052
	活载最大	0.101	0.075	0.117	0.450	−0.617 0.583	0.990	0.677
	活载最小	−0.025	−0.050	0.017	—	—	0.313	−0.625
见图 （2）	静载	0.175	0.100	−0.150	0.350	−0.650 0.500	1.146	0.208
	活载最大	0.213	0.175	−0.175	0.425	−0.675 0.625	1.615	1.146
	活载最小	−0.038	−0.075	0.025	—	—	−0.469	−0.937
见图 （3）	静载	0.244	0.067	−0.267	0.733	−1.267 1.000	1.883	0.216
	活载最大	0.289	0.200	−0.311	0.866	−1.311 1.222	2.716	1.883
	活载最小	−0.067	−0.133	0.044	—	—	−0.833	−1.667

图（1）	图（2）	图（3）

注：1　均布荷载作用下：$M = K_M q l^2$，$V = K_V q l$，$w = K_W \dfrac{q l^4}{100EI}$；

集中荷载作用下：$M = K_M F l$，$V = K_V F$，$w = K_W \dfrac{F l^3}{100EI}$。

2　支座反力等于该支座左右截面剪力的绝对值之和。

3　求跨中负弯矩及反挠度时，可查用上表"活载最小"一项的系数，但也要与静载引起的弯矩（或挠度）相组合。

4　求某跨的跨中最大正弯矩及最大挠度时，该跨应满布活荷载，其余每隔一跨满布活荷载；求某支座的最大负弯矩及最大剪力时，该支座相邻两跨应满布活荷载，其余每隔一跨满布活荷载，即查用上表中"活载最大"一项的系数，并与静载引起的弯矩（剪力或挠度）相组合。

表 C.1-3　四跨等跨连续梁

荷载简图		弯矩系数 K_M				剪力系数 K_V			挠度系数 K_W	
		$M_{1中}$	$M_{2中}$	$M_{B支}$	$M_{C支}$	V_A	$V_{B左}$ $V_{B右}$	$V_{C左}$ $V_{C右}$	$w_{1中}$	$w_{2中}$
见图 （1）	静载	0.077	0.036	−0.107	−0.071	0.393	−0.607 0.536	−0.464 0.464	0.632	0.186
	活载 最大	0.100	0.098	0.121	−0.107	0.446	−0.620 0.603	−0.571 0.571	0.967	0.660
	活载 最小	−0.023	−0.045	0.013	0.018	—	—	—	−0.307	−0.558

续表 C.1-3

荷载简图		弯矩系数 K_M				剪力系数 K_V			挠度系数 K_W	
		$M_{1中}$	$M_{2中}$	$M_{B支}$	$M_{C支}$	V_A	$V_{B左}$ $V_{B右}$	$V_{C左}$ $V_{C右}$	$w_{1中}$	$w_{2中}$
见图 (2)	静载	0.169	0.116	−0.161	−0.107	0.339	−0.661 0.554	−0.446 0.446	1.079	0.409
	活载 最大	0.210	0.183	−0.181	−0.161	0.420	−0.681 0.654	−0.607 0.607	1.581	1.121
	活载 最小	−0.040	−0.067	0.020	0.020	—	—	—	−0.460	−0.711
见图 (3)	静载	0.238	0.111	−0.286	−0.191	0.714	−1.286 1.095	−0.905 0.905	1.764	0.573
	活载 最大	0.286	0.222	−0.321	−0.286	0.857	−1.321 1.274	−1.190 1.190	2.657	1.838
	活载 最小	−0.071	−0.119	0.036	0.048	—	—	—	−0.819	−1.265
图（1）			图（2）				图（3）			

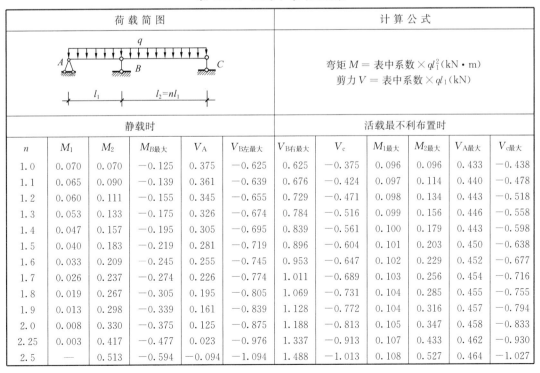

注：同三跨等跨连续梁。

C.2 不等跨连续梁在均布荷载作用下的弯矩、剪力系数

表 C.2-1 二跨不等跨连续梁

荷载简图	计算公式
(荷载简图)	弯矩 $M =$ 表中系数 $\times ql_1^2 (kN \cdot m)$ 剪力 $V =$ 表中系数 $\times ql_1 (kN)$

	静载时					活载最不利布置时					
n	M_1	M_2	$M_{B最大}$	V_A	$V_{B左最大}$	$V_{B右最大}$	V_c	$M_{1最大}$	$M_{2最大}$	$V_{A最大}$	$V_{c最大}$
1.0	0.070	0.070	−0.125	0.375	−0.625	0.625	−0.375	0.096	0.096	0.433	−0.438
1.1	0.065	0.090	−0.139	0.361	−0.639	0.676	−0.424	0.097	0.114	0.440	−0.478
1.2	0.060	0.111	−0.155	0.345	−0.655	0.729	−0.471	0.098	0.134	0.443	−0.518
1.3	0.053	0.133	−0.175	0.326	−0.674	0.784	−0.516	0.099	0.156	0.446	−0.558
1.4	0.047	0.157	−0.195	0.305	−0.695	0.839	−0.561	0.100	0.179	0.443	−0.598
1.5	0.040	0.183	−0.219	0.281	−0.719	0.896	−0.604	0.101	0.203	0.450	−0.638
1.6	0.033	0.209	−0.245	0.255	−0.745	0.953	−0.647	0.102	0.229	0.452	−0.677
1.7	0.026	0.237	−0.274	0.226	−0.774	1.011	−0.689	0.103	0.256	0.454	−0.716
1.8	0.019	0.267	−0.305	0.195	−0.805	1.069	−0.731	0.104	0.285	0.455	−0.755
1.9	0.013	0.298	−0.339	0.161	−0.839	1.128	−0.772	0.104	0.316	0.457	−0.794
2.0	0.008	0.330	−0.375	0.125	−0.875	1.188	−0.813	0.105	0.347	0.458	−0.833
2.25	0.003	0.417	−0.477	0.023	−0.976	1.337	−0.913	0.107	0.433	0.462	−0.930
2.5	—	0.513	−0.594	−0.094	−1.094	1.488	−1.013	0.108	0.527	0.464	−1.027

表 C. 2-2　三跨不等跨连续梁

荷 载 简 图						计 算 公 式					

弯矩 = 表中系数 $\times ql_1^2$ (kN・m)

剪力 = 表中系数 $\times ql_1$ (kN)

	静载时						活载最不利布置时				
n	M_1	M_2	$M_{B支}$	V_A	$V_{B左}$	$V_{B右}$	$M_{1最大}$	$M_{2最大}$	$M_{B右最大}$	$V_{A最大}$	$V_{B左最大}$	$V_{B右最大}$
0.4	0.087	−0.063	−0.083	0.417	−0.583	0.200	0.089	0.015	−0.096	0.422	−0.596	0.461
0.5	0.088	−0.049	−0.080	0.420	−0.580	0.250	0.092	0.022	−0.095	0.429	−0.595	0.450
0.6	0.088	−0.035	−0.080	0.420	−0.580	0.300	0.094	0.031	−0.095	0.434	−0.595	0.460
0.7	0.087	−0.021	−0.082	0.413	−0.582	0.350	0.096	0.040	−0.098	0.439	−0.593	0.483
0.8	0.086	−0.006	−0.086	0.414	−0.586	0.400	0.098	0.051	−0.102	0.443	−0.602	0.512
0.9	0.083	0.010	−0.092	0.408	−0.592	0.450	0.100	0.063	−0.108	0.447	−0.608	0.546
1.0	0.080	0.025	−0.100	0.400	−0.600	0.500	0.101	0.075	−0.117	0.450	−0.617	0.583
1.1	0.076	0.041	−0.110	0.390	−0.610	0.550	0.103	0.089	−0.127	0.453	−0.627	0.623
1.2	0.072	0.058	−0.122	0.378	−0.622	0.600	0.104	0.103	−0.139	0.455	−0.639	0.665
1.3	0.066	0.076	−0.136	0.365	−0.636	0.650	0.105	0.118	−0.152	0.458	−0.652	0.708
1.4	0.061	0.094	−0.151	0.349	−0.651	0.700	0.106	0.134	−0.168	0.460	−0.668	0.753
1.5	0.055	0.113	−0.163	0.332	−0.663	0.750	0.107	0.151	−0.185	0.462	−0.635	0.798
1.6	0.049	0.133	−0.187	0.313	−0.687	0.800	0.107	0.169	−0.204	0.463	−0.704	0.843
1.7	0.043	0.153	−0.203	0.292	−0.708	0.850	0.108	0.188	−0.224	0.465	−0.724	0.890
1.8	0.036	0.174	−0.231	0.269	−0.731	0.900	0.109	0.203	−0.247	0.466	−0.747	0.937
1.9	0.030	0.196	−0.255	0.245	−0.755	0.950	0.109	0.229	−0.271	0.468	−0.771	0.985
2.0	0.024	0.219	−0.281	0.219	−0.781	1.000	0.110	0.250	−0.297	0.469	−0.797	1.031
2.25	0.011	0.279	−0.354	0.146	−0.854	1.125	0.111	0.307	−0.369	0.471	−0.869	1.151
2.5	0.002	0.344	−0.433	0.063	−0.938	1.250	0.112	0.370	−0.452	0.474	−0.952	1.272

C. 3　悬臂梁的反力、剪力、弯矩、挠度

表 C. 3　悬臂梁的反力、剪力、弯矩、挠度表

荷载形式				
M 图				
V 图				
反力	$R_B = F$	$R_B = F$	$R_B = ql$	$R_B = qa$
剪力	$V_B = -R_B$	$V_B = -R_B$	$V_B = -R_B$	$V_B = -R_B$
弯矩	$M_B = -Fl$	$M_B = -Fb$	$M_B = -\dfrac{1}{2}ql^2$	$M_B = -\dfrac{qa}{2}(2l-a)$
挠度	$w_A = \dfrac{Fl^3}{3EI}$	$w_A = \dfrac{Fb^2}{6EI}(3l-b)$	$w_A = \dfrac{ql^4}{8EI}$	$w_A = \dfrac{q}{24EI}(3l^4-4b^3l+b^4)$

C.4 双向板在均布荷载作用下的内力及变形系数

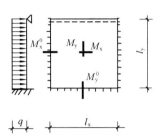

挠度＝表中系数$\times \dfrac{ql^4}{B_c}$；$\mu = 0.3$

端弯矩＝表中系数$\times ql^2$；

跨中弯矩　$M_x^0 = M_x + \mu M_y$

　　　　　　$M_y^0 = M_y + \mu M_x$

式中，l 取用 l_x 和 l_y 中之较小者

表 C.4　双向板在均布荷载作用下的内力及变形系数

l_x/l_y	l_y/l_x	f	f_{max}	M_x	$M_{x_{max}}$	M_y	$M_{y_{max}}$	M_x^0	M_y^0
0.50		0.00257	0.00258	0.0408	0.0409	0.0028	0.0089	−0.0836	−0.0569
0.55		0.00252	0.00255	0.0398	0.0399	0.0042	0.0093	−0.0827	−0.0570
0.60		0.00245	0.00249	0.0384	0.0386	0.0059	0.0105	−0.0814	−0.571
0.65		0.00237	0.00240	0.0368	0.0371	0.0076	0.0116	−0.0796	−0.0572
0.70		0.00227	0.00229	0.0350	0.0354	0.0093	0.0127	−0.0774	−0.0572
0.75		0.00216	0.00219	0.0331	0.0335	0.0109	0.0137	−0.0750	−0.0572
0.80		0.00205	0.00208	0.0310	0.0314	0.0124	0.0147	−0.0722	−0.0570
0.85		0.00193	0.00196	0.0289	0.0293	0.0138	0.0155	−0.0693	−0.0567
0.90		0.00181	0.00184	0.0268	0.0273	0.0159	0.0163	−0.0663	−0.0563
0.95		0.00169	0.00172	0.0247	0.0252	0.0160	0.0172	−0.0631	−0.0558
1.00	1.00	0.00157	0.00160	0.0227	0.0231	0.0168	0.0180	−0.0600	−0.0550
	0.95	0.00178	0.00182	0.0229	0.0234	0.0194	0.0207	−0.0629	−0.0599
	0.90	0.00201	0.00206	0.0228	0.0234	0.0223	0.0238	−0.0656	−0.0653
	0.85	0.00227	0.00233	0.0225	0.0231	0.0255	0.0273	−0.0683	−0.0711
	0.80	0.00256	0.00262	0.0219	0.0224	0.0290	0.0311	−0.0707	−0.0772
	0.75	0.00286	0.00294	0.0208	0.0214	0.0329	0.0354	−0.0729	−0.0837
	0.70	0.00319	0.00327	0.0194	0.0200	0.0370	0.0400	−0.0748	−0.0903
	0.65	0.00352	0.00365	0.0175	0.0182	0.0412	0.0446	−0.0762	−0.0970
	0.60	0.00386	0.00403	0.0153	0.0160	0.0454	0.0493	−0.0773	−0.1033
	0.55	0.00419	0.00437	0.0127	0.0133	0.0496	0.0541	−0.0780	−0.1093
	0.50	0.00449	0.00463	0.0099	0.0103	0.0534	0.0588	−0.0784	−0.1146

附录 D b 类截面轴心受压钢构件稳定系数

表 D b 类截面轴心受压钢构件的稳定系数 φ

$\lambda\sqrt{\dfrac{f_y}{235}}$	0	1	2	3	4	5	6	7	8	9
0	1.000	1.000	1.000	0.999	0.999	0.998	0.997	0.996	0.995	0.994
10	0.992	0.991	0.989	0.987	0.985	0.983	0.981	0.978	0.976	0.973
20	0.970	0.967	0.963	0.960	0.957	0.953	0.950	0.946	0.943	0.939
30	0.936	0.932	0.929	0.925	0.922	0.918	0.914	0.910	0.906	0.903
40	0.899	0.895	0.891	0.887	0.882	0.878	0.874	0.870	0.865	0.861
50	0.856	0.852	0.847	0.842	0.838	0.833	0.828	0.822	0.818	0.813
60	0.807	0.802	0.797	0.791	0.786	0.780	0.774	0.769	0.763	0.757
70	0.751	0.745	0.739	0.732	0.726	0.720	0.714	0.707	0.701	0.694
80	0.688	0.681	0.675	0.668	0.661	0.655	0.648	0.641	0.635	0.628
90	0.621	0.614	0.608	0.601	0.594	0.588	0.581	0.575	0.568	0.561
100	0.555	0.549	0.542	0.536	0.529	0.523	0.517	0.511	0.505	0.499
110	0.493	0.487	0.481	0.475	0.470	0.464	0.458	0.453	0.447	0.442
120	0.437	0.432	0.426	0.421	0.416	0.411	0.406	0.402	0.397	0.392
130	0.387	0.383	0.378	0.374	0.370	0.365	0.361	0.357	0.353	0.349
140	0.345	0.341	0.337	0.333	0.329	0.326	0.322	0.318	0.315	0.311
150	0.308	0.304	0.301	0.298	0.295	0.291	0.288	0.285	0.282	0.279
160	0.276	0.273	0.270	0.267	0.265	0.262	0.259	0.256	0.254	0.251
170	0.249	0.246	0.244	0.241	0.239	0.236	0.234	0.232	0.229	0.227
180	0.225	0.223	0.220	0.218	0.216	0.214	0.212	0.210	0.208	0.206
190	0.204	0.202	0.200	0.198	0.197	0.195	0.193	0.191	0.190	0.188
200	0.186	0.184	0.183	0.181	0.180	0.178	0.176	0.175	0.173	0.172
210	0.170	0.169	0.167	0.166	0.165	0.163	0.162	0.160	0.159	0.158
220	0.156	0.155	0.154	0.153	0.151	0.150	0.149	0.148	0.146	0.145
230	0.144	0.143	0.142	0.141	0.140	0.138	0.137	0.136	0.135	0.134
240	0.133	0.132	0.131	0.130	0.129	0.128	0.127	0.126	0.125	0.124
250	0.123									

本规范用词说明

1 为便于在执行本规范条文时区别对待，对要求严格程度不同的用词说明如下：

1）表示很严格，非这样做不可的用词：

正面词采用"必须"；

反面词采用"严禁"。

2）表示严格，在正常情况下均应这样做的用词：

正面词采用"应"；

反面词采用"不应"或"不得"。

3）表示允许稍有选择，在条件许可时首先应这样做的用词：

正面词采用"宜"；

反面词采用"不宜"。

表示有选择，在一定条件下可以这样做的，采用"可"。

2 条文中必须按指定的标准、规范或其他有关规定执行的写法为"应按……执行"或"应符合……要求或规定"。

中华人民共和国行业标准

建筑施工模板安全技术规范

JGJ 162—2008

条 文 说 明

目　次

1 总　　则

1.0.1　本规范是模板的设计、施工应遵守的原则，目的是做到先进合理、安全经济、确保质量、方便施工。

1.0.2　本规范规定的适用范围，现浇混凝土结构是指素混凝土结构、钢筋混凝土结构和预应力混凝土结构的模板。

1.0.3　目前我国现浇混凝土结构模板的材料除钢材、木材外，已有很大的发展，现还有胶合板模板、铝合金模板、塑料模板、玻璃钢模板等种类。由于当前木材很缺，故在模板工程中应尽量坚持少用或不用木材。除此之外还应尽量使用标准化、定型化和工具化的模板，提高周转、增加使用次数，从而降低施工成本。

1.0.4　组合钢模板、大模板、滑升模板等的设计、制作和施工尚应分别符合的标准主要有：《组合钢模板技术规范》GB 50214、《滑动模板工程技术规范》GB 50113 等。

2　术　语、符　号

2.1　术　　语

本章术语的条文仅列出容易混淆、误解和概念模糊的术语。

本规范给出了 13 个有关模板工程方面的专用术语，并在我国惯用的模板工程术语的基础上赋予其特定的涵义。所给出的英文译名是参考国外某些标准拟定的。

2.2　主　要　符　号

本章符号是按现行国家标准《工程结构设计基本术语和通用符号》GBJ 132 和《建筑结构设计术语和符号标准》GB/T 50083 的规定编写的，并根据需要增加了一些内容。

本规范给出了 71 个常用符号，并分别作出了定义，这些符号都是本规范各章节中所引用的。

3　材　料　选　用

3.1　钢　　材

3.1.1　本条着重提出了防止脆性破坏的问题，这对承重模板结构来说是十分重要的，过去在这方面不够明确。脆性破坏与结构形式、环境温度、应力特征、钢材厚度以及钢材性能等因素有密切关系。并为模板结构今后往高强、新型、轻巧、耐用的方向发展打下基础，由过去大都采用 Q235 钢逐步过渡到采用更高强的 Q345 钢、Q390 钢和 Q420 钢。

3.1.2 本条主要强调钢材、钢管、钢铸件、扣件、焊条、螺栓和组合钢模板及配件等在质量上应遵循的标准。

3.1.3 本条关于钢材的温度界限是根据现行国家标准《钢结构设计规范》GB 50017 中的规定选用的。这主要是根据我国实践经验的总结，考虑了钢材的抗脆断性能来规定的。虽然连铸钢材没有沸腾钢，考虑到我国目前还有少量模铸，且现行国家标准《碳素结构钢》GB/T 700 中仍有沸腾钢，故本规范仍保留了 Q235·F 的应用范围。因沸腾钢脱氧不充分，含氧量较高，内部组织不够致密，硫、磷的偏析大，氮是以固溶氮的形式存在，故冲击韧性较低，冷脆性和时效倾向较大。因此，需对其使用范围加以限制。本条中所指的工作温度系采用《采暖通风与空气调节设计规范》GB 50019 中所列的"最低日平均温度"。

3.1.4 抗拉强度：是衡量钢材抵抗拉断的性能指标，而且是直接反映钢材内部组织的优劣，并与疲劳强度有着比较密切的关系。

伸长率：是衡量钢材塑性性能的指标。而塑性又是在外力作用下产生永久变形时抵抗断裂的能力。因此，除应具有较高的强度外，尚应要求具有足够的伸长率。

屈服强度（或屈服点）：是衡量结构的承载能力和确定强度设计值的重要指标。

冷弯试验：是钢材塑性指标之一，也是衡量钢材质量的一个综合性指标。通过冷弯试验，可以检验钢材组织、结晶情况和非金属夹杂物分布等缺陷，在一定程度上也是鉴定焊接性能的一个指标。

硫、磷含量：是建筑钢材中的主要杂质，对钢材的力学性能和焊接接头的裂纹敏感性有较大影响。硫能生成易于熔化的硫化铁，当热加工到 800～1200℃ 时，能出现裂纹，称为热脆。硫化铁又能形成夹杂物，不仅促使钢材起层，还会引起应力集中，降低钢材的塑性和冲击韧性。磷是以固溶体的形式溶解于铁素体中，这种固溶体很脆，加以磷的偏析比硫更严重，形成的富磷区促使钢变脆（冷脆），因而降低钢的塑性、韧性及可焊性。

碳含量：因建筑钢的焊接性能主要取决于碳含量，碳的合适含量，宜控制在 0.12%～0.2% 之间，超出该范围幅度越多，焊接性能变差的程度就越大。

3.1.5 钢结构的脆断破坏问题已引起普遍注意，而模板结构在冬期施工中也处于低温环境下工作，即也存在一个脆断问题，因此，此处根据国家标准《钢结构设计规范》GB 50017 的规定，对模板承重结构依据不同低温情况对钢材应具有的冲击韧性提出了合格保证的要求。

3.2 冷弯薄壁型钢

3.2.1 本条仅推荐现行国家标准《碳素结构钢》GB/T 700 中规定的 Q235 钢和《低合金高强度结构钢》GB/T 1591 中规定的 Q345 钢，原因是这两种牌号的钢材具有多年生产与使用的经验，材质稳定，性能可靠，经济指标较好。

3.2.2～3.2.4 见本规范第 3.1.2～3.1.4 条说明。

3.2.5 本条提出在设计和材料订货中应具体考虑的一些注意事项。

3.3 木　　材

3.3.1 由于我国幅员广阔，木材树种较多，考虑到模板的用途，对材料的质量与耐久性的要求较高，而目前各地木材质量相差悬殊，一定要加强技术管理，保质使用；若不加强技术管理，容易使工程遭受不应有的经济损失，甚至发生质量、安全事故。

3.3.2 模板承重结构所用木材的分级系按现行国家标准《木结构设计规范》GB 50005 的规定采用。

3.3.3 《木结构设计规范》GB 50005 附录 A 对木材分级，主要是以木节、斜纹、髓心、裂缝等木材缺陷的限值规定来划分的，因随着这些缺陷所处的位置及本身的大小不同都会降低构件的承载力，所以，上述规范是以加严对木材斜纹的限制为前提，作出对裂缝的规定：一是不容许连接的受剪面上有裂缝；二是对连接受剪面附近的裂缝深度加以限制。至于受剪面附近的含义，一般可理解为：在受剪面上下各 30mm 的范围内。

3.3.4 近几年来，我国每年从国外进口相当数量的木材，其中有部分用于模板结构上，考虑到今后一段时期，木材进口量还可能增加，故在附表 A.3.1-1 与附表 A.3.1-2 中增加了进口木材树种，并作了相应选材及设计指标的确定，以确保模板的安全、质量与经济效益。

3.3.5 由于我国常用树种的木材资源已不能满足需要，过去一般不常用的树种木材，特别是阔叶材中的速生树种，在今后木材的供应中将占一定的比例，当采用新利用树种木材时，应注意以下一些问题：

1 对于扩大树种利用问题，应持积极、慎重的态度，坚持一切经过试验和试点工程的考验再推广使用。

2 应与规范中常用木材分开，将新利用树种单独对待，并作专门规定进行设计使用。

3 目前应仅限制在受压和受弯构件中应用，暂不要用于受拉构件。因此，为确保工程质量，现仅推荐在楞梁、帽木、夹木、支架立柱和较小的钢木桁架中使用。

4 考虑到设计经验不足和过去民间建筑用料较大等情况，在确定新利用树种木材的设计指标时，不宜单纯依据试验值，而最好按工程实践经验作适当降低调整。

5 对新利用树种的采用，应特别强调要进行防腐和防虫的处理，并可从通风防潮和药剂处理两方面来采取防腐和防虫的措施，以便保证周转和使用上的安全。

3.3.6 以前工程建设所需的进口木材，在其订货、商检、保存和使用等方面，均因缺乏专门的技术标准，而存在不少问题，无法正常管理。例如：有的进口木材，订货时随意选择木材的树种与等级，致使应用时增加了处理工作量与损耗；有的进口木材不附质量证书或商检报告，使接收工作增加了很多麻烦；有的进口木材，由于管理混乱，木材的名称与产地不详，给使用造成困难。此外，有些单位对不熟悉的树种木材，不经试验便盲目使用，以至造成了一些不应有的工程事故。鉴于以上情况，提出了本条中的一些基本规定，要求模板结构的设计、施工与管理人员执行。

3.3.8 规定木材含水率的理由和依据如下：

1 模板结构若采用较干的木材（面板除外）制作，在相当程度上减小了因木材干缩造成的松弛变形和裂缝的危害，对保证承力和工程质量作用很大。因此，原则上要求提前备料，使木材在合理堆放和不受暴晒的条件下逐渐风干。

2 原木和方木的含水率沿截面内外分布很不均匀，但只要木材表面的含水率能满足本条规定的含水率即可。木材深部的含水率可大一些，对承力影响不大。

3.4 铝合金型材

3.4.1～3.4.3 纯铝为银白色轻金属，具有相对密度小（仅为 2.7）、熔点较低（660℃）、耐腐蚀性能好和易于加工等特点。但缺点是纯铝塑性高、强度低，不宜用作模板结构的材料，在加入锰、镁等合金元素后，其强度和硬度就有了显著提高，这时方可用于建筑结构和模板结构。表 3.4.2 和表 3.4.3 均是按标准《铝及铝合金型材》YB 1703 中的规定采用。

3.5 竹、木胶合模板板材

3.5.1 胶合模板板材表面的特点是根据使用要求提出的，因此，在选材时一般应满足这些特定的要求，不具备这些特点的不应该选用，否则易损坏或使用成本过高。

3.5.2 胶合板的层板含水率过大时会影响其层间的胶合力，且易分层不耐用。另外，各层板的含水率大于 5％时，会造成顺纹抗剪和横纹抗拉等强度的降低。

3.5.3 胶合模板的承载力，首先取决于胶的强度及耐久性，因此，对胶的质量要有严格的要求：

1 要保证胶缝的强度不低于木材顺纹抗剪和横纹抗拉的强度。因为不论在荷载作用下或由于木材胀缩引起的内力，胶缝主要是受剪应力和垂直于胶缝方向的正应力作用。一般来说，胶缝对压应力的作用总是能够胜任的。因此，关键在于保证胶缝的抗剪和抗拉强度。当胶缝的强度不低于木材顺纹抗剪和横纹的抗拉强度时，就意味着胶连接的破坏基本上沿着木（竹）材部分发生，这也就保证了胶连接的可靠性。

2 应保证胶缝工作的耐久性。胶缝的耐久性取决于它的抗老化能力和抗生物侵蚀能力。因此，主要要求胶的抗老化能力应与结构的用途和使用的年限相适应。但为了防止使用变质的胶，故应经过胶结能力的检验，合格后方可使用。

3 所有胶种必须符合有关环境保护的规定。对于新的胶种，必须提出有经过主管机关鉴定合格的试验研究报告为依据，方可使用或推广使用。

3.5.5～3.5.7 系按国家现行标准《混凝土模板用胶合板》ZBB 70006 的规定采用的。

4 荷载及变形值的规定

4.1 荷载标准值

4.1.1 新浇混凝土模板侧压力计算公式是以流体静压力原理为基础，并结合浇筑速度与侧压力的国内试验结果而建立的，考虑了不同密度混凝土凝结时间、坍落度和掺缓凝剂的影响等因素。它适用于浇筑速度在 6m/h 以下的普通混凝土及轻骨料混凝土。

4.1.2 活荷载标准值系根据以往模板工程的实践和经验，总结确定了共三项活荷载。一是施工人员及设备荷载，并仅为竖向作用于面板上，从上到下分别递减传于支架立柱，此外对面板及小楞还应以集中荷载 2.5kN 作用于跨中，取两者中最大的一个内力弯矩值作为设计依据才能保证安全。其次是振捣混凝土时产生对水平面和垂直面的均布活荷载，其值考虑作用于垂直面的要大于水平面的均布荷载，主要是从保证模板结构安全的角度来考虑的。第三是往模板内倾倒混凝土时，对竖直模板侧面产生的水平活荷载，并以倾倒工具容积的大小来决定其值，其作用范围在有效压头高度以内来考虑。

4.1.3 基本风压值系按现行国家标准《建筑结构荷载规范》GB 50009—2001（2006 年版）的规定采用的。由于模板使用时间短暂，故采用重现期 $n = 10$ 年的基本风压值已属安全。

4.2 荷 载 设 计 值

4.2.1～4.2.2 荷载的标准值是指在结构的使用期间可能出现的最大荷载值。模板设计所取的荷载标准值应按本规范第 4 章第 1 节的规定和附录 B 采用。若对永久荷载标准值规定有上、下限时，则当对结构有利时取小值，对结构不利时取大值。

4.2.3 本条将荷载分成永久荷载和可变荷载两类，相应给出两个规定的系数 γ_G 和 γ_Q，这两个分项系数是在荷载标准值已给定的前提下，使按极限状态设计表达式设计所得的各类结构构件的可靠指标与规定的目标可靠指标之间，以在总体上误差最小为原则，经优化后选定 $\gamma_G = 1.2$，$\gamma_Q = 1.4$ 的。但另考虑到前提条件的局限性，允许在特殊的情况下作合理的调整，例如，对于标准值大于 $4kN/m^2$ 的活荷载，其变异系数一般较小，此时从经济上考虑，可取 $\gamma_Q = 1.3$。

分析表明，当永久荷载效应与可变荷载效应相比很大时，若仍采用 $\gamma_G = 1.2$，则结构的可靠度远不能达到目标值的要求。因此，在式（4.3.1-4）中给出永久荷载效应控制的设计组合值中，相应取 $\gamma_G = 1.35$。

分析还表明，当永久荷载效应与可变荷载效应异号时，若仍采用 $\gamma_G = 1.2$，则结构的可靠度会随永久荷载效应所占比重的增大而严重降低，此时，γ_G 宜取小于 1 的系数。但考虑到经济效果和应用方便的因素，故取 $\gamma_G = 1$。而在验算倾覆、滑移或漂浮时，一部分永久荷载实际上起着抵抗倾覆、滑移或漂浮的作用，对于这部分永久荷载，其荷载分项系数 γ_G 显然也应取小于 1 的系数，本条建议采用 $\gamma_G = 0.9$。

4.2.4 对钢的面板及其支架的设计规定了应符合现行国家标准《钢结构设计规范》GB 50017 的规定，该规范中对临时性的结构强度设计值没有作出提高的规定，而我国《混凝土结构工程施工及验收规范》GB 50204—92 第 2.2.2 条明确作出了提高 17.6% 的规定，且在使用中也未发现有什么问题，因此，我们也将荷载设计值乘以 0.95 折减系数和 0.9 的结构重要性系数予以折减，这就等于把钢的强度设计值提高了 16%。但当采用冷弯薄壁型钢时，为确保模板结构的安全却不予提高。

4.3 荷 载 组 合

4.3.1 当整个结构或结构的一部分超过某一特定状态，而不能满足设计规定的某一功能要求时，则称此特定状态为结构对该功能的极限状态。设计中的极限状态往往以结构的某种荷载效应，如内力、应力、变形、裂缝等超过相应规定的标志为依据。根据设计中要求考虑的结构功能，结构的极限状态在总体上分为两大类，即承载能力极限状态和正常使用极限状态。对承载能力极限状态，一般是以结构的内力超过其承载能力为依据；对正常使用极限状态，一般是以结构的变形、裂缝、振动参数超过设计允许的极限值为依据。

对所考虑的极限状态，在确定其荷载效应时，应对所有可能同时出现的诸荷载作用加以组合，求得组合后在结构中的总效应。这种组合可以多种多样，因此，还必须在所有可能组合中，取其中最不利的一组作为该极限状态的设计依据。

对于承载能力极限状态的荷载效应组合，可按《建筑结构可靠度设计统一标准》GB 50068 的规定，根据所考虑设计状况，选用不同的组合；对持久和短暂设计状况，应采用基本组合。

在承载能力极限状态的基本组合中，式（4.3.1-2）、式（4.3.1-3）和式（4.3.1-4）给出了荷载效应组合设计值的表达式，建立表达式的目的是在于保证在各种可能出现的荷载组合情况下，通过设计都能使结构维持在相同的可靠度水平上，在应用式（4.3.1-2）时，式中的 S_{Q1k} 为诸可变荷载效应中其设计值是控制其组合为最不利者，当设计者无法判断时，可轮次以各可变荷载效应 S_{Qik} 为 S_{Q1k}，选其中最不利的荷载效应组合为设计依据。式（4.3.1-3）是考虑为了模板设计时便于手算的目的，仍允许采用简化的组合原则，也即对所有参与组合的可变荷载的效应设计值，乘以一个统一的组合系数，考虑到以往的组合系数 0.85 在某些情况下偏于不安全，因此，将其提高到 0.9；并要求所有可变荷载作为伴随荷载时，都必须以其组合值为代表值，而不仅仅限于有风荷载参与组合的情况。至于组合系数，除风荷载仍取 $\psi_c = 0.6$ 外，对其他可变荷载，目前统一取 $\psi_c = 0.7$。式（4.3.1-4）是新给出的由永久荷载效应控制的组合设计值，当结构的自重占主要时，考虑这个条件就能避免可靠度偏低的后果。

必须指出，条文中给出的荷载效应组合值的表达式是采用各项可变荷载小于叠加的形式，这在理论上仅适用于各项可变荷载的效应与荷载为线性关系的情况。当涉及非线性问题时，应根据问题性质或按有关设计规定采用其他不同的方法。

对于正常使用极限状态的结构设计，在采用标准组合时，也可参照按承载能力极限状态的基本组合，采用简化规则，即按式（4.3.1-3）采用，但取分项系数为 1，并根据模板特点仅考虑永久荷载效应，而不考虑可变荷载效应的组合。

4.3.2 本条参与模板及其支架荷载效应组合的各项荷载规定是按《混凝土结构工程施工及验收规范》GB 50204—92 的规定采用的。

4.3.3 爬模的荷载标准值是根据"上海市施工技术科研设计院"的总结资料经过分析采用的。

爬架可认为是一悬臂柱，承受偏心的竖向荷载和侧向风荷载，风荷载由模板传来，计算时要考虑风荷载的组合。组合时要分工作状态和非工作状态两种情况，取其最不利情况作为计算依据。

模板的计算应分混凝土浇筑阶段和模板爬升安装阶段两种情况计算。浇筑混凝土阶段模板主要承受新浇混凝土对模板的侧压力和倾倒混凝土所产生的侧压力。爬升和安装阶段的模板计算主要是在竖向荷载作用下的强度验算，主要任务是确定爬架布置位置和爬架间距。

4.3.4 液压滑模的荷载标准值系根据现行国家标准《滑动模板工程技术规范》GB 50113 的规定采用的。

4.4 变 形 值 规 定

4.4.1～4.4.3 一般模板的变形值是按国家标准《混凝土结构工程施工及验收规范》GB

50204—92 的规定；组合钢模板的变形值是按现行国家标准《组合钢模板技术规范》GB 50214 的规定；液压滑动模板是按《滑动模板工程技术规范》GB 50113 的规定。

4.4.4 爬模的变形值主要是根据组合钢模板和大模板以及格构式柱的技术要求制定的。

5 设 计

5.1 一 般 规 定

5.1.1 设计时应根据工程的实际结构形式、荷载大小、地基土类别、施工设备和材料可供应的条件，尽量采用先进的施工工艺，综合全面分析比较找出最佳的设计方案。

5.1.3 设计内容总的归纳起来应包括：选型、选材、结构计算、绘制施工图及编写设计说明。

5.1.5 在多年来的实际工程施工中，全国各地发生的模板倒塌事故较多，究其原因，其中用木立柱的事故约 2/3 以上都是由于所用的木立柱直径偏小（<50mm），甚至弯扭不直；有的纵横向未设水平拉条，或用小条、板皮做拉条起不到拉条的作用。因此，除对水平拉条有专门的规定外，此处规定木立柱小头直径不得小于 80mm。

5.1.6 因要求避免自重引起的过分垂曲（例如桁架的上弦杆或斜杆），另一方面为消除振动影响，因此，这里特对受压、受拉杆件的最大长细比作了限制要求。

5.1.7 这里的群柱是特指由钢管与扣件组合而成，并用作模板支柱的格构式柱，若柱四周只设有水平横杆而无斜杆构成，则此格构式柱为非稳定的机动体系，是不能承力的，故此条有此规定。

5.1.8 用门架作为模板支柱时，必须保证两点：一为水平加固杆及整体剪刀撑一定要按本规范所规定的设置；二为门架与门架之间的剪刀撑应具有一定的刚度。所以当采用门架作为模板支柱时，对其剪刀撑的最小刚度作了规定。

5.1.10 爬模是一种适用于现浇钢筋混凝土竖向（或倾斜）的墙体模板工艺，其工艺原理是以建筑物的钢筋混凝土墙体作为支承主体，通过附着于已完成的钢筋混凝土墙体上的爬升支架或大模板，并利用连接爬升支架与大模板的爬升设备，使一方固定，另一方作相对运动，交替向上爬升，以完成模板的爬升、下降、就位和校正等工作。目前，不仅用于浇筑高层外墙、电梯井壁，而且也开始用于内墙以及一些高耸构筑物。但为保证安全使用，故对有关的设计问题，在此处作了必要的规定。

5.2 现浇混凝土模板计算

5.2.1 钢面板计算举例

【例 1】 组合钢模板块 P3012，宽 300mm，长 1200mm，钢板厚 2.5mm，钢模板两端支承在钢楞上，用作浇筑 220mm 厚的钢筋混凝土楼板，试验算钢模板的强度与挠度。

【解】

1 强度验算

（1）计算时两端按简支板考虑，其计算跨度 l 取 1.2m

（2）荷载计算 按 4.1 节第 4.1.2 条规定应取均布荷载或集中荷载两种作用效应考虑，计算结果取其大值：

钢模板自重标准值 $340N/m^2$；

220mm 厚新浇混凝土板自重标准值 $24000 \times 0.22 = 5280N/m^2$；

钢筋自重标准值 $1100 \times 0.22 = 242N/m^2$；

施工活荷载标准值 $2500N/m^2$ 及跨中集中荷载 2500N 考虑两种情况分别作用。

均布线荷载设计值为：

$$q_1 = 0.9 \times [1.2 \times (340 + 5280 + 242) + 1.4 \times 2500] \times 0.3$$
$$= 2844N/m$$

$$q_1 = 0.9 \times [1.35 \times (340 + 5280 + 242) + 1.4 \times 0.7 \times 2500] \times 0.3$$
$$= 2798N/m$$

根据以上两者比较应取 $q_1 = 2844N/m$ 作为设计依据。

集中荷载设计值：

模板自重线荷载设计值 $q_2 = 0.9 \times 0.3 \times 1.2 \times 340 = 110N/m$

跨中集中荷载设计值 $P = 0.9 \times 1.4 \times 2500 = 3150N$

（3）强度验算

施工荷载为均布线荷载：

$$M_1 = \frac{q_1 l^2}{8} = \frac{2844 \times 1.2^2}{8} = 511.92N \cdot m$$

施工荷载为集中荷载：

$$M_2 = \frac{q_2 l^2}{8} + \frac{Pl}{4} = \frac{110 \times 1.2^2}{8} + \frac{3150 \times 1.2}{4} = 964.8N \cdot m$$

由于 $M_2 > M_1$，故应采用 M_2 验算强度，并查表 5.2.1-2 板宽 300mm 得净截面抵抗矩 $W_n = 5940mm^3$

则　$\sigma = \frac{M_2}{W_n} = \frac{964800}{5940} = 162.37N/mm^2 < f = 205N/mm^2$

强度满足要求。

2 挠度验算

验算挠度时不考虑可变荷载值，仅考虑永久荷载标准值，故其作用效应的线荷载设计值如下：

$$q = 0.3 \times (340 + 5280 + 242) = 1758.6N/m = 1.7586N/mm$$

故实际设计挠度值为：

$$v = \frac{5ql^4}{384EI_x} = \frac{5 \times 1.7586 \times 1200^4}{384 \times 2.06 \times 10^5 \times 269700} = 0.85mm$$

上式中查表 3.1.5 得 $E = 2.06 \times 10^5$；查表 5.2.1-2 得板宽 300mm 的净截面惯性矩 $I_x = 269700mm^4$；查表 4.4.2 得容许挠度为 1.5mm，故挠度满足要求。

木面板及胶合板面板其计算程序和方法与钢面板相同。

5.2.2 支承钢楞计算举例

【例 2】 按例 1 的条件，于组合钢模板的两端各用一根矩形钢管支承，其规格为

$\square 100 \times 50 \times 3$，间距 600mm，$l = 2100$mm，试验算其强度与挠度。

【解】

1 强度验算

（1）按简支考虑，其计算跨度 $l = 2100$mm；

（2）荷载计算 按例 1 采用，即：

钢模板自重标准值 340N/m²；

新浇混凝土自重标准值 5280N/m²；

钢筋自重标准值 242N/m²；

钢楞梁自重标准值 113N/m²；

施工活荷载标准值 2500N/m² 及跨中集中荷载 2500N 考虑两种情况。

均布线荷载设计值为：

$$q_1 = 0.9 \times [1.2 \times (340 + 5280 + 242 + 113) + 1.4 \times 2500] \times 0.6$$
$$= 5761.8\text{N/m}$$

$q_1 = 0.9 \times [1.35 \times (340 + 5280 + 242 + 113) + 1.4 \times 0.7 \times 2500] \times 0.6 = 5678.78$N/m，根据以上两者比较，应取 $q_1 = 5761.8$N/m 作为小楞的设计依据。

集中荷载设计值为：

小楞自重线荷载设计值 $q_2 = 0.9 \times 0.6 \times 1.2 \times 113 = 73.22$N/m

跨中集中荷载设计值 $P = 0.9 \times 1.4 \times 2500 = 3150$N

（3）强度验算

施工荷载为均布线荷载：

$$M_1 = \frac{q_1 l^2}{8} = \frac{5761.8 \times 2.1^2}{8} = 3176.19\text{N} \cdot \text{m}$$

施工荷载为集中荷载：

$$M_2 = \frac{q_2 l^2}{8} + \frac{Pl}{4} = \frac{73.22 \times 2.1^2}{8} + \frac{3150 \times 2.1}{4}$$
$$= 1694.11\text{N} \cdot \text{m}$$

由于 $M_1 > M_2$，故应采用 M_1 验算强度，并查表 5.2.2-1，按小楞规格查得 $W_x = 22420$mm³，$I_x = 1121200$mm⁴。

则：$\sigma = \dfrac{M_1}{W_x} = \dfrac{3176190}{22420} = 141.67\text{N/mm}^2 < f = 205\text{N/mm}^2$

强度满足要求。

2 挠度验算

验算挠度时不考虑可变荷载值，仅考虑永久荷载标准值，故其作用效应的标准线荷载值如下：

$$q = 0.6 \times (340 + 5280 + 242 + 113) = 3585\text{N/mm} = 3.585\text{N/m}$$

故实际设计挠度值为：

$$v = \frac{5ql^4}{384EI_x} = \frac{5 \times 3.585 \times 2100^4}{384 \times 2.06 \times 10^5 \times 1121200} = 3.93\text{mm}$$

根据表 4.4.2 查得钢楞容许值 $[v] = \dfrac{l}{500} = 4.2$mm，符合要求。

铝合金楞梁、木楞梁计算程序及方法与钢楞同。桁架楞梁计算从略。

5.2.3 对拉螺栓用于连接内外侧模和保持两者之间的间距，承受混凝土的侧压力和其他荷载。

对拉螺栓计算举例：

【例 3】 已知混凝土对模板的侧压力设计值为 $F=30\text{kN/m}^2$，对拉螺栓间距、纵向、横向均为 0.9m，选用 M16 穿墙螺栓，试验算穿墙螺栓强度是否满足要求。

【解】

$$N=0.9\times0.9\times0.9\times30=21.87\text{kN}=21870\text{N}$$

查表 5.2.3 得 M16 $A_n=144\text{mm}^2$，再查表 3.1.3-7 得 $f_t^b=170\text{N/mm}^2$，则

$$A_n f_t^b=144\times170=24480\text{N}>21870\text{N}$$

满足要求。

5.2.4 柱箍用于直接支承和夹紧柱模板。

柱箍计算举例：

【例 4】 框架柱截面为 $a\times b=600\times800(\text{mm}^2)$，柱高 $H=3.0\text{m}$，混凝土坍落度为 150mm，混凝土浇筑速度为 3m/h，倾倒混凝土时产生的水平荷载标准值为 2.0kN/m^2，采用组合钢模板，并选用 $\lbrack80\times43\times5$ 槽钢作柱箍，试验算其强度与挠度。

【解】

1 求柱箍间距 l_1

柱箍计算简图见正文图 5.2.4，

$$l_1\leqslant3.276\times\sqrt[4]{\frac{EI_x}{Fb}}$$

采用的组合钢模板宽 $b=300\text{mm}$；$E=2.06\times10^5\text{N/mm}^2$；2.5mm 厚的钢面板，查表 5.2.1-2 得 $I_x=269700\text{mm}^4$；其 F_s 计算如下：

根据式（5.2.4-1）及式（5.2.4-3）计算取其小值：

$$F=0.22r_ct_0\beta_1\beta_2v^{\frac{1}{2}}=0.22\times24\times\frac{200}{15+15}\times1\times1.15\times3^{\frac{1}{2}}$$

$$=70.12\text{kN/m}^2$$

$$F=r_cH=24\times3=72.0\text{kN/m}^2$$

根据上两式比较应取 $F=70.12\text{kN/m}^2$，则设计值为：

$$F_s=0.9\times(1.2\times70.12+1.4\times2)$$

$$=78.24\text{kN/m}^2=78240\text{N/m}^2$$

将上述各值代入公式内得：

$$l_1=3.276\sqrt[4]{\frac{2.06\times10^5\times269700}{70120\times300/1000000}}=742.66\text{mm}$$

又根据柱箍所选钢材规格求 l_1 值如下：

$$l_1\leqslant\sqrt{\frac{8Wf}{F_sb}}$$

根据表 5.2.1-2 查得宽 300mm 的组合钢模板 $W=5940\text{mm}^3$；
$f=205\text{N/mm}^2$；$F_s=78240\text{N}\cdot\text{m}^2$；$b=300\text{mm}$；代入上式得：

$$l_1 = \sqrt{\frac{8 \times 5940 \times 205}{0.07824 \times 300}} = 644.23\text{mm}$$

比较两个计算结果，应为 $l_1 \leqslant 644.06$mm，故柱箍间距采用 $l_1 = 600$mm。

2 强度验算

按计算简图 5.2.4 采用式（5.2.4-4），

$$\frac{N}{A_n} + \frac{M_x}{W_{nx}} \leqslant f$$

$l_2 = b + 100 = 800 + 100 = 900$mm（式中 100mm 为模板厚度）；$l_1 = 600$mm；$l_3 = a = 600$mm；因采用型钢，其荷载设计值应乘以 0.95 的折减系数。所以，柱箍承受的均布线荷载设计值为：

$$q = F_s l_1 = 78240 \times 0.6 = 46944\text{N/m} = 46.944\text{N/mm}$$

柱箍轴向拉力设计值为：

$$N = \frac{q l_3}{2} = \frac{46.944 \times 600}{2} = 14083\text{N}$$

查表 5.2.2 槽钢 [$80 \times 43 \times 5$ 的各值分别为：$W = 25300\text{mm}^3$；$A_n = 1024\text{mm}^2$；$r_x = 1$；$M_x = \frac{46.944 \times 900^2}{8} = 4753080\text{N} \cdot \text{mm}$

则代入验算公式，得

$$\frac{0.95 \times 14083}{1024} + \frac{0.95 \times 4753080}{1 \times 25300} = 13.07 + 178.48$$

$$= 191.55\text{N/mm}^2$$

$$< f = 215\text{N/mm}^2$$

满足要求。

3 挠度验算

$$q_g = F l_1 = 70120 \times 0.6 = 42072\text{N/m} = 42.072\text{N/mm}$$

查表 5.2.2-1 柱箍的截面惯性矩 $I_x = 1013000\text{mm}^4$；另 $E = 2.06 \times 10^5\text{N/mm}^2$；$l_2 = 900$mm。

$$v = \frac{5 q_g l_2^4}{384 E I_x} = \frac{5 \times 42.072 \times 900^4}{384 \times 2.06 \times 10^5 \times 1013000} = 1.7\text{mm}$$

$$< [v] = \frac{900}{500} = 1.8\text{mm}$$

满足要求。

5.2.5 本条计算公式中的 1.2、1.35、1.4 为恒、活荷载分项系数；0.9、0.7、0.6 为活荷载效应组合系数和风荷载组合系数。

木、钢立柱计算举例：

【**例5**】 木立柱采用红松（强度等级为 TC13B 组），小头梢径为 80mm，高度 4.0m，并在木立柱高度的中部设有 40mm×50mm 的纵横向水平拉条，其立柱所承受荷载的标准值为：支架及立柱自重 1.1kN/m²；混凝土自重 6kN/m²；钢筋自重 0.275kN/m²；施工人员及设备重 1.0kN/m²；一根立柱的承力范围为 1.4m×1.4m。试验算此立柱的强度和稳定性。

【解】

1 荷载计算

设计值组合一

$$N = 0.9 \times [1.2 \times (1.1 + 6.0 + 0.275) + 1.4 \times 1.0] \times 1.4 \times 1.4$$
$$= 18.08 \text{kN}$$

设计值组合二

$$N = 0.9 \times [1.35 \times (1.1 + 6.0 + 0.275) + 1.4 \times 0.7 \times 1.0] \times 1.4 \times 1.4$$
$$= 19.29 \text{kN}$$

根据上述比较，应采用组合二为设计验算依据。

2 强度验算

$$A_n = \frac{\pi d^2}{4} = \frac{3.14 \times 89^2}{4} = 6218.00 \text{mm}^2$$

根据表 3.2.3 及第 3.2.4 条将木材强度设计值修正如下：

露天折减 0.9；考虑施工荷载提高 1.15；考虑圆木未经切削提高 1.15；木材含水率按 30% 考虑可不作调整，则木材强度设计值调整后为：

$$f_c = 0.9 \times 1.15 \times 1.15 \times 10 = 11.9 \text{N/mm}^2$$

则　　$$\sigma_c = \frac{N}{A_n} = \frac{19290}{6218.00} = 3.10 \text{N/mm}^2 < f_c$$
$$= 11.9 \text{N/mm}^2$$

满足要求。

3 稳定验算

计算跨度 $l_0 = 2000 \text{mm}$；回转半径 $i = \frac{89}{4} = 22.25 \text{mm}$；

$$\lambda = \frac{l_0}{i} = \frac{2000}{22.25} = 89.89$$；按式（5.4.2-27）求稳定系数如下：

$$\varphi = \frac{1}{1 + \left(\frac{\lambda}{65}\right)^2} = \frac{1}{1 + \left(\frac{89.89}{65}\right)^2} = 0.3434$$

则　　$$\frac{N}{\varphi A_n} = \frac{19290}{0.3434 \times 6218} = 9.03 \text{N/mm}^2 < f_c$$
$$= 11.9 \text{N/mm}^2$$

满足要求。

【例6】 CH-65 型钢支撑，其最大使用长度为 3.06m，钢支撑中间无水平拉杆，插销直径 $d = 12 \text{mm}$，插销孔 $\phi 15 \text{mm}$，管径与壁厚及力学性能表见表 5.2.5-1 及表 5.2.5-2。求钢支撑的容许设计荷载值。

【解】

按可能出现的四种破坏状态，计算其容许设计荷载，选其中最小值为钢支撑的容许荷载。

1 钢管支撑强度计算容许荷载

$$[N] = f A_n = 215 \times (348 - 2 \times 15 \times 2.4) = 215 \times 276$$
$$= 59.34 \text{kN}$$

2 钢管支撑受压稳定计算容许荷载

插管与套管之间松动，是支撑成折线状，形成初偏心，按中点最大初偏心为25mm计算。

（1）先求 φ_x

$$n = \frac{I_{x2}}{I_{x1}} = \frac{18.51 \times 10^4}{9.32 \times 10^4} = 1.99$$

$$\mu = \sqrt{\frac{1+n}{2}} = \sqrt{\frac{1+1.99}{2}} = 1.223$$

$$\lambda_x = \mu \frac{L}{i_2} = 1.223 \times \frac{3060}{20.6} = 181.67$$

查附录D表D得 $\varphi_x = 0.2209$。

注：式中 I_{x1}、I_{x2} 分别为套管与插管的惯性矩，可查表5.2.5-2；L 为最大使用长度，查表5.2.5-1；i_2 为套管的回转半径，查表5.2.5-2。

（2）求 N_{EX}

$$N_{EX} = \pi^2 EA / \lambda_x^2 = \frac{3.14^2 \times 2.06 \times 10^5 \times 438}{181.67^2}$$

$$= 26954.7N = 26.95kN$$

（3）求 N

$$\frac{N}{\varphi_x A} + \frac{\beta_{max} M_x}{W_{ix}\left(1 - 0.8\frac{N}{N_{EX}}\right)} \leqslant f$$

$$\frac{N}{0.2209 \times 438} + \frac{1 \times 25 \times N}{\frac{18.51 \times 10^4}{30.25} \times \left(1 - 0.8\frac{N}{26954.7}\right)} \leqslant 215$$

$$\frac{N}{96.75} + \frac{25N}{6119 \times (1 - 0.000029679N)} \leqslant 215$$

求得 $N = 54995.32N = 55.00kN$

3 插销抗剪强度计算容许荷载

$$N = f_v \cdot 2A_0 = 125 \times 2 \times 113 = 28250N = 28.25kN$$

4 插销处钢管壁承压强度计算容许荷载

$$N = f_{ce} \cdot A_{ce} = 320 \times 2 \times 2.4 \times 12$$

$$= 18432N = 18.43kN$$

根据上述四项计算，取最小值即18432N为CH-65钢支撑在最大使用长度时的容许荷载设计值。

【例7】 现有一扣件式钢管组合的格构式柱，柱截面1000mm×1000mm，四角立杆（主肢）、水平横杆和四面斜管均为Q235钢 $\phi48 \times 3.5mm$ 的焊接钢管，水平横杆步距1.0m，格构式柱高6.0m，承受荷载设计值为350kN，试验算该格构式柱的稳定性。

【解】

整个柱的截面惯性矩为：

$$I_x = I + A_1 h^2 = 4 \times [121900 + 489 \times 500^2]$$

$$= 4 \times 122371900mm^4$$

整个柱的回转半径为：

$$i_x = \sqrt{\frac{I_x}{A}} = \sqrt{\frac{4 \times 122371900}{4 \times 489}} = 500\text{mm}$$

则

$$\lambda_x = \frac{l_0}{i} = \frac{6000}{500} = 12$$

故格构式换算长细比为：

$$\lambda_{0x} = \sqrt{\lambda_x^2 + 40\frac{A}{A_{1x}}} = \sqrt{12^2 + 40 \times \frac{4 \times 489}{2 \times 489}} = 14.97$$

根据 $\lambda_{0x} = 14.97$ 查附录 D 表 D 得稳定系数

$$\varphi = 0.9836$$

稳定验算：

$$\frac{N}{\varphi A} = \frac{350000}{0.9836 \times 4 \times 489} = 181.92\text{N/mm}^2 < f_c = 205\text{N/mm}^2$$

满足要求。

【例8】 现有一桥梁现浇板，采用门架型号为 MF1219、$h_2 = 100\text{mm}$ 支模，门架立柱总高 50m，门架间距 1.5m，承受各项荷载标准值为：支架自重 1.1kN/m^2；新浇平板混凝土自重 9.6kN/m^2；钢筋自重 0.5kN/m^2；施工人员及设备自重2.5kN/m^2；风荷载 $w_k = 0.30\text{kN/m}^2$；门架自重 0.55kN/m。试验算底部一榀门架的稳定性。

【解】

1 轴力计算：按下面各式计算结果取大值

$$N = 0.9 \times \left[1.2\left(N_{Gk}H_0 + \sum_{i=1}^{n} N_{Gik}\right) + 1.4N_{Q1k}\right]$$
$$= 0.9 \times \{1.2 \times [0.55 \times 50 + (1.1 + 9.6 + 0.5) \times 1.5 \times 0.8] + 1.4 \times 2.5 \times 1.5 \times 0.8\}$$
$$= 0.9 \times \{1.2 \times [27.5 + 13.44] + 1.4 \times 2.5 \times 1.5 \times 0.8\}$$
$$= 0.9 \times \{49.128 + 4.2\}$$
$$= 48.0\text{kN}$$

$$N = 0.9\left\{1.2 \times \left[N_{Gk}H_0 + \sum_{i=1}^{n} N_{Gik}\right] + 0.9 \times 1.4 \times \left(N_{Q1k} + \frac{2M_w}{b}\right)\right\}$$
$$= 0.9 \times \left\{1.2[0.55 \times 50 + (1.1 + 9.6 + 0.5) \times 1.5 \times 0.8] + \right.$$
$$\left. 0.9 \times 1.4 \times \left(2.5 \times 1.5 \times 0.8 + \frac{2 \times 0.1458}{0.8}\right)\right\}$$
$$= 0.9 \times \left\{1.2 \times [27.5 + 13.44] + 0.9 \times 1.4 \times \left(3 + \frac{2 \times 0.1458}{0.8}\right)\right\}$$
$$= 0.9 \times \{49.128 + 4.24\}$$
$$= 48.0\text{kN}$$

$$N = 0.9 \times \left\{1.35 \times \left[N_{Gk}H_0 + \left(\sum_{i=1}^{n} N_{Gik}\right)\right] + 1.4 \times \left(0.7N_{Q1k} + 0.6 \times \frac{2M_w}{b}\right)\right\}$$

$$= 0.9 \times \left\{ \begin{matrix} 1.35 \times [0.55 \times 50 + (1.1 + 9.6 + 0.5) \times 1.5 \times 0.8] \\ + 1.4 \times \left(0.7 \times 2.5 \times 1.5 \times 0.8 + 0.6 \times \dfrac{2 \times 0.1458}{0.8} \right) \end{matrix} \right\}$$

$$= 0.9 \times \{ 1.35 \times [27.5 + 13.44] + 1.4 \times (2.1 + 0.14) \}$$

$$= 0.9 \times (55.269 + 3.136)$$

$$= 52.56 \text{kN}$$

根据上述计算结果应取 $N = 52.56 \text{kN}$ 作为设计依据。

$$q_w = 1.5 w_k = 1.5 \times 0.3 = 0.45 \text{kN/m}$$

$$M_w = \frac{q_w h^2}{10} = \frac{0.4 \times 1.8^2}{10} = 0.1458 \text{kN} \cdot \text{m}$$

根据 $I = I_0 + I_1 \dfrac{h_1}{h_0}$，查表 5.4.2-8、表 5.4.2-9 得 $I_0 = 121900 \text{mm}^3$；$I_1 = 14200 \text{mm}^4$；$h_1 = 1550 \text{mm}$；$h_0 = 1900 \text{mm}$；则

$$I = 121900 + 14200 \times \frac{1550}{1900} = 133484 \text{mm}^4$$

$$i = \sqrt{\frac{I}{A_1}} = \sqrt{\frac{133484}{489}} = 16.52 \text{mm}$$

$K_0 = 1.22$，则 $\quad \lambda = \dfrac{K_0 h_0}{i} = \dfrac{1.22 \times 1900}{16.52} = 140$

根据 $\lambda = 140$ 查附录 D 附表 D 得 $\quad \varphi = 0.345$

2 一榀门架的稳定性验算

$$\frac{N}{\varphi A_0} = \frac{52560}{0.345 \times 2 \times 489} = 155.77 \text{N/mm}^2 < f = 205 \text{N/mm}^2$$

满足要求。

5.3 爬 模 计 算

5.3.5 将附墙架压紧在墙面上，是靠附墙架与墙面之间的摩擦力来支承附墙架所受的垂直力。

6 模板构造与安装

6.1 一 般 规 定

6.1.1 模板设计与施工说明书在介绍了该工程模板总的情况后，主要内容中要重点说明下列事项：

1 模板设计所取用的垂直荷载和混凝土侧压力的数值。并据此对混凝土的浇筑工艺提出应注意的事项。

2 对模板结构中的特殊部位，提出装拆时应注意的事项。对爬升模板的作业人员进

行教育和培训时，应按爬升模板的特点来进行，其特点为：在高空爬升时，是分块进行，爬升完毕固定后又连成整体。因此，在爬升前，必须拆尽相互间的连接件，使爬升时各单元能独立爬升，爬升完毕应及时安装好连接件，保证爬升模板固定后的整体性。

3 规定预埋件、预留孔洞及特殊部件所有的材料、节点构造和固定方法。

4 对特殊部位提出特殊的质量、安全要求和保证质量、安全的技术措施。

6.1.2 模板安装顺序大体来说是：柱墙──→梁──→板，具体来说应按设计和施工说明书规定的顺序进行。由于有些模板支柱直接支承在基土上，因此，对基土情况也应予以慎重考虑，严防下沉现象发生。

关于模板的起拱高度，在使用时应注意该起拱高度未包括设计起拱值，本规范只考虑到模板本身在荷载作用下的下挠。因此，在使用时应根据模板情况取值，如钢模板可取偏小值(1/1000～2/1000)，木模板可取偏大值（1.5/1000～3/1000）。

6.1.3 一般操作规程中规定应拼缝严密，不得漏浆。考虑到木模板拼缝过于严密，洒水湿润后会膨胀变形，所以，本规范规定无论采用钢模板、木模板还是其他材料制成的模板，拼缝以保证不漏浆为原则。

6.1.4 竖向模板是指墙、柱模板，在安装时应随时用临时支撑进行可靠固定，防止倒塌伤人。在安装过程中还应随时拆换支撑或增加支撑以保证随时处于稳定状态。

6.1.6 支架柱成一定角度倾斜或虽垂直但顶部倾斜时，对于这些支架柱或支撑来说，前者应注意底部传力的可靠度，既要求承力面积的可靠，又要求不得产生位移的可靠；对后者则要求顶点一定要固定可靠，不得产生任何位移；否则，将发生倒塌事故。

6.1.8 二次支撑是指板或梁模板未拆除前或拆除后，板上需堆放或安放设备材料，而这些所增加的荷载远大于现时混凝土所能承受的荷载或者超过设计所允许的荷载，于是需第二次加些支撑来满足堆载的要求，这就称为第二次支撑。

6.1.12～6.1.15 模板安装过程中最容易发生安全事故，经过分析这里特对易发事故的环节专门作了有针对性的规定与限制。

6.2 支架立柱构造与安装

6.2.1 对水平支承桁架一定要满足设计的跨度，尤其是伸缩式桁架，一定要满足搭接长度不能小于500mm，上下弦也不得少于两个插销销钉；当多榀成排放置时，在下弦折角处要按正文要求于桁架间加设水平撑。

6.2.2 工具式单立柱支撑是指单根钢管柱、组合型单根钢柱、装配式单根钢立柱，出于安全，应满足本条要求。

6.2.3 木立柱由于材质的原因，在模板高度较大时，比较容易发生安全事故，一般不能接长，本条对此进行了严格规定。

6.2.4 扣件式立柱采用对接接长，能达到传力明确，没有偏心，可大大提高承载能力。试验表明，一个对接扣件的承载能力比搭接的承载能力大2.14倍。而搭接会产生较大的偏心荷载，造成事故。

6.2.5 门架平行于梁轴线布置主要用于现浇梁、预制模板结构，为加快施工进度，门架用于梁底支撑，兼作楼板支架。但交叉支撑不易设置，有些厂家生产架距为957、1375的交叉支撑，而采用这种形式一般来说应采用垂直梁轴线布置为宜。

6.3 普通模板构造与安装

6.3.1 本条规定是为了防止在基坑中作业时由于疏忽，对可能发生安全事故的隐患作出了相应规定。

6.3.2 柱箍或紧固钢楞的规格、间距是通过力学计算确定的，而不是凭经验盲目采用，同时还要考虑每块钢模板宜有两个着力点，现场散拼支模时，逐块逐段上够 U 形卡、紧固螺栓、柱箍和钢楞，并随时安设支撑固定。

6.3.3 安装预拼大块钢模板，如果麻痹大意，很容易发生安全事故，特别是要防止倾覆。所以，本条作了针对性的规定。

6.4 爬升模板构造与安装

6.4.2 螺栓孔有偏差时，应经纠正后方可安装爬升模板。底座安装时，先临时固定部分穿墙螺栓，待校正标高后，方可固定全部穿墙螺栓。支架的立柱宜采取在地面组装成整体，在校正垂直度后再固定全部与底座相连接的螺栓。大模板安装时，先加以临时固定，待就位校正后，方可正式固定。安装模板的起重设备，可使用工程施工的起重设备。爬升模板全部安装完毕后，应对所有连接螺栓和穿墙螺栓进行紧固检查，并经试爬升验收合格后方可投入使用。另所有的穿墙螺栓应由外向内穿入，并在内侧紧固。

6.4.3 爬升时要稳起、稳落和平稳就位，严防大幅度摆动和碰撞。要注意不要使爬升模板被其他构件卡住，若发现此现象，应立即停止爬升，待故障排除后，方可继续爬升。

大模板爬升的条件一般应满足混凝土达到拆模时的强度，爬架已经爬升并安装固定在上层墙上，爬升爬架的爬升设备已拆除，固定附墙架处的混凝土已达到 $10N/mm^2$ 以上，如果附墙架是在窗洞处附墙，该处附墙的混凝土强度应能承受爬架传来的荷载。爬架爬升时，爬架的支承点是模板，此时模板需与浇筑的钢筋混凝土墙连成整体，所以，爬架爬升时的条件应具备：①墙体混凝土已浇筑并具有一定的强度；②内外模板均未拆除和松动，包括对拉螺栓、内模之间的连接支撑；③一片外墙的外模如果是由两个或多个爬架支承，则这些爬架不能同时爬升，应分两批进行；④固定附墙架的墙体混凝土强度不得小于 $10N/mm^2$。如果爬架固定在窗口处，则需对窗上的梁进行强度验算，以确定混凝土必须达到的强度。

倒链的链轮盘、倒卡和链条等，如有扭曲或变形，应停止使用。操作时不得站在倒链正下方，如重物需要在空间停留较长时间时，要将小链拴在大链上，以免滑移。液压提升设备应检查安装质量，接通油路，用旋拧千斤顶盖螺纹方法来检查和调节千斤顶冲程，务使各个千斤顶冲程相同。

6.4.6 大模板爬升或支架爬升时，拆除穿墙螺栓都是在脚手架上或爬架上进行的，因此，必须设置维护栏杆和安全网。

6.4.9 穿墙螺栓与建筑结构的紧固，脚手架构件之间的螺栓连接紧固，都是保证爬升模板安全的重要条件，一般每爬升一次应全数检查一次。

6.5 飞模构造与安装

6.5.1 飞模宜在施工现场组装，以减少飞模的运输。飞模的部件和零配件，应按设计图纸和设计说明书所规定的数量和质量进行验收。凡发现变形、断裂、漏焊、脱焊等质量问题，应经修整后方可使用。

6.5.3 飞模就位后，旋转上、下调节螺栓，使平台顶调到设计标高，然后在槽钢挑梁下安放单腿支柱和水平拉杆，这时即可进行梁模、柱模的支设、调整和固定工作，最后填补飞模平台四周的胶合板以及修补梁、柱、板交界处的模板。外挑出模操作平台一般分为两种情况，一为框架结构时，可直接在飞模两端或一端的建筑物外直接搭设出模操作平台。二，因剪力墙或其他构件的障碍，使飞模不能从飞模两端的建筑物外一边或两边搭设出模平台，此时飞模就必须在预定出口处搭设出模操作平台，而将所有飞模都陆续推至一个或两个平台，然后再用吊车吊走。

6.5.4 当梁、板混凝土强度达到设计强度的 75% 时方可拆模，先拆柱、梁模板（包括支架立柱）。然后松动飞模顶部和底部的调节螺栓，使台面下降至梁底以下 100mm。此时转运的具体准备工作为：对双肢柱管架式飞模应用撬棍将飞模撬起，在飞模底部木垫板下垫入 φ50 钢管滚杠，每块垫板不少于 4 根。对钢管组合式飞模应将升降运输车推至飞模水平支撑下部合适位置，退出支垫木楔，拔出立柱伸缝腿插销，同时下降升降运输车，使飞模脱模并降低到离梁底 50mm。对门式架飞模在留下的 4 个底托处，安装 4 个升降装置，并放好地滚轮，开动升降机构，使飞模降落在地滚轮上。对支腿桁架式飞模在每榀桁架下放置 3 个地滚轮，操纵升降机构，使飞模同步下降，面板脱离混凝土，飞模落在地滚轮上。

另外下面的信号工一般负责飞模推出、控制地滚轮、挂捆安全绳和挂钩、拆除安全网及起吊；上面的信号工一般负责平衡吊具的调整，指挥飞模就位和摘钩。

6.5.5～6.5.6 转运时，当用人工缓缓推出，飞模前两个吊点超出边梁后，锁牢地滚轮，这时一定要使飞模的重心不得超出中间的地滚轮，才可将吊车落钩，用钢丝绳和卡环将飞模前面的两个吊装盒内的吊点卡牢，松开地滚轮，将飞模继续缓缓向外推出，同时将安全绳按推出速度缓缓放松，并操纵平衡吊具，使飞模保持水平状态，直至完全推出建筑物外以后，正式起运至上一层安装。

6.5.8～6.5.9 电动平衡吊具主要是指吊车将飞模前面两个吊点挂牢后，再用电动环链挂牢于吊车钩上，电动环链另一挂钩端与飞模后面两点的吊绳挂牢，随着飞模缓缓推出，这时电动环链也跟着逐渐缩短环链长度，始终保持飞模处于水平位置。

飞模转运至上层就位后，应对所有螺栓进行上油，并应重新紧固，对已损坏的各部件应全部拆换或剔除，严格禁止混用其中。

6.6 隧道模构造与安装

6.6.1 在墙体钢筋绑扎后，检查预埋管线和留洞的位置、数量，并及时清除墙内杂物，此时将两个半边隧道模就位时，连接板孔的中心距为 84mm，以保持顶板间有 2～4mm 的间隙，以便拆模。如房间开间大于 4m，顶板应考虑起拱 1/1000。

6.6.2 当模板用千斤顶就位固定后，模板底梁上的滚轮距地面的净空不应小于 25mm，同时旋转垂直支撑杆，使其离地面 20～30mm 不再受力，这时应使整个模板的自重及顶板上的活荷载都集中到底梁上的千斤顶上。

6.6.3 1 两个桁架上弦工字钢的水平方向中心距，必须比开间的净尺寸小 400mm，即工字钢各离两侧横墙面 200mm；桁架间的水平撑和剪刀撑必须与墙面相距 150mm，这样便于支卸平台吊装就位。

　　2 中立柱下的垫板与楼地面的接触要平稳紧实，必要时可局部找平。

　　3 相邻支卸平台之间的空隙过大，容易使人踏空或杂物坠落伤人。

6.6.4 山墙作业平台的长度，不宜过长（由 6 个 U 形卡承托），太长易变形，也不便 U 形卡与螺栓准确锚固；过短固定点少，不安全。

7 模 板 拆 除

7.1 模板拆除要求

7.1.1 按《混凝土结构工程施工质量验收规范》GB 50204 的有关规定执行主要是说，非承重侧模的拆除，应在混凝土强度能保证其表面及棱角不因拆模而受损坏时（大于 1N/mm²）方可拆模。承重模板的拆除，应根据构件的受力情况、气温、水泥品种及振捣方法等确定。

7.1.3 用承重焊接钢筋骨架作配筋的结构，是指直接用钢筋骨架来承受现浇混凝土的自重、自重产生的侧压力、振捣和倾倒混凝土所产生的侧压力，除此之外，再不用其他任何支架立柱支承。此种支模方式拆模后，在其结构需要另外增加荷载时，必须进行核算，允许后方可增加。

7.1.4 为了加快大体积混凝土模板的周转或争取提前完成其他工序而需要提早拆模时，必须采取有效措施，使拆模与养护措施密切配合，如边拆除，边用草袋覆盖，或边拆除边回填土方覆盖等，来防止外部混凝土降温过快使内外温差超过 25℃ 而产生温度裂缝。

7.1.5 预应力结构应严格保证不在混凝土产生自重挠度和没有混凝土自重承力钢筋的情况下来进行预应力张拉，否则会造成很大的预应力张拉损失或未张拉混凝土就已产生裂缝，致使结构产生严重不安全的隐患。

7.1.8 模板拆除的顺序和方法，应首先按照模板设计规定进行，原则上应先拆非承重部位，后拆承重部位，并遵守自上而下的原则。

7.1.9～7.1.10 拆模时，操作人员应站在安全处，以免发生安全事故。待该片、段模板全部拆除后，再将模板、配件、支架等运出堆放。

7.1.11 一般承重模板均应先拆去支架立柱，而立柱所支承的支架模板结构均互有关联，很易引起其他部位模板的塌落，故对易塌落部分应先设临时支撑支牢，以免发生安全事故。

7.1.13 对已拆除模板的结构，一般其混凝土强度均只达到设计的 75%，若此时就需其承受全部设计使用荷载，或者虽达到混凝土设计强度的 100%，但施工荷载所产生的效应比使用荷载的效应更为不利时，必须经过核算加设临时支撑，即所谓第二次支撑。

7.1.15 拆模后，对各种预留洞口、管沟、电梯洞口、楼梯口或高低差较大处均应及时盖好、拦好并处理好，防止发生一切不应发生的安全事故。

7.2 支架立柱拆除

7.2.1 拆除模板下面的钢或木楞梁或桁架时,梁楞下面的立柱已拆除,若不搭设临时防护支架,而直接撬脱楞梁或桁架就容易发生坠落砸人。

7.2.3~7.2.4 立柱拆除时,不能将梁底板与立柱连在一起整体一片拉倒,这样太危险,同时也极易把楼层结构或其他结构砸坏。现浇多层或高层建筑一般均规定连续三层不准拆除模板结构(包括立柱在内),若需提前拆除必须进行科学的计算方可决定拆除与否,决不允许盲目拆除造成严重后果。

7.2.6 拆除工具式有芯钢管立柱时,在人工运输过程中,如不将芯管抽除,很容易发生在吊运或搬运过程中滑出坠落伤人。

7.3 普通模板拆除

7.3.1 因基础模板一般处于自然地面以下,拆模时应将拆下的楞梁、模板及配件等随时派人运到离基础较远的地方,以免基坑附近地面受压造成坑壁塌方或模板及配件滑落伤人。

拆除楞及模板应由上而下,由表及里,避免上下交叉作业,以便确保安全。在基础模板拆完后,应派专人彻底清理一次,在基础四周失落的配件全部拾回后,再进行基础回填土施工。

7.3.2 单块组拼的柱模,在拆除柱箍钢楞后,如有对拉螺栓应先行拆除,然后才能自上而下逐步拆除配件及模板。对分片组装的柱模,则一般应先拆除两个对角的 U 形卡并作临时支撑后,再拆除另两个对角 U 形卡,或者将四边临时支撑好再拆除四角 U 形卡。待吊钩挂好后,拆除临时支撑,方能脱模起吊。

7.3.3 单块组拼的墙模,在拆除穿墙螺栓,大小楞和连接件后,从上到下逐步水平拆除;预组拼的大块墙模,应在挂好吊钩,检查所有连接件是否拆除后,拴好导向拉绳,方能拆除临时支撑脱模起吊,严防模板撞墙造成墙体裂缝或撞坏模板。

7.3.4 拆除钢模板时,应先拆钩头螺栓和内外钢楞,然后拆下 U 形卡、L 形插销,再用钢钎轻轻撬动钢模板,或用木锤,或用带胶皮垫的铁锤轻击钢模板,把第一块钢模板拆下,然后再逐块拆除。对已拆下的钢模板不准随意抛掷,以确保钢模板完好。

7.4 特殊模板拆除

7.4.1~7.4.2 拱、薄壳、圆穹屋顶、筒仓漏斗、大于 8m 跨度的梁等工程结构模板的拆模顺序一般应按设计所规定的顺序和方法进行拆除。若设计无规定时,应该在拆模时不改变原曲率和受力情况的原则下来进行,以避免因混凝土与模板的脱开而对结构的任何部分产生有害的应力。

7.4.3 拆除带有拉杆拱的混凝土组合结构模板时,在模板和支架立柱未拆除前先将其拉杆拉紧,以避免脱模后无水平拉杆来平衡拱的水平推力,导致上弦拱的混凝土断裂垮塌。

7.5 爬升模板拆除

7.5.3 拆除悬挂脚手架和模板的顺序及方法如下:

1 应自下而上拆除悬挂脚手架和安全措施；

2 拆除分块模板间的拼接件；

3 用起重机或其他起吊设备吊住分块模板，并收紧起重索；

4 拆除模板爬升设备，使模板和爬架脱开；

5 将模板吊离墙面和爬架，并吊放至地面；

6 拆除过程中，操作人员必须站在爬架上，严禁站在被拆除的分块模板上。

支架柱和附墙架的拆除应采用起重机或其他垂直运输机械进行，并符合以下的顺序和方法：

1 用绳索捆绑爬架，用吊钩吊住绳索，在建筑物内拆除附墙螺栓，如要进入爬架内拆除时，应用绳索拉住爬架，防止晃动。

2 若螺栓已拆除，必须待人离开爬架后方准将爬架吊放至地面进行拆卸。

7.6 飞 模 拆 除

7.6.1 当高层建筑的各层混凝土浇筑完毕后，待混凝土达到设计所规定的拆模强度或符合《混凝土结构工程施工质量验收规范》GB 50204 的规定后方可拆模。

7.6.3 飞模脱模转移应根据双支柱管架式飞模、钢管组合式飞模、门式架飞模、铝桁架式飞模、跨越式钢管桁架式飞模和悬架式飞模等各类型的特点作出规定执行。飞模推移至楼层口外约 1.2m 时（重心仍处于楼层支点里面），将 4 根吊索与飞模吊耳扣牢，然后使安装在吊车主钩下的两只倒链收紧，先使靠外两根吊索受力，使外端处于略高于内的状态，随着主吊钩上升，外端倒链逐渐放松，里端倒链逐渐收紧，使飞模一直保持平衡状态外移。

7.6.5 飞模推出后，楼层边缘已处于临空状态，因此必须按临边作业及时防护。

7.7 隧 道 模 拆 除

7.7.2 拆导墙模板时，先拆固定限卡的 8 号钢丝的销子，然后拆收外卡、限卡，再拆除侧立模板，最后将内卡从混凝土中拔出，拔出限卡和内卡时留下的缝隙，在浇筑墙体混凝土时可自动填补。

7.7.3 承重模板拆除时混凝土强度的要求应按《混凝土结构工程施工质量验收规范》GB 50204 的规定执行。

推移半隧道模的方法可采用人力或卷扬机等辅助装置来进行。

7.7.4 半隧道模吊运方法通常有如下几种：

1 单点吊装法：当房间进深不大或吊运单元角模时采用。采用单点吊装法，其吊点应设在模板重心的上方，即待模板重心吊点露出楼板外 500mm 时，塔吊吊具穿过模板顶板上的预留吊点孔与吊梁牢固连接，这时塔吊稍稍用力，待半隧道模全部推出楼板结构后，再吊至下一个流水段就位。

2 两点吊装法：当房间开间比较大而进深不大时采用。吊运程序和单点吊装法基本相同，只是模板的吊点在重心的上方对称设置，塔吊吊运时必须同时挂钩。

3 多点吊装法：当房间进深比较大时，需采用三点或四点吊装法，吊点的位置要通过计算来确定，吊运前先进行试吊，经验证无误后方可使用。

吊点分两侧挂钩，当半隧道模向楼外推移至前排吊点露出楼板时，塔吊先挂上两个吊点，待半隧道模后排吊点露出楼外时，再挂后排吊点，全部吊点同时吃上力后，再将模板全部吊出楼外送至下一个流水段。

4 鸭嘴形吊装法：半隧道模采用鸭嘴形吊梁作吊具，当模板降至预定的标高后，装卸平台护身栏放平，将鸭嘴形吊具插入模板，重心靠横墙模板的一侧，即可吊起半隧道模至楼外，运至下一流水段。

8 安 全 管 理

8.0.3 对个别设计的异型钢模及非标准配件应经过力学计算和实验鉴定。不符合要求者不得使用，主要指无出厂合格证或未经试验鉴定的钢模板及配件不得使用。

8.0.4 对大型或技术复杂的模板工程，应按照施工设计和安全技术措施，组织操作人员进行技术训练，一定要使作业人员充分熟悉和掌握施工设计及安全操作技术。

8.0.8 采用扣件式、门式钢管支架立柱来作承受面积大、荷载大、立柱高的支撑立柱，必须具有合格证；若无合格证，应进行试压来确定其承载力。而上述各种形式的立杆受力又是用水平拉杆来保证的，因此水平杆与立杆起连接作用的扣件必须采用扭矩扳手对其进行抽检，其扭矩值必须达到 $40\sim65N\cdot m$。

8.0.11 施工用的临时照明和机电设备线路应按规划线路拉至固定地点，并装设有控制和接地保护的开关箱。临时工作照明和设备接线应从此开关箱接出。

8.0.15 高空作业人员应通过马道或专用爬梯以及电梯上下通行。

8.0.16 模板安装应检查如下一些内容：

1 检查模板和支架的布置和施工顺序是否符合施工设计和安全措施的规定；

2 各种连接件、支承件的规格、质量和紧固情况；关键部位的紧固螺栓、支承扣件尚应使用扭矩扳手或其他专用工具检查；

3 支承着力点和组合钢模板的整体稳定性；

4 标高、轴线位置、内廊尺寸、全高垂直度偏差、侧向弯曲度偏差、起拱拱度、表面平整度、板块拼缝、预埋件和预留孔洞等。

8.0.18~8.0.19 在雷雨季节及沿海大风地区，对露天的组合钢模板应作好排水，安装的避雷措施必须可靠，根据预报对 9 级以上大风应进行抗风临时加固。

8.0.22 清理时可用灰铲铲掉残余的灰浆，个别粘结牢固的混凝土，可用扁凿子轻轻剔除，再用砂纸打磨或用钢丝刷除锈，至光亮无锈为止。有条件时，宜采用各种形式的钢模板清刷机清理。若用铁锤来清理会造成板面或表面凹凸不平或损坏。

翘曲的边肋应放在工字钢上用铁锤轻轻砸平。翘曲的模板面可用手动丝杆压力机压平，或用调平机进行调平。开焊的肋条应补焊好。钢模板表面不用的孔洞，应用与钢模板面板同厚度已冲好的小圆钢板补焊平整，并用砂轮磨平。也可用与孔洞同直径的塑料瓶盖塞入孔内，平面朝向混凝土。

钢模边肋或背面、桁架、钢楞、立柱等防锈漆有脱落的应及时补刷防锈漆。

拆模现场运至维修场地的钢模板和零配件应拴牢、装箱，以免在运输途中散落、损坏或伤人。对零配件一定要做到不散装，以免丢失。

经过维修、刷油、整理合格的钢模板、零配件应清点验收，做到账物相符，防止混乱丢失。钢模板装车时一般不应高出车栏杆。

模板及配件必须设专人保管和维修，不论是在工地或库房均应按规格、种类分别堆放整齐，建立账册。存放期间，保管人员应经常检查是否有雨淋、浸水锈蚀、丢失等情况，以便及时妥善解决。

附录 C 等截面连续梁的内力及变形系数

C.1 等 跨 连 续 梁

下例是对表 C.1-1 的使用方法举例说明。

【例 1】 已知二跨等跨梁 $l = 6\text{m}$，静载 $q = 15\text{kN/m}$，每跨各有一个集中活载 $F = 35\text{kN}$，求中间支座的最大弯矩和剪力。

【解】
$$M_{B支} = K_M ql^2 + K_M pl$$
$$= (-0.125 \times 15 \times 6^2) + (-0.188 \times 35 \times 6)$$
$$= (-67.5) + (-39.48)$$
$$= -106.98\text{kN} \cdot \text{m}$$

$$V_{B左} = K_V ql + k_V F = (-0.625 \times 15 \times 6) + (-0.688 \times 35)$$
$$= (-56.25) + (-24.08) = -80.33\text{kN}$$

下两例是对表 C.1-2 的使用方法举例说明。

【例 2】 已知三跨等跨梁 $l = 5\text{m}$，静载 $q = 15\text{kN/m}$，每跨各有两个集中活载 $F = 30\text{kN}$，求边跨的最大跨中弯矩。

【解】
$$M_{1中} = K_M ql^2 + K_M Fl$$
$$= 0.080 \times 15 \times 5^2 + 0.289 \times 30 \times 5$$
$$= 30 + 43.35 = 73.35\text{kN} \cdot \text{m}$$

【例 3】 已知三跨等跨梁 $l = 6\text{m}$，静载 $q_1 = 15\text{kN/m}$，活载 $q_2 = 20\text{kN/m}$，求中间跨的跨中最大弯矩。

【解】
$$M_{2中} = K_M ql^2 = 0.025 \times 15 \times 6^2 + 0.075 \times 20 \times 6^2$$
$$= 13.5 + 54 = 67.5\text{kN} \cdot \text{m}$$

下例是对表 C.1-3 的使用方法举例说明。

【例 4】 已知四跨等跨梁 $l = 5\text{m}$，静载 $q = 15\text{kN/m}$，活载每跨有两个集中荷载 $F = 25\text{kN}$，作用于跨内，求支座 B 的最大弯矩和剪力。

【解】
$$M_{B支} = K_M ql^2 + K_M Fl$$
$$= (-0.107 \times 15 \times 5^2) + (-0.321 \times 25 \times 5)$$
$$= (-40.125) + (-40.125) = 80.25\text{kN} \cdot \text{m}$$

$$V_{B左} = K_V ql + K_V F = (-0.607 \times 15 \times 5) + (-1.321 \times 25)$$

$$= (-45.525) + (-33.025) = -78.55 \text{kN}$$

C.2 不等跨连续梁在均布荷载作用下的弯矩、剪力系数

下例是对表 C.2-1 的使用方法举例说明。

【例5】 二跨不等跨连续梁如图 C.2-1 所示，静载 $q_1 = 4 \text{kN/m}$，活载 $q_2 = 4 \text{kN/m}$，求跨中最大弯矩及 A、C 支座剪力。

【解】 查二跨不等跨连续梁系数表 $\left(n = \dfrac{6}{4} = 1.5\right)$ 得：

$$M_{1\max} = 0.04 \times 4 \times 4^2 + 0.101 \times 4 \times 4^2 = 9.024 \text{kN} \cdot \text{m}$$

$$M_{2\max} = 0.183 \times 4 \times 4^2 + 0.203 \times 4 \times 4^2 = 24.704 \text{kN} \cdot \text{m}$$

$$V_{A\max} = 0.281 \times 4 \times 4 + 0.450 \times 4 \times 4 = 11.696 \text{kN}$$

$$V_{C\max} = -0.604 \times 4 \times 4 - 0.638 \times 4 \times 4 = -19.872 \text{kN}$$

下例是对表 C.2-2 的使用方法举例说明。

【例6】 三跨不等跨连续梁如图 C.2-2 所示，静载 $q_1 = 5 \text{kN/m}$，活载 $q_2 = 5 \text{kN/m}$，求跨中和支座最大弯矩及各支座剪力。

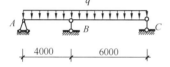

| 图 C.2-1 二跨不等跨连续梁计算简图 | 图 C.2-2 三跨不等跨连续梁计算简图 |

【解】 查三跨不等跨连续梁系数表 $\left(n = \dfrac{4.2}{6} = 0.7\right)$ 得：

$$M_{1\max} = 0.087 \times 5 \times 6^2 + 0.096 \times 5 \times 6^2 = 32.94 \text{kN} \cdot \text{m}$$

$$M_{2\max} = -0.021 \times 5 \times 6^2 + 0.040 \times 5 \times 6^2 = 3.42 \text{kN} \cdot \text{m}$$

$$M_{B\max} = -0.082 \times 5 \times 6^2 - 0.098 \times 5 \times 6^2 = -32.5 \text{kN} \cdot \text{m}$$

$$V_A = 0.413 \times 5 \times 6 + 0.439 \times 5 \times 6 = 25.56 \text{kN}$$

$$V_{B左} = -0.582 \times 5 \times 6 - 0.593 \times 5 \times 6 = -35.25 \text{kN}$$

$$V_{B右} = 0.350 \times 5 \times 6 + 0.483 \times 5 \times 6 = 24.99 \text{kN}$$

中华人民共和国行业标准

液压爬升模板工程技术规程

Technical specification for the hydraulic
climbing formwork engineering

JGJ 195—2010

批准部门：中华人民共和国住房和城乡建设部
施行日期：２０１０年１０月１日

中华人民共和国住房和城乡建设部
公　告

第 504 号

关于发布行业标准《液压爬升
模板工程技术规程》的公告

现批准《液压爬升模板工程技术规程》为行业标准，编号为 JGJ 195-2010，自 2010年 10 月 1 日起实施。其中，第 3.0.1、3.0.6、5.2.4、9.0.2、9.0.15、9.0.16 条为强制性条文，必须严格执行。

本规程由我部标准定额研究所组织中国建筑工业出版社出版发行。

中华人民共和国住房和城乡建设部
2010 年 2 月 10 日

前　　言

根据住房和城乡建设部《关于印发〈2008 年工程建设标准规范制订、修订计划（第一批）〉的通知》（建标〔2008〕102 号）的要求，江苏江都建设工程有限公司会同有关单位在深入调查研究，认真总结实践经验，参考有关国际标准和国外先进标准，并在广泛征求意见的基础上，制定本规程。

本规程主要技术内容是：总则、术语和符号、基本规定、爬模施工准备、爬模装置设计、爬模装置制作、爬模装置安装与拆除、爬模施工、安全规定、爬模装置维护与保养、环保措施等。

本规程中以黑体字标志的条文为强制性条文，必须严格执行。

本规程由住房和城乡建设部负责管理和对强制性条文的解释，由江苏江都建设工程有限公司负责具体技术内容的解释。执行过程中如有意见或建议，请寄送江苏江都建设工程有限公司（地址：江苏省江都市舜天路 200 号建工大厦，邮政编码：225200）。

本 规 程 主 编 单 位：江苏江都建设工程有限公司
本 规 程 参 编 单 位：中国建筑科学研究院
　　　　　　　　　　　北京市建筑工程研究院
　　　　　　　　　　　中建一局集团建设发展有限公司

上海建工（集团）总公司

江都揽月机械有限公司

中建柏利工程技术发展有限公司

多卡（上海）建筑工程咨询有限公司

广州市建筑集团有限公司

北京奥宇模板有限公司

本规程主要起草人员：王　健　张良杰　赵玉章　施炳华　谢庆华　陆　云　张玉松

丁成堂　张宗建　张志明　刘文赞　符史勇　杨晓东　黄　勇

刘国恩　任海波

本规程主要审查人员：徐义屏　孙振声　糜嘉平　毛凤林　高小旺　刘　平　胡长明

赵正嘉　汪道金　李景芳　胡　健

目　次

Contents

1 总　　则

1.0.1　为使混凝土结构工程采用液压爬升模板施工做到技术先进、经济合理、确保安全和质量，制定本规程。

1.0.2　本规程适用于高层建筑剪力墙结构、框架结构核心筒、大型柱、桥墩、桥塔、高耸构筑物等现浇钢筋混凝土结构工程的液压爬升模板装置的设计、制作、安装与拆除、液压爬升模板施工及验收。

1.0.3　本规程规定了液压爬升模板装置的设计、制作、安装与拆除、液压爬升模板施工及验收的基本技术要求，当本规程与国家法律、行政法规的规定相抵触时，应按国家法律、行政法规的规定执行。

1.0.4　液压爬升模板装置的设计、制作、安装与拆除、液压爬升模板施工及验收，除应符合本规程外，尚应符合国家现行有关标准的规定。

2　术语和符号

2.1　术　　语

2.1.1　液压爬升模板　hydraulic climbing formwork

爬模装置通过承载体附着或支承在混凝土结构上，当新浇筑的混凝土脱模后，以液压油缸或液压升降千斤顶为动力，以导轨或支承杆为爬升轨道，将爬模装置向上爬升一层，反复循环作业的施工工艺，简称爬模。

2.1.2　爬模装置　integrated device of climbing formwork

为爬模配制的模板系统、架体与操作平台系统、液压爬升系统及电气控制系统的总称。

2.1.3　承载体　load-bearing item

将爬模装置自重、施工荷载及风荷载传递到混凝土结构上的承力部件。

2.1.4　锥形承载接头　embedded item

由锥体螺母和预埋件组成，预埋件锚固在混凝土内，锥形接头外端通过承载螺栓与挂钩连接座连接。

2.1.5　承载螺栓　force bearing bolt

固定在墙体预留孔内或与锥形承载接头连接，承受爬模装置自重、施工荷载及风荷载的专用螺栓。

2.1.6　挂钩连接座　suspension shoe

将爬模装置自重、施工荷载及风荷载传递给承载螺栓的组合连接件。

2.1.7　支承杆　climbing rod

千斤顶的爬升轨道和爬模装置的承重支杆。

2.1.8 承载铸钢楔 force bearing cast steel wedge

内设倒齿、外呈锥形、分两个半圆加工的铸钢件，埋设于支承杆与楼板相交处，承受支承杆传递的荷载。

2.1.9 液压油缸 hydraulic cylinder

以液压推动缸体内活塞往复运动，通过上、下防坠爬升器带动爬模装置爬升的一种动力设备，简称油缸。

2.1.10 液压升降千斤顶 hydraulic jack

内带楔块自动锁紧的液压穿心式千斤顶，沿支承杆上升或下降运动，带动爬模装置爬升的另一种动力设备，简称千斤顶。

2.1.11 防坠爬升器 fall protection climber

分别与油缸上、下两端连接，通过具有升降和防坠功能的棘爪机构，实现架体与导轨相互转换爬升的部件。

2.1.12 液压控制台 hydraulic control unit

由电动机、油泵、油箱、控制阀及电气控制系统组成，用以控制油缸或千斤顶的进油、排油，完成爬升或下降操作的设备。

2.1.13 导轨 climbing rail

设有等距梯挡的型钢，固定在承载体上，作为架体的运动轨道。

2.1.14 架体 climbing bracket

分为上架体和下架体，架体平面垂直于建筑外立面，其下架体通过架体挂钩固定在挂钩连接座上，是承受竖向和水平荷载的承重构架。上架体坐落在下架体的上横梁上，可以水平移动，用于合模脱模。

2.1.15 架体防倾调节支腿 adjustable strut to prevent inclinded bracket

固定在下架体上，导轨穿入其中，将爬模装置产生的荷载传递给混凝土墙体或导轨，并防止架体倾斜的可调承力部件。

2.1.16 提升架 lifting frame

千斤顶爬模装置的主要受力构件，用以固定千斤顶，保持模板的几何形状，承受模板和操作平台的全部荷载。

2.1.17 纵向连系梁 longitudinal coupling beam

用于架体或提升架之间纵向连接的型材或桁架。

2.1.18 操作平台 operation platform

用以完成钢筋绑扎、合模脱模、混凝土浇筑等项操作及堆放部分施工工具和材料的工作平台，分为上操作平台、下操作平台和吊平台。

2.1.19 机位 position of hydraulic cylinder

油缸或千斤顶在爬模装置上的平面设计位置。

2.1.20 工作荷载 working load

单个油缸或千斤顶承受爬模装置自重荷载、施工荷载及风荷载的总和。

2.2 符　　号

F_{k1}——上操作平台施工荷载标准值；

F_{k2}——下操作平台施工荷载标准值；

F_{k3}——吊平台施工荷载标准值；

G_k——爬模装置自重荷载标准值；

K——安全系数；

S——荷载效应标准值；

W_{k7}——7级风力时风荷载标准值；

W_{k9}——9级风力时风荷载标准值；

μ——支承杆计算长度系数。

3 基 本 规 定

3.0.1 采用液压爬升模板进行施工必须编制爬模专项施工方案，进行爬模装置设计与工作荷载计算；且必须对承载螺栓、支承杆和导轨主要受力部件分别按施工、爬升和停工三种工况进行强度、刚度及稳定性计算。

3.0.2 爬模应根据工程结构特点和施工因素，选择不同的爬模装置和承载体，满足爬模施工程序和施工要求。

3.0.3 爬模装置应由专业生产厂家设计、制作，应进行产品制作质量检验。出厂前应进行至少两个机位的爬模装置安装试验、爬升性能试验和承载试验，并提供试验报告。

3.0.4 爬模装置现场安装后，应进行安装质量检验。对液压系统应进行加压调试，检查密封性。

3.0.5 爬模装置脱模时，应保证混凝土表面及棱角不受损伤。

3.0.6 在爬模装置爬升时，承载体受力处的混凝土强度必须大于10MPa，且必须满足设计要求。

3.0.7 水平结构滞后施工时，施工单位应与设计单位共同确定施工程序及施工过程中保持结构稳定的安全技术措施。

4 爬 模 施 工 准 备

4.1 技 术 准 备

4.1.1 爬模专项施工方案应包括下列内容：

　1　工程概况和编制依据

2 爬模施工部署

　　1）管理目标；

　　2）施工组织；

　　3）总、分包协调；

　　4）劳动组织与培训计划；

　　5）爬模施工程序；

　　6）爬模施工进度计划；

　　7）主要机械设备计划。

3 爬模装置设计

　　1）爬模装置系统；

　　2）爬模装置构造；

　　3）计算书；

　　4）主要节点图。

4 爬模主要施工方法

　　1）爬模装置安装；

　　2）水平结构紧跟或滞后施工；

　　3）特殊部位及变截面施工；

　　4）测量控制与纠偏；

　　5）爬模装置拆除。

5 施工管理措施

　　1）安全措施；

　　2）水电安装配合措施；

　　3）季节性施工措施；

　　4）爬模装置维护与成品保护；

　　5）现场文明施工；

　　6）环保措施；

　　7）应急预案。

4.2 材 料 准 备

4.2.1 模板应符合下列规定：

　　1 模板体系的选型应根据工程设计要求和工程具体情况，满足混凝土质量要求。

　　2 模板应满足强度、刚度、平整度和周转使用要求，易于清理和涂刷脱模剂，面板更换不应影响工程施工进度。模板面板材料宜选用钢板、酚醛树脂面膜的木（竹）胶合板等。钢模板应符合现行行业标准《建筑工程大模板技术规程》JGJ 74 的有关规定，木胶合板应符合现行国家标准《混凝土模板用胶合板》GB/T 17656 的有关规定，竹胶合板应符合现行行业标准《竹胶合板模板》JG/T 156 的有关规定。

　　3 模板之间的连接可采用螺栓、模板卡具等连接件。

　　4 对拉螺栓宜选用高强度的螺栓。

4.2.2 模板主要材料规格可按表 4.2.2 选用。

表 4.2.2　模板主要材料规格

模板部位	模 板 品 种		
	组拼式大钢模板	钢框胶合板模板	木梁胶合板模板
面板	5mm～6mm 厚钢板	18mm 厚木胶合板 15mm 厚竹胶合板	18mm～21mm 厚木胶合板
边框	8mm×80mm 扁钢或 80mm×40mm×3mm 矩形钢管	60mm×120mm 空腹边框	—
竖肋	[8 槽钢或 80mm×40mm×3mm 矩形钢管	100mm×50mm×3mm 矩形钢管	80mm×200mm 木工字梁
加强肋	6mm 厚钢板	4mm 厚钢板	—
背楞	[10 槽钢、[12 槽钢	[10 槽钢、[12 槽钢	[10 槽钢、[12 槽钢

4.2.3　架体、提升架、支承杆、吊架、纵向连系梁等构件所用钢材应符合现行国家标准《碳素结构钢》GB/T 700 中 Q235-A 钢的有关规定。架体、纵向连系梁等构件中所采用的冷弯薄壁型钢，应符合现行国家标准《冷弯薄壁型钢结构技术规范》GB 50018 的有关规定；锥形承载接头、承载螺栓、挂钩连接座、导轨、防坠爬升器等主要受力部件，所采用钢材的规格和材质应由设计确定。

4.2.4　所使用的各类钢材均应有合格的材质证明，并应符合设计要求和现行国家标准《钢结构设计规范》GB 50017 的有关规定。对于锥形承载接头、承载螺栓、挂钩连接座、导轨、防坠爬升器等重要受力部件，除应有钢材生产厂家产品合格证及材质证明外，还应进行材料复检，并存档备案。

4.2.5　操作平台板宜选用 50mm 厚杉木或松木脚手板，其材质应符合现行国家标准《木结构设计规范》GB 50005 中Ⅱ级材质的有关规定；操作平台护栏可选择 φ48×3.5 钢管或其他材料。

5　爬 模 装 置 设 计

5.1　整 体 设 计

5.1.1　采用油缸和架体的爬模装置应包括下列系统：

1　模板系统：应包括组拼式大钢模板或钢框（或铝框、木梁）胶合板模板、阴角模、阳角模、钢背楞、对拉螺栓、铸钢螺母、铸钢垫片等。

2　架体与操作平台系统：应包括上架体、可调斜撑、上操作平台、下架体、架体挂钩、架体防倾调节支腿、下操作平台、吊平台、纵向连系梁、栏杆、安全网等。

3　液压爬升系统：应包括导轨、挂钩连接座、锥形承载接头、承载螺栓、油缸、液压控制台、防坠爬升器、各种油管、阀门及油管接头等。

4　电气控制系统：应包括动力、照明、信号、通信、电源控制箱、电气控制台、电视监控等。

5.1.2 采用千斤顶和提升架的爬模装置应包括下列系统：

1 模板系统：应包括组拼式大钢模板或钢框（或铝框）胶合板模板、阴角模、阳角模、钢背楞、对拉螺栓、铸钢螺母、铸钢垫片等。

2 操作平台系统：应包括上操作平台、下操作平台、吊平台、外挑梁、外架立柱、斜撑、纵向连系梁、栏杆、安全网等。

3 液压爬升系统：应包括提升架、活动支腿、围圈、导向杆、挂钩可调支座、挂钩连接座、定位预埋件、导向滑轮、防坠挂钩、千斤顶、限位卡、支承杆、液压控制台、各种油管、阀门及油管接头等。

4 电气控制系统：应包括动力、照明、信号、通信、电源控制箱、电气控制台、电视监控等。

5.1.3 柱子爬模装置设计时，应考虑到柱子长边和短边的脱模、模板清理和支承杆穿过楼板的承载、防滑、加固等措施。

5.1.4 在爬模装置设计时应综合考虑起重机械、布料机、施工升降机、爬模起始层结构、起始层脚手架、结构中的钢结构及预埋件、楼板跟进施工或滞后施工等影响爬模的因素。

5.1.5 爬模装置设计应满足施工工艺要求，操作平台应考虑到施工操作人员的工作条件，确保施工安全。钢筋绑扎应在模板上口的操作平台上进行。

5.1.6 模板系统设计应符合下列规定：

1 单块大模板的重量必须满足现场起重机械要求。

2 单块大模板可由若干标准板组拼，内外模板之间的对拉螺栓位置必须相对应。

3 单块大模板至少应配制两套架体或提升架，架体之间或提升架之间必须平行，弧形模板的架体或提升架应与该弧形的中点法线平行。

5.1.7 液压爬升系统的油缸、千斤顶和支承杆的规格应根据计算确定，并应符合下列规定：

1 油缸、千斤顶选用的额定荷载不应小于工作荷载的 2 倍。

2 支承杆的承载力应能满足千斤顶工作荷载要求。

3 支承杆的直径应与选用的千斤顶相配套，支承杆的长度宜为 3m～6m。

4 支承杆在非标准层接长使用时，应用 φ48×3.5 钢管和异形扣件进行稳定加固。

5.1.8 油缸、千斤顶可按表 5.1.8 选用。

表 5.1.8 油缸、千斤顶选用

规格\指标	油 缸			千 斤 顶		
	50kN	100kN	150kN	100kN	100kN	200kN
额定荷载	50kN	100kN	150kN	100kN	100kN	200kN
允许工作荷载	25kN	50kN	75kN	50kN	50kN	100kN
工作行程	150mm～600mm			50mm～100mm		
支承杆外径	—			83mm	102mm	102mm
支承杆壁厚	—			8.0mm	7.5mm	7.5mm

5.1.9 千斤顶机位间距不宜超过 2m；油缸机位间距不宜超过 5m，当机位间距内采用梁模板时，间距不宜超过 6m。

5.1.10 采用千斤顶的爬模装置，应均匀设置不少于10%的支承杆埋入混凝土，其余支承杆的底端埋入混凝土中的长度应大于200mm。

5.2 部 件 设 计

5.2.1 模板设计应符合下列规定：

1 高层建筑模板高度应按结构标准层配制，内模板高度应为楼层净空高度加混凝土剔凿高度，并应符合建筑模数制要求；外模板高度应为内模板高度加下接高度。

2 角模宽度尺寸应留足两边平模后退位置，角模与大模板企口连接处应留有退模空隙。

3 钢模板的平模、直角角模及钝角角模宜设置脱模器；锐角角模宜做成柔性角模，采用正反扣丝杠脱模。

4 背楞应具有通用性、互换性；背楞槽钢应相背组合而成，腹板间距宜为50mm；背楞连接孔应满足模板与架体或提升架的连接。

5.2.2 架体设计应符合下列规定：

1 上架体高度宜为2倍层高，宽度不宜超过1.0m，能满足支模、脱模、绑扎钢筋和浇筑混凝土操作需要。

2 下架体高度宜为1～1.5倍层高，应能满足油缸、导轨、挂钩连接座和吊平台的安装和施工要求。

3 下架体的宽度不宜超过2.4m，应能满足上架体模板水平移动400mm～600mm的空间需要，并能满足导轨爬升、模板清理和涂刷脱模剂要求。

4 下架体上部设有挂钩，通过承力销与挂钩连接座连接。

5 上架体、下架体均采用纵向连系梁将架体之间连成整体结构。

5.2.3 提升架设计应符合下列规定：

1 提升架横梁总宽度应满足结构截面变化、模板后退和浇筑混凝土操作需要，横梁上面的孔眼位置应满足千斤顶安装和结构截面变化时千斤顶位移的要求。

2 提升架立柱高度宜为1.5～2倍层高，满足0.5～1层钢筋绑扎需要，立柱应能带动模板后退400mm～600mm，用于清理和涂刷脱模剂。

3 当提升架立柱固定时，活动支腿应能带动模板脱开混凝土50mm～80mm，满足提升的空隙要求。

4 提升架之间应采用纵向连系梁连接成整体结构。

5.2.4 承载螺栓和锥形承载接头设计应符合下列规定：

1 固定在墙体预留孔内的承载螺栓在垫板、螺母以外长度不应少于3个螺距，垫板尺寸不应小于100mm×100mm×10mm。

2 锥形承载接头应有可靠锚固措施，锥体螺母长度不应小于承载螺栓外径的3倍，预埋件和承载螺栓拧入锥体螺母的深度均不得小于承载螺栓外径的1.5倍。

3 当锥体螺母与挂钩连接座设计成一个整体部件时，其挂钩部分的最小截面应按照承载螺栓承载力计算方法计算。

5.2.5 防坠爬升器设计应符合下列规定：

1 防坠爬升器与油缸两端的连接采用销接。

2 防坠爬升器内承重棘爪的摆动位置必须与油缸活塞杆的伸出与收缩协调一致，换向可靠，确保棘爪支承在导轨的梯挡上，防止架体坠落。

5.2.6 挂钩连接座设计应具有水平位置的调节功能，以消除承载螺栓的施工误差。

5.2.7 导轨设计应符合下列规定：

1 导轨设计应具有足够的刚度，其变形值不应大于5mm，导轨的设计长度不应小于1.5倍层高。

2 导轨应能满足与防坠爬升器相互运动的要求，导轨的梯挡间距应与油缸行程相匹配。

3 导轨顶部应与挂钩连接座进行挂接或销接，导轨中部应穿入架体防倾调节支腿中。

5.3 计 算

5.3.1 模板的计算应符合现行行业标准《建筑工程大模板技术规程》JGJ 74 和《钢框胶合板模板技术规程》JGJ 96 的有关规定。

5.3.2 爬模装置计算简图应满足如下要求：

1 计算简图中的尺寸应为各杆件轴线尺寸，各杆件轴线交汇于节点。

2 图中各杆件间的连接性能明确。

3 图中的荷载类型和作用位置正确。

4 计算简图中的支承条件明确。

5.3.3 爬模装置的荷载标准值及荷载分项系数应符合表5.3.3的规定。

表 5.3.3 荷载标准值及荷载分项系数

项次	荷载类别	荷载标准值	荷载分项系数
1	爬模装置自重	G_k	1.2
2	上操作平台施工荷载	F_{k1}	
3	下操作平台施工荷载	F_{k2}	1.4
4	吊平台施工荷载	F_{k3}	
5	风荷载	W_k	

5.3.4 荷载标准值 G_k、F_{k1}、F_{k2}、F_{k3}、W_{k7}、W_{k9} 应按本规程附录A取值。

5.3.5 爬模装置荷载效应组合应符合表5.3.5的规定。

表 5.3.5 爬模装置荷载效应组合

工 况	荷载效应组合	
	强度计算、稳定性计算	刚度计算
施工	$1.2S_{G_k} + 0.9[1.4(S_{F_{k1}} + S_{W_{k7}})]$	$S_{G_k} + S_{F_{k1}} + S_{W_{k7}}$
爬升	$1.2S_{G_k} + 0.9[1.4(S_{F_{k1}} + S_{W_{k7}})]$	$S_{G_k} + S_{F_{k2}} + S_{W_{k7}}$
停工	$1.2S_{G_k} + 1.4S_{W_{k9}}$	$S_{G_k} + S_{W_{k9}}$

5.3.6 承载螺栓的承载力、与混凝土接触处的混凝土冲切承载力及混凝土局部受压承载力的计算，应符合本规程附录B的规定。

5.3.7 支承杆的承载力应按下式计算：

$$\frac{N}{\varphi A} + \frac{M}{W\left(1 - \frac{0.8N}{N_{\mathrm{E}}}\right)} \leqslant f \tag{5.3.7-1}$$

其中
$$N_{\mathrm{E}} = \pi^2 EA / (1.1\lambda^2) \tag{5.3.7-2}$$

$$\lambda = (\mu \cdot L_1) / r \tag{5.3.7-3}$$

式中：N——钢管支承杆的实际承受的轴向压力（N）；

　　M——钢管支承杆的实际承受的弯矩值（N·mm）；

A、W——钢管支承杆的截面积（mm^2）和截面模量（mm^3）；

　　f——钢管支承杆的强度设计值，取 $f=205N/mm^2$；

　　N_{E}——计算参数；

　　φ——轴心受压杆件的稳定系数，由钢管支承杆的长细比 λ 值，按现行《钢结构设计规范》GB 50017-2003 表 C-1 或 C-2 确定；

　　μ——钢管支承杆的计算长度系数，当支承杆选用Q235 $\phi83\times8$钢管或$\phi102\times7.5$钢管时，取$\mu=1.03$；

　　r——钢管支承杆的回转半径（mm）；

　　L_1——钢管支承杆长度，当钢管支承杆满足本规程第 5.1.10 条要求时，L_1取千斤顶下卡头到浇筑混凝土上表面以下 150mm 的距离。

5.3.8　导轨的刚度，其跨中的变形值应按下式计算：

$$\Delta L = \frac{FH^3}{48EI} \leqslant 5mm \tag{5.3.8}$$

式中：ΔL——导轨跨中的变形值（mm）；

　　F——爬升状态时防坠爬升器作用在导轨上的水平力（N）；

　　H——固定导轨的上下承载螺栓之间的距离（mm）；

　　E——导轨的弹性模量（N/mm^2）；

　　I——导轨的截面惯性矩（mm^4）。

6 爬 模 装 置 制 作

6.1 制 作 要 求

6.1.1　爬模装置制作应有完整的设计图纸、工艺文件和产品标准，产品出厂时应提供产品合格证。

6.1.2　爬模装置各种部件的制作应符合国家现行标准《钢结构工程施工质量验收规范》GB 50205 和《建筑工程大模板技术规程》JGJ 74 的有关规定。

6.1.3　爬模装置部件成批下料前应首先制作样件，经检查确认其达到规定要求后方可进行批量下料、组对；对架体、桁架、弧形模板等应放大样，在组对、施焊过程中应定期对胎具、模具、组合件进行检测，确保半成品和成品质量符合要求。

6.1.4 爬模装置钢部件的焊接应符合现行行业标准《建筑钢结构焊接技术规程》JGJ 81的有关规定。焊接质量应进行全数检查。构件焊接后应及时进行调直、找平等工作。

6.1.5 爬模装置的零部件，应严格按照设计和工艺要求进行制作和全数检查验收。

6.1.6 除钢模板正面外，其余钢构件表面必须喷涂防锈漆；钢模板正面宜喷涂耐磨防腐涂料或长效脱模剂。

6.2 制作质量检验

6.2.1 模板检验应放在平台上，按模板平放状态进行。模板制作允许偏差与检验方法应符合表 6.2.1 的规定。

表 6.2.1 模板制作允许偏差与检验方法

项次	项 目	允许偏差(mm)	检验方法
1	模板高度	±2	钢卷尺检查
2	模板宽度	+1 −2	钢卷尺检查
3	模板板面对角线差	3	钢卷尺检查
4	板面平整度	2	2m靠尺、塞尺检查
5	边肋平直度	2	2m靠尺、塞尺检查
6	相邻板面拼缝高低差	0.5	平尺、塞尺检查
7	相邻板面拼缝间隙	0.8	塞尺检查
8	连接孔中心距	±0.5	游标卡尺检查

6.2.2 爬模装置制作检验应在校正后进行，主要部件制作允许偏差与检验方法应符合表 6.2.2 的规定。

表 6.2.2 爬模装置主要部件制作允许偏差与检验方法

项次	项 目	允许偏差(mm)	检验方法
1	连接孔中心位置	±0.5	游标卡尺检查
2	下架体挂点位置	±2	钢卷尺检查
3	梯挡间距	±2	钢卷尺检查
4	导轨平直度	2	2m靠尺、塞尺检查
5	提升架宽度	±5	钢卷尺检查
6	提升架高度	±3	钢卷尺检查
7	平移滑轮与轴配合	+0.2～+0.5	游标卡尺检查
8	支腿丝杠与螺母配合	+0.1～+0.3	游标卡尺检查

6.2.3 爬模装置采用油缸时，主要部件质量要求和检验方法应符合表 6.2.3 的规定。

表 6.2.3　采用油缸时主要部件质量要求和检验方法

项次	项　目	检验内容	检验方法
1	液压系统	工作可靠压力正常	开机检查
2	防坠爬升器	动作灵敏度可靠	插入导轨、观察动作
3	油缸	往复动作无渗漏	接入试验高压油，作往复动作不少于 10 次

6.2.4　爬模装置采用千斤顶时，主要部件质量要求和检验方法应符合表 6.2.4 的规定。

表 6.2.4　采用千斤顶时主要部件质量要求和检验方法

项次	项　目	检验内容	检验方法
1	液压系统	工作可靠压力正常	开机检查
2	千斤顶	往复动作无渗漏	接入试验高压油，作往复动作不少于 10 次
3	液压控制台	电器仪表配制齐全，液压配件密封可靠、压力正常	开机检查

6.2.5　爬模装置采用千斤顶时，支承杆制作允许偏差与检验方法应符合表 6.2.5 的规定。

表 6.2.5　支承杆制作允许偏差与检验方法

项次	项　目	允许偏差（mm）	检验方法
1	$\phi83\times8$ 钢管直径	±0.2	游标卡尺检查
2	$\phi102\times7.5$ 钢管直径	±0.2	游标卡尺检查
3	钢管壁厚	±0.2	游标卡尺检查
4	椭圆度公差	±0.25	游标卡尺检查
5	螺栓螺母中心差	±0.2	游标卡尺检查
6	平直度	1	2m靠尺、塞尺检查

7　爬模装置安装与拆除

7.1　准　备　工　作

7.1.1　爬模安装前应完成下列准备工作：

　　1　对锥形承载接头、承载螺栓中心标高和模板底标高应进行抄平，当模板在楼板或基础底板上安装时，对高低不平的部位应作找平处理。

　　2　放墙轴线、墙边线、门窗洞口线、模板边线、架体或提升架中心线、提升架外边线。

　　3　对爬模安装标高的下层结构外形尺寸、预留承载螺栓孔、锥形承载接头进行检查，对超出允许偏差的结构进行剔凿修正。

　　4　绑扎完成模板高度范围内钢筋。

　　5　安装门窗洞模板、预留洞模板、预埋件、预理管线。

　　6　模板板面需刷脱模剂，机加工件需加润滑油。

7 在有楼板的部位安装模板时，应提前在下二层的楼板上预留洞口，为下架体安装留出位置。

8 在有门洞的位置安装架体时，应提前做好导轨上升时的门洞支承架。

7.2 安 装 程 序

7.2.1 采用油缸和架体的爬模装置应按下列程序安装：

1 爬模安装前准备。

2 架体预拼装。

3 安装锥形承载接头（承载螺栓）和挂钩连接座。

4 安装导轨、下架体和外吊架。

5 安装纵向连系梁和平台铺板。

6 安装栏杆及安全网。

7 支设模板和上架体。

8 安装液压系统并进行调试。

9 安装测量观测装置。

7.2.2 采用千斤顶和提升架的爬模装置应按下列程序安装：

1 爬模安装前准备。

2 支设模板。

3 提升架预拼装。

4 安装提升架和外吊架。

5 安装纵向连系梁和平台铺板。

6 安装栏杆及安全网。

7 安装液压系统并进行调试。

8 插入支承杆。

9 安装测量观测装置。

7.3 安 装 要 求

7.3.1 架体或提升架宜先在地面预拼装，后用起重机械吊入预定位置。架体或提升架平面必须垂直于结构平面，弧形墙体应符合本规程第 5.1.6 条的规定；架体、提升架必须安装牢固。

7.3.2 采用千斤顶和提升架的模板应先在地面将平模板和背楞分段进行预拼装，整体吊装后用对拉螺栓紧固，同提升架连接后进行垂直度的检查和调节。

7.3.3 安装锥形承载接头前应在模板相应位置上钻孔，用配套的承载螺栓连接；固定在墙体预留孔内的承载螺栓套管，安装时也应在模板相应孔位用与承载螺栓同直径的对拉螺栓紧固，其定位中心允许偏差应为±5mm，螺栓孔和套管孔位应有可靠堵浆措施。

7.3.4 挂钩连接座安装固定必须采用专用承载螺栓，挂钩连接座应与构筑物表面有效接触，其承载螺栓紧固要求应符合本规程第 5.2.4 条的规定，挂钩连接座安装中心允许偏差应为±5mm。

7.3.5 阴角模宜后插入安装，阴角模的两个直角边应同相邻平模板搭接紧密。

7.3.6 模板之间的拼缝应平整严密，板面应清理干净，脱模剂涂刷均匀。

7.3.7 模板安装后应逐间测量检查对角线并进行校正，确保直角准确。

7.3.8 上架体行走滑轮、提升架立柱滑轮、活动支腿丝杠、纠偏滑轮等部位安装后应转动灵活。

7.3.9 液压油管宜整齐排列固定。液压系统安装完成后应进行系统调试和加压试验，保压 5min，所有接头和密封处应无渗漏。

7.3.10 液压系统试验压力应符合下列规定：

1 千斤顶液压系统的额定压力应为 8MPa，试验压力应为额定压力的 1.5 倍。

2 油缸液压系统的额定压力大于或等于 16MPa 时，试验压力应为额定压力的 1.25 倍。额定压力小于 16MPa 时，试验压力应为额定压力的 1.5 倍。

7.3.11 采用千斤顶和提升架的爬模装置应在液压系统调试后插入支承杆。

7.4 安 装 质 量 验 收

7.4.1 爬模装置安装允许偏差和检验方法应符合表 7.4.1 的规定。

表 7.4.1 爬模装置安装允许偏差和检验方法

项次	项 目		允许偏差（mm）	检 验 方 法
1	模板轴线与相应结构轴线位置		3	吊线、钢卷尺检查
2	截面尺寸		±2	钢卷尺检查
3	组拼成大模板的边长偏差		±3	钢卷尺检查
4	组拼成大模板的对角线偏差		5	钢卷尺检查
5	相邻模板拼缝高低差		1	平尺、塞尺检查
6	模板平整度		3	2m靠尺、塞尺检查
7	模板上口标高		±5	水准仪、拉线、钢卷尺检查
8	模板垂直度	≤5m	3	吊线、钢卷尺检查
		>5m	5	吊线、钢卷尺检查
9	背楞位置偏差	水平方向	3	吊线、钢卷尺检查
		垂直方向	3	吊线、钢卷尺检查
10	架体或提升架垂直偏差	平面内	±3	吊线、钢卷尺检查
		平面外	±5	吊线、钢卷尺检查
11	架体或提升架横梁相对标高差		±5	水准仪检查
12	油缸或千斤顶安装偏差	架体平面内	±3	吊线、钢卷尺检查
		架体平面外	±5	吊线、钢卷尺检查
13	锥形承载接头(承载螺栓)中心偏差		5	吊线、钢卷尺检查
14	支承杆垂直偏差		3	2m靠尺检查

7.5 拆 除

7.5.1 爬模装置拆除前，必须编制拆除技术方案，明确拆除先后顺序，制定拆除安全措施，进行安全技术交底。拆除方案中应包括：

   1 拆除基本原则。

   2 拆除前的准备工作。

   3 平面和竖向分段。

   4 拆除部件起重量计算。

   5 拆除程序。

   6 承载体的拆除方法。

   7 劳动组织和管理措施。

   8 安全措施。

   9 拆除后续工作。

   10 应急预案等。

7.5.2 爬模装置拆除应明确平面和竖向拆除顺序，其基本原则应符合下列规定：

   1 在起重机械起重力矩允许范围内，平面应按大模板分段，如果分段的大模板重量超过起重机械的最大起重量，可将其再分段。

   2 采用油缸和架体的爬模装置，竖直方向分模板、上架体、下架体与导轨四部分拆除。采用千斤顶和提升架的爬模装置竖直方向不分段，进行整体拆除。

   3 最后一段爬模装置拆除时，要留有操作人员撤退的通道或脚手架。

7.5.3 爬模装置拆除前，必须清除影响拆除的障碍物，清除平台上所有的剩余材料和零散物件，切断电源后，拆除电线、油管；不得在高空拆除跳板、栏杆和安全网，防止高空坠落和落物伤人。

8 爬 模 施 工

8.1 施 工 程 序

8.1.1 采用油缸和架体的爬模装置应按下列程序施工：

   1 浇筑混凝土。

   2 混凝土养护。

   3 绑扎上层钢筋。

   4 安装门窗洞口模板。

   5 预埋承载螺栓套管或锥形承载接头。

   6 检查验收。

   7 脱模。

   8 安装挂钩连接座。

   9 导轨爬升、架体爬升。

   10 合模、紧固对拉螺栓。

   11 继续循环施工。

8.1.2 采用千斤顶和提升架的爬模装置应按下列程序施工：

1 浇筑混凝土。

2 混凝土养护。

3 脱模。

4 绑扎上层钢筋。

5 爬升、绑扎剩余上层钢筋。

6 安装门窗洞口模板。

7 预埋锥形承载接头。

8 检查验收。

9 合模、紧固对拉螺栓。

10 水平结构施工。

11 继续循环施工。

8.2 爬模装置爬升

8.2.1 爬升施工必须建立专门的指挥管理组织，制定管理制度，液压控制台操作人员应进行专业培训，合格后方可上岗操作，严禁其他人员操作。

8.2.2 非标准层层高大于标准层层高时，爬升模板可多爬升一次或在模板上口支模接高；非标准层层高小于标准层层高时，混凝土按实际高度要求浇筑。非标准层必须同标准层一样在模板上口以下规定位置预埋锥形承载接头或承载螺栓套管。

8.2.3 爬升施工应在合模完成和混凝土浇筑后两次进行垂直偏差测量，并按本规程附录C记录。如有偏差，应在上层模板紧固前进行校正。

（Ⅰ）油缸和架体的爬模装置

8.2.4 导轨爬升应符合下列要求：

1 导轨爬升前，其爬升接触面应清除粘结物和涂刷润滑剂，检查防坠爬升器棘爪是否处于提升导轨状态，确认架体固定在承载体和结构上，确认导轨锁定销键和底端支撑已松开。

2 导轨爬升由油缸和上、下防坠爬升器自动完成，爬升过程中，应设专人看护，确保导轨准确插入上层挂钩连接座。

3 导轨进入挂钩连接座后，挂钩连接座上的翻转挡板必须及时挂住导轨上端挡块，同时调定导轨底部支撑，然后转换防坠爬升器棘爪爬升功能，使架体支承在导轨梯挡上。

8.2.5 架体爬升应符合下列要求：

1 架体爬升前，必须拆除模板上的全部对拉螺栓及妨碍爬升的障碍物；清除架体上剩余材料，翻起所有安全盖板，解除相邻分段架体之间、架体与构筑物之间的连接，确认防坠爬升器处于爬升工作状态；确认下层挂钩连接座、锥体螺母或承载螺栓已拆除；检查液压设备均处于正常工作状态，承载体受力处的混凝土强度满足架体爬升要求，确认架体防倾调节支腿已退出，挂钩锁定销已拔出；架体爬升前要组织安全检查，并按本规程附录D记录，检查合格后方可爬升。

2 架体可分段和整体同步爬升，同步爬升控制参数的设定：每段相邻机位间的升差值宜在 1/200 以内，整体升差值宜在 50mm 以内。

3 整体同步爬升应由总指挥统一指挥，各分段机位应配备足够的监控人员。

4 架体爬升过程中，应设专人检查防坠爬升器，确保棘爪处于正常工作状态。当架体爬升进入最后 2～3 个爬升行程时，应转入独立分段爬升状态。

5 架体爬升到达挂钩连接座时，应及时插入承力销，并旋出架体防倾调节支腿，顶撑在混凝土结构上，使架体从爬升状态转入施工固定状态。

（Ⅱ）千斤顶和提升架的爬模装置

8.2.6 提升架爬升前应完成下列准备工作：

1 墙体混凝土浇筑完毕未初凝之前，将支承杆按本规程第 5.1.10 条规定埋入混凝土，墙体混凝土强度达到爬升要求并确定支承杆受力之后，方可松开挂钩可调支座，并将其调至距离墙面约 100mm 位置处。

2 认真检查对拉螺栓、角模、钢筋、脚手板等是否有妨碍爬升的情况，清除所有障碍物。

3 将标高测设在支承杆上，并将限位卡固定在统一的标高上，确保爬模平台标高一致。

8.2.7 提升架爬升应符合下列要求：

1 提升架应整体同步爬升，千斤顶每次爬升的行程宜为 50mm～100mm，爬升过程中吊平台上应有专人观察爬升的情况，如有障碍物应及时排除并通知总指挥。

2 千斤顶的支承杆应设限位卡，每爬升 500mm～1000mm 调平一次，整体升差值宜在 50mm 以内。爬升过程中应及时将支承杆上的标高向上传递，保证提升位置的准确。

3 爬升过程中应确保防坠挂钩处于工作状态；随时对油路进行检查，发现漏油现象，立刻停止爬升；对漏油原因分析并排除之后才能继续进行爬升。

4 爬升完成，定位预埋件露出模板下口后，安装新的挂钩连接座，并及时将导向杆上部的挂钩可调支座同挂钩连接座连接。操作人员站在吊平台中部安装防坠挂钩及导向滑轮，并及时拆除下层挂钩连接座、防坠挂钩及导向滑轮。

8.3 钢 筋 工 程

8.3.1 钢筋工程的原材料、加工、连接、安装和验收，应符合国家现行标准《混凝土结构工程施工质量验收规范》GB 50204 和《高层建筑混凝土结构技术规程》JGJ 3 的有关规定。

8.3.2 安装模板前宜在下层结构表面弹出对拉螺栓、预埋承载螺栓套管或锥形承载接头位置线，避免竖向钢筋同对拉螺栓、预埋承载螺栓套管或锥形承载接头位置相碰；竖向钢筋密集的工程，上述位置与钢筋相碰时，应对钢筋位置进行调整。

8.3.3 采用千斤顶和提升架的爬模装置，绑扎钢筋时，千斤顶的支承杆应支承在混凝土结构上，当钢筋与支承杆相碰时，钢筋应及时调整水平筋位置。

8.3.4 每一层混凝土浇筑完成后，在混凝土表面以上应有 2～4 道绑扎好的水平钢筋。

8.3.5 上层钢筋绑扎完成后，其上端应有临时固定措施。

8.3.6 墙内的承载螺栓套管或锥形承载接头、预埋铁件、预埋管线等应同钢筋绑扎同步完成。

8.4 混 凝 土 工 程

8.4.1 混凝土工程的施工、验收，应符合国家现行标准《混凝土结构工程施工质量验收规范》GB 50204 和《高层建筑混凝土结构技术规程》JGJ 3 的有关规定。

8.4.2 混凝土浇筑宜采用布料机均匀布料，分层浇筑，分层振捣；并应变换浇筑方向，顺时针逆时针交错进行。

8.4.3 混凝土振捣时严禁振捣棒碰撞承载螺栓套管或锥形承载接头等。

8.4.4 混凝土浇筑位置的操作平台应采取铺铁皮、设置铁簸箕等措施，防止下层混凝土表面受污染。

8.4.5 爬模装置爬升时，架体下端应设有滑轮，防止架体硬物划伤混凝土。

8.5 工 程 质 量 验 收

8.5.1 爬模工程的验收应符合现行国家标准《混凝土结构工程施工质量验收规范》GB 50204 的有关规定。

8.5.2 爬模施工工程混凝土结构允许偏差和检验方法应符合表 8.5.2 的规定。

表 8.5.2 爬模施工工程混凝土结构允许偏差和检验方法

项次	项 目		允许偏差（mm）	检验方法
1	轴线位移	墙、柱、梁	5	钢卷尺检查
2	截面尺寸	抹灰	±5	钢卷尺检查
		不抹灰	+4 −2	钢卷尺检查
3	垂直度	层高 ≤5m	6	经纬仪、吊线、钢卷尺检查
		层高 >5m	8	
		全高	$H/1000$ 且 ≤30	经纬仪、钢卷尺检查
4	标 高	层高	±10	水准仪、拉线、钢卷尺检查
		全高	±30	
5	表面平整	抹灰	8	2m 靠尺、塞尺检查
		不抹灰	4	
6	预留洞口中心线位置		15	钢卷尺检查
7	电梯井	井筒长、宽定位中心线	+25 0	钢卷尺检查
		井筒全高（H）垂直度	$H/1000$ 且 ≤30	2m 靠尺、塞尺检查

9 安 全 规 定

9.0.1 爬模施工应符合现行行业标准《建筑施工高处作业安全技术规范》JGJ 80 的有关规定。

9.0.2 爬模工程必须编制安全专项施工方案，且必须经专家论证。

9.0.3 爬模装置的安装、操作、拆除应在专业厂家指导下进行，专业操作人员应进行爬模施工安全、技术培训，合格后方可上岗操作。

9.0.4 爬模工程应设专职安全员，负责爬模施工的安全监控，并填写安全检查表。

9.0.5 操作平台上应在显著位置标明允许荷载值，设备、材料及人员等荷载应均匀分布，人员、物料不得超过允许荷载；爬模装置爬升时不得堆放钢筋等施工材料，非操作人员应撤离操作平台。

9.0.6 爬模施工临时用电线路架设及架体接地、避雷措施等应符合现行行业标准《施工现场临时用电安全技术规范》JGJ 46 的有关规定。

9.0.7 机械操作人员应按现行行业标准《建筑机械使用安全技术规程》JGJ 33 的有关规定定期对机械、液压设备等进行检查、维修，确保使用安全。

9.0.8 操作平台上应按消防要求设置灭火器，施工消防供水系统应随爬模施工同步设置。在操作平台上进行电、气焊作业时应有防火措施和专人看护。

9.0.9 上、下操作平台均应满铺脚手板，脚手板铺设应符合现行行业标准《建筑施工扣件式钢管脚手架安全技术规范》JGJ 130 的有关规定；上架体、下架体全高范围及下端平台底部均应安装防护栏及安全网；下操作平台及下架体下端平台与结构表面之间应设置翻板和兜网。

9.0.10 对后退进行清理的外墙模板应及时恢复停放在原合模位置，并应临时拉结固定；架体爬升时，模板距结构表面不应大于 300mm。

9.0.11 遇有六级以上强风、浓雾、雷电等恶劣天气，停止爬模施工作业，并应采取可靠的加固措施。

9.0.12 操作平台与地面之间应有可靠的通信联络。爬升和拆除过程中应分工明确、各负其责，应实行统一指挥、规范指令。爬升和拆除指令只能由爬模总指挥一人下达，操作人员发现有不安全问题，应及时处理、排除并立即向总指挥反馈信息。

9.0.13 爬升前爬模总指挥应告知平台上所有操作人员，清除影响爬升的障碍物。

9.0.14 爬模操作平台上应有专人指挥起重机械和布料机，防止吊运的料斗、钢筋等碰撞爬模装置或操作人员。

9.0.15 爬模装置拆除时，参加拆除的人员必须系好安全带并扣好保险钩；每起吊一段模板或架体前，操作人员必须离开。

9.0.16 爬模施工现场必须有明显的安全标志，爬模安装、拆除时地面必须设围栏和警戒标志，并派专人看守，严禁非操作人员入内。

10 爬模装置维护与保养

10.0.1 爬升模板应做到每层清理、涂刷脱模剂，并对模板及相关部件进行检查、校正、紧固和修理，对丝杠、滑轮、滑道等部件进行注油润滑。

10.0.2 钢筋绑扎及预埋件的埋设不得影响模板的就位及固定；起重机械吊运物件时严禁碰撞爬模装置。

10.0.3 采用千斤顶的爬模装置，应确保支承杆的垂直、稳定和清洁，保证千斤顶、支承杆的正常工作。当支承杆上咬痕比较严重时，应更换新的支承杆。支承杆穿过楼板时，承载铸钢楔应采取保护措施，防止混凝土浆液堵塞倒齿缝隙。

10.0.4 导轨和导向杆应保持清洁，去除粘结物，并涂抹润滑剂，保证导轨爬升顺畅、导向滑轮滚动灵活。

10.0.5 液压控制台、油缸、千斤顶、油管、阀门等液压系统应每月进行一次维护和保养，并做好记录。

10.0.6 爬模装置拆除和地面解体后，对模板、架体、提升架等部件应及时进行清理、涂刷防锈漆，对丝杠、滑轮、螺栓等清理后，应进行注油保护；所有拆除的大件应分类堆放、小件分类包装，集中待运。

10.0.7 因恶劣天气、故障等原因停工，复工前应进行全面检查，并应维护爬模装置和防护措施。

11 环 保 措 施

11.0.1 模板宜选用钢模板或优质木（或竹）胶合板和木工字梁模板，提高周转使用次数，减少木材资源消耗和环境污染。

11.0.2 爬模装置应做到模数化、标准化，可在多项工程使用，减少能源消耗。

11.0.3 混凝土施工时，应采用低噪声环保型振捣器，以降低噪声污染。

11.0.4 操作平台上宜设置环保型厕所，并有专人负责清理，确保施工现场环境卫生。

11.0.5 清理施工垃圾时应使用容器吊运并及时清运，严禁凌空抛撒。

11.0.6 液压系统宜采用耐腐蚀、防老化、具备优良密封性能的油管，防止漏油造成环境污染。

11.0.7 模板表面宜选用无污染、环保型脱模剂。

附录 A 爬模装置设计荷载标准值

A. 0. 1 爬模装置自重标准值（G_k）应根据设计图纸确定。

A. 0. 2 上操作平台施工荷载标准值（F_{k1}）应取 $4.0kN/m^2$，下操作平台施工荷载标准值（F_{k2}）应取 $1.0kN/m^2$。

A. 0. 3 吊平台施工荷载标准值（F_{k3}）应取 $1.0kN/m^2$（不参与荷载效应组合，仅用于纵向连系梁设计）。

A. 0. 4 风荷载标准值应按下式计算：

$$W_k = \beta_{gz}\mu_s\mu_z w_0 \tag{A.0.4-1}$$

其中

$$w_0 = \frac{v_0^2}{1600}(kN/m^2) \tag{A.0.4-2}$$

式中：β_{gz}、μ_s、μ_z——应按《建筑结构荷载规范》GB 50009－2001 表 7.5.1、表 7.3.1 和表 7.2.1 取值；

v_0——应按表 A.0.4 的规定取值。

表 A. 0. 4　风　力　等　级

风力等级	距地面 10m 高度处相当风速 v_0（m/s）	风力等级	距地面 10m 高度处相当风速 v_0（m/s）
5	8.0～10.7	9	20.8～24.4
6	10.8～13.8	10	24.5～28.4
7	13.9～17.1	11	28.5～32.6
8	17.2～20.7	12	32.7～36.9

附录 B 承载螺栓承载力计算

B. 0. 1 承载螺栓的承载力应按下列公式计算：

$$\sqrt{\left(\frac{N_V}{N_V^b}\right)^2 + \left(\frac{N_t}{N_t^b}\right)^2} \leqslant 1 \tag{B.0.1-1}$$

$$N_V \leqslant N_c^b \tag{B.0.1-2}$$

式中：N_V、N_t——承载螺栓所承受的剪力和拉力；

N_V^b、N_t^b、N_c^b——承载螺栓的受剪、受拉和受压承载力设计值。

B. 0. 2 承载螺栓与混凝土接触处的混凝土冲切承载力应按下列公式计算：

　　1）当承载螺栓固定在墙体预留孔内时：

$$F \leqslant 2.8(a + h_0)h_0 f_t \tag{B.0.2-1}$$

　　2）当承载螺栓与锥形承载接头连接时：

$$F \leqslant 2.8(d+s-30)(s-30)f_t \qquad (B.0.2-2)$$

式中：F——承载螺栓所承受的轴力（N）；

d——预埋件锚固板边长或直径（mm）；

a——承载螺栓的垫板尺寸（mm）；

s——锥形承载接头埋入长度（mm）；

h_0——墙体的混凝土有效厚度（mm）；

f_t——混凝土轴心抗拉强度设计值（N/mm²）。

B.0.3 承载螺栓与混凝土接触处的混凝土局部受压承载力应按下式计算：

$$F \leqslant 2.0a^2 f_c \qquad (B.0.3)$$

式中：F——承载螺栓所承受的轴力（N）；

a——承载螺栓的垫板尺寸（mm）；

f_c——混凝土轴心抗压强度设计值（N/mm²）。

附录 C 爬模工程垂直偏差测量记录表

表 C 爬模工程垂直偏差测量记录表

工程名称			层数		第　层		合模完成时间	
本层结构设计标高			观测时模板上口平均标高				混凝土完成时间	
							爬升完成时间	
观测点	偏移方向		偏差值（mm）		观测点平面示意图：			
					备　注			

项目负责人　　　　　　　　　测量员　　　　观测时间　　　　　　　年　月　日　时

附录 D　爬模工程安全检查表

表 D　　　　工程　层液压爬升模板安全检查表

爬模装置机位编号	锥形承载接头承载螺栓		挂钩连接座安装情况	架体爬升前安全检查					架体爬升情况	导轨爬升情况	其他部位检查	
	水平方向	垂直方向		承载体处混凝土强度	障碍解除	挂钩锁定销	防坠爬升器	架体调节支腿			平台堆料	安全防护

项目负责人　　　　　　　　专职安全员　　　　　　检查日期　　　　　　年　月　日

本规程用词说明

1　为便于在执行本规程条文时区别对待，对要求严格程度不同的用词说明如下：

　　1）表示很严格，非这样做不可的：

　　　　正面词采用"必须"；反面词采用"严禁"。

　　2）表示严格，在正常情况下均应这样做的：

正面词采用"应";反面词采用"不应"或"不得"。

    3）表示允许稍有选择，在条件许可时首先这样做的：

正面词采用"宜";反面词采用"不宜"。

    4）表示有选择，在一定条件下可以这样做的，采用"可"。

  2 条文中指明应按其他有关标准执行的写法为："应符合……的规定"或"应按……执行"。

引 用 标 准 名 录

  1 《木结构设计规范》GB 50005

  2 《建筑结构荷载规范》GB 50009

  3 《混凝土结构设计规范》GB 50010

  4 《钢结构设计规范》GB 50017

  5 《冷弯薄壁型钢结构技术规范》GB 50018

  6 《滑动模板工程技术规范》GB 50113

  7 《混凝土结构工程施工质量验收规范》GB 50204

  8 《钢结构工程施工质量验收规范》GB 50205

  9 《碳素结构钢》GB/T 700

 10 《液压系统通用技术条件》GB/T 3766

 11 《混凝土模板用胶合板》GB/T 17656

 12 《高层建筑混凝土结构技术规程》JGJ 3

 13 《建筑机械使用安全技术规程》JGJ 33

 14 《施工现场临时用电安全技术规范》JGJ 46

 15 《建筑工程大模板技术规程》JGJ 74

 16 《建筑施工高处作业安全技术规范》JGJ 80

 17 《建筑钢结构焊接技术规程》JGJ 81

 18 《钢框胶合板模板技术规程》JGJ 96

 19 《建筑施工扣件式钢管脚手架安全技术规范》JGJ 130

 20 《竹胶合板模板》JG/T 156

中华人民共和国行业标准

液压爬升模板工程技术规程

JGJ 195—2010

条 文 说 明

制 订 说 明

《液压爬升模板工程技术规程》JGJ 195-2010，经住房和城乡建设部 2010 年 2 月 10 日以第 504 号公告批准发布。

本规程制订过程中，编制组进行了广泛和深入的调查研究，总结了我国液压爬升模板施工技术与管理的实践经验，同时参考了国外先进技术法规、技术标准，作出了具体的规定。

为便于广大设计、施工、科研、学校等单位有关人员在使用本规程时能正确理解和执行条文规定，《液压爬升模板工程技术规程》编制组按章、节、条顺序编制了本规程的条文说明，对条文规定的目的、依据以及执行中需注意的有关事项进行了说明，还着重对强制性条文的强制性理由作了解释。但是，本条文说明不具备与标准正文同等的法律效力，仅供使用者作为理解和把握标准规定的参考。

目　　次

1 总 则

1.0.1 液压爬升模板是一种技术先进的施工工艺，综合了大模板和滑升模板的优点，其主要特点是：

1 吸收了支模工艺按常规方法浇筑混凝土，劳动组织和施工操作简便，混凝土表面质量易于保证等优点，当新浇筑的混凝土脱模后，以油缸或千斤顶为动力，以导轨或支承杆为爬升轨道，将模板自行向上爬升一层；

2 可以从基础底板或任意层开始组装和使用爬升模板；

3 内外墙体和柱子都可以采用爬模，无需塔吊反复装拆模板；

4 钢筋可以提前绑扎，也可随升随绑，操作方便安全；

5 根据工程特点，可以爬升一层墙，浇筑一层楼板，也可以墙体连续爬模施工，楼板滞后施工；

6 模板上可带有脱模器，确保模板顺利脱模而不粘模；

7 爬模可节省模板堆放场地，施工现场文明，对于在城市中心施工场地狭窄的工程项目有明显的优越性；

8 一项工程完成后，模板、架体及液压设备可继续在其他工程使用，周转次数多，模板摊销费用低，适合租赁和模板工程分包；

9 液压爬模在工程质量、安全生产、施工进度、降低成本，提高工效等方面均有良好的效果。

鉴于以上的特点，爬模技术得到迅速发展，国内已在很多高层建筑和高耸构筑物工程中应用。目前爬模装置多数由模板专业厂家生产，也有施工单位自行设计加工，其原理基本相同，具体构造和设计上形式多样，施工单位在爬模施工安全、技术和管理水平上差距较大，为规范液压爬升模板的设计、制作、安装、拆除、施工及验收，做到技术先进、经济合理、确保施工安全和工程质量，制定本标准。

1.0.2 本规程是以油缸或千斤顶为动力，液压自动爬模技术为基础的技术标准。对以手动葫芦、电动葫芦、大行程油缸等为动力的爬模装置，由于在爬升动力、架体构造、承载体及施工程序等方面有一定区别，但又有很多相同之处，可参照本规程使用。

1.0.4 本规程是针对液压爬模工程完成混凝土结构施工要求编写的，有关混凝土工程施工中的一般技术问题未予提及，采用液压爬模施工的工程，在爬模设计、制作、安装和施工中除应遵守本规程外，还应遵守国家现行有关标准中适用于爬模的有关规定，如《混凝土结构工程施工质量验收规范》GB 50204、《滑动模板工程技术规范》GB 50113、《建筑工程大模板技术规程》JGJ 74、《钢框胶合板模板技术规程》JGJ 96、《混凝土模板用胶合板》GB/T 17656、《竹胶合板模板》JG/T 156、《高层建筑混凝土结构技术规程》JGJ 3、《建筑施工高处作业安全技术规范》JGJ 80、《施工现场临时用电安全技术规范》JGJ 46、《钢结构设计规范》GB 50017、《钢结构工程施工质量验收规范》GB 50205、《建筑钢结构焊接技术规程》JGJ 81、《碳素结构钢》GB/T 700、《冷弯薄壁型钢结构技术规范》GB 50018、《建筑机械使用安全技术规程》JGJ 33 和《液压系统通用技术条件》GB/T 3766。

2 术 语 和 符 号

2.1 术　　语

2.1.2　爬模装置分为油缸和架体的爬模装置与千斤顶和提升架的爬模装置，它们的爬升动力不同，各自的零部件设计也有所不同，但为液压爬模工艺配制的四个系统组成基本是一致的。

2.1.3　根据工程的具体情况，采用油缸和架体的爬模装置，承载体是与混凝土中预埋的锥形承载接头或固定在墙体上的承载螺栓以及与它们相连的挂钩连接座；采用千斤顶和提升架的爬模装置，采用支承杆为承载体；在混凝土柱工程中，由于支承杆穿过楼板，因此还要在楼板上埋设承载铸钢楔作为承载体；在电梯井工程中，还可以利用电梯井跟进平台钢梁作为承载体。

2.1.4　对于较大截面的结构，宜采用锥形承载接头（图1）。锥形承载接头由锥体螺母和预埋件组成，锥体螺母的一半长度同预埋螺栓连接，埋入混凝土中，锥体螺母的另一半长度同承载螺栓与挂钩连接座连接，用于承受爬模装置自重、施工荷载及风荷载。为满足强度需要，锥体螺母通常选用 45 号钢加工制作，外形呈圆锥形，有利于拆除后重复使用。也有生产厂家将锥体螺母与挂钩连接座设计成一个整体部件。

2.1.5　承载螺栓是爬模装置重要的受力部件。承载螺栓的应用有两种形式（图2）：

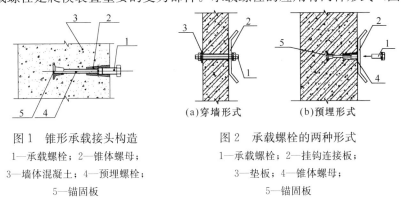

图1　锥形承载接头构造
1—承载螺栓；2—锥体螺母；
3—墙体混凝土；4—预埋螺栓；
5—锚固板

图2　承载螺栓的两种形式
1—承载螺栓；2—挂钩连接板；
3—垫板；4—锥体螺母；
5—锚固板

(a)穿墙形式　　(b)预埋形式

　1　对于结构截面在 600mm 以内的结构，采用穿墙式承载螺栓，在每层合模前预埋套管，混凝土浇筑后在墙体内形成预留孔，脱模并将模板后退后，安装承载螺栓，连接挂钩连接座；

　2　对于较大截面的结构，采用锥形承载接头时，承载螺栓直接与锥形承载接头的锥体螺母连接，同时将挂钩连接座连接紧固到结构体上；

　3　通常一个挂钩连接座设 2 根承载螺栓，以确保连接稳固。

2.1.6　挂钩连接座（图3）由连接板、座体、承力销、弹簧钢销等组合而成。连接板呈鱼尾形，同承载螺栓连接，固定在混凝土结构体上，座体的鱼尾槽套入连接板，当连接板因承载螺栓的偏差而产生位移时，座体可在连接板上平移调节；座体两侧钢板上设承力销槽，架体上的挂钩同挂钩连接座连接，并插入承力销。挂钩连接座上部有弹簧钢销，用于锁住导轨顶部挡块。

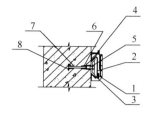

图 3　挂钩连接座构造
1—承力销；2—挂钩连接座体；
3—挂钩连接板；4—弹簧钢销；
5—承载螺栓；6—锥体螺母；
7—预埋螺栓；8—锚固板

2.1.7 支承杆作为千斤顶的爬升轨道，施工中爬模装置的自重、施工荷载及风荷载，均由千斤顶传至支承杆承担。支承杆的承载能力、直径和材质均与千斤顶相适应。

2.1.8 在支承杆与楼板相交处，分两个半圆加工的承载铸钢楔合抱支承杆，浇筑混凝土后，承载铸钢楔承受支承杆传递的荷载。因内设倒齿，支承杆不下滑，也不影响支承杆上拔；外呈锥形，拆除方便。

2.1.9 以液压推动缸体内活塞往复运动，使活塞杆伸出或收缩，油缸上、下两端同防坠爬升器连接，以此将液压能转换成机械能，带动爬模装置沿导轨自动爬升。

2.1.10 液压升降千斤顶是一种穿心式千斤顶，安装在提升架上，千斤顶的中心位置穿入支承杆，在液压的作用下，内带的楔块自动锁紧于支承杆上，带动爬模装置沿支承杆进行上升或下降运动。

2.1.11 防坠爬升器（又称上下轭、爬升箱）为组对配置，附着在导轨上同油缸上、下两端连接。防坠爬升器内承重棘爪的摆动位置与油缸活塞杆的伸出与收缩协调一致，设有换向装置，确保棘爪支承在导轨的梯挡上，防止架体坠落，实现架体与导轨交替爬升的功能。

2.1.12 液压控制台能将油缸或千斤顶的进油、排油、爬升或下降控制等项操作时的油压高低、运行状态等信息反映在电气仪表及按钮信号上。

2.1.13 导轨由型钢和梯挡钢板焊接而成，也可由型钢和通长钢板或型钢腹板上加工成梯挡空格，导轨的梯挡间距与油缸行程相匹配；导轨顶部设挡块或挂钩与挂钩连接座连接，导轨中部设有架体防倾调节支腿；导轨作为架体的运动轨道，并同架体交换运动。当架体固定，导轨上升；当导轨固定，架体以油缸为动力，沿导轨向上爬升一层。

2.1.14 架体作为爬模装置的承重钢结构，分为上架体和下架体两部分，其中：下操作平台以下部分称为下架体，下架体主要用于油缸、导轨、挂钩连接座和吊平台的安装和施工；下架体上部设置挂钩，当架体爬升到位时，与挂钩连接座用承力销连接；下操作平台以上部分称为上架体，上架体坐落在下架体的上横梁上，同模板连接的部分主要用于支模、脱模，上操作平台主要用于绑扎钢筋和浇筑混凝土。

2.1.15 架体防倾调节支腿设置在下架体中部，导轨从其中穿入，除架体爬升过程收缩可调支腿外，在施工过程中，架体防倾调节支腿均支撑在混凝土结构上，将爬模装置产生的荷载传递给混凝土墙体或导轨，并进行架体垂直度的调节，防止架体倾斜。

2.1.16 提升架主要由横梁和立柱两部分组成，横梁采用双槽钢同两根立柱进行销接或螺栓连接。当钢销或螺栓拆除后，可利用立柱顶部的滑轮平移，便于模板后退、清理；横梁上所设置的孔眼满足千斤顶安装和结构截面变化时千斤顶位移的要求；横梁两端同平台系统的外架立柱连接。两根立柱上各设两道活动支腿，同模板连接并进行脱模，以及垂直度和截面宽度调节。两根立柱还同上操作平台的外架梁连接，形成上操作平台，用于绑扎钢筋和浇筑混凝土。

2.1.17 纵向连系梁与结构轴线平行，可采用普通型钢、冷弯薄壁型钢、铝型材、钢木组合梁、木工字梁等型材，当架体或提升架的间距较大时也可做成桁架。

2.1.18 采用油缸和架体的爬模装置，上操作平台用于完成钢筋吊运、钢筋绑扎和混凝土浇筑，下操作平台用于承受上架体荷载和模板的合模脱模，吊平台用于锥形承载接头或承载螺栓的拆除；采用千斤顶和提升架的爬模装置，上操作平台用于完成支承杆的接高、钢筋吊运、钢筋绑扎和混凝土浇筑等操作，下操作平台用于模板的合模、脱模，吊平台用于锥形承载接头的拆除。

2.1.20 根据爬模装置平面布置图确定油缸或千斤顶总数量，将爬模装置自重荷载、施工荷载及风荷载的总和除以总数量，即为单个油缸或千斤顶的工作荷载。

2.2 符　号

本规程给出了9个符号，并对每一个符号给出了定义，这些符号都是本规程有关章节中所引用的。

3　基　本　规　定

3.0.1 爬模是技术性强、组织管理严密的先进施工工艺，已广泛应用于高层建筑核心筒、大型桥塔等现浇钢筋混凝土结构工程。

必须编制爬模专项施工方案的主要理由是：

1 爬模工程都是高大的钢筋混凝土结构工程，在高层建筑结构施工时，核心筒爬模通常独立先行，外围的钢结构、钢筋混凝土框架结构和水平结构紧跟施工。爬模独立高空作业，施工安全是最关键的问题。

2 爬模既是模板，也是脚手架和施工作业平台，爬模装置自重、施工荷载和风荷载都比较大。

3 核心筒平面和墙体厚度变化较大的工程，施工技术上比较复杂。

4 爬模是集施工技术、生产安全、工程质量、劳动组织、施工机械等各项施工管理工作及混凝土、钢筋、模板、电气焊、液压机械操作、测量等各工种共同协调配合的一项系统工程。

此外，爬模工程符合国务院《建设工程安全生产管理条例》第26条规定，属于"达到一定规模的危险性较大的分部分项工程编制专项施工方案"的范围。

爬模装置的设计包括：整体设计、部件设计和计算，以确保安全和爬模工艺要求。

在油缸和架体的爬模装置中，承载螺栓是荷载效应组合集中传递的最后部件，其强度关系到整个爬模装置的施工安全；而导轨的刚度直接影响到架体的爬升；在千斤顶和提升架的爬模装置中，支承杆是千斤顶的爬升轨道和爬模装置的承重支杆，其稳定性关系到整个爬模装置的施工安全。

为此，本条规定要求对主要受力部件：承载螺栓、导轨、支承杆按三种工况分别进行强度、刚度及稳定性计算，以确保施工安全：

1 施工工况（7级风荷载、自重荷载与施工荷载）：此工况包括浇筑混凝土和绑扎钢筋，爬模装置在正常施工状态和遇有7级风施工时均能满足设计要求；

2 爬升工况（7级风荷载、自重荷载与施工荷载）：此工况包括导轨爬升、模板爬升，爬模装置在7级风荷载下进行爬升能满足设计要求；

3 停工工况（9级风荷载与自重荷载）：在此工况下既不施工也不爬升，模板之间用对拉螺栓紧固连接等可靠的加固措施，爬模装置能在9级风荷载下满足设计要求。

3.0.2 两种爬模都有各自的特点和局限性，在满足合模→浇筑混凝土→脱模→爬升的基本施工程序的前提下，根据工程结构几何形状、结构空间、层高、结构体内外钢结构情况、楼板紧跟施工或滞后施工等因素进行爬模装置设计，选择不同的承载体、液压设备和架体构造，可以充分发挥它们各自的特长。

当建筑面积较大、结构空间狭窄、柱子和楼板需要同步施工时，以千斤顶为动力以支承杆为承载体的爬模装置可以充分发挥它的整体、双面爬模优势，但结构体内有钢结构时它就受到制约。当建筑平面简洁、结构空间较大、墙体截面较厚、结构体内有钢结构、设计允许楼板滞后施工时，采用油缸架体单面爬模形式及以锥形承载接头或承载螺栓作为承载体比较合适，但这种爬模的起始层只能在已有两层结构的前提下安装。当在电梯井内，以电梯井钢平台钢梁作为承载体，电梯井的模板和平台一起爬升也是油缸爬模的一种选择。

3.0.3 爬模是一项技术含量较高的先进施工工艺，关系到工程项目的施工安全、工程质量等，因此本规程规定爬模装置应由专业生产厂家设计、制作；爬模装置除进行产品质量检验外，出厂前还要进行试安装和爬升试验，其目的在于检验设计和制作质量，将安装和爬升可能发生的问题在现场施工之前解决。进行爬升和承载试验应符合下列要求：墙模不少于两个机位，机位间距按设计最大间距进行；柱模按完整的一套进行。试验完成后提供试验报告。

3.0.4 爬模装置在施工现场安装过程中，请专业生产厂家进行现场指导或将爬模装置安装分包给专业生产厂家；对于影响爬模装置安装质量的问题，如钢筋偏位、下层结构截面尺寸超差等，则由专业生产厂家会同施工及有关单位共同解决。

爬模装置安装完成以后，应会同有关单位进行安装质量的检查验收，并在检查记录表上共同签字认可。对液压系统应进行加压调试，检查千斤顶或油缸、油管、接头的密封性及爬升同步性，并进行排油排气工作。

3.0.5 本条参照现行国家标准《混凝土结构工程施工质量验收规范》GB 50204－2002第4.3.4条规定。

3.0.6 根据现行行业标准《高层建筑混凝土结构技术规程》JGJ 3－2002第13.3.7条规定：爬升模板"爬升时，穿墙螺栓受力处的混凝土强度不应小于10MPa"。该标准是2002年颁布施行的，当时爬模装置的构造和动力设备均与现在有较大区别，现在一个机位所承受的荷载，重型的约有8t，轻型的约有5t，而早期一个机位所承受的荷载不超过3t。早期穿墙螺栓直径在$\phi 28$以内，目前承载螺栓直径在$\phi 42$以上。此外，爬模装置在爬升过程中可能会因爬升不同步产生偏移附加荷载，爬升时混凝土的强度应该有足够的安全储备，防止个别机位超出设计荷载从而导致承载螺栓部位混凝土局部破坏的情况发生。所以本条规定："在爬模装置爬升时，承载体受力处的混凝土强度应大于10MPa"。同时，由于承载体受力处混凝土的工况不同，还应按本规程附录 B 公式进行计算，两者取大值。

3.0.7 当核心筒内钢筋混凝土梁、板水平结构和筒外结构部分不能与核心筒同步施工时，核心筒可以单独爬模，对先行施工的核心筒与滞后施工的水平结构高度差、施工缝和其他节点的处理、钢筋预埋等应同设计单位进行协商，避免因核心筒独立施工高度过大影响结构整体稳定性，造成安全隐患，并给后续施工带来麻烦。

4 爬 模 施 工 准 备

4.1 技 术 准 备

4.1.1 爬模装置设计要考虑以下因素：

1 根据工程的结构平面形状、结构空间大小、层高变化、竖向结构尺寸变化等因素，并结合混凝土结构内部有无钢结构和设计、施工的具体要求，来确定采用何种爬模装置及单面爬模、双面爬模或外爬内吊等形式，同一工程中也可同时采用不同的爬模装置和爬升形式；

2 根据爬模装置的具体情况选择符合要求的承载体，确定锥形承载接头或承载螺栓的水平和竖向位置；

3 进行机位布置时不仅要满足承载力设计要求，还要满足使用功能要求，如一段小面积的墙体，尽管布置一个机位能满足承载力要求，但只有两个机位才能满足模板的稳定，在平面空间较小的位置布置机位要考虑爬模装置相碰的问题；

4 进行机位布置时，要选择有利于承载体附着的位置，避开门窗洞口、暗柱、暗梁及型钢等部位，如果难以避开时，应采取相应的构造措施，满足承载体的附着要求。

4.2 材 料 准 备

4.2.1 本条所列的三种模板面板材料均能满足混凝土质量要求，选择时根据爬模工程的建筑高度、周转使用次数进行选择，从我国爬模使用情况看，钢面板易于清理、周转次数多、模板摊销费用低，采用较多。

4.2.2～4.2.4 本规定是根据施工实践经验、生产厂家的通用做法提出的，推荐了三种模板及主要材料规格，供选择使用；对爬模装置主要构件及重要部件的钢材材质和质量保证进行了规定。

4.2.5 操作平台板的选材参照现行行业标准《建筑施工扣件式钢管脚手架安全技术规范》JGJ 130-2001 第 3.3 节的规定，并结合爬模工程特点和施工安全的要求作出的规定。

5 爬 模 装 置 设 计

5.1 整 体 设 计

5.1.1、5.1.2 目前液压爬模的动力设备主要有两种，一种是油缸，另外一种是千斤顶。

两种动力设备所对应的爬升原理和爬升装置有所不同。

将整套爬模装置分为四个系统，一方面可以使爬模装置各个系统的作用和相互之间的联系比较清晰，另一方面也便于防止各种部件在具体设计时漏项。

模板系统在两种爬模装置中是相同的，只是在液压爬升系统和操作平台系统有所区别，所以分别进行了描述。

操作平台系统根据施工工艺的不同，设置不同的操作平台。操作平台满足钢筋绑扎、模板支设、混凝土浇筑和液压爬模构配件拆除等工序的要求，同时保证操作人员的施工操作安全。

在液压爬升系统中，与油缸两端连接上、下防坠爬升器在设计时利用了棘爪原理，实现了油缸突然受力失效的防坠构造，所以在液压爬升系统里面不再另行设置防坠装置。

电气控制系统是爬模装置系统中不可缺少的部分，对其设计、配制要高度重视。

油缸和架体的爬模装置示意图见图4，千斤顶和提升架的爬模装置示意图见图5。

5.1.4 高层建筑使用爬模施工时，塔式起重机（尤其是内爬塔）对爬模设计的影响非常大，主要是内爬塔的塔身要有足够的自由高度，防止爬模装置爬升到一定高度时与塔吊冲突。在整体设计时一定要解决好塔吊爬升与爬模装置爬升的相互位置关系。

对于高层建筑，现在爬模施工有两种形式，一种是竖向结构爬模施工和水平结构施工交替进行，不存在爬模超前施工的情况；另一种是竖向结构爬模先行施工，楼板滞后施工。第一种形式的施工适用于没有钢结构的钢筋混凝土结构施工。第二种形式适用于型钢钢筋混凝土结构施工，此种形式的爬模施工在设计时要对竖向交通、消防水管、临时用电、高层混凝土泵送等问题进行详细的设计，保证施工正常顺利进行。

爬模装置设计时应该充分考虑到起重机械、混凝土布料机的附墙和顶升装置是否与爬模施工相互影响。机位的布置要避让开起重机械、混凝土布料机的附墙和顶升装置，并留有足够的安全距离，防止将混凝土布料机作业过程中产生的荷载传递给爬模装置。当爬模装置需要带动混凝土布料机时，爬模装置需另行设计。

5.1.5 操作平台在设计时，要考虑到钢筋、模板、混凝土等主要工种的施工操作条件，做到安全可靠。

5.1.6 爬模装置在高空拆除时，现场起重机械一般采用塔式起重机，因此，在模板系统设计时，单块大模板的重量必须满足现场起重机械的要求。

单块大模板如果仅配制一套架体或提升架，尽管承载力能满足，但模板爬升时容易失去平衡；弧形模板的架体或提升架如果辐射形布置，则将给脱模、合模带来困难。

5.1.7 油缸和千斤顶是爬模装置中的重要部分，有足够的安全储备。在这里规定安全系数应为2，即工作荷载不能超过油缸或者千斤顶额定荷载的1/2。

支承杆的计算长度取千斤顶下卡头到浇筑混凝土上表面以下150mm的距离，此长度情况下，支承杆的承载力与千斤顶工作荷载相适应，即千斤顶工作荷载为50kN时，支承杆的承载力也能达到50kN，如果不相适应时，可调整支承杆的规格或支承杆的计算长度，当规格和长度固定不能调整时，可适当调整机位间距，减小千斤顶的工作荷载。

支承杆的长度宜为3m～6m是从两方面考虑的：一是钢管的长度通常为6m，一根钢管割成两段3m，材料不浪费；二是支承杆首次插入时宜长短间隔排列，即6m、3m各一半，使同一水平截面上支承杆的接头数量为总量的1/2，既增强了支承杆的稳定性，也可

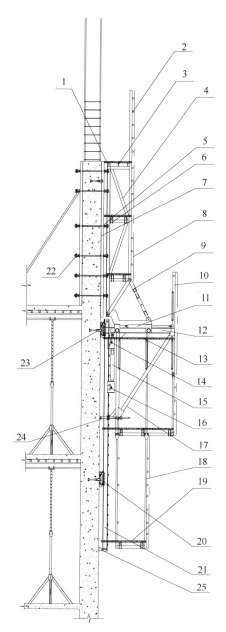

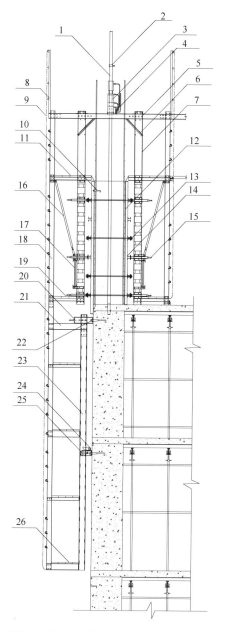

图 4 油缸和架体的爬模装置示意

1—上操作平台；2—护栏；3—纵向连系梁；4—上架体；5—模板背楞；6—横梁；7—模板面板；8—安全网；9—可调斜撑；10—护栏；11—水平油缸；12—平移滑道；13—下操作平台；14—上防坠爬升器；15—油缸；16—下防坠爬升器；17—下架体；18—吊架；19—吊平台；20—挂钩连接座；21—导轨；22—对拉螺栓；23—锥形承载接头（或承载螺栓）；24—架体防倾调节支腿；25—导轨调节支腿

图 5 千斤顶和提升架的爬模装置示意

1—支承杆；2—限位卡；3—升降千斤顶；4—主油管；5—横梁；6—斜撑；7—提升架立柱；8—栏杆；9—安全网；10—定位预埋件；11—上操作平台；12—大模板；13—对拉螺栓；14—模板背楞；15—活动支腿；16—外架斜撑；17—围圈；18—外架立柱；19—下操作平台；20—挂钩可调支腿；21—外架梁；22—挂钩连接座；23—导向杆；24—防坠挂钩；25—导向滑轮；26—吊平台

使接长工作分散。

支承杆在非标准层使用时，支承杆的实际长度超过了标准层的计算长度，容易失稳。在柱子爬模时，支承杆设在混凝土结构体外，可用 $\phi48\times3.5$ 钢管和异形扣件（$\phi83\times\phi48$ 或 $\phi102\times\phi48$）同脚手架相连接进行稳定加固；在墙体爬模时，支承杆在混凝土墙顶以上部分，可用两根 $\phi48\times3.5$ 钢管和异形扣件同支承杆连成一体进行加固。

5.1.8 油缸、千斤顶选用表是根据爬模工程实际应用和专业生产厂家产品规格列出的，规定允许工作荷载不能超过额定荷载的 1/2。如果根据爬模设计选用的油缸、千斤顶额定荷载超出选用表范围，在满足工作荷载不超过额定荷载 1/2 的规定下，可另行选用其他规格的油缸、千斤顶。

5.1.9 根据以往工程的施工经验，同时考虑到爬模装置荷载、建筑模数、经济性、安全性，规定了千斤顶机位和油缸机位的最大间距。

机位间距的大小关系到爬模架体的刚度和重量，如果机位间距过大，刚度太小，架体容易变形；如果保证刚度，就会增加架体的重量。但如果机位间距过小，刚度过大，则会使油缸或者千斤顶产生附加荷载。

5.1.10 本条规定采用千斤顶的爬模装置在墙体施工时，为了提高爬升时支承杆的稳定性，对于支承杆下端的固结及不少于 10% 的支承杆埋入混凝土的形式进行了规定。对于柱子爬模支承杆支承在楼板上或井筒爬模支承杆支承在跟进平台上时不适用。

5.2 部件设计

5.2.1 高层建筑爬升模板的设计原则可以参照现行行业标准《建筑工程大模板技术规程》JGJ 74 的有关规定。没有楼板的构筑物，模板的配置高度一般按照结构设计分段的高度加上一定的搭接尺寸来确定。

在阴角模设计时，要考虑模板拆除、操作的空间、阴角模与相邻大模板的相互位置关系。阴角模与大模板企口连接处留有拆模的空隙，不但要在设计中预留，而且应在施工中加以严格的控制，防止模板在混凝土侧压力的作用下变形，模板之间相互挤死，给拆模带来困难。

脱模器的工作原理就是通过固定在模板上的丝杠顶住混凝土墙面，通过反作用力使模板脱离混凝土，从而实现脱模的目的，避免了模板脱模时使用撬杠，保护了模板和混凝土墙体。

5.2.2 架体设计主要考虑到以下几点：

1 上架体高度为两层层高，一层为模板本身的高度，另外一层为上层钢筋绑扎的操作高度；

2 下架体高度为 1.5 倍层高，一层为爬模装置爬升时的操作需要，下部半层主要用于拆除下层锥形承载螺栓等部件；

3 下架体的宽度既要满足模板和上架体后退需要，又要限制操作平台上的施工活载，因此规定不超过 2.4m；

5 上架体或下架体均采用型钢或冷弯薄壁型钢作为纵向连系梁。

5.2.3 提升架由横梁、立柱、可调支腿组成。横梁的孔眼设计要满足结构截面变化要求和千斤顶安装要求，当结构变截面的时候，立柱能平移，千斤顶也有移动改装的可能，所以提升架横梁与立柱、千斤顶的连接方式都要具有可调节性。提升架立柱顶部设滑轮，平移立柱能带动模板后退 400mm～600mm，用于清理和涂刷脱模剂；当提升架立柱固定时，调节活动支腿的丝杠，能带动模板脱开混凝土 50mm～80mm，满足提升的空隙要求。

在布置提升架横梁的时候要尽量避让结构暗柱，否则提升架横梁会影响暗柱箍筋的绑扎，影响工程进度。

5.2.4 承载螺栓和锥形承载接头是爬模装置的主要承载体，是将爬模装置附着在混凝土结构上，并将爬模装置自重、施工荷载及风荷载传递到混凝土结构上的重要承力部件。采用千斤顶和提升架的爬模装置，其锥形承载接头是将锥体螺母与挂钩连接座设计成一个整体部件。千斤顶依靠支承杆向上爬升，当爬模装置到达预定标高后，挂钩可调支座与锥形承载接头连接，将爬模装置的全部荷载转移、传递到混凝土结构上。鉴于锥形承载接头和承载螺栓的重要性，所以将本条确定为强制性条文。

采用的承载螺栓，按本规程 5.3.6 规定执行。

在计算承载螺栓与混凝土接触处的混凝土冲切承载力及混凝土局部受压承载力时，本条规定的承载螺栓的垫板尺寸、预埋件锚固板尺寸、锥形承载接头埋入长度均为计算公式中的主要参数。

5.2.5 在油缸爬模爬升过程中，爬模装置的所有荷载都是通过防坠爬升器上面的棘爪传递给固定在墙体上的导轨。防坠爬升器是一个非常重要的构件，要有足够的强度和刚度。防坠爬升器在设计时，其几何尺寸与油缸的几何尺寸、导轨的几何尺寸相配合。防坠爬升器内棘爪（又称凸轮摆块）的摆动位置与油缸活塞杆的伸出与收缩协调一致，换向可靠。防坠爬升器与导轨的连接形式（图 6）有多种。防坠爬升器与导轨的间距大小应该适当，宜控制在 5mm～8mm。

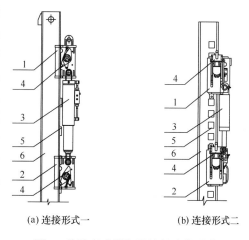

(a) 连接形式一　　(b) 连接形式二

图 6　防坠爬升器与导轨的连接形式

1—上防坠爬升器；2—下防坠爬升器；3—油缸；
4—承重棘爪；5—导轨梯挡；6—导轨

5.2.6 由于在施工中，承载螺栓或锥形承载接头的预埋位置与设计位置可能有偏差，为了保证爬模装置安装位置的准确性，挂钩连接座的设计要具备安装位置的调节功能，使挂钩连接座在同层内的水平标高保持一致。

5.2.7 导轨的截面形式（图 7）有以下多种，导轨截面形式与上下防坠爬升器相配套。

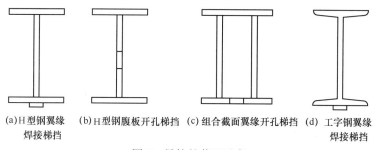

(a) H型钢翼缘　　(b) H型钢腹板开孔梯挡　(c) 组合截面翼缘开孔梯挡　(d) 工字钢翼缘
　　焊接梯挡　　　　　　　　　　　　　　　　　　　　　　　　　　　焊接梯挡

图 7　导轨的截面示意

导轨的设计长度要满足层高较大非标层的爬升需要。导轨与挂钩连接座之间应该有一定的间隙，保证导轨可以从挂钩连接座中顺利通过。导轨顶部与挂钩连接座进行挂接或销接，导轨下部设导轨调节支腿。

5.3 计　算

5.3.2　在爬模施工前，一般根据工程的实际情况设计爬模装置，并对爬模装置进行计算。由于爬模装置的设计形式多样，所以本规程不能给出统一的爬模装置计算简图，只能对计算简图提出四点要求，这些要求是与一般的结构计算简图相同的。

5.3.4　本条规定的荷载标准值与已有的有关标准规定基本是一致的，并在本规程附录 A 分别给出。考虑到上操作平台在绑扎钢筋时需要堆放一定数量的钢筋。按 4.0m 长、4.0m 层高、0.6m 厚的墙，配钢筋 $150kg/m^3$ 计算，这些钢筋均匀分布放置在 4.0m 长、0.9m 宽的上操作平台上，推算得到施工荷载标准值为 $4.0kN/m^2$。风荷载采用基本风速计算基本风压，而不采用多少年一遇的基本风压，这样与实际应用更接近。为此给出了风力等级与基本风速对应值表和用基本风速计算基本风压公式。

5.3.5　爬模施工有三种工况，每种工况的荷载组合项目及对应的荷载分项系数、荷载组合系数用计算公式一并列出，其中 0.9 就是荷载组合系数。爬模装置在停工工况，要求能抵抗 9 级风荷载。6 级风时停止施工，计算时采用七级，保留一级。由于吊平台上的施工操作主要是拆除承载螺栓，施工荷载 F_{k3} 与三种工况中的其他施工荷载可以避免同时发生，所以组合时不考虑。

5.3.6　根据所采用的承载螺栓，分别按本规程附录 B 中 B.0.1 规定的计算公式进行强度计算或验算，以保证爬模施工安全。因为爬模施工是在混凝土早期强度下开展的，所以要求对混凝土进行冲切承载力和局部受压承载力计算。

混凝土冲切承载力按本规程附录 B.0.2 要求的公式计算。此式根据现行国家标准《混凝土结构设计规范》GB 50010－2002 第 7.7 条公式（7.7.1-1）推演得到的。混凝土局部受压承载力按本规程附录 B.0.3 要求的公式计算。此公式根据现行国家标准《混凝土结构设计规范》GB 50010－2002 附录（A.5.1-1）公式推演得到。其中 $\beta_l = \sqrt{\dfrac{A_b}{A_l}} = 3$，$\omega = 1.0$，混凝土局部受压面积 $A_l = \dfrac{\pi a^2}{4}$，其中 a 为混凝土局部受压面的直径，即承载螺栓的垫板尺寸。

5.3.7　该公式是支承杆在弯曲平面内的压弯承载力计算式，根据现行国家标准《钢结构设计规范》GB 50017－2003 第 5.2.2 条弯矩作用平面内的稳定性（5.2.2-1）公式推演得来的。其中 β_{mx} 及 γ_x 取 1.0。公式 $\lambda = (\mu \cdot L_1)/r$ 是基于以下的条件展开计算的：（1）支承杆埋入混凝土满足本规程第 5.1.10 条的要求，即埋入混凝土长度大于 200mm。浇筑混凝土时埋入，待绑扎钢筋后爬升模板时支承杆开始受力，此时混凝土已有足够的强度将支承杆下端固定住，在这种情况下，假定支承杆下端是固定端；（2）支承杆的上端，在千斤顶底座处用 2 根 20 号槽钢将千斤顶和支承杆连成整体，形成框架；（3）根据上述的（1）和（2），支承杆与 2 根 20 号槽钢构成下端固定上端刚接有侧移的单层多跨框架；（4）用下端固定上端刚接有侧移的单层单跨框架求解框架柱的计算系数 μ 值。应用现行国家标准《钢结构设计规范》GB 50017－2003 附录 D 表 D-2 有侧移框架柱的计算长度系数 μ。此时，$K_2 \geqslant 10$，$K_1 = I_b L_c / I_c L_b$。根据本条文规定，支承杆采用 $\phi 83 \times 8$ 或 $\phi 102 \times 7.5$，横梁采用 2 根 20 号槽钢，$I_b = 35.608 \times 106 \text{mm}$，$I_{c,83} = 1.340439 \times 106$，$I_{c,102} = 2.501172 \times 106$，代入上式得：$K_{1,83} = 26.56 L_c/L_b$，$K_{1,102} = 14.24 L_c/L_b$。$K_{1,83} \geqslant 10$，$L_c/L_b \geqslant 0.3675$，$K_{1,102} \geqslant 10$，$L_c/L_b \geqslant 0.7022$，一般情况下均能满足 $L_c/L_b \geqslant 0.3675$，$L_c/L_b \geqslant 0.7022$，根据现行国家标准《钢结构设计规范》GB 50017－2003 附录 D 表 D-2，当 $K_2 \geqslant 10$、$K_1 \geqslant 10$ 时，$\mu = 1.03$。另外，支承杆的长度 L_1 的取值是参考了现行国家标准《滑动模板工程技术规范》GB 50113－2005 关于支承杆长度取法的结果。由于 $\phi 83 \times 8$ 或 $\phi 102 \times 7.5$ 是热轧无缝钢管，所以取强度设计值 $f = 215 \text{N/mm}^2$，稳定系数 φ 查用现行国家标准《钢结构设计规范》GB 50017－2003 表 C-1a 类截面或表 C-2b 类截面轴心受压构件的稳定系数。

5.3.8 为保证导轨在爬模施工中的变形值不大于 5mm，其刚度按本规程公式（5.3.8）计算。

在爬升工况时，采用油缸爬模装置的导轨，导轨顶部是与挂钩连接座进行连接并与墙体固定的，导轨下部设导轨调节支腿顶住墙体，导轨成为单跨梁。爬升装置自重、施工荷载及风荷载交替作用在防坠爬升器上。这意味着导轨只承受着一个集中力，这个集中力是由防坠爬升器产生的。当集中力作用在导轨跨中时，导轨的变形为最大。所以计算系数 γ 取 1/48。

6 爬模装置制作

6.1 制作要求

6.1.1 作为模板专业生产厂家，在制作爬模装置前，要有完整的设计图纸、各种胎具、模具的加工图纸和制作工艺流程等工艺文件，要有企业的产品标准，以确保产品质量；产品出厂时提供产品合格证，是对用户负责、让用户放心的做法。

6.1.4 所有焊缝按现行行业标准《建筑钢结构焊接技术规程》JGJ 81 进行检查；对以下主要受力部件和部位的焊缝（图 8）作重点检查，如防坠爬升器箱体、架体节点部位、导轨顶端挡板和梯挡、挂钩连接座、下架横梁前两侧耳板挂钩、与导轨作水平拉结的挡板。

6.1.5 为了确保爬模装置的加工质量和施工安全，本规程要求所有的零部件按照设计和工艺要求进行制作，并对所有零部件进行全数检查验收。

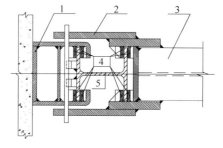

图 8 挂钩连接座与下架横梁焊缝示意
1—挂钩连接座；2—下架横梁耳板挂钩；
3—下架横梁；4—挡板；5—导轨

6.1.6 爬模装置长期在室外露天作业，所以钢结构表面需作防锈处理，但钢模板同其他大模板一样，正面不涂油漆，每层涂刷脱模剂，由于爬模后退空间小，涂刷脱模剂不方便，为防止在潮湿环境施工的钢模板正面生锈，确保混凝土表面质量，宜涂刷长效脱模剂。

6.2 制作质量检验

6.2.1 模板在工厂进行制作和检验时，是放在平台上进行的，到施工现场复检时也按模板平放状态进行，同状态检查，避免误差。模板制作允许偏差与检验方法参照现行行业标准《建筑工程大模板技术规程》JGJ 74－2003 表 5.0.10，将原表中的"模板长度"允许偏差－2mm，现调整为"模板宽度"允许偏差－2mm～＋1mm，比较符合大钢模板制作的实际情况。

6.2.2 爬模装置其他部件的制作允许偏差与检验方法根据爬模的需要可参照现行国家标准《滑动模板工程技术规范》GB 50113的有关规定。

6.2.5 本条款中，对支承杆的允许偏差要求很高，若直径或平直度超出允许偏差，则影响爬升。

7 爬模装置安装与拆除

7.1 准 备 工 作

7.1.1 起始位置的承载螺栓的预留孔和锥形承载接头水平位置的准确程度，直接影响整个爬模的架体安装是否处于同一高度，为避免产生架体之间的高度差，在爬模安装前要严格控制承载螺栓和锥形承载接头的安装位置。模板安装前进行抄平，当模板在楼板或基础底板上安装时，对高低不平的部位作找平处理，处理方法包括做抹灰带、垫钢楔等。

除了投放模板边线、架体或提升架中心线等位置线外，还要将对拉螺栓的水平位置线放出，当钢筋与对拉螺栓相碰时，调整钢筋位置；另外将承载螺栓的中心位置投放到模板上，以便钻孔连接。

在有门洞位置安装架体时，设置门洞支承架，作为导轨上升时附墙的支承体。

7.2 安 装 程 序

7.2.1、7.2.2 图 9 和图 10 为两种爬模装置的安装程序。主要不同点在于：采用油缸和架体的爬模装置是先装架体后装模板；采用千斤顶和提升架的爬模装置是先装模板后装提升架。

7.3 安 装 要 求

7.3.1 架体或提升架宜先在地面预拼装的主要目的是为了减少高空作业，便于操作，便于检查。架体或提升架安装后除吊线检查垂直度外，还要检查架体或提升架对结构平面的垂直度。

7.3.2 模板和背楞在地面分段进行拼装，选择平整地面，铺好木方搁栅，模板正面朝下，模板组拼后进行校正，再安装背楞、吊钩，然后用塔吊整体吊装就位。

7.3.7 模板安装后逐间检查对角线，并进行校正，确保直角准确；对安装的架体或提升架采用检查对角线的方法，检查架体或提升架对于结构轴线的垂直度。

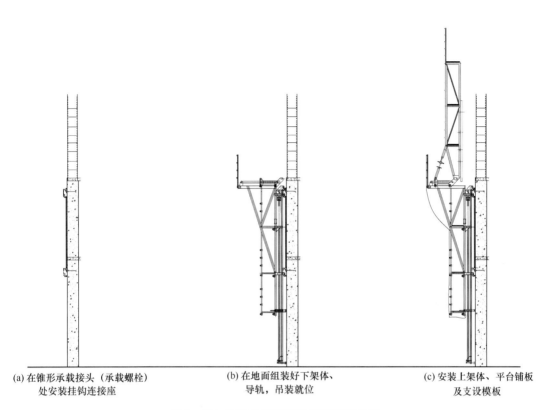

(a) 在锥形承载接头（承载螺栓） 处安装挂钩连接座

(b) 在地面组装好下架体、 导轨，吊装就位

(c) 安装上架体、平台铺板 及支设模板

图 9　油缸和架体爬模装置安装程序示意

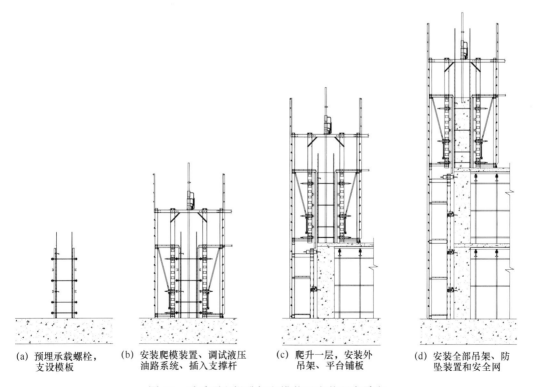

(a) 预埋承载螺栓， 支设模板

(b) 安装爬模装置、调试液压 油路系统、插入支撑杆

(c) 爬升一层，安装外 吊架、平台铺板

(d) 安装全部吊架、防 坠装置和安全网

图 10　千斤顶和提升架爬模装置安装程序示意

7.3.9 液压系统安装完成后进行系统调试和加压试验，且保压5min的目的在于确保所有密封处无渗漏。对于采用千斤顶和提升架的爬模装置先进行排油排气和液压系统调试，然后插入支承杆。如果先插支承杆，一旦调试时爬模装置启动，将造成不良后果。

7.4 安装质量验收

7.4.1 爬模装置安装允许偏差表参照国家现行标准《滑动模板工程技术规范》GB 50113和《建筑工程大模板技术规程》JGJ 74的有关规定，并根据爬模的特点，增加了相关的检查项目，如油缸或千斤顶安装偏差、锥形承载接头（承载螺栓）中心偏差等。

7.5 拆　　除

7.5.1 爬模装置拆除是爬模施工的最后阶段，也是结构施工最高处的高空作业阶段，安全风险最大，因此必须编制拆除技术方案，制定拆除安全措施，进行安全技术交底，确保拆除安全。

7.5.2 爬模装置拆除强调分段整体拆除、地面解体，其主要目的是确保高空拆除的安全，同时也减少了高空拆除时间。

　　分段整体拆除一定要进行计算，确保分段的大模板和架体总重量不超过起重机械的最大起重量。

8 爬 模 施 工

8.1 施 工 程 序

8.1.1、8.1.2 本节将液压爬模施工程序分为两种，一种为油缸和架体的爬模装置施工程序（图11），另一种为千斤顶和提升架的爬模装置施工程序（图12）。

　　对于千斤顶和提升架的爬模装置施工程序中，钢筋分两次绑扎的原因在于受提升架横梁的影响，水平筋不能一次到位，剩余高度的钢筋可在爬升时随爬随绑。如果在爬模装置设计时将横梁净空提高到一个层高，加大支承杆截面、提高支承杆的稳定性，钢筋也可以做到一次绑扎到位。

8.2 爬模装置爬升

8.2.1 组织管理机构包括爬模总指挥、爬模装置安全检查员等人员。管理制度包括爬模施工的操作规程、安全规程等。

8.2.2 由于架体与墙体连接的承载体和承载螺栓的定位距离是固定的，一次爬升的行程是固定的，所以非标准层必须同标准层一样在模板上口以下规定位置预埋锥形承载接头或承载螺栓套管。

8.2.3 爬模施工垂直度测量观测可采用激光经纬仪、全站仪等，每层在合模完成和混凝土浇筑后共进行两次垂直度测量观测，并记录垂直偏差测量成果；爬模工程垂直偏差测量

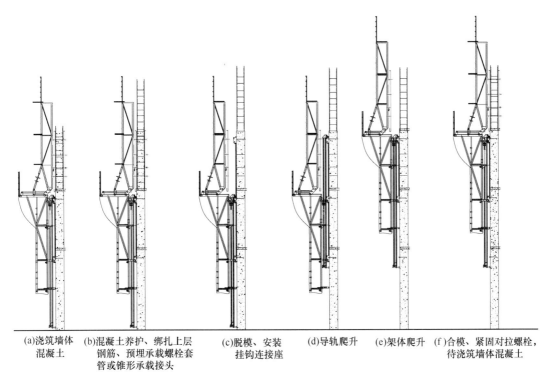

(a)浇筑墙体 (b)混凝土养护、绑扎上层 (c)脱模、安装 (d)导轨爬升 (e)架体爬升 (f)合模、紧固对拉螺栓，
混凝土 钢筋、预埋承载螺栓套 挂钩连接座 待浇筑墙体混凝土
管或锥形承载接头

图11 油缸和架体爬模装置施工程序示意

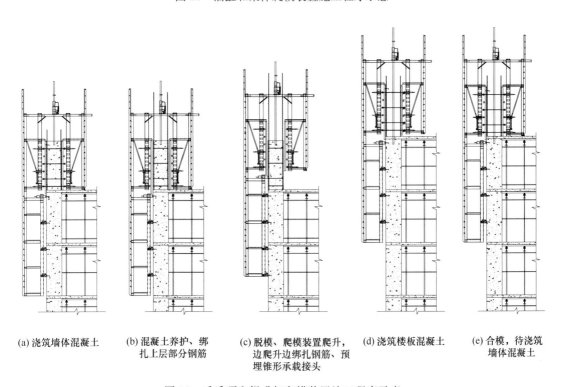

(a)浇筑墙体混凝土 (b)混凝土养护、绑 (c)脱模、爬模装置爬升， (d)浇筑楼板混凝土 (e)合模，待浇筑
扎上层部分钢筋 边爬升边绑扎钢筋、预 墙体混凝土
埋锥形承载接头

图12 千斤顶和提升架爬模装置施工程序示意

成果表中观测点平面示意图根据爬模工程的具体情况进行布置和编号，并将各点的偏差值和偏移方向记录表中。

8.2.5 架体同步爬升的目的是确保安全，确保爬模装置稳定不变形，减少附加荷载。爬升升差值的规定，是由工程施工实践经验确定的。

8.2.7 提升架爬升

1 千斤顶每次爬升50mm～100mm，是根据所选定的千斤顶工作行程确定的，符合本规程表5.1.8的有关规定。

2 支承杆设置限位卡，是为了保证平台在爬升一定高度之后进行整体调平。由于千斤顶每次爬升都有行程误差，所以每个千斤顶的行程不可能是完全一致的。每爬升500mm～1000mm后，将限位卡紧固在测量给定的统一标高处，当千斤顶上卡头碰到限位卡时将停止上升，平台得到一次整体的调平。

8.3 钢 筋 工 程

8.3.1 符合国家现行标准《混凝土结构工程施工质量验收规范》GB 50204－2002第5章和《高层建筑混凝土结构技术规程》JGJ 3－2002第13.4节的规定。

8.3.4 混凝土表面以上2～4道绑扎好的水平钢筋，用以控制竖向钢筋的位移，且依据第一道钢筋确定继续绑扎的水平钢筋的位置。

8.3.5 提升架横梁以上的竖向钢筋，如没有限位措施会发生倾斜或弯曲，施工中可设置限位支架等临时固定。设置的限位支架要适时拆除，不要影响模板的正常爬升。

8.4 混 凝 土 工 程

8.4.1 符合国家现行标准《混凝土结构工程施工质量验收规范》GB 50204－2002第7章和第8章、第10章及《高层建筑混凝土结构技术规程》JGJ 3－2002第13.5节的规定。

8.4.2 施工过程中要注意混凝土的浇筑顺序、匀称布料和分层浇捣，防止支承杆偏移和倾斜；操作平台上的荷载包括设备、材料及人流保持均匀分布，不得超载，确保支承杆的稳定性。

8.4.3 混凝土浇筑前，在模板表面标注定位预埋件、锥形承载接头、承载螺栓套管等位置，提醒振动棒操作人员在振动棒插点位置让开预埋件位置，以免混凝土振捣时振捣棒碰撞定位预埋件、锥形承载接头、承载螺栓套管等造成移位。

8.5 工 程 质 量 验 收

8.5.1、8.5.2 本节列出的爬模施工工程混凝土结构允许偏差规定和检验方法主要是根据国家现行标准《混凝土结构工程施工质量验收规范》GB 50204、《滑动模板工程技术规范》GB 50113、《高层建筑混凝土结构技术规程》JGJ 3 的规定提出的，但某些项目的规定要比上述标准严格些，例如截面尺寸偏差、每层的垂直度偏差。主要考虑到爬模的模板选型、模板合、脱模的工艺以及垂直度控制的工艺都比较成熟先进，可满足本规程规定的要求。也考虑到适当提高一些允许偏差的要求，有利于液压爬模技术的推广应用。

9 安 全 规 定

9.0.2 爬模工程是超过一定规模的危险性较大的分部分项工程，按照国务院《建设工程安全生产管理条例》第 26 条规定及建质［2009］87 号的通知要求，必须编制安全专项施工方案，并由施工单位组织不少于 5 人的符合相关专业要求的专家组对已编制的安全专项施工方案进行论证审查。施工单位技术负责人、项目总监理工程师、建设单位项目负责人签字后，方可组织实施。

9.0.3 由于爬模施工的技术含量和安全性要求较高，因此制定本条规定。

9.0.4 高度重视爬模工程的安全，消除施工中的危险因素，是爬模施工的重要工作。因此本条规定设立专职安全员，监控爬模施工安全。

9.0.5 操作平台上的允许荷载是根据设计计算确定的，因此制定本条规定。

9.0.8 施工消防供水系统的安装按消防要求设置，随爬模的爬升及时跟进，使爬模工程始终处于施工消防供水系统的控制范围之内。电、气焊作业时的防火措施包括接焊渣用的薄钢板等，防止焊渣直接落在爬模装置或安全网上。

9.0.10 本条主要考虑模板荷载偏心和风荷载对爬模装置的不利影响。

9.0.11 本条规定恶劣天气停止爬模施工作业。遇有六级以上强风天气，模板没有爬升时可以通过对拉螺栓与已浇筑的混凝土进行可靠拉结；模板已爬升后可以采取内外模板通过对拉螺栓与已绑完的钢筋拉结。

10 爬模装置维护与保养

10.0.2 钢筋绑扎过程中的位置、钢筋的垂直度、竖向钢筋的临时固定、保护层厚度的控制措施及预埋件的定位和加固处理等直接影响模板的就位及固定，因此要引起重视。

10.0.3 采用千斤顶的爬模装置，对支承杆的垂直和清洁要求高，对支承杆上污染的水泥浆及其他油污及时清理干净，工具式支承杆下部锥端节可抹黄油、裹塑料布，便于支承杆从混凝土中拔出，保持支承杆和千斤顶的正常工作；为了保护铸钢楔，防止混凝土水泥浆进入到铸钢楔中造成铸钢楔与支承杆粘结在一起，导致支承杆无法提升。为此先用细铁丝将铸钢楔临时固定，再用塑料布等材料包裹、密封，当支承杆上升后，取出铸钢楔和包裹材料。

10.0.4 导轨和导向杆是爬模装置爬升的重要导向构件，当进行混凝土浇筑时，为防止混凝土污染导轨和导向杆，在导轨顶端加防护盖，导向杆上包裹塑料布，并在每次浇筑混凝土后及时清理粘结物，定期在导轨、导向杆上涂刷润滑剂，保证导轨、导向杆爬升顺畅，导向滑轮滚动灵活。

10.0.5 液压控制台、油缸、千斤顶、油管、阀门等属于液压系统重要配件，并且经常暴露在外，使用过程中容易出现生锈、渗油、漏油等现象，因此应每月对液压系统配件进行维护、保养、修理，并做好记录。

11 环 保 措 施

11.0.1 "以钢代木"是我国环保方面的重要国策，钢模板可以周转使用 $200 \sim 300$ 次以上，不仅可以降低工程成本，而且节省大量木材资源，施工中钢模板的清理用工少，维修费用小，因此宜选用钢模板；当选用竹木胶合板和木工字梁模板时，选用优质材料，应特别注重竹木胶合板的表面覆膜和粘结用胶，提高周转使用次数，减少木材资源消耗和环境污染。

11.0.2 模板及爬模装置提倡模数化、标准化，是指在设计过程中根据建筑结构的特点对模板进行合理分块，使其具有标准的模数，对爬模装置其他零部件设计成通用型，可在多项工程使用，减少能源消耗。尽量应用优质模板配件，延长配件的使用寿命，减少更换次数，降低了材料浪费和能源消耗。

中华人民共和国行业标准

钢框胶合板模板技术规程

Technical specification for plywood
form with steel frame

JGJ 96—2011

批准部门：中华人民共和国住房和城乡建设部
施行日期：２０１１年１０月１日

中华人民共和国住房和城乡建设部
公　告

第 872 号

关于发布行业标准
《钢框胶合板模板技术规程》的公告

现批准《钢框胶合板模板技术规程》为行业标准，编号为 JGJ 96-2011，自 2011 年 10 月 1 日起实施。其中，第 3.3.1、4.1.2、6.4.7 条为强制性条文，必须严格执行。原行业标准《钢框胶合板模板技术规程》JGJ 96-95 同时废止。

本规程由我部标准定额研究所组织中国建筑工业出版社出版发行。

中华人民共和国住房和城乡建设部

2011 年 1 月 7 日

前　言

根据住房和城乡建设部《关于印发〈2008 年工程建设标准规范制订、修订计划（第一批）〉的通知》（建标〔2008〕102 号）的要求，规程编制组经广泛调查研究，认真总结实践经验，参考有关国际标准和国外先进标准，并在广泛征求意见的基础上，修订本规程。

本规程的主要技术内容是：1. 总则；2. 术语和符号；3. 材料；4. 模板设计；5. 模板制作；6. 模板安装与拆除；7. 运输、维修与保管。

本规程修订的主要技术内容是：1. 增加了术语和符号章节，提出了钢框胶合板模板、早拆模板技术、早拆模板支撑间距、次挠度等术语和符号；2. 钢框材料增加了 Q345 钢，面板材料增加了竹胶合板；3. 增加了模板荷载平整度计算、早拆模板支撑间距计算、模板抗倾覆计算、模板吊环截面计算，并给出风力与风速换算表等内容；4. 补充了钢框、面板、模板制作允许偏差及检验方法；5. 增加了施工安全的有关规定；6. 附录中增加了对拉螺栓的承载力和变形计算、二跨至五跨连续梁各跨跨中次挠度计算和常用的早拆模龄期的同条件养护混凝土试块立方体抗压强度等内容。

本规程中以黑体字标志的条文为强制性条文，必须严格执行。

本规程由住房和城乡建设部负责管理和对强制性条文的解释，由中国建筑科学研究院负责具体技术内容的解释。执行过程中如有意见或建议，请寄送中国建筑科学研究院（地址：北京北三环东路 30 号，邮编：100013）。

本 规 程 主 编 单 位：中国建筑科学研究院
　　　　　　　　　　温州中城建设集团有限公司
本 规 程 参 编 单 位：中建一局集团建设发展有限公司
　　　　　　　　　　北京奥宇模板有限公司
　　　　　　　　　　北京市泰利城建筑技术有限公司
　　　　　　　　　　北京三联亚建筑模板有限责任公司
　　　　　　　　　　中国建筑标准设计研究院
　　　　　　　　　　北京城建赫然建筑新技术有限责任公司
　　　　　　　　　　北京中建柏利工程技术发展有限公司
　　　　　　　　　　北京城建五建设工程有限公司
　　　　　　　　　　怀来县建筑工程质量监督站
本规程主要起草人员：吴广彬　施炳华　潘三豹　张良杰　胡　健　高淑娴　成志全
　　　　　　　　　　袁锐文　贾树旗　杨晓东　毛　杰　范小青　闫树兵　于修祥
　　　　　　　　　　李智斌
本规程主要审查人员：杨嗣信　龚　剑　糜嘉平　艾永祥　李清江　季钊徐　康谷贻
　　　　　　　　　　陈家珑　张广智

目　　次

Contents

1 总　　则

1.0.1 为在钢框胶合板模板的设计、制作和施工应用中，做到安全适用、技术先进、经济合理、确保质量，制定本规程。

1.0.2 本规程适用于现浇混凝土结构和预制构件所采用的钢框胶合板模板的设计、制作和施工应用。

1.0.3 钢框胶合板模板的设计、制作和施工应用，除应符合本规程规定外，尚应符合国家现行有关标准的规定。

2　术语和符号

2.1　术　　语

2.1.1　钢框胶合板模板　plywood form with steel frame

由胶合板或竹胶合板与钢框构成的模板。钢框胶合板模板可分为实腹钢框胶合板模板（图 2.1.1-1）和空腹钢框胶合板模板（图 2.1.1-2）。

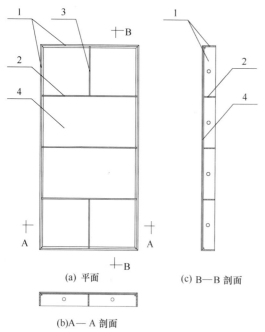

图 2.1.1-1　实腹钢框胶合板模板构造示意图
1—边肋；2—主肋；3—次肋；4—面板

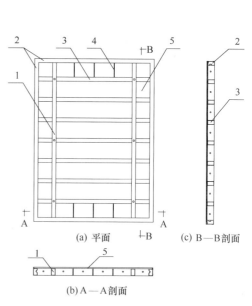

图 2.1.1-2　空腹钢框胶合板模板构造示意图
1—纵向主肋（背楞）；2—边肋；3—横向主肋；
4—次肋；5—面板

2.1.2 面板 panel
与混凝土面接触的胶合板或竹胶合板。

2.1.3 钢框 steel frame
由边肋、主肋、次肋组成的承托面板用的钢结构骨架。

2.1.4 边肋 boundary rib
钢框周边的构件。

2.1.5 主肋 main rib
承受面板传来荷载的构件。

2.1.6 次肋 secondary rib
钢框中按构造要求设置的构件。

2.1.7 背楞 waling
支承主肋并可兼作空腹钢框胶合板模板纵向主肋的承力构件。

2.1.8 早拆模板技术 early striking technology
在楼板混凝土满足抗裂要求条件下，可提早拆除部分楼板模板及支撑的模板技术（图2.1.8）。

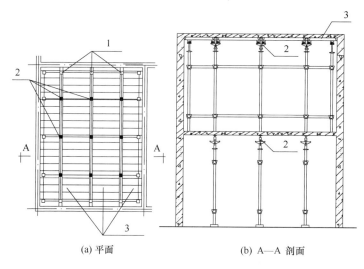

(a) 平面　　　　　　　(b) A—A 剖面

图 2.1.8　早拆模板示意图
1—后拆模板；2—早拆装置；3—钢框胶合板模板

2.1.9 早拆模板支撑间距 support distance for early striking
应用早拆模板技术时，楼板混凝土满足抗裂要求的支撑间距。

2.1.10 模板荷载平整度 load planeness of formwork
模板因荷载作用而产生的平整度。

2.1.11 次挠度 secondary flexivity
模板构件因其支座位移产生的挠度。

2.2　符　号

f'_{cu}——与 f_{et} 对应的早拆模龄期的同条件养护混凝土试块立方体抗压强度；

f_{et}——早拆模板时混凝土轴心抗拉强度标准值；

L_{et}——早拆模板支撑间距；

Y_{xx}——次挠度；

α——模板自稳角；

w——外荷载产生的挠度。

3 材 料

3.1 钢 框

3.1.1 钢框材料宜选用 Q235 钢或 Q345 钢，其材质应分别符合现行国家标准《碳素结构钢》GB/T 700、《低合金高强度结构钢》GB/T 1591 的规定。

3.1.2 钢框型材尺寸偏差应符合现行国家标准《通用冷弯开口型钢尺寸、外形、重量及允许偏差》GB/T 6723、《热轧型钢》GB/T 706 等相关标准和设计的规定。

3.1.3 钢材应有出厂合格证和材质证明。

3.2 面 板

3.2.1 面板宜采用 A 等品或优等品，其技术性能应分别符合国家现行标准《混凝土模板用胶合板》GB/T 17656、《竹胶合板模板》JG/T 156 的规定。

3.2.2 面板的工作面应采用具有完整且牢固的酚醛树脂面膜或具有等同酚醛树脂性能的其他面膜。

3.2.3 面板应有出厂合格证和检验报告。

3.3 其 他 材 料

3.3.1 吊环应采用 HPB235 钢筋制作，严禁使用冷加工钢筋。

3.3.2 焊接材料应符合现行行业标准《建筑钢结构焊接技术规程》JGJ 81 的规定。

3.3.3 隔离剂应满足隔离性能好、无污染、操作简便、对模板面膜无腐蚀作用的要求。

3.3.4 封边漆的质量应保证面板加工面的密封和防水要求。

4 模 板 设 计

4.1 一 般 规 定

4.1.1 模板应根据工程施工图及施工要求进行设计。模板设计应包括配模图、组装图、节点大样图、模板和配件制作图以及设计说明书等，并应存档备查。

4.1.2 模板及支撑应具有足够的承载能力、刚度和稳定性。

4.1.3 模板应满足通用性强、装拆灵活、接缝严密、配件齐全和周转次数多的要求。

4.1.4 应用早拆模板技术时，应进行早拆模板支撑间距计算。

4.1.5 模板立放时应进行抗倾覆验算。大模板吊点的设置应安全可靠、位置合理。

4.1.6 当面板由多块板拼成时，拼接缝应设置在主、次肋上，板边应固定。支承面板的主肋宜与面板的顺纹方向或板长向垂直。主肋宜通长设置，次肋可分段焊接于主肋或边肋上。面板与钢框连接固定点的间距不应大于300mm。

4.1.7 清水混凝土用模板宜进行模板荷载平整度计算。

4.1.8 钢框胶合板模板不宜用于蒸汽养护的混凝土构件。

4.2 荷　载

4.2.1 模板及支撑在承载力和刚度计算中所考虑的荷载及各项荷载标准值应符合现行行业标准《建筑施工模板安全技术规范》JGJ 162 的规定。

4.2.2 模板在承载力计算时，应按荷载效应的基本组合进行荷载组合；模板在刚度计算时，应按荷载效应的标准组合进行荷载组合。钢筋混凝土、模板及支撑的自重荷载分项系数 γ_G：对由可变荷载效应控制的基本组合，应取1.2；对由永久荷载效应控制的基本组合，应取1.35；在抗倾覆验算时应取0.9。活荷载分项系数 γ_Q 应取1.4。

4.2.3 当水平模板支撑的结构上部继续浇筑混凝土时，模板支撑还应考虑由上部传递下来的荷载。

4.3 模 板 设 计

4.3.1 面板的承载力和刚度计算应符合下列规定：

　1 面板可按单向板进行承载力和刚度计算；

　2 面板的静曲强度设计值和静曲弹性模量可按本规程附录 A 采用；

　3 面板各跨的挠度计算值不宜大于面板相应跨度的1/300，且不宜大于1.0mm；

　4 不大于五跨的连续等跨的面板弯矩设计值和挠度可按本规程附录 B 计算，大于五跨时可按五跨计算。

4.3.2 主肋、边肋的承载力和刚度计算应符合下列规定：

　1 主肋和边肋可按均布荷载作用下的梁进行承载力和刚度计算，材料强度设计值和弹性模量可按本规程附录 C 采用；

　2 主肋的弯矩设计值和挠度可按本规程附录 B 计算；

　3 主肋由荷载产生的挠度计算值不宜大于主肋跨度的1/500，且不宜大于1.5mm。

4.3.3 背楞的承载力和刚度计算应符合下列规定：

　1 背楞可按集中荷载作用下的梁进行承载力和刚度计算，材料强度设计值及弹性模量可按本规程附录 C 采用；

　2 背楞的弯矩设计值和挠度可按本规程附录 B 计算；

　3 背楞的挠度计算值不宜大于相应跨度的1/1000，且不宜大于1.0mm。

4.3.4 模板支撑的稳定性可按本规程附录 D 验算，其承载力和刚度计算应按现行国家标准《钢结构设计规范》GB 50017 执行。

4.3.5 对拉螺栓的承载力和变形应按本规程附录 E 进行计算。

4.3.6 清水混凝土用模板的荷载平整度可按下列规定计算：

1 计算由对拉螺栓的变形引起的背楞次挠度；

2 计算由背楞的挠度与次挠度引起的主肋次挠度；

3 计算由主肋的挠度与次挠度引起的面板次挠度；

4 计算面板跨中及其支座处的总挠度，其值应取面板的挠度与次挠度之和；

5 计算模板的平整度，其值为 2m 范围内面板跨中及支座处各计算点总挠度差的相对值，不宜大于 2mm；

6 不大于五跨且等跨度、等刚度的背楞、主肋及面板的次挠度可按本规程附录 B 计算；大于五跨或不等跨变刚度的背楞、主肋及面板的次挠度宜用计算机软件进行分析计算。

4.3.7 应用早拆模板技术时，支撑的稳定性应按浇筑混凝土和模板早拆后两种状态分别验算。

4.3.8 应用早拆模板技术时，早拆模板支撑间距应符合下式规定：

$$L_{et} \leqslant 12.9h\sqrt{\frac{f_{et}}{k\zeta_e(\gamma_c h + Q_{ek})}} \tag{4.3.8}$$

式中：L_{et} ——早拆模板支撑间距（m）；

h ——楼板厚度（m）；

f_{et} ——早拆模板时混凝土轴心抗拉强度标准值(N/mm²)，其对应的早拆模龄期的同条件养护混凝土试块立方体抗压强度 f'_{cu} 可按表 4.3.8 采用；

k ——弯矩系数：对于单向板，两端固定时取 1/12；一端固定一端简支时取 9/128；对于点支撑双向板取 0.196；

ζ_e ——施工管理状态的不定性系数，取 1.2；

γ_c ——混凝土重力密度（kN/m³），取 25.0kN/m³；

Q_{ek} ——施工活荷载标准值（kN/m²）。

常用的早拆模龄期的同条件养护混凝土试块立方体抗压强度可按本规程附录 F 采用。

表 4.3.8 早拆模板时混凝土轴心抗拉强度与早拆模龄期的同条件养护混凝土试块立方体抗压强度对照表

f'_{cu} (N/mm²)	8	9	10	11	12	13	14	15
f_{et} (N/mm²)	0.74	0.79	0.84	0.88	0.93	0.97	1.01	1.27

注：早拆模龄期的同条件养护混凝土试块立方体抗压强度 f'_{cu} 不应小于 8.0N/mm²。

4.3.9 模板立放时自稳角 α 应符合下列规定：

$$\alpha \geqslant \arcsin\left[\frac{-g + (g^2 + 4K^2w_d^2)^{1/2}}{2Kw_d}\right] \tag{4.3.9-1}$$

$$w_k = \mu_s\mu_z v_0^2/1600 \tag{4.3.9-2}$$

式中：α ——模板面板与垂直面之间的夹角(°)；

g ——模板单位面积自重设计值(kN/m²)，由模板单位面积自重标准值乘以荷载分项系数 0.9 计算所得；

K ——抗倾覆稳定系数，取 1.2；

w_d——风荷载设计值（kN/m²），由风荷载标准值 w_k 乘以荷载分项系数 1.4 计算所得；

w_k——风荷载标准值（kN/m²）；

μ_s——风荷载体型系数，取 1.3；

μ_z——风压高度变化系数，地面立放时取 1.0；

v_0——风速（m/s），按表 4.3.9 取值。

表 4.3.9 风力与风速换算

风力（级）	5	6	7	8	9	10	11	12
风速 v_0（m/s）	8.0～10.7	10.8～13.8	13.9～17.1	17.2～20.7	20.8～24.4	24.5～28.4	28.5～32.6	32.7～36.9

当计算结果小于 10°时，应取 $\alpha \geqslant 10°$；当计算结果大于 20°时，应取 $\alpha \leqslant 20°$，且应采取辅助安全措施。

4.3.10 模板吊环截面计算应符合下列规定：

1 在模板自重标准值作用下，每个吊环按 2 个截面计算的吊环应力不应大于 50N/mm²，吊环净截面面积应符合下式规定：

$$A_r \geqslant \frac{K_r F_{gk}}{2 \times 50} \qquad (4.3.10)$$

式中：A_r——吊环净截面面积（mm²）；

F_{gk}——吊装时每个吊环所承受模板自重标准值（N）；

K_r——工作条件系数，取 2.6。

2 当吊环与模板采用螺栓连接时，应验算螺栓强度；当吊环与模板采用焊接时，应验算焊缝强度。

5 模 板 制 作

5.1 钢 框 制 作

5.1.1 钢框制作前应对型材的品种、规格进行质量验收。钢框制作应在专用工装中进行。

5.1.2 钢框焊接时应采取措施，减少焊接变形。焊缝应满足设计要求，焊缝表面应均匀，不得有漏焊、夹渣、咬肉、气孔、裂纹、错位等缺陷。

5.1.3 钢框焊接后应整形，整形时不得损伤模板边肋。

5.1.4 钢框应在平台上进行检验，其允许偏差与检验方法应符合表 5.1.4 的规定。

表 5.1.4 钢框制作允许偏差与检验方法

项次	检验项目	允许偏差(mm)	检验方法
1	长度	0，−1.5	钢尺检查
2	宽度	0，−1.0	钢尺检查

项次	检验项目	允许偏差(mm)	检验方法
3	厚度	±0.5	游标卡尺检查
4	对角线差	≤1.5	钢尺检查
5	肋间距	±1.0	钢尺检查
6	连接孔中心距	±0.5	游标卡尺检查
7	孔径	±0.25	游标卡尺检查
8	焊缝高度	+1.0	焊缝检测尺
9	焊缝长度	+5.0	焊缝检测尺

5.1.5 检验合格后的钢框应及时进行表面防锈处理。

5.2 面 板 制 作

5.2.1 面板制作前应对面板的品种、规格进行质量验收。面板制作宜在室内进行。

5.2.2 裁板应采用专用机具，保证面板尺寸，且不得损伤面膜。

5.2.3 面板开孔应有可靠的工艺措施，保证孔周边整齐和面膜无裂纹，不得损坏胶合板层间的粘结。

5.2.4 面板的加工面应采用封边漆密封，对拉螺栓孔宜采用孔塞保护。

5.2.5 面板安装前应按下列要求进行检验：

1 面板规格应和钢框成品相对应；

2 面板孔位与钢框上的孔位应一致；

3 采用对拉螺栓时，模板相应孔位、孔径应一致；

4 加工面和孔壁密封应完整可靠。

5.2.6 制作后的非标准尺寸面板，应按设计要求注明编号。

5.2.7 面板制作允许偏差与检验方法应符合表 5.2.7 的规定。

表 5.2.7 面板制作允许偏差与检验方法

项次	检验项目	允许偏差(mm)	检验方法
1	长度	0，-1.0	钢尺检查
2	宽度	0，-1.0	钢尺检查
3	对角线差	≤1.5	钢尺检查

5.3 模 板 制 作

5.3.1 模板应在钢框和面板质量验收合格后制作。

5.3.2 面板安装质量应符合下列规定：

1 螺钉或铆接应牢固可靠；

2 沉头螺钉的平头应与板面平齐；

3 不得损伤面板面膜；

4 面板周边接缝严密不应漏浆。

5.3.3 模板应在平台上进行检验,其允许偏差与检验方法应符合表5.3.3的规定。

表5.3.3 模板制作允许偏差与检验方法

项次	检验项目	允许偏差(mm)	检验方法
1	长度	0,−1.5	钢尺检查
2	宽度	0,−1.0	钢尺检查
3	对角线差	≤2	钢尺检查
4	平整度	≤2	2m靠尺及塞尺检查
5	边肋平直度	≤2	2m靠尺及塞尺检查
6	相邻面板拼缝高低差	≤0.8	平尺及塞尺检查
7	相邻面板拼缝间隙	<0.5	塞尺检查
8	板面与边肋高低差	−1.5,−0.5	游标卡尺检查
9	连接孔中心距	±0.5	游标卡尺检查
10	孔中心与板面间距	±0.5	游标卡尺检查
11	对拉螺栓孔间距	±1.0	钢尺检查

6 模板安装与拆除

6.1 施 工 准 备

6.1.1 模板安装前应编制模板施工方案,并应向操作人员进行技术交底。

6.1.2 对进场模板、支撑及零配件的品种、规格与数量,应按本规程进行质量验收。

6.1.3 当改变施工工艺及安全措施时,应经有关技术部门审核批准。

6.1.4 堆放模板的场地应密实平整,模板支撑下端的基土应坚实,并应有排水措施。

6.1.5 对模板进行预拼装时,应按现行国家标准《混凝土结构工程施工质量验收规范》GB 50204的有关规定进行组装质量验收。

6.1.6 对于清水混凝土工程,应按设计图纸规定的清水混凝土范围、类型和施工工艺要求编制施工方案。

6.1.7 对于早拆模板应绘制配模图及支撑系统图。应用早拆模板技术时,支模前应在楼地面上标出支撑位置。

6.2 安 装 与 拆 除

6.2.1 模板安装与拆除应按施工方案进行,并应保证模板在安装与拆除过程中的稳定和安全。

6.2.2 模板吊装前应进行试吊,确认无疑后方可正式吊装。吊装过程中模板板面不得与坚硬物体摩擦或碰撞。

6.2.3 模板安装前应均匀涂刷隔离剂,校对模板和配件的型号、数量,检查模板内侧附件连接情况,复核模板控制线和标高。

6.2.4 模板应按编号进行安装，模板拼接缝处应有防漏浆措施，对拉螺栓安装应保证位置正确、受力均匀。

6.2.5 模板的连接应可靠。当采用 U 形卡连接时，不宜沿同一方向设置。

6.2.6 当梁板跨度不小于 4m 时，模板应起拱。如设计无要求时，起拱高度宜为跨度的 1/1000 至 3/1000。

6.2.7 模板的支撑及固定措施应便于校正模板的垂直度和标高，应保证其位置准确、牢固。立柱布置应上下对齐、纵横一致，并应设置剪刀撑和水平撑。立柱和斜撑两端的着力点应可靠，并应有足够的受压面。支撑两端不得同时垫楔片。

6.2.8 模板安装后应检查验收，钢筋及混凝土施工时不得损坏面板。

6.2.9 模板拆除时不应撬砸面板。模板安装与拆除过程中应对模板面板和边角进行保护。

6.2.10 采用早拆模板技术时，模板拆除时的混凝土强度及拆模顺序应按施工方案规定执行。未采用早拆模板技术时，模板拆除时的混凝土强度应符合现行国家标准《混凝土结构工程施工质量验收规范》GB 50204 的有关规定。

6.3 质量检查与验收

6.3.1 模板安装过程中除应按现行国家标准《混凝土结构工程施工质量验收规范》GB 50204 的有关规定进行质量检查外，尚应满足模板施工方案要求。

6.3.2 清水混凝土用模板的安装尺寸允许偏差与检验方法应符合现行行业标准《清水混凝土应用技术规程》JGJ 169 的有关规定。

6.3.3 模板工程验收时，应提供下列技术文件：

1 工程施工图；

2 模板施工方案；

3 模板安装质量检查记录。

6.4 施 工 安 全

6.4.1 模板的吊装、安装与拆除应符合安全操作规程和相关安全的管理规定。

6.4.2 模板安装前应进行专项安全技术交底。

6.4.3 模板吊装最大尺寸应由起重机械的起重能力及模板的刚度确定，不得同时起吊两块大型模板。

6.4.4 每次起吊前应逐一检查吊具连接件的可靠性。

6.4.5 零星部件应采用专用吊具运输。

6.4.6 吊运模板的钢丝绳水平夹角不应小于 45°。

6.4.7 在起吊模板前，应拆除模板与混凝土结构之间所有对拉螺栓、连接件。

6.4.8 模板安装和堆放时应采取防倾倒措施，堆放处应设警戒区，模板堆放高度不宜超过 2m，立放时应满足自稳角的要求。

6.4.9 应按模板施工方案的规定控制混凝土浇筑速度，确保混凝土侧压力不超过模板设计值。

6.4.10 模板拆除过程中，拆下的模板不得抛掷。

7 运输、维修与保管

7.1 运 输

7.1.1 同规格模板应成捆包装。平面模板包装时应将两块模板的面板相对，并将边肋牢固连接。

7.1.2 运输过程中应有防水保护措施，必要时可采用集装箱。

7.1.3 非平面模板的包装、运输，应采取防止面板损伤和钢框变形的措施。

7.1.4 装卸模板及零配件时应轻装轻卸，不得抛掷，并应采取措施防止碰撞损坏模板。

7.2 维修与保管

7.2.1 模板使用后应及时清理，不得用坚硬物敲击板面。

7.2.2 当板面有划痕、碰伤时应及时维修。对废弃的预留孔可使用配套的塑料孔塞封堵。

7.2.3 对钢框应适时除锈刷漆保养。

7.2.4 模板应有专用场地存放，存放区应有排水、防水、防潮、防火等措施。

7.2.5 平放时模板应分规格放置在间距适当的通长垫木上；立放时模板应放置在连接成整体的插放架内。

附录 A 胶合板和竹胶合板的主要技术性能

A.0.1 胶合板的静曲强度设计值和静曲弹性模量应按表 A.0.1 采用。

表 A.0.1 胶合板静曲强度设计值和静曲弹性模量（N/mm²）

厚 度	静曲强度设计值		静曲弹性模量	
（mm）	顺纹	横纹	顺纹	横纹
12	19	17	4200	3150
15	17	17	4200	3150
18	15	17	3500	2800
21	13	14	3500	2800

A.0.2 竹胶合板的静曲强度设计值和静曲弹性模量应按表 A.0.2 采用。

表 A.0.2 竹胶合板静曲强度设计值和静曲弹性模量（N/mm²）

厚 度	静曲强度设计值		静曲弹性模量	
（mm）	板长向	板宽向	板长向	板宽向
12～21	46	30	6000	4400

附录 B 面板、钢框和背楞的弯矩设计值和挠度计算

B.0.1 荷载产生的弯矩设计值和挠度应按表 B.0.1 计算。

表 B.0.1 荷载产生的弯矩设计值和挠度计算公式

跨度	荷载示意图	弯 矩	挠 度
一跨	$q(q_k)$ 均布荷载，l	$M_{max} = \dfrac{q l^2}{8}$	$w_{max} = \dfrac{5 q_k l^4}{384 EI}$
	$F(F_k)$ 集中荷载，$l/2$、$l/2$	$M_{max} = \dfrac{FL}{4}$	$w_{max} = \dfrac{F_k L^3}{48 EI}$
	$F(F_k)$、$F(F_k)$，$l/3$、$l/3$、$l/3$	$M_{max} = \dfrac{FL}{3}$	$w_{max} = \dfrac{23 F_k L^3}{648 EI}$
二跨	$q(q_k)$，l、l	$M_{max} = \dfrac{q l^2}{8}$	$w_m = \dfrac{q_k l^4}{192 EI}$
	$F(F_k)$、$F(F_k)$，$l/2$、$l/2$、$l/2$、$l/2$	$M_{max} = \dfrac{3FL}{16}$	$w_m = \dfrac{7 F_k L^3}{768 EI}$
	$F(F_k)$×4，$l/3$×6	$M_{max} = \dfrac{FL}{3}$	$w_m = \dfrac{7 F_k L^3}{486 EI}$
三跨	$q(q_k)$，l、l、l	$M_{max} = \dfrac{q l^2}{10}$	$w_m = \dfrac{11 q_k l^4}{1598 EI}$
	$F(F_k)$×3，$l/2$×6	$M_{max} = \dfrac{3FL}{20}$	$w_m = \dfrac{11 F_k L^3}{960 EI}$
	$F(F_k)$×6，$l/3$×9	$M_{max} = \dfrac{4FL}{15}$	$w_m = \dfrac{61 F_k L^3}{3240 EI}$

跨度	荷载示意图	弯 矩	挠 度
四跨	$q(q_k)$ 四跨均布荷载 $l\ l\ l\ l$	$M_{max} = \dfrac{3ql^2}{28}$	$w_m = \dfrac{13q_k l^4}{2057EI}$
	$F(F_k)\ F(F_k)\ F(F_k)\ F(F_k)$ $l/2\ l/2\ l/2\ l/2\ l/2\ l/2\ l/2\ l/2$	$M_{max} = \dfrac{13FL}{77}$	$w_m = \dfrac{13F_k L^3}{1205EI}$
	$F(F_k)$ 三分点荷载 $l/3\ l/3\ l/3\ l/3\ l/3\ l/3\ l/3\ l/3\ l/3\ l/3\ l/3\ l/3$	$M_{max} = \dfrac{2FL}{7}$	$w_m = \dfrac{57F_k L^3}{3238EI}$
五跨	$q(q_k)$ 五跨均布荷载 $l\ l\ l\ l\ l$	$M_{max} = \dfrac{21ql^2}{200}$	$w_m = \dfrac{41q_k l^4}{6365EI}$
	$F(F_k)\ F(F_k)\ F(F_k)\ F(F_k)\ F(F_k)$ $l/2\ l/2\ l/2\ l/2\ l/2\ l/2\ l/2\ l/2\ l/2\ l/2$	$M_{max} = \dfrac{11FL}{64}$	$w_m = \dfrac{4F_k L^3}{356EI}$
	$F(F_k)$ 三分点荷载 $l/3\ l/3\ l/3\ l/3\ l/3\ l/3\ l/3\ l/3\ l/3\ l/3\ l/3\ l/3\ l/3\ l/3\ l/3$	$M_{max} = \dfrac{59FL}{194}$	$w_m = \dfrac{62F_k L^3}{3455EI}$

B.0.2 二跨至五跨连续梁（图 B.0.2）各跨跨中因其支座位移引起的次挠度应按表 B.0.2 计算。

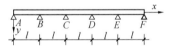

图 B.0.2 连续梁示意图

表 **B.0.2** 二跨至五跨连续梁各跨跨中因支座
位移引起的次挠度计算公式

跨度	次挠度计算公式
二跨	$Y_{AB} = (13W_A + 22W_B - 3W_C) \div 32$ $Y_{BC} = (-3W_A + 22W_B + 13W_C) \div 32$
三跨	$Y_{AB} = (16W_A + 29W_B - 6W_C + W_D) \div 40$ $Y_{BC} = (-3W_A + 23W_B + 23W_C - 3W_D) \div 40$ $Y_{CD} = (W_A - 6W_B + 29W_C + 16W_D) \div 40$
四跨	$Y_{AB} = (179W_A + 326W_B - 72W_C + 18W_D - 3W_E) \div 448$ $Y_{BC} = (-33W_A + 254W_B + 272W_C - 54W_D + 9W_E) \div 448$ $Y_{CD} = (9W_A - 54W_B + 272W_C + 254W_D - 33W_E) \div 448$ $Y_{DE} = (-3W_A + 18W_B - 72W_C + 326W_D + 179W_E) \div 448$

续表 B.0.2

跨度	次挠度计算公式
五跨	$Y_{AB} = (668W_A + 1217W_B - 270W_C + 72W_D - 18W_E + 3W_F) \div 1672$ $Y_{BC} = (-123W_A + 947W_B + 1019W_C - 216W_D + 54W_E - 9W_F) \div 1672$ $Y_{CD} = (33W_A - 198W_B + 1001W_C + 1001W_D - 198W_E + 33W_F) \div 1672$ $Y_{DE} = (-9W_A + 54W_B - 216W_C + 1019W_D + 947W_E - 123W_F) \div 1672$ $Y_{EF} = (3W_A - 18W_B + 72W_C - 270W_D + 1217W_E + 668W_F) \div 1672$

注：1 W_A、W_B、W_C、W_D、W_E、W_F 分别为 A、B、C、D、E、F 支座位移，在计算面板时，是指主肋的次挠度；
在计算主肋时，是指背楞的次挠度。

2 Y_{AB}、Y_{BC}、Y_{CD}、Y_{DE}、Y_{EF} 分别为对应跨中次挠度。

附录 C 钢框和背楞材料的力学性能

C.0.1 钢框和背楞材料的强度设计值应按表 C.0.1 采用。

表 C.0.1 钢框和背楞材料的强度设计值

钢 材		抗拉、抗压和抗弯 f （N/mm²）	抗剪 f_v （N/mm²）	端面承压 f_{ce} （N/mm²）
牌号	厚度或直径(mm)			
Q235	≤16	215(205)	125(120)	325(310)
	>16 ~ 40	205	120	325
	>40 ~ 60	200	115	325
	>60 ~ 100	190	110	325
Q345	≤16	310(300)	180(175)	400(400)
	>16 ~ 35	295	170	400
	>35 ~ 50	265	155	400
	>50 ~ 100	250	145	400

注：括号中数值为薄壁型钢的强度设计值。

C.0.2 钢框和背楞材料的物理性能指标应按表 C.0.2 采用。

表 C.0.2 钢框和背楞材料的物理性能指标

弹性模量 E （N/mm²）	剪变模量 G （N/mm²）	线膨胀系数 α （以每℃计）	质量密度 ρ （kg/m³）
206×10^3	79×10^3	12×10^{-6}	7850

附录 D 模板支撑稳定性验算

D.0.1 各类模板支撑应符合下式规定:

$$F \leqslant F_{cr} \tag{D.0.1}$$

式中: F ——支撑轴向力设计值（kN）;

F_{cr} ——临界轴向力设计值（kN）。

D.0.2 钢管支撑应根据不同的情况（图 D.0.2-1～图 D.0.2-3）按下列公式分别计算确定其临界轴向力设计值:

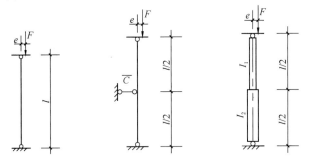

图 D.0.2-1 一跨 图 D.0.2-2 二跨 图 D.0.2-3 单阶变
钢管支撑　　钢管支撑　　截面钢管支撑

按图 D.0.2-1 情况为:

$$F_{cr} = 48 \left(\frac{1}{2} - \frac{e}{b} \right)^3 \frac{EI}{l^2} \tag{D.0.2-1}$$

按图 D.0.2-2 情况为:

$$F_{cr} = 192 \left(\frac{1}{2} - \frac{e}{b} \right)^3 \frac{EI}{l^2} \tag{D.0.2-2}$$

按图 D.0.2-3 情况为:

$$F_{cr} = 48 \left(\frac{1}{2} - \frac{e}{b} \right)^3 \frac{EI_1}{(\gamma l)^2} \tag{D.0.2-3}$$

$$\gamma = 0.76 + 0.24 \left(\frac{I_2}{I_1} \right)^2 \tag{D.0.2-4}$$

式中: e ——偏心距(mm);

b ——受力构件截面的短边尺寸(mm);

E ——受力构件的弹性模量(kN/mm²);

I ——受力构件截面以短边为高度计算的惯性矩(mm⁴);

l ——受力构件的计算长度(mm);

γ ——计算长度系数;

$\overline{C}$ ——水平支撑刚度，且 $\overline{C}$ 应大于 $160EI/l^3$。

D.0.3 格构柱支撑应根据不同的情况(图 D.0.3-1、图 D.0.3-2)按下列公式分别计算确定其临界轴向力设计值:

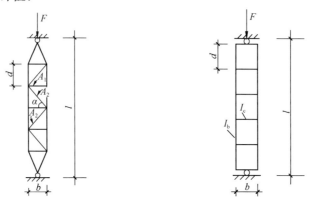

图 D.0.3-1　缀条式格构柱　　　　图 D.0.3-2　缀板式格构柱

按图 D.0.3-1 情况为:

$$F_{cr} = \frac{\pi^2 EI}{2l^2} \cdot \frac{1}{1 + \frac{\pi^2 I}{A_1 l^2}\left(\frac{A_1}{A_2 \sin\alpha \cos^2\alpha} + \frac{1}{\tan\alpha}\right)} \qquad (D.0.3-1)$$

按图 D.0.3-2 情况为:

$$F_{cr} = \frac{\pi^2 EI}{2l^2} \cdot \frac{1}{1 + \frac{\pi^2 I}{12l^2}\left(\frac{db}{I_b} + \frac{d^2}{2I_c}\right)} \qquad (D.0.3-2)$$

式中: E ——格构柱弹性模量(N/mm²);

I ——格构柱惯性矩(mm⁴);

A_1 ——格构柱水平腹杆截面积(mm²);

A_2 ——格构柱斜腹杆截面积(mm²);

I_b ——格构柱竖杆惯性矩(mm⁴);

I_c ——格构柱水平缀板惯性矩(mm⁴)。

附录 E　对拉螺栓的承载力和变形计算

E.0.1 根据对拉螺栓在模板上的分布状况和承受最大荷载的工况,以及可能出现的三种破坏状况,应分别进行计算并均应满足承载力的要求。

1 锥形杆开孔处抗拉承载力应符合下列规定:

$$N \leqslant N_t \qquad (E.0.1-1)$$

$$N_t = f_t A_t \qquad (E.0.1-2)$$

式中: N_t ——锥形杆开孔处抗拉承载力设计值 (N);

f_t ——锥形杆抗拉强度设计值 (N/mm²);

A_t——锥形杆开孔处抗拉净截面面积（mm²）；

N——对拉螺栓所承受的荷载设计值（N）。

2 楔块抗剪承载力应符合下列规定：

$$N \leqslant N_v \tag{E.0.1-3}$$

$$N_v = f_v A_v \tag{E.0.1-4}$$

式中：N_v——楔块抗剪承载力设计值（N）；

f_v——楔块抗剪强度设计值（N/mm²）；

A_v——楔块抗剪截面面积（mm²）。

3 楔块在锥形杆孔端承压面的承载力应符合下列规定：

$$N \leqslant N_{ce} \tag{E.0.1-5}$$

$$N_{ce} = f_{ce} A_{ce} \tag{E.0.1-6}$$

式中：N_{ce}——楔块在锥形杆孔端承压面的承载力设计值（N）；

f_{ce}——楔块在锥形杆孔端承压面强度设计值（N/mm²）；

A_{ce}——楔块在锥形杆孔端承压面积（mm²）。

E.0.2 计算模板荷载平整度时，对拉螺栓的变形应按下式计算：

$$\Delta = N_k L / EA \tag{E.0.2}$$

式中：Δ——对拉螺栓的变形（mm）；

N_k——对拉螺栓所承受的荷载标准值（N）；

L——对拉螺栓的长度（mm）；

E——对拉螺栓的弹性模量（N/mm²）；

A——对拉螺栓的截面积（mm²）。

附录 F　常用的早拆模龄期的同条件养护 混凝土试块立方体抗压强度

F.0.1 对点支撑双向板，根据不同的施工活荷载控制条件，可按表 F.0.1-1、表 F.0.1-2 确定早拆模龄期的同条件养护混凝土试块立方体抗压强度 f'_{cu}。

表 F.0.1-1　施工活荷载标准值 $Q_{ek} = 1.0\text{kN/m}^2$ 时，f'_{cu}（N/mm²）

楼板厚度 (m)	支撑间距（m）				
	0.9	1.2	1.35	1.6	1.8
0.10	8	8	11	15	23
0.12	8	8	8	14	21
0.14	8	8	8	10	15
0.16	8	8	8	8	11
0.18	8	8	8	8	9
0.20	8	8	8	8	8

续表 F.0.1-1

楼板厚度（m）	支撑间距（m）				
	0.9	1.2	1.35	1.6	1.8
0.22	8	8	8	8	8
0.24	8	8	8	8	8
0.26	8	8	8	8	8
0.28	8	8	8	8	8
0.30	8	8	8	8	8

表 F.0.1-2 施工活荷载标准值 $Q_{ek}=1.5\text{kN/m}^2$ 时，f'_{cu}（N/mm²）

楼板厚度（m）	支撑间距（m）				
	0.9	1.2	1.35	1.6	1.8
0.10	8	9	14	18	26
0.12	8	8	9	14	18
0.14	8	8	8	12	15
0.16	8	8	8	9	13
0.18	8	8	8	8	10
0.20	8	8	8	8	8
0.22	8	8	8	8	8
0.24	8	8	8	8	8
0.26	8	8	8	8	8
0.28	8	8	8	8	8
0.30	8	8	8	8	8

本规程用词说明

1 为便于在执行本规程条文时区别对待，对要求严格程度不同的用词说明如下：

1）表示很严格，非这样做不可的：

正面词采用"必须"，反面词采用"严禁"；

2）表示严格，在正常情况均应这样做的：

正面词采用"应"，反面词采用"不应"或"不得"；

3）表示允许稍有选择，在条件许可时首先应这样做的：

正面词采用"宜"，反面词采用"不宜"；

4）表示有选择，在一定条件下可以这样做的，采用"可"。

2 条文中指明应按其他有关标准执行的写法为："应符合……规定"或"应按……执行"。

引 用 标 准 名 录

1　《钢结构设计规范》GB 50017

2　《混凝土结构工程施工质量验收规范》GB 50204

3　《碳素结构钢》GB/T 700

4　《热轧型钢》GB/T 706

5　《低合金高强度结构钢》GB/T 1591

6　《通用冷弯开口型钢尺寸、外形、重量及允许偏差》GB/T 6723

7　《混凝土模板用胶合板》GB/T 17656

8　《建筑钢结构焊接技术规程》JGJ 81

9　《建筑施工模板安全技术规范》JGJ 162

10　《清水混凝土应用技术规程》JGJ 169

11　《竹胶合板模板》JG/T 156

中华人民共和国行业标准

钢框胶合板模板技术规程

JGJ 96—2011

条 文 说 明

修 订 说 明

《钢框胶合板模板技术规程》JGJ 96-2011，经住房和城乡建设部 2011 年 1 月 7 日以第 872 号公告批准、发布。

本规程是在《钢框胶合板模板技术规程》JGJ 96-95 的基础上修订而成，上一版的主编单位是中国建筑科学研究院，参编单位是青岛瑞达模板系列公司、上海市第四建筑工程公司、上海市第五建筑工程公司、北京市第六建筑工程公司、中国建筑标准设计研究所，主要起草人员是夏靖华、施炳华、陈莱盛、张其义、刘鸿琪、周伯伦、陈韵兴、张希铭、吴广彬。本次修订的主要技术内容是：1. 增加了术语和符号章节，提出了钢框胶合板模板、早拆模板技术、早拆模板支撑间距、次挠度等术语和符号；2. 钢框材料增加了 Q345 钢，面板材料增加了竹胶合板；3. 增加了模板荷载平整度计算、早拆模板支撑间距计算、模板抗倾覆计算、模板吊环截面计算，并给出风力与风速换算表等内容；4. 补充了钢框、面板、模板制作允许偏差及检验方法；5. 增加了施工安全的有关规定；6. 附录中增加了对拉螺栓的承载力和变形计算、二跨至五跨连续梁各跨跨中次挠度计算和常用的早拆模龄期的同条件养护混凝土试块立方体抗压强度等内容。

本规程修订过程中，编制组进行了广泛的调查研究，总结了我国模板工程的实践经验，同时参考了国外先进技术法规、技术标准，许多单位和学者进行了卓有成效的研究，为本次修订提供了极有价值的参考资料。

为便于广大设计、施工、科研、学校等单位有关人员在使用本规程时能正确理解和执行条文规定，《钢框胶合板模板技术规程》编制组按章、节、条顺序编制了本规程的条文说明，对条文规定的目的、依据以及执行中需注意的有关事项进行了说明，还着重对强制性条文的强制性理由作了解释。但是，本条文说明不具备与标准正文同等的法律效力，仅供使用者作为理解和把握标准规定的参考。

目　　次

1 总 则

1.0.1 钢框胶合板模板具有自重轻、周转次数多、浇筑的混凝土质量好等优点，在国内已大量应用。为在混凝土施工中进一步推广，确保其设计、制作及施工质量，更好地取得安全适用、技术先进、经济合理等效果，在总结已有的实践经验基础上，修订了本规程。

1.0.2 本规程适用于混凝土结构中采用的钢框胶合板模板，对其设计、制作和施工应用等方面都作了明确的规定，可供设计、制作与施工单位应用。

1.0.3 应用钢框胶合板模板技术应符合国家现行有关标准的规定。

2 术 语 和 符 号

2.1 术 语

2.1.1 钢框胶合板模板的面板有两种，即胶合板和竹胶合板。按边肋截面形式分为实腹和空腹两大类，当边肋采用冷弯薄壁空腹型材时，称为空腹钢框胶合板模板，否则称为实腹钢框胶合板模板。空腹钢框胶合板模板因刚度大，多用作墙、柱等竖向结构模板。实腹钢框胶合板模板多用作梁、板等水平结构模板。在工程实践中，钢框胶合板模板形式多样，本规程仅给出了典型的模板构造示意图。

2.1.2～2.1.7 对钢框胶合板模板的主要组成部件分别给出了定义。

2.1.8 早拆模板技术可大幅度减少模板配置数量、降低模板工程成本，因而在德国、法国、美国等发达国家应用普遍。该技术于20世纪80年代引进到我国，并获得了大量应用，是建设部推广的建筑业十项新技术内容之一。在工程实践中，该技术在取得较好技术经济效益的同时，也存在着早拆控制条件不清、概念模糊、因实施不当造成混凝土裂缝等问题。我国国家现行标准尚无相关内容，而工程实践又急需有关的科学理论指导，另外，应用早拆模板技术时，应对模板及支撑间距等进行专项设计，因此本规程引进了早拆模板技术。

2.1.9 实施早拆模板技术时，为使早拆模时楼板混凝土满足抗裂要求，应对楼板混凝土支撑间距进行计算。因此对早拆模板支撑间距给出了定义。

2.1.10 混凝土表面平整度是由模板平整度（制作时产生的）、安装平整度、荷载作用下引起的平整度（模板相对变形）等产生的。清水混凝土外观质量要求高，往往有荷载作用下引起的平整度计算要求，由此本规程给出模板荷载平整度定义及计算方法。模板荷载平整度对清水混凝土平整度质量控制有着重要意义。

2.1.11 在计算模板荷载平整度时，应考虑面板、主肋、背楞等模板构件因支座位移而产生的挠度。这里支座指的是：面板的支座为主肋，主肋的支座为背楞，背楞的支座为对拉螺栓（对于墙体模板而言）。

2.2 符　　号

本节给出了钢框胶合板模板计算中常用的符号。

3　材　　料

3.1 钢　　框

3.1.1 当前钢框胶合板模板的钢框和各种角模板的钢材材质主要有两种：一种是普通碳素结构钢中的 Q235 钢，该品种具有价格低廉、加工简单、可焊性好、无需特殊焊条和焊接加工工艺等优点。另一种是低合金高强度结构钢中的 Q345 钢，该品种优点是强度高、用钢少。根据我国目前钢材生产状况，钢框和钢配件宜采用 Q235 钢或 Q345 钢，其材质应符合相应现行国家标准的规定。在条件允许的情况下，宜优先选用轻质高强的 Q345 钢来制作钢框。

3.1.2 钢框型材尺寸直接关系到模板成品质量，因此应严格控制其尺寸偏差。常用的钢框型材有外卷边槽钢、热轧槽钢、热轧不等边角钢等，其尺寸偏差应分别符合现行国家标准《通用冷弯开口型钢尺寸、外形、重量及允许偏差》GB/T 6723、《热轧型钢》GB/T 706 的规定。此外，主肋还有冷弯矩形型钢等，其尺寸偏差应分别符合现行国家标准《结构用冷弯空心型钢尺寸、外形、重量及允许偏差》GB/T 6728 等标准的规定。对于钢框的边肋型材尚无现行国家标准，其边肋尺寸偏差应符合模板设计要求。

3.1.3 为确保模板质量并使所用钢材质量具有可追溯性，模板所用钢材应具有出厂合格证和材质证明。

3.2 面　　板

3.2.1 钢框胶合板模板的面板可采用胶合板或竹胶合板，这两种面板均有国家现行标准。胶合板按材质缺陷和加工缺陷分成 A 等品和 B 等品两个等级，A 等品优于 B 等品；竹胶合板质量分成优等品、一等品和合格品三个等级。为做到优质优用，本规程推荐优先采用 A 等品或优等品。

3.2.2 本条明确了面板的工作面应具有完整、牢固的树脂面膜。施工实践证明，树脂面膜是否完整和牢固直接关系到模板耐候性、耐水性、周转次数和混凝土表面质量。面膜按工艺成型一般分为覆膜、涂膜两类。国内外涂膜面板产品不多，其周转次数也相对较少，故本规程建议优先采用覆膜工艺的面板。

覆膜的厚度标准以每平方米膜的重量（g）表示。芬兰以 120g/m² 为标准产品，按不同耐磨要求还有 200g/m²、400g/m² 的覆膜产品。高耐磨性的面板适用于混凝土的特殊浇筑施工工艺。

3.2.3 为做到面板质量控制的可追溯性，面板应有出厂合格证和检验报告。

3.3 其 他 材 料

3.3.1 对于大模板、筒模、飞模等工具化模板体系，因安装、拆除及移动过程中需频繁吊装，作为模板吊点的吊环十分重要。吊环重复使用次数多且直接关系到施工安全，其材料应选用延性好、表面光滑、便于加工的 HPB235 钢筋。因冷加工钢筋延性差，应杜绝使用。

3.3.2、3.3.3 为确保模板焊接质量和模板与混凝土隔离效果，应对焊接材料和隔离剂作出规定。

3.3.4 我国规定面板出厂时的绝对含水率不得超过 14％，国外规定有 9％、12％、13％不等。含水率增大将导致面板的强度和弹性模量减小、厚度增加、平整度降低，所以面板的侧面、切割面及孔壁应采用封边漆密封。封边漆的质量和密封工艺应达到模板在使用过程中其含水率少增或不增的要求。

4 模 板 设 计

4.1 一 般 规 定

4.1.1 模板设计应根据工程施工图及施工要求（含现场施工条件）进行，设计内容应包括配模图（模板的规格尺寸）、组装图（连接方式）、节点大样图、模板加工图、配件制作图以及设计说明书等。模板设计时所规定的承载能力也应在图纸上注明，防止使用过程中超载，避免发生质量和安全事故。设计说明书中应明确支模、拆模程序和方法等内容。若有清水混凝土和早拆模板技术要求的，还应作清水混凝土模板和早拆模板专项设计。

由于模板需多次周转使用，有关资料应保留，以备其他工程采用时参考。

4.1.2 模板是混凝土浇筑成型的工具。对于梁、板等水平结构构件，模板承受的荷载主要是新浇筑混凝土的重量及施工荷载；对于柱、墙等竖向结构构件，模板承受的荷载主要是新浇筑混凝土的侧压力及施工荷载；模板立放时还要承受风荷载。上述荷载又由模板传递给龙骨、钢支柱、门架、碗扣架、对拉螺栓等支撑系统。这就要求模板及支撑应有足够的承载能力、刚度和稳定性，以避免胀模、跑模和坍塌的情况发生，确保混凝土构件尺寸、平整度等成型质量和施工安全。该规定是对模板及其支撑的基本要求，与现行国家标准《混凝土结构工程施工质量验收规范》GB 50204－2002 第 4.1.1 相协调，是强制性条文。

4.1.3 对于梁、板类构件，一般选用小规格的模板，对于柱、墙类构件，一般选用大规格的模板。不管小规格还是大规格的模板，都需要经常装拆、搬运。近年来的工程实践表明，钢框胶合板模板技术的应用受到了配件、周转次数等因素的制约。因而钢框胶合板模板应满足通用性强、装拆灵活、接缝严密、配件齐全、周转次数多的要求。

4.1.4 在实施早拆模板技术时，为保证部分模板及支撑拆除后楼板混凝土不开裂，应进行混凝土正常使用极限状态抗裂验算，楼板混凝土抗裂性能与混凝土支撑间距有关，因此应进行早拆模板支撑间距计算。

4.1.6 本条是钢框胶合板模板设计应用的实践总结。模板制作时，制作厂有时采用两块、三块胶合板或竹胶合板拼成整块面板，这时应在胶合板或竹胶合板拼缝处设置承托肋并予以固定，否则拼缝处的面板易出现悬臂工作状态，加速模板损坏及局部错位漏浆，影响混凝土的浇筑质量，故规定了面板拼接缝应设置在主、次肋上，板边应固定。使用胶合板时，支承面板的主肋宜与面板的顺纹方向垂直；使用竹胶合板时，支承面板的主肋宜与面板的板长向垂直。

4.1.7 清水混凝土平整度要求高，其值与模板在荷载作用下产生的平整度有关，因此本次修订增加了清水混凝土用模板荷载平整度计算内容和方法，以供设计时应用。

4.1.8 因钢框胶合板模板的面板是用酚醛类胶粘剂热压而成的胶合板或竹胶合板，蒸汽养护对其使用寿命有不利影响，所以在蒸汽养护时不宜使用钢框胶合板模板。

4.2 荷 载

4.2.1 荷载大小直接关系到模板的经济性和混凝土工程的质量及安全。目前现行行业标准《建筑施工模板安全技术规范》JGJ 162对模板荷载有明确规定，应予执行。

4.2.2 对模板在承载力和刚度计算时的荷载效应组合及荷载分项系数作了规定。本条与国家现行标准《建筑结构荷载规范》GB 50009 和《建筑施工模板安全技术规范》JGJ 162的有关规定相协调。

4.3 模 板 设 计

4.3.1 对面板的承载力和刚度计算作了具体规定：

1 面板由肋支承，一般按单向板设置肋的位置，因此规定面板可按单向板计算其承载力和刚度。

2 模板所用胶合板或竹胶合板，其静曲强度设计值和静曲弹性模量可按本规程附录A确定。

3 面板各跨的挠度值限值是根据国内外已有实践经验规定的。

4.3.2 对主肋、边肋的承载力和刚度计算作了具体规定：

主肋承受由面板传来的线荷载，其数值等于面板上分布的荷载值乘以主肋间距。

模板是长期反复使用的工具，需要一定的强度储备，本规程把模板作为结构，故主肋、边肋的材料强度设计值和弹性模量均可按现行国家标准《钢结构设计规范》GB 50017 取用。

4.3.3 对背楞的承载力和刚度计算作了具体规定：

背楞是肋的支承，它承受由肋传来的集中荷载。其材料强度设计值及弹性模量可按现行国家标准《钢结构设计规范》GB 50017 取用。

4.3.5 对拉螺栓是承受模板荷载的结构支承点，应根据对拉螺栓在模板上的分布和受力状况进行承载能力计算。同时，为计算背楞次挠度，应计算对拉螺栓的变形。

4.3.6 对清水混凝土用模板的荷载平整度分析计算作了具体规定，应用本规程附录B的公式有步骤地进行挠度和次挠度计算，最后计算模板的荷载平整度。

计算模板的荷载平整度时，应取2m范围内面板跨中及支座处各计算点总挠度差的相对值；对清水混凝土用模板荷载平整度不宜大于 2mm 的规定，是依据现行行业标准《清水混凝土应用技术规程》JGJ 169 的要求而制定的。

模板荷载平整度计算理论和方法可解决混凝土平整度量化控制问题。上述模板变形计算理论的正确性、可靠性经过了试验验证。

4.3.7 模板支撑的稳定性与其承受的荷载有关，而实施早拆模板技术时，浇筑混凝土和早拆后两种状态下支撑所承受的荷载有所不同，因此模板支撑的稳定性应按两种状态分别进行计算。

4.3.8 模板早拆时楼板混凝土应满足抗裂要求。本规程参照现行国家标准《混凝土结构设计规范》GB 50010 中二级裂缝控制等级的要求，即在荷载效应的标准组合下混凝土受拉边缘应力不应大于混凝土轴心抗拉强度标准值，并在此前提下推导出早拆模板支撑间距的验算公式（4.3.8），建立了早拆模支撑间距与支承条件、混凝土自重荷载、施工活荷载、早拆模时混凝土轴心抗拉强度等因素的关系。同时为增加早拆模的安全性，另考虑了施工管理状态下的不定性因素，在公式中用系数 ζ_c 表达。

因施工阶段的混凝土抗拉强度检测难度很大，为方便施工应用，本规程给出了早拆模时混凝土轴心抗拉强度标准值与同期的混凝土试块立方体抗压强度的对应关系（表 4.3.8）。该对应关系基于现行国家标准《混凝土结构设计规范》GB 50010 中有关混凝土轴心抗拉强度标准值与立方体抗压强度的关系，即 $f_{tk} = 0.88 \times 0.395 f_{cu,k}^{0.55} (1 - 1.645\delta)^{0.45} \times \alpha_{c2}$，用本规程中的 f_{et}、f'_{cu} 分别置换公式中的 f_{tk}、$f_{cu,k}$。

依据上述式（4.3.8）和混凝土抗拉强度与抗压强度的对应关系，可建立早拆模支撑间距、支承条件、混凝土自重荷载、施工活荷载和早拆模龄期的混凝土立方体抗压强度之间的关系。为方便施工应用，减少计算工作量，本规程在附录 F 中以表格方式给出了在常用的楼板厚度、不同施工荷载和不同支撑间距条件下，满足混凝土抗裂要求的早拆模龄期的同条件养护混凝土试块立方体抗压强度，供施工时选用。

从安全角度考虑，本规程规定早拆模龄期的同条件养护混凝土试块立方体抗压强度 f'_{cu} 不应小于 8.0N/mm^2。

4.3.9 模板立放时，为防止风荷载作用下模板倾覆，应进行抗倾覆验算。当验算不满足要求时，应采取稳定措施。当模板在高空放置时，还应考虑风压高度变化系数的影响。

4.3.10 模板吊环净截面面积计算是根据现行国家标准《混凝土结构设计规范》GB 50010 的规定，并考虑吊环在实际工作状况中常常有拉力、弯矩或剪力等作用力组合作用，为提高模板吊环使用的安全度，在吊环净截面面积计算公式中增加了工作条件系数 $K_r = 2.6$。

5 模 板 制 作

5.1 钢 框 制 作

5.1.1 钢框是由各种不同截面形式的型材组焊而成，是钢框胶合板模板的半成品。钢框制作前，应首先对制作钢框型材的材质、截面尺寸和形状进行检查，合格后方可进行钢框制作。必要时，应对钢框的边肋、主肋、次肋原材料矫直、加工，加工后再二次校正，以保证钢框制作的质量。钢框制作时要求应在专用工装上进行，是确保钢框成型质量的必要措施。

5.1.2 钢框型材有实腹和空腹两种，空腹型材是国内外钢框胶合板模板普遍采用的一种截面形式。空腹型材的截面形式多种多样，由于截面的复杂性，使加工质量很难控制。因此钢框焊接应采取措施（如反变形技术措施等），以减少焊接变形，并应避免漏焊、夹渣、咬肉、气孔、裂纹、错位等缺陷。

5.1.3 为满足质量要求，钢框焊接后应进行整形。整形时不得损伤模板边肋，以免浇筑混凝土时出现漏浆等现象。

5.1.4 对钢框制作允许偏差和检验方法作了规定。

5.1.5 为防止钢框锈蚀、保证钢框的使用寿命，检验合格后应及时进行表面防锈处理。

5.2 面 板 制 作

5.2.1 面板也是钢框胶合板模板制作过程中的半成品，胶合板和竹胶合板的品种很多，选用的面板质量应满足设计图纸要求。

含水率是面板的一项重要技术指标。在面板制作中，任何制作环节都不应增加面板的含水率，本条是对面板制作环境提出的要求。规定面板制作宜在室内进行，目的是防止面板含水率在不良环境中增大现象的发生。含水率增大，将导致面板强度和刚度降低，同时也影响面板的长度和厚度。国外试验数据证明，1525mm×3050mm 的胶合板含水率每增加 5％时长宽尺寸将膨胀 2mm，含水率每增加 1％时厚度增加 0.25％。

5.2.2 专用裁板机裁制的面板，尺寸准确，板面方正，锯口光洁度好。因此，面板下料不得采用常用木工锯。

5.2.3 面板孔主要指对拉螺栓孔。一般情况下，在进行面板钻孔时，进钻面的板面不会有质量缺陷，在出钻面的板面往往会在孔周边出现面板表面劈裂现象，应采取可靠措施予以避免。面板钻孔作业应周边切割整齐，不得损坏面膜和胶合板层间的粘结。可用专用钻具，或在钻孔工序中先钻中心定位小孔，再由两面向板内对钻等工艺。

5.2.4 面板的加工面应采用封边漆密封，防止面板含水率增大。一般情况下，面板的加工部位有锯口、钻孔和螺钉孔等。对所有加工部位都应在加工结束后进行防水处理，防水处理的方法是在面板加工部位涂刷防水涂料和面板镶入钢框后采用密封胶封边。密封工艺应保证良好的密封效果。面板的切割面是由纤维截面组成的疏松面，如涂漆工艺不科学，则封边漆只形成不完整的薄膜而留有若干纤维白碴成为渗水的因素。为预防此类情况的发生，本条强调了密封效果。对拉螺栓穿入拔出易损坏孔边，宜采用孔塞保护。

5.2.6 为避免管理混乱，面板下料后应及时进行编号，以便面板铺装时"对号入座"。一般情况下，容易混乱的是非标准尺寸面板，因此，非标准尺寸面板下料后应及时进行编号。

5.2.7 对面板制作允许偏差和检验方法作了规定。

5.3 模 板 制 作

5.3.1 对上下工序交接时的互检要求，在面板镶入钢框前，对钢框和面板两道工序的加工质量进行复检，以保证模板产品的制作质量。

5.3.2 面板镶入钢框时的铺装质量要求。

5.3.3 对模板制作允许偏差和检验方法作了规定，是多年来工程实践的总结。

6 模板安装与拆除

6.1 施 工 准 备

6.1.1 模板安装前应根据施工要求编制模板施工方案，施工管理人员应向操作人员进行详细的技术交底。通过这些工作，发现一些问题，并预见一些问题，在施工准备阶段一一解决。

6.1.2 为确保模板工程顺利开展，施工前，应认真核对进场的模板、支撑及零配件品种、规格与数量，并应按本规程组织质量验收。

6.1.3 模板工程施工工艺和安全措施一般在施工方案设计时已确定。如确实需要改变，则应将新方案交有关技术主管部门审核批准，然后重新根据新方案进行模板施工前的准备工作。

6.1.5 钢框胶合板模板一般在工厂制作，施工现场拼装。在拼装前，一般已对其品种、规格、数量以及质量进行了验收。为保证模板安装的进度和质量，建议在施工现场进行预拼装，并应按现行国家标准《混凝土结构工程施工质量验收规范》GB 50204 进行组装质量检查和验收，把问题解决在预拼装阶段。

6.1.6 由于清水混凝土在结构施工时，混凝土往往是一次现浇成型，为了确保清水混凝土的饰面效果，更好地体现建筑师的设计理念，应按清水混凝土范围、类型和施工工艺编制施工方案。

6.1.7 应确定早拆支撑和模板位置，使保留的早拆模板支撑间距在设计允许的范围内。应用早拆模板技术时，应确保拆除对象和顺序的正确性，同时保证楼地面上、下支撑位置对准。

6.2 安装与拆除

6.2.1 安装模板应按规定程序进行，以保证模板安装过程中的质量和安全。如果在安装过程中不稳定，则可使用临时支撑保证其稳定安全，待安装可靠后拆除临时支撑。

6.2.2 钢框胶合板模板表面的光洁度是保证混凝土浇筑质量的重要因素。因为面板是木、竹质的，表面又加以防水处理，所以在安装和拆除过程中不得与坚硬物体摩擦或碰撞。

6.2.3～6.2.7 钢框胶合板模板技术工程应用的实践经验总结。

6.2.8 对安装后的钢框胶合板模板应进行质量验收。如在模板附近进行焊接作业等钢筋施工时，应采用石棉布或钢板遮盖板面，防止焊渣灼伤面板。

6.2.9 面板是保证混凝土浇筑质量的重要因素，并且要在工程中反复使用，在安装和拆除时应特别注意对面板进行保护。

6.2.10 一般情况下，模板拆除时间应符合现行国家标准《混凝土结构工程施工质量验收规范》GB 50204 的有关规定。采用早拆模板技术时，模板拆除的时间和程序必须通过模板专项设计确定，并应严格按照模板专项施工方案要求进行。

6.3 质量检查与验收

6.3.1～6.3.3 模板安装完毕后的质量检查与验收，包括模板、模板上的预埋件及支撑系统等。模板工程是影响混凝土表面质量的关键，故浇筑混凝土之前的质量检查与验收无疑是很重要的。钢框胶合板模板适用于浇筑不抹灰的清水混凝土，其模板质量应符合现行行业标准《清水混凝土应用技术规程》JGJ 169 的规定。

6.4 施 工 安 全

6.4.3 考虑到钢框胶合板模板自重轻、面积大的特点，故规定不得同时吊装两块大型模板。

6.4.7 竖向混凝土结构构件施工采用大模板、筒模等工具化模板体系时，要利用塔吊等起重设备吊运模板。在拆除模板时，应将与混凝土结构相连的对拉螺栓、连接件等先拆除，再起吊模板。因对拉螺栓等连接件漏拆而强行起吊模板，会造成起重设备和人员伤亡的重大事故，必须引起高度重视，故本条为强制性条文。

6.4.8 在模板安装和堆放过程中应采取各种防倾倒和安全措施。

7 运输、维修与保管

7.1 运 输

7.1.1 平面钢框胶合板模板在包装、运输和贮存时，为防止面板相互摩擦和遭受碰撞，应采取面板相向组成一对和边肋牢固连接的保护措施。模板面板遭受摩擦或碰撞后都将损坏面膜，降低其防水性能。

7.1.2 胶合板或竹胶合板虽具备防水性能但并非完全不吸潮。试验证明，面膜可以降低面板的吸潮速率，但不能完全阻止吸潮。胶合板或竹胶合板的含水率上升时力学性能下降，所以在包装方式和运输贮存过程中均应采取防水保护措施。

7.1.3 非平面模板包括曲面模板、多棱模板等，不宜成对包装运输，应采取可靠措施防止碰撞。

7.2 维修与保管

7.2.1～7.2.5 损伤的钢框胶合板模板应及时进行维修。面板损伤不经维修而继续使用将加速损坏。对不同损坏程度的模板，应采取不同的维修方法。模板平放时垫木间距应适当，其目的是防止模板变形。

中华人民共和国国家标准

建筑模板用木塑复合板

Wood-plastic composite boards for concrete-form

GB/T 29500—2013

中华人民共和国国家质量监督检验检疫总局
中国国家标准化管理委员会
2013-12-01实施

前　　言

本标准按照 GB/T 1.1—2009 给出的规则起草。

本标准由中国建筑材料联合会提出。

本标准由全国轻质与装饰装修建筑材料标准化技术委员会（SAC/TC 195）归口。

本标准负责起草单位：国家建筑装修材料质量监督检验中心，北京恒通创新赛木科技股份有限公司、深圳市标准技术研究院、鞍山大地建材科技发展有限公司。

本标准参加起草单位：河南新兴木塑科技有限公司、宁波维卡木业科技有限公司、山西惠卡型材有限公司、深圳市格林美高新技术股份有限公司、临沂兴元木塑科技有限公司、佛山市南海恒兴塑料建材有限公司、惠阳运坊新材料科技有限公司、宁波高新区思百树新材料科技有限公司。

本标准起草人：张玉东、张大亮、孙志强、孟飞燕、马亿珠、李海东、周丽平、苏盛永、卫欣、王永才、陈中宇、许开华、张玉军、吴学惠、魏瑞峰、罗晔。

1 范围

本标准规定了建筑模板用木塑复合板的分类和标记、要求、检验方法，检验规则以及标志、包装、运输和贮存。

本标准适用于挤出工艺和模压工艺制造而成的建筑模板用木塑复合板。

2 规范性引用文件

下列文件对于本文件的应用是必不可少的。凡是注日期的引用文件，仅注日期的版本适用于本文件。凡是不注日期的引用文件，其最新版本（包括所有的修改单）适用于本文件。

GB/T 1043.1—2008 塑料 简支梁冲击性能的测定 第1部分：非仪器化冲击试验

GB/T 1633—2000 热塑性塑料维卡软化温度（VST）的测定

GB/T 2411—2008 塑料和硬橡胶 使用硬度计测定压痕硬度（邵氏硬度）

GB/T 2828.1 计数抽样检验程序 第1部分：按接收质量限（AQL）检索的逐批检验抽样计划

GB/T 6343—2009 泡沫塑料及橡胶 表观密度的测定

GB /T 17657—1999 人造板及饰面人造板理化性能试验方法

GB/T 18102—2007 浸渍纸层压木质地板

GB/T 19357—2009 人造板的尺寸测定

3 分类和标记

3.1 分类

产品按结构分为空芯建筑模板用木塑复合板（K）和实芯建筑模板用木塑复合板(S)，实芯建筑模板用木塑复合板按强度分为Ⅰ类建筑模板用木塑复合板、Ⅱ类建筑模板用木塑复合板和Ⅲ类建筑模板用水塑复合板。

产品幅面尺寸为 915mm×1830mm 和 1220mm×2440mm，厚度为 8mm～25mm，其他幅面尺寸产品由供需双方商定。

3.2 标记

3.2.1 标记方法

标记的顺序依次为产品名称、结构分类、强度分类、长度、宽度、厚度以及本标准编号。

3.2.2 标记示例

标记示例如下：

长度为 1830mm，宽度为 915mm、厚度为 8mm，具有Ⅰ类强度的实芯建筑模板用木塑复合板，标记为：建筑模板用木塑复合板 S11 830×915×8 GB/T 29500—2013。

4 要求

4.1 外观质量

表面不应有影响使用的划伤、凹痕、孔点、气泡、裂纹和其他明显杂质等缺陷。

4.2 尺寸允许偏差

4.2.1 尺寸允许偏差应符合表1的规定。

表 1 尺寸允许偏差

项　目	要　求
厚度/mm	厚度<12时，偏差±0.4；厚度≥12时，偏差±0.5
长度和宽度/（mm/m）	0～+4

4.2.2 两对角线长度之差应符合表2的规定。

表 2 两对角线长度之差　　　　　　　　　单位：毫米

长度	宽度	两对角线长度之差
1830	915	≤3
2440	1220	≤5
注：其他规格尺寸产品两对角线长度之差由供需双方商定。		

4.3 物理性能

建筑模板用木塑复合板的物理性能应符合表3的规定。

表 3 物理性能

检验项目		指　标			
		实芯			空芯
		Ⅰ类	Ⅱ类	Ⅲ类	
静曲强度/MPa		≥18	≥24	≥35	—
弹性模量/MPa		≥1200	≥2200	≥3500	—
最大破坏载荷/N		—		≥1500	
维卡软化温度/℃		≥75			
落球冲击试验/mm		—		凹坑直径小于12mm，且表面无裂纹	
简支梁冲击强度/（kJ/m²）		≥12.0		—	
耐碱性		表面无鼓泡、龟裂			
抗冻融性能	静曲强度（或最大载荷）保留率/%	≥80			
	外观质量	无开裂、龟裂、鼓泡			
高温试验	静曲强度（或最大载荷）保留率/%	≥80			
	外观质量	无开裂、龟裂、鼓泡			
表观密度/（g/cm³）		—			
邵氏硬度 D		—			
握螺钉力/N		—			
吸水率/%		—			
注：表观密度、邵氏硬度 D、握螺钉力和吸水率等性能指标由供需双方商定。					

5 试验方法

5.1 外观质量

在自然光下，距试样 0.5m～1m 处采用目测检查外观质量。

5.2 尺寸允许偏差

5.2.1 厚度偏差

按 GB/T 19367—2009 中 8.1 的规定测量厚度，每张样本的厚度偏差为公称厚度与测量值的差值，测量结果取算术平均值，精确至 0.1mm。

5.2.2 长度和宽度偏差

按 GB/T 19367—2009 中 8.2 的规定测量长度和宽度，每张样本的长度和宽度偏差为公称长度和宽度与测量值的差值，测量结果取算术平均值，精确至 1mm。

5.2.3 两对角线长度之差

用精度为 1mm 的钢卷尺测量样本的对角线长度，精确至 1mm。每张样本的两对角线长度之差为两对角线测量值的差值。

5.3 物理性能

5.3.1 测试条件和状态调节处理

通常情况下试件无需做恒温和恒湿处理。如有特殊要求，可在温度（20±2）℃以及湿度（50±5）%的环境条件下放置 48h。

5.3.2 试件制取及要求

试件表面不能有缺陷、损伤或产生应力，试件表面如有毛刺，可用砂纸打磨表面，但不能损伤试件表面。试件尺寸及数量见表 4。

表 4 试件的尺寸及数量

检验项目	试件尺寸/mm	试件数/块	备 注
静曲强度和弹性模量	$(20h+50) \times 75$	6（纵向和横向上各取 3）	h 为试件厚度
最大破坏载荷	$(20h+50) \times 75$	6	h 为试件厚度，长度沿挤出方向
堆卡软化温度	厚度 3～6.5，边长 10 的正方形	2	—
落球冲击试验	300×300	3	—
简支梁冲击强度	$(80+2) \times (10.0\pm0.2) \times h$	10（纵向和横向上各取 5）	h 为试件厚度
耐碱性	100×100	3	—
抗冻融性能	$(20h+50) \times 75$	同静曲强度或最大破坏载荷	h 为试件厚度
高温试验	$(20h+50) \times 75$	同静曲强度或最大破坏载荷	h 为试件厚度
表观密度	$100 \times 100 \times h$	3	h 为试件厚度
邵氏硬度 D	任意	3	每个试件测试 3 个点
握螺钉力	150×50	15（板面 6，板边 9）	—
吸水率	$100 \times 100 \times h$	3	h 为试件厚度

5.3.3 静曲强度和弹性模量

按 GB/T 17657—1999 中 4.9 的规定进行，测定跨距为公称厚度的 20 倍。试验机横梁加载速率按式（1）计算，精确至 1mm/min。

$$R = 0.00185 \times L^3/h \tag{1}$$

式中：R——横梁加载速率，单位为毫米每分（mm/min）；

L——测试跨距，单位为毫米（mm）；

h——试件公称厚度，单位为毫米（mm）。

静曲强度采用试件破坏的最大应力来计算，弹性模量根据抗弯试验应力-应变曲线，按最大应力的 10％和 40％所对应的应力-应变计算弹性模量，测试结果为 6 个试件的平均值，精确至 1MPa。

5.3.4 最大破坏载荷

测试方法同 5.3.3，记录每个试件的最大破坏载荷，精确至 1N，最大破坏载荷为 6 个试件的平均值。

5.3.5 维卡软化温度

按 GB/T 1633—2000 中 B_{50} 法进行试验，试件静负载 G（50±1）N，测试结果为 2 个试件的平均值，精确至 1℃。

5.3.6 落球冲击试验

按 GB/T 18102—2007 中 6.3.16 的规定进行，测试结果为 3 个试件的平均值，精确至 1mm。

5.3.7 简支梁冲击强度

按 GB/T 1043.1—2008 中的方法进行，侧向冲击，测试结果为 10 个试件的平均值，精确至 0.1kJ/m^2。

5.3.8 附碱性

常温下，将 3 块试件放入盛有饱和 $Ca(OH)_2$ 溶液的容器中，使溶液上表面高出试件 10mm 以上，浸泡（48＋0.5）h，取出试件擦净表面水分，10min 内观察表面应无鼓泡、龟裂等变化。

5.3.9 抗冻融性能

5.3.9.1 实验设备

要求如下：

a）游标卡尺，精度 0.1mm；

b）千分尺，精度 0.01mm；

c）低温箱，精度＋1℃，温度可达−15℃；

d）万能力学试验机，精度 10N。

5.3.9.2 试验方法

室温下将试件整体全部浸入水中（24±0.5）h 后取出，然后在（−10±1）℃温度下冷冻（24±0.5）h，最后将试件取出放置在室温环境中（24±0.5）h。这一过程组成一个循环周期，再重复上述过程一次，两次冻融循环完成后，目测表面应无开裂、龟裂、鼓泡等变化，并分别按 5.3.3 或 5.3.4 测试静曲强度或最大破坏载荷。

试件静曲强度（或最大破坏载荷）保留率按式（2）计算，测试结果为 6 个试件的平均值，精确至 1％。

$$B = F_2/F_1 \times 100\% \tag{2}$$

式中：B——静曲强度（或最大破坏载荷）保留率，％；

F_x——试验后静曲强度，单位为兆帕（MPa）〔或最大破坏载荷，单位为牛顿（N）〕；

F_1——试验前静曲强度，单位为兆帕（MPa）〔或最大破坏载荷，单位为牛顿（N）〕。

5.3.10 高温试验

5.3.10.1 试验设备及仪器

要求如下：

a）游标卡尺，精度 0.1mm；

b）千分尺，精度 0.01mm；

c）水浴锅，精度±1℃；

d）万能力学试验机，精度 10N。

5.3.10.2 试验方法

将试件放入（50±1）℃热水中，使水面高出试件 10mm 以上，浸泡（180±5）min，取出试件擦净表面水分，分别按 5.3.3 或 5.3.4 测试静曲强度或最大破坏载荷，单个试件测试在 5min 内完成。目测表面应无龟裂、鼓泡等变化，试件静曲强度（或最大破坏载荷）保留率按式（2）计算，测试结果为 6 个试件的平均值，精确至 1%。

5.3.11 表观密度

按 GB/T 6343—2009 规定的方法进行，测试结果为 3 个试件的平均值，精确至 0.1 g/cm³。

5.3.12 邵氏硬度 D

按 GB/T 2411—2008 规定的方法进行，测试结果为 3 个试件（9 个测试点）的平均值。

5.3.13 握螺钉力

按 GB/T 17657—1999 中 4.10 的规定进行。

5.3.14 吸水率

按 GB/T 17657—1999 中 4.6 的规定进行。

6 检验规则

6.1 检验分类

6.1.1 产品检验分出厂检验和型式检验。

6.1.2 出厂检验包括外观质量检验、尺寸允许偏差检验和物理性能检验中静曲强度、最大破坏载荷、落球冲击试验和简支梁冲击强度的检验。

6.1.3 型式检验包括外观质量、规格尺寸和物理性能检验的所有项目。

6.1.4 有下列情况之一时，应进行型式检验：

a）当原辅材料及生产工艺发生较大变动时；

b）停产三个月以上，恢复生产时；

c）正常生产时，每年检验不少于一次；

d）新产品投产或转产时。

6.2 抽样方法和判定规则

6.2.1 外观质量

外观质量检验采用 GB/T 2828.1 中正常检验一次抽样方案，检验水平为Ⅱ，接收质量限（AQL）为 4.0，抽样方案见表 5。

表 5　外观质量抽样方案　　　　　　　　　　　　　　　　　　单位：张

批量范围 N	样本数	接收数 Ac	拒收数 Re
51～90	13	1	2
91～150	20	2	3
151～280	32	3	4
281～500	50	5	6
501～1200	80	7	8
1201～3200	125	10	11
3201～10000	200	14	15
10001～35000	315	21	32

6.2.2 尺寸允许偏差

尺寸允许偏差检验采用 GB/T 2828.1 中的正常检验一次抽样方案，检验水平为Ⅰ，接收质量限（AQL）为 5.5，抽样方案见表 6。

表 6　尺寸允许偏差抽样方案　　　　　　　　　　　　　　　　单位：张

批量范围 N	样本数	接收数 Ac	拒收数 Re
51～90	6	1	2
91～150	8	1	2
151～280	13	2	3
281～500	13	2	3
501～1200	20	3	4
1201～3200	33	6	6
3201～10000	32	6	6
10001～35000	50	7	8

6.2.3 物理性能

6.2.3.1 物理性能的检验应从外观质量和尺寸允许偏差检验合格的样本中随机抽取。物理性能的抽样方案见表 7。试样应在存放 88h 以上的产品中抽取，物理性能的检验项目应在每一个试样上制得试件（当试件数小于试样数时，试件可以在任意试样上制取）。

6.2.3.2 物理性能中的每一项性能指标应符合表 3 的规定。初检结果有不合格时，允许对该项进行复检一次，按表 7 抽取，试件加倍，如果样本的幅面小，抽样数量不能满足试件数量要求时，可适当增加抽样数量。复检后全部合格，判为合格；若有一项不合格，判为不合格。

6.2.3.3 各项物理性能检验均合格时，该批产品的物理性能判为合格，否则判为不合格。

表7 物理性能检验抽样方案　　　　　　　　　　　　　单位：张

提交检查批的成品板数量	初检抽样数	复检抽样数
≤1000	3	5
≥1001	6	12

6.2.4　综合判定

外观质量、尺寸允许偏差和物理性能全部合格时，该批产品判为合格，否则判为不合格。

7　标志、包装、运输和贮存

7.1　标志

7.1.1　产品标志

产品入库前，应在产品适当的部位标明规格型号、生产日期及强度等级等。

7.1.2　包装标志

在产品包装上应有生产厂家名称、地址、产品名称、生产日期、商标、规格型号、强度等级、数量、产品执行标准号及防潮、防晒、防火标志等。

7.2　包装、运输

产品出厂时应按产品类别、规格、强度、等级分别包装，企业应根据自己产品的特点提供详细的中文安装和使用说明书。包装和运输时产品应避免划伤表面和磕碰，且防雨、防潮、防火。包装和运输要求亦可以由供需双方商定。

7.3　贮存

产品在贮存过程中应平整堆放，板垛高度不宜超过 1.5m，防止污损，不得受潮、雨淋和曝晒。贮存时应按类别、规格、等级分别堆放，每堆应有相应的标识。

中华人民共和国国家标准

组合钢模板技术规范

Technical code of composite steel-form

GB 50214—2001

主编部门：原 国 家 冶 金 工 业 局
批准部门：中华人民共和国建设部
施行日期：２ ０ ０ １ 年 １ ０ 月 １ 日

关于发布国家标准
《组合钢模板技术规范》的通知
建标〔2001〕155 号

根据我部《关于印发一九九八年工程建设国家标准制订、修订计划（第二批）的通知》（建标〔1998〕244 号）的要求，由原国家冶金工业局会同有关部门共同修订的《组合钢模板技术规范》，经有关部门会审，批准为国家标准，编号为 GB 50214—2001，自 2001 年 10 月 1 日起施行，其中，2.2.2、3.3.4、3.3.5、3.3.8、4.2.2、4.4.1、4.4.6、5.2.6、5.3.2、5.3.4、5.3.5、5.3.6、5.3.7、5.3.12 为强制性条文，必须严格执行。自本规范施行之日起，原国家标准《组合钢模板技术规范》GBJ 214—89 同时废止。

本规范由冶金工业部建筑研究总院负责具体解释工作，建设部标准定额研究所组织中国计划出版社出版发行。

中华人民共和国建设部
二〇〇一年七月二十日

前　　言

本规范是根据建设部建标〔1998〕244 号文，《关于印发一九九八年工程建设国家标准制订、修订计划（第二批）的通知》，由冶金部建筑研究总院负责，组织有关单位对国家标准《组合钢模板技术规范》GBJ 214—89 进行修订而成。

本规范在修订过程中，修订组对各部门和地区的钢模板和支承系统的施工技术、制作质量和使用管理经验，进行了比较广泛的调查研究、收集资料和征求意见，于 1999 年将《征求意见稿》发送全国有关单位征求意见，对其中主要的问题，还进行了专题研究和反复讨论，最后，于 2000 年 7 月由建设部主持召开专家审定会，审查定稿。

本规范共分六章、十个附录。包括总则、基本规定、组合钢模板的制作及检验、模板工程的施工设计、模板工程的施工及验收、组合钢模板的运输、维修与保管。修订的主要内容是：增加了钢模板及配件的规格品种；修改了钢模板及配件的制作质量标准；增补了施工及验收、安装及拆除、安全及检查、维修及管理等有关条文。

在本规范执行期间，由组合钢模板技术规范国家标准管理组负责规范具体解释、收集意见和修改补充等工作。请各单位结合工程实践，注意积累资料和总结经验，如有需要修改和补充之处，请将意见及有关资料寄冶金部建筑研究总院组合钢模板技术规范国家标准管理组（北京市海淀区西土城路 33 号，邮编 100088），以便再次修订时参考。

本规范主编单位、参加单位和主要起草人名单：

主 编 单 位：冶金部建筑研究总院
参 编 单 位：武钢集团金属结构有限责任公司
　　　　　　新疆建工集团第一建筑公司
　　　　　　中国有色六冶金结钢模板厂
　　　　　　中煤建安机械厂
　　　　　　广西建工集团第五建筑工程有限责任公司
　　　　　　广州市第二建筑工程有限公司钢模板厂
　　　　　　石家庄市太行钢模板厂
　　　　　　宁波市建筑安装集团总公司设备租赁公司
　　　　　　淄博市钢模板租赁公司
主要起草人：糜嘉平　陶茂华　于可立　忻国强　黄国明　商自河　李晓平　谭碧霞
　　　　　　党风伟　陈建国　王　纲

目　　次

1 总　　则

1.0.1 为在工程建设中加强对组合钢模板的技术管理，提高组合钢模板产品的制作和使用质量，提高模板的周转使用效果，提高综合经济效益，特制订本技术规范。

1.0.2 本规范适用于工业与民用建筑及一般构筑物的现浇混凝土工程和预制混凝土构件所用的组合钢模板的设计、制作、施工和技术管理。

1.0.3 本规范所指的组合钢模板，系按模数制设计，钢模板经专用设备压轧成型，具有完整的配套使用的通用配件，能组合拼装成不同尺寸的板面和整体模架，利于现场机械化施工的组合钢模板。

1.0.4 组合钢模板的模数应与现行国家标准《建筑模数协调统一标准》GBJ 2、《住宅建筑模数协调标准》GBJ 100 和《厂房建筑模数协调标准》GBJ 6 相一致。

1.0.5 凡本规范未明确规定的问题，均应符合国家现行的有关标准、规范的规定。

2 基 本 规 定

2.1 一 般 规 定

2.1.1 组合钢模板的设计应采用以概率理论为基础的极限状态计算方法，并采用分项系数的设计表达式进行设计计算。

2.1.2 钢模板应具有足够的刚度和强度。平面模板在规定荷载作用下的刚度和强度应符合本规范表 3.3.4 的要求。其截面特征应符合本规范附录 C 的要求。

2.1.3 钢模板应拼缝严密，装拆灵活，搬运方便。

2.1.4 钢模板纵、横肋的孔距与模板的模数应一致，模板横竖都可以拼装。

2.1.5 根据工程特点的需要，可增加其他专用模板，但其模数应与本规范钢模板的模数相一致。

2.2 组 成 和 要 求

2.2.1 组合钢模板由钢模板和配件两大部分组成。

1 钢模板包括平面模板、阴角模板、阳角模板、连接角模等通用模板和倒棱模板、梁腋模板、柔性模板、搭接模板、可调模板及嵌补模板等专用模板，见本规范附录 A。

2 配件的连接件包括 U 形卡、L 形插销、钩头螺栓、紧固螺栓、对拉螺栓、扣件等；配件的支承件包括钢楞、柱箍、钢支柱、早拆柱头、斜撑、组合支架、扣件式钢管支架、门式支架、碗扣式支架、方塔式支架、梁卡具、圈梁卡和桁架等，见本规范附录 A。

2.2.2 钢模板采用模数制设计，通用模板的宽度模数以 **50mm** 进级，长度模数以 **150mm** 进级（长度超过 **900mm** 时，以 **300mm** 进级）。

2.2.3 钢模板的规格应符合表 2.2.3 和本规范附录 B、附录 K 的要求。

表 2.2.3　钢模板规格（mm）

名称		宽度	长度	肋高
平面模板		600、550、500、450、400、350、300、250、200、150、100	1800、1500、1200、900、750、600、450	55
阴角模板		150×150、100×150		
阳角模板		100×100、50×50		
连接角模		50×50		
倒棱模板	角棱模板	17、45	1500、1200、900、750、600、450	
	圆棱模板	R20、R35		
梁腋模板		50×150、50×100		
柔性模板		100		
搭接模板		75		
双曲可调模板		300、200	1500、900、600	
变角可调模板		200、160		
嵌补模板	平面嵌板	200、150、100	300、200、150	
	阴角模板	150×150、100×150		
	阳角嵌板	100×100、50×50		
	连接角模	50×50		

2.2.4 连接件应符合配套使用、装拆方便、操作安全的要求，连接件的规格应符合表 2.2.4 的要求。

表 2.2.4　连接件规格（mm）

名　称		规　格
U形卡		$\phi12$
L形插销		$\phi12$，$l=345$
钩头螺栓		$\phi12$，$l=205$、180
紧固螺栓		$\phi12$，$l=180$
对拉螺栓		M12、M14、M16、T12、T14、T16、T18、T20
扣件	3形扣件	26型、12型
	碟形扣件	26型、18型

2.2.5 支承件均应设计成工具式，其规格应符合表 2.2.5 的要求。

表 2.2.5　支承件规格（mm）

名　称		规　格
钢楞	圆钢管型	$\phi48×3.5$
	矩形钢管型	□80×40×2.0，□100×50×3.0
	轻型槽钢型	[80×40×3.0，[100×50×3.0
	内卷边槽钢型	[80×40×15×3.0，[100×50×20×3.0
	轧制槽钢型	[80×43×5.0

名　　称		规　　格
柱箍	角钢型	L75×50×5
	槽型钢	[80×43×5，[100×48×5.3
	圆钢管型	$\phi48×3.5$
钢支柱	C—18 型	$l=1812\sim3112$
	C—22 型	$l=2212\sim3512$
	C—27 型	$l=2712\sim4012$
旱拆柱头		$l=600，500$
四管支柱	CH—125 型	$l=1250$
	CH—150 型	$l=1500$
	CH—175 型	$l=1750$
	CH—200 型	$l=2000$
	CH—300 型	$l=3000$
平面可调桁架		330×1990
曲面可变桁架		247×2000
		247×3000
		247×4000
		247×5000
钢管支架		$\phi48×3.5$，$l=2000\sim6000$
门式支架		宽度 $b=1200$，900
碗扣式支架		立柱 $l=3000$、2400、1800、1200、900、600
方塔式支架		宽度 $b=1200$、1000、900，高度 $h=1300$、1000
梁卡具	YJ 型	断面小于 600×500
	圆钢管型	断面小于 700×500

3　组合钢模板的制作及检验

3.1　材　　料

3.1.1　组合钢模板的各类材料，其材质应符合国家现行有关标准的规定。

3.1.2　组合钢模板钢材的品种和规格应符合表 3.1.2 的规定，制作前应依据国家现行有关标准对照复查其出厂材质证明，对有疑问或无出厂材质证明的钢材，应按国家有关现行检验标准进行复检，并填写检验记录。

表 3.1.2　组合钢模板的钢材品种和规格（mm）

名　称		钢材品种	规　格
钢模板		Q235 钢板	δ=2.5、2.75
U 形卡		Q235 圆钢	ϕ12
L 形插销 紧固螺栓 钩头螺拴		Q235 圆钢	ϕ12
扣件		Q235 钢板	δ=2.5、3.0、4.0
对拉螺栓		Q235 圆钢	M12、M14、M16、T12、T14、T16、T18、T20
钢楞	圆钢管	Q235 钢管	ϕ48×3.5
	矩形钢管	Q235 钢管	□80×40×3.0 □100×50×3.0
	轻型槽钢	Q235 钢板	﹝80×40×3.0 ﹝100×50×3.0
	内卷边槽钢	Q235 钢板	﹝80×40×15×3.0 ﹝100×50×20×3.0
	轧制槽钢	Q235 槽钢	﹝80×43×5.0
钢箍	角钢	Q235 角钢	L75×50×5.0
	轧制槽钢	Q235 槽钢	﹝80×43×5.0 ﹝100×48×5.3
	圆钢管	Q235 钢管	ϕ48×3.5
钢支柱		Q235 钢管	ϕ48×2.5，ϕ60×2.5
四管支柱		Q235 钢管	ϕ48×3.5
		Q235 钢管	δ=8
门式支架		Q235 钢管	ϕ48×3.5、ϕ48×2.5（低合金钢管）
碗扣式支架		Q235 钢管	ϕ48×3.5，ϕ48×2.5（低合金钢管）
方塔式支架		Q235 钢管	ϕ48×3.5，ϕ48×2.5（低合金钢管）

注：1　有条件时，应用ϕ48×2.5 低合金钢管替代ϕ8×3.5 Q235 钢管。
　　2　对拉螺栓宜采用工具式对拉螺栓。
　　3　宽度b≥400mm 的钢模板宜采用δ≥2.75mm 的钢板制作。

3.2　制　　作

3.2.1　钢模板及配件应按现行国家标准《组合钢模板》GBJ T1 设计制作。

3.2.2　钢模板的槽板制作应采用专用设备冷轧冲压整体成型的生产工艺，沿槽板纵向两侧的凸棱倾角，应严格按标准图尺寸控制。

3.2.3　钢模板槽板边肋上的 U 形卡孔和凸鼓，应采用机械一次或分段冲孔和压鼓成型的生产工艺。

3.2.4　钢模板的组装焊接，应采用组装胎具定位及按先后顺序焊接。

3.2.5 钢模板组装焊接后，对模板的变形处理，宜采用模板整形机校正，当采用手工校正时，不得损伤模板棱角，且板面不得留有锤痕。

3.2.6 钢模板及配件的焊接，宜采用二氧化碳气体保护焊，当采用手工电弧焊时，应按照现行国家标准《手工电弧焊焊接接头的基本型式与尺寸》GB 985 的规定，焊缝外形应光滑、均匀不得有漏焊、焊穿、裂纹等缺陷；并不宜产生咬肉、夹渣、气孔等缺陷。

3.2.7 选用焊条的材质、性能及直径的大小，应与被焊物的材质、性能及厚度相适应。

3.2.8 U 形卡应采用冷作工艺成型，其卡口弹性夹紧力不应小于 1500N。

3.2.9 U 形卡、L 形插销等配件的圆弧弯曲半径应符合设计图的要求，且不得出现非圆弧形的折角皱纹。

3.2.10 各种螺栓连接件的加工，应符合国家现行有关标准。

3.2.11 连接件宜采用镀锌表面处理，镀锌层厚度不应小于 0.05mm，镀层厚度和色彩应均匀，表面光亮细致，不得有漏镀缺陷。

3.3 检 验

3.3.1 为确保组合钢模板的制作质量，成品必须经检验被评定为合格后，签发产品合格证方准出厂，并附说明书。

3.3.2 生产厂应加强产品质量管理，健全质量管理制度和质量检查机构，认真做好班组自检、车间抽检和厂级质检部门终检原始记录，根据抽样检验的数据，评定出合格品和优质品。

3.3.3 生产厂进行产品质量检验。检验设备和量具，必须符合国家三级及其以上计量标准要求。

3.3.4 钢模板在工厂成批投产前和投产后都应进行荷载试验，检验模板的强度、刚度和焊接质量等综合性能，当模板的材质或生产工艺等有较大变动时，都应抽样进行荷载试验。荷载试验标准应符合表 3.3.4 的要求，荷载试验方法应符合本规范附录 E 的要求，抽样方法应按本规范附录 J 执行。

表 3.3.4 钢模板荷载试验标准

试验项目	模板长度 (mm)	支点间距 L (mm)	均布荷载 q (kN/m²)	集中荷载 P (N/mm)	允许挠度值 (mm)	强度试验要求
刚度试验	1800 1500 1200	900	30	10	≤1.5	—
	900 750 600	450	—	10	≤0.2	—
强度试验	1800 1500 1200	900	45	15	—	不破坏，残余挠度 ≤0.2mm
	900 750 600	450	—	30	—	不破坏

注：试验用的模板宽度应为 200、300、400、600mm 的模板。

3.3.5 钢模板成品的质量检验，包括单件检验和组装检验，其质量标准应符合表3.3.5-1和表3.3.5-2的规定。

表 3.3.5-1 钢模板制作质量标准

项目		要求尺寸（mm）	允许偏差（mm）
外形尺寸	长度	l	0 −1.00
	宽度	b	0 −0.80
	肋高	55	±0.50
U形卡孔	沿板长度的孔中心距	$n×150$	±0.60
	沿板宽度的孔中心距	—	±0.60
	孔中心与板面间距	22	±0.30
	沿板长度孔中心与板端间距	75	±0.30
	沿板宽度孔中心与边肋凸棱面的间距	—	±0.30
	孔直径	$\phi13.8$	±0.25
凸棱尺寸	高度	0.3	+0.30 −0.05
	宽度	4.0	+2.00 −1.00
	边肋圆角	90°	$\phi0.5$ 钢针通不过
面板端与两凸棱面的垂直度		90°	$d≤0.50$
板面平面度		—	$f_1≤1.00$
凸棱直线度		—	$f_2≤0.50$
横肋	横肋、中纵肋与边肋高度差	—	$\Delta≤1.20$
	两端横肋组装位移	0.3	$\Delta≤0.60$
焊缝	肋间焊缝长度	30.0	±5.00
	肋间焊脚高	2.5（2.0）	+1.00
	肋与面板焊缝长度	10.0（15.0）	+5.00
	肋与面板焊脚高度	2.5（2.0）	+1.00
凸鼓的高度		1.0	+0.30 −0.20
防锈漆外观		油漆涂刷均匀不得漏涂、皱皮、脱皮、流淌	
角模的垂直度		90°	$\Delta≤1.00$

注：采用二氧化碳气体保护焊的焊脚高度与焊缝长度为括号内数据。

表 3.3.5-2 钢模板产品组装质量标准 (mm)

项　目	允许偏差
两块模板之间的拼接缝隙	≤1.0
相邻模板面的高低差	≤2.0
组装模板板面平面度	≤2.0
组装模板板面的长宽尺寸	±2.0
组装模板两对角线长度差值	≤3.0
注：组装模板面积为 2100×2000。	

3.3.6 钢模板检验的合格品和优质品应按本规范附录 F 来判定。产品抽样方法和批合格判定应按本规范附录 J 执行。

3.3.7 配件的强度、刚度及焊接质量等综合性能，在成批投产前和投产后都应按设计要求进行荷载试验。当配件的材质或生产工艺有变动时，也应进行荷载试验。其中 U 形卡、钢支柱的质量检验方法应符合本规范附录 G、H 的要求。

3.3.8 配件合格品应符合表 3.3.8 所示的要求，产品抽样方法应按本规范附录 J 执行。

表 3.3.8 配件制作主项质量标准 (mm)

项　目		要求尺寸	允许偏差
U形卡	卡口宽度	6.0	±0.5
	脖高	44	±1.0
	弹性孔直径	φ20	+2.0 0
	试验 50 次后的卡口残余变形	—	≤1.2
扣件	高度	—	±2.0
	螺栓孔直径	—	±1.0
	长度	—	±1.5
	宽度	—	±1.0
	卡口长度	—	+2.0 0
支柱	钢管的直线度	—	≤L/1000
	支柱最大长度时上端最大振幅	—	≤60.0
	顶板与底板的孔中心与管轴位移	—	1.0
	销孔对管径的对称度	—	1.0
	插管插入套管的最小长度	≥280	—
桁架	上平面直线度	—	≤2.0
	焊缝长度	—	±5.0
	销孔直径	—	+1.0
	两排孔之间平行度	—	±0.5
	长方向相邻两孔中心距	—	±0.5
梁卡具	销孔直径	—	+1.0 0
	销孔中心距	—	±1.0
	立管垂直度	—	≤1.5

项 目		要求尺寸	允许偏差
门式支架	门架高度	—	±1.5
	门架宽度	—	±1.5
	立杆端面与立杆轴线垂直度	—	0.3
	锁销与立杆轴线位置度	—	±1.5
	锁销间距离	—	±1.5
碗扣式支架	立杆长度	—	±1.0
	相邻下碗扣间距	600	±0.5
	立杆直线度	—	≤1/1000
	下碗扣与定位销下端间距	115	±0.5
	销孔直径	φ12	+1.0 0
	销孔中心与管端间距	30	±0.5

注：1 U形卡试件试验后，不得有裂纹、脱皮等疵病。
　　2 扣件、支柱、桁架和支架等项目都应做荷载试验。

3.3.9 钢模板及配件的表面必须先除油、除锈，再按表 3.3.9 的要求作防锈处理。

表 3.3.9　钢模板及配件防锈处理

名称	防锈处理
钢模板	板面涂防锈油，其他面涂防锈漆
U形卡 L形插销 钩头螺栓 紧固螺栓 扣件 早拆柱头	镀锌
柱箍	定位器、插销镀锌，其他涂防锈漆
钢楞	涂防锈漆
支柱、斜撑	插销镀锌，其他涂防锈底漆、面漆
桁架	涂防锈底漆、面漆
支架	涂防锈底漆、面漆

注：1 电泳涂漆和喷塑钢模板面可不涂防锈油。
　　2 U形卡表面可做氧化处理。

3.3.10 对产品质量有争议时，应按上列有关项目的质量标准及检验方法进行复检。

3.4 标 志 与 包 装

3.4.1 钢模板的背面应标志厂名、商标、批号等。

3.4.2 根据运输及装卸条件，组合钢模板应采用捆扎或包装。

4 模板工程的施工设计

4.1 一 般 规 定

4.1.1 模板工程施工前，应根据结构施工图，施工总平面图及施工设备和材料供应等现场条件，编制模板工程施工设计，列入工程项目的施工组织设计。

4.1.2 模板工程的施工设计应包括下列内容：

    1 绘制配板设计图、连接件和支承系统布置图、细部结构和异型模板详图及特殊部位详图；

    2 根据结构构造型式和施工条件确定模板荷载，对模板和支承系统做力学验算；

    3 编制钢模板与配件的规格、品种与数量明细表；

    4 制定技术及安全措施，包括：模板结构安装及拆卸的程序，特殊部位、预埋件及预留孔洞的处理方法，必要的加热、保温或隔热措施，安全措施等；

    5 制定钢模板及配件的周转使用方式与计划；

    6 编写模板工程施工说明书。

4.1.3 简单的模板工程可按预先编制的模板荷载等级和部件规格间距选用图表，绘制模板排列图及连接件与支承件布置图，并对关键的部位做力学验算。

4.1.4 为加快组合钢模板的周转使用，宜选取下列措施：

    1 分层分段流水作业；

    2 竖向结构与横向结构分开施工；

    3 充分利用有一定强度的混凝土结构支承上部模板结构；

    4 采用预先组装大片模板的方式整体装拆；

    5 采用各种可以重复使用的整体模架。

4.2 刚度及强度验算

4.2.1 组合钢模板承受的荷载应根据现行国家标准《混凝土结构工程施工及验收规范》GB 50204 的有关规定进行计算。

4.2.2 组成模板结构的钢模板、钢楞和支柱应采用组合荷载验算其刚度，其容许挠度应符合表 4.2.2 的规定。

表 4.2.2 钢模板及配件的容许挠度（mm）

部件名称	容许挠度
钢模板的面积	1.5
单块钢模板	1.5
钢楞	$l/500$
柱箍	$b/500$
桁架	$l/1000$
支承系统累计	4.0
注：l 为计算跨度，b 为柱宽。	

4.2.3 组合钢模板所用材料的强度设计值，应按照国家现行规范的有关规定取用。并应根据组合钢模板的新旧程度、荷载性质和结构不同部位，乘以系数 1.0～1.18。

4.2.4 钢楞所用矩形钢管与内卷边槽钢的强度设计值应根据现行国家标准《冷弯薄壁型钢结构技术规范》GBJ 18 的有关规定取用；强度设计值不应提高。

4.2.5 当验算模板及支承系统在自重与风荷载作用下抗倾覆的稳定性时，抗倾覆系数不应小于 1.15。风荷载应根据现行国家标准《建筑结构荷载规范》GBJ 9 的有关规定取用。

4.3 配 板 设 计

4.3.1 配板时，宜选用大规格的钢模板为主板，其他规格的钢模板作补充。

4.3.2 绘制配板图时，应标出钢模板的位置、规格型号和数量。对于预组装的大模板，应标绘出其分界线。有特殊构造时，应加以标明。

4.3.3 预埋件和预留孔洞的位置，应在配板图上标明，并注明其固定方法。

4.3.4 钢模板的配板，应根据配模面的形状和几何尺寸，以及支撑形式而决定。

4.3.5 钢模板长向接缝宜采用错开布置，以增加模板的整体刚度。

4.3.6 为设置对拉螺栓或其他拉筋，需要在钢模板上钻孔时，应使钻孔的模板能多次周转使用。并应采取措施减少和避免在钢模板上钻孔。

4.3.7 柱、梁、墙、板的各种模板面的交接部分，应采用连接简便、结构牢固的专用模板。

4.3.8 相邻钢模板的边肋，都应用 U 形卡插卡牢固，U 形卡的间距不应大于 300mm，端头接缝上的卡孔，应插上 U 形卡或 L 形插销。

4.4 支承系统的设计

4.4.1 模板的支承系统应根据模板的荷载和部件的刚度进行布置。内钢楞的配置方向应与钢模板的长度方向相垂直，直接承受钢模板传递的荷载，其间距应按荷载数值和钢模板的力学性能计算确定。外钢楞承受内钢楞传递的荷载，用以加强钢模板结构的整体刚度和调整平直度。

4.4.2 内钢楞悬挑部分的端部挠度应与跨中挠度大致相等，悬挑长度不宜大于 400mm，支柱应着力在外钢楞上。

4.4.3 对于一般柱、梁模板，宜采用柱箍和梁卡具作支承件；对于断面较大的柱、梁，宜用对拉螺栓和钢楞。

4.4.4 模板端缝齐平布置时，一般每块钢模板应有两个支承点，错开布置时，其间距可不受端缝位置的限制。

4.4.5 对于在同一工程中可多次使用的预组装模板，宜采用钢模板和支承系统连成整体的模架。整体模架可随结构部位及施工方式而采取不同的构造型式。

4.4.6 支承系统应经过设计计算，保证具有足够的强度和稳定性。当支柱或其节间的长细比大于 110 时，应按临界荷载进行核算，安全系数可取 3～3.5。

4.4.7 支承系统中，对连续形式和排架形式的支柱应适当配置水平撑与剪力撑，保证其稳定性。

5 模板工程的施工及验收

5.1 施 工 准 备

5.1.1 组合钢模板安装前应向施工班组进行技术交底。有关施工及操作人员应熟悉施工图及模板工程的施工设计。

5.1.2 施工现场应有可靠的能满足模板安装和检查需用的测量控制点。

5.1.3 现场使用的模板及配件应按规格的数量逐项清点和检查,未经修复的部件不得使用。

5.1.4 采用预组装模板施工时,模板的预组装应在组装平台或经平整处理过的场地上进行。组装完毕后应予编号,并应按表 5.1.4 的组装质量标准逐块检验后进行试吊,试吊完毕后应进行复查,并再检查配件的数量、位置和紧固情况。

表 5.1.4　钢模板施工组装质量标准（mm）

项　目	允许偏差
两块模板之间拼接缝隙	≤2.0
相邻模板面的高低差	≤2.0
组装模板板面平面度	≤2.0（用 2m 长平尺检查）
组装模板板面的长宽尺寸	≤长度和宽度的 1/1000,最大±4.0
组装模板两对角线长度差值	≤对角线长度的 1/1000,最大≤7.0

5.1.5 经检查合格的组装模板,应按照安装程序进行堆放和装车。平行叠放时应稳当妥贴,避免碰撞,每层之间应加垫木,模板与垫木均应上下对齐,底层模板应垫离地面不小于 10cm。立放时,必须采取措施,防止倾倒并保证稳定,平装运输时,应整堆捆紧,防止摇晃摩擦。

5.1.6 钢模板安装前,应涂刷脱模剂,严禁在模板上涂刷废机油。

5.1.7 模板安装时,应做好下列准备工作:

1 梁和楼板模板的支柱支设在土壤地面时,应将地面事先整平夯实,根据土质情况考虑排水或防水措施,并准备柱底垫板;

2 竖向模板的安装底面应平整坚实,清理干净,并采取可靠的定位措施;

3 竖向模板应按施工设计要求预埋支承锚固件。

5.2 安 装 及 拆 除

5.2.1 现场安装组合钢模板时,应遵守下列规定:

1 按配板图与施工说明书循序拼装,保证模板系统的整体稳定。

2 配件必须装插牢固。支柱和斜撑下的支承面应平整垫实,并有足够的受压面积。支撑件应着力于外钢楞。

3 预埋件与预留孔洞必须位置准确,安设牢固。

4 基础模板必须支拉牢固，防止变形，侧模斜撑的底部应加设垫木。

5 墙和柱子模板的底面应找平，下端应与事先做好的定位基准靠紧垫平，在墙、柱上继续安装模板时，模板应有可靠的支承点，其平直度应进行校正。

6 楼板模板支模时，应先完成一个格构的水平支撑及斜撑安装，再逐渐向外扩展，以保持支撑系统的稳定性。

7 墙柱与梁板同时施工时，应先支设墙柱模板，调整固定后，再在其上架设梁板模板。

8 当墙柱混凝土已经浇灌完毕时，可以利用已灌注的混凝土结构来支承梁、板模板。

9 预组装墙模板吊装就位后，下端应垫平，紧靠定位基准；两侧模板均应利用斜撑调整和固定其垂直度。

10 支柱在高度方向所设的水平撑与剪力撑，应按构造与整体稳定性布置。

11 多层及高层建筑中，上下层对应的模板支柱应设置在同一竖向中心线上。

5.2.2 模板工程的安装应符合下列要求：

1 同一条拼缝上的 U 形卡不宜向同一方向卡紧。

2 墙两侧模板的对拉螺栓孔应平直相对，穿插螺栓时不得斜拉硬顶。钻孔应采用机具，严禁用电、气焊灼孔。

3 钢楞宜取用整根杆件，接头应错开设置，搭接长度不应少于 200mm。

5.2.3 对于模板安装的起拱，支模的方法，焊接钢筋骨架的安装、预埋件和预留孔洞的允许偏差、预组装模板安装的允许偏差，以及预制构件模板安装的允许偏差等事项均需按照现行国家标准《混凝土结构工程施工及验收规范》GB 50204 的相应规定办理。

5.2.4 曲面结构可用双曲可调模板，采用平面模板组装时，应使模板面与设计曲面的最大差值不得超过设计的允许值。

5.2.5 模板工程安装完毕，必须经检查验收后，方可进行下道工序。混凝土的浇筑必须按照现行国家标准《混凝土结构工程施工及验收规范》GB 50204 的有关规定办理。

5.2.6 拆除模板的时间必须按照现行国家标准《混凝土结构工程施工及验收规范》GB 50204 的有关规定办理。

5.2.7 现场拆除组合钢模板时，应遵守下列规定：

1 拆模前应制定拆模程序、拆模方法及安全措施；

2 先拆除侧面模板，再拆除承重模板；

3 组合大模板宜大块整体拆除；

4 支承件和连接件应逐件拆卸，模板应逐块拆卸传递，拆除时不得损伤模板和混凝土。

5 拆下的模板和配件均应分类堆放整齐，附件应放在工具箱内。

5.3 安 全 要 求

5.3.1 在组合钢模板上架设的电线和使用的电动工具，应采用 36V 的低压电源或采取其他有效的安全措施。

5.3.2 登高作业时，连接件必须放在箱盒或工具袋中，严禁放在模板或脚手板上，扳手等各类工具必须系挂在身上或置放于工具袋内，不得掉落。

5.3.3 钢模板用于高耸建筑施工时，应有防雷击措施。

5.3.4 高空作业人员严禁攀登组合钢模板或脚手架等上下，也不得在高空的墙顶、独立梁及其模板等上面行走。

5.3.5 组合钢模板装拆时，上下应有人接应，钢模板应随装拆随转运，不得堆放在脚手板上，严禁抛掷踩撞，若中途停歇，必须把活动部件固定牢靠。

5.3.6 装拆模板，必须有稳固的登高工具或脚手架，高度超过 **3.5m** 时，必须搭设脚手架。装拆过程中，除操作人员外，下面不得站人，高处作业时，操作人员应挂上安全带。

5.3.7 安装墙、柱模板时，应随时支撑固定，防止倾覆。

5.3.8 模板的预留孔洞、电梯井口等处，应加盖或设置防护栏，必要时应在洞口处设置安全网。

5.3.9 安装预组装成片模板时，应边就位，边校正和安设连接件，并加设临时支撑稳固。

5.3.10 预组装模板装拆时，垂直吊运应采取两个以上的吊点，水平吊运应采取四个吊点，吊点应合理布置并作受力计算。

5.3.11 预组装模板拆除时，宜整体拆除，并应先挂好吊索，然后拆除支撑及拼接两片模板的配件，待模板离开结构表面后再起吊，吊钩不得脱钩。

5.3.12 拆除承重模板时，为避免突然整块坍落，必要时应先设立临时支撑，然后进行拆卸。

5.4 检 查 验 收

5.4.1 组合钢模板工程安装过程中，应进行质量检查和验收，检查下列内容：

1 组合钢模板的布局和施工顺序；

2 连接件、支承件的规格、质量和紧固情况；

3 支承着力点和模板结构整体稳定性；

4 模板轴线位置和标志；

5 竖向模板的垂直度和横向模板的侧向弯曲度；

6 模板的拼缝宽度和高低差；

7 预埋件和预留孔洞的规格数量及固定情况。

5.4.2 整体式结构模板安装的质量检查，除根据现行国家标准《建筑工程质量检验评定标准》GBJ 301 的有关规定执行外，尚应检查下列内容：

1 扣件规格与对拉螺栓、钢楞的配套和紧固情况；

2 支柱、斜撑的数量和着力点；

3 对拉螺栓、钢楞与支柱的间距；

4 各种预埋件和预留孔洞的固定情况；

5 模板结构的整体稳定；

6 有关安全措施。

5.4.3 模板工程验收时，应提供下列文件：

1 模板工程的施工设计或有关模板排列图和支承系统布置图；

2 模板工程质量检查记录及验收记录；

3 模板工程支模的重大问题及处理记录。

6 组合钢模板的运输、维修与保管

6.1 运 输

6.1.1 钢模板运输时，不同规格的模板不宜混装，当超过车箱侧板高度时，必须采取有效措施防止模板滑动。

6.1.2 短途运输时，钢模板可采用散装运输；长途运输时，钢模板应用简易集装，支承件应捆扎，连接件应分类装箱。

6.1.3 预组装模板运输时，可根据预组装模板的结构、规格尺寸和运输条件等，采取分层平放运输或分格竖直运输，但都应分隔垫实，支撑牢固，防止松动变形。

6.1.4 装卸模板和配件可用起重设备成捆装卸或人工单块搬运，均应轻装轻卸，严禁抛掷，并应防止碰撞损坏。

6.2 维 修 与 保 管

6.2.1 钢模板和配件拆除后，应及时清除粘结的砂浆杂物，板面涂刷防锈油，对变形及损坏的钢模板及配件，应及时整形和修补，修复后的钢模板和配件应达到表6.2.1的要求，并宜采用机械整形和清理。

表 6.2.1 钢模板及配件修复后的主要质量标准（mm）

项　目		允许偏差
钢模板	板面平面度	≤2.0
	凸棱直线度	≤1.0
	边肋不直度	不得超过凸棱高度
配件	U形卡卡口残余变形	≤1.2
	钢楞及支柱直线度	≤l/1000
注：l 为钢楞及支柱的长度。		

6.2.2 对暂不使用的钢模板，板面应涂刷脱模剂或防锈油，背面油漆脱落处，应补涂防锈漆，焊缝开裂时应补焊，并按规格分类堆放。

6.2.3 维修质量达不到本规范表6.2.1要求的钢模板和配件不得发放使用。

6.2.4 钢模板宜放在室内或敞棚内，模板的底面应垫离地面100mm以上；露天堆放时，地面应平整、坚实，有排水措施，模板底面应垫离地面200mm以上，两支点离模板两端的距离不大于模板长度的1/6。

6.2.5 配件入库保存时，应分类存放，小件要点数装箱入袋，大件要整数成垛。

附录 A 组合钢模板的用途

A.0.1 钢模板。

1 平面模板：用于基础、墙体、梁、柱和板等各种结构的平面部位（如图 A.0.1-1）。

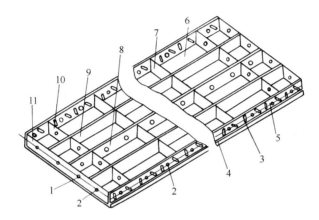

图 A.0.1-1 平面模板

1—插销孔；2—U 形卡孔；3—凸鼓；4—凸棱；5—边肋；6—主板；
7—无孔横肋；8—有孔纵肋；9—无孔纵肋；10—有孔横肋；11—端肋

2 阴角模板：用于墙体和各种构件的内角及凹角的转角部位（图 A.0.1-2）。

3 阳角模板：用于柱、梁及墙体等外角及凸角的转角部位（图 A.0.1-3）。

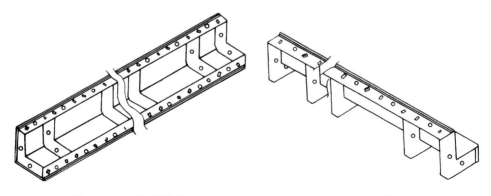

图 A.0.1-2 阴角模板　　　　　图 A.0.1-3 阳角模板

4 连接角模：用于柱、梁及墙体等外角及凸角的转角部位（图 A.0.1-4）。

5 倒棱模板：用于柱、梁及墙体等阳角的倒棱部位。倒棱模板有角棱模板和圆棱模板（图 A.0.1-5）。

6 梁腋模板：用于暗渠、明渠、沉箱及高架结构等梁腋部位（图 A.0.1-6）。

8 搭接模板：用于调节 50mm 以内的拼装模板尺寸（图 A.0.1-7）。

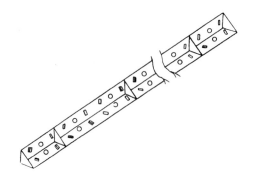

图 A.0.1-4　连接角模

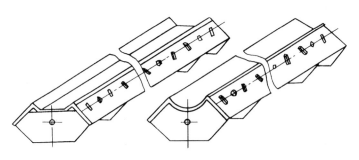

图 A.0.1-5　倒棱模板

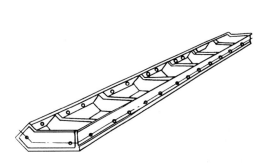

图 A.0.1-6　梁腋模板

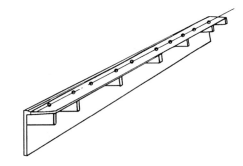

图 A.0.1-7　搭接模板

9　双曲可调模板：用于构筑物曲面部位（图 A.0.1-8）。

10　变角可调模板：用于展开面为扇形或梯形的构筑物的结构部位（图 A.0.1-9）。

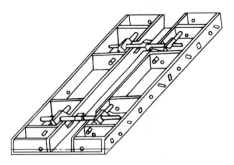

图 A.0.1-8　双曲可调模板

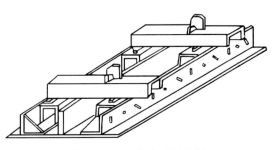

图 A.0.1-9　变角可调模板

11 嵌补模板：用于梁、板、墙、柱等结构的接头部位。

A.0.2 连接件。

1 U形卡：用于钢模板纵横向自由拼接，将相邻钢模板夹紧固定的主要连接件（图 A.0.2-1）。

2 L形插销：用作增强钢模板纵向拼接刚度，保证接缝处板面平整（图 A.0.2-2）。

3 钩头螺栓：用作钢模板与内外钢楞之间的连接固定（图 A.0.2-3）。

4 紧固螺栓：用作紧固内、外钢楞，增强拼接模板的整体固定（图 A.0.2-4）。

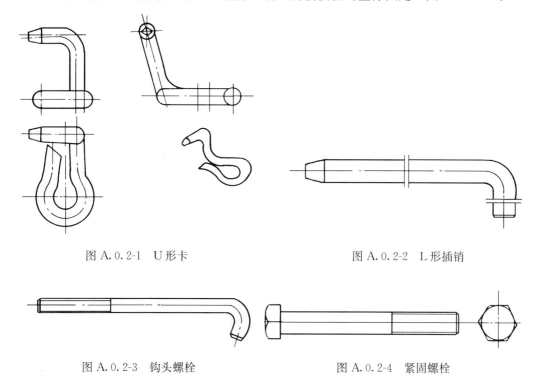

图 A.0.2-1　U形卡　　　　　　　　图 A.0.2-2　L形插销

图 A.0.2-3　钩头螺栓　　　　　　　图 A.0.2-4　紧固螺栓

5 扣件：用作钢楞与钢模板或钢楞之间的紧固连接，与其他配件一起将钢模板拼装连接成整体，扣件应与相应的钢楞配套使用。按钢楞的不同形状，分别采用碟形扣件和3形扣件，扣件的刚度应与配套螺栓的强度相适应（图 A.0.2-5、图 A.0.2-6）。

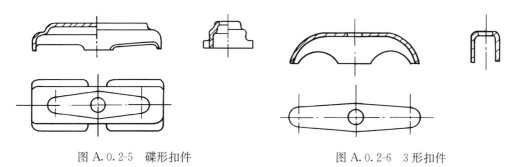

图 A.0.2-5　碟形扣件　　　　　　　图 A.0.2-6　3形扣件

6 对拉螺栓：用作拉结两竖向侧模板，保持两侧模板的间距，承受混凝土侧压力和其他荷重，确保模板有足够的刚度和强度（图 A.0.2-7）。

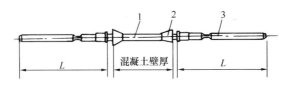

图 A.0.2-7 对拉螺栓

1—内拉杆；2—顶帽；3—外拉杆

A.0.3 支承件。

1 钢楞：用于支承钢模板和加强其整体刚度。钢楞材料有圆钢管、矩形钢管和内卷边槽钢等形式。钢楞的力学性能应符合本规范附录 D 的要求。

2 柱箍：用于支承和夹紧模板，其型式应根据柱模尺寸、侧压力大小等因素来选择（图 A.0.3-1）。

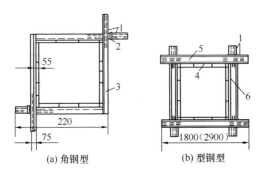

(a) 角钢型　　　　　(b) 型钢型

图 A.0.3-1　柱箍

1—插销；2—限位器；3—夹板；

4—模板；5—型钢 A；6—型钢 B

3 钢支柱：用于承受水平模板传递的竖向模板，支柱有单管支柱、四管支柱等多种型式（图 A.0.3-2 和图 A.0.3-3）。

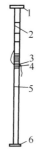　　　　　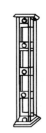

图 A.0.3-2　钢支柱　　　　　图 A.0.3-3　四管支柱

1—顶板；2—插管；3—插销；

4—转盘；5—套管；6—底板

4 早拆柱头：用于梁和模板的支撑柱头，以及模板早拆（图 A.0.3-4）

5 斜撑：用于承受单侧模板的侧向荷载和调整竖向支模的垂直度。

6 桁架：有平面可调和曲面可变式两种，平面可调桁架用于支承楼板、梁平面构件

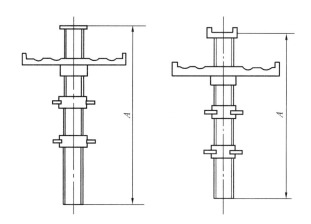

图 A.0.3-4　早拆柱头

的模板，曲面可变桁架支承曲面构件的模板（图 A.0.3-5 和图 A.0.3-6）。

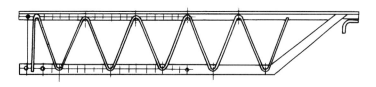

图 A.0.3-5　平面可调桁架

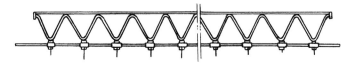

图 A.0.3-6　曲面可变桁架

　　7　钢管支架：用作梁、楼板及平台等模板支架、外脚手架等。

　　8　门式支架：用作梁、楼板及平台等模板支架、内外脚手架和移动脚手架等（图 A.0.3-7）。

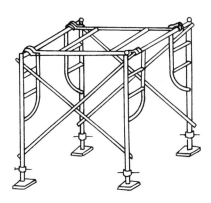

图 A.0.3-7　门式支架

9 碗扣式支架：用作梁、楼板及平台等模板支架、外脚手架和移动脚手架等（图 A.0.3-8）。

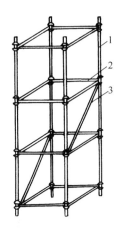

图 A.0.3-8　碗扣式支架
1—立杆；2—横杆；3—斜杆

10 方塔式支架：用作梁、楼板及平台等模板支架等（图 A.0.3-9）。

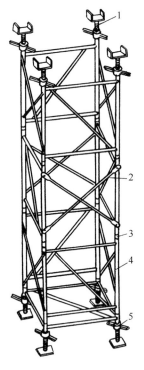

图 A.0.3-9　方塔式支架
1—顶托；2—交叉斜撑；3—连接棒；
4—标准架；5—底座

附录 B 钢模板规格编码表

表 B 钢模板规格编码表（mm）

模板名称	宽度	模板长度													
		450		600		750		900		1200		1500		1800	
		代号	尺寸	代号	尺寸	代号	尺寸	代号	尺寸	代号	尺寸	代号	尺寸	代号	尺寸
平面模板代号P	600	P6004	600×450	P6006	600×600	P6007	600×750	P6009	600×900	P6012	600×1200	P6015	600×1500	P6018	600×1800
	550	P5504	550×450	P5506	550×600	P5507	550×750	P5509	550×900	P5512	550×1200	P5515	550×1500	P5518	550×1800
	500	P5004	500×450	P5006	500×600	P5007	500×750	P5009	500×900	P5012	500×1200	P5015	500×1500	P5018	500×1800
	450	P4504	450×450	P4506	450×600	P4507	450×750	P4509	450×900	P4512	450×1200	P4515	450×1500	P4518	450×1800
	400	P4004	400×450	P4006	400×600	P4007	400×750	P4009	400×900	P4012	400×1200	P4015	400×1500	P4018	400×1800
	350	P3504	350×450	P3506	350×600	P3507	350×750	P3509	350×900	P3512	350×1200	P3515	350×1500	P3518	350×1800
	300	P3004	300×450	P3006	300×600	P3007	300×750	P3009	300×900	P3012	300×1200	P3015	300×1500	P3018	300×1800
	250	P2504	250×450	P2506	250×600	P2507	250×750	P2509	250×900	P2512	250×1200	P2515	250×1500	P2518	250×1800
	200	P2004	200×450	P2006	200×600	P2007	200×750	P2009	200×900	P2012	200×1200	P2015	200×1500	P2018	200×1800
	150	P1504	150×450	P1506	150×600	P1507	150×750	P1509	150×900	P1512	150×1200	P1515	150×1500	P1518	150×1800
	100	P1004	100×450	P1006	100×600	P1007	100×750	P1009	100×900	P1012	100×1200	P1015	100×1500	P1018	100×1800
阴角模板（代号E）		E1504	150×150×450	E1506	150×150×600	E1507	150×150×750	E1509	150×150×900	E1512	150×150×1200	E1515	150×150×1500	E1518	150×150×1800
		E1004	100×150×450	E1006	100×150×600	E1007	100×150×750	E1009	100×150×900	E1012	100×150×1200	E1015	100×150×1500	E1018	100×150×1800
阳角模板（代号Y）		Y1004	100×100×450	Y1006	100×100×600	Y1007	100×100×750	Y1009	100×100×900	Y1012	100×100×1200	Y1015	100×100×1500	Y1018	100×100×1800
		Y0504	50×50×450	Y0506	50×50×600	Y0507	50×50×750	Y0509	50×50×900	Y0512	50×50×1200	Y0515	50×50×1500	Y0518	50×50×1800
连接角模（代号J）		J0004	50×50×450	J0006	50×50×600	J0007	50×50×750	J0009	50×50×900	J0012	50×50×1200	J0015	50×50×1500	J0018	50×50×1800

续表B

模板长度

模板名称	450 代号	450 尺寸	600 代号	600 尺寸	750 代号	750 尺寸	900 代号	900 尺寸	1200 代号	1200 尺寸	1500 代号	1500 尺寸	1800 代号	1800 尺寸
倒棱模板 角棱模板（代号JL）	JL1704	17×450	JL1706	17×600	JL1707	17×750	JL1709	17×900	JL1712	17×1200	JL1715	17×1500	JL1718	17×1800
倒棱模板 角棱模板（代号JL）	JL4504	45×450	JL4506	45×600	JL4507	45×750	JL4509	45×900	JL4512	45×1200	JL4515	45×1500	JL4518	45×1800
倒棱模板 圆棱模板（代号YL）	YL2004	20×450	YL2006	20×600	YL2007	20×750	YL2009	20×900	YL2012	20×1200	YL2015	20×1500	YL2018	20×1800
倒棱模板 圆棱模板（代号YL）	YL3504	35×450	YL3506	35×600	YL3507	35×750	YL3509	35×900	YL3512	35×1200	YL3515	35×1500	YL3518	35×1800
梁腋模板（代号1Y）	IY1004	100×50×450	IY1006	100×50×600	IY1007	100×50×750	IY1009	100×50×900	IY1012	100×50×1200	IY1015	100×50×1500	IY1018	100×50×1800
梁腋模板（代号1Y）	IY1504	150×50×450	IY1506	150×50×600	IY1507	150×50×750	IY1509	150×50×900	IY1512	150×50×1200	IY1515	150×50×1500	IY1518	150×50×1800
柔性模板（代号Z）	Z1004	100×450	Z1006	100×600	Z1007	100×750	Z1009	100×900	Z1012	100×1200	Z1015	100×1500	Z1018	100×1800
搭接模板（代号D）	D7504	75×450	D7506	75×600	D7507	75×750	D7509	75×900	D7512	75×1200	D7515	75×1500	D7518	75×1800
双曲可调模板（代号T）	—	—	T3006	300×600	—	—	T3009	300×900	—	—	T3015	300×1500	T3018	300×1800
双曲可调模板（代号T）	—	—	T2006	200×600	—	—	T2009	200×900	—	—	T2015	200×1500	T2018	200×1800
变角可调模板（代号B）	—	—	B2006	200×600	—	—	B2009	200×900	—	—	B2015	200×1500	B2018	200×1800
变角可调模板（代号B）	—	—	B1606	160×600	—	—	B1609	160×900	—	—	B1615	160×1500	B1618	160×1800

附录C 平面模板截面特征

表C 平面模板截面特征

模板宽度 b(mm)	600		550		500		450		400		350	
板面厚度 δ(mm)	3.00	2.75	3.00	2.75	3.00	2.75	3.00	2.75	3.00	2.75	3.00	2.75
肋板厚度 δ_1(mm)	3.00	2.75	3.00	2.75	3.00	2.75	3.00	2.75	3.00	2.75	3.00	2.75
净截面面积 A(cm²)	24.56	22.55	23.06	21.17	19.58	17.98	18.08	16.60	16.58	15.23	13.94	12.80
中性轴位置 Y_x(cm)	0.98	0.97	1.03	1.02	0.96	0.95	1.02	1.01	1.09	1.08	1.00	0.99
净截面惯性矩 J_x(cm⁴)	58.87	54.30	59.59	55.06	47.50	43.82	46.43	42.83	45.20	41.69	35.11	32.38
净截面抵抗矩 W_x(cm³)	13.02	11.98	13.33	12.29	10.46	9.63	10.36	9.54	10.25	9.43	7.80	7.18

模板宽度 b(mm)	300		250		200		150		100	
板面厚度 δ(mm)	2.75	2.50	2.75	2.50	2.75	2.50	2.75	2.50	2.75	2.50
肋板厚度 δ_1(mm)	2.75	2.50	2.75	2.50	—	—	—	—	—	—
净截面面积 A(cm²)	11.42	10.40	10.05	9.15	7.61	6.91	6.24	5.69	4.86	4.44
中性轴位置 Y_x(cm)	1.08	0.96	1.20	1.07	1.08	0.96	1.27	1.14	1.54	1.43
净截面惯性矩 J_x(cm⁴)	36.30	26.97	29.89	25.98	20.85	17.98	19.37	16.91	17.19	15.25
净截面抵抗矩 W_x(cm³)	8.21	5.94	6.95	5.86	4.72	3.96	4.58	3.88	4.34	3.75

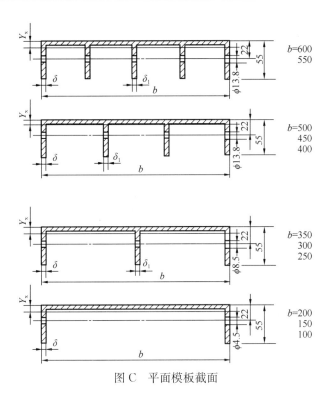

图C 平面模板截面

附录 D 钢模板配件规格及截面特征

表 D-1 柱箍截面特征

	规格 （mm）	夹板长度 （mm）	截面积 （cm²）	惯性矩 （cm⁴）	截面抵抗矩 （cm³）	适用柱宽范围 （mm）
扁钢	－60×6	790	3.60	10.80	3.60	250～500
角钢	L75×50×5	1068	6.12	34.86	6.83	250～750
槽钢	[80×43×5	1340	10.24	101.30	25.30	500～1000
	[100×48×5.3	1380	12.74	198.30	39.70	500～1200
圆钢管	φ48×3.5	1200	4.89	12.10	5.08	300～700
	φ51×3.5	1200	5.22	14.81	5.81	300～700

表 D-2 对拉螺栓承载能力

螺栓直径（mm）	螺纹内径（mm）	净面积（mm²）	容许拉力（kN）
M12	10.11	76	12.90
M14	11.84	105	17.80
M16	13.84	144	24.50
T12	9.50	71	12.05
T14	11.50	104	17.65
T16	13.50	143	24.27
T18	15.50	189	32.08
T20	17.50	241	40.91

表 D-3 扣件容许荷载（kN）

项 目	型 号	容许荷载
碟形扣件	26 型	26
	18 型	18
3 形扣件	26 型	26
	12 型	12

表 D-4 钢桁架截面特征

项目	杆件名称	杆件规格 （mm）	毛截面积 A（cm²）	杆件长度 l（mm）	惯性矩 J（cm⁴）	回转半径 r（mm）
平面可 调桁架	上弦杆	L63×6	7.2	600	27.19	1.94
	下弦杆	L63×6	7.2	1200	27.19	1.94
	腹杆	L36×4	2.72	876	3.3	1.1
		L36×4	2.72	639	3.3	1.1
曲面可 变桁架	内外弦杆	25×4	2×1=2	250	4.93	1.57
	腹杆	φ18	2.54	277	0.52	0.45

表 D-5 钢支柱截面特征（一）

项目	直径（mm）		壁厚（mm）	截面积 A（cm^2）	惯性矩 I（cm^4）	回转半径 r（cm）
	外径	内径				
插管	48	43	2.5	3.57	9.28	1.61
套管	60	55	2.5	4.52	18.7	2.03

表 D-6 钢支柱截面特征（二）

项目	直径（mm）		壁厚（mm）	截面积 A（cm^2）	惯性矩 I（cm^4）	回转半径 r（cm）
	外径	内径				
插管	48	41	3.5	4.89	12.19	1.58
套管	60	53	3.5	6.21	24.88	2.00

表 D-7 四管支柱截面特性

管柱规格（mm）	四管中心距（mm）	截面积（cm^2）	惯性矩（cm^4）	截面抵抗矩（cm^3）	回转半径（cm）
$\phi48\times3.5$	200	19.57	2005.35	121.24	10.12
$\phi48\times3.0$	200	16.96	1739.06	105.34	10.13

表 D-8 钢楞截面特性

规格（mm）		截面积（cm^2）	惯性矩（cm^4）	截面抵抗矩（cm^3）
圆钢管	$\phi48\times3.0$	4.24	10.78	4.49
	$\phi48\times3.5$	4.89	12.19	5.08
	$\phi51\times3.5$	5.22	14.81	5.81
矩形钢管	$\square60\times40\times2.5$	4.57	21.88	7.29
	$\square80\times40\times2.0$	4.52	37.13	9.28
	$\square100\times50\times3.0$	8.54	112.12	22.42
轻型槽钢	$[80\times40\times3.0$	4.50	43.92	10.98
	$[100\times50\times3.0$	5.70	88.52	12.20
内卷边槽钢	$[80\times40\times15\times3.0$	5.08	48.92	12.23
	$[100\times50\times20\times3.0$	6.58	100.28	20.06
轧制槽钢	$[80\times43\times5.0$	10.24	101.30	25.30

附录 E 钢模板荷载试验方法

钢模板荷载试验可采用均布荷载或集中荷载进行，当模板支点间距为 900mm，均布荷载为 30kN/m^2 时（相当于集中荷载 $P=10$N/mm）最大挠度不应超过 1.5mm；均布荷载为 45kN/mm^2 时（相当于集中荷载 $P=15$N/mm），应不发生局部破坏或折曲，卸荷后残余变形不超过 0.2mm，保荷时间应大于 2h，所有焊点无裂纹或撕裂。荷载试验标准应符合本规范表 3.3.4 的要求，荷载试验简图如图 E 所示。

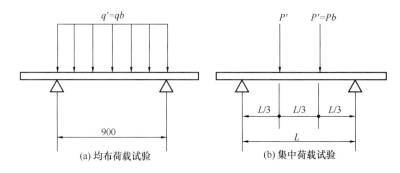

图 E 荷载试验简图

q—均布荷载；P—集中荷载；b—模板宽度

附录 F 钢模板质量检验评定方法

F.0.1 钢模板质量检验评定方法按百分制评定质量，检查内容包括单件检查和组装检查。其中单件检查为 90 分，组装检查为 10 分，满分为 100 分。

F.0.2 钢模板的质量分为优质品和合格品二个等级，其标准应符合如下规定：

1 优质品：检查点合格率达到 90% 和累计分数平均达到 90 分；

2 合格品：检查点合格率达到 80% 和累计分数平均达到 80 分。

F.0.3 检查抽样应符合如下规定（本规定只作行业检查评比和厂方综合评定某一批产品等级用）：

1 抽样数量：抽样规格品种不应少于 6 种。从每个规格中抽查 5 块，抽样总数不应少于 30 块，其中模板长度 $L \geqslant 900$mm 的抽 4 种，角模抽 1 种。

2 抽样方法：由检查人员从成品仓库中或从用户库存产品中随机抽样。

3 抽样基数：每种规格的数量不得少于 100 件。

F.0.4 评定方法：

1 检查项目共有 29 项，按项目的重要程度分为关键项、主项和一般项 3 种。

2 关键项按合格点数的比例记分。每块板测三点时，有一点不合格者，应扣除该项应得分数的 1/3（测两点时，应扣除 1/2），有两点不合格者，不应记分。

3 主项和一般项都按合格点数的比例记分。每块板测三点时，有一点不合格者，应扣除该项应得分数的 1/3，有两点不合格者，应扣除应得分数的 2/3。

4 钢模板关键项的同一项目有 40% 的检查点超出允许偏差值时，应另外加倍抽样检验。如加倍抽样检验的结果，仍有 20% 的检查点超出允许偏差值，则该品种为不合格品。

5 焊点必须全部检查。合格点数大于或等于 90% 者，应记满分（折合三点合格）；小于 90% 的和大于或等于 80% 者，应记 2/3 的分数（折合二点合格）；小于 80% 和大于或等于70%者，应记1/3的分数（折合一点合格）；小于70%者不应记分。如有夹渣、咬肉或气孔等缺陷时，该点按不合格计，如有漏焊、焊穿等缺陷时，该板焊缝都不应记分。

　　6　油漆检查分漏涂、皱皮、脱皮和流淌四项，每块有一项不合格应扣除1分。

　　7　单件检查完后，应从样本中随机抽样作组装检查，由受检单位派4人在2h内拼装完毕，每超过5min应扣除1分。

F.0.5　组装检查的拼模边长不应小于2m，组装模板的规格不应少于6种。

F.0.6　钢模板荷载试验应符合本规范附录E和本规范表3.3.4的规定。抽样方法和批合格判定应按本规范附录J的要求执行。荷载试验不合格的产品判定为不合格品。

F.0.7　检查方法和记分标准应按表F.0.7执行。

表 F.0.7　钢模板质量检查方法和评定标准

序号	检查项目		项目性质	评分标准	检查点数	检查方法
1	外形尺寸	长度	关键项	6	3	检查中间及两边倾角部位
		宽度	关键项	6	3	检查两端及中间部位
		肋高	一般项	3	3	检查两侧面的两端及中间部位
2	U形卡孔	孔直径	一般项	3	3	检查任意孔
		沿板长度的孔中心距	关键项	6	3	检查任意间距的两孔中心距
		沿板宽度的孔中心距	主项	2	2	检查两端任意间距的两孔中心距
		沿板宽度方向孔与边肋间的距离	主项	2	4	检查两端孔与两侧面的距离
		孔中心与板面的间距	主项	4	3	检查两端及中间部分
		沿板长度的孔中心与板端间距	主项	4	4	检查两端孔与板端间距
3	凸棱尺寸	高度	主项	4	3	检查任意部分
		宽度	一般项	3	3	检查任意部分
		边肋圆角	一般项	3	2	检查任意部分
4	面板端与两凸棱面的垂直度		关键项	6	2	直角尺一侧与板侧边贴紧检查另一边与板端的间隙
5	板面平面度		主项	4	3	检查沿板面长度方向和对角线部位测量最大值
6	板侧面凸棱直线度		主项	4	2	检查沿板长度方向靠板侧凸棱面测量最大值，两个侧面各取一点
7	横肋	横肋、中纵肋与边肋的高度差	一般项	3	3	检查任意部位
		两端横肋组装位移	一般项	3	4	检查两端部位

序号		检查项目	项目性质	评分标准	检查点数	检查方法
8	焊缝	肋间焊缝长度	主项	4	3	检查所有焊缝
		肋间焊脚高度	主项	3	3	检查所有焊缝
		肋与面板间的焊缝长度	一般项	4	3	检查所有焊缝
		肋与面板间的焊脚高度	一般项	3	3	检查所有焊缝
9		凸鼓的高度	一般项	3	3	检查任意部位
10		防锈漆外观	一般项	4	4	外观目测漏、皱、脱、淌各占 1 分
11		角模 90° 偏差	主项	3	3	检查两端及中间部分
12	组装检查	两块模板之间的拼缝间隙	一般项	2	1	检查任意部位
		相邻模板板面的高低差	一般项	2	1	检查任意部位
		组装模板板面的平整度	一般项	2	1	检查任意部位
		组装模板板面长宽尺寸	一般项	2	2	检查任意部位，长宽各占 1 分
		组装模板板面对角线的长度差值	一般项	2	1	检查任意部位
13		累计		100	78	

附录 G U 形卡荷载试验及质量检验方法

G.0.1 荷载试验方法。

1 U 形卡卡口弹性试验：将 U 形卡插入厚度为 7.4mm 的实验板内，夹紧板肋，保荷 5min 卸下。反复进行 50 次后，其卡口最大残余变形不应大于 1.2mm，弹性孔内圆受拉面不得有横向裂纹。

2 U 形卡夹紧力试验：在试验机上，将 U 形卡的卡口张大到 7.4mm，保荷 5min，相应的拉力值即为 U 形卡的夹紧力。反复进行 50 次后，其卡口的夹紧力不应小于 1500N，弹性孔内圆受拉面不得有横向裂纹。

G.0.2 质量检验方法。U 形卡的质量检验及质量评定按国家现行标准《组合钢模板质量检验评定标准》YB/T 9251 的有关规定进行。

附录 H 钢支柱荷载试验及质量检验方法

H.0.1 荷载试验方法。钢支柱试验分刃形支承和平面支承两种方法。见图 H.0.1-1 和图 H.0.1-2。

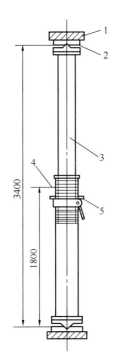
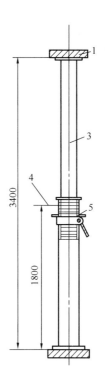

图 H.0.1-1 刃形支承试验   图 H.0.2-2 平面支承试验

1—加压板；2—刃形支座；3—钢支柱；4—标尺；5—插销

1 抗压强度试验。将试件长度调至 3400mm。刃形支承试验时，上下刃形支座相互平行，插销的方向与刃形支座的方向成直角，钢支柱保持垂直，承受荷载不应小于 17kN。平面支承试验时，加压板直接放在托板上，钢支柱保持垂直，承受荷载不应小于 38kN。

2 挠度试验。采用刃形支承，试件长度为 3400mm。在钢支柱中间设标尺，测横向挠度。试验荷载为 9kN 时，最大横向挠度不应超过 7mm。

H.0.2 质量检验方法。钢支柱的质量检验及质量评定按国家现行标准《组合钢模板质量检验评定标准》YB/T9251 的有关规定执行。

附录 J 抽 样 方 法

J.0.1 本规范规定钢模板和配件的检测抽样方法按现行国家标准《逐批检查计数抽样程序及抽样表》（适用于连续批的检查）GB 2828 的规定进行随机抽样、钢模板和配件样本的抽取、检查、合格品的判定应符合如下规定：

1 合格质量水平的规定。钢模板和配件的质量检验合格质量水平采用 6.5，荷载及破坏性检测的合格质量水平采用 4.0。

2 检查水平的规定。钢模板和配件的质量检查水平采用一般检查水平Ⅰ，荷载及破坏性检测的检查水平采用特殊检查水平 S—3。

3 检查严格度的确定。钢模板与配件质量检验开始应使用正常检查抽样方案，荷载与破坏性检测可使用放宽检查抽样方案。严格度的转移规则应按现行国家标准《逐批检查计数抽样程序及抽样表》GB 2828 执行。

4 抽样方案类型的选择。抽样方案宜采用一次抽样方案，在生产稳定，质量保证体系健全的情况下，为了减少检测工作量可采用二次抽样方案。采用二次抽样方案时的检查水平、合格质量水平、抽样方案、严格度以及提交检查批的规定均应与一次抽样方案相同。

5 检查批的提出。钢模板和配件的提交检查批，应是由具有基本相同的设计和生产条件下制造的单位产品所组成，提交检查的每一个检查批的数量不得小于 151 件。

6 样本的抽取。样本应从提交的检查批中随机抽取，所抽取样本的大小应按现行国家标准《逐批检查计数抽样程序及抽样表》GB 2828 的规定执行。抽取样本的时间可在批的形成过程中，也可在批形成以后。

7 样本的检查。样本单位的质量检验应按本规范表 3.3.5-1、表 3.3.5-2 和表 3.3.8 规定的产品质量标准逐项对样本单位进行检查。

8 逐批检查合格或不合格的判断。样本的合格品判定应按本规范附录 F 的规定执行，样本单位合格品数之和及不合格品数之和即为该检查批的合格判定数与不合格判定数，根据规定数的大小可以判定该检查批的合格或不合格。

9 逐批检查后的处置。对于判为合格后的检查批的接受与不合格后的再次提交检查的处理，应按现行国家标准《逐批检查计数抽样程序及抽样表》GB 2828 的有关规定执执。

附录 K　组合钢模板面积、质量换算表

表 K　组合钢模板面积、质量换算表

序号	代号	尺寸（mm）	每块面积（m²）	每块质量（kg）		每平方米质量（kg）	
				$\delta=2.5$	$\delta=2.75$	$\delta=2.5$	$\delta=2.75$
1	P6018	600×1800×55	1.0800	—	38.69	—	35.82
2	P6015	600×1500×55	0.9000	—	32.47	—	36.08
3	P6012	600×1200×55	0.7200	—	26.19	—	36.38
4	P6009	600×900×55	0.5400	—	20.04	—	37.11
5	P6007	600×750×55	0.4500	—	16.56	—	36.80
6	P6006	600×600×55	0.3600	—	13.74	—	38.17
7	P6004	600×450×55	0.2700	—	10.30	—	38.15
8	P5518	550×1800×55	0.9900	—	36.35	—	36.72
9	P5515	550×1500×55	0.8250	—	30.45	—	36.91

序号	代号	尺寸（mm）	每块面积（m²）	每块质量（kg）		每平方米质量（kg）	
				$\delta=2.5$	$\delta=2.75$	$\delta=2.5$	$\delta=2.75$
10	P5512	550×1200×55	0.6600	—	24.62	—	37.30
11	P5509	550×900×55	0.4950	—	18.78	—	37.94
12	P5507	550×750×55	0.4125	—	16.14	—	39.13
13	P5506	550×600×55	0.3300	—	12.83	—	38.88
14	P5504	550×450×55	0.2475	—	9.64	—	38.95
15	P5018	500×1800×55	0.9000	—	31.59	—	35.10
16	P5015	500×1500×55	0.7500	—	26.72	—	35.63
17	P5012	500×1200×55	0.6000	—	21.76	—	36.27
18	P5009	500×900×55	0.4500	—	16.53	—	36.73
19	P5007	500×750×55	0.3750	—	14.25	—	38.00
20	P5006	500×600×55	0.3000	—	11.40	—	38.00
21	P5004	500×450×55	0.2250	—	8.55	—	38.00
22	P4518	450×1800×55	0.8100	—	29.59	—	36.53
23	P4515	450×1500×55	0.6750	—	24.78	—	36.71
24	P4512	450×1200×55	0.5400	—	20.06	—	37.15
25	P4509	450×900×55	0.4050	—	15.31	—	37.80
26	P4507	450×750×55	0.3375	—	12.67	—	37.54
27	P4506	450×600×55	0.2700	—	10.52	—	38.96
28	P4504	450×450×55	0.2025	—	7.85	—	38.77
29	P4018	400×1800×55	0.7200	—	27.04	—	37.56
30	P4015	400×1500×55	0.6000	—	22.68	—	37.80
31	P4012	400×1200×55	0.4800	—	18.34	—	38.21
32	P4009	400×900×55	0.3600	—	13.96	—	38.78
33	P4007	400×750×55	0.3000	—	11.96	—	39.87
34	P4006	400×600×55	0.2400	—	9.60	—	40.00
35	P4004	400×450×55	0.1800	—	7.17	—	39.83
36	P3518	350×1800×55	0.6300	—	22.84	—	36.25
37	P3515	350×1500×55	0.5250	—	19.14	—	36.46
38	P3512	350×1200×55	0.4200	—	15.45	—	36.79
39	P3509	350×900×55	0.3150	—	11.77	—	37.37
40	P3507	350×750×55	0.2625	—	10.30	—	39.24
41	P3506	350×600×55	0.2100	—	8.07	—	38.42
42	P3504	350×450×55	0.1575	—	6.05	—	38.41
43	P3018	300×1800×55	0.5400	18.44	20.29	34.15	37.57
44	P3015	300×1500×55	0.4500	15.63	17.19	34.73	38.20

序号	代号	尺寸（mm）	每块面积（m²)	每块质量（kg）		每平方米质量（kg）	
				$\delta=2.5$	$\delta=2.75$	$\delta=2.5$	$\delta=2.75$
45	P3012	300×1200×55	0.3600	12.61	13.87	35.03	38.53
46	P3009	300×900×55	0.270	9.61	10.57	35.59	39.15
47	P3007	300×750×55	0.2250	7.95	8.75	35.33	38.89
48	P3006	300×600×55	0.1800	6.61	7.27	36.72	40.39
49	P3004	300×450×55	0.1350	4.96	5.46	36.74	40.44
50	P2518	250×1800×55	0.4500	16.21	17.83	36.02	39.62
51	P2515	250×1500×55	0.3750	13.79	15.17	36.77	40.45
52	P2512	250×1200×55	0.3000	11.13	12.24	37.10	40.80
53	P2509	250×900×55	0.2250	8.47	9.32	37.64	41.42
54	P2507	250×750×55	0.1875	7.01	7.71	37.39	41.12
55	P2506	250×600×55	0.1500	5.81	6.39	38.73	42.60
56	P2504	250×450×55	0.1125	4.36	4.80	38.76	42.67
57	P2018	200×1800×55	0.3600	12.33	13.57	34.25	37.69
58	P2015	200×1500×55	0.3000	10.42	11.46	34.73	38.20
59	P2012	200×1200×55	0.2400	8.41	9.25	35.04	38.54
60	P2009	200×900×55	0.1800	6.41	7.05	35.61	39.17
61	P2007	200×750×55	0.1500	5.31	5.84	35.40	38.93
62	P2006	200×600×55	0.1200	4.41	4.85	36.75	40.42
63	P2004	200×450×55	0.0900	3.31	3.64	36.78	40.44
64	P1518	150×1800×55	0.2700	10.18	11.21	37.70	41.52
65	P1515	150×1500×55	0.2250	8.58	9.44	38.13	41.96
66	P1512	150×1200×55	0.1800	6.92	7.61	38.45	42.28
67	P1509	150×900×55	0.1350	5.27	5.80	39.04	42.96
68	P1507	150×750×55	0.1125	4.37	4.81	38.84	42.76
69	P1506	150×600×55	0.0900	3.62	3.98	40.22	44.22
70	P1504	150×450×55	0.0675	2.71	2.98	40.15	44.15
71	P1018	100×1800×55	0.1800	7.95	8.76	44.17	48.67
72	P1015	100×1500×55	0.1500	6.74	7.41	44.93	49.40
73	P1012	100×1200×55	0.1200	5.44	5.98	45.33	49.83
74	P1009	100×900×55	0.0900	4.13	4.54	45.89	50.44
75	P1007	100×750×55	0.0750	3.43	3.77	45.73	50.27
76	P1006	100×600×55	0.0600	2.82	3.10	47.00	51.67
77	P1004	100×450×55	0.0450	2.12	2.33	47.11	51.78
78	E1518	150×150×1800	0.5400	16.32	18.06	30.22	33.45
79	E1515	150×150×1500	0.4500	13.68	15.16	30.40	33.69

序号	代号	尺寸（mm）	每块面积（m²）	每块质量（kg）		每平方米质量（kg）	
				$\delta=2.5$	$\delta=2.75$	$\delta=2.5$	$\delta=2.75$
80	E1512	150×150×1200	0.3600	11.04	12.26	30.67	34.06
81	E1509	150×150×900	0.2700	8.40	9.34	31.11	34.59
82	E1507	150×150×750	0.2250	6.96	7.77	30.93	34.53
83	E1506	150×150×600	0.1800	5.76	6.46	32.00	35.89
84	E1504	150×150×450	0.1350	4.32	4.87	32.00	36.07
85	E1018	100×150×1800	0.4500	14.14	15.65	31.42	34.78
86	E1015	100×150×1500	0.3750	11.85	13.13	31.60	35.01
87	E1012	100×150×1200	0.3000	9.55	10.61	31.83	35.37
88	E1009	100×150×900	0.2250	7.26	8.07	32.27	35.87
89	E1007	100×150×750	0.1875	6.02	6.71	32.11	35.79
90	E1006	100×150×600	0.1500	4.97	5.44	33.13	36.27
91	E1004	100×150×450	0.1125	3.73	4.20	33.16	37.33
92	Y1018	100×100×1800	0.3600	12.85	14.56	35.69	40.45
93	Y1015	100×100×1500	0.3000	10.79	12.29	35.97	40.97
94	Y1012	100×100×1200	0.2400	8.73	9.72	36.38	40.50
95	Y1009	100×100×900	0.1800	6.67	7.46	37.06	41.45
96	Y1007	100×100×750	0.1500	5.63	6.19	37.53	41.27
97	Y1006	100×100×600	0.1200	4.61	5.19	38.42	43.25
98	Y1004	100×100×450	0.0900	3.46	3.92	38.44	43.56
99	Y0518	50×50×1800	0.1800	8.49	9.41	47.17	52.28
100	Y0515	50×50×1500	0.1500	7.12	7.90	47.47	52.67
101	Y0512	50×50×1200	0.1200	5.76	6.40	48.00	53.33
102	Y0509	50×50×900	0.0900	4.39	4.90	48.78	54.44
103	Y0507	50×50×750	0.0750	3.64	4.07	48.53	54.27
104	Y0506	50×50×600	0.0600	3.02	3.40	50.33	56.67
105	Y0504	50×50×450	0.0450	2.27	2.56	50.44	56.89
106	J0018	50×50×1800	—	3.95	4.34	—	—
107	J0015	50×50×1500	—	3.33	3.66	—	—
108	J0012	50×50×1200	—	2.67	2.94	—	—
109	J0009	50×50×900	—	2.02	2.23	—	—
110	J0007	50×50×750	—	1.68	1.85	—	—
111	J0006	50×50×600	—	1.36	1.50	—	—
112	J0004	50×50×450	—	1.02	1.13	—	—

本规范用词说明

1 为便于在执行本标准条文时区别对待，对要求严格程度不同的用词说明如下：

   1）表示很严格，非这样做不可的用词：

      正面词采用"必须"，反面词采用"严禁"；

   2）表示严格，在正常情况下均应这样做的用词：

      正面词采用"应"，反面词采用"不应"或"不得"；

   3）表示允许稍有选择，在条件许可时首先应这样做的用词：

      正面词采用"宜"，反面词采用"不宜"；

      表示有选择，在一定条件下可以这样做的用词，采用"可"。

2 条文中指明应按其他有关标准、规范执行的写法为"应符合……要求或规定"或"应按……执行"。

中华人民共和国国家标准

组合钢模板技术规范

GB 50214—2001

条 文 说 明

目　　次

1 总　　则

1.0.1 推广应用组合钢模板不仅是以钢代木的重大措施，同时对改革施工工艺，加快工程进度，提高工程质量，降低工程费用等都有较大作用。目前，钢模板应用中存在的主要问题是管理工作跟不上。钢模板周转次数偏低，损坏率偏高，零配件丢失较多。所以，切实加强对钢模板的制作质量和技术管理，加速模板的周转使用，提高综合经济效益，制定本技术规范很有必要。

1.0.2 对组合钢模板的适用范围作了规定。多年来的工程实践，组合钢模板已在各种类型的工业与民用建筑的现浇混凝土工程中得到大量应用。在桥墩、筒仓、水坝等一般构筑物以及现场预制混凝土构件施工中，也已大量采用。对于特殊工程，应结合工程需要，另行设计异型模板和配件。

另外，近几年塑料模板、铝合金模板、钢框竹（木）胶板模板等组合模板，已在一些工程施工中得到应用，并取得较好效果，由于其构造形式和模数与组合钢模板相似，为便于对这些组合模板的技术管理，可参照本规范的有关条款执行。

本规范已包括组合钢模板的设计、制作、施工和技术管理等内容，也包含了产品标准的内容，因此，没有必要制订产品标准。当钢模板行业标准或企业标准与本规范内容相冲突时，应以本规范为准。

1.0.3 对组合钢模板下了定义，指出该模板具有以下特点：

1 模板设计采用模数制，使用灵活，通用性强。

2 模板制作采用专用设备压轧成型，加工精度高，混凝土成型质量好。

3 采用工具式配件，装拆灵活，搬运方便。

4 能组合拼装成大块板面和整体模架，利于现场机械化施工。

1.0.4 要求设计单位在结构设计时，应结合钢模板的模数进行设计，以利于钢模板的推广使用。目前有些设计单位已针对本规范的要求，制定了使用组合钢模板对钢筋混凝土结构设计模数的一些规定。这样使设计与施工结合起采，有利于施工单位使用钢模板。

2 基 本 规 定

2.1 一 般 规 定

2.1.1 《组合钢模板技术规范》GBJ 214—89（以下简称"原规范"）的组合钢模板设计采用标准荷载和容许应力的设计计算方法。由于我国从 20 世纪 80 年代末结构计算采用极限状态的计算方法，不再采用容许应力的计算方法。现行国家标准《钢结构设计规范》GBJ 17 中已采用极限状态的计算方法，因此，本规范也应改用极限状态计算方法。

2.1.2 钢模板的刚度和强度与钢材的材质、钢板的厚度有很大关系。原规范中规定钢板厚度为 2.3mm 或 2.5mm，由于 20 世纪 90 年代以来用于钢模板的钢材材质越来越差，又有不少钢模板厂采用钢板厚度名誉上为 2.3mm，实际只有 2.0～2.1mm，因此，钢模板的刚度和强度无法保证。本规范规定厚度为 2.5mm 钢板。

对于 $b \geqslant 400$mm 的宽面钢模板的钢板厚度应采用 2.75mm 或 3.0mm 的钢板。

2.1.4 为满足组合钢模板横竖拼装的特点，钢模板纵、横肋的孔距与模板长度和宽度的模数应一致。由于模板长度的模数以 150mm 进级，宽度模数以 50mm 进级，所以，模板纵肋上的孔距宜为 150mm。端横肋上的孔距宜为 50mm，这样，可以达到横竖任意拼装的要求。现行国家标准《组合钢模板标准设计》GBJ T1 中，已将 100mm 宽模板改为两个孔，200mm 和

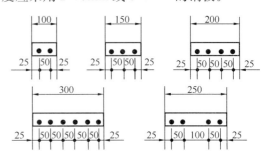

图 1　端横肋上的孔距

250mm 宽的模板改为四个孔。在制作中也可以将 150mm 宽的模板改为三个孔，300mm 宽的模板改为六个孔，更利于模板的横竖组合拼装。这与本规范不矛盾。如图 1 所示。

2.1.5 本规范所列钢模板规格为通用性较大的基本规格，如有的部门和地区对此基本规格感到不足，可以结合工程需要增加其他规格模板和异形模板，但这些增加的模板应与本规范的模数相一致，并经有关主管部门批准后方可生产。

2.2　组　成　和　要　求

2.2.1 组合钢模板是由钢模板和配件两部分组成。这表明"组合钢模板"是指模板体系而言。钢模板与板块是同一个概念，规范中为避免用词的混乱，一律用"钢模板"。为扩大钢模板的应用范围，通用模板中增加了宽面模板，还增加了倒棱模板、可调模板、嵌补模板等专用模板。配件包括连接件和支承件。引入"配件"的概念，是为了规范中用词简练。支承件中增加了早拆柱头、碗扣式支架、方塔式支架等。

2.2.2 需要说明以下几点：

1 钢模板是采用模数制设计，宽度模数是以 50mm 进级，长度模数是以 150mm 进级（长度超过 900mm 时，以 300mm 进级），由于模板能横竖拼装，所以模板尺寸的模数可为 50mm 进级。

2 本规范中钢模板附图仅为示意图，生产厂制作应按现行国家标准《组合钢模板标准设计》GBJ T1（一）进行加工。

3 阴角模板、阳角模板系对混凝土结构而言。

4 阳角模板刚度较大，使用阳角模板的混凝土构件，外观平整，角度准确。如果没有阳角模板，可以用连接角模代替。

5 嵌补模板中各种嵌板的形状，分别与平面模板、阴角模板、阳角模板、连接角模等相同，所以在附图中不再另加。

2.2.4 需要说明几点：

1 本规范中的连接件附图，仅作示意图，所以尺寸不全或没有尺寸，制作应按现行国家标准《组合钢模板标准设计》GBJ T1（二）进行加工。

2 U形卡。由于Q235钢材料来源广，价格便宜，所以一般都采用Q235钢制作，通过工程实践使用，基本能满足要求，但还存在一些问题，有的U形卡使用几次后，卡口张大，夹紧力不足，弹性孔内圆面有裂纹，使用几次易产生断裂，所以宜提高U形卡材质。卡口处尺寸应根据板厚来调整，卡口宽度=28+1mm（δ为钢板厚）。另外在加工工艺上要保证加工质量。目前采用改制钢材加工的U形卡已很多，这种U形卡价格很低，但不能满足使用要求，各有关部门应严格限制生产这种U形卡。

3 扣件。有碟形和3形两种，碟形扣件是用于承载能力大的矩形钢管或卷边槽钢。3形扣件用于承载能力小的圆形钢管，原碟形扣件的外形设计不太合理，虽然耗用钢材多，但承载能力并不大，3形扣件的外形较合理，承载能力较大，从表1的试验结果可见，3形扣件的破坏荷重比碟形扣件大，所以在现行国家标准《组合钢模板标准设计》GBJ T1（二）中，已对碟形扣件的钢板加厚，外形设计也作了改进，使碟形扣件的承载能力提高到能与钢楞和拉杆配套使用。

4 对拉螺栓。它是模板拉杆的一种形式，由内、外拉杆和顶帽组成的三节工具式对拉螺栓，其优点是：

1）能将内外面模板的位置固定，不用再加内顶杆。用它来承受混凝土侧压力，使模板的支撑简单；

2）内拉杆不露出混凝土表面，适于防水混凝土结构；

3）外拉杆和顶帽装拆简单，可多次周转使用。

表1 扣件承载试验

项目		试件	荷重（kN）				破坏荷重（kN）
			5	10	15	20	
变形（mm）	碟形扣件	1	—	3.5	4.5	—	1.75
		2	0.5	3	4.5	—	1.50
		3	—	3	4.5	6.5	2.08
	3形扣件	1	1.5	2.5	4	6	2.15
		2	2	2.5	4.5	6.5	2.10
		3	2	2.5	3.5	6.5	2.38

但也有一些缺点，如：外拉杆加工较复杂；使用时模板上要打孔洞；内拉杆安装时两头的丝扣量不易保证均匀；内拉杆不易取出。

对拉装置的种类和规格尺寸较多，可按设计要求和供应条件选用。目前有不少单位使用通长螺栓代替内外拉杆，加工简单，也有采取在内拉杆外用纸包裹或加水泥管、塑材管等办法，可以取出内拉杆。还有板条式拉杆和螺纹拉杆等需进一步研究，通过工程实践后再总结。

2.2.5 需要说明以下几点：

1 支承件的附图均为示意图，其种类还不齐全，还需要通过实践使用加以补充完善。

2 钢楞，目前各地的称呼较多。如"连杆"，其含义是能将单块板连结拼成大块的杆件；"龙骨"，即骨架的意思；"背楞"即模板背面的楞；"加强梁"，即对模板起加强作用的梁；以及檩条、搁栅、连系梁、支撑等。经反复推敲，认为称"背楞"较适宜。由于目前背楞都是用的钢材，为强调以钢代木，最后正式定名为"钢楞"。钢楞的类型和规格尺寸较多，本规范不可能将各地使用的类型都包括进去，各地可根据设计要求和供应条件选用。

3 柱箍，又称定位夹箍、柱卡箍等。对目前使用的柱箍主要有两个意见，一是认为刚度不够，二是认为应增加通用性。L75mm×25mm×3mm 角钢柱箍的刚度较差，在侧压力 30kN/m² 时，柱宽不大于 600mm，现已改为 L75mm×25mm×5mm。为增加通用性，可以设计成柱箍与梁托架通用，又可以利用现有钢楞（如圆钢管、内卷边槽钢等）作为柱箍，这在有些工程中已采用，效果较好。

4 钢支柱，又称钢管架、钢管支撑、钢顶撑等，是一种单管式支柱。其优点是：

1）在使用长度内，可以自由连续调节高度；

2）采用深槽方牙螺纹，旋转流畅，制动灵活；

3）结构简单，强度较大，使用安全可靠；

4）操作简单，适应性强，可多次重复使用。

但是，这种钢支柱螺纹外露，在使用中存在砂浆等污物易沾结螺纹，螺纹在使用和搬运中易碰坏，以及帽盖、链条和插销丢失较严重等问题，由冶金部建筑研究总院设计研究成一种内螺纹钢支柱，除具有上述优点外，还可以避免以上的不足，由于还未大量应用，所以暂未列入本规范。

5 钢管支架。它是利用现有扣件式和承插式脚手钢管来作模板支架，其优点是：

1）装拆方便，组装灵活，可按需要组装成各种形状，适应建筑物平立面的变化；

2）通用性强，坚固耐用，可用于各种不同现浇混凝土结构的模板工程；

3）结构简单、搬运方便。

目前，钢管支架的应用已较普遍，效果也较好。

6 门式支架。它是利用门式脚手架来作模板支架，其优点是：装拆简单，施工工效高；承载性能好，使用安全可靠；使用功能多、寿命长，经济效益好。目前已大量应用，效果也较好。

7 碗扣式支架。它是利用碗扣式脚手架来作模板支架，其优点是：装拆灵活，操作方便，可提高工效；结构合理，使用安全，使用寿命长；使用功能多，应用范围广，是新型脚手架中推广应用量最多的脚手架。

8 方塔式支架。主要由标准架、交叉斜撑、连接棒等组成，其优点是结构合理、使用安全可靠、适用范围广、承载能力大、使用寿命长、经济效益好等。目前已大量应用，使用效益较好。

3 组合钢模板的制作及检验

3.1 材　　料

3.1.1 组合钢模板加工制作的各种材料，主材有钢板、型钢；辅材有焊条、油漆等，各类材料的材质均应符合国家有关标准的规定。主材的钢材为 Q235，其中质量等级可采用

A、B 或 C，脱氧方法采用镇静钢 Z 的钢材，一般采用热轧钢板。

3.1.2 钢板的材质应在模板制作前，按国家有关现行标准加以复查或检验。目前生产的热轧钢板，其厚度、挠曲度和表面质量等标准，不能满足制作钢模板的质量要求，如有的 2.5mm 厚的钢板，实测厚度可达 3mm 左右，不仅多耗用钢材，还直接影响模板制作质量和使用效果。目前在不少工程中，已采用 $\phi48\times2.5$mm 低合金钢管替代 $\phi48\times3.5$mm Q235 钢管，但对 $\phi48\times2.5$mm 低合金钢管的材质和加工质量应满足使用要求。

3.2 制 作

3.2.1 现行国家标准《组合钢模板标准设计》GBJ T1 已批准于 1986 年 3 月 1 日起试行。凡生产钢模板和配件的厂家，应按该标准执行。

3.2.2 强调"采用冷轧冲压整体成型的生产工艺"。钢模板制作有三种方法：

1 采用角钢作边肋，与钢板焊接；

2 边肋与面板都是钢板，采用通长焊接；

3 边肋与面板连成一体，采用专用设备压轧成型，如图 2 所示。

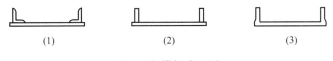

图 2 钢模板成型图

前两种方法加工质量不易保证，生产效率低，不应再采用，第三种方法利于组织机械化生产，劳动效率高，产品质量好。

凸棱倾角是钢模板的重要部位，也是制作的技术难关，应严格按制作图所示的尺寸加工。目前凸棱倾角有以下三种型式，如图 3 所示。其中以第一种使用最普遍，其他两种也可采用。

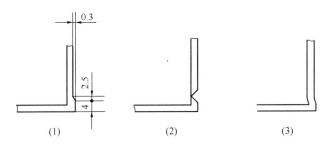

图 3 凸棱倾角图

3.2.3 钢模板边肋上孔眼的尺寸精度是模板拼装质量的关键。目前有不少制作厂采用一次冲 2～5 个孔的加工工艺，不易保证孔眼的尺寸精度，所以宜采用一次冲压和压鼓的生产工艺。

3.2.5 钢模板组装焊接后，模板会产生不同程度的变形。必须通过校正来保证质量。目前大多数制作厂都采用手工校正，劳动强度大，工作条件差，矫平质量不易保证，所以应强调采用模板整形机，不但可提高工效，而且能消除在人工矫平中产生的噪声和繁重的体力劳动。

3.2.6 当前钢模板生产中，一般采用手工电弧焊，焊接质量存在问题较多。所以，本条文中强调按现行国家标准《手工电弧焊焊接接头的基本型式与尺寸》GB 985 的规定执行，且不得有漏焊、焊穿、裂纹等缺陷，不宜产生咬肉、夹渣、气孔等缺陷。

3.2.8 U 形卡的夹紧力不小于 1500N，经 50 次夹松试验，卡口胀大不超过 1.2mm。这是根据第二十冶金建设公司试验室经过大量试验得到的数据。如表 2 和表 3 所示。

表 2　夹紧力试验（N）

反复次数	10 次	20 次	30 次	50 次	100 次
原卡口尺寸 5.6mm	2500	2500	2200	2200	2200
控制卡口至张大尺寸 7.4mm					
原卡口尺寸 6mm	1500	1500	1500	1500	1500
控制卡口至张大尺寸 7.4mm					

表 3　夹松弹性试验

第一组		第二组		第三组	
原卡口尺寸	5.32mm	原卡口尺寸	5.32mm	原卡口尺寸	5.65mm
控制卡口至张大尺寸	7.4mm	控制卡口至张大尺寸	7.4mm	控制卡口至张大尺寸	7.4mm
10 次	5.7	10 次	5.9	10 次	6.52
20 次	5.7	20 次	5.9	20 次	6.6
30 次	5.8	30 次	6.0	30 次	6.6
50 次	6.7	50 次	6.4	50 次	6.68
100 次	6.9	100 次	6.4	100 次	6.68

3.2.11 连接件宜采用镀锌表面处理。目前大部分生产厂的镀锌质量都较差，不仅镀锌层厚度小，而且表面无光泽，防锈效果较差。

3.3 检　　验

3.3.1、3.3.2 为确保钢模板的制作质量，应加强产品质量管理。健全质量管理制度和检查机构，认真做好自检、抽检和终检三种检查。目前，还有不少厂家质量检查机构不健全，检查原始记录不齐全，甚至有的厂无终检检查记录。

本规范中订出了合格品和优质品的标准，各生产厂可根据本规范的质量标准，另行制订厂标，其标准应高于国家标准，以作为评定本厂产品等级的依据。

3.3.3 要求生产厂，必须达到国家三级及其以上计量标准，有条件的单位还应建立检测中心站。

3.3.4 荷载试验标准中，模板试验可采用均布荷载或集中荷载进行。当模板支点间距为 900mm，均布荷载 $q=30kN/m^2$，相当于集中荷载 $P=10N/mm$；均布荷载 $q=45kN/m^2$，相当于集中荷载 $P=15N/mm$。其推导过程如下：

均布荷载时的最大挠度：

$$f_{max} = \frac{5q'l^4}{384EI} \tag{1}$$

二点集中荷载时的最大挠度：

$$f'_{max} = \frac{23P'l^3}{648EI} \tag{2}$$

$\because q' = q \times b$（板宽）　　$P' = P \times b$（板宽）

当 $f_{max} = f'_{max}$ 时，则：$\frac{5qbl^4}{384EI} = \frac{23Pbl^3}{648EI}$

得：$P = 0.367ql$

当 $l = 900\text{mm}$ 时，

$P = 0.367 \times 900 \times q = 330.3q$

均布荷载 $q = 30\text{kN/m}^2 = 0.03\text{N/mm}^2$ 时，

集中荷载 $P = 330.3 \times 0.03 = 9.909 \doteq 10$（N/mm）

均布荷载 $q = 45\text{kN/m}^2 = 0.045\text{N/mm}^2$ 时，

集中荷载 $P = 330.3 \times 0.045 = 14.8635 \doteq 15$（N/mm）

3.3.5 钢模板制作质量标准对原规范作了如下修改：

1 模板长度允许偏差从 $_{-0.90}^{0}$ 改为 $_{-1.00}^{0}$；

2 模板宽度允许偏差从 $_{-0.70}^{0}$ 改为 $_{-0.80}^{0}$；

3 增加沿板宽度孔中心与边肋凸棱面的间距允许偏差为 ± 0.30；

4 凸棱高度允许偏差从 $_{-0.05}^{+0.20}$ 改为 $_{-0.05}^{+0.30}$；

5 凸棱宽度允许偏差从 ± 1.00 改为 $_{-1.00}^{+0.20}$；

6 横肋两端横肋组装位移从 $\Delta \leqslant 0.50$ 改为 $\Delta \leqslant 0.60$。

3.3.6 钢模板成品质量的合格判定，按现行国家标准《逐批检查计数抽样程序及抽样表》GB 2828 抽样方案、抽样检验及判定。样本的合格品判定按"钢模板质量检验评定方法"来确定。

3.3.8 配件制作质量标准对原规范作了如下修改：

1 U 形卡弹性孔半径 R 允许偏差 $\pm 1.0\text{mm}$，改为弹性孔直径允许偏差为 $_{0}^{+2.0}\text{mm}$；

2 扣件宽度允许偏差 $\pm 1.5\text{mm}$，改为 $\pm 1.0\text{mm}$；

3 桁架销孔直径允许偏差 $\pm 0.5\text{mm}$，改为 $_{0}^{+1.0}\text{mm}$；

4 梁卡具销孔直径允许偏差 $\pm 0.5\text{mm}$，改为 $_{0}^{+1.0}\text{mm}$；

5 增加门式支架和碗扣式支架的质量标准。

3.3.9 模板表面应经除油、除锈处理后，再作防锈处理。目前不少生产厂对除油这道工序不够重视，涂漆附着力差，油漆容易脱落，模板易生锈，影响使用寿命，所以这里强调一下。

3.4 标志与包装

3.4.1 钢模板产品出厂，应打印厂名、商标、批号等标志，以便于用户对生产厂的产品质量监督。目前大部分厂家还未曾向有关部门注册商标，即使有商标的厂家，也不重视打印标志，为此，这里着重强调一下，以利于产品质量的监督。

3.4.2 钢模板运输要采用捆扎或包装，不强求必须装入集装箱。由于采用集装箱包装不仅增加包装费用，而且空集装箱占地面积大，给用户增加很大负担。目前不少生产厂自行设计研究了各种捆扎或包装方式，避免采用集装箱，但是，必须满足产品在运输中能保证完好。

4 模板工程的施工设计

4.1 一 般 规 定

4.1.1 说明使用组合钢模板必须预先做好施工设计。在使用木模板时，只要在施工组织设计中对支模方案作出原则性的规定，工人就能根据混凝土结构设计图纸，在现场临时拼制和组装。在使用钢模板时，因模板及配件都是定型工具，不允许在现场锯切改制，需要事先做好模板工程施工设计，确定钢模板的配置和支架布置方案，并提出需用部件的规格数量，以便做好备料工作。施工时工人可按图拼装。

4.1.2 确定了施工设计的主要内容。针对许多单位都希望施工设计的内容项目不要太多，提出是否可以省略施工说明书。我们的解释是图表不能包括的事项，应在施工说明书中加以说明。如所有事项都已在图表中注明，就不需要单独的说明书。布置完毕的模板结构，要根据设计荷载按受力程序对钢模板及配件进行验算，把应力和变形控制在允许限度以内。

4.1.3 提倡各施工单位根据自己的施工经验和置备情况。预先编制有关模板工程的各种计算图表，使施工人员利用这些图表可以直接配板和布置支承系统，以减少制图和计算的工作量，甚至看了混凝土结构的建筑图，就可以进行支模作业。

4.1.4 为提高社会经济效益，强调使用钢模板时，要特别重视加快模板周转使用的速度。因此，提出本规范所列的各种加快模板周转的措施。

为了降低施工工程费用，加强对钢模板和配件的管理，根据实践使用的经验，钢模板的周转次数一般都不少于50次，连接件的周转次数不少于25次，支承件的周转次数不少于75次。

4.2 刚度及强度验算

4.2.1 作用于水平模板上的垂直荷载，一般比较容易得出切合实际的荷载数值。作用于竖向模板上的混凝土侧压力，目前国内外规范所推荐的侧压力计算公式较多，由于侧压力计算很复杂。目前我们还提不出有可靠根据的计算公式。鉴于《混凝土结构工程施工及验收规范》GB 50204为国内现行的国家规范，所以，本规范中组合钢模板承受的荷载，可按《混凝土结构工程施工及验收规范》GB 50204的有关规定进行计算和组合。

4.2.2 模板结构本身的重量较轻，其破坏主要由构件的变形和失稳引起。所以要用总荷载或最大侧压力验算钢模板、钢楞和支柱的刚度。

4.2.3 材料的强度设计值，按长期和短期荷载的不同，各取不同的数值。模板结构材料的强度设计值，根据组合钢模板的新旧程度、荷载性质和结构部位，可在长期与短期之间，取用适当的中间值。本条规定模板材料的强度设计值，按照现行规范规定的数值乘以1.0～1.18系数是安全的。

4.3 配 板 设 计

4.3.1 配板时宜选用较大尺寸的钢模板为主板。这是因为模板越大，用钢量越省，装拆也省工。根据日本和我国工业建筑工地使用情况，以 300mm×1500mm 的钢模板为主板，使用量占模板总面积 75% 左右，因为这种模板的重量尚能由人工操作，钢楞的间距为 750mm 也较为合适。

对于 300mm×1200mm 的钢模板，人工操作虽然轻便，但钢楞间距减为 600mm，对于肋高为 55mm 的钢模板，其刚度更难发挥作用，也多费了支模工料。在日本也有 1800mm 长的钢模板，钢楞间距可以扩大到 900mm，是较为经济的布置。

4.3.3 在钢模板上固定预埋件尚无简便的方法，用螺栓固定，需要钻孔，破坏了钢模板；把预埋件固定在钢筋上，不与模板连固，有可能因模板变形，预埋件被砂浆埋盖，拆模后找不到预埋件。有人认为与木模板相比，钢模板刚度大，不容易变形，所以预埋件不与模板连固是可行的。但这还需要由更多的实践来证明，所以目前还不能订出统一具体的固定方法。

4.3.5 钢模板端头接缝错开布置可增加模板面积的整体刚度，就地支模时，可以不用外楞。对于 30kN/m² 以内的荷载，内楞间距可以扩大。接缝齐平布置时，接缝处刚度较差，每块钢模板必须有两个支承点才能稳定。

4.3.6 钢模板上钻孔，一般都是每次安装以后，按所需位置进行钻孔，每次钻孔和修补需要用专用工具，也损坏了模板。所以，应使用有标准孔的模板，以便多次周转使用。

4.3.7 柱、梁、墙、板的交接部分是模板施工的难点，应使用专用模板，可以保证节点施工混凝土的质量。

4.4 支承系统的设计

4.4.1 内钢楞的间距，对于使用量最多的 1500mm 长的钢模板来说，宜采用 750mm。

钢模板的肋条已相当于木模板的小楞，对于由人工单块组装的模板，只要设置一道钢楞作为模板支承，使支柱或对拉螺栓可以着力，就能成为稳固的结构。但目前单块组装的钢模板，还是使用了纵横双重钢楞，多花费了支模工料。

所以在本条中特别指出，外楞的作用在于加强模板的整体刚度和调整正平直度，对于预组装大模板，为加强吊装刚度，设置纵横楞是有必要的。对于单块组装的模板，外楞是可以节省的。

4.4.3 柱箍和梁卡具是工具式部件，装拆方便，适用于断面不大的柱、梁结构。对于大断面的柱、梁结构，因侧向荷载较大，宜用对拉螺栓和钢楞。

4.4.6 在施工设计中，模板的支承系统一般是先根据支模惯例，参考图表和供料情况，选用构件的规格和间距，进行安排布置。如模板结构形式复杂，应取用代表性和构造特殊的部分进行验算。

5 模板工程的施工及验收

5.1 施 工 准 备

5.1.1 组合钢模板工程在安装以前，应由工程施工的技术负责人向施工班组按施工组织设计的内容进行技术交底。

5.1.2 测量控制点应在模板工程施工以前进行评定，并将控制线和标高引入施工安装场地。

5.1.3 钢模板出厂的质量标准较高，这是由于加工工艺采用了压轧成型，有条件做到如此精确程度。模板使用后会变形，现场修复往往达不到原来的精度，本规范表 6.2.1 已放宽了允许偏差，本条对现场使用的钢模板及配件提出了质量要求，规定必须达到本规范表 6.2.1 的标准。

关于钢模板的报废条件，应按国家现行标准《组合钢模板质量检验评定标准》YB/T 9251 执行。根据各地经验，一般规定为板面严重弯曲或扭曲，肋板脱落或脱焊多处，钻孔较多或较大，模板损伤或裂缝严重，已无法修复者，均作报废处理。

5.1.4 对于大模板的组装质量应在试吊以后进行检查，以检验拼装后的刚度。大模板的组装质量标准比出厂的组装质量标准略低，理由是使用过的钢模板，其精度难于保持出厂时的标准。

5.1.6 对于预组装的大模板，在吊装之前涂刷脱模剂是完全可以的，对于单块组装的模板，事先涂刷脱模剂，有时可能对操作不方便。目前，施工单位还大量使用废机油作脱模剂，因此，严禁在模板上涂刷废机油。

5.1.7 模板的安装底面，事先应做好找平工作，对组合钢模板的顺利安装关系极大。钢模板的刚度大，如底面的定位措施不可靠，对模板的合缝和调整都会带来困难，曾考虑用细石混凝土做定位，因这样做太复杂。所以本规范只提出底面应平整坚实，并采取可靠的定位措施。

5.2 安 装 及 拆 除

5.2.1 对于大型基础及大体积混凝土的侧面模板，为抵抗混凝土的侧压力，往往在外周设置支撑，在内侧设置拉筋，这样需费不少工料。由于受力情况不很明确，有时还会产生局部变形。所以本条只规定必须支拉牢固，防止变形。

墙模板的侧压力全部由对拉螺栓承受，斜撑只作为调整和固定模板的垂直度之用。

梁和楼板模的板支柱，至少有一道双向水平拉杆，并接近柱脚设置。每道拉杆在柱高方向的间距，应按计算确定。以脚手钢管作支柱时，水平撑与剪刀撑的位置，按构造要求确定。

5.2.2 第二款的目的在于保持对拉螺栓孔眼大小和形状的规整，与螺栓直径相适应，不使板面变形及孔缝漏浆。墙模板的许多事故，大多发生在对拉螺栓拧入的丝扣长度不足，以致在混凝土侧压力作用下，螺母被拉脱，因此在操作时必须注意。

5.2.4 曲面结构的模板面与设计曲面的最大差值，不得超过设计的允许值，系指正负差值都不得超过设计允许值。

5.2.7 模板单块拆除时，应将配件和钢模板逐件拆卸。组装大模板整体拆除时，应采取措施先使组装大模板与混凝土面分离。这样，拆除速度快，模板也不易损伤。

5.3 安　全　要　求

5.3.1 组合钢模板容易导电，曾多次发生事故，所以强调要用低压电源。否则必须采取其他安全措施。

5.3.2 本条所谓登高作业，按国际《高处作业分级》的规定，凡高度在 2m 及 2m 以上，就应注意连接件和工具的掉落伤人。

5.3.5 本条强调装拆时，应上下有人接应，随装拆随转运，不要在脚手板上堆置钢模板及配件。因平放叠置的钢模板及配件，受到推撞时容易滑落伤人。

5.3.12 拆除承重模板时，操作人员应站在安全地点，必须逐块拆除。严禁架空猛撬、硬拉，或大面积撬落和拉倒。如果先将支模架拆除时，应搭设临时支撑，再进行拆卸。

5.4 检　查　验　收

5.4.2 组合钢模板的制作精度高，整体刚度好，因此，除按现行国家标准《建筑工程质量检验评定标准》GBJ 301 的有关规定进行质量检查外，还应检查本条所列的各项内容，这有适应组合钢模板工程的特点而作的规定。

5.4.3 本条对模板工程验收时应具备的文件，只作了原则的规定，有关的表格形式由各单位自行规定。

6　组合钢模板的运输、维修与保管

6.1 运　　输

6.1.1 钢模板装车时一般宜采用同规格模板水平重叠成垛码放，垛高一般不宜超过 20 块模板，也不能超过车箱侧板的高度。当码放超高时，必须采取有效措施，防止模板滑动。

6.1.2 短途运输时可以采取散装运输。长途运输时，钢模板应用包装带或集装箱，支承件应捆成捆，连接件应分类装箱。保证在吊车装卸过程中不散捆。

6.1.3 预组装模板短途运输时，可根据预组装模板的结构、尺寸和运输条件等，采取分层平放运输或分格竖直运输，但都应分格垫实，支撑牢靠，防止松动变形。

6.1.4 装卸模板和配件时应轻装轻卸，应用起重设备成捆吊下车，不得成捆抛下车，但可以拆包后单块卸车，卸车时防止碰撞损坏。

6.2 维　修　与　保　管

6.2.1 拆除后的模板和配件，应及时清除砂浆、杂物等，并在面板涂刷防锈油。对变形的模板应及时整形，脱焊或肋板脱落的模板，应及时补焊和修补。修复后的钢模板及配件的质量应达到本规范表 6.2.1 的要求。

6.2.4 钢模板和配件宜放在室内或敞棚内，不得直接码放在地面上。模板底面应垫离地面。钢模板宜采用横竖间隔码放，存放时间过长要检查模板锈蚀情况。露天堆放时，应码放在平整结实的地面上，垫高地面 200mm 以上，并设有遮盖雨水和排水的措施。

6.2.5 入库保存的配件，应是经过维修保养合格的，并分类存放，小件应点数装箱入袋，大件要整数成垛，以便清仓查库。堆放场地不平整时应垫平。

中华人民共和国行业标准

液压滑动模板施工安全技术规程

Technical specification for safety of the hydraulic
slipform in construction

JGJ 65—2013

批准部门：中华人民共和国住房和城乡建设部
施行日期：2 0 1 4 年 1 月 1 日

中华人民共和国住房和城乡建设部
公 告

第 61 号

住房城乡建设部关于发布行业标准
《液压滑动模板施工安全技术规程》的公告

现批准《液压滑动模板施工安全技术规程》为行业标准，编号为 JGJ 65‑2013，自 2014 年 1 月 1 日起实施。其中，第 5.0.5、12.0.7 条为强制性条文，必须严格执行。原行业标准《液压滑动模板施工安全技术规程》JGJ 65‑89 同时废止。

本规程由我部标准定额研究所组织中国建筑工业出版社出版发行。

中华人民共和国住房和城乡建设部

2013 年 6 月 24 日

前 言

根据住房和城乡建设部《关于印发〈2008 年工程建设标准规范制订、修订计划（第一批）〉的通知》（建标〔2008〕102 号文）的要求，规程修订编制组在深入调查研究，认真总结实践经验，在广泛征求意见的基础上，制定本规程。

本规程的主要内容是：1. 总则；2. 术语；3. 基本规定；4. 施工现场；5. 滑模装置制作与安装；6. 垂直运输设备及装置；7. 动力及照明用电；8. 通信与信号；9. 防雷；10. 消防；11. 滑模施工；12. 滑模装置拆除。

本规程中以黑体字标志的条文为强制性条文，必须严格执行。

本规程由住房和城乡建设部负责管理和对强制性条文的解释，由中冶建筑研究总院有限公司负责具体技术内容的解释。执行过程中如有意见和建议，请寄送中冶建筑研究总院有限公司（地址：北京海淀区西土城路 33 号，邮政编码：100088）。

本 规 程 主 编 单 位：中冶建筑研究总院有限公司
　　　　　　　　　　　江苏江都建设集团有限公司
本 规 程 参 编 单 位：中国模板脚手架协会
　　　　　　　　　　　中国京冶工程技术有限公司
　　　　　　　　　　　广州市建筑集团有限公司

江苏揽月机械有限公司

云南建工第四建设有限公司

中国五冶集团有限公司

北京建工一建工程建设有限公司

东北电业管理局烟塔工程公司

北京奥宇模板有限公司

青建集团股份公司

青岛新华友建工集团股份有限公司

本规程主要起草人员：彭宣常　王　健　朱雪峰　赵雅军　张良杰　牟宏远　谢庆华
　　　　　　　　　　吴祥威　张志明　吕小林　王天峰　唐世荣　刘小虞　杨崇俭
　　　　　　　　　　朱远江　郭红旗　刘国恩　褚　勤　张宗建　王　胜　张　骏

本规程主要审查人员：毛凤林　张良予　朱　嬿　孙宗辅　耿洁明　高俊峰　汤坤林
　　　　　　　　　　李俊友　施卫东　肖　剑　徐玉顺

目　　次

Contents

1 总 则

1.0.1 为贯彻执行国家有关法规，保证液压滑动模板施工安全，做到技术先进、经济合理、安全适用、保障质量，制定本规程。

1.0.2 本规程适用于混凝土结构工程中采用液压滑动模板施工的安全技术与管理。

1.0.3 液压滑动模板施工安全技术与管理除应符合本规程外，尚应符合国家现行有关标准的规定。

2 术 语

2.0.1 液压滑动模板 hydraulic slipform

以液压千斤顶为提升动力，带动模板沿着混凝土表面滑动而成型的现浇混凝土工艺专用模板，简称滑模。

2.0.2 滑模装置 slipform device

为滑模配制的模板系统、操作平台系统、提升系统、施工精度控制系统、水电配套系统的总称。

2.0.3 提升架 lift yoke

滑模装置主要受力构件，用以固定千斤顶、围圈和保持模板的几何形状，并直接承受模板、围圈和操作平台的全部垂直荷载和混凝土对模板的侧压力。

2.0.4 操作平台 working-deck

滑模施工的主要工作面，用以完成钢筋绑扎、混凝土浇灌等项操作及堆放部分施工机具和材料，也是扒杆、随升井架等随升垂直运输机具及料台的支承结构。其构造形式应与所施工结构相适应，直接或通过围圈支承于提升架上。

2.0.5 支承杆 jack rode or climbing rode

滑模千斤顶运动的轨道，又是滑模系统的承重支杆，施工中滑模装置的自重、混凝土对模板的摩阻力及操作平台上的全部施工荷载，均由千斤顶传至支承杆承担。

2.0.6 液压控制台 hydraulic control unit

液压系统的动力源，由电动机、油泵、油箱、控制阀及电控系统（各种指示仪表、信号等）组成。用以完成液压千斤顶的给油、排油、提升或下降控制等项操作。

2.0.7 混凝土出模强度 concrete strength of the construction initial setting

结构混凝土从滑动模板下口露出时所具有的抗压强度。

2.0.8 滑模托带施工 lifting construction with slipforming

大面积或大重量横向结构（网架、整体桁架、井字梁等）的支承结构采用滑模施工时，可在地面组装好，利用滑模施工的提升能力将其随滑模施工托带到设计标高就位的一种施工方法。

2.0.9 吊脚手架 hanging scaffolding

吊挂在提升架上的脚手架,分内吊脚手架和外吊脚手架,烟囱等筒体结构在结构内外设置,有楼板的高层建筑在结构外侧设置,用于进行操作平台下部的后续施工操作。

2.0.10 随升井架 shaft frame with slipform working-deck

由井架、钢梁、斜拉杆、导索钢丝绳、导索转向轮、导索天轮、吊笼等组成,安装在操作平台上,随操作平台上升的一种垂直运输装置。

3 基 本 规 定

3.0.1 滑模施工应编制滑模专项施工方案。

3.0.2 滑模专项施工方案应包括下列主要内容:

1 工程概况和编制依据;

2 施工计划和劳动力计划;

3 滑模装置设计、计算及相关图纸;

4 滑模装置安装与拆除;

5 滑模施工技术设计;

6 施工精度控制与防偏、纠偏技术措施;

7 危险源辨识与不利环境因素评价;

8 施工安全技术措施、管理措施;

9 季节性施工措施;

10 消防设施与管理;

11 滑模施工临时用电安全措施;

12 通信与信号技术设计和管理制度;

13 应急预案。

3.0.3 滑模专项施工方案应经施工单位、监理单位和建设单位负责人签字。施工单位应按审批后的滑模专项方案组织施工。

3.0.4 滑模工程施工前,施工单位负责人应按滑模专项施工方案的要求向参加滑模工程施工的现场管理人员和操作人员进行安全技术交底。参加滑模工程施工的人员,应通过专业培训考核合格后方能上岗工作。

3.0.5 滑模装置的设计、制作及滑模施工应符合国家现行标准《滑动模板工程技术规范》GB 50113、《建筑施工高处作业安全技术规范》JGJ 80 和《建筑施工模板安全技术规范》JGJ 162 的规定。

3.0.6 滑模施工中遇到雷雨、大雾、风速 10.8m/s 以上大风时,必须停止施工。停工前应先采取停滑措施,对设备、工具、零散材料、可移动的铺板等进行整理、固定并作好防护,切断操作平台电源。恢复施工时应对安全设施进行检查,发现有松动、变形、损坏或脱落现象,应立即修理完善。

3.0.7 滑模操作平台上的施工人员应能适应高处作业环境。

3.0.8 当冬期采用滑模施工时，其安全技术措施应纳入滑模专项施工方案中，并应按现行行业标准《建筑工程冬期施工规程》JGJ/T 104 的有关规定执行。

3.0.9 塔式起重机安装、使用及拆卸应符合国家现行标准《塔式起重机安全规程》GB 5144、《建筑施工塔式起重机安装、使用、拆卸安全技术规程》JGJ 196 的规定。

3.0.10 施工升降机安装、使用及拆卸应符合国家现行标准《施工升降机安全规程》GB 10055 及《建筑施工升降机安装、使用、拆卸安全技术规程》JGJ 215 的规定。

3.0.11 滑模施工现场的防雷装置应符合国家现行标准《建筑物防雷设计规范》GB 50057 的规定。

3.0.12 滑模施工现场的动力、照明用电应符合现行行业标准《施工现场临时用电安全技术规范》JGJ 46 的规定。

3.0.13 对烟囱类构筑物宜在顶端设置安全行走平台。

4 施 工 现 场

4.0.1 滑模施工现场应具备场地平整、道路通畅、排水顺畅等条件，现场布置应按批准的总平面图进行。

4.0.2 在施工建（构）筑物的周围应设立危险警戒区，拉警戒线，设警示标志。警戒线至建（构）筑物边缘的距离不应小于高度的 1/10，且不应小于 10m。对烟囱等变截面构筑物，警戒线距离应增大至其高度的 1/5，且不应小于 25m。

4.0.3 滑模施工现场应与其他施工区、办公和生活区划分清晰，并应采取相应的警戒隔离措施。

4.0.4 滑模操作平台上应设专人负责消防工作，不得存放易燃易爆物品，平台上不得超载存放建筑材料、构件等。

4.0.5 警戒区内的建筑物出入口、地面通道及机械操作场所，应搭设高度不低于 2.5m 的安全防护棚；当滑模工程进行立体交叉作业时，上下工作面之间应搭设隔离防护棚，防护棚应定期清理坠落物。

4.0.6 防护棚的构造应符合下列规定：

1 防护棚结构应通过设计计算确定；

2 棚顶可采用不少于 2 层纵横交错的木跳板、竹笆或竹木胶合板组成，重要场所应增加 1 层 2mm～3mm 厚的钢板；

3 建（构）筑物内部的防护棚，坡向应从中间向四周，外防护棚的坡向应外高内低，其坡度均不应小于 1∶5；

4 当垂直运输设备穿过防护棚时，防护棚所留洞口周围应设置围栏和挡板，其高度不应小于 1200mm；

5 对烟囱类构筑物，当利用平台、灰斗底板代替防护棚时，在其板面上应采取缓冲措施。

4.0.7 施工现场楼板洞口、内外墙门窗洞口、漏斗口等各类洞口，应按下列规定设置防护设施：

1 楼板的洞口和墙体的洞口应设置牢固的盖板、防护栏杆、安全网或其他防坠落的防护设施；

2 电梯井口应设防护栏杆或固定栅门；

3 施工现场通道附近的各类洞口与坑槽等处，除设置防护设施与安全示警标志外，夜间应设红色示警灯；

4 各类洞口的防护设施均应通过设计计算确定。

4.0.8 施工用楼梯、爬梯等处应设扶手或安全栏杆。采用脚手架搭设的人行斜道和连墙件应符合现行行业标准《建筑施工扣件式钢管脚手架安全技术规范》JGJ 130 的规定。独立施工电梯通道口及地面落罐处等人员上下处应设围栏。

4.0.9 各种牵拉钢丝绳、滑轮装置、管道、电缆及设备等均应采取防护措施。

4.0.10 现场垂直运输机械的布置应符合下列规定：

1 垂直运输用的卷扬机，应布置在危险警戒区以外；

2 当采用多台塔机同场作业存在交叉时，应有防止互相碰撞的措施。

4.0.11 当地面施工作业人员在警戒区内防护棚外进行短时间作业时，应与操作平台上作业人员取得联系，并应指定专人负责警戒。

5 滑模装置制作与安装

5.0.1 滑模装置的制作应具有完整的加工图、施工安装图、设计计算书及技术说明，并应报设计单位审核。

5.0.2 滑模装置的制作应按设计图纸加工；当有变动时，应有相应的设计变更文件。

5.0.3 制作滑模装置的材料应有质量合格文件，其品种、规格等应符合设计要求。材料的代用，应经设计人员同意。机具、器具应有产品合格证。

5.0.4 滑模装置各部件的制作、焊接及安装质量应经检验合格，并应进行荷载试验，其结果应符合设计要求。滑模装置如经过改装，改装后的质量应重新验收。

5.0.5 液压系统千斤顶和支承杆应符合下列规定：

1 千斤顶的工作荷载不应大于额定荷载；

2 支承杆应满足强度和稳定性要求；

3 千斤顶应具有防滑移自锁装置。

5.0.6 操作平台及吊脚手架上走道宽度不宜小于800mm，安装的铺板应严密、平整、防滑、固定可靠。操作平台上的洞口应有封闭措施。

5.0.7 操作平台的外侧应按设计安装钢管防护栏杆，其高度不应小于1800mm；内外吊脚手架周边的防护栏杆，其高度不应小于1200mm；栏杆的水平杆间距应小于400mm，底部应设高度不小于180mm的挡脚板。在防护栏杆外侧应采用钢板网或密目安全网封闭，并应与防护栏杆绑扎牢固。在扒杆部位下方的栏杆应加固。内外吊脚手架操作面一侧的栏杆与操作面的距离不应大于 100mm。

5.0.8 操作平台的底部及内外吊脚手架底部应设兜底安全平网，并应符合下列规定：

    1 应采用阻燃安全网，并应符合现行国家标准《安全网》GB 5725 的规定。安全网的网纲应与吊脚手架的立杆和横杆连接，连接点间距不应大于 500mm；

    2 在靠近行人较多的地段施工时，操作平台的吊脚手架外侧应采取加强防护措施；

    3 安全网间应严密，连接点间距与网结间距应相同；

    4 当吊脚手架的吊杆与横杆采用钢管扣件连接时，应采取双扣件等防滑措施；

    5 在电梯井内的吊脚手架应连成整体，其底部应满挂一道安全平网；

    6 采用滑框倒模工艺施工的内外吊脚手架，对靠结构面一侧的底部活动挡板应设有防坠落措施。

5.0.9 当滑模装置设有随升井架时，在出入口应安装防护栅栏门；在其他侧面栏杆上应采用钢板网封闭。防护栅栏、防护栏杆和封闭用的钢板网高度不应低于 1200mm。随升井架的顶部应设有防止吊笼冲顶的限位开关。

5.0.10 当滑模装置结构平面或截面变化时，与其相连的外挑操作平台应按专项施工方案要求及时改装，并应拆除多余部分。

5.0.11 当滑模托带钢结构施工时，滑模托带施工的千斤顶，安全系数不应小于 2.5，支承杆的承载能力应与其相适应。滑模托带钢结构施工过程中应有确保同步上升措施，支承点之间的高差不应大于钢结构的设计要求。

6 垂直运输设备及装置

6.0.1 滑模施工中所使用的垂直运输设备应根据滑模施工特点、建筑物的形状、高度及周边地形与环境等条件确定，并宜选择标准的垂直运输设备通用产品。

6.0.2 滑模施工使用的垂直运输装置，应由专业工程设计人员设计，设计单位技术负责人审核；并应附有安全技术规范要求的设计文件、产品质量合格证明、安装及使用维修说明等文件。

6.0.3 垂直运输装置应由设计单位提出检测项目、检测指标与检测条件，使用前应由使用单位组织有关设计、制作、安装、使用、监理等单位共同检测验收。安全检测验收应包括下列主要内容：

    1 垂直运输装置的使用功能；

    2 金属结构件安全技术性能；

    3 各机构及主要零、部件安全技术性能；

    4 电气及控制系统安全技术性能；

    5 安全保护装置；

    6 操作人员的安全防护设施；

    7 空载和载荷的运行试验结果。

6.0.4 垂直运输装置应按设计的各技术性能参数设置标牌，应标明额定起重量、最大提升速度、最大架设高度、制作单位、制作日期及设备编号等。设备标牌应永久性地固定在设备的醒目处。

6.0.5 对垂直运输设备及装置应建立定期检修和保养的责任制。

6.0.6 操作垂直运输设备及装置的司机，应通过专业培训、考核合格后持证上岗，严禁无证人员操作。

6.0.7 操作垂直运输设备及装置的司机，在有下列情况之一时，不得操作设备：

    1 司机与起重物之间视线不清、夜间照明不足、无可靠的信号和自动停车、限位等安全装置；

    2 设备的传动机构、制动机构、安全保护装置有故障；

    3 电气设备无接地或接地不良，电气线路有漏电；

    4 超负荷或超定员；

    5 无明确统一信号和操作规程。

6.0.8 当采用随升井架作滑模垂直运输时，应验算在最大起重量、最大起重高度、井架自重、风载、柔性滑道（稳绳）张紧力、吊笼制动力等最不利情况下结构的强度和稳定性。

6.0.9 在高耸构筑物滑模施工中，当采用随升井架平台及柔性滑道与吊笼作为垂直运输时，应做详细的安全及防坠落设计，并应符合下列规定：

    1 安全卡钳中楔块工作面上的允许压强应小于 150MPa；

    2 吊笼运行时安全卡钳的楔块与柔性滑道工作面的间隙，不应小于 2mm；

    3 安全卡钳安装后应按最不利情况进行负荷试验，合格后方可使用。

6.0.10 吊笼的柔性滑道应按设计安装测力装置，并应有专人操作和检查。每副导轨中两根柔性滑道的张紧力差宜为 15%～20%。当采用双吊笼时，张紧力相同的柔性滑道应按中心对称设置。

6.0.11 柔性滑道导向的吊笼应采用拉伸门，其他侧面应采用钢板或带加劲肋的钢板网密封，与地面接触处应设置缓冲器。

7 动力及照明用电

7.0.1 滑模施工的动力及照明用电电源应使用 220V/380V 的 TN-S 接零保护系统，并应设有备用电源。对没有备用电源的现场，必须设有停电时操作平台上施工人员撤离的安全通道。

7.0.2 滑模操作平台上应设总配电箱，当滑模分区管理时，每个分区应设一个分区配电箱，所有配电箱应由专人管理；总配电箱应安装在便于操作、调整和维修的地方，其分路开关数量应大于或等于各分区配电箱总数之和。开关及插座应安装在配电箱内，配电箱及开关箱设置应符合现行行业标准《施工现场临时用电安全技术规范》JGJ 46 的规定。

7.0.3 滑模施工现场的地面和操作平台上应分别设置配电装置，地面设置的配电装置内应设有保护线路和设备的漏电保护器，操作平台上设置的配电装置内应设有保护人身安全的漏电保护器。附着在操作平台上的垂直运输装置应分别有上下紧急断电装置。总开关和集中控制开关应有明显的标志。

7.0.4 当滑模操作平台上采用 380V 电压供电的设备时，应安装漏电保护器和失压保护装置。对移动的用电设备和机具的电源线，应采用五芯橡套电缆线，并不得在操作平台上随意牵拉，钢筋、支承杆和移动设备的摆放不得压迫电源线。

7.0.5 敷设于滑模操作平台上的各种固定的电气线路，应安装在人员不易接触到的隐蔽处，对无法隐蔽的电线，应有保护措施。操作平台上的各种电气线路宜按强电、弱电分别敷设，电源线不得随地拖拉敷设。

7.0.6 滑模操作平台上的用电设备的保护接零线应与操作平台的保护接零干线有良好的电气通路。

7.0.7 从地面向滑模操作平台供电的电缆应和卸荷拉索连接固定，其固定点应加绝缘护套保护，电缆与拉索不得直接接触，电缆与拉索固定点的间距不应大于 2000mm，电缆应有明显的卸荷弧度。电缆和拉索的长度应大于操作平台最大滑升高度 10m 以上，其上端应通过绝缘子固定在操作平台的钢结构上，其下端应盘圆理顺，并应采取防护措施。

7.0.8 滑模施工现场的夜间照明，应保证工作面照明充足，其照明设施应符合下列规定：

    1 滑模操作平台上的便携式照明灯具应采用安全电压电源，其电压不应高于 36V；潮湿场所电压不应高于 24V；

    2 当操作平台上有高于 36V 的固定照明灯具时，应在其线路上设置漏电保护器。

7.0.9 当施工中停止作业 1h 及以上时，应切断操作平台上的电源。

8 通 信 与 信 号

8.0.1 在滑模专项施工方案中，应根据施工的要求，对滑模操作平台、工地办公室、垂直及水平运输的控制室、供电、供水、供料等部位的通信联络制定相应的技术措施和管理制度，应包括下列主要内容：

    1 应对通信联络方式、通信联络装置的技术要求及联络信号等做明确规定；

    2 应制定相应的通信联络制度；

    3 应确定在滑模施工过程中通信联络设备的使用人；

    4 各类信号应设专人管理、使用和维护，并应制定岗位责任制；

    5 应制定各类通信联络信号装置的应急抢修和正常维修制度。

8.0.2 在施工中所采用的通信联络方式应简便直接、指挥方便。

8.0.3 通信联络装置安装好后，应在试滑前进行检验和试用，合格后方可正式使用。

8.0.4 当采用吊笼等作垂直运输装置时，应设置限载、限位报警自动控制系统；各平层停靠处及地面卷扬机室，应设置通信联络装置及声光指示信号。各处信号应统一规定，并应挂牌标明。

8.0.5 垂直运输设备和混凝土布料机的启动信号，应由重物、吊笼停靠处或混凝土出口处发出。司机接到指令信号后，在启动前应发出动作回铃，提示各处施工人员做好准备。

当联络不清、信号不明时，司机不得擅自启动垂直运输设备及装置。

8.0.6 当滑模操作平台最高部位的高度超过 50m 时，应根据航空部门的要求设置航空指示信号。当在机场附近进行滑模施工时，航空指示信号及设置高度，应符合当地航空部门的规定。

9 防 雷

9.0.1 滑模施工过程中的防雷措施，应符合下列规定：

    1 滑模操作平台的最高点应安装临时接闪器，当邻近防雷装置接闪器的保护范围覆盖滑模操作平台时，可不安装临时接闪器；

    2 临时接闪器的设置高度，应使整个滑模操作平台在其保护范围内；

    3 防雷装置应具有良好的电气通路，并应与接地体相连；

    4 接闪器的引下线和接地体应设置在隐蔽处，接地电阻应与所施工的建（构）筑物防雷设计匹配。

9.0.2 滑模操作平台上的防雷装置应设专用的引下线。当采用结构钢筋做引下线时，钢筋连接处应焊接成电气通路，结构钢筋底部应与接地体连接。

9.0.3 防雷装置的引下线，在整个施工过程中应保证其电气通路。

9.0.4 安装避雷针的机械设备，所有固定的动力、控制、照明、信号及通信线路，宜采用钢管敷设。钢管与该机械设备的金属结构体应电气连接。

9.0.5 机械上的电气设备所连接的 PE 线应同时重复接地，同一台机械电气设备的重复接地和机械的防雷接地可共用同一接地体，但接地电阻应符合重复接地电阻值的要求。

9.0.6 当遇到雷雨时，所有高处作业人员应撤出作业区，人体不得接触防雷装置。

9.0.7 当因天气等原因停工后，在下次开工前和雷雨季节之前，应对防雷装置进行全面检查，检查合格后方可继续施工。在施工期间，应定期对防雷装置进行检查，发现问题应及时维修，并应向有关负责人报告。

10 消 防

10.0.1 滑模施工前，应做好消防设施安全管理交底工作。

10.0.2 滑模施工现场和操作平台上应根据消防工作的要求，配置适当种类和数量的消防器材设备，并应布置在明显和便于取用的地点；消防器材设备附近，不得堆放其他物品。

10.0.3 高层建筑和高耸构筑物的滑模工程，应设计、安装施工消防供水系统，并应逐层或分段设置施工消防接口和阀门。

10.0.4 在操作平台上进行电气焊时应采取可靠的防火措施，并应经专职安全人员确认安全后再进行作业，作业时现场应设专人实施监护。

10.0.5 施工消防设施及疏散通道的施工应与工程结构施工同步进行。

10.0.6 消防器材设施应有专人负责管理，并应定期检查维修。寒冷季节应对消防栓、灭火器等采取防冻措施。

10.0.7 在建工程结构的保湿养护材料和冬期施工的保温材料不得采用易燃品。操作平台上严禁存放易燃物品，使用过的油布、棉纱等应妥善处理。

11 滑 模 施 工

11.0.1 滑模施工开始前，应对滑模装置进行技术安全检查，并应符合下列规定：

　　1 操作平台系统、模板系统及其连接应符合设计要求；

　　2 液压系统调试、检验及支承杆选用、检验应符合现行国家标准《滑动模板工程技术规范》GB 50113 中的规定；

　　3 垂直运输设备及其安全保护装置应试车合格；

　　4 动力及照明用电线路的检查与设备保护接零装置应合格；

　　5 通信联络与信号装置应试用合格；

　　6 安全防护设施应符合施工安全的技术要求；

　　7 消防、防雷等设施的配置应符合专项施工方案的要求；

　　8 应完成员工上岗前的安全教育及有关人员的考核工作、技术交底；

　　9 各项管理制度应健全。

11.0.2 操作平台上材料堆放的位置及数量应符合滑模专项施工方案的限载要求，应在规定位置标明允许荷载值。设备、材料及人员等荷载应均匀分布。操作平台中部空位应布满平网，其上不得存放材料和杂物。

11.0.3 滑模施工应统一指挥、人员定岗和协作配合。滑模装置的滑升应在施工指挥人员的统一指挥下进行，施工指挥人员应经常检查操作平台结构、支承杆的工作状态及混凝土的凝结状态，在确认无滑升障碍的情况下，方可发布滑升指令。

11.0.4 滑模施工过程中，应设专人检查滑模装置，当发现有变形、松动及滑升障碍等问题时，应及时暂停作业，向施工指挥人员反映，并采取纠正措施。应定期对安全网、栏杆和滑模装置中的挑架、吊脚手架、跳板、螺栓等关键部位检查，并应做好检查记录。

11.0.5 每个作业班组应设专人负责检查混凝土的出模强度，混凝土的出模强度应控制在 0.2MPa～0.4MPa。当出模混凝土发生流淌或局部坍落现象时，应立即停滑处理。当发现混凝土的出模强度偏高时，应增加中间滑升次数。

11.0.6 混凝土施工应均匀布料、分层浇筑、分层振捣，并应根据气温变化和日照情况，调整每层的浇筑起点、走向和施工速度，每个区段上下层的混凝土强度宜均衡，每次浇灌的厚度不宜大于 200mm。

11.0.7 每个作业班组的施工指挥人员应按滑模专项施工方案的要求控制滑升速度，液压控制台应由经培训合格的专职人员操作。

11.0.8 滑升过程中操作平台应保持水平，各千斤顶的相对高差不得大于 40mm。相邻两个提升架上千斤顶的相对标高差不得大于20mm。液压操作人员应对千斤顶进行编号，建立使用和维修记录，并应定期对千斤顶进行检查、保养、更换和维修。

11.0.9 滑升过程中应控制结构的偏移和扭转。纠偏、纠扭操作应在当班施工指挥人员的统一指挥下，按滑模专项施工方案预定的方法并徐缓进行。当高耸构筑物等平面面积较小的工程采用倾斜操作平台纠偏方法时，操作平台的倾斜度不应大于1%。当圆形筒壁结构发生扭转时，任意3m高度上的相对扭转值不应大于30mm。高层建筑及平面面积较大的构筑物工程不得采用倾斜操作平台的纠偏方法。

滑模平台垂直、水平、纠偏、纠扭的相关观测记录应按现行国家标准《滑动模板工程技术规范》GB 50113 执行。

11.0.10 施工中支承杆的接头应符合下列规定：

1 结构层同一平面内，相邻支承杆接头的竖向间距应大于1m；支承杆接头的数量不应大于总数量的25%，其位置应均匀分布；

2 工具式支承杆的螺纹接头应拧紧到位；

3 榫接或作为结构钢筋使用的非工具式支承杆接头，在其通过千斤顶后，应进行等强度焊接。

11.0.11 当支承杆设在结构体外时应有相应的加固措施，支承杆穿过楼板时应采取传力措施。当支承杆空滑施工时，根据对支承杆的验算结果，应进行加固处理。滑升过程中，应随时检查支承杆工作状态。当个别出现弯曲、倾斜等现象时，应及时查明原因，并应采取加固措施。

11.0.12 滑模施工过程中，操作平台上应保持整洁，混凝土浇筑完成后应及时清理平台上的碎渣及积灰，铲除模板上口和板面的结垢，并应根据施工情况及时清除吊脚手架、防护棚等上的坠落物。

11.0.13 滑模施工中，应定期对滑模装置进行检查、保养、维护，还应经常组织对垂直运输设备、吊具、吊索等进行检查。

11.0.14 构筑物工程外爬梯应随筒壁结构的升高及时安装，爬梯安装后的洞口处应及时采用安全网封严。

12 滑模装置拆除

12.0.1 滑模装置拆除前，应确定拆除的内容、方法、程序和使用的机械设备、采取的安全措施等；当施工中因结构变化需局部拆除或改装滑模装置时，应采取相关措施，并应重新进行安全技术检查；当滑模装置采取分段整体拆除时应进行相应计算，并应满足所使用机械设备的起重能力。

12.0.2 滑模装置拆除应指定专人负责统一指挥。拆除作业前应对作业人员进行技术培训和技术交底，不宜中途更换作业人员。

12.0.3 拆除中使用的垂直运输设备和机具，应经检查，合格后方准使用。

12.0.4 拆除滑模装置时，在建（构）筑物周围和塔吊运行范围周围应划出警戒区，拉警戒线，应设置明显的警戒标志，并应设专人监护。

12.0.5 进入警戒线内参加拆除作业的人员应佩戴安全帽，系好安全带，服从现场安全管理规定。非拆除人员未经允许不得进入拆除危险警戒线内。

12.0.6 应保护好电线，确保操作平台上拆除用照明和动力线的安全。当拆除操作平台的电气系统时，应切断电源。

12.0.7 滑模装置分段安装或拆除时，各分段必须采取固定措施；滑模装置中的支承杆安装或拆除过程必须采取防坠措施。

12.0.8 拆除作业应在白天进行，分段滑模装置应在起重吊索绷紧后割除支承杆或解除与体外支承杆的连接，并应在地面解体。拆除的部件、支承杆和剩余材料等应捆扎牢固、集中吊运，严禁凌空抛掷。

12.0.9 当遇到雷、雨、雾、雪、风速 8.0m/s 以上大风天气时，不得进行滑模装置的拆除作业。

本规程用词说明

1 为便于在执行本规程条文时区别对待，对要求严格程度不同的用词说明如下：
　1）表示很严格，非这样做不可的：
　　正面词采用"必须"；反面词采用"严禁"；
　2）表示严格，在正常情况下均应这样做的：
　　正面词采用"应"；反面词采用"不应"或"不得"；
　3）表示允许稍有选择，在条件许可时首先这样做的：
　　正面词采用"宜"；反面词采用"不宜"；
　4）表示有选择，在一定条件下可以这样做的，采用"可"。

2 条文中指明应按其他有关标准执行的写法为："应符合……的规定"或"应按……执行"。

引 用 标 准 名 录

1　《建筑物防雷设计规范》GB 50057
2　《滑动模板工程技术规范》GB 50113
3　《塔式起重机安全规程》GB 5144
4　《施工升降机安全规程》GB 10055
5　《施工现场临时用电安全技术规范》JGJ 46
6　《建筑施工高处作业安全技术规范》JGJ 80
7　《建筑工程冬期施工规程》JGJ/T 104

8　《建筑施工扣件式钢管脚手架安全技术规范》JGJ 130

9　《建筑施工模板安全技术规范》JGJ 162

10　《建筑施工塔式起重机安装、使用、拆卸安全技术规程》JGJ 196

11　《建筑施工升降机安装、使用、拆卸安全技术规程》JGJ 215

12　《安全网》GB 5725

中华人民共和国行业标准

液压滑动模板施工安全技术规程

JGJ 65—2013

条 文 说 明

修 订 说 明

《液压滑动模板施工安全技术规程》JGJ 65-2013，经住房和城乡建设部2013年6月24日以第61号公告批准、发布。

本规程是在《液压滑动模板施工安全技术规程》JGJ 65-89 的基础上修订而成，上一版的主编单位是冶金部建筑研究总院，参编单位是冶金部安全环保研究院、冶金部第三冶金建设公司、冶金部第十七冶金建设公司、首钢第一建筑工程公司，主要起草人员是罗竞宁、牟宏远、李崇直、毛永宽、张义裕、李子明。本次修订的主要技术内容是：1. 总则；2. 术语；3. 基本规定；4. 施工现场；5. 滑模装置制作与安装；6. 垂直运输设备及装置；7. 动力及照明用电；8. 通信与信号；9. 防雷；10. 消防；11. 滑模施工；12. 滑模装置拆除。

本规程在修订过程中，编制组进行了滑模安全施工技术北京及广州专题研讨会、典型滑模施工现场安全管理现状调查研究，总结了我国滑模施工安全技术及管理的实践经验，同时参考了国外先进技术法规、技术标准，通过试验取得了一些重要技术参数。

为便于广大设计、施工、监理、科研、教学等单位有关人员在使用本规程时能正确理解和执行条文规定，《液压滑动模板施工安全技术规程》修订编制组按章、节、条顺序编制了本规程的条文说明，对条文规定的目的、依据以及执行中需要注意的有关事项进行了说明，还着重对强制性条文的强制理由做了解释。但是，本条文说明不具备与标准正文同等的法律效力，仅供使用者作为理解和把握标准规定的参考。

目　次

1 总　　则

1.0.1 液压滑动模板施工技术是我国现浇混凝土结构工程中施工速度快、地面场地占用少、机械化程度高、绿色环保与经济综合效益显著的一种施工方法，尤其在特种构筑物、超高层建筑物和异形建筑等施工中优势明显。它与普通的模板工程施工有重大区别，除专用模板系统外，主要还包括滑模操作平台系统、提升系统、施工精度控制系统、水电配套系统等组成，集建筑材料、机械、电气、结构、监测等多学科于一体，所有施工工序都在靠自身动力移动的临时结构—滑模操作平台系统上完成，而混凝土是在动态下成型，整个施工操作平台支承于一组单根刚度相对较小的支承杆上，施工中的安全问题具有其特殊性，应引起高度重视。

在早期液压滑动模板施工技术大力推广应用的过程中曾发生过重大安全事故，有过深刻教训。为在施工中贯彻国家"安全第一、预防为主、综合治理"的安全生产方针，保障人民生命财产安全，防止事故发生，根据液压滑动模板施工技术的特点和安全技术管理工作的规律编制了本规程。

1.0.3 本规程是针对液压滑动模板施工安全方面提出的，在施工中不仅要遵守本规程，而且还应遵守现行国家标准《滑动模板工程技术规范》GB 50113 和现行行业标准《建筑施工高处作业安全技术规范》JGJ 80、《建筑施工模板安全技术规范》JGJ 162 等的有关规定。

2 术　　语

本规程给出了 10 个有关液压滑动模板和施工安全技术与管理方面的专用术语，并从液压滑动模板工程的角度赋予了其特定的涵义，所给出的推荐性英文术语，是参考国外某些标准拟定的。

3 基 本 规 定

3.0.1 滑模是一项专项技术含量较高的先进施工工艺，滑模装置既是模板也是脚手架的施工作业平台，其自重、施工荷载和风荷载都比较大，属独立高处作业，施工安全问题较为突出。

根据《建设工程安全生产管理条例》（中华人民共和国国务院令第 393 号）第十七条、第二十六条及《危险性较大的分部分项工程安全管理办法》（建质〔2009〕87 号）的有关规定，滑模施工属于超过一定规模的危险性较大的分部分项工程范围，应编制滑模专项施工方案。

3.0.2 滑模专项施工方案应包括的主要内容是根据现行国家标准《滑动模板工程技术规范》GB 50113 和《危险性较大的分部分项工程安全管理办法》（建质〔2009〕87 号）第七条的规定综合编制。

3.0.3、3.0.4 是按《危险性较大的分部分项工程安全管理办法》第十二条、第十五条的规定编制。

3.0.5 滑模装置的形式可因地制宜，常见的烟囱和高层建筑滑模装置见图 1、图 2。

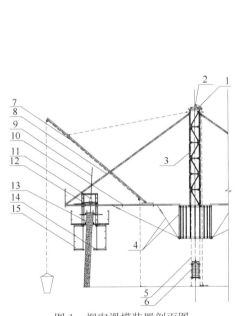

图 1　烟囱滑模装置剖面图

1—天轮梁；2—天轮；3—井架；4—操作平台钢结构；
5—导索；6—吊笼；7—扒杆；8—井架斜杆；9—支承杆；
10—操作平台；11—千斤顶；12—提升架；13—模板；
14—内吊脚手架；15—外吊脚手架

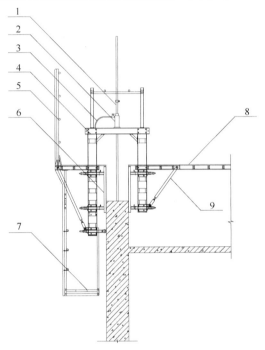

图 2　高层建筑滑模装置剖面图

1—支承杆；2—千斤顶；3—液压油路系统；
4—提升架；5—栏杆；6—模板；7—外吊脚
手架；8—操作平台；9—挑架

3.0.6 滑模施工属于高处作业。因此，规定了因恶劣天气原因必须停止施工，并规定了停工措施和恢复施工的措施。风速 10.8m/s 相当于六级风。

3.0.7 滑模平台上的操作人员都属于高处作业，因此要求滑模操作平台上的施工人员应身体健康，能适应高处作业环境，否则，不得上操作平台工作。

3.0.8 冬期气温低大大延缓了混凝土的凝结速度，对模板的滑升速度有很大的影响，当滑升速度与混凝土凝结速度不匹配时，就会影响工程质量以致引起安全事故。若采用保温或加热措施提高混凝土的凝结速度以适应滑升速度的需要，就会大大增加施工费用，在施工上还带来其他许多困难，增加了很多不安全因素。因此，当由于各种原因需要进行冬期施工时，应认真对待，采取有效的安全技术措施以保证施工安全。

3.0.12 施工现场应有临时用电组织设计、审批及验收程序，滑模施工安全用电应严格执行临时用电组织设计。施工单位技术负责人应组织有关设计、使用和监理单位共同验收，合格后方可投入使用。

3.0.13 烟囱类高耸构筑物，由于顶部面积狭窄，滑模装置的拆除比较危险，故本条规定设计时，在烟囱类结构的顶端设置安全行走平台，以使拆除人员在进行滑模装置拆除时有较安全的活动场地。另外也便于投产使用后，避雷装置及航空标志的维修。

4 施 工 现 场

4.0.1 本条结合现行行业标准《建筑施工现场环境与卫生标准》JGJ 146 的有关规定编制，并按批准的滑模专项施工方案布置现场。

4.0.2 本条根据现行国家标准《滑动模板工程技术规范》GB 50113 的有关规定编制。

4.0.3 本条根据滑模施工围绕高处操作平台组织连续生产的特点，结合现行行业标准《建筑施工安全检查标准》JGJ 59 的有关规定编制。

4.0.4 滑模施工人员、设备、材料和滑升作业等全部在操作平台上完成，平台面积和结构不可能做得无限大，因此应限载，高空作业消防安全问题也突出，结合现行行业标准《建筑施工安全检查标准》JGJ 59 的有关规定编制。

4.0.5 本条规定了对危险警戒区内的重要场所搭设安全或隔离防护棚的要求。

4.0.6 本条给出了防护棚的构造要求，其中第 4 款考虑到人体身高和安全防护的要求，将原来的防护高度 800mm 提高到 1200mm。

4.0.7 本条给出了在各类洞口进行作业时，防护设施的设置要求。

4.0.8 本条结合现行行业标准《建筑施工扣件式钢管脚手架安全技术规范》JGJ 130 的有关规定编制。编制组到几个典型滑模施工现场调研中发现，由于滑模施工速度快，施工用楼梯、爬梯安全栏杆设置不重视，其中独立的施工马道与原结构连接普遍存在滞后和不完整现象，需要加强。

4.0.9 本条规定了应采取防护措施的部位。

4.0.10 本条规定了现场垂直运输机械的布置要求。

5 滑模装置制作与安装

5.0.1 由于滑模装置是一种使用时间长、所承受的荷载可变性大的临时结构，应认真设计。所以本条对滑模装置的设计提出了要求，对其设计的审核作了规定，以防止盲目施工。

5.0.2 本条规定滑模装置应按已批准的设计施工图施工，设计变更应经设计人员同意，并出具设计变更文件，防止施工过程中不经设计验算，擅自变动随意施工的现象发生。

5.0.3 本条对制作滑模装置的材质及材料代用作出明确规定，以保证操作平台的结构安

475

全可靠。同时对使用的机具、器具作出了规定。

5.0.4 滑模是先进的施工工艺，滑模装置的质量关系到工程项目的施工安全、工程实体质量等，因此本条规定滑模装置各部件的制作、焊接及安装质量应经检验合格。滑模施工操作平台的骨架一般为钢结构，其构件连接大部分是采用焊接，所以，焊接质量是保证操作平台结构安全使用的重要环节。同时，滑模装置安装完成后要进行载荷试验，其目的是进一步检验制作、焊接及安装质量，把施工中可能发生的问题解决在滑模施工之前。

5.0.5 本条为强制性条文。工作荷载包括：滑模装置自重、施工荷载、垂直运输系统附加荷载及制动力、混凝土与模板之间的摩阻力和风荷载。在实际施工中，由于千斤顶不同步、操作平台施工荷载不均匀、出模强度增长影响摩阻力变大等原因，会产生不确定的附加荷载，为保证滑模装置及施工人员的安全，千斤顶的工作荷载不应大于其额定荷载；同时千斤顶应具有可靠的自锁装置，在工作荷载作用下不下滑。

5.0.6 本条对操作平台及吊脚手架上的铺板作了规定，明确了操作平台上各种洞口，如：上下层操作平台的通道口、爬梯口、梁模滑空部位等，应有封闭措施，以保证操作平台上施工人员的安全。同时对操作平台及吊脚手架的走道宽度作出了规定。

5.0.7 本条对操作平台外边缘的防护栏杆提出的要求，是以我国滑模施工的经验，从安全和施工方便的角度作出的规定。

5.0.8 本条是对操作平台及内外吊脚手架安全网的挂法及所使用安全网的质量及固定方法作出规定。在行人较多地段的吊脚手架外侧应采取全封闭或多层密网等加强防护措施；吊脚手架的吊杆与横杆采用钢管扣件连接时，为防止扣件松动，对吊杆作出了防滑落规定；同时对采用滑框倒模工艺施工的内外吊架作出了防坠落规定。

5.0.9 本条针对滑模装置上设有随升井架时，对出入口处的防护措施及其护栏处的防护作出了要求，规定随升井架的顶部设限位开关的主要目的在于防止吊笼冲顶，以确保施工安全。

5.0.10 本条特别对连续变截面结构滑模施工时，操作平台随着模板的提升，操作平台支承面积减少，应按施工技术设计的要求及时改造、拆除超长部分，在尚未拆除前应及时缩小外挑平台的使用宽度，以防止增加施工操作平台的倾覆力矩。

5.0.11 滑模托带钢结构施工时，应考虑到钢结构在托带滑升时产生的应力变化和对滑模装置产生的附加荷载，因此要求千斤顶和支承杆的承载能力应有较大的安全储备和确保同步上升的措施。

6 垂直运输设备及装置

6.0.1 建筑施工使用的垂直运输设备种类繁多，技术性能参数各异，而滑模施工技术又不同于其他常规施工方法，故本条规定滑模所用的垂直运输设备应根据滑模施工工艺的特点，建（构）筑物的形状及施工工况合理地选择，在保证滑模施工安全的前提下优先选择标准的垂直运输设备通用产品，如：塔式起重机、施工升降机和物料提升机等标准的通用产品。

6.0.2 滑模施工是一种特殊施工工艺，在构筑物滑模施工中往往会使用如随升井架等垂直运输装置，它是指利用部分标准产品设计制作的为滑模专用的垂直运输装置，因此，本条文规定应有符合安全技术规范的完整的设计文件（包括签字盖章的图纸、计算书、工艺文件）、产品质量合格证明和设备安装使用说明书等。

6.0.3 本条文提出滑模垂直运输装置的检测项目、检测指标与检测条件由设计单位提出，使用前由使用单位组织有关设计、制作、安装、使用、监理等单位共同检测验收，并规定了安全检测验收的主要内容。

6.0.4 本条文对垂直运输装置的标牌制作内容及固定作了相应的规定。

6.0.5 使垂直运输设备及装置经常处于完好状态是防止发生事故的重要技术管理环节，故本条规定了应建立定期检修和保养制度。

6.0.6 本条对操作垂直运输设备及装置的司机人员素质作了规定。该工作是一技术性较高、责任心较强的岗位，司机应熟知所使用设备的构造、原理、性能、操作方法和安全技术知识，否则不能胜任本岗位的工作。禁止非司机人员上岗操作。

6.0.7 本条赋予司机有拒绝使用不符合垂直运输设备及装置运转操作条件的职权。

6.0.8 本条规定了在滑模施工中使用随升井架等装置时应进行验算的内容，以确保其受力性能满足施工的需要。

6.0.9 本条规定了高耸构筑物施工中垂直运输装置应做详细的安全及防坠落设计，并规定安全卡钳设计和检验时采用的主要技术参数。

6.0.10 吊笼采用柔性导轨时，为防导轨在吊笼运行过程中发生共振而造成安全事故，本条对柔性滑道的张紧力作出了规定。为防止张紧力过大造成操作平台结构破坏，柔性滑道应设计与安装测力装置。

6.0.11 在本条中对吊笼规定了应配置的安全措施。

7 动力及照明用电

7.0.1 滑模施工连续性强，又属于高处作业，当发生停电时是无法连续施工的。为此本条规定了滑模施工现场应设备用电源。当没有备用电源时，应利用在建工程的楼梯或爬梯或随构造物高度上升搭设的脚手架马道等作安全通道。

7.0.2 本条规定了滑模操作平台上配电箱的设置、管理和滑模操作平台供电的一般做法，以避免"一闸多用"和"私拉乱接"等违章用电。

7.0.3 为保证滑模操作平台上施工用电安全或意外紧急状态下切断电源的需要，故在本条文中规定垂直操作平台用电应有独立的配电装置。而且对附着在操作平台上的垂直运输设备应有上、下两套紧急断电装置，以备紧急情况下的断电操作。

7.0.4 本条规定了380V用电设备和电缆线的安全保护措施。

7.0.5 滑模操作平台上各种动力、照明及控制用电气线路，一般都敷设在操作平台的铺板以下的隐蔽处，以防止操作平台的人员或设备意外损坏而发生触电事故或影响使用。对敷设在操作平台铺板面上的电气线路应采取保护措施。强调强弱电应分开布设，电源线应避免随地拖拉敷设。

7.0.6 为保证滑模操作平台上用电,本条对操作平台上用电设备接零提出了要求,防止因用电设备漏电和漏电开关失灵而发生人身伤亡事故。

7.0.7 本条规定了由地面至滑模操作平台间供电电缆架设的技术要求。

7.0.8 本条规定主要是从防止触电、漏电击人的情况出发,对固定照明灯具、低压便携灯的使用、触电保护器的设置等做了相应的规定。条文中所提的照明充足,是要保证照明均匀不留死角,其照度满足施工操作要求。

7.0.9 本条规定了停工应断电,防止意外事故发生的安全措施。

8 通 信 与 信 号

8.0.1 滑模施工中通信联络与联络信号对保证安全生产至关重要,在滑模专项施工方案中应根据施工的需要对通信与信号作出相应的技术设计,以保证施工中联络畅通,信号可靠。本条对通信联络设备的使用人、应急抢修和正常维修制度、各类信号的专人管理及其岗位责任制作了具体规定。

8.0.2 滑模施工中所采用的联络方式及通信联络装置应认真考虑和选择,从工程实践看联络的方式应简便直接,如对讲机、直通电话、小功率喇叭等。但选用的通信联络设备应灵敏可靠,这样才能保证施工中的正常的通信联络。

8.0.3 本条提出对滑模施工中通信联络装置的安装及试验的要求。

8.0.4 本条对采用吊笼等垂直运输装置规定了通信联络、显示信号及限载、限位报警自动控制系统的要求,以保证施工安全。

8.0.5 本条对垂直运输机械和混凝土布料机的启动信号、信号传递及司机操作规定了要求。

8.0.6 当滑模操作平台最高点超过50m时应根据当地航空部门的要求来设置航空信号。在机场附近施工时,应根据机场航空管理的要求来设置航空信号,以保证飞行和安全。

9 防 雷

9.0.1 本条规定的防雷措施的技术要求是基于以下情况考虑的:

1 邻近的防雷装置的接闪器对周围地面有一定的保护范围,详见《建筑物防雷设计规范》GB 50057的有关规定。因此,在施工期间,滑模操作平台的最高点,当在邻近防雷装置接闪器保护范围内,可不安装临时接闪器,否则,应安装临时接闪器。

2 为了有效地保护滑模操作平台,临时接闪器的保护范围,应按《建筑物防雷设计规范》GB 50057计算确定,其设置高度应随施工进展而保持最高点,确保不断升高的操作平台始终处于接闪器的保护范围之内。

3 接闪器可将雷电流通过引下线和接地体传入大地，以防操作平台遭受雷击。所以防雷装置应构成良好的电气通路。

4 为防雷电反击和跨步电压，接闪器的引下线和接地体，应设置在隐蔽的地方。

9.0.2 为保证施工安全和便于施工，滑模施工中的防雷装置宜设专用的引下线。当所施工工程采用结构钢筋做引下线时，施工用的接闪器可以与此相连。但应按照所施工程批准的设计图，随时将结构钢筋焊接成电气通路，并与接地体相连。

9.0.3 在施工过程中，防雷装置的引下线应始终保持电气通路。因为接闪器对高空的雷云有"吸引作用"，如果引下线不能保持电气通路，一旦雷击，雷电流得不到良好的入地通路，反而有害。因此，防雷装置的引下线应在施工中保证不被折断。由于施工中需要（如挖沟等）将引下线拆除时，应待另一条引下线安装好后，方准拆除原引下线。

9.0.4 机械设备的动力、控制、照明、信号及通信线路采用钢管敷设，并与设备金属结构体做电气连接是基于通过屏蔽和等电位连接，以防止雷电侧击的危害。

9.0.5 本条根据现行国家标准《建筑物防雷设计规范》GB 50057 和《塔式起重机安全规程》GB 5144 有关接地电阻的要求编制。

9.0.6 雷雨时，露天作业应停止。所以高处作业人员应下到地面，人体应避免接触防雷装置，以防雷电感应和反击。

9.0.7 当因天气等原因停工后，在下次开工前和雷雨季节到来之前，应对防雷装置进行全面检查，检查焊点是否牢固，引下线的断接卡子接触是否良好，接地电阻是否符合要求。检查若发现问题，应及时进行维修并达到原设计要求，并向有关负责人报告。

10 消 防

10.0.1 滑模施工贯彻"预防为主、防消结合"的方针，应做好消防安全管理交底工作，并加强日常看护和安全检查。

10.0.2 滑模施工场地应配备适当种类的消防器材，以便火灾时及时扑救，从而减少损失。由于滑模所施工的建（构）筑物不同，其滑模操作平台的大小也不同，故消防器材的数量由各施工单位根据实际情况设计确定。

10.0.3 高层建筑和高耸构筑物滑模施工安装临时消防供水系统，不仅是为了施工时混凝土养护用水，更重要的是发生火灾时可以立即进行消防扑救，由于滑模在不断地升高，因此高层建筑应逐层、高耸构筑物应分段设置施工消防接口和阀门，发生火灾时随时连接消防水管并打开阀门。施工消防供水系统应根据建筑物或构筑物的高度、面积、结构形式按有关标准进行设计。

10.0.4 控制火源是防止火灾最根本的途径，滑模施工属高处作业，一旦发生火灾危险性更大，也不易扑救。我国有过这种火灾的教训，所以应严格执行电（气）焊动火审批制度，在采取如设置接火斗、灭火器等防火措施基础上，经专职安全人员确认后再进行工作，作业时现场应设专人实施监护。

10.0.5 本条施工消防设施指消防用水管，疏散通道指在建工程的楼梯、爬梯和脚手架马道等，这些设施施工应保持同步，以供消防及施工人员紧急疏散使用。

10.0.6 消防器材设备专人管理是保证能进行定期检查维修、保持完好的先决条件。消防栓冬季要防冻，水溶型泡沫灭火器也应防冻，消防器材的及时补充等都需有专人负责，才能使以"预防为主"的措施有效。

10.0.7 施工现场，特别是高空的操作平台上不使用、不存放易燃材料有利于减少施工现场火灾发生的几率。

11 滑 模 施 工

11.0.1 滑模施工前应对滑模装置进行全面的安全大检查。本条规定了安全检查的主要内容及应达到的要求。其中液压系统调试、检验及支承杆选用、检验应符合现行国家标准《滑动模板工程技术规范》GB 50113 中的有关规定。

11.0.2 为防止滑模施工操作平台超载，要严格管理操作平台上施工材料的堆放。操作平台上所堆放的材料应在保证施工需要的情况下，随用随吊，严格控制在滑模专项施工方案所规定的允许荷载值内，暂时不用的材料、物件应及时清理运至地面，以减小操作平台的荷载，保证操作安全。

11.0.3 滑模施工时，模板的滑升应在施工指挥人员的统一指挥下进行，按滑升制度操作，不允许随意提升。要加强施工管理人员的责任心，经常检查操作平台结构、支承杆的工作状态及混凝土的凝结状态，在确认无滑升障碍、具备滑升条件的情况下方可发布滑升指令，否则易发生质量和安全事故。

11.0.4 滑模施工过程中，设专人对滑模装置进行检查，是确保施工安全和工程质量的重要措施。滑模施工是在动态中进行的，由于混凝土浇筑方向、混凝土振捣、操作平台荷载的不均匀性等原因，滑模装置会产生变形、松动，而变形大小是与检查、维护相关的。因此要对关键部位按照《滑动模板工程技术规范》GB 50113 滑模装置组装的允许偏差表的规定定期检查，做好检查记录。每次滑升要认真检查和总结滑升障碍问题，及时向施工指挥人员反映，迅速采取纠正措施。

11.0.5 混凝土的出模强度检查，首先是工程开始进行初次提升（即初滑阶段）的混凝土外露部分；其次是每次正常滑升开始的混凝土外露部分，主要应注意两点：

1 既要考虑混凝土的自重能克服模板与混凝土之间的摩阻力，又要使下端混凝土达到必要的出模强度，而混凝土强度过高又将产生粘模现象，影响滑模装置的正常滑升，因此应对刚出模的混凝土凝结状态进行强度检验，使其控制在规范允许的范围内。

2 初滑一般是指模板结构在组装后初次经受提升荷载的考验，因此，在进行混凝土强度检验的同时，检查滑模装置是否工作正常，如发现问题应立即处理，这对以后施工中保证平台结构的安全十分重要。

11.0.6 本条规定的做法是为确保每个区段上下层的混凝土强度相对均衡，才能确保滑模装置的平稳和滑模施工的安全。

11.0.7 在滑模施工过程中，控制滑升速度是保证施工安全的重要条件之一，应严格控制模板的滑升速度，按预定的滑升速度施工。如果混凝土的凝结速度与滑升速度不相适应时，应根据实际情况和会商变更方案，适时调整滑升速度。超速滑升易造成滑模操作平台整体失稳的严重安全事故，应严格禁止。

液压控制台是滑模提升系统的"心脏"，因而应由有经验的人员操作，这样在滑升过程中才能全面掌握操作平台的工作状态，控制滑升速度。避免有的操作人员因缺乏操作知识和经验，不掌握现场情况就任意提升的现象。

11.0.8 本条对千斤顶的规定是为了确保滑模同步施工，操作平台保持水平。

11.0.9 本条规定了滑升过程中控制结构偏移和扭转的操作要求，强调高层建筑及平面面积较大的构筑物工程不得采用倾斜操作平台的纠偏方法，是因为有些操作人员把平面面积较小的构筑物的纠偏方法照搬到这类工程上，而这类工程平面刚度很大，采用倾斜操作平台的纠偏方法无济于事，反而会造成滑模装置变形，很不安全，应另采取其他有效措施。

有关记录表见现行国家标准《滑动模板工程技术规范》GB 50113-2005 的附录。

11.0.10 本条是对支承杆接头的有关规定，由于支承杆是滑模装置的承载体，支承杆的接头处理一定要拧紧到位、稳固可靠。

11.0.11 滑模的支承杆一般设在混凝土体内，为了节省支承杆的用量，采用 $\phi48\times3.5$ 钢管支承杆可设在结构体外，此时应有相应的加固措施。钢管支承杆穿过楼板时应采取传力措施，将支承杆所承担的荷载分散到更多面积的楼板共同承担。当支承杆设在结构体外和支承杆空滑施工时，都应对支承杆进行验算，并采取可靠的加固措施。

11.0.12 实践证明，滑模施工管理不到位，滑模操作平台上会出现脏、乱、差现象，不但安全难以保证，工程质量也很难达标。因此要养成良好的习惯，始终保持平台整洁，及时清理平台上及其以下各部位散落的碎渣及积灰，铲除模板上口和板面的结垢。

11.0.13 滑模施工过程中，除对滑模装置进行常规安全检查外，还应定期对垂直运输机械、吊具、吊索进行检查，目的是防止出现机械事故、撞击事故、坠落事故等安全事故的发生。

11.0.14 本条规定的目的是当停电或发生机械故障时垂直运输设备停运，人员上下通行的应急措施。

12 滑模装置拆除

12.0.1 滑模装置拆除是滑模施工最后一道工序，也是安全风险较大的一个环节。为确保拆除工作安全完成，本条规定了滑模装置拆除方案中对拆除的具体内容、拆除方法、拆除程序、所使用的机械设备、安全措施等都要有详细计划和具体要求；施工中改变滑模装置结构，如平面变化、截面变化所涉及的拆除或改装也包括在其中。滑模装置分段整体拆除时，应进行相应的计算，所使用机械设备的起重能力应能满足分段整体拆除时的起重要求。

12.0.2 滑模装置的拆除作业应按照批准后的专项施工方案有序的进行，根据滑模施工的经验教训，在拆除工作中应加强组织管理，拆除全过程应指定专人负责统一指挥，有效组织拆除工作，防止事故发生；所有参加拆除作业的人员应经过技术交底、技术培训，了解拆除内容、拆除方法和拆除顺序，大家协同配合，共同遵守安全规定，对发现的不安全因素及时向总指挥反映。正因为拆除队伍是一个有机整体，因此，在拆除的全过程中，不宜随意更换作业人员，防止工作紊乱。

12.0.3 本条规定用于滑模装置拆除的垂直运输机械和机具，都要进行安全检查，以确保各种机械和机具在拆除作业中安全运行。

12.0.4 由于使用后的滑模装置有可能已发生潜在的磨损，有时甚至发生明显的废损，装置上的混凝土残渣时有存在，因此在拆除滑模装置时，应加倍注意安全，在建（构）筑物周围和塔吊运行范围周围应划出警戒区。警戒线应设置明显的警戒标志，应设专人监护和管理。

12.0.5 为防止装置上的混凝土残渣和零碎部件的掉落伤害人体，因此参加拆除作业的人员在进入警戒线内，应佩戴安全帽，高处作业时系好安全带，服从现场安全管理规定。非拆除人员未经允许不得进入拆除警戒线内。

12.0.7 本条为强制性条文。滑模装置通常采用分段安装或拆除，在实施过程中，由于体系不完整，各分段甚至整个滑模装置存在倾倒或坠落的潜在安全风险，因此，应对滑模装置采取搭脚手架、设斜支撑、钢丝绳拉结等固定措施，保证其稳固性。而支承杆由于自重或拆除时割断，存在从千斤顶中滑脱的危险，因此，对支承杆也应采取在千斤顶以上用限位卡或脚手架的扣件卡紧或焊接短钢筋头或支承杆割断后从千斤顶下部及时抽出等主要防坠落措施。

12.0.8 拆除作业应在白天光线充足、能见度良好、天气正常情况下进行，以确保安全操作，夜间施工人员的视力及现场照明条件都不如白天，遇有技术上的问题白天也较易处理，所以，夜间不应进行拆除作业。

滑模装置在平台上采用分段整体拆除、然后到地面解体的目的是为了减少高处作业，防止人和物的坠落事故发生。拆除的一切物品应捆扎牢固、集中吊运，防止坠落伤人，严禁高空抛物。

12.0.9 滑模拆除工作系高处作业，施工人员的工作环境相对较差，所以本条规定在气候条件不好时，不允许进行拆除作业。风速8.0m/s相当于五级风。

中华人民共和国建筑工业行业标准

塑 料 模 板

Plastic formwork

JG/T 418—2013

中华人民共和国住房和城乡建设部
2014-02-01 实施

前　言

本标准按照 GB/T 1.1—2009 给出的规则起草。

本标准由住房和城乡建设部标准定额研究所提出。

本标准由住房和城乡建设部建筑施工安全标准化技术委员会归口。

本标准负责起草单位：中国模板脚手架协会、湖北鑫隆塑业有限公司。

本标准参加起草单位：北京中建柏利工程技术发展有限公司、上海铂砾耐材料科技有限公司、宁波华业材料科技有限公司、北京奥宇模板有限公司、中国一冶集团有限公司、北京中源绿业新型建材有限公司、湖北省建筑工程质量监督检验测试中心、无锡尚久模塑科技有限公司、中建三局建设工程股份有限公司、锦宸集团有限公司、福建海源新材料科技有限公司。

本标准主要起草人：李运祥、张良杰、赵雅军、王同初、沈海军、陈晓东、颜景峰、金一平、刘国恩、秦忠喜、夏元良、王平、曹庭维、王辉、唐金来、李良光。

目　次

1 范围

本标准规定了塑料模板的术语和定义、分类与标记、材料、要求、试验方法、检验规则及标志、包装、运输和贮存。

本标准适用于浇筑混凝土用的塑料模板。

2 规范性引用文件

下列文件对于本文件的应用是必不可少的。凡是注日期的引用文件，仅注日期的版本适用于本文件。凡是不注日期的引用文件，其最新版本（包括所有的修改单）适用于本文件。

GB/T 1034 塑料 吸水性的测定

GB/T 1043.1 塑料 简支梁冲击性能的测定 第1部分：非仪器化冲击试验

GB/T 1449 纤维增强塑料弯曲性能试验方法

GB/T 1451 纤维增强塑料简支梁式冲击韧性试验方法

GB/T 1462 纤维增强塑料吸水性试验方法

GB/T 1633 热塑性塑料维卡软化温度（VST）的测定

GB/T 2411 塑料和硬橡胶 使用硬度计测定压痕硬度（邵氏硬度）

GB/T 2828.1 计数抽样检验程序 第1部分：按接收质量限（AQL）检索的逐批检验抽样计划

GB/T 5761 悬浮法通用聚氯乙烯树脂

GB 8624 建筑材料及制品燃烧性能分级

GB/T 9341 塑料 弯曲性能的测定

GB/T 9846.2 胶合板 第2部分：尺寸公差

GB/T 12670 聚丙烯（PP）树脂

GB/T 19367 人造板的尺寸测定

3 术语和定义

下列术语和定义适用于本文件。

3.1 塑料模板 plastic formwork

以热塑性硬质塑料为主要材料，以玻璃纤维、植物纤维、防老化剂、阻燃剂等为辅助材料，经过挤出、模压、注塑等工艺制成的一种用于混凝土结构工程的模板。

3.2 夹芯塑料模板 sandwich plastic formwork

由两个塑料面层夹着中间芯层组成的塑料平面模板，中间芯层可为纤维塑料芯、发泡塑料芯或再生塑料芯。

3.3 带肋塑料模板 ribbed plastic formwork

由一层塑料面板及背面的纵横肋、斜肋组成的塑料模板，其中带有边肋的塑料定型模板，可通过连接件互相连接。

3.4 空腹塑料模板 open-web plastic formwork

由双层面板和密集纵肋组成或由双层面板、中隔板和两层蜂窝型空格组成的一种中空塑料模板，可制作成平板或定型带肋板。

4 分类与标记

4.1 分类

4.1.1 塑料模板分为夹芯塑料模板、带肋塑料模板和空腹塑料模板，见表1。

表1 塑料模板分类与结构特性

塑料模板分类	特性代号	结构特性
夹芯塑料模板	J	塑料面层，纤维塑料芯、发泡塑料芯、再生塑料芯
带肋塑料模板	D	密肋塑料板
		有边肋和主、次肋塑料板
空腹塑料模板	K	双面板和纵肋组成空腹塑料板
		边肋空腹塑料板
		双面板中隔板和蜂窝塑料板

4.1.2 夹芯塑料模板、带肋塑料模板、空腹塑料模板的示意图参见附录A、附录B和附录C。

4.2 规格

4.2.1 夹芯塑料模板的规格应符合表2的规定。

表2 夹芯塑料模板规格　　　　　　单位：毫米

公称厚度	宽　度	长　度
6、8、10、12、15、18、20	900、1000、1200	1800、2000、2400
注：对规格、尺寸有特殊要求，由供需双方确定。		

4.2.2 带肋塑料模板的规格应符合表3的规定。

表3 带肋塑料模板规格　　　　　　单位：毫米

结构特性	模板厚度	面板厚度	宽　度	长　度
密肋塑料模板	12、15、18、35、40、45、50	4、5、6	900、1000、1200	1800、2000、2400
有边肋和主、次肋塑料模板	55、60、70、80、100	4、5、6	50、100、150、200、250、300、350、400、450、500、550、600、900	300、600、900、1200、1500、1800
注：对规格、尺寸有特殊要求，由供需双方确定。				

4.2.3 空腹塑料模板的规格应符合表4的规定。

表4 空腹塑料模板规格

单位：毫米

模板厚度	单层面板厚度	空腹平板		空腹带肋板	
		宽度	长度	宽度	长度
12、15、18、40、45、55、65	3、4、5	600、900、1000、1200	1800、2000、2400、3000	100、150、200、250、300、450、500、600	1800、2000、2400、3000
注：对规格、尺寸有特殊要求，由供需双方确定。					

4.3 标记

塑料模板的标记由名称代号、特性代号及主参数代号 3 个部分组成，按下列顺序排列。

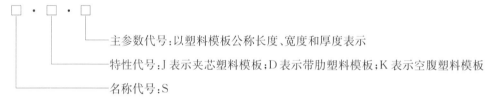

主参数代号：以塑料模板公称长度、宽度和厚度表示
特性代号：J 表示夹芯塑料模板；D 表示带肋塑料模板；K 表示空腹塑料模板
名称代号：S

示例：长度为 2400mm、宽度为 1200mm、厚度为 12mm 的夹芯塑料模板标记为：

S·J·2400×1200×12

5 材料

5.1 基材

应以热塑性硬质塑料为主要基材，材质应符合 GB/T 12670 或 GB/T 5761 的规定。

5.2 添加材料

可添加增强材料、填充材料、阻燃剂、抗氧剂、耐磨剂、抗老化剂，其材质应符合国家相应标准的规定。塑料模板采用阻燃材料后，其制品的燃烧性能等级应符合 GB 8624 的规定。

5.3 模板连接件材料

可采用金属或塑料，其材料力学性能应满足模板连接强度要求。

6 要求

6.1 尺寸偏差

6.1.1 塑料模板厚度允许偏差应符合表 5 的规定。

表5 厚度允许偏差

单位：毫米

公称厚度	允许偏差
≤10	±0.2
12	±0.3
15	±0.4
18	±0.5
≥20	±1.0

6.1.2 板的长度和宽度允许偏差为 0mm～－2mm。

6.1.3 板的四边边缘直角偏差不应大于 1mm/m。

6.1.4 板的翘曲度不应大于 0.5%。

6.1.5 每张板对角线允许偏差不应大于 2mm。

6.2 外观质量

塑料板的外观检验项目及质量要求应符合表 6 的规定。

表 6 外观检验项目及质量要求

项　目	质量要求
板面	板面光滑平整，无裂纹、划伤，无明显的杂质和未分散的辅料
波纹与条纹	不应有明显的波纹和条纹
凹槽	允许离板材纵向边缘不超过板材宽度的五分之一的范围有深度不超过厚度极限偏差、宽度不超过 10mm 的凹槽两条
凹凸	不应有超过 1mm 的凹凸，10mm×10mm 以下的轻微凹凸每平方米不应超过 5 个，且成分散状
缺料痕迹	不应有明显的缺料痕迹
刮痕	允许有轻微手感的刮痕，但不应成网状

6.3 物理力学性能指标

塑料模板物理力学性能指标应符合表 7 的规定。

表 7 塑料模板物理力学性能指标

项　目	单位	指　标		
		夹芯塑料模板	带肋塑料模板	空腹塑料模板
吸水率	%	≤0.5	≤0.5	≤0.5
表面硬度（邵氏硬度）	H_D	≥58	≥58	≥58
简支梁无缺口冲击强度	kJ/m²	≥14	≥25	≥30
弯曲强度	MPa	≥24	≥45	≥30
弯曲弹性模量	MPa	≥1200	≥4500	≥3000
维卡软化点	℃	≥75	≥80	≥80
加热后尺寸变化率	%	±0.2	±0.2	±0.2
施工最低温度	℃	－10	－10	－10
燃烧性能等级	级	≥E	≥E	≥E

7 试验方法

7.1 尺寸的测定

7.1.1 塑料模板尺寸的测定用成品样板，应从提交检查批中随机抽取。

7.1.2 试验设备测量工具精度应符合表 8 的规定。

表 8 试验设备测量工具精度表

项　目	精度要求
钢卷尺、钢直尺	分度的读数精度为 1mm
游标卡尺	分度的读数精度为 0.02mm
百分表	分度的读数精度为 0.01mm

7.1.3 塑料模板的长度、宽度、厚度的测定应按 GB/T 19367 的规定进行。

7.1.4 板边的测定

塑料模板的边缘直度、垂直度的测定应按 GB/T 19367 的规定进行。

7.1.5 翘曲度的测定

塑料模板翘曲度的测定应按 GB/T 9846.2 的规定进行。

7.1.6 对角线差值的测定

塑料模板的两条对角线差值应采用精度为 1mm 的钢卷尺测量。

7.1.7 外观质量的测定

塑料模板外观质量的测定应按表 6 的规定检查。

7.2 物理力学性能测定

7.2.1 试样制备及试验的环境

试样应在温度为 23℃±2℃ 的环境中，放置 24h 以上。

7.2.2 吸水率的测定

带肋塑料模板、空腹塑料模板吸水率的测定按 GB/T 1034 规定进行，夹芯塑料模板按 GB/T 1462 的规定进行。

7.2.3 表面硬度的测定

塑料模板的表面硬度测定按 GB/T 2411 的规定进行。

7.2.4 冲击强度的测定

带肋塑料模板、空腹塑料模板冲击强度的测定按 GB/T 1043.1 的规定进行，夹芯塑料模板按 GB/T 1451 的规定进行。

7.2.5 弯曲强度和弯曲弹性模量的测定

带肋塑料模板、空腹塑料模板弯曲强度和弯曲弹性模量的测定按 GB/T 9341 的规定进行，夹芯塑料模板按 GB/T 1449 的规定进行。

7.2.6 维卡软化点的测定

塑料模板维卡软化点的测定按 GB/T 1633 的规定进行。

7.2.7 加热后尺寸变化率的测定

7.2.7.1 试样

沿板材长度边缘取边长为 100mm～200mm 的正方形试样 3 块。

7.2.7.2 试验步骤

在每个试样上沿板材纵向横向边长的垂直平分线 AB 和 CD。采用游标卡尺分别测量 AB、CD 的距离。将其平放于 80℃±2℃ 鼓风干燥箱内的瓷砖板上。在鼓风的条件下，保持温度 80℃±2℃，恒温 2h。加热后，将试样连同瓷砖板取出，采用游标卡尺分别测量 $A'B'$、$C'D'$ 的距离（见图 1）。

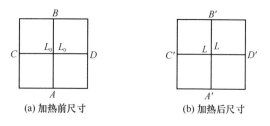

(a) 加热前尺寸   (b) 加热后尺寸

图 1　板加热后尺寸变化

7.2.7.3 结果计算

加热后尺寸变化率按式（1）计算：

$$u = \frac{L - L_0}{L} \times 100\% \qquad\qquad (1)$$

式中：u——加热后尺寸变化率；

L_0——加热前尺寸，单位为毫米（mm）；

L——加热后尺寸，单位为毫米（mm）。

8 检验规则

8.1 检验类别

产品检验分出厂检验和型式检验。

8.2 出厂检验

检验项目：尺寸偏差、外观质量、弯曲强度和弯曲弹性模量。

8.3 型式检验

8.3.1 有下列情况之一时，应进行型式检验：

a）配方、工艺、材料有较大的变化时；

b）停产 3 个月以上恢复生产时；

c）正常生产每 2 年进行 1 次。

8.3.2 检验项目包括 6.1～6.3 的全部项目要求。

8.4 组批与抽样

8.4.1 组批

以同一原材料、同一生产工艺、同一规格，稳定连续生产的产品为一个批量。

8.4.2 抽样

8.4.2.1 板材尺寸偏差、外观质量按 GB/T 2828.1 规定的正常检验二次抽样方案进行，其中检查水平为Ⅱ，合格质量水平（AQL）为 6.5，检测取样参见表 9。

表 9 尺寸偏差和外观质量的检测取样表　　　　　单位：块

批量范围	样本	样本量	累计样本量	接收数 Ac	拒收数 Re
≤500	第一	32	32	3	6
	第二	32	64	9	10
501～1200	第一	50	50	5	9
	第二	50	100	12	13
1201～3200	第一	80	80	7	11
	第二	80	160	18	19
3201～10000	第一	125	125	11	16
	第二	125	250	26	27

8.4.2.2 各项物理力学性能的检验，以每 5000 张为一批（不足 5000 张按一批计算），从

抽取的样本中任取一块按本标准规定裁取试样进行试验。

8.5 判定规则

8.5.1 尺寸偏差和外观质量

8.5.1.1 尺寸偏差和外观质量检验符合 6.1 和 6.2 中的有关规定，判定该试件合格；有一项不符合规定，判定该试件不合格。

8.5.1.2 按表 9 的规定，第一检查批的样本中，不合格试件数不超过 Ac 时，判该批产品尺寸偏差和外观质量合格；不合格试件数大于 Re 时，判该批产品尺寸偏差和外观质量不合格。

8.5.1.3 样本中不合格试件数介于 Ac 和 Rc 之间时，抽取第二次样本检验。检验结果中，两次样本的不合格总数不超过 Ac 时，判定该批产品尺寸偏差和外观质量合格；大于或等于 Re，判定该批产品尺寸偏差和外观质量不合格。

8.5.2 性能检验

8.5.2.1 物理力学性能检验结果符合 6.3 的相关规定时，判定该批产品为合格。

8.5.2.2 有一项不合格时，应在原批中双倍取样，对不合格项目复检，复检结果应符合本标准规定，否则判定整批不合格。

9 标志、包装、运输和贮存

9.1 标志

模板应有合格证，并应有下列标志：

a）制造厂商名称、产品名称、商标；

b）产品规格或标记、制造日期或生产批号；

c）数量、检验员代号。

9.2 包装

同规格模板应成捆包装，连接扣件应分类装箱。

9.3 运输

9.3.1 模板运输过程中应防止日晒，保持包装完整和装车稳固。

9.3.2 非平面模板的包装、运输，应采取防止面板损伤和变形的措施。

9.3.3 装卸模板时应轻装轻卸，不应抛掷，并应采取防止碰撞损坏模板的措施。

9.4 贮存

9.4.1 模板应有专用场地存放，存放场地应坚实平整，并应有排水、防日晒、防火和隔热等措施，模板下方应设置间距适当并等高的垫木。

9.4.2 模板贮存时，应按不同类别和规格分类堆放。

附 录 A

（资料性附录）

夹芯塑料模板示意图

夹芯塑料模板示意图见图 A.1。

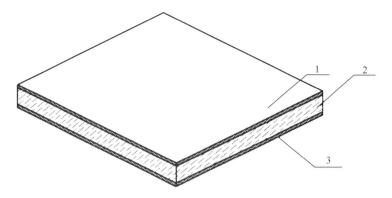

说明：

1—面层；

2—芯层；

3—底层。

图 A.1 夹芯塑料模板示意图

附 录 B

（资料性附录）

带肋塑料模板示意图

带肋塑料模板示意图见图 B.1。

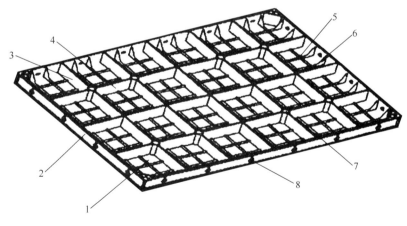

说明：

1—面板；

2—边肋；

3—横肋；

4—纵肋；

5—加强筋；

6—斜撑；

7—对拉螺栓孔；

8—模板连接机

图 B.1 带肋塑料模板示意图

附　录　C
（资料性附录）
空腹塑料模板示意图

空腹塑料模板示意图见图 C.1。

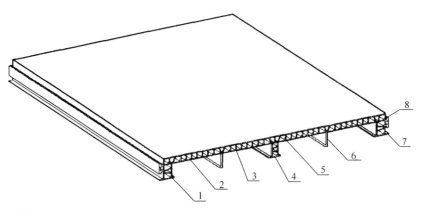

说明：

1—边肋；

2—板背；

3—连接筋；

4—中肋；

5—板面；

6—副肋；

7—定位边；

8—连接槽。　　　　　图 C.1　空腹塑料模板示意图

中国工程建设协会标准

聚苯模板混凝土楼盖
技 术 规 程

Technical specification for
polystyrene form concrete floor

CECS 378：2014

主编单位：中国建筑技术集团有限公司
批准单位：中国工程建设标准化协会
施行日期：2014 年 10 月 1 日

中国工程建设标准化协会
公　告

第 173 号

关于发布《聚苯模板混凝土楼盖
技术规程》的公告

根据中国工程建设标准化协会《关于印发〈2013 年第一批工程建设协会标准制订、修订计划〉的通知》（建标协字〔2013〕057 号）的要求，由中国建筑技术集团有限公司等单位编制的《聚苯模板混凝土楼盖技术规程》，经本协会混凝土结构专业委员会组织审查，现批准发布，编号为 CECS 378：2014，自 2014 年 10 月 1 日起施行。

中国工程建设标准化协会

二〇一四年六月二十六日

前　　言

根据中国工程建设标准化协会《关于印发〈2013 年第一批工程建设协会标准制订、修订计划〉的通知》（建标协字〔2013〕057 号）的要求，编制组经专题研究、检测验证和工程试用，并参考了国外先进成熟技术，在广泛征求意见的基础上制定本规程。

本规程的主要内容包括总则、术语、材料、基本规定、结构设计、施工和验收。

本规程由中国工程建设标准化协会混凝土结构专业委员会归口管理，由中国建筑技术集团有限公司负责具体技术内容的解释。在执行过程中如有意见和建议，请寄送解释单位（地址：北京市北三环东路 30 号，邮编：100013）。

　　主 编 单 位：中国建筑技术集团有限公司
　　参 编 单 位：建研科技股份有限公司
　　　　　　　　　中国建筑科学研究院防火研究所
　　　　　　　　　清华大学建筑设计研究院
　　　　　　　　　四川省建筑设计研究院
　　　　　　　　　美艾意（上海）机械有限公司
　　　　　　　　　江苏中技天峰低碳建筑技术有限公司

主要起草人：李东彬　黄　强　王建军　朱爱萍　冯　禄　欧西尼　章一萍
　　　　　　李成林　刘彦生　史　毅　沈峰英　陈伯元　陈　勇
主要审查人：张良杰　白生翔　高小旺　尤天直　束伟农　郑文忠　吴　体
　　　　　　徐亚添　毛　杰

目　　次

Contents

1 总　　则

1.0.1 为了合理应用聚苯模板混凝土楼盖，做到技术先进、安全适用、减少能耗、保证质量，制定本规程。

1.0.2 本规程适用于工业与民用建筑中聚苯模板混凝土楼盖的设计、施工及验收。

1.0.3 聚苯模板混凝土楼盖的设计、施工及验收，除应符合本规程外，尚应符合国家现行有关标准的规定。

2 术　　语

2.0.1 聚苯模板混凝土楼盖　polystyrene form concrete floor

采用聚苯模板的双向或单向密肋混凝土楼板构件。

2.0.2 聚苯模板　polystyrene form

采用发泡聚苯乙烯和龙骨在工厂制成，用于现浇混凝土楼盖施工，具有保温、隔热、隔声等性能，不需拆除的模板。

2.0.3 龙骨　keel

配置于聚苯模板底部，承担施工阶段荷载的带孔轻钢骨架。

2.0.4 支撑梁　support beam

施工阶段支撑聚苯模板的水平构件。

3 材　　料

3.1 混 凝 土 和 钢 筋

3.1.1 聚苯模板楼盖的混凝土强度等级不宜低于 C30，混凝土的选用及其性能与强度指标，应符合现行国家标准《混凝土结构设计规范》GB 50010 的相关规定。

3.1.2 钢筋的选用及其性能与强度指标，应符合现行国家标准《混凝土结构设计规范》GB 50010 的相关规定。

3.1.3 钢筋焊接网的选用及相关性能要求，应符合现行行业标准《钢筋焊接网混凝土结构技术规程》JGJ 114 的相关规定。

3.2 聚 苯 模 板

3.2.1 聚苯模板（图 3.2.1）尺寸应符合下列规定：

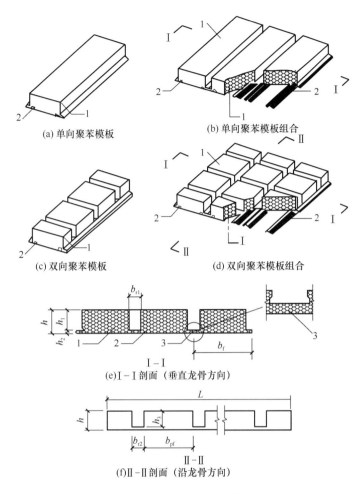

图 3.2.1　聚苯模板示意图

1—聚苯板；2—龙骨；3—模板企口；L—模板长度；b_f—模板宽度；b_{r1}—垂直龙骨方向模板凹槽宽度；b_{pf}—沿龙骨方向单块聚苯宽度；b_{r2}—沿龙骨方向模板凹槽宽度；h—模板厚度；h_1—垂直龙骨方向模板凹槽深度；h_2—模板下边缘厚度；h_3—沿龙骨方向模板凹槽深度

1　单块聚苯模板长度 L 不宜大于 12m；

2　聚苯模板标准宽度 b_f 应为 600mm；垂直龙骨方向的模板凹槽宽度 b_{r1} 宜为 120mm，且不应小于 80mm；

3　聚苯模板厚度 h 不应小于 70mm，且不宜大于 350mm；

4　垂直龙骨方向模板凹槽深度 h_1 不应小于 40mm，且不宜大于 320mm；聚苯模板下缘厚度 h_2 不应小于 30mm；

5　沿龙骨方向模板凹槽深度 h_3 不应小于 30mm，且不宜大于 310mm；

6　沿龙骨方向模板凹槽宽度 b_{r2} 宜与 b_{r1} 一致，凹槽宽度和间距可根据设计要求调整。

3.2.2　用于制作聚苯模板的发泡聚苯乙烯应符合下列规定：

1　密度不应小于 20kg/m³，其检验方法应符合本规程附录 A 的规定；

2　导热系数不应大于 0.045W/(m·K)，其检验方法应符合现行国家标准《绝热用模塑聚苯乙烯泡沫塑料》GB/T 10801.1 的相关规定；

3 燃烧性能等级不应低于 B₁ 级，其检验方法应符合现行国家标准《建筑材料及制品燃烧性能分级》GB/T 8624 的相关规定。

3.2.3 制作龙骨的钢带材料性能应符合现行国家标准《连续热镀锌钢板及钢带》GB/T 2518 的规定，并应符合下列规定：

1 钢带厚度不应小于 1.2mm；

2 双面镀锌量不应少于 275g/m²；

3 屈服强度标准值不应低于 320N/mm²。

3.2.4 龙骨（图 3.2.4）应符合下列规定：

1 龙骨截面高度为 40mm，龙骨展开宽度为 212mm；

2 龙骨两个腹板及嵌固在聚苯模板内部的下翼缘应均匀开孔，孔直径应为 22mm，孔间距应为 40mm。

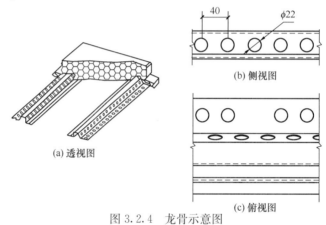

图 3.2.4　龙骨示意图

3.2.5 单块模板中龙骨在受力方向应连续，不应采用任何形式的连接。

4　基　本　规　定

4.0.1 聚苯模板混凝土楼盖的直接作用（荷载）应根据现行国家标准《建筑结构荷载规范》GB 50009 及相关标准确定；地震作用应根据现行国家标准《建筑抗震设计规范》GB 50011 确定。

4.0.2 聚苯模板混凝土楼盖的耐火极限应符合现行国家标准《建筑设计防火规范》GB 50016 的有关规定。

4.0.3 聚苯模板混凝土楼盖中的预埋管线宜布置在肋槽内，预埋管线截面面积不应超过肋槽横截面面积 10%；也可在聚苯板上面开槽布置，开槽深度不宜超过 30mm。

4.0.4 聚苯模板混凝土楼盖的保温隔热性能应符合现行行业标准《夏热冬冷地区居住建筑节能设计标准》JGJ 134、《严寒和寒冷地区居住建筑节能设计标准》JGJ 26 及《夏热冬暖地区居住建筑节能设计标准》JGJ 75 的有关规定；当考虑聚苯模板的保温隔热作用时，热工性能参数可按本规程附录 B 采用。

4.0.5 聚苯模板混凝土楼盖底部的装饰材料的燃烧性应符合现行国家标准《建筑内部装修设计防火规范》GB 50222 中有关顶棚装修材料的规定。

4.0.6 聚苯模板混凝土楼盖底部可采用防火石膏板或挂网抹灰进行装饰。

5 结 构 设 计

5.1 一 般 规 定

5.1.1 采用聚苯模板混凝土楼盖的房屋，其高度、抗震等级和结构分析应符合国家现行标准《砌体结构设计规范》GB 50003、《混凝土结构设计规范》GB 50010、《建筑抗震设计规范》GB 50011、《钢结构设计规范》GB 50017、《高层建筑混凝土结构技术规程》JGJ 3 和中国工程建设协会标准《现浇混凝土空心楼盖技术规程》CECS 175 的有关规定。

5.1.2 聚苯模板混凝土楼盖宜根据楼盖的跨度、作用荷载以及边界条件设计为单向或双向密肋楼板，聚苯模板规格可按本规程附录 B 选用。

5.1.3 在承载能力极限状态和正常使用极限状态下的聚苯模板混凝土楼盖，荷载效应组合设计值应按现行国家标准《建筑结构荷载规范》GB 50009 的有关规定计算。

5.1.4 聚苯模板混凝土楼盖与周边支承构件应可靠连接，并应符合现行国家标准《混凝土结构设计规范》GB 50010、《砌体结构设计规范》GB 50003、《钢结构设计规范》GB 50017 的有关规定。

5.2 构 造 措 施

5.2.1 聚苯模板混凝土楼盖的混凝土顶板厚度不应小于 50mm。

5.2.2 聚苯模板混凝土楼盖可采用梁支承和柱支承。对于无梁的柱支承楼盖，应在柱轴线位置设置暗梁，暗梁的宽度不宜小于柱边长加两侧各 100mm。

5.2.3 聚苯模板混凝土楼盖顶板内的钢筋应双向配置，宜采用钢筋焊接网，钢筋直径不应小于 5mm，间距不应大于 250mm。

5.2.4 聚苯模板凹槽中纵向钢筋直径不应小于 8mm；需配置箍筋时，箍筋直径不应小于 6mm。

5.2.5 聚苯模板混凝土楼盖与周边支承构件应可靠连接，且应符合下列规定〔图 5.2.5（a）、（b）、（c）、（d）、（e）和（f）〕：

1 端部受力钢筋伸入支承墙体或梁柱的锚固长度应符合现行国家标准《混凝土结构设计规范》GB 50010、《砌体结构设计规范》GB 50003 的有关规定，抗剪连接件的设计应符合现行国家标准《钢结构设计规范》GB 50017 的有关规定；

2 端部支承时，聚苯模板混凝土楼盖顶板内的钢筋宜采用 90°弯折锚固的方式，其包含弯弧在内的水平投影长度铰接时不应小于 $0.35l_{ab}$，其他情况不应小于 $0.6l_{ab}$，弯折钢筋在弯折平面内包含弯弧段的投影长度不应小于 $15d$；

3 聚苯模板混凝土楼盖肋槽内钢筋伸入梁或墙中的锚固长度不应小于 $5d$，且不应小于梁或墙宽的 1/2。

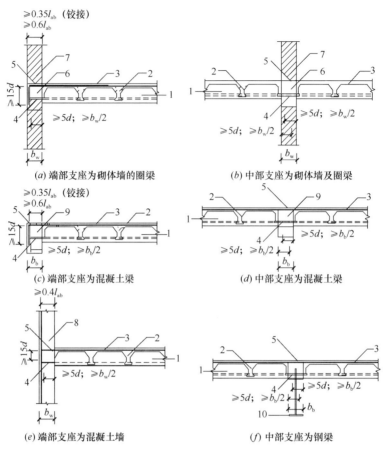

图 5.2.5 楼盖与周边支撑构件连接示意图

1—聚苯模板；2—混凝土；3—钢筋网；4—楼盖下侧钢筋；5—楼盖上侧钢筋；6—圈梁；7—砌体承重墙；8—剪力墙；9—钢筋混凝土梁；10—钢梁；d—钢筋直径；b_b—梁宽度；b_w—墙体宽度；l_{ab}—受拉钢筋基本锚固长度

5.2.6 聚苯模板混凝土楼盖的洞口宜布置在肋梁之间。当洞口尺寸较大需要截断龙骨时，应采取专门措施。

6 施 工

6.1 一 般 规 定

6.1.1 聚苯模板的支架设计、安装和拆除，钢筋工程和混凝土工程应符合现行国家标准《混凝土结构工程施工规范》GB 50666 的有关规定。

6.1.2 聚苯模板的支架应根据安装、使用工况设计，聚苯模板及其支架应满足承载力、刚度和整体稳固性要求。

6.1.3 聚苯模板及其支架的变形限值应根据工程要求确定，并宜符合下列规定：

1 模板的挠度限值宜为模板计算跨度的 1/300；

2 支撑梁的挠度限值宜为计算跨度的 1/1000；

3 立杆的轴向压缩变形限值或侧向挠度限值宜取为计算高度的 1/1000。

6.1.4 支架的设计应通过计算确定立杆和支撑梁的规格、间距等，并应进行下列验算：

1 纵向、横向水平杆件的承载力和连接扣件的抗滑移承载力；

2 立杆的稳定性；

3 立杆地基承载力。

6.1.5 施工前应编制聚苯模板混凝土楼盖专项施工方案，施工方案应包含下列主要内容：

1 聚苯模板排版布置图；

2 聚苯模板支撑梁和立柱布置图；

3 聚苯模板支架设计计算书；

4 聚苯模板运输、吊装和堆放要求；

5 水电预埋预留管线安装措施；

6 施工防火措施。

6.2 模 板 工 程

6.2.1 聚苯模板宜在工厂加工。当需要在现场切割时，聚苯模板宜采用钢锯条切割，龙骨宜采用无齿锯切割，严禁采用电气焊。现场开槽时宜采用热熔方法。切割或开槽时应采取可靠的防火和防止聚苯模板碎块洒落的措施。

6.2.2 支撑体系应按专项施工方案搭设。支撑梁间距不宜大于表 6.2.2 的规定。

表 6.2.2 聚苯模板支撑梁间距限值

模板厚度 h（mm）	$h \leqslant 130$	$130 < h \leqslant 180$	$180 < h \leqslant 350$
支撑梁间距限值（m）	1.5	1.4	1.3

注：模板厚度 h 大于 350 时，应经试验确定支撑梁间距。

6.2.3 聚苯模板拼装时模板的企口应合槽，拼缝严密。拼缝局部破损处，可采用聚氨酯发泡胶等进行密封。

6.2.4 聚苯模板混凝土楼盖施工过程中不应损伤聚苯模板。局部破损处可采用同材质聚苯板粘结修补，聚苯模板破损严重的不得使用。

6.2.5 聚苯模板龙骨上吊挂重物时，吊挂件沿龙骨方向折算线荷载不应大于 150N/m，且单个吊挂件重量不应大于 150N。当不满足上述要求时，应在混凝土肋内预埋专用吊挂件。

6.2.6 预留的竖向管道的套管应避开聚苯模板的龙骨和肋梁。当预留洞口尺寸不能避开龙骨和肋梁时，应采取增设支撑措施。

6.2.7 聚苯模板在运输、堆放、吊运和安装时，应符合下列规定：

1 运输工具底面应平整，运输过程中应有可靠的支垫、固定措施和防雨措施，避免碰撞、破损和雨水淋湿；

2 聚苯模板贮存场地应坚实、平整，并远离火源。现场堆放时，应放在干燥通风处，不宜露天长期暴晒。底部枕木垫块间距不宜大于 1.5m，堆放高度不宜大于 2m；

3 吊运时应采用专用吊架，轻起轻落，避免吊绳与聚苯模板直接接触；

4 安装时应轻拿轻放，严禁抛投，避免磕碰破损。

6.3 钢 筋 工 程

6.3.1 钢筋定位宜采用专用定位件。

6.3.2 钢筋安装过程中不得破损聚苯模板，且不应进行焊接作业。当周边构件进行焊接作业时，必须对聚苯模板采取可靠保护措施。

6.4 混 凝 土 工 程

6.4.1 浇筑混凝土时，应严格控制混凝土的倾落高度，出料口距模板顶面不应超过500mm。混凝土布料应均匀、分散，并应及时振捣。

6.4.2 浇筑混凝土时，应在聚苯模板上铺设垫板后放置施工机具，混凝土泵送管等严禁直接放置在聚苯模板上。

6.4.3 混凝土振捣宜选用平板振捣器。当采用振动棒振捣时，振捣棒不宜直接接触聚苯模板。

6.4.4 混凝土浇筑完毕，应及时保湿养护。

7 验 收

7.1 一 般 规 定

7.1.1 聚苯模板混凝土楼盖的钢筋分项工程和混凝土分项工程的验收应符合现行国家标准《建筑工程施工质量验收统一标准》GB 50300 和《混凝土结构工程施工质量验收规范》GB 50204 的要求。

7.1.2 聚苯模板混凝土楼盖结构的模板工程可根据楼层、施工段和伸缩缝划分检验批。

7.1.3 聚苯模板的检验批质量验收应满足下列要求：

1 主控项目的质量经抽样检验合格；

2 一般项目的质量经抽样检验合格；当采用计数检验时合格点率不应低于90%；

3 具有完整的施工操作依据和质量验收记录。

7.1.4 聚苯模板检验批验收应填写验收记录表，可采用本规程附录 D 和 E 的表格。

7.1.5 聚苯模板混凝土楼盖结构工程验收时，应提供下列文件和记录：

1 设计变更文件；

2 聚苯模板产品质量证明文件和进场检验报告；

3 模板工程验收记录；

4 钢筋及预埋件隐蔽验收记录；

5 混凝土工程验收记录；

6 工程重大质量问题的处理方案和验收记录；

7 其他必要的文件和记录。

7.2 模板分项工程

Ⅰ 主控项目

7.2.1 聚苯模板的承载受力性能应符合现行国家标准《混凝土结构工程施工规范》GB 50666 的相关规定。检验方法应符合本规程附录 C 的规定。

检查数量：每项工程检测 2 件。

检验方法：检查进场检验报告。

7.2.2 聚苯模板应进行聚苯材料的燃烧性能检验，其结果应符合本规程第 3.2.2 条的规定。

检查数量：每项工程检测 1 次。

检验方法：检查进场检验报告。

7.2.3 聚苯模板应进行聚苯材料的密度检验，其性能应符合本规程第 3.2.2 条的规定。

检查数量：聚苯模板每 2000m² 为一个检验批，不足 2000m² 时，应划为一个检验批，每批抽取 1 块。

检验方法：检查进场检验报告。

Ⅱ 一般项目

7.2.4 聚苯模板的尺寸允许偏差应符合表 7.2.4 的规定，且不应有严重偏差。

检查数量：聚苯模板每 2000m² 为一个检验批，不足 2000m² 时，应划为一个检验批，每批抽取 5%，且不应少于 3 块。

检验方法：尺量。

表 7.2.4 聚苯模板的尺寸允许偏差

项　　目	允许偏差（mm）	检查方法
长度	+3，−5	直尺量测
宽度	+1，−5	直尺量测
厚度	±2	直尺量测
龙骨厚度	±0.1	游标卡尺

7.2.5 聚苯模板安装允许偏差应符合表 7.2.5 规定。

表 7.2.5 聚苯模板安装允许偏差

项　　目	允许偏差（mm）	检验方法
模板上表面标高	±2	水准仪或拉线、钢尺检查
相邻两板表面高低差	5	钢尺检查
模板下表面平整度	2	2m 靠尺和塞尺检查
模板拼缝	2	塞尺检查
支撑梁间距	20	钢尺检查
立杆间距	20	钢尺检查

检查数量：按轴线划分检查面，抽取有代表性的 10%，每个楼层且不少于 3 面。

检验方法：尺量。

7.2.6 聚苯模板混凝土楼盖预留洞口中的预埋件应安装牢固，其允许偏差应符合表 7.2.6 的规定。

表 7.2.6 预埋件和预留孔洞允许偏差

项　目		允许偏差（mm）
预埋钢板中心线位置		3
预埋管、预留孔中心线位置		3
预留洞	中心线位置	10
	尺寸	+10，0

检查数量：按纵横轴线划分检查面，按有代表性的抽查 10%，且不少于 3 面。

检验方法：尺量。

中华人民共和国建筑工业行业标准

钢框组合竹胶合板模板

Composite plybamboo form with steel frame

JG/T 428—2014

中华人民共和国住房和城乡建设部
2014-03-01　实施

前　言

本标准按照 GB/T 1.1—2009 给出的规则起草。

本标准是对 JG/T 3059—1999《钢框竹胶合板模板》的修订。

本标准与 JG/T 3059—1999 相比，主要技术变化如下：

——增加了钢框组合竹胶合板模板术语，删除了折减系数术语（见第 3 章）；

——修改了钢框组合竹胶合板模板的分类规则（见 4.1）；

——增加了 120 型、140 型、63 型钢框组合竹胶合板模板规格（见 4.2.1）；

——修改了标记方法（见 4.3）；

——增加了材料一章（见第 5 章）；

——钢框、配件增加了 Q345 钢、45 号钢，删除了 20 号钢（见 5.2.1）；

——修订了钢框组合竹胶合板模板允许荷载（见 6.3.1）；

——修订了钢框组合竹胶合板模板力学性能检验试件方案（见 7.2.1）；

——修订了钢框组合竹胶合板模板力学性能要求（见 7.2.2）；

——附录中增加了空腹钢框组合竹胶合板模板规格（见 A.1、A.2）；

——附录中增加了实腹 63 型钢框组合竹胶合板模板规格（见 B.1）；

——附录中增加了空腹钢框组合竹胶合板模板辅助模板及主要配件（见附录 C）；

——增加了 120 型、140 型、63 型钢框组合竹胶合板模板钢框主要部件截面图（见附录 D）；

——增补了钢框组合竹胶合板模板主要部件的截面特性（见附录 G）。

本标准由住房和城乡建设部标准定额研究所提出。

本标准由住房和城乡建设部建筑施工安全标准化技术委员会归口。

本标准起草单位：中国建筑科学研究院、木材节约发展中心、建研建硕（北京）科技发展有限公司、北京联东模板有限公司、北京天鼎利达科技发展有限公司、北京三联亚建筑模板有限责任公司、中国基建物资租赁承包协会、中建一局集团建设发展有限公司、北京卓良模板有限公司、中国核工业第二四建设有限公司。

本标准主要起草人：吴广彬、施炳华、葛召深、刘能文、李智斌、于修祥、常卫华、马守华、洪彩葵、刘书建、谢继成、贾树旗、康立学、喻云水、张良杰、刘志良、高淑娴、赵景发、张少芳。

本标准被代替标准的历次版本发布情况为：

——JG/T 3059—1999。

目　　次

1 范围

本标准规定了钢框组合竹胶合板模板的术语和定义、分类、规格与标记、材料、要求、试验方法、检验规则、标志、包装、运输和贮存。

本标准适用于浇筑混凝土用的钢框组合竹胶合板模板。

2 规范性引用文件

下列文件对于本文件的应用是必不可少的。凡是注日期的引用文件，仅注日期的版本适用于本文件。凡是不注日期的引用文件，其最新版本（包括所有修订单）适用于本文件。

GB/T 699　优质碳素结构钢

GB/T 700　碳素结构钢

GB/T 1591　低合金高强度结构钢

GB/T 3098.1　紧固件机械性能　螺栓、螺钉和螺柱

GB/T 3098.19　紧固件机械性能　抽芯铆钉

GB/T 5117　碳钢焊条

GB/T 8110　气体保护电弧焊用碳钢、低合金钢焊丝

GB 50661　钢结构焊接规范

JG/T 156　竹胶合板模板

3 术语和定义

下列术语和定义适用于本文件。

3.1 钢框组合竹胶合板模板　composite plybamboo form with steel frame
由竹胶合板与钢框构成的模板。

3.2 钢框　steel frame
由边肋、主肋和次肋组成的承托竹胶合板用的钢结构骨架。

3.3 竹胶合板　plybamboo
以酚醛树脂胶为胶粘剂以竹材为主的胶合板。

3.4 边肋　boundary rib
钢框周边的构件。

3.5 主肋　main rib
钢框中承受竹胶合板传来荷载的主要承力构件。

3.6 次肋　secondary rib
钢框中按构造要求设置的构件。

4 分类、规格与标记

4.1 分类
钢框组合竹胶合板模板可根据边肋形式分为空腹钢框组合竹胶合板模板和实腹钢框组合竹胶合板模板。

4.2 规格

4.2.1 钢框组合竹胶合板模板的主要规格宜符合表1的规定。

表 1 钢框组合竹胶合板模板规格 单位：毫米

类　型		宽度 B	长度 L	高度 H
空腹 120 型		300、600、900、1200、2400	600、900、1200、1500、1800、2100、2400、2700、3000	120
空腹 140 型		300、450、600、750、900、1200、2400	600、900、1200、1500、1800、2100、2400、2700、3000、3300	140
实腹 63 型		300、600	600、900、1200、1500、1800	63
实腹 75 型	B1 系列	300、600、900、1200	600、900、1200、1500、1800、2100、2400	75
	B2 系列	300、600	600、900、1200、1500、1800	

4.2.2 钢框组合竹胶合板模板结构构造应符合附录 A 和附录 B 的规定；

4.2.3 辅助模板、主要配件规格及构造参见附录 C。

4.3 标记

由名称代号、特性代号及主参数代号 3 个部分组成，按下列顺序排列。

主参数代号：以模板公称宽度、长度和高度表示；
特性代号：K 表示空腹模板；S 表示实腹模板；
名称代号：MGZ

标记示例

长 1800mm，宽 600mm，高 75mm 的实腹钢框组合竹胶合板模板标记为：

MGZ·S 600×1800×75

5 材料

5.1 竹胶合板

5.1.1 竹胶合板宜采用优等品，其技术性能应符合 JG/T 156 的规定。

5.1.2 与混凝土直接接触的竹胶合板的表面应进行覆膜，覆膜后其外观质量与性能应符合 JG/T 156 中关于涂膜板或覆膜板的相关规定。

5.1.3 封边漆的质量应符合竹胶合板加工面密封和防水的规定。

5.2 钢框和配件

5.2.1 钢框、辅助模板钢材宜选用 Q235 钢或 Q345 钢；配件钢材宜选用 Q235 钢、Q345 钢或 45 号钢。Q235 钢应符合 GB/T 700 的规定，Q345 钢应符合 GB/T 1591 的规定，45 号钢应符合 GB/T 699 的规定。

5.2.2 空腹钢框边肋型钢顶面纵向弯曲度不应大于 1mm/m，侧面纵向扭曲度不应大于

1mm/m。实腹钢框边肋型钢顶面纵向弯曲度不应大于 2mm/m，侧面纵向扭曲度不应大于 2mm/m。

5.2.3 钢框焊接材料应符合 GB 50661 的规定，宜采用 CO_2 气体保护焊，焊丝宜采用符合 GB/T 8110 中气体保护电弧焊用碳钢、低合金钢焊丝的规定。采用手工焊时采用的焊条应符合 GB/T 5117 规定的 E43 系列焊条。

5.2.4 竹胶合板与钢框连接用沉头螺栓的技术要求应符合 GB/T 3098.1 的规定。连接用抽芯铆钉的技术要求应符合 GB/T 3098.19 的规定。

6 要求

6.1 制造

6.1.1 钢框组合竹胶合板模板设计加工应按照设计加工图及相关技术文件制作。

6.1.2 钢框主要部件截面宜符合附录 D 的规定。

6.1.3 钢框结构各部件与竹胶合板接触面应处于同一高度。空腹钢框组合竹胶合板模板钢框与竹胶合板接触面的钢框各部件高低差不应大于 1mm。实腹钢框组合竹胶合板模板钢框主肋与竹胶合板接触面的高低差不应大于 1mm。

6.1.4 边肋顶部圆弧角半径不应大于 0.5mm。

6.1.5 空腹钢框组合竹胶合板模板连接应采用卡具，卡具应保证钢框连接紧密、可靠、不漏浆，卡具示意见图 1。

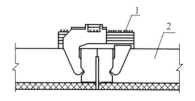

说明：
1——卡具；
2——钢框组合竹胶合板模板。

图 1 卡具示意图

6.1.6 空腹钢框组合竹胶合板模板中对拉螺栓穿过钢框时，应在对拉螺栓穿过钢框部位开孔并内焊钢套管。

6.1.7 实腹钢框组合竹胶合板模板边肋下料应保证构件形状规整、剪切边整齐无毛刺。冲孔应用专用模具，连接孔的孔径和位置应符合图 2 和表 2 的规定。

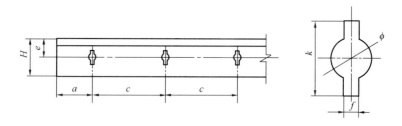

图 2 实腹钢框组合竹胶合板模板边肋孔径和孔位简图

表 2 边肋孔径和位置 单位：毫米

边肋高度 H	ϕ	a	c	e	f	k
75	17	75	150	38	8	30
63	17	75	150	32	8	30

6.1.8 主肋与边肋、主肋与主肋、边肋与边肋间焊接应为满焊，焊脚尺寸不应小于 3mm。

6.1.9 钢框焊接应采用合理的焊接顺序，并应在专用胎具上进行。焊缝应光滑均匀，不应有气孔、焊穿、裂纹、弧孔、咬肉、漏焊等缺陷。

6.1.10 钢框焊接变形应予以校正，校正时不应损伤边肋。

6.1.11 涂装前钢框表面除锈应符合设计规定和国家现行相关标准的规定。防锈漆应涂两道，面漆一道，涂层表面应均匀，无流淌、脱皮和漏涂等现象。亦可采用镀锌处理。

6.1.12 竹胶合板模板在安装前，应在周边及开孔壁满涂防水封边漆。

6.1.13 竹胶合板模板安装时，竹胶合板模板顺纹方向或板长方向宜与其接触主肋相垂直。

6.1.14 主肋、次肋与竹胶合板模板的接触面应紧密。边肋侧面与竹胶合板模板缝隙不应大于 2mm，并用弹性腻子填平。

6.1.15 竹胶合板模板与钢框连接用的沉头螺栓或沉头抽芯铆钉应均匀设置且不应高于板面，沉头螺栓规格不应小于 M6、距竹胶合板边缘的距离不应小于 3 倍螺栓直径，间距不应大于 300mm，且每排不应少于 2 个。

6.1.16 模板与模板及模板与辅助模板之间的连接，在不同组合的情况下，均应保证接缝严密，连接可靠，装拆方便和具有互换性。

6.2 尺寸

钢框组合竹胶合板模板及主要部件的尺寸允许偏差应符合表 3 的规定。

表 3 钢框组合竹胶合板模板及主要部件尺寸允许偏差 单位：毫米

项 目	允许偏差	
	空腹	实腹
长度（L）	0 −1.0	0 −1.5
宽度（B）	0 −1.0	0 −1.5
高度（H）	±0.30	±0.50
对角线差	1.0	2.0
模板平整度	1.2	1.5
边肋直线度	1/1000	1/500
边肋厚度	±0.2	±0.4
主肋厚度	−0.2 0	+0.3 0
主肋高度	0 −0.30	0 −0.80

续表 3

项　　目		允许偏差	
		空腹	实腹
板面与边肋高低差		0 −1.0	0 −1.5
边肋垂直度		0 −0.50	0 −1.0
连接孔位置	$(a，e)$	±0.30	±0.35
	(c)	±0.30	±0.60
连接孔直长（ϕ）		+0.50 0	+0.80 0
连接十字孔（$f，k$）		±0.50	±1.00
焊缝	焊缝长度	±3	±5
	焊缝高度	+1.0 0	+1.0 0

6.3　性能

钢框组合竹胶合板模板根据刚度要求确定其永久荷载标准值限值，永久荷载标准值限值应符合表 4 的规定。

表 4　钢框组合竹胶合板模板永久荷载标准值限值

类型	空腹 120 型	空腹 140 型	实腹 63 型	实腹 75 型	
				B1 系列	B2 系列
荷载/（kN/m²）	55	55	15	55	20

注：永久荷载标准值限值是根据附录 A、附录 B 中钢框结构和附录 D 中截面计算确定，对于非标构件和超越该限值的工况应另行计算后确定。

7　试验方法

7.1　外观、尺寸检测

7.1.1　钢框组合竹胶合板模板及主要部件尺寸与外观的检测方法应符合表 5 的规定，其结果应符合 6.1 和 6.2 的规定。

表 5　钢框组合竹胶合板模板及主要部件尺寸与外观的检测方法

项　　目	检测方法	检测工具
长度，宽度	距模板边肋 100mm 处，分别测量模板长度和宽度，各测 2 点，取 2 点的平均值	钢卷尺
高度	分别测量模板两个方向的边肋中点处，取 4 点的平均值	游标卡尺

项　　目	检测方法	检测工具
边肋直线度	分别测量模板四个边肋的直线度	直尺、塞尺
模板平整度	测量模板表面不平整度，取其最大值	2m靠尺、塞尺
边肋厚度，主肋厚度与高度	测量每根肋的两端和中点处的厚度与高度，取三点平均值	游标卡尺
对角线差	测量模板两对角线的长度，求出两个长度之差	钢卷尺
边肋垂直度	测量每根边肋的垂直度	直角尺、塞尺
竹胶合板与边肋的高低差	测量边肋与板面高低差最大值	直尺、靠尺、塞尺
连接孔位置、连接孔直径、十字孔尺寸	测量每个孔的位置、孔直径、十字孔尺寸	游标卡尺
焊缝长度、高度及外观质量	检查所有焊缝外观、位置、测量每条焊缝的长度和高度	直尺、焊缝卡规、目测

7.1.2 竹胶合板与钢框的连接缝隙，应用直尺和塞尺测量，其结果应符合 6.1.14 的规定。

7.1.3 封边和涂层采用目测，并应符合 6.1.11 和 6.1.12 的规定。

7.2　边学性能试验

7.2.1 力学性能试验试件的类型、尺寸及数量应按表 6 选取。

表 6　力学性能检验试件方案

类　　型	试件宽度/mm	试件长度/mm	试件数
空腹 120 型	.1200	1500	3
空腹 140 型	1200	1500	3
实腹 63 型	600	1500	3
实腹 75 型	600	1200	3

7.2.2 钢框组合竹胶合板模板力学性能应按表 7 的要求进行试验。试验结果不应发生局部破坏和折曲，所有焊缝不应开裂。

表 7　钢框组合竹胶合板模板力学性能

类　　型		支点间距（l）mm	试验均布荷载（q）kg/m²	跨中挠度限值 mm	残余变形限值 mm
空腹 120 型		900	30		
空腹 140 型		900	30		
实腹 63 型		900	13	2.0	0.2
实腹 75 型	B1 系列	900	21		
	B2 系列	900	14		

7.2.3 将钢框组合竹胶合板模板按图3所示放置在台座上,台座下方应为简支支撑,支点间距应符合表7规定,并要求两侧悬臂长度一致,在模板上施加垂直均布荷载,模板跨中挠度计应位于竹胶合板中心部位。

7.2.4 力学性能试验的垂直均布荷载应分6级~8级加载、每级加载值不宜超过表7中试验均布荷载的20%,每级加载后停30s读跨中挠度值和两端支座沉陷值。加载和卸载应防止振动仪表。

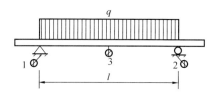

说明:
q——试验均布荷载,kN/m²;
l——模板试件跨度(模板长度方向),mm;
1、2——支座位移计(千分表);
3——模板跨中挠度计(百分表)。

图3 力学性能试验装置

7.2.5 力学性能试验在正式试验前应进行预加载,预加载时应加三级荷载以检查试验装置及仪表是否正常,卸载后应静置5min方可进行正式试验。

7.2.6 每级加载的荷载读数和仪表读数均应记录,并宜按照附录E要求填写和整理跨中挠度值,取两次正式加载的跨中挠度平均值为试验最终结果。

7.2.7 试验设备及测量工具精度应符合附录F的规定。

8 检验规则

8.1 检验分类和项目

8.1.1 产品检验分出厂检验和型式检验。

8.1.2 有下列情况之一时,应进行型式检验:

　　a) 新产品试制定型时;

　　b) 正式生产后,结构、材料、工艺有较大改变时;

　　c) 产品停产半年以上,恢复生产时;

　　d) 连续生产,生产满3年时;

　　e) 用户有特殊要求时。

8.1.3 钢框组合竹胶合板模板出厂检验和型式检验项目见表8。

表8 检验项目

项　目	允许偏差/mm		项目类别
	出厂检验	型式检验	
长度(L)	√	√	Ⅰ类项目
宽度(B)	√	√	
高度(H)	√	√	Ⅲ类项目
对角线差	√	√	Ⅰ类项目
模板平整度	√	√	
边肋直线度	√	√	

项　　目	允许偏差/mm		项目类别
	出厂检验	型式检验	
边肋厚度	✓	✓	Ⅱ类项目
主肋厚度	✓	✓	
主肋高度	✓	✓	
板面与边肋高低差	✓	✓	
边肋垂直度	✓	✓	
连接孔位置	✓	✓	
连接孔直径（ϕ）	✓	✓	Ⅲ类项目
连接十字孔（f，k）	✓	✓	
焊缝	✓	✓	
力学性能	—	✓	

8.2　检验规则

8.2.1　出厂检验应由生产厂质量检验部门从产品中组批（同材料、同工艺、同规格、同等级）抽样，组批抽样方案见表9。产品经检验合格后方可出厂，并应有产品合格证。

表9　出厂检验抽样方案　　　　　　　　　　　　　　　　单位：块

批量范围	样本	样本大小	合格判定数（A_c）		不合格判定数（R_c）	
			A_{c1}	A_{c2}	R_{c1}	R_{c2}
51～90	第一	3	0	—	2	—
	第二	3	—	1	—	2
91～150	第一	5	0	—	2	—
	第二	5	—	1	—	2
151～280	第一	8	0	—	3	—
	第二	8	—	3	—	4
281～500	第一	13	1	—	3	—
	第二	13	—	4	—	5
501～1200	第一	20	2	—	5	—
	第二	20	—	6	—	7
注：A_c—接收数；R_c—拒收数。						

8.2.2　型式检验应符合以下规定：

a）标记、外观和尺寸检验的试件按照表1规格各取3件，并按照表5规定进行检验。

b）力学性能试验试件应按照表6要求进行试件方案抽样，并按照7.2规定的试验方法对每个样本进行试验。

8.3 判定规则

8.3.1 标记、外观和尺寸检验：

被抽出的样本，按表5规定的检测方法对每个样本进行检测，其结果按下列规定确定为不合格品。

    a）若有一项Ⅰ类项目超过表3的要求，则判为不合格品；

    b）若有二项以上（含二项）Ⅱ类项目或Ⅲ类项目超过表3的要求，则判为不合格品；

    c）若有一项Ⅱ类项目和一项Ⅲ类项目超过表3的要求，则判为不合格品。

8.3.2 根据样本检查结果，若在第一样本中发现的不合格品数小于或等于第一合格判定数（A_{c1}），则判该批是合格批。若在第一样本中发现的不合格品数大于或等于第一不合格判定数（R_{c1}），则判该批是不合格批。若在第一样本中发现的不合格品数大于第一合格判定数（A_{c1}），同时又小于第一不合格判定数（R_{c1}），则抽第二样本进行检查。

若在第一和第二样本中发现的不合格品数总和小于或等于第二合格判定数（A_{c2}），则判该批是合格批。

若在第一和第二样本中发现的不合格品数总和大于或等于第二不合格判定数（R_{c2}），则判该批是不合格批。

8.3.3 力学性能检验全部试件的试验结果均符合7.2.2规定时判为合格，否则判为不合格品。

9 标志、包装、运输和贮存

9.1 标志

钢框组合竹胶合板模板产品应标明产品标记、生产批号、出厂日期、生产厂标志及检验合格印章等标记。

9.2 包装

9.2.1 钢框组合竹胶合板模板应按不同规格和类别成捆进行包装。并使两块模板的竹胶合板表面相贴，将边肋连接牢固，每捆宜设轻型钢托架和拉紧元件，托架应设置与车船装卸机具相适应的吊孔。

9.2.2 钢框组合竹胶合板模板包装后，每捆应标明产品名称、型号、数量、等级、重量、外形尺寸及生产厂家等。

9.3 运输

钢框组合竹胶合板模板在运输中，应防止碰撞和雨淋。装卸时应轻装轻卸，严禁抛掷，防止人为和机械损坏。

9.4 贮存

钢框组合竹胶合板模板贮存时，应按不同规格和类别分别堆放。存放钢框组合竹胶合板模板的地面应坚实平整，搁置钢框组合竹胶合板模板的垫木应等高且间距适当。贮存时还应采取防潮湿，防日晒雨淋等措施。

附　录　A

（规范性附录）

空腹钢框组合竹胶合板模板

A.1 空腹 120 型钢框组合竹胶合板模板规格及钢框结构见图 A.1 和图 A.2。

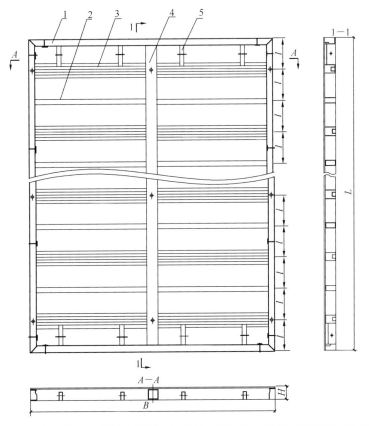

L	600、900、1200、1500、1800、2100、2400、2700、3000
l	300
B	2400
H	120

说明：

1——边肋；

2——横主肋（2）；

3——纵主肋；

4——横主肋（3）；

5——次肋。

图 A.1　空腹 120 型钢框组合竹胶合板模板规格及钢框结构

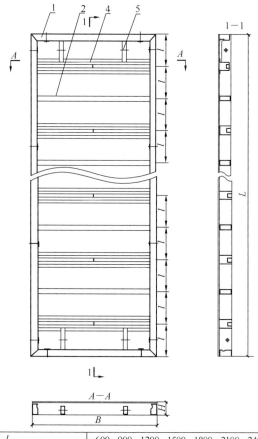

L	600、900、1200、1500、1800、2100、2400、2700、3000
l	300
B	600、900、1200
H	120

说明：

1——边肋；

2——横主肋（2）；

4——横主肋（3）；

5——次肋。

图 A.2　空腹 120 型钢框组合竹胶合板模板规格及钢框结构

A.2 空腹 140 型钢框组合竹胶合板模板规格及钢框结构见图 A.3、图 A.4。

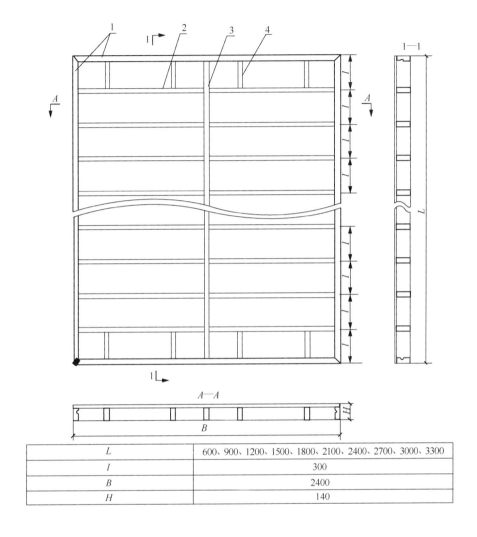

L	600、900、1200、1500、1800、2100、2400、2700、3000、3300
l	300
B	2400
H	140

说明：

1——边肋；

2——横主肋；

3——纵主肋；

4——次肋。

图 A.3　空腹 140 型钢框组合竹胶合板模板规格及钢框结构

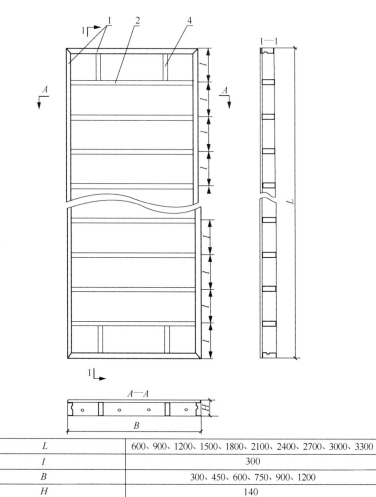

L	600、900、1200、1500、1800、2100、2400、2700、3000、3300
l	300
B	300、450、600、750、900、1200
H	140

说明：

1——边肋；

2——横主肋；

4——次肋。

图 A.4 空腹 140 型钢框组合竹胶合板模板规格及钢框结构

附 录 B

（规范性附录）

实腹钢框组合竹胶合板模板

B.1 实腹 63 型钢框组合竹胶合板模板规格及钢框结构见图 B.1。

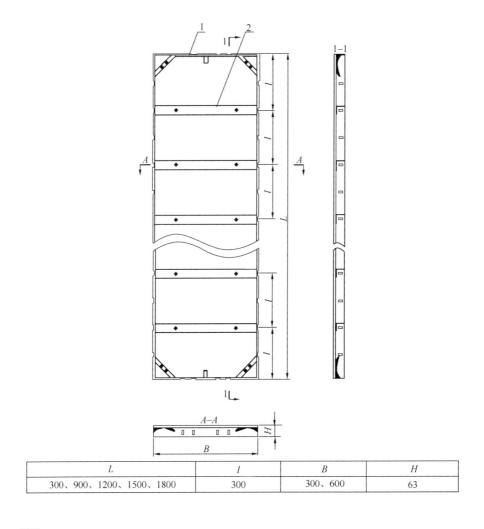

L	l	B	H
300、900、1200、1500、1800	300	300、600	63

说明：

1——边肋；

2——主肋。

图 B.1　实腹 63 型钢框组合竹胶合板模板钢框规格及结构

B.2 实腹 75 型钢框组合竹胶合板模板

B.2.1 实腹 75 型 B1 系列钢框组合竹胶合板模板规格及钢框结构见图 B.2。

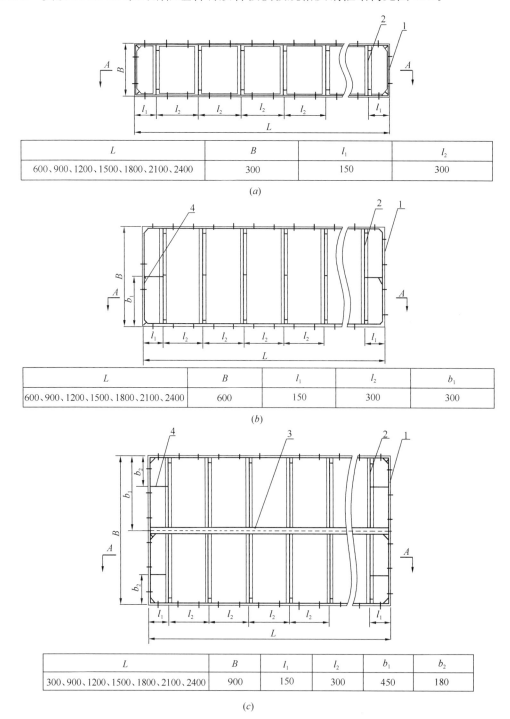

L	B	l_1	l_2
600、900、1200、1500、1800、2100、2400	300	150	300

(a)

L	B	l_1	l_2	b_1
600、900、1200、1500、1800、2100、2400	600	150	300	300

(b)

L	B	l_1	l_2	b_1	b_2
300、900、1200、1500、1800、2100、2400	900	150	300	450	180

(c)

图 B.2 实腹 75 型 B1 系列钢框组合竹胶合板模板规格及钢框结构

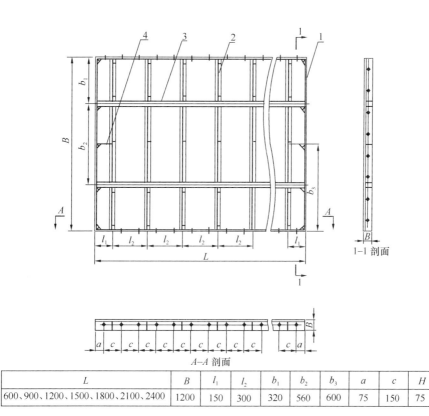

L	B	l_1	l_2	b_1	b_2	b_3	a	c	H
600、900、1200、1500、1800、2100、2400	1200	150	300	320	560	600	75	150	75

(d)

说明：

1——边肋；

2——横主肋（1）；

3——纵主肋；

4——次肋（50×3扁钢）。

图 B.2　实腹 75 型 B1 系列钢框组合竹胶合板模板规格及钢框结构（续）

B.2.2 实腹 75 型 B2 系列钢框组合竹胶合板模板规格及钢框结构见图 B.3。

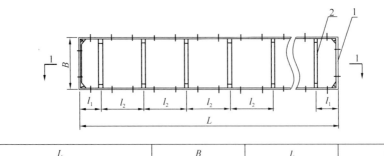

L	B	l_1	l_2
600、900、1200、1500、1800	300	150	300

(a)

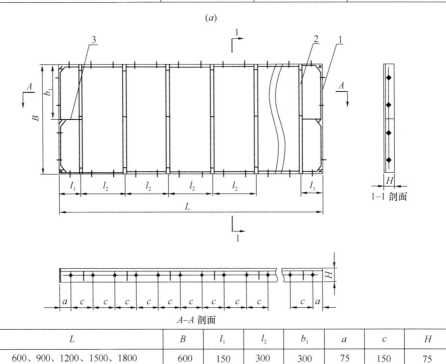

L	B	l_1	l_2	b_1	a	c	H
600、900、1200、1500、1800	600	150	300	300	75	150	75

(b)

说明：

1——边肋；

2——横主肋（2）；

3——次肋（50×3 扁钢）。

图 B.3 实腹 75 型 B2 系列钢框组合竹胶合板模板规格及钢框结构

附 录 C

（资料性附录）

钢框组合竹胶合板模板辅助模板及主要配件

C.1 空腹 120 型钢框组合竹胶合板模板辅助模板见图 C.1。

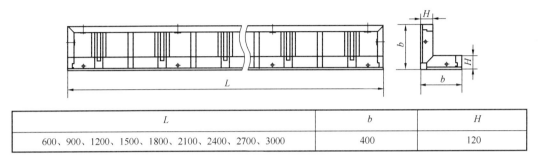

L	b	H
600、900、1200、1500、1800、2100、2400、2700、3000	400	120

图 C.1　角模板

C.2 空腹 140 型钢框组合竹胶合板模板辅助模板见图 C.2～图 C.4。

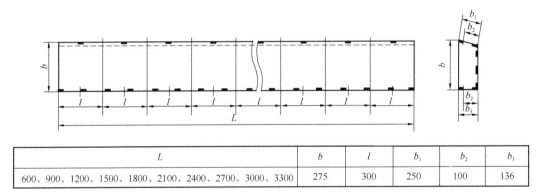

L	b	l	b_1	b_2	b_3
600、900、1200、1500、1800、2100、2400、2700、3000、3300	275	300	250	100	136

图 C.2　连接钢模板

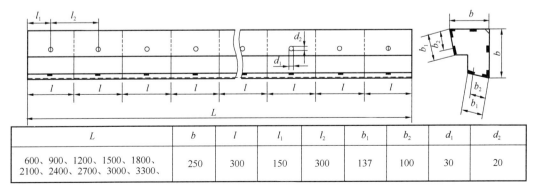

L	b	l	l_1	l_2	b_1	b_2	d_1	d_2
600、900、1200、1500、1800、2100、2400、2700、3000、3300、	250	300	150	300	137	100	30	20

图 C.3　阴角模

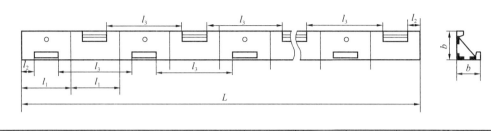

L	b	L_1	L_2	L_3	b
600、900、1200、1500、1800、2100、2400、2700、3000、3300	140	300	75	450	140

图 C.4 连接角模

C.3 实腹 75 型钢框组合竹胶合板模板辅助模板见图 C.5～图 C.9。

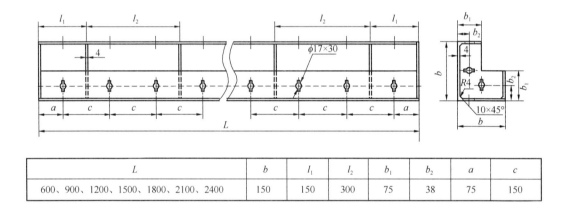

L	b	l_1	l_2	b_1	b_2	a	c
600、900、1200、1500、1800、2100、2400	150	150	300	75	38	75	150

图 C.5 阴角模板

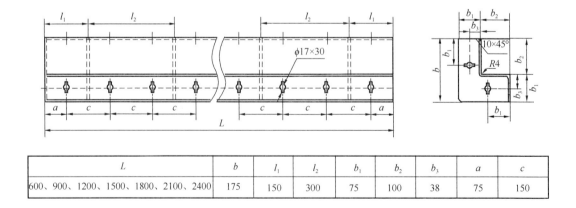

L	b	l_1	l_2	b_1	b_2	b_3	a	c
600、900、1200、1500、1800、2100、2400	175	150	300	75	100	38	75	150

图 C.6 阳角模板

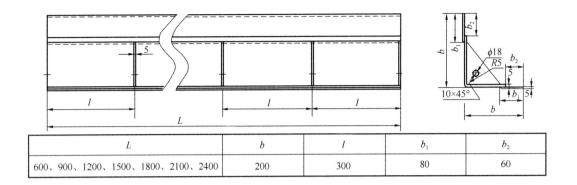

L	b	l	b_1	b_2
600、900、1200、1500、1800、2100、2400	200	300	80	60

图 C.7 可调式阴角模（非定型）

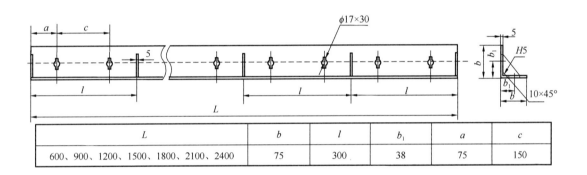

L	b	l	b_1	a	c
600、900、1200、1500、1800、2100、2400	75	300	38	75	150

图 C.8 连接角模

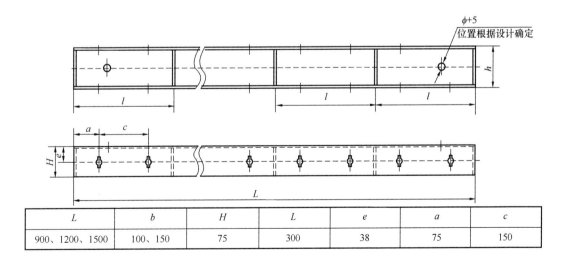

L	b	H	L	e	a	c
900、1200、1500	100、150	75	300	38	75	150

图 C.9 对拉螺栓模板

C. 4 实腹 63 型钢框组合竹胶合板模板辅助模板见图 C. 10 和图 C. 11。

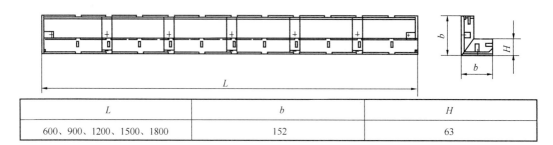

L	b	H
600、900、1200、1500、1800	152	63

图 C. 10　阴角模

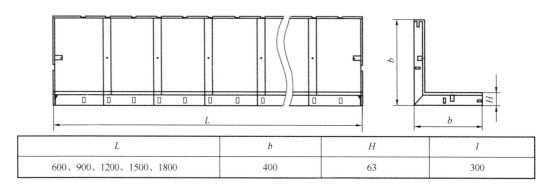

L	b	H	l
600、900、1200、1500、1800	400	63	300

图 C. 11　阳角模

C. 5 对拉螺栓主要类型见图 C. 12～图 C. 14。

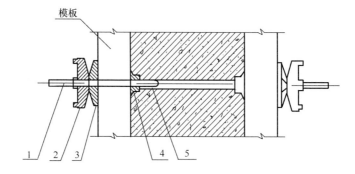

说明：

1——T 型螺杆；

2——锁紧螺母；

3——支撑垫；

4——定位防浆堵；

5——隔离套管。

图 C. 12　普通对拉螺栓

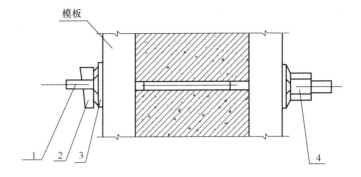

说明：

1——锥体螺杆；

2——斜铁；

3——支撑垫；

4——锁紧螺母。

图 C.13　锥形对拉螺栓

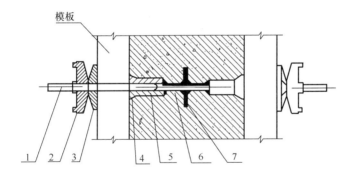

说明：

1——T 型螺杆；

2——锁紧螺母；

3——支撑垫；

4——定位防浆堵；

5——连接螺母；

6——圆杆；

7——止水板。

图 C.14　组合式止水对拉螺栓

附 录 D

（资料性附录）

钢框组合竹胶合板模板钢框主要部件截面图

D.1 空腹钢框组合竹胶合板模板

D.1.1 120 型空腹钢框组合竹胶合板模板边肋，纵主肋、横主肋截面见图 D.1。

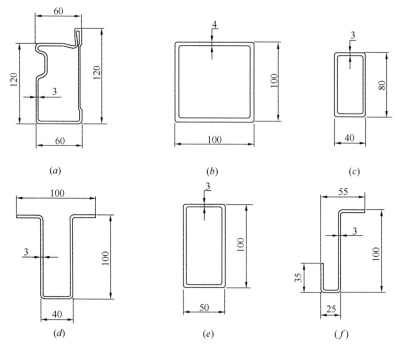

图 D.1 空腹 120 型钢框组合竹胶合板模板边肋、纵主肋、横主肋截面简图
（a）边肋；（b）纵主肋；（c）次肋；（d）横主肋（1）；（e）横主肋（2）；（f）横主肋（3）

D.1.2 140 型空腹钢框组合竹胶合板模板边肋、纵主肋、横主肋、次肋截面见图 D.2。

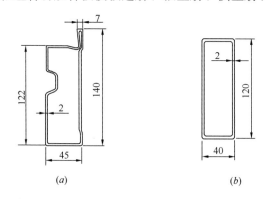

图 D.2 空腹 140 型钢框组合竹胶合板模板边肋、主肋、次肋截面简图
（a）边肋；（b）横（纵）主肋、次肋

D.2 实腹钢框组合竹胶合板模板

D.2.1 63型空腹钢框组合竹胶合板模板边肋、主肋截面见图D.3。

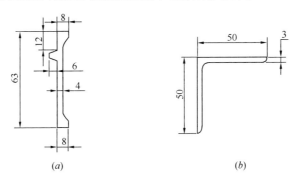

图 D.3　实腹63型钢框组合竹胶合板模板边肋、主肋截面简图
(*a*) 边肋；(*b*) 主肋

D.2.2 75型空腹钢框组合竹胶合板模板边肋、主肋截面见图D.4。

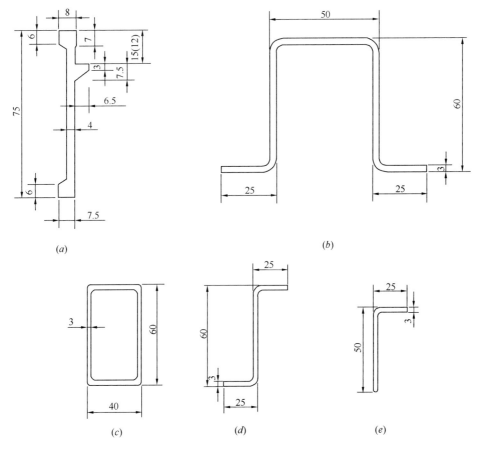

图 D.4　实腹75型钢框组合竹胶合板模板边肋、纵主肋、横主肋截面简图
(*a*) 边肋；(*b*) 纵主肋（1）；(*c*) 纵主肋（2）；(*d*) 横主肋（1）；(*e*) 横主肋（2）

附 录 E

（资料性附录）

力学性能试验数据表

E.1 力学性能试验数据表见表 E.1。

表 E.1 力学性能试验数据表

荷载级别	荷载值 kN		跨中百分表 0.01mm		支座 1 千分表 0.001mm		支座 2 千分表 0.001mm		挠度值 mm	
	加载	累计	读数	差值	读数	差值	读数	差值	计算	累计
	(1)	(2)	(3)	(4)	(5)	(6)	(7)	(8)	(9)	(10)
0										
1										
2										
3										
4										
5										
6										
7										
8										
注：第(9)列计算值＝(4)－[(6)+(8)]/2										
仪表安装位置图										
试验： 计算： 校核： 年 月 日										

附 录 F

（规范性附录）

试验设备测量工具精度表

F.1 试验设备测量工具精度见表 F.1。

表 F.1 试验设备测量工具精度表

项 目	精度要求
钢卷尺，钢直尺	分度的读数精度为 1mm
游标卡尺	分度的读数精度为 0.02mm
百分表	分度的读数精度为 0.01mm
千分表	分度的读数精度为 0.001mm
加载装置	荷载读数精度为 5N
焊缝卡规	0.05mm

附 录 G

（资料性附录）

钢框组合竹胶合板模板主要部件的截面特性

G.1 钢框组合竹胶合板模板主要部件截面特性见表 G.1。

表 G.1　钢框组合竹胶合板模板主要部件的截面特性

类　型	部件名称	截面面积 mm²	截面惯性矩 I_z ×10³ mm⁴	重量 kg/m
空腹 120 型	边肋	1084.3	1683	8.512
	纵主肋（1）	1494.7	2263	11.733
	次肋	660.8	522	5.187
	横主肋（1）	868.5	1127	6.818
	横主肋（2）	840.8	1065	6.600
	横主肋（3）	538.5	680	4.227
空腹 140 型	边肋	751.7	1517	5.901
	主肋	617.7	1063	4.849
实腹 63 型	边肋	330.7	130	2.596
	横主肋	294.2	111	2.309
实腹 75 型	边肋	390.7	214	3.067
	纵主肋（1）	664.8	324	5.219
	纵主肋（2）	540.8	254	4.245
	横主肋（1）	332.4	162	2.609
	横主肋（2）	229.2	41	1.799

中华人民共和国建筑工业行业标准

倒 T 形预应力叠合模板

Permanent inverted T-shaped pre-stressed formwork
for concrete composite slab

JG/T 461—2014

中华人民共和国住房和城乡建设部
2015-04-01 实施

前　言

本标准按照 GB/T 1.1—2009 给出的规则起草。

本标准由住房和城乡建设部标准定额研究所提出。

本标准由住房和城乡建设部建筑结构标准化技术委员会归口。

本标准负责起草单位：湖南华廷筑邦住宅工业有限公司。

本标准参加起草单位：长沙巨星轻质建材股份有限公司、长沙理工大学、湖南省建筑设计院、湖南省第六建筑公司。

本标准主要起草人：李萍、胡萍、杨曙、杨伟军、张明、欧石军、黄春城、汪向良、李岳华、何德明、周时、刘亮波。

1 范围

本标准规定了倒 T 形预应力混凝土叠合模板（以下简称"模板"）产品的分类与标记、一般要求、要求、试验方法、检验规则、标志、运输和贮存。

本标准适用于一般工业与民用建筑楼盖及屋盖叠合板用倒 T 形预应力混凝土模板。

2 规范性引用文件

下列文件对于本文件的应用是必不可少的。凡是注日期的引用文件，仅注日期的版本适用于本文件。凡是不注日期的引用文件，其最新版本（包括所有的修改单）适用于本文件。

GB 175　通用硅酸盐水泥

GB/T 700　碳素结构钢

GB/T 701　低碳钢热轧圆盘条

GB 1499.1　钢筋混凝土用钢　第 1 部分：热轧光圆钢筋

GB 1499.2　钢筋混凝土用钢　第 2 部分：热轧带肋钢筋

GB/T 5223　预应力混凝土用钢丝

GB 13014　钢筋混凝土用余热处理钢筋

GB 13788　冷轧带肋钢筋

GB/T 14981　热轧圆盘条尺寸、外形、重量及允许偏差

GB 50010　混凝土结构设计规范

GB/T 50081　普通混凝土力学性能试验方法标准

GB/T 50107　混凝土强度检验评定标准

GB 50119　混凝土外加剂应用技术规范

GB 50204　混凝土结构工程施工质量验收规范

GB 50666　混凝土结构工程施工规范

JGJ 52　普通混凝土用砂、石质量及检验方法标准

JGJ 55　普通混凝土配合比设计规程

JGJ 63　混凝土用水标准

JGJ 95　冷轧带肋钢筋混凝土结构技术规程

3 术语和定义

下列术语和定义适用于本文件。

3.1 竖肋　vertical rib

沿模板跨度方向设置，并带预留孔洞的突起的板肋。

3.2 下翼缘实心平板　lower flange solid slab

模板的下部实心混凝土平板，其内配置受力钢筋。

3.3 桁架　reinforced steel-bars truss

以薄钢片形成的方管或圆管内灌细石混凝土或钢筋外裹混凝土为上弦，以钢筋为腹杆及下弦，通过电阻点焊连接而成的桁架。

3.4 带肋模板 ribbed formwork for concrete composite slab

由带预应力筋的下翼缘实心平板和竖肋组成的倒 T 形板。

3.5 桁架模板 truss formwork for concrete composite slab

由带预应力筋的下翼缘实心平板和桁架组成的倒 T 形板。

3.6 倒 T 形预应力叠合模板 permanent inverted T-shaped pre-stressed formwork for concrete composite slab

由带肋模板或桁架模板形成的混凝土叠合楼盖的预制底模板，该模板与叠合楼盖的后浇面层形成整体，共同工作。

4 分类与标记

4.1 分类与代号

产品按竖肋的形式分为带肋模板和桁架模板。带肋模板的代号为 DLM（示例参见图 A.1），长度为 2400mm～7200mm，宽度为 500mm、600mm、900mm、1200mm；桁架模板的代号为 HJM（示例参见图 A.2），长度为 3000mm～12000mm，宽度为 600mm～2400mm。

4.2 标记

模板的标记由名称、标志长度、标志宽度、预应力筋类别、预应力筋根数和预应力筋直径组成，其表示方法如下：

a）带肋模板

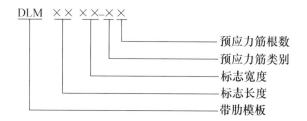

b）桁架模板

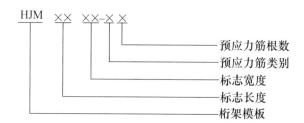

4.3 标记示例

示例 1：

标志长度 3000mm，标志宽度 500mm，并以 A 代表预应力钢筋采用钢筋直径为 5mm 的中强度预应力钢丝，钢筋根数为 6 根的带肋模板标记为：DLM3005-A6。

示例2：

标志长度3600mm，标志宽度500mm，并以B代表预应力钢筋采用钢筋直径为7mm的中强度预应力钢丝，钢筋根数为6根的带肋模板标记为：DLM3605-B6。

示例3：

标志长度3600mm，标志宽度1200mm，并以C代表预应力钢筋采用钢筋直径为5mm的高强度预应力钢丝，钢筋根数为9根的桁架模板标记为：HJM3612-C9。

示例4：

标志长度4200mm，标志宽度1200mm，并以D代表预应力钢筋采用钢筋直径为7mm的高强度预应力钢丝，钢筋根数为9根的桁架模板标记为：HJM4212-D9。

5 一般要求

5.1 材料

5.1.1 混凝土

5.1.1.1 混凝土的原材料质量应分别符合GB 175、JGJ 52和JGJ 63的规定。混凝土强度的检验评定应符合GB/T 50107的规定，试验方法应符合GB/T 50081的规定。

5.1.1.2 水泥宜采用强度等级不低于32.5的普通硅酸盐水泥、硅酸盐水泥，蒸汽养护时也可采用强度等级不低于32.5的矿渣硅酸盐水泥。

5.1.1.3 细骨料宜采用中砂，粗骨料宜采用粒径为5mm～20mm的碎石并应符合JGJ 52的规定。

5.1.1.4 混凝土掺用外加剂应符合GB 50119，经检验符合要求后方可使用。混凝土中不应使用含氯离子的外加剂。

5.1.1.5 模板的混凝土强度等级不应低于C30，并应符合GB 50204、GB/T 50107和JGJ 55的规定。

5.1.2 钢材

5.1.2.1 预应力筋宜采用中、高强度预应力钢丝，其材质和性能应符合GB/T 5223的规定。也可采用符合国家现行标准的其他种类的预应力筋。

5.1.2.2 非预应力筋的受力钢筋宜采用热轧钢筋HRB400级及以上的钢筋，非预应力筋的构造钢筋可采用热轧钢筋HPB300级、HRB335级钢筋和冷轧带肋钢筋CRB500，其材质和性能应分别符合GB 13014、GB 1499.1、GB 1499.2、GB 13788、JGJ 95和GB 50010的规定。

5.1.2.3 吊钩应采用未经冷加工的HPB300级钢筋制作，预埋钢板宜采用Q235、Q345级钢，薄钢片宜采用Q235级钢，其材质应分别符合GB 1499.1、GB/T 701、GB/T 14981和GB/T 700的规定。

5.2 模板施加预应力和制作应符合GB 50204和GB 50666的规定。

5.3 下翼缘实心平板端部100mm长度范围内应设置不小于3根ϕ4mm的附加横向钢筋或钢筋网片。

5.4 带肋模板竖肋顶部的全长范围内应设置预应力或非预应力纵向构造钢筋，数量不应少于1根；当采用非预应力筋时，直径不应小于6mm。

6 要求

6.1 外观尺寸

6.1.1 下翼缘实心平板厚度不应小于 40mm。带肋模板应在竖肋上均匀预留穿钢筋和管线的孔洞（见图 1），边孔中心与板端的距离 l_1 不宜小于 250mm，肋端与板端的距离 l_2 不宜大于 40mm，竖肋洞口宽度 l_4 不宜大于 2 倍洞口净距 l_3，竖肋高度不应小于 40mm；洞口高度 h 不宜小于 25mm。桁架模板腹筋间距不宜大于 200mm，腹筋直径不宜小于 4.5mm。

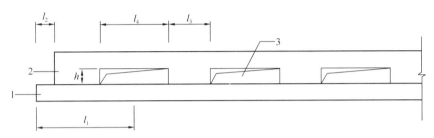

说明：

1——下翼缘实心平板；
2——竖肋；
3——预留孔洞；
l_1——边孔中心与板端的距离；
l_2——肋端与板端的距离；
l_3——预留孔洞的净距；
l_4——预留孔洞的宽度；
h——预留孔洞的高度。

图 1 带肋模板侧面形式示意

6.1.2 预应力筋宜沿板宽均匀布置在下翼缘实心平板中心线偏下 0.5mm 处，预应力筋之间的净距应根据浇筑混凝土、施加预应力及钢筋锚固等要求确定，但不应小于其公称直径的 2.5 倍和混凝土粗骨料最大粒径的 1.25 倍，且不应小于 15mm。

6.1.3 板端伸出的预应力筋长度应符合设计要求，预应力筋最小伸出长度不小于 12d，且不小于 50mm。

6.2 外观质量

6.2.1 板的外观质量应符合表 1 的规定。

表 1 外观质量

序号	项 目		质量要求
1	露筋		不应有
2	破损孔洞	任何部位	不应有
3	蜂窝	主要受力部位	不应有
		次要部位	总面积不超过板面积的 1‰，且每处不超过 0.01m²

序号	项　目		质量要求
4	裂缝	板面纵向裂缝	缝宽不大于 0.15mm，且缝长度总和不大于 $L/4$，且单条裂缝长度不大于 600mm
		板面肋顶横向裂缝	长度不超过板宽的 1/3，且不延伸到侧边，缝宽不大于 0.1mm
		板底裂缝	不应有
		角裂缝	仅允许一个角缝，且不延伸到板面
5	板端部缺陷	混凝土酥松或外伸主筋松动	不应有
6	外表缺陷	板底表面	不应有
		板顶、板侧表面	不宜有
7	外形缺陷		影响安装及使用功能的不应有，其他不宜有
8	外表玷污		不应有
9	桁架焊点		不应脱落、漏焊；无裂纹、无多孔性缺陷及明显烧伤现象；熔化金属均匀

注 1：露筋指板内钢筋未被混凝土包裹而外露的缺陷。
注 2：破损孔洞是指混凝土中破损深度和长度均超过保护层厚度的孔穴。
注 3：蜂窝指板混凝土表面缺少水泥砂浆而形成石子外露的缺陷。
注 4：裂缝指深入混凝土内的缝隙。
注 5：板端部缺陷指板端处混凝土疏松或受力钢筋松动等缺陷。
注 6：外表缺陷指板端头不直、倾斜、缺棱掉角、飞边和凸肋疤瘤。
注 7：外形缺陷指表面麻面、掉皮、起砂和漏抹。
注 8：外表玷污指构件板表面有油污或粘杂物。
注 9：主要受力部位指弯矩或剪力较大部位。

6.2.2 下翼缘实心平板上表面应做成凹凸差不小于 4mm 的粗糙面。

6.3　允许偏差

模板各部允许偏差应符合表 2 的规定。

表 2　允许偏差

序号	项　目	允许偏差/mm
1	长度	＋10，－5
2	宽度	±4
3	高度	＋5，－3
4	下翼缘实心平板厚度	＋5，－5
5	侧向弯曲	$L/750$ 且 ≤15
6	翘曲	$L/750^a$
7	板底平整度	3，4^b
8	预应力筋间距	＋5，－5

序号	项　　目		允许偏差/mm
9	预应力筋在板高方向的位置 与规定位置偏差		+3，−3
10	预应力筋在板宽方向的中心位置 与规定位置偏差		＜10
11	预应力筋保护层厚度		+4，−3
12	预应力筋外伸长度		+30，−10
13	预埋件	中心位置偏移	10
		与混凝土面平整	5
14	预留孔洞	中心位置偏移	10
		规格尺寸	+10，0

a　L 为板长。
b　板底平整度的允许偏差对板底不吊顶者为 3mm，对有吊顶者为 4mm。

6.4　性能

模板的承载力、挠度、抗裂（或裂缝宽度）应符合设计要求，并应按 GB 50204 和设计的规定进行检验验证。

7　试验方法

7.1　外观尺寸检验方法应符合表 3 的规定。

表 3　外观尺寸检验方法

序号	检查项目	检查工具与检查方法
1	下翼缘实心平板厚度	用钢尺量测与长边竖向垂直的下翼缘实心平板的任何部位
2	边孔中心与板端的距离	用钢尺量测
3	肋端与板端的距离	用钢尺量测
4	竖肋洞口宽度	用钢尺量测
5	竖肋高度	用钢尺量测
6	洞口高度	用钢尺量测
7	桁架模板腹筋间距	用钢尺量测
8	腹筋直径	用游标卡尺量测
9	预应力筋在板高方向的位置与规定位置偏差	用钢尺量测
10	预应力筋之间的净距	用钢尺量测
11	板端伸出的预应力筋长度	用钢尺量测

7.2　外观质量检验方法应符合表 4 的规定。

表 4 外观质量检验方法

序号	检查项目		检查工具与检查方法
1	露筋	主筋	观察
		副筋	观察、用钢尺测量
2	破损孔洞	任何部位	观察
3	蜂窝	主要受力部位	观察
		次要部位	观察或用百格网测量
4	裂缝	板面纵向裂缝	观察和用钢尺、刻度放大镜测量
		板面肋顶横向裂缝	
		板底裂缝	
		角裂缝	
5	板端部缺陷		观察、摇动
6	外表缺陷		观察
7	外形缺陷		观察
8	外表玷污		观察
9	桥架焊点		观察

7.3 允许偏差的检验方法应符合表 5 的规定。

表 5 允许偏差的检验方法

序号	项 目		检查工具与检查方法
1	长度		用钢尺量测平行于板长度方向的任何部位
2	宽度		用钢尺量测垂直于板长度方向底面的任何部位
3	高度		用钢尺量测与长边竖向垂直的任何部位
4	下翼缘实心平板厚度		用钢尺量测与长边竖向垂直的下翼缘实心平板的任何部位
5	侧向弯曲		拉线用钢尺量测侧向弯曲最大处
6	翘曲		用调平尺在板两端量测
7	板底平整度		用 2m 靠尺和楔形塞尺,量测生产平台
8	预应力筋间距		用钢尺量测
9	预应力筋在板高方向的位置与规定位置偏差		用钢尺量测
10	预应力筋在板宽方向的中心位置与规定位置偏差		用钢尺量测
11	预应力筋保护层厚度		用钢尺或钢筋保护层厚度测定仪量测
12	预应力筋外伸长度		用钢尺在板两端量测
13	预埋件	中心位置偏移	用钢尺量测纵、横两个方向中心线,取其中较大值
		与混凝土面平整	用平尺和钢板量测
14	预留孔洞	中心位置偏移	用钢尺量测纵、横两个方向中心线,取其中较大值
		规格尺寸	用钢尺量测

7.4 模板的结构性能检验方法、检验参数和检验指标应符合 GB 50204 的规定和设计要求。

8 检验规则

8.1 型式检验

8.1.1 检验条件

有下列情况之一时应进行型式检验：

a）产品转厂生产或首次投入生产的试制定型鉴定时；

b）产品停产半年以上再恢复生产时；

c）设计、工艺和材料有较大变更，可能影响产品性能时；

d）出厂检验结果与上次型式检验有较大差异时；

e）正常生产每一年一次检验。

8.1.2 检验项目

按第 6 章要求的全部项目逐项检验。

8.1.3 检验批量和复验规则

8.1.3.1 检验批量应根据 GB 50204 的规定确定。复验规则按 GB 50204 的规定执行。

8.1.3.2 对不超过表 1 规定的蜂窝和不影响结构性能及安装使用性能的缺陷，可用强度等级高一级的细石混凝土及时修补并再次检查。

8.1.3.3 当预应力筋调直时，对发生死弯、劈裂、小刺、夹心、颈缩、机械损伤、氧化铁皮、肉眼可见麻坑现象应予以剪去。

8.2 出厂检验

8.2.1 检验项目

检验项目包括钢筋材质、混凝土强度、外观质量、允许偏差及结构性能。

8.2.2 检验批量、抽样数量、检验与复检规则

检验批量、抽样数量、检验与复检规则等，应符合 GB 50204 的规定。

9 标志、运输和贮存

9.1 标志

9.1.1 模板出厂时应签发产品合格证，合格证应包括以下内容：

a）合格证编号；

b）制造厂名称、商标及出厂年月日；

c）标记、规格及数量；

d）检验结果；

e）检验部门盖章、检验负责人签字。

9.1.2 每块模板出厂时应在明显位置设有永久性标志，其内容包括：

a）制造厂名称或商标；

b）标记，标注在板端侧面；

c）生产日期（年、月、日）；

d）检验合格章。

9.2 运输

模板装运时的支承位置和方法应符合其受力状态，并固定牢靠。

9.3 贮存

9.3.1 模板应按型号、品种和生产日期分别堆放，并注意受力方向。

9.3.2 产品存放场地应坚实、平整、洁净、通风，并应采取措施防止侵蚀介质和雨水侵害，必要时应用篷布遮盖防晒、防冻。

9.3.3 模板堆放时应采用板肋朝上叠放的堆放方式，不应倒置。各层模板下部的支承位置应符合其受力情况设置垫木，垫木顶面标高一致，垫木距板端位置应符合设计要求，并应上下对齐，垫平垫实。

附　录　A

（资料性附录）

倒 T 形预应力混凝土叠合模板示例

带肋模板示例如图 A.1 所示，桁架模板示例如图 A.2 所示。

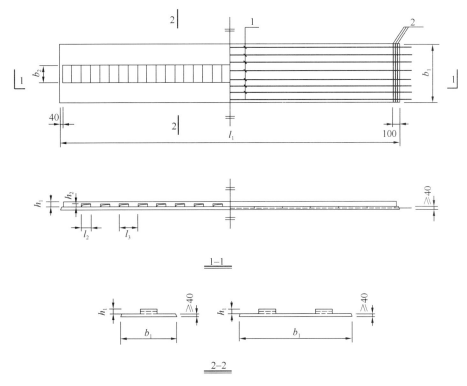

说明：

1——预应力钢筋；

2——横向分布钢筋；

l_1——标注长度；

l_2——洞口宽度；

l_3——洞口间距；

b_1——标注宽度；

b_2——肋宽；

h_1——肋高；

h_2——洞口高度。

图 A.1　带肋模板示例

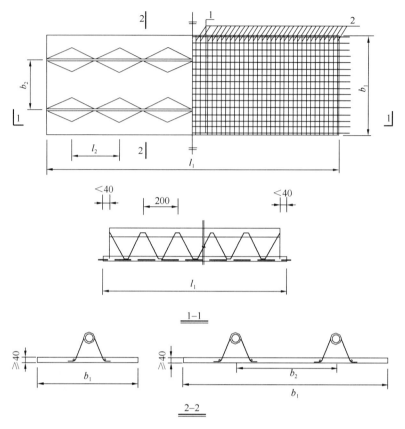

说明:

1——预应力钢筋;

2——横向分布钢筋;

l_1——标注长度;

l_2——桁架钢筋间距;

b_1——标注宽度;

b_2——桁架宽度。

图 A.2 桁架模板示例

中华人民共和国行业标准

建筑塑料复合模板工程技术规程

Technical specification for engineering of plastic
composite formwork

JGJ/T 352—2014

批准部门：中华人民共和国住房和城乡建设部
施行日期：2015 年 6 月 1 日

中华人民共和国住房和城乡建设部
公　告

第 618 号

住房城乡建设部关于发布行业标准
《建筑塑料复合模板工程技术规程》的公告

现批准《建筑塑料复合模板工程技术规程》为行业标准，编号为 JGJ/T 352-2014，自 2015 年 6 月 1 日起实施。

本规程由我部标准定额研究所组织中国建筑工业出版社出版发行。

中华人民共和国住房和城乡建设部

2014 年 11 月 5 日

前　言

根据住房和城乡建设部《关于印发 2013 年工程建设标准规范制订修订计划的通知》（建标〔2013〕6 号）的要求，规程编制组经广泛调查研究，认真总结实践经验，参考有关国际标准和国外先进标准，并在广泛征求意见的基础上，编制本规程。

本规程的主要技术内容是：1 总则；2 术语和符号；3 基本规定；4 材料；5 设计；6 施工；7 验收。

本规程由住房和城乡建设部负责管理，由中阳建设集团有限公司负责具体技术内容的解释。执行过程中如有意见或建议，请寄送中阳建设集团有限公司（地址：江西省抚州市荆公路 126 号；邮政编码：344000）。

本 规 程 主 编 单 位：中阳建设集团有限公司
　　　　　　　　　　　发达控股集团有限公司
本 规 程 参 编 单 位：江西省建筑材料工业科学研究设计院
　　　　　　　　　　　中国模板脚手架协会
　　　　　　　　　　　建研建材有限公司
　　　　　　　　　　　江西省住房和城乡建设厅新技术推广站
　　　　　　　　　　　国家建筑工程质量监督检验中心
　　　　　　　　　　　江西省建工集团有限公司

中设建工集团有限公司

云南建工第四建设有限公司

浙江天工建设集团有限公司

安徽建工第四工程有限公司

山西四建集团有限公司

昆山市建筑安装工程有限公司

贵州中建建筑科研设计院有限公司

福建海源新材料科技有限公司

浙江凯雄科技有限公司

中国塑协硬质PVC发泡制品专业委员会

广州毅昌科技股份有限公司

杭州市建设工程质量安全监督总站

浙江省长城建设集团有限公司

本规程主要起草人员：	陈胜德	徐丰贤	应向东	陈恩斌	徐丰进	温顺帆
	徐丰昌	严国斌	胡昊铭	陈志强	沈卫华	丁　威
	王永海	赵　鹏	胡　冰	王　峰	李向阳	陈晓寅
	孟春柳	王天锋	孙炎云	陈桂林	姜　玮	刘雅晋
	高雁峰	徐立斌	李良光	张嘉敏	冼汉光	周家华
	刘　翔	金光炎	殷　建	万成龙		
本规程主要审查人员：	廖　永	陈　瑜	霍瑞琴	徐　强	孙永民	周红波
	钟安鑫	赵挺生	李宏伟	黎　曦	马亿珠	胡孝义

目　　次

Contents

1 总　　则

1.0.1 为规范建筑塑料复合模板的工程应用，保证工程质量，做到安全适用、技术先进、经济合理，制定本规程。

1.0.2 本规程适用于建筑工程中现浇混凝土结构和预制混凝土构件所采用的塑料复合模板的设计、施工及验收。

1.0.3 塑料复合模板的工程应用除应符合本规程外，尚应符合国家现行有关标准的规定。

2　术语和符号

2.1　术　　语

2.1.1 塑料复合模板　plastic composite formwork

由热塑性树脂添加增强复合材料和助剂，经热塑成型加工而成、可回收处理并再生利用的建筑模板。

2.1.2 夹芯模板　sandwich formwork

由面层和芯材构成的平面模板。

2.1.3 空腹模板　open－web formwork

内有通长孔或蜂窝空格而表面平滑的平面模板。

2.1.4 带肋模板　ribbed formwork

由面板和加强肋构成的模板。

2.1.5 工具式模板　implementation formwork

由面板、边框和加强肋构成的可现场组装的定型模板。

2.2　符　　号

F——新浇筑混凝土作用于模板的侧压力标准值；

G_1——塑料复合模板及支架自重；

G_2——新浇筑混凝土自重；

G_3——钢筋自重；

G_4——新浇筑混凝土对模板的侧压力；

H——混凝土侧压力计算位置处至新浇筑混凝土顶面的总高度；

H_D——模板表面硬度；

L——加热后试样平分线 $A'B'$ 的长度；

L_0——加热前试样平分线 AB 的长度；

M_0——支架的倾覆力矩设计值；

M_r——支架的抗倾覆力矩设计值；

Q_1——施工人员及施工设备产生的荷载；

Q_2——新浇筑混凝土下料产生的水平荷载；

Q_3——泵送混凝土或不均匀堆载等因素产生的附加水平荷载；

Q_4——风荷载；

R——模板及支架结构构件的承载力设计值；

S——模板及支架按荷载基本组合计算的效应设计值；

$S_{G_i k}$——第 i 个永久荷载标准值产生的荷载效应值；

$S_{Q_j k}$——第 j 个可变荷载标准值产生的荷载效应值；

T——混凝土的温度；

v——混凝土浇筑速度，取混凝土浇筑高度（厚度）与浇筑时间的比值；

h——有效压头高度；

t_0——新浇筑混凝土的初凝时间；

α——模板及支架的类型系数；

a_{fG}——按永久荷载标准值计算的构件变形值；

$a_{f,lim}$——构件变形限值；

β——混凝土坍落度影响修正系数；

γ_0——结构重要性系数；

γ_c——混凝土的重力密度；

γ_R——承载力设计值调整系数；

μ——试样加热后尺寸变化率；

μ_{AB}——加热后试样纵向的尺寸变化率；

ψ_{c_j}——第 j 个可变荷载的组合值系数。

3 基 本 规 定

3.0.1 塑料复合模板工程实施前应编制专项施工方案；对于高大模板支架工程的专项施工方案，应进行技术论证。

3.0.2 塑料复合模板及其支架应具有足够的承载力和刚度，并应保证其整体稳固性。

3.0.3 塑料复合模板不得用于带模蒸汽养护的混凝土构件。

3.0.4 塑料复合模板施工使用的最低温度不应低于－10℃，最高温度不应高于75℃。

4 材 料

4.1 塑料复合模板

4.1.1 塑料复合模板可分为平面模板和带肋模板，平面模板又可分为夹芯模板、空腹模板等。

4.1.2 塑料复合模板规格宜符合表 4.1.2 的规定。

表 4.1.2 塑料复合模板规格（mm）

项目名称	平面模板	带肋模板
模板厚度	12、15、18	40、50、60、70
面板厚度	—	4、5、6
宽度	900、1000、1200	100、150、200、250、300、500、600、900
长度	1800、2000、2400	600、900、1200、1500、1800

注：带肋模板的模板厚度系指边肋高度加面板厚度。

4.1.3 塑料复合模板尺寸允许偏差应符合表 4.1.3 的规定。

表 4.1.3 塑料复合模板尺寸允许偏差

项 目 名 称		允 许 偏 差
公称厚度（mm）	≤10	±0.2
	12	±0.3
	15	±0.4
	18	±0.5
	≥20	±1.0
长度（mm）		0 −2.0
宽度（mm）		0 −1.0
垂直度（mm/m）		+0.8 0
四边边缘直度（mm/m）		+1.0 0
翘曲度（%）		+0.5 0

4.1.4 塑料复合模板外观质量应符合表 4.1.4 的规定。

表 4.1.4 塑料复合模板外观质量

项目名称	质 量 要 求
色差	颜色均匀
板面	光滑平整，无裂纹、伤痕和明显的缺料痕迹
凹凸点	不应有超过 1mm 的凹凸点存在，每平方米面积中 10mm×10mm 以下的轻微凹凸点不应超过 5 个，且应成分散状

4.1.5 塑料复合模板物理力学性能应符合表 4.1.5 的规定。

表 4.1.5 塑料复合模板物理力学性能

项目名称	平面模板		带肋模板
	夹芯模板	空腹模板	
弯曲强度（MPa）	≥24	≥30	≥45
弯曲弹性模量（MPa）	≥1400	≥3000	≥4500
维卡软化温度（℃）	≥75	≥80	≥80
加热后尺寸变化率（%）	≤0.2		
表面硬度（H_D）	≥58		
燃烧性能等级（级）	不低于 E		

注：带肋模板的弯曲强度和弯曲弹性模量系指对其面板的要求。

4.1.6 塑料复合模板检验方法应符合下列规定：

1 尺寸测定应按现行国家标准《人造板的尺寸测定》GB/T 19367 的规定执行；检验设备测量工具精度应符合表 4.1.6 的规定；

表 4.1.6 检验设备和测量工具精度表

项 目	精度要求
钢卷尺、钢直尺、靠尺	分度的读数精度为 1mm
游标卡尺	分度的读数精度为 0.02mm
百分表	分度的读数精度为 0.01mm
水平台	无翘曲

2 翘曲度的测定应按现行国家标准《胶合板 第 2 部分：尺寸公差》GB/T 9846.2 的规定执行；

3 外观质量中色差和板面质量可采用目测进行检验，凹凸点可采用钢直尺进行检验；

4 表面硬度的测定应按现行国家标准《塑料邵氏硬度试验方法》GB/T 2411 的规定执行；

5 夹芯模板的弯曲强度和弯曲弹性模量的测定应按现行国家标准《塑料弯曲性能的测定》GB/T 9341 的规定执行；空腹模板和带肋模板的弯曲强度和弯曲弹性模量的测定应按现行国家标准《纤维增强塑料弯曲性能试验方法》GB/T 1449 的规定执行，其中，空腹模板试件厚度不大于 20mm 时，宽度应为 50mm，试件厚度大于 20mm 时，宽度应为 75mm；

6 维卡软化温度的测定应按现行国家标准《热塑性塑料维卡软化温度（VST）的测定》GB/T 1633 中 B_{50} 方法的规定执行；

7 加热后尺寸变化率的测定应按本规程附录 A 的规定执行；

8 燃烧性能等级的测定应符合现行国家标准《建筑材料及制品燃烧性能分级方法》GB 8624 的规定。

4.2 其 他 材 料

4.2.1 钢材宜采用符合现行国家标准《碳素结构钢》GB/T 700 规定的 Q235 钢或符合现

行国家标准《低合金高强度结构钢》GB/T 1591 规定的 Q345 钢。钢管应符合现行国家标准《直缝电焊钢管》GB/T 13793 或《低压流体输送用焊接钢管》GB/T 3092 中规定的 Q235 普通钢管的要求。型钢应符合现行国家标准《热轧型钢》GB/T 706 和《冷弯薄壁型钢结构技术规范》GB 50018 等的规定。

4.2.2 扣件应采用可锻铸铁或铸钢制作，并应符合现行国家标准《钢管脚手架扣件》GB 15831 的规定。

4.2.3 木材应符合现行国家标准《木结构设计规范》GB 50005 的规定，不得使用存在腐朽、霉变、虫蛀、折裂和枯节等缺陷的材料。直接接触并承托平面结构的平面模板的次楞宜采用矩形木楞。

4.2.4 铝合金型材应符合现行行业标准《铝和铝合金型材》YB 1703 的规定。

5 设 计

5.0.1 塑料复合模板及支架应根据工程结构形式、荷载大小、地基土类别、支承工况、施工设备和材料供应等条件进行设计，并应符合国家现行标准《混凝土结构工程施工规范》GB 50666、《建筑施工扣件式钢管脚手架安全技术规范》JGJ 130、《建筑施工模板安全技术规范》JGJ 162 等的规定。

5.0.2 塑料复合模板及支架设计应包括下列内容：

　　1 模板及支架的选型及构造设计；

　　2 作用在模板及支架上的荷载及其效应计算；模板及支架的承载力计算和刚度验算；模板及支架的抗倾覆验算；

　　3 绘制模板和支架的施工图，编制模板施工说明书，制定模板制作、安装及拆除专项方案；

　　4 编制模板及配件的规格、数量汇总表和周转使用计划。

5.0.3 塑料复合模板的弯曲强度设计值和弯曲弹性模量可按表 5.0.3 采用，表 5.0.3 中的平面模板和带肋模板的面板弯曲强度设计值和弯曲弹性模量适用于本规程表 4.1.2 给出的模板厚度范围；塑料复合模板弯曲强度超出表 5.0.3 时的弯曲弹性模量应经试验确定。

表 5.0.3 塑料复合模板的弯曲强度设计值和
弯曲弹性模量（MPa）

模板类型		弯曲强度	弯曲弹性模量
平面模板	夹芯模板	14	1200
	空腹模板	19	1700
带肋模板的面板		20	3000
		28	2500
		35	2000

5.0.4 木材和钢材等构件的设计指标应按现行行业标准《建筑施工模板安全技术规范》

JGJ 162 采用。

5.0.5 塑料复合模板和支架设计的荷载标准值确定应符合下列规定：

1 塑料复合模板及支架自重（G_1）的标准值应根据模板施工图确定；塑料复合模板及支架自重的标准值可按表 5.0.5-1 采用；

表 5.0.5-1 塑料复合模板及支架自重的标准值（kN/m²）

项 目 名 称	平面模板	带肋模板
无梁楼板的模板	0.15	0.25
有梁楼板的模板	0.25	0.40
楼板的模板及支架（楼层高度为 4m 以下）	1.10	1.05

注：1 对于平面模板，背楞（含钢管）自重可取 0.60kN/m²；
　　2 对于带肋模板，背楞（含钢管）自重可取 0.40kN/m²。

2 新浇筑混凝土自重（G_2）的标准值宜根据混凝土实际重力密度（γ_c）确定，普通混凝土重力密度（γ_c）可取 24kN/m³；

3 钢筋自重（G_3）的标准值应根据施工图确定，一般梁板结构，楼板的钢筋自重可取 1.1kN/m³，梁的钢筋自重可取 1.5kN/m³；

4 采用插入式振动器且浇筑速度不大于 10m/h、混凝土坍落度不大于 180mm 时，新浇筑混凝土对模板的侧压力（G_4）的标准值，可按公式（5.0.5-1）计算，并应取其中的较小值；当浇筑速度大于 10m/h，或混凝土坍落度大于 180mm 时，侧压力（G_4）的标准值可按公式（5.0.5-2）计算：

$$F = 0.28\gamma_c t_0 \beta v^{\frac{1}{2}} \tag{5.0.5-1}$$

$$F = \gamma_c H \tag{5.0.5-2}$$

式中：F——新浇筑混凝土作用于模板的侧压力标准值（kN/m²）；

　　γ_c——混凝土的重力密度（kN/m³）；

　　t_0——新浇混凝土的初凝时间（h），可按实测确定；当缺乏试验资料时可采用 $t_0 = 200/(T+15)$ 计算，T 为混凝土的温度（℃）；

　　β——混凝土坍落度影响修正系数：当坍落度大于 50mm 且不大于 90mm 时，β 取 0.85；坍落度大于 90mm 且不大于 130mm 时，β 取 0.90；坍落度大于 130mm 且不大于 180mm 时，β 取 1.00；混凝土坍落度取值应为表 5.0.5-2 中的控制目标值加允许偏差绝对值；

表 5.0.5-2 坍落度允许偏差（mm）

项 目	控制目标值	允许偏差
坍落度	50～90	± 20
	≥100	± 30

　　v——浇筑速度，取混凝土浇筑高度（厚度）与浇筑时间的比值（m/h）；

　　H——混凝土侧压力计算位置处至新浇筑混凝土顶面的总高度（m）；混凝土侧压力的计算分布图（图 5.0.5）中 $h = F/\gamma_c$，h 为有效压头高度。

5 施工人员及施工设备产生的荷载（Q_1）的标准值，可按实际情况计算，且不应小

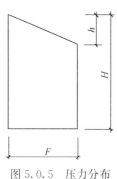

图 5.0.5 压力分布

于 $2.5kN/m^2$；

6 混凝土浇筑产生的水平荷载（Q_2）的标准值可按表 5.0.5-3 采用，其作用范围可取新浇筑混凝土侧压力的有效压头高度（h）之内；

7 泵送混凝土或不均匀堆载等因素产生的附加水平荷载（Q_3）的标准值，可取计算工况下竖向永久荷载标准值的 2％，并应作用在模板支架上端水平方向；

8 风荷载（Q_4）的标准值，可按现行国家标准《建筑结构荷载规范》GB 50009 确定，此时基本风压可按 10 年一遇的风压取值，但基本风压不应小于 $0.20kN/m^2$。

表 5.0.5-3 混凝土浇筑产生的水平荷载标准值（kN/m^2）

浇筑方式	水平荷载
溜槽、串筒、导管或泵管浇筑	2
吊车配备斗容器浇筑或小车直接倾倒	4

5.0.6 作用在塑料复合模板和支架上的荷载分类应符合表 5.0.6 的规定。

表 5.0.6 作用在塑料复合模板和支架上的荷载分类

荷载类别	荷 载 项
永久荷载	模板及支架自重 G_1
	新浇筑混凝土自重 G_2
	钢筋自重 G_3
	新浇筑混凝土对模板的侧压力 G_4
可变荷载	施工人员及施工设备产生的荷载 Q_1
	新浇筑混凝土下料时产生的水平荷载 Q_2
	泵送混凝土或不均匀堆载等因素产生的附加水平荷载 Q_3
	风荷载 Q_4

5.0.7 塑料复合模板及支架结构构件应按短暂设计状况下进行承载力计算，承载力计算应满足下式要求：

$$\gamma_0 S \leqslant R/\gamma_R \qquad (5.0.7)$$

式中：γ_0——结构重要性系数，对重要的模板及支架宜取 $\gamma_0 \geqslant 1.0$；对于一般的模板及支架应取 $\gamma_0 \geqslant 0.9$；

S——模板及支架按荷载基本组合计算的效应设计值，可按本规程第 5.0.5 条、5.0.8 条和 5.0.9 条的规定进行计算；

R——模板及支架结构构件的承载力设计值；

γ_R——承载力设计值调整系数，应根据模板及支架重复使用情况取用，不应小于 1.0。

5.0.8 塑料复合模板及支架的荷载基本组合的效应设计值，可按下式计算：

$$S = 1.35\alpha \sum_{i \geqslant 1} S_{G_i k} + 1.4\psi_{c_j} \sum_{j \geqslant 1} S_{Q_j k} \tag{5.0.8}$$

式中：$S_{G_i k}$——第 i 个永久荷载标准值产生的荷载效应值；

$S_{Q_j k}$——第 j 个可变荷载标准值产生的荷载效应值；

α——模板及支架的类型系数：对侧面模板，取 0.9；对底面模板及支架，取 1.0；

ψ_{c_j}——第 j 个可变荷载的组合值系数，宜取 $\psi_{c_j} \geqslant 0.9$。

5.0.9 参与塑料复合模板及支架承载力计算的各项荷载可按表 5.0.9 确定，并应采用最不利的荷载基本组合进行设计。参与组合的永久荷载应包括模板及支架自重（G_1）、新浇筑混凝土自重（G_2）、钢筋自重（G_3）及新浇筑混凝土对模板的侧压力（G_4）等；参与组合的可变荷载宜包括施工人员及施工设备产生的荷载（Q_1）、新浇筑混凝土下料产生的水平荷载（Q_2）、泵送混凝土或不均匀堆载等因素产生的附加水平荷载（Q_3）及风荷载（Q_4）等。

表 5.0.9　参与塑料复合模板及支架
承载力计算的各项荷载

计算内容		参与荷载项
模板	底面模板的承载力	$G_1 + G_2 + G_3 + Q_1$
	侧面模板的承载力	$G_4 + Q_2$
支架	支架水平杆及节点的承载力	$G_1 + G_2 + G_3 + Q_1$
	立杆的承载力	$G_1 + G_2 + G_3 + Q_1 + Q_4$
	支架结构的整体稳定	$G_1 + G_2 + G_3 + Q_1 + Q_3$ $G_1 + G_2 + G_3 + Q_1 + Q_4$

注：表中的"+"仅表示各项荷载参与组合，而不表示代数相加。

5.0.10 塑料复合模板及支架的变形验算应满足下式要求：

$$a_{fG} \leqslant a_{f, \lim} \tag{5.0.10}$$

式中：a_{fG}——按永久荷载标准值计算的构件变形值；参与计算的各项荷载可按表 5.0.10 确定；

$a_{f, \lim}$——构件变形限值，应按本规程第 5.0.11 条的规定确定。

表 5.0.10　参与塑料复合模板及支架
变形验算的各项荷载

计算内容	参与荷载项
平板、梁、拱、薄壳的底面模板及支架的变形值	$G_1 + G_2 + G_3$
大体积结构、梁、拱、柱、墙的侧面模板的变形值	G_4

5.0.11 塑料复合模板及支架的变形限值应根据结构工程要求确定，并宜符合下列规定：

1　对结构表面外露的模板，其挠度限值宜取为模板构件计算跨度的 1/400；

2 对结构表面隐蔽的模板，其挠度限值宜取为模板构件计算跨度的1/250；

3 支架的轴向压缩变形限值或侧向挠度限值，宜取为计算高度或计算跨度的1/1000。

5.0.12 支架应按混凝土浇筑前和混凝土浇筑时两种工况进行抗倾覆验算，支架的抗倾覆验算应满足下式要求：

$$\gamma_0 M_0 \leqslant M_r \tag{5.0.12}$$

式中：M_0——支架的倾覆力矩设计值，按荷载基本组合计算，其中永久荷载的分项系数取1.35，可变荷载的分项系数取1.40；

M_r——支架的抗倾覆力矩设计值，按荷载基本组合计算，其中永久荷载的分项系数取0.90，可变荷载的分项系数取0。

5.0.13 支架中钢构件的长细比应符合下列规定：

1 受压构件长细比：支架立柱及桁架不应大于180；斜撑、剪刀撑不应大于200；

2 受拉构件长细比：杆件不应大于350。

5.0.14 钢管和扣件搭设的支架的设计应符合下列规定：

1 支架宜采用中心传力方式，并应计算单杆轴力；单杆轴力标准值不宜大于12kN，高大模板支架单杆轴力标准值不宜大于10kN；

2 支承模板背楞的水平杆可按受弯构件进行承载力和变形验算；

3 立杆顶部承受水平杆扣件传递的竖向荷载时，应按不小于50mm的偏心距进行立杆的承载力验算；对于高大模板支架，应按不小于100mm的偏心距进行立杆的承载力验算；

4 扣件抗滑移承载力验算和立杆基础承载力计算可按现行行业标准《建筑施工扣件式钢管脚手架安全技术规范》JGJ 130的有关规定执行。

5.0.15 门式、碗扣式、盘扣式或盘销式等钢管架搭设的支架的设计应符合下列规定：

1 应结合插入支架立杆端部的可调底座和可调托座的长度和调节范围设计水平杆之间的立杆长度；

2 支架应采用中心传力方式，其承载力及刚度可按现行行业标准《门式钢管脚手架安全技术规范》JGJ 128、《建筑施工碗扣式钢管脚手架安全技术规范》JGJ 166和《建筑施工承插型盘扣式钢管支架安全技术规程》JGJ 231的规定进行验算。

6 施 工

6.1 制作与安装

6.1.1 塑料复合模板制作、安装与拆除应符合专项施工方案的要求；模板制作与安装前，应进行专项施工方案技术交底。

6.1.2 塑料复合模板制作应按图加工，并应满足通用性强、装拆灵活、接缝严密、便于支撑和多次周转使用的要求。

6.1.3 塑料复合模板制作的允许偏差应符合表 6.1.3 的规定。

表 6.1.3 塑料复合模板制作允许偏差与检验方法

项次	检验项目	允许偏差（mm）	检验方法
1	长度	0 −2	钢卷尺检查
2	宽度	0 −1	钢卷尺检查
3	对角线差	+2 0	钢卷尺检查
4	肋间距	±2.0	钢尺检查
5	孔间距	±1.0	钢尺检查
6	孔径	±0.5	游标卡尺检查

6.1.4 塑料复合模板背楞的截面高度应一致，木方应刨平，钢管或型钢应校正、调直。

6.1.5 竖向结构模板和梁模板的背楞、平面结构模板的主楞以及模板支架宜采用钢管和型钢。

6.1.6 塑料复合模板安装时应进行测量、放线和定位，并应保证工程结构及构件的形状、尺寸、相对位置的准确。安装现场应有模板安装和检查的测控点。

6.1.7 塑料复合模板的拼接应符合下列规定：

1 模板拼缝应严密平整，无错台；

2 平面模板拼缝宜处于木次楞上，其他情况下出现的缝隙，可采用胶带进行贴封；

3 空腹模板通孔方向应与次楞垂直，并应采取防止水泥浆从板端拼接缝渗入孔内的封闭措施；

4 工具式模板拼接缝上的 U 形卡、连接销不宜沿同一方向设置。

6.1.8 当采用平面模板时，楼板和梁的次楞间距不宜大于 250mm，柱和墙的次楞间距不宜大于 200mm，并应满足设计要求。

6.1.9 塑料复合模板与背楞、背楞与支撑的连接应稳固，在施工作业时不得发生相对位移。

6.1.10 塑料复合模板安装应与钢筋安装相互配合，并应设置保证混凝土成型后钢筋保护层厚度和墙体厚度的定位块；钢筋施工、施焊及混凝土振捣时不得损坏面板。

6.1.11 对跨度不小于 4m 的梁和板，其模板施工起拱高度宜为跨度的 1/1000～3/1000，起拱不得减少构件的截面高度。

6.1.12 梁模板的次楞长度方向应与梁的长度方向一致。

6.1.13 柱模板安装应符合下列规定：

1 四片柱模就位拼装应进行对角线和垂直校正；

2 柱模板的次楞长度方向应与高度方向一致；

3 应自下而上安装柱箍。

6.1.14 墙模板安装应符合下列规定：

1 拼装模板时，宜采用长度不小于 1800mm 的规格模板进行竖向拼接，调整满足墙体宽度要求的模板宜为同规格长度，并宜拼在边部；上端高度不足部分可以采用合适尺寸的模板拼齐；

2 模板的次楞长度方向应与高度方向一致；

3 对拉螺栓与模板应相互垂直，并应带有塑料套管；对拉螺栓的松紧应一致、适度，不得使保证墙体厚度要求的定位块将模板顶压变形；拼在边部的、调整满足墙体宽度要求的模板也应设置对拉螺栓；有防水、人防和清水要求时应采用两端设锥形接头、中间设止水片的三节式对拉螺栓；

4 对拉螺栓的竖向间距不宜大于 600mm，横向间距不宜大于 500mm；当墙体高度大于 3.5m 时，对拉螺栓的竖向间距不宜大于 500mm，横向间距不宜大于 400mm；对拉螺栓间距应满足设计要求；

5 模板安装同时应进行校正，并可通过对拉螺栓对墙体厚度和垂直进行调整。

6.1.15 采用扣件式钢管安装支架应符合下列规定：

1 支架的立杆底部应设置底座或垫板，垫板厚度不得小于 50mm；

2 支架应设置纵、横向扫地杆；纵向扫地杆应采用直角扣件固定在立杆上，并应距杆底端不大于 200mm；横向扫地杆应采用直角扣件固定在紧靠纵向扫地杆下方的立杆上；

3 支架立杆的纵距和横距均不应大于 1.5m，高大模板支架立杆的纵距和横距均不应大于 1.2m；

4 支架步距应均分扫地杆与顶部水平杆之间的间距，且不应大于 2.0m；高大模板支架的步距不应大于 1.8m；支架应按每一步距设置纵、横向水平杆分别采用扣件与立杆连接，扣件的间距不应大于 150mm；纵向水平杆应设置在立杆内侧；

5 顶层步距的立杆接长可采用搭接，其余各层步距接头应采用对接扣件连接，两个相邻立杆的接头不应设置在同一步距内；

6 立杆、水平杆、剪刀撑的搭接长度不应小于 1m，且应等间距设置 3 个旋转扣件连接，扣件盖板边缘至杆端不应小于 100mm；

7 支架周边应连续设置竖向剪刀撑；支架长度或宽度大于 6m 时，应设置中部纵向或横向的竖向剪刀撑，剪刀撑的间距和单幅剪刀撑的宽度均不宜大于 8m，剪刀撑与水平杆的夹角宜为 45°～60°；支架高度大于 3 倍步距时，支架顶部宜设置一道水平剪刀撑，剪刀撑应延伸至周边；高大模板支架宜设置中部纵向或横向的竖向剪刀撑，剪刀撑的间距不宜大于 5m；沿支架高度方向搭设的水平剪刀撑的间距不宜大于 6m。

6.1.16 采用碗扣式、盘扣式或盘销式钢管架搭设支架应符合下列规定：

1 支架步距不应大于 1.8m，顶层步距应比标准步距缩小一个节点间距；

2 插入立杆顶端可调托座伸出顶层水平杆的悬臂长度不应超过 650mm，螺杆插入钢管的长度不应小于 150mm，其直径应满足与钢管内径间隙不大于 6mm 的要求；

3 立杆间应设置专用斜杆或扣件钢管斜杆加强支架。

6.1.17 采用门式钢管支架，应符合现行行业标准《建筑施工门式钢管脚手架安全技术规范》JGJ 128 的规定。

6.2 拆　除

6.2.1 塑料复合模板拆除应按专项施工方案拆除程序和方法实施。应先拆除非承重模板，后拆除承重模板。

6.2.2 对于有温控要求的混凝土，塑料复合模板拆除时混凝土表面温度与外界温度相差不应大于 20℃。

6.2.3 冬期施工时，塑料复合模板应在混凝土表面冷却到 5℃ 以下时方可拆除。

6.2.4 侧模应在混凝土强度能保证混凝土表面及棱角不受损伤时拆除。底模及支架应在混凝土强度达到设计要求后拆除；当设计无具体要求时，拆模时的同条件养护混凝土立方体试件抗压强度应符合表 6.2.4 的规定。

表 6.2.4 底模拆除时的混凝土强度要求

构件类型	构件跨度（m）	达到设计混凝土强度等级值的百分率（%）
板	≤2	≥50
	>2，≤8	≥75
	>8	≥100
梁、拱、壳	≤8	≥75
	>8	≥100
悬臂结构		≥100

6.2.5 拆除塑料复合模板时宜采用专用拆模工具或撬动拼接模板的木次楞的方法，不得损坏混凝土及其外观质量，并不应破坏模板面层和棱角。

6.2.6 拆除的塑料复合模板不得抛掷，并应整齐堆放在指定位置。

6.2.7 塑料复合模板拆除后，应将其表面清理干净；对于平面模板，应拔除钉子并将双面清理干净。

6.3 模板运输、维护与保管

6.3.1 塑料复合模板运输过程中应采取遮盖等措施防止日晒。

6.3.2 塑料复合模板运输过程中应避免剧烈撞击与挤压，保持包装完整和装车稳固。

6.3.3 装卸塑料复合模板时应轻装轻卸，不得抛掷，防止碰撞损坏模板。

6.3.4 塑料复合模板应有专用场地存放，存放场地应坚实平整，并应有排水、防日晒、防火和隔热等措施，模板保存温度不应低于－10℃，模板下方应设置间距适当并等高的垫木。

6.3.5 塑料复合模板储存时，应按不同类别和规格分别堆放。模板平放时应分放在通长的垫木上，堆放高度不宜超过 2m。大模板立放时应满足自稳角的要求，并应面对面放置。

6.3.6 塑料复合模板不得与腐蚀品、易燃品一起储存。

6.3.7 对重复使用的塑料复合模板，应及时清理和修补，修复后的模板应满足本规程的要求。

6.4 施 工 安 全

6.4.1 塑料复合模板施工应符合现行行业标准《建筑施工高处作业安全技术规范》JGJ 80 和《建筑施工模板安全技术规范》JGJ 162 的规定；现场施工应避免模板与火源接触并备置消防栓或灭火器具等；雨雪天施工时，应清除模板表面积雪和明水，并采取铺防滑布或穿防滑鞋等防滑措施。

6.4.2 塑料复合模板安装、拆除前应进行专项安全技术交底。

6.4.3 塑料复合模板吊装最大尺寸应根据起重机械的起重能力及模板的刚度确定。

6.4.4 每次吊运塑料复合模板及其部件前，应逐一检查吊钩及模板各部位连接的牢固性。不得同时起吊两块大模板。

6.4.5 塑料复合模板安装和堆放时应采取支撑和护栏等防倾倒措施，堆放处应设警戒区。

6.4.6 安装墙、柱模板时，模板之间应随时连接并支撑固定。

6.4.7 装拆塑料复合模板，必须有稳固的登高工具或脚手架，高度超过 3m 时，应搭设脚手架。装拆过程中，除操作人员外，下面不得站人，高处作业时，操作人员应挂上安全带。

6.4.8 吊运对拉螺栓等零星部件时，应采用吊盘，不得使用编织袋。

6.4.9 拆模起吊前应确保所有对拉螺栓及临时固定的拉接件完全拆除。

6.4.10 对于大模板，应在模板脱离混凝土前保留支撑；水平模板拆除时，应先使模板与混凝土表面脱离，再拆除模板支架，最后将模板卸下；拆模时，应逐块拆卸，不得成片撬落。

7 验　　收

7.0.1 塑料复合模板及支架材料进场时，应具有型式检验报告、出厂检验报告、产品合格证和产品说明书。

7.0.2 塑料复合模板及支架材料应进行进场检验，检验样品应随机抽取。

7.0.3 塑料复合模板的检验批应符合下列规定：

　　1 同一检验批的塑料复合模板应是以相同原材料及其配方、相同工艺、连续生产的同一规格的制品；

　　2 一个检验批的塑料复合模板数量应为 5000 张；

　　3 数量不足一个检验批的塑料复合模板应计为一个检验批。

7.0.4 在塑料复合模板原材料及其配方不变，生产工艺不变，连续生产的情况下，对于同一工程的进场检验，首个检验批的检验项目应为本规程表 4.1.3、表 4.1.4 和表 4.1.5 中列出的全部项目。首个检验批合格后，其他检验批的检验项目可为本规程表 4.1.3 和表 4.1.4 列出的全部项目以及表 4.1.5 中列出的弯曲强度和弯曲弹性模量。

7.0.5 每个检验批应随机抽取表 7.0.5 规定的样品量进行尺寸偏差和外观质量检验，评定验收应符合下列规定：

　　1 试件的尺寸偏差和外观质量的全部检验项目符合本规程第 4.1 节的有关规定时，应判定该试件尺寸偏差和外观质量合格；否则，应判定该试件尺寸偏差和外观质量不合格；

　　2 按表 7.0.5 的规定的第 1 次抽样的样品中，不合格试件数不大于接收数时，应判该检验批模板尺寸偏差和外观质量合格；不合格试件数不小于拒收数时，应判该检验批模板尺寸偏差和外观质量不合格；

3 第 1 次抽样的样品中不合格试件数介于接收数和拒收数之间时，应进行第 2 次抽样；两次抽样的累计样品量中的不合格试件总数不大于接收数时，应判该检验批模板尺寸偏差和外观质量合格；不合格试件总数不小于拒收数时，应判该检验批模板尺寸偏差和外观质量不合格。

表 7.0.5 塑料复合模板尺寸偏差
和外观质量检验评定表（张）

模板批量	抽样组次	样品量	累计样品量	接收数	拒收数
≤500	1	32	32	3	7
	2	32	64	9	10
501～1200	1	50	50	5	10
	2	50	100	12	13
1201～3200	1	80	80	7	12
	2	80	160	18	19
3201～5000	1	125	125	11	17
	2	125	250	26	27

7.0.6 检验批塑料复合模板尺寸偏差和外观质量检验合格后，应从尺寸偏差和外观质量合格的样品中随机抽取样品进行本规程表 4.1.5 列出的物理性能的检验，每一检验项目应至少进行一组试验；当各项检验结果都符合本规程第 4.1 节的有关规定时，应判定该检验批合格。

7.0.7 当检验批塑料复合模板物理性能有一项不合格时，允许在该检验批中重新取样进行复检，复检结果中有检验项目不合格时应判定该检验批不合格。

7.0.8 支架材料的质量检验和验收应按本规程第 4.2 节有关规定执行。

7.0.9 塑料复合模板工程施工质量验收应符合现行国家标准《混凝土结构工程施工质量验收规范》GB 50204 的有关规定。

7.0.10 塑料复合模板工程验收时，应提供下列技术文件：

1 模板工程专项施工方案；

2 模板及支架施工图、产品说明书；

3 模板质量检验和验收文件；

4 支架材料质量检验和验收文件；

5 模板安装质量检查记录。

附录 A 加热后尺寸变化率的测定方法

A.0.1 板材沿长度边缘取边长为 100mm～200mm 的正方形试样 3 块。

A.0.2 试样的试验应按下列步骤进行：

1 在 23℃±2℃温度条件下，在每个试样上沿板材纵向（长度方向）和横向分别做相互垂直的平分线 AB 和 CD（图 A.0.2），然后，用游标卡尺分别测量 AB、CD 的长度；

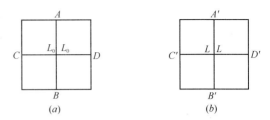

图 A.0.2　试样加热后尺寸测量示意图

(a) 加热前尺寸；(b) 加热后尺寸

2 将试样平放于鼓风干燥箱内的瓷砖板上。对于夹芯模板，在鼓风的条件下，保持鼓风干燥箱内的温度 75℃±2℃，恒温 2h；对于空腹模板和带肋模板，保持鼓风干燥箱内的温度 80℃±2℃，恒温 2h；

3 加热后，将试样连同瓷砖板取出，试样仍平放于瓷砖板上，在 23℃±2℃温度条件下冷却 2h，然后，用游标卡尺分别测量 $A'B'$、$C'D'$ 的长度（图 A.0.2）。

A.0.3 试样的结果计算应符合下列规定：

1 加热后试样纵向（AB 方向）的尺寸变化率应按下式计算，以 3 个试样纵向的尺寸变化率的算术平均值作为该组试样纵向尺寸变化率的计算结果；

$$\mu_{AB} = \frac{L - L_0}{L_0} \times 100 \qquad (A.0.3)$$

式中：μ_{AB}——加热后试样纵向的尺寸变化率（%）；

L_0——加热前试样平分线 AB 的长度，精确到 0.01mm；

L——加热后试样平分线 $A'B'$ 的长度，精确到 0.01mm。

2 加热后试样横向（CD 方向）尺寸变化率的计算方法应与纵向计算方法相同；

3 试样纵、横两个方向尺寸变化率计算结果绝对值较大者应作为该组试样加热后尺寸变化率（μ）的试验结果。

本规程用词说明

1 为便于在执行本规程条文时区别对待，对要求严格程度不同的用词说明如下：

　1）表示很严格，非这样做不可的：

正面词采用"必须"，反面词采用"严禁"；

　2）表示严格，在正常情况下均应这样做的：

正面词采用"应"，反面词采用"不应"或"不得"；

　3）表示允许稍有选择，在条件许可时，首先应这样做的：

正面词采用"宜"，反面词采用"不宜"；

　4）表示有选择，在一定条件下可以这样做的，采用"可"。

2 条文中指明应按其他有关标准执行的写法为："应符合……的规定"或"应按……执行"。

引用标准名录

1 《木结构设计规范》GB 50005
2 《建筑结构荷载规范》GB 50009
3 《冷弯薄壁型钢结构技术规范》GB 50018
4 《混凝土结构工程施工质量验收规范》GB 50204
5 《混凝土结构工程施工规范》GB 50666
6 《碳素结构钢》GB/T 700
7 《热轧型钢》GB/T 706
8 《纤维增强塑料弯曲性能试验方法》GB/T 1449
9 《低合金高强度结构钢》GB/T 1591
10 《热塑性塑料维卡软化温度（VST）的测定》GB/T 1633
11 《塑料邵氏硬度试验方法》GB/T 2411
12 《低压流体输送用焊接钢管》GB/T 3092
13 《建筑材料及制品燃烧性能分级方法》GB 8624
14 《塑料弯曲性能的测定》GB/T 9341
15 《胶合板　第 2 部分：尺寸公差》GB/T 9846.2
16 《直缝电焊钢管》GB/T 13793
17 《钢管脚手架扣件》GB 15831
18 《人造板的尺寸测定》GB/T 19367
19 《建筑施工高处作业安全技术规范》JGJ 80
20 《建筑施工门式钢管脚手架安全技术规范》JGJ 128
21 《建筑施工扣件式钢管脚手架安全技术规范》JGJ 130
22 《建筑施工模板安全技术规范》JGJ 162
23 《建筑施工碗扣式钢管脚手架安全技术规范》JGJ 166
24 《建筑施工承插型盘扣式钢管支架安全技术规程》JGJ 231
25 《铝和铝合金型材》YB 1703

下篇　脚手架

中华人民共和国行业标准

建筑施工木脚手架安全技术规范

Technical code for safety of wooden scaffold in construction

JGJ 164—2008
J 815—2008

批准部门：中华人民共和国住房和城乡建设部
施行日期：２００８年１２月１日

中华人民共和国住房和城乡建设部
公　告

第 80 号

关于发布行业标准《建筑施工
木脚手架安全技术规范》的公告

现批准《建筑施工木脚手架安全技术规范》为行业标准，编号为 JGJ 164－2008，自 2008 年 12 月 1 日起实施。其中，第 1.0.3、3.1.1、3.1.3、6.1.2、6.1.3、6.1.4、6.2.2、6.2.3、6.2.4、6.2.6、6.2.7、6.2.8、6.3.1、8.0.5、8.0.8 条为强制性条文，必须严格执行。

本规范由我部标准定额研究所组织中国建筑工业出版社出版发行。

中华人民共和国住房和城乡建设部

2008 年 8 月 6 日

前　言

根据原国家劳动部劳人计（88）34 号文的要求，标准编制组在深入调查研究，认真总结国内外科研成果和大量实践经验，并在广泛征求意见的基础上，制定了本规范。

本规范的主要技术内容是：总则，术语、符号，杆件、连墙件与连接件，荷载，设计计算，构造与搭设，脚手架拆除，安全管理。

本规范以黑体字标志的条文为强制性条文，必须严格执行。

本规范由住房和城乡建设部负责管理和对强制性条文的解释，由沈阳建筑大学负责具体技术内容的解释。（地址：沈阳市浑南东路 9 号沈阳建筑大学土木工程学院，邮编：110168）

本 规 范 主 编 单 位：沈阳建筑大学
　　　　　　　　　　浙江八达建设集团有限公司

本 规 范 参 加 单 位：芜湖第一建筑工程公司

本规范主要起草人：魏忠泽　张　健　王昌培　金义勇　鲁德成　彭志文　贾元祥
　　　　　　　　　　秦桂娟　魏　炜　周静海　刘　莉　刘海涛　徐　建　孙占利

目　次

1 总　　则

1.0.1　为贯彻执行国家"安全第一，预防为主，综合治理"的安全生产方针，确保施工人员在木脚手架施工过程中的安全，制定本规范。

1.0.2　本规范适用于工业与民用建筑一般多层房屋和构筑物施工用落地式的单、双排木脚手架的设计、施工、拆除和管理。

1.0.3　当选材、材质和构造符合本规范的规定时，脚手架搭设高度应符合下列规定：

　　1　单排架不得超过 **20m**；

　　2　双排架不得超过 **25m**，当需超过 **25m** 时，应按本规范第 5 章进行设计计算确定，但增高后的总高度不得超过 **30m**。

1.0.4　木脚手架的材料选用，应因地制宜，就地取材，合理使用。

1.0.5　木脚手架施工前，应按规定编制施工组织设计或专项施工方案。

1.0.6　木脚手架的设计、施工、拆除与管理，除应符合本规范的规定外，尚应符合国家现行有关标准的规定。

2　术语、符号

2.1　术　　语

2.1.1　单排脚手架　single rank scaffold
　　只有一排立杆，横向水平杆的一端搁置在墙体上的脚手架。

2.1.2　双排脚手架　double pole scaffold
　　由内外两排立杆和水平杆等构成的脚手架。

2.1.3　外脚手架　outer scaffold
　　设置在房屋或构筑物外围的施工脚手架。

2.1.4　满堂脚手架　multi rank scaffold
　　由多排立杆构成的脚手架。

2.1.5　烟囱架　chimney scaffold
　　沿烟囱周圈外围所搭设的特殊脚手架。

2.1.6　水塔架　cistern scaffold
　　沿水塔周圈外围所搭设的特殊脚手架。

2.1.7　结构脚手架　construction scaffold
　　用于砌筑和结构工程施工作业的脚手架。

2.1.8　装修脚手架　decoration scaffold
　　用于装修工程施工作业的脚手架。

2.1.9 斜道 inclined path

供施工作业人员上下脚手架或运料用的坡道，一般附置于脚手架旁，也称马道、通道。

2.1.10 立杆 vertical staff

脚手架中垂直于水平面的竖向杆件。

2.1.11 外立杆 outer vertical staff

双排脚手架中离开墙体一侧的立杆，或单排架立杆。

2.1.12 内立杆 inner vertical staff

双排脚手架中贴近墙体一侧的立杆。

2.1.13 水平杆 level staff

脚手架中的水平杆件。

2.1.14 纵向水平杆 lengthways level staff

沿脚手架纵向设置的水平杆。

2.1.15 横向水平杆 horizontal level staff

沿脚手架横向设置的水平杆。

2.1.16 斜杆 inclined staff

与脚手架立杆或水平杆斜交的杆件。

2.1.17 斜拉杆 inclined lugged staff

承受拉力作用的斜杆。

2.1.18 剪刀撑 scissors support

在脚手架外侧面成对设置的交叉斜杆。

2.1.19 抛撑 cast support

与脚手架外侧面斜交的杆件。

2.1.20 扫地杆 ground staff

贴近地面、连接立杆根部的水平杆。

2.1.21 纵向扫地杆 lengthways ground staff

沿脚手架纵向设置的扫地杆。

2.1.22 横向扫地杆 horizontal ground staff

沿脚手架横向设置的扫地杆。

2.1.23 连墙件 connected component

连接脚手架与建筑物的构件。

2.1.24 垫板 underlay board

设于杆底之下的支承板。

2.1.25 垫木 underlay square timber

设于杆底之下的支垫方木。

2.1.26 步距 step distance

上下纵向水平杆之间的轴线距离。

2.1.27 立杆纵距 lengthways distance of vertical staff

脚手架相邻立杆之间的纵向轴线距离，也称立杆跨度。

2.1.28 立杆横距 horizontal distance of vertical staff

脚手架相邻立杆之间的横向间距，单排脚手架为立杆轴线至墙面的距离；双排脚手架为内外两立杆轴线间的距离。

2.1.29 脚手架高度 height of scaffold

自立杆底座下皮至架顶栏杆上皮之间的垂直距离。

2.1.30 脚手架长度 length of scaffold

脚手架纵向两端立杆外皮之间的水平距离。

2.1.31 脚手架宽度 width of scaffold

双排脚手架横向两侧立杆外皮之间的水平距离，单排脚手架为外立杆外皮至墙面的水平距离。

2.1.32 连墙件竖距 plumb distance of connected component

上下相邻连墙件之间的垂直距离。

2.1.33 连墙件横距 horizontal distance of connected component

左右相邻连墙件之间的水平距离。

2.1.34 作业层 working layer

上人作业的脚手架铺板层。

2.1.35 节点 node

脚手架杆件的交汇点。

2.1.36 永久荷载 perpetuity load

脚手架构架、脚手板、防护设施等的自重。

2.1.37 施工荷载 construction load

作业层架面上人员、器具和材料的重量。

2.1.38 脚手眼 scaffold cavity

单排脚手架在墙体上面留置搁放横向水平杆的洞眼。

2.1.39 开口形脚手架 openings type scaffold

沿建筑周边非交圈设置的脚手架。

2.2 符　号

2.2.1 荷载和荷载效应

g ——杆件自重均布线荷载设计值；

G_k ——永久荷载标准值；

N ——轴向压力设计值；

N_c ——连墙件轴向压力设计值；

N_w ——风荷载产生的连墙件轴向压力设计值；

N_0 ——连墙件约束脚手架平面外变形所产生的轴向压力设计值；

M ——弯矩设计值；

M_w ——风荷载设计值产生的弯矩；

q ——杆件自重和可变荷载的均布线荷载设计值；

Q_k ——施工荷载标准值；

R ——结构构件抗力的设计值；

S ——荷载效应组合的设计值；

v ——挠度；

w_k ——风荷载标准值；

w_0 ——基本风压值。

2.2.2 材料性能和抗力

E ——木材弹性模量；

f_m ——木材抗弯强度设计值；

f_c ——木材顺纹抗压及承压强度设计值；

f_t ——木材顺纹抗拉强度设计值；

$[v]$ ——容许挠度。

2.2.3 几何参数

A ——毛截面面积；

A_n ——挡风面积；

A_w ——迎风面积；

c ——带悬臂梁的悬出长度；

d ——杆件直径、外径；

h ——步距；

h_w ——连墙件竖距；

H ——脚手架搭设高度；

i ——截面回转半径；

I ——毛截面惯性矩；

l_1 ——横向水平杆间距；

l ——横向水平杆跨度；

L_a ——立杆纵距；

L_b ——立杆横距；

L_w ——连墙件横距；

W ——毛截面抵抗矩。

2.2.4 系数及其他

μ_S ——风载体型系数；

μ_Z ——风压高度变化系数；

φ ——轴心受压杆件稳定系数；

λ ——长细比；

ϕ ——挡风系数。

3 杆件、连墙件与连接件

3.1 材 质 性 能

3.1.1 杆件、连墙件应符合下列规定：

1 立杆、斜撑、剪刀撑、抛撑应选用剥皮杉木或落叶松。其材质性能应符合现行国家标准《木结构设计规范》GB 50005 中规定的承重结构原木Ⅲ_a 材质等级的质量标准。

2 纵向水平杆及连墙件应选用剥皮杉木或落叶松。横向水平杆应选用剥皮杉木或落叶松。其材质性能均应符合现行国家标准《木结构设计规范》GB 50005 中规定的承重结构原木Ⅱ_a 材质等级的质量标准。

3.1.2 脚手板应选用杉木、落叶松板材、竹材、钢木混合材和冲压薄壁型钢等，其材质性能应分别符合国家现行相关标准的规定。

3.1.3 连接用的绑扎材料必须选用 8 号镀锌钢丝或回火钢丝，且不得有锈蚀斑痕；用过的钢丝严禁重复使用。

3.2 规 格

3.2.1 受力杆件的规格应符合下列规定：

1 立杆的梢径不应小于 70mm，大头直径不应大于 180mm，长度不宜小于 6m。

2 纵向水平杆所采用的杉杆梢径不应小于 80mm，红松、落叶松梢径不应小于 70mm；长度不宜小于 6m。

3 横向水平杆的梢径不得小于 80mm，长度宜为 2.1～2.3m。

3.2.2 常用脚手板的规格形式应符合本规范附录 A 的规定，其强度和变形可不计算。

3.3 设 计 指 标

3.3.1 木脚手架结构采用的木材设计指标应符合下列规定：

1 木材或树种的强度等级应按表 3.3.1-1 和表 3.3.1-2 采用，并应按其特点分别使用。各树种木材主要性能应符合现行国家标准《木结构设计规范》GB 50005 中的有关规定。

表 3.3.1-1　针叶树种木材适用的强度等级

强度等级	组别	适 用 树 种
TC17	A	柏木　长叶松　湿地松　粗皮落叶松
	B	东北落叶松　欧洲赤松　欧洲落叶松
TC15	A	铁杉　油杉　太平洋海岸黄柏　花旗松—落叶松　西部铁杉　南方松
	B	鱼鳞云杉　西南云杉　南亚松
TC13	A	新疆落叶松　云南松　马尾松　扭叶松　北美落叶松　海岸松
	B	红皮云杉　丽江云杉　樟子松　红松　西加云杉　俄罗斯红松　欧洲云杉　北美山地云杉　北美短叶松

续表 3.3.1-1

强度等级	组别	适 用 树 种
TC11	A	西北云杉　新疆云杉　北美黄松　云杉—松—冷杉　铁—冷杉　东部铁杉　杉木
	B	冷杉　速生杉木　速生马尾松　新西兰辐射松

2 在正常情况下，木材的强度设计值及弹性模量，应按表 3.3.1-3 采用。

3 木材的强度设计值和弹性模量应符合表 3.3.1-3 的规定，尚应按下列规定进行调整：

1）当采用原木时，若验算部位未经切削，其顺纹抗压、抗弯强度设计值和弹性模量可提高 15%；

2）当构件矩形截面的短边尺寸不小于 150mm 时，其强度设计值可提高 10%；

3）当采用湿材时，各种木材的横纹承压强度设计值和弹性模量以及落叶松木材的抗弯强度设计值宜降低 10%；

表 3.3.1-2　阔叶树种木材适用的强度等级

强度等级	适 用 树 种
TB20	青冈　椆木　门格里斯木　卡普木　沉水稍克隆　绿心木　紫心木　李叶豆　塔特布木
TB17	栎木　达荷玛木　萨佩莱木　苦油树　毛罗藤黄
TB15	锥栗（栲木）黄梅兰蒂　梅萨瓦木　红劳罗木
TB13	深红梅兰蒂　浅红梅兰蒂　白梅兰蒂　巴西红厚壳木

表 3.3.1-3　木材的强度设计值和弹性模量（N/mm²）

强度等级	组别	抗弯 f_m	顺纹抗压及承压 f_c	顺纹抗拉 f_t	顺纹抗剪 f_v	横纹承压 $f_{c.90}$ 全表面	局部表面和齿面	拉力螺栓垫板下	弹性模量 E
TC17	A	17	16	10	1.7	2.3	3.5	4.6	10000
	B		15	9.5	1.6				
TC15	A	15	13	9.0	1.6	2.1	3.1	4.2	10000
	B		12	9.0	1.5				
TC13	A	13	12	8.5	1.5	1.9	2.9	3.8	10000
	B		10	8.0	1.4				9000
TC11	A	11	10	7.5	1.4	1.8	2.7	3.6	9000
	B		10	7.0	1.2				
TB20	—	20	18	12	2.8	4.2	6.3	8.4	12000
TB17	—	17	16	11	2.4	3.8	5.7	7.6	11000
TB15	—	15	14	10	2.0	3.1	4.7	6.2	10000
TB13	—	13	12	9.0	1.4	2.4	3.6	4.8	8000

注：计算木构件端部（如接头处）的拉力螺栓垫板时，木材横纹承压强度设计值应按"局部表面和齿面"一栏的数值采用。

4 不同使用条件下木材强度设计值和弹性模量的调整系数应符合表 3.3.1-4 的规定。

表 3.3.1-4　不同使用条件下木材强度设计值和弹性模量的调整系数

使用条件	调整系数	
	强度设计值	弹性模量
露天环境	0.9	0.85
木材表面温度达 40~50℃	0.8	0.8
按永久荷载验算时	0.8	0.8
用于立杆和纵向水平杆时	0.9	1.0
施工使用的木脚手架	1.2	1.0

注：1　当仅有永久荷载或永久荷载产生的内力超过全部荷载所产生内力的 80% 时，应单独以永久荷载进行验算；
　　2　当若干条件同时出现时，表列各系数应连乘。

3.3.2　木材斜纹承压的强度设计值，可按下列公式确定：

当 $\alpha < 10°$ 时

$$f_{c\alpha} = f_c \qquad (3.3.2\text{-}1)$$

当 $10° < \alpha < 90°$ 时

$$f_{c\alpha} = \left[\cfrac{f_c}{1 + \left(\cfrac{f_c}{f_{c,90}} - 1\right)\cfrac{\alpha - 10°}{80°}\sin\alpha}\right] \qquad (3.3.2\text{-}2)$$

式中　$f_{c\alpha}$——木材斜纹承压的强度设计值（N/mm²）；

　　　f_c——木材顺纹抗压及承压强度设计值；

　　　α——作用力方向与木纹方向的夹角（°）。

3.3.3　常用绑扎钢丝抗拉强度设计值应符合表 3.3.3 的规定。

表 3.3.3　常用绑扎钢丝抗拉强度设计值

材料名称	单根抗拉强度标准值 （P_{yk}）	单根抗拉强度设计值 （P）
8 号镀锌钢丝	4500N	3800N
8 号回火钢丝	3150N	2700N

4　荷　载

4.1　荷载分类与组合

4.1.1　施工常用工具、材料及杆件等的重量可按本规范附录 B 的规定选用。

4.1.2　永久荷载应包括下列内容：

1　脚手架各杆件自重；

2 绑扎钢丝自重；

3 脚手板、栏杆、踢脚板、安全网等自重。

4.1.3 可变荷载应包括下列内容：

1 施工荷载：

堆砖重；

作业人员重；

运输小车、工具及其他材料重。

2 风荷载。

4.1.4 荷载组合应符合下列规定：

1 对于承载能力极限状态，应按荷载效应的基本组合进行荷载（效应）组合，并应采用下列设计表达式进行设计：

$$\gamma_0 S \leqslant R \tag{4.1.4-1}$$

式中　γ_0——结构重要性系数，按 0.9 采用；

　　　S——荷载效应组合的设计值；

　　　R——结构构件抗力的设计值，应按本规范表 3.3.1-3、表 3.3.3 及第 3.3.2 条中的规定确定。

　　1）对于基本组合，荷载效应组合的设计值 S 应从下列组合值中取最不利值确定：

由可变荷载效应控制的组合：

$$S = \gamma_G G_K + \gamma_{Q1} Q_{1k} \tag{4.1.4-2}$$

$$S = \gamma_G G_K + 0.9 \sum_{i=1}^{n} \gamma_{Qi} Q_{iK} \tag{4.1.4-3}$$

式中　γ_G——永久荷载的分项系数，应按本规范第 4.1.5 条采用；

　　　γ_{Qi}——第 i 个可变荷载的分项系数，其中 γ_{Q1} 为可变荷载 Q_1 的分项系数，应按本规范第 4.1.5 条采用；

　　　G_K——按永久荷载计算的荷载效应标准值；

　　　Q_{iK}——按可变荷载计算的荷载效应标准值，其中 Q_{1K} 为诸可变荷载效应中起控制作用者。

由永久荷载效应控制的组合：

$$S = \gamma_G G_K + \sum_{i=1}^{n} \gamma_{Qi} \psi_{Ci} Q_{iK} \tag{4.1.4-4}$$

式中　ψ_{Ci}——可变荷载 Q_i 的组合系数，其中施工荷载的组合系数应按 0.7 采用。

　　2）基本组合中的设计值仅适用于荷载与荷载效应为线性的情况：

当对 Q_{1K} 无法明显判断时，分别计算各可变荷载效应，选其中最不利的荷载效应为计算依据；

当考虑以竖向的永久荷载效应控制的组合时，参与组合的可变荷载仅限于竖向荷载。

2 对正常使用极限状态，应采用荷载标准组合，并应按下式进行设计：

$$S \leqslant C \tag{4.1.4-5}$$

式中 C——结构或结构构件达到正常使用要求规定的变形限值，应符合本规范第 5.1.14 条的规定。

对标准组合的荷载效应组合设计值 S 应按下式采用：

$$S = G_{K} + Q_{1K} + \sum_{i=2}^{n} \psi_{Ci} Q_{iK} \tag{4.1.4-6}$$

4.1.5 基本组合的荷载分项系数，应按下列规定采用：

1 永久荷载的分项系数当其效应对结构不利时，对由可变荷载效应控制的组合应取 1.2，对由永久荷载效应控制的组合应取 1.35；当其效应对结构有利时，应取 1.0，但对计算结构的倾覆、滑移或漂浮验算时，应取 0.9。

2 可变荷载的分项系数，一般情况下应取 1.4。

4.2 作业层施工荷载

4.2.1 作业层施工荷载的标准值：结构脚手架应为 3.0kN/m²，装修脚手架应为 2.0kN/m²。

4.2.2 当双排结构脚手架宽度不大于 1.2m 时，在作业层上，沿纵向长 1.5m 的范围内同时作用的荷载达到下列限值时，应视为施工荷载已达 3.0kN/m²：

1 堆砖时，普通黏土砖单行侧摆不超过 3 层或放置装有不超过 0.1m³ 砂浆的灰槽；

2 运料小车装普通黏土砖不超过 72 块或不超过 0.1m³ 的砂浆；

3 作业人员不超过 3 人。

4.2.3 当双排装修脚手架宽度不大于 1.2m 时，在作业层上，沿纵向长 1.5m 范围内同时作用的荷载达到下列限值时，应视为施工荷载已达 2.0kN/m²：

1 堆放装饰材料或放置灰槽的堆载重量不超过 1.4kN；

2 运料小车运灰量不超过 0.1m³；

3 作业人员不超过 3 人。

4.2.4 在两纵向立杆间的同一跨度内，结构架沿竖直方向同时作业不得超过 1 层；装修架沿竖直方向同时作业不得超过 2 层。

4.3 风 荷 载

4.3.1 作用在脚手架上的水平风荷载标准值应按下式计算：

$$w_{k} = \mu_{s} \mu_{z} w_{0} \tag{4.3.1}$$

式中 w_{k}——水平风荷载标准值（kN/m²），进行荷载组合时，其组合系数（ψ_{c}）按 0.6 采用；

μ_{s}——风荷载体型系数；

μ_{z}——风压高度变化系数；

w_{0}——基本风压（kN/m²）。

4.3.2 风荷载体型系数（μ_{s}）应按表 4.3.2 取值。

表 4.3.2　脚手架风荷载体型系数 μ_s

背靠建筑物的状况		全封闭	敞开、开洞
脚手架状况	各种封闭情况	1.0ϕ	1.3ϕ
	敞　　开	μ_{stw}	

注：1　μ_{stw} 为脚手架按桁架结构形式确定的风荷载体型系数，应按国家标准《建筑结构荷载规范》GB 50009—2001 中的表 7.3.1 中第 32 项和第 36（b）项的规定计算；

2　按脚手架各类型封闭状况确定的挡风系数 $\phi = \dfrac{挡风面积（A_n）}{迎风面积（A_w）}$；

3　各种封闭情况包括全封闭、半封闭和局部封闭。脚手架外侧用密目式安全网封闭时，按全封闭计算。

4.3.3　风压高度变化系数（μ_z）应符合现行国家标准《建筑结构荷载规范》GB 50009 中的规定。

4.3.4　基本风压（w_0）应按国家标准《建筑结构荷载规范》GB 50009—2001 附录 D 的附表 D.4 中 $n = 10$ 年的规定采用，但不得小于 0.2kN/m^2。当预报风力超过计算基本风压（w_0）值时，应提前对脚手架进行加固。

5　设　计　计　算

5.1　基　本　规　定

5.1.1　当进行脚手架设计时，其架体必须符合空间几何不可变体系的稳定结构，且应传力明确、有足够的作业面，安全舒适，搭拆方便。

5.1.2　当脚手架不符合本规范第 6 章的搭设构造规定时，必须按本章规定进行设计计算。

5.1.3　本规范采用以概率理论为基础的极限状态设计方法，采用分项系数的设计表达式进行计算。

5.1.4　当按承载能力极限状态进行设计时，应考虑荷载效应的基本组合，荷载值应采用设计值；当按正常使用极限状态进行设计时，应只考虑荷载效应的标准组合，荷载值应采用标准值。

5.1.5　脚手架设计应包括下列内容：

1　设计计算书（包括脚手板、横向水平杆、纵向水平杆、绑扎钢丝、立杆、连墙件、立杆基础）；

2　施工图（平面、立面、剖面及节点大样）；

3　连墙件设置及其构造、作业层构造、基础构造、排水方法、材料规格、搭设和拆除程序等；

4　安装、拆除的技术措施。

5.1.6　各构件的强度设计值及弹性模量应按本规范第 3.3 节的规定采用。

5.1.7　当双排脚手架搭设高度大于 20m 时，应将各荷载和风荷载共同作用，进行荷载组合设计。

5.1.8　立杆底部的地基必须有保证脚手架稳定的足够的承载力，地表面应设有排水措施。

5.1.9 原木杆件沿其长度的直径变化率可按 9mm/m 计算。验算挠度和立杆稳定性时，可采用杆件的跨中截面；验算抗弯强度时，应采用最大弯矩处相应的截面与抵抗矩。

5.1.10 纵向水平杆所承受的荷载应为横向水平杆支座传来的集中荷载。

5.1.11 验算脚手架立杆稳定性必须符合下列规定：

1 必须验算底部立杆及在连墙件的水平、竖向间距最大处的立杆等部位。

2 双排架的计算长度（H_0）应取相邻两连墙件之间的竖向距离（h_w）的 0.9 倍；单排架的计算长度（H_0）应取相邻两连墙件之间的竖向距离（h_w）的 1.0 倍。

5.1.12 脚手板及纵、横向水平杆，应按最不利荷载布置求其最大内力，并验算强度。

5.1.13 受压立杆的计算长细比不得大于 150。

5.1.14 受弯构件的挠度控制值不得超过表 5.1.14 的规定。

表 5.1.14　构件挠度控制值

脚手架构件类型	挠度控制值 $[v]$	受弯构件的计算跨度 l、l_a 的取值
横向水平杆	$l/150$	双排架取里外两纵向水平杆间的距离 单排架取纵向水平杆至墙面的距离再加 0.08m
纵向水平杆	$l_a/150$	取纵向两相邻立杆间的距离

5.2　杆　件　设　计　计　算

5.2.1 脚手板、横向水平杆应按受弯构件计算，并应符合下列规定：

1 脚手板计算简图可按下列规定采用：

1）当立杆纵距为 1500mm、横向水平杆间距为 750mm 时，计算简图可采用图 5.2.1-1。

2）当立杆纵距为 2000mm、横向水平杆间距为 1000mm 时，计算简图可采用图 5.2.1-2。

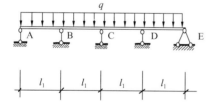

图 5.2.1-1　脚手板计算简图（一）
q—脚手板和堆料的均布线荷载设计值；
l_1—横向水平杆间距

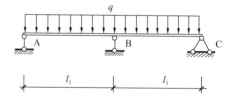

图 5.2.1-2　脚手板计算简图（二）
q—脚手板和堆料的均布线荷载设计值；
l_1—横向水平杆间距

2 横向水平杆计算简图可按下列规定采用：

1）单排脚手架横向水平杆计算简图可采用图 5.2.1-3。

2）双排脚手架横向水平杆计算简图可简化为图 5.2.1-4、图 5.2.1-5。其中图 5.2.1-4 为求跨中弯矩，图 5.2.1-5 为求 A 支座弯矩。

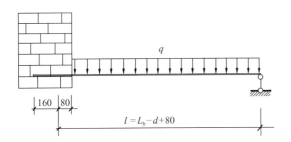

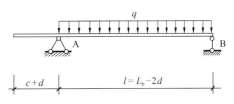

图 5.2.1-3 单排架横向水平杆计算简图

q—脚手板、横向水平杆的自重和施工荷载等的均布线荷载设计值；L_b—立杆横距；d—立杆半径与立杆里边纵向水平杆半径之和；l—横向水平杆的计算跨度

图 5.2.1-4 双排架横向水平杆计算简图（一）

q—脚手板、横向水平杆的自重和施工荷载等的均布线荷载设计值，并按最不利位置布置求取最大内力；L_b—立杆横距；c—横向水平杆里端距里排立杆的中心距离；d—立杆半径和纵向水平杆半径之和；l—横向水平杆的计算跨度

3 抗弯强度应按下式计算：

$$\sigma_m = \frac{M_{max}}{W_n} \leqslant f_m \qquad (5.2.1\text{-}1)$$

式中 σ_m——木材受弯应力设计值（N/mm²）；

M_{max}——受弯杆件最大弯矩设计值（N·mm）；

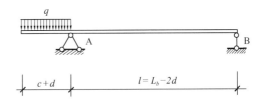

图 5.2.1-5 双排架横向水平杆计算简图（二）

W_n——受弯构件最大弯矩相应处的净截面抵抗矩（mm³），可按本规范表 5.2.4 查取；

f_m——木材抗弯强度设计值（N/mm²），应按本规范表 3.3.1-3 采用。

4 挠度应按下式验算：

$$v = \frac{5ql^4}{384EI} \leqslant [v] \qquad (5.2.1\text{-}2)$$

式中 E——木材弹性模量，按本规范表 3.3.1-3 查取；

I——所计算木构件的惯性矩（mm⁴），按本规范表 5.2.4 查取；

$[v]$——容许挠度值，按本规范表 5.1.14 采用。

5.2.2 纵向水平杆应按三跨连续梁计算，并应符合下列规定：

1 计算简图可采用图 5.2.2。

2 当考虑风荷载作用时，纵向水平杆为双向受弯构件，应按下列公式验算：

1） 抗弯强度验算

$$\sigma_m = \frac{\sqrt{M_y^2 + M_w^2}}{W_n} \leqslant f_m \qquad (5.2.2\text{-}1)$$

式中 M_y、M_w——对构件截面 y 轴及水平风荷载对 x 轴的弯矩设计值（N·mm）。

2） 挠度验算

$$v = \sqrt{v_x^2 + v_y^2} \leqslant [v] \qquad (5.2.2\text{-}2)$$

式中 v_x、v_y——按荷载短期效应组合计算的沿构件截面 x 轴和 y 轴方向的挠度（mm）；

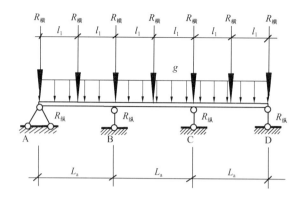

图 5.2.2　纵向水平杆计算简图

g—纵向水平杆自重均布线荷载设计值；l_1—横向水平杆的中心距离；L_a—立杆纵距；$R_横$—横向水平杆靠墙端的支座反力传给纵向水平杆的集中荷载；$R_纵$—纵向水平杆的支座反力

$[\upsilon]$——受弯构件的容许挠度值（mm），应按本规范表 5.1.14 采用。

5.2.3　节点绑扎钢丝抗拉强度应符合下式要求：

$$P_s \leqslant nP \tag{5.2.3}$$

式中　P_s——节点钢丝抗拉强度设计值（kN）；

　　　n——绑扎钢丝的根数；

　　　P——单根绑扎钢丝抗拉强度设计值（kN），按本规范表 3.3.3 采用。

5.2.4　立杆计算应符合下列规定：

1　全封闭脚手架立杆计算简图可采用图 5.2.4。

2　立杆的稳定性应按下列公式验算：

1）当不组合风荷载时：

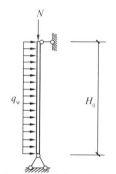

图 5.2.4　全封闭作业层立杆计算简图

N—上部传来的轴向压力设计值；H_0—立杆计算长度，按本规范第 5.1.11 条规定计算；q_w—封闭面传给立杆的均布线风荷载设计值

$$\frac{N}{\varphi A} \leqslant f_c \tag{5.2.4-1}$$

式中　N——立杆轴向力设计值，应按本规范公式 5.2.4-4 计算；

　　　φ——轴心受压杆件的稳定系数，应根据长细比（λ）按本规范第 5.2.5 条的规定计算；

　　　λ——构件长细比，应按本规范 5.2.6 条确定；

　　　A——立杆的截面面积，可按本规范表 5.2.4 采用；

　　　f_c——木材顺纹抗压强度设计值，应按本规范表 3.3.1-3 采用。

2）当组合风荷载时：

$$\frac{N}{\varphi A} + \frac{M_w}{W} \leqslant f_c \tag{5.2.4-2}$$

式中　N——立杆轴向力设计值，应按本规范公式 5.2.4-4、5.2.4-5、5.2.4-6 计算，取其最大值；

φ——轴心受压杆件的稳定系数，应根据长细比 λ 按本规范第 5.2.5 条的规定计算；

λ——构件长细比，应按本规范公式 5.2.6 条确定；

A——立杆截面面积，可按本规范表 5.2.4 采用；

M_w——风荷载作用产生的弯矩值，应按本规范公式 5.2.4-3 计算；

W——立杆截面抵抗矩，按本规范表 5.2.4 采用，其值为弯矩作用处相应截面的抵抗矩；

f_c——木材顺纹抗压强度设计值，应按本规范表 3.3.1-3 采用。

3 风荷载设计值对立杆产生的弯矩（M_w）应按下式计算：

$$M_w = \frac{0.9^2 \times 1.4 w_k L_a h^2}{10} \qquad (5.2.4\text{-}3)$$

式中 w_k——风荷载标准值，应按本规范公式 4.3.1 计算；

L_a——立杆纵距；

h——纵向水平杆步距。

4 立杆轴向力设计值（N）应根据本规范第 4 章的规定，按下列公式组合计算，并取其中最大值：

1）由可变荷载效应控制的组合：

$$N = 0.9 \times (1.2 G_k + 1.4 Q_{1k}) \qquad (5.2.4\text{-}4)$$

$$N = 0.9 \times (1.2 G_k + 0.9 \times 1.4 \sum_{i=1}^{n} Q_{ik}) \qquad (5.2.4\text{-}5)$$

式中 G_k——恒荷载产生的轴力标准值；

Q_{1k}——施工荷载产生的轴力标准值；

$\sum_{i=1}^{n} Q_{ik}$——各可变荷载产生的轴力标准值之和。

2）由永久荷载效应控制的组合：

$$N = 0.9 \times (1.35 G_k + 1.4 \sum_{i=1}^{n} \psi_{ci} Q_{ik}) \qquad (5.2.4\text{-}6)$$

式中 ψ_{ci}——按本规范第 4 章各节的规定值采用。

5 木杆件截面特性计算应符合表 5.2.4 的规定。

表 5.2.4 木杆件截面特性

木杆计算截面处直径 d（mm）	截面积 A（mm²）	截面惯性矩 I（mm⁴）	截面抵抗矩 W（mm³）	回转半径 i（mm）	每延米重量（N/m）
80	5024	2010619	50266	20.0	35.20
90	6359	3220623	71570	22.5	44.51
100	7850	4908738	98175	25.0	54.95
110	9499	7186884	130671	27.5	66.49
120	11304	10178760	169646	30.0	79.13
130	13267	14019848	215690	32.5	92.87
140	15386	18857409	269392	35.0	107.70

5.2.5 轴心受压构件的稳定系数应分别按下列公式计算：

1 树种强度等级为 TC17、TC15 及 TB20：

当 $\lambda \leqslant 75$ 时：

$$\varphi = \frac{1}{1 + \left(\dfrac{\lambda}{80}\right)^2} \tag{5.2.5-1}$$

当 $\lambda > 75$ 时：

$$\varphi = \frac{3000}{\lambda^2} \tag{5.2.5-2}$$

2 树种强度等级为 TC13、TC11、TB17、TB15、TB13 及 TB11：

当 $\lambda \leqslant 91$ 时：

$$\varphi = \frac{1}{1 + \left(\dfrac{\lambda}{65}\right)^2} \tag{5.2.5-3}$$

当 $\lambda > 91$ 时：

$$\varphi = \frac{2800}{\lambda^2} \tag{5.2.5-4}$$

式中 λ——构件长细比，应按本规范第 5.2.6 条确定。

5.2.6 木构件的长细比（λ）应按下列公式计算：

$$\lambda = \frac{H_0}{i} \tag{5.2.6-1}$$

$$i = \sqrt{\frac{I}{A}} \tag{5.2.6-2}$$

式中 i——构件截面的回转半径（mm），按本规范表 5.2.4 查取；

H_0——受压构件的计算长度（mm）；

I——构件的毛截面惯性矩（mm^4），按本规范表 5.2.4 查取；

A——构件的毛截面面积（mm^2），按本规范表 5.2.4 查取。

5.2.7 连墙件计算应符合下列规定：

1 计算简图可采用图 5.2.7。

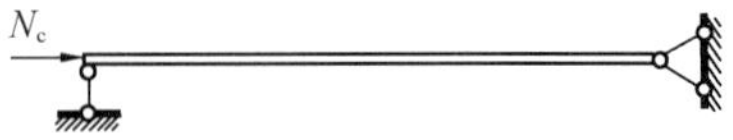

2 连墙件的轴向力设计值应按下列公式计算：

$$N_c = N_w + N_0 \tag{5.2.7-1}$$

$$N_w = 0.9 \times 1.4 \omega_k A_w \tag{5.2.7-2}$$

图 5.2.7 连墙件计算简图
N_c—连墙件轴向力设计值

式中 N_c——连墙件轴向力设计值（kN）；

N_w——风荷载产生的连墙件轴向力设计值；

A_w——脚手架外侧覆盖一个连墙件的迎风面积；

N_0——连墙件约束脚手架平面外变形所产生的轴向压力设计值（kN），单排架取 0.5kN，双排架取 1.0kN。

5.2.8 立杆底部基础的平均压力应符合下式要求：

$$P = \frac{N}{A} \leqslant kf_{ak} \qquad\qquad (5.2.8)$$

式中 P ——立杆底端基础的平均压力（kN）；

N ——立杆传至基础顶面的轴向力设计值（kN）；

A ——立杆底端的面积；

k ——地基土承载力折减系数，按本规范表 5.2.8 采用；

f_{ak} ——地基土承载力标准值，应按现行国家标准《建筑地基基础设计规范》GB 50007 的规定采用。

表 5.2.8 不同种类地基土承载力折减系数（k）

土 的 种 类	折减系数	
	原 土	回填土
岩石、混凝土	1	—
碎石土、砂土、多年填积土	0.8	0.4
黏土、粉土	0.9	0.5

6 构 造 与 搭 设

6.1 构造与搭设的基本要求

6.1.1 当符合施工荷载规定标准值，且符合本章构造要求时，木脚手架的搭设高度不得超过本规范第 1.0.2 条的规定。

6.1.2 单排脚手架的搭设不得用于墙厚在 180mm 及以下的砌体土坯和轻质空心砖墙以及砌筑砂浆强度在 M1.0 以下的墙体。

6.1.3 空斗墙上留置脚手眼时，横向水平杆下必须实砌两皮砖。

6.1.4 砖砌体的下列部位不得留置脚手眼：

    1 砖过梁上与梁成 60°角的三角形范围内；

    2 砖柱或宽度小于 740mm 的窗间墙；

    3 梁和梁垫下及其左右各 370mm 的范围内；

    4 门窗洞口两侧 240mm 和转角处 420mm 的范围内；

    5 设计图纸上规定不允许留洞眼的部位。

6.1.5 在大雾、大雨、大雪和六级以上的大风天，不得进行脚手架在高处的搭设作业。雨雪后搭设时必须采取防滑措施。

6.1.6 搭设脚手架时操作人员应戴好安全帽，在 2m 以上高处作业，应系安全带。

6.2 外脚手架的构造与搭设

6.2.1 结构和装修外脚手架，其构造参数应按表 6.2.1 的规定采用。

表 6.2.1 外脚手架构造参数

用途	构造形式	内立杆轴线至墙面距离（m）	立杆间距（m）		作业层横向水平杆间距（m）	纵向水平杆竖向步距（m）
			横距	纵距		
结构架	单排	—	≤1.2	≤1.5	L≤0.75	≤1.5
	双排	≤0.5	≤1.2	≤1.5	L≤0.75	≤1.5
装修架	单排	—	≤1.2	≤2.0	L≤1.0	≤1.8
	双排	≤0.5	≤1.2	≤2.0	L≤1.0	≤1.8

注：单排脚手架上不得有运料小车行走。

6.2.2 剪刀撑的设置应符合下列规定：

1 单、双排脚手架的外侧均应在架体端部、转折角和中间每隔 15m 的净距内，设置纵向剪刀撑，并应由底至顶连续设置；剪刀撑的斜杆应至少覆盖 5 根立杆（图 6.2.2-1a）。斜杆与地面倾角应在 45°～60°之间。当架长在 30m 以内时，应在外侧立面整个长度和高度上连续设置多跨剪刀撑（图 6.2.2-1b）。

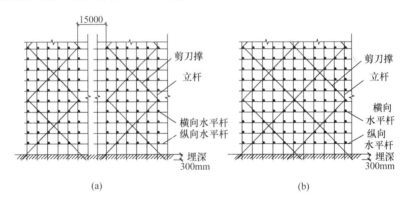

图 6.2.2-1 剪刀撑构造图（一）

（a）间隔式剪刀撑；（b）连续式剪刀撑

2 剪刀撑的斜杆的端部应置于立杆与纵、横向水平杆相交节点处，与横向水平杆绑扎应牢固。中部与立杆及纵、横向水平杆各相交处均应绑扎牢固。

3 对不能交圈搭设的单片脚手架，应在两端端部从底到上连续设置横向斜撑如图 6.2.2-2a。

4 斜撑或剪刀撑的斜杆底端埋入土内深度不得小于 0.3m（图 6.2.2-2b）。

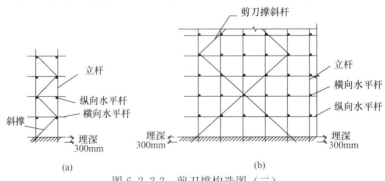

图 6.2.2-2 剪刀撑构造图（二）

（a）斜撑的埋设；（b）剪刀撑斜杆的埋设

6.2.3 对三步以上的脚手架，应每隔 7 根立杆设置 1 根抛撑，抛撑应进行可靠固定，底端埋深应为 **0.2～0.3m**。

6.2.4 当脚手架架高超过 **7m** 时，必须在搭架的同时设置与建筑物牢固连接的连墙件。连墙件的设置应符合下列规定：

1 连墙件应既能抗拉又能承压，除应在第一步架高处设置外，双排架应两步三跨设置一个；单排架应两步两跨设置一个；连墙件应沿整个墙面采用梅花形布置。

2 开口形脚手架，应在两端端部沿竖向每步架设置一个。

3 连墙件应采用预埋件和工具化、定型化的连接构造。

6.2.5 横向水平杆设置应符合下列规定：

1 横向水平杆应按等距离均匀设置，但立杆与纵向水平杆交结处必须设置，且应与纵向水平杆捆绑在一起，三杆交叉点称为主节点。

2 单排脚手架横向水平杆在砖墙上搁置的长度不应小于 240mm，其外端伸出纵向水平杆的长度不应小于 200mm；双排脚手架横向水平杆每端伸出纵向水平杆的长度不应小于 200mm，里端距墙面宜为 100～150mm，两端应与纵向水平杆绑扎牢固。

6.2.6 在土质地面挖掘立杆基坑时，坑深应为 **0.3～0.5m**，并应于埋杆前将坑底夯实，或按计算要求加设垫木。

6.2.7 当双排脚手架搭设立杆时，里外两排立杆距离应相等。杆身沿纵向垂直允许偏差应为架高的 3/1000，且不得大于 **100mm**，并不得向外倾斜。埋杆时，应采用石块卡紧，再分层回填夯实，并应有排水措施。

6.2.8 当立杆底端无法埋地时，立杆在地表面处必须加设扫地杆。横向扫地杆距地表面应为 **100mm**，其上绑扎纵向扫地杆。

6.2.9 立杆搭接至建筑物顶部时，里排立杆应低于檐口 0.1～0.5m；外排立杆应高出平屋顶 1.0～1.2m，高出坡屋顶 1.5m。

6.2.10 立杆的接头应符合下列规定：

1 相邻两立杆的搭接接头应错开一步架。

2 接头的搭接长度应跨相邻两根纵向水平杆，且不得小于 1.5m。

3 接头范围内必须绑扎三道钢丝，绑扎钢丝的间距应为 0.60～0.75m。

4 立杆接长应大头朝下、小头朝上，同一根立杆上的相邻接头，大头应左右错开，并应保持垂直。

5 最顶部的立杆，必须将大头朝上，多余部分应往下放，立杆的顶部高度应一致。

6.2.11 纵向水平杆应绑在立杆里侧。绑扎第一步纵向水平杆时，立杆必须垂直。

6.2.12 纵向水平杆的接头应符合下列规定：

1 接头应置于立杆处，并使小头压在大头上，大头伸出立杆的长度应为 0.2～0.3m。

2 同一步架的纵向水平杆大头朝向应一致，上下相邻两步架的纵向水平杆大头朝向应相反，但同一步架的纵向水平杆在架体端部时大头应朝外。

3 搭接的长度不得小于 1.5m，且在搭接范围内绑扎钢丝不应少于三道，其间距应为 0.60～0.75m。

4 同一步架的里外两排纵向水平杆不得有接头；相邻两纵向水平杆接头应错开一跨。

6.2.13 横向水平杆的搭设应符合下列规定：

1 单排架横向水平杆的大头应朝里，双排架应朝外。

2 沿竖向靠立杆的上下两相邻横向水平杆应分别搁置在立杆的不同侧面。

6.2.14 立杆与纵向水平杆相交处，应绑十字扣（平插或斜插）；立杆与纵向水平杆各自的接头以及斜撑、剪刀撑、横向水平杆与其他杆件的交接点应绑顺扣；各绑扎扣在压紧后，应拧紧 1.5～2 圈。

6.2.15 架体向内倾斜度不应超过 1‰，并不得大于 150mm，严禁向外倾斜。

6.2.16 脚手板铺设应符合下列规定：

1 作业层脚手板应满铺，并应牢固稳定，不得有空隙；严禁铺设探头板。

2 对头铺设的脚手板，其接头下面应设两根横向水平杆，板端悬空部分应为 100～150mm，并应绑扎牢固。

3 搭接铺设的脚手板，其接头必须在横向水平杆上，搭接长度应为 200～300mm，板端挑出横向水平杆的长度应为 100～150mm。

4 脚手板两端必须与横向水平杆绑牢。

5 往上步架翻脚手板时，应从里往外翻。

6 常用脚手板的规格形式应按本规范附录 A 选用，其中竹片并列脚手板不宜用于有水平运输的脚手架；薄钢脚手板不宜用于冬季或多雨潮湿地区。

6.2.17 脚手架搭设至两步及以上时，必须在作业层设置 1.2m 高的防护栏杆，防护栏杆应由两道纵向水平杆组成，下杆距离操作面应为 0.7m，底部应设置高度不低于 180mm 的挡脚板，脚手架外侧应采用密目式安全立网全封闭。

6.2.18 搭设临街或其下有人行通道的脚手架时，必须采取专门的封闭和可靠的防护措施。

6.2.19 当单、双排脚手架底层设置门洞时，宜采用上升斜杆、平行弦杆桁架结构形式（图 6.2.19），斜杆与地面倾角应在 45°～60°之间。单排脚手架门洞处应在平面桁架的每个节间设置一根斜腹杆；双排脚手架门洞处的空间桁架除下弦平面处，应在其

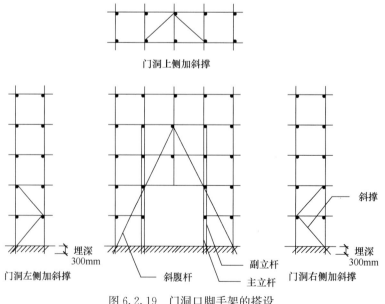

图 6.2.19　门洞口脚手架的搭设

596

余 5 个平面内的图示节间设置一根斜腹杆,斜杆的小头直径不得小于 90mm,上端应向上连接交搭 2～3 步纵向水平杆,并应绑扎牢固。斜杆下端埋入地下不得小于 0.3m,门洞桁架下的两侧立杆应为双杆,副立杆高度应高于门洞口 1～2 步。

6.2.20 遇窗洞时,单排脚手架靠墙面处应增设一根纵向水平杆,并吊绑于相邻两侧的横向水平杆上。当窗洞宽大于 1.5m 时,应于室内另加设立杆和纵向水平杆来搁置横向水平杆。

6.3 满堂脚手架的构造与搭设

6.3.1 满堂脚手架的构造参数应按表 6.3.1 的规定选用。

表 6.3.1 满堂脚手架的构造参数

用途	控制荷载	立杆纵横间距(m)	纵向水平杆竖向步距(m)	横向水平杆设置	作业层横向水平杆间距(m)	脚手板铺设
装修架	2kN/m²	≤1.2	1.8	每步一道	0.60	满铺、铺稳、铺牢,脚手板下设置大网眼安全网
结构架	3kN/m²	≤1.5	1.4	每步一道	0.75	

6.3.2 满堂脚手架的搭设应符合下列规定:

1 四周外排立杆必须设剪刀撑,中间每隔三排立杆必须沿纵横方向设通长剪刀撑。

2 剪刀撑均必须从底到顶连续设置。

3 封顶立杆大头应朝上,并用双股绑扎。

4 脚手板铺好后立杆不应露杆头,且作业层四角的脚手板应采用 8 号镀锌或回火钢丝与纵、横向水平杆绑扎牢固。

5 上料口及周圈应设置安全护栏和立网。

6 搭设时应从底到顶,不得分层。

6.3.3 当架体高于 5m 时,在四角及中间每隔 15m 处,于剪刀撑斜杆的每一端部位置,均应加设与竖向剪刀撑同宽的水平剪刀撑。

6.3.4 当立杆无法埋地时,搭设前,立杆底部的地基土应夯实,在立杆底应加设垫木。当架高 5m 及以下时,垫木的尺寸不得小于 200mm×100mm×800mm(宽×厚×长);当架高大于 5m 时,应垫通长垫木,其尺寸不得小于 200mm×100mm(宽×厚)。

6.3.5 当土的允许承载力低于 80kPa 或搭设高度超过 15m 时,其垫木应另行设计。

6.4 烟囱、水塔架的构造与搭设

6.4.1 烟囱脚手架可采用正方形、六角形;水塔架应采用六角形或八角形(图 6.4.1)。严禁采用单排架。

6.4.2 立杆的横向间距不得大于 1.2m,纵向间距不得大于 1.4m。

6.4.3 纵向水平杆步距不得大于 1.2m,并应布置成防扭转的形式,如图 6.4.1(b)所示;横向水平杆距烟囱或水塔壁应为 50～100mm。

6.4.4 作业层应设二道防护栏杆和挡脚板,作业层脚手板的下方应设一道大网眼安全平网,架体外侧应采用密目式安全立网封闭。

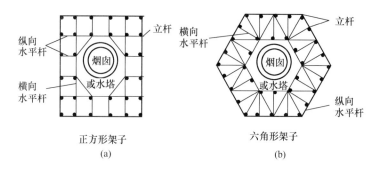

正方形架子 (a)   六角形架子 (b)

图 6.4.1 烟囱、水塔架的平面形式

6.4.5 架体外侧必须从底到顶连续设置剪刀撑,剪刀撑斜杆应落地,除混凝土等地面外,均应埋入地下 0.3m。

6.4.6 脚手架应每隔二步三跨设置一道连墙件,连墙件应能承受拉力和压力,可在烟囱或水塔施工时预埋连墙件的连接件,然后安装连墙件。

6.4.7 烟囱架的搭设应符合下列规定:

   1 横向水平杆应设置在立杆与纵向水平杆交叉处,两端均必须与纵向水平杆绑扎牢固。

   2 当搭设到四步架高时,必须在周圈设置剪刀撑,并随搭随连续设置。

   3 脚手架各转角处应设置抛撑。

   4 其他要求应按外脚手架的规定执行。

6.4.8 水塔架的搭设应符合下列规定:

   1 根据水箱直径大小,沿周圈平面宜布置成多排立杆(图 6.4.8)。

   2 在水箱外围应将多排架改为双排架,里排立杆距水箱壁不得大于 0.4m。

   3 水塔架外侧,每边均应设置剪刀撑,并应从底到顶连续设置。各转角处应另增设抛撑。

   4 其他要求应按外脚手架及烟囱架的搭设规定执行。

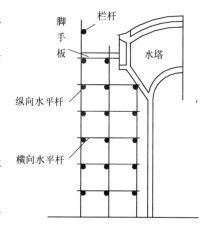

图 6.4.8 水塔架的搭设形式

6.5 斜道的构造与搭设

6.5.1 当架体高度在三步及以下时,斜道应采用一字形;当架体高度在三步以上时,应采用之字形。

6.5.2 之字形斜道应在拐弯处设置平台。当只作人行时,平台面积不应小于 $3m^2$,宽度不应小于 1.5m;当用作运料时,平台面积不应小于 $6m^2$,宽度不应小于 2m。

6.5.3 人行斜道坡度宜为 1:3;运料斜道坡度宜为 1:6。

6.5.4 立杆的间距应根据实际荷载情况计算确定,纵向水平杆的步距不得大于 1.4m。

6.5.5 斜道两侧、平台外围和端部均应设剪刀撑,并应沿斜道纵向每隔 6~7 根立杆设一道抛撑,并不得少于两道。

6.5.6 当架体高度大于 7m 时,对于附着在脚手架外排立杆上的斜道(利用脚手架外排立杆作为斜道里排立杆），应加密连墙件的设置。对独立搭设的斜道，应在每一步两跨设置一道连墙件。

6.5.7 横向水平杆设置于斜杆上时，间距不得大于 1m；在拐弯平台处，不应大于 0.75m。杆的两端均应绑扎牢固。

6.5.8 斜道两侧及拐弯平台外围，应设总高 1.2m 的两道防护栏杆及不低于 180mm 高的挡脚板，外侧应挂设密目式安全立网。

6.5.9 斜道脚手板应随架高从下到上连续铺设，采用搭接铺设时，搭接长度不得小于 400mm，并应在接头下面设两根横向水平杆，板端接头处的凸棱，应采用三角木填顺；脚手板应满铺，并平整牢固。

6.5.10 人行斜道的脚手板上应设高 20～30mm 的防滑条，间距不得大于 300mm。

7 脚手架拆除

7.0.1 进行脚手架拆除作业时，应统一指挥，信号明确，上下呼应，动作协调；当解开与另一人有关的结扣时，应先通知对方，严防坠落。

7.0.2 在高处进行拆除作业的人员必须配戴安全带，其挂钩必须挂于牢固的构件上，并应站立于稳固的杆件上。

7.0.3 拆除顺序应由上而下、先绑后拆、后绑先拆。应先拆除栏杆、脚手板、剪刀撑、斜撑，后拆除横向水平杆、纵向水平杆、立杆等，一步一清，依次进行。严禁上下同时进行拆除作业。

7.0.4 拆除立杆时，应先抱住立杆再拆除最后两个扣；当拆除纵向水平杆、剪刀撑、斜撑时，应先拆除中间扣，然后托住中间，再拆除两头扣。

7.0.5 大片架体拆除后所预留的斜道、上料平台和作业通道等，应在拆除前采取加固措施，确保拆除后的完整、安全和稳定。

7.0.6 脚手架拆除时，严禁碰撞附近的各类电线。

7.0.7 拆下的材料，应采用绳索拴住木杆大头利用滑轮缓慢下运，严禁抛掷。运至地面的材料应按指定地点，随拆随运，分类堆放。

7.0.8 在拆除过程中，不得中途换人；当需换人作业时，应将拆除情况交待清楚后方可离开。中途停拆时，应将已拆部分的易塌、易掉杆件进行临时加固处理。

7.0.9 连墙件的拆除应随拆除进度同步进行，严禁提前拆除，并在拆除最下一道连墙件前应先加设一道抛撑。

8 安全管理

8.0.1 木脚手架的搭设、维修和拆除，必须编制专项施工方案；作业前，应向操作人员进行安全技术交底；并应按方案实施。

8.0.2 在邻近脚手架的纵向和危及脚手架基础的地方，不得进行挖掘作业。

8.0.3 在脚手架上进行电气焊作业时，应有可靠的防火安全措施，并设专人监护。

8.0.4 脚手架支承于永久性结构上时，传递给永久性结构的荷载不得超过其设计允许值。

8.0.5 上料平台应独立搭设，严禁与脚手架共用杆件。

8.0.6 用吊笼运砖时，严禁直接放于外脚手架上。

8.0.7 不得在单排架上使用运料小车。

8.0.8 不得在各种杆件上进行钻孔、刀削和斧砍。每年均应对所使用的脚手板和各种杆件进行外观检查，严禁使用有腐朽、虫蛀、折裂、扭裂和纵向严重裂缝的杆件。

8.0.9 作业层的连墙件不得承受脚手板及由其所传递来的一切荷载。

8.0.10 脚手架离高压线的距离应符合国家现行标准《施工现场临时用电安全技术规范》JGJ 46 中的规定。

8.0.11 脚手架投入使用前，应先进行验收，合格后方可使用；搭设过程中每隔四步至搭设完毕均应分别进行验收。

8.0.12 停工后又重新使用的脚手架，必须按新搭脚手架的标准检查验收，合格后方可使用。

8.0.13 施工过程中，严禁随意抽拆架上的各类杆件和脚手板，并应及时清除架上的垃圾和冰雪。

8.0.14 当出现大风雨、冰雪解冻等情况时，应进行检查，对立杆下沉、悬空、接头松动、架子歪斜等现象，应立即进行维修和加固，确保安全后方可使用。

8.0.15 搭设脚手架时，应有保证安全上下的爬梯或斜道，严禁攀登架体上下。

8.0.16 脚手架在使用过程中，应经常检查维修，发现问题必须及时处理解决。

8.0.17 脚手架拆除时应划分作业区，周围应设置围栏或竖立警戒标志，并应设专人看管，严禁非作业人员入内。

附录 A 常用脚手板的规格种类

A.0.1 木脚手板可采用杉木、白松，板厚不应小于 50mm，板宽宜为 200~300mm，板长宜为 6m，在距板两端 80mm 处，用 10 号钢丝紧箍两道或用薄铁皮包箍钉牢。

A.0.2 竹串片脚手板宜采用螺栓将并列的竹片串连而成。适用于不行车的脚手架。螺栓直径宜为 3~10mm，螺栓间距宜为 500~600mm，螺栓离板端宜为 200~250mm（图 A.0.2）。

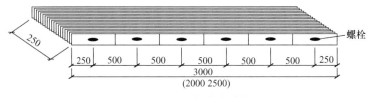

图 A.0.2 竹串片脚手板

A.0.3 薄钢脚手板宜采用 2mm 厚的钢板压制而成。不宜用于冬季和南方雾雨、潮湿地区。常用规格：厚度为 50mm，宽度为 250mm，长度为 2m、3m、4m 等。脚手板的一端压有直接卡口，以便在铺设时扣住另一块板的端肋，首尾相接，使脚手板不至在横杆上滑脱。可在板面冲三排梅花形布置的 $\phi 25$ 圆孔作防滑处理（图 A.0.3）。

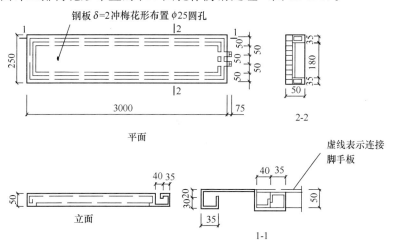

图 A.0.3　薄钢脚手板

附录 B　木脚手架计算常用材料、工具重量

表 B　木脚手架计算常用材料、工具重量表

材料、工具名称	单位	重量
吸水后的普通黏土砖（规格：240mm×115mm×53mm）	块	21～22N
吸水后的非承重黏土空心砖（规格：240mm×175mm×115mm）	块	38～40N
吸水后的承重黏土空心砖（规格：240mm×115mm×90mm）	块	29～31N
焦渣空心砖（规格：290mm×290mm×140mm）	块	115～118N
水泥空心砖（规格：300mm×250mm×160mm）	块	115～117N
砌筑、抹灰用砂浆和容器重（0.1m³）	个	1400N
装 72 块砖的两轮运料小车（体积为 0.5m×0.9m×0.32m）总重	台	2040N
装 0.1m³ 砂浆两轮运料小车总重	台	2040N
2mm 厚薄钢脚手板，$L=3$m	块	200N
冲压钢脚手板	m²	300N
竹串片脚手板	m²	350N
木脚手板	m²	350N
栏杆、冲压钢脚手板踢脚板	m	110N
栏杆、竹串片脚手板踢脚板	m	140N
栏杆、木脚手板踢脚板	m	140N

续表 B

材料、工具名称	单位	重量
密目式安全网	m²	5N
木材（红松、黄花松）	m³	7000N
木材（杉木）	m³	5000N
木材（柞木、水曲柳）	m³	8000N
8 号镀锌钢丝	km	961N
8 号回火钢丝	km	988N
10 号镀锌钢丝	km	786N
贴面砖（厚 8mm）	m²	142N
陶瓷锦砖（马赛克）（厚 5mm）	m²	120N

本规范用词说明

1 为便于在执行本规范条文时区别对待，对要求严格程度不同的用词说明如下：

    1）表示很严格，非这样做不可的：

        正面词采用"必须"；

        反面词采用"严禁"。

    2）表示严格，在正常情况下均应这样做的：

        正面词采用"应"；

        反面词采用"不应"或"不得"。

    3）表示允许稍有选择，在条件许可时首先应这样做的：

        正面词采用"宜"；

        反面词采用"不宜"。

        表示有选择，在一定条件下可以这样做的，采用"可"。

2 条文中必须按指定的标准、规范或其他有关规定执行的写法为"应按……执行"或"应符合……要求（或规定）"。

中华人民共和国行业标准

建筑施工木脚手架安全技术规范

JGJ 164—2008

条 文 说 明

前　　言

　　《建筑施工木脚手架安全技术规范》JGJ 164－2008 经住房和城乡建设部 2008 年 8 月 6 日以第 80 号公告批准、发布。

　　为便于广大设计、施工、科研、学校等单位有关人员在使用本规范时能正确理解和执行条文规定，《建筑施工木脚手架安全技术规范》编制组按章、节、条顺序编制了本规范的条文说明，供使用者参考。在使用中如发现本条文说明有不妥之处，请将意见函寄沈阳建筑大学（地址：沈阳市浑南东路 9 号沈阳建筑大学土木工程学院，邮编：110168）。

目　　次

1 总 则

1.0.1 木脚手架是为操作人员建造操作平台的安全设施，必须确保使用安全。

1.0.2 考虑到我国部分地区盛产木材，每年产出的剥皮落叶松和杉木较多，其中适合于用来搭设脚手架用的约占三分之一左右，这些地区使用木脚手架较多。为保证木脚手架搭设、使用和拆除的安全、合理和经济，制定本规范是十分必要的。

1.0.3 本条明确规定了本规范只适用于工业与民用建筑的多层房屋和高度不超过本规范规定的构筑物。这是限定了木脚手架的使用范围。从木脚手架的构造来看，8 号镀锌钢丝和回火钢丝作为绑扎节点远比扣件式、门式脚手架等的节点强度低，因此，在使用中对其搭设形式和高度作了严格的限制。

1.0.5 本条要求施工单位，在采用木脚手架施工时，应按本规范的规定，结合工地的具体情况，将木脚手架的选材、搭设、节点构造、安全使用和拆除等方面的具体要求编入施工组织设计或施工方案中，以便于在施工过程中贯彻执行，杜绝不科学、不合理的搭设、使用和拆除，消除安全隐患，防止安全事故的发生。

1.0.6 本规范在与国家已正式颁布的标准内容有相同时，本规范就不再作重复规定，而按已正式颁布的标准执行。

2 术语、符号

2.1 术 语

本章所列术语，为标准称谓。为便于应用，现仅将部分术语的通俗叫法注解如下：

立杆：又叫立柱、冲天、竖杆、站杆。

纵向水平杆：又名大横杆、顺水杆、牵杆。

横向水平杆：又名小横杆、横楞、横担、楞木、排木、六尺杠子。

剪刀撑：又名十字撑、十字盖。

抛撑：又名支撑、压栏子。

斜道：又名盘道、马道、通道。

2.2 符 号

本规范的符号是按现行国家标准《工程结构设计基本术语和通用符号》GBJ 132 中的规定引用的。

3 杆件、连墙件与连接件

3.1 材 质 性 能

3.1.1 因我国幅员辽阔，对脚手架的杆材一般来说不能强求一致，所以本规范仅在保证使用可靠的基础上对常用树种作了材质的规定，而各地可根据当地树种的实际情况采用；脚手架虽属临时结构，但其杆件要多次重复使用，且要经受风吹、日晒、雨淋等自然原因的侵蚀较大，易使纵、横水平杆和立杆扭曲、翘裂或折断而造成事故，为保证安全，确保选材标准是极其重要的。

3.1.2 由于脚手板重复使用次数多，长期受自然环境的侵蚀，很易翘裂，因此确保选材标准极为重要。

3.1.3 明确规定绑扎材料只能采用镀锌钢丝或回火钢丝，是因其他绑扎材料不能可靠保证其受力的要求。而钢丝在使用时因扭紧而产生了塑性变形，同时脆性增加，若重复使用，极易在使用过程中产生突然断裂而发生事故。另外，锈蚀后会减小钢丝受力截面，同样易于断裂。

3.2 规 格

3.2.1 对杆件规格尺寸的规定，是参考全国各地普遍使用的规格尺寸，并按本规范的荷载规定和设计方法进行验算后确定的。

3.2.2 凡符合本条尺寸规定的脚手板，只要按本规范的规定进行制作，均可满足施工中对其强度和变形的一般要求。

3.3 设 计 指 标

3.3.1~3.3.2 是按《木结构设计规范》GB 50005-2003 的规定采用的。

3.3.3 规范编制组在沈阳建筑大学（原沈阳建筑工程学院）的结构实验室进行了钢丝绑扎接头试验，又在安徽省芜湖市第一建筑工程公司工地进行了现场绑扎材料加载试验，根据测得的数据，经过数理统计整理得到的单根钢丝抗拉强度值。

4 荷 载

4.1 荷载分类与组合

4.1.1 本条采用附录 B 的规定，其中所列材料重量是从现行国家标准《建筑结构荷载规范》GB 50009-2001 附录 A 中引录而来，其余砖车、灰车、脚手板等的重量为现场调查的数理统计结果。

4.1.2 规定了永久荷载（恒荷载）的计算项目。在进行脚手架设计时，可根据施工的要求进行各杆件的具体布置，并根据实际情况对恒载进行标准荷载的综合统计计算，求出总的恒载标准值，作为设计计算依据，任何一项都不可以漏算。

4.1.3 本条规定了可变荷载（活荷载）所包括的全部内容，并以此作为脚手架设计的依据。

4.1.4～4.1.5 本规范执行"概率极限状态设计法"的规定。其荷载组合是根据现行国家标准《建筑结构荷载规范》GB 50009-2001确定的。

4.2 作业层施工荷载

4.2.1 本条中施工荷载是将国务院在20世纪50年代颁布的《建筑安装工程安全技术规程》中规定为2.7kN/m²的均布荷载，提高后而确定的。这主要是因为随着脚手架搭设技术和绑扎材料的不断进步，脚手架的实际承载能力逐渐提高，经过施工现场实际情况调查，并经过数理统计计算，经综合考虑，才作了本条荷载值的规定。

4.2.2～4.2.3 此条文是对4.2.1条的补充规定，给出具体的堆载方式来表示施工荷载3kN/m²或2kN/m²，以便于在使用中控制堆载不致超过施工荷载所规定的标准值。因此，在计算脚手架时，应根据脚手架上各种荷载的实际分布情况确定其荷载作用效应，这样才能确保横向水平杆和纵向水平杆承载时的内力不会超过其本身材料的强度设计值。为从理论上说明这一问题的重要性和严肃性，下面将举例加以详细说明。为方便计算，以下引入"等效荷载控制值（q_0）"，把起控制作用的实际荷载换算成内力与其相等的均布荷载。即根据最不利荷载分布，计算出跨中最大弯矩值和支座最大反力值，然后求得其相应施工荷载的等效均布荷载值，与所规定的施工荷载标准值进行比较判定是否安全。其计算过程和结果如下：

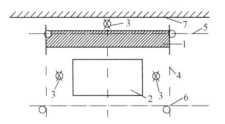

图1 横向水平杆最不利荷载的平面布置

1—堆砖重量；2—900mm长和宽的推砖小车；

3—作业人员；4—横向水平杆；5—纵向水平杆；

6—立杆；7—墙砌体

一、操作人员和推车荷载作用在横向水平杆上的折算系数计算：

计算时，首先按（图1）确定横向水平杆作用荷载的最不利布置。

根据图1所示，堆砖和靠墙砌体边的作业人员的荷载可平均分配于相邻的两根横向水平杆上，而推砖小车（按均布荷载作用）及其两端作业人员的荷载对横杆的作用力，则可按两跨连续梁计算出作用于横向水平杆上的荷载折算系数，具体计算如下：

1 横向水平杆间距为750mm

立杆纵向间距为1.5m时，按推砖小车重2.04kN对称地停在中间一根横向水平杆上，且视为均布荷载作用；在砖车两端考虑卸砖和推车各站一人，每人重0.8kN。

中间横向水平杆计算简图取图2。B支座承受的车、人荷载分别计算如下：

（1）人传给B支座的荷载 R_{BP} 按图3和在《建筑结构静力计算手册》中查得的系数与公式求取：

$$B_{AP} = B_{CP} = \frac{Pab}{6}\left(1 + \frac{b}{l}\right) = \frac{800 \times 0.45 \times 0.3}{6}\left(1 + \frac{0.3}{0.75}\right) = 25.2N$$

$$R'_{BP} = B_{AP} + B_{CP} = 2 \times 25.2 = 50.4N$$

$$M_{BP} = -\frac{3}{2l}R'_{BP} = -\frac{3}{2 \times 0.75} \times 50.4 = -101N \cdot m$$

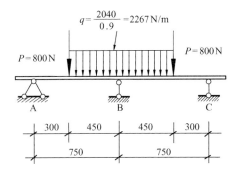

图 2 横向水平杆（间距 750mm）计算简图

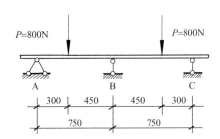

图 3 作业人员传给 B 支座的荷载计算简图

将 AB 跨作为一个分离体（图 4），则 R_{BP} 为

$$R_{BP} = \left(\frac{101 + 800 \times 0.3}{0.75}\right) \times 2 = 909N$$

折算系数为：909/800＝1.14（相当于一人重的 114% 作用于 B 支座处的横向水平杆上）。

（2）车传给 B 支座的荷载 R_{Bq}，按图 5 计算：

$$B_{Aq} = B_{Cq} = \frac{qa^2l}{24}\left(2 - \frac{a}{l}\right)^2$$

$$= \frac{2267 \times 0.45^2 \times 0.75}{24}\left(2 - \frac{0.45}{0.75}\right)^2$$

$$= 28.1N$$

$$R'_{Bq} = B_{Aq} + B_{Cq} = 2 \times 28.1 = 56.2N$$

$$M_{Bq} = -\frac{3}{2l}R'_{Bq} = -\frac{3}{2 \times 0.75} \times 56.2$$

$$= -112.4N \cdot m$$

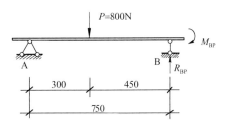

图 4 AB 跨分离体计算简图一

将 AB 跨作为一个分离体（图 6），则 R_{Bq} 为：

$$R_{Bq} = \frac{112.4 + 2267 \times 0.45 \times 0.525}{0.75} \times 2 = 1728N$$

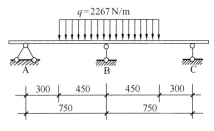

图 5 推砖小车传给 B 支座的荷载计算简图

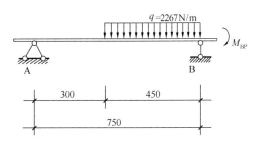

图 6 AB 跨分离体计算简图二

折算系数为：$\dfrac{1728}{2040}=0.85$（相当于车重的 85% 作用于 B 支座处的横向水平杆上）

2 横向水平杆间距分别为 1000mm 和 1500mm 时，其相应的计算结果列入表 1 中：

表 1 横向水平杆间距为 1000mm、1500mm 的荷载作用计算结果统计表

序号	计算项目	计算参数	单位	两种横杆间距的计算结果	
				1000mm	1500mm
(1)	推、卸车工人传给 B 支座的荷载	B_{AP}	N	51.2	107.1
		B_{CP}	N	51.2	107.1
		R'_{BP}	N	102.4	214.2
		M_{BP}	N·m	−154	−214.2
		R_{BP}	N	1188	1406
		折算系数		1.485	1.76
(2)	手推车传给 B 支座的荷载	B_{Aq}	N	46	83
		B_{Cq}	N	46	83
		R'_{Bq}	N	92	166
		M_{Bq}	N·m	−138	−166
		R_{Bq}	N	1857	1956
		折算系数		0.91	0.96

注：这两种情况的计算简图与图 3 相同，只是其中的 b 不同，当间距为 1000mm 时，b 为 550mm；当间距为 1500mm 时，b 为 1050mm。a 不变，均为 450mm。

3 靠墙边操作人员按图 7 布置时，传给 B 支座的荷载：

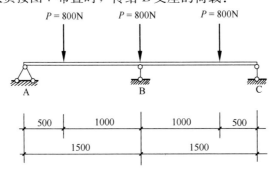

图 7 靠墙操作人员沿纵向布置图

$$B_{AY}=B_{CY}=\frac{Pab}{6}\left(1+\frac{b}{l}\right)=\frac{800\times1\times0.5}{6}\left(1+\frac{0.5}{1.5}\right)=89\text{N}$$

$$R'_{BY}=B_{AY}+B_{CY}=2\times89=178\text{N}$$

$$M_{BY}=\frac{3}{2L}R'_{BY}=-\frac{3}{2\times1.5}\times178=-178\text{N}\cdot\text{m}$$

将 AB 跨作为一个分离体（图 8），则 R_{BY} 为：

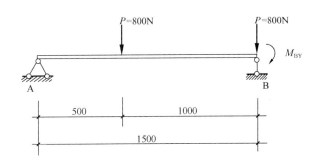

图 8　AB 跨分离体计算简图三

$$R_{BY} = \frac{178 + 800 \times 0.5}{1.5} \times 2 + 800 = 1571N$$

折算系数为：$\frac{1571}{800} = 1.96$（相当于操作人员一人重的 196% 作用于 B 支座的横向水平杆上）。

二、等效均布荷载控制值的计算例题

根据不走车单排结构架横向水平杆的计算简图（图 9），按以下步骤进行计算：

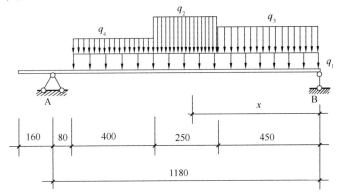

图 9　单排结构架等效荷载控制值计算简图

1　荷载标准值计算

立杆距离墙面 1200mm，横向水平杆间距 750mm。

恒荷载　$q_1 = (350 + 5 + 75) \times 0.75 = 322.5N/m$

式中　　　脚手板自重　　　　　$350N/m^2$

　　　　　安全网重　　　　　　$5N/m^2$

　　　　　横向水平杆自重　　　$75N/m$

施工荷载　$q_2 = \dfrac{0.75 \times 3 \times 26.5}{0.055 \times 0.25} = 4336N/m$（堆砖荷载）

　　　　　$q_3 = \dfrac{1.14 \times 800}{0.45} = 2027N/m$（架外侧作业人员重）

　　　　　$q_4 = \dfrac{800}{0.4} = 2000N/m$（架里侧作业人员重）

2　支座反力计算

$$\sum M_B = 0$$

恒荷载　$R_{AY} = \dfrac{0.5 \times 322.5 \times 1.1^2}{1.18} = 165\text{N}$

$$R_{BY} = 322.5 \times 1.1 - 165 = 190\text{N}$$

施工荷载

$$R_{AK} = \dfrac{0.5 \times 2027 \times 0.452 + 4336 \times 0.25 \times 0.575 + 2000 \times 0.4 \times 0.9}{1.18} = 1312\text{N}$$

$$R_{BK} = 2027 \times 0.45 + 4336 \times 0.25 + 2000 \times 0.4 - 1312 = 1484\text{N}$$

3　跨内最大弯矩计算

对 x 截面处求 $M(x)$

恒荷载　$M(x)_Y = 190X - 0.5 \times 322.5X^2 = 190X - 161X^2$

施工荷载　$\begin{aligned} M(x)_k &= 1484X - 0.5 \times 4336(X - 0.45)^2 \\ &\quad - 2027 \times 0.45(X - 0.225) \\ &= 2523X - 2168X^2 - 234 \end{aligned}$

$$\begin{aligned} M(x) &= M(x)_y + M(x)_k \\ &= 190X - 161X^2 + 2523X - 2168X^2 - 234 \\ &= 2713X - 2329X^2 - 234 \end{aligned}$$

$$M(x)' = 2713 - 4658X = 0 \quad X = 0.582\text{m}$$

代回原式，解得 AB 跨间最大弯矩为：

$$M_{max} = 2713 \times 0.582 - 2329 \times 0.582^2 - 234 = 556\text{N} \cdot \text{m}$$

其中　$M(x)_Y = 190 \times 0.582 - 161 \times 0.582^2 = 56\text{N} \cdot \text{m}$

$$M(x)_k = 2523 \times 0.582 - 2168 \times 0.582^2 - 234 = 500\text{N} \cdot \text{m}$$

4　等效均布荷载控制值计算

（1）按跨内最大弯矩确定的等效均布荷载控制值：

按跨内最大弯矩确定的等效均布线荷载

$$q = \frac{8M_{max}}{L^2} = \frac{8 \times 556}{1.180^2} = 3200\text{N/m}$$

相应的跨内等效均布面荷载

$$q' = \frac{q}{l} = \frac{3200}{0.75} = 4267\text{N/m}^2$$

实用施工等效均布面荷载

$$\begin{aligned} q'' &= q' - (350 + 5 + 75) \\ &= 4267 - 430 = 3837\text{N/m}^2 \end{aligned}$$

这是去掉恒荷载后按跨内最大弯矩确定的实际施工荷载控制值。

（2）按最大支座反力确定的等效均布荷载控制值：

按 B 支座反力确定的等效均布线荷载

$$q_B = \frac{2R_B}{L} = \frac{2(R_{BY} + R_{BK})}{L}$$

$$= \frac{2 \times 1674}{1.18} = 2837\text{N/m}$$

相应的 B 支座反力等效均布面荷载

$$q''_B = \frac{q_B}{l} = \frac{2837}{0.75} = 3783\text{N/m}^2$$

实用施工等效均布面荷载 $q''_B = 3783 - 430 = 3353\text{N/m}^2$

这是去掉恒荷载后按最大支座反力确定的实际施工荷载控制值。

其余各式双排脚手架的实用等效均布面荷载的计算可参照上述方法进行。

上面计算出实际可变等效面荷载的目的，主要是提醒在脚手架的使用和设计时，对所能承受的荷载有一个数值大小的概念。在脚手架设计时，不能直接引用 4.2.1 条的 3.0kN/m^2 和 2.0kN/m^2 作为荷载依据进行设计，必须按脚手架上实际堆放的荷载数量和最不利位置计算。

4.2.4 结构脚手架主要用于主体结构施工，用来堆放材料、工具等，荷载较大，同时只需一个作业层，所以，规定只允许一层作业；装修架的施工荷载相对较小，并考虑流水作业的需要，因此规定可两层同时作业。本条是从安全的角度考虑，并结合施工现场实际操作情况作出这样规定的。

4.3 风 荷 载

4.3.1 在现行国家标准《建筑结构荷载规范》GB 50009－2001 中第 7.1.1 条规定，垂直于建筑物表面上的风荷载标准值计算公式中应有 Z 高度处的风振系数，同时，在第 7.4.1 中又规定，此系数需要在建筑物的高度大于 30m 以及高耸结构才考虑，而本规范规定木脚手架的高度在 30m 以下，又不属于高耸结构，所以，在本条中将风振系数 β_z 视为 1。另根据脚手架的使用年限一般不会超过 10 年，为求得经济上的合理性，故按《建筑结构荷载规范》GB 50009－2001 中规定的 10 年一遇的基本风压作为设计依据。

4.3.2 本条是按（97）建标工字第 20 号文，关于《编制建筑施工脚手架安全技术标准的统一规定》（修订稿）5.3 中的规定采用的。

4.3.3 本条为做到对风压高度变化系数与国家现行标准相吻合，故按现行国家标准《建筑结构荷载规范》GB 50009－2001 中的规定采用。

4.3.4 本条对一些特殊大风地区的基本风压所作的不得小于 0.2kN/m^2 的规定，是考虑这些地区采用木脚手架的可能性比较大，而大风对其搭设和使用都产生很大影响，为不给使用单位带来太多的麻烦，只要不是在 8 级以上大风时，一般来说按此要求可不需加固而保证安全。

5 设 计 计 算

5.1 基 本 规 定

5.1.1 本条主要是明确进行脚手架设计时，必须坚持的原则是牢固可靠，能满足施工用的堆料、行车、走人等进行安全操作的要求，并且搭拆要简单方便。

5.1.2 因各地所用脚手架材料不尽相同，搭设方法可能与本规范的规定有差异，为解决这一问题，本条规定这样的脚手架在搭设前必须根据实际情况进行设计计算，以确保脚手架的安全。

5.1.3～5.1.4 说明木脚手架设计计算时，所应遵循的方法和原则。

5.1.5 进行脚手架设计的目的是要把住安全关，杜绝安全事故的发生，本条规定的设计内容就是把安全要求具体化，把工作落到实处。

5.1.7 架高在 20m 以上时，因受风力的影响较大，故规定应将各类荷载与风荷载共同作用进行荷载组合设计。

5.1.8 脚手架立杆底部的地基承载力受外界的影响较大，对其采用一定的折减系数进行降低，以便保证脚手架的安全。

5.1.9 原木沿其长度的直径变化率系根据国际通用数值采用的，至于挠度、稳定和强度计算的截面系取其最不利位置。

5.1.10 因纵向水平杆主要承受由横向水平杆传来的集中荷载，而横向水平杆由于其间距布置不同，而有对纵向水平杆受力的不利位置，故纵向水平杆应按受力的最不利位置计算。

5.1.11 一般来讲，当脚手架步距为等步距，所有连墙件的竖距与纵向间距完全相同时，底部立杆受力最大，此处应为最危险段，应进行核算，若此段核算已安全其余段就应更安全。至于杆件的计算长度，可把木脚手架视为以连墙件间距为长度固定的铰接框架结构体系，即其计算长度本应按两端为固端考虑，但为了安全，改按最不利的情况一端固定、一端铰支考虑。这时，$H_0 = 0.707H$，考虑到由于受收缩和横纹压缩等的影响，在木结构中很难使端部得到真正的刚性固定，所以，采用 $H_0 = 0.8H$；另根据建设部《编制建筑施工脚手架安全技术标准的统一规定》修订稿（97）建标工字第 20 号文中的规定：脚手架的强度计算，除按极限状态设计外，还应满足容许应力法的安全系数 $k \geqslant 1.5$，但根据文中的统一计算方法，根本不适用于竹木结构，具体的说竹木结构不存在匀质系数（材料安全系数等于匀质系数的倒数）。所以，按此规定的要求，在木脚手架中推不出 γ'_m，这样，只能另辟蹊径，先用同一树种按极限状态设计，其强度设计值为 13N/mm²，按《木结构设计规范》GB 50005－2003 中的规定，乘以适合木脚手架的调整系数后，强度设计值应为 15.74N/mm²；而这一树种按容许应力法设计，其容许应力 $[f_c] = 12N/mm²$，乘规定的调整系数后为 14.2N/mm²，将其二者的比值作为假定的材料安全系数，即为 $\dfrac{15.74}{14.2} = 1.108$，为方便计算，将此值乘以长度计算系数，则 $H_0 = 1.108 \times 0.8 = 0.886H$，采用 $H_0 = 0.9H$。同理，单排架立杆的计算长度采用 $H_0 = H$。

5.1.12 本条规定按最不利荷载布置求最大内力，一般最不利情况为：

脚手板求最大支座弯矩应在相邻两跨布置施工荷载；求跨中最大弯矩应隔跨布置施工荷载。

横向水平杆求支座弯矩应在悬臂部分布置施工荷载，而跨中不布置；求跨中最大弯矩应在跨中布置施工荷载，悬臂不布置，然后取其大值作为计算依据。

纵向水平杆则应取横向水平杆靠墙端作用在纵向水平杆的支座反力作为计算依据。

5.1.13～5.1.14 执行《木结构设计规范》GB 50005－2003 中的相应规定。

5.2 杆 件 设 计 计 算

5.2.1 本条中的第 2 款第 2 项双排脚手架横向水平杆计算简图为简化计算简图，为了说明计算简图的依据，现将简化计算做个对比。分别计算如下（按横向水平杆间距0.75m计算）：

1 正确计算

1）计算简图

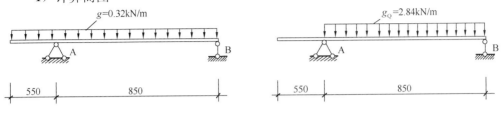

图10 双排架横向水平杆永久荷　图11 双排架横向水平杆可
载作用计算简图　　　　变荷载作用计算简图一

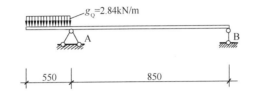

图12 双排架横向水平杆可变荷载作用计算简图二

2）荷载计算

永久荷载

　脚手板自重　　　　　　0.35kN/m^2

　横向水平杆自重　　　　0.034kN/m

可变荷载

　施工荷载　　　　　　　3.0kN/m^2

3）内力计算

线荷载：$g=0.9\times[1.2\times(0.35\times0.75+0.034)]=0.32\text{kN/m}$

$$g_Q=0.9\times1.4\times3.0\times0.75=2.84\text{kN/m}$$

弯矩：

永久荷载作用悬臂端弯矩

$$M_{cg}=\frac{1}{2}gc^2=\frac{1}{2}\times0.32\times0.55^2=0.048\text{kN}\cdot\text{m}$$

永久荷载跨中弯矩

$$M_g=\frac{1}{8}\times0.32\times0.85^2\times\left[1-\left(\frac{0.55}{0.85}\right)^2\right]^2=0.01\text{kN}\cdot\text{m}$$

此弯矩在距B支座0.044m处。

施工荷载作用悬臂端弯矩

$$M_{CQ}=\frac{1}{2}\times2.84\times0.55^2=0.43\text{kN}\cdot\text{m}$$

施工荷载跨中弯矩

$$M_Q=\frac{1}{2}\times2.84\times0.85\times0.044-\frac{1}{2}\times2.84\times0.044^2=0.05\text{kN}\cdot\text{m}$$

悬臂端最大弯矩
$$M_{\max.c} = M_{cg} + M_{CQ} = 0.048 + 0.43 = 0.478 \text{kN} \cdot \text{m}$$
跨中最大弯矩 $M_{\max} = M_g + M_Q = 0.01 + 0.05 = 0.06 \text{kN} \cdot \text{m}$

因为 $M_{\max.c} > M_{\max}$，所以，应采用 $M_{\max.c}$ 作为计算依据。

2 简化计算

1) 计算简图

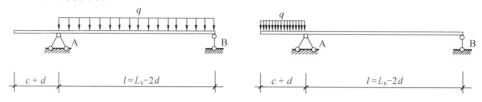

图13 双排架横向水平杆跨中弯矩计算简图 图 14 双排架横向水平杆悬臂端弯矩计算简图

2) 弯矩计算

悬臂端弯矩 $M_c = \dfrac{1}{2}ql^2 = \dfrac{1}{2} \times 3.16 \times 0.55^2 = 0.478 \text{kN} \cdot \text{m}$

跨中弯矩 $M_{\max} = \dfrac{1}{8}ql^2 = \dfrac{1}{8} \times 3.16 \times 0.85^2 = 0.285 \text{kN} \cdot \text{m}$

因为 $M_c > M_{\max}$，所以，仍应以 M_c 作为计算依据。

3 根据以上两种计算结果比较，前一种计算比较复杂，后一种计算比较简单易于掌握，起控制作用的悬臂端弯矩两者又一致，从实际情况分析，脚手架上的堆料是不会放在悬臂端的。所以，用简化计算方法，既能保证安全，又方便实用。

本条中的第 4 款挠度简化计算，其道理也一样，现采用西北云杉（强度等级为 TC11）为例，通过其计算数据对正确计算方法与简化计算方法进行比较，以便说明。按本规范要求，本例横向水平杆的梢径为 80mm，长度选为中间值 2.2m，其跨中计算截面处直径约为 100mm，悬臂端直径按偏于安全考虑，也用 100mm 计算。

（1）正确计算

悬臂端永久荷载产生的挠度

$$
\begin{aligned}
v_{gc} &= \frac{gcl^3}{24EI}\left[-1 + 4 \times \left(\frac{0.55}{0.85}\right)^2 + 3 \times \left(\frac{0.55}{0.85}\right)^3\right] \\
&= \frac{0.32 \times 550 \times 850^3}{24 \times 9000 \times 4908738}[-1 + 4 \times 0.419 + 3 \times 0.271] \\
&= \frac{1.609 \times 10^{11}}{1.06 \times 10^{12}} = 0.152 \text{mm}
\end{aligned}
$$

悬臂端可变荷载产生的挠度

$$
\begin{aligned}
v_{Qc} &= \frac{g_Q c^3 l}{24EI}\left(4 + 3 \times \frac{c}{l}\right) \\
&= \frac{2.84 \times 550^3 \times 850}{24 \times 9000 \times 4908738}\left(4 + 3 \times \frac{0.55}{0.85}\right) \\
&= \frac{2.39 \times 10^{12}}{1.06 \times 10^{12}} = 2.250 \text{mm}
\end{aligned}
$$

迭合挠度　$v_c = v_{gc} + v_{Qc} = 0.152 + 2.250 = 2.402\text{mm}$

（2）简化计算挠度

跨中挠度　$v = \dfrac{5ql^4}{385EI} = \dfrac{5 \times 3.16 \times 850^4}{385 \times 9000 \times 4908738}$

$$= \dfrac{8.248 \times 10^{12}}{1.70 \times 10^{13}} = 0.485\text{mm}$$

悬臂端挠度

$$v_c = \dfrac{qc^3l}{24EI}\left(4 + 3 \times \dfrac{c}{l}\right)$$

$$= \dfrac{3.16 \times 550^3 \times 850}{24 \times 9000 \times 4908738}\left(4 + 3 \times \dfrac{0.55}{0.85}\right)$$

$$= \dfrac{2.655 \times 10^{12}}{1.06 \times 10^{12}}$$

$$= 2.505\text{mm}$$

（3）通过以上两种计算方法进行比较，正确计算比简化计算复杂，同时从计算结果看，跨中挠度值比较小，悬臂端的挠度值比较大，简化计算值比正确计算值大一点，也偏于安全，并可看出是简化计算悬臂端的挠度起控制作用，且远小于挠度控制值。而且本例选用的木杆是强度等级最低一级的，所以，其他木杆也同样能满足要求。

从以上计算结果可以看出，简化计算既反映了实际情况，又保证了安全，便于现场人员掌握和计算，因此，本规范采用了这种简化计算。

5.2.2　条文规定的受弯构件的计算公式是按《木结构设计规范》GB 50005—2003 规定采用。

条文中规定当考虑风荷载作用时，M_w 为风荷载作用于纵向水平方向所产生的弯矩，这里就有一个荷载组合问题，活荷载应乘以 0.9 的组合系数。

5.2.3　根据本规范第 3.3.3 条规定的单根绑扎钢丝的抗拉强度设计值，来计算脚手架节点绑扎钢丝的抗拉强度设计值。

5.2.4　脚手架的立杆属于轴心受压的细长杆件，可能会因为失稳而破坏。因此，弹性受压杆件，可按欧拉公式求出极限临界应力，而临界应力与强度设计值的比值就是小于 1 的稳定系数 φ。另外，根据建设部《编制建筑施工脚手架安全技术标准的统一规定》，凡是按稳定计算的，其计算结果应达到容许应力法中的安全系数 $k \geqslant 2$。本规范第 5.1.11 条以调整其计算长度来满足此要求。

5.2.5　本条有关轴心受压的稳定系数公式，是依照实验室中在普通温度下进行实验的数据，是一条双曲线方程式（欧拉双曲线）。

5.2.6　求稳定系数时，应先求出杆件的长细比，本条给出了计算长细比的公式。

5.2.7　参见本规范第 5.2.5 条的说明。

5.2.8　参见本规范第 5.1.8 条的说明。

6 构 造 与 搭 设

6.1 构造与搭设的基本要求

6.1.2～6.1.4 由于单排脚手架的横向水平杆在搭设时要搁置在建筑物的墙体上，为了保证在使用过程中的安全，本条特对单排脚手架的搭设构造的适用范围和做法做了明确的规定，以便于操作。

6.2 外脚手架的构造与搭设

6.2.1 外脚手架的构造参数主要是总结了各地现用脚手架的情况，在保证脚手架安全稳定、方便使用的条件下制定的。

6.2.2 剪刀撑的作用是使脚手架在纵向形成稳定结构，本条的各项要求都是为了保证脚手架的纵向稳定，以防止脚手架纵向变形发生整体倒塌而规定的。

6.2.3 在脚手架搭设的高度较低时或暂时无法设置连墙件时，必须设置抛撑。

6.2.4 连墙件是防止脚手架横向倾覆的，所以，要求连墙件既能抗拉又能抗压。

6.2.5 横向水平杆主要是承受脚手板传来的荷载，然后传递给纵向水平杆和立杆，它的稳定与否，直接影响到脚手架的正常使用和操作人员的安全。所以，本条对其搁置长度、具体位置、周转拆除等要求作了明确的规定。

6.2.6～6.2.9 对立杆埋设坑深的规定是在保证立杆埋设稳定的前提下，按一般习惯性的做法而规定的。做好排水，是防止雨水渗入影响立杆的稳定。到建筑物顶部后，立杆外高里低是为了便于操作，又能搭设外围护，保证安全。

6.2.10 木脚手架与钢管脚手架不同，不能对接，只能搭接，本条的各项规定就是为了保证搭接接头的安全可靠，减小偏心及对正常传力带来的影响，确保施工的顺利进行。

6.2.11 纵向水平杆绑在立杆的里侧，一方面是为了减小横向水平杆的跨度，另一方面是为了增加立杆的稳定。

6.2.12 纵向水平杆同一步架的大头朝向相同是为了便于搭接绑扎，相邻两步架大头朝向相反是为了防止脚手架沿纵向产生偏心荷载而影响脚手架在纵向的稳定。

6.2.13 横向水平杆大头的朝向是根据受力情况来规定的，紧贴立杆的横向水平杆要与立杆绑牢是为了增加立杆的承载能力和整体稳定，至于沿立杆上下相邻错开放置横向水平杆主要是为了保证立杆轴心受力。

6.2.14 立杆与纵向水平杆相交处绑十字扣是使其受力后愈来愈紧，同时可增加两杆件紧密接触后的摩阻力，而其余的接头均属于连接需要，故绑顺扣即可，但此两种扣在拧紧时均不得过紧或过松。

6.2.16 各地使用的脚手板种类较多，本规范尽可能将现有各种在用脚手板汇集起来列为附录 B 以供参考，但必须按照适用、安全的要求进行选择。实际使用时，竹片并列脚手板因不好掌握推车方向，易发生翻车事故，不宜用于有水平运输的脚手架；薄钢脚手板因易滑和生锈，不宜用于冬季或多雨潮湿地区。

6.2.18 本条主要是保证架下行人的安全，但现用的封闭和防护措施形式较多，此条未作硬性规定必须采取哪些形式，各地区可结合当地实际情况采用防护措施。

6.2.19 本条对底层留有门洞时，从受力情况对脚手架的搭设方法作出了详细规定。

6.2.20 本条对遇窗洞时，脚手架的纵、横向水平杆应遵照的搭设方法作出了规定。

6.3 满堂脚手架的构造与搭设

6.3.1 满堂脚手架的构造参数，系总结全国各地的经验综合制定的。

6.3.2 满堂脚手架一般用于封闭的室内大空间工程，搭设面积较大，因此，必须通过构造设置剪刀撑、斜撑等以保证其整体稳定。另外，满堂脚手架只有顶面作业，因此，搭设时不得分层而应一直到顶，保证其具有良好的整体性。

6.3.3 本条是为了保证满堂架的整体稳定而提出来的。要求在脚手架外测沿高度方向搭设的剪刀撑斜杆的端部处，在架体内，沿着水平方向，搭设水平剪刀撑，其宽度与纵向剪刀撑相同。

6.3.4～6.3.5 本条是按照地基一般承载力和构造要求，而提出的对垫木的规定，这样执行使用较方便。

6.4 烟囱、水塔架的构造与搭设

6.4.1 因烟囱、水塔本身不允许脚手架附于其上，故本条明确规定严禁采用单排架。

6.4.2 从立杆构造需要和保证受力合理两个方面对其布置作了规定。

6.4.3 本条对纵向和横向水平杆的布置及其间距作出了硬性规定，以确保这些独立架的安全。

6.4.4 严格规定栏杆的具体做法和安全网必须设置的位置和方法。

6.4.5 指架子每面的外侧均需设置。

6.4.6 烟囱、水塔均为高耸构筑物，除满足脚手架的强度和稳定外，还应防止架子的扭转和遇风摇晃，提出了必须设置连墙件的要求，因烟囱、水塔结构上不能留有洞眼，因此提出在浇注混凝土或砌筑时，预先埋入连墙件的连接件，再与连墙件连接。

6.4.7～6.4.8 条文中规定的烟囱、水塔脚手架搭设程序应严格遵守。由于水塔上部挑出尺寸较大，不宜搭设挑架，所以，这里规定应搭设多排架逐渐改为两排架的搭设方法。

6.5 斜道的构造与搭设

6.5.1 一字形斜道水平长度宜控制在 20m 以内，若操作人员负重走得过长易于疲累。

6.5.2 之字形斜道应设置平台，这里从使用和安全的角度作了最小平台面积的规定。

6.5.3 根据人体行走和不易于劳累的条件，对坡度作了规定。当只作施工人员通行时，斜道的坡度可按高：长＝1：3 来确定；如还需要运输物料时，其坡度应按高：长＝1：6 来确定。

6.5.4 斜道一般来说承受的荷载都较大，所以立杆必须要保证其上荷载的安全传递，因而强调了立杆间距要由计算来确定。

6.5.5～6.5.6 为考虑斜道的稳定而提出来的要求。

6.5.7 系根据受力要求而限制的。

6.5.8～6.5.10 这几条是必须遵守的安全措施。

7 脚手架拆除

7.0.2～7.0.4 规定了一般脚手架的拆除顺序与原则。这是保证不发生安全事故的必要条件。

7.0.5～7.0.6 对拆除可能遇到的有关安全的具体情况和问题规定处理要求。

7.0.7 本条规定一方面防止抛掷伤人；另一方面是防止脚手架杆件在抛掷过程中发生变形、扭曲等。

7.0.8 考虑由于中途换人不熟悉已拆部分的情况，因而易发生意外事故。拆除中途停歇时，对易塌、易掉杆件进行加固的目的，是为了防止突然坠落伤人。

7.0.9 连墙件的拆除应随拆除架体同步进行，以使脚手架始终保持稳定状态。

8 安全管理

8.0.1 按照相关的法律和法规的要求，脚手架属于危险性较大的分部分项工程，应编制专项施工方案，并经公司总工批准，经监理单位审核后实施。在实施前要向工人交底，应严格按方案实施。

8.0.2 本条规定是防止立杆的正常传力受到影响，甚至影响到脚手架的整体安全。

8.0.4 当脚手架支承于永久性结构时，永久结构应具有足够的承载能力，才能保证脚手架的安全。

8.0.5 上料平台荷载较大，且受动荷载作用，故应独立设置并加强构造，其受力杆件不应与脚手架共用，否则，易危及脚手架的安全使用。

8.0.6 本条规定是防止给脚手架带来冲击荷载或超载，影响脚手架的安全。

8.0.7 对单排架本规范没有考虑在其上走运料小车的荷载作用。

8.0.8 刀削、斧砍或钻眼均损伤木材截面，降低承载能力，且易产生内伤，造成事故隐患。定期进行外观检查剔除不合格者，是从制度上来保证做到使用合格的材料。

8.0.9 本条规定连墙件与横向水平杆要严格分开，各起各的作用，决不能混用。若遇有这种情况应设双杆，一根用来作连墙件，另一根用来作横向水平杆。

8.0.11～8.0.12 脚手架验收制度是确保使用安全的重要环节。停工一段时间后，由于自然力或其他的原因会造成脚手架松动、缺件、下沉等隐患，因而应按新搭脚手架标准重新检查验收。

8.0.13 脚手架一经搭设好进行验收后，严禁随意抽拆任何杆件，以保证脚手架的稳定和安全。至于及时清除垃圾和冰雪主要是防止操作人员滑跌。

8.0.14 遇有大风雨或解冻情况，要立即检查和维修，方能保证脚手架的安全使用。

8.0.15 本条规定严禁攀登架子上下，是因为这样可能会由于踏空、失手等原因，发生坠落，造成人员伤亡。

8.0.16 脚手架在使用过程中，要建立定期、定时的经常性检查制度，以便能及时发现和解决问题。

8.0.17 本条是为防止发生不必要的安全事故而作的规定。

附录 A 常用脚手板的规格种类

本附录 A.0.1～A.0.3 所列钢、竹、木和钢木混合的焊接脚手板，均系全国现行采用的脚手板，此附录仅供制作脚手板时参考。

附录 B 木脚手架计算常用材料、工具重量

本附录是为方便现场计算，从《建筑结构荷载规范》GB 50009－2001 附录 A 中摘取出木脚手架计算中的常用数据。该附录中没有的砖车、灰车、脚手板等的重量为现场调查的数理统计结果。

中华人民共和国行业标准

建筑施工碗扣式钢管脚手架安全技术规范

Technical code for safety of cuplok steel
tubular scaffolding in construction

JGJ 166—2008
J 823—2008

批准部门：中华人民共和国住房和城乡建设部
施行日期：２００９年７月１日

中华人民共和国住房和城乡建设部
公 告

第 139 号

关于发布行业标准《建筑施工碗扣式
钢管脚手架安全技术规范》的公告

现批准《建筑施工碗扣式钢管脚手架安全技术规范》为行业标准，编号为 JGJ 166 - 2008，自 2009 年 7 月 1 日起实施。其中，第 3.2.4、3.3.8、3.3.9、5.1.4、6.1.4、6.1.5、6.1.6、6.1.7、6.1.8、6.2.2、6.2.3、7.2.1、7.3.7、7.4.6、9.0.5 条为强制性条文，必须严格执行。

本规范由我部标准定额研究所组织中国建筑工业出版社出版发行。

中华人民共和国住房和城乡建设部

2008 年 11 月 4 日

前 言

根据建设部建标工[2004]09 号和建标标函[2007]56 号文的要求，规范编制组在深入调查研究，认真总结国内外科研成果和大量实践经验，并在广泛征求意见的基础上，制定了本规范。

本规范的主要技术内容是：1. 总则；2. 术语和符号；3. 构配件材料、制作及检验；4. 荷载；5. 结构设计计算；6. 构造要求；7. 施工；8. 检查与验收；9. 安全使用与管理；以及相关附录。

本规范中以黑体字标志的条文为强制性条文，必须严格执行。

本规范由住房和城乡建设部负责管理和对强制性条文的解释，由河北建设集团有限公司负责具体技术内容的解释（地址：河北省保定市五四西路 329 号，邮政编码：071070）。

本 规 范 主 编 单 位：河北建设集团有限公司
  中天建设集团有限公司

本 规 范 参 编 单 位：中国建筑金属结构协会建筑模板脚手架委员会
  北京星河模板脚手架工程有限公司
  北京住总集团有限责任公司

北京建安泰建筑脚手架有限公司

上海市长宁区建设工程质量安全监督站

南通市达欣工程股份有限公司

本规范主要起草人员：杨亚男　高秋利　蒋金生　姚晓东　贺　军　陈传为　高　杰　高妙康　刘厚纯　余宗明　任升高　熊耀莹　王志义　王旭辉　李双宝　康俊峰

目　　次

1 总　　则

1.0.1 为了在碗扣式钢管脚手架的设计、施工与验收中贯彻执行国家有关安全生产法规，确保施工人员的安全，做到技术先进、经济合理、安全适用，制定本规范。

1.0.2 本规范适用于房屋建筑、道路、桥梁、水坝等土木工程施工中的碗扣式钢管脚手架（双排脚手架及模板支撑架）的设计、施工、验收和使用。

1.0.3 碗扣式钢管脚手架设计应采用结构计算简图进行整体结构稳定性分析，确保架体为几何不变体系。

1.0.4 碗扣式钢管脚手架必须编制专项设计方案。双排脚手架高度在 24m 及以下时，可按构造要求搭设；模板支撑架和高度超过 24m 的双排脚手架应按本规范进行结构设计和计算。

1.0.5 碗扣式钢管脚手架的设计、施工、验收和使用除应执行本规范外，尚应符合国家现行有关标准的规定。

2　术　语　和　符　号

2.1　术　　语

2.1.1 碗扣式钢管脚手架　cuplok steel tubular scaffolding
采用碗扣方式连接的钢管脚手架和模板支撑架。

2.1.2 双排脚手架　scaffold in double-row
由内外两排立杆及大小横杆、斜杆等构配件组成的脚手架。

2.1.3 模板支撑架　supporting of frame
由多排立杆及横杆、斜杆等构配件组成的支撑架。

2.1.4 碗扣节点　cuplok joint
由上碗扣、下碗扣、限位销和横杆接头等形成的盖固式承插节点。

2.1.5 立杆　standing tube
脚手架的竖向支撑杆。

2.1.6 上碗扣　bell shape cap
沿立杆滑动起锁紧作用的碗扣节点零件。

2.1.7 下碗扣　bowl shape socket
焊接于立杆上的碗形节点零件。

2.1.8 立杆连接销 pin
立杆竖向接长连接的专用销子。

2.1.9 限位销　limiting pin

焊接在立杆上能锁紧上碗扣的用作定位的销子。

2.1.10 横杆　flat tube

脚手架的水平杆件。

2.1.11 横杆接头　spigot

焊接于横杆两端的连接件。

2.1.12 专用外斜杆　special outside batter tube

两端带有旋转式接头的斜向杆件。

2.1.13 水平斜杆　horizontal slant tube

钢管两端焊有连接件的水平连接斜杆。

2.1.14 专用内斜杆（廊道斜杆）　special inside batter tube

双排脚手架两立杆间的竖向斜杆。

2.1.15 八字形斜杆　splayed slant strut

斜杆八字形设置的方式。

2.1.16 间横杆　intermediate flat tube

钢管两端焊有插卡装置的横杆。

2.1.17 挑梁　bracket

脚手架作业平台的挑出定型构件，分宽挑梁和窄挑梁。

2.1.18 连墙件　connected anchor in wall

脚手架与建筑物连接的构件。

2.1.19 可调底座　jack support

可调节高度的底座。

2.1.20 可调托撑　U-jack

立杆顶部可调节高度的顶撑。

2.1.21 脚手板　scaffold board

施工人员在脚手架上行走及作业用平台板。

2.1.22 几何不变性　geometrical stability

杆系结构构成几何不变的性能。

2.1.23 廊道　corridor way

双排脚手架两排立杆间人员行走和运送施工材料的通道。

2.2　符　　号

2.2.1 荷载和荷载效应

M_w——风荷载作用下单肢立杆弯矩；

　N——立杆轴向力；

N_{G1}——脚手架结构自重标准值产生的轴向力；

N_{G2}——脚手板及构配件等自重标准值产生的轴向力；

N_{Q1}——施工荷载产生的轴向力；

　N_0——连墙件约束脚手架平面外变形所产生的轴向力；

　N_s——风荷载作用下连墙件的轴向力；

N_w——组合风荷载单肢立杆轴向力；

$\quad P$——作用在立杆上的垂直荷载；

P_r——风荷载作用下内外立杆间横杆的支承力；

$\quad Q$——脚手架作业层均布施工荷载标准值；

Q_1——模板及支撑架自重标准值；

Q_2——新浇混凝土及钢筋自重标准值；

Q_3——施工人员及设备荷载标准值；

Q_4——浇筑和振捣混凝土时产生的荷载标准值；

Q_5——风荷载产生的轴向力；

$\quad w$——节点风荷载；

w_1——模板支撑架顶端风荷载；

w_s——节点风荷载的斜杆内力；

w_{s1}——顶端风荷载 w_1 产生的斜杆内力；

w_v——节点风荷载的立杆内力；

w_k——风荷载标准值；

w_0——基本风压。

2.2.2 材料、构件设计指标

$\quad E$——钢材的弹性模量；

$\quad f$——钢材的抗拉、抗压、抗弯强度设计值；

f_g——地基承载力特征值；

Q_c——扣件抗滑承载力设计值；

$\quad W$——立杆截面模量。

2.2.3 几何参数

$\quad A$——立杆横截面面积；

A_1——杆件挡风面积；

A_0——杆件迎风全面积；

A_c——连墙件的毛截面面积；

A_g——立杆基础底面积；

$\quad a$——立杆伸出顶层水平杆长度；

g_2——脚手板单位面积自重；

$\quad H$——架体高度；

H_1——连墙件水平间距；

$\quad h$——步距；

$\quad i$——回转半径；

L_1——连墙件竖向间距；

L_x、L_y——支撑架立杆纵向、横向间距；

l_a——双排脚手架立杆纵距；

l_b——双排脚手架立杆横距；

l_0——计算长度；

m——脚手板层数；

N_{g1}——每步脚手架自重；

n——支撑架相连立杆排数、支撑架步数；

n_c——作业层层数；

t_1——立杆每米重量；

t_2——横向（小）横杆单件重量；

t_3——纵向横杆单件重量；

t_4——内外立杆间斜杆重量；

t_5——水平斜杆及扣件等重量。

2.2.4 计算系数

μ_s——脚手架风荷载体型系数；

μ_z——风压高度变化系数；

φ——轴心受压杆件稳定系数；

φ_0——挡风系数；

λ——长细比。

3 构配件材料、制作及检验

3.1 碗扣节点

3.1.1 立杆的碗扣节点应由上碗扣、下碗扣、横杆接头和上碗扣限位销等构成（见图3.1.1）。

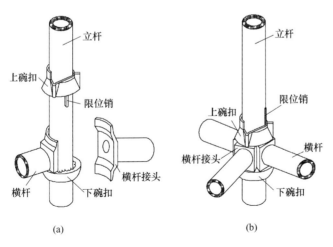

图 3.1.1 碗扣节点构成

（a）连接前；（b）连接后

3.1.2 立杆碗扣节点间距应按 0.6m 模数设置。

3.2 主要构配件材料要求

3.2.1 碗扣式钢管脚手架用钢管应符合现行国家标准《直缝电焊钢管》GB/T 13793、《低压流体输送用焊接钢管》GB/T 3091 中的 Q235A 级普通钢管的要求，其材质性能应符合现行国家标准《碳素结构钢》GB/T 700 的规定。

3.2.2 上碗扣、可调底座及可调托撑螺母应采用可锻铸铁或铸钢制造，其材料机械性能应符合现行国家标准《可锻铸铁件》GB 9440 中 KTH330-08 及《一般工程用铸造碳钢件》GB 11352 中 ZG 270-500 的规定。

3.2.3 下碗扣、横杆接头、斜杆接头应采用碳素铸钢制造，其材料机械性能应符合现行国家标准《一般工程用铸造碳钢件》GB 11352 中 ZG 230-450 的规定。

3.2.4 采用钢板热冲压整体成型的下碗扣，钢板应符合现行国家标准《碳素结构钢》GB/T 700 中 Q235A 级钢的要求，板材厚度不得小于 6mm，并应经 600～650℃ 的时效处理。严禁利用废旧锈蚀钢板改制。

3.2.5 碗扣式钢管脚手架主要构配件种类、规格及质量应符合表 3.2.5 的规定。

表 3.2.5　主要构配件种类、规格及质量

名　称	常用型号	规格（mm）	理论质量（kg）
立杆	LG-120	$\phi48\times1200$	7.05
	LG-180	$\phi48\times1800$	10.19
	LG-240	$\phi48\times2400$	13.34
	LG-300	$\phi48\times3000$	16.48
横杆	HG-30	$\phi48\times300$	1.32
	HG-60	$\phi48\times600$	2.47
	HG-90	$\phi48\times900$	3.63
	HG-120	$\phi48\times1200$	4.78
	HG-150	$\phi48\times1500$	5.93
	HG-180	$\phi48\times1800$	7.08
间横杆	JHG-90	$\phi48\times900$	4.37
	JHG-120	$\phi48\times1200$	5.52
	JHG-120+30	$\phi48\times(1200+300)$用于窄挑梁	6.85
	JHG-120+60	$\phi48\times(1200+600)$用于宽挑梁	8.16
专用外斜杆	XG-0912	$\phi48\times1500$	6.33
	XG-1212	$\phi48\times1700$	7.03
	XG-1218	$\phi48\times2160$	8.66
	XG-1518	$\phi48\times2340$	9.30
	XG-1818	$\phi48\times2550$	10.04

名 称	常用型号	规格（mm）	理论质量（kg）
专用斜杆	ZXG-0912	$\phi48\times1270$	5.89
	ZXG-0918	$\phi48\times1750$	7.73
	ZXG-1212	$\phi48\times1500$	6.76
	ZXG-1218	$\phi48\times1920$	8.37
窄挑梁	TL-30	宽度 300	1.53
宽挑梁	TL-60	宽度 600	8.60
立杆连接销	LLX	$\phi10$	0.18
可调底座	KTZ-45	T38×6 可调范围≤300	5.82
	KTZ-60	T38×6 可调范围≤450	7.12
	KTZ-75	T38×6 可调范围≤600	8.50
可调托撑	KTC-45	T38×6 可调范围≤300	7.01
	KTC-60	T38×6 可调范围≤450	8.31
	KTC-75	T38×6 可调范围≤600	9.69
脚手板	JB-120	1200×270	12.80
	JB-150	1500×270	15.00
	JB-180	1800×270	17.90

3.3 制 作 质 量 要 求

3.3.1 碗扣式钢管脚手架钢管规格应为 $\phi48mm\times3.5mm$，钢管壁厚应为 $3.5^{+0.25}_{0}mm$。

3.3.2 立杆连接处外套管与立杆间隙应小于或等于 2mm，外套管长度不得小于 160mm，外伸长度不得小于 110mm。

3.3.3 钢管焊接前应进行调直除锈，钢管直线度应小于 $1.5L/1000$（L 为使用钢管的长度）。

3.3.4 焊接应在专用工装上进行。

3.3.5 主要构配件的制作质量及形位公差要求，应符合本规范附录 A 的规定。

3.3.6 构配件外观质量应符合下列要求：

　　1 钢管应平直光滑、无裂纹、无锈蚀、无分层、无结巴、无毛刺等，不得采用横断面接长的钢管；

　　2 铸造件表面应光整，不得有砂眼、缩孔、裂纹、浇冒口残余等缺陷，表面粘砂应清除干净；

　　3 冲压件不得有毛刺、裂纹、氧化皮等缺陷；

　　4 各焊缝应饱满，焊药应清除干净，不得有未焊透、夹砂、咬肉、裂纹等缺陷；

　　5 构配件防锈漆涂层应均匀，附着应牢固；

　　6 主要构配件上的生产厂标识应清晰。

3.3.7 架体组装质量应符合下列要求：

　　1 立杆的上碗扣应能上下串动、转动灵活，不得有卡滞现象；

2 立杆与立杆的连接孔处应能插入 ϕ10mm 连接销;

3 碗扣节点上应在安装 1～4 个横杆时,上碗扣均能锁紧;

4 当搭设不少于二步三跨 1.8m×1.8m×1.2m(步距×纵距×横距)的整体脚手架时,每一框架内横杆与立杆的垂直度偏差应小于 5mm。

3.3.8 可调底座底板的钢板厚度不得小于 **6mm**,可调托撑钢板厚度不得小于 **5mm**。

3.3.9 可调底座及可调托撑丝杆与调节螺母啮合长度不得少于 **6 扣**,插入立杆内的长度不得小于 **150mm**。

3.3.10 主要构配件性能指标应符合下列要求:

1 上碗扣抗拉强度不应小于 30kN;

2 下碗扣组焊后剪切强度不应小于 60kN;

3 横杆接头剪切强度不应小于 50kN;

4 横杆接头焊接剪切强度不应小于 25kN;

5 底座抗压强度不应小于 100kN。

3.3.11 主要构配件强度试验方法应符合本规范附录 B 的规定。

3.4 检 验 规 则

3.4.1 构配件产品的检验应符合下列要求:

1 出厂文件应有使用材料质量说明、证明书及产品合格证。

2 属下列情况之一的应进行型式检验:

　　1)新产品或老产品转厂生产的试制定型鉴定;

　　2)正式生产后如结构、材料、工艺有较大改变可能影响性能时;

　　3)产品长期停产,恢复生产时;

　　4)出厂检验与上次型式检验有较大差异时;

　　5)省、市、国家质量监督机构或行业管理部门提出进行型式检验要求时。

3.4.2 型式检验抽样方法应符合下列规定:

1 应采用二次正常检验抽样方法,样本应从受检查批中随机抽取,型式检验抽样方案应符合现行国家标准《计数抽样检验程序　第 1 部分:按接收质量限(AQL)检索的逐批检验抽样计划》GB/T 2828.1 的有关规定;

2 构配件每检查批量必须大于 280 件,当每检查批量超过 1200 件时,应作另一批检查验收;

3 提取的样本应封存交付检验,检验前不得修理和调整。

3.4.3 型式检验的判定方法应符合下列规定:

1 单件构配件产品应符合本规范第 3.2 节、第 3.3 节的有关要求,方可判定为产品合格;

2 批量构配件产品应按本规范附录 C 进行判定,当检验项目均合格时,方可判定批合格;

3 经检验发现的不合格品剔出或修理后,可按规定方式再次提交检查。

4 荷 载

4.1 荷 载 分 类

4.1.1 作用于碗扣式钢管脚手架上的荷载,可分为永久荷载(恒荷载)和可变荷载(活荷载)。永久荷载的分项系数应取 1.2,对结构有利时应取 1.0;可变荷载的分项系数应取 1.4。

4.1.2 双排脚手架的永久荷载应根据脚手架实际情况进行计算,并应包括下列内容:

    1 组成双排脚手架结构的杆系自重,包括:立杆、横杆、斜杆、水平斜杆等;

    2 脚手板、挡脚板、栏杆、安全网等附加构件的自重。

4.1.3 双排脚手架的可变荷载计算应包括下列内容:

    1 作业层上的操作人员、器具及材料等施工荷载;

    2 风荷载;

    3 其他荷载。

4.1.4 模板支撑架的永久荷载计算应包括下列内容:

    1 作用在模板支撑架上的荷载,包括:新浇筑混凝土、钢筋、模板及支承梁(楞)等自重;

    2 组成模板支撑架结构的杆系自重,包括:立杆、纵向及横向水平杆、垂直及水平斜杆等自重;

    3 脚手板、栏杆、挡脚板、安全网等防护设施及附加构件的自重。

4.1.5 模板支撑架的可变荷载计算应包括下列内容:

    1 施工人员、材料及施工设备荷载;

    2 浇筑和振捣混凝土时产生的荷载;

    3 风荷载;

    4 其他荷载。

4.2 荷 载 标 准 值

4.2.1 双排脚手架结构杆系自重标准值,可按本规范表 3.2.5 采用。

4.2.2 双排脚手架其他构件自重标准值,可按下列规定采用:

    1 双排脚手板自重标准值可按 0.35kN/m² 取值;

    2 作业层的栏杆与挡脚板自重标准值可按 0.14kN/m 取值;

    3 双排脚手架外侧满挂密目式安全立网自重标准值可按 0.01kN/m² 取值。

4.2.3 双排脚手架施工荷载标准值可按下列规定采用:

    1 作业层均布施工荷载标准值(Q)根据脚手架的用途,应按表 4.2.3 采用。

表 4.2.3 作业层均布施工荷载标准值

脚手架用途	荷载标准值(kN/m²)
结构脚手架	3.0
装修脚手架	2.0

2 双排脚手架作业层不宜超过2层。

4.2.4 模板支撑架永久荷载标准值应符合下列规定：

1 模板及支撑架自重标准值（Q_1）应根据模板及支撑架施工设计方案确定。10m以下的支撑架可不计算架体自重；对一般肋形楼板及无梁楼板模板的自重标准值，可按表4.2.4采用。

表4.2.4 水平模板自重标准值（kN/m²）

模板构件名称	竹、木胶合板及木模板	定型钢模板
平面模板及小楞	0.30	0.50
楼板模板（其中包括梁模板）	0.50	0.75

注：其他类型模板按实际重量采用。

2 新浇筑混凝土自重（包括钢筋）标准值（Q_2）对普通钢筋混凝土可采用25kN/m³，对特殊混凝土应根据实际情况确定。

4.2.5 模板支撑架施工荷载标准值应符合下列规定：

1 施工人员及设备荷载标准值（Q_3）按均布活荷载取1.0kN/m²；

2 浇筑和振捣混凝土时产生的荷载标准值（Q_4）可采用1.0kN/m²。

4.3 风 荷 载

4.3.1 作用于双排脚手架及模板支撑架上的水平风荷载标准值，应按下式计算：

$$w_k = 0.7\mu_z\mu_s w_0 \tag{4.3.1}$$

式中 w_k——风荷载标准值（kN/m²）；

μ_z——风压高度变化系数，应按本规范附录D确定；

μ_s——风荷载体型系数，按本规范第4.3.2条采用；

w_0——基本风压（kN/m²），按现行国家标准《建筑结构荷载规范》GB 50009规定采用。

4.3.2 双排脚手架及模板支撑架的风荷载体型系数（μ_s）应按下列规定采用：

1 悬挂密目式安全立网的双排脚手架和支撑架体型系数：$\mu_s = 1.3\varphi_0$，φ_0为密目式安全立网挡风系数，可取0.8。

2 单排架无遮拦体型系数：$\mu_{st} = 1.2\varphi_0$，挡风系数：

$$\varphi_0 = \frac{A_1}{A_0} \tag{4.3.2-1}$$

式中 A_1——杆件挡风面积（m²）；

A_0——迎风全面积（m²）。

3 无遮拦多排模板支撑架的体型系数：

$$\mu_s = \mu_{st}\frac{1-\eta^n}{1-\eta} \tag{4.3.2-2}$$

式中 μ_{st}——单排架体型系数；

n——支撑架相连立杆排数；

η——按现行国家标准《建筑结构荷载规范》GB 50009有关规定修正计算，当φ_0

小于或等于 0.1 时，应取 $\eta=0.97$。

4.4 荷载效应组合计算

4.4.1 设计双排脚手架及模板支撑架时，其杆件和连墙件的承载力等，应按表 4.4.1 的荷载效应组合要求进行计算。

表 4.4.1 荷载效应组合

计 算 项 目	荷 载 组 合
立杆承载力计算	1 永久荷载＋可变荷载（不包括风荷载）
	2 永久荷载＋0.9（可变荷载＋风荷载）
连墙件承载力计算	风荷载＋3.0kN
斜杆承载力和连接扣件（抗滑）承载力计算	风荷载

4.4.2 计算变形（挠度）时的荷载设计值，各类荷载分项系数应取 1.0。

5 结 构 设 计 计 算

5.1 基 本 设 计 规 定

5.1.1 本规范的结构设计应采用概率理论为基础的极限状态设计法，以分项系数的设计表达式进行设计。

5.1.2 当双排脚手架无风荷载作用时，立杆应按承受垂直荷载计算；当有风荷载作用时，立杆应按压弯构件计算。

5.1.3 当横杆承受非节点荷载时，应进行抗弯承载力计算。

5.1.4 受压杆件长细比不得大于 230，受拉杆件长细比不得大于 350。

5.1.5 当杆件变形有控制要求时，应验算其变形，受弯杆件的允许变形（挠度）值不应超过表 5.1.5 的规定。

表 5.1.5 受弯杆件的允许变形（挠度）值

构 件 类 别	允许变形（挠度）值（V）
脚手板、纵向、横向水平杆	$l/150$，$\leqslant 10\text{mm}$
悬挑受弯杆件	$l/400$

注：l 为受弯杆件的跨度，对悬挑杆件为其悬伸长度的 2 倍。

5.1.6 钢材的强度设计值与弹性模量应按表 5.1.6 规定采用。

表 5.1.6 钢材的强度设计值和弹性模量（N/mm^2）

Q235A级钢材抗拉、抗压和抗弯强度设计值 f	205
弹性模量 E	2.06×10^5

5.1.7 钢管的截面特性应按表 5.1.7 规定采用。

表 5.1.7　钢管截面特性

外径 ϕ （mm）	壁厚 t （mm）	截面积 A （cm²）	截面惯性矩 I （cm⁴）	截面模量 W （cm³）	回转半径 i （cm）
48	3.5	4.89	12.19	5.08	1.58

5.2　架体方案设计

5.2.1　架体方案设计应包括下列内容：

　　1　工程概况：工程名称、工程结构、建筑面积、高度、平面形状及尺寸等；模板支撑架应按标准楼层平面图，说明梁板结构的断面尺寸；

　　2　架体结构设计和计算顺序：

　　第一步：制定方案；

　　第二步：绘制架体结构图（平、立、剖）及计算简图；

　　第三步：荷载计算；

　　第四步：最不利立杆、横杆及斜杆承载力验算，连墙件及地基承载力验算；

　　3　确定各个部位斜杆的连接措施及要求，模板支撑架应绘制立杆顶端及底部节点构造图；

　　4　说明结构施工流水步骤，架体搭设、使用和拆除方法；

　　5　编制构配件用料表及供应计划；

　　6　搭设质量及安全的技术措施。

5.3　双排脚手架的结构计算

5.3.1　双排脚手架计算应包括下列内容：

　　1　按脚手架设计方案，分立面和剖面画出结构计算简图；

　　2　计算单肢立杆轴向力和承载力；

　　3　计算风荷载在立杆中产生的弯矩及连墙件承载力；

　　4　最不利立杆压弯承载力计算；

　　5　验算地基承载力。

5.3.2　双排脚手架立杆计算长度应按下列要求确定：

　　1　两立杆间无斜杆时，等于相邻两连墙件间垂直距离；当连墙件垂直距离小于或等于 4.2m 时，计算长度乘以折减系数 0.85；

　　2　当两立杆间增设斜杆时，等于立杆相邻节点间的距离。

5.3.3　当无风荷载时，单肢立杆承载力计算应符合下列要求：

　　1　立杆轴向力应按下式计算：

$$N = 1.2(N_{G1} + N_{G2}) + 1.4N_{Q1} \tag{5.3.3-1}$$

式中　N_{G1}——脚手架结构自重标准值产生的轴向力（kN）；

　　　　N_{G2}——脚手板及构配件等自重标准值产生的轴向力（kN）；

　　　　N_{Q1}——施工荷载产生的轴向力（kN）。

　　2　单肢立杆轴向承载力应符合下列要求：

$$N \leqslant \varphi \cdot A \cdot f \qquad (5.3.3\text{-}2)$$

式中 φ——轴心受压杆件稳定系数，按长细比查本规范附录 E 采用；

A——立杆横截面面积（mm^2）；

f——钢材的抗拉、抗压、抗弯强度设计值，应按本规范表 5.1.6 采用。

5.3.4 组合风荷载时，单肢立杆承载力计算应符合下列要求：

1 风荷载对立杆产生的弯矩：当连墙件竖向间距为二步时（见图 5.3.4），应按下列公式计算：

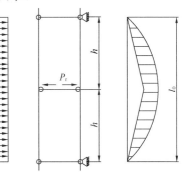

$$M_w = 1.4 l_a \times l_0^2 \frac{w_k}{8} - P_r \frac{l_0}{4} \qquad (5.3.4\text{-}1)$$

$$P_r = \frac{5}{16} \times 1.4 w_k l_a l_0 \qquad (5.3.4\text{-}2)$$

式中 M_w——风荷载作用下单肢立杆弯矩（$\text{kN} \cdot \text{m}$）；

l_a——立杆纵距（m）；

l_0——立杆计算长度（m）；

w_k——风荷载标准值（kN/m^2）；

图 5.3.4 弯矩

P_r——风荷载作用下内外排立杆间横杆的支承力（kN）。

2 单肢立杆轴向力 N_w 应按下式计算：

$$N_w = 1.2(N_{G1} + N_{G2}) + 0.9 \times 1.4 N_{Q1} \qquad (5.3.4\text{-}3)$$

3 立杆压弯承载力（稳定性）应按下式计算：

$$\frac{N_w}{\varphi A} + 0.9 \frac{M_w}{W} \leqslant f \qquad (5.3.4\text{-}4)$$

式中 W——立杆截面模量（cm^3）。

5.3.5 连墙件计算应符合下列要求：

1 风荷载作用下连墙件轴向力应按下式计算：

$$N_s = 1.4 w_k L_1 H_1 \qquad (5.3.5\text{-}1)$$

式中 N_s——风荷载作用下连墙件轴向力（kN）；

L_1、H_1——分别是连墙件间竖向及水平间距（m）。

2 连墙件承载力及稳定应符合下列要求：

$$N_s + N_0 \leqslant \varphi A_c f \qquad (5.3.5\text{-}2)$$

式中 N_0——连墙件约束脚手架平面外变形所产生的轴向力，取 3kN；

A_c——连墙件的毛截面积（mm^2）。

3 当采用钢管扣件连接时，应验算扣件抗滑承载力，扣件承载力设计值应取 8kN。

5.4 双排脚手架搭设高度计算

5.4.1 双排脚手架允许搭设高度（H）应按下列公式计算：

1 不组合风荷载时 H 值：

$$H \leqslant \frac{[\varphi A f - (1.2 N_{G2} + 1.4 N_{Q1})]h}{1.2 N_{g1}} \qquad (5.4.1\text{-}1)$$

式中 N_{g1}——每步脚手架自重（N）。

2 组合风荷载时 H 值：

$$H \leqslant \frac{[N_{\mathrm{w}} - (1.2N_{\mathrm{G2}} + 0.9 \times 1.4N_{\mathrm{Q1}})]h}{1.2N_{\mathrm{g1}}} \tag{5.4.1-2}$$

$$N_{\mathrm{w}} = \varphi A \left(f - 0.9 \frac{M_{\mathrm{w}}}{W} \right) \tag{5.4.1-3}$$

5.4.2 立杆轴向力应按下列公式计算：

1 脚手板、挡脚板、防护栏杆及外挂密目式安全立网等荷载产生的轴向力：

$$N_{\mathrm{G2}} = m \left(g_2 \frac{l_{\mathrm{a}} l_{\mathrm{b}}}{2} + 0.14 \times l_{\mathrm{a}} \right) + 0.01 l_{\mathrm{a}} H \tag{5.4.2-1}$$

式中 m——脚手板层数；

g_2——脚手板单位面积自重（kN/m^2）；

l_{a}——双排脚手架立杆纵距（m）；

l_{b}——双排脚手架立杆横距（m）。

2 每步脚手架自重计算：

$$N_{\mathrm{g1}} = ht_1 + 0.5t_2 + t_3 + 0.5t_4 + 0.5t_5 \tag{5.4.2-2}$$

式中 h——步距（m）；

t_1——立杆每米重量（N/m）；

t_2——横向（小）横杆单件重量（N）；

t_3——纵向横杆单件重量（N）；

t_4——内外立杆间斜杆重量（N）；

t_5——水平斜杆及扣件等重量（N）。

3 施工荷载应按下式计算：

$$N_{\mathrm{Q1}} = n_{\mathrm{c}} Q \frac{l_{\mathrm{a}} l_{\mathrm{b}}}{2} \tag{5.4.2-3}$$

式中 n_{c}——作业层层数；

Q——脚手架作业层均布施工荷载标准值（kN/m^2）。

5.5 立杆地基承载力计算

5.5.1 立杆基础底面积应按下式计算：

$$A_{\mathrm{g}} = \frac{N}{f_{\mathrm{g}}} \tag{5.5.1}$$

式中 A_{g}——立杆基础底面积（m^2）；

f_{g}——地基承载力特征值（kPa）。当为天然地基时，应按地勘报告选用；当为回填土地基时，应乘以折减系数 0.4。

5.5.2 当脚手架搭设在结构的楼板、阳台上时，立杆底座应铺设垫板，并应对楼板或阳台等的承载力进行验算。

5.6 模板支撑架设计计算

5.6.1 模板支撑架结构设计计算应包括下列内容：

1 根据梁板结构平面图，绘制模板支撑架立杆平面布置图；

2 绘制架体顶部梁板结构及顶杆剖面图；

3 计算最不利单肢立杆轴向力及承载力；

4 绘制架体风荷载结构计算简图，架体倾覆验算；

5 地基承载力验算；

6 斜杆扣件连接强度验算。

5.6.2 单肢立杆轴向力和承载力应按下列公式计算：

1 不组合风荷载时单肢立杆轴向力：

$$N = 1.2(Q_1 + Q_2) + 1.4(Q_3 + Q_4)L_x L_y \qquad (5.6.2\text{-}1)$$

式中 L_x——单肢立杆纵向间距（m）；

L_y——单肢立杆横向间距（m）。

2 组合风荷载时单肢立杆轴向力：

$$N = 1.2(Q_1 + Q_2) + 0.9 \times 1.4[(Q_3 + Q_4)L_x L_y + Q_5] \qquad (5.6.2\text{-}2)$$

式中 Q_5——风荷载产生的轴向力（kN）。

3 单肢立杆承载力应按本规范式（5.3.3-2）计算。

5.6.3 模板支撑架立杆计算长度应按下列要求确定：

1 在每行每列有斜杆的网格结构中按步距 h 计算；

2 当外侧四周及中间设置了纵、横向剪刀撑并满足本规范第 6.2.2 条第 2 款构造要求时，应按 $l_0 = h + 2a$ 计算，a 为立杆伸出顶层水平杆长度。

5.6.4 当模板支撑架有风荷载作用时，应进行内力计算（见图 5.6.4），并应符合下列规定：

1 架体内力计算应将风荷载化解为每一节点的集中荷载 w；

2 节点集中荷载 w 在立杆及斜杆中产生的内力 w_v、w_s 应按下式计算：

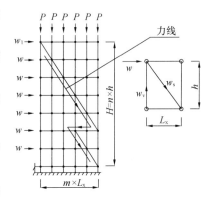

图 5.6.4 斜杆内力计算

$$w_v = \frac{h}{L_x} w \qquad (5.6.4\text{-}1)$$

$$w_s = \frac{\sqrt{h^2 + L_x^2}}{L_x} w \qquad (5.6.4\text{-}2)$$

3 当采用钢管扣件作斜杆时应验算扣件抗滑承载力，并应符合下列要求：

$$\sum_1^n w_s = w_{s1} + (n-1)w_s \leqslant Q_c \qquad (5.6.4\text{-}3)$$

式中 $\sum\limits_1^n w_s$——自上而下叠加在斜杆最下端处最大内力（kN）；

w_{s1}——顶端风荷载 w_1 产生的斜杆内力（kN）；

n——支撑架步数；

Q_c——扣件抗滑承载力，取 8kN。

4 顶端风荷载（w_1）应按下列两种工况考虑：

1）当钢筋未绑扎时，顶部只计算安全网的挡风面积；

2）当钢筋绑扎完毕，已安装完梁板模板后，应将安全网和侧模两个挡风面积叠加计算。

5.6.5 架体倾覆验算转化为立杆拉力计算应符合下列要求：

1 当按顶部有安全网进行风荷载计算时，依靠架体自重平衡，使其满足 $P \geqslant \sum w_v$；

2 当顶部梁板模板安装完毕时，可组合立杆上模板及钢筋重量，使其满足 $P \geqslant \sum w_v$；

3 当按上述计算结果仍不能满足要求时，应采取下列措施：

1）当架体高度小于或等于 7m 时，应加设斜撑；

2）当架体高度大于 7m 时，可采用带有地锚和花篮螺栓的缆风绳。

6　构　造　要　求

6.1　双　排　脚　手　架

6.1.1 双排脚手架应按本规范构造要求搭设；当连墙件按二步三跨设置，二层装修作业层、二层脚手板、外挂密目安全网封闭，且符合下列基本风压值时，其允许搭设高度宜符合表 6.1.1 的规定。

表 6.1.1　双排落地脚手架允许搭设高度

步距（m）	横距（m）	纵距（m）	允许搭设高度（m）		
			基本风压值 w_0（kN/m²）		
			0.4	0.5	0.6
1.8	0.9	1.2	68	62	52
		1.5	51	43	36
	1.2	1.2	59	53	46
		1.5	41	34	26

注：本表计算风压高度变化系数，系按地面粗糙度为 C 类采用，当具体工程的基本风压值和地面粗糙度与此表不相符时，应另行计算。

6.1.2 当曲线布置的双排脚手架组架时，应按曲率要求使用不同长度的内外横杆组架，曲率半径应大于 2.4m。

6.1.3 当双排脚手架拐角为直角时，宜采用横杆直接组架（见图 6.1.3a）；当双排脚手架拐角为非直角时，可采用钢管扣件组架（见图 6.1.3b）。

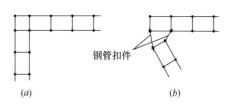

图 6.1.3　拐角组架
（a）横杆组架；（b）钢管扣件组架

6.1.4 双排脚手架首层立杆应采用不同的长度交错布置，底层纵、横向横杆作为扫地杆距地面高度应小于或等于 350mm，严禁施工中拆除扫地杆，立杆应配置可调底座或固定底座（见图 6.1.4）。

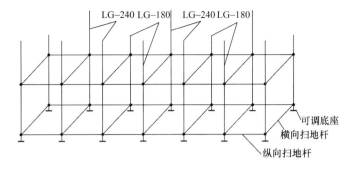

图 6.1.4 首层立杆布置示意

6.1.5 双排脚手架专用外斜杆设置（见图 6.1.5）应符合下列规定：

1 斜杆应设置在有纵、横向横杆的碗扣节点上；

2 在封圈的脚手架拐角处及一字形脚手架端部应设置竖向通高斜杆；

3 当脚手架高度小于或等于 **24m** 时，每隔 **5** 跨应设置一组竖向通高斜杆；当脚手架高度大于 **24m** 时，每隔 **3** 跨应设置一组竖向通高斜杆；斜杆应对称设置；

4 当斜杆临时拆除时，拆除前应在相邻立杆间设置相同数量的斜杆。

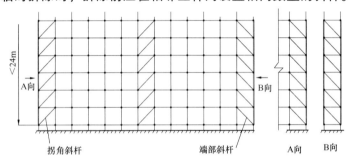

图 6.1.5 专用外斜杆设置示意

6.1.6 当采用钢管扣件作斜杆时应符合下列规定：

1 斜杆应每步与立杆扣接，扣接点距碗扣节点的距离不应大于 **150mm**；当出现不能与立杆扣接时，应与横杆扣接，扣件扭紧力矩应为 **40～65N・m**；

2 纵向斜杆应在全高方向设置成八字形且内外对称，斜杆间距不应大于 **2** 跨（见图 6.1.6）。

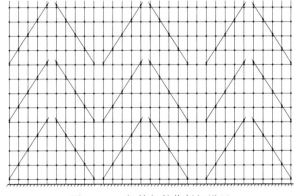

图 6.1.6 钢管扣件作斜杆设置

6.1.7 连墙件的设置应符合下列规定：

1 连墙件应呈水平设置，当不能呈水平设置时，与脚手架连接的一端应下斜连接；

2 每层连墙件应在同一平面，其位置应由建筑结构和风荷载计算确定，且水平间距不应大于 **4.5m**；

3 连墙件应设置在有横向横杆的碗扣节点处，当采用钢管扣件做连墙件时，连墙件应与立杆连接，连接点距碗扣节点距离不应大于 **150mm**；

4 连墙件应采用可承受拉、压荷载的刚性结构，连接应牢固可靠。

6.1.8 当脚手架高度大于 **24m** 时，顶部 **24m** 以下所有的连墙件层必须设置水平斜杆，水平斜杆应设置在纵向横杆之下（见图 6.1.8）。

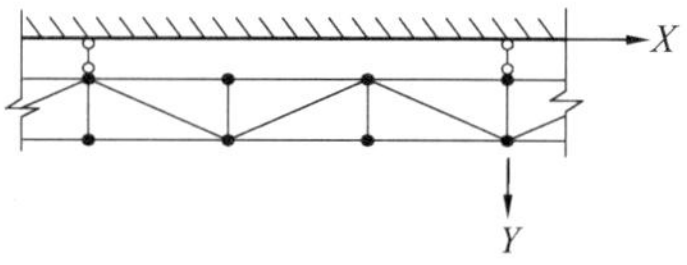

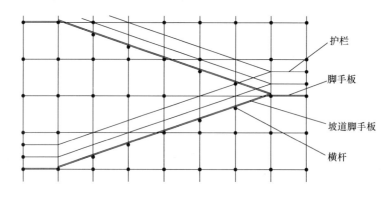

图 6.1.8 水平斜杆设置示意

6.1.9 脚手板设置应符合下列规定：

1 工具式钢脚手板必须有挂钩，并带有自锁装置与廊道横杆锁紧，严禁浮放；

2 冲压钢脚手板、木脚手板、竹串片脚手板，两端应与横杆绑牢，作业层相邻两根廊道横杆间应加设间横杆，脚手板探头长度应小于或等于 **150mm**。

6.1.10 人行通道坡度宜小于或等于 **1：3**，并应在通道脚手板下增设横杆，通道可折线上升（见图 6.1.10）。

护栏
脚手板
坡道脚手板
横杆

图 6.1.10 人行通道设置

6.1.11 脚手架内立杆与建筑物距离应小于或等于 **150mm**；当脚手架内立杆与建筑物距离大于 **150mm** 时，应按需要分别选用窄挑梁或宽挑梁设置作业平台。挑梁应单层挑出，严禁增加层数。

6.2 模 板 支 撑 架

6.2.1 模板支撑架应根据所承受的荷载选择立杆的间距和步距，底层纵、横向水平杆作为扫地杆，距地面高度应小于或等于 **350mm**，立杆底部应设置可调底座或固定底座；立杆上端包括可调螺杆伸出顶层水平杆的长度不得大于 **0.7m**。

6.2.2 模板支撑架斜杆设置应符合下列要求：

1 当立杆间距大于 **1.5m** 时，应在拐角处设置通高专用斜杆，中间每排每列应设置通高八字形斜杆或剪刀撑；

2 当立杆间距小于或等于 **1.5m** 时，模板支撑架四周从底到顶连续设置竖向剪刀撑；中间纵、横向由底至顶连续设置竖向剪刀撑，其间距应小于或等于 **4.5m**；

3 剪刀撑的斜杆与地面夹角应在 **45°～60°** 之间，斜杆应每步与立杆扣接。

6.2.3 当模板支撑架高度大于 **4.8m** 时，顶端和底部必须设置水平剪刀撑，中间水平剪刀撑设置间距应小于或等于 **4.8m**。

6.2.4 当模板支撑架周围有主体结构时，应设置连墙件。

6.2.5 模板支撑架高宽比应小于或等于 2；当高宽比大于 2 时可采取扩大下部架体尺寸或采取其他构造措施。

6.2.6 模板下方应放置次楞（梁）与主楞（梁），次楞（梁）与主楞（梁）应按受弯杆件设计计算。支架立杆上端应采用 U 形托撑，支撑应在主楞（梁）底部。

6.3 门 洞 设 置 要 求

6.3.1 当双排脚手架设置门洞时，应在门洞上部架设专用梁，门洞两侧立杆应加设斜杆（见图 6.3.1）。

6.3.2 模板支撑架设置人行通道时（见图 6.3.2），应符合下列规定：

1 通道上部应架设专用横梁，横梁结构应经过设计计算确定；

2 横梁下的立杆应加密，并应与架体连接牢固；

3 通道宽度应小于或等于 **4.8m**；

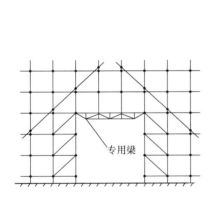

图 6.3.1 双排外脚手架门洞设置　　　图 6.3.2 模板支撑架人行通道设置

4 门洞及通道顶部必须采用木板或其他硬质材料全封闭，两侧应设置安全网；

5 通行机动车的洞口，必须设置防撞击设施。

7 施 工

7.1 施 工 组 织

7.1.1 双排脚手架及模板支撑架施工前必须编制专项施工方案，并经批准后，方可实施。

7.1.2 双排脚手架搭设前，施工管理人员应按双排脚手架专项施工方案的要求对操作人员进行技术交底。

7.1.3 对进入现场的脚手架构配件，使用前应对其质量进行复检。

7.1.4 对经检验合格的构配件应按品种、规格分类放置在堆料区内或码放在专用架上，清点好数量备用；堆放场地排水应畅通，不得有积水。

7.1.5 当连墙件采用预埋方式时，应提前与相关部门协商，按设计要求预埋。

7.1.6 脚手架搭设场地必须平整、坚实、有排水措施。

7.2 地基与基础处理

7.2.1 脚手架基础必须按专项施工方案进行施工，按基础承载力要求进行验收。

7.2.2 当地基高低差较大时，可利用立杆 0.6m 节点位差进行调整。

7.2.3 土层地基上的立杆应采用可调底座和垫板。

7.2.4 双排脚手架立杆基础验收合格后，应按专项施工方案的设计进行放线定位。

7.3 双排脚手架搭设

7.3.1 底座和垫板应准确地放置在定位线上；垫板宜采用长度不少于立杆二跨、厚度不小于 50mm 的木板；底座的轴心线应与地面垂直。

7.3.2 双排脚手架搭设应按立杆、横杆、斜杆、连墙件的顺序逐层搭设，底层水平框架的纵向直线度偏差应小于 1/200 架体长度；横杆间水平度偏差应小于 1/400 架体长度。

7.3.3 双排脚手架的搭设应分阶段进行，每段搭设后必须经检查验收合格后，方可投入使用。

7.3.4 双排脚手架的搭设应与建筑物的施工同步上升，并应高于作业面 1.5m。

7.3.5 当双排脚手架高度 H 小于或等于 30m 时，垂直度偏差应小于或等于 $H/500$；当高度 H 大于 30m 时，垂直度偏差应小于或等于 $H/1000$。

7.3.6 当双排脚手架内外侧加挑梁时，在一跨挑梁范围内不得超过一名施工人员操作，严禁堆放物料。

7.3.7 连墙件必须随双排脚手架升高及时在规定的位置处设置，严禁任意拆除。

7.3.8 作业层设置应符合下列规定：

    1 脚手板必须铺满、铺实，外侧应设 180mm 挡脚板及 1200mm 高两道防护栏杆；

    2 防护栏杆应在立杆 0.6m 和 1.2m 的碗扣接头处搭设两道；

    3 作业层下部的水平安全网设置应符合国家现行标准《建筑施工安全检查标准》JGJ 59 的规定。

7.3.9 当采用钢管扣件作加固件、连墙件、斜撑时，应符合国家现行标准《建筑施工扣件式钢管脚手架安全技术规范》JGJ 130的有关规定。

7.4 双排脚手架拆除

7.4.1 双排脚手架拆除时，必须按专项施工方案，在专人统一指挥下进行。

7.4.2 拆除作业前，施工管理人员应对操作人员进行安全技术交底。

7.4.3 双排脚手架拆除时必须划出安全区，并设置警戒标志，派专人看守。

7.4.4 拆除前应清理脚手架上的器具及多余的材料和杂物。

7.4.5 拆除作业应从顶层开始,逐层向下进行,严禁上下层同时拆除。

7.4.6 **连墙件必须在双排脚手架拆到该层时方可拆除,严禁提前拆除。**

7.4.7 拆除的构配件应采用起重设备吊运或人工传递到地面,严禁抛掷。

7.4.8 当双排脚手架采取分段、分立面拆除时,必须事先确定分界处的技术处理方案。

7.4.9 拆除的构配件应分类堆放,以便于运输、维护和保管。

7.5 模板支撑架的搭设与拆除

7.5.1 模板支撑架的搭设应按专项施工方案,在专人指挥下,统一进行。

7.5.2 应按施工方案弹线定位,放置底座后应分别按先立杆后横杆再斜杆的顺序搭设。

7.5.3 在多层楼板上连续设置模板支撑架时,应保证上下层支撑立杆在同一轴线上。

7.5.4 模板支撑架拆除应符合现行国家标准《混凝土结构工程施工质量验收规范》GB 50204 中混凝土强度的有关规定。

7.5.5 架体拆除应按施工方案设计的顺序进行。

8 检 查 与 验 收

8.0.1 进入现场的构配件应具备以下证明资料:

  1 主要构配件应有产品标识及产品质量合格证;

  2 供应商应配套提供钢管、零件、铸件、冲压件等材质、产品性能检验报告。

8.0.2 构配件进场应重点检查以下部位质量:

  1 钢管壁厚、焊接质量、外观质量;

  2 可调底座和可调托撑材质及丝杆直径、与螺母配合间隙等。

8.0.3 双排脚手架搭设应重点检查下列内容:

  1 保证架体几何不变性的斜杆、连墙件等设置情况;

  2 基础的沉降,立杆底座与基础面的接触情况;

  3 上碗扣锁紧情况;

  4 立杆连接销的安装、斜杆扣接点、扣件拧紧程度。

8.0.4 双排脚手架搭设质量应按下列情况进行检验:

  1 首段高度达到 6m 时,应进行检查与验收;

  2 架体随施工进度升高应按结构层进行检查;

  3 架体高度大于 24m 时,在 24m 处或在设计高度 $H/2$ 处及达到设计高度后,进行全面检查与验收;

  4 遇 6 级及以上大风、大雨、大雪后施工前检查;

  5 停工超过一个月恢复使用前。

8.0.5 双排脚手架搭设过程中,应随时进行检查,及时解决存在的结构缺陷。

8.0.6 双排脚手架验收时,应具备下列技术文件:

    1 专项施工方案及变更文件；

    2 安全技术交底文件；

    3 周转使用的脚手架构配件使用前的复验合格记录；

    4 搭设的施工记录和质量安全检查记录。

8.0.7 模板支撑架浇筑混凝土时，应由专人全过程监督。

9 安全使用与管理

9.0.1 作业层上的施工荷载应符合设计要求，不得超载，不得在脚手架上集中堆放模板、钢筋等物料。

9.0.2 混凝土输送管、布料杆、缆风绳等不得固定在脚手架上。

9.0.3 遇 6 级及以上大风、雨雪、大雾天气时，应停止脚手架的搭设与拆除作业。

9.0.4 脚手架使用期间，严禁擅自拆除架体结构杆件；如需拆除必须经修改施工方案并报请原方案审批人批准，确定补救措施后方可实施。

9.0.5 **严禁在脚手架基础及邻近处进行挖掘作业。**

9.0.6 脚手架应与输电线路保持安全距离，施工现场临时用电线路架设及脚手架接地防雷措施等应按国家现行标准《施工现场临时用电安全技术规范》JGJ 46 的有关规定执行。

9.0.7 搭设脚手架人员必须持证上岗。上岗人员应定期体检，合格者方可持证上岗。

9.0.8 搭设脚手架人员必须戴安全帽、系安全带、穿防滑鞋。

附录 A 主要构配件制作质量及形位公差要求

表 A 主要构配件制作质量及形位公差要求

名称	检查项目	公称尺寸（mm）	允许偏差（mm）	检测量具	图 示
立杆	长度（L）	900	±0.70	钢卷尺	
		1200	±0.85		
		1800	±1.15		
		2400	±1.40		
		3000	±1.65		
	碗扣节点间距	600	±0.50	钢卷尺	
	下碗扣与定位销下端间距	114	±1	游标卡尺	
	杆件直线度	—	1.5L/1000	专用量具	
	杆件端面对轴线垂直度	—	0.3	角尺（端面150mm范围内）	
	下碗扣内圆锥与立杆同轴度	—	φ0.5	专用量具	
	下碗扣与立杆焊缝高度	4	±0.50	焊接检验尺	
	下套管与立杆焊缝高度	4	±0.50	焊接检验尺	

续表 A

名称	检查项目	公称尺寸（mm）	允许偏差（mm）	检测量具	图示
横杆	长度（L）	300	±0.40	钢卷尺	$\phi48\times3.5^{+0.25}_{-0}$ L
		600	±0.50		
		900	±0.70		
		1200	±0.80		
		1500	±0.95		
		1800	±1.15		
		2400	±1.40		
	横杆两接头弧面平行度	—	≤1.00	—	
	横杆接头与杆件焊缝高度	4	±0.50	焊接检验尺	
上碗扣	螺旋面高端	$\phi53$	+1.0 / 0	深度游标卡尺	$\phi50^{+0.0}_{-1.0}$ $53^{+1.0}_{0}$ $40^{0.0}_{-1.0}$ 15° $\phi67^{+0.8}_{-0.6}$
	螺旋面低端	$\phi40$	0 / −1.0		
	上碗扣内圆锥大端直径	$\phi67$	+0.8 / −0.6	游标卡尺	
	上碗扣内圆锥大端圆度	$\phi67$	0.35	游标卡尺	
	内圆锥底圆孔圆度	$\phi50$	0.30	游标卡尺	
	内圆锥与底圆孔同轴度	—	$\phi0.5$	杠杆百分表	
下碗扣	高度（H）	28（铸造件）25（冲压件）	+0.8 +0.1	深度游标卡尺	$\phi69.4^{+0.5}_{0.0}$ 15° H $\phi49^{+0.25}_{0.0}$ A
	底圆柱孔直径	$\phi49.5$	±0.25	游标卡尺	
	内圆锥大端直径	$\phi69.4$	+0.5 / −0.2	游标卡尺	
	内圆锥大端圆度	$\phi69.4$	0.25	游标卡尺	
	内圆锥与底圆孔同轴度	—	$\phi0.5$	芯棒、塞尺	
横杆接头	高度	20（18）	±0.50	游标卡尺	60±0.5 49.5±0.5 4±0.5 18 7 3 R26 R35
	与立杆贴合曲面圆度	$\phi48$	+0.5 / 0	—	

649

附录 B 主要构配件强度试验方法

表 B 主要构配件强度试验方法

试验项目	简 图	加载方法	判定标准 荷载值（kN）
上碗扣抗拉强度试验		加载速度： 300～400N/s， 分两次加载： 第一次（kN） 0→15→0 第二次（kN） 0→30（持荷 2min）	P=30 未破坏
下碗扣焊接强度试验		加载速度： 300～400N/s， 分两次加载： 第一次（kN） 0→30→0 第二次（kN） 0→60（持荷 2min）	P=60 未破坏 焊缝无开裂、错位现象
横杆接头强度试验		加载速度： 300～400N/s， 分两次加载： 第一次（kN） 0→25→0 第二次（kN） 0→50（持荷 2min）	P=50 未破坏
横杆接头焊接强度试验		加载速度： 300～400N/s， 分两次加载： 第一次（kN） 0→10→0 第二次（kN） 0→25（持荷 2min）	P=25 未破坏 焊缝无开裂、错位现象

续表B

试验项目	简　图	加载方法	判定标准 荷载值（kN）
可调底座抗压强度试验		加载速度：300～400N/s，分两次加载：第一次（kN）0→50→0 第二次（kN）0→100（持荷2min）	$P=100$ 未破坏

附录C　主要构配件正常检验二次抽样方案

表C　主要构配件正常检验二次抽样方案

项目类别	检 查 项 目		检验水平	AQL	批量	样本	样本量	累计样本量	接收数 A_c	拒收数 R_e
A类	上碗扣抗拉强度	按3.3.10、3.3.11条	S-4	6.5	281～500	第一 第二	8 8	8 16	0 3	3 4
	下碗扣焊接强度	按3.3.10、3.3.11条								
	横杆接头强度	按3.3.10、3.3.11条								
	横杆接头焊接强度	按3.3.10、3.3.11条			501～1200	第一 第二	13 13	13 26	1 4	3 5
	可调底座抗压强度	按3.3.10、3.3.11条								
B类	材料	按3.2节	Ⅱ	10	281～500	第一 第二	32 32	32 64	5 12	9 13
	钢管壁厚	按3.3.1条								
	立杆长度	按附录A表A								
	碗扣节点间距	按附录A表A								
	焊缝高度	按附录A表A								
	横杆长度	按附录A表A								
	横杆两接头弧面平行度	按附录A表A								
	可调底座及托撑钢板厚度	按3.3.8条			501～1200	第一 第二	50 50	50 100	7 18	11 19
	可调底座及托撑丝杆与螺母啮合长度	按3.3.9条								

项目类别	检 查 项 目		检验水平	AQL	批量	样本	样本量	累计样本量	接收数 A_c	拒收数 R_e
B类	插入立杆长度	按3.3.9条	Ⅱ	10	501～1200	第一 第二	50 50	50 100	7 18	11 19
	下碗扣高度	按附录A表A								
	下碗扣内圆锥大端直径及圆度	按附录A表A								
	下碗扣内圆锥与底圆孔同轴度	按附录A表A								
	横杆接头高度	按附录A表A								
	横杆与立杆贴合曲面圆度	按附录A表A								
	立杆杆件端面与轴线垂直度	按附录A表A								
C类	上碗扣螺旋面尺寸	按附录A表A	Ⅱ	15	281～500	第一 第二	32 32	32 64	7 18	11 19
	上碗扣内圆锥大端直径及圆度	按附录A表A								
	上碗扣内圆锥底圆孔圆度	按附录A表A								
	上碗扣内圆锥与底圆孔同轴度	按附录A表A								
	下碗扣的圆孔直径	按附录A表A								
	下碗扣内圆锥与立杆同轴度	按附录A表A								
	下碗扣与定位销下端间距	按附录A表A								
	外观质量	钢管外观	按3.3.6条第1款			501～1200	第一 第二	50 50	50 100	11 26	16 27
		铸造件外观	按3.3.6条第2款								
		冲压件外观	按3.3.6条第3款								
		焊缝外观	按3.3.6条第4款								
		防锈漆涂层外观	按3.3.6条第5款								
		标识	按3.3.6条第6款								
	组装质量	上碗扣灵活	按3.3.7条第1款								
		立杆与立杆连接	按3.3.7条第2款								
		上碗扣锁紧	按3.3.7条第3款								
		横杆与立杆垂直度偏差	按3.3.7条第4款								

附录 D 风荷载计算系数

D.0.1 对于平坦或稍有起伏的地形，风压高度变化系数应根据地面粗糙度类别按表 D.0.1 确定。地面粗糙度可分为 A、B、C、D 四类：

    ——A 类指近海海面和海岛、海岸、湖岸及沙漠地区；

    ——B 类指田野、乡村、丛林、丘陵以及房屋比较稀疏的乡镇和城市郊区；

    ——C 类指有密集建筑群的城市市区；

    ——D 类指有密集建筑群且房屋较高的城市市区。

表 D.0.1 风压高度变化系数

离地面或海平面高度（m）	地面粗糙度类别			
	A	B	C	D
5	1.17	1.00	0.74	0.62
10	1.38	1.00	0.74	0.62
15	1.52	1.14	0.74	0.62
20	1.63	1.25	0.84	0.62
30	1.80	1.42	1.00	0.62
40	1.92	1.56	1.13	0.73
50	2.03	1.67	1.25	0.84
60	2.12	1.77	1.35	0.93
70	2.20	1.86	1.45	1.02
80	2.27	1.95	1.54	1.11
90	2.34	2.02	1.62	1.19
100	2.40	2.09	1.70	1.27
150	2.64	2.38	2.03	1.61
200	2.83	2.61	2.30	1.92
250	2.99	2.80	2.54	2.19
300	3.12	2.97	2.75	2.45
350	3.12	3.12	2.94	2.68
400	3.12	3.12	3.12	2.91
≥450	3.12	3.12	3.12	3.12

D.0.2 全国基本风压应按现行国家标准《建筑结构荷载规范》GB 50009 的规定采用。

附录 E Q235A 级钢管轴心受压
构件的稳定系数

表 E Q235A 级钢管轴心受压构件的稳定系数

λ	0	1	2	3	4	5	6	7	8	9
0	1.000	0.997	0.995	0.992	0.989	0.987	0.984	0.981	0.979	0.976
10	0.974	0.971	0.968	0.966	0.963	0.960	0.958	0.955	0.952	0.949
20	0.947	0.944	0.941	0.938	0.936	0.933	0.930	0.927	0.924	0.921
30	0.918	0.915	0.912	0.909	0.906	0.903	0.899	0.896	0.893	0.889
40	0.886	0.882	0.879	0.875	0.872	0.868	0.864	0.861	0.858	0.855
50	0.852	0.849	0.846	0.843	0.839	0.836	0.832	0.829	0.825	0.822
60	0.818	0.814	0.810	0.806	0.802	0.797	0.793	0.789	0.784	0.779
70	0.775	0.770	0.765	0.760	0.755	0.750	0.744	0.739	0.733	0.728
80	0.722	0.716	0.710	0.704	0.698	0.692	0.686	0.680	0.673	0.667
90	0.661	0.654	0.648	0.641	0.634	0.626	0.618	0.611	0.603	0.595
100	0.588	0.580	0.573	0.566	0.558	0.551	0.544	0.537	0.530	0.523
110	0.516	0.509	0.502	0.496	0.489	0.483	0.476	0.470	0.464	0.458
120	0.452	0.446	0.440	0.434	0.428	0.423	0.417	0.412	0.406	0.401
130	0.396	0.391	0.386	0.381	0.376	0.371	0.367	0.362	0.357	0.353
140	0.349	0.344	0.340	0.336	0.332	0.328	0.324	0.320	0.316	0.312
150	0.308	0.305	0.301	0.298	0.294	0.291	0.287	0.284	0.281	0.277
160	0.274	0.271	0.268	0.265	0.262	0.259	0.256	0.253	0.251	0.248
170	0.245	0.243	0.240	0.237	0.235	0.232	0.230	0.227	0.225	0.223
180	0.220	0.218	0.216	0.214	0.211	0.209	0.207	0.205	0.203	0.201
190	0.199	0.197	0.195	0.193	0.191	0.189	0.188	0.186	0.184	0.182
200	0.180	0.179	0.177	0.175	0.174	0.172	0.171	0.169	0.167	0.166
210	0.164	0.163	0.161	0.160	0.159	0.157	0.156	0.154	0.153	0.152
220	0.150	0.149	0.148	0.146	0.145	0.144	0.143	0.141	0.140	0.139
230	0.138	0.137	0.136	0.135	0.133	0.132	0.131	0.130	0.129	0.128
240	0.127	0.126	0.125	0.124	0.123	0.122	0.121	0.120	0.119	0.118
250	0.117	—	—	—	—	—	—	—	—	—

本规范用词说明

1 为便于在执行本规范条文时区别对待，对于要求严格程度不同的用词说明如下：

　1）表示很严格，非这样做不可的用词：

　　正面词采用"必须"，反面词采用"严禁"；

　2）表示严格，在正常情况下均应这样做的用词：

　　正面词采用"应"，反面词采用"不应"或"不得"；

　3）表示允许稍有选择，在条件许可时，首先应该这样做的用词：

　　正面词采用"宜"；反面词采用"不宜"。

　　表示有选择，在一定条件下可以这样做的用词，采用"可"。

2 条文中指明应按其他有关标准执行的写法为"应按……执行"或"应符合……的要求（或规定）"。

中华人民共和国行业标准

建筑施工碗扣式钢管脚手架安全技术规范

JGJ 166—2008
J 823—2008

条 文 说 明

前　言

《建筑施工碗扣式钢管脚手架安全技术规范》JGJ 166－2008 经住房和城乡建设部2008 年 11 月 4 日以第 139 号公告批准、发布。

为便于广大设计、施工、科研、学校等单位有关人员在使用本规范时能正确理解和执行条文规定，《建筑施工碗扣式钢管脚手架安全技术规范》编制组按章、节、条顺序编制了本规范的条文说明，供使用者参考。在使用中如发现本条文说明有不妥之处，请将意见函寄河北建设集团有限公司（地址：河北省保定市五四西路 329 号，邮政编码：071070）或中天建设集团有限公司（地址：杭州市之江中路中天商务楼，邮政编码：310008）。

<h1 style="text-align:center">目　次</h1>

1 总　　则

1.0.1 本条是碗扣式钢管脚手架工程设计和施工必须遵循的基本原则。

1.0.2 本条界定了本规范适用的范围。

1.0.3 本条对架体结构整体设计的规定体现以下几项原则：

1 将脚手架及模板支撑架的空间体系化为平面体系；

2 结构计算简图中将横杆与立杆交汇处的碗扣节点视为"铰接"；

3 对脚手架及模板支撑架组成的网格式结构进行机动分析，保证整体结构具备几何不变条件，选出其中的一个静定体系，当整体结构为超静定结构时须忽略多余杆件，绘制成静定的结构计算简图；

4 满足架体为几何不变体系条件是：对于双排脚手架沿纵轴 x 方向的两片网格结构应每层至少设一根斜杆；对于模板支撑架（满堂架）应满足沿立杆轴线（包括平面 x、y 两个方向）的每行每列网格结构竖向每层不得少于一根斜杆；也可采用侧面增加链杆与建筑结构的柱、墙相连的方法。

1.0.4 明确了编制脚手架和模板支撑架等专项设计方案时需要进行计算的基本搭设高度。

1.0.5 指有特殊设计要求和在特殊情况下施工的脚手架、模板支撑架的设计，除符合本规范规定外，尚应根据工程实际情况符合国家现行有关标准的要求。

2　术 语 和 符 号

2.1　术　　语

本规范给出的术语是为了在条文的叙述中，使碗扣式脚手架体系有关的俗称和不统一的名称在本规范及今后的使用中形成单一的概念，并与其他类型的脚手架有关名称趋于一致，利用已知的概念特征赋予其涵义，但不一定是术语的准确定义。所给出的英文译名是参考国外资料和专业词典拟定的。

2.2　符　　号

本规范的符号按以下次序以字母的顺序列出：

1 大写拉丁字母位于小写字母之前（A、a、B、b 等）；

2 无脚标的字母位于小写字母之前（F、f、H、h 等）；

3 希腊字母位于拉丁字母之后；

4 其他特殊符号。

3 构配件材料、制作及检验

3.1 碗 扣 节 点

3.1.1 本条结合图示简单扼要地说明了碗扣式脚手架立杆、横杆连接点（碗扣节点）的结构特征。

3.1.2 碗扣式脚手架主要构配件是工厂化生产的标准系列构件，立杆碗扣节点按0.6m间距设置，即步距以0.6m模数构成，使工具式脚手架具有标准化、通用性的特点。

3.2 主要构配件材料要求

3.2.1～3.2.4 对碗扣式脚手架使用材料及材质提出了具体要求，使之保证产品质量，满足使用性能的要求。

3.3 制作质量要求

3.3.1 钢管的壁厚是保证架体结构承载力的重要条件，对钢管的壁厚负差提出了限定要求，主要是控制近年来市场经营中擅自减小钢管壁厚造成的安全隐患。

3.3.2 本条是对立杆接长处的构造尺寸提出的要求，以保证立杆具有可靠的承载能力。

3.3.3～3.3.9 对主要构配件制造工艺及应达到的质量提出的具体要求。

3.3.10、3.3.11 对主要构配件应达到的性能指标提出要求，并提出了统一的试验方法。

3.4 检 验 规 则

3.4.1～3.4.3 产品制作后的质量状况是保证架体使用安全性的重要环节，为保证产品的质量符合使用性能要求，制定了具体检验方法和质量判定方法。

4 荷 载

4.1 荷 载 分 类

4.1.1～4.1.5 本节采用的荷载分类，系以国家标准《建筑结构荷载规范》GB 50009—2001为依据，对永久荷载及可变荷载按脚手架及模板支撑架两种情况分别列出其具体的项目。

4.2 荷 载 标 准 值

4.2.2 本条脚手板自重标准值统一规定为0.35kN/m²系以50mm厚木脚手板为准；与之相配套的栏杆与挡脚板是按2根ϕ48mm×3.5mm钢管和180mm高的木脚手板按长度进行计算；密目安全网自重系根据2000目网实际重量给定。

4.2.3 本条规定的脚手架施工荷载标准值是根据《编制建筑施工脚手架安全技术标准的统一规定》（修订稿）及参照现行标准《建筑施工扣件式钢管脚手架安全技术规范》JGJ 130－2001 等采用的。

4.2.4、4.2.5 2002 年前，工程施工中的模板及支撑架设计是按照《混凝土结构工程施工及验收规范》GB 50204－92 进行荷载取值，规范验评分离后许多工程仍然沿用这样的取值情况，工程实践表明满足施工要求；因此，本规范在这样的工程实践基础上，吸收了新的工程经验，仅对部分荷载进行了增补和调整。纳入普通钢筋混凝土自重 25kN/m³；考虑通常模板支撑架是梁、板的综合体，因而设计时，在取用"施工人员及设备荷载"1.0kN/m² 后，需再取用"振捣混凝土时产生荷载"1.0kN/m²。以 0.25m 厚的混凝土楼板带有 0.8m×1.0m 大梁的支架为例，如按原方法计算，以 8×8m² 面积计算，楼板：施工人员及设备荷载为（8－0.8）²×1.0＝51.84kN；大梁：振捣混凝土的荷载为 0.4×4×8×2.0＝25.6kN，合计为 77.44kN。如按本条规定计算为：8×8×(1.0＋1.0)＝128kN，荷载取值有一定的提高。

4.3 风 荷 载

4.3.1 水平风荷载标准值计算式取自《建筑施工扣件式钢管脚手架安全技术规范》JGJ 130－2001，其来源为现行国家标准《建筑结构荷载规范》GB 50009－2001，其中：

1 风振系数取 $\beta_z＝1.0$，是因为考虑到脚手架是附在主体结构上，风振影响很小；

2 基本风压 w_0 值可按照现行国家标准《建筑结构荷载规范》GB 50009 规定的各地区基本风压确定；因为脚手架为临时构筑物使用期较短，遇强劲风的概率相对要小得多，故采用了 0.7 修正系数。

4.3.2 脚手架及模板支撑架风荷载体型系数有关规定说明如下：

1 密目安全网的挡风系数按照采用 2000 目网计算，其挡风系数 φ_0 根据住房和城乡建设部《编制建筑施工脚手架安全技术标准的统一规定》（修订稿）为 0.5，考虑到杆件的挡风面积影响，密目安全网上往往积灰和挂土、下雨时呈水幕状等影响，故本规范建议取 0.8；

2 密目安全网体型系数 μ_s 按照两边无遮挡之"独立墙壁及围墙"采用 1.3（见《建筑结构荷载规范》GB 50009－2001 中表 7.3.1 第 33 项）；

3 单排架无遮挡体型系数 $\mu_s＝1.2$，是按照《建筑结构荷载规范》GB 50009－2001 中表 7.3.1 第 36 项中（b）整体计算时的体型系数表中 $\mu_z w_0 d^2 \leqslant 0.002$ 确定；

4 无遮拦多排模板支撑架的体型系数 $\mu_s＝\mu_{st}\dfrac{1-\eta^n}{1-\eta}$ 取自《建筑结构荷载规范》GB 50009－2001 中表 7.3.1 第 32 项。

4.4 荷载效应组合计算

4.4.1 荷载效应组合系按照基本组合与偶然荷载相遇时之组合计算。风荷载组合时按照《建筑结构荷载规范》GB 50009－2001 第 3.2.4 条"1）由可变荷载效应控制的组合"中的公式（3.2.4）计算，可变荷载应乘组合系数 0.9。

5 结 构 设 计 计 算

5.1 基 本 设 计 规 定

5.1.1 本规范依照国家标准《建筑结构可靠度设计统一标准》GB 50068-2001 采用了以概率理论为基础的极限状态设计法，以分项系数设计表达式进行设计。

5.1.2 双排脚手架当无遮挡物时风载荷产生的弯矩应力值很小，可不必计算；当有遮挡时（如设置密目安全网等）风载荷弯矩应力的影响较大不能忽略。

5.1.3 横杆承受非节点荷载时成为受弯构件，所以要验算其承载力。

5.1.4 规定受压杆件最大长细比 230，主要是碗扣架立杆的碗扣节间距为 0.6m，按照立杆计算长度 3.6m 时的长细比 227 确定的。

5.1.5 脚手架通常不进行变形的计算，但模板支撑架如对混凝土结构本身的成品偏差有要求时应按工程施工要求进行变形计算。

5.2 架 体 方 案 设 计

5.2.1 所述施工方案的内容是以目前国内专项设计方案的内容结合脚手架及模板支撑架的特点确定的。本条加强了架体整体结构设计和绘制结构计算简图的内容，是结构计算和几何不变性分析的基础，突出了方案的重点，以统一脚手架及模板支撑架施工方案的编制。最不利杆的确定是在整体结构力学分析的基础上，求得最大内力的杆件和最大长细比的杆件。通过对最不利杆件承载力验算，将其承载力大于该杆件内力值作为确定架体安全的条件。

5.3 双排脚手架的结构计算

5.3.2 双排脚手架立杆计算长度的确定取决于脚手架的构造状况。当两立杆间无廊道斜杆时，只能将立杆间的横杆视为连接杆，而两连墙之间的立杆视为一根直杆（中间无铰）构成静定体系。此时立杆的计算长度为连墙件间的距离，是最不利的受力状况。考虑到立杆在连墙件处是连续的（相当于弹性弯矩支撑），按照压杆稳定理论，按一端为铰接一端为弹性固结进行理论计算，其结果计算长度系数为 0.84。结合真型荷载试验结果其极限承载力可提高 59%，因而当以双排脚手架连墙件垂直距离作为立杆计算长度时本规范规定可乘以计算长度折减系数 0.85。

当两立杆间增设斜杆时，则双排脚手架变成竖向的平行弦桁架而成为静定结构体系，立杆的计算长度即为相邻两节点之间的距离。

5.3.3、5.3.4 列出了无风荷载和组合风荷载两种情况单肢立杆承载力的计算方法。当无廊道斜杆且连墙件竖向间距为 2 步时，外立杆承受风荷载产生变形，因里、外立杆在跨中有一水平横杆相连接，外立杆受风载作用产生变形时，廊道横杆（小）作用在内立杆上的力使其产生相同的变形（此时忽略廊道横杆的压缩变形）。假定廊道横杆所传递的轴向力

为 P 时，按 $P = \dfrac{5}{16} q l_0 = \dfrac{5}{16} \left(1.4 w_k l_a\right) \times l_0$ 计算。

5.3.5 连墙件是脚手架侧向支承的重要杆件。它以"链杆"的形式构成双排脚手架的侧向支座，对脚手架几何不变性形成一个约束。通常连墙件承受的轴向力为风荷载，考虑倾覆作用附加轴向力 3kN。当采用钢管、扣件做连墙件时尚应验算扣件的抗滑承载力能否满足要求。

5.4 双排脚手架搭设高度计算

5.4.1 本条给出了双排脚手架允许搭设高度的计算公式，分为不组合风荷载和组合风荷载两种情况。双排脚手架的允许搭设高度是由最不利立杆单肢承载力（应为立杆最下段）来确定，与施工荷载及同时作业层数、脚手板铺设层数、立杆纵向与横向间距及步距、连墙件间距及风荷载影响有关。工程中应按照实际情况通过结构计算的结果确定才能保证安全。

5.4.2 本条给出了计算立杆轴向力的具体步骤和相应的计算公式，以便于根据施工条件进行计算。

5.5 立杆地基承载力计算

5.5.1 立杆的地基承载力计算公式主要应用于天然地基直接支承的立杆，立杆下所用的底座或垫板面积应等于立杆轴向力除以地基承载力特征值。当为回填土地基时，本规范仍延用了《建筑施工扣件式钢管脚手架安全技术规范》JGJ 130‑2001 采用的地基承载力特征值乘以 0.4 系数的办法。当回填土能严格按照操作规程施工，分层夯实并用干密度控制时，可以将该系数提高到 1.0。

5.5.2 因施工需要，当架体搭设在结构的顶板或阳台等上时，为使脚手架架体的重量不超过楼板或阳台的设计荷载使结构受到损害，提出应对支承体进行承载力验算的要求。

5.6 模板支撑架设计计算

5.6.1 本条给出了模板支撑架结构设计计算的基本程序。

5.6.2 本条列出了单肢立杆承载力和轴向力的计算公式，分为不组合风荷载和组合风荷载两种情况计算。一般情况下，当架体高度小于或等于 10m 时可不考虑架体的自重，但当架体高度大于 10m 时架体自重产生的轴向力不可忽略，应将其叠加计算。

5.6.3 本条给出了模板支撑架两种不同构造情况下立杆计算长度的确定办法。第 2 款计算长度公式是依据《建筑施工扣件式钢管脚手架安全技术规范》JGJ 130‑2001 确定的。

5.6.4 本条对模板支撑架在风荷载作用下的内力分析提供了计算公式。内力分析主要采用了桁架内力的"零杆法"。对于单个节点风荷载 w 排除了全部零杆之后将所得到的杆件内力相叠加，得到每个杆件的合内力。此内力分析主要用于立杆能否出现拉力的判断。由于脚手架根部没有抗拉连接的措施，因此立杆不能出现拉力。高形模板支撑架在风载荷作用下的计算方法是先将均布风荷载转化为节点风荷载 w，然后按照结构计算简图进行内力分析，对网格式结构的内力分析可知：

1 节点横向风荷载 w 只在有斜杆的"方格"内产生斜杆及立杆轴向力，斜杆及立杆中内力值符合力的平行四边形定理。

2 当斜杆的设置逐层相连时，则斜杆内力沿力线直接传递，其他各杆皆为零杆；当斜杆最后到达无斜杆"方格"时，变为立杆压力和水平拉力，水平力 w 通过横杆作用于下一段有斜杆"方格"，然后继续沿斜杆传递。

3 当模板支撑架无遮挡时，上部的模板迎风面按面荷载计算节点荷载，下部支架按挡风面积计算节点荷载，多排支架需叠加求得节点总内力。当高形模板支撑架有遮挡时，斜杆内力叠加可能达到较大数值，除必须验算斜杆承载力外，如采用钢管扣件做斜杆还必须验算扣件的抗滑承载力是否满足要求。

5.6.5 当架体高宽比较大时，横向风荷载作用极易使立杆产生拉力，它的力学特征实际上就是造成架体的"倾覆"。为了避免架体出现"倾覆"的情况，本条规定了架体倾覆验算转化为立杆拉力计算应满足的要求和应采取的安全技术措施。

6 构 造 要 求

6.1 双 排 脚 手 架

6.1.1 本条按给定的构造要求和施工条件计算出双排脚手架允许搭设高度限值，也就是平常所说的限高，供施工参考。由于施工现场对脚手架使用要求各种各样，不能机械照搬，当与给定的条件不相符时，应根据实际情况按第 5.4 节有关规定进行计算。

6.1.2 当建筑物平面为曲线形时，双排脚手架可利用碗扣圆形的特点，采用不同长度的横杆组合以搭设成要求曲率的双排脚手架，曲率半径应按几何尺寸计算确定。

6.1.3 双排脚手架一般围绕建筑结构搭设，当建筑结构转角为直角时，可按图 6.1.3 将垂直两方向的架体用横杆直接组架搭设，可不用其他的构件；当转角处为非直角或者受尺寸限制不能直接用横杆组架时，应将两架体分开，中间以杆件斜向连接，连接的钢管应扣接在碗扣式钢管脚手架的立杆上。

6.1.4 脚手架立杆接头采用交错布置是为了加强架体的整体刚度，避免软弱部位处于同一高度。碗扣架立杆最下端碗扣节点距立杆底面为 250mm，其横杆作为扫地杆，在结构计算简图中可将下端视为简图中的支杆。

6.1.5 本条对专用外斜杆设置提出的要求都是按照几何不变条件确定的，但为了提高架体的稳定性，斜杆在大面（x 轴）的布置应保证每层不少于 2 根斜杆，分别设置在架体的两端。当架体较长时中间应增加，目的是增强架体的稳定安全度。

6.1.6 碗扣式钢管脚手架当采用旋转扣件作斜杆连接时应尽量靠近有横、立杆的碗扣节点，以与结构计算简图相一致。斜杆采用八字形布置的目的是为了避免钢管重叠，并可明显标志扣件与节点连接的情况，便于检查判定与结构设计是否一致。斜杆的角度应与横、立杆对角线角度一致。钢管应与脚手架立杆扣接，扣接点应尽可能靠近碗扣节点。当遇到斜杆不能与立杆扣接的特殊情况时，斜杆可与横杆扣接，扣接点距碗扣节点的距离同样要满足小于或等于 150mm 的要求。斜杆扣接点应符合结构计算简图，避免斜杆中间出现虚扣的现象。

664

6.1.7 本条对连墙件设置提出的要求是为了保证连墙件能起到可靠支承作用。

6.1.8 当架体高度超过24m时，应考虑无连墙件立杆对架体承载能力及整体稳定性的影响，在连墙件标高处增加水平斜杆，使纵、横杆与斜杆形成水平桁架，使无连墙立杆构成支撑点，以保证无连墙立杆的承载力及稳定性。通过荷载试验证明在连墙件标高处设置水平斜杆比不设置水平斜杆承载力提高54％，根据钢管脚手架数十年的应用实践经验，当脚手架搭设高度小于或等于24m时，不设置水平斜杆能保证安全使用。但当脚手架高度大于24m时，架体整体刚度将逐渐减弱。因此要求顶部24m以下立杆连墙件水平位置处增设水平斜杆，以保证整个架体刚度和承载力，同时也不影响施工作业。例如：60m高的双排脚手架，只要求36m以下连墙件处必须设置水平斜杆。

6.1.9 本条是对脚手板的设置及与架体的连接作的相应规定。脚手板可以使用碗扣式脚手架配套设计的钢制脚手板，当使用木脚手板、竹脚手板等时，探出廊道横杆的长度超过150mm应在脚手板下面增设间横杆。

6.1.10 本条给出了双排碗扣式钢管脚手架搭设人行通道的构造措施。

6.1.11 本条对碗扣式钢管脚手架利用定型的宽挑梁或窄挑梁构件搭设扩展作业平台提出了构造和安全防护措施要求。

6.2 模 板 支 撑 架

6.2.1 本条规定了模板支撑架构造的最基本要求，规定对模板支撑架立杆上端伸出顶层横向水平杆的长度小于或等于0.7m的限制，理论计算达到50kN，通过荷载试验也达到了100kN，验证其安全储备系数为2，完全能保证使用的安全要求。

6.2.2 本条是对模板支撑架斜杆设置要求，当立杆间距大于1.5m时，每排每列应设置一组通高斜杆或八字形斜杆，能满足模板支撑架几何不变体系的要求；当立杆间距小于或等于1.5m时，在外侧四周及中间纵、横向设置剪刀撑，以上是考虑到相邻立杆的约束影响，参照实践经验及双排脚手架的荷载试验，《建筑施工扣件式钢管脚手架安全技术规范》JGJ 130－2001中对模板支架的要求确定的。

6.2.3 对于高大支撑架提出设置水平斜杆或剪刀撑的具体要求是为了能有效地提高架体的整体刚度，减少失稳鼓曲波长，提高承载能力。

6.2.4 模板支撑架横杆端头遇到主体结构的墙或柱时，建立与结构主体的水平连接，可加强架体的安全可靠度。

6.2.5 根据实践经验和风荷载使立杆产生拉力的计算可知，当高宽比小于或等于2时，搭设高度对架体的稳定极限承载力影响有限，可以忽略，但当高宽比大于2时将很难满足安全要求，应采取必要的加强措施。

6.2.6 本条规定了模板支架立杆顶部的构造。在现浇混凝土梁、板的模板下方，应沿纵向设置次楞，也称次梁。在次楞下方与次楞垂直方向应设置主楞，也称主梁。次楞及主楞的承载力及设置间距应按所承受的荷载，按照受弯杆件进行设计计算确定。立杆顶端用U形托撑支撑在主楞上，才能保证立杆中心受压。

6.3 门 洞 设 置 要 求

6.3.1 本条是对双排脚手架需设置门洞时提出的构造要求。

6.3.2 本条是对模板支撑架需设置人行通道时提出的构造措施要求。应用于高架桥等的模板支撑架时常需要留跨度较大的桥洞通行，因此，一般采用专用梁支撑上部的立杆。该梁应按实际荷载情况进行计算，并要考虑与架体的连接方法；支承梁两端的立杆应加密，增加立杆的根数应大于跨中立杆的根数，并在相应部位增设斜杆。

7 施 工

7.1 施 工 组 织

7.1.1 施工设计或专项施工设计方案是保证架体安全、实用、经济的前提条件，必要的管理程序把关，可减少方案中存在的技术缺陷。

7.1.2 本条规定是为了明确岗位责任制，促进架体工程的施工设计或专项施工设计方案在具体实施过程中得到认真严肃的贯彻执行。

7.1.3、7.1.4 强调加强现场管理及杜绝不合格产品进入现场。

7.1.6 本条规定是对搭设场地的基本要求。

7.2 地基与基础处理

7.2.1 本条明确了架体地基基础的施工与验收依据，是保证架体结构稳定、施工安全的重要环节。

7.3 双排脚手架搭设

7.3.2～7.3.5 主要规定了架体搭设的允许偏差及升层高度，尤其在第一阶段对脚手架结构情况的检查，是保证后续搭设质量能否符合设计要求的基础。

7.3.7 连墙件是保证架体侧向稳定的重要构件，必须随架体装设，不得疏漏，也不能任意拆除。根据国内外脚手架倒塌事故的分析，其中一部分就是由于连墙件设置不足或连墙件被拆掉造成的。

7.3.8 本条规定了作业层设置的基本要求，是按《建筑施工安全检查标准》JGJ 59-99要求规定的。

7.4 双排脚手架拆除

7.4.1～7.4.3 规定了拆除脚手架前必须完成的准备工作、应具备的技术条件以及拆除过程中的安全措施，这些都是防范拆除时发生安全事故的重要工作环节。

7.4.4～7.4.8 规定了拆除顺序及技术要求，以避免拆除作业中发生安全事故。

7.5 模板支撑架的搭设与拆除

7.5.4 由于混凝土结构强度的增长与温度及龄期有关，为保证结构工程不受破坏，因而需对结构强度进行验算。

8 检 查 与 验 收

8.0.2 对脚手架构配件使用前进行检查,是验证所使用构配件质量是否良好的重要工作。所作规定都是在现场通过目测及常用量具检测可以实现的,无论新产品还是周转使用过的构配件,通过检查、复验,防止有质量弊病、严重受损的构配件用于脚手架搭设,这是保证整架搭设质量、脚手架使用安全的一项预控措施。

8.0.3 本条规定了脚手架应重点检查的项目。

8.0.4 本条规定了脚手架具体情况的阶段检查及验收的措施,以保证脚手架在各个施工阶段(初始、中间、最终)的安全使用。

9 安全使用与管理

9.0.1、9.0.2 是控制脚手架上施工荷载的规定,尤其要严格控制集中荷载,以保证脚手架的安全使用。

9.0.3 大于6级大风停止高处作业的规定是按照现行行业标准《建筑施工高处作业安全技术规范》JGJ 80 中的规定提出的。

9.0.4 规定了不允许随意拆除脚手架的结构构件,因施工需要临时拆除的应履行批准手续,并采取相应的安全措施。

9.0.5 本条规定是为防止挖掘作业造成脚手架根部发生沉陷而引起倒塌。

9.0.7、9.0.8 是对现场作业人员的安全管理提出的要求。

中华人民共和国行业标准

液压升降整体脚手架安全技术规程

Technical specification for safety of hydraulic
lifting integral scaffold

JGJ 183—2009

批准部门：中华人民共和国住房和城乡建设部
施行日期：２０１０年３月１日

中华人民共和国住房和城乡建设部
公　告

第 390 号

关于发布行业标准《液压升降
整体脚手架安全技术规程》的公告

现批准《液压升降整体脚手架安全技术规程》为行业标准，编号为 JGJ 183－2009，自 2010 年 3 月 1 日起实施。其中，第 3.0.1、7.1.1、7.2.1 条为强制性条文，必须严格执行。

本规程由我部标准定额研究所组织中国建筑工业出版社出版发行。

中华人民共和国住房和城乡建设部

2009 年 9 月 15 日

前　　言

根据住房和城乡建设部《关于印发〈2008 年工程建设标准规范制订、修订计划（第一批）〉的通知》（建标［2008］102 号）的要求，规程编制组经认真总结实践经验，参考有关国际标准和国外先进标准，并在广泛征求意见的基础上，制订本规程。

本规程主要技术内容：1. 总则；2. 术语和符号；3. 基本规定；4. 架体结构；5. 设计及计算；6. 液压升降装置；7. 安全装置；8. 安装、升降、使用、拆除以及相关附录。

本规程中以黑体字标志的条文为强制性条文，必须严格执行。

本规程由住房和城乡建设部负责管理和对强制性条文的解释，由南通四建集团有限公司负责具体技术内容的解释。执行过程中如有意见或建议，请寄送南通四建集团有限公司（地址：江苏省通州市新金西路 93 号，邮政编码 226300）。

本 规 程 主 编 单 位：南通四建集团有限公司

　　　　　　　　　　苏州二建建筑集团有限公司

本 规 程 参 编 单 位：中国建筑科学研究院建筑机械化研究分院

　　　　　　　　　　东南大学

　　　　　　　　　　南京林业大学

　　　　　　　　　　上海市建工设计研究院有限公司

江苏省建筑科学研究院
珠海市建设工程安全监督站
北京市建筑工程研究院
江苏云山模架工程有限公司

本规程主要起草人：耿裕华　宫长义　花周建　干兆和　姚富新　张赤宇　施建平
　　　　　　　　　陈　赟　罗文龙　郭正兴　杨　平　严　训　李　明　关赞东
　　　　　　　　　黄　蕊　赵玉章　王克平　杨　东

本规程主要审查人员：潘延平　秦春芳　高秋利　平福泉　刘　群　张晓飞　潘国钿
　　　　　　　　　　孙宗辅　杨永军　张有闻

目　次

Contents

1 总　　则

1.0.1 为规范建筑施工液压升降整体脚手架的应用和管理，统一其技术要求，确保建筑施工安全，制定本规程。

1.0.2 本规程适用于高层、超高层建（构）筑物不带外模板的千斤顶式或油缸式液压升降整体脚手架的设计、制作、安装、检验、使用、拆除和管理。

1.0.3 液压升降整体脚手架的安全技术除应符合本规程外，尚应符合国家现行有关标准的规定。

2　术 语 和 符 号

2.1　术　　语

2.1.1 液压升降整体脚手架　hydraulic lifting integral scaffold
依靠液压升降装置，附着在建（构）筑物上，实现整体升降的脚手架。

2.1.2 工作脚手架　truss of the scaffold
采用钢管杆件和扣件搭设的位于相邻两竖向主框架之间和水平支承桁架之上的作业平台。

2.1.3 水平支承　horizontal support truss
承受架体的竖向荷载的稳定结构。

2.1.4 竖向主框架　major vertical frame
垂直于建筑物立面，与水平支承结构、工作脚手架和附着支承结构连接，承受和传递竖向和水平荷载的构架。

2.1.5 架体　structure of the scaffold
液压升降整体脚手架的承重结构，由工作脚手架、水平支承结构、竖向主框架组成的稳定结构。

2.1.6 附着支承　attached supporting structure
附着在建（构）筑物结构上，与竖向主框架连接并将架体固定，承受并传递架体荷载的连接结构。

2.1.7 架体高度　scaffold height
架体最底层横向杆件轴线至架体顶部横向杆件轴线间的距离。

2.1.8 架体宽度　width of the scaffold
架体内、外排立杆轴线之间的水平距离。

2.1.9 架体支承跨度　supporting span of the scaffold
两相邻竖向主框架中心轴线之间的距离。

2.1.10 悬臂高度 cantilever height

架体的附着支承结构中最上一个支承点以上的架体高度。

2.1.11 悬挑长度 overhang length

竖向主框架中心轴线至水平支承端部的水平距离。

2.1.12 防倾覆装置 anti-overturning device

防止架体在升降和使用过程中发生倾覆的装置。

2.1.13 防坠落装置 anti-fall device

架体在升降过程中发生意外坠落时的制动装置。

2.1.14 导轨 conduct rail

附着在附着支承结构或竖向主框架上，引导脚手架上升或下降的轨道。

2.1.15 液压升降装置 hydraulic lifting device

依靠液压动力系统，驱动脚手架升降运动的执行机构。

2.1.16 制动距离 braking distance

额定荷载状态下，架体开始坠落到防坠落装置制停的滑移距离。

2.1.17 机位 location of the machine

安装液压升降装置的位置。

2.2 符　号

2.2.1 荷载：

G_k——永久荷载（恒载）的标准值；

P_k——跨中集中荷载的标准值；

Q_k——可变荷载（活载）的标准值；

q_k——均布线荷载的标准值；

S——荷载效应组合的设计值；

S_{Gk}——永久荷载（恒载）效应的标准值；

S_{Qk}——可变荷载（活载）效应的标准值；

w_k——风荷载标准值；

w_0——基本风压。

2.2.2 材料、构件设计指标：

A——爬杆净截面面积；

E——钢材弹性模量；

f——钢材强度设计值；

I_x——毛截面惯性矩；

R——结构构件抗力的设计值；

$[v]$——受弯构件的允许挠度；

N——拉杆或压杆最大轴力设计值。

2.2.3 计算系数：

μ_z——风压高度变化系数；

μ_s——脚手架风荷载体型系数；

ϕ——挡风系数；

β_z——风振系数；

γ_G——恒荷载分项系数；

γ_q——活荷载分项系数；

γ_1——附加安全系数；

γ_2——附加荷载不均匀系数；

γ_3——冲击系数。

2.2.4 几何参数：

L——受弯杆件跨度；

L_a——立杆纵距。

3 基 本 规 定

3.0.1 液压升降整体脚手架架体及附着支承结构的强度、刚度和稳定性必须符合设计要求，防坠落装置必须灵敏、制动可靠，防倾覆装置必须稳固、安全可靠。

3.0.2 液压升降整体脚手架产品定型前应进行专门鉴定。液压升降装置应由法定检测单位进行型式检验，施工中使用的液压升降装置、防坠落装置必须采用同一厂家、同一型号的产品。

3.0.3 液压升降整体脚手架产品型式试验，应符合本标准附录 A 的规定。使用中不得违反技术性能规定，不得扩大适用范围。

3.0.4 安装和操作人员应经过专业培训合格后持证上岗，作业前应接受安全技术交底。

4 架 体 结 构

4.0.1 架体结构（图 4.0.1）的尺寸应符合下列规定：

1 架体结构高度不应大于 5 倍楼层高；

2 架体全高与支承跨度的乘积不应大于 110m²；

3 架体宽度不应大于 1.2m；

4 直线布置的架体支承跨度不应大于 8m，折线或曲线布置的架体中心线处支承跨度不应大于 5.4m；

5 水平悬挑长度不应大于跨度的 1/2，且不得大于 2m；

6 当两主框架之间架体的立杆作承重架时，纵距应小于 1.5m，纵向水平杆的步距不应大于 1.8m。

4.0.2 竖向主框架（图 4.0.2）应符合下列规定：

1 竖向主框架可采用整体结构或分段对接式结构，结构形式应为桁架或门式刚架两

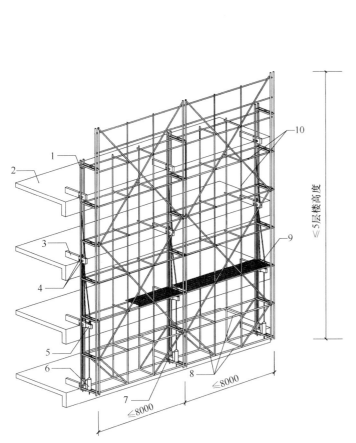

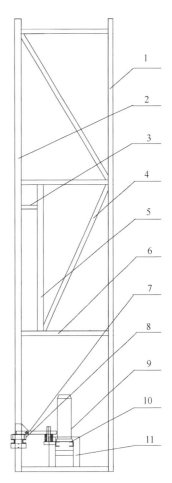

图 4.0.1 液压升降整体脚手架总
装配示意图（单位：mm）

1—竖向主框架；2—建筑结构混凝土楼面；
3—附着支承结构；4—导向及防倾覆装置；
5—悬臂（吊）梁；6—液压升降装置；
7—防坠落装置；8—水平支承结构；
9—工作脚手架；10—架体结构

图 4.0.2 竖向主框架示意图

1—外立杆；2—内立杆及导轨；3—竖
向主框架与附着支承搁置杆件；4—斜
腹杆；5—与附着支承搁置杆件的立杆；
6—横杆；7—液压升降装置与防坠落装
置的联运机构；8—防坠落装置；9—液
压升降装置；10—液压升降装置组装附
件；11—液压升降装置组装附件导向及
受力架

类，各杆件的轴线应汇交于节点处，并应采用螺栓或焊接连接；

2 竖向主框架内侧应设有导轨或导轮；

3 在竖向主框架的底部应设置水平支承，其宽度与竖向主框架相同，平行于墙面，其高度不宜小于 1.8m，用于支撑工作脚手架。

4.0.3 水平支承应符合下列规定：

1 水平支承各杆件的轴线应相交于节点上，并应采用节点板构造连接，节点板的厚度不得小于 6mm；

2 水平支承上、下弦应采用整根通长杆件，或于跨中设一拼接的刚性接头。腹杆与上、下弦连接应采用焊接或螺栓连接；

3 水平支承斜腹杆宜设计成拉杆。

4.0.4 附着支承（图4.0.4）应符合下列规定：

1 在建筑物对应于竖向主框架的部位，每一层应设置上下贯通的附着支承；

2 在使用工况时，竖向主框架应固定于附着支承结构上；

3 在升降工况时，附着支承结构上应设有防倾覆、导向的结构装置；

4 附着支承应采用锚固螺栓与建筑物连接，受拉端的螺栓露出螺母不应少于3个螺距或10mm，为防止螺母松动宜采用弹簧垫片，垫片尺寸不得小于100mm×100mm×10mm；

5 附着支承与建筑物连接处混凝土的强度不得小于10MPa。

4.0.5 工作脚手架宜采用扣件式钢管脚手架，其结构构造应符合国家现行标准《建筑施工扣件式钢管脚手架安全技术规范》JGJ 130的规定，工作脚手架应设置在两竖向主框架之间，并应与纵向水平杆相连。立杆底端应设置定位销轴。

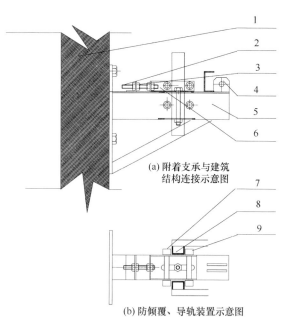

(a)附着支承与建筑结构连接示意图

(b)防倾覆、导轨装置示意图

图4.0.4 附着支承及防倾覆、导轨结构示意图
1—建筑结构混凝土墙体；2—调节螺栓；3—调节螺母；4—拉杆耳板；5—附着支承；6—可前后移动的防倾覆装置组装架；7—内导向轮；8—导轨；9—外导向轮

4.0.6 竖向主框架悬臂高度不得大于6m或架体高度的2/5。

4.0.7 当水平支承不能连续设置时，局部可采用脚手架杆件进行连接，但其长度不得大于2.0m，且必须采取加强措施，其强度和刚度不得低于原有的水平支承。

4.0.8 液压升降整体脚手架不得与物料平台相连接。

4.0.9 当架体遇到塔吊、施工电梯、物料平台等需断开或开洞时，断开处应加设栏杆并封闭，开口处应有可靠的防止人员及物料坠落的措施。

4.0.10 架体外立面应沿全高设置剪刀撑，剪刀撑斜杆应采用旋转扣件固定在与之相交的横向水平杆件的伸出端或立杆上，旋转扣件中心线至主节点的距离不宜大于150mm，剪刀撑水平夹角应为45°～60°，悬挑端应以竖向主框架为中心设置对称斜拉杆，其水平夹角不应小于45°。

4.0.11 架体在下列部位应采取可靠的加强构造措施：

1 与附着支承结构的连接处；

2 液压升降装置的设置处；

3 防坠落、防倾覆装置的设置处；

4 吊拉点设置处；

5 平面的转角处；

6 因碰到塔吊、施工电梯、物料平台等设施而需断开或开洞处；

7 水平支承悬挑部位；

8 其他有加强要求的部位。

4.0.12 安全防护措施应符合下列要求：

1 架体外侧必须采用密目式安全立网（不小于 2000 目/100cm²）围挡；密目式安全立网必须可靠固定在架体上；

2 架体底层的脚手板除应铺设严密外，还应具有可翻起的翻板构造；

3 工作脚手架外侧应设置防护栏杆和挡脚板，挡脚板的高度不应小于 180mm，顶层防护栏杆高度不应小于 1.5m；

4 工作脚手架应设置固定牢靠的脚手板，其与结构之间的间距应符合国家现行标准《建筑施工扣件式钢管脚手架安全技术规范》JGJ 130 的相关规定。

4.0.13 构配件的制作应符合下列要求：

1 制作构配件的原、辅材料的材质及性能应符合设计要求，并应按规定对其进行验证和检验；

2 加工构配件的工装、设备及工具应满足构配件制作精度的要求，并应定期进行检查；

3 构配件应按照工艺要求及尺寸精度进行检验，对防倾覆及防坠落装置等关键部件的加工件应有可追溯性标志，加工件必须进行 100%检验；使用构配件时，应验证出厂合格证。

5 设 计 及 计 算

5.1 荷 载

5.1.1 荷载由永久荷载和可变荷载组成，永久荷载标准值应符合现行国家标准《建筑结构荷载规范》GB 50009 的规定。

5.1.2 脚手板自重标准值应按表 5.1.2 取值。

表 5.1.2 脚手板自重标准值

类 别	标准值（kN/m²）
冲压钢脚手板	0.30
竹笆板	0.35
木脚手板	0.35

5.1.3 栏杆和挡脚板自重线荷载标准值应按表 5.1.3 取值，安全网应取 0.005kN/m²。

表 5.1.3 栏杆和挡脚板自重线荷载标准值

类 别	标准值（kN/m）
栏杆和冲压钢脚手板挡板	0.16
栏杆和竹串板脚手板挡板	0.17
栏杆和木脚手板挡板	0.17

5.1.4 施工活荷载应根据施工具体情况确定荷载标准值，其值不得小于表 5.1.4 的规定。

表 5.1.4 施工活荷载标准值

工况类别		按同时作业层数计算	每层活荷载标准值（kN/m^2）
使用工况	结构施工	2	3.0
	装修施工	3	2.0
爬升工况	结构施工	2	0.5
下降工况	装修施工	3	0.5

5.1.5 风荷载标准值（w_k）应按下式计算：

$$w_k = \beta_z \mu_z \mu_s w_0 \tag{5.1.5}$$

式中：w_k ——风荷载标准值（kN/m^2）；

β_z ——风振系数（一般可取 1.0，也可按实际情况选取）；

μ_z ——风压高度变化系数，按现行国家标准《建筑结构荷载规范》GB 50009 的规定采用；

μ_s ——脚手架风荷载体型系数；

w_0 ——基本风压值（kN/m^2），按现行国家标准《建筑结构荷载规范》GB 50009 中 N =10 年的规定采用。非工作状态和工作状态，均不应小于 $0.35\ kN/m^2$。

5.1.6 脚手架风荷载体型系数应符合表 5.1.6 的规定。

表 5.1.6 脚手架风荷载体型系数

背靠建筑物状况	全封闭	敞开或开洞
μ_s	1.0ϕ	1.3ϕ

5.1.7 液压升降整体脚手架应按最不利荷载效应组合进行计算，计算结构或构件的强度、稳定性及连接强度时，应采用荷载设计值（荷载标准值乘以荷载分项系数）；计算变形时，应采用荷载标准值。其荷载效应组合应按表 5.1.7 采用。

表 5.1.7 荷载效应组合

计算项目	荷载效应组合
纵、横向水平杆；水平支承桁架；使用过程中的固定吊拉杆和竖向主框架；附着支承；防倾覆及防坠落装置	恒荷载+施工活荷载
竖向主框架；脚手架立杆稳定；连接螺栓及混凝土局部承压	①恒荷载+施工活荷载 ②恒荷载+0.9（施工荷载组合值+风荷载组合值）
液压升降装置	永久荷载+升降过程的施工活荷载

不考虑风荷载 $\qquad\qquad S = \gamma_G S_{Gk} + \gamma_q S_{Qk}$ $\qquad\qquad$ (5.1.7-1)

考虑风荷载 $\qquad\qquad S = \gamma_G S_{Gk} + 0.9(\gamma_q S_{Qk} + \gamma_q S_{wk})$ $\qquad$ (5.1.7-2)

式中：γ_G ——恒荷载分项系数 $\gamma_G = 1.2$；

γ_q——活荷载分项系数，取 1.4；

S_{Gk}——恒荷载效应的标准值(kN/m^2)；

S_{Qk}——活荷载效应的标准值(kN/m^2)；

S_{wk}——风荷载效应的标准值(kN/m^2)。

5.1.8 水平支承上部的扣件式钢管脚手架计算应符合国家现行标准《建筑施工扣件式钢管脚手架安全技术规范》JGJ 130 的规定，验算立杆稳定时，其设计荷载应乘以附加安全系数 γ_1，其值为 1.43。

5.1.9 液压升降整体脚手架上的升降动力设备、吊具、索具，在使用工况条件下，其设计荷载值应乘以附加荷载不均匀系数 γ_2，其值为 1.3；在升降、坠落工况时，其设计荷载应乘以冲击系数 γ_3，其值为 2。

5.2 设 计 及 计 算

5.2.1 液压升降整体脚手架的设计应符合现行国家标准《钢结构设计规范》GB 50017、《冷弯薄壁型钢结构技术规范》GB 50018、《混凝土结构设计规范》GB 50010 的规定。

5.2.2 液压升降整体脚手架架体结构、附着支承结构、防倾、防坠装置的承载能力应按概率极限状态设计法的要求采用分项系数设计表达式进行设计，并应进行下列设计计算：

  1 竖向主框架的强度和压杆稳定及连接计算；

  2 水平支承的强度和压杆稳定及连接计算；

  3 脚手架架体的强度和压杆稳定及连接计算；

  4 附着支承的强度和稳定及连接计算；

  5 防倾覆装置的强度和稳定及连接计算；

  6 穿墙螺栓以及建筑物混凝土结构螺栓孔处局部承压计算。

5.2.3 竖向主框架、水平支承、架体，应根据正常使用极限状态的要求验算变形，并应符合现行国家标准《钢结构设计规范》GB 50017 的要求。

5.2.4 液压升降整体脚手架的索具、吊具应按允许应力法进行设计，并应符合有关机械设计的要求。

5.2.5 竖向主框架的强度和压杆稳定及连接计算应包括下列内容：

  1 风荷载与垂直荷载作用下，竖向主框架杆件的内力强度计算；

  2 将风荷载与垂直荷载组合计算最不利杆件的内力设计值；

  3 最不利杆件强度和压杆稳定性，以及受弯构件的变形计算；

  4 节点板及节点焊缝或螺栓连接时螺栓强度计算。

5.2.6 在水平支承的强度和压杆稳定及连接计算中，水平支承其节点荷载应由架体构架的立杆来传递；在操作层内外桁架荷载的分配应通过小横杆支座反力求得。

5.2.7 附着支承的强度和稳定及连接计算应符合下列规定：

  1 建筑物每一楼层处均应设置附着支承，每一附着支承应承受该机位范围内的全部荷载的设计值，并乘以荷载不均匀系数 γ_2 或冲击系数，冲击系数取值为 2；

  2 应进行抗弯、抗压、抗剪、焊缝强度、稳定性、锚固螺栓强度计算和变形验算。

5.2.8 导轨设计应符合下列规定：

  1 荷载设计值应根据不同工况分别乘以相应的荷载不均匀系数；

2 应进行抗弯、抗压、抗剪、焊缝强度、稳定性、锚固螺栓强度计算和变形验算。

5.2.9 防坠落装置设计应符合下列规定：

1 荷载的设计值应乘以相应的冲击系数，系数取值为 2；并应按升降工况一个机位范围内的荷载取值；

2 应依据实际情况分别进行强度和变形验算；

3 防坠落装置不得与横吊梁设置在同一附着支承上。

5.2.10 竖向主框架底座框和吊拉杆设计应符合下列规定：

1 荷载设计值应依据主框架传递的反力计算；

2 升降设备与竖向主框架连接应进行强度和稳定验算，并对连接焊缝及螺栓进行强度计算。

5.2.11 悬臂梁设计应进行强度和变形验算。

5.2.12 液压升降装置选择应符合下列规定：

1 按升降工况一个最大的机位荷载，并乘以荷载的不均匀系数 γ_2 确定荷载设计值；

2 液压升降执行机构的提升力应满足 $N_s \leqslant N_c$（N_s 为荷载设计值，N_c 为液压升降装置提升力额定值）；

3 液压升降装置提升力额定值（N_c）宜按下式计算：

$$N_c = 0.9 \times F \times P \tag{5.2.12}$$

式中：F——液压升降装置活塞腔面积（m^2）；

P——液压系统工作压力（MPa）。

5.2.13 穿墙螺栓应同时承受剪力和轴向拉力，其强度应按下列公式计算：

$$\sqrt{\left(\frac{N_v}{N_v^b}\right)^2 + \left(\frac{N_t}{N_t^b}\right)^2} \leqslant 1 \tag{5.2.13-1}$$

$$N_v^b = \frac{\pi D_{螺}^2}{4} f_v^b \tag{5.2.13-2}$$

$$N_t^b = \frac{\pi d_0^2}{4} f_t^b \tag{5.2.13-3}$$

式中：N_v、N_t——一个螺栓所承受的剪力和拉力设计值（kN）；

N_v^b、N_t^b——一个螺栓抗剪、抗拉承载能力设计值（kN）；

$D_{螺}$——螺杆直径；

f_v^b——螺栓抗剪强度设计值一般采用 Q235 取 $f_v^b = 130$N/mm^2；

d_0——螺栓螺纹处有效截面直径；

f_t^b——螺栓抗拉强度设计值一般采用 Q235 取 $f_t^b = 170$N/mm^2。

5.2.14 穿墙螺栓孔处混凝土局部抗压强度验算应按下列公式计算：

$$R_i(i=1,2) \leqslant R \tag{5.2.14-1}$$

式中：R——螺栓孔处的混凝土局部抗压承载力设计值（kN/m^2）；

$$R = 1.35 \beta f_c A_m \tag{5.2.14-2}$$

β——混凝土局部抗压强度提高系数，采用 1.73；

f_c——爬升龄期的混凝土试块轴心抗压强度设计值（kN/m^2）；

A_m——一个螺栓局部承压计算面积（m²），$A_m = db_1$ 或 $A_m = db_2$（d 为螺栓杆直径，有套管时为套管外径）；

R_1、R_2——螺栓对穿孔处下部和上部的混凝土产生的压应力（kN），可按图 5.2.14 及下式计算：

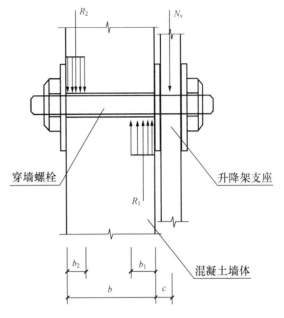

$$\begin{cases} N_v\left(c + \dfrac{b_1}{2}\right) - R_2\left(b - \dfrac{b_1}{2} - \dfrac{b_2}{2}\right) = 0 \\ N_v\left(c + b - \dfrac{b_2}{2}\right) - R_1\left(b - \dfrac{b_1}{2} - \dfrac{b_2}{2}\right) = 0 \\ R_1 - R_2 - N_v = 0 \end{cases}$$

(5.2.14-3)

N_v——螺栓承受的剪力设计值（kN）；

c——剪力作用点与墙面的距离（mm）；

b——墙体厚度（mm）；

b_1、b_2——墙体下部和上部的受压区计算高度（mm）。

图 5.2.14　穿墙螺栓局部承压应力分析简图

5.2.15　穿墙螺栓孔处混凝土抗冲切强度应按下式计算

$$N_t = 0.6 f_t u_m h_0 \tag{5.2.15}$$

式中：N_t——螺栓承受的拉力设计值（kN）；

f_t——爬升龄期的混凝土试块轴心抗拉强度设计值（kN/m²）；

u_m——离螺栓垫板面积周边 $h_0/2$ 处的周长；

h_0——截面有效高度。

注：垫板的宽度与厚度比不应大于 10。

5.2.16　位于建筑物凸出或凹进结构处的液压升降整体脚手架应进行专项设计。

6　液　压　升　降　装　置

6.1　技　术　要　求

6.1.1　液压升降装置应符合国家现行标准《液压缸　技术条件》JB/T 10205、《液压缸试验方法》GB/T 15622 的有关规定。

6.1.2　液压控制系统应符合国家现行标准《液压系统通用技术条件》GB/T 3766 和《液压元件通用技术条件》GB/T 7935 的有关规定。液压控制系统应具有自动闭锁功能。

6.1.3　液压系统额定工作压力宜小于 16MPa，各液压元件的额定工作压力应大于 16MPa。

6.1.4　溢流阀的调定值不应大于系统额定工作压力的 110%。

6.1.5 液压升降装置的工作性能参数应符合本规程附录 B 的有关规定。

6.1.6 液压油清洁度应符合下列规定：

1 液压系统的油液清洁度不应低于那氏 9 级；

2 液压元件清洁度应符合国家现行标准《液压件清洁度评定方法及液压件清洁度指标》JB/T 7858 的有关规定。

6.2 检　验

6.2.1 液压控制系统的性能检验应符合下列要求：

1 各回路通断及各元件工作应正常；

2 泵的噪声、压力脉动、系统振动应在允许范围内；

3 压力表、信号灯、报警器等各种装置的测量和信号应准确无误。

6.2.2 当达到额定工作压力的 1.25 倍时，保压 15min，液压升降装置应无异常情况。

6.2.3 在额定工作压力状态下连续运转 30min 后，液压油温度应在 60℃ 以下。

6.2.4 在负载工况运转时，噪声不应大于 75dB（A）。

6.2.5 在额定荷载作用下，当液压控制系统出现失压状态时，液压升降装置不得有滑移现象。

6.2.6 液压升降装置最低启动工作压力应小于 0.5MPa。

6.2.7 液压升降装置在 1.5 倍额定工作压力作用下，不得有零件损坏等现象。

6.2.8 在额定工作压力下和温度 -20℃～45℃ 的环境中，液压升降装置应可靠工作，固定密封处不得渗漏油，运动密封处渗油不应成滴。

6.2.9 在正常工作状态时，液压控制系统应有防止误操作的功能。

6.3 使 用 与 维 护

6.3.1 液压油维护应符合下列要求：

1 不同牌号液压油不得混用；

2 液压升降装置应每月进行一次维护，各液压元件的功能应保持正常；

3 液压油应每月进行一次检查化验，清洁度应达到那氏 9 级。

6.3.2 当液压系统出现异常噪声时，应立即停机检查，排除噪声源后方可运行。

6.3.3 液压升降装置应安装在不易受到机械损伤的位置，应具有防淋、防尘措施。

6.3.4 液压管路应固定在架体上。

6.3.5 液压控制台的安装底部应有足够的强度和刚度，应具有防淋、防尘的措施。

6.3.6 液压升降装置在使用 12 个月或工程结束后，应更换密封件，检验卡齿，并应重新采取防腐、防锈措施。

7 安 全 装 置

7.1 防 坠 落 装 置

7.1.1 液压升降整体脚手架的每个机位必须设置防坠落装置，防坠落装置的制动距离不

得大于 **80mm**。

7.1.2 防坠落装置应设置在竖向主框架或附着支承结构上。

7.1.3 防坠落装置应按本规程附录 C 进行检验。

7.1.4 防坠落装置使用完一个单体工程或停止使用 6 个月后，应经检验合格后方可再次使用。

7.1.5 防坠落装置受力杆件与建筑结构必须可靠连接。

7.2 防 倾 覆 装 置

7.2.1 液压升降整体脚手架在升降工况下，竖向主框架位置的最上附着支承和最下附着支承之间的最小间距不得小于 **2.8m** 或 **1/4** 架体高度；在使用工况下，竖向主框架位置的最上附着支承和最下附着支承之间的最小间距不得小于 **5.6m** 或 **1/2** 架体高度。

7.2.2 防倾覆导轨应与竖向主框架有可靠连接。

7.2.3 防倾覆装置应具有防止竖向主框架前、后、左、右倾斜的功能。

7.2.4 防倾覆装置应采用螺栓与建筑主体结构连接，其装置与导轨之间的间隙不应大于 8mm。

7.2.5 架体的垂直度偏差不应大于架体全高的 0.5%，防倾覆装置通过调节应满足架体垂直度的要求。

7.2.6 防倾覆装置与导轨的摩擦宜采用滚动摩擦。

7.3 荷载控制或同步控制装置

7.3.1 液压升降整体脚手架升降时必须具有荷载控制或同步控制功能。

7.3.2 当某一机位的荷载超过设计值的 30% 或失载的 70% 时，荷载控制系统应能自动停机并报警。

7.3.3 当相邻机位高差达到 30mm 或整体架体最大升降差超过 80mm 时，同步控制系统应能自动停机并报警，待其他机位与超高超低机位相平时方可重新开机。

8 安装、升降、使用、拆除

8.1 一 般 规 定

8.1.1 技术人员和专业操作人员应熟练掌握液压升降整体脚手架的技术性能及安全要求。

8.1.2 遇到雷雨、6 级及以上大风、大雾、大雪天气时，必须停止施工。架体上人员应对设备、工具、零散材料、可移动的铺板等进行整理、固定，并应作好防护，全部人员撤离后应立即切断电源。

8.1.3 液压升降整体脚手架施工区域内应有防雷设施，并应设置相应的消防设施。

8.1.4 液压升降整体脚手架安装、升降、拆除过程中，应统一指挥，在操作区域应设置安全警戒。

8.1.5 液压升降整体脚手架安装、升降、使用、拆除作业，应符合国家现行标准《建筑施工高处作业安全技术规范》JGJ 80 的有关规定。

8.1.6 液压升降整体脚手架施工用电应符合国家现行标准《施工现场临时用电安全技术规范》JGJ 46 的有关规定。

8.1.7 升降过程中作业人员必须撤离工作脚手架。

8.2 安　　装

8.2.1 液压升降整体脚手架应由有资质的安装单位施工。

8.2.2 安装单位应核对脚手架搭设构（配）件、设备及周转材料的数量、规格，查验产品质量合格证、材质检验报告等文件资料。构（配）件、设备、周转材料应符合下列规定：

  1 钢管应符合现行国家标准《直缝电焊钢管》GB/T 13793 的规定；

  2 钢管脚手架的连接扣件应采用可锻铸铁制作，其材质应符合现行国家标准《钢管脚手架扣件》GB 15831 的规定，并在螺栓拧紧的扭力矩达到 65N·m 时，不得发生破坏；

  3 脚手板应采用钢、木、竹材料制作，其材质应符合相应国家现行标准的有关规定；

  4 安全围护材料及辅助材料应符合相应国家现行标准的有关规定。

8.2.3 应核实预留螺栓孔或预埋件的位置和尺寸。

8.2.4 应查验竖向主框架、水平支承、附着支承、液压升降装置、液压控制台、油管、各液压元件、防坠落装置、防倾覆装置、导向部件的数量和质量。

8.2.5 应设置安装平台，安装平台应能承受安装时的垂直荷载。高度偏差应小于 20mm；水平支承底平面高差应小于 20mm。

8.2.6 架体的垂直度偏差应小于架体全高的 0.5%，且不应大于 60mm。

8.2.7 安装过程中竖向主框架与建筑结构间应采取可靠的临时固定措施，确保竖向主框架的稳定。

8.2.8 架体底部应铺设脚手板，脚手板与墙体间隙不应大于 50mm，操作层脚手板应满铺牢固，孔洞直径宜小于 25mm。

8.2.9 剪刀撑斜杆与地面的夹角应为 45°～60°。

8.2.10 每个竖向主框架所覆盖的每一楼层处应设置一道附着支承及防倾覆装置。

8.2.11 防坠落装置应设置在竖向主框架处，防坠吊杆应附着在建筑结构上，且必须与建筑结构可靠连接。每一升降点应设置一个防坠落装置，在使用和升降工况下应能起作用。

8.2.12 防坠落装置与液压升降装置联动机构的安装，应先将液压升降装置处于受力状态，调节螺栓将防坠落装置打开，防坠杆件应能自由地在装置中间移动；当液压升降装置处于失力状态时，防坠落装置应能锁紧防坠杆件。

8.2.13 在竖向主框架位置应设置上下两个防倾覆装置，才能安装竖向主框架。

8.2.14 液压升降装置应安装在竖向主框架上，并应有可靠的连接。

8.2.15 控制台应布置在所有机位的中心位置，向两边均排油管；油管应固定在架体上，应有防止碰撞的措施，转角处应圆弧过渡。

8.2.16 在额定工作压力下，应保压 30min，所有的管接头滴漏总量不得超过 3 滴油。

8.2.17 架体的外侧防护应采用安全密目网，安全密目网应布设在外立杆内侧。

8.2.18 液压升降整体脚手架安装后应按本规程附录 D 的要求进行验收。

8.3 升 降

8.3.1 液压升降整体脚手架提升或下降前应按本规程附录 E 的要求进行检查；检查合格后方能发布升降令。

8.3.2 在液压升降整体脚手架升降过程中，应设立统一指挥，统一信号。参与的作业人员必须服从指挥，确保安全。

8.3.3 升降时应进行检查，并应符合下列要求：

    1 液压控制台的压力表、指示灯、同步控制系统的工作情况应无异常现象；

    2 各个机位建筑结构受力点的混凝土墙体或预埋件应无异常变化；

    3 各个机位的竖向主框架、水平支承结构、附着支承结构、导向、防倾覆装置、受力构件应无异常现象；

    4 各个防坠落装置的开启情况和失力锁紧工作应正常。

8.3.4 当发现异常现象时，应停止升降工作。查明原因、隐患排除后方可继续进行升降工作。

8.4 使 用

8.4.1 液压升降整体脚手架提升或下降到位后应按本规程附录 F 的要求进行检查，检查合格后方可使用。

8.4.2 在使用过程中严禁下列违章作业：

    1 架体上超载、集中堆载；

    2 利用架体作为吊装点和张拉点；

    3 利用架体作为施工外模板的支模架；

    4 拆除安全防护设施和消防设施；

    5 构件碰撞或扯动架体；

    6 其他影响架体安全的违章作业。

8.4.3 施工作业时，应有足够的照度。

8.4.4 液压升降整体脚手架使用过程中，应每个月进行一次检查，并应符合本规程附录 D 的要求，检查合格后方可继续使用。

8.4.5 作业期间，应每天清理架体、设备、构配件上的混凝土、尘土和建筑垃圾。

8.4.6 每完成一个单体工程，应对液压升降整体脚手架部件、液压升降装置、控制设备、防坠落装置等进行保养和维修。

8.4.7 液压升降整体脚手架的部件及装置，出现下列情况之一时，应予以报废：

    1 焊接结构件严重变形或严重锈蚀；

    2 螺栓发生严重变形、严重磨损、严重锈蚀；

    3 液压升降装置主要部件损坏；

    4 防坠落装置的部件发生明显变形。

8.5 拆　　除

8.5.1 液压升降整体脚手架的拆除工作应按专项施工方案执行，并应对拆除人员进行安全技术交底。

8.5.2 液压升降整体脚手架的拆除工作宜在低空进行。

8.5.3 拆除后的材料应随拆随运，分类堆放，严禁抛掷。

附录 A　液压升降整体脚手架产品型式试验方法

A.1　性　能　试　验

A.1.1 液压升降整体脚手架样机应按最大步距及最大高度搭设，应有 3m 左右的升降空间，应搭设三机二跨以上，其中一跨为最大跨度；同步性能试验时，应搭设十机九跨以上的整体脚手架。

A.1.2 试验条件应符合下列要求：

　　1 环境温度应为-20℃～+40℃；

　　2 现场风速不应大于 13m/s；

　　3 电源电压值偏差应为±5％。

A.1.3 试验用的仪器和工具，应有鉴定证书，并应在有效期内。

A.1.4 试验步骤应符合下列要求：

　　1 试验准备工作应符合下列要求：

　　　　1） 液压升降装置的控制系统及防坠落装置应可靠自如；

　　　　2） 各金属结构的连接件应牢固可靠；

　　　　3） 样机架体全高与支承跨度的乘积应大于 110m²。

　　2 液压升降装置的同步性能试验：提升 3m，测量高度误差，下降 3m，测量高度误差。同步性能试验应进行三个升降循环，试验过程中不得进行升降差调整。

　　3 防坠落装置性能试验应按本规程 B.0.3 的要求进行。

　　4 超载、失载试验，三个机位，保持左右机位的荷载不变，中间机位加载到额定荷载的 130％，单独提升中间机位，观察控制台是否能切断电源。中间机位减载 70％，单独提升中间机位，观察控制台是否能切断电源。

A.2　结构应力与变形试验和测试

A.2.1 应进行性能试验项目后，方可进行结构应力与变形测试。

A.2.2 结构应力与变形测试应按表 A.2.2 选取测试项目。

表 A.2.2　液压升降整体脚手架结构应力与变形测试项目

序　号	测试工况	测试项目
1	空载升降情况	附着支承结构、竖向主框架、受力杆件

续表 A.2.2

序　号	测 试 工 况	测 试 项 目
2	空载工况	附着支承结构、竖向主框架、受力杆件
3	标准荷载	附着支承结构、竖向主框架、受力杆件
4	125%的标准值	附着支承结构、竖向主框架、受力杆件
5	标准荷载下偏载30%	附着支承结构、竖向主框架、受力杆件
6	标准水平荷载	水平梁系

A.2.3 测点应符合下列规定：

1 测点宜选择表 A.2.2 中列出的各部分结构的关键部位作为测点，并确定粘贴应变片形式；有特殊要求的，应根据试验目的和要求来选择测试点。

2 平面应力区的应变片应符合下列规定：

1）当结构处于平面应力状态时，应预先用分析等方法确定主应力方向，沿主应力方向贴上应变片。

2）当主应力方向无法确定时，应贴上应变花。

A.2.4 测试宜按下列步骤进行：

1 检查和调整试验样机；

2 贴应变片，接好应变检测系统，调试有关仪器，选好灵敏系数，消除一切不正常的现象；

3 检测结构自重应力，在空载时，应对被测结构件测点调零；

4 测读结构件的自重应力值；

5 检测结构的荷载应力，额定荷载及偏载下，测读结构件应变值，额定荷载工况时还应测量承受竖向荷载的水平结构的挠度值；

6 使样机架体处于升降状态、工作状态，叠加相对应的横向荷载，测量结构的横向挠度值；

7 超过额定荷载的 30%试验，当结构出现永久变形或局部损坏，应立即终止试验，进行检查和分析；

8 试验过程及数据应作好记录。

A.2.5 安全判定数据应符合下列规定：

1 应力测试应符合下列要求：

1）据表 A.2.2 结构应力测试项目，额定荷载所测出的结构最大应力，应满足下式给出的安全判定数据。

$$n = \sigma_s/\sigma_r \geqslant 2.0 \qquad (A.2.5)$$

式中：σ_s——材料的屈服极限（MPa）；

σ_r——最大应力（MPa）。

2）超载工作状况只用于考核结构的完整性，不得作为安全判定数据检查。

2 挠度测试的水平支承结构挠度应小于 1/150，且应小于 10mm。

3 竖向主框架顶端水平变形应小于 1/400。

附录 B 液压升降装置产品型式试验方法

B. 0. 1 检测用仪器设备应包括下列项目：

    1 中小型液压阀、液压缸、马达试验台；

    2 精密压力表；

    3 电子秒表；

    4 数字温度计；

    5 称重传感器。

B. 0. 2 试验条件应符合下列要求：

    1 试验环境温度应为 $-20\text{℃} \sim +40\text{℃}$；

    2 试验荷载与额定荷载的允许误差为 $\pm 5\%$。

B. 0. 3 液压升降装置应按额定荷载进行静载试验。试验过程中，不应有影响整机性能的变形及其他异常情况，固定密封处不应漏油。

B. 0. 4 液压升降装置应按额定荷载进行动载试验。试验过程中，活塞杆与缸体的可见密封处表面不应有影响性能的明显擦伤，固定密封处不应漏油，运动密封处渗油不成滴。

B. 0. 5 液压升降装置应进行超压试验，在额定压力的 1.25 倍，应保压 15min，无异常现象。

B. 0. 6 液压升降装置应进行失压试验。在额定荷载作用下，液压控制系统处于失压状态时，液压升降装置相对于杆件不应滑移。

B. 0. 7 升降装置应进行内泄漏测定。在额定工作压力下，内泄漏量技术参数应符合表 B. 0. 7 的规定。

表 B. 0. 7 内泄漏量技术参数

缸内径 D （mm）	内泄漏量 （mL／min）	缸内径 D （mm）	内泄漏量 （mL／min）
100	≤0.20	140	≤0.30
110	≤0.22	160	≤0.50
125	≤0.28	180	≤0.63

    注：使用组合密封时，允许内泄漏量为规定值的 2 倍。

B. 0. 8 液压升降装置应进行外泄漏量测定。在额定工作压力下，活塞杆静止时，不应渗油；活塞杆运动时，除活塞杆外，不应渗油。

B. 0. 9 液压升降装置应进行锁紧力试验。锁紧缸在 8MPa 压力下，施加额定荷载，锁紧应可靠，杆件不应滑移。

B. 0. 10 液压升降装置应进行承载力试验。在额定工作压力下，承载额定荷载时应升降自如。

附录 C 防坠落装置产品型式试验方法

C.0.1 检测仪器及设备应包括下列项目：

1 试验架分为固定架和活动架两部分；

2 提升装置；

3 脱钩器；

4 砝码；

5 砝码提升架；

6 游标卡尺；

7 制动杆件。

C.0.2 试验条件应符合下列规定：

1 试验环境温度应为-20℃～+40℃。

2 试验载荷与其名义值的允许误差为±5%。

C.0.3 防坠落装置制动距离试验宜按下列步骤进行：

1 将待测防坠落装置安装在活动架上；

2 将制动杆件穿插在防坠落装置内，并将制动杆件上端部安装在固定架上；

3 将脱钩器的上端安装在固定架上，脱钩器的下端安装在活动架上；

4 在活动架上加砝码；

5 脱钩器脱钩，测量防坠落装置的滑移距离；

6 将测量数据及情况记入表 C.0.3。

表 C.0.3 防坠落装置制动距离试验记录表

次 数	制动距离（mm）	制动情况	备 注
1			
2			
3			

试验人员：　　　　　　　　　　记录人员：

C.0.4 试验结果应符合下列要求：

1 防坠落装置应能迅速闭锁制动杆件，每次制动距离不得大于 80mm；

2 防坠落装置闭锁制动杆件后，静置 36h，不得有可见滑移现象。

附录 D 液压升降整体脚手架安装后验收表

表 D 液压升降整体脚手架安装后验收表

	工程名称			结构形式		
	建筑面积			机位布置情况		
	总包单位			安拆单位		
	监理单位			验收日期		

序号	检查项目	标 准	检查结果
1★	相邻竖向主框架的高差	≤30mm	
2★	竖向主框架及导轨的垂直度偏差	≤0.5%且≤60mm	
3★	预埋穿墙螺栓孔或预埋件中心的误差	≤15mm	
4★	架体底部脚手板与墙体间隙	≤50mm	
5	节点板的厚度	≥6mm	
6	剪刀撑斜杆与地面的夹角	45°～60°	
7★	操作层脚手板应铺满、铺牢,孔洞直径	≤25mm	
8★	连接螺栓的拧紧扭力矩	40N·m～65N·m	
9★	防松措施	双螺母	
10★	附着支承在建（构）筑物上连接处的混凝土强度	≥C10	
11	架体全高	≤5倍楼层高度	
12	架体宽度	≤1.2m	
13	架体全高×支承跨度	≤110m²	
14	支承跨度直线型	≤8m	
15	支承跨度折线型或曲线型	≤5.4m	
16	水平悬挑长度	≤2m;且≤1/2跨度	
17	使用工况上端悬臂高度	≤2/5架体高度;且≤6m	
18	防坠落装置制动距离	≤80mm	
19★	在竖向主框架位置的最上附着支承和最下附着支承之间的间距	≥5.6m	
20	垫板尺寸	≥100mm×100mm×10mm	
21★	防倾覆装置与导轨之间的间隙	≤8mm	
22	液压升降装置承受额定荷载48h	滑移量≤1mm	
23	液压升降装置施压20MPa,保压15min	无异常	
24	液压升降装置锁紧力,上、下锁紧油缸在8MPa压力承载工况下	锁紧不滑移	
25	承受荷载,液压系统失压36h	载物不滑移	
26	额定工作压力下,保压30min,所有的管路接头	滴漏≤3滴油	

序号	检查项目	标 准	检查结果
27	防护栏杆	在0.6m和1.2m两道	
28	挡脚板高度	≥180mm	
29	顶层防护栏杆高度	≥1.5m	
检查结论			

检查人签字	总包单位项目经理	安拆单位负责人	安全员	机械管理员

符合要求，同意使用（　　　）　　　　　　　　　　　　不符合要求，不同意使用（　　　）

总监理工程师（签字）
年　月　日

注：本表由安拆单位填报，总包单位、安拆单位、监理单位各存一份。
　　本表带★检查项目为每月检查内容。

附录E　液压升降整体脚手架升降前
准备工作检查表

表E　液压升降整体脚手架升降前准备工作检查表

工程名称		升降层次	
建筑面积		机位布置情况	
总包单位		安拆单位	
监理单位		日期	

序号	检查项目	标 准	检查结果
1	安装最上附着支承处结构混凝土强度	≥C10	
2	液压动力系统的控制柜	设置在楼层上	
3	防坠吊杆与建筑结构连接	可靠	
4	防坠落装置工作状态	正常	
5	在竖向主框架位置的最上附着支承和最下附着支承之间的间距	≥2.8m或≥1/4架体高度	

序号	检查项目	标　准	检查结果
6	防倾覆装置与导轨之间的间隙	≤8mm	
7	架体的垂直度偏差	≤0.5％架体全高；且≤60mm	
8	额定荷载超过30％时	报警停机	
9	额定荷载失载70％时	报警停机	
10	升降行程范围	无伸出墙面外的障碍物	
11	专业操作人员	持证上岗	
12	垂直立面与地面	进行警戒	
13	架体上	无杂物及人员	
检查结论			
检查人签字	安拆单位负责人	安全员	机械管理员	

符合要求，同意使用（　）	不符合要求，不同意使用（　）

项目经理（签字）

年　月　日

注：本表由安拆单位填报，监理单位、施工单位、租赁单位、安拆单位各存一份。

附录 F 液压升降整体脚手架升降后使用前安全检查表

表 F 液压升降整体脚手架升降后使用前安全检查表

工程名称		结构层次	
建筑面积		机位布置情况	
总包单位		安拆单位	
监理单位		日期	

序号	检查项目	标准	检查结果
1	整体脚手架的垂直荷载	建筑物受力	
2	液压升降装置	非工作状态	
3	防坠落装置	工作状态	
4	最上一道防倾覆装置	可靠牢固	
5	架体底层脚手板与墙体间隙	≤50mm	
6	在竖向主框架位置的最上附着支承和最下附着支承之间的间距	≥5.6m 或≥1/2 架体高度	
检查结论			
检查人签字	安拆单位负责人	安全员	机械管理员	

符合要求，同意使用（ ）　　　　　不符合要求，不同意使用（ ）

项目经理（签字）

年 月 日

注：本表由安拆单位填报，监理单位、施工单位、租赁单位、安拆单位各存一份。

本规程用词说明

1 为了便于在执行本规程条文时区别对待，对要求严格程度不同的用词说明如下：

  1） 表示很严格，非这样做不可的用词：

    正面词采用"必须"，反面词采用"严禁"；

2）表示严格，在正常情况下均应这样做的用词：

正面词采用"应"，反面词采用"不应"或"不得"；

3）表示允许稍有选择，在条件许可时首先应这样做的用词：

正面词采用"宜"，反面词采用"不宜"；

4）表示有选择，在一定条件下可以这样做的，采用"可"。

2 条文中指明应按其他有关标准、规范执行的写法为："应按……执行"或"应符合……的要求（或规定）"。

引 用 标 准 名 录

1 《建筑结构荷载规范》GB 50009

2 《混凝土结构设计规范》GB 50010

3 《钢结构设计规范》GB 50017

4 《冷弯薄壁型钢结构技术规范》GB 50018

5 《液压系统通用技术条件》GB/T 3766

6 《液压元件通用技术条件》GB/T 7935

7 《直缝电焊钢管》GB/T 13793

8 《液压缸试验方法》GB/T 15622

9 《钢管脚手架扣件》GB 15831

10 《施工现场临时用电安全技术规范》JGJ 46

11 《建筑施工高处作业安全技术规范》JGJ 80

12 《建筑施工扣件式钢管脚手架安全技术规范》JGJ 130

13 《液压件清洁度评定方法及液压件清洁度指标》JB/T 7858

14 《液压缸　技术条件》JB/T 10205

中华人民共和国行业标准

液压升降整体脚手架
安全技术规程

JGJ 183—2009

条 文 说 明

制 订 说 明

《液压升降整体脚手架安全技术规程》JGJ 183－2009，经住房和城乡建设部 2009 年 9 月 15 日以第 390 号公告批准、发布。

本规程制订过程中，编制组进行了大量的调查研究，总结了我国液压升降整体脚手架设计、施工的实践经验，同时参考了国外先进技术标准，通过对防坠落装置的制动距离和时间、荷载控制或同步控制装置进行了专项试验论证与实测作出了具体的规定。

为便于广大设计、施工、科研、学校等单位有关人员在使用本标准时能正确理解和执行条文的规定，《液压升降整体脚手架安全技术规程》编制组按章、节、条顺序编制了本规程的条文说明，对条文规定的目的、依据以及执行中需注意的有关事项进行了说明，还着重对强制性条文的强制性理由作了解释。但是，本条文说明不具备与标准正文同等的法律效力，仅供使用者作为理解和把握标准规定的参考。在使用过程中如果发现本条文说明有不妥之处，请将意见函寄南通四建集团有限公司。

目　次

1 总　　则

1.0.1 本条说明液压升降整体脚手架的管理所必须遵循的原则。

1.0.2 本规程适用于高层、超高层建筑物和构筑物工程的主体和装饰施工作业的千斤顶式或油缸式液压升降脚手架的设计、制作、安装、检验、使用、拆除和管理。不携带施工外模板是指液压升降整体脚手架升降时不携带施工外模板和不作为模板支撑。

2　术 语 和 符 号

2.1　术　　语

2.1.1 液压升降整体脚手架是指由竖向主框架、水平支承结构、附着支承结构、工作脚手架等组成，并依靠液压升降装置，附着在建（构）筑物上，实现整体升降的脚手架。

2.1.12 防倾覆装置是在脚手架升降和使用过程中，防止发生倾覆的装置。

2.1.13 防坠落装置是液压升降整体脚手架在升降过程中，发生意外事故（如提升设备损坏、受力杆件断裂），液压升降整体脚手架发生坠落现象时，制动液压升降整体脚手架不坠落的安全保险装置。

2.2　符　　号

本规程的符号符合现行国家标准《工程结构设计基本术语和通用符号》GBJ 132－90的规定。

3　基 本 规 定

3.0.1 本条规定的说明：

1　架体及附着支承结构的强度、刚度和稳定性是保证架体正常升降和使用的关键条件，必须符合设计要求。

2　防倾覆装置、防坠落装置是液压升降整体脚手架的关键装置，已发生的工程安全事故大部分源于这两大问题没有妥善解决。

3　防倾覆是从旋转约束上解决液压升降整体脚手架的稳定问题。本规程从竖向主框架倾覆的技术性能角度提出相应要求，附着支承增加防倾覆要求后，在使用与升降工况下，建筑物主体结构对附着支承应至少形成上下或左右布置的两个独立的竖向约束和上下布置的两个独立的平面外旋转约束，从而保证竖向主框架及整体脚手架的稳定。

4 坠落的原因主要有两种，即附着支承及提升装置的受力杆件等部件的破坏和升降过程中动力失效。

    1）引起附着支承破坏的原因主要有两方面：①现场管理失控，附着支承与建筑物主体结构的固定未按要求进行；②升降不同步或升降过程中遇障碍物导致机位荷载超出附着支承的极限承载力。

    2）引起动力失效的原因也主要有两方面：①机位荷载在正常范围内，液压升降装置因自身质量问题或使用保养维修不当引起；②升降不同步或升降过程中遇障碍物导致机位荷载超出液压升降装置极限承载力引起。

对引起附着支承破坏的第①方面原因，只能通过加强施工现场管理来避免。对引起液压升降装置动力失效的第①方面原因，除要求设置防坠落装置外，本规程还在第8章的安装和使用上作出相应的要求；针对引起附着支承及提升装置破坏的第②方面原因及引起动力失效的第②方面原因，本规程要求安全装置应有荷载控制或同步控制装置，即从消极防坠落转向预防坠落产生。

5 液压升降装置有着与电动设备不同的功能，当工作压力值一定的情况下，它的提升力是一个恒定的值，当实际荷载超过时，此处机位的提升会自动停止，紧邻的机位荷载将加大，同样会自动停止提升，最终全部的液压升降装置停止提升；下降时失载也是同样自动停止下降工作。液压系统本身具有超载、失载停升功能。

6 同步控制装置是液压升降整体脚手架的关键控制装置，即每个机位之间的水平偏差超过一定的值时，停止升降。实际上超载停升、失载停降与位移超差系统是三位一体的。液压升降装置的最大特点是保持全部机位动作的统一性和每个动作后行程量的一致性，所以，控制所有的液压升降装置全部到位后（也就是一个行程完毕后），再实行下一步动作是液压升降整体脚手架同步控制的关键所在。因此架体及附着支承结构的强度和刚度、防坠落装置、防倾覆装置是最关键的部件。此条作为强制性条文，必须严格执行。防坠落装置、防倾覆装置及同步控制装置在安全装置一章专门作出规定。

3.0.2 本条规定的说明：

1 液压升降整体脚手架的使用会产生很大的社会经济效益，但安全问题解决不好，对人民的生命、财产会造成很大的伤害，使用的液压升降整体脚手架产品定型前必须经专家鉴定或项目验收合格后才允许使用。

2 液压升降装置的可行性是使用液压升降整体脚手架的关键所在，作为成熟的产品应有型式检验报告。

3 液压升降装置、防坠落装置的产品质量直接影响使用中的安全，施工中使用的液压升降装置、防坠落装置必须采用液压升降整体脚手架产品鉴定或验收时原来厂家、原来品牌、原来型号规格的产品。

3.0.3 本条规定的说明：

1 液压升降整体脚手架的架体高度、悬臂高度，竖向主框架间的跨度，水平支承的悬挑长度，组架方式，液压升降装置的性能，防倾覆装置、防坠落装置等各项技术指标应与产品规定的性能指标相对应，并在设计规定的数据范围内。

2 适用范围主要用于主体结构施工和装饰施工，特别要说明的是在架体升降的过程中不允许带外模板。总的要求是在保证使用安全的前提下，结构稳定、重量轻、便于安装装配，而且应该是节能、节电、省工、省力、环保、高效，经济上合理。

3.0.4 专业培训是指经过附着式升降脚手架的培训合格后，再结合液压升降整体脚手架的工作原理、技术特点、作业要求、升降方法、注意事项等方面进行专项技术培训。作业前应当进行书面和口头上的技术交底。

4 架 体 结 构

4.0.1 液压升降整体脚手架架体结构尺寸一方面应满足使用需要，另一方面从保证强度、刚度、稳定性的角度出发应对各类主要尺寸作出必要的限制，本条对液压升降整体脚手架的结构尺寸作出基本规定。

1 规定了架体高度。主要考虑了3层未拆除模板层的高度和顶部在施工楼层以及其上防护栏杆（1.8m 高）的防护要求，且同时须满足底层模板拆除层外围防护的要求，达到全部安全防护的目的。如果高度不够，则不是顶部没有防护，就是底部拆除模板层没有防护；

2 规定架体全高与支承跨度的乘积值，是考虑不同楼层高度的工程使用，总的荷载不超过规定的值；

3 架体宽度指内外排立杆轴线间的距离。内排立杆距建筑结构不应大于 0.5m，主要考虑尽量减少架体的外倾覆力矩；

4 支承跨度是设计计算的重要指标，是有效控制液压升降装置提升力超载现象的重要措施，也是核定每个机位的竖向主框架、附着支承结构及其建筑物连接点的受力大小等参数的重要依据；

5 架体端部由于封头立杆和防护的要求荷载较大，不控制悬挑长度则危险性大，故作出小于 2m 的规定；

6 主要考虑到施工人员正常通行的需要而作出的规定。

4.0.2 竖向主框架是液压升降整体脚手架重要的承力和稳定构件，架体所受的力均由其传递给附着支承结构，再由附着支承结构传递到建筑物上。本条对竖向主框架作出了三条规定：

1 竖向主框架必须有足够的强度和稳定性能，要设计成空间几何不变体系的稳定结构，为了便于运输可设计成分段对接式结构；

2 由于竖向主框架必须通过导轨进行上下运动，进而带动整体脚手架升降，故规定竖向主框架内侧应设置导轨。推荐竖向主框架的内侧立杆与导轨合并为整体结构，则其强度和刚度更高、更合理；

3 水平支承的高度规定为 1.8m，是为保证其整体稳定和强度。

4.0.3 水平支承是作为承担部分工作脚手架荷载的重要构件，本条对水平支承作出了构造设计的 3 点要求。保证水平支承在垂直方向和整体的稳定。

4.0.4 附着支承结构是承受架体所有荷载并将其传递给建筑结构的重要构件，本条作出了 5 条规定：

1 应于竖向主框架所覆盖的每一个楼层处设置一道附着支承，每一个楼层是指已经浇筑混凝土且混凝土强度达到要求的楼层；

2 使用工况时，将竖向主框架的荷载传递给附着支承，再由附着支承将荷载传递到建筑结构上，保证力的传递准确，构件强度可靠；

3 升降工况时附着支承是固定在建筑结构上不动的构件，竖向主框架是上下移动的构件，因此要求在附着支承上设有防倾覆装置和导向装置，保证整体脚手架在升降的过程中垂直升降、不翻转；

4 附着支承应采用锚固螺栓与建筑物连接，是出于安全的考虑。螺栓露出螺母应不少于3个螺距或10mm，防止螺母松动的方法宜采用弹簧垫片，与混凝土面接触的垫片最小尺寸规定为100mm×100mm×10mm，垫片尺寸过小了会引起预留孔洞处混凝土的局部破坏；

5 安装和使用附着支承时，提出了建筑结构混凝土强度的最低要求。

4.0.5 由于扣件式钢管脚手架有较强的选用性和普遍性，工作脚手架宜采用钢管扣件搭设，在搭设时应符合国家现行标准《建筑施工扣件式钢管脚手架安全技术规范》JGJ 130的规定。工作脚手架的部分荷载传递在水平支承上，水平支承又将荷载传递到竖向主框架上，所以工作脚手架应与水平支承和竖向主框架之间有可靠稳固的连接。

4.0.6 架体悬臂高度应含一层楼的高度，再加上一道防护栏杆的高度（1.8m）。通常3.2m的楼层高度，悬臂高度为6m。出于架体防倾覆和稳定性考虑，悬臂高度不得大于架体高度的2/5和6m。如果超过了6m，需要采取加强措施。

4.0.7 出于受水平支承局限和建筑结构变化多样的影响，很多工程水平支承杆件不能连续设置时，可采用局部脚手架杆件连接，但其强度和刚度不得低于原有的水平支承。

4.0.8 考虑到物料平台的特殊性和液压升降整体脚手架的安全，两者应严格独立使用。

4.0.9 在架体结构遇到塔吊、施工电梯、物料平台等需断开或开洞时，断开处应按照临边、洞口的防护要求进行防护，防止人员及物料的坠落。

4.0.10 剪刀撑对整体脚手架架体的稳定，防止安全事故的发生将起到重要的作用。若剪刀撑连接立杆间距太小，不能与竖向主框架、水平支承和架体构架连接成整体，则纵向支撑刚度较差，故对剪刀撑跨度和水平夹角作了规定。

4.0.11 液压升降整体脚手架与附着支承的连接处，提升机构的设置处，防坠落装置、防倾覆装置的设置处，吊拉点的设置处，因承受的架体集中荷载较大，容易变形或损坏，因此本条规定在上述处应有加强构造的措施。另外，平面转角处，架体因碰到塔吊、施工电梯、物料平台等设施而需要断开或开洞处，因架体断开变成悬挑，故规定应采取加强措施，如采用斜拉或斜撑等。

4.0.12 本条对脚手架的防护作出规定：

1 架体外侧满挂密目安全网，可有效防止物件坠落；

2 底层脚手板必须铺设严密，靠建筑结构一侧应有翻板，架体升降时，翻板翻起，利于脚手架的升降工况；使用时翻板放下，起到防止物件坠落的作用；

3 作业层外侧设置挡脚板是为了防止物件从外侧坠落，顶层1.5m高的栏杆是防止人员从高空坠落。

4.0.13 本条对液压升降整体脚手架的构配件的制作从设计图纸、工艺文件、工艺装备、原（辅）材料、检验规则和要求都作出了详细的规定。

5 设 计 及 计 算

5.1 荷 载

5.1.1 本规程设计荷载考虑永久荷载（恒载）和可变荷载（活载）两类。对按照现行国家标准《建筑结构可靠度设计统一标准》GB 50068、《建筑结构荷载规范》GB 50009 中划为偶然荷载的撞击、坠落、防坠落作用，结合本类构件特点及已经完成的相关试验结果，在相应计算中提出了经验值。计算时对活荷载应考虑到对升降架受力状态的有利与不利进行荷载效应组合。

5.1.2、5.1.3 各类永久荷载标准值的取值与其他施工设备设计取值保持一致。

5.1.4 液压升降脚手架在施工中的作用与普通脚手架一致，在施工活荷载的取值上仍采用相应的施工规范值。对爬升工况和下降工况，架体上的施工人员应撤离，施工用材料、机具都应搬离到架体以外的可靠场所。每层活荷载标准值取 $0.5kN/m^2$ 是为满足升降过程中对附墙构件调整、提升机构调整所需的人员操作的要求。

5.1.5 本条对结构极限状态与正常使用状态设计验算的荷载取值进行了规定，与现行国家标准《建筑结构可靠度设计统一标准》GB 50068 一致。

对风荷载取值考虑到该设备使用期较短，按 10 年基准期采用。实际工程中，由于升降脚手架主要用于 20m 以上的建筑标准层施工阶段，且处于城市区域内，可考虑地形条件的修正系数 η，η 可取 1.0～1.5。

根据现行国家标准《建筑结构荷载规范》GB 50009，按 $w_0 = 0.35kN/m^2$，钢结构，以常用的 90m 高度在城市市区的条件，计算得 $\beta_z = 1.0$，这也是液压升降整体脚手架应用工程较多的一种情况。考虑到应用情况的变化，建议按实际情况计算。对于竖向主框架及附着支承结构的设计中，尚宜考虑阵风系数，但不与施工荷载进行组合，因为在风力超过 7 级时，不允许工人进行作业。

5.1.6 脚手架风荷载体型系数采用现行国家标准《建筑结构荷载规范》GB 50009 的计算方法，背靠建筑物状况中全封闭、敞开或开洞是指脚手架对建筑物的围合状况，计算时应对正压与负压分别进行分析。

5.1.7 通过对数个工程的实际使用，对工程通常部位的设计分析，提出了各工况不利荷载效应组合。这里对现行国家标准《建筑结构荷载规范》GB 50009 中荷载效应基本组合采用简化规则，由于该类脚手架荷载效应最不利值组合通常由可变荷载效应控制，故得出表中的荷载效应组合。

当建筑高度较大且处于风口地带时，对连墙杆、连墙件、防倾覆及防坠落装置考虑永久荷载＋风荷载的不利荷载效应组合。

5.1.8 液压升降脚手架上的扣件式钢管架体与落地架体有较大的区别，主要表现在自身刚度较落地脚手架大，受到支撑桁架、主立架的约束，由于支撑桁架的变形会导致某些立杆的荷载效应增加，从而导致失稳的现象，因此采用了附加安全系数调整。

5.1.9 整体液压升降脚手架在升降过程中，各个机位的升降会受各种因素而产生不同步现象，造成支座垂直位移，而连为一体的整体桁架会因支座垂直位移而产生次应力，使支座的荷载增加或减少，因此针对不同设备、不同工况提出了相应的附加荷载不均匀系数。

5.2 设 计 及 计 算

5.2.1 本条为设计计算的基本规定和设计所采用的规范依据，对特殊的构件设计验算可直接按相关规范进行。

5.2.2 本条主要对液压升降整体脚手架的各部分计算内容和建议方法作了要求。

5.2.3 本条所列部件为液压升降整体脚手架的主要构件，应确保其刚度，因此除进行强度验算外，还应进行变形验算。

5.2.4 索具及吊具、升降部件等属建筑机械部分，故采用允许应力法计算。

5.2.5、5.2.6 主要说明架体的各部分简化计算模型及需要计算的内容。竖向主框架内外立杆的垂直荷载应包括内外水平支承传递来的支座反力、操作层大横杆直接传来的支座反力；对竖向主框架风荷载按每根大横杆挡风面承担的风荷载，以节点集中荷载计算。

5.2.7 附着支承荷载取值除了正常的运行工况外，需要考虑到支座升降不同步产生的次应力，还要考虑到发生坠落工况防坠生效时的冲击作用。对方钢构件应进行平面内与平面外的验算。

5.2.8 导轨按垂直连续杆件设计，其作用荷载为动荷载。在有些升降机构中，由导向柱代替导轨，其主要区别在导向装置是固定在架体上还是在主体结构上。

5.2.9 防坠装置荷载考虑到发生坠落工况防坠生效时的冲击作用。

对防坠附墙支座与升降架体附墙支座建议分别设置，主要考虑到其作用不同：升降架体附墙支座需要有足够的强度和刚度，保证升降及工作时的同步与稳定；而防坠支座需要有足够的强度，刚度的提高反而加大了冲击的作用。因此提出了该项建议。

5.2.10、5.2.11 主要说明竖向主框架底座框、吊拉杆和悬臂梁的设计要求。

5.2.12 同一工程宜为同一升降设备，避免因设备油压、作用力、行程的参数不一致而产生升降不同步。

5.2.13 穿墙螺栓是固定附墙支座的主要受力构件，按承受拉剪作用的单根螺栓设计。采用数根螺栓共同锚固支座时按螺栓实际受力计算。

5.2.14 穿墙螺栓孔处的混凝土局部承压验算采用现行国家标准《混凝土结构设计规范》GB 50010 的计算方法，注意爬升龄期的混凝土试块应为同条件养护的试块。

5.2.15 穿墙螺栓孔在剪力墙等薄壁板支座时，会发生混凝土板的冲切破坏。附注要求穿墙螺栓垫板应保证为刚性板，当板宽度与厚度比不大于 10 时，可以按刚性板考虑。当验算达不到要求时可采用双垫板、带肋垫板等提高垫板刚度的方式，通过增大局部承压的面积来提高局部承压能力。

5.2.16 位于建筑物凸出或凹进结构处的液压升降整体脚手架情况相对复杂，平面上会出现转折、斜向、梯形等异形的平面架体，立面上会出现外挑与内收等情况，它们所连接成整体的结构应根据实际的受力状态进行具体分析与设计。

6 液 压 升 降 装 置

6.1 技 术 要 求

6.1.1 液压升降装置的执行机构是多作用液压缸,因此液压升降执行机构应符合国家现行标准《液压缸 技术条件》JB/T 10205-2000,和《液压缸试验方法》GB/T 15622-2005 的有关规定。

6.1.2 液压控制系统是本装置的重要组成部分,应符合国家现行标准《液压系统通用技术条件》GB/T 3766-2001 和《液压元件通用技术条件》GB/T 7935-2005 的有关规定。

6.1.3 本条规定额定工作压力宜小于 16MPa,实际正常情况下的工作压力应在 8MPa 左右。各液压元件是系统的执行和调节部件,必须大于系统的额定工作压力。

6.1.4 溢流阀的调定值不应大于系统额定工作压力的 110%,也就是 17.6MPa,因为溢流阀的调定值有波动,要保证额定工作压力 16MPa,乘以 1.1 的系数才能保证。

6.1.5 本规程附录 B 专门对液压升降装置作出了产品型式试验报告的规定,液压升降装置的技术性能要求执行附录 B 的有关规定。

6.1.6 液压油的清洁度是保证液压系统正常工作的介质,规定液压系统的油液清洁度为那氏 9 级。液压元件的清洁度应符合国家现行标准《液压件清洁度评定方法及液压件清洁度指标》JB/T 7858 的规定。

6.2 检 验

6.2.1 本条对液压控制系统性能检验,提出了具体衡量方法。

6.2.2 本条说明当达到额定工作压力的 1.25 倍时,能够检测出液压升降装置的安全性能。

6.2.3 液压系统正常工作时,液压油的温度会上升,本条规定了额定工作压力和时间,温度应在 60℃ 以下。油的温度与油的黏度有关,建议:温度 20℃ 以上,选用 46 号液压油;温度 0℃ 以下,选用 10 号液压油;温度 -20℃ 以下,选用 10 号航空液压油。

6.2.4 负载工况下运转,噪声不应大于 75dB(A)是指在控制台位置,液压升降执行机构处的噪声应是很小的。

6.2.5 液压升降装置是重要部件,它是升降过程中最重要的安全保证机构。它们的一般锁紧原理有液压锁紧和机械锁紧两种。机械锁紧原理的产品,失压时不会产生滑移现象。液压锁紧原理,失压时其油外流的话,会产生锁不紧带荷载滑移。在其进油腔的位置串安液压锁(液压锁的工作原理是进油后,保证油不外溢,需要松开时,反方向供给压力,将液压锁的单向阀打开,故能将锁紧腔的油排出),突然失压不会产生液压执行机构锁紧腔里的油外溢,从而保证其锁紧的可行性,因此本条提出了当液压控制系统出现失压状态时,液压升降装置不得有滑移现象的规定。

6.2.6 本条规定的最低启动压力应小于 0.5MPa,是考虑架体下降时,靠的是架体自重将主活塞腔内的油排出,从而带动架体下降,如果最低启动压力过高,架体自重不能将主活塞腔内的油排出，架体不能下降。最低启动压力是衡量液压执行机构的密封性能和活塞与缸体的配合精度的重要指标。

6.2.7 本条考虑到安全系数，规定液压升降执行机构在 1.5 倍的额定工作压力下，不得有零部件的损坏。

6.2.8 本条规定了液压升降执行机构的渗漏油衡量标准。

6.2.9 本条对液压控制台的闭锁功能进行了规定，应有防止误操作的功能。

6.3 使 用 与 维 护

6.3.1 本条对液压油的使用、检查和更换进行了规定。

6.3.2 本条说明了异常噪声是液压系统损坏的前兆，应立即停机检查并排除故障。

6.3.3 本条说明了液压升降执行机构的安装位置和防护要求。

6.3.4 本条对液压管路的安装作出规定。

6.3.5 本条是对液压控制台的安装部位的结构强度、防护要求作了规定。

6.3.6 本条对液压升降装置使用了 12 个月或工程结束后，应进行维护作出了相应规定。

7 安 全 装 置

7.1 防 坠 落 装 置

7.1.1 本条规定说明：

1 本条说明每个机位（竖向主框架设置点部位）都应有液压升降装置，有液压升降装置的部位必须设置防坠落装置。本条没有强调要求设置两个防坠落装置，是因为液压升降装置本身具有防坠落功能，它能保证升降过程中不坠落，只要求设置一个防坠落装置，实际上是两道防坠落效果，能保证升降过程中的防坠落功能。使用工况是防坠落装置已经处于工作状态，整体脚手架的荷载全部由附着支承承担直接传递到建筑物上，所以也是安全的。

2 防坠落装置的最终目的是将坠落的某个机位锁紧在建筑结构上，由于其锁紧的动作滞后，防坠落装置相对于被锁紧杆件产生滑移的距离，加上锁紧时产生的冲击荷载，引起锁紧装置及被锁紧杆件的塑性变形而再次产生滑移的距离，两个距离相加为 80mm，是经过反复的试验和验证得出的经验数据。本条作为强制性条文，必须严格执行。

7.1.2 防坠落装置安全保险的作用是在整体脚手架升降的过程中，如果液压升降装置损坏或其他提升受力构件断裂等现象发生时，某个机位的竖向主框架失去向上的提升力，发生该机位的竖向主框架坠落时，能够将坠落的竖向主框架锁紧在建筑结构上。因为整体脚手架是上下运动的，因此防坠落装置应是固定的设置在竖向主框架上或设置在附着支承上。如将防坠落装置固定设置在竖向主框架上，防坠落装置的受力杆件应可靠地固定连接在建筑结构上，防坠落装置应与液压升降装置联动，当液压升降装置失去提升力时，防坠落装置工作将锁紧在受力杆件上，即将防坠落装置可靠地固定在建筑结构上，而防坠落装置又是固定在竖向主框架上，从而起到将坠落的竖向主框架固定在建筑结构上，起到安全保险作用。如将防坠落装置固定在附着支承上（即间接地固定在建筑结构上），防坠落装置的受力杆件应可靠地固定在竖向主框架上，当液压升降装置失去提升力时，防坠落装置工作将锁紧在受力杆件上，从而起到将竖向主框架固定在附着支承上（即建筑结构上），起到安全保险作用。因此本条规定防坠落装置的固定部位，并应与液压升降装置联动。

7.1.3 防坠落装置是液压升降整体脚手架升降过程中的重要安全保险，产品质量必须严格控制，本条规定其产品质量应按本规程附录 C 的要求进行检验并严格执行。

7.1.4 防坠落装置的灵敏度和工作可靠性最为重要，本条规定了防坠落装置在使用完一个单体工程或停止使用 6 个月后，应进行检验合格后才能再次使用。

7.1.5 本条规定防坠落装置的受力杆件必须与建筑结构有可靠的连接，能承受其冲击荷载。

7.2 防 倾 覆 装 置

7.2.1 本条规定在升降工况下，在竖向主框架位置的最上附着支承和最下附着支承之间的最小间距为 2.8m（一个楼层高度）或 1/4 架体高度；使用工况下，在竖向主框架位置的最上附着支承和最下附着支承之间的最小间距为 5.6m（两个楼层高度）或 1/2 架体高度。目的是保证其架体的稳定和防止发生倾覆。本条作为强制性条文，必须严格执行。

7.2.2 本条规定防倾覆导轨应与竖向主框架有可靠的连接，建议设计时采用竖向主框架的内侧立杆与导轨合并，能省材料和省去一道连接构件。

7.2.3 液压升降整体脚手架在升降的过程中会左右摇摆，上端向外、下端向内倾斜，本条规定防倾覆装置应具有防止竖向主框架前、后、左、右倾斜的功能。

7.2.4 本条规定了防倾覆装置应采用螺栓与建筑结构连接；防倾覆装置与导轨的 8mm 间隙为经验数据。

7.2.5 由于建筑工程的结构施工会产生较大的误差，为了在升降和使用过程中竖向主框架的结构件不变形，规定了防倾覆装置应有调节功能，来适应竖向主框架的垂直度偏差 0.5% 的要求。

7.2.6 本条说明防倾覆装置与导轨的摩擦宜采用滚动摩擦，便于竖向主框架之间接头处的过渡通过和减少摩阻力。

7.3 荷载控制或同步控制装置

7.3.1 本条规定说明：

1 液压升降装置本身应具有其超载停机和失载停机功能，其原理是当工作压力确定后，承载能力为活塞腔面积与工作压力的乘积。当某一机位的实际荷载超过承载能力后，该机位不会向上升，停升的机位荷载会分给相邻的两个机位，相邻机位的荷载也会同时超过承载能力而停止上升，以此类推使全部的机位停止上升；下降工况同样，当某一机位的实际荷载接近零时，该机位不会向下降，相邻的两个机位的荷载也同样会变小接近零时，同样也会停止下降，以此类推使全部的机位停止下降。

2 当液压升降装置本身不具备荷载控制功能和同步控制功能时，应外加荷载控制或同步控制功能。

3 采用连续式水平支承桁架的架体，应具有限制荷载控制功能；采用简支静定水平桁架的架体，应具有同步控制功能。

7.3.2 本条规定当实际荷载超过设计荷载的30％或失载的70％时，荷载控制系统应能自动停机。

7.3.3 本条规定当相邻机位高差达到30mm时，控制系统应能自动停机。

8 安装、升降、使用、拆除

8.1 一般规定

8.1.1 操作人员除应经过附着升降脚手架的培训外，还应经过液压升降整体脚手架的专业知识培训，并在工作前进行安全技术交底，保证工作过程的准确性。

8.1.2 本条规定遇到恶劣天气时，必须停止施工作业，并在人员撤离前做好相应的防护工作。

8.1.3 本条规定液压升降整体脚手架应有防雷措施。

8.1.4 液压升降整体脚手架的安装、升降、拆除，均属于高空作业，高空作业应有防坠落措施和安全警戒措施。

8.1.5 液压升降整体脚手架在装拆使用过程中均属于高空作业，应当遵守高空作业的有关规定。

8.1.6 液压升降整体脚手架的升降装置属于机电液一体化的产品，应当遵守施工现场用电的有关规定。

8.1.7 本条规定在液压升降整体脚手架的升降过程中，架体上严禁有人停留。

8.2 安　　装

8.2.1 液压升降整体脚手架应用于建筑施工，会产生很大的经济效益和社会效益，但在使用过程中其安全性也十分重要。液压升降整体脚手架应由有资质的安装单位施工，其设备的使用应有说明书。液压升降整体脚手架的安装、升降、使用、拆除应有专项施工方案，特殊情况应制定专门的处理方案，方案应经过相关部门审批，并保证监督渠道的通畅。

8.2.2～8.2.4 对搭设整体脚手架的材料、构（配）件、预留孔洞等提出具体的要求。

8.2.5 本条规定液压升降整体脚手架安装时必须搭设安装平台；若地面、裙房屋面的平整度及承载力等满足要求时，可以利用它们作为安装平台进行脚手架安装；搭设的安装平台必须有保障施工人员安全的防护设施；并保证平台的水平精度和足够的承载能力。

8.2.6～8.2.17 对脚手架的安装过程和安装精度提出具体的要求。

8.2.18 规定液压升降整体脚手架安装后应按本规程附录D的要求进行验收。

8.3 升　　降

8.3.1 本条规定了提升或下降前，应按本规程附录E规定的要求进行检查验收。检查验收合格后，方能发布提升令。

8.3.2 本条规定了升降过程中的指挥要求，也是确保安全的措施之一。

8.3.3 本条规定了升降过程中，检查的内容和要求，是确保升降安全的指导性项目。

8.3.4 本条规定了升降过程中，发现异常现象的处理办法。

8.4 使　　用

8.4.1 本条规定了液压升降整体脚手架在升降到位后，使用前应按本规程附录 F 规定的内容进行验收合格后，才允许使用。

8.4.2 本条规定了在使用过程中严禁的违章内容。

8.4.3 本条提出施工作业的照度要求。

8.4.4 本条规定一个月为周期，应按本规程附录 D 中带★的检查项目进行检查。

8.4.5 本条规定了清理架体的要求。

8.4.6 本条规定了液压升降整体脚手架使用完成一个工程后的保养、维修要求。

8.4.7 本条规定了液压升降整体脚手架部件及装置的报废标准。

8.5 拆　　除

8.5.1 本条规定拆除工作应有专项方案，并严格按专项方案进行，降低拆除的高度有利于安全。液压升降整体脚手架的升降作业和使用结束，转入拆除作业，工作性质变了，有必要进行安全技术交底。

8.5.2 本条说明了液压升降整体脚手架拆除时，属于高空作业，应有防止人员和物料坠落的措施；并同时对拆除区域进行警戒，防止人员入内受到伤害。

8.5.3 本条规定了拆除以后的材料处理方法和要求。

中华人民共和国行业标准

钢管满堂支架预压技术规程

Technical specification for preloading
in full scaffold construction

JGJ/T 194—2009

批准部门：中华人民共和国住房和城乡建设部
施行日期：２０１０年７月１日

中华人民共和国住房和城乡建设部
公　告

第 428 号

关于发布行业标准
《钢管满堂支架预压技术规程》的公告

现批准《钢管满堂支架预压技术规程》为行业标准，编号为 JGJ/T 194-2009，自 2010 年 7 月 1 日起实施。

本规程由我部标准定额研究所组织中国建筑工业出版社出版发行。

中华人民共和国住房和城乡建设部

2009 年 11 月 9 日

前　　言

根据住房和城乡建设部《关于印发〈2008 年工程建设标准规范制订、修订计划（第一批）〉的通知》（建标〔2008〕102 号）的要求，规程编制组经广泛调查研究，认真总结实践经验，参考有关国际标准和国外先进标准，并在广泛征求意见的基础上，制定了本规程。

本规程的主要技术内容是：1. 总则；2. 术语；3. 基本规定；4. 支架基础预压；5. 支架预压；6. 预压监测；7. 预压验收。

本规程由住房和城乡建设部负责管理，由宏润建设集团股份有限公司负责具体技术内容的解释。执行过程中如有意见或建议，请寄送宏润建设集团股份有限公司（地址：上海市龙漕路 200 弄 28 号宏润大厦；邮政编码：200235；电子信箱：jszx@chinahongrun.com）。

本 规 程 主 编 单 位：宏润建设集团股份有限公司
本 规 程 参 编 单 位：同济大学
　　　　　　　　　　　上海市城市建设设计研究院
　　　　　　　　　　　宁波市市政公用工程安全质量监督站
　　　　　　　　　　　天津市市政公路工程质量监督站
　　　　　　　　　　　西安市市政设计研究院
　　　　　　　　　　　广州市市政工程机械施工有限公司

本规程主要起草人员：李涵军　钱寅泉　吴　冲　陆元春　周震雷　张宝林　杜百计
　　　　　　　　　　胡震敏　陈达文　项培林　葛海峰　訾建峰　蔡慧静　侯　宁
　　　　　　　　　　张衡汇　庄国强
本规程主要审查人员：张　汛　张太雄　余　为　易建国　沈麟祥　周朝阳　王增恩
　　　　　　　　　　傅志峰　金仁兴　蒋国麟

目　　次

Contents

1 总　　则

1.0.1 为规范钢管满堂支架预压，保证钢管满堂支架现浇混凝土工程施工质量，保障工程施工安全，制定本规程。

1.0.2 本规程适用于建筑与市政工程中搭设钢管满堂支架现浇混凝土工程施工的支架基础与支架的预压。

1.0.3 钢管满堂支架预压过程中，应采取防止污染、保护环境的措施。

1.0.4 本规程规定了钢管满堂支架预压的基本技术要求。当本规程与国家法律、行政法规的规定相抵触时，应按国家法律、行政法规的规定执行。

1.0.5 钢管满堂支架预压除应符合本规程外，尚应符合国家现行有关标准的规定。

2 术　　语

2.0.1 支架基础预压　foundation preloading

为检验支架搭设范围内基础的承载能力和沉降状况，对支架基础进行的加载预压。

2.0.2 支架预压　scaffold preloading

为检验支架的安全性，收集施工沉降数据，对支架进行的加载预压。

2.0.3 预压范围　preloading area

支架基础预压和支架预压中，需要进行加载的区域范围。

2.0.4 预压荷载强度　preloading intensity

预压范围内单位面积上的预压荷载值。

2.0.5 监测断面　monitoring section

在现浇混凝土结构纵向同一横截面上布置的所有监测点所形成的平面。

2.0.6 弹性变形量　elastic deformation

支架基础和支架经过预压荷载作用，卸载后可恢复的变形值。

2.0.7 非弹性变形量　inelastic deformation

支架基础和支架经过预压荷载作用，卸载后不可恢复的变形值。

3 基　本　规　定

3.0.1 现浇混凝土工程施工的钢管满堂支架的预压应包括支架基础预压与支架预压。

3.0.2 支架基础预压与支架预压应根据工程结构形式、荷载大小、支架基础类型、施工工艺等条件进行预压组织设计。

3.0.3 钢管满堂支架搭设所采用的材料应满足国家现行有关标准的规定。

3.0.4 钢管满堂支架预压前，应对支架进行验算与安全检验。支架的验算与安全检验应符合现行行业标准《建筑施工扣件式钢管脚手架安全技术规范》JGJ 130、《建筑施工碗扣式钢管脚手架安全技术规范》JGJ 166、《建筑施工门式钢管脚手架安全技术规范》JGJ 128、《建筑施工模板安全技术规程》JGJ 162 等的规定。

3.0.5 加载的材料应有防水措施，并应防止被水浸泡后引起加载重量变化。

3.0.6 预压前，除应加强安全生产教育、制定安全隐患预防应急措施外，尚应采取下列安全措施：

　　1 预压施工前，应进行安全技术交底，并应落实所有安全技术措施和人身防护用品。

　　2 当采用吊装压重物方式预压时，应编制预压荷载吊装方案，且在吊装时，应有专人统一指挥，参与吊装的人员应有明确分工。

　　3 吊装作业前应检查起重设备的可靠性和安全性，并应进行试吊。

　　4 在吊装时，应防止吊装物撞击支架。

4　支架基础预压

4.1　一　般　规　定

4.1.1 支架基础预压前，应查明施工区域内不良地质的分布情况。

4.1.2 工程施工场区内的支架基础应按不同类型进行分类。对每一类支架基础应选择代表性区域进行预压。

4.1.3 支架基础应设置排水、隔水措施，不得被混凝土养护用水和雨水浸泡。

4.1.4 支架基础预压前，应布置支架基础的沉降监测点；支架基础预压过程中，应对支架基础的沉降进行监测；支架基础监测应符合本规程第 6 章的规定。

4.1.5 对支架基础代表性区域的预压监测过程中，当最初 72h 各监测点的沉降量平均值小于 5mm 时，应判定同类支架基础的其余部分预压合格。

4.1.6 对支架基础的预压监测过程中，当满足下列条件之一时，应判定支架基础预压合格：

　　1 各监测点连续 24h 的沉降量平均值小于 1mm；

　　2 各监测点连续 72h 的沉降量平均值小于 5mm。

4.1.7 对支架基础的代表性区域预压监测过程中，当最初 72h 各监测点的沉降量平均值大于 5mm 时，同类支架基础应全部进行处理，处理后的支架基础应重新选择代表性区域进行预压，并应满足本规程第 4.1.5 条的规定；或应对该类支架基础全部进行预压，并应满足本规程第 4.1.6 条的规定。

4.1.8 支架基础预压后应编写支架基础预压报告，支架基础预压报告应包括下列内容：

　　1 工程项目名称；

　　2 施工区域内不良地质的分布情况；

3 支架基础分类以及同类支架基础代表性区域的选择；

4 支架基础沉降监测；

5 可不进行预压支架基础的合格判定；

6 预压支架基础的合格判定。

4.2 预 压 荷 载

4.2.1 支架基础预压荷载不应小于支架基础承受的混凝土结构恒载与钢管支架、模板重量之和的 1.2 倍。

4.2.2 支架基础预压范围不应小于所施工的混凝土结构物实际投影面宽度加上两侧向外各扩大 1m 的宽度（图 4.2.2）。

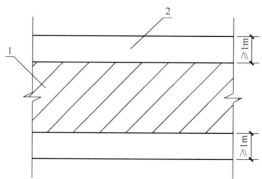

图 4.2.2　支架基础预压范围加宽要求
1—混凝土结构物实际投影面；2—支架基础预压范围

4.2.3 支架基础预压范围应划分成若干个预压单元，每个预压单元内实际预压荷载强度的最大值不应超过该预压单元内预压荷载强度平均值的 120%。每个预压单元内的预压荷载可采用均布形式。

4.3 加 载 与 卸 载

4.3.1 预压荷载应按预压单元沿混凝土结构纵横向对称进行加载，加载宜采用一次性加载。

4.3.2 卸载过程可一次性卸载，并宜沿混凝土结构纵横向对称进行。

5 支 架 预 压

5.1 一 般 规 定

5.1.1 支架预压应在支架基础预压合格后进行。

5.1.2 不同类型的支架应根据支架高度、支架基础情况等选择具有代表性区域进行预压。

5.1.3 支架预压加载范围不应小于现浇混凝土结构物的实际投影面。

5.1.4 支架预压前，应布置支架的沉降监测点；支架预压过程中，应对支架的沉降进行监测。支架预压监测应符合本规程第 6 章的规定。

5.1.5 在全部加载完成后的支架预压监测过程中，当满足下列条件之一时，应判定支架预压合格：

    1 各监测点最初 24h 的沉降量平均值小于 1mm；

    2 各监测点最初 72h 的沉降量平均值小于 5mm。

5.1.6 对支架的代表性区域预压监测过程中，当不满足本规程第 5.1.5 条的规定时，应查明原因后对同类支架全部进行处理，处理后的支架应重新选择代表性区域进行预压，并应满足本规程第 5.1.5 条的规定。

5.1.7 支架预压后应编写支架预压报告，支架预压报告应包括下列内容：

    1 工程项目名称；

    2 支架分类以及支架代表性区域的选择；

    3 支架沉降监测；

    4 支架预压的合格判定。

5.2 预 压 荷 载

5.2.1 支架预压荷载不应小于支架承受的混凝土结构恒载与模板重量之和的 1.1 倍。

5.2.2 支架预压区域应划分成若干预压单元，每个预压单元内实际预压荷载强度的最大值不应超过该预压单元内预压荷载强度平均值的 110%。每个预压单元内的预压荷载可采用均布形式。

5.3 加 载 与 卸 载

5.3.1 支架预压应按预压单元进行分级加载，且不应少于 3 级。3 级加载依次宜为单元内预压荷载值的 60%、80%、100%。

5.3.2 当纵向加载时，宜从混凝土结构跨中开始向支点处进行对称布载；当横向加载时，应从混凝土结构中心线向两侧进行对称布载。

5.3.3 每级加载完成后，应先停止下一级加载，并应每间隔 12h 对支架沉降量进行一次监测。当支架顶部监测点 12h 的沉降量平均值小于 2mm 时，可进行下一级加载。

5.3.4 支架预压可一次性卸载，预压荷载应对称、均衡、同步卸载。

6 预 压 监 测

6.1 监 测 内 容

6.1.1 支架基础预压和支架预压的监测应包括下列内容：

    1 加载之前监测点标高；

    2 每级加载后监测点标高；

    3 加载至 100% 后每间隔 24h 监测点标高；

    4 卸载 6h 后监测点标高。

6.1.2 预压监测应计算沉降量、弹性变形量、非弹性变形量。

6.1.3 支架基础预压和支架预压应进行监测数据记录，并宜分别按本规程附录 A 中表 A.0.1 和表 A.0.2 进行记录。

6.2 监 测 点 布 置

6.2.1 支架基础和支架的沉降监测点的布置应符合下列规定：

1 沿混凝土结构纵向每隔 1/4 跨径应布置一个监测断面；

2 每个监测断面上的监测点不宜少于 5 个，并应对称布置。

6.2.2 对于支架基础沉降监测，在支架基础条件变化处应增加监测点。

6.2.3 支架沉降监测点应在支架顶部和底部对应位置上分别布置。

6.3 监 测 记 录

6.3.1 预压监测应采用水准仪，水准仪应按现行行业标准《水准仪检定规程》JJG 425 规定进行检定。

6.3.2 预压监测宜采用三等水准测量要求作业。

6.3.3 支架基础沉降监测记录与计算应符合下列规定：

1 预压荷载施加前，应监测并记录各监测点初始标高；

2 全部预压荷载施加完毕后，应监测并记录各监测点标高；

3 每间隔 24h 应监测一次，并应记录各监测点标高、计算沉降量；

4 当支架基础预压符合本规程 4.1.6 条的规定时，应判定支架基础沉降达到验收合格要求，并可进行卸载；

5 卸载 6h 后，应监测各监测点的标高，并计算支架基础各监测点的弹性变形量；

6 应计算支架基础各监测点的非弹性变形量。

6.3.4 支架沉降监测记录与计算应符合下列规定：

1 预压荷载施加前，应监测并记录支架顶部和底部监测点的初始标高；

2 每级荷载施加完成时，应监测各监测点标高并计算沉降量；

3 全部预压荷载施加完毕后，每间隔 24h 应监测一次并记录各监测点标高，当支架预压符合本规程 5.1.5 条的规定时，可进行支架卸载；

4 卸载 6h 后，应监测各监测点标高，并计算支架各监测点的弹性变形量；

5 应计算支架各监测点的非弹性变形量。

6.3.5 监测工作结束后应提交下列资料：

1 符合本规程第 6.2 节监测点布置要求；

2 沉降监测表。

7 预 压 验 收

7.0.1 钢管满堂支架预压验收应在施工单位自检合格的基础上进行，宜由施工单位、监理单位、设计单位、建设单位共同参与验收。

7.0.2 支架基础预压应符合本规程第 4.1.5 条或第 4.1.6 条的规定。

检验方法：检查支架基础预压报告。

7.0.3 支架预压应符合本规程第 5.1.5 条的规定。

检验方法：检查支架预压报告。

7.0.4 钢管满堂支架预压验收合格后应签署本规程附录 B 所示的验收文件。

附录 A 沉 降 监 测

A.0.1 支架基础沉降监测宜按表 A.0.1 进行记录。

表 A.0.1 支架基础沉降监测表

日期：　　年　　月　　日 　　　　　　　　　　　　　　　　单位：mm

测点	加载前	加载后											卸载6h后		非弹性变形量
	标高	0h		24h		48h		72h		96h		120h		标高	弹性变形量	
		标高	沉降量	标高	沉降量	标高	沉降量	标高	沉降量	标高	沉降量	标高	沉降量			

注：1　表中沉降量均指相邻两次监测标高之差。
　　2　若支架基础预压监测 120h 不能满足本规程第 4.1.6 条的规定，可根据实际情况延长预压时间或采取其他
　　　　处理方法。

监测：　　　　　　　计算：　　　　　　　施工技术负责人：　　　　监理：

A.0.2 支架沉降监测宜按表 A.0.2 进行记录。

表 A.0.2 支架沉降监测表——顶部（底部）测点

日期：　　年　　月　　日　　　　　　　　　　　　　　　　　单位：mm

测点	加载前	加载中																加载后								卸载6h后		非弹性变形量
		60%								80%								100%										
		0h		12h		24h		36h		0h		12h		24h		36h		0h		24h		48h		72h		标高	弹性变形量	
	标高	标高	沉降量	标高	沉降量	标高	沉降量	标高	沉降量	标高	沉降量	标高	沉降量	标高	沉降量	标高	沉降量	标高	沉降量	标高	沉降量	标高	沉降量	标高	沉降量			

注：1 表中沉降量均指相邻两次监测标高之差。

　　2 加载过程中，支架预压监测 36h 不能满足本规程第 5.3.3 条的规定，应重新对支架进行验算与安全检验，可根据实际情况延长预压时间或采取其他处理方法。

监测：　　　　　　　计算：　　　　　　　施工技术负责人：　　　　监理：

附录 B 钢管满堂支架预压验收表

表 B 钢管满堂支架预压验收表

工程名称			
单位工程名称			
分部工程名称			
工序名称		检查项目	
验收日期		验收范围	
验收意见	施工单位	项目技术负责人： 项目经理：	年　月　日 （施工项目部章）
	监理单位	总监理工程师：	年　月　日 （监理项目部章）
	设计单位	设计项目负责人：	年　月　日 （设计部门章）
	建设单位	项目负责人：	年　月　日 （建设项目部章）

本规程用词说明

1 为便于在执行本规程条文时区别对待，对要求严格程度不同的用词说明如下：

　　1）表示很严格，非这样做不可的：

　　　　正面词采用"必须"，反面词采用"严禁"；

　　2）表示严格，在正常情况下均应这样做的：

　　　　正面词采用"应"，反面词采用"不应"或"不得"；

　　3）表示稍有选择，在条件许可时首先应这样做的：

　　　　正面词采用"宜"，反面词采用"不宜"；

　　4）表示有选择，在一定条件下可以这样做的，采用"可"。

2 条文中指明按其他有关标准执行的写法为："应符合……的规定"或"应按……执行"。

引 用 标 准 名 录

1 《工程测量规范》GB 50026

2 《建筑施工门式钢管脚手架安全技术规范》JGJ 128

3 《建筑施工扣件式钢管脚手架安全技术规范》JGJ 130

4 《建筑施工模板安全技术规程》JGJ 162

5 《建筑施工碗扣式钢管脚手架安全技术规范》JGJ 166

6 《水准仪检定规程》JJG 425

中华人民共和国行业标准

钢管满堂支架预压技术规程

JGJ/T 194—2009

条 文 说 明

制 订 说 明

《钢管满堂支架预压技术规程》JGJ/T 194-2009，经住房和城乡建设部 2009 年 11 月 9 日以第 428 号公告批准发布。

本规程制订过程中，编制组进行了全国各地的钢管满堂支架预压技术调查研究，总结了我国工程建设中钢管满堂支架预压技术的实践经验，同时参考了国内外先进技术法规、技术标准。

为便于广大施工、设计、科研、学校等单位有关人员在使用本标准时能正确理解和执行条文规定，《钢管满堂支架预压技术规程》编制组按章、节、条顺序编制了本标准的条文说明，对条文规定的目的、依据以及执行中需注意的有关事项进行了说明。但是，本条文说明不具备与标准正文同等的法律效力，仅供使用者作为理解和把握标准规定的参考。

目　　次

1 总 则

1.0.1 本规程是在大量调研目前国内各个地区各类钢管满堂支架现浇混凝土工程施工预压技术和操作方法，并参考现行规范有关规定的基础上制定，可以适用于各地区现浇混凝土工程中的各类钢管满堂支架预压。

1.0.2 本条明确了本规程适用的范围，即建筑与市政工程中搭设各类钢管满堂支架现浇混凝土工程的支架基础与支架的预压。常用的钢管支架有扣件式钢管支架、碗扣式钢管支架和门式钢管支架。

1.0.3 钢管满堂支架预压施工中，采用大量的砂、土、水等物体作为加载荷载，施工中易产生环境污染，所以需要采取相应的环境保护措施。

1.0.5 与钢管满堂支架现浇混凝土工程施工相关的现行标准主要包括《建筑施工扣件式钢管脚手架安全技术规范》JGJ 130、《建筑施工碗扣式钢管脚手架安全技术规范》JGJ 166、《建筑施工门式钢管脚手架安全技术规范》JGJ 128、《建筑施工模板安全技术规程》JGJ 162 等，钢管满堂支架预压除符合本规程外，还需要符合上述国家现行标准的相关规定。

2 术 语

本规程给出了 7 个与钢管满堂支架预压有关的专用术语，并从预压施工的角度阐述其特定的含义。术语的英文名称供引用时参考。

3 基 本 规 定

3.0.1 经过对钢管满堂支架预压的调研、试验与分析，钢管满堂支架预压沉降变形主要包括支架基础沉降与支架沉降。支架沉降一般在现浇结构混凝土初凝前已基本完成，而支架基础沉降具有持续性，是混凝土结构施工质量的重要影响因素。支架预压属于高空作业，施工中具有较高安全风险，且需消耗大量的人力、物力。为达到安全、经济的目的，本规程提出现浇混凝土工程施工的钢管满堂支架的预压应分支架基础预压与支架预压两部分进行。

支架基础预压目的是为了检验支架基础的处理程度，确保支架预压时支架基础不失稳，防止支架基础沉降导致现浇混凝土结构开裂；支架预压的目的是为了检验支架的安全性和收集施工沉降数据。

3.0.2 施工单位应根据现场地质勘察报告，将支架搭设区域按照不同地质条件分类，不同类别支架基础选择代表性区域分别进行预压。支架基础分类应根据支架基础土承载力、压缩性等指标综合考虑。支架分类主要根据支架使用杆件、连接件类型、杆件疏密程度等不同进行分类。

3.0.4 支架预压在施工过程中容易发生支架失稳事故，因此预压前需对支架的承载力、刚度和稳定性进行验算。

结合《建筑施工扣件式钢管脚手架安全技术规范》JGJ 130、《建筑施工碗扣式钢管脚手架安全技术规范》JGJ 166、《建筑施工门式钢管脚手架安全技术规范》JGJ 128、《建筑施工模板安全技术规程》JGJ 162 中支架稳定性计算的相关规定，需满足以下要求：

1 整体稳定应满足以下条件：

$$M_r \geqslant M_0 \tag{3-1}$$

式中：M_r——在设计荷载作用下支撑结构的抗倾覆力矩（kN·m）；

M_0——设计荷载作用下支撑结构的倾覆力矩（kN·m）。

2 支撑立杆稳定应满足以下条件：

不考虑风荷载时
$$\frac{N}{\varphi A} \leqslant f \tag{3-2}$$

考虑风荷载时
$$\frac{N}{\varphi A} + \frac{M_w}{W} \leqslant f \tag{3-3}$$

式中：N——计算立杆段的轴向力；

φ——轴心受压杆件的稳定系数，按《钢结构设计规范》GB 50017 取值；

A——立杆截面面积；

M_w——计算立杆段由风荷载设计值产生的弯矩；

W——立杆截面抗弯模量；

f——钢材抗压强度设计值。对于新管取 $f=205$MPa，旧管（重复使用）乘以 0.85 的折减系数。

3.0.5 目前国内很多支架预压事故都是由于加载材料被雨水浸泡过后重量变大，使得预压荷载值超过支架设计承载力而造成支架坍塌。因此，加载材料应特别注意防水，被雨水浸泡过的加载材料要充分晾干之后再使用，或在加载前重新核称重量。

4 支架基础预压

4.1 一 般 规 定

4.1.1 支架基础区域可能存在不良地质现象，如坑、塘、沟渠、湿陷性土、滩涂地、膨胀土等地段，在支架基础预压前应对其进行适当的处理，不良地质处理方法可根据当地习惯的处理方式进行。

4.1.2 支架现浇混凝土工程的施工，控制支架基础沉降变形非常重要。为保证现浇混凝土施工质量，原则上各种类型支架基础均应选择代表性区域进行支架基础预压。支架基础预压代表性区域应由施工单位、监理单位、建设单位、设计单位共同确定。

4.1.3 为防止支架基础遇水后降低承载能力，支架基础应做好防水、排水工作，如在支架周边挖临时排水沟等。如遇特殊土质时，应根据具体情况对应妥善处理。

4.1.5～4.1.7 本规程取用各监测点连续72h的沉降量平均值累计小于5mm作为预压沉降量的验收控制值，具体要求见5.1.5相关条文说明。考虑全国各地支架现浇实施时支架基础条件具有多样性、复杂性，为缩短预压时间，各监测点连续24h沉降量平均值小于1mm时，各监测点连续72h的沉降量平均值累计应小于5mm，故也作为支架基础预压验收条件之一。

4.2 预 压 荷 载

4.2.1～4.2.3 划分预压单元的原因是为了能较好地模拟预压荷载分布情况，体现出局部荷载集中对预压结果的影响。

所谓预压单元，即根据混凝土结构恒载分布以及支架布置形式而将预压范围划分成的基本平面区域。预压单元内荷载强度可以按照其预压单元内预压荷载重量除以预压单元面积得到。预压单元同时也是预压荷载布置区域，在同一预压单元内荷载采用均布形式，是为了施工加载方便。

预压单元划分应根据上部结构荷载分布以及支架布置形式确定。如果预压单元划分过多会对施工时加载带来不便；如果预压单元划分过少，就不能反映出上部结构荷载实际分布特点和荷载集中情况。

本规程中规定支架基础预压单元划分的标准是以预压单元内实际出现的最大荷载强度不超过预压单元内荷载强度平均值的120%，由于支架基础预压的恒载超载系数为1.2，所以20%以内的误差可以保证预压荷载大于实际的施工荷载。

5 支 架 预 压

5.1 一 般 规 定

5.1.5 支架预压验收条件的确定，目的是确保支架现浇混凝土结构在施工过程中不出现过大拉应力而产生裂缝。支架上现浇混凝土梁施工过程中的拉应力大小，与支架的变形及结构自身特性相关。支架变形的影响主要是不均匀沉降的塑性部分；结构自身特性的影响，与结构的跨径、梁高等相关。同时，结构对拉应力的适应能力（是否开裂），还与混凝土强度等级、受拉区配筋率等相关。本规程将预压沉降限值规定为5mm，此指标制定的依据如下：

1 混凝土结构的抗裂拉应力控制

1）有关设计规范中关于抗裂拉应力控制的规定

①《混凝土结构设计规范》GB 50010－2002中规定，结构正截面的裂缝控制可以分为三级，其中二级为一般要求不出现裂缝的构件，按照荷载效应标准组合计算时，构件受拉边缘混凝土拉应力不应大于混凝土轴心抗拉强度标准值，相应的数值见表1。

表 1 构件抗裂拉应力控制（单位：MPa）

混凝土强度等级	C15	C20	C25	C30	C35	C40	C45	C50	C55
f_{tk}	1.27	1.54	1.78	2.01	2.20	2.39	2.51	2.64	2.74

《混凝土结构设计规范》中的抗裂拉应力控制的数值以混凝土轴心抗拉强度作为控制，数值偏大。这与规范的适用性有关。

②《公路钢筋混凝土及预应力混凝土桥涵设计规范》JTG D62-2004 中，对于永久性结构，从设计的层面上，正截面不考虑混凝土的拉应力，故对钢筋混凝土正截面的抗裂应力控制没有相关的条文。

对于主拉应力，若符合 $\sigma_{tp}^t \leqslant 0.25 f_{tk}$，该区段主拉应力全部由混凝土承受（表 2）。也就是说，按照该条件可以完全满足混凝土不开裂的条件。

对于施工阶段的混凝土拉应力，当 $\sigma_{ct}^t \leqslant 0.70 f_{tk}$，在混凝土质量有保证时，一般不会出现裂缝。同时要求纵向配筋率不小于 0.2%。

表 2 抗裂拉应力控制（单位：MPa）

混凝土强度等级	C15	C20	C25	C30	C35	C40	C45	C50	C55
f_{tk}	1.27	1.54	1.78	2.01	2.20	2.39	2.51	2.64	2.74
$0.25 f_{tk}$	0.32	0.39	0.45	0.50	0.55	0.60	0.63	0.66	0.69
$0.70 f_{tk}$	0.89	1.08	1.25	1.41	1.54	1.67	1.76	1.85	1.92

③AASHTO《美国公路桥梁设计规范》对于混凝土应力限值规定：非分段施工桥中的拉应力在受拉区未设置有粘结辅助钢筋时为 $0.25 \sqrt{f_{ck}}$，且不大于 1.38MPa；非分段施工桥中的拉应力在受拉区设置 120% 抵抗混凝土拉应力的有粘结辅助钢筋时为 $0.58 \sqrt{f_{ck}}$，其中 f_{ck} 为混凝土抗压强度（表 3）。

表 3 抗裂拉应力控制（单位：MPa）

混凝土强度等级	C15	C20	C25	C30	C35	C40	C45	C50	C55
f_{ck}	10.00	13.40	16.70	20.10	23.40	26.80	29.60	32.40	35.50
$0.25 \sqrt{f_{ck}}$	0.79	0.92	1.02	1.12	1.21	1.29	1.36	1.42	1.49
$0.58 \sqrt{f_{ck}}$	1.83	2.12	2.37	2.60	2.81	3.00	3.16	3.30	3.46

2）应力控制数值建议及相应的应变控制

综合考虑支架现浇混凝土梁施工过程中的拉应力控制，对于少量配筋的预应力结构，可以按照 1.0MPa 左右来控制，对于钢筋混凝土结构，可以按照 1.8MPa 左右来控制。基本能满足结构不开裂的要求。

如按照上述的控制要求，并按 C20 混凝土弹性模量计算（沉降与时间的关系为曲线，先大后小，模量与时间的关系基本与强度一致），相应的应变为：

预应力混凝土梁：$\varepsilon = \sigma/E = 1.0/2.55 \times 10^4 = 0.4 \times 10^{-4}$

钢筋混凝土梁：$\varepsilon = \sigma/E = 1.8/2.55 \times 10^4 = 0.7 \times 10^{-4}$

2 不均匀沉降与结构的关系

1）挠度与应变关系

按照比较简单的简支梁在均布荷载下的挠度公式可推算挠度与最大应变的关系：

挠度公式：$f_{max}=\dfrac{5ql^4}{384EI}$

弯矩公式：$M_{max}=\dfrac{ql^2}{8}$

应变公式：$\varepsilon=\dfrac{M}{WE}$

可以推得：$f_{max}=\dfrac{5l^2}{48}\times\dfrac{W}{I}\times\varepsilon$

假定：$\dfrac{I}{W}=\dfrac{h}{2}$，其中 h 为梁高，挠度与应变及结构特性的关系为：$f=\dfrac{10l^2}{48h}\times\varepsilon$

$\left(如按照集中力，f=\dfrac{10l^2}{60h}\times\varepsilon\right)$

如预应力混凝土梁：$\varepsilon=0.4\times10^{-4}$，$f=\dfrac{l^2}{12h}\times10^{-4}$

如钢筋混凝土梁：$\varepsilon=0.7\times10^{-4}$，$f=\dfrac{7l^2}{48h}\times10^{-4}\approx\dfrac{l^2}{7h}\times10^{-4}$

2）试算

按照常用的不同跨径、不同梁高，在均布荷载的简支梁条件下，根据不同的最大应变控制要求，可以得出相应的数据，见表 4、表 5。

表 4　$\varepsilon=0.4\times10^{-4}$ 梁挠度控制数值（mm）

		跨径 l（m）					
		20	25	30	35	40	45
梁高 h（m）	1.2	2.8	4.3	6.3	8.5	11.1	14.1
	1.5	2.2	3.5	5.0	6.8	8.9	11.3
	1.8	1.9	2.9	4.2	5.7	7.4	9.4
	2.1	1.6	2.5	3.6	4.9	6.3	8.0
	2.4	1.4	2.2	3.1	4.3	5.6	7.0
	2.6	1.3	2.0	2.9	3.9	5.1	6.5

表 4 中数据可以看出，有效数据（阴影格）基本围绕 5mm 左右。

表 5　$\varepsilon=0.7\times10^{-4}$ 梁挠度控制数值（mm）

		跨径 l（m）					
		20	25	30	35	40	45
梁高 h（m）	1.2	4.8	7.4	10.7	14.5	19.0	24.0
	1.5	3.8	5.9	8.6	11.6	15.2	19.2
	1.8	3.2	4.9	7.1	9.7	12.7	16.0
	2.1	2.7	4.2	6.1	8.3	10.9	13.7
	2.4	2.4	3.7	5.3	7.3	9.5	12.0
	2.6	2.2	3.4	4.9	6.7	8.8	11.1

从表 5 中的数据可以看出，有效数据（阴影格）基本围绕在 8mm 左右。

3）控制数据

不均匀沉降的控制数值，可按照 1.0 倍挠度（简支梁，均布荷载，$0.4\times10^{-4}\sim0.7\times10^{-4}$应变）来控制，如需与结构相关，可以为：

现浇预应力混凝土梁：$f=\dfrac{l^2}{12h}\times10^{-4}$

现浇钢筋混凝土梁：$f=\dfrac{l^2}{7h}\times10^{-4}$

如仅提数值，可以为：现浇预应力混凝土梁 5mm；现浇钢筋混凝土梁 8mm；为简化规定并保证施工的质量，取较严格的 5mm。

混凝土弹性模量与抗拉强度随龄期逐步提高，大量工程经验表明支架现浇后最初 3d 混凝土结构开裂与否受沉降影响因素最大。而支架现浇混凝土结构施工过程中，钢管支架及模板的变形一般在混凝土浇筑初凝前已完成，影响混凝土结构开裂的主要是支架基础沉降变形。支架基础沉降有先大后小的特征，并趋于稳定；根据对多个施工实测资料的分析，经过一般表层处理过的支架基础在现浇梁荷载（$2t/m^2\sim4t/m^2$）下的沉降与时间规律：①各监测点 24h 沉降量小于 1mm，则后继 3d 沉降量一般不会大于 5mm。②各监测点连续 3d（即 72h）内的累计沉降量小于 5mm，则后继 3d 沉降量一般也不会大于 5mm。

5.2 预 压 荷 载

5.2.1、5.2.2 支架预压单元的定义与支架基础预压单元基本相同，但支架预压的恒载超载系数为 1.1，即预压单元内实际出现的最大荷载强度不超过预压单元内荷载强度平均值的 110%。

5.3 加 载 与 卸 载

5.3.1 支架预压常采用袋装土、袋装砂石料、水箱等重物进行预压，应尽量就地取材、节省费用。

支架预压中采用分级加载的方式是为了防止支架在预压过程中发生失稳倒塌，因此建议分级不应少于 3 级。并在每级加载后，要进行支架全面检查，及时发现问题，消除隐患。

5.3.2 对称加卸载是为了避免偏载对支架造成不利影响；不对称、不合理加卸载程序容易造成支架失稳事故，施工中应注意。

6 预 压 监 测

6.1 监 测 内 容

6.1.2 支架基础预压和支架预压监测应计算沉降量、弹性变形量、非弹性变形量。其中沉降量主要为预压验收提供依据，弹性变形量、非弹性变形量主要为后续现浇混凝土结构支架确定施工预拱度值提供依据。

中华人民共和国行业标准

建筑施工门式钢管脚手架
安全技术规范

Technical code for safety of frame
scaffoldings with steel tubules in construction

JGJ 128—2010

批准部门：中华人民共和国住房和城乡建设部
施行日期：2010年12月1日

中华人民共和国住房和城乡建设部
公　告

第 577 号

关于发布行业标准《建筑施工
门式钢管脚手架安全技术规范》的公告

　　现批准《建筑施工门式钢管脚手架安全技术规范》为行业标准，编号为 JGJ 128 - 2010，自 2010 年 12 月 1 日起实施。其中，第 6.1.2、6.3.1、6.5.3、6.8.2、7.3.4、7.4.2、7.4.5、9.0.3、9.0.4、9.0.7、9.0.8、9.0.14、9.0.16 条为强制性条文，必须严格执行。原行业标准《建筑施工门式钢管脚手架安全技术规范》JGJ 128 - 2000 同时废止。

　　本规范由我部标准定额研究所组织中国建筑工业出版社出版发行。

中华人民共和国住房和城乡建设部

2010 年 5 月 18 日

前　　言

　　根据原建设部《关于印发〈二〇〇四年度工程建设城建、建工行业标准制订、修订计划〉的通知》（建标〔2004〕66 号）的要求，规范编制组经广泛调查研究，认真总结我国门式钢管脚手架应用的经验，参考有关国际标准和国外先进经验，并在中南大学进行了架体结构试验和门架与配件试验，在广泛征求意见的基础上，修订了本规范。

　　本规范的主要技术内容是：1. 总则；2. 术语和符号；3. 构配件；4. 荷载；5. 设计计算；6. 构造要求；7. 搭设与拆除；8. 检查与验收；9. 安全管理。

　　本规范修订的主要技术内容是：荷载分类及计算；悬挑脚手架、满堂脚手架、模板支架、地基承载力的设计；构造要求；搭设与拆除；检查与验收；安全管理。

　　本规范以黑体字标志的条文为强制条文，必须严格执行。

　　本规范由住房和城乡建设部负责管理和对强制条文的解释，由哈尔滨工业大学负责具体技术内容的解释。在执行本规范过程中如有疑问，请将意见和建议寄送至哈尔滨工业大学土木工程学院（地址：黑龙江省哈尔滨市南岗区黄河路 73 号，邮政编码：150090）。

　　本 规 范 主 编 单 位：哈尔滨工业大学

　　　　　　　　　　浙江宝业建设集团有限公司

本 规 范 参 编 单 位：中国建筑业协会建筑安全分会

　　　　　　　　　　上海市建工设计研究院有限公司

　　　　　　　　　　北京城建集团有限责任公司

　　　　　　　　　　长沙市建筑工程安全监察站

　　　　　　　　　　湖南金峰金属构件有限公司

　　　　　　　　　　陕西省建设工程质量安全监督总站

　　　　　　　　　　陕西建工集团第三建筑工程有限公司

　　　　　　　　　　中南大学

　　　　　　　　　　浙江省绍兴县建设工程安全质量监督站

本规范主要起草人员：张有闻　葛兴杰　徐崇宝　秦春芳　施仁华　张文元　王荣富

　　　　　　　　　　姜庆远　解金箭　任占厚　时　炜　陈杰刚　远　芳　杨卫东

　　　　　　　　　　杨棣柔　杨建军　余永志　陶　冶　金吉祥　王海波　陈伟军

本规范主要审查人员：郭正兴　杨承悊　姚晓东　高秋利　耿洁明　张晓飞　陈春雷

　　　　　　　　　　邵永清　孙宗辅　李　明　卓　新

目　次

Contents

1 总 则

1.0.1 为在门式钢管脚手架的设计与施工中贯彻执行国家安全生产法规，做到技术先进、经济合理、安全适用，制定本规范。

1.0.2 本规范适用于房屋建筑与市政工程施工中采用门式钢管脚手架搭设的落地式脚手架、悬挑脚手架、满堂脚手架与模板支架的设计、施工和使用。

1.0.3 在施工前应按本规范的规定对门式钢管脚手架或模板支架结构件及地基承载力进行设计计算，并应编制专项施工方案。

1.0.4 门式钢管脚手架的设计、施工与使用，除应符合本规范外，尚应符合国家现行有关标准的规定。

2 术 语 和 符 号

2.1 术 语

2.1.1 门式钢管脚手架 frame scaffoldings with steel tubules

以门架、交叉支撑、连接棒、挂扣式脚手板、锁臂、底座等组成基本结构，再以水平加固杆、剪刀撑、扫地杆加固，并采用连墙件与建筑物主体结构相连的一种定型化钢管脚手架（图2.1.1）。又称门式脚手架。

2.1.2 门架 frame

门式脚手架的主要构件，其受力杆件为焊接钢管，由立杆、横杆及加强杆等相互焊接组成（图2.1.2）。

2.1.3 配件 accessories

门式脚手架的其他构件，包括连接棒、锁臂、交叉支撑、挂扣式脚手板、底座、托座。

2.1.4 连接棒 spigot

用于门架立杆竖向组装的连接件，由中间带有凸环的短钢管制作。

2.1.5 交叉支撑 cross bracing

每两榀门架纵向连接的交叉拉杆。

2.1.6 锁臂 locking arm

门架立杆组装接头处的拉接件，其两端有圆孔挂于上下榀门架的锁销上。

2.1.7 锁销 locking pin

用于门架组装时挂扣交叉拉杆和锁臂的锁柱，以短圆钢围焊在门架立杆上，其外端有可旋转90°的卡销。

2.1.8 挂扣式脚手板 hanging platform

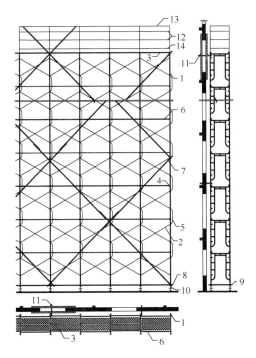

图 2.1.1 门式钢管脚手架的组成

1—门架；2—交叉支撑；3—挂扣式脚手板；4—连接棒；5—锁臂；6—水平加固杆；7—剪刀撑；8—纵向扫地杆；9—横向扫地杆；10—底座；11—连墙件；12—栏杆；13—扶手；14—挡脚板

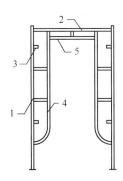

图 2.1.2 门架

1—立杆；2—横杆；3—锁销；4—立杆加强杆；5—横杆加强杆

两端设有挂钩，可紧扣在两榀门架横梁上的定型钢制脚手板。

2.1.9 调节架 adjust frame

用于调整架体高度的梯形架，其高度为 600mm～1200mm，宽度与门架相同。

2.1.10 底座 base plate

安插在门架立杆下端，将力传给基础的构件，分为可调底座和固定底座。

2.1.11 托座 brackets

插放在门架立杆上端，承接上部荷载的构件，分为可调托座和固定托座。

2.1.12 加固杆 reinforcing tube

用于增强脚手架刚度而设置的杆件，包括剪刀撑、水平加固杆、扫地杆。

2.1.13 剪刀撑 diagonal bracing

在架体外侧或内部成对设置的交叉斜杆，分为竖向剪刀撑和水平剪刀撑。

2.1.14 水平加固杆 ledger

设置于架体层间门架两侧的立杆上，用于增强架体刚度的水平杆件。

2.1.15 扫地杆 bottom reinforcing tube

设置于架体底部门架立杆下端的水平杆件，分为纵向、横向扫地杆。

2.1.16 连墙件 tie member

将脚手架与主体结构可靠连接，并能够传递拉、压力的构件。

2.1.17 连墙件竖距 vertical spacing of tie member

脚手架上下相邻连墙件之间的垂直距离。

2.1.18 连墙件纵距 transverse spacing of tie member

脚手架同层相邻连墙件之间的水平距离。

2.1.19 步距 lift height

沿脚手架竖向相邻两榀门架横杆间的距离。其值为门架高度与连接棒凸环高度之和。

2.1.20 门架纵距（跨距） bay length（span）

纵向排列的两榀门架之间的距离，其值为相邻两榀门架立杆中心距离。

2.1.21 门架间距 frame spacing

纵向排列的两列门架之间的距离，其值为两列门架中心距离。

2.1.22 脚手架高度 scaffold height

脚手架底层门架立杆底座下端至顶层门架立杆上端的距离。

2.1.23 悬挑脚手架 cantilevered scaffold

搭设在型钢梁或桁架等水平悬挑结构上，由悬挑结构将门架立杆竖向荷载传给建筑主体结构的门式脚手架。

2.1.24 满堂脚手架 full scaffold

在纵、横方向上，由多排、多列门架与配件、加固杆等所构成的门式脚手架。

2.1.25 模板支架 formwork support

由门架与配件、加固杆等构成的用于支撑混凝土模板的架体。

2.2 符 号

2.2.1 荷载、荷载效应

F_{wf} ——风荷载作用在架体上产生的水平力标准值；

F_{wm} ——风荷载作用在栏杆围挡或模板上产生的水平力标准值；

M_{wk} ——门式脚手架风荷载产生的弯矩标准值；

N_k ——作用于一榀门架的轴向力标准值；

N_{G1k} ——每米高度架体构配件自重产生的轴向力标准值；

N_{G2k} ——每米高度架体附件自重产生的轴向力标准值；

$\sum\limits_{i=3}^{n} N_{Gik}$ ——满堂脚手架或模板支架作用于一榀门架的除构配件和附件外的永久荷载标准值总和；

$\sum N_{Qk}$ ——作用于一榀门架的各层施工荷载标准值总和；

$\sum\limits_{i=1}^{n} N_{Qik}$ ——满堂脚手架或模板支架作用于一榀门架的可变荷载标准值总和；

N_{wn} ——一榀门架立杆风荷载作用的最大附加轴力标准值；

$\sum Q_k$ ——在一个门架跨距内各施工层施工均布荷载标准值总和；

P ——门架立杆基础底面的平均压力标准值；

q_{wk} ——风线荷载标准值；

w_k ——风荷载标准值；

w_0 ——基本风压；

M_{max} ——型钢悬挑梁计算截面最大弯矩设计值；

N ——门式脚手架作用于一榀门架的轴向力设计值；

N^d ——一榀门架的稳定承载力设计值；

N_j ——满堂脚手架或模板支架作用于一榀门架的轴向力设计值；

N_l ——风荷载及其他作用对连墙件产生的拉（压）轴向力设计值；

N_m ——型钢悬挑梁锚固段压点 U 形钢筋拉环或螺栓拉力设计值；

N_V ——连墙件与脚手架、连墙件与建筑结构连接的抗拉（压）承载力设计值；

σ ——应力值；

v_{max} ——型钢悬挑梁的最大挠度。

2.2.2 材料、构件计算指标

f_{ak} ——地基承载力特征值；

f_a ——修正后的地基承载力特征值；

f ——钢材的抗拉、抗压和抗弯强度设计值；

f_l ——U 形钢筋拉环或螺栓的抗拉强度设计值；

$[v_T]$ ——型钢悬挑梁挠度允许值。

2.2.3 几何参数

A ——一榀门架立杆或连墙件的毛截面面积；

A_1 ——门架立杆毛截面面积；

A_c ——连墙件的净截面面积；

A_d ——一榀门架下底座底面面积；

A_l ——U 形钢筋拉环的净截面面积或螺栓的有效截面面积；

b ——门架宽度；

H ——门式脚手架或模板支架的搭设高度；

H_1 ——连墙件竖向间距；

H^d ——不组合风荷载时脚手架搭设高度；

H^d_w ——组合风荷载时脚手架搭设高度；

h ——步距；

h_0 ——门架高度；

h_1 ——门架立杆加强杆的高度；

I ——门架立杆换算截面惯性距或型钢悬挑梁毛截面惯性矩；

I_0 ——门架立杆的毛截面惯性矩；

i ——门架立杆换算截面回转半径；

L_1 ——连墙件水平间距；

l ——门架跨距；

l_a ——门架间距；

W ——型钢悬挑梁毛截面模量；

W_n ——型钢悬挑梁净截面模量；

λ ——门架立杆长细比。

2.2.4 计算系数

k——调整系数；

k_c——地基承载力修正系数；

μ_z——风压高度变化系数；

μ_s——风荷载体型系数；

Φ——挡风系数；

φ——连墙件、门架立杆的稳定系数；

φ_b——型钢悬挑梁的整体稳定系数。

3 构 配 件

3.0.1 门架与配件的钢管应采用现行国家标准《直缝电焊钢管》GB/T 13793 或《低压流体输送用焊接钢管》GB/T 3091 中规定的普通钢管，其材质应符合现行国家标准《碳素结构钢》GB/T 700 中 Q235 级钢的规定。门架与配件的性能、质量及型号的表述方法应符合现行行业产品标准《门式钢管脚手架》JG 13 的规定。

3.0.2 周转使用的门架与配件应按本规范附录 A 的规定进行质量类别判定与处置。

3.0.3 门架立杆加强杆的长度不应小于门架高度的 70％；门架宽度不得小于 800mm，且不宜大于 1200mm。

3.0.4 加固杆钢管应符合现行国家标准《直缝电焊钢管》GB/T 13793 或《低压流体输送用焊接钢管》GB/T 3091 中规定的普通钢管，其材质应符合现行国家标准《碳素结构钢》GB/T 700 中 Q235 级钢的规定。宜采用直径 $\phi 42 \times 2.5$mm 的钢管，也可采用直径 $\phi 48 \times 3.5$mm 的钢管；相应的扣件规格也应分别为 $\phi 42$、$\phi 48$ 或 $\phi 42/\phi 48$。

3.0.5 门架钢管平直度允许偏差不应大于管长的 1/500，钢管不得接长使用，不应使用带有硬伤或严重锈蚀的钢管。门架立杆、横杆钢管壁厚的负偏差不应超过 0.2mm。钢管壁厚存在负偏差时，宜选用热镀锌钢管。

3.0.6 交叉支撑、锁臂、连接棒等配件与门架相连时，应有防止退出的止退机构，当连接棒与锁臂一起应用时，连接棒可不受此限。脚手板、钢梯与门架相连的挂扣，应有防止脱落的扣紧机构。

3.0.7 底座、托座及其可调螺母应采用可锻铸铁或铸钢制作，其材质应符合现行国家标准《可锻铸铁件》GB/T 9440 中 KTH-330-08 或《一般工程用铸造碳钢件》GB/T 11352 中 ZG230-450 的规定。

3.0.8 扣件应采用可锻铸铁或铸钢制作，其质量和性能应符合现行国家标准《钢管脚手架扣件》GB 15831 的要求。连接外径为 $\phi 42/\phi 48$ 钢管的扣件应有明显标记。

3.0.9 连墙件宜采用钢管或型钢制作，其材质应符合现行国家标准《碳素结构钢》GB/T 700 中 Q235 级钢或《低合金高强度结构钢》GB/T 1591 中 Q345 级钢的规定。

3.0.10 悬挑脚手架的悬挑梁或悬挑桁架宜采用型钢制作，其材质应符合现行国家标准《碳素结构钢》GB/T 700 中 Q235B 级钢或《低合金高强度结构钢》GB/T 1591 中 Q345 级钢的规定。用于固定型钢悬挑梁或悬挑桁架的 U 形钢筋拉环或锚固螺栓材质应符合现行国家标准《钢筋混凝土用钢 第 1 部分：热轧光圆钢筋》GB 1499.1 中 HPB 235 级钢筋或《钢筋混凝土用钢 第 2 部分：热轧带肋钢筋》GB 1499.2 中 HRB 335 级钢筋的规定。

3.0.11 门架、配件及扣件的计算用表可按本规范附录 B 的规定采用。

4 荷 载

4.1 荷 载 分 类

4.1.1 作用于门式脚手架或模板支架的荷载应分为永久荷载和可变荷载。

4.1.2 门式脚手架和模板支架的永久荷载应包含下列内容：

  1 门式脚手架永久荷载：

    1）构配件自重：包括门架、连接棒、锁臂、交叉支撑、水平加固杆、脚手板等自重；

    2）附件自重：包括栏杆、扶手、挡脚板、安全网、剪刀撑、扫地杆及防护设施等自重。

  2 模板支架永久荷载：

    1）支架构配件及模板的自重：包括架体、围护、模板及模板支承梁等自重；

    2）新浇钢筋混凝土自重：钢筋自重、新浇混凝土自重。

4.1.3 门式脚手架和模板支架的可变荷载应包含下列内容：

  1 门式脚手架的施工荷载：包括脚手架作业层上的施工人员、材料及机具等自重；

  2 模板支架的可变荷载：包括作业层上的施工人员、机具自重、混凝土超高堆积、混凝土振捣等荷载；

  3 风荷载。

4.2 荷 载 标 准 值

4.2.1 永久荷载标准值的取值，应符合下列规定：

  1 门架、配件自重的标准值可按本规范附录 B 第 B.0.3 条的规定采用；

  2 加固杆所用钢管、扣件自重的标准值可按本规范附录 B 表 B.0.2、表 B.0.4 取用；

  3 架体设置的安全网、竹笆、护栏、挡脚板等附件自重的标准值，应根据实际情况采用；

  4 满堂脚手架的架体、脚手板、脚手板支承梁等自重的标准值，应根据实际情况采用；

  5 模板支架的架体、模板及模板支承梁等自重的标准值，应根据架体和模板结构的实际情况采用；

  6 新浇钢筋混凝土自重的标准值，应按现行行业标准《建筑施工模板安全技术规范》JGJ 162 的规定取值。

4.2.2 结构与装修用的门式脚手架作业层上的施工均布荷载标准值，应根据实际情况确定，且不应低于表 4.2.2 的规定。

表 4.2.2　施工均布荷载标准值

序　号	门式脚手架用途	施工均布荷载标准值（kN/m²）
1	结构	3.0
2	装修	2.0

注：1　表中施工均布荷载标准值为一个操作层上相邻两榀门架间的全部施工荷载除以门架纵距与门架宽度的乘积；

　　2　斜梯施工均布荷载标准值不应低于 2kN/m²。

4.2.3　当在门式脚手架上同时有 2 个及以上操作层作业时，在同一个门架跨距内各操作层的施工均布荷载标准值总和不得超过 5.0kN/m²。

4.2.4　满堂脚手架作业层的施工均布荷载，存放的材料、机具等可变荷载的标准值应根据实际情况确定，并应符合下列规定：

1　用于装饰施工时，不应小于 2.0kN/m²；

2　用于结构施工时，不应小于 3.0kN/m²。

4.2.5　计算模板支架的架体时，可变荷载标准值应按现行行业标准《建筑施工模板安全技术规范》JGJ 162 的规定取值。

4.2.6　作用于门式脚手架与模板支架的水平风荷载标准值，应按下式计算：

$$w_k = \mu_z \cdot \mu_s \cdot w_0 \qquad (4.2.6)$$

式中：w_k——风荷载标准值；

　　　w_0——基本风压值，应按现行国家标准《建筑结构荷载规范》GB 50009 的规定取重现期 $n=10$ 对应的风压值；

　　　μ_z——风压高度变化系数，应按现行国家标准《建筑结构荷载规范》GB 50009 的规定采用；

　　　μ_s——风荷载体型系数，应按表 4.2.6 的规定取用。

表 4.2.6　门式脚手架风荷载体型系数 μ_s

背靠建筑物的状况	全封闭墙	敞开、框架和开洞墙
全封闭、半封闭脚手架	1.0Φ	1.3Φ
敞开式满堂脚手架或模板支架	μ_{stw}	

注：1　μ_{stw} 为按桁架确定的脚手架风荷载体型系数，应按现行国家标准《建筑结构荷载规范》GB 50009 - 2001（2006 年版）中表 7.3.1 第 32 和第 36 项的规定计算。对于门架立杆钢管外径为 42.0mm～42.7mm 的敞开式脚手架，μ_{stw} 值可取 0.27；

　　2　Φ 为挡风系数，$\Phi = 1.2 A_n/A_w$，其中，A_n 为挡风面积，A_w 为迎风面积；

　　3　当采用密目式安全网全封闭时，宜取 $\Phi = 0.8$，μ_s 最大值宜取 1.0。

4.2.7　风荷载作用在满堂脚手架或模板支架上的水平力，可采用简化方法进行整体侧向力计算（图 4.2.7），并应符合下列规定：

1　若风荷载沿满堂脚手架或模板支架横向作用，可取架体的一排横向门架作为计算单元，作用于计算单元架体和栏杆围挡（模板）上的水平力宜按下列公式计算：

$$F_{wf} = lH w_{kf} \qquad (4.2.7-1)$$

$$F_{wm} = lH_m w_{km} \qquad (4.2.7-2)$$

式中：F_{wf}、F_{wm} ——风荷载作用在架体、栏杆围挡（模板）上产生的水平力标准值；

l ——门架跨距；

H、H_m ——架体、栏杆围挡（模板）搭设高度；

w_{kf}、w_{km} ——架体、栏杆围挡（模板）的风荷载标准值，应分别按本规范式（4.2.6）计算。栏杆围挡（挂密目网）μ_s 宜取 0.8；模板 μ_s 应取 1.3。

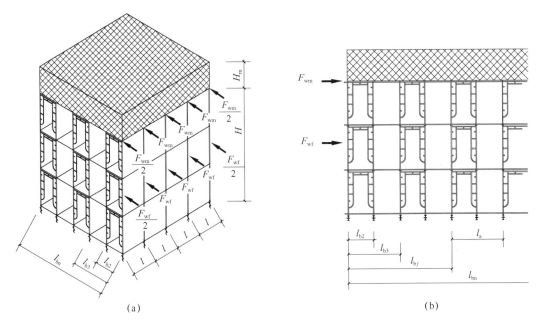

(a)   (b)

图 4.2.7 风荷载沿架体横向作用示意图

（a）风荷载整体作用；（b）计算单元风荷载作用

2 若风荷载沿满堂脚手架或模板支架纵向作用，可取架体的一列纵向门架作为计算单元，作用于计算单元架体和栏杆围挡（模板）上的水平力宜按下列公式计算：

$$F_{wf} = l_a H w_{kf} \tag{4.2.7-3}$$

$$F_{wm} = l_a H_m w_{km} \tag{4.2.7-4}$$

式中：l_a ——门架间距。

4.2.8 满堂脚手架和模板支架在水平风荷载的作用下，计算单元产生的倾覆力矩可按下式计算：

$$M_{wq} = H\left(\frac{1}{2}F_{wf} + F_{wm}\right) \tag{4.2.8}$$

式中：M_{wq} ——满堂脚手架或模板支架计算单元风荷载作用下的倾覆力矩标准值。

4.2.9 在风荷载作用下，满堂脚手架或模板支架计算单元一榀门架立杆产生的附加轴力可按线性分布确定，并可按下列规定计算：

1 当风荷载沿满堂脚手架或模板支架横向作用（图 4.2.9）时，可按下列公式计算：

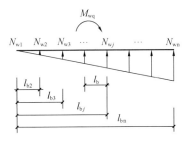

图 4.2.9 风荷载横向作用计算单元门架立杆附加轴力分布示意图

当门架立杆不等间距时：

$$N_{wn} = \frac{2M_{wq}l_{bn}}{\sum_{j=2}^{n} l_{bj}^2} \qquad (4.2.9-1)$$

当门架立杆等间距时：

$$N_{wn} = \frac{12M_{wq}}{(2n-1)nl_b} \qquad (4.2.9-2)$$

式中：N_{wn} ——一榀门架立杆风荷载作用的最大附加轴力标准值；

l_{bn}、l_{bj} ——门架立杆的距离；

n ——门架立杆数；

l_b ——门架立杆等间距时，相邻立杆间距离。

    2 当风荷载沿满堂脚手架或模板支架纵向作用时，可按下式计算：

$$N_{wn} = \frac{6M_{wq}}{(2n-1)nl} \qquad (4.2.9-3)$$

式中：n ——纵向排列的门架榀数；

l ——门架跨距。

4.3 荷 载 设 计 值

4.3.1 计算门式脚手架与模板支架的架体或构件的强度、稳定性和连接强度时，应采用荷载设计值（荷载标准值乘以荷载分项系数）。

4.3.2 计算门式脚手架与模板支架地基承载力和正常使用极限状态的变形时，应采用荷载标准值，永久荷载与可变荷载的分项系数均取 1.0。

4.3.3 荷载的分项系数取值应符合表 4.3.3 的规定。

表 4.3.3 荷载分项系数

架体类别	荷载类别		分项系数
门式脚手架	永久荷载		1.2
	可变荷载		1.4
	风荷载		1.4
满堂脚手架 模板支架	永久荷载	由可变荷载效应控制的组合	1.2
		由永久荷载效应控制的组合	1.35
	可变荷载	一般情况下	1.4
		对标准值大于 4kN/m² 的可变荷载	1.3
	风荷载		1.4

4.4 荷 载 效 应 组 合

4.4.1 门式脚手架与模板支架设计时，根据使用过程中在架体上可能同时出现的荷载，应按承载能力极限状态和正常使用极限状态分别进行荷载组合，并应取各自最不利的效应组合进行设计。

4.4.2 对承载能力极限状态，应按荷载效应的基本组合进行荷载组合，并应符合下列规定：

1 当设计门式脚手架时，荷载效应的基本组合宜按表 4.4.2-1 采用。

表 4.4.2-1 门式脚手架荷载效应的基本组合

计算项目	荷载效应的基本组合
门式脚手架稳定	永久荷载＋施工荷载
	永久荷载＋0.9×（施工荷载＋风荷载）
连墙件强度与稳定	风荷载＋3.0kN

2 当设计满堂脚手架和模板支架时，荷载效应的基本组合宜按表 4.4.2-2 采用。

表 4.4.2-2 满堂脚手架和模板支架荷载效应的基本组合

计算项目		荷载效应的基本组合
满堂脚手架、模板支架稳定	由永久荷载效应控制的组合	永久荷载＋0.7可变荷载＋0.6风荷载
	由可变荷载效应控制的组合	①永久荷载＋可变荷载
		②永久荷载＋0.9×（可变荷载＋风荷载）

注：基本组合中的荷载设计值仅适用于荷载与荷载效应为线性的情况。

4.4.3 对正常使用极限状态，应按荷载效应的标准组合进行荷载组合，门式脚手架与模板支架荷载效应的标准组合宜按表 4.4.3 采用。

表 4.4.3 门式脚手架与模板支架荷载效应的标准组合

计算项目		荷载效应的标准组合
门式脚手架门架立杆地基承载力、悬挑脚手架型钢悬挑梁的挠度	不组合风荷载	永久荷载＋施工荷载
	组合风荷载	永久荷载＋0.9×（施工荷载＋风荷载）
满堂脚手架、模板支架的门架立杆地基承载力		永久荷载＋可变荷载＋0.6风荷载

5 设 计 计 算

5.1 基 本 规 定

5.1.1 门式脚手架与模板支架的设计应根据工程结构形式、荷载、地基土类别、施工设备、门架构配件尺寸、施工操作要求等条件进行。

5.1.2 门式脚手架与模板支架的设计应符合下列要求：

1 应具有足够的承载能力、刚度和稳定性，应能可靠地承受施工过程中的各类荷载；

2 架体构造应简单、装拆方便、便于使用和维护。

5.1.3 门式脚手架的搭设高度除应满足设计计算条件外，不宜超过表 5.1.3 的规定。

表5.1.3 门式钢管脚手架搭设高度

序号	搭设方式	施工荷载标准值 $\sum Q_k$ （kN/m²）	搭设高度 （m）
1	落地、密目式安全网全封闭	≤3.0	≤55
2		>3.0且≤5.0	≤40
3	悬挑、密目式安全立网全封闭	≤3.0	≤24
4		>3.0且≤5.0	≤18

注：表内数据适用于重现期为10年、基本风压值 $w_0 \leq 0.45$kN/m² 的地区，对于10年重现期、基本风压值 $w_0 > 0.45$kN/m² 的地区应按实际计算确定。

5.1.4 门式脚手架与模板支架应进行下列设计计算：

1 门式脚手架：

1） 稳定性及搭设高度；

2） 脚手板的强度和刚度；

3） 连墙件的强度、稳定性和连接强度。

2 模板支架的稳定性；

3 门式脚手架与模板支架门架立杆的地基承载力验算；

4 悬挑脚手架的悬挑支承结构及其锚固连接；

5 满堂脚手架和模板支架必要时应进行抗倾覆验算。

5.1.5 当门式脚手架的搭设高度及荷载条件符合本规范表5.1.3的规定，且架体构造符合本规范第6章的要求时，可不进行稳定性和搭设高度的计算。但连墙件、地基承载力及悬挑脚手架的悬挑支撑结构及其锚固应根据实际荷载进行设计计算。

5.1.6 门式脚手架宜采用定型挂扣式脚手板。当采用非定型脚手板时，应进行脚手板的强度、刚度计算。

5.1.7 本章关于门式脚手架的设计计算方法，适用于MF1219、MF1017、MF0817系列门架；关于满堂脚手架和模板支架的设计计算方法，适用于MF1219、MF1017系列门架。其他种类门架的设计计算方法，应根据门架与配件试验和架体结构试验结果分析确定。

5.1.8 钢材的强度设计值与弹性模量应按表5.1.8的规定取值。

表5.1.8 钢材的强度设计值与弹性模量

项 目	Q235级钢		Q345级钢	
	钢管	型钢	钢管	型钢
抗拉、抗压和抗弯强度设计值（N/mm²）	205	215	300	310
弹性模量（N/mm²）	2.06×10⁵			

5.2 门式脚手架稳定性及搭设高度计算

5.2.1 门式脚手架的稳定性应按下式计算：

$$N \leq N^d \tag{5.2.1-1}$$

式中：N ——门式脚手架作用于一榀门架的轴向力设计值，应按本规范式（5.2.1-2）、式

（5.2.1-3）计算，并应取较大值；

N^d——一榀门架的稳定承载力设计值，应按本规范式（5.2.1-6）计算，或按本规范附录 B 表 B.0.5 查取。

1 门式脚手架作用于一榀门架的轴向力设计值，应按下列公式计算：

1） 不组合风荷载时：

$$N = 1.2(N_{G1k} + N_{G2k})H + 1.4\sum N_{Qk} \tag{5.2.1-2}$$

式中：N_{G1k}——每米高度架体构配件自重产生的轴向力标准值；

N_{G2k}——每米高度架体附件自重产生的轴向力标准值；

H——门式脚手架搭设高度；

$\sum N_{Qk}$——作用于一榀门架的各层施工荷载标准值总和；

1.2、1.4——永久荷载与可变荷载的荷载分项系数。

2） 组合风荷载时：

$$N = 1.2(N_{G1k} + N_{G2k})H + 0.9 \times 1.4\left(\sum N_{Qk} + \frac{2M_{wk}}{b}\right) \tag{5.2.1-3}$$

$$M_{wk} = \frac{q_{wk}H_1^2}{10} \tag{5.2.1-4}$$

$$q_{wk} = w_k l \tag{5.2.1-5}$$

式中：M_{wk}——门式脚手架风荷载产生的弯矩标准值；

q_{wk}——风线荷载标准值；

H_1——连墙件竖向间距；

l——门架跨距；

b——门架宽度；

0.9——可变荷载的组合系数。

2 一榀门架的稳定承载力设计值应按下列公式计算：

$$N^d = \varphi \cdot A \cdot f \tag{5.2.1-6}$$

$$i = \sqrt{\frac{I}{A_1}} \tag{5.2.1-7}$$

对于 MF1219、MF1017 门架：

$$I = I_0 + I_1\frac{h_1}{h_0} \tag{5.2.1-8a}$$

对于 MF0817 门架：

$$I = \left[A_1\left(\frac{A_2 b_2}{A_1 + A_2}\right)^2 + A_2\left(\frac{A_1 b_2}{A_1 + A_2}\right)^2\right] \times \frac{0.5h_1}{h_0} \tag{5.2.1-8b}$$

式中：φ——门架立杆的稳定系数，根据立杆换算长细比 λ 值，应由本规范附录 B 表 B.0.6 取值。对于 MF1219、MF1017 门架：$\lambda = kh_0/i$；对于 MF0817 门架：$\lambda = 3kh_0/i$；

k——调整系数，应按表 5.2.1 取值；

i——门架立杆换算截面回转半径（mm）；

I——门架立杆换算截面惯性矩（mm⁴）；

h_0——门架高度（mm）；

h_1——门架立杆加强杆的高度（mm）；

I_0、A_1——分别为门架立杆的毛截面惯性矩和毛截面面积（mm⁴、mm²）；

I_1、A_2——分别为门架立杆加强杆的毛截面惯性矩和毛截面面积（mm⁴、mm²）；

b_2——门架立杆和立杆加强杆的中心距（mm）；

A——一榀门架立杆的毛截面面积（mm），$A = 2A_1$；

f——门架钢材的抗压强度设计值，应按本规范表 5.1.8 取值。

表 5.2.1　调整系数 k

脚手架搭设高度（m）	≤30	>30 且≤45	>45 且≤55
k	1.13	1.17	1.22

5.2.2　门式脚手架的搭设高度应按下列公式计算，并应取其计算结果的较小者：

不组合风荷载时：

$$H^{\mathrm{d}} = \frac{\varphi A f - 1.4 \sum N_{\mathrm{Qk}}}{1.2(N_{\mathrm{G1k}} + N_{\mathrm{G2k}})} \tag{5.2.2-1}$$

组合风荷载时：

$$H^{\mathrm{d}}_{\mathrm{w}} = \frac{\varphi A f - 0.9 \times 1.4 \left(\sum N_{\mathrm{Qk}} + \dfrac{2M_{\mathrm{wk}}}{b} \right)}{1.2(N_{\mathrm{G1k}} + N_{\mathrm{G2k}})} \tag{5.2.2-2}$$

式中：H^{d}——不组合风荷载时脚手架搭设高度；

$H^{\mathrm{d}}_{\mathrm{w}}$——组合风荷载时脚手架搭设高度。

5.3　连 墙 件 计 算

5.3.1　连墙件杆件的强度及稳定应满足下列公式的要求：

强度：

$$\sigma = \frac{N_l}{A_{\mathrm{c}}} \leqslant 0.85 f \tag{5.3.1-1}$$

稳定：

$$\frac{N_l}{\varphi A} \leqslant 0.85 f \tag{5.3.1-2}$$

$$N_l = N_{\mathrm{w}} + 3000(\mathrm{N}) \tag{5.3.1-3}$$

式中：σ——连墙件应力值（N/mm²）；

A_{c}——连墙件的净截面面积（mm²），带螺纹的连墙件应取有效截面面积；

A——连墙件的毛截面面积（mm²）；

N_l——风荷载及其他作用对连墙件产生的拉（压）轴向力设计值（N）；

N_{w}——风荷载作用于连墙件的拉（压）轴向力设计值（N），应按本规范式（5.3.2）计算；

φ——连墙件的稳定系数，应按连墙件长细比查本规范附录 B 表 B.0.6；

f——连墙件钢材的抗压强度设计值，应按本规范表 5.1.8 取值。

5.3.2　风荷载作用于连墙件的水平力设计值应按下式计算：

$$N_{\mathrm{w}} = 1.4 w_{\mathrm{k}} \cdot L_1 \cdot H_1 \tag{5.3.2}$$

式中：L_1 —— 连墙件水平间距；

  H_1 —— 连墙件竖向间距。

5.3.3 连墙件与脚手架、连墙件与建筑结构连接的连接强度应按下式计算：

$$N_l \leqslant N_V \tag{5.3.3}$$

式中：N_V —— 连墙件与脚手架、连墙件与建筑结构连接的抗拉（压）承载力设计值，应根据相应规范规定计算。

5.3.4 当采用钢管扣件做连墙件时，扣件抗滑承载力的验算，应满足下式要求：

$$N_l \leqslant R_c \tag{5.3.4}$$

式中：R_c —— 扣件抗滑承载力设计值，一个直角扣件应取 8.0kN。

5.4 满堂脚手架计算

5.4.1 满堂脚手架的架体稳定性计算，应选取最不利处的门架为计算单元。门架计算单元选取应同时符合下列规定：

  1 当门架的跨距和间距相同时，应计算底层门架；

  2 当门架的跨距和间距不相同时，应计算跨距或间距增大部位的底层门架；

  3 当架体上有集中荷载作用时，尚应计算集中荷载作用范围内受力最大的门架。

5.4.2 满堂脚手架作用于一榀门架的轴向力设计值，应按所选取门架计算单元的负荷面积计算，并应符合下列规定：

  1 当不考虑风荷载作用时，应按下式计算：

$$N_j = 1.2\left[(N_{G1k} + N_{G2k})H + \sum_{i=3}^{n} N_{Gik}\right] + 1.4\sum_{i=1}^{n} N_{Qik} \tag{5.4.2-1}$$

式中： N_j —— 满堂脚手架作用于一榀门架的轴向力设计值；

  N_{G1k}、N_{G2k} —— 每米高度架体构配件、附件自重产生的轴向力标准值；

  $\sum\limits_{i=3}^{n} N_{Gik}$ —— 满堂脚手架作用于一榀门架的除构配件和附件外的永久荷载标准值的总和；

  $\sum\limits_{i=1}^{n} N_{Qik}$ —— 满堂脚手架作用于一榀门架的可变荷载标准值总和；

  H —— 满堂脚手架的搭设高度。

  2 当考虑风荷载作用时，应按下列公式计算，并应取其较大值：

$$N_j = 1.2\left[(N_{G1k} + N_{G2k})H + \sum_{i=3}^{n} N_{Gik}\right] + 0.9 \times 1.4\left(\sum_{i=1}^{n} N_{Qik} + N_{wn}\right) \tag{5.4.2-2}$$

$$N_j = 1.35\left[(N_{G1k} + N_{G2k})H + \sum_{i=3}^{n} N_{Gik}\right] + 1.4\left[0.7\sum_{i=1}^{n} N_{Qik} + 0.6N_{wn}\right] \tag{5.4.2-3}$$

式中：N_{wn} —— 满堂脚手架一榀门架立杆风荷载作用的最大附加轴力标准值；

  1.35 —— 永久荷载分项系数；

  0.7、0.6 —— 可变荷载、风荷载组合系数。

5.4.3 满堂脚手架的稳定性验算，应满足下式要求：

$$\frac{N_{\mathrm{j}}}{\varphi A} \leqslant f \qquad (5.4.3)$$

5.5 模 板 支 架 计 算

5.5.1 模板支架设计计算时，应先确定计算单元，明确荷载传递路径，并应根据实际受力情况绘出计算简图。

5.5.2 模板支架设计可根据建筑结构和荷载变化确定门架的布置方式，并按门架的不同布置方式，应分别选取各自有代表性的最不利的门架为计算单元进行计算。

5.5.3 模板支架作用于一榀门架的轴向力设计值，应根据所选取门架计算单元的负荷面积计算，并应符合下列规定：

1 不考虑风荷载作用时，应按下式计算：

$$N_{\mathrm{j}} = 1.2\Big[(N_{\mathrm{G1k}} + N_{\mathrm{G2k}})H + \sum_{i=3}^{n} N_{\mathrm{G}i\mathrm{k}}\Big] + 1.4 N_{\mathrm{Q1k}} \qquad (5.5.3\text{-}1)$$

式中：N_{j}——模板支架作用于一榀门架的轴向力设计值；

N_{G1k}、N_{G2k}——每米高度架体构配件、附件自重产生的轴向力标准值；

$\sum\limits_{i=3}^{n} N_{\mathrm{G}i\mathrm{k}}$——模板支架作用于一榀门架的除构配件和附件外的永久荷载标准值的总和；

N_{Q1k}——作用于一榀门架的混凝土振捣可变荷载标准值；

注：当作用于一榀门架范围内其他可变荷载标准值大于混凝土振捣可变荷载标准值时，应另选取最大的可变荷载标准值为 N_{Q1k}。

H——模板支架的搭设高度；

1.4——风荷载分项系数。

2 考虑风荷载作用时，应按下列公式计算，并应取其较大值：

$$N_{\mathrm{j}} = 1.2\Big[(N_{\mathrm{G1k}} + N_{\mathrm{G2k}})H + \sum_{i=3}^{n} N_{\mathrm{G}i\mathrm{k}}\Big] + 0.9 \times 1.4(N_{\mathrm{Q1k}} + N_{\mathrm{wn}}) \qquad (5.5.3\text{-}2)$$

$$N_{\mathrm{j}} = 1.35\Big[(N_{\mathrm{G1k}} + N_{\mathrm{G2k}})H + \sum_{i=3}^{n} N_{\mathrm{G}i\mathrm{k}}\Big] + 1.4(0.7 N_{\mathrm{Q1k}} + 0.6 N_{\mathrm{wn}}) \qquad (5.5.3\text{-}3)$$

式中：N_{wn}——模板支架一榀门架立杆风荷载作用的最大附加轴力标准值。

5.5.4 模板支架的稳定性验算，应满足下式要求：

$$\frac{N_{\mathrm{j}}}{\varphi A} \leqslant f \qquad (5.5.4)$$

5.6 门架立杆地基承载力验算

5.6.1 门式脚手架与模板支架的门架立杆基础底面的平均压力，应满足下式要求：

$$P = \frac{N_{\mathrm{k}}}{A_{\mathrm{d}}} \leqslant f_{\mathrm{a}} \qquad (5.6.1)$$

式中：P——门架立杆基础底面的平均压力；

N_{k}——门式脚手架或模板支架作用于一榀门架的轴向力标准值，应按本规范第 5.6.2 条规定计算；

A_d——一榀门架下底座底面面积;

f_a——修正后的地基承载力特征值,应按本规范式(5.6.3)计算。

5.6.2 作用于一榀门架的轴向力标准值,应根据所取门架计算单元实际荷载按下列规定计算:

1 门式脚手架作用于一榀门架的轴向力标准值,应按下列公式计算,并应取较大者:

不组合风荷载时:

$$N_k = (N_{G1k} + N_{G2k})H + \sum N_{Qk} \tag{5.6.2-1}$$

组合风荷载时:

$$N_k = (N_{G1k} + N_{G2k})H + 0.9\left(\sum N_{Qk} + \frac{2M_{wk}}{b}\right) \tag{5.6.2-2}$$

式中:N_k——门式脚手架作用于一榀门架的轴向力标准值。

2 满堂脚手架作用于一榀门架的轴向力标准值,应按下式计算:

$$N_k = (N_{G1k} + N_{G2k})H + \sum_{i=3}^{n} N_{Gik} + \sum_{i=1}^{n} N_{Qik} + 0.6N_{wn} \tag{5.6.2-3}$$

式中:N_k——满堂脚手架作用于一榀门架的轴向力标准值。

3 模板支架作用于一榀门架的轴向力标准值,应按下式计算:

$$N_k = (N_{G1k} + N_{G2k})H + \sum_{i=3}^{n} N_{Gik} + \sum_{i=1}^{n} N_{Qik} + 0.6N_{wn} \tag{5.6.2-4}$$

式中:N_k——模板支架作用于一榀门架的轴向力标准值;

$\sum_{i=1}^{n} N_{Qik}$——模板支架作用于一榀门架的可变荷载标准值总和。

5.6.3 修正后的地基承载力特征值应按下式计算:

$$f_a = k_c \cdot f_{ak} \tag{5.6.3}$$

式中:k_c——地基承载力修正系数,应按本规范表5.6.4取值;

f_{ak}——地基承载力特征值,按现行国家标准《建筑地基基础设计规范》GB 50007
的规定,可由载荷试验或其他原位测试、公式计算并结合工程实践经验等方
法综合确定。

5.6.4 地基承载力修正系数 k_c 应按表5.6.4的规定取值。

表5.6.4 地基承载力修正系数

地基土类别	修正系数（k_c）	
	原状土	分层回填夯实土
多年填积土	0.6	—
碎石土、砂土	0.8	0.4
粉土、黏土	0.7	0.5
岩石、混凝土	1.0	—

5.6.5 对搭设在地下室顶板、楼面等建筑结构上的门式脚手架或模板支架，应对支承架体的建筑结构进行承载力验算，当不能满足承载力要求时，应采取可靠的加固措施。

5.7 悬挑脚手架支承结构计算

5.7.1 当采用型钢梁作为悬挑脚手架的支承结构时，应进行下列设计计算：

 1 型钢悬挑梁的抗弯强度、整体稳定性和挠度；

 2 型钢悬挑梁锚固件及其锚固连接的强度；

 3 型钢悬挑梁下建筑结构的承载能力验算。

5.7.2 悬挑脚手架作用于一榀门架的轴向力设计值 N，应根据悬挑脚手架分段搭设高度按本规范式（5.2.1-2）、式（5.2.1-3）分别计算，并应取其较大者。

5.7.3 型钢悬挑梁的抗弯强度应按下列公式计算：

$$\sigma = \frac{M_{max}}{W_n} \leqslant f \qquad (5.7.3\text{-}1)$$

$$M_{max} = \frac{N}{2}(l_{c1} + l_{c2}) + 0.6ql_{c1}^2 \qquad (5.7.3\text{-}2)$$

式中：σ——型钢悬挑梁应力值（N/mm²）；

 M_{max}——型钢悬挑梁计算截面最大弯矩设计值（N·mm）；

 W_n——型钢悬挑梁净截面模量（mm³）；

 f——钢材的抗弯强度设计值；

 N——悬挑脚手架作用于一榀门架的轴向力设计值（N）；

 l_{c1}——门架外立杆至建筑结构楼层板边支承点的距离（mm），可取外立杆中心至板边距离加 100mm；

 l_{c2}——门架内立杆至建筑结构楼层板边支承点的距离（mm），可取内立杆中心至板边距离加 100mm；

 q——型钢梁自重线荷载标准值（N/mm）。

5.7.4 型钢悬挑梁的整体稳定性应按下式验算：

$$\frac{M_{max}}{\varphi_b W} \leqslant f \qquad (5.7.4)$$

式中：φ_b——型钢悬挑梁的整体稳定性系数，应按现行国家标准《钢结构设计规范》GB 50017 的规定采用；

 W——型钢悬挑梁毛截面模量。

5.7.5 型钢悬挑梁的挠度应按下列公式计算（图 5.7.5）：

$$v_{max} \leqslant [v_T] \qquad (5.7.5\text{-}1)$$

$$v_{max} = \frac{N_k}{12EI}(2l_{c1}^3 + 2l_c l_{c1}^2 + 2l_c l_{c1} l_{c2} + 3l_{c1} l_{c2}^2 - l_{c2}^3) \qquad (5.7.5\text{-}2)$$

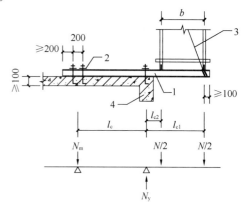

图 5.7.5 悬挑脚手架型钢悬挑梁构造与计算示意图

1—型钢悬挑梁；2—压点钢板；3—钢丝绳；4—建筑主体结构

式中：$[v_T]$——型钢悬挑梁挠度允许值，取 $l_{c1}/200$；

v_{max}——型钢悬挑梁最大挠度（mm）；

N_k——悬挑脚手架作用于一榀门架的轴向力标准值（N），应按本规范式(5.6.2-1)、式(5.6.2-2)计算，取较大者；

E——钢材弹性模量；

I——型钢悬挑梁毛截面惯性矩（mm^4）；

l_c——型钢悬挑梁锚固点中心至建筑结构楼层板边支承点的距离（mm），可取型钢梁锚固点中心至板边距离减 100mm。

5.7.6 将型钢悬挑梁锚固在主体结构上的 U 形钢筋拉环或螺栓的强度应按下列公式计算：

$$\sigma = \frac{N_m}{A_l} \leqslant f_l \qquad (5.7.6-1)$$

$$N_m = \frac{N(l_{c1} + l_{c2})}{2l_c} \qquad (5.7.6-2)$$

式中：σ——U 形钢筋拉环或螺栓应力值（N/mm^2）；

N_m——型钢悬挑梁锚固段压点 U 形钢筋拉环或螺栓拉力设计值（N）；

A_l——U 形钢筋拉环净截面面积或螺栓的有效截面面积（mm^2），一个钢筋拉环或一对螺栓应按两个截面计算；

f_l——U 形钢筋拉环或螺栓抗拉强度设计值，应按现行国家标准《混凝土结构设计规范》GB 50010 的规定取 $f_l = 50N/mm^2$。

5.7.7 当型钢悬挑梁锚固段压点处采用 2 个（对）及以上 U 形钢筋拉环或螺栓锚固连接时，其钢筋拉环或螺栓的承载能力应乘以 0.85 的折减系数。

5.7.8 当型钢悬挑梁与建筑结构锚固的压点处楼板未设置上层受力钢筋时，应经计算在楼板内配置用于承受型钢梁锚固作用引起负弯矩的受力钢筋。

5.7.9 对型钢悬挑梁下建筑结构的混凝土梁（板）应按现行国家标准《混凝土结构设计规范》GB 50010 的规定进行混凝土局部抗压承载力、结构承载力验算，当不满足要求时，应采取可靠的加固措施。

5.7.10 当采用型钢桁架下撑式等其他结构形式作为悬挑脚手架的支承结构时，应按现行国家标准《钢结构设计规范》GB 50017、《混凝土结构设计规范》GB 50010 的规定，对其结构、构件及与建筑结构的连接进行设计计算。

6 构 造 要 求

6.1 门 架

6.1.1 门架应能配套使用，在不同组合情况下，均应保证连接方便、可靠，且应具有良好的互换性。

6.1.2 不同型号的门架与配件严禁混合使用。

6.1.3 上下榀门架立杆应在同一轴线位置上，门架立杆轴线的对接偏差不应大于 2mm。

6.1.4 门式脚手架的内侧立杆离墙面净距不宜大于 150mm；当大于 150mm 时，应采取内设挑架板或其他隔离防护的安全措施。

6.1.5 门式脚手架顶端栏杆宜高出女儿墙上端或檐口上端 1.5m。

6.2 配 件

6.2.1 配件应与门架配套，并应与门架连接可靠。

6.2.2 门架的两侧应设置交叉支撑，并应与门架立杆上的锁销锁牢。

6.2.3 上下榀门架的组装必须设置连接棒，连接棒与门架立杆配合间隙不应大于 2mm。

6.2.4 门式脚手架或模板支架上下榀门架间应设置锁臂，当采用插销式或弹销式连接棒时，可不设锁臂。

6.2.5 门式脚手架作业层应连续满铺与门架配套的挂扣式脚手板，并应有防止脚手板松动或脱落的措施。当脚手板上有孔洞时，孔洞的内切圆直径不应大于 25mm。

6.2.6 底部门架的立杆下端宜设置固定底座或可调底座。

6.2.7 可调底座和可调托座的调节螺杆直径不应小于 35mm，可调底座的调节螺杆伸出长度不应大于 200mm。

6.3 加 固 杆

6.3.1 门式脚手架剪刀撑的设置必须符合下列规定：

  1 当门式脚手架搭设高度在 **24m** 及以下时，在脚手架的转角处、两端及中间间隔不超过 **15m** 的外侧立面必须各设置一道剪刀撑，并应由底至顶连续设置；

  2 当脚手架搭设高度超过 **24m** 时，在脚手架全外侧立面上必须设置连续剪刀撑；

  3 对于悬挑脚手架，在脚手架全外侧立面上必须设置连续剪刀撑。

6.3.2 剪刀撑的构造应符合下列规定（图 6.3.2）：

  1 剪刀撑斜杆与地面的倾角宜为 45°～60°；

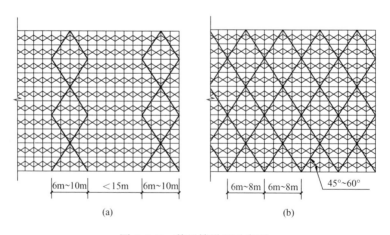

图 6.3.2　剪刀撑设置示意图

（a）、（b）脚手架搭设高度 24m 及以下、超过 24m 时剪刀撑设置

2 剪刀撑应采用旋转扣件与门架立杆扣紧；

3 剪刀撑斜杆应采用搭接接长，搭接长度不宜小于 1000mm，搭接处应采用 3 个及以上旋转扣件扣紧；

4 每道剪刀撑的宽度不应大于 6 个跨距，且不应大于 10m；也不应小于 4 个跨距，且不应小于 6m。设置连续剪刀撑的斜杆水平间距宜为 6m～8m。

6.3.3 门式脚手架应在门架两侧的立杆上设置纵向水平加固杆，并应采用扣件与门架立杆扣紧。水平加固杆设置应符合下列要求：

1 在顶层、连墙件设置层必须设置；

2 当脚手架每步铺设挂扣式脚手板时，至少每 4 步应设置一道，并宜在有连墙件的水平层设置；

3 当脚手架搭设高度小于或等于 40m 时，至少每两步门架应设置一道；当脚手架搭设高度大于 40m 时，每步门架应设置一道；

4 在脚手架的转角处、开口型脚手架端部的两个跨距内，每步门架应设置一道；

5 悬挑脚手架每步门架应设置一道；

6 在纵向水平加固杆设置层面上应连续设置。

6.3.4 门式脚手架的底层门架下端应设置纵、横向通长的扫地杆。纵向扫地杆应固定在距门架立杆底端不大于 200mm 处的门架立杆上，横向扫地杆宜固定在紧靠纵向扫地杆下方的门架立杆上。

6.4 转角处门架连接

6.4.1 在建筑物的转角处，门式脚手架内、外两侧立杆上应按步设置水平连接杆、斜撑杆，将转角处的两榀门架连成一体（图 6.4.1）。

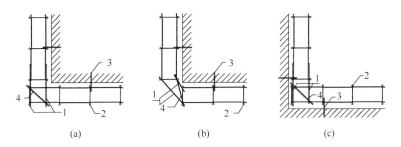

图 6.4.1 转角处脚手架连接
(a)、(b) 阳角转角处脚手架连接；(c) 阴角转角处脚手架连接；
1—连接杆；2—门架；3—连墙件；4—斜撑杆

6.4.2 连接杆、斜撑杆应采用钢管，其规格应与水平加固杆相同。

6.4.3 连接杆、斜撑杆应采用扣件与门架立杆及水平加固杆扣紧。

6.5 连 墙 件

6.5.1 连墙件设置的位置、数量应按专项施工方案确定，并应按确定的位置设置预埋件。

6.5.2 连墙件的设置除应满足本规范的计算要求外，尚应满足表 6.5.2 的要求。

表 6.5.2 连墙件最大间距或最大覆盖面积

序号	脚手架搭设方式	脚手架高度（m）	连墙件间距（m）		每根连墙件覆盖面积（m²）
			竖向	水平向	
1	落地、密目式安全网全封闭	≤40	$3h$	$3l$	≤40
2					
3		>40	$2h$	$3l$	≤27
4	悬挑、密目式安全网全封闭	≤40	$3h$	$3l$	≤40
5		40~60	$2h$	$3l$	≤27
6		>60	$2h$	$2l$	≤20

注：1 序号4~6为架体位于地面上高度；

　　2 按每根连墙件覆盖面积选择连墙件设置时，连墙件的竖向间距不应大于6m；

　　3 表中 h 为步距；l 为跨距。

6.5.3 在门式脚手架的转角处或开口型脚手架端部，必须增设连墙件，连墙件的垂直间距不应大于建筑物的层高，且不应大于 **4.0m**。

6.5.4 连墙件应靠近门架的横杆设置，距门架横杆不宜大于200mm。连墙件应固定在门架的立杆上。

6.5.5 连墙件宜水平设置，当不能水平设置时，与脚手架连接的一端，应低于与建筑结构连接的一端，连墙杆的坡度宜小于1：3。

6.6 通 道 口

6.6.1 门式脚手架通道口高度不宜大于2个门架高度，宽度不宜大于1个门架跨距。

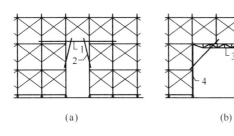

(a) (b)

图6.6.2 通道口加固示意

（a）、（b）通道口宽度为一个门架跨距、两个及以上门架跨距加固示意

1—水平加固杆；2—斜撑杆；3—托架梁；4—加强杆

6.6.2 门式脚手架通道口应采取加固措施，并应符合下列规定：

1 当通道口宽度为一个门架跨距时，在通道口上方的内外侧应设置水平加固杆，水平加固杆应延伸至通道口两侧各一个门架跨距，并在两个上角内外侧应加设斜撑杆［图6.6.2（a）］；

2 当通道口宽为两个及以上跨距时，在通道口上方应设置经专门设计和制作的托架梁，并应加强两侧的门架立杆［图6.6.2（b）］。

6.7 斜 梯

6.7.1 作业人员上下脚手架的斜梯应采用挂扣式钢梯，并宜采用"之"字形设置，一个梯段宜跨越两步或三步门架再行转折。

6.7.2 钢梯规格应与门架规格配套，并应与门架挂扣牢固。

6.7.3 钢梯应设栏杆扶手、挡脚板。

6.8 地　　基

6.8.1 门式脚手架与模板支架的地基承载力应根据本规范第5.6节的规定经计算确定，在搭设时，根据不同地基土质和搭设高度条件，应符合表6.8.1的规定。

表6.8.1 地　基　要　求

搭设高度 (m)	地　基　土　质		
	中低压缩性且压缩性均匀	回填土	高压缩性或压缩性不均匀
≤24	夯实原土，干重力密度要求15.5kN/m³。立杆底座置于面积不小于0.075m²的垫木上	土夹石或素土回填夯实，立杆底座置于面积不小于0.10m²垫木上	夯实原土，铺设通长垫木
>24且≤40	垫木面积不小于0.10m²，其余同上	砂夹石回填夯实，其余同上	夯实原土，在搭设地面满铺C15混凝土，厚度不小于150mm
>40且≤55	垫木面积不小于0.15m²或铺通长垫木，其余同上	砂夹石回填夯实，垫木面积不小于0.15m²或铺通长垫木	夯实原土，在搭设地面满铺C15混凝土，厚度不小于200mm

注：垫木厚度不小于50mm，宽度不小于200mm；通长垫木的长度不小于1500mm。

6.8.2 门式脚手架与模板支架的搭设场地必须平整坚实，并应符合下列规定：

1 回填土应分层回填，逐层夯实；

2 场地排水应顺畅，不应有积水。

6.8.3 搭设门式脚手架的地面标高宜高于自然地坪标高50mm～100mm。

6.8.4 当门式脚手架与模板支架搭设在楼面等建筑结构上时，门架立杆下宜铺设垫板。

6.9 悬挑脚手架

6.9.1 悬挑脚手架的悬挑支承结构应根据施工方案布设，其位置应与门架立杆位置对应，每一跨距宜设置一根型钢悬挑梁，并应按确定的位置设置预埋件。

6.9.2 型钢悬挑梁锚固段长度应不小于悬挑段长度的1.25倍，悬挑支承点应设置在建筑结构的梁板上，不得设置在外伸阳台或悬挑楼板上（有加固措施的除外）（图6.9.2）。

6.9.3 型钢悬挑梁宜采用双轴对称截面的型钢。

6.9.4 型钢悬挑梁的锚固段压点应采用不少于2个（对）的预埋U形钢筋拉环或螺栓固定；锚固位置的楼板厚度不应小于100mm，混凝土强度不应低于20MPa。U形钢筋拉环或螺栓应埋设在梁板下排钢筋的上边，并与结构钢筋焊接或绑扎牢固，锚固长度应符合现行国家标准《混凝土结构设计规范》GB 50010中钢筋锚固的规定（图6.9.4）。

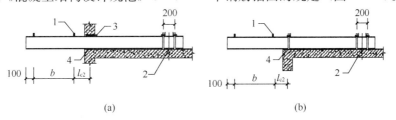

图6.9.2　型钢悬挑梁在主体结构上的设置

（a）型钢悬挑梁穿墙设置；（b）型钢悬挑梁楼面设置

1—DN25短钢管与钢梁焊接；2—锚固段压点；3—木楔；4—钢板（150mm×100mm×10mm）

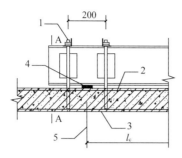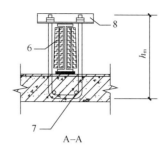

图 6.9.4 型钢悬挑梁与楼板固定

1—锚固螺栓；2—负弯矩钢筋；3—建筑结构楼板；4—钢板；5—锚固螺栓中心；

6—木楔；7—锚固钢筋（2φ18 长 1500mm）；8—角钢

6.9.5 用于锚固的 U 形钢筋拉环或螺栓应采用冷弯成型，钢筋直径不应小于 16mm。

6.9.6 当型钢悬挑梁与建筑结构采用螺栓钢压板连接固定时，钢压板尺寸不应小于 100mm×10mm（宽×厚）；当采用螺栓角钢压板连接固定时，角钢的规格不应小于 63mm×63mm×6mm。

6.9.7 型钢悬挑梁与 U 形钢筋拉环或螺栓连接应紧固。当采用钢筋拉环连接时，应采用钢楔或硬木楔塞紧；当采用螺栓钢压板连接时，应采用双螺母拧紧。严禁型钢悬挑梁晃动。

6.9.8 悬挑脚手架底层门架立杆与型钢悬挑梁应可靠连接，不得滑动或窜动。型钢梁上应设置固定连接棒与门架立杆连接，连接棒的直径不应小于 25mm，长度不应小于 100mm，应与型钢梁焊接牢固。

6.9.9 悬挑脚手架的底层门架两侧立杆应设置纵向扫地杆，并应在脚手架的转角处、两端和中间间隔不超过 15m 的底层门架上各设置一道单跨距的水平剪刀撑，剪刀撑斜杆应与门架立杆底部扣紧。

6.9.10 在建筑平面转角处（图 6.9.10），型钢悬挑梁应经单独计算设置；架体应按步设

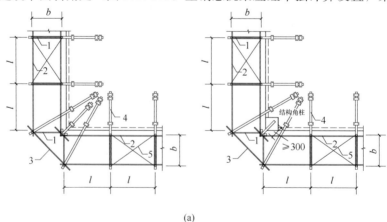

(a)

图 6.9.10 建筑平面转角处型钢悬挑梁设置（一）

(a) 型钢悬挑梁在阳角处设置

1—门架；2—水平加固杆；3—连接杆；4—型钢悬挑梁；5—水平剪刀撑

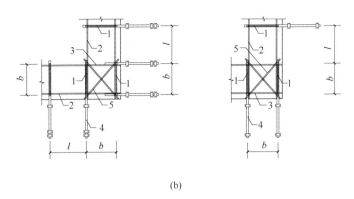

(b)

图 6.9.10 建筑平面转角处型钢悬挑梁设置（二）

（b）型钢悬挑梁在阴角处设置

1—门架；2—水平加固杆；3—连接杆；4—型钢悬挑梁；5—水平剪刀撑

置水平连接杆，并应与门架立杆或水平加固杆扣紧。

6.9.11 每个型钢悬挑梁外端宜设置钢丝绳或钢拉杆与上一层建筑结构斜拉结（图 6.9.11），钢丝绳、钢拉杆不得作为悬挑支撑结构的受力构件。

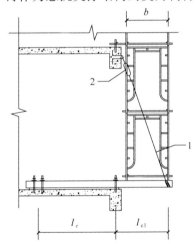

图 6.9.11 型钢悬挑梁端钢丝绳与建筑结构拉结

1—钢丝绳；2—花篮螺栓

6.9.12 悬挑脚手架在底层应满铺脚手板，并应将脚手板与型钢梁连接牢固。

6.10 满堂脚手架

6.10.1 满堂脚手架的门架跨距和间距应根据实际荷载计算确定，门架净间距不宜超过 1.2m。

6.10.2 满堂脚手架的高宽比不应大于 4，搭设高度不宜超过 30m。

6.10.3 满堂脚手架的构造设计，在门架立杆上宜设置托座和托梁，使门架立杆直接传递荷载。门架立杆上设置的托梁应具有足够的抗弯强度和刚度。

6.10.4 满堂脚手架在每步门架两侧立杆上应设置纵向、横向水平加固杆，并应采用扣件与门架立杆扣紧。

6.10.5 满堂脚手架的剪刀撑设置（图 6.10.5）除应符合本规范第 6.3.2 条的规定外，尚应符合下列要求：

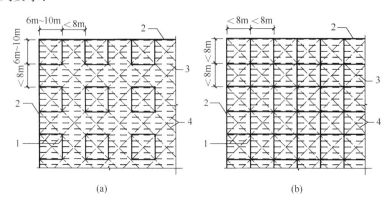

图 6.10.5　剪刀撑设置示意图
（a）搭设高度 12m 及以下时剪刀撑设置；（b）搭设高度超过 12m 时剪刀撑设置
1—竖向剪刀撑；2—周边竖向剪刀撑；3—门架；4—水平剪刀撑

　　1　搭设高度 12m 及以下时，在脚手架的周边应设置连续竖向剪刀撑；在脚手架的内部纵向、横向间隔不超过 8m 应设置一道竖向剪刀撑；在顶层应设置连续的水平剪刀撑；

　　2　搭设高度超过 12m 时，在脚手架的周边和内部纵向、横向间隔不超过 8m 应设置连续竖向剪刀撑；在顶层和竖向每隔 4 步应设置连续的水平剪刀撑；

　　3　竖向剪刀撑应由底至顶连续设置。

6.10.6　在满堂脚手架的底层门架立杆上应分别设置纵向、横向扫地杆，并应采用扣件与门架立杆扣紧。

6.10.7　满堂脚手架顶部作业区应满铺脚手板，并应采用可靠的连接方式与门架横杆固定。操作平台上的孔洞应按现行行业标准《建筑施工高处作业安全技术规范》JGJ 80 的规定防护。操作平台周边应设置栏杆和挡脚板。

6.10.8　对高宽比大于 2 的满堂脚手架，宜设置缆风绳或连墙件等有效措施防止架体倾覆，缆风绳或连墙件设置宜符合下列规定：

　　1　在架体端部及外侧周边水平间距不宜超过 10m 设置；宜与竖向剪刀撑位置对应设置；

　　2　竖向间距不宜超过 4 步设置。

6.10.9　满堂脚手架中间设置通道口时，通道口底层门架可不设垂直通道方向的水平加固杆和扫地杆，通道口上部两侧应设置斜撑杆，并应按现行行业标准《建筑施工高处作业安全技术规范》JGJ 80 的规定在通道口上部设置防护层。

6.11　模　板　支　架

6.11.1　门架的跨距与间距应根据支架的高度、荷载由计算和构造要求确定，门架的跨距不宜超过 1.5m，门架的净间距不宜超过 1.2m。

6.11.2　模板支架的高宽比不应大于 4，搭设高度不宜超过 24m。

6.11.3　模板支架宜按本规范第 6.10.3 条的规定设置托座和托梁，宜采用调节架、可调托座调整高度，可调托座调节螺杆的高度不宜超过 300mm。底座和托座与门架立杆轴线的偏差不应大于 2.0mm。

6.11.4 用于支承梁模板的门架，可采用平行或垂直于梁轴线的布置方式（图 6.11.4）。

6.11.5 当梁的模板支架高度较高或荷载较大时，门架可采用复式（重叠）的布置方式（图 6.11.5）。

6.11.6 梁板类结构的模板支架，应分别设计。板支架跨距（或间距）宜是梁支架跨距（或间距）的倍数，梁下横向水平加固杆应伸入板支架内不少于 2 根门架立杆，并应与板下门架立杆扣紧。

6.11.7 当模板支架的高宽比大于 2 时，宜按本规范第 6.10.8 条的规定设置缆风绳或连墙件。

6.11.8 模板支架在支架的四周和内部纵横向应按现行行业标准《建筑施工模板安全技术规范》JGJ 162 的规定与建筑结构柱、墙进行刚性连接，连接点应设在水平剪刀撑或水平加固杆设置层，并应与水平杆连接。

6.11.9 模板支架应按本规范第 6.10.6 条的规定设置纵向、横向扫地杆。

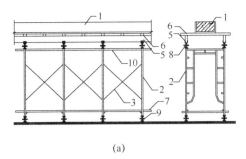

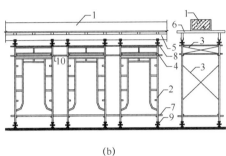

图 6.11.4 梁模板支架的布置方式（一）

（a）门架垂直于梁轴线布置；
（b）门架平行于梁轴线布置

1—混凝土梁；2—门架；3—交叉支撑；4—调节架；5—托梁；6—小楞；7—扫地杆；8—可调托座；9—可调底座；10—水平加固杆

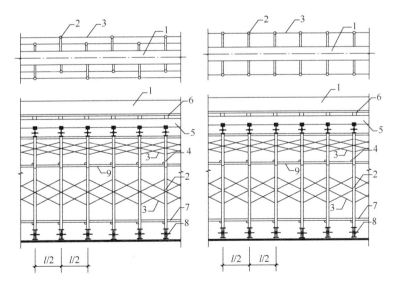

图 6.11.5 梁模板支架的布置方式（二）

1—混凝土梁；2—门架；3—交叉支撑；4—调节架；5—托梁；6—小楞；7—扫地杆；8—可调底座；9—水平加固杆

767

6.11.10 模板支架在每步门架两侧立杆上应设置纵向、横向水平加固杆，并应采用扣件与门架立杆扣紧。

6.11.11 模板支架应设置剪刀撑对架体进行加固，剪刀撑的设置除应符合本规范第6.3.2条的规定外，尚应符合下列要求：

    1 在支架的外侧周边及内部纵横向每隔6m～8m，应由底至顶设置连续竖向剪刀撑；

    2 搭设高度8m及以下时，在顶层应设置连续的水平剪刀撑；搭设高度超过8m时，在顶层和竖向每隔4步及以下应设置连续的水平剪刀撑；

    3 水平剪刀撑宜在竖向剪刀撑斜杆交叉层设置。

7 搭 设 与 拆 除

7.1 施 工 准 备

7.1.1 门式脚手架与模板支架搭设与拆除前，应向搭拆和使用人员进行安全技术交底。

7.1.2 门式脚手架与模板支架搭拆施工的专项施工方案，应包括下列内容：

    1 工程概况、设计依据、搭设条件、搭设方案设计；

    2 搭设施工图：

        1） 架体的平、立、剖面图；

        2） 脚手架连墙件的布置及构造图；

        3） 脚手架转角、通道口的构造图；

        4） 脚手架斜梯布置及构造图；

        5） 重要节点构造图。

    3 基础做法及要求；

    4 架体搭设及拆除的程序和方法；

    5 季节性施工措施；

    6 质量保证措施；

    7 架体搭设、使用、拆除的安全技术措施；

    8 设计计算书；

    9 悬挑脚手架搭设方案设计；

    10 应急预案。

7.1.3 门架与配件、加固杆等在使用前应进行检查和验收。

7.1.4 经检验合格的构配件及材料应按品种、规格分类堆放整齐、平稳。

7.1.5 对搭设场地应进行清理、平整，并应做好排水。

7.2 地 基 与 基 础

7.2.1 门式脚手架与模板支架的地基与基础施工，应符合本规范第6.8节的规定和专项施工方案的要求。

7.2.2 在搭设前，应先在基础上弹出门架立杆位置线，垫板、底座安放位置应准确，标高应一致。

7.3 搭　设

7.3.1 门式脚手架与模板支架的搭设程序应符合下列规定：

1 门式脚手架的搭设应与施工进度同步，一次搭设高度不宜超过最上层连墙件两步，且自由高度不应大于 4m；

2 满堂脚手架和模板支架应采用逐列、逐排和逐层的方法搭设；

3 门架的组装应自一端向另一端延伸，应自下而上按步架设，并应逐层改变搭设方向；不应自两端相向搭设或自中间向两端搭设；

4 每搭设完两步门架后，应校验门架的水平度及立杆的垂直度。

7.3.2 搭设门架及配件除应符合本规范第 6 章的规定外，尚应符合下列要求：

1 交叉支撑、脚手板应与门架同时安装；

2 连接门架的锁臂、挂钩必须处于锁住状态；

3 钢梯的设置应符合专项施工方案组装布置图的要求，底层钢梯底部应加设钢管并应采用扣件扣紧在门架立杆上；

4 在施工作业层外侧周边应设置 180mm 高的挡脚板和两道栏杆，上道栏杆高度应为 1.2m，下道栏杆应居中设置。挡脚板和栏杆均应设置在门架立杆的内侧。

7.3.3 加固杆的搭设除应符合本规范第 6.3 节和第 6.9 节～6.11 节的规定外，尚应符合下列要求：

1 水平加固杆、剪刀撑等加固杆件必须与门架同步搭设；

2 水平加固杆应设于门架立杆内侧，剪刀撑应设于门架立杆外侧。

7.3.4 门式脚手架连墙件的安装必须符合下列规定：

1 连墙件的安装必须随脚手架搭设同步进行，严禁滞后安装；

2 当脚手架操作层高出相邻连墙件以上两步时，在连墙件安装完毕前必须采用确保脚手架稳定的临时拉结措施。

7.3.5 加固杆、连墙件等杆件与门架采用扣件连接时，应符合下列规定：

1 扣件规格应与所连接钢管的外径相匹配；

2 扣件螺栓拧紧扭力矩值应为 40N·m～65N·m；

3 杆件端头伸出扣件盖板边缘长度不应小于 100mm。

7.3.6 悬挑脚手架的搭设应符合本规范第 6.1 节～6.5 节和第 6.9 节的要求，搭设前应检查预埋件和支承型钢悬挑梁的混凝土强度。

7.3.7 门式脚手架通道口的搭设应符合本规范第 6.6 节的要求，斜撑杆、托架梁及通道口两侧的门架立杆加强杆件应与门架同步搭设，严禁滞后安装。

7.3.8 满堂脚手架与模板支架的可调底座、可调托座宜采取防止砂浆、水泥浆等污物填塞螺纹的措施。

7.4 拆　除

7.4.1 架体的拆除应按拆除方案施工，并应在拆除前做好下列准备工作：

1 应对将拆除的架体进行拆除前的检查；

2 根据拆除前的检查结果补充完善拆除方案；

3 清除架体上的材料、杂物及作业面的障碍物。

7.4.2 拆除作业必须符合下列规定：

1 架体的拆除应从上而下逐层进行，严禁上下同时作业。

2 同一层的构配件和加固杆件必须按先上后下、先外后内的顺序进行拆除。

3 连墙件必须随脚手架逐层拆除，严禁先将连墙件整层或数层拆除后再拆架体。拆除作业过程中，当架体的自由高度大于两步时，必须加设临时拉结。

4 连接门架的剪刀撑等加固杆件必须在拆卸该门架时拆除。

7.4.3 拆卸连接部件时，应先将止退装置旋转至开启位置，然后拆除，不得硬拉，严禁敲击。拆除作业中，严禁使用手锤等硬物击打、撬别。

7.4.4 当门式脚手架需分段拆除时，架体不拆除部分的两端应按本规范第 6.5.3 条的规定采取加固措施后再拆除。

7.4.5 门架与配件应采用机械或人工运至地面，严禁抛投。

7.4.6 拆卸的门架与配件、加固杆等不得集中堆放在未拆架体上，并应及时检查、整修与保养，并宜按品种、规格分别存放。

8 检 查 与 验 收

8.1 构配件检查与验收

8.1.1 门式脚手架与模板支架搭设前，对门架与配件的基本尺寸、质量和性能应按现行行业产品标准《门式钢管脚手架》JG 13 的规定进行检查，确认合格后方可使用。

8.1.2 施工现场使用的门架与配件应具有产品质量合格证，应标志清晰，并应符合下列要求：

1 门架与配件表面应平直光滑，焊缝应饱满，不应有裂缝、开焊、焊缝错位、硬弯、凹痕、毛刺、锁柱弯曲等缺陷；

2 门架与配件表面应涂刷防锈漆或镀锌。

8.1.3 周转使用的门架与配件，应按本规范附录 A 的规定经分类检查确认为 A 类方可使用；B 类、C 类应经试验、维修达到 A 类后方可使用；不得使用 D 类门架和配件。

8.1.4 在施工现场每使用一个安装拆除周期，应对门架、配件采用目测、尺量的方法检查一次。锈蚀深度检查时，应按本规范附录 A 第 A.4 节的规定抽取样品，在每个样品锈蚀严重的部位宜采用测厚仪或横向截断取样检测，当锈蚀深度超过规定值时不得使用。

8.1.5 加固杆、连接杆等所用钢管和扣件的质量，除应符合本规范第 3.0.4 条、第 3.0.5 条、第 3.0.8 条的规定外，尚应满足下列要求：

1 应具有产品质量合格证；

2 严禁使用有裂缝、变形的扣件，出现滑丝的螺栓必须更换；

3 钢管和扣件应涂有防锈漆。

8.1.6 底座和托座应有产品质量合格证，在使用前应对调节螺杆与门架立杆配合间隙进行检查。

8.1.7 连墙件、型钢悬挑梁、U形钢筋拉环或锚固螺栓，应具有产品质量合格证或质量检验报告，在使用前应进行外观质量检查。

8.2 搭设检查与验收

8.2.1 搭设前，对门式脚手架或模板支架的地基与基础应进行检查，经验收合格后方可搭设。

8.2.2 门式脚手架搭设完毕或每搭设 2 个楼层高度，满堂脚手架、模板支架搭设完毕或每搭设 4 步高度，应对搭设质量及安全进行一次检查，经检验合格后方可交付使用或继续搭设。

8.2.3 在门式脚手架或模板支架搭设质量验收时，应具备下列文件：

1 按本规范第 7.1.2 条要求编制的专项施工方案；

2 构配件与材料质量的检验记录；

3 安全技术交底及搭设质量检验记录；

4 门式脚手架或模板支架分项工程的施工验收报告。

8.2.4 门式脚手架或模板支架分项工程的验收，除应检查验收文件外，还应对搭设质量进行现场核验，在对搭设质量进行全数检查的基础上，对下列项目应进行重点检验，并应记入施工验收报告：

1 构配件和加固杆规格、品种应符合设计要求，应质量合格、设置齐全、连接和挂扣紧固可靠；

2 基础应符合设计要求，应平整坚实，底座、支垫应符合规定；

3 门架跨距、间距应符合设计要求，搭设方法应符合本规范的规定；

4 连墙件设置应符合设计要求，与建筑结构、架体应连接可靠；

5 加固杆的设置应符合设计和本规范的要求；

6 门式脚手架的通道口、转角等部位搭设应符合构造要求；

7 架体垂直度及水平度应合格；

8 悬挑脚手架的悬挑支承结构及与建筑结构的连接固定应符合设计和本规范的规定；

9 安全网的张挂及防护栏杆的设置应齐全、牢固。

8.2.5 门式脚手架与模板支架搭设的技术要求、允许偏差及检验方法，应符合表 8.2.5 的规定。

表 8.2.5 门式脚手架与模板支架搭设技术要求、允许偏差及检验方法

项次	项目		技术要求	允许偏差（mm）	检验方法
1	隐蔽工程	地基承载力	符合本规范 5.6.1 条、5.6.3 条的规定	—	观察、施工记录检查
		预埋件	符合设计要求	—	

项次	项目		技术要求	允许偏差（mm）	检验方法
2	地基与基础	表面	坚实平整	—	观察
		排水	不积水		
		垫板	稳固		
		底座	不晃动	—	钢直尺检查
			无沉降		
			调节螺杆高度符合本规范的规定	≤200	
		纵向轴线位置	—	±20	尺量检查
		横向轴线位置	—	±10	
3	架体构造		符合本规范及专项施工方案的要求	—	观察尺量检查
4	门架安装	门架立杆与底座轴线偏差	—	≤2.0	尺量检查
		上下榀门架立杆轴线偏差	—		
5	垂直度	每步架	—	h/500、±3.0	经纬仪或线坠、钢直尺检查
		整体	—	h/500、±50.0	
6	水平度	一跨距内两榀门架高差	—	±5.0	水准仪水平尺钢直尺检查
		整体	—	±100	
7	连墙件	与架体、建筑结构连接	牢固	—	观察、扭矩测力扳手检查
		纵、横向间距	—	±300	尺量检查
		与门架横杆距离	—	≤200	
8	剪刀撑	间距	按设计要求设置	±300	尺量检查
		与地面的倾角	45°～60°	—	角尺、尺量检查
9	水平加固杆		按设计要求设置	—	观察、尺量检查
10	脚手板		铺设严密、牢固	孔洞≤25	观察、尺量检查
11	悬挑支撑结构	型钢规格	符合设计要求	—	观察、尺量检查
		安装位置		±3.0	
12	施工层防护栏杆、挡脚板		按设计要求设置	—	观察、手扳检查
13	安全网		按规定设置	—	观察
14	扣件拧紧力矩		40N·m～65N·m	—	扭矩测力扳手检查

注：h—步距；H—脚手架高度。

8.2.6 门式脚手架与模板支架扣件拧紧力矩的检查与验收，应符合现行行业标准《建筑施工扣件式钢管脚手架安全技术规范》JGJ 130 的规定。

8.3 使用过程中检查

8.3.1 门式脚手架与模板支架在使用过程中应进行日常检查，发现问题应及时处理。检查时，下列项目应进行检查：

    1 加固杆、连墙件应无松动，架体应无明显变形；

    2 地基应无积水，垫板及底座应无松动，门架立杆应无悬空；

    3 锁臂、挂扣件、扣件螺栓应无松动；

    4 安全防护设施应符合本规范要求；

    5 应无超载使用。

8.3.2 门式脚手架与模板支架在使用过程中遇有下列情况时，应进行检查，确认安全后方可继续使用：

    1 遇有 8 级以上大风或大雨过后；

    2 冻结的地基土解冻后；

    3 停用超过 1 个月；

    4 架体遭受外力撞击等作用；

    5 架体部分拆除；

    6 其他特殊情况。

8.3.3 满堂脚手架与模板支架在施加荷载或浇筑混凝土时，应设专人看护检查，发现异常情况应及时处理。

8.4 拆 除 前 检 查

8.4.1 门式脚手架在拆除前，应检查架体构造、连墙件设置、节点连接，当发现有连墙件、剪刀撑等加固杆件缺少、架体倾斜失稳或门架立杆悬空情况时，对架体应先行加固后再拆除。

8.4.2 模板支架在拆除前，应检查架体各部位的连接构造、加固件的设置，应明确拆除顺序和拆除方法。

8.4.3 在拆除作业前，对拆除作业场地及周围环境应进行检查，拆除作业区内应无障碍物，作业场地临近的输电线路等设施应采取防护措施。

9 安 全 管 理

9.0.1 搭拆门式脚手架或模板支架应由专业架子工担任，并应按住房和城乡建设部特种作业人员考核管理规定考核合格，持证上岗。上岗人员应定期进行体检，凡不适合登高作业者，不得上架操作。

9.0.2 搭拆架体时，施工作业层应铺设脚手板，操作人员应站在临时设置的脚手板上进行作业，并应按规定使用安全防护用品，穿防滑鞋。

9.0.3 门式脚手架与模板支架作业层上严禁超载。

9.0.4 严禁将模板支架、缆风绳、混凝土泵管、卸料平台等固定在门式脚手架上。

9.0.5 六级及以上大风天气应停止架上作业；雨、雪、雾天应停止脚手架的搭拆作业；雨、雪、霜后上架作业应采取有效的防滑措施，并应扫除积雪。

9.0.6 门式脚手架与模板支架在使用期间，当预见可能有强风天气所产生的风压值超出设计的基本风压值时，对架体应采取临时加固措施。

9.0.7 在门式脚手架使用期间，脚手架基础附近严禁进行挖掘作业。

9.0.8 满堂脚手架与模板支架的交叉支撑和加固杆，在施工期间禁止拆除。

9.0.9 门式脚手架在使用期间，不应拆除加固杆、连墙件、转角处连接杆、通道口斜撑杆等加固杆件。

9.0.10 当施工需要，脚手架的交叉支撑可在门架一侧局部临时拆除，但在该门架单元上下应设置水平加固杆或挂扣式脚手板，在施工完成后应立即恢复安装交叉支撑。

9.0.11 应避免装卸物料对门式脚手架或模板支架产生偏心、振动和冲击荷载。

9.0.12 门式脚手架外侧应设置密目式安全网，网间应严密，防止坠物伤人。

9.0.13 门式脚手架与架空输电线路的安全距离、工地临时用电线路架设及脚手架接地、防雷措施，应按现行行业标准《施工现场临时用电安全技术规范》JGJ 46 的有关规定执行。

9.0.14 在门式脚手架或模板支架上进行电、气焊作业时，必须有防火措施和专人看护。

9.0.15 不得攀爬门式脚手架。

9.0.16 搭拆门式脚手架或模板支架作业时，必须设置警戒线、警戒标志，并应派专人看守，严禁非作业人员入内。

9.0.17 对门式脚手架与模板支架应进行日常性的检查和维护，架体上的建筑垃圾或杂物应及时清理。

附录 A 门架、配件质量分类

A.1 门架与配件质量类别及处理规定

A.1.1 周转使用的门架与配件可分为 A、B、C、D 四类，并应符合下列规定：

1 A 类：有轻微变形、损伤、锈蚀。经清除粘附砂浆泥土等污物，除锈、重新油漆等保养工作后可继续使用。

2 B 类：有一定程度变形或损伤（如弯曲、下凹），锈蚀轻微。应经矫正、平整、更换部件、修复、补焊、除锈、油漆等修理保养后继续使用。

3 C 类：锈蚀较严重。应抽样进行荷载试验后确定能否使用，试验应按现行行业产品标准《门式钢管脚手架》JG 13 中的有关规定进行。经试验确定可使用者，应按 B 类要求经修理保养后使用；不能使用者，则按 D 类处理。

4 D 类：有严重变形、损伤或锈蚀。不得修复，应报废处理。

A.2 质 量 类 别 判 定

A.2.1 周转使用的门架与配件质量类别判定应按表 A.2.1-1～表 A.2.1-5 的规定划分。

表 A. 2. 1-1　门架质量分类

部位及项目		A 类	B 类	C 类	D 类
立杆	弯曲(门架平面外)	≤4mm	>4mm	—	—
	裂纹	无	微小	—	有
	下凹	无	轻微	较严重	≥4mm
	壁厚	≥2.2mm	—	—	<2.2mm
	端面不平整	≤0.3mm	—	—	>0.3mm
	锁销损坏	无	损伤或脱落	—	—
	锁销间距	±1.5mm	>1.5mm <-1.5mm	—	—
	锈蚀	无或轻微	有	较严重(鱼鳞状)	深度≥0.3mm
	立杆(中-中) 尺寸变形	±5mm	>5mm <-5mm	—	—
	下部堵塞	无或轻微	较严重	—	—
	立杆下部长度	≤400mm	>400mm	—	—
横杆	弯曲	无或轻微	严重	—	—
	裂纹	无	轻微	—	有
	下凹	无或轻微	≤3mm	—	>3mm
	锈蚀	无或轻微	有	较严重	深度≥0.3mm
	壁厚	≥2mm	—	—	<2mm
加强杆	弯曲	无或轻微	有	—	—
	裂纹	无	有	—	—
	下凹	无或轻微	有	—	—
	锈蚀	无或轻微	有	较严重	深度≥0.3mm
其他	焊接脱落	无	轻微缺陷	严重	—

表 A. 2. 1-2　脚手板质量分类

部位及项目		A 类	B 类	C 类	D 类
脚手板	裂纹	无	轻微	较严重	严重
	下凹	无或轻微	有	较严重	—
	锈蚀	无或轻微	有	较严重	深度≥0.2mm
	面板厚	≥1.0mm	—	—	<1.0mm
搭钩零件	裂纹	无	—	—	有
	锈蚀	无或轻微	有	较严重	深度≥0.2mm
	铆钉损坏	无	损伤、脱落	—	—
	弯曲	无	轻微	—	严重
	下凹	无	轻微	—	严重
	锁扣损坏	无	脱落、损伤	—	—
其他	脱焊	无	轻微	—	严重
	整体变形、翘曲	无	轻微	—	严重

表 A. 2. 1-3　交叉支撑质量分类

部位及项目	A 类	B 类	C 类	D 类
弯曲	≤3mm	>3mm	—	—
端部孔周裂纹	无	轻微	—	严重
下凹	无或轻微	有	—	严重
中部铆钉脱落	无	有	—	—
锈蚀	无或轻微	有	—	严重

表 A. 2. 1-4　连接棒质量分类

部位及项目	A 类	B 类	C 类	D 类
弯曲	无或轻微	有	—	严重
锈蚀	无或轻微	有	较严重	深度≥0.2mm
凸环脱落	无	轻微	—	—
凸环倾斜	≤0.3mm	>0.3mm	—	—

表 A. 2. 1-5　可调底座、可调托座质量分类

部位及项目		A 类	B 类	C 类	D 类
螺杆	螺牙缺损	无或轻微	有	—	严重
	弯曲	无	轻微	—	严重
	锈蚀	无或轻微	有	较严重	严重
扳手、螺母	扳手断裂	无	轻微	—	—
	螺母转动困难	无	轻微	—	严重
	锈蚀	无或轻微	有	较严重	严重
底板	翘曲	无或轻微	有	—	—
	与螺杆不垂直	无或轻微	有	—	—
	锈蚀	无或轻微	有	较严重	严重

A. 2. 2　根据本规范附录 A 第 A. 2. 1 条表 A. 2. 1-1～表 A. 2. 1-5 的规定，周转使用的门架与配件质量类别判定应符合下列规定：

　　1　A 类：表中所列 A 类项目全部符合；

　　2　B 类：表中所列 B 类项目有一项和一项以上符合，但不应有 C 类和 D 类中任一项；

　　3　C 类：表中 C 类项目有一项和一项以上符合，但不应有 D 类中任一项；

　　4　D 类：表中 D 类项目有任一项符合。

A. 3　标　　志

A. 3. 1　门架及配件挑选后，应按质量分类和判定方法分别做上标志。

A. 3. 2　门架及配件分类经维修、保养、修理后必须标明"检验合格"的明显标志和检验日期，不得与未经检验和处理的门架及配件混放或混用。

A.4 抽 样 检 查

A.4.1 抽样方法：C类品中，应采用随机抽样方法，不得挑选。

A.4.2 样本数量：C类样品中，门架或配件总数小于或等于300件时，样本数不得少于3件；大于300件时，样本数不得少于5件。

A.4.3 样品试验：试验项目及试验方法应符合现行行业产品标准《门式钢管脚手架》JG 13的有关规定。

附录 B 计 算 用 表

B.0.1 门架几何尺寸及杆件规格应符合下列规定。

1 MF1219系列门架几何尺寸及杆件规格应符合表B.0.1-1的规定。

表 B.0.1-1 MF1219系列门架几何尺寸及杆件规格

1—立杆；2—立杆加强杆；3—横杆；4—横杆加强杆

门架代号		MF1219	
门架几何尺寸 （mm）	h_2	80	100
	h_0	1930	1900
	b	1219	1200
	b_1	750	800
	h_1	1536	1550
杆件外径壁厚 （mm）	1	$\phi42.0\times2.5$	$\phi48.0\times3.5$
	2	$\phi26.8\times2.5$	$\phi26.8\times2.5$
	3	$\phi42.0\times2.5$	$\phi48.0\times3.5$
	4	$\phi26.8\times2.5$	$\phi26.8\times2.5$

注：表中门架代号含义同现行行业产品标准《门式钢管脚手架》JG 13。

2 MF0817、MF1017系列门架几何尺寸及杆件规格应符合表B.0.1-2的规定。

表 B.0.1-2 MF0817、MF1017 系列门架几何尺寸及杆件规格

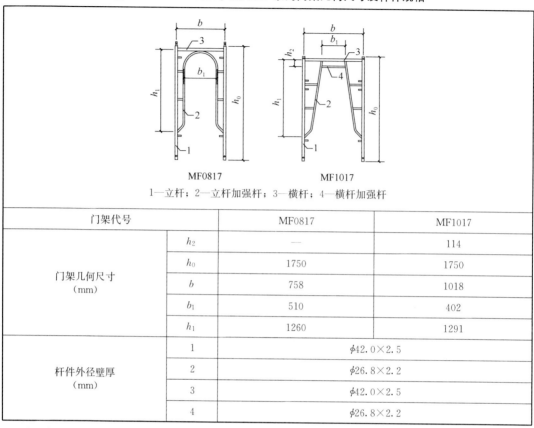

MF0817   MF1017

1—立杆；2—立杆加强杆；3—横杆；4—横杆加强杆

门架代号		MF0817	MF1017
门架几何尺寸 （mm）	h_2	—	114
	h_0	1750	1750
	b	758	1018
	b_1	510	402
	h_1	1260	1291
杆件外径壁厚 （mm）	1	$\phi42.0\times2.5$	
	2	$\phi26.8\times2.2$	
	3	$\phi42.0\times2.5$	
	4	$\phi26.8\times2.2$	

注：表中门架代号含义同现行行业产品标准《门式钢管脚手架》JG 13。

B.0.2 扣件规格及重量应符合表 B.0.2 的规定。

表 B.0.2 扣件规格及重量

	规 格	重量（标准值） （kN/个）
直角扣件	GKZ48、GKZ48/42、GKZ42	0.0135
旋转扣件	GKU48、GKU48/42、GKU42	0.0145

B.0.3 门架、配件重量宜符合下列规定：

    1 MF1219 系列门架、配件重量宜符合表 B.0.3-1 的规定。

表 B.0.3-1 MF1219 系列门架、配件重量

名 称	单 位	代 号	重量（标准值）(kN)
门架（$\phi42$）	榀	MF1219	0.224
门架（$\phi42$）	榀	MF1217	0.205
门架（$\phi48$）	榀	MF1219	0.270
交叉支撑	副	G1812	0.040
脚手板	块	P1805	0.184

续表 B.0.3-1

名　称	单位	代号	重量(标准值)(kN)
连接棒	个	J220	0.006
锁臂	副	L700	0.0085
固定底座	个	FS100	0.010
可调底座	个	AS400	0.035
可调托座	个	AU400	0.045
梯形架	榀	LF1212	0.133
承托架	榀	BF617	0.209
梯子	副	S1819	0.272

注：表中门架与配件的代号同现行行业产品标准《门式钢管脚手架》JG 13。

2 MF0817、MF1017 系列门架、配件重量宜符合表B.0.3-2的规定。

表 B.0.3-2　MF0817、MF1017 系列门架、配件重量

名　称	单位	代　号	重量（标准值）(kN)
门架	榀	MF0817	0.153
门架	榀	MF1017	0.165
交叉支撑	副	G1812、G1512	0.040
脚手板	块	P1806、P1804、P1803	0.195、0.168、0.148
连接棒	个	J220	0.006
安全插销	个	C080	0.001
固定底座	个	FS100	0.010
可调底座	个	AS400	0.035
可调托座	个	AU400	0.045
梯形架	榀	LF1012、LF1009、LF1006	11.1、9.60、8.20
三角托	个	T0404	0.209
梯子	副	S1817	0.250

注：表中门架与配件的代号同现行行业产品标准《门式钢管脚手架》JG 13。

B.0.4 门式脚手架用钢管截面几何特性应符合表 B.0.4 的规定。

表 B.0.4　门式脚手架用钢管截面几何特性

钢管外径 d (mm)	壁厚 t (mm)	截面积 A (cm²)	截面惯性矩 I (cm⁴)	截面模量 W (cm³)	截面回转半径 i (cm)	每米长重量（标准值）(N/m)
51	3.0	4.52	13.08	5.13	1.67	35.48
48.0	3.5	4.89	12.19	5.08	1.58	38.40
42.7	2.4	3.04	6.19	2.90	1.43	23.86
42.4	2.6	3.25	6.40	3.05	1.41	25.52
42.4	2.4	3.02	6.05	2.86	1.42	23.68

续表 B.0.4

钢管外径 d (mm)	壁厚 t (mm)	截面积 A (cm²)	截面惯性矩 I (cm⁴)	截面模量 W (cm³)	截面回转半径 i (cm)	每米长重量 （标准值） (N/m)
42.0	2.5	3.10	6.08	2.83	1.40	24.34
34.0	2.2	2.20	2.79	1.64	1.13	17.25
27.2	1.9	1.51	1.22	0.89	0.90	11.85
26.9	2.6	1.98	1.48	1.10	0.86	15.58
26.9	2.4	1.83	1.40	1.04	0.87	14.50
26.8	2.5	1.91	1.42	1.06	0.86	14.99
26.8	2.2	1.70	1.30	0.97	0.87	13.35

B.0.5 一榀门架的稳定承载力设计值应符合下列规定：

1 MF1219 系列一榀门架的稳定承载力应符合表 B.0.5-1 的规定。

表 B.0.5-1　MF1219 系列一榀门架的稳定承载力设计值

门　架　代　号		MF1219	
		$\phi42.0$	$\phi48.0$
门架高度 h_0（mm）		1930	1900
立杆加强杆高度 h_1（mm）		1536	1550
立杆换算截面回转半径 i（cm）		1.525	1.652
立杆长细比 λ	$H \leqslant 40m$	148	135
	$40m < H \leqslant 55m$	154	140
立杆稳定系数 φ	$H \leqslant 40m$	0.316	0.371
	$40m < H \leqslant 55m$	0.294	0.349
钢材强度设计值 f（N/mm²）		205	205
门架稳定承载力设计值 N^d （kN）	$H \leqslant 40m$	40.16	74.38
	$40m < H \leqslant 55m$	37.37	69.97

注：1　本表门架稳定承载力系根据本规范表 B.0.1-1 的门架计算，当采用的门架几何尺寸及杆件规格与本规范表
　　　 B.0.1-1 不符合时应另行计算；

　　2　表中 H 代表脚手架搭设高度。

2 MF0817、MF1017 系列一榀门架的稳定承载力应符合表 B.0.5-2 的规定：

表 B.0.5-2　MF0817、MF1017 系列一榀门架的稳定承载力设计值

门　架　代　号		MF0817	MF1017
		$\phi42.0$	$\phi42.0$
门架高度 h_0（mm）		1750	1750
立杆加强杆高度 h_1（mm）		1260	1291
立杆换算截面回转半径 i（cm）		4.428	1.507
立杆长细比 λ	$H \leqslant 40m$	138.71	136
	$40m < H \leqslant 55m$	144.64	142

续表 B.0.5-2

门架代号		MF0817	MF1017
		$\phi 42.0$	$\phi 42.0$
立杆稳定系数 φ	$H \leqslant 40\text{m}$	0.354	0.367
	$40 < H \leqslant 55\text{m}$	0.329	0.340
钢材强度设计值 f（N/mm²）		205	205
门架稳定承载力设计值 N^d （kN）	$H \leqslant 40\text{m}$	44.89	46.60
	$40 < H \leqslant 55\text{m}$	41.81	43.21

注：1 本表门架稳定承载力系根据本规范表 B.0.1-2 的门架计算，当采用的门架几何尺寸及杆件规格与本规范表 B.0.1-2 不符合时应另行计算；

2 表中 H 代表脚手架搭设高度。

B.0.6 轴心受压构件的稳定系数 φ（Q235 钢）应符合表 B.0.6 的规定。

表 B.0.6　轴心受压构件的稳定系数 φ（Q235 钢）

λ	0	1	2	3	4	5	6	7	8	9
0	1.000	0.997	0.995	0.992	0.989	0.987	0.984	0.981	0.979	0.976
10	0.974	0.971	0.968	0.966	0.963	0.960	0.958	0.955	0.952	0.949
20	0.947	0.944	0.941	0.938	0.936	0.933	0.930	0.927	0.924	0.921
30	0.918	0.915	0.912	0.909	0.906	0.903	0.899	0.896	0.893	0.889
40	0.886	0.882	0.879	0.875	0.872	0.868	0.864	0.861	0.858	0.855
50	0.852	0.849	0.846	0.843	0.839	0.836	0.832	0.829	0.825	0.822
60	0.818	0.814	0.810	0.806	0.802	0.797	0.793	0.789	0.784	0.779
70	0.775	0.770	0.765	0.760	0.755	0.750	0.744	0.739	0.733	0.728
80	0.722	0.716	0.710	0.704	0.698	0.692	0.686	0.680	0.673	0.667
90	0.661	0.654	0.648	0.641	0.634	0.626	0.618	0.611	0.603	0.595
100	0.588	0.580	0.573	0.566	0.558	0.551	0.544	0.537	0.530	0.523
110	0.516	0.509	0.502	0.496	0.489	0.483	0.476	0.470	0.464	0.458
120	0.452	0.446	0.440	0.434	0.428	0.423	0.417	0.412	0.406	0.401
130	0.396	0.391	0.386	0.381	0.376	0.371	0.367	0.362	0.357	0.353
140	0.349	0.344	0.340	0.336	0.332	0.328	0.324	0.320	0.316	0.312
150	0.308	0.305	0.301	0.298	0.294	0.291	0.287	0.284	0.281	0.277
160	0.274	0.271	0.268	0.265	0.262	0.259	0.256	0.253	0.251	0.248
170	0.245	0.243	0.240	0.237	0.235	0.232	0.230	0.227	0.225	0.223
180	0.220	0.218	0.216	0.214	0.211	0.209	0.207	0.205	0.203	0.201
190	0.199	0.197	0.195	0.193	0.191	0.189	0.188	0.186	0.184	0.182
200	0.180	0.179	0.177	0.175	0.174	0.172	0.171	0.169	0.167	0.166
210	0.164	0.163	0.161	0.160	0.159	0.157	0.156	0.154	0.153	0.152
220	0.150	0.149	0.148	0.146	0.145	0.144	0.143	0.141	0.140	0.139
230	0.138	0.137	0.136	0.135	0.133	0.132	0.131	0.130	0.129	0.128
240	0.127	0.126	0.125	0.124	0.123	0.122	0.121	0.120	0.119	0.118
250	0.117	—	—	—	—	—	—	—	—	—

本规范用词说明

1 为便于在执行本规范条文时区别对待，对于要求严格程度不同的用词说明如下：

　　1）表示很严格，非这样做不可的：
　　　　正面词采用"必须"，反面词采用"严禁"；

　　2）表示严格，在正常情况下均应这样做的：
　　　　正面词采用"应"，反面词采用"不应"或"不得"；

　　3）表示允许稍有选择，在条件许可时首先应这样做的：
　　　　正面词采用"宜"，反面词采用"不宜"；

　　4）表示有选择，在一定条件下可以这样做的，采用"可"。

2 条文中指明应按其他有关标准执行的写法为"应按……执行"或"应符合……的规定"。

引 用 标 准 名 录

1 《建筑地基基础设计规范》GB 50007

2 《建筑结构荷载规范》GB 50009

3 《混凝土结构设计规范》GB 50010

4 《钢结构设计规范》GB 50017

5 《碳素结构钢》GB/T 700

6 《钢筋混凝土用钢 第1部分：热轧光圆钢筋》GB 1499.1

7 《钢筋混凝土用钢 第2部分：热轧带肋钢筋》GB 1499.2

8 《低合金高强度结构钢》GB/T 1591

9 《低压流体输送用焊接钢管》GB/T 3091

10 《可锻铸铁件》GB/T 9440

11 《一般工程用铸造碳钢件》GB/T 11352

12 《直缝电焊钢管》GB/T 13793

13 《钢管脚手架扣件》GB 15831

14 《施工现场临时用电安全技术规范》JGJ 46

15 《建筑施工高处作业安全技术规范》JGJ 80

16 《建筑施工扣件式钢管脚手架安全技术规范》JGJ 130

17 《建筑施工模板安全技术规范》JGJ 162

18 《门式钢管脚手架》JG 13

中华人民共和国行业标准

建筑施工门式钢管脚手架
安全技术规范

JGJ 128—2010

条 文 说 明

修 订 说 明

《建筑施工门式钢管脚手架安全技术规范》JGJ 128 - 2010 经住房和城乡建设部 2010 年 5 月 18 日以第 577 号公告批准、发布。

本规范是在《建筑施工门式钢管脚手架安全技术规范》JGJ 128 - 2000 的基础上修订而成，上一版的主编单位是哈尔滨工业大学，参编单位是上海市建筑施工技术研究院、汕头国际脚手架公司、北京利建模板公司、无锡市远东建筑器材公司，主要起草人员是徐崇宝、潘鼐等。本次修订的主要技术内容是：1. 总则；2. 术语和符号；3. 构配件；4. 荷载；5. 设计计算；6. 构造要求；7. 搭设与拆除；8. 检查与验收；9. 安全管理。

本规范修订过程中，编制组进行了广泛的调查研究，总结了我国门式钢管脚手架设计和施工实践经验，同时参考了日本等经济发达国家和地区的同类标准，通过对 MF0817、MF1017 门架搭设的脚手架和 MF1017 门架搭设的模板支架结构试验，取得了两种门架的承载能力等技术参数。

为便于广大设计、施工、科研、学校等单位有关人员在使用本规范时能够正确理解和执行条文规定，《建筑施工门式钢管脚手架安全技术规范》编制组按章、节、条顺序编制了本规范的条文说明，对条文规定的目的、依据以及执行中需注意的有关事项进行了说明，还着重对强制性条文的强制理由作了解释。但是，本条文说明不具备与规范正文同等的法律效力，仅供使用者作为理解和把握本规范规定的参考。在使用中如果发现本条文说明有不妥之处，请将意见函寄哈尔滨工业大学土木工程学院。

目　　次

1 总　　则

1.0.1 本条是制定本规范的目的和依据，也是门式钢管脚手架设计与施工必须遵循的基本原则。

1.0.2 条文对本规范的适用范围进行了明确的规定。

1.0.3 本条为使用门式钢管脚手架必须遵循的原则，强调应对各类门式脚手架、模板支架进行设计计算，并编制出具体的专项施工方案用以指导施工。

1.0.4 本条所指的应符合国家现行有关标准，详见本规范的引用标准名录。

2　术语和符号

2.1　术　　语

本节术语的条文仅列出容易混淆、误解的术语。

本规范给出了 25 个有关门式钢管脚手架的专用术语，并在我国惯用的脚手架工程术语的基础上赋予特定的涵义。所给出的英文译名是参考国外资料和专业词典拟定的。

2.1.21 门架间距

为满堂脚手架、模板支架纵向排列的（门架平面内方向）两列门架之间的距离。门架净间距是指纵向排列的两列门架之间的净距离。满堂脚手架、模板支架门架的排列纵向为列（跨距方向），横向为排（间距方向）。

2.2　符　　号

本节符号是按现行国家标准《工程结构设计基本术语和通用符号》GBJ 132 和《建筑结构设计术语和符号标准》GB/T 50083 的规定编写的，并根据需要增加了一些内容。

本规范列出了 58 个常用符号，并分别给出了定义，这些符号均为本规范中所引用的。

3　构　配　件

3.0.1～3.0.5 门架及其配件的品种、规格、技术要求、试验方法、检验规则和产品标志等细则及型号表示方法，在现行行业产品标准《门式钢管脚手架》JG 13 中均有规定。门架立杆加强杆的长度对门架的稳定承载能力起着关键作用，因此本规范对其规定了最小长度值。门架宽度最大值和最小值是根据国内施工现场使用的情况确定的。

目前，施工现场应用的门架与配件的钢管外径、壁厚与现行国家标准《焊接钢管尺寸及单位长度重量》GB/T 21835 的规定有所不同，考虑到新旧标准的衔接，且《门式钢管脚手架》JG 13-1999 尚未修订，以及在市场中大量流通的门架产品的使用情况，本规范推荐使用的门架钢管直径和壁厚仍与原规范相同。待《门式钢管脚手架》JG 13-1999 标准修订后按修订后的标准执行。

对钢管壁厚偏差作严格规定，是为了保证门架承载力及刚度。平直度也称直线度。严重锈蚀是指锈蚀深度超过钢管壁厚负偏差的情况。

3.0.6 交叉支撑、锁臂、连接棒是门架组装时的主要连接件。交叉支撑、锁臂是挂在门架立杆锁柱上的，锁柱外端应有止退卡销。连接棒与门架立杆组装时一般带有止退的插销，无插销时应使用锁臂。脚手板、钢梯与门架连接是采用挂扣式连接的，端部有防止脱落的卡紧装置。

3.0.7 底座和托座是门式脚手架中的主要受力构件，其材质性能必须保证。本条所定可锻铸铁件、铸造碳钢件的牌号，是参照其他同类国家现行标准确定的。

3.0.8 连接 ϕ42 钢管的扣件性能、质量应符合《钢管脚手架扣件》GB 15831 的要求。分别连接 ϕ42 与 ϕ48 钢管的扣件，为便于分辩，生产厂家应作出明显标记。

3.0.10 悬挑脚手架的悬挑支撑结构需采用型钢制作。U 形钢筋拉环或锚固螺栓材质应经检验符合标准要求，是为了防止发生锚固筋脆断。

4 荷 载

4.1 荷 载 分 类

4.1.1 根据《建筑结构荷载规范》GB 50009 的规定，本规范将门式脚手架和模板支架的荷载划分为永久荷载和可变荷载两大类。

4.1.2 本条为门式脚手架和模板支架永久荷载划分的规定。

1 门式脚手架的永久荷载：将脚手架的安全网、栏杆、脚手板等划为永久荷载，是因为这些附件的设置位置虽然随施工进度变化，但对用途确定的脚手架来说，它们的重量和数量也是确定的。

2 模板支架的永久荷载：将模板支架的架体、脚手板、模板及模板支承梁、钢筋、新浇混凝土等划为永久荷载，是因为这些荷载在架体上都是相对固定的。只有当泵管卸料口混凝土堆积过高或布料不均时，支承架体将产生不均匀荷载，此荷载为可变荷载。

4.1.3 本条为门式脚手架和模板支架可变荷载划分的规定。

1 本款所称材料和机具，是指架体上少量存放材料及手用小型机械、工具等，架体上存放材料超过 1kN/m² 或在架体上存放大型机具，应另行计算。

2 本款给出模板支架的可变荷载包括的内容。其中机具自重是指振捣棒、振捣器、抹光机等小型机械和工具等，如架体上安装大型设备或大型设施应另行计算。

3 风荷载对门式脚手架、模板支架来说是不固定的，因此，将其划为可变荷载。

4.2 荷载标准值

4.2.2 用于结构和装修施工的施工均布荷载标准值，是根据对国内施工现场的调查及国外同类标准确定的。门式钢管脚手架主要用于外墙装修和结构施工，装修施工层荷载一般不超过 2.0kN/m²，结构施工层荷载一般不超过 3.0kN/m²，表 4.2.2 给出的施工荷载符合我国施工现场的实际，与国外同类标准相比，略大于日本规定（见表 3）。

注 2 是指脚手架上的钢斜梯，按其投影面积的每平方米施工均布荷载标准值。

4.2.3 用于装修施工或结构施工的脚手架，在同一跨距范围内立体交叉作业层数一般都不超过 2 层；当有多层交叉作业时，同一跨距内各操作层施工均布荷载标准值总和不得超过 5.0kN/m²，与日本的标准相当。

4.2.4 本条只是对满堂脚手架可变荷载标准值的原则规定。应用时，应按实际情况计算满堂脚手架的可变荷载标准值。可变荷载最小值的规定是参照一般脚手架的施工均布荷载值确定的。

4.2.6 式（4.2.6）系根据《建筑结构荷载规范》GB 50009 的规定，并参考国外同类标准给出的。

《建筑结构荷载规范》GB 50009 规定建筑物表面的风荷载标准值按下式计算：

$$w_k = \beta_z \mu_z \mu_s w_0 \tag{1}$$

式中：β_z——z 高度处的风振系数，用于考虑风压脉动对结构的影响，脚手架系附着在建筑物上的，取 $\beta_z = 1.0$；

μ_z、μ_s——分别为风压高度变化系数和风荷载体型系数；

w_0——基本风压。

条文中基本风压 w_0 值是根据重现期 10 年确定，脚手架使用期一般为 1～3 年，相对来说，遇到强风的概率要小的多，重现期确定为 10 年是偏于安全的。

脚手架是附着于主体结构设置的框架结构，风荷载对其压或吸力的分布规律比较复杂，与脚手架的背靠建筑物的状况及脚手架采用的围护材料、围护状况有关，表 4.2.6 给出的全封闭、半封闭脚手架风荷载体型系数，是按脚手架采用密目式安全网封闭的状况给出的。根据有关试验资料表明，脚手架采用密目式安全网全封闭状况下，其挡风系数 $\Phi = 0.7$，考虑到密目式安全网在使用中挂灰等因素，本规范取 $\Phi = 0.8$。当脚手架背靠全封闭墙时，$\mu_s = 1.0\Phi$；当脚手架背靠敞开、框架和开洞墙时，$\mu_s = 1.3\Phi$。μ_s 最大值超过 1.0 时，取 $\mu_s = 1.0$。

表 4.2.6 中对于 MF1219 系列、MF0817 系列和 MF1017 系列门架跨距为 1.83m 时，门架立杆钢管外径为 42.0mm～42.7mm 的敞开式脚手架，直接给出了风荷载体型系数 $\mu_{stw} = 0.27$，以简化计算。

敞开式脚手架 $\mu_{stw} = 0.27$ 的来源，以 MF1219 门架为例：

参照《建筑结构荷载规范》GB 50009 规定，敞开式脚手架宜按空间桁架的体型系数计算，其计算表达式为：

$$\mu_{stw} = \mu_{st} \frac{1 - \eta^n}{1 - \eta} \tag{2}$$

式中：μ_{st}——单榀桁架的体型系数，$\mu_{st} = \Phi \mu_s$；

Φ——挡风系数，$\Phi = \dfrac{A_n}{A}$；

μ_s——桁架构件的体型系数，由《建筑结构荷载规范》GB 50009-2001（2006年版）查得 $\mu_s = 1.2$；

A_n——挡风面积；

A——桁架的外轮廓面积；

η——据 Φ 及 $\dfrac{l}{b}$ 值由《建筑结构荷载规范》GB 50009-2001（2006年版）表7.3.1第32项查得；

n——桁架榀数，对敞开式脚手架应取2.0；

b、l——脚手架的宽度及跨距。

因门架、配件的规格尺寸为定型产品，故以上各参数均可计算得出。取 $b = 1.22$m，$h = 1.95$m，$l = 1.83$m。门架、交叉支撑、水平加固杆规格如图1所示。

$$A_n = [(1.95 + 1.83) \times 0.0426 + 0.0268 \times (2.16 \times 2 + 1.536)] \times 1.2$$
$$= 0.382\text{m}^2$$

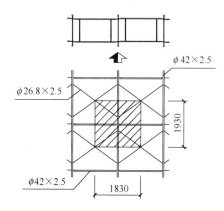

图1 脚手架风荷载计算简图

式中：1.2——考虑加固件的增大系数。

$$\Phi = \frac{A_n}{A} = \frac{0.382}{1.95 \times 1.83} = 0.107$$

据 $\Phi = 0.107$，$\dfrac{b}{l} = \dfrac{1.22}{1.83} < 1.0$ 知 $\eta = 0.998$

将以上各值代入式（2）得：
$$\mu_{stw} = \Phi \mu_s (1 + \eta)$$
$$= 0.107 \times 1.2 \times 1.998 = 0.257$$

取 $\mu_{stw} = 0.27$

4.2.7～4.2.9 风荷载对满堂脚手架和模板支架同时发生两个作用，其作用形式和计算方法说明如下：

1 架体在水平风荷载作用下，使门架立杆产生弯矩，同时，门架立杆也产生相应轴力形成力偶矩，用以抵抗所承受的弯矩作用，则门架立杆由于弯矩作用产生的轴力，按下列公式计算：

$$M_{wk} = \frac{q_{wk} h^2}{10} \tag{3}$$

$$N_{wk} = \frac{2M_{wk}}{b} \tag{4}$$

式中：M_{wk}——满堂脚手架或模板支架风荷载产生的弯矩标准值；

q_{wk}——风线荷载标准值，按本规范式（5.2.1-5）计算；

h——门架步距；

b——门架宽度；

N_{wk}——风荷载弯矩产生的门架立杆轴力标准值。

经理论计算分析表明，风荷载弯矩产生的门架立杆轴力很小，可忽略不计。

2 架体在水平风荷载作用下承受整体侧向力。条文所列的计算公式，是架体整体侧向力的简化（近似）计算公式。因架体上部是挂密目网的栏杆围挡或模板（模板支架），下部是敞开的架体，各自的风荷载体型系数不同，因此，需单独计算各自的风荷载水平力。计算时，为了简化和方便应用，是将风荷载看成是按其最大值均匀分布的情况来考虑的，这是偏于安全的。

根据理论计算分析，在横向风荷载作用下，满堂脚手架或模板支架计算单元一榀门架立杆产生的附加轴力按线性分布，可按下列公式计算（见图4.2.9）：

当门架立杆不等间距时：

$$N_{wj} = \frac{N_{wn} l_{bj}}{l_{bn}} \tag{5}$$

当门架立杆等间距时：

$$N_{wj} = \frac{N_{wn}(j-1)}{n-1} \tag{6}$$

式中：N_{wj}——验算点处一榀门架立杆风荷载作用的附加轴力标准值；

N_{wn}——一榀门架立杆风荷载作用的最大附加轴力标准值，按本规范式（4.2.9-1）、式（4.2.9-2）计算；

l_{bj}、l_{bn}——门架立杆距离；

n——门架立杆数。

一般情况下，所取验算点处（计算单元处）按式（5）、式（6）计算的结果与本规范式（4.2.9-1）、式（4.2.9-2）计算的结果比较接近，为简化计算，以一榀门架立杆风荷载作用的最大附加轴力标准值代替验算点处一榀门架立杆风荷载作用的附加轴力标准值。

4.3 荷 载 设 计 值

4.3.1～4.3.3 荷载设计值的取值和荷载分项系数的取值，均是依据现行国家标准《建筑结构荷载规范》GB 50009 的规定给出的。门式脚手架与模板支架按承载能力极限状态计算架体或构件的强度、稳定性和连接强度时应取荷载的设计值，即永久荷载和可变荷载的标准值乘以各自的分项系数；计算门架立杆地基承载力和按正常使用极限状态计算变形值时，应取荷载的标准值。

4.4 荷 载 效 应 组 合

4.4.2 根据现行国家标准《建筑结构荷载规范》GB 50009 的规定，对门式脚手架、模板支架按承载能力极限状态设计时，应按荷载效应的基本组合进行荷载组合。

1 对门式脚手架荷载效应组合只列出脚手架稳定和连墙件两项，表4.4.2-1规定的依据有以下几点：

    1）构配件、加固杆件等只要其规格、性能、质量符合本规范的规定，按本规范的构造要求设置，其强度、刚度均会满足要求，不必进行计算。

    2）理论分析及试验结果表明，在连墙件正常设置条件下，脚手架破坏均属于稳定破坏，故只计算脚手架的稳定项目。对于敞开式脚手架，风荷载对脚手架产生的内力很小，一般可只进行永久荷载＋施工荷载的组合计算。

3）连墙件荷载组合中除风荷载外，还包括附加水平力 3.0kN，这是考虑到连墙件除受风荷载作用外，还受到其他水平力的作用，主要是两个方面：

① 脚手架的荷载作用实际上是偏离脚手架形心轴作用的，在偏心力作用下，脚手架承受倾覆力矩作用，此倾覆力矩由连墙件的水平反力抵抗；

② 连墙件是被用作减小架体门架立杆轴心受压构件自由长度的侧向支撑，承受支撑力。

根据现行国家标准《钢结构设计规范》GB 50017 的规定，用作减小轴心受压构件（柱）自由长度的支撑，当受压构件单根柱设置 m 道等间距（或间距不等但与平均间距相比相差不超过 20%）支撑时，各支撑点的支撑力 F_{bm} 按下式计算：

$$F_{bm} = \frac{N}{30}(m+1) \tag{7}$$

式中：F_{bm}——连墙件所受支撑力；

N——门架立杆的轴向力；

m——在每一分段搭设高度内，沿脚手架竖向连墙件的道数。

综合以上两个因素，因精确计算以上两项水平力目前还难以做到，根据以往经验，条文中确定为 3.0kN。

2 对满堂脚手架和模板支架荷载效应组合只列出稳定一项，表 4.4.2-2 规定的依据主要有以下几点：

1）满堂脚手架、模板支架的构配件、加固杆等只要其质量符合本规范要求，按本规范的构造要求设置，其强度、刚度均会满足要求，不必进行计算。

2）理论分析及试验结果表明，在满堂脚手架、模板支架的交叉支撑、加固杆等按本规范构造要求正常设置的条件下，架体破坏均属于稳定破坏，故只计算其稳定项目。

必须注意，本规范给出的荷载组合表达式都是以荷载与荷载效应有线性关系为前提，对于明显不符合该条件的涉及非线性问题时，应根据问题的性质另行确定。

5 设 计 计 算

5.1 基 本 规 定

5.1.1 设计门式脚手架与模板支架时，应根据建筑工程条件、构配件供应条件、施工条件等情况，尽可能采用先进合理的施工方法，全面综合分析、比较找出最佳的设计方案。

5.1.2 本条是门式脚手架与模板支架设计的原则要求，强调架体设计要有足够的安全储备，能够承受施工中可预见的各种荷载。

5.1.3 门式脚手架搭设太高，不但不利安全，而且也不经济。本条对门式脚手架的搭设高度规定是根据国内外门式脚手架的试验和理论分析成果，参考国外同类标准以及我国的使用经验确定的。考虑到脚手架必须采用密目式安全网全封闭，此次修订的搭设高度比原规范有所降低。型钢悬挑脚手架的搭设高度主要是受型钢悬挑梁的变形和建筑结构楼层板及边梁强度控制。搭设条件如与表5.1.3不同时，可根据计算确定架体搭设高度。

5.1.4 本条阐述了门式脚手架和模板支架设计计算的内容。说明如下：

1 设计方法

本规范采用了与现行结构规范统一的设计表达形式。因脚手架与模板支架系暂设结构，在荷载和结构方面均缺乏系统积累的统计资料，不具备永久性结构那样的概率分析条件。为此，针对脚手架与模板支架工作特点，我们在计算表达式中的抗力项采用了一个调整系数 γ_R，其取值以单一系数法的安全系数 2.0～3.0 作为基本依据，经反复调整确定。所以，本规范对脚手架与模板支架采用的设计方法实质上是属于半概率半经验的。

2 门式脚手架的设计计算

门式脚手架只计算脚手架的稳定和在稳定承载能力下的最大搭设高度。连墙件受力比较复杂，均按受压杆件设计计算其强度和稳定。

3 模板支架的设计计算

本规范对模板支架只规定架体的设计计算。架体之上的模板及模板支承梁等设计计算，应按现行行业标准《建筑施工模板安全技术规范》JGJ 162 的规定执行。

4 门架的地基与基础设计

门架地基与基础设计时应考虑技术要求、基础构造、承载能力计算等。

5 悬挑脚手架的设计计算

悬挑脚手架其架体的承载力、搭设高度可不计算。一榀门架承担的荷载值及连墙件应按一般脚手架计算。本规范主要阐述型钢悬挑梁的计算。

型钢悬挑梁只计算抗弯强度和整体稳定，是因为经理论计算分析表明，起控制作用的是在上部荷载作用下型钢梁的抗弯强度和整体稳定，抗剪强度不起控制作用，只要其抗弯强度和整体稳定满足，抗剪强度也能满足。

6 满堂脚手架与模板支架必要时进行抗倾覆验算，必要时是指架体高宽比较大或架体侧向风荷载较大而未采取拉缆风绳等其他抗侧翻措施时的情况。计算时应将架体、模板侧向风荷载分别计算，并分别计算侧倾力矩和立杆附加轴力，验算抗倾覆力矩和门架立杆轴力。

5.1.7 规定计算公式的适用范围，是因为门架的规格、形式不同，所用管材材质、直径和壁厚不同，搭设的架体构造不同，架体在荷载作用下失稳破坏变形特征也不同，门架立杆换算截面惯性矩的计算方法也不相同。因此，其他形式的门架不可简单的套用本章的计算公式，应按科学的试验方法，对脚手架和模板支架进行架体结构性能试验，分析失稳破坏特征，取安全系数为2.0～3.0，确定稳定承载力，并总结归纳出相应的科学的计算方法。

5.2 门式脚手架稳定性及搭设高度计算

5.2.1、5.2.2 条文直接给出了计算表达式，可直接对门式脚手架稳定进行计算。对稳定计算的几方面问题说明如下：

1 按轴心受压杆计算门式脚手架稳定承载能力

1）门式钢管脚手架的主要破坏形式

MF1219、MF1017 门式钢管脚手架的主要破坏形式是在抗弯刚度弱的门架平面外方

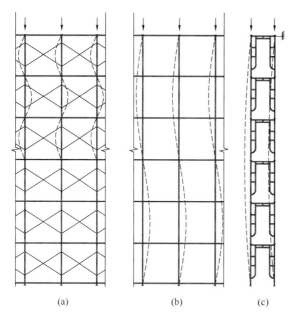

图 2 门式钢管脚手架的失稳破坏形式

向多波鼓曲失稳破坏［图 2（a）］，这种破坏形式的条件是脚手架的连墙件正常设置（竖向间距不大于 3 步），门架的两侧均设置交叉支撑，水平加固杆按规定设置。当交叉支撑只在脚手架的单侧设置，又不在未设交叉支撑一侧按步架设连续纵向加固杆时，脚手架将在门架平面外大波鼓曲失稳破坏［图 2（b）］，据试验结果证明，承载能力将比前一种破坏形式降低 30%～40%。当连墙件作稀疏布置，其竖向间距大到 4～6 步时，脚手架可能在门架平面内方向大波鼓曲失稳［图 2（c）］，这种失稳破坏的承载力低于第一种破坏形式。第 5.2.1 条、5.2.2 条规定是针对门式脚手架主要破坏形式的计算，本规范在第 6 章通过构造规定对架体搭设提出要求，以避免发生后两种失稳破坏。

MF0817 门式脚手架的破坏形式是在门架平面内方向，以连墙件为支点的多波鼓曲失稳破坏，承载能力低于前两种门式脚手架，条文中将其立杆折算长细比计算公式单独列出。

2）门式脚手架的受力特点

组成门式脚手架的基本单元——门架是一框架结构，在施工荷载作用下，施工层的门架杆件在门架平面内受局部弯矩作用。尽管如此，由于在脚手架的全部荷载中，施工荷载所占比重并不大，如在 40m 高的脚手架中，施工荷载约占 20%～33%；在 55m 高的脚手架中，施工荷载仅占 18%～24%；施工荷载在非操作层也是靠门架立杆轴心受压传递的。因此，门式脚手架主要是靠门架立杆轴心受压将竖向荷载传给基础的，风荷作用时，将在门架平面方向产生弯矩，这也要靠门架的立杆轴心力组成力偶矩来抵抗。总之，门式脚手架主要受轴压力，虽有弯矩作用，但所产生的附加应力不大。

根据上述分析将门式脚手架简化为轴心受压构件计算，国外的同类标准也均作相同处理。上述的弯矩予以忽略对脚手架安全是不利的，因此，本规范在调整系数中考虑这一因素，以保证安全。

3）脚手架稳定计算

本规范对门式脚手架稳定性规定按式（5.2.1-1）计算：

$$N \leqslant N^{d}$$

这是根据现行国家标准《建筑结构可靠度设计统一标准》GB 50068 对轴心受压构件稳定计算规定要求给出的。左端 N 代表计算单元内荷载作用对门架立杆产生的轴心力设计值，右端 N^{d} 代表计算单元门架的稳定承载力设计值，计算单元如图 3 所示。N 按式（5.2.1-2）、式（5.2.1-3）计算并取大者。

N^d 应按式（5.2.1-6）计算，φ 由附录 B 表 B.0.6 根据门架折算的长细比 λ 查取。

由于门架的两侧是由立杆和加强杆组成的复合杆，因此计算门架折算的长细比时应按式（5.2.1-7）、式（5.2.1-8a）或式（5.2.1-8b）规定计算，此式考虑了加强杆对门架抗弯刚度的贡献。

2 调整系数 k

根据《建筑结构可靠度设计统一标准》GB 50068 的规定，轴心压杆稳定的承载能力极限状态表达式为：

$$\gamma_0 \left(\gamma_G N_{Gk} + \psi \gamma_Q \Sigma N_{Qik} \right) \leqslant \varphi \frac{f_k}{\gamma_m} \cdot A \tag{8}$$

式中：　γ_0 ——结构、构件的重要性系数，对脚手架结构应取 0.9；

　　γ_G、γ_Q ——永久荷载及可变荷载的分项系数，应分别取 1.2 及 1.4；

　N_{Gk}、ΣN_{Qik} ——永久荷载、各可变荷载对压杆产生的轴向力标准值；

　　　　ψ ——组合系数，为简化计，取 1.0；

　　　　φ ——轴压杆稳定系数；

　　　　A ——轴压杆的截面积；

　　　　f_k ——材料强度的标准值；

　　　　γ_m ——抗力分项系数，按现行国家标准《冷弯薄壁型钢结构技术规范》GB 50018 的规定取 1.165。

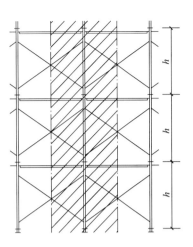

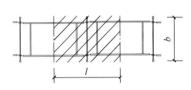

图 3　脚手架的计算单元

为了使门式脚手架的安全系数不低于 2.0，在右端除以调整系数 γ'_R，则结构的设计表达式可写成：

$$0.9 \times \left(\gamma_G N_{Gk} + 1.0 \times \gamma_Q \Sigma N_{Qik} \right) \leqslant \varphi \frac{f_k}{\gamma_m} \cdot A \cdot \frac{1}{\gamma'_R} \tag{9}$$

容许应力方法的轴压杆稳定承载能力极限状态表达式为：

$$N_{Gk} + \psi \Sigma N_{Qik} \leqslant \varphi \frac{f_k}{K} \cdot A \tag{10}$$

式中：K——安全系数，采用经验系数 2.0。

将式（9）右端整理，并将荷载分项系数 γ_G、γ_Q 用加权平均值 γ_s 表示：

$$\gamma_s = \frac{\gamma_G N_{Gk} + \gamma_Q \Sigma N_{Qik}}{N_{Gk} + \Sigma N_{Qik}}$$

则式（9）可写作：

$$0.9\gamma_s \left(N_{Gk} + \Sigma N_{Qik} \right) \leqslant \varphi \frac{f_k}{\gamma_m} \cdot A \cdot \frac{1}{\gamma'_R} \tag{11}$$

对比式（10）与式（11），即得到调整系数：

$$\gamma'_R = \frac{K}{0.9\gamma_m \cdot \gamma_s} \tag{12}$$

γ_s 与永久荷载和可变荷载所占比例有关，经反复试算、调整，将 γ'_R 的作用转化为门架计算高度调整系数 k 予以考虑，即最后按不同架高确定了表 5.2.1 的系数。

采用表 5.2.1 规定的调整系数反算各种施工荷载下的敞开式架体，所得安全系数接近或大于经验的安全系数 2.0，详见表 1 及表 2。

表 1　$H=40m$ 门式脚手架安全系数　$k=1.17$

施工荷载 Q_k (kN/m²)	门式脚手架自重及附件重产生的轴力标准值（kN）		施工荷载产生的轴力标准值（kN）$\sum N_{Qik}$	荷载分项系数加权平均值 γ_s	安全系数 $K=0.9\gamma_m \cdot \gamma_s \gamma_R'$
	N_{G1k}	N_{G2k}			
2.0			4.46	1.250	1.942
3.0	(0.257×40) 10.28	(0.077×40) 3.08	6.59	1.272	1.976
4.0			8.78	1.279	1.987
5.0			10.98	1.290	2.004

表 2　$H=55m$ 门式脚手架安全系数　$k=1.22$

施工荷载 Q_k (kN/m²)	门式脚手架自重及附件重产生的轴力标准值（kN）		施工荷载产生的轴力标准值（kN）$\sum N_{Qik}$	荷载分项系数加权平均值 γ_s	安全系数 $K=0.9\gamma_m \cdot \gamma_s \gamma_R'$
	N_{G1k}	N_{G2k}			
2.0	(0.257×55) 14.14	(0.077×55) 4.235	4.46	1.239	2.062
3.0			6.59	1.253	2.084

3　门式脚手架搭设高度比较

门式脚手架搭设高度的比较见表 3。

表 3　搭设高度比较

施工荷载 Q_k (kN/m²)		2.0 (1.85)	3.0	4.0 (3.7)	5.0
H_{max} (m)	本规范限制高度	—	55	—	40
	日本	60	—	48	45
	中国台湾		45（未规定荷载）		

注：施工荷载栏中括号内数据为日本规定。

4　N_{G1k}、N_{G2k}、N_{Qik} 计算举例

1）门式脚手架自重产生的轴向力 N_{G1k} 计算

门架规格 MF1219，按标准搭法（跨距按 1.83m 计，水平加固杆按 $\phi42$ 计），每步架高内的构配件及其自重为：

门架　　　　　　　　1 樘　0.224　　　　　　　　　kN
交叉支撑　　　　　　2 副　0.04×2＝0.08　　　　　　kN
水平加固杆（每 5 步 4 设每步 2 根）
　　　　　　1.83×2×0.0243×4/5＝0.071　　kN
旋转扣件每个跨距内 8 个　8×0.0145/5＝0.023　　kN
脚手板 2 块（每 5 步 1 设）0.184×2×1/5＝0.074　　kN

连接棒	2 个	$0.006 \times 2 = 0.012$	kN
锁臂	2 副	$0.0085 \times 2 = 0.017$	kN
合计		0.501	kN

每米高脚手架自重：$N_{G1k} = \dfrac{0.501}{1.95} = 0.257$ kN/m

2）剪刀撑、附件产生的轴向力 N_{G2k} 计算

剪刀撑采用 $\phi 42 \times 2.5$mm 钢管，钢管自重为 0.0243kN/m，剪刀撑按 4 步 4 跨距设置，则每跨距宽度内：

因为 $$\tan\alpha = \frac{4 \times 1.95}{4 \times 1.83} = 1.066, \quad \cos\alpha = 0.684$$

钢管自重： $$2 \times \frac{1.83}{0.684} \times 0.0243 = 0.130 \text{ kN}$$

扣件每跨距内直角扣件 1 个，旋转扣件 2 个；

扣件重： $$(1 \times 0.0135 + 2 \times 0.0145) = 0.043 \text{kN}$$

每米高脚手架的剪刀撑重：

$$\frac{0.130 + 0.043}{4 \times 1.95} = 0.022 \text{ kN/m}$$

附件重，按采用立网全封闭，每 5 步架加栏杆一道，挡脚板一道，栏杆挡脚板采用 $\phi 42 \times 2.5$mm 钢管及 3 个扣件，安全网每跨距内每米高重量：$0.02 \times 1.83 = 0.037$kN/m（本例采用的立网自重为 0.02kN/m²）。

栏杆、挡脚板自重：

$$\frac{1.83 \times 3 \times 0.0243 + 0.0135 \times 3}{5 \times 1.95} = 0.018 \text{ kN/m，所以}$$

$$N_{G2k} = 0.022 + 0.037 + 0.018 = 0.077 \text{ kN/m}$$

3）施工荷载产生的轴向力 N_{Qk} 计算

$$N_{Qk} = Q_k bl = Q_k \times 1.22 \times 1.83$$

式中：Q_k——操作层上的施工荷载标准值。

5 门式脚手架稳定性和搭设高度算例

1）门式脚手架稳定性验算

例 1 某高层建筑外装修施工用落地门式脚手架，搭设高度 40m，施工荷载考虑两个作业层同时作业，取 $\Sigma Q_k = 5.0$ kN/m²，建造地点风荷载的基本风压为 0.45kN/m²，地面粗糙度 B 类。门架型号采用 MF1219，钢材采用 Q235，门架宽 $b = 1.22$m，门架高 $h_0 = 1.93$m，步距 $h = 1.95$m，跨距 $l = 1.83$m。验算脚手架的稳定性。

脚手架构造做法：交叉支撑两侧设置，水平加固杆 5 步 4 设，脚手板 5 步 1 设，剪刀撑 4 步 4 跨设置，加固杆件钢管为 $\phi 42 \times 2.5$mm，连墙件为 3 步 3 跨（$H_1 = 3 \times 1.95$ m，$L_1 = 3 \times 1.83$ m）设置，采用立网全封闭围护，背靠建筑物为开洞墙，每 5 步设栏杆、挡脚板一道，杆件规格同加固杆。

根据上述条件验算脚手架的稳定性如下：

①求各种荷载对脚手架计算单元（图 3）产生的内力标准值

由上面算例得：

$$N_{\text{G1k}} = 0.257\text{kN/m}$$

$$N_{\text{G2k}} = 0.077\text{kN/m}$$

施工荷载产生的轴向力标准值：

$$\sum N_{\text{Qk}} = 5 \times 1.22 \times 1.83 = 11.163\text{kN}$$

风荷载对门式脚手架产生计算弯矩标准值：

根据 $H = 40\text{m}$、地面粗糙度 B 类的条件，由《建筑结构荷载规范》GB 50009－2001（2006 年版）表 7.2.1 查得所取计算单元处（底层门架）风压高度系数 $\mu_z = 1.56$。在本规范第 4.2.6 条已给出风荷载体型系数 $\mu_s = 1.0$。

风荷载标准值为：

$$w_k = \mu_z \mu_s w_0 = 1.56 \times 1.0 \times 0.45 = 0.702 \text{ kN/m}^2$$

作用于门式脚手架计算单元的风线荷载标准值，按本规范式（5.2.1-5）计算：

$$q_{\text{wk}} = w_k \cdot l = 0.702 \times 1.83 = 1.285\text{kN/m}$$

风荷载对门式脚手架计算单元产生的弯矩标准值，按本规范式（5.2.1-4）计算：

$$M_{\text{wk}} = \frac{q_{\text{wk}} H_1^2}{10} = \frac{1.285 \times 5.85^2}{10} = 4.398\text{kN} \cdot \text{m}$$

②求作用于一榀门架的最大轴向力设计值

最大轴向力设计值应进行不组合风荷载与组合风荷载两种情况的计算，取其大者。

不组合风荷载时，按本规范式（5.2.1-2）计算：

$$N = 1.2(N_{\text{G1k}} + N_{\text{G2k}})H + 1.4 \sum N_{\text{Qk}}$$

$$= 1.2(0.257 + 0.077) \times 40 + 1.4 \times 11.163 = 31.66\text{kN}$$

组合风荷载时，按本规范式（5.2.1-3）计算：

$$N = 1.2(N_{\text{G1k}} + N_{\text{G2k}})H + 0.9 \times 1.4\left(\sum N_{\text{Qk}} + \frac{2M_{\text{wk}}}{b}\right)$$

$$= 1.2(0.257 + 0.077) \times 40 + 0.9 \times 1.4 \times \left(11.163 + \frac{2 \times 4.398}{1.22}\right)$$

$$= 39.18\text{kN}$$

组合风荷载时得到一榀门架的最大轴向力设计值。

③求一榀门架的稳定承载力设计值 N^{d}

N^{d} 按本规范式（5.2.1-6）计算：

$$N^{\text{d}} = \varphi \cdot A \cdot f$$

查本规范附录 B 表 B.0.4 得知：$A_1 = 310\text{mm}^2$；$h_0 = 1930\text{mm}$；$I_0 = 6.08 \times 10^4 \text{mm}^4$；$I_1 = 1.42 \times 10^4 \text{mm}^4$；$h_1 = 1536\text{mm}$。代入本规范式（5.2.1-8a），得门架立杆换算截面惯性矩：

$$I = I_0 + I_1 \frac{h_1}{h_0} = 6.08 \times 10^4 + 1.42 \times 10^4 \times \frac{1536}{1930}$$

$$= 7.21 \times 10^4 \text{mm}^4$$

门架立杆换算截面回转半径由本规范式（5.2.1-7）计算：

$$i = \sqrt{\frac{I}{A_1}} = \sqrt{\frac{7.21 \times 10^4}{310}} = 15.25 \text{ mm}$$

门架立杆长细比：调整系数 k，根据 $H = 40\text{m}$ 查本规范表 5.2.1 得 $k = 1.17$。

$$\lambda = \frac{kh_0}{i} = \frac{1.17 \times 1930}{15.25} \doteq 148$$

根据 $\lambda = 148$ 查本规范附录 B 表 B.0.6 得立杆稳定系数 $\varphi = 0.316$。

由本规范表 5.1.8 查得钢材强度设计值 $f = 205\,\text{N/mm}^2$，所以，一榀门架的稳定承载力设计值为：

$$N^d = \varphi \cdot A \cdot f = 0.316 \times 310 \times 2 \times 205 \times 10^{-3}$$
$$= 40.16\text{kN} > 39.18\text{kN}$$

以上计算结果说明，满足 $N \leqslant N^d$，故此门式脚手架的稳定性满足要求。

例 2 门式脚手架搭设方法及背靠建筑物的情况同例 1，采用密目式安全网全封闭，基本风压值为 $w_0 = 0.60\,\text{kN/m}^2$，架高 $H = 40\text{m}$。验算脚手架的稳定。

根据条件可知，此脚手架 N_{G1k}、N_{G2k}、ΣN_{Qk}、N^d 均与例 1 相同，仅需计算组合风荷载时的脚手架计算单元最大轴向力设计值。

根据围护材料条件，风荷体型系数应取 $\mu_s = 1.0$，风荷载标准值为：

$$w_k = \mu_z \mu_s w_0 = 1.56 \times 1.0 \times 0.60 = 0.936\,\text{kN/m}^2$$

作用于脚手架计算单元的风线荷载标准值：

$$q_{\text{wk}} = w_k \cdot l = 0.936 \times 1.83 = 1.713\,\text{kN/m}$$

风荷对脚手架计算单元产生的弯矩标准值：

$$M_{\text{wk}} = \frac{q_{\text{wk}} H_1^2}{10} = \frac{1.713 \times 5.85^2}{10} = 5.862\text{kN} \cdot \text{m}$$

风荷参与组合时对一榀门架产生的轴向力设计值：

$$N = 1.2\,(N_{\text{G1k}} + N_{\text{G2k}})H + 0.9 \times 1.4\left(\Sigma N_{\text{Qk}} + \frac{2M_{\text{wk}}}{b}\right)$$

$$= 1.2\,(0.257 + 0.077) \times 40 + 0.9 \times 1.4 \times \left(11.163 + \frac{2 \times 5.862}{1.22}\right)$$

$$= 42.21\text{kN} > N^d = 40.16\text{kN}$$

说明此脚手架稳定性不满足要求。

试改变连墙件竖向间距，取 $H_1 = 2 \times 1.95\text{m}$，以减小风荷作用对脚手架计算单元产生的弯矩，下面再进行验算：

$$M_{\text{wk}} = \frac{q_{\text{wk}} H_1^2}{10} = \frac{1.713 \times 3.9^2}{10} = 2.605\text{kN} \cdot \text{m}$$

$$N = 1.2\,(0.257 + 0.077) \times 40 + 0.9 \times 1.4 \times \left(11.163 + \frac{2 \times 2.605}{1.22}\right)$$

$$= 35.48\text{kN} < N^d = 40.16\text{kN} \text{ 满足要求}$$

说明减小连墙件竖向间距，有效地减小了风荷作用对一榀门架产生的轴向力，从而满足了脚手架的稳定性要求。

2）门式脚手架的搭设高度计算

例 3 设门式脚手架施工荷载 $Q_k = 3.0\,\text{kN/m}^2$，连墙件间距为 2 步 3 跨（$H_1 = 2 \times 1.95\text{m}$，$L_1 = 3 \times 1.83\text{m}$），搭设高度未知，其余条件同例 1，求此脚手架的搭设高度。

脚手架的搭设高度应考虑不组合风荷载与组合风荷载两种工况，分别按式（5.2.2-1）、式（5.2.2-2）计算，并取其小者作为最后计算结果。

不组合风荷载时，按式（5.2.2-1）计算：

$$H^{\mathrm{d}} = \frac{\varphi A f - 1.4 \sum N_{\mathrm{Qk}}}{1.2(N_{\mathrm{G1k}} + N_{\mathrm{G2k}})}$$

上式中，调整系数 k 与脚手架高度有关，因高度待求，故只能试取 $k = 1.22$；由例 1 计算得：$N_{\mathrm{G1k}} = 0.257 \text{ kN/m}$；$N_{\mathrm{G2k}} = 0.077 \text{ kN/m}$；$A = 310 \times 2 \text{mm}^2$；

据 $\lambda = 1.22 \times 1930/15.25 = 154.4$，查得 $\varphi = 0.294$

$f = 205 \text{ N/mm}^2$，$Q_{\mathrm{k}} = 3.0 \text{ kN/m}^2$ 时，$\sum N_{\mathrm{Qk}} = 6.70 \text{ kN}$，代入上式：

$$H^{\mathrm{d}} = \frac{0.294 \times 310 \times 2 \times 205 \times 10^{-3} - 1.4 \times 6.70}{1.2(0.257 + 0.077)} = 69.83\text{m}$$

组合风荷时，按式（5.2.2-2）计算：

$$H_{\mathrm{w}}^{\mathrm{d}} = \frac{\varphi A f - 0.9 \times 1.4 \left(\sum N_{\mathrm{Qk}} + \dfrac{2M_{\mathrm{wk}}}{b} \right)}{1.2(N_{\mathrm{G1k}} + N_{\mathrm{G2k}})}$$

上式中，风荷产生的弯矩需计算。先试按 $H = 55\text{m}$，地面粗糙度 B 类查《建筑结构荷载规范》GB 50009-2001（2006 年版）表 7.2.1 得风压高度系数 $\mu_{\mathrm{z}} = 1.72$，由例 1 知风荷载体型系数 $\mu_{\mathrm{s}} = 1.0$，基本风压 $w_0 = 0.45 \text{ kN/m}^2$，风荷载标准值：

$$w_{\mathrm{k}} = \mu_{\mathrm{z}}\mu_{\mathrm{s}}w_0 = 1.72 \times 1.0 \times 0.45 = 0.774 \text{ kN/m}^2$$

风线荷载标准值：

$$q_{\mathrm{wk}} = w_{\mathrm{k}}l = 0.774 \times 1.83 = 1.416 \text{ kN/m}$$

风荷作用对计算单元产生的弯矩标准值：

$$M_{\mathrm{wk}} = \frac{q_{\mathrm{wk}}H_1^2}{10} = \frac{1.416 \times 3.9^2}{10} = 2.154 \text{ kN} \cdot \text{m}$$

代入门式脚手架搭设高度计算公式：

$$H_{\mathrm{w}}^{\mathrm{d}} = \frac{0.294 \times 310 \times 2 \times 205 \times 10^{-3} - 1.26 \times \left(6.70 + \dfrac{2 \times 2.154}{1.22} \right)}{1.2(0.257 + 0.077)}$$

$$= 61.07\text{m}$$

由计算结果说明试取的调整系数 k 合适。如果所得搭设高度与试取高度相差较大，可参考第一次计算结果对调整系数加以修正，再代入搭设高度公式计算，一般最多反复 2~3 次，即可得到精确结果。

根据本规范第 5.1.3 条规定，本例门式脚手架的搭设高度应取 $H = 55\text{m}$。

6 经计算表明，只要满足本规范表 5.1.3 及第 6 章的构造要求，稳定性可以得到保证，不必计算。

5.3 连 墙 件 计 算

5.3.1~5.3.4 连墙件的设置及其安全可靠的承载是保证门式脚手架整体稳定性的关键，所以，本规范把连墙件计算作为脚手架计算的重要部分。

式（5.3.1-1）、式（5.3.1-2）是将连墙件简化为轴心受力构件进行计算的表达式，由于实际上连墙件可能偏心受力，故在公式右端对强度设计值乘以 0.85 的折减系数，以考虑这一不利因素。

采用扣件连接时，一个直角扣件连接承载力设计值为 8.0kN，此值系根据现行国家标准《钢管脚手架扣件》GB 15831 规定的一个扣件的抗滑承载力标准值为 10kN 除以抗力分项系数得来的。当采用焊接或螺栓连接的连墙件时，应按现行国家标准《冷弯薄壁型钢结构技术规范》GB 50018 规定计算；还应注意，连墙件与混凝土中的预埋件连接时，预埋件尚应按现行国家标准《混凝土结构设计规范》GB 50010 的规定计算。

5.4 满堂脚手架计算

5.4.1 满堂脚手架设计时，应选取最不利的门架单元进行计算。因满堂脚手架的用途较多，因此计算单元的选取应按架体高度、门架跨距和间距、架上有无集中荷载、架体构造及搭设方法有无变化等多种因素综合考虑选取最不利的计算单元，有时需选取多个计算单元进行验算。

5.4.2 满堂脚手架作用于一榀门架的轴向力设计值，按该榀门架的负荷面积计算。

5.4.3 本规范将满堂脚手架的门架作为轴心受压杆件，根据现行国家标准《冷弯薄壁型钢结构技术规范》GB 50018 的规定给出稳定性验算公式，经试验证明，所给出的验算公式符合满堂脚手架的受力特性。

下面举例说明满堂脚手架的设计和计算。

例 4 因屋面结构施工的需要，需搭设 21.9m(宽)×30m(长)×24.9m(高)满堂脚手架，架上施工荷载 $3.0kN/m^2$，架体上因结构施工需要布设固定荷载 $8kN/m^2$，施工现场具备 MF1219 门架、$\phi 42 \times 2.5mm$ 钢管和配套扣件，其他配件可以根据施工需要选择，架体上操作平台采用多层胶合板，已知胶合板及胶合板支承梁自重 $0.5kN/m^2$，基本风压 $w_0 = 0.5kN/m^2$，地面粗糙度 B 类，选择门架的布置方式，并进行稳定承载力计算。

1 一榀门架的稳定承载力计算

满堂脚手架搭设高度 24.9m 时：

$$I = I_0 + I_1 \frac{h_1}{h_0} = 6.08 \times 10^4 + 1.42 \times 10^4 \times \frac{1536}{1930}$$

$$= 7.21 \times 10^4 mm^4$$

$$i = \sqrt{\frac{I}{A_1}} = \sqrt{\frac{7.21 \times 10^4}{310}} = 15.25 mm$$

门架立杆长细比：根据 $H = 24.9m$，查本规范表 5.2.1，得 $k = 1.13$

$$\lambda = \frac{kh_0}{i} = \frac{1.13 \times 1930}{15.25} = 143$$

根据 $\lambda = 143$，查本规范附录 B 表 B.0.6，得门架立杆稳定系数 $\varphi = 0.336$

根据 $f = 205 N/mm^2$，$A = 310 \times 2 mm^2$，$\varphi = 0.336$

则：$N^d = \varphi A f = 0.336 \times 310 \times 2 \times 205 \times 10^{-3} = 42.71 kN$

由此可知，本案满堂脚手架搭设高度为 24.9m 时，一榀门架稳定承载力是 42.70kN。42.70kN 应是本案满堂脚手架一榀门架稳定承载力的限值，所搭设架体一榀门架的轴向力设计值均不应超过此限值，即：

$$N \leqslant N^{\mathrm{d}}$$

2 架体的排布设计

设计及选择门架排布方式时，应根据一榀门架稳定承载力限值及架上荷载值综合考虑，试排门架纵距和间距后进行计算。

根据本案上部固定荷载较大的特点，门架平面排布选择复式（交错）布置的方式（图4），门架的纵距为1.83m，间距为1.22+0.6=1.82m，在架体高度方向上选择12步整架1步调节架，调节架高度选择1.2m，则高度方向共13步架，其高度为12×1.95+1.2=24.6m，剩余0.3m的高度考虑胶合板和胶合板支承梁的高度，其余用可调托座调整。

底层门架设纵、横向扫地杆。水平加固杆按步在门架两侧的立杆上纵、横向设置。竖向剪刀撑在外部周边设置，内部纵向4跨距（4×1.83m）设置，横向4间距（4×1.82m）设置。水平剪刀撑每4步设置。剪刀撑均连续设置。竖向剪刀撑斜杆间距4×1.83m或4×1.82m。

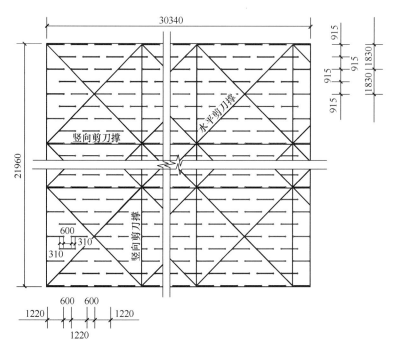

图4 门架复式布置平面图

3 计算单元选择

根据本案架体上荷载均匀，架体排布纵、横等距的情况，选择架体中间带剪刀撑的门架为计算单元。

4 N_{G1k}、N_{G2k}、$\sum\limits_{i=3}^{n} N_{\mathrm{G}ik}$ 的计算

1） N_{G1k} 计算

每步门架高度的构配件及其自重为：

| 门架 | 1榀 | 0.224 | kN |
| 交叉支撑 | 2副 | 0.04×2=0.08 | |

水平加固杆每步纵横向设置

$$(1.83\times2+1.82)\times0.0243=0.133 \qquad kN$$

水平加固杆用扣件 4 个直角扣件 $0.0135\times4=0.054$ kN

连接棒、锁臂各 2 个

$$0.006\times2+0.0085\times2=0.029 \qquad kN$$

托座 2 个、梯形架 1 个

$$(0.045\times2+0.133)\div13=0.017 \qquad kN$$

合 计   0.537   kN

每米高架体：$N_{G1k}=\dfrac{0.537}{1.95}=0.275 \ kN/m$

2）剪刀撑、扫地杆均采用 $\phi42\times2.5mm$ 钢管，钢管自重 0.0243kN/m

横向剪刀撑：
$$\tan\alpha=\frac{4\times1.95}{4\times1.82}=1.071$$
$$\cos\alpha=0.683$$

钢管自重：
$$2\times\frac{1.82}{0.683}\times0.0243=0.13 \ kN$$

同理纵向剪刀撑：$\tan\alpha=\dfrac{4\times1.95}{4\times1.83}=1.066$
$$\cos\alpha=0.684$$

钢管自重：
$$2\times\frac{1.83}{0.684}\times0.0243=0.13 \ kN$$

每跨距内 2 个直角扣件 4 个旋转扣件。

扣件自重： $2\times0.0135+4\times0.0145=0.085kN$

每米架高竖向剪刀撑自重：
$$\frac{0.13+0.13+0.085}{1.95\times4}=0.044 \ kN/m$$

扫地杆自重：$(2\times1.83+1.82)\times0.0243=0.133kN$

扫地杆 4 个直角扣件自重：$4\times0.0135=0.054kN$

每米架高扫地杆自重：$\dfrac{0.133+0.054}{24.9}=0.008 \ kN/m$

水平剪刀撑：水平剪刀撑斜杆按 4 跨距（$4\times1.83m$）4 间距（$4\times1.82m$）设置，计算水平剪刀撑交点处钢管自重，水平剪刀撑在架体高度方向上设 3 道。

$$\tan\alpha=\frac{4\times1.82}{4\times1.83}=0.996$$
$$\cos\alpha=0.7083$$

钢管自重：
$$2\times\frac{1.82}{0.7083}\times0.0243=0.126 \ kN$$

扣件，每跨间内有 2 个旋转扣件，扣件自重：
$$2\times0.0145=0.029 \ kN$$

每米架高水平剪刀撑自重：
$$\frac{(0.126+0.029)\times3}{24.9}=0.019kN/m$$

架顶操作平台周边设置栏杆、挡脚板、密目式安全网高1.5m，操作平台周边的围护重应计入周边门架计算单元。本案为简化计算，将操作平台周边的围护重计入中间部位门架以求得最大轴力。

每米架高栏杆、挡脚板、安全网自重：

$$\frac{3 \times 1.83 \times 0.0243 + 3 \times 0.0135 + 1.5 \times 1.83 \times 0.02}{24.9} = 0.01 \text{ kN/m}$$

每米高架体：$N_{G2k} = 0.044 + 0.008 + 0.019 + 0.01 = 0.081$ kN/m

3）架体上固定荷载产生的轴向力标准值 $\sum\limits_{i=3}^{n} N_{Gik}$ 计算

按一榀门架的负荷面积计算，本案一榀门架的负荷面积为 $\frac{1.83}{2} \times 1.82$

则：$\sum\limits_{i=3}^{n} N_{Gik} = (8 + 0.5) \times \frac{1.83}{2} \times 1.82 = 14.155$ kN

4）架体上施工荷载产生的轴向力标准值 ΣN_{Qk} 计算

按一榀门架的负荷面积计算：

$$\Sigma N_{Qk} = \sum\limits_{i=1}^{n} N_{Qik} = 3 \times \frac{1.83}{2} \times 1.82 = 5 \text{ kN}$$

5　风荷载计算

1）μ_z 的确定

根据本案所给条件，$H = 24.9$ m 时，查《建筑结构荷载规范》GB 50009—2001（2006 年版），得 $\mu_z = 1.33$。

2）μ_s 的确定

本案例门架纵向复式（交错）排列共为25排，21.96m；横向复式（交错）排列共为33列，30.96m。周边门架排列可做适当调整，满足一榀门架的负荷面积不大于 $\frac{1.83}{2} \times 1.82 = 1.67$ m²。本案为敞开式满堂脚手架。计算风荷载时，可按门架立杆与水平加固杆组成的多榀桁架，根据现行国家标准《建筑结构荷载规范》GB 50009 的规定，按 $\mu_{stw} = \mu_{st} \frac{1 - \eta^n}{1 - \eta}$ 公式计算得到的 μ_{stw} 是架体的整体风荷载体型系数。本案为了简便，将架体近似看成为跨距 $\frac{1.83}{2}$ m、间距为1.82m的满堂脚手架，本案计算得 $\mu_{stw} = 2.306$。

3）w_{kf}、w_{km} 计算

$$w_{kf} = \mu_z \mu_{stw} w_0 = 1.33 \times 2.306 \times 0.5 = 1.533 \text{ kN/m}^2$$

$$w_{km} = \mu_z \mu_{stw} w_0 = 1.33 \times 0.8 \times 0.5 = 0.532 \text{ kN/m}^2$$

4）F_{wf}、F_{wm} 计算

按本规范式（4.2.7-1）、式（4.2.7-2）计算。

$$F_{wf} = l_a H w_{kf} = 1.82 \times 24.9 \times 1.533 = 69.472 \text{ kN}$$

$$F_{wm} = l_a H_m w_{km} = 1.82 \times 1.5 \times 0.532 = 1.452 \text{ kN}$$

5）倾覆力矩计算

$$M_{wq} = H\left(\frac{1}{2}F_{wf} + F_{wm}\right)$$

$$= 24.9 \times \left(\frac{1}{2} \times 69.472 + 1.452\right) = 901.08 \text{kN} \cdot \text{m}$$

6）门架立杆附加轴力计算

$$N_{wn} = \frac{6M_{wq}}{(2n-1)n\frac{l}{2}}$$

$$= \frac{6 \times 901.08}{(2 \times 25 - 1) \times 25 \times \frac{1.83}{2}} = 4.82 \text{kN}$$

6 作用于一榀门架的最大轴向力设计值计算

不组合风荷载时，按本规范式（5.4.2-1）计算：

$$N_j = 1.2\left[(N_{G1k} + N_{G2k})H + \sum_{i=3}^{n} N_{Gik}\right] + 1.4\sum_{i=1}^{n} N_{Qik}$$

$$= 1.2\left[(0.275 + 0.081) \times 24.9 + 14.155\right] + 1.4 \times 5$$

$$= 34.62 \text{kN}$$

组合风荷载时，按本规范式（5.4.2-2）、式（5.4.2-3）计算：

$$N_j = 1.2\left[(N_{G1k} + N_{G2k})H + \sum_{i=3}^{n} N_{Gik}\right] + 0.9$$

$$\times 1.4\left(\sum_{i=1}^{n} N_{Qik} + N_{wn}\right)$$

$$= 1.2 \times \left[(0.275 + 0.081) \times 24.9 + 14.155\right]$$

$$+ 0.9 \times 1.4(5 + 4.82)$$

$$= 39.99 \text{kN}$$

$$N_j = 1.35\left[(N_{G1k} + N_{G2k})H + \sum_{i=3}^{n} N_{Gik}\right]$$

$$+ 1.4\left[0.7\sum_{i=1}^{n} N_{Qik} + 0.6N_{wn}\right]$$

$$= 1.35 \times \left[(0.275 + 0.081) \times 24.9 + 14.155\right]$$

$$+ 1.4 \times (0.7 \times 5 + 0.6 \times 4.82)$$

$$= 40.03 \text{kN}$$

取 $N = 40.03$kN。满足稳定承载力要求。

根据本案例可知，满堂脚手架设计时，应先计算出门架稳定承载力值，之后，根据此限值试排门架的跨距、间距及高度上排列方式，确定架体的水平加固杆、剪刀撑等布设方式，这样架体结构已经初定，再对架体进行计算。一般一个架体试排 2～3 次即可设计计算完毕。模板支架的设计也按此方法进行。

5.5 模 板 支 架 计 算

5.5.1、5.5.2 以门架做模板支架，相当于以门架、加固杆等组成了钢结构空间桁架，其剪刀撑和水平加固杆等以扣件与门架立杆相连接，节点是近似于铰接弹性约束，但又不是完全的铰接。模板支架设计计算应先确定计算单元，找准荷载的传递路径。门架计算单元的选取，是根据架体上的荷载及门架的布置情况确定的。

5.5.3 用于模板支架稳定性计算时，作用于一榀门架的轴向力设计值计算，是根据选定的计算单元，按本条各项荷载计算的规定分别计算累加荷载或自重标准值后，计算一榀门架的轴向力设计值。

5.5.4 根据轴心受压构件稳定性计算的规定，给出了模板支架计算单元门架稳定性验算的设计表达式。

5.6 门架立杆地基承载力验算

5.6.1 门式脚手架和模板支架均系临时结构，故本条规定只对立杆进行地基承载力验算，不必进行地基变形验算。考虑到地基的不均匀沉降将危及架体的安全，因此，在本规范的第6.8节对地基提出了技术要求，并在第8.3.1条中规定要对架体沉降进行经常性检查。

5.6.3、5.6.4 对门架立杆地基承载力特征值进行修正，是由于门架立杆基础（底座、垫板）通常置于地表面，地基承载力特征值容易受外界因素的影响，故门架立杆的地基承载力计算应与永久建筑的地基承载力计算有所区别，为此，本规范参考国外同类标准和国内同类规范的规定，对门架立杆地基承载力特征值进行了修正，即对设计采用的地基承载力特征值予以折减，以保证架体的安全。表5.6.4是在《建筑施工门式钢管脚手架安全技术规范》JGJ 128-2000 的基础上，通过调研，参考国内同类规范制定的。

5.6.5 当脚手架、模板支架搭设在地下室顶板、楼面等建筑结构上时，均应对建筑结构进行承载力验算。验算时，应特别注意结构混凝土的实际强度。

5.7 悬挑脚手架支承结构计算

5.7.1 悬挑脚手架的悬挑支撑结构有多种形式，本规范只规定了施工现场常用的以型钢梁作为悬挑支撑结构的型钢悬挑梁及其锚固的设计计算。

5.7.2 型钢悬挑梁上的一榀门架的轴向力设计值计算方法与一般落地式脚手架计算方法相同。

5.7.3～5.7.5 考虑到型钢悬挑梁在楼层边梁（板）上搁置的实际情况，根据多年的实践经验总结，本规范确定出门架立杆至楼层板边梁（板）间距离的计算方法。

5.7.6、5.7.7 型钢悬挑梁固定段与楼层连接的压点处是指对楼板产生上拔力的锚固点处。采用U形钢筋拉环或螺栓连接固定时，考虑到多个钢筋拉环（或多对螺栓）受力不均的影响，对其承载力乘以0.85的系数进行折减。

5.7.8 U形钢筋拉环或螺栓对建筑结构混凝土楼板有一个上拔力，在上拔力作用下，楼板产生负弯矩，可能会使未配置负弯矩筋的楼板上部开裂。因此，本规范提出经计算在楼板上表面配置受力钢筋。

5.7.9 在施工时，应按现行国家标准《混凝土结构设计规范》GB 50010 的规定对型钢梁下混凝土结构进行局部抗压承载力、抗弯承载力验算。在计算时，要注意取结构混凝土的实际强度值。

6 构 造 要 求

6.1 门 架

6.1.1 门架及其配件均为定型产品，门式脚手架的跨距应根据门架配件规格尺寸确定，现行行业产品标准《门式钢管脚手架》JG 13 对交叉支撑、脚手板等配件规格均有规定。本条强调门架与配件的规格应配套统一，并符合标准，其尺寸误差在允许的范围之内。搭设时，要能保证门架的互换性，在各种组合的情况下，门架与门架、门架与配件均能处于良好的连接、锁紧状态。

6.1.2 在现行行业产品标准《门式钢管脚手架》JG 13 中，门架、配件的型号是根据各自尺寸规格确定的，不同型号的门架与配件，因其尺寸规格不同，所以不能相互搭配使用。如果使用不同型号的门架与配件搭设架体，则会出现无法组配安装，或组配安装后的架体因误差过大而降低承载力的情况。

6.1.3 经试验表明，如果上下榀门架立杆轴线偏差较大，就会使搭设的架体产生过大的初始移位偏差，而影响架体的承载力，因此本规范规定上下榀门架的立杆轴线偏差不应大于 2mm。

6.1.4 离墙距离是指门架内立杆离建筑结构边缘的距离，规定不大于 150mm 是为保证施工安全，但遇有阳台等突出墙面的结构，可在脚手架内侧设挑架板或采取其他防护措施。

6.1.5 脚手架顶端栏杆高出女儿墙或檐口上皮，是安全防护的需要，搭设时遇有屋面挑檐的情况时，可采用承托架搭设。设承托架的位置应设连墙件。

6.2 配 件

6.2.1 门架是靠配件将其连接起来的，配件如果与门架不配套，则会出现架体无法搭设或因搭设的架体误差过大而使架体承载力严重下降。

6.2.2 交叉支撑是保证门式脚手架、模板支架纵向稳定、增强架体刚度的主要配件，门架两侧均设交叉支撑并与门架立杆上的锁销锁牢，是保证架体整体稳定和局部稳定的重要构造规定。

6.2.3 上下榀门架立杆连接是依靠内插定型的连接棒连接的，为保证搭设的架体上下榀门架立杆在同一轴线上，除搭设时认真操作外，还应控制连接棒与门架立杆之间的配合间隙，这样也有利于提高架体的稳定承载力。经国内中南大学试验结果证明，当门架立杆内径为 37.6mm 时，分别采用 34.0mm、35.5mm 的连接棒组装架体，后者提高承载力 19%。

6.2.5 脚手板上孔洞的内切圆直径，是指当脚手板的面板采用打孔钢板或钢板网等带有孔洞的面板时，在孔洞内可做一内切圆，这个内切圆直径应小于或等于 25mm。

6.2.6、6.2.7 可调底座调节螺杆直径不应过小，如果螺杆直径偏小时，必然增大螺杆与门架立杆的配合间隙，组装时可能出现底座偏心、歪斜，不利保证架体的承载力。规定可调底座调节螺杆伸出长度不应大于200mm，是从安全的角度提出的。

6.3 加 固 杆

6.3.1 剪刀撑是保证和提高门式脚手架整架纵向刚度的重要构造措施，本条设置上的规定，是在总结我国门式脚手架施工经验的基础上提出的。

6.3.3、6.3.4 水平加固杆是增加脚手架纵向刚度的重要配件，连续设置形成水平闭合圈起到的作用更大。试验结果证明，水平加固杆对架体刚度的增强作用，要比水平架增大很多，鉴于目前国内 $\phi 42$、$\phi 42/\phi 48$ 扣件已有厂家批量生产，对以水平加固杆代替水平架条件已具备。另外，以水平加固杆代替水平架，不会给架体搭设带来麻烦，因此，本次规范修订以水平加固杆替代水平架。施工现场现存的水平架仍可使用，但设水平架的架体，要每隔4步在门架两侧设水平加固杆对架体进行加固。对模板支架和满堂脚手架建议按本规范要求施工。脚手架的底层门架一般是受力最大的部位，在底层门架下设置扫地杆，对于保证底层门架的刚度及稳定承载能力非常重要。

6.4 转角处门架连接

6.4.1～6.4.3 门式脚手架转角处的构造对保证脚手架整体性十分重要，图6.4.1的三种做法可供选用。水平连接杆必须按步设置，以使脚手架在建筑物周围形成连续闭合结构。

6.5 连 墙 件

6.5.1 连墙件设置的位置、数量，是根据架体高度、建筑结构形状、楼层高度、荷载等多种因素经过设计和计算确定的，在专项施工方案中应明确。

6.5.2 门式脚手架与建筑结构的可靠连接，是架体在竖向荷载作用下的整体稳定和在水平风荷载作用下的安全可靠承载的保证。表6.5.2中的数据是根据门式脚手架架体试验结果和调研资料以及对风荷载的计算确定的。设计或施工时，应首选按间距控制连墙件的设置，当因楼层高度、开间尺寸等原因，不能按间距控制时，方可按单根连墙件覆盖面积控制连墙件的设置。单根连墙件承受的水平力较大时，应考虑采用工具式连墙件。

6.5.3 将门式脚手架的转角处或开口型脚手架两端的连墙件竖向间距缩小到4m，是为了加强这些部位与建筑结构的连接，确保架体的安全。当建筑物的层高大于4.0m时，应临时设置与建筑结构连接牢固的钢横梁等措施固定连墙件。

6.5.4 连墙件靠近门架横杆设置时，传力更直接，门架立杆所受水平力作用产生的弯矩更小。

6.5.5 从连墙件受力合理的角度考虑，连墙件宜水平设置。受施工条件所限，连墙件水平设置有困难时，禁止采用上斜连接，采用下斜连接时，连墙件下斜的角度不能过大，否则会增大连墙件的附加力，并且影响架体的使用安全。

6.6 通 道 口

6.6.1 本条规定洞口尺寸不宜过大，是为了避免架体受到较大的削弱并给洞口加固带来困难。

6.6.2 洞口处架体的构造，原则上应进行专门的设计计算，只有当洞口宽为一个跨距时，方可按本规范 6.6.2 条第 1 款的规定搭设。

6.7 斜 梯

6.7.1～6.7.3 挂扣式钢斜梯是门架的配件之一，其规格应与门架规格配套。在使用时应注意斜梯的宽度和布置形式。

6.8 地 基

6.8.1 门式脚手架与模板支架的地基，应按本规范第 5.6 节的规定设计计算后，确定其处理的方式。表 6.8.1 的规定是架体地基与基础的一般构造要求。

6.8.2 门式脚手架与模板支架搭设场地平整坚实，是减小或消除在搭设和使用过程中由于地基下沉使架体产生变形的主要保证条件。在土方开挖后的场地搭设脚手架或模板支架，应注意分层回填夯实，禁止在松软的回填土上搭设架体。搭设场地如果存在积水，则脚手架下地基因积水的长期浸泡，会出现承载力降低，而危害架体的安全。

6.9 悬 挑 脚 手 架

6.9.1 悬挑脚手架的悬挑支承结构设置应经设计计算确定，不可随意布设。按确定位置埋设预埋件，是为了保证连接可靠。

6.9.2 型钢悬挑梁锚固段长度过小，型钢梁与楼板连接的压点处 U 形钢筋拉环的拉力变大，不利于锚固连接；型钢悬挑梁的锚固段长度过大，型钢梁的悬挑段外端位移值（挠度）增大，反而不利于架体稳定，也不经济。锚固段长度应不小于悬挑段长度 1.25 倍，是通过调查研究，总结以往施工经验的基础上确定的。

6.9.3 选用非双轴对称截面的型钢做悬挑脚手架的悬挑梁时，在荷载的作用下易产生弯扭现象，因此，本条规定宜选用工字钢等双轴对称截面的型钢做悬挑梁。

6.9.4～6.9.7 混凝土强度是指混凝土强度的实测值。型钢梁固定是安插在 U 形钢筋拉环内，以钢楔或硬木楔打紧固定；或将型钢梁安放后，以螺栓钢压板固定。为了保证型钢悬挑梁压点处钢筋拉环或锚固螺栓具有足够的安全度，并且不发生脆断，钢筋拉环或螺栓须采用经检测合格的 HPB235 级或 HRB335 级钢筋制作。规定钢筋最小直径不小于 $\phi 16$，是为了保证型钢悬挑梁固定具有足够的安全度。在安装型钢悬挑梁时，应注意混凝土楼板的厚度和实测强度，因板太薄或混凝土实测强度太低，会影响钢筋拉环（螺栓）的锚固强度。

当型钢悬挑梁以螺栓钢压板在楼板上固定时，钢压板的长度是根据型钢梁翼缘宽度选择的，应保证螺栓孔至钢压板的端部大于 30mm，规定其最小宽度和厚度，是为了保证压点的强度和刚度。

6.9.8 本条所列构造做法，是总结多年的施工经验提出来的，施工时可按门架立杆的宽度尺寸焊接连接棒。焊缝厚度不小于钢管壁厚。搭设时，将门架立杆分别安插在两个连接棒上。

6.9.10 悬挑脚手架在建筑平面转角处的搭设方法有多种，本条所列为一般做法。转角处的型钢悬挑梁应经单独设计计算，并根据建筑结构形式考虑采取有效的固定连接措施。阳角处型钢梁固定分为主体结构上有角柱和无角柱两种情况，无角柱时型钢梁较易固定；有角柱时，可采用预埋件埋设在柱内，型钢梁与预埋件焊接或螺栓连接，或将短型钢悬挑梁固定段端部埋入结构柱混凝土中。角部短型钢悬挑梁的外端应焊接两个带加强肋的钢板托，使两个门架立杆准确固定在钢板托上。

6.9.11 型钢悬挑梁外端设置钢丝绳或钢拉杆与建筑结构拉结并张紧，是增加悬挑结构安全储备的措施。

6.10 满堂脚手架

6.10.1、6.10.2 本规范从保证架体稳定和安全使用的角度考虑，根据试验和经验总结确定出满堂脚手架高宽比不应大于4。当架体高宽比增大时，架体承载力降低明显，且晃动较大。门架净间距是指纵向排列的门架，列与列之间的净距。

6.10.3 根据架体结构试验表明，门架承载能力与荷载作用部位相关，门架立杆直接传递荷载时其承载力最高；荷载集中作用在横梁中央时最低；作用于立杆加强杆顶端时介于上述两者之间。故进行满堂脚手架设计时，应避免门架横梁受荷。本规范原2000版中有荷载作用于门架横杆，并可对门架承载力予以折减的规定，因经试验检验及理论分析其不够科学，本次修订予以取消。

6.10.4 满堂脚手架设置纵、横向水平加固杆，对保证架体的侧向稳定及增加架体的刚度起着重要作用。本条关于纵、横向水平加固杆设置的规定，是根据试验和施工经验确定的。

6.10.5 对剪刀撑的设置规定是根据施工经验确定的。在剪刀撑设置时应注意间距、宽度、倾角等技术要求。

6.10.6、6.10.7 满堂脚手架作业层满铺脚手板及操作平台设置栏杆和挡脚板是安全生产的需要。底层门架设置纵、横向扫地杆对架体的整体稳定可起到重要作用。

6.10.8 高宽比大于2.0的满堂脚手架，设置连墙件或缆风绳是增加架体抗侧倾能力的构造措施，如果经抗倾覆验算证明架体能够安全使用可不设置。

6.10.9 搭设时注意通道口两侧门架应设置顺通道方向的扫地杆、水平加强杆，通道口上部每步门架应设置垂直于通道方向的水平加固杆。

6.11 模 板 支 架

6.11.1、6.11.2 经试验结果证明，模板支架的高宽比增大会影响架体的稳定，架体的承载力也会随着下降。在搭设梁类等条形模板支架时，应注意架体的高宽比限值，当不能满足时应适当增加架体的宽度，不应以拉缆风绳、设斜撑杆为理由而放宽架体高宽比的限值。本条搭设高度的限值是根据施工经验确定的。

6.11.3 模板支架的顶端设置托座有两个作用，一是可调节高度；二是托座上可设置托梁，托梁的设置可使上部荷载均匀传给架体。架体的高度调节应以顶部设置调节架、可调托座的调节为主，以底部设置固定底座或可调底座调节为辅，当顶部调节不能完全满足施工要求时，再考虑底部调节。

6.11.4～6.11.6 用于梁、板结构的模板支架的门架排列方式可有多种形式，应根据搭设高度、荷载、施工现场条件等因素选择。

在梁板类结构模板支架设计时，应分别计算和布设梁支架、板支架，这样布设支架能够使上部荷载不同的架体受力清晰。采用加固杆将梁支架与板支架水平方向连接牢固，是为了保证梁支架的侧向刚度，也使整个梁支架和板支架形成一体。板与梁支架立杆间距成倍数关系，是为了方便梁、板支架的水平连接。

6.11.7、6.11.8 当模板支架搭设的高度较高或高宽比较大时，模板支架上部会受到侧向集中风荷载的作用和水平施工荷载的冲击作用，使模板支架产生倾覆力矩。在混凝土浇筑前，倾覆力矩完全是由架体来承担的，因此，为保证架体的侧向稳定，应拉设足够的缆风绳或设置连墙件。应当说明的是，尽管设置了缆风绳，但水平风荷载也使门架立杆产生了一定的附加轴向力。

6.11.9～6.11.11 模板支架的交叉支撑、扫地杆设置与满堂脚手架相同。水平加固杆应在每步每榀门架两侧立杆上纵向、横向设置。应强调的是，模板支架的剪刀撑必须连续设置，经试验证明，模板支架剪刀撑间断设置，对架体的侧向稳定有一定的影响。

7 搭设与拆除

7.1 施工准备

7.1.1～7.1.5 本条为施工准备工作的基本要求。门式脚手架和模板支架的搭设与拆除，是技术性安全性很强的工作，在搭设或拆除前，编制专项施工方案，对操作人员进行安全技术交底和对门架、配件等质量进行检查，是保证搭设质量的关键环节，故本规范对此作出明确规定。

7.2 地基与基础

7.2.1、7.2.2 门式脚手架与模板支架的地基与基础应按设计施工，应在施工专项方案中明确。搭设前放线是为了保证底层门架的位置准确。

7.3 搭设

7.3.1 本条是关于门式脚手架和模板支架搭设顺序和施工操作程序的规定。选择合理的架体搭设顺序和施工操作程序，是保证搭设安全和减少架体搭设积累误差的重要措施。

7.3.2 搭设门架及配件时的注意事项共规定4款，主要强调要符合本规范的构造要求；交叉支撑、脚手板与门架同时安装；按规定设置防护栏杆等。

7.3.3 加固杆件与门架同步搭设，是避免在架体搭设时产生变形或危及施工安全，不允许先搭门架后安装加固杆。

7.3.4 连墙件是脚手架的重要支撑构件，必须与脚手架同步搭设并连接牢固，否则已搭设的脚手架处于悬臂状态，有倒塌危险。脚手架操作层高于连墙点以上两步时，由于操作层荷载较大，且上部又处于悬臂状态，会使架体产生晃动，并且有倒塌的危险，这是不允许的，所以必须采取与建筑结构临时拉结的措施。

7.3.5 加固杆和连墙件等杆件采用扣件与门架连接时，因不同型号的门架立杆外径可能存在差异，因此，扣件需与门架、加固杆钢管外径相匹配，不允许以不匹配的扣件替代。

7.3.6～7.3.8 悬挑脚手架的架体搭设与落地式脚手架搭设构造相同，搭设前要求检验预埋件的混凝土强度，主要是为了保证型钢悬挑梁的锚固可靠。脚手架通道口处用于加强的斜撑杆和托架梁等要求与门架同步搭设，是避免在搭设中架体产生变形。

7.4 拆 除

7.4.1 拆除作业前，补充完善专项施工方案，做好拆除前检查，排除危及拆除安全的险情，对拆除作业人员进行安全技术交底，是为了对拆除作业规范管理。

7.4.2 脚手架、模板支架拆除作业是危险性很强的工作，应有序进行，禁止违反本规范规定的野蛮作业行为。本条所规定的 4 款，均为架体拆除时必须遵守的操作规则，如有违反，可能会产生安全事故。

7.4.4 脚手架分段拆除时，不拆除部分的两端变为开口型，是薄弱环节，需先对不拆除部分的两端进行加固。

7.4.5 门架和交叉支撑等配件均为杆件，如从高处抛至地面，极易产生变形而影响周转使用或造成报废。本条的规定，是对门架和配件的一种保护措施。

8 检 查 与 验 收

8.1 构配件检查与验收

8.1.1～8.1.4 在架体搭设前，对门架与配件需进行检查验收。门架与配件要求有产品质量合格标志，是便于操作者在搭设时根据标志去判断产品的质量。

周转使用的门架与配件具有"检验合格"的明显标志，是便于搭设时检验。在一个工程项目内，门架与配件可能周转使用数次，每周转使用一次（一个安装拆除周期）均应采用目测尺量的方法分类检验、维修一次，这是为了保持门架与配件具有良好的使用状态。

门架与配件检验时，合格证、检验报告、标识由生产厂家或租赁单位提供，使用单位主要是对门架、配件在进行外观检查的基础上，依据外观检查结果和合格证、检验报告、标识判断门架与配件的质量和性能。

8.1.5 钢管和扣件主要用在加固杆、连接杆等部位，是保证架体稳定的主要构件，应重点控制钢管的壁厚和扣件质量。

8.1.7 连墙件、型钢悬挑梁、U 形钢筋拉环或锚固螺栓应检验产品质量合格证和表观质量，与相应产品标准对照核验，必要时取样测试。

8.2 搭设检查与验收

8.2.1 架体搭设前应对其地基与基础进行检查验收，是为了保证场地坚实平整、排水良好、地基承载力满足设计要求，必要时可通过荷载试验或原位测试等方法验证地基承载力是否满足要求。

8.2.2 因为架体是逐步搭设的，搭设完毕后再整体检查验收可能会使架体出现过大的积累误差或变形，另外考虑到脚手架一般每搭设完一个楼层高度就要有一个间歇使用过程，因此本规范规定搭设完毕和搭设过程中要进行检查验收。条文中的门式脚手架2个楼层高度、满堂脚手架与模板支架的4步高度验收段划分是根据施工经验确定的。

8.2.3~8.2.6 门式脚手架与模板支架使用前必须经检查验收合格后方可交付使用，验收时应具备的文件及现场抽查的规定，是为了加强管理，以保证搭设质量。

门式脚手架与模板支架搭设尺寸允许偏差是根据国内目前平均施工水平，以及保证架体安全承载的需要确定的。因本次规范修订以水平加固杆代替水平架，所以，架体搭设时扣件用量增多，扣件的扭紧力矩应加强检验。

8.3 使用过程中检查

8.3.1~8.3.3 使用过程中检查是门式脚手架与模板支架工程管理的重要内容，特别是遇有本规范8.3.2条所列情况时，对架体应进行必要的检查。

8.4 拆 除 前 检 查

8.4.1~8.4.3 拆除前对架体进行检查，是门式脚手架与模板支架工程管理工作必要程序。主要是检查架体的安全状态，有无影响拆除的障碍物等。检查后应根据检查的结果补充完善专项施工方案。

9 安 全 管 理

9.0.3 严禁超载是指门式脚手架与模板支架作业层上的施工荷载及材料存放荷载、机械设备荷载等可变荷载总和、永久荷载总和不应超过可变荷载、永久荷载的设计值。如果门式脚手架或模板支架作业层上的实际荷载值超过荷载设计值，将会危及架体的使用安全。

9.0.4 在门式脚手架架体上固定模板支架、拉缆风绳、固定架设混凝土泵管等设施或设备，会使架体超载、受力不清晰、产生振动等，而危及门式脚手架使用安全。

9.0.6 门式脚手架与模板支架的风荷载是按10年重现期的基本风压值计算的，在我国沿海台风多发地区、内陆山口地区等有时会出现强风天气，使瞬间风压值超出设计的基本风压值，因此，本规范要求在门式脚手架或模板支架使用过程中，当遇有上述情况时，对架体必须采取临时加固措施或临时拆除安全网等措施。任一风速下的风压值计算可按现行国家标准《建筑结构荷载规范》GB 50009的规定计算。

9.0.7 此规定是为了防止在挖掘作业中或挖掘作业后，门式脚手架发生沉陷或倒塌。脚手架使用的周期相对较长，施工现场经常出现为赶进度而交叉施工的情况，当脚手架地基内及其附近有设备管道、窨井等设施需开挖施工时，应错开脚手架使用周期。脚手架在使用期间，应始终保持其地基平整坚实，如在其基础及附近开沟挖坑，极易引起架体下沉，甚至倒塌，这是应该禁止的行为。

9.0.8 经试验证明，满堂脚手架和模板支架不设（拆除）交叉支撑时，其承载力降低30%~40%。交叉支撑和剪刀撑、水平加固杆等加固杆件是保证和支持满堂脚手架和模板支架架体稳定的主要构件，在施工中，一旦局部或整体拆除，就可能会使架体产生局部或整体失稳而破坏，或严重降低架体的承载力。

9.0.9、9.0.10 规定不允许拆除门式脚手架的杆件，是因为这些杆件都是保证和支持架体稳定的主要构件，不可随意拆除。门式脚手架的交叉支撑可在局部一侧临时拆除，是考虑到施工作业时，脚手架靠建筑物一侧有交叉支撑操作不便的实际情况，但本规范规定局部一侧临时拆除交叉支撑时，拆除部位架体要临时加固，在施工完成后立即恢复安装交叉支撑。

9.0.12、9.0.13 门式脚手架外侧张挂密目式安全网，网间要严密，是安全施工的要求。脚手架与架空输电线路的安全距离、防雷接地等在现行行业标准《施工现场临时用电安全技术规范》JGJ 46 中均有明确规定。

9.0.14 因为门式脚手架和模板支架上可燃物较多，在架体上进行电、气焊作业，极易引起火灾，所以在作业时，必须有防火措施，并有专人看守。

9.0.15 由于交叉支撑的刚度较差，沿架体攀爬易使交叉支撑杆件变形，另外，也极不安全。

9.0.16 搭拆门式脚手架与模板支架的操作过程中，由于部分构配件是处于待紧固（或已部分拆除）的不稳定状态，极易落物伤人，因此，在搭设或拆除作业时需要设置警戒线、警戒标志，并派专人看守，禁止非操作人员入内。

9.0.17 对脚手架与模板支架要加强日常维护和管理，是为了维护架体使用安全。对架体上的垃圾、杂物等及时清理是为了避免落物伤人。

附录 A 门架、配件质量分类

A.1 门架与配件质量类别及处理规定

A.1.1 本附录是根据四川省地方标准的做法将门架与配件外观质量分 A、B、C、D 四类，对每类按不同情况作出保养、修理保养、试验后确定类别和报废处理等四种不同处理方法。

A 类属于外观检查有轻微变形、损伤和锈蚀，不影响正常使用和安全承载。所以，门架与配件在清除表面粘附砂浆、泥土等污物，除锈后可以使用。重新油漆属于经常性的保养工作。

B 类属于外观检查有一定程度变形、损伤、锈蚀，用肉眼或器具量测可见，该类门架与配件将影响正常使用和安全承载，所以应经矫正、平整、更换部件、修复、补焊、除锈、油漆等处理工作后方能继续使用；该类别除锈、油漆指用砂纸、铁刷等将锈除去，重新涂刷油漆。

C 类指有片状剥落，锈蚀面积大（达总表面面积的 50% 以上），有锈坑，但无贯穿锈洞等严重锈蚀现象，这类门架与配件不能由外观确定承载能力，而应由试验确定其承载力。承载力试验方法按现行行业产品标准《门式钢管脚手架》JG 13 的规定执行。

D 类为有严重变形、损伤及锈蚀不可修复，或承载力不符合《门式钢管脚手架》JG 13 规定的门架及配件，应作报废处理。损伤、裂纹，指主要受力杆件（立杆、横杆等）

有裂纹等，及非主要部位、零件裂纹损伤严重，修复后仍不能满足正常使用要求者。壁厚小于规定厚度，不满足承载力要求，属于不合格品。弯曲指局部弯曲变形严重的死弯、硬弯，平整后仍有明显伤痕，会造成承载力严重削弱者。锈蚀严重指有贯穿孔洞、大面积片状锈蚀深度超过钢管壁厚 10% 及以上或经试验承载力严重降低者。

A.2 质量类别判定

本附录规定门架与配件质量类别判定方法，按表 A.2.1 中的规定项目判定。

表 A.2.1 有关数值是按现行行业产品标准《门式钢管脚手架》JG 13 的规定及参考日本标准给出的。

附录 B 计 算 用 表

本附录列出的表 B.0.1-1、表 B.0.1-2、表 B.0.3-1、表 B.0.3-2、表 B.0.5-1、表 B.0.5-2 系根据国内产品牌号为 CKC 及 LJ 的门架与配件和"金湘峰"牌门架与配件编制的。在计算时应注意上述附表的适用条件。当所采用的门架、配件的尺寸、杆件规格、重量和材料性能与上述附表不同时，则应根据实际的门架、配件尺寸、重量、材料性能按本规范第 4 章、第 5 章的规定计算。

中华人民共和国行业标准

建筑施工工具式脚手架安全技术规范

Technical code for safety of implementation
scaffold practice in construction

JGJ 202—2010

批准部门：中华人民共和国住房和城乡建设部
施行日期：2 0 1 0 年 9 月 1 日

中华人民共和国住房和城乡建设部
公　告

第 531 号

关于发布行业标准《建筑施工工具式
脚手架安全技术规范》的公告

现批准《建筑施工工具式脚手架安全技术规范》为行业标准，编号为 JGJ 202-2010，自 2010 年 9 月 1 日起实施。其中，第 4.4.2、4.4.5、4.4.10、4.5.1、4.5.3、5.2.11、5.4.7、5.4.10、5.4.13、5.5.8、6.3.1、6.3.4、6.5.1、6.5.7、6.5.10、6.5.11、7.0.1、7.0.3、8.2.1 条为强制性条文，必须严格执行。

本规范由我部标准定额研究所组织中国建筑工业出版社出版发行。

中华人民共和国住房和城乡建设部

2010 年 3 月 31 日

前　　言

根据原城乡建设环境保护部《1986 年度工程建设城建、建工行业标准制订、修订计划》（〔86〕城科字第 263 号）的要求，规范编制组经广泛调查研究，认真总结实践经验，参考有关国际标准和国外先进标准，并在广泛征求意见的基础上，制定本规范。

本规范主要内容是：1. 总则；2. 术语和符号；3. 构配件性能；4. 附着式升降脚手架；5. 高处作业吊篮；6. 外挂防护架；7. 管理；8. 验收。

本规范中以黑体字标志的条文为强制性条文，必须严格执行。

本规范由住房和城乡建设部负责管理和对强制性条文的解释，由中国建筑业协会建筑安全分会负责具体技术内容的解释。执行过程中如有意见和建议，请寄送中国建筑业协会建筑安全分会（地址：北京市三里河路 9 号建设部内，邮政编码：100835）。

本 规 范 主 编 单 位：中国建筑业协会建筑安全分会
本 规 范 参 编 单 位：北京市住房和城乡建设委员会
　　　　　　　　　　　北京建工集团有限责任公司
　　　　　　　　　　　沈阳建筑大学
　　　　　　　　　　　上海市建设机械检测中心

　　　　　　　　　　　山东省建筑施工安全监督站
　　　　　　　　　　　成都市建设工程施工安全监督站
　　　　　　　　　　　河南省建设安全监督总站
　　　　　　　　　　　北京建工一建工程建设有限公司
　　　　　　　　　　　北京市第五建筑工程有限公司
　　　　　　　　　　　北京市建筑工程研究院
　　　　　　　　　　　深圳市特辰科技有限公司
　　　　　　　　　　　北京星河人施工技术有限责任公司
　　　　　　　　　　　西安翔云工程新技术有限责任公司
　　　　　　　　　　　重庆建工第三建设有限责任公司
　　　　　　　　　　　无锡申欧工程设备有限公司
　　　　　　　　　　　北京韬盛科技发展有限公司
本规范主要起草人员：秦春芳　张镇华　魏忠泽　胡裕新　毕建伟　沈海晏　黄书凯
　　　　　　　　　　姚康华　马千里　李　印　张　佳　陈卫东　严　训　郝海涛
　　　　　　　　　　唐　伟　孙宗辅　张显来　李宗亮　张广宇　孙京燕　胡　鹏
　　　　　　　　　　魏　鹏　汤坤林　杜　科　牛福增　熊　琰　魏铁山　钟建都
　　　　　　　　　　姜传库　白继东　刘永峰　熊渝兴　魏吉祥　杨崇俭　吴仁山
　　　　　　　　　　吴　杰　余胜国　杨爱华　尹正富　周光辉
本规范主要审查人员：郭正兴　耿洁明　陶卫农　刘　群　倪富生　张有闻　张志诚
　　　　　　　　　　姚晓东　熊耀莹　高秋利

目　次

Contents

1 总 则

1.0.1 为贯彻执行国家"安全第一、预防为主、综合治理"的安全生产方针,确保施工人员在使用工具式脚手架施工过程中的安全,依据国家现行有关安全生产的法律、法规,制定本规范。

1.0.2 本规范适用于建筑施工中使用的工具式脚手架,包括附着式升降脚手架、高处作业吊篮、外挂防护架的设计、制作、安装、拆除、使用及安全管理。

1.0.3 工具式脚手架的设计、制作、安装、拆除、使用及安全管理除应符合本规范外,尚应符合国家现行有关标准的规定。

2 术 语 和 符 号

2.1 术 语

2.1.1 工具式脚手架 implementation scaffold

为操作人员搭设或设立的作业场所或平台,其主要架体构件为工厂制作的专用的钢结构产品,在现场按特定的程序组装后,附着在建筑物上自行或利用机械设备,沿建筑物可整体或部分升降的脚手架。

2.1.2 附着式升降脚手架 attached lift scaffold

搭设一定高度并附着于工程结构上,依靠自身的升降设备和装置,可随工程结构逐层爬升或下降,具有防倾覆、防坠落装置的外脚手架。

2.1.3 整体式附着升降脚手架 attached lift scaffold as whole

有三个以上提升装置的连跨升降的附着式升降脚手架。

2.1.4 单跨式附着升降脚手架 attached lift single-span scaffold

仅有两个提升装置并独自升降的附着升降脚手架。

2.1.5 附着支承结构 attached supporting structure

直接附着在工程结构上,并与竖向主框架相连接,承受并传递脚手架荷载的支承结构。

2.1.6 架体结构 structure of the scaffold body

附着式升降脚手架的组成结构,一般由竖向主框架、水平支承桁架和架体构架等3部分组成。

2.1.7 竖向主框架 vertical main frame

附着式升降脚手架架体结构主要组成部分,垂直于建筑物外立面,并与附着支承结构连接。主要承受和传递竖向和水平荷载的竖向框架。

2.1.8 水平支承桁架 horizontal supporting truss

附着式升降脚手架架体结构的组成部分，主要承受架体竖向荷载，并将竖向荷载传递至竖向主框架的水平支承结构。

2.1.9 架体构架 structure of scaffold body

采用钢管杆件搭设的位于相邻两竖向主框架之间和水平支承桁架之上的架体，是附着式升降脚手架架体结构的组成部分，也是操作人员作业场所。

2.1.10 架体高度 height of scaffold body

架体最底层杆件轴线至架体最上层横杆（即护栏）轴线间的距离。

2.1.11 架体宽度 width of scaffold body

架体内、外排立杆轴线之间的水平距离。

2.1.12 架体支承跨度 supported span of the scaffold body

两相邻竖向主框架中心轴线之间的距离。

2.1.13 悬臂高度 cantilever height

架体的附着支承结构中最高一个支承点以上的架体高度。

2.1.14 悬挑长度 overhang length

指架体水平方向悬挑长度，即架体竖向主框架中心轴线至架体端部立面之间的水平距离。

2.1.15 防倾覆装置 prevent overturn equipment

防止架体在升降和使用过程中发生倾覆的装置。

2.1.16 防坠落装置 prevent falling equipment

架体在升降或使用过程中发生意外坠落时的制动装置。

2.1.17 升降机构 lift mechanism

控制架体升降运行的动力机构，有电动和液压两种。

2.1.18 荷载控制系统 loading control system

能够反映、控制升降机构在工作中所承受荷载的装置系统。

2.1.19 悬臂梁 cantilever beam

一端固定在附墙支座上，悬挂升降设备或防坠落装置的悬挑钢梁，又称悬吊梁。

2.1.20 导轨 slideway

附着在附墙支承结构或者附着在竖向主框架上，引导脚手架上升和下降的轨道。

2.1.21 同步控制装置 synchro control equipment

在架体升降中控制各升降点的升降速度，使各升降点的荷载或高差在设计范围内，即控制各点相对垂直位移的装置。

2.1.22 高处作业吊篮 high altitude work nacelle

悬挑机构架设于建筑物或构筑物上，利用提升机构驱动悬吊平台，通过钢丝绳沿建筑物或构筑物立面上下运行的施工设施，也是为操作人员设置的作业平台。

2.1.23 电动吊篮 electrical nacelle

使用电动提升机驱动的吊篮设备。

2.1.24 吊篮平台 platform of nacelle

四周装有防护栏杆及挡脚板，用于搭载施工人员、物料、工具进行高处作业的平台装置。

2.1.25　悬挂机构　equipment for hanging

安装在建筑物屋面、楼面，通过悬挑钢梁悬挂吊篮的装置。由钢梁、支架、平衡铁等部件组成。

2.1.26　提升机　elevator

安装在吊篮平台上，并使吊篮平台沿钢丝绳上下运行的装置。

2.1.27　安全锁扣　safety buckle

与安全带和安全绳配套使用的，防止人员坠落的单向自动锁紧的防护用具。

2.1.28　行程限位器　stroke limitator

对吊篮平台向上运行距离和位置起限定作用的装置，由行程开关和限位挡板组成。

2.1.29　外挂防护架　outside hanging protective frame

用于建筑主体施工时临边防护而分片设置的外防护架。每片防护架由架体、两套钢结构构件及预埋件组成。架体为钢管扣件式单排架，通过扣件与钢结构构件连接，钢结构构件与设置在建筑物上的预埋件连接，将防护架的自重及使用荷载传递到建筑物上。在使用过程中，利用起重设备为提升动力，每次向上提升一层并固定，建筑主体施工完毕后，用起重设备将防护架吊至地面并拆除。适用于层高4m以下的建筑主体施工。

2.1.30　水平防护层　level protecting floor

防护架内起防护作用的铺板层或水平网。

2.1.31　钢结构构件　steel component

支承防护架的主要构件，由钢结构竖向桁架、三角臂、连墙件组成。竖向桁架与架体连接，承受架体自重和使用荷载。三角臂支承竖向桁架，通过与建筑物上预埋件的临时固定连接，将竖向桁架、架体自重及使用荷载传递到建筑物上。连墙件一端与竖向桁架连接，另一端临时固定在建筑物的预埋件上，起防止防护架倾覆的作用。预埋件由圆钢制作，预先埋设在建筑结构中，用于临时固定三角臂和连墙件。

2.2　符　号

2.2.1　作用和作用效应：

G_D——悬挂横梁自重；

G_k——永久荷载（即恒载）标准值；

M_{max}——最大弯矩设计值；

N——拉杆或压杆最大轴力设计值；

N_D——建筑结构的楼板所受吊篮悬挂机构前支架的压力；

P_H——活塞杆设计推力；

P_k——跨中集中荷载标准值；

p_Y——液压油缸内的工作压力；

q_k——均布线荷载标准值；

q'_k——施工活荷载标准值；

Q_1——钢丝绳所受竖向分力（标准值）；

Q_2——风荷载作用于吊篮的水平力（标准值）；

Q_D——吊篮钢丝绳所受拉力，应考虑吊篮的荷载组合；

Q_k——可变荷载（即活载）标准值；

R——结构构件抗力的设计值；

S——荷载效应组合的设计值；

S_{Gk}——恒荷载效应的标准值；

S_{max}——钢丝绳承受的最大静拉力；

S_{Qk}——活荷载效应的标准值；

$S_绳$——钢丝绳破断拉力；

T——支承悬挂机构后支架的结构所承受集中荷载；

w_k——风荷载标准值；

w_0——基本风压值。

2.2.2 计算指标：

E——钢木弹性模量；

f——钢材的抗拉、抗压和抗弯强度设计值；

f_v——钢材的抗剪强度设计值；

f_t^b——螺栓抗拉强度设计值；

f_v^b——螺栓抗剪强度设计值；

σ——正应力。

2.2.3 计算系数：

L——受弯杆件计算跨度；

L_0——钢立杆计算跨度；

u——钢立杆计算长度系数；

β_b——螺栓孔混凝土受荷计算系数；

β_l——混凝土局部承压强度提高系数；

β_z——高度 z 处的风振系数；

ϕ——挡风系数；

γ_G——恒荷载分项系数；

γ_Q——活荷载分项系数；

γ_1——附加安全系数；

γ_2——附加荷载不均匀系数；

γ_3——冲击系数；

φ——轴心受压构件的稳定系数；

μ_z——风压高度变化系数；

μ_s——脚手架风荷载体型系数。

2.2.4 几何参数：

A——压杆的截面面积；

A_n——净截面面积；

D——活塞杆直径；

$D_螺$——螺杆直径；

h——前支架从悬挂机构横梁升起的高度，为悬挂机构横梁上皮至前后斜拉杆支点的竖向距离；

i——回转半径；

I——毛截面惯性矩；

L_a——立杆纵距；

L_1——悬挂机构横梁上，吊篮吊点至前支架长度；

L_2——悬挂机构横梁上，前支架至后支架平衡重长度；

L_b——立杆横距；

t——钢管壁厚；

v——挠度计算值；

$[v]$——容许挠度值；

W——受弯构件截面抵抗矩；

W_n——构件的净截面抵抗矩；

λ——长细比；

$[\lambda]$——容许长细比。

3 构 配 件 性 能

3.0.1 附着式升降脚手架和外挂防护架架体用的钢管，应采用现行国家标准《直缝电焊钢管》GB/T 13793 和《低压流体输送用焊接钢管》GB/T 3091 中的 Q235 号普通钢管，应符合现行国家标准《焊接钢管尺寸及单位长度重量》GB/T 21835 的规定，其钢材质量应符合现行国家标准《碳素结构钢》GB/T 700 中 Q235-A 级钢的规定，且应满足下列规定：

1 钢管应采用 $\phi48.3 \times 3.6$mm 的规格；

2 钢管应具有产品质量合格证和符合现行国家标准《金属材料 室温拉伸试验方法》GB/T 228 有关规定的检验报告；

3 钢管应平直，其弯曲度不得大于管长的 1/500，两端端面应平整，不得有斜口，有裂缝、表面分层硬伤、压扁、硬弯、深划痕、毛刺和结疤等不得使用；

4 钢管表面的锈蚀深度不得超过 0.25mm；

5 钢管在使用前应涂刷防锈漆。

3.0.2 工具式脚手架主要的构配件应包括：水平支承桁架、竖向主框架、附墙支座、悬臂梁、钢拉杆、竖向桁架、三角臂等。当使用型钢、钢板和圆钢制作时，其材质应符合现行国家标准《碳素结构钢》GB/T 700 中 Q235-A 级钢的规定。

3.0.3 当室外温度大于或等于 -20℃时，宜采用 Q235 钢和 Q345 钢。承重桁架或承受冲击荷载作用的结构，应具有 0℃冲击韧性的合格保证。当冬季室外温度低于 -20℃时，尚应具有 -20℃冲击韧性的合格保证。

3.0.4 钢管脚手架的连接扣件应符合现行国家标准《钢管脚手架扣件》GB 15831 的规定。在螺栓拧紧的扭力矩达到 65N·m 时，不得发生破坏。

3.0.5 架体结构的连接材料应符合下列规定：

1 手工焊接所采用的焊条，应符合现行国家标准《碳钢焊条》GB/T 5117 或《低合金钢焊条》GB/T 5118 的规定，焊条型号应与结构主体金属力学性能相适应，对于承受动力荷载或振动荷载的桁架结构宜采用低氢型焊条；

2 自动焊接或半自动焊接采用的焊丝和焊剂，应与结构主体金属力学性能相适应，并应符合国家现行有关标准的规定；

3 普通螺栓应符合现行国家标准《六角头螺栓 C 级》GB/T 5780 和《六角头螺栓》GB/T 5782 的规定；

4 锚栓可采用现行国家标准《碳素结构钢》GB/T 700 中规定的 Q235 钢或《低合金高强度结构钢》GB/T 1591 中规定的 Q345 钢制成。

3.0.6 脚手板可采用钢、木、竹材料制作，其材质应符合下列规定：

1 冲压钢板和钢板网脚手板，其材质应符合现行国家标准《碳素结构钢》GB/T 700 中 Q235A 级钢的规定。新脚手板应有产品质量合格证；板面挠曲不得大于 12mm 和任一角翘起不得大于 5mm；不得有裂纹、开焊和硬弯。使用前应涂刷防锈漆。钢板网脚手板的网孔内切圆直径应小于 25mm。

2 竹脚手板包括竹胶合板、竹笆板和竹串片脚手板。可采用毛竹或楠竹制成；竹胶合板、竹笆板宽度不得小于 600mm，竹胶合板厚度不得小于 8mm，竹笆板厚度不得小于 6mm，竹串片脚手板厚度不得小于 50mm；不得使用腐朽、发霉的竹脚手板。

3 木脚手板应采用杉木或松木制作，其材质应符合现行国家标准《木结构设计规范》GB 50005 中Ⅱ级材质的规定。板宽度不得小于 200mm，厚度不得小于 50mm，两端应用直径为 4mm 镀锌钢丝各绑扎两道。

4 胶合板脚手板，应选用现行国家标准《胶合板 第 3 部分：普通胶合板通用技术条件》GB/T 9846.3 中的Ⅱ类普通耐水胶合板，厚度不得小于 18mm，底部木方间距不得大于 400mm，木方与脚手架杆件应用钢丝绑扎牢固，胶合板脚手板与木方应用钉子钉牢。

3.0.7 高处作业吊篮产品应符合现行国家标准《高处作业吊篮》GB 19155 等国家标准的规定，并应有完整的图纸资料和工艺文件。

3.0.8 高处作业吊篮的生产单位应具备必要的机械加工设备、技术力量及提升机、安全锁、电器柜和吊篮整机的检验能力。

3.0.9 与吊篮产品配套的钢丝绳、索具、电缆、安全绳等均应符合现行国家标准《一般用途钢丝绳》GB/T 20118、《重要用途钢丝绳》GB 8918、《钢丝绳用普通套环》GB/T 5974.1、《压铸锌合金》GB/T 13818、《钢丝绳夹》GB/T 5976 的规定。

3.0.10 高处作业吊篮用的提升机、安全锁应有独立标牌，并应标明产品型号、技术参数、出厂编号、出厂日期、标定期、制造单位。

3.0.11 高处作业吊篮应附有产品合格证和使用说明书，应详细描述安装方法、作业注意事项。

3.0.12 高处作业吊篮连接件和紧固件应符合下列规定：

1 当结构件采用螺栓连接时，螺栓应符合产品说明书的要求；当采用高强度螺栓连接时，其连接表面应清除灰尘、油漆、油迹和锈蚀，应使用力矩扳手或专用工具，并应按设计、装配技术要求拧紧；

2 当结构件采用销轴连接方式时，应使用生产厂家提供的产品。销轴规格必须符合原设计要求。销轴必须有防止脱落的锁定装置。

3.0.13 安全绳应使用锦纶安全绳，并应符合现行国家标准《安全带》GB 6095 的要求。

3.0.14 吊篮产品的研发、重大技术改进、改型应提出设计方案，并应有图纸、计算书、工艺文件；提供样机应由法定检验检测机构进行型式检验；产品投产前应进行产品鉴定或验收。

3.0.15 工具式脚手架的构配件，当出现下列情况之一时，应更换或报废：

1 构配件出现塑性变形的；

2 构配件锈蚀严重，影响承载能力和使用功能的；

3 防坠落装置的组成部件任何一个发生明显变形的；

4 弹簧件使用一个单体工程后；

5 穿墙螺栓在使用一个单体工程后，凡发生变形、磨损、锈蚀的；

6 钢拉杆上端连接板在单项工程完成后，出现变形和裂纹的；

7 电动葫芦链条出现深度超过 0.5mm 咬伤的。

4 附着式升降脚手架

4.1 荷 载

4.1.1 作用于附着式升降脚手架的荷载可分为永久荷载（即恒载）和可变荷载（即活载）两类。

4.1.2 荷载标准值应符合下列规定：

1 永久荷载标准值（G_k）应包括整个架体结构，围护设施、作业层设施以及固定于架体结构上的升降机构和其他设备、装置的自重，应按实际计算；其值也可按现行国家标准《建筑结构荷载规范》GB 50009-2001（2006 年版）附录 A 的规定确定。脚手板自重标准值和栏杆、挡脚板线荷载标准值可分别按表 4.1.2-1、表 4.1.2-2 的规定选用，密目式安全立网应按 0.005kN/m² 选用。

表 4.1.2-1 脚手板自重标准值（kN/mm²）

类　别	标　准　值
冲压钢脚手板	0.30
竹笆板	0.06
木脚手板	0.35
竹串片脚手板	0.35
胶合板	0.15

表 4.1.2-2　栏杆、挡脚板线荷载标准值（kN/m）

类　别	标　准　值
栏杆、冲压钢脚手挡板	0.11
栏杆、竹串片脚手板挡板	0.14
栏杆、木脚手板挡板	0.14

2　可变荷载中的施工活荷载（Q_k）应包括施工人员、材料及施工机具，应根据施工具体情况，按使用、升降及坠落三种工况确定控制荷载标准值，设计计算时施工活荷载标准值应按表 4.1.2-3 的规定选取。

3　风荷载标准值（w_k）应按下式计算：

$$w_k = \beta_z \cdot \mu_z \cdot \mu_s \cdot w_0 \tag{4.1.2}$$

式中：w_k——风荷载标准值（kN/m^2）；

μ_z——风压高度变化系数，应按现行国家标准《建筑结构荷载规范》GB 50009 的规定采用；

μ_s——脚手架风荷载体型系数，应按表 4.1.2-4 的规定采用，表中 ϕ 为挡风系数，应为脚手架挡风面积与迎风面积之比；密目式安全立网的挡风系数 ϕ 应按 0.8 计算；

w_0——基本风压值，应按现行国家标准《建筑结构荷载规范》GB 50009－2001（2006 年版）附表 D.4 中 $n=10$ 年的规定采用；工作状态应按本地区的 10 年风压最大值选用，升降及坠落工况，可取 $0.25 kN/m^2$ 计算；

β_z——风振系数，一般可取 1，也可按实际情况选取。

表 4.1.2-3　施工活荷载标准值

工况类别		同时作业层数	每层活荷载标准值（kN/m^2）	注
使用工况	结构施工	2	3.0	
	装修施工	3	2.0	
升降工况	结构和装修施工	2	0.5	施工人员、材料、机具全部撤离
坠落工况	结构施工	2	0.5；3.0	在使用工况下坠落时，其瞬间标准荷载应为 $3.0kN/m^2$；升降工况下坠落其标准值应为 $0.5kN/m^2$
	装修施工	3	0.5；2.0	在使用工况下坠落时，其标准荷载为 $2.0kN/m^2$；升降工况下坠落其标准值应为 $0.5kN/m^2$

表 4.1.2-4　脚手架风荷载体型系数

背靠建筑物状况	全封闭	敞开开洞
μ_s	1.0ϕ	1.3ϕ

4.1.3　当计算结构或构件的强度、稳定性及连接强度时，应采用荷载设计值（即荷载标准值乘以荷载分项系数）；计算变形时，应采用荷载标准值。永久荷载的分项系数（γ_G）应

采用 1.2,当对结构进行倾覆计算而对结构有利时,分项系数应采用 0.9。可变荷载的分项系数(γ_Q)应采用 1.4。风荷载标准值的分项系数(γ_{Qw})应采用 1.4。

4.1.4 当采用容许应力法计算时,应采用荷载标准值作为计算依据。

4.1.5 附着式升降脚手架应按最不利荷载组合进行计算,其荷载效应组合应按表 4.1.5 的规定采用,荷载效应组合设计值(S)应按式(4.1.5-1)、式(4.1.5-2)计算:

表 4.1.5 荷载效应组合

计算项目	荷载效应组合
纵、横向水平杆,水平支承桁架,使用过程中的固定吊拉杆和竖向主框架,附墙支座、防倾及防坠落装置	永久荷载+施工活荷载
竖向主框架 脚手架立杆稳定性	①永久荷载+施工荷载 ②永久荷载+0.9(施工荷载值+风荷载)取两种组合,按最不利的计算
选择升降动力设备时 选择钢丝绳及索吊具时 横吊梁及其吊拉杆计算	永久荷载+升降过程的活荷载
连墙杆及连墙件	风荷载+5.0kN

不考虑风荷载

$$S = \gamma_G S_{Gk} + \gamma_Q S_{Qk} \tag{4.1.5-1}$$

考虑风荷载

$$S = \gamma_G S_{Gk} + 0.9(\gamma_Q S_{Qk} + \gamma_Q S_{wk}) \tag{4.1.5-2}$$

式中:S——荷载效应组合设计值(kN);

$\quad\ \gamma_G$——恒荷载分项系数,取 1.2;

$\quad\ \gamma_Q$——活荷载分项系数,取 1.4;

$\quad\ S_{Gk}$——恒荷载效应的标准值(kN);

$\quad\ S_{Qk}$——活荷载效应的标准值(kN);

$\quad\ S_{wk}$——风荷载效应的标准值(kN)。

4.1.6 水平支承桁架应选用使用工况中的最大跨度进行计算,其上部的扣件式钢管脚手架计算立杆稳定时,其设计荷载值应乘以附加安全系数 $\gamma_1 = 1.43$。

4.1.7 附着式升降脚手架使用的升降动力设备、吊具、索具、主框架在使用工况条件下,其设计荷载值应乘以附加荷载不均匀系数 $\gamma_2 = 1.3$;在升降、坠落工况时,其设计荷载值应乘以附加荷载不均匀系数 $\gamma_2 = 2.0$。

4.1.8 计算附墙支座时,应按使用工况进行,选取其中承受荷载最大处的支座进行计算,其设计荷载值应乘以冲击系数 $\gamma_3 = 2.0$。

4.2 设计计算基本规定

4.2.1 附着式升降脚手架的设计应符合现行国家标准《钢结构设计规范》GB 50017、《冷弯薄壁型钢结构技术规范》GB 50018、《混凝土结构设计规范》GB 50010 以及其他相关标准的规定。

4.2.2 附着式升降脚手架架体结构、附着支承结构、防倾装置、防坠装置的承载能力应按概率极限状态设计法的要求采用分项系数设计表达式进行设计，并应进行下列设计计算：

    1 竖向主框架构件强度和压杆的稳定计算；

    2 水平支承桁架构件的强度和压杆的稳定计算；

    3 脚手架架体构架构件的强度和压杆稳定计算；

    4 附着支承结构构件的强度和压杆稳定计算；

    5 附着支承结构穿墙螺栓以及螺栓孔处混凝土局部承压计算；

    6 连接节点计算。

4.2.3 竖向主框架、水平支承桁架、架体构架应根据正常使用极限状态的要求验算变形。

4.2.4 附着升降脚手架的索具、吊具应按有关机械设计的规定，按容许应力法进行设计。同时还应符合下列规定：

    1 荷载值应小于升降动力设备的额定值；

    2 吊具安全系数 K 应取 5；

    3 钢丝绳索具安全系数 $K=6\sim8$，当建筑物层高 3m（含）以下时应取 6，3m 以上时应取 8。

4.2.5 脚手架结构构件的容许长细比 $[\lambda]$ 应符合下列规定：

    1 竖向主框架压杆：$[\lambda]\leqslant150$

    2 脚手架立杆：$[\lambda]\leqslant210$

    3 横向斜撑杆：$[\lambda]\leqslant250$

    4 竖向主框架拉杆：$[\lambda]\leqslant300$

    5 剪刀撑及其他拉杆：$[\lambda]\leqslant350$

4.2.6 受弯构件的挠度限值应符合表 4.2.6 的规定。

表 4.2.6　受弯构件的挠度限值

构件类别	挠度限值	构件类别	挠度限值
脚手板和纵向、横向水平杆	$L/150$ 和 10mm（L 为受弯杆件跨度）	水平支承桁架	$L/250$（L 为受弯杆件跨度）
		悬臂受弯杆件	$L/400$（L 为受弯杆件跨度）

4.2.7 螺栓连接强度设计值应按表 4.2.7 的规定采用。

表 4.2.7　螺栓连接强度设计值（N/mm²）

钢材强度等级	抗拉强度 f_t^b	抗剪强度 f_v^b
Q235	170	140

4.2.8 扣件承载力设计值应按表 4.2.8 的规定采用。

表 4.2.8　扣件承载力设计值

项　　目	承载力设计值（kN）
对接扣件（抗滑）（1个）	3.2
直角扣件、旋转扣件（抗滑）（1个）	8.0

4.2.9 钢管截面特性及自重标准值应符合表 4.2.9 的规定。

表 4.2.9　钢管截面特性及自重标准值

外径 d（mm）	壁厚 t（mm）	截面积 A（mm^2）	惯性矩 I（mm^4）	截面模量 W（mm^3）	回转半径 i（mm）	每米长自重（N/m）
48.3	3.2	453	1.16×10^5	4.80×10^3	16.0	35.6
48.3	3.6	506	1.27×10^5	5.26×10^3	15.9	39.7

4.3　构件、结构计算

4.3.1 受弯构件计算应符合下列规定：

1 抗弯强度应按下式计算：

$$\sigma = \frac{M_{max}}{W_n} \leqslant f \tag{4.3.1-1}$$

式中：M_{max}——最大弯矩设计值（N·m）；

f——钢材的抗拉、抗压和抗弯强度设计值（N/mm^2）；

W_n——构件的净截面抵抗矩（mm^3）。

2 挠度应按下列公式验算：

$$v \leqslant [v] \tag{4.3.1-2}$$

$$v = \frac{5q_k l^4}{384EI_x} \tag{4.3.1-3}$$

$$或\ v = \frac{5q_k l^4}{384EI_x} + \frac{P_k l^3}{48EI_x} \tag{4.3.1-4}$$

式中：v——受弯构件的挠度计算值（mm）；

$[v]$——受弯构件的容许挠度值（mm）；

q_k——均布线荷载标准值（N/mm）；

P_k——跨中集中荷载标准值（N）；

E——钢材弹性模量（N/mm^2）；

I_x——毛截面惯性矩（mm^4）；

l——计算跨度（m）。

4.3.2 受拉和受压杆件计算应符合下列规定：

1 中心受拉和受压杆件强度应按下式计算：

$$\sigma = \frac{N}{A_n} \leqslant f \tag{4.3.2-1}$$

式中：N——拉杆或压杆最大轴力设计值（N）；

A_n——拉杆或压杆的净截面面积（mm^2）；

f——钢材的抗拉、抗压和抗弯强度设计值（N/mm²）。

2 压弯杆件稳定性应满足下式要求：

$$\frac{N}{\varphi A} \leqslant f \tag{4.3.2-2}$$

当有风荷载组合时，水平支承桁架上部的扣件式钢管脚手架立杆的稳定性应符合下式要求：

$$\frac{N}{\varphi A} + \frac{M_x}{W_x} \leqslant f \tag{4.3.2-3}$$

式中：A——压杆的截面面积（mm²）；

φ——轴心受压构件的稳定系数，应按本规范附录 A 表 A 选取；

M_x——压杆的弯矩设计值（N·m）；

W_x——压杆的截面抗弯模量（mm³）；

f——钢材的抗拉、抗压和抗弯强度设计值（N/mm²）。

4.3.3 水平支承桁架设计计算应符合下列规定：

1 水平支承桁架上部脚手架立杆的集中荷载应作用在桁架上弦的节点上。

2 水平支承桁架应构成空间几何不可变体系的稳定结构。

3 水平支承桁架与主框架的连接应设计成铰接并应使水平支承桁架按静定结构计算。

4 水平支承桁架设计计算应包括下列内容：

　1） 节点荷载设计值；

　2） 杆件内力设计值；

　3） 杆件最不利组合内力；

　4） 最不利杆件强度和压杆稳定性；受弯构件的变形验算；

　5） 节点板及节点焊缝或连接螺栓的强度。

5 水平支承桁架的外桁架和内桁架应分别计算，其节点荷载应为架体构架的立杆轴力；操作层内外桁架荷载的分配应通过小横杆支座反力求得。

4.3.4 竖向主框架设计计算应符合下列规定：

1 竖向主框架应是几何不可变体系的稳定结构，且受力明确；

2 竖向主框架内外立杆的垂直荷载应包括下列内容：

　1） 内外水平支承桁架传递来的支座反力；

　2） 操作层纵向水平杆传递给竖向主框架的支座反力。

3 风荷载按每根纵向水平杆挡风面承担的风荷载，传递给主框架节点上的集中荷载计算；

4 竖向主框架设计计算应包括下列内容：

　1） 节点荷载标准值的计算；

　2） 分别计算风荷载与垂直荷载作用下，竖向主框架杆件的内力设计值；

　3） 计算风荷载与垂直荷载组合最不利杆件的内力设计值；

　4） 最不利杆件强度和压杆稳定性以及受弯构件的变形计算；

　5） 节点板及节点焊缝或连接螺栓的强度；

　6） 支座的连墙件强度计算。

4.3.5 附墙支座设计应符合下列规定：

1 每一楼层处均应设置附墙支座，且每一附墙支座均应能承受该机位范围内的全部荷载的设计值，并应乘以荷载不均匀系数 2 或冲击系数 2；

2 应进行抗弯、抗压、抗剪、焊缝、平面内外稳定性、锚固螺栓计算和变形验算。

4.3.6 附着支承结构穿墙螺栓计算应符合下列规定：

1 穿墙螺栓应同时承受剪力和轴向拉力，其强度应按下列公式计算：

$$\sqrt{\left(\frac{N_v}{N_v^b}\right)^2 + \left(\frac{N_t}{N_t^b}\right)^2} \leqslant 1 \qquad (4.3.6\text{-}1)$$

$$N_v^b = \frac{\pi D_{\text{螺}}^2}{4} f_v^b \qquad (4.3.6\text{-}2)$$

$$N_t^b = \frac{\pi d_0^2}{4} f_t^b \qquad (4.3.6\text{-}3)$$

式中：N_v、N_t——一个螺栓所承受的剪力和拉力设计值（N）；

$\quad\quad N_v^b$、N_t^b——一个螺栓抗剪、抗拉承载能力设计值（N）；

$\quad\quad D_{\text{螺}}$——螺杆直径（mm）；

$\quad\quad f_v^b$——螺栓抗剪强度设计值，一般采用 Q235，取 $f_v^b = 140\text{N/mm}^2$；

$\quad\quad d_0$——螺栓螺纹处有效截面直径（mm）；

$\quad\quad f_t^b$——螺栓抗拉强度设计值，一般采用 Q235，取 $f_t^b = 170\text{N/mm}^2$。

4.3.7 穿墙螺栓孔处混凝土受压状况如图 4.3.7 所示，其承载能力应符合下式要求：

$$N_v \leqslant 1.35 \beta_b \beta_l f_c b d \qquad (4.3.7)$$

式中： N_v——一个螺栓所承受的剪力设计值（N）；

$\quad\quad \beta_b$——螺栓孔混凝土受荷计算系数，取 0.39；

$\quad\quad \beta_l$——混凝土局部承压强度提高系数，取 1.73；

$\quad\quad f_c$——上升时混凝土龄期试块轴心抗压强度设计值（N/mm²）；

$\quad\quad b$——混凝土外墙的厚度（mm）；

$\quad\quad d$——穿墙螺栓的直径（mm）。

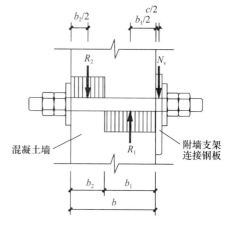

图 4.3.7 穿墙螺栓孔处混凝土
受压状况图

4.3.8 导轨（或导向柱）设计应符合下列规定：

1 荷载设计值应根据不同工况分别乘以相应的荷载不均匀系数；

2 应进行抗弯、抗压、抗剪、焊缝、平面内外稳定性、锚固螺栓计算和变形验算。

4.3.9 防坠装置设计应符合下列规定：

1 荷载的设计值应乘以相应的冲击系数，并应在一个机位内分别按升降工况和使用工况的荷载取值进行验算；

2 应依据实际情况分别进行强度和变形验算；

3 防坠装置不得与提升装置设置在同一个附墙支座上。

4.3.10 主框架底座和吊拉杆设计应符合下列规定：

1 荷载设计值应依据主框架传递的反力计算；

2 结构构件应进行强度和稳定性验算，并对连接焊缝及螺栓进行强度计算。

4.3.11 用作升降和防坠的悬臂梁设计应符合下列规定：

1 应按升降和使用工况分别选择荷载设计值，两种情况选取最不利的荷载进行计算，并应乘以冲击系数 2，使用工况时应乘以荷载不均匀系数 1.3；

2 应进行强度和变形计算；

3 悬挂动力设备或防坠装置的附墙支座应分别计算。

4.3.12 升降动力设备选择应符合下列规定：

1 应按升降工况一个机位范围内的总荷载，并乘以荷载不均匀系数 2 选取荷载设计值；

2 升降动力设备荷载设计值 N_s 不得大于其额定值 N_c。

4.3.13 液压油缸活塞推力应按下列公式计算：

$$p_Y \geqslant 1.2p_1 \qquad (4.3.13\text{-}1)$$

$$P_H = \frac{\pi D^2}{4} p_Y \qquad (4.3.13\text{-}2)$$

式中：p_1——活塞杆的静工作阻力，也即是起重计算时一个液压机位的荷载设计值(kN/cm^2)；

1.2——活塞运动的摩阻力系数；

P_H——活塞杆设计推力（kN）；

D——活塞直径（cm）；

p_Y——液压油缸内的工作压力（kN/cm^2）。

4.3.14 对位于建筑物凸出或凹进结构处的附着式升降脚手架，应进行专项设计。

4.4 构 造 措 施

4.4.1 附着式升降脚手架应由竖向主框架、水平支承桁架、架体构架、附着支承结构、防倾装置、防坠装置等组成。

4.4.2 附着式升降脚手架结构构造的尺寸应符合下列规定：

1 架体高度不得大于 5 倍楼层高；

2 架体宽度不得大于 1.2m；

3 直线布置的架体支承跨度不得大于 7m，折线或曲线布置的架体，相邻两主框架支撑点处的架体外侧距离不得大于 5.4m；

4 架体的水平悬挑长度不得大于 2m，且不得大于跨度的 1/2；

5 架体全高与支承跨度的乘积不得大于 110m²。

4.4.3 附着式升降脚手架应在附着支承结构部位设置与架体高度相等的与墙面垂直的定型的竖向主框架，竖向主框架应是桁架或刚架结构，其杆件连接的节点应采用焊接或螺栓连接，并应与水平支承桁架和架体构架构成有足够强度和支撑刚度的空间几何不可变体系的稳定结构。竖向主框架结构构造（图 4.4.3）应符合下列规定：

1 竖向主框架可采用整体结构或分段对接式结构。结构形式应为竖向桁架或门型刚架形式等。各杆件的轴线应汇交于节点处，并应采用螺栓或焊接连接，如不交汇于一点，应进行附加弯矩验算；

2 当架体升降采用中心吊时，在悬臂梁行程范围内竖向主框架内侧水平杆去掉部分的断面，应采取可靠的加固措施；

3 主框架内侧应设有导轨；

4 竖向主框架宜采用单片式主框架［图 4.4.3（a）］；或可采用空间桁架式主框架［图 4.4.3（b）］。

4.4.4 在竖向主框架的底部应设置水平支承桁架，其宽度应与主框架相同，平行于墙面，其高度不宜小于 1.8m。水平支承桁架结构构造应符合下列规定：

1 桁架各杆件的轴线应相交于节点上，并宜采用节点板构造连接，节点板的厚度不得小于 6mm；

2 桁架上下弦应采用整根通长杆件或设置刚性接头。腹杆上下弦连接应采用焊接或螺栓连接；

3 桁架与主框架连接处的斜腹杆宜设计成拉杆；

4 架体构架的立杆底端应放置在上弦节点各轴线的交汇处；

5 内外两片水平桁架的上弦和下弦之间应设置水平支撑杆件，各节点应采用焊接或螺栓连接；

6 水平支承桁架的两端与主框架的连接，可采用杆件轴线交汇于一点，且为能活动的铰接点；或可将水平支承桁架放在竖向主框架的底端的桁架底框中。

4.4.5 附着支承结构应包括附墙支座、悬臂梁及斜拉杆，其构造应符合下列规定：

1 竖向主框架所覆盖的每个楼层处应设置一道附墙支座；

2 在使用工况时，应将竖向主框架固定于附墙支座上；

3 在升降工况时，附墙支座上应设有防倾、导向的结构装置；

4 附墙支座应采用锚固螺栓与建筑物连接，受拉螺栓的螺母不得少于两个或应采用弹簧垫圈加单螺母，螺杆露出螺母端部的长度不应少于 3 扣，并不得小于 10mm，垫板尺寸应由设计确定，且不得小于 100mm×100mm×10mm；

5 附墙支座支承在建筑物上连接处混凝土的强度应按设计要求确定，且不得小于 C10。

4.4.6 架体构架宜采用扣件式钢管脚手架，其结构构造应符合现行行业标准《建筑施工扣件式钢管脚手架安全技术规范》JGJ 130 的规定。架体构架应设置在两竖向主框架之间，并应以纵向水平杆与之相连，其立杆应设置在水平支承桁架的节点上。

4.4.7 水平支承桁架最底层应设置脚手板，并应铺满铺牢，与建筑物墙面之间也应设置脚手板全封闭，宜设置可翻转的密封翻板。在脚手板的下面应采用安全网兜底。

4.4.8 架体悬臂高度不得大于架体高度的 2/5，且不得大于 6m。

4.4.9 当水平支承桁架不能连续设置时，局部可采用脚手架杆件进行连接，但其长度不得大于 2.0m，且应采取加强措施，确保其强度和刚度不得低于原有的桁架。

4.4.10 物料平台不得与附着式升降脚手架各部位和各结构构件相连，其荷载应直接传递给建筑工程结构。

4.4.11 当架体遇到塔吊、施工升降机、物料平台需断开或开洞时，断开处应加设栏杆和封闭，开口处应有可靠的防止人员及物料坠落的措施。

4.4.12 架体外立面应沿全高连续设置剪刀撑，并应将竖向主框架、水平支承桁架和架体构架连成一体，剪刀撑斜杆水平夹角应为 45°～60°；应与所覆盖架体构架上每个主节点的立杆或横向水平杆伸出端扣紧；悬挑端应以竖向主框架为中心成对设置对称斜拉杆，其水平夹角不应小于 45°。

4.4.13 架体结构应在以下部位采取可靠的加强构造措施：

　　1 与附墙支座的连接处；

　　2 架体上提升机构的设置处；

　　3 架体上防坠、防倾装置的设置处；

　　4 架体吊拉点设置处；

　　5 架体平面的转角处；

　　6 架体因碰到塔吊、施工升降机、物料平台等设施而需要断开或开洞处；

　　7 其他有加强要求的部位。

4.4.14 附着式升降脚手架的安全防护措施应符合下列规定：

　　1 架体外侧应采用密目式安全立网全封闭，密目式安全立网的网目密度不应低于 2000 目/100cm²，且应可靠地固定在架体上；

　　2 作业层外侧应设置 1.2m 高的防护栏杆和 180mm 高的挡脚板；

　　3 作业层应设置固定牢靠的脚手板，其与结构之间的间距应满足现行行业标准《建筑施工扣件式钢管脚手架安全技术规范》JGJ 130 的相关规定。

4.4.15 附着式升降脚手架构配件的制作应符合下列规定：

　　1 应具有完整的设计图纸、工艺文件、产品标准和产品质量检验规程；制作单位应有完善有效的质量管理体系；

　　2 制作构配件的原材料和辅料的材质及性能应符合设计要求，并应按本规范第 3.0.1～3.0.6 条的规定对其进行验证和检验；

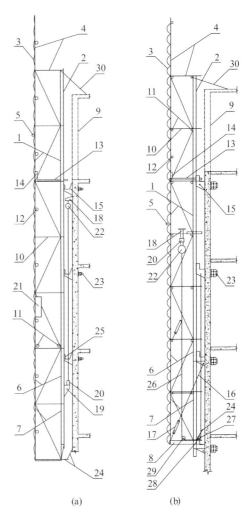

图 4.4.3　两种不同主框架的架
体断面构造图

（a）竖向主框架为单片式；

（b）竖向主框架为空间桁架式

1—竖向主框架；2—导轨；3—密目安全网；4—架体；5—剪刀撑（45°～60°）；6—立杆；7—水平支承桁架；8—竖向主框架底部托盘；9—正在施工层；10—架体横向水平杆；11—架体纵向水平杆；12—防护栏杆；13—脚手板；14—作业层挡脚板；15—附墙支座（含导向、防倾装置）；16—吊拉杆（定位）；17—花篮螺栓；18—升降上吊挂点；19—升降下吊挂点；20—荷载传感器；21—同步控制装置；22—电动葫芦；23—锚固螺栓；24—底部脚手板及密封翻板；25—定位装置；26—升降钢丝绳；27—导向滑轮；28—主框架底部托座与附墙支座临时固定连接点；29—升降滑轮；30—临时拉结

3 加工构配件的工装、设备及工具应满足构配件制作精度的要求，并应定期进行检查，工装应有设计图纸；

4 构配件应按工艺要求及检验规程进行检验；对附着支承结构、防倾、防坠落装置等关键部件的加工件应进行 100%检验；构配件出厂时，应提供出厂合格证。

4.4.16 附着式升降脚手架应在每个竖向主框架处设置升降设备，升降设备应采用电动葫芦或电动液压设备，单跨升降时可采用手动葫芦，并应符合下列规定：

1 升降设备应与建筑结构和架体有可靠连接；

2 固定电动升降动力设备的建筑结构应安全可靠；

3 设置电动液压设备的架体部位，应有加强措施。

4.4.17 两主框架之间架体的搭设应符合现行行业标准《建筑施工扣件式钢管脚手架安全技术规范》JGJ 130 的规定。

4.5 安 全 装 置

4.5.1 附着式升降脚手架必须具有防倾覆、防坠落和同步升降控制的安全装置。

4.5.2 防倾覆装置应符合下列规定：

1 防倾覆装置中应包括导轨和两个以上与导轨连接的可滑动的导向件；

2 在防倾导向件的范围内应设置防倾覆导轨，且应与竖向主框架可靠连接；

3 在升降和使用两种工况下，最上和最下两个导向件之间的最小间距不得小于 2.8m 或架体高度的 1/4；

4 应具有防止竖向主框架倾斜的功能；

5 应采用螺栓与附墙支座连接，其装置与导轨之间的间隙应小于 5mm。

4.5.3 防坠落装置必须符合下列规定：

1 防坠落装置应设置在竖向主框架处并附着在建筑结构上，每一升降点不得少于一个防坠落装置，防坠落装置在使用和升降工况下都必须起作用；

2 防坠落装置必须采用机械式的全自动装置，严禁使用每次升降都需重组的手动装置；

3 防坠落装置技术性能除应满足承载能力要求外，还应符合表 4.5.3 的规定。

表 4.5.3 防坠落装置技术性能

脚手架类别	制动距离（mm）
整体式升降脚手架	≤80
单片式升降脚手架	≤150

4 防坠落装置应具有防尘、防污染的措施，并应灵敏可靠和运转自如；

5 防坠落装置与升降设备必须分别独立固定在建筑结构上；

6 钢吊杆式防坠落装置，钢吊杆规格应由计算确定，且不应小于 $\phi25mm$。

4.5.4 同步控制装置应符合下列规定：

1 附着式升降脚手架升降时，必须配备有限制荷载或水平高差的同步控制系统。连续式水平支承桁架，应采用限制荷载自控系统；简支静定水平支承桁架，应采用水平高差同步自控系统；当设备受限时，可选择限制荷载自控系统。

2 限制荷载自控系统应具有下列功能：

    1） 当某一机位的荷载超过设计值的 15% 时，应采用声光形式自动报警和显示报警机位；当超过 30% 时，应能使该升降设备自动停机；

    2） 应具有超载、失载、报警和停机的功能；宜增设显示记忆和储存功能；

    3） 应具有自身故障报警功能，并应能适应施工现场环境；

    4） 性能应可靠、稳定，控制精度应在 5% 以内。

3 水平高差同步控制系统应具有下列功能：

    1） 当水平支承桁架两端高差达到 30mm 时，应能自动停机；

    2） 应具有显示各提升点的实际升高和超高的数据，并应有记忆和储存的功能；

    3） 不得采用附加重量的措施控制同步。

4.6 安 装

4.6.1 附着式升降脚手架应按专项施工方案进行安装，可采用单片式主框架的架体（图 4.6.1-1），也可采用空间桁架式主框架的架体（图 4.6.1-2）。

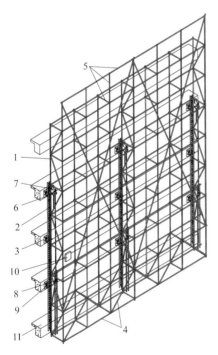

图 4.6.1-1 单片式主框架的架体示意图

1—竖向主框架（单片式）；2—导轨；3—附墙支座（含防倾覆、防坠落装置）；4—水平支承桁架；5—架体构架；6—升降设备；7—升降上吊挂件；8—升降下吊点（含荷载传感器）；9—定位装置；10—同步控制装置；11—工程结构

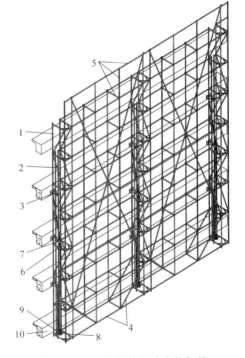

图 4.6.1-2 空间桁架式主框架的架体示意图

1—竖向主框架（空间桁架式）；2—导轨；3—悬臂梁（含防倾覆装置）；4—水平支承桁架；5—架体构架；6—升降设备；7—悬吊梁；8—下提升点；9—防坠落装置；10—工程结构

4.6.2 附着式升降脚手架在首层安装前应设置安装平台，安装平台应有保障施工人员安

全的防护设施，安装平台的水平精度和承载能力应满足架体安装的要求。

4.6.3 安装时应符合下列规定：

1 相邻竖向主框架的高差不应大于20mm；

2 竖向主框架和防倾导向装置的垂直偏差不应大于5‰，且不得大于60mm；

3 预留穿墙螺栓孔和预埋件应垂直于建筑结构外表面，其中心误差应小于15mm；

4 连接处所需要的建筑结构混凝土强度应由计算确定，但不应小于C10；

5 升降机构连接应正确且牢固可靠；

6 安全控制系统的设置和试运行效果应符合设计要求；

7 升降动力设备工作正常。

4.6.4 附着支承结构的安装应符合设计规定，不得少装和使用不合格螺栓及连接件。

4.6.5 安全保险装置应全部合格，安全防护设施应齐备，且应符合设计要求，并应设置必要的消防设施。

4.6.6 电源、电缆及控制柜等的设置应符合现行行业标准《施工现场临时用电安全技术规范》JGJ 46的有关规定。

4.6.7 采用扣件式脚手架搭设的架体构架，其构造应符合现行行业标准《建筑施工扣件式钢管脚手架安全技术规范》JGJ 130的要求。

4.6.8 升降设备、同步控制系统及防坠落装置等专项设备，均应采用同一厂家的产品。

4.6.9 升降设备、控制系统、防坠落装置等应采取防雨、防砸、防尘等措施。

4.7 升　　降

4.7.1 附着式升降脚手架可采用手动、电动和液压三种升降形式，并应符合下列规定：

1 单跨架体升降时，可采用手动、电动和液压三种升降形式；

2 当两跨以上的架体同时整体升降时，应采用电动或液压设备。

4.7.2 附着式升降脚手架每次升降前，应按本规范表8.1.4的规定进行检查，经检查合格后，方可进行升降。

4.7.3 附着式升降脚手架的升降操作应符合下列规定：

1 应按升降作业程序和操作规程进行作业；

2 操作人员不得停留在架体上；

3 升降过程中不得有施工荷载；

4 所有妨碍升降的障碍物应已拆除；

5 所有影响升降作业的约束应已解除；

6 各相邻提升点间的高差不得大于30mm，整体架最大升降差不得大于80mm。

4.7.4 升降过程中应实行统一指挥、统一指令。升降指令应由总指挥一人下达；当有异常情况出现时，任何人均可立即发出停止指令。

4.7.5 当采用环链葫芦作升降动力时，应严密监视其运行情况，及时排除翻链、绞链和其他影响正常运行的故障。

4.7.6 当采用液压设备作升降动力时，应排除液压系统的泄漏、失压、颤动、油缸爬行和不同步等问题和故障，确保正常工作。

4.7.7 架体升降到位后，应及时按使用状况要求进行附着固定；在没有完成架体固定工作前，施工人员不得擅自离岗或下班。

4.7.8 附着式升降脚手架架体升降到位固定后，应按本规范表8.1.3进行检查，合格后方可使用；遇5级及以上大风和大雨、大雪、浓雾和雷雨等恶劣天气时，不得进行升降作业。

4.8 使 用

4.8.1 附着式升降脚手架应按设计性能指标进行使用，不得随意扩大使用范围；架体上的施工荷载应符合设计规定，不得超载，不得放置影响局部杆件安全的集中荷载。

4.8.2 架体内的建筑垃圾和杂物应及时清理干净。

4.8.3 附着式升降脚手架在使用过程中不得进行下列作业：

    1 利用架体吊运物料；

    2 在架体上拉结吊装缆绳（或缆索）；

    3 在架体上推车；

    4 任意拆除结构件或松动连接件；

    5 拆除或移动架体上的安全防护设施；

    6 利用架体支撑模板或卸料平台；

    7 其他影响架体安全的作业。

4.8.4 当附着式升降脚手架停用超过3个月时，应提前采取加固措施。

4.8.5 当附着式升降脚手架停用超过1个月或遇6级及以上大风后复工时，应进行检查，确认合格后方可使用。

4.8.6 螺栓连接件、升降设备、防倾装置、防坠落装置、电控设备、同步控制装置等应每月进行维护保养。

4.9 拆 除

4.9.1 附着式升降脚手架的拆除工作应按专项施工方案及安全操作规程的有关要求进行。

4.9.2 应对拆除作业人员进行安全技术交底。

4.9.3 拆除时应有可靠的防止人员或物料坠落的措施，拆除的材料及设备不得抛扔。

4.9.4 拆除作业应在白天进行。遇5级及以上大风和大雨、大雪、浓雾和雷雨等恶劣天气时，不得进行拆除作业。

5 高 处 作 业 吊 篮

5.1 荷 载

5.1.1 高处作业吊篮的荷载可分为永久荷载（即恒载）和可变荷载（即活载）两类。永久荷载包括：悬挂机构、吊篮（含提升机和电缆）、钢丝绳、配重块；可变荷载包括：操作人员、施工工具、施工材料、风荷载。

5.1.2 永久荷载标准值（G_k）应根据生产厂家使用说明书提供的数据选取。

5.1.3 施工活荷载标准值（q'_k），宜按均布荷载考虑，应为 $1kN/m^2$。

5.1.4 吊篮的风荷载标准值应按下式计算：

$$Q_{wk} = w_k \times F \qquad (5.1.4)$$

式中：Q_{wk}——吊篮的风荷载标准值（kN）；

$\quad\quad w_k$——风荷载标准值（kN/m^2）；

$\quad\quad F$——吊篮受风面积（m^2）。

5.1.5 吊篮在结构设计时，应考虑风荷载的影响；在工作状态下，应能承受的基本风压值不低于 500Pa；在非工作状态下，当吊篮安装高度不大于 60m 时，应能承受的基本风压值不低于 1915Pa，每增高 30m，基本风压值应增加 165Pa；吊篮的固定装置结构设计风压值应按 1.5 倍的基本风压值计算。

5.2 设 计 计 算

5.2.1 吊篮动力钢丝绳强度应按容许应力法进行核算，计算荷载应采用标准值，安全系数 K 应选取 9。

5.2.2 吊篮动力钢丝绳所承受荷载，应符合下列规定：

1 竖向荷载标准值应按下式计算：

$$Q_1 = (G_k + Q_k)/2 \qquad (5.2.2-1)$$

式中：Q_1——吊篮动力钢丝绳竖向荷载标准值（kN）；

$\quad\quad G_k$——吊篮及钢丝绳自重标准值（kN）；

$\quad\quad Q_k$——施工活荷载标准值（kN）。

2 作用于吊篮上的水平荷载可只考虑风荷载，并应由两根钢丝绳各负担 $1/2$，水平荷载标准值应按下式计算：

$$Q_2 = Q_{wk}/2 \qquad (5.2.2-2)$$

式中：Q_2——吊篮动力钢丝绳水平荷载标准值（kN）；

$\quad\quad Q_{wk}$——吊篮的风荷载标准值（kN）。

5.2.3 吊篮在使用时，其动力钢丝绳所受拉力应按下式核算：

$$Q_D = K\sqrt{Q_1^2 + Q_2^2} \qquad (5.2.3)$$

式中：Q_D——动力钢丝绳所受拉力的施工核算值（kN）；

$\quad\quad K$——安全系数，选取 9。

5.2.4 吊篮在使用时，动力钢丝绳所受拉力（Q_D）不应大于钢丝绳的破断拉力。

5.2.5 高处作业吊篮通过悬挂机构支撑在建筑物上，应对支撑点的结构强度进行核算。

5.2.6 支承悬挂机构前支架的结构所承受的集中荷载应按下式计算：

$$N_D = Q_D(1 + L_1/L_2) + G_D \qquad (5.2.6)$$

式中：N_D——支承悬挂机构前支架的结构所承受的集中荷载（kN）；

$\quad\quad Q_D$——吊篮动力钢丝绳所受拉力的施工核算值，应按式（5.2.3）计算（kN）；

$\quad\quad G_D$——悬挂横梁自重（kN）；

$\quad\quad L_1$——悬挂横梁前支架支撑点至吊篮吊点的长度（m）；

$\quad\quad L_2$——悬挂横梁前支架支撑点至后支架支撑点之间的长度（m）。

5.2.7 当后支架采用加平衡重的形式时，支承悬挂机构后支架的结构所承受的集中荷载应按下式计算：

$$T = 2 \times (Q_D \times L_1 / L_2) \tag{5.2.7}$$

式中：T——支承悬挂机构后支架的结构所承受集中荷载（kN）。

5.2.8 当后支架采用与楼层结构拉结卸荷形式时，支承悬挂机构后支架的结构所承受集中荷载应按下式计算：

$$T = 3 \times (Q_D \times L_1 / L_2) \tag{5.2.8}$$

5.2.9 当支承悬挂机构前后支撑点的结构的强度不能满足使用要求时，应采取加垫板放大受荷面积或在下层采取支顶措施。

5.2.10 固定式悬挂支架（指后支架拉结型）拉结点处的结构应能承受设计拉力；当采用锚固钢筋作为传力结构时，其钢筋直径应大于 16mm；在混凝土中的锚固长度应符合该结构混凝土强度等级的要求。

5.2.11 悬挂吊篮的支架支撑点处结构的承载能力，应大于所选择吊篮各工况的荷载最大值。

5.3 构 造 措 施

5.3.1 高处作业吊篮应由悬挂机构、吊篮平台、提升机构、防坠落机构、电气控制系统、钢丝绳和配套附件、连接件组成。

5.3.2 吊篮平台应能通过提升机构沿动力钢丝绳升降。

5.3.3 吊篮悬挂机构前后支架的间距，应能随建筑物外形变化进行调整。

5.4 安 装

5.4.1 高处作业吊篮安装时应按专项施工方案，在专业人员的指导下实施。

5.4.2 安装作业前，应划定安全区域，并应排除作业障碍。

5.4.3 高处作业吊篮组装前应确认结构件、紧固件已配套且完好，其规格型号和质量应符合设计要求。

5.4.4 高处作业吊篮所用的构配件应是同一厂家的产品。

5.4.5 在建筑物屋面上进行悬挂机构的组装时，作业人员应与屋面边缘保持 2m 以上的距离。组装场地狭小时应采取防坠落措施。

5.4.6 悬挂机构宜采用刚性联结方式进行拉结固定。

5.4.7 悬挂机构前支架严禁支撑在女儿墙上、女儿墙外或建筑物挑檐边缘。

5.4.8 前梁外伸长度应符合高处作业吊篮使用说明书的规定。

5.4.9 悬挑横梁应前高后低，前后水平高差不应大于横梁长度的 2%。

5.4.10 配重件应稳定可靠地安放在配重架上，并应有防止随意移动的措施。严禁使用破损的配重件或其他替代物。配重件的重量应符合设计规定。

5.4.11 安装时钢丝绳应沿建筑物立面缓慢下放至地面，不得抛掷。

5.4.12 当使用两个以上的悬挂机构时，悬挂机构吊点水平间距与吊篮平台的吊点间距应相等，其误差不应大于 50mm。

5.4.13 悬挂机构前支架应与支撑面保持垂直，脚轮不得受力。

5.4.14 安装任何形式的悬挑结构，其施加于建筑物或构筑物支承处的作用力，均应符合建筑结构的承载能力，不得对建筑物和其他设施造成破坏和不良影响。

5.4.15 高处作业吊篮安装和使用时，在 10m 范围内如有高压输电线路，应按照现行行业标准《施工现场临时用电安全技术规范》JGJ 46 的规定，采取隔离措施。

5.5 使 用

5.5.1 高处作业吊篮应设置作业人员专用的挂设安全带的安全绳及安全锁扣。安全绳应固定在建筑物可靠位置上不得与吊篮上任何部位有连接，并应符合下列规定：

 1 安全绳应符合现行国家标准《安全带》GB 6095 的要求，其直径应与安全锁扣的规格相一致；

 2 安全绳不得有松散、断股、打结现象；

 3 安全锁扣的配件应完好、齐全，规格和方向标识应清晰可辨。

5.5.2 吊篮宜安装防护棚，防止高处坠物造成作业人员伤害。

5.5.3 吊篮应安装上限位装置，宜安装下限位装置。

5.5.4 使用吊篮作业时，应排除影响吊篮正常运行的障碍。在吊篮下方可能造成坠落物伤害的范围，应设置安全隔离区和警告标志，人员或车辆不得停留、通行。

5.5.5 在吊篮内从事安装、维修等作业时，操作人员应佩戴工具袋。

5.5.6 使用境外吊篮设备时应有中文使用说明书；产品的安全性能应符合我国的行业标准。

5.5.7 不得将吊篮作为垂直运输设备，不得采用吊篮运送物料。

5.5.8 吊篮内的作业人员不应超过 2 个。

5.5.9 吊篮正常工作时，人员应从地面进入吊篮内，不得从建筑物顶部、窗口等处或其他孔洞处出入吊篮。

5.5.10 在吊篮内的作业人员应佩戴安全帽，系安全带，并应将安全锁扣正确挂置在独立设置的安全绳上。

5.5.11 吊篮平台内应保持荷载均衡，不得超载运行。

5.5.12 吊篮做升降运行时，工作平台两端高差不得超过 150mm。

5.5.13 使用离心触发式安全锁的吊篮在空中停留作业时，应将安全锁锁定在安全绳上；空中启动吊篮时，应先将吊篮提升使安全绳松弛后再开启安全锁。不得在安全绳受力时强行扳动安全锁开启手柄；不得将安全锁开启手柄固定于开启位置。

5.5.14 吊篮悬挂高度在 60m 及其以下的，宜选用长边不大于 7.5m 的吊篮平台；悬挂高度在 100m 及其以下的，宜选用长边不大于 5.5m 的吊篮平台；悬挂高度在 100m 以上的，宜选用不大于 2.5m 的吊篮平台。

5.5.15 进行喷涂作业或使用腐蚀性液体进行清洗作业时，应对吊篮的提升机、安全锁、电气控制柜采取防污染保护措施。

5.5.16 悬挑结构平行移动时，应将吊篮平台降落至地面，并应使其钢丝绳处于松弛状态。

5.5.17 在吊篮内进行电焊作业时，应对吊篮设备、钢丝绳、电缆采取保护措施。不得将电焊机放置在吊篮内；电焊缆线不得与吊篮任何部位接触；电焊钳不得搭挂在吊篮上。

5.5.18 在高温、高湿等不良气候和环境条件下使用吊篮时，应采取相应的安全技术措施。

5.5.19 当吊篮施工遇有雨雪、大雾、风沙及 5 级以上大风等恶劣天气时，应停止作业，并应将吊篮平台停放至地面，应对钢丝绳、电缆进行绑扎固定。

5.5.20 当施工中发现吊篮设备故障和安全隐患时，应及时排除，对可能危及人身安全时，应停止作业，并应由专业人员进行维修。维修后的吊篮应重新进行检查验收，合格后方可使用。

5.5.21 下班后不得将吊篮停留在半空中，应将吊篮放至地面。人员离开吊篮、进行吊篮维修或每日收工后应将主电源切断，并应将电气柜中各开关置于断开位置并加锁。

5.6 拆　除

5.6.1 高处作业吊篮拆除时应按照专项施工方案，并应在专业人员的指挥下实施。

5.6.2 拆除前应将吊篮平台下落至地面，并应将钢丝绳从提升机、安全锁中退出，切断总电源。

5.6.3 拆除支承悬挂机构时，应对作业人员和设备采取相应的安全措施。

5.6.4 拆卸分解后的构配件不得放置在建筑物边缘，应采取防止坠落的措施。零散物品应放置在容器中。不得将吊篮任何部件从屋顶处抛下。

6 外 挂 防 护 架

6.1 荷　载

6.1.1 作用于防护架的荷载可分为永久荷载（即恒载）与可变荷载（即活载）。

6.1.2 永久荷载应包括下列内容：

1 钢结构构件自重；

2 防护架结构自重，包括立杆、纵向水平杆、横向水平杆、剪刀撑和扣件等的自重；

3 构配件自重，包括脚手板、栏杆、挡脚板、安全网等防护设施的自重。

6.1.3 可变荷载应包括下列内容：

1 施工荷载，包括作业层（只限一层）上的作业人员、随身工具的重量，不得大于 $0.8kN/m^2$；

2 风荷载。

6.1.4 荷载标准值应符合下列规定：

1 永久荷载标准值应符合下列规定：

　　1） 钢结构构件的自重标准值，应按其实际自重选取；

　　2） 冲压钢脚手板、木脚手板及竹串片脚手板自重标准值，应按表 6.1.4-1 的规定采用；

表 6.1.4-1 脚手板自重标准值

类　　别	标准值（kN/m²）
冲压钢脚手板	0.30
竹串片脚手板	0.35
木脚手板	0.35

3）栏杆与挡脚板自重标准值，应按表 6.1.4-2 的规定采用；

表 6.1.4-2 栏杆与挡脚板自重标准值

类　　别	标准值（kN/m²）
栏杆、冲压钢脚手板挡板	0.11
栏杆、竹串片脚手板挡板	0.14
栏杆、木脚手板挡板	0.14

4）防护架上设置的安全网等安全设施所产生的荷载应按实际情况采用。

2 施工荷载标准值为 0.8kN/m²。

3 作用于防护架上的水平风荷载标准值，应按下式计算：

$$w_k = \beta_z \cdot \mu_z \cdot \mu_s \cdot w_0 \tag{6.1.4}$$

式中：w_k——风荷载标准值（kN/m²）；

μ_z——风压高度变化系数，应按现行国家标准《建筑结构荷载规范》GB 50009 的规定采用；

μ_s——防护架风荷载体型系数，应按表 6.1.4-3 采用；

w_0——基本风压值按国家标准《建筑结构荷载规范》GB 50009-2001（2006 年版）附表 D.4 中 $n=10$ 年的规定采用。

表 6.1.4-3 防护架的风荷载体型系数

背靠建筑物的状况		全封闭墙	敞开、框架和开洞墙
防护架状况	全封闭、半封闭	1.0ϕ	1.3ϕ
	敞开	μ_{STW}	

注：1 μ_{STW}值可将防护架视为竖向桁架，按现行国家标准《建筑结构荷载规范》GB 50009 的规定计算；

2 ϕ 为挡风系数，$\phi=1.2A_N/A_W$，其中 A_N 为挡风面积；A_W 为迎风面积。ϕ值宜按行业标准《建筑施工扣件式钢管脚手架安全技术规范》JGJ 130-2001 中附录 A 表 A-3 采用。

6.1.5 设计防护架的承重构件时，应根据使用过程中可能出现的荷载取最不利组合进行计算，荷载效应组合应按表 6.1.5 的规定采用。

表 6.1.5 荷载效应组合

计算项目	荷载效应组合
纵、横向水平杆强度与变形	永久荷载＋施工活荷载
竖向桁架、三角臂、架体立杆稳定性	永久荷载＋施工活荷载
	永久荷载＋0.9（施工均布活荷载＋风荷载）取两者最不利情况

6.2 设 计 计 算

6.2.1 设计计算应按下列规定进行：

1 防护架的承载能力应按概率极限状态设计法的要求，采用分项系数设计表达式进行下列设计计算：

    1） 竖向桁架、三角臂及拉杆等钢结构构件的强度计算；

    2） 纵向、横向水平杆等受弯构件的强度和连接扣件抗滑承载力计算；

    3） 竖向桁架、立杆以及三角臂的压杆稳定性计算；

    4） 三角臂及拉杆连接销轴强度计算；

    5） 竖向桁架与三角臂及拉杆、三角臂拉杆连接板焊缝的强度计算；

    6） 预埋件强度的计算。

2 计算构件的强度、稳定性以及预埋件和焊缝强度时，应采用荷载效应组合的设计值。永久荷载分项系数应取 1.2，可变荷载分项系数应取 1.4。

3 防护架中的受弯构件，应验算变形。验算构件变形时，应采用荷载标准值。

4 钢材的强度设计值与弹性模量应按表 6.2.1 的规定采用。

表 6.2.1　钢材的强度设计值（f）与弹性模量（E）

Q235 钢抗拉、抗压和抗弯强度设计值 f（N/mm²）	205
弹性模量 E（N/mm²）	2.06×10^5

6.2.2 竖向桁架、三角臂的计算应符合下列规定：

1 竖向桁架、三角臂中的压杆的稳定性应满足下列公式要求：

不组合风荷载只考虑轴力作用时

$$\frac{N}{\varphi A} \leqslant f \qquad (6.2.2\text{-}1)$$

组合风荷载按压弯构件计算时

$$\frac{N}{\varphi A} + \frac{M_w}{W} \leqslant f \qquad (6.2.2\text{-}2)$$

式中：N——竖向桁架、架体立杆以及三角臂中压杆计算段的轴向力设计值，应按式（6.2.2-4）、式（6.2.2-5）计算；

    M_w——立杆由风荷载设计值产生的弯矩；

    φ——轴心受压构件的稳定系数，应按本规范附录 A 表 A 选取；

    λ——长细比，$\lambda = l_0/i$；

    l_0——杆件计算长度，按现行国家标准《钢结构设计规范》GB 50017 取值；

    i——杆件截面的最小回转半径，应按本规范表 4.2.9 取值；

    A——竖向桁架、架体立杆以及三角臂中压杆的截面面积；

    W——截面模量；

    f——钢材的抗压强度设计值，应按本规范表 6.2.1 取值。

立杆由风荷载设计值产生的弯矩 M_w 按下式计算：

$$M_w = 0.85 \times 1.4 M_{wk} = \frac{0.85 \times 1.4 w_k l_a h^2}{10} \qquad (6.2.2\text{-}3)$$

式中：w_k——风载荷标准值，应按本规范式（6.1.4）计算；

　　l_a——立杆纵距；

　　h——立杆步距。

2 竖向桁架中的立杆以及三角臂中压杆计算段的轴向力设计值（N）应按下列公式计算：

不组合风荷载时：

$$N = 1.2(N_{G1k} + N_{G2k}) + 1.4\Sigma N_{Qk} \tag{6.2.2-4}$$

组合风荷载时：

$$N = 1.2(N_{G1k} + N_{G2k}) + 0.9 \times 1.4\Sigma N_{Qk} \tag{6.2.2-5}$$

式中：N_{G1k}——防护架结构自重标准值产生的轴向力（kN）；

　　N_{G2k}——构配件自重标准值产生的轴向力（kN）；

　　ΣN_{Qk}——施工荷载标准值产生的轴向力总和（kN），内、外立杆应分别计算。

3 竖向桁架中的立杆计算长度及三角臂中压杆计算长度应按现行国家标准《钢结构设计规范》GB 50017 计算。

6.2.3 连墙件及三角臂的强度、稳定性和预埋件强度应按现行国家标准《钢结构设计规范》GB 50017、《冷弯薄壁型钢结构技术规范》GB 50018、《混凝土结构设计规范》GB 50010 等的规定计算。

6.2.4 连墙件的轴向力设计值（N_1）应按下列公式计算：

$$N_1 = N_{Lw} + N_0 \tag{6.2.4-1}$$

$$N_{Lw} = 1.4 \cdot w_k \cdot A_w \tag{6.2.4-2}$$

式中：N_0——连墙件约束脚手架平面外变形所产生的轴向力（kN），取 3；

　　N_{Lw}——由风荷载产生的连墙件轴向力设计值（kN）；

　　A_w——每个连墙件的覆盖面积内，脚手架外侧面的迎风面积（m^2）。

6.3 构 造 措 施

6.3.1 在提升状况下，三角臂应能绕竖向桁架自由转动；在工作状况下，三角臂与竖向桁架之间应采用定位装置防止三角臂转动。

6.3.2 连墙件应与竖向桁架连接，其连接点应在竖向桁架上部并应与建筑物上设置的连接点高度一致。

6.3.3 连墙件与竖向桁架宜采用水平铰接的方式连接，应使连墙件能水平转动。

6.3.4 每一处连墙件应至少有 2 套杆件，每一套杆件应能够独立承受架体上的全部荷载。

6.3.5 每榀竖向桁架的外节点处应设置纵向水平杆，与节点距离不应大于 150mm。

6.3.6 每片防护架的竖向桁架在靠建筑物一侧从底部到顶部，应设置横向钢管且不得少于 3 道，并应采用扣件连接牢固，其中位于竖向桁架底部的一道应采用双钢管。

6.3.7 防护层应根据工作需要确定其设置位置，防护层与建筑物的距离不得大于 150mm。

6.3.8 竖向桁架与架体的连接应采用直角扣件，架体纵向水平杆应搭设在竖向桁架的上面。竖向桁架安装位置与架体主节点距离不得大于 300mm。

6.3.9 架体底部的横向水平杆与建筑物的距离不得大于50mm。

6.3.10 预埋件宜采用直径不小于12mm的圆钢,在建筑结构中的埋设长度不应小于其直径的35倍,其端头应带弯钩。

6.3.11 每片防护架应设置不少于3道水平防护层,其中最底部的一道应满铺脚手板,外侧应设挡脚板。

6.3.12 外挂防护架底层除满铺脚手板外,应采用水平安全网将底层及与建筑物之间全封闭。

6.3.13 防护架构造的基本参数应符合表6.3.13的规定。

表6.3.13　每片防护架构造基本参数

序号	项目	单位	技术指标
1	架体高度	m	≤13.5
2	架体长度	m	≤6.0
3	架体宽度	m	≤1.2
4	架体自重	N	按2.9kN/m×架体长度(m)
5	纵向水平杆步距	m	≤0.9
6	每片架体桁架数	个	2
7	地锚环、拉环钢筋直径	mm	≥12

6.4 安　装

6.4.1 应根据专项施工方案的要求,在建筑结构上设置预埋件。预埋件应经验收合格后方可浇筑混凝土,并应做好隐蔽工程记录。

6.4.2 安装防护架时,应先搭设操作平台。

6.4.3 防护架应配合施工进度搭设,一次搭设的高度不应超过相邻连墙件以上二个步距。

6.4.4 每搭完一步架后,应校正步距、纵距、横距及立杆的垂直度,确认合格后方可进行下道工序。

6.4.5 竖向桁架安装宜在起重机械辅助下进行。

6.4.6 同一片防护架的相邻立杆的对接扣件应交错布置,在高度方向错开的距离不宜小于500mm;各接头中心至主节点的距离不宜大于步距的1/3。

6.4.7 纵向水平杆应通长设置,不得搭接。

6.4.8 当安装防护架的作业层高出辅助架二步时,应搭设临时连墙杆,待防护架提升时方可拆除。临时连墙杆可采用2.5m~3.5m长钢管,一端与防护架第三步相连,一端与建筑结构相连。每片架体与建筑结构连接的临时连墙杆不得少于2处。

6.4.9 防护架应将设置在桁架底部的三角臂和上部的刚性连墙件及柔性连墙件分别与建筑物上的预埋件相连接。根据不同的建筑结构形式,防护架的固定位置可分为在建筑结构边梁处、檐板处和剪力墙处(图6.4.9)。

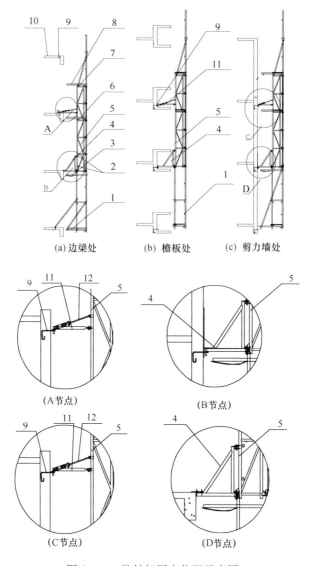

(a)边梁处　　　(b)檐板处　　　(c)剪力墙处

(A节点)　　　　　　　(B节点)

(C节点)　　　　　　　(D节点)

图 6.4.9　防护架固定位置示意图

1—架体；2—连接在桁架底部的双钢管；3—水平软防护；4—三角臂；5—竖向
桁架；6—水平硬防护；7—相邻桁架之间连接钢管；8—施工层水平防护；9—预
埋件；10—建筑物；11—刚性连墙件；12—柔性连墙件

6.5 提 升

6.5.1 防护架的提升索具应使用现行国家标准《重要用途钢丝绳》GB 8918 规定的钢丝绳。钢丝绳直径不应小于 **12.5mm。**

6.5.2 提升防护架的起重设备能力应满足要求，公称起重力矩值不得小于 400kN·m，其额定起升重量的 90% 应大于架体重量。

6.5.3 钢丝绳与防护架的连接点应在竖向桁架的顶部，连接处不得有尖锐凸角等。

6.5.4 提升钢丝绳的长度应能保证提升平稳。

6.5.5 提升速度不得大于 3.5m/min。

6.5.6 在防护架从准备提升到提升到位交付使用前，除操作人员以外的其他人员不得从事临边防护等作业。操作人员应佩带安全带。

6.5.7 当防护架提升、下降时，操作人员必须站在建筑物内或相邻的架体上，严禁站在防护架上操作；架体安装完毕前，严禁上人。

6.5.8 每片架体均应分别与建筑物直接连接；不得在提升钢丝绳受力前拆除连墙件；不得在施工过程中拆除连墙件。

6.5.9 当采用辅助架时，第一次提升前应在钢丝绳收紧受力后，才能拆除连墙杆件及与辅助架相连接的扣件。指挥人员应持证上岗，信号工、操作工应服从指挥、协调一致，不得缺岗。

6.5.10 防护架在提升时，必须按照"提升一片、固定一片、封闭一片"的原则进行，严禁提前拆除两片以上的架体、分片处的连接杆、立面及底部封闭设施。

6.5.11 在每次防护架提升后，必须逐一检查扣件紧固程度；所有连接扣件拧紧力矩必须达到 $40N \cdot m \sim 65N \cdot m$。

6.6 拆 除

6.6.1 拆除防护架的准备工作应符合下列规定：

1 对防护架的连接扣件、连墙件、竖向桁架、三角臂应进行全面检查，并应符合构造要求；

2 应根据检查结果补充完善专项施工方案中的拆除顺序和措施，并应经总包和监理单位批准后方可实施；

3 应对操作人员进行拆除安全技术交底；

4 应清除防护架上杂物及地面障碍物。

6.6.2 拆除防护架时，应符合下列规定：

1 应采用起重机械把防护架吊运到地面进行拆除；

2 拆除的构配件应按品种、规格随时码堆存放，不得抛掷。

7 管 理

7.0.1 工具式脚手架安装前，应根据工程结构、施工环境等特点编制专项施工方案，并应经总承包单位技术负责人审批、项目总监理工程师审核后实施。

7.0.2 专项施工方案应包括下列内容：

1 工程特点；

2 平面布置情况；

3 安全措施；

4 特殊部位的加固措施；

5 工程结构受力核算；

6 安装、升降、拆除程序及措施；

7 使用规定。

7.0.3 总承包单位必须将工具式脚手架专业工程发包给具有相应资质等级的专业队伍，并应签订专业承包合同，明确总包、分包或租赁等各方的安全生产责任。

7.0.4 工具式脚手架专业施工单位应当建立健全安全生产管理制度，制订相应的安全操作规程和检验规程，应制定设计、制作、安装、升降、使用、拆除和日常维护保养等的管理规定。

7.0.5 工具式脚手架专业施工单位应设置专业技术人员、安全管理人员及相应的特种作业人员。特种作业人员应经专门培训，并应经建设行政主管部门考核合格，取得特种作业操作资格证书后，方可上岗作业。

7.0.6 施工现场使用工具式脚手架应由总承包单位统一监督，并应符合下列规定：

1 安装、升降、使用、拆除等作业前，应向有关作业人员进行安全教育；并应监督对作业人员的安全技术交底；

2 应对专业承包人员的配备和特种作业人员的资格进行审查；

3 安装、升降、拆卸等作业时，应派专人进行监督；

4 应组织工具式脚手架的检查验收；

5 应定期对工具式脚手架使用情况进行安全巡检。

7.0.7 监理单位应对施工现场的工具式脚手架使用状况进行安全监理并应记录，出现隐患应要求及时整改，并应符合下列规定：

1 应对专业承包单位的资质及有关人员的资格进行审查；

2 在工具式脚手架的安装、升降、拆除等作业时应进行监理；

3 应参加工具式脚手架的检查验收；

4 应定期对工具式脚手架使用情况进行安全巡检；

5 发现存在隐患时，应要求限期整改，对拒不整改的，应及时向建设单位和建设行政主管部门报告。

7.0.8 工具式脚手架所使用的电气设施、线路及接地、避雷措施等应符合现行行业标准《施工现场临时用电安全技术规范》JGJ 46 的规定。

7.0.9 进入施工现场的附着式升降脚手架产品应具有国务院建设行政主管部门组织鉴定或验收的合格证书，并应符合本规范的有关规定。

7.0.10 工具式脚手架的防坠落装置应经法定检测机构标定后方可使用；使用过程中，使用单位应定期对其有效性和可靠性进行检测。安全装置受冲击载荷后应进行解体检验。

7.0.11 临街搭设时，外侧应有防止坠物伤人的防护措施。

7.0.12 安装、拆除时，在地面应设围栏和警戒标志，并应派专人看守，非操作人员不得入内。

7.0.13 在工具式脚手架使用期间，不得拆除下列杆件：

1 架体上的杆件；

2 与建筑物连接的各类杆件（如连墙件、附墙支座）等。

7.0.14 作业层上的施工荷载应符合设计要求，不得超载。不得将模板支架、缆风绳、泵送混凝土和砂浆的输送管等固定在架体上；不得用其悬挂起重设备。

7.0.15 遇 5 级以上大风和雨天，不得提升或下降工具式脚手架。

7.0.16 当施工中发现工具式脚手架故障和存在安全隐患时，应及时排除，对可能危及人身安全时，应停止作业。应由专业人员进行整改。整改后的工具式脚手架应重新进行验收检查，合格后方可使用。

7.0.17 剪刀撑应随立杆同步搭设。

7.0.18 扣件的螺栓拧紧力矩不应小于 40N·m，且不应大于 65N·m。

7.0.19 各地建筑安全主管部门及产权单位和使用单位应对工具式脚手架建立设备技术档案，其主要内容应包含：机型、编号、出厂日期、验收、检修、试验、检修记录及故障事故情况。

7.0.20 工具式脚手架在施工现场安装完成后应进行整机检测。

7.0.21 工具式脚手架作业人员在施工过程中应戴安全帽、系安全带、穿防滑鞋，酒后不得上岗作业。

8 验 收

8.1 附着式升降脚手架

8.1.1 附着式升降脚手架安装前应具有下列文件：

    1 相应资质证书及安全生产许可证；

    2 附着式升降脚手架的鉴定或验收证书；

    3 产品进场前的自检记录；

    4 特种作业人员和管理人员岗位证书；

    5 各种材料、工具的质量合格证、材质单、测试报告；

    6 主要部件及提升机构的合格证。

8.1.2 附着式升降脚手架应在下列阶段进行检查与验收：

    1 首次安装完毕；

    2 提升或下降前；

    3 提升、下降到位，投入使用前。

8.1.3 附着式升降脚手架首次安装完毕及使用前，应按表 8.1.3 的规定进行检验，合格后方可使用。

8.1.4 附着式升降脚手架提升、下降作业前应按表 8.1.4 的规定进行检验，合格后方可实施提升或下降作业。

8.1.5 在附着式升降脚手架使用、提升和下降阶段均应对防坠、防倾装置进行检查，合格后方可作业。

8.1.6 附着式升降脚手架所使用的电气设施和线路应符合现行行业标准《施工现场临时用电安全技术规范》JGJ 46 的要求。

表 8.1.3 附着式升降脚手架首次安装完毕及使用前检查验收表

工程名称			结构形式	
建筑面积			机位布置情况	
总包单位			项目经理	
租赁单位			项目经理	
安拆单位			项目经理	

序号	检查项目		标　　准	检查结果
1	保证项目	竖向主框架	各杆件的轴线应汇交于节点处,并应采用螺栓或焊接连接,如不交汇于一点,应进行附加弯矩验算	
2			各节点应焊接或螺栓连接	
3			相邻竖向主框架的高差≤30mm	
4		水平支承桁架	桁架上、下弦应采用整根通长杆件,或设置刚性接头;腹杆上、下弦连接应采用焊接或螺栓连接	
5			桁架各杆件的轴线应相交于节点上,并宜用节点板构造连接,节点板的厚度不得小于 6mm	
6		架体构造	空间几何不可变体系的稳定结构	
7		立杆支承位置	架体构架的立杆底端应放置在上弦节点各轴线的交汇处	
8		立杆间距	应符合现行行业标准《建筑施工扣件式钢管脚手架安全技术规范》JGJ 130 中小于等于 1.5m 的要求	
9		纵向水平杆的步距	应符合现行行业标准《建筑施工扣件式钢管脚手架安全技术规范》JGJ 130 中的小于等于 1.8m 的要求	
10		剪刀撑设置	水平夹角应满足 45°~60°	
11		脚手板设置	架体底部铺设严密,与墙体无间隙,操作层脚手板应铺满、铺牢,孔洞直径小于 25mm	
12		扣件拧紧力矩	40N·m~65N·m	
13		附墙支座	每个竖向主框架所覆盖的每一楼层处应设置一道附墙支座	
14			使用工况,应将竖向主框架固定于附墙支座上	
15			升降工况,附墙支座上应设有防倾、导向的结构装置	
16			附墙支座应采用锚固螺栓与建筑物连接,受拉螺栓的螺母不得少于两个或采用单螺母加弹簧垫圈	
17			附墙支座支承在建筑物上连接处混凝土的强度应按设计要求确定,但不得小于 C10	

序号	检查项目		标　　准	检查结果
18	保证项目	架体构造尺寸	架高≤5倍层高	
19			架宽≤1.2m	
20			架体全高×支承跨度≤110m²	
21			支承跨度直线型≤7m	
22			支承跨度折线或曲线型架体，相邻两主框架支撑点处的架体外侧距离≤5.4m	
23			水平悬挑长度不大于2m，且不大于跨度的1/2	
24			升降工况上端悬臂高度不大于2/5架体高度且不大于6m	
25			水平悬挑端以竖向主框架为中心对称斜拉杆水平夹角≥45°	
26		防坠落装置	防坠落装置应设置在竖向主框架处并附着在建筑结构上	
27			每一升降点不得少于一个，在使用和升降工况下都能起作用	
28			防坠落装置与升降设备应分别独立固定在建筑结构上	
29			应具有防尘防污染的措施，并应灵敏可靠和运转自如	
30			钢吊杆式防坠落装置，钢吊杆规格应由计算确定，且不应小于φ25mm	
31			防倾覆装置中应包括导轨和两个以上与导轨连接的可滑动的导向件	
32		防倾覆设置情况	在防倾导向件的范围内应设置防倾覆导轨，且应与竖向主框架可靠连接	
33			在升降和使用两种工况下，最上和最下两个导向件之间的最小间距不得小于2.8m或架体高度的1/4	
34			应具有防止竖向主框架倾斜的功能	
35			应用螺栓与附墙支座连接，其装置与导轨之间的间隙应小于5mm	
36		同步装置设置情况	连续式水平支承桁架，应采用限制荷载自控系统	
37			简支静定水平支承桁架，应采用水平高差同步自控系统，若设备受限时可选择限制荷载自控系统	
38	一般项目	防护设施	密目式安全立网规格型号≥2000目/100cm²，≥3kg/张	
39			防护栏杆高度为1.2m	
40			挡脚板高度为180mm	
41			架体底层脚手板铺设严密，与墙体无间隙	

检查结论				

检查人签字	总包单位	分包单位	租赁单位	安拆单位

符合要求，同意使用（　　　）
不符合要求，不同意使用（　　　）

总监理工程师（签字）：　　　　　　　　　　　　　　　　　　年　　月　　日

注：本表由施工单位填报，监理单位、施工单位、租赁单位、安拆单位各存一份。

表 8.1.4 附着式升降脚手架提升、下降作业前检查验收表

工程名称			结构形式	
建筑面积			机位布置情况	
总包单位			项目经理	
租赁单位			项目经理	
安拆单位			项目经理	

序号	检查项目		标　准	检查结果
1	保证项目	支承结构与工程结构连接处混凝土强度	达到专项方案计算值，且≥C10	
2		附墙支座设置情况	每个竖向主框架所覆盖的每一楼层处应设置一道附墙支座	
3			附墙支座上应设有完整的防坠、防倾、导向装置	
4		升降装置设置情况	单跨升降式可采用手动葫芦；整体升降式应采用电动葫芦或液压设备；应启动灵敏，运转可靠，旋转方向正确；控制柜工作正常，功能齐备	
5		防坠落装置设置情况	防坠落装置应设置在竖向主框架处并附着在建筑结构上	
6			每一升降点不得少于一个，在使用和升降工况下都能起作用	
7			防坠落装置与升降设备应分别独立固定在建筑结构上	
8			应具有防尘防污染的措施，并应灵敏可靠和运转自如	
9			设置方法及部位正确，灵敏可靠，不应人为失效和减少	
10			钢吊杆式防坠落装置，钢吊杆规格应由计算确定，且不应小于ϕ25mm	
11		防倾覆装置设置情况	防倾覆装置中应包括导轨和两个以上与导轨连接的可滑动的导向件	
12			在防倾导向件的范围内应设置防倾覆导轨，且应与竖向主框架可靠连接	
13		防倾覆装置设置情况	在升降和使用两种工况下，最上和最下两个导向件之间的最小间距不得小于2.8 m或架体高度的1/4	
14		建筑物的障碍物清理情况	无障碍物阻碍外架的正常滑升	
15		架体构架上的连墙杆	应全部拆除	
16		塔吊或施工电梯附墙装置	符合专项施工方案的规定	
17		专项施工方案	符合专项施工方案的规定	

续表 8.1.4

序号	检查项目		标　准	检查结果
18	一般项目	操作人员	经过安全技术交底并持证上岗	
19		运行指挥人员、通讯设备	人员已到位，设备工作正常	
20		监督检查人员	总包单位和监理单位人员已到场	
21		电缆线路、开关箱	符合现行行业标准《施工现场临时用电安全技术规范》JGJ 46 中的对线路负荷计算的要求；设置专用的开关箱	
检查结论				

检查人签字	总包单位	分包单位	租赁单位	安拆单位

符合要求，同意使用（　　　）

不符合要求，不同意使用（　　　）

总监理工程师（签字）：　　　　　　　　　　　　　　　　　　　年　　月　　日

注：本表由施工单位填报，监理单位、施工单位、租赁单位、安拆单位各存一份。

8.2　高处作业吊篮

8.2.1　高处作业吊篮在使用前必须经过施工、安装、监理等单位的验收，未经验收或验收不合格的吊篮不得使用。

8.2.2　高处作业吊篮应按表 8.2.2 的规定逐台逐项验收，并应经空载运行试验合格后，方可使用。

表 8.2.2 高处作业吊篮使用验收表

工程名称				结构形式	
建筑面积				机位布置情况	
总包单位				项目经理	
租赁单位				项目经理	
安拆单位				项目经理	

序号	检查部位		检 查 标 准	检查结果
1	保证项目	悬挑机构	悬挑机构的连接销轴规格与安装孔相符并用锁定销可靠锁定	
			悬挑机构稳定，前支架受力点平整，结构强度满足要求	
			悬挑机构抗倾覆系数大于等于2，配重铁足量稳妥安放，锚固点结构强度满足要求	
2		吊篮平台	吊篮平台组装符合产品说明书要求	
			吊篮平台无明显变形和严重锈蚀及大量附着物	
			连接螺栓无遗漏并拧紧	
3		操控系统	供电系统符合施工现场临时用电安全技术规范要求	
			电气控制柜各种安全保护装置齐全、可靠，控制器件灵敏可靠	
			电缆无破损裸露，收放自如	
4		安全装置	安全锁灵敏可靠，在标定有效期内，离心触发式制动距离小于等于200mm，摆臂防倾3°～8°锁绳	
			独立设置锦纶安全绳，锦纶绳直径不小于16mm，锁绳器符合要求，安全绳与结构固定点的连接可靠	
			行程限位装置是否正确稳固，灵敏可靠	
			超高限位器止挡安装在距顶端80cm处固定	
5		钢丝绳	动力钢丝绳、安全钢丝绳及索具的规格型号符合产品说明书要求	
			钢丝绳无断丝、断股、松股、硬弯、锈蚀，无油污和附着物	
			钢丝绳的安装稳妥可靠	
6	一般项目	技术资料	吊篮安装和施工组织方案	
			安装、操作人员的资格证书	
			防护架钢结构构件产品合格证	
			产品标牌内容完整（产品名称、主要技术性能、制造日期、出厂编号、制造厂名称）	
7		防护	施工现场安全防护措施落实，划定安全区，设置安全警示标识	

验收结论				
验收人签字	总包单位	分包单位	租赁单位	安拆单位

监理单位验收：
符合验收程序，同意使用（　　）
不符合验收程序，重新组织验收（　　）

　　总监理工程师（签字）：　　　　　　　　　　　　　年　　月　　日

注：本表由施工单位填报，监理单位、施工单位、租赁单位、安拆单位各存一份。

8.3 外挂防护架

8.3.1 外挂防护架在使用前应经过施工、安装、监理等单位的验收。未经验收或验收不合格的防护架不得使用。

8.3.2 外挂防护架应按表8.3.2的规定逐项验收，合格后方可使用。

表8.3.2 防护架安装及使用验收表

工程名称				结构形式		
建筑面积				机位布置情况		
总包单位				项目经理		
租赁单位				项目经理		
安拆单位				项目经理		
序号	检查项目		检查标准			检查结果
1	保证项目	钢结构构件	桁架安装部位满足要求，工人可以在建筑室内或相邻架体上操作			
			连墙件、三角臂与预埋件连接可靠			
			桁架、三角臂、连墙件无明显变形			
2		封闭情况	架体分片处距离不大于200mm			
			底部封闭不得有大于20mm的孔洞			
			架体分片处底部采用20mm厚模板下加60mm厚以上的木方作加强筋			
3		提升钢丝绳	钢丝绳规格型号符合产品说明书要求			
			钢丝绳无断丝、断股、松股、硬弯、锈蚀，无油污和附着物			
			钢丝绳的安装部位满足产品说明书要求			
4	一般项目	技术资料	防护架安装和施工组织方案			
			安装、操作人员的资格证书			
			技术交底资料、预埋件的隐蔽验收记录			
			产品标牌内容完整（产品名称、主要技术性能、制造日期、出厂编号、制造厂名称）			
5		防护	施工现场安全防护措施落实，划定安全区，设置安全警示标识			
验收结论						
验收人签字	总包单位		分包单位	租赁单位		安拆单位

监理单位验收：
  符合验收程序，同意使用（ ）
  不符合验收程序，重新组织验收（ ）
 	
  总监理工程师（签字）： 年 月 日						

注：本表由施工单位填报，监理单位、施工单位、租赁单位、安拆单位各存一份。

附录 A　Q235-A 钢轴心受压构件的稳定系数

表 A　Q235-A 钢轴心受压构件的稳定系数 φ 表

λ	0	1	2	3	4	5	6	7	8	9
0	1.000	0.997	0.995	0.992	0.989	0.987	0.984	0.981	0.979	0.976
10	0.974	0.971	0.968	0.966	0.963	0.960	0.958	0.955	0.952	0.949
20	0.947	0.944	0.941	0.938	0.936	0.933	0.930	0.927	0.924	0.921
30	0.918	0.915	0.912	0.909	0.906	0.903	0.899	0.896	0.893	0.889
40	0.886	0.882	0.879	0.875	0.872	0.868	0.864	0.861	0.858	0.855
50	0.852	0.849	0.846	0.843	0.839	0.836	0.832	0.829	0.825	0.822
60	0.818	0.814	0.810	0.806	0.802	0.797	0.793	0.789	0.784	0.779
70	0.775	0.770	0.765	0.760	0.755	0.750	0.744	0.739	0.733	0.728
80	0.722	0.716	0.710	0.704	0.698	0.692	0.686	0.680	0.673	0.667
90	0.661	0.654	0.648	0.641	0.634	0.626	0.618	0.611	0.603	0.595
100	0.588	0.580	0.573	0.566	0.558	0.551	0.544	0.537	0.530	0.523
110	0.516	0.509	0.502	0.496	0.489	0.483	0.476	0.470	0.464	0.458
120	0.452	0.446	0.440	0.434	0.428	0.423	0.417	0.412	0.406	0.401
130	0.396	0.391	0.386	0.381	0.376	0.371	0.367	0.362	0.357	0.353
140	0.349	0.344	0.340	0.336	0.332	0.328	0.324	0.320	0.316	0.312
150	0.308	0.305	0.301	0.298	0.294	0.291	0.287	0.284	0.281	0.277
160	0.274	0.271	0.268	0.265	0.262	0.259	0.256	0.253	0.251	0.248
170	0.245	0.243	0.240	0.237	0.235	0.232	0.230	0.227	0.225	0.223
180	0.220	0.218	0.216	0.214	0.211	0.209	0.207	0.205	0.203	0.201
190	0.199	0.197	0.195	0.193	0.191	0.189	0.188	0.186	0.184	0.182
200	0.180	0.179	0.177	0.175	0.174	0.172	0.171	0.169	0.167	0.166
210	0.164	0.163	0.161	0.160	0.159	0.157	0.156	0.154	0.153	0.152
220	0.150	0.149	0.148	0.146	0.145	0.144	0.143	0.141	0.140	0.139
230	0.138	0.137	0.136	0.135	0.133	0.132	0.131	0.130	0.129	0.128
240	0.127	0.126	0.125	0.124	0.123	0.122	0.121	0.120	0.119	0.118
250	0.117	—	—	—	—	—	—	—	—	—

本规范用词说明

1 为了便于在执行本规范条文时区别对待，对要求严格程度不同的用词说明如下：

 1）表示很严格，非这样做不可的：

  正面词采用"必须"；反面词采用"严禁"；

 2）表示严格，在正常情况下均应这样做的用词：

  正面词采用"应"；反面词采用"不应"或"不得"；

 3）表示允许稍有选择，在条件许可时首先应这样做的用词：

  正面词采用"宜"；反面词采用"不宜"；

 4）表示有选择，在一定条件下可以这样做的，采用"可"。

2 条文中指明应按其他有关标准、规范执行的写法为"应按……执行"或"应符合……的规定"。

引 用 标 准 名 录

1 《木结构设计规范》GB 50005

2 《建筑结构荷载规范》GB 50009

3 《混凝土结构设计规范》GB 50010

4 《钢结构设计规范》GB 50017

5 《冷弯薄壁型钢结构技术规范》GB 50018

6 《金属材料　室温拉伸试验方法》GB/T 228

7 《碳素结构钢》GB/T 700

8 《低合金高强度结构钢》GB/T 1591

9 《低压流体输送用焊接钢管》GB/T 3091

10 《碳钢焊条》GB/T 5117

11 《低合金钢焊条》GB/T 5118

12 《六角头螺栓 C 级》GB/T 5780

13 《六角头螺栓》GB/T 5782

14 《钢丝绳用普通套环》GB/T 5974.1

15 《钢丝绳夹》GB/T 5976

16 《安全带》GB 6095

17 《重要用途钢丝绳》GB 8918

18 《胶合板　第 3 部分:普通胶合板通用技术条件》GB/T 9846.3

19 《直缝电焊钢管》GB/T 13793

20 《压铸锌合金》GB/T 13818

21 《钢管脚手架扣件》GB 15831

22 《高处作业吊篮》GB 19155

23 《一般用途钢丝绳》GB/T 20118

24 《焊接钢管尺寸及单位长度重量》GB/T 21835

25 《施工现场临时用电安全技术规范》JGJ 46

26 《建筑施工扣件式钢管脚手架安全技术规范》JGJ 130

中华人民共和国行业标准

建筑施工工具式脚手架安全技术规范

JGJ 202—2010

条 文 说 明

制 订 说 明

《建筑施工工具式脚手架安全技术规范》JGJ 202－2010，经住房和城乡建设部 2010 年 3 月 31 日以第 531 号公告批准、发布。

本规范制订过程中，编制组在全国各地进行了广泛深入的调查研究，总结了我国工程建设中建筑施工安全领域架设设施多年来的使用和发展的实践经验，同时参考了国外先进技术法规、技术标准，如国际劳工组织颁发的《建筑施工安全国际标准》（167 号公约）、德国法兰克福《装配式脚手架技术规范》及日本相关的脚手架标准。另外，主编单位会同参编单位对工具式脚手架进行了大量试验：1. 附着式升降脚手架的单片式主框架偏心吊及空间桁架式主框架中心吊的整体升降试验；2. 电动式、液压式提升设备的整体升降近 50 次试验；3. 摆针式防坠装置及穿心式防坠装置的近 30 次坠落试验；4. 高处作业吊篮分别在 50m～80m 高的建筑物使用及防坠落整体试验；5. 外挂防护架在建筑结构剪力墙及檐板处使用的状况及防坠落试验。从而得到了附着式升降脚手架、高处作业吊篮、外挂防护架的架体结构构造、技术性能和安全条件的重要技术参数。

为便于广大设计、施工、科研、学校等单位有关人员在使用本标准时能正确理解和执行条文规定，《建筑施工工具式脚手架安全技术规范》编制组按章、节、条顺序编制了本规范的条文说明，对条文规定的目的、依据以及执行中需注意的有关事项进行了说明，还着重对强制性条文的强制性理由作了解释。但是，本条文说明不具备与本规范正文同等的法律效力，仅供使用者作为理解和把握规范规定的参考。在使用过程中如果发现本条文说明有不妥之处，请将意见函寄中国建筑业协会建筑安全分会。

目　　次

1 总 则

1.0.1 在我国《中华人民共和国建筑法》、《安全生产法》中都明确规定我国安全生产的方针为"安全第一、预防为主",十六大以后补充为"安全第一、预防为主、综合治理"。编制本规范的目的是为了贯彻"安全第一,预防为主、综合治理"的方针,确保采用工具式脚手架施工时,施工人员及国家财产的安全。

1.0.2 本规范适用于手动、电动和液压三种升降类型的附着式升降脚手架;也适用于简易和智能系统操作的单跨(也有称单片)、整体两类提升的架体;还适用于高处作业吊篮、外挂防护架的设计与施工。

1.0.3 工具式脚手架的设计、构造、安装、拆除、使用及管理牵涉面广,不仅有原材料如钢管、钢丝绳等,尚有半成品、成品如扣件、焊条等,也与其他施工技术和质量评定方面的标准密切相关。因此,凡本规范有规定者,应遵照执行;本规范无规定者,尚应按照国家有关现行标准的规定执行。

2 术语和符号

本章所用的术语和符号是参照我国现行国家标准《工程结构设计基本术语和通用符号》GBJ 132 的规定编写的,并根据需要增加了一些内容。

2.1 术 语

本章给出了本规范有关章节中引用的 31 个术语。本规范的术语是从工具式脚手架的设计与施工的角度赋予其涵义的,但涵义不一定是术语的严密定义。同时还给出了相应的推荐性英文术语,该英文术语不一定是国际上通用的标准术语,仅供参考。

2.2 符 号

本章给出了本规范有关章节中引用的 61 个符号,并分别作出了定义。

3 构配件性能

3.0.1 本条着重提出了附着式升降脚手架和外挂防护架架体用的钢管的材质性能规定。

试验表明,脚手架的承载能力由稳定条件控制,失稳时的临界应力一般低于 100 N/mm^2,采用高强度钢材并不能充分发挥其强度,故本规范采用现行国家标准《碳素结构钢》GB/T 700 中 Q 235-A 级钢，比较经济合理；实际应用中，其材质性能不得低于此标准。

从通用性考虑，本规范采用符合现行国家标准《焊接钢管尺寸及单位长度重量》GB/T 21835 的 ϕ48.3×3.6mm 的钢管。

本条规定了钢管应具备的形状与表面质量，有利于确保钢管的质量。

从经济角度考虑，本规范说明可采用旧钢管，但是必须符合本规范的相应规定。

3.0.2 本条规定了工具式脚手架主要构配件的材质要求，即不低于现行国家标准《碳素结构钢》GB/T 700 中 Q 235-A 级钢的规定。

3.0.3 本条为钢材选用中的温度界限，考虑了钢材的抗脆断性能，是我国实践经验的总结。

3.0.4 本条是对连接扣件的规定，旨在确保连接扣件的质量。

3.0.5 本条是对架体结构的连接材料要求。

手工焊接时焊条型号中关于药皮类型的确定，应按结构的受力情况和重要性区别对待。

自动焊或半自动焊所采用的焊丝和焊剂应符合设计对焊缝金属力学性能的要求。按现行国家标准来选择焊丝和焊剂。

对架体上使用的螺栓和锚栓的性能和规格作了规定。

3.0.6 本条是对脚手板材料选用的界限及质量要求，以确保脚手板方便使用、经济合理、安全可靠。

3.0.7~3.0.13 对高处作业吊篮的构配件作了具体规定，以确保安全使用。

3.0.14 高处作业吊篮多用于装修工程，特别是应对建筑节能的要求，而出现的在外墙表面做保温材料以后，在施工现场应用更加广泛，很多施工单位为节省成本，自行用全钢管绑制吊篮，因此，吊篮坠落事故时有发生，此条是为规范这些行为而提出来的。

3.0.15 本条从影响构配件承载能力和使用功能的因素方面规定了工具式脚手架构配件的报废标准。

4 附着式升降脚手架

4.1 荷 载

4.1.2 荷载标准值

施工活荷载标准值最小值的取值（表 4.1.2-3）在使用情况下按《编制建筑施工脚手架安全技术标准的统一规定》（修订稿）的规定，结构施工时取 3.0kN/m² 按 2 层同时作业计算，装修施工取 2.0kN/m²，按 3 层同时作业计算，但是在升降情况下，根据本规范 4.7.3 条的规定附着升降脚手架操作时严禁操作人员停留在架体上，因此施工活荷载取 0.5kN/m² 按 2 层考虑；装修施工每层活荷载取 0.5kN/m² 按 3 层同时作业考虑。

坠落工况只是使用和升降情况下发生事故之前的瞬间状况，因此在计算防坠落装置时，应按使用和升降两种状况发生坠落的情况考虑，按表 4.1.2-3 的"注"中说明所述，活荷载标准值分两种情况选取。

风荷载标准值 w_k 按现行国家标准《建筑结构荷载规范》GB 50009 的规定计算，由于附着式升降脚手架使用周期一般为一年左右，基本风压值 w_0 按现行国家标准《建筑结构荷载规范》GB 50009 附录表 D.4 取 $n=10$ 的取值，风振系数取 $\beta_z=1$。

密目式安全立网的挡风系数确定为 0.8，是根据上海做的风动实验得出的。上海在风动实验中得出挡风系数为 0.5，又考虑在施工中安全立网网眼积满灰尘，因此，确定为 0.8。

4.1.3 说明荷载分项系数取值，根据现行结构设计规范来选取。

4.1.4 说明采用容许应力法计算时的荷载取值。

4.1.5～4.1.8 荷载效应组合及附加安全系数

计算结构极限状态的承载能力，其荷载基本组合按《建筑结构荷载规范》GB 50009 中的第 3.2.5 条规定选取，可变荷载效应控制的组合按本规范式(4.1.5-1)、式(4.1.5-2) 计算组合值中取最不利的去验算。

附加安全系数，$\gamma_1=1.43$ 的推导如下：

本规范采用"概率极限状态设计法"，并要求结构安全度同以往容许应力方法中采用的安全系数 K 相符合，即 K 值应达到：计算强度时 $K_1 \geqslant 1.5$，计算稳定时 $K_2 \geqslant 2$。因此结构抗力调整系数 r_R 可按承载能力极限状态设计表达式求得：

对轴心受压杆

不组合风荷载时：

$$1.2 S_{GK} + 1.4 S_{QK} \leqslant \frac{\varphi f_k A}{0.9 r_m r'_R} = \frac{\varphi f A}{0.9 r'_R} \tag{1}$$

$$\therefore \qquad \varphi f_k A = 0.9 r_m r'_R (1.2 S_{GK} + 1.4 S_{QK}) \tag{2}$$

为了使 $K_2=2$ 必须满足：

$$\frac{\varphi f_k A}{S_{GK} + S_{QK}} = 2 \quad \therefore \quad \varphi f_k A = 2(S_{GK} + S_{QK}) \tag{3}$$

将式（3）代入式（2）得：

$$2(S_{GK} + S_{QK}) = 0.9 r_m r'_R (1.2 S_{GK} + 1.4_{QK})$$

$$\therefore \qquad r'_R = \frac{2(S_{GK} + S_{QK})}{0.9 \times r_m (1.2 S_{GK} + 1.4 S_{QK})}$$

$$= \frac{2}{1.2 \times 0.9 \times r_m} \times \frac{S_{GK} + S_{QK}}{S_{GK} + \frac{1.4}{1.2} S_{QK}} \tag{4}$$

$$= \frac{2}{1.2 \times 0.9 \times 1.165} \times \frac{\frac{S_{GK}}{S_{GK}} + \frac{S_{QK}}{S_{GK}}}{\frac{S_{GK}}{S_{GK}} + 1.17 \frac{S_{QK}}{S_{GK}}}$$

$$= 1.59 \times \frac{1+\eta}{1+1.17\eta} \tag{5}$$

式中：$\eta = \dfrac{S_{QK}}{S_{GK}}$；

r_m ——钢管的抗力分项系数，$r_m = 1.165$；

r'_R——不组合风荷载时的结构抗力调整系数。

当 $\eta=2\sim3$ 时，可以计算出 $\gamma_1=1.43\sim1.41$。为方便计算，并稍偏于安全，统一取为常数，$\gamma_1=1.43$。由于水平支承桁架与主框架的节点往往在构造上不能达到理想的铰接，因此主框架、附着支承结构、动力设备、吊具等在正常使用情况下应乘以荷载不均匀系数 $\gamma_2=1.3$；在升降工况下（包括升降工况时坠落瞬间），由于不能完全同步升降，有一定的同步差，应乘以不均匀系数 $\gamma_2=2$，坠落的瞬间不取荷载不均匀系数，而取冲击系数 $\gamma_3=2$。

冲击系数是根据在施工现场对附着式升降脚手架做了多次防坠落实验而得到的。在防坠落实验中大部分数据为 1.83、1.82、1.9、1.5 等，而取综合 2。

4.2 设计计算基本规定

4.2.1 此条规定了附着式升降脚手架的设计应符合国家有关现行标准的规定，其中《编制建筑施工脚手架安全技术标准的统一规定》（修订稿）主要是针对脚手架的特点，对脚手架计算的重要性系数、结构强度与压杆稳定计算的安全系数，以及风荷载的计算作出了一些补充规定。

4.2.2 本条明确规定了架体结构承载能力设计计算方法和必须计算的项目。

4.2.3 架体结构构件变形过大会影响脚手架正常安全使用，因此规定要进行变形验收。

4.2.4 钢丝绳等吊具以及升降动力设备的承载能力计算应根据有关机械设计计算方法进行，同时考虑建筑物层高的影响，比如楼层高为 3m 时，架体总高度不超过 15m；当楼层高为 5m 时，架体总高度可达到 23m 左右。考虑到架体总高变化与楼层高度的影响较大，因此层高较大时钢丝绳的安全系数应适当提高。

4.2.5、4.2.6 根据相关的结构设计规范，规定了架体结构构件的长细比及受弯构件的容许变形。

4.2.7~4.2.9 这些条文对螺栓连接强度、扣件承载力、钢管截面特性等作出相应规定。

4.3 构件、结构计算

4.3.1 受弯构件应进行强度和变形计算，根据钢结构设计规范的规定进行计算。

4.3.2 轴心受拉、受压杆件应根据钢结构设计规范进行计算。压杆应进行强度、稳定两项计算。

4.3.3 附着式升降脚手架架体结构的荷载传递过程如下：

施工荷载—→脚手架立杆—→水平支承桁架—→竖向主框架—→附墙支承结构—→所附着的工程结构。

水平支承桁架实际是由内外桁架通过上下弦水平支撑杆件组合而成的空间结构。计算时应按内、外两片平面桁架计算，因为脚手架作业时内、外立杆传下的轴力不同，内外两片桁架的荷载就不同，因此应分别计算内外两片桁架的节点荷载。

脚手架的自重内外排有所不同，外排有剪刀撑、挡脚板、防护栏杆、安全网，内排没有，因此脚手架外排自重较大。但是操作层的脚手板及活荷载却是内排较大，因为脚手架与墙面的空隙处，小横杆一般向外挑约 300mm，因此操作层内外排立杆的荷载分配，应该通过小横杆的支座反力求得。

$$R_A = \left(\frac{\frac{B^2}{2} - \frac{a^2}{2}}{B}\right)q = \left(\frac{B^2 - a^2}{2B}\right)q$$

$$R_B = \left(\frac{\frac{B}{2} + \left(B + \frac{a}{2}\right)}{B}\right)q$$

$$= \frac{B^2 + 2a - b + a^2}{2B} \cdot q = \frac{(B+a)^2}{2B} \cdot q$$

一般脚手架 $B = 0.9\text{m}$ $a = 0.3\text{m}$

$\therefore$
$$R_A = \frac{0.9^2 - 0.3^2}{1.8}q = 0.4q$$

$$R_B = \frac{(0.9 + 0.3)^2}{1.8}q = 0.8q$$

其中 q 为操作层均布荷载设计值。

4.3.4 竖向主框架的计算，其最不利的情况是在使用工况并考虑风荷载的组合时的情况。竖向主框架应设计成桁架，可分单桁架或空间桁架。在主框架所覆盖的每个楼层处都应设置附墙支座，它既是支撑主框架的水平支座，又是架体上的荷载传递到附着建筑物的传力点。

4.3.5 针对附墙支座的受力特点，提出荷载和结构计算的要求。

4.3.6、4.3.7 穿墙螺栓的强度是按照现行国家标准《钢结构设计规范》GB 50017 的规定进行计算的，螺栓孔壁混凝土承压是根据现行国家标准《混凝土结构设计规范》GB 50010 中对局部承压承载力计算公式计算的，根据升降时混凝土螺栓孔壁的局部承压承载力和穿墙螺栓受力的静力平衡原理建立三元一次方程组，求得螺栓对孔壁的局部压力。

$$\begin{cases} R_2 b - N_v (b_1 + c) = 0 \\ R_1 - R_2 - N_v = 0 \\ R_1 (b - b_1) - R_2 b_1 = 0 \end{cases}$$

求解结果如下：

$$\begin{cases} b_1 = \dfrac{\sqrt{b^2 + (b+c)^2} - c}{2} \\ R_2 = \dfrac{b_1 + c}{b} N_v \\ R_1 = R_2 + N_v \end{cases}$$

取 R_2 进行验算：

由 $R_2 \leqslant 1.35 \beta_l f_c A_m$ 得

$$\frac{b_1 + c}{b} N_v \leqslant 1.35 \beta_l f_c (b - b_1) d$$

$$N_v \leqslant 1.35 \frac{b - b_1}{b_1 + c} \beta_l f_c bd$$

引入螺栓孔混凝土受荷计算系数 $\beta_b = \dfrac{b - b_1}{b_1 + c}$

综合施工现场多数情况下的计算值，β_b 在 $0.39 \sim 0.41$ 间，为偏于安全计，取 β_b

＝0.39。

4.3.8～4.3.11 针对导轨（或导向柱）、防坠装置、主框架底座、悬臂梁的受力特点，提出荷载和结构计算的要求。

4.3.12 升降的动力设备，应该按照将整个架体结构提升时的荷载，进行计算。而且还应该考虑在此过程中，如有不同步，还会产生荷载变异，所以应乘以变化系数 $r_2＝2$。

4.3.13 活塞运动的原阻力包括两部分：一部分是油缸以外运动部件的摩擦阻力；还有一部分是油缸活塞与油缸杆密封处的摩擦力。一般取上述两部分摩阻力之和为（0.1～0.2）p_1，为偏于安全取上限 $0.2p_1$，因此 $p_Y＝1.2p_1$

4.3.14 针对建筑物凸出与凹进部分，附着式脚手架应采取针对性的措施，进行专项设计。

4.4 构 造 措 施

4.4.1 本条说明附着式升降脚手架必备的基本构造。

4.4.2 附着式升降脚手架是将落地式双排外脚手架抬到空中来，附着在在建工程上，自行升降，那么架体的整体性能要好，既要符合不倾斜不坠落的安全的要求，又要满足施工作业的需要，因此，本条规定了附着式升降脚手架结构构造的尺寸。

  1 规定了架体的高度，主要考虑了 3 层未拆除模板层的高度和顶部在施楼层以及其上防护栏杆（1.8m）的防护要求，且同时满足底层模板拆除层外围防护的要求，真正达到安全防护的目的，如果高度不够，则不是顶部没有防护就是底部拆模层没有防护；如果高度过大，架体自重也增加，附着支承结构处现浇混凝土的强度无法满足要求。

  2 架体宽度指内外排立杆轴线间的距离；内排立杆距建筑结构不应太大，要考虑减少架体的外倾力矩。

  3 支承跨度本规范较以前要求更加严格，是因为支承跨度是设计计算的重要指标，是有效控制升降动力设备提升力超载现象的重要措施。

  4 一般情况下，架体的端部荷载最大，如果不严格控制则危险性也最大，因此本条规定作出了更严格的规定。

  5 主要考虑由于不同层高建筑使用的附着式升降脚手架高度不同，必须同时控制高度和跨度，确保控制荷载和使用安全。

4.4.3 竖向主框架是附着式升降脚手架重要的承力和稳定构件，架体所有荷载均由其传递给附着支承结构，竖向主框架要求设计为具有足够强度和支撑刚度的空间几何不变体系的稳定结构。

  1 从整体承载和支撑的强度、刚度考虑应设计为整体式结构，为便于安装运输也可设计为分段对接式结构。

  2 指某些采用中心起吊的架体，在吊装悬挑梁行程范围内主框架及架体纵向水平杆必须断开，断开部位必须进行可靠加固。

  3 由于竖向主框架必须通过导轨进行上下运动，进而带动架体升降，某些形式的升降脚手架还可通过导轨传递荷载，故规定主框架内侧应设置导轨，推荐使用导轨与主框架设计为一体结构，其强度、刚度会更高，使用更科学合理。

4.4.4 水平支承桁架是作为承载架体荷载并将其传递给主框架的构件。

1～3 是对水平支承桁架构造设计的要求。

4 考虑主要承受由立杆传递的架体竖向荷载，故要求立杆底端必须放置在上弦节点各轴线的交汇处，确保承传力合理有效。

5 内外排水平支承桁架应构成空间稳定结构，以提高其整体性和稳定性。

6 主要考虑架体在升降过程中，出现高差时，水平支承桁架与主框架的连接节点如果刚性过大，两个升降动力设备中有的提升过快或下降过慢时，都会出现高差，存在安全隐患，为减少提升荷载不均匀的影响，所以应设计为能活动的铰接点。

4.4.5 说明附着支承结构的基本形式、构造和使用要求。这项要求是保证附着式升降脚手架能附着在在建工程上，并沿着支承结构能自行升降的重要措施。只有满足此构造要求，附着式升降脚手架才能在建筑物上生根，才是安全的。

1 附墙支座是承受架体所有荷载并将其传递给在建建筑结构的构件，应于竖向主框架所覆盖的每一楼层处设置一道附墙支座，每一楼层是指已浇灌混凝土且混凝土强度已达到要求的楼层。

2 主要是保证主框架的荷载能直接有效的传递给附墙支座。

3 附墙支座还应具有防倾覆和升降导向的功能。

4 附墙支座与建筑物连接螺栓的使用要求；主要考虑防止受拉端的螺母退出而提出的要求。与混凝土面接触的垫板最小尺寸规定为 100mm×100mm×10mm，过小可能会引起预留孔处混凝土的局部破坏。

5 对建筑结构强度的最低要求。

4.4.6 由于扣件式钢管脚手架有较强的适用性和普遍性，架体构架宜采用，在搭设时应符合现行国家标准《建筑施工扣件式钢管脚手架安全技术规范》JGJ 130 的规定。架体荷载是通过架体构架传递给竖向主框架和水平桁架的，所以架体构架必须与主框架和水平桁架可靠、有效连接。

4.4.7 水平桁架最底层作为整个架体的最后防护必须要求脚手板严密，安全网兜底；由于架体是运动的，水平铺设的脚手板与建筑结构之间无法紧贴，故脚手板与结构间应设置可翻转的密封翻板，达到全封闭的要求。

4.4.8 架体悬臂高度应含一层再施楼层高度和一道防护栏杆高度，出于架体防倾覆和稳定性考虑，高度不得大于架体高度（H）的 2/5 和 6m。

4.4.9 由于受水平支承桁架模数局限和建筑结构变化多样的影响，很多工程水平桁架不能连续设置，此时可局部采用脚手架杆件连接。

4.4.10 物料平台是设置在脚手架外侧的装卸材料的平台，如将它与附着式升降脚手架相连接，就会给附着式升降脚手架造成了一个向外翻的荷载，严重地影响了架体的安全，因此，两者应严格独立使用。

4.4.11 在遇到塔吊、施工电梯、物料提升机的附墙支撑和物料平台时架体必须断开或开洞，断开或开洞处应按照临边、洞口的防护要求进行防护。

4.4.12 剪刀撑对附着式升降脚手架架体的整体稳定、防止安全事故的发生起重要的作用。若剪刀撑连接立杆太小，未与竖向主框架、水平支承桁架和架体连成一体，则纵向支撑刚度较差，故对剪刀撑跨度和水平夹角作了规定。

4.4.13 附着式升降脚手架架体结构在与附墙支座的连接处、架体上提升机构的设置处、架体上防坠及防倾装置的设置处、架体吊拉点设置处，因承受架体集中荷载较大，容易变形或损坏，因此本条规定在这些位置应设计有加强构造措施；另外在架体平面的转角处、架体因碰到塔吊、施工升降机、物料平台等设施而需要断开或开洞处等，因架体断开变成悬挑，亦规定应采取加强措施，如斜拉、斜撑等。

4.4.14 本条主要是针对附着式升降脚手架的安全防护方面作出规定。具体说明如下：

1 架体外侧满挂密目安全网，可有效防止物件掉落。

2 作业层外侧设置防护栏杆和挡脚板，为防止施工人员坠落。

3 对作业层脚手板作出相应规定。

4.4.15 本条主要是对附着式升降脚手架构配件的制作质量提出要求，从设计图纸、工艺文件、工装、原辅材料、检验规程等作出较详细的规定，以确保使用安全。

4.4.16 由于每一竖向主框架均承受架体荷载，故在升降工况下，每个竖向主框架处必须设置升降动力设备；电动葫芦或电动液压设备已是目前通用的较成熟的产品。

在升降工况下，架体所有荷载全部由升降动力设备和固定处的建筑结构承受，所以安全可靠的设备、连接、结构必不可少。

4.4.17 两主框架间架体都是用扣件式钢管脚手架搭设的，应该按现行国家标准《建筑施工扣件式钢管脚手架安全技术规范》JGJ 130 的要求搭设。

4.5 安 全 装 置

4.5.1 这条提出了对附着式升降脚手架的安全装置的基本要求。附着式升降脚手架使用、升降工况都是由附墙支座固定在工程结构上，依靠自身的升降设备，可随工程结构施工逐层爬升、固定、下降，因此附着式升降脚手架必须配置可靠的防倾覆、防坠落和同步升降控制等安全防护装置，以确保附着式升降脚手架在各种工况下都能具有不倾翻、不坠落的安全可靠性。

4.5.2 本条是针对防倾覆装置的设置要求作出的具体规定。

1、2 附着式升降脚手架附着在建筑物上，架体偏心受力，因此必须设置防倾覆装置，且该装置必须有可靠的刚度和足够的强度，故规定防倾覆装置中，必须包括防倾覆导轨和两个以上与防倾覆导轨连接的可滑动的导向件，同时要求在防倾导向件的范围内必须设置防倾覆导轨，且必须与竖向主框架可靠连接。

3 防倾覆装置中导向件和工程结构连接的螺栓受力与上下两个导向件距离成反比，本条从导向件与工程结构的连接螺栓受力综合考虑，规定最上和最下两个导向件之间的最小间距不得小于 2.8m 或架体高度的 1/4，有条件时尽可能大。

4 防倾覆装置中的防倾覆导轨与竖向主框架必须可靠连接，在防倾覆导轨和竖向主框架满足刚度的要求下，必须保证防倾覆装置中的导向件通过螺栓连接固定在附墙支座上，且不能前后、左右移动，从而保证具有防止竖向主框架前、后、左、右倾斜的功能。

5 附着式升降脚手架的垂直度主要是由防倾覆装置来控制的，而防倾覆装置中导向件与导轨之间的最大间隙确定了附着式升降脚手架的垂直度，本着安全、可靠的原则规定了防倾覆装置中导向件与导轨之间的最大间隙应小于 5mm。

4.5.3 防坠落装置是防止附着式升降脚手架在各种工况下坠落的一种安全防护措施，必须保证该装置万无一失。本条是针对防坠落装置的设置要求和对防坠落装置本身的要求作出详细规定，应严格执行：

1 防坠落装置必须与附着式升降脚手架可靠连接，其连接处的刚度和强度应满足设计要求，由于架体坠落时冲击荷载较大，而竖向主框架承受冲击荷载的能力相对较好，故本规范规定防坠落装置设置在竖向主框架处，且每一升降动力设备处不得少于一个防坠落装置，防坠落装置在使用和升降工况下均必须起作用。

2 为了保证防坠落装置具有高可靠性，规定防坠落装置必须是机械式的全自动装置，严禁使用每次升降都需重组的受人为因素影响很大的手动装置。

3 防坠落装置的性能应满足当架体坠落时，对与他相邻的升降动力设备和附墙支座产生的冲击荷载不能过大的要求；架体坠落时，其防坠装置制动距离大小确定了与他相邻的升降动力设备和附墙支座产生附加冲击荷载。本着安全、可靠的原则，表4.5.3具体规定了制动距离。

4 防坠落装置如受到各种尘埃等的污染，就不能灵敏可靠和运转自如，也就失去了防坠落的作用。

5 若升降动力设备和防坠落装置设置在同一套附墙装置上时，当动力设备故障，使附墙装置断裂坠落时，造成防坠落装置同时坠落。为使防坠落装置能充分发挥作用，不受升降设备的影响，本条规定升降动力设备与防坠落装置必须分别独立固定在两套附墙装置上。

6 出于安全的考虑，对于钢吊杆式防坠落装置，钢吊杆的规格应由计算确定，且不应小于 $\phi25mm$。

4.5.4 同步控制装置是用来控制多个升降设备在同时升降时，出现的不同步的状态的设施。附着式升降脚手架在升降工况时架体均在动态状况下，安全、可靠性相对较差，因此必须加强对提升设备提升力、提升高差等状况进行监管、控制，以防止升降设备因荷载不均匀而造成超载，进而引发升降设备故障的情况发生。故附着式升降脚手架升降时必须安装有同步控制装置，以确保升降时升降设备的安全、可靠性。

附着式升降脚手架必须设置有监控升降控制系统，通过监控各升降设备间的升降差或荷载来控制架体升降，该系统还应具有升降差超限或超载、欠载报警停机功能。条件许可的，可采用计算机同步自动控制，该装置能够全面自动调整和均衡各机位的升降速度、提升力，从而达到同步升降目的，进而提高升降设备的可靠性。

同步控制装置一般分为限制荷载和控制水平高差两类。

为了避免升降时因不同步而造成的架体坠落事故，规定了该两种同步控制装置必须具有的功能。

4.6 安　装

4.6.1 对附着式升降脚手架保证安全施工提出的基本的要求，目的是因为每个工程的结构有每个工程的特殊性，因此应由具有相应资质等级的专业承包单位编写有针对性的专项施工方案，并在具体施工实施过程中严格按专项施工方案贯彻和执行。

4.6.2 附着式升降脚手架在现场组装时，必须设置安装平台。搭设的安装平台必须有保障施工人员安全的防护设施；保证平台水平精度和足够的承载能力。

4.6.3～4.6.9 附着式升降脚手架的安装质量对今后的使用安全特别重要。为保证附着式升降脚手架的安装质量，本条对附着支承结构和建筑结构的混凝土强度、预留预埋件、架体结构、升降机构、升降动力设备、安全保险装置、安全控制系统等作出了各项规定，安装时应认真执行。

4.7 升　降

4.7.1　针对我国附着式升降脚手架有单跨式和整体式，单跨式架体升降时对同步升降要求不高，可采用手动升降设备；整体式附着式升降脚手架升降时，各个机位同步升降的要求较高，必须采用电动或液压升降动力设备。

4.7.2　附着式升降脚手架升降工况时架体与附着支承结构是动态配合，架体竖向荷载是通过升降动力设备中的附着支承结构传到建筑结构上，而升降系统可靠是确保附着式升降脚手架安全的首要条件。为保证升降系统的安全可靠，本条规定在升、降前应按表8.1.4进行严格检查，检查合格后方可进行升降。

4.7.3　升降操作是附着式升降脚手架使用安全的关键环节，为保证附着式升降脚手架升降时的安全及升降到位后使用时的安全，本条对升降操作及升降到位后的固定作出了各项规定，目的是确保在附着式升降脚手架升降操作过程中得到严格贯彻实施和执行。

4.7.4～4.7.8　本条是为避免附着式升降脚手架升降到位后，架体结构和建筑主体结构必须连接可靠，各种安全防护措施应及时恢复到位。如在没有进行检查验收就投入使用，极有可能发生安全事故。同时在恶劣天气时，如进行架体升降作业，存在各种不可意料的安全隐患，也极有可能引发安全事故，故本条又规定在上述天气时严禁进行升降作业。

4.8 使　用

4.8.1　附着式升降脚手架是附着在建筑结构上的高空悬挂设备，在设计上对其使用范围有较高要求，本条规定旨在保证架体上的使用荷载控制在设计规定范围内，并有效避免在架体上堆放集中荷载。

4.8.2　附着式升降脚手架架体内不可避免的存留有较多建筑垃圾和各种各样的杂物，如不及时清理，既增加了架体荷载，又有可能掉落伤人损物而发生事故，为避免上述情形的发生，制订本条规定。

4.8.3　本条规定严禁在附着式升降脚手架使用过程中进行存在严重不安全因素的作业，旨在确保附着式升降脚手架的使用安全，必须认真执行。具体说明如下：

在附着式升降脚手架架体上吊运物料会损坏架体，或因堆放吊运物料形成集中荷载而压垮架体。

在附着式升降脚手架架体上拉结吊装缆绳（索），会造成因吊装缆绳（索）受力不确定拉翻架体发生塌架事故。

附着式升降脚手架架体结构件和连接件，是根据设计要求设置的，各个架体结构和连接件均有其特定的作用，任意拆除会使其受力发生变化、连接强度降低，从而会降低架体的承载能力而存在安全隐患，产生不安全因素。

架体上的安全防护设施是为确保使用安全设置的，是必不可少的，任意拆除或移动将存在安全隐患而发生安全事故。

利用附着式升降脚手架架体支撑模板，会超出附着式升降脚手架的设计规定，如支撑模板在混凝土浇灌时产生的极大侧压力传到架体上，会造成架体结构损坏或局部垮架。

4.8.4 附着式升降脚手架停用期间，维护保养会相对减小；因此本条规定在停用超过 3 个月时，应提前对附着式升降脚手架进行加固措施，如增加临时拉结、抗上翻装置、固定所有构件等，确保停工期间的安全。

4.8.5 本条规定旨在避免附着式升降脚手架停用后或遇 6 级以上大风天气后，未经检查直接复工使用。架体因停工或遇 6 级以上大风天气后，可能存在变形、损坏，安全防护构件锈蚀，脚手板腐蚀等安全隐患，不经检查直接复工会引发安全事故。

4.8.6 螺栓连接件、升降设备、防倾装置、防坠落装置、电控设备、同步控制装置是确保附着式升降脚手架使用安全的重要构件。本条规定对上述构件每月进行一次维护保养旨在保证它们的工作可靠性。

4.9 拆　　除

4.9.1 本条规定旨在说明附着式升降脚手架有时是在高空进行拆除作业，因此必须按专项施工方案中的拆架要求及安全操作规程案进行。

4.9.2 对所有作业人员进行安全技术交底，是保证安全生产的必要条件。

4.9.3 本条明确规定了附着式升降脚手架拆除时必须设有安全防护措施。

4.9.4 本条明确规定了附着式升降脚手架拆除工作必须白天进行，遇有恶劣天气时严禁进行拆除作业。

5 高 处 作 业 吊 篮

5.1 荷　　载

5.1.1 吊篮用作施工脚手架时的承载能力，应按脚手架的受力分析进行荷载统计。恒荷载包括：吊篮自重、钢丝绳（工作绳和保险绳）、悬挂支架、配重块。

5.1.2 在生产厂家的产品使用说明书中应提供相应数据。

5.1.3 施工活荷载标准值 q_k^l，根据目前市场上较为常见的产品的额定载荷确定。由于产品的额定载荷没有详细说明荷载的作用形式（如集中荷载、均布荷载、作用位置等），本条限制为按均布荷载 $1kN/m^2$ 考虑。产品的额定载荷与此数值不符，应按产品的额定载荷确定施工活荷载的标准值 q_k^l，但不能大于 $1kN/m^2$。吊篮内的施工活荷载，一般应均匀分布。如果吊篮使用时，有明显不平衡荷载分布（如位于建筑物角部的吊篮，进行墙角部位安装作业，需要多人合作时的情况），应折算为受力较大一侧的动力钢丝绳所受荷载进行核定。

5.1.4、5.1.5 吊篮作业属施工风险较大的作业方式。使用中，不良气候条件对设备安全的影响较大。吊篮作业应符合现行国家标准《高处作业吊篮》GB 19155 的规定。

5.2 设 计 计 算

5.2.1 吊篮是定型产品，设计时是按单系数的容许应力方法进行计算的。为与之相协调，又与脚手架受力计算的荷载体系相吻合，在进行动力钢丝绳核算时，荷载采用标准值，取单一安全系数9。

5.2.2、5.2.3 吊篮动力钢丝绳的承载能力在使用前是应该进行核算的。本条规定核算钢丝绳时，应同时考虑竖向荷载和水平荷载。水平荷载只考虑风荷载。

5.2.4 不同产品的电动吊篮动力钢丝绳的规格不同，核算吊篮动力钢丝绳强度后，应与钢丝绳的破断拉力进行对比。

5.2.5 电动吊篮一般采用可移动式的悬挂支架支撑在建筑物上。为保证吊篮使用安全，支撑悬挂支架的建筑结构应坚固、稳定；同时，吊篮悬挂支架的使用，也不应对提供支撑力的建筑物造成损坏。

5.2.6 电动吊篮一般采用可移动式的悬挂支架支撑在建筑物上。吊篮适于安装在平屋顶（或楼层楼板）上。移动式的悬挂支架由一根水平梁和前、后支架组成，其受力简图如图1所示。为了更好地发挥材料性能，还可以将前支架升起来作为支点，设置拉杆拉结吊篮吊点和后支架。使水平梁形成桁架，其受力简图如图2所示。移动式的悬挂支架往往在前、后支架装有轮子，使得移动和拆装方便。对投入使用的上人屋面面层构造和防水层影响较小，适用于装修和修缮改造工程。

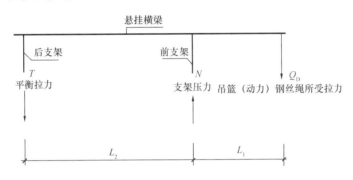

图1 移动式悬挂支架的受力分析示意图

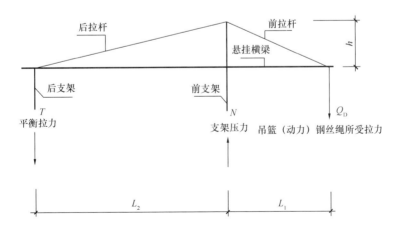

图2 （设置拉杆）移动式悬挂支架的受力分析示意图

5.2.7 支撑悬挂机构前支架支撑点应该能承受由吊篮通过支撑传来的集中荷载。对于采用平衡重的悬挂机构，支承后支架的支撑点，也应该能承受由支架传来的集中荷载。

5.2.8 由于施工条件限制，结构无法支撑悬挂机构的后支架，或结构承受不住后支架平衡压重时，可以在后支架位置设置拉结点，将吊篮工作时所需平衡拉力，用拉杆传递到结构上。固定式的悬挂机构，可将后支架拉杆用钢丝绳或钢筋连接在结构预埋吊环上，也可将悬挂钢梁平放在结构屋面楼面，后支架位置直接插入结构预埋吊环内，其受力简图如图3所示。

采用钢筋、钢丝绳索拉住后支架的绳索固定点位置的结构，所受到的是拉应力，必须校核此部位承载能力。绳索和结构均应满足所需承载能力的要求。

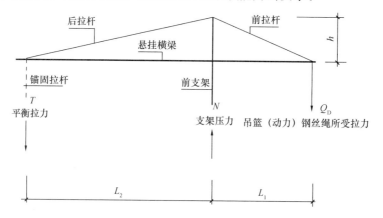

图 3 （设置拉杆）固定式悬挂支架的受力分析示意图

5.2.9 当支撑悬挂支架的前后支撑点的结构强度，不能满足安装要求时，应在受力点下方设置厚度不小于50mm的垫木或在下层结构加支撑回顶，防止结构受损。

5.2.10 采取绳索拉结方式固定后支架时，如将绳索锚固在混凝土的钢筋上，钢筋直径要适当加大，在混凝土中的锚固长度要符合要求。

5.2.11 为规范吊篮安全使用的各个环节，应当明确对悬挂支架支撑点处结构的承载能力进行核定。吊篮使用说明书中，列有各不同工况条件下的荷载值（含自重和施工荷载）等技术参数，支承结构的承载能力应大于此技术参数。所选择的吊篮型号应与结构承载能力相适应。

5.3 构 造 措 施

5.3.1、5.3.2 规定了高处作业吊篮的组成和基本运动。

5.3.3 吊篮悬挂机构的安装，原则上应与吊篮工作面相垂直，但在转角、弧形等部位时，吊篮悬挂机构往往不能与吊篮工作面垂直，形成一定夹角，悬挂机构的抗倾覆力矩会随之发生变化，为保证抗倾覆力矩不降低，应调整前后支架间距。

5.4 安 装

5.4.1 应按照专项安装施工方案对参加安装的施工人员进行安全交底，明确分工，并指导安装人员操作。

5.4.2 应对吊篮作业区域进行清理。

5.4.3 高处作业吊篮进场前，应核实确认构建筑物的承载能力，并根据施工要求对吊篮的各种工况进行受力分析，核定所选用吊篮的技术参数。

5.4.4 为避免选用不同的厂家产品，带来的构件不匹配造成的安全隐患。所有零部件应符合质量要求，规格应符合使用说明书的配置要求。

5.4.5、5.4.6、5.4.8、5.4.9 悬挂机构的安装是吊篮安装的重点环节，应在专业人员的带领、指导下进行，以确保安装正确；并应确保其在受到外力影响或吊篮升降过程中产生振动时，不致造成位移或失稳倾覆。

5.4.7 女儿墙或建筑物挑檐边承受不了吊篮的荷载，因此不能作为悬挂机构的支撑点。

5.4.10 配重件是吊篮安全使用的重要措施，必须加以重点控制。

5.4.11 保证安装过程中的安全，钢丝绳严禁抛掷。

5.4.12 悬挂机构吊点水平间距与吊篮平台的吊点间距过大，吊篮平台升至顶端时，通过钢丝绳传递的水平拉力会破坏悬挂机构的稳定性。

5.4.13 悬挂机构上的脚轮是为方便吊篮做平行位移而设置的，其本身承载能力有限，如吊篮荷载传递到脚轮就会产生集中荷载易对建筑物产生局部破坏，当悬挂机构受外力牵拉或频繁振动时，易发生位置移动，也使得吊篮无法保持平衡，晃动的吊篮会威胁施工人员的安全。

5.4.14 悬挂机构的前后支点对建筑物施加的集中载荷，可能会对建筑物产生不良影响，应与结构工程师或业主核实建筑物的承载能力，对建筑物的承载能力进行验算。

5.4.15 为避免因误操作造成悬挂机构坠落和触电事故，吊篮的拆卸不得带电作业。拆卸时应首先将吊篮平台与悬挂机构分离，再分别拆卸。

5.5 使 用

5.5.1 安全绳应使用专业生产劳动保护用品的厂家按现行国家标准《安全带》GB 6095 的规定而生产的锦纶绳。使用中的安全绳长度应自固定结点至地面，绳结在非外力作用下不得松开。在建筑物拐角处应对安全绳采取保护措施。

5.5.2 安装防护棚的目的是防止高处坠物造成对作业人员的伤害。

5.5.3 安装上限位装置的目的是防止吊篮在上升过程中出现冒顶现象。

5.5.4、5.5.5 由于吊篮使用单位或操作人员对吊篮产品和吊篮施工的特点缺少系统的了解，使用过程中存在大量违章操作和事故隐患，故对吊篮的操作加以规范。

5.5.6 目前存在打着某国和某地区的招牌引进吊篮产品的现象，这些产品既无产地标准，也无操作规程。因此要求在使用国外或境外吊篮产品时，应充分了解其产品性能、技术参数、配件明细、安装要点、操作方法、故障处置和维护保养方法，否则极易发生事故。

5.5.7 用吊篮运输物料易超载，造成吊篮翻转或坠落事故。

5.5.8 主要是考虑吊篮作业面小，出现坠落事故时，减少人员伤亡，将上人数量控制在2人。

5.5.9、5.5.10 对吊篮使用中的注意事项进行了规定。

5.5.11 避免荷载不均衡、超载运行造成吊篮倾覆事故。

5.5.12、5.5.16 规定了吊篮安全使用的保证措施。

5.5.17 本条说明了3个方面的含义：

　　1）在吊篮内施焊前，应提前采用石棉布等将电焊火花的迸溅范围遮挡严密，防

止电焊火花将吊篮设备、钢丝绳烧毁;

2) 电焊机不得放在吊篮内是为防止电焊机的电源线接触吊篮,以免发生触电;

3) 电焊机把线(二次线)也有80V,也不是安全电压,那么,这条把线也应通过瓷夹或其他绝缘措施与吊篮接触,以免电线破皮漏电,使吊篮带电,发生触电事故。

5.5.18～5.5.21 明确了吊篮在高温、雨雪天气、发现故障及下班后的安全使用保证措施。

5.6 拆 除

5.6.1～5.6.4 对吊篮拆除中的安全注意事项进行了规定。

6 外挂防护架

6.1 荷 载

6.1.1～6.1.5 本条对防护架的荷载作了规定。由于防护架只在建筑主体施工阶段起防护作用,不作为结构承重架和装修架使用,考虑到工人临边施工时需要站在防护架上,因此考虑使用荷载为 $0.8kN/m^2$,并只限单层使用。

6.2 设 计 计 算

6.2.1 本条对防护架的设计计算内容作了基本规定。

6.2.2 本条对防护架的主要钢结构构件竖向桁架、三角臂的计算公式进行说明。

6.2.3 本条对防护架的钢结构构件连墙件及三角臂的强度、稳定性计算依据进行了规定。

6.3 构 造 措 施

6.3.1 本条规定三角臂在提升状态下应能绕竖向桁架旋转,是考虑到建筑物上存在檐板等凸出物,三角臂如能绕竖向桁架旋转就可以避开这类凸出物,防止提升过程中三角臂与其发生碰撞,以保证顺利提升;工作状况下,由于三角臂直接承受由竖向桁架传递来的荷载,因此在这种情况下,三角臂与竖向桁架之间必须有定位装置防止三角臂转动,否则整个防护架就不是一个稳定结构了。

6.3.2、6.3.3 对防护架的三角臂与竖向桁架、竖向桁架与连墙件的连接方式作了规定,主要是考虑到在使用中方便工人操作。

6.3.4 本条规定保证防护架结构安全。每一个连墙点要求由两套连墙件,每一套均能独立承受架体上的全部荷载,这样,即使有一套失效,另一套仍然可以发挥作用,防止防护架发生倾覆、坠落事故,保证防护架结构安全。

6.3.5～6.3.12 对防护架的构造方式进行了规定。

6.3.13 本条对防护架的构造参数进行了规定。

6.4 安　　装

6.4.1 本条强调对预埋件应当进行验收后再浇筑混凝土，确保安全。

6.4.3、6.4.4、6.4.6 主要规定了对防护架架体的搭设应符合《建筑施工扣件式钢管脚手架安全技术规范》JGJ 130 的要求。

6.4.7～6.4.9 对防护架的安装注意事项进行了规定和说明。

6.5 提　　升

6.5.1 本条规定了防护架的提升索具。钢丝绳作为柔性提升索具，具有方便使用的优点；规定钢丝绳直径至少采用 12.5mm，是考虑到其承载能力足以确保防护架提升安全，满足钢丝绳安全系数 $K=10$ 的要求。

6.5.2～6.5.4 对钢丝绳的连接点和长度以及提升速度作了规定。

6.5.5、6.5.6、6.5.8、6.5.9 从安全角度考虑，对提升防护架的注意事项作了说明。

6.5.7 本条规定防护架处于运行状态下严禁上人，是考虑到提升状态下，如果防护架上有人，当防护架发生摇晃或者是起重机械发生故障或者是提升钢丝绳断裂时，会造成高空坠落的事故，因此严禁在提升时操作人员站在防护架上。为保证安全，操作人员应站在建筑物内或相邻的架体上进行操作。未安装完成的架体上人，也存在同样危险。

6.5.10 本条规定了防护架提升的原则，是保证其他未处于提升状态的防护架仍然处于正常的工作状态，防止在此期间，物料、工具及人员从防护架上坠落，导致安全事故的发生。

6.5.11 本条规定了对防护架连接件紧固的要求，防护架的部分架体是用扣件固定在竖向桁架上的，为防止防护架上的扣件由于提升而发生滑移造成节点松动，使架体垮塌，必须按照每次提升后逐一检查，并达到扣件的螺栓拧紧力矩 40N·m～65N·m 的规定。

6.6 拆　　除

6.6.1 本条对拆除防护架的准备工作作了规定。

6.6.2 本条对拆除防护架的注意事项作了说明。

7 管　　理

7.0.1 本条是依据国务院第 393 号令《建设工程安全生产管理条例》中的第十七条、二十六条的规定提出的，是控制工具式脚手架使用安全的一项重要措施，也是当前施工现场存在的一大通病，因没有专项施工方案或不按方案实施是造成事故的重要原因之一。

7.0.2 明确了工具式脚手架专项施工方案应包括的内容。

7.0.3 依据国务院第 393 号令《建设工程安全生产管理条例》第二十四条的规定，进一步明确了总包与专业承包单位的安全责任。当前建筑施工中很多总包单位为了降低成本，将工具式脚手架发包给没有资质的工程队伍，这些无资质队伍为了减少投入，连必要的防坠落、防倾覆、同步装置都不使用，这也是当前造成脚手架事故的主要原因之一。本条规定总包和分包单位的安全生产责任，使其各尽其责，切实保证安全生产是十分必要的。

7.0.4、7.0.5 此两条是工具式脚手架专业承包单位应当履行的职责。

7.0.6 依据国务院第393号令《建设工程安全生产管理条例》第二十一条规定，根据多年来施工现场的经验和教训，细化了总包单位的责任。

7.0.7 依据国务院第393号令《建设工程安全生产管理条例》第十四条规定，结合施工现场的管理经验，进一步细化了监理单位的责任。

7.0.8 与工具式脚手架相关的电器设施等都应执行现行国家标准《施工现场临时用电安全技术规范》JGJ 46。

7.0.9 本条是原建设部发布的《建筑施工附着升降脚手架管理暂行规定》（建建［2000］230号）中确定的，也是依据国务院第393号令《建设工程安全生产管理条例》的要求作出的；自1999年以来，原建设部科技司已将工具式脚手架列为部级产品鉴定的项目，2004年后，又将原鉴定改为产品验收。

7.0.10~7.0.20 条文是对工具式脚手架的使用所作的具体规定。

7.0.21 在工具式脚手架上作业为高处作业，所以作业人员必须遵守高处作业规定。

8 验 收

8.1 附着式升降脚手架

8.1.1 对附着式升降脚手架验收应具备的技术文件进行了规定。

1 依据国务院令第397号《安全生产许可证条例》及建设部令第128号《建筑施工企业安全生产许可证管理规定》，对建筑施工等高危行业的企业施行安全生产许可证制度，附着式升降脚手架企业属于规定范围内的企业，必须办理安全生产许可证，无安全生产许可证（未办理的、发生事故被暂扣的等）不得承揽工程，因此在施工前必须出示安全生产许可证。

2 在《建筑施工安全检查标准》JGJ 59-99及《建筑施工附着升降脚手架管理暂行规定》（建建［2000］230号）均明确提出附着升降脚手架必须经过国务院建设行政主管部门组织鉴定，原建设部科技司一直支持这项工作，自1999年以来对附着升降脚手架组织专家鉴定，并发放部级产品鉴定证书。2003年后，国家科委取消了对新产品的鉴定，但建设部科技司考虑到附着升降脚手架属于高危产品，事故多发，各地不同程度地存在的不规范产品是造成事故的主要原因，因此保留了这个做法，只是将其改为按照计划内项目验收的程序，组织专家对产品进行验收并发放部级产品验收证书。

8.1.2 本条对附着式升降脚手架验收时间进行了规定。

8.1.3~8.1.6 条文对附着式升降脚手架的各个验收项目的内容进行了规定。

8.2 高 处 作 业 吊 篮

8.2.1 高处作业吊篮中的作业人员始终处在高空、动态、悬空的环境中，吊篮的安装质量直接关系到作业人员的生命安全，因此使用前的验收至关重要。

8.2.2 本条对高处作业吊篮的各个验收项目的内容进行了规定。

8.3 外 挂 防 护 架

8.3.1 规定外挂防护架必须进行验收后才能使用。

8.3.2 本条对外挂防护架的各个验收项目的内容进行了规定。

中华人民共和国行业标准

建筑施工承插型盘扣式钢管支架
安全技术规程

Technical specification for safety of disk lock
steel tubular scaffold in construction

JGJ 231—2010

批准部门：中华人民共和国住房和城乡建设部
施行日期：2 0 1 1 年 1 0 月 1 日

中华人民共和国住房和城乡建设部
公　告

第 807 号

关于发布行业标准《建筑施工承插型
盘扣式钢管支架安全技术规程》的公告

现批准《建筑施工承插型盘扣式钢管支架安全技术规程》为行业标准，编号为 JGJ 231-2010，自 2011 年 10 月 1 日起实施。其中，第 3.1.2、6.1.5、9.0.6、9.0.7 条为强制性条文，必须严格执行。

本规程由我部标准定额研究所组织中国建筑工业出版社出版发行。

中华人民共和国住房和城乡建设部

2010 年 11 月 17 日

前　　言

根据住房和城乡建设部《关于印发〈2008 年工程建设标准规范制订、修订计划（第一批）的通知》（建标〔2008〕102 号）的要求，规程编制组经广泛调查研究，认真总结实践经验，参考有关国际标准和国外先进标准，并在广泛征求意见的基础上，制定本规程。

本规程的主要技术内容是：1　总则；2　术语和符号；3　主要构配件的材质及制作质量要求；4　荷载；5　结构设计计算；6　构造要求；7　搭设与拆除；8　检查与验收；9　安全管理与维护；以及相关附录。

本规程中以黑体字标志的条文为强制性条文，必须严格执行。

本规程由住房和城乡建设部负责管理和对强制性条文的解释，由南通新华建筑集团有限公司负责具体技术内容的解释。执行过程中如有意见或建议，请寄送南通新华建筑集团有限公司（地址：江苏省南通市通州区新金路 34 号，邮编：226300）。

本 规 程 主 编 单 位：南通新华建筑集团有限公司
无锡市锡山三建实业有限公司

本 规 程 参 编 单 位：东南大学

　　　　　　　　　无锡速接系统模板有限公司

　　　　　　　　　无锡速捷脚手架工程有限公司

　　　　　　　　　无锡速建脚手架工程技术有限公司

　　　　　　　　　无锡市前友工程咨询检测有限公司

　　　　　　　　　北京捷安建筑脚手架有限公司

　　　　　　　　　上海市建工设计研究院

本规程主要起草人员：易杰祥　郭正兴　邹　明　武　雷　钱云皋　戴俊萍　董克林

　　　　　　　　　徐宏均　沈高传　陈安英　邬建华　钱新华　陈传为　严　训

　　　　　　　　　许　强　朱　军

本规程主要审查人员：赵玉章　应惠清　姜传库　孙宗辅　刘新玉　卓　新　阎　琪

　　　　　　　　　胡全信　程　杰

目　　次

Contents

1 总 则

1.0.1 为在承插型盘扣式钢管支架的设计、施工与验收中，贯彻执行国家现行安全生产的法律、法规，确保施工人员安全，做到技术先进、经济合理、安全适用，制定本规程。

1.0.2 本规程适用于建筑工程和市政工程等施工中采用承插型盘扣式钢管支架搭设的模板支架和脚手架的设计、施工、验收和使用。

1.0.3 承插型盘扣式钢管双排脚手架高度在 24m 以下时，可按本规程的构造要求搭设；模板支架和高度超过 24m 的双排脚手架应按本规程的规定对其结构构件及立杆地基承载力进行设计计算，并应根据本规程规定编制专项施工方案。

1.0.4 承插型盘扣式钢管支架的设计、施工、验收和使用除应符合本规程外，尚应符合国家现行有关标准的规定。

2 术 语 和 符 号

2.1 术 语

2.1.1 承插型盘扣式钢管支架 disk lock steel tubular scaffold

立杆采用套管承插连接，水平杆和斜杆采用杆端扣接头卡入连接盘，用楔形插销连接，形成结构几何不变体系的钢管支架。承插型盘扣式钢管支架由立杆、水平杆、斜杆、可调底座及可调托座等构配件构成。根据其用途可分为模板支架和脚手架两类。

2.1.2 立杆 standing tube

杆上焊接有连接盘和连接套管的竖向支撑杆件。

2.1.3 连接盘 disk plate

焊接于立杆上可扣接 8 个方向扣接头的八边形或圆环形孔板。

2.1.4 盘扣节点 disk-pin joint node

支架立杆上的连接盘与水平杆、斜杆杆端上的插销连接的部位。

2.1.5 立杆连接套管 connect collar

焊接于立杆一端，用于立杆竖向接长的专用外套管。

2.1.6 立杆连接件 pin for collar

将立杆与立杆连接套管固定防拔脱的专用部件。

2.1.7 水平杆 ledger

两端焊接有扣接头，且与立杆扣接的水平杆件。

2.1.8 扣接头 wedge head

位于水平杆或斜杆杆件端头，用于与立杆上的连接盘扣接的部件。

2.1.9 插销 wedge

固定扣接头与连接盘的专用楔形部件。

2.1.10 斜杆 diagonal brace

与立杆上的连接盘扣接的斜向杆件，分为竖向斜杆和水平斜杆两类。

2.1.11 可调底座 base jack

安装在立杆底端可调节高度的底座。

2.1.12 可调托座 U-head jack

安装在立杆顶端可调节高度的顶托。

2.1.13 挂扣式钢梯 ladder

挂扣在支架水平杆上供施工人员上下通行的爬梯。

2.1.14 挑架 side bracket

与立杆上连接盘扣接的侧边悬挑三角形桁架。

2.1.15 挂扣式钢脚手板 steel deck

挂扣在支架上的钢脚手板。

2.1.16 连墙件 anchoring

将脚手架与建筑物主体结构连接的构件。

2.1.17 双槽钢托梁 double channel steel beam

两端搁置在立杆连接盘上的模板支架专用横梁。

2.1.18 垫板 base plate

设于底座下的支承板。

2.1.19 挡脚板 toe board

设于脚手架作业层外侧底部的专用防护件。

2.1.20 步距 lift height

同一立杆跨距内相邻水平杆竖向距离。

2.2 符 号

2.2.1 荷载和荷载效应

F_R——作用在连接盘上的竖向力设计值；

M_w——风荷载设计值产生的弯矩；

M_R——设计荷载下模板支架抗倾覆力矩；

M_T——设计荷载下模板支架倾覆力矩；

N——立杆轴向力设计值；

N_k——立杆传至基础顶面的轴向力标准组合值；

N_{G1K}——脚手架立杆承受的结构自重标准值产生的轴向力；

N_{G2K}——构配件自重标准值产生的立杆轴向力；

ΣN_{GK}——永久荷载标准值产生的立杆轴向力总和；

ΣN_{QK}——可变荷载标准值产生的立杆轴向力总和；

N_0——连墙件约束脚手架平面外变形所产生的轴向力；

N_l——连墙件轴向力设计值；

N_{lw}——风荷载产生的连墙件轴向力设计值；

p_k——相应于荷载效应标准组合时，立杆基础底面处的平均压力；

w_k——风荷载标准值；

w_0——基本风压；

σ——弯曲正应力。

2.2.2 材料性能和抗力

E——钢材的弹性模量；

f——钢材的抗拉、抗压、抗弯强度设计值；

f_g——地基承载力特征值；

Q_b——连接盘抗剪承载力设计值；

R_c——扣件抗滑承载力设计值；

$[v]$——受弯构件容许挠度。

2.2.3 几何参数

A——立杆横截面面积；

A_n——连墙件的净截面面积；

H_l——连墙件竖向间距；

L_l——连墙件水平间距；

I——钢管截面惯性矩；

W——杆件截面模量；

a——模板支架可调托座支撑点至顶层水平杆中心线的距离，或者可调底座支撑点至底层水平杆中心线的距离；

h——相邻水平杆竖向步距（以立杆上的连接盘间距为模数）；

h'——顶层或底层水平杆步距（以立杆上的连接盘间距为模数）；

i——杆件截面回转半径；

l_a——立杆纵距；

l_b——立杆横距；

l_0——立杆计算长度。

2.2.4 计算系数

μ_s——支架风荷载体型系数；

μ_z——风压高度变化系数；

η——考虑模板支架稳定因素的单杆计算长度系数；

μ——考虑脚手架整体稳定因素的单杆计算长度系数；

k——模板支架悬臂端计算长度折减系数；

φ——轴心受压构件稳定系数；

λ——杆件长细比；

$[\lambda]$——杆件容许长细比。

3 主要构配件的材质及制作质量要求

3.1 主 要 构 配 件

3.1.1 盘扣节点应由焊接于立杆上的连接盘、水平杆杆端扣接头和斜杆杆端扣接头组成（图3.1.1）。

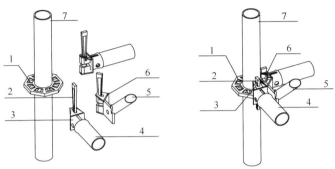

图 3.1.1 盘扣节点

1—连接盘；2—插销；3—水平杆杆端扣接头；

4—水平杆；5—斜杆；6—斜杆杆端扣接头；7—立杆

3.1.2 插销外表面应与水平杆和斜杆杆端扣接头内表面吻合，插销连接应保证锤击自锁后不拔脱，抗拔力不得小于**3kN**。

3.1.3 插销应具有可靠防拔脱构造措施，且应设置便于目视检查楔入深度的刻痕或颜色标记。

3.1.4 立杆盘扣节点间距宜按0.5m模数设置；横杆长度宜按0.3m模数设置。

3.1.5 主要构配件种类、规格宜符合附录A表A-1的要求。

3.2 材 料 要 求

3.2.1 承插型盘扣式钢管支架的构配件除有特殊要求外，其材质应符合现行国家标准《低合金高强度结构钢》GB/T 1591、《碳素结构钢》GB/T 700以及《一般工程用铸造碳钢件》GB/T 11352的规定，各类支架主要构配件材质应符合表3.2.1的规定。

表 3.2.1 承插型盘扣式钢管支架主要构配件材质

立杆	水平杆	竖向斜杆	水平斜杆	扣接头	立杆连接套管	可调底座、可调托座	可调螺母	连接盘、插销
Q345A	Q235A	Q195	Q235B	ZG230-450	ZG230-450或20号无缝钢管	Q235B	ZG270-500	ZG230-450或 Q235B

3.2.2 钢管外径允许偏差应符合表3.2.2的规定，钢管壁厚允许偏差应为±0.1mm。

表 3.2.2　钢管外径允许偏差（mm）

外径 D	外径允许偏差
33、38、42、48	+0.2 −0.1
60	+0.3 −0.1

3.2.3 连接盘、扣接头、插销以及可调螺母的调节手柄采用碳素铸钢制造时，其材料机械性能不得低于现行国家标准《一般工程用铸造碳钢件》GB/T 11352 中牌号为 ZG 230 - 450 的屈服强度、抗拉强度、延伸率的要求。

3.3　制作质量要求

3.3.1 杆件焊接制作应在专用工艺装备上进行，各焊接部位应牢固可靠。焊丝宜采用符合现行国家标准《气体保护电弧焊用碳钢、低合金钢焊丝》GB/T 8110 中气体保护电弧焊用碳钢、低合金钢焊丝的要求，有效焊缝高度不应小于 3.5mm。

3.3.2 铸钢或钢板热锻制作的连接盘的厚度不应小于 8mm，允许尺寸偏差应为 ±0.5mm；钢板冲压制作的连接盘厚度不应小于 10mm，允许尺寸偏差应为 ±0.5mm。

3.3.3 铸钢制作的杆端扣接头应与立杆钢管外表面形成良好的弧面接触，并应有不小于 500mm² 的接触面积。

3.3.4 楔形插销的斜度应确保楔形插销楔入连接盘后能自锁。铸钢、钢板热锻或钢板冲压制作的插销厚度不应小于 8mm，允许尺寸偏差应为 ±0.1mm。

3.3.5 立杆连接套管可采用铸钢套管或无缝钢管套管。采用铸钢套管形式的立杆连接套管长度不应小于 90mm，可插入长度不应小于 75mm；采用无缝钢管套管形式的立杆连接套管长度不应小于 160mm，可插入长度不应小于 110mm。套管内径与立杆钢管外径间隙不应大于 2mm。

3.3.6 立杆与立杆连接套管应设置固定立杆连接件的防拔出销孔，销孔孔径不应大于 14mm，允许尺寸偏差应为 ±0.1mm；立杆连接件直径宜为 12mm，允许尺寸偏差应为 ±0.1mm。

3.3.7 连接盘与立杆焊接固定时，连接盘盘心与立杆轴心的不同轴度不应大于 0.3mm；以单侧边连接盘外边缘处为测点，盘面与立杆纵轴线正交的垂直度偏差不应大于 0.3mm。

3.3.8 可调底座和可调托座的丝杆宜采用梯形牙，A 型立杆宜配置 $\phi48$ 丝杆和调节手柄，丝杆外径不应小于 46mm；B 型立杆宜配置 $\phi38$ 丝杆和调节手柄，丝杆外径不应小于 36mm。

3.3.9 可调底座的底板和可调托座托板宜采用 Q235 钢板制作，厚度不应小于 5mm，允许尺寸偏差应为 ±0.2mm，承力面钢板长度和宽度均不应小于 150mm；承力面钢板与丝杆应采用环焊，并应设置加劲片或加劲拱度；可调托座托板应设置开口挡板，挡板高度不应小于 40mm。

3.3.10 可调底座及可调托座丝杆与螺母旋合长度不得小于 5 扣，螺母厚度不得小于 30mm，可调托座和可调底座插入立杆内的长度应符合本规程第 6.1.5 条的规定。

3.3.11 主要构配件的制作质量及形位公差要求，应符合本规程附录 A 表 A-2 的规定。

3.3.12 可调托座、可调底座承载力，应符合本规程附录 A 表 A-3 的规定。

3.3.13 挂扣式钢脚手板承载力，应符合本规程附录 A 表 A-4 的规定。

3.3.14 构配件外观质量应符合下列要求：

1 钢管应无裂纹、凹陷、锈蚀，不得采用对接焊接钢管；

2 钢管应平直，直线度允许偏差应为管长的 1/500，两端面应平整，不得有斜口、毛刺；

3 铸件表面应光滑，不得有砂眼、缩孔、裂纹、浇冒口残余等缺陷，表面粘砂应清除干净；

4 冲压件不得有毛刺、裂纹、氧化皮等缺陷；

5 各焊缝有效高度应符合本规程第 3.3.1 条的规定，焊缝应饱满，焊药应清除干净，不得有未焊透、夹渣、咬肉、裂纹等缺陷；

6 可调底座和可调托座表面宜浸漆或冷镀锌，涂层应均匀、牢固；架体杆件及其他构配件表面应热镀锌，表面应光滑，在连接处不得有毛刺、滴瘤和多余结块；

7 主要构配件上的生产厂标识应清晰。

4 荷 载

4.1 荷 载 分 类

4.1.1 作用于模板支架和脚手架上的荷载，可分为永久荷载和可变荷载两类。

4.1.2 模板支架的永久荷载可分为下列荷载：

1 模板自重应包括模板和模板支承梁的自重；

2 模板支架自重应包括立杆、水平杆、斜杆和构配件自重；

3 作用在模板上的新浇筑混凝土和钢筋自重。

4.1.3 模板支架的可变荷载可分为下列荷载：

1 作用在支架结构顶部模板面上的施工作业人员、施工设备、超过浇筑构件厚度的混凝土料堆放荷载；

2 作用在支架结构顶部的泵送混凝土、倾倒混凝土等未预见因素产生的水平荷载；

3 风荷载。

4.1.4 脚手架的永久荷载可分为下列荷载：

1 脚手架架体自重；

2 脚手板、挡脚板、护栏、安全网等配件自重。

4.1.5 脚手架的可变荷载可分为下列荷载：

1 施工活荷载，包括作业层上的操作人员、存放材料、运输工具及小型工具等；

2 风荷载。

4.2 荷 载 标 准 值

4.2.1 模板支架永久荷载标准值取值应符合下列规定：

1 模板自重标准值应根据混凝土结构模板设计图纸确定。对肋形楼板及无梁楼板的模板自重标准值可按表 4.2.1 的规定确定。

表 4.2.1　楼板模板自重标准值（kN/m²）

模板构件名称	木模板	定型钢模板
平板的模板及小楞	0.30	0.50
楼板模板（包括梁模板）	0.50	0.75

2 支架的架体自重标准值应按支模方案及本规程附录 A 表 A-1 计算确定。

3 新浇筑混凝土自重标准值，对普通梁钢筋混凝土自重可采用 25.5kN/m³，对普通板钢筋混凝土自重可采用 25.1kN/m³，对特殊钢筋混凝土结构应根据实际情况确定。

4.2.2 模板支架可变荷载标准值取值应符合下列规定：

1 作用在模板支架上的施工人员及设备荷载标准值可按实际情况计算，一般情况下可取 3.0kN/m²；

2 泵送混凝土、倾倒混凝土等未预见因素产生的荷载等，其水平荷载标准值可取 2% 的垂直永久荷载标准值，并应以线荷载的形式水平作用在架体顶部；

3 作用在支架上的风荷载标准值应按下式计算：

$$w_k = \mu_z \mu_s w_0 \qquad (4.2.2)$$

式中：w_k——风荷载标准值（kN/m²）；

μ_z——风压高度变化系数，应按本规程附录 B 确定；

μ_s——支架风荷载体型系数，应按本规程第 4.2.3 条采用；

w_0——基本风压值（kN/m²），应按现行国家标准《建筑结构荷载规范》GB 50009 的规定采用，取重现期 $n=10$ 对应的风压值，但不得小于 0.3kN/m²。

4.2.3 支架风荷载体型系数应符合表 4.2.3 的规定。

表 4.2.3　支架风荷载体型系数 μ_s

背靠建筑物状况		全封闭墙	敞开、框架和开洞墙
支架状况	全封闭、半封闭	1.0ϕ	1.3ϕ
	敞开	μ_{stw}	

注：1　μ_{stw} 值可将支架视为桁架，按现行国家标准《建筑结构荷载规范》GB 50009 的规定计算；

　　2　ϕ 为挡风系数，$\phi=1.2A_n/A_w$，其中 $1.2A_n$ 为挡风面积；A_w 为迎风面积；

　　3　密目式安全立网全封闭脚手架挡风系数 ϕ 不宜小于 0.8。

4.2.4 脚手架架体自重标准值应按支架搭设尺寸确定。

4.2.5 脚手架配件自重标准值，可按下列规定采用：

1 木脚手板、钢脚手板、竹笆片自重标准值可按 0.35kN/m² 取值；

2 作业层的栏杆与挡脚板自重标准值可按 0.17kN/m 取值；

3 脚手架外侧满挂密目式安全立网自重标准值可按 0.01kN/m² 取值。

4.2.6 脚手架的施工荷载标准值，应符合下列规定：

1 装修与结构脚手架作业层上的施工均布活荷载标准值，应按表 4.2.6 采用，其他用途脚手架的施工均布活荷载标准值，应根据实际情况确定；

2 操作层均布施工荷载标准值，应根据脚手架的用途，按表4.2.6确定；

3 脚手架同时施工的操作层层数应按实际计算，作业层不宜超过2层。

表 4.2.6　施工均布活荷载标准值

类　　别	标准值（kN/m²）
防护脚手架	1
装修脚手架	2
结构脚手架	3

4.2.7 作用于脚手架上的风荷载标准值应按本规程第4.2.2条计算。

4.3　荷载的分项系数

4.3.1 计算模板支架及脚手架构件承载力（抗弯、抗剪、稳定性）时的荷载设计值，应取其标准值乘以荷载的分项系数，分项系数应符合下列规定：

1 永久荷载的分项系数，取1.2；计算结构抗倾覆稳定且对结构有利时，取0.9；

2 可变荷载的分项系数，取1.4。

4.3.2 计算模板支架及脚手架构件变形（挠度）时的荷载设计值，应取其标准值乘以荷载的分项系数，各类荷载分项系数均取1.0。

4.4　荷　载　效　应　组　合

4.4.1 设计模板支架及脚手架承重构件时，应根据使用过程中可能出现的荷载取其最不利荷载效应组合进行计算，荷载效应组合宜按表4.4.1采用。

表 4.4.1　荷载效应组合

计算项目	荷载效应组合	
	模板支架	脚手架
立杆稳定	永久荷载＋施工均布荷载	永久荷载＋施工均布荷载
	永久荷载＋0.9（施工均布荷载＋风荷载）	永久荷载＋0.9（施工均布荷载＋风荷载）
支架抗倾覆稳定	永久荷载＋0.9（施工均布荷载＋未预见因素产生的水平荷载）	—
水平杆承载力与变形	永久荷载＋施工均布荷载	永久荷载＋施工均布荷载
连墙件承载力	—	风荷载＋3.0kN

5　结　构　设　计　计　算

5.1　基　本　设　计　规　定

5.1.1 结构设计应依据现行国家标准《建筑结构可靠度设计统一标准》GB 50068、《建筑结构荷载规范》GB 50009、《钢结构设计规范》GB 50017和《冷弯薄壁型钢结构技术规范》GB 50018的规定，采用概率极限状态设计法，采用分项系数的设计表达式。

5.1.2 模板支架应进行下列设计计算：

1 模板支架的稳定性计算；

2 独立模板支架超出规定高宽比时的抗倾覆验算；

3 纵、横向水平杆及竖向斜杆的承载力计算；

4 通过立杆连接盘传力的连接盘抗剪承载力验算；

5 立杆地基承载力计算。

5.1.3 脚手架应进行下列设计计算：

1 立杆的稳定性计算；

2 纵、横向水平杆的承载力计算；

3 连墙件的强度、稳定性和连接强度的计算；

4 立杆地基承载力计算。

5.1.4 承插型盘扣式钢管支架的架体结构设计应保证整体结构形成几何不变体系。

5.1.5 当模板支架搭设成双向均有竖向斜杆的独立方塔架形式时（图5.1.5），可按带有斜腹杆的格构柱结构形式进行计算分析。

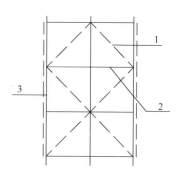

图 5.1.5 独立方塔架

1—斜杆；2—水平杆；3—立杆

5.1.6 模板支架应通过立杆顶部插入可调托座传递水平模板上的各项荷载，水平杆的步距应根据模板支架设计计算确定。

5.1.7 模板支架立杆应为轴心受压形式，顶部模板支撑梁应按荷载设计要求选用。混凝土梁下及楼板下的支撑杆件应用水平杆件连成一体。

5.1.8 当杆件变形量有控制要求时，应按正常使用极限状态验算其变形量。受弯构件的挠度不应超过表5.1.8中规定的容许值。

表 5.1.8 受弯构件的容许挠度

构件类别	容许挠度 $[v]$
受弯构件	$l/150$ 和 10mm

注：l 为受弯构件跨度。

5.1.9 模板支架立杆长细比不得大于150，脚手架立杆长细比不得大于210；其他杆件中的受压杆件长细比不得大于230，受拉杆件长细比不得大于350。

5.1.10 双排脚手架立杆不考虑风荷载时，应按承受轴向荷载杆件计算；当考虑风荷载时，应按压弯杆件计算。

5.2 地基承载力计算

5.2.1 立杆底部地基承载力应满足下列公式的要求：

$$p_{\mathrm{k}} \leqslant f_{\mathrm{g}} \tag{5.2.1-1}$$

$$p_{\mathrm{k}} = \frac{N_{\mathrm{k}}}{A_{\mathrm{g}}} \tag{5.2.1-2}$$

式中：p_{k}——相应于荷载效应标准组合时，立杆基础底面处的平均压力（kPa）；

N_k——立杆传至基础顶面的轴向力标准组合值（kN）；

A_g——可调底座底板对应的基础底面面积（m^2）；

f_g——地基承载力特征值（kPa），应按现行国家标准《建筑地基基础设计规范》GB 50007 的规定确定。

5.2.2 当支架搭设在结构楼面上时，应对支承架体的楼面结构进行承载力验算，当不能满足承载力要求时应采取楼面结构下方设置附加支撑等加固措施。

5.3 模 板 支 架 计 算

5.3.1 支架立杆轴向力设计值应按下列公式计算：

不组合风荷载时：

$$N = 1.2\Sigma N_{GK} + 1.4\Sigma N_{QK} \qquad (5.3.1\text{-}1)$$

组合风荷载时：

$$N = 1.2\Sigma N_{GK} + 0.9 \times 1.4\Sigma N_{QK} \qquad (5.3.1\text{-}2)$$

式中：N——立杆轴向力设计值（kN）；

ΣN_{GK}——模板及支架自重、新浇筑混凝土自重和钢筋自重标准值产生的轴向力总和（kN）；

ΣN_{QK}——施工人员及施工设备荷载标准值和风荷载标准值产生的轴向力总和（kN）。

5.3.2 模板支架立杆计算长度应按下列公式计算，并应取其中的较大值：

$$l_0 = \eta h \qquad (5.3.2\text{-}1)$$

$$l_0 = h' + 2ka \qquad (5.3.2\text{-}2)$$

式中：l_0——支架立杆计算长度（m）；

a——支架可调托座支撑点至顶层水平杆中心线的距离（m）；

h——支架立杆中间层水平杆最大竖向步距（m）；

h'——支架立杆顶层水平杆步距（m），宜比最大步距减少一个盘扣的距离；

η——支架立杆计算长度修正系数，水平杆步距为 0.5m 或 1m 时，可取 1.60；水平杆步距为 1.5m 时，可取 1.20；

k——悬臂端计算长度折减系数，可取 0.7。

5.3.3 立杆稳定性应按下列公式计算：

不组合风荷载时：

$$\frac{N}{\varphi A} \leqslant f \qquad (5.3.3\text{-}1)$$

组合风荷载时：

$$\frac{N}{\varphi A} + \frac{M_W}{W} \leqslant f \qquad (5.3.3\text{-}2)$$

式中：M_W——计算立杆段由风荷载设计值产生的弯矩（kN·m），可按本规程式（5.4.2-2）计算；

f——钢材的抗拉、抗压和抗弯强度设计值（N/mm^2），应按本规程附录 C 表 C-1 采用；

φ——轴心受压构件的稳定系数，应根据立杆长细比 $\lambda = \dfrac{l_0}{i}$ 按本规程附录 D

取值；

W ——立杆截面模量（cm³），应按本规程附录 C 表 C-2 采用；

A ——立杆的截面积（cm²），应按本规程附录 C 表 C-2 采用。

5.3.4 盘扣节点连接盘的抗剪承载力应按下式计算：

$$F_R \leqslant Q_b \tag{5.3.4}$$

式中：F_R——作用在盘扣节点处连接盘上的竖向力设计值（kN）；

Q_b——连接盘抗剪承载力设计值（kN），可取 40kN。

5.3.5 高度在 8m 以上，高宽比大于 3，四周无拉结的高大模板支架的独立架体，整体抗倾覆稳定性应按下式计算：

$$M_R \geqslant M_T \tag{5.3.5}$$

式中：M_R——设计荷载下模板支架抗倾覆力矩（kN·m）；

M_T——设计荷载下模板支架倾覆力矩（kN·m）。

5.4 双排外脚手架计算

5.4.1 无风荷载时，立杆承载验算应符合下列要求：

1 立杆轴向力设计值应按下式计算：

$$N = 1.2(N_{G1K} + N_{G2K}) + 1.4 \Sigma N_{QK} \tag{5.4.1-1}$$

式中：N_{G1K}——脚手架结构自重标准值产生的轴力（kN）；

N_{G2K}——构配件自重标准值产生的轴力（kN）；

ΣN_{QK}——施工荷载标准值产生的轴向力总和（kN），内外立杆可按一纵距（跨）内施工荷载总和的 1/2 取值。

2 立杆计算长度应按下式计算：

$$l_0 = \mu h \tag{5.4.1-2}$$

式中：h——脚手架水平杆竖向最大步距（m）；

μ——考虑脚手架整体稳定性的立杆计算长度系数，应按表 5.4.1 确定。

表 5.4.1 脚手架立杆计算长度系数

类　别	连墙件布置	
	2 步 3 跨	3 步 3 跨
双排架	1.45	1.70

3 立杆稳定性应按本规程式（5.3.3-1）、（5.3.3-2）计算。

5.4.2 采用组合风荷载时，立杆承载力应按下列公式计算：

1 立杆轴向力设计值：

$$N = 1.2(N_{G1K} + N_{G2K}) + 0.9 \times 1.4 \Sigma N_{QK} \tag{5.4.2-1}$$

2 立杆段风荷载作用弯矩设计值：

$$M_W = 0.9 \times 1.4 M_{WK} = \frac{0.9 \times 1.4 w_k l_a h^2}{10} \tag{5.4.2-2}$$

3 立杆稳定性：

$$\frac{N}{\varphi A} + \frac{M_W}{W} \leqslant f \tag{5.4.2-3}$$

式中：ΣN_{Qk}——施工荷载标准值产生的轴向力总和，内、外立杆各按一纵距内施工荷载总和的1/2取值；

   M_{WK}——由风荷载产生的立杆段弯矩标准值（kN·m）；

   l_a——立杆纵距（m）。

5.4.3 连墙件的计算应符合下列要求：

1 连墙件的轴向力设计值应按下式计算：

$$N_l = N_{lw} + N_0 \tag{5.4.3-1}$$

式中：N_l——连墙件轴向力设计值（kN）；

   N_{lw}——风荷载产生的连墙件轴向力设计值，应按本规程第5.4.4条的规定计算；

   N_0——连墙件约束脚手架平面外变形所产生的轴向力，双排架可取3kN。

2 连墙件的抗拉承载力应符合下列要求：

$$\frac{N_l}{A_n} \leqslant f \tag{5.4.3-2}$$

式中：A_n——连墙件的净截面面积（mm^2）。

3 连墙件的稳定性应符合下式要求：

$$N_l \leqslant \varphi A f \tag{5.4.3-3}$$

式中：A——连墙件的毛截面面积（mm^2）；

   φ——轴心受压构件的稳定系数，应根据连墙件的长细比按本规程附录D采用。

4 当采用钢管扣件做连墙件时，扣件抗滑承载力的验算，应满足下式要求：

$$N_l \leqslant R_c \tag{5.4.3-4}$$

式中：R_c——扣件抗滑承载力设计值（kN），一个直角扣件应取8.0kN。

5 螺栓、焊接连墙件与预埋件的设计承载力应按相应规范进行验算。

5.4.4 由风荷载产生的连墙件的轴向力设计值，应按下式计算：

$$N_{lw} = 1.4 \cdot w_k \cdot L_l \cdot H_l \tag{5.4.4}$$

式中：w_k——风荷载标准值（kN/m^2）；

   L_l——连墙件水平间距（m）；

   H_l——连墙件竖向间距（m）。

6 构 造 要 求

6.1 模 板 支 架

6.1.1 模板支架搭设高度不宜超过24m；当超过24m时，应另行专门设计。

6.1.2 模板支架应根据施工方案计算得出的立杆排架尺寸选用定长的水平杆，并应根据支撑高度组合套插的立杆段、可调托座和可调底座。

6.1.3 模板支架的斜杆或剪刀撑设置应符合下列要求：

1 当搭设高度不超过8m的满堂模板支架时，步距不宜超过1.5m，支架架体四周外立面向内的第一跨每层均应设置竖向斜杆，架体整体底层以及顶层均应设置竖向斜杆，并应在架体内部区域每隔5跨由底至顶纵、横向均设置竖向斜杆（图6.1.3-1）或采用扣件钢管搭设的剪刀撑（图6.1.3-2）。当满堂模板支架的架体高度不超过4个步距时，可不设置顶层水平斜杆；当架体高度超过4个步距时，应设置顶层水平斜杆或扣件钢管水平剪刀撑。

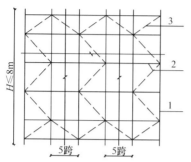
图6.1.3-1 满堂架高度不大于8m
斜杆设置立面图
1—立杆；2—水平杆；3—斜杆；
4—扣件钢管剪刀撑

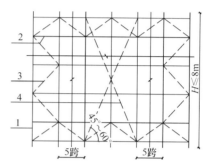
图6.1.3-2 满堂架高度不大于8m
剪刀撑设置立面图
1—立杆；2—水平杆；3—斜杆；
4—扣件钢管剪刀撑

2 当搭设高度超过8m的模板支架时，竖向斜杆应满布设置，水平杆的步距不得大于1.5m，沿高度每隔4～6个标准步距应设置水平层斜杆或扣件钢管剪刀撑（图6.1.3-3）。周边有结构物时，宜与周边结构形成可靠拉结。

3 当模板支架搭设成无侧向拉结的独立塔状支架时，架体每个侧面每步距均应设竖向斜杆。当有防扭转要求时，在顶层及每隔3～4个步距应增设水平层斜杆或钢管水平剪刀撑（图6.1.3-4）。

6.1.4 对长条状的独立高支模架，架体总高度与架体的宽度之比 H/B 不宜大于3。

6.1.5 模板支架可调托座伸出顶层水平杆或双槽钢托梁的悬臂长度（图6.1.5）严禁超过650mm，且丝杆外露长度严禁超过400mm，可调托座插入立杆或双槽钢托梁长度不得小于150mm。

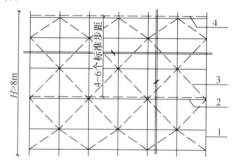
图6.1.3-3 满堂架高度大于8m水平
斜杆设置立面图
1—立杆；2—水平杆；3—斜杆；
4—水平层斜杆或扣件钢管剪刀撑

6.1.6 高大模板支架最顶层的水平杆步距应比标准步距缩小一个盘扣间距。

6.1.7 模板支架可调底座调节丝杆外露长度不应大于300mm，作为扫地杆的最底层水平杆离地高度不应大于550mm。当单肢立杆荷载设计值不大于40kN时，底层的水平杆步距可按标准步距设置，且应设置竖向斜杆；当单肢立杆荷载设计值大于40kN时，底层的水平杆应比标准步距缩小一个盘扣间距，且应设置竖向斜杆。

6.1.8 模板支架宜与周围已建成的结构进行可靠连接。

6.1.9 当模板支架体内设置与单肢水平杆同宽的人行通道时，可间隔抽除第一层水平杆

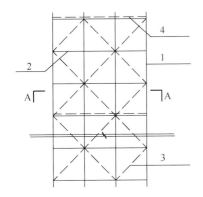

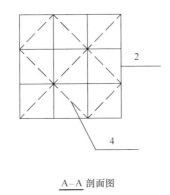

A–A 剖面图

图 6.1.3-4　无侧向拉结塔状支模架
1—立杆；2—水平杆；3—斜杆；4—水平层斜杆

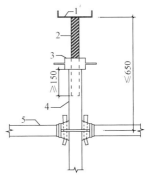

图 6.1.5　带可调托座伸出顶层
水平杆的悬臂长度
1—可调托座；2—螺杆；3—调节
螺母；4—立杆；5—水平杆

和斜杆形成施工人员进出通道，与通道正交的两侧立杆间应设置竖向斜杆；当模板支架体内设置与单肢水平杆不同宽人行通道时，应在通道上部架设支撑横梁（图6.1.9），横梁应按跨度和荷载确定。通道两侧支撑梁的立杆间距应根据计算设置，通道周围的模板支架应连成整体。洞口顶部应铺设封闭的防护板，两侧应设置安全网。通行机动车的洞口，必须设置安全警示和防撞设施。

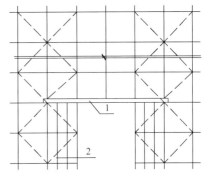

图 6.1.9　模板支架人行通道设置图
1—支撑横梁；2—立杆加密

6.2　双排外脚手架

6.2.1　用承插型盘扣式钢管支架搭设双排脚手架时，搭设高度不宜大于24m。可根据使用要求选择架体几何尺寸，相邻水平杆步距宜选用2m，立杆纵距宜选用1.5m或1.8m，且不宜大于2.1m，立杆横距宜选用0.9m或1.2m。

6.2.2　脚手架首层立杆宜采用不同长度的立杆交错布置，错开立杆竖向距离不应小于500mm，当需设置人行通道时，应符合本规程第6.2.4条的规定，立杆底部应配置可调底座。

6.2.3　双排脚手架的斜杆或剪刀撑设置应符合下列要求：

沿架体外侧纵向每5跨每层应设置一根竖向斜杆（图6.2.3-1）或每5跨间应设置扣件钢管剪刀撑（图6.2.3-2），端跨的横向每层应设置竖向斜杆。

6.2.4　承插型盘扣式钢管支架应由塔式单元扩大组合而成，拐角为直角的部位应设置立杆间的竖向斜杆。当作为外脚手架使用时，单跨立杆间可不设置斜杆。

6.2.5　当设置双排脚手架人行通道时，应在通道上部架设支撑横梁，横梁截面大小应按跨度以及承受的荷载计算确定，通道两侧脚手架应加设斜杆；洞口顶部应铺设封闭的防护板，两侧应设置安全网；通行机动车的洞口，必须设置安全警示和防撞设施。

6.2.6　对双排脚手架的每步水平杆层，当无挂扣钢脚手架板加强水平层刚度时，应每5跨设置水平斜杆（图6.2.6）。

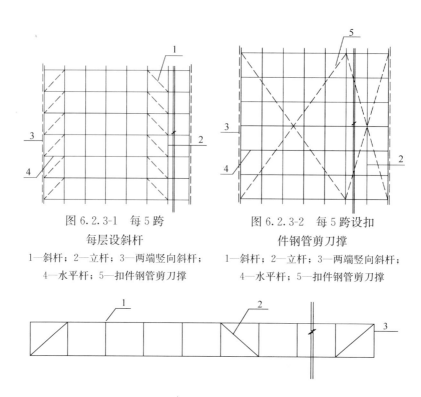

图 6.2.3-1　每5跨
每层设斜杆

图 6.2.3-2　每5跨设扣
件钢管剪刀撑

1—斜杆；2—立杆；3—两端竖向斜杆；
4—水平杆；5—扣件钢管剪刀撑

1—斜杆；2—立杆；3—两端竖向斜杆；
4—水平杆；5—扣件钢管剪刀撑

图 6.2.6　双排脚手架水平斜杆设置
1—立杆；2—水平斜杆；3—水平杆

6.2.7 连墙件的设置应符合下列规定：

1 连墙件必须采用可承受拉压荷载的刚性杆件，连墙件与脚手架立面及墙体应保持垂直，同一层连墙件宜在同一平面，水平间距不应大于3跨，与主体结构外侧面距离不宜大于300mm；

2 连墙件应设置在有水平杆的盘扣节点旁，连接点至盘扣节点距离不应大于300mm；采用钢管扣件作连墙杆时，连墙杆应采用直角扣件与立杆连接；

3 当脚手架下部暂不能搭设连墙件时，宜外扩搭设多排脚手架并设置斜杆形成外侧斜面状附加梯形架，待上部连墙件搭设后方可拆除附加梯形架。

6.2.8 作业层设置应符合下列规定：

1 钢脚手板的挂钩必须完全扣在水平杆上，挂钩必须处于锁住状态，作业层脚手板应满铺；

2 作业层的脚手板架体外侧应设挡脚板、防护栏杆，并应在脚手架外侧立面满挂密目安全网；防护上栏杆宜设置在离作业层高度为1000mm处，防护中栏杆宜设置在离作业层高度为500mm处；

3 当脚手架作业层与主体结构外侧面间间隙较大时，应设置挂扣在连接盘上的悬挑三角架，并应铺放能形成脚手架内侧封闭的脚手板。

6.2.9 挂扣式钢梯宜设置在尺寸不小于0.9m×1.8m的脚手架框架内，钢梯宽度应为廊道宽度的1/2，钢梯可在一个框架高度内折线上升；钢架拐弯处应设置钢脚手板及扶手杆。

7 搭 设 与 拆 除

7.1 施 工 准 备

7.1.1 模板支架及脚手架施工前应根据施工对象情况、地基承载力、搭设高度，按本规程的基本要求编制专项施工方案，并应经审核批准后实施。

7.1.2 搭设操作人员必须经过专业技术培训和专业考试合格后，持证上岗。模板支架及脚手架搭设前，施工管理人员应按专项施工方案的要求对操作人员进行技术和安全作业交底。

7.1.3 进入施工现场的钢管支架及构配件质量应在使用前进行复检。

7.1.4 经验收合格的构配件应按品种、规格分类码放，并应标挂数量规格铭牌备用。构配件堆放场地应排水畅通、无积水。

7.1.5 当采用预埋方式设置脚手架连墙件时，应提前与相关部门协商，并应按设计要求预埋。

7.1.6 模板支架及脚手架搭设场地必须平整、坚实、有排水措施。

7.2 施 工 方 案

7.2.1 专项施工方案应包括下列内容：

  1 工程概况、设计依据、搭设条件、搭设方案设计；

  2 搭设施工图，包括下列内容：

    1） 架体的平面、立面、剖面图和节点构造详图；

    2） 脚手架连墙件的布置及构造图；

    3） 脚手架转角、门洞口的构造图；

    4） 脚手架斜梯布置及构造图，结构设计方案；

  3 基础做法及要求；

  4 架体搭设及拆除的程序和方法；

  5 季节性施工措施；

  6 质量保证措施；

  7 架体搭设、使用、拆除的安全措施；

  8 设计计算书；

  9 应急预案。

7.2.2 架体的构造应符合本规程第 6.1 节、第 6.2 节的有关规定。

7.3 地 基 与 基 础

7.3.1 模板支架与脚手架基础应按专项施工方案进行施工，并应按基础承载力要求进行验收。

7.3.2 土层地基上的立杆应采用可调底座和垫板，垫板的长度不宜少于 2 跨。

7.3.3 当地基高差较大时，可利用立杆0.5m节点位差配合可调底座进行调整（图7.3.3）。

7.3.4 模板支架及脚手架应在地基基础验收合格后搭设。

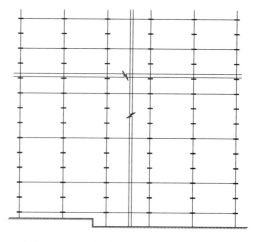

图7.3.3 可调底座调整立杆连接盘示意

7.4 模板支架搭设与拆除

7.4.1 模板支架立杆搭设位置应按专项施工方案放线确定。

7.4.2 模板支架搭设应根据立杆放置可调底座，应按先立杆后水平杆再斜杆的顺序搭设，形成基本的架体单元，应以此扩展搭设成整体支架体系。

7.4.3 可调底座和土层基础上垫板应准确放置在定位线上，保持水平。垫板应平整、无翘曲，不得采用已开裂垫板。

7.4.4 立杆应通过立杆连接套管连接，在同一水平高度内相邻立杆连接套管接头的位置宜错开，且错开高度不宜小于75mm。模板支架高度大于8m时，错开高度不宜小于500mm。

7.4.5 水平杆扣接头与连接盘的插销应用铁锤击紧至规定插入深度的刻度线。

7.4.6 每搭完一步支模架后，应及时校正水平杆步距，立杆的纵、横距，立杆的垂直偏差和水平杆的水平偏差。立杆的垂直偏差不应大于模板支架总高度的1/500，且不得大于50mm。

7.4.7 在多层楼板上连续设置模板支架时，应保证上下层支撑立杆在同一轴线上。

7.4.8 混凝土浇筑前施工管理人员应组织对搭设的支架进行验收，并应确认符合专项施工方案要求后浇筑混凝土。

7.4.9 拆除作业应按先搭后拆，后搭先拆的原则，从顶层开始，逐层向下进行，严禁上下层同时拆除，严禁抛掷。

7.4.10 分段、分立面拆除时，应确定分界处的技术处理方案，并应保证分段后架体稳定。

7.5 双排外脚手架搭设与拆除

7.5.1 脚手架立杆应定位准确，并应配合施工进度搭设，一次搭设高度不应超过相邻连墙件以上两步。

7.5.2 连墙件应随脚手架高度上升在规定位置处设置，不得任意拆除。

7.5.3 作业层设置应符合下列要求：

1 应满铺脚手板；

2 外侧应设挡脚板和防护栏杆，防护栏杆可在每层作业面立杆的0.5m和1.0m的盘扣节点处布置上、中两道水平杆，并应在外侧满挂密目安全网；

3 作业层与主体结构间的空隙应设置内侧防护网。

7.5.4 加固件、斜杆应与脚手架同步搭设。采用扣件钢管做加固件、斜撑时应符合现行行业标准《建筑施工扣件式钢管脚手架安全技术规范》JGJ 130 的有关规定。

7.5.5 当脚手架搭设至顶层时，外侧防护栏杆高出顶层作业层的高度不应小于 1500mm。

7.5.6 当搭设悬挑外脚手架时，立杆的套管连接接长部位应采用螺栓作为立杆连接件固定。

7.5.7 脚手架可分段搭设、分段使用，应由施工管理人员组织验收，并应确认符合方案要求后使用。

7.5.8 脚手架应经单位工程负责人确认并签署拆除许可令后拆除。

7.5.9 脚手架拆除时应划出安全区，设置警戒标志，派专人看管。

7.5.10 拆除前应清理脚手架上的器具、多余的材料和杂物。

7.5.11 脚手架拆除应按后装先拆、先装后拆的原则进行，严禁上下同时作业。连墙件应随脚手架逐层拆除，分段拆除的高度差不应大于两步。如因作业条件限制，出现高度差大于两步时，应增设连墙件加固。

8 检 查 与 验 收

8.0.1 对进入现场的钢管支架构配件的检查与验收应符合下列规定：

    1 应有钢管支架产品标识及产品质量合格证；

    2 应有钢管支架产品主要技术参数及产品使用说明书；

    3 当对支架质量有疑问时，应进行质量抽检和试验。

8.0.2 模板支架应根据下列情况按进度分阶段进行检查和验收：

    1 基础完工后及模板支架搭设前；

    2 超过 8m 的高支模架搭设至一半高度后；

    3 搭设高度达到设计高度后和混凝土浇筑前。

8.0.3 脚手架应根据下列情况按进度分阶段进行检查和验收：

    1 基础完工后及脚手架搭设前；

    2 首段高度达到 6m 时；

    3 架体随施工进度逐层升高时；

    4 搭设高度达到设计高度后。

8.0.4 对模板支架应重点检查和验收下列内容：

    1 基础应符合设计要求，并应平整坚实，立杆与基础间应无松动、悬空现象，底座、支垫应符合规定；

    2 搭设的架体三维尺寸应符合设计要求，搭设方法和斜杆、钢管剪刀撑等设置应符合本规程规定；

    3 可调托座和可调底座伸出水平杆的悬臂长度应符合设计限定要求；

    4 水平杆扣接头与立杆连接盘的插销应击紧至所需插入深度的标志刻度。

8.0.5 对脚手架应重点检查和验收下列内容：

1　搭设的架体三维尺寸应符合设计要求，斜杆和钢管剪刀撑设置应符合本规程规定；

2　立杆基础不应有不均匀沉降，立杆可调底座与基础面的接触不应有松动和悬空现象；

3　连墙件设置应符合设计要求，应与主体结构、架体可靠连接；

4　外侧安全立网、内侧层间水平网的张挂及防护栏杆的设置应齐全、牢固；

5　周转使用的支架构配件使用前应作外观检查，并应作记录；

6　搭设的施工记录和质量检查记录应及时、齐全。

8.0.6　模板支架和双排外脚手架验收后应形成记录，记录表应符合本规程附录 E 的要求。

9　安全管理与维护

9.0.1　模板支架和脚手架的搭设人员应持证上岗。

9.0.2　支架搭设作业人员应正确佩戴安全帽、安全带和防滑鞋。

9.0.3　模板支架混凝土浇筑作业层上的施工荷载不应超过设计值。

9.0.4　混凝土浇筑过程中，应派专人在安全区域内观测模板支架的工作状态，发生异常时观测人员应及时报告施工负责人，情况紧急时施工人员应迅速撤离，并应进行相应加固处理。

9.0.5　模板支架及脚手架使用期间，不得擅自拆除架体结构杆件。如需拆除时，必须报请工程项目技术负责人以及总监理工程师同意，确定防控措施后方可实施。

9.0.6　严禁在模板支架及脚手架基础开挖深度影响范围内进行挖掘作业。

9.0.7　拆除的支架构件应安全地传递至地面，严禁抛掷。

9.0.8　高支模区域内，应设置安全警戒线，不得上下交叉作业。

9.0.9　在脚手架或模板支架上进行电气焊作业时，必须有防火措施和专人监护。

9.0.10　模板支架及脚手架应与架空输电线路保持安全距离，工地临时用电线路架设及脚手架接地防雷击措施等应按现行行业标准《施工现场临时用电安全技术规范》JGJ 46 的有关规定执行。

附录 A　主要产品构配件种类及规格

表 A-1　承插型盘扣式钢管支架主要构配件种类、规格

名称	型　号	规格（mm）	材　质	理论重量（kg）
立杆	A-LG-500	φ60×3.2×500	Q345A	3.75
	A-LG-1000	φ60×3.2×1000	Q345A	6.65
	A-LG-1500	φ60×3.2×1500	Q345A	9.60

名称	型　号	规格（mm）	材　质	理论重量（kg）
立杆	A-LG-2000	$\phi60\times3.2\times2000$	Q345A	12.50
	A-LG-2500	$\phi60\times3.2\times2500$	Q345A	15.50
	A-LG-3000	$\phi60\times3.2\times3000$	Q345A	18.40
	B-LG-500	$\phi48\times3.2\times500$	Q345A	2.95
	B-LG-1000	$\phi48\times3.2\times1000$	Q345A	5.30
	B-LG-1500	$\phi48\times3.2\times1500$	Q345A	7.64
	B-LG-2000	$\phi48\times3.2\times2000$	Q345A	9.90
	B-LG-2500	$\phi48\times3.2\times2500$	Q345A	12.30
	B-LG-3000	$\phi48\times3.2\times3000$	Q345A	14.65
水平杆	A-SG-300	$\phi48\times2.5\times240$	Q235B	1.40
	A-SG-600	$\phi48\times2.5\times540$	Q235B	2.30
	A-SG-900	$\phi48\times2.5\times840$	Q235B	3.20
	A-SG-1200	$\phi48\times2.5\times1140$	Q235B	4.10
	A-SG-1500	$\phi48\times2.5\times1440$	Q235B	5.00
	A-SG-1800	$\phi48\times2.5\times1740$	Q235B	5.90
	A-SG-2000	$\phi48\times2.5\times1940$	Q235B	6.50
	B-SG-300	$\phi42\times2.5\times240$	Q235B	1.30
	B-SG-600	$\phi42\times2.5\times540$	Q235B	2.00
	B-SG-900	$\phi42\times2.5\times840$	Q235B	2.80
	B-SG-1200	$\phi42\times2.5\times1140$	Q235B	3.60
	B-SG-1500	$\phi42\times2.5\times1440$	Q235B	4.30
	B-SG-1800	$\phi42\times2.5\times1740$	Q235B	5.10
	B-SG-2000	$\phi42\times2.5\times1940$	Q235B	5.60
竖向斜杆	A-XG-300×1000	$\phi48\times2.5\times1008$	Q195	4.10
	A-XG-300×1500	$\phi48\times2.5\times1506$	Q195	5.50
	A-XG-600×1000	$\phi48\times2.5\times1089$	Q195	4.30
	A-XG-600×1500	$\phi48\times2.5\times1560$	Q195	5.60
	A-XG-900×1000	$\phi48\times2.5\times1238$	Q195	4.70
	A-XG-900×1500	$\phi48\times2.5\times1668$	Q195	5.90
	A-XG-900×2000	$\phi48\times2.5\times2129$	Q195	7.20
	A-XG-1200×1000	$\phi48\times2.5\times1436$	Q195	5.30
	A-XG-1200×1500	$\phi48\times2.5\times1820$	Q195	6.40
	A-XG-1200×2000	$\phi48\times2.5\times2250$	Q195	7.55
	A-XG-1500×1000	$\phi48\times2.5\times1664$	Q195	5.90
	A-XG-1500×1500	$\phi48\times2.5\times2005$	Q195	6.90
	A-XG-1500×2000	$\phi48\times2.5\times2402$	Q195	8.00

名称	型　号	规格（mm）	材　质	理论重量（kg）
竖向斜杆	A-XG-1800×1000	$\phi48×2.5×1912$	Q195	6.60
	A-XG-1800×1500	$\phi48×2.5×2215$	Q195	7.40
	A-XG-1800×2000	$\phi48×2.5×2580$	Q195	8.50
	A-XG-2000×1000	$\phi48×2.5×2085$	Q195	7.00
	A-XG-2000×1500	$\phi48×2.5×2411$	Q195	7.90
	A-XG-2000×2000	$\phi48×2.5×2756$	Q195	8.80
	B-XG-300×1000	$\phi33×2.3×1057$	Q195	2.95
	B-XG-300×1500	$\phi33×2.3×1555$	Q195	3.82
	B-XG-600×1000	$\phi33×2.3×1131$	Q195	3.10
	B-XG-600×1500	$\phi33×2.3×1606$	Q195	3.92
	B-XG-900×1000	$\phi33×2.3×1277$	Q195	3.36
	B-XG-900×1500	$\phi33×2.3×1710$	Q195	4.10
	B-XG-900×2000	$\phi33×2.3×2173$	Q195	4.90
	B-XG-1200×1000	$\phi33×2.3×1472$	Q195	3.70
	B-XG 1200×1500	$\phi33×2.3×1859$	Q195	4.40
	B-XG-1200×2000	$\phi33×2.3×2291$	Q195	5.10
	B-XG-1500×1000	$\phi33×2.3×1699$	Q195	4.09
	B-XG-1500×1500	$\phi33×2.3×2042$	Q195	4.70
	B-XG-1500×2000	$\phi33×2.3×2402$	Q195	5.40
	B-XG-1800×1000	$\phi33×2.3×1946$	Q195	4.53
	B-XG-1800×1500	$\phi33×2.3×2251$	Q195	5.05
	B-XG-1800×2000	$\phi33×2.3×2618$	Q195	5.70
	B-XG-2000×1000	$\phi33×2.3×2119$	Q195	4.82
	B-XG-2000×1500	$\phi33×2.3×2411$	Q195	5.35
	B-XG-2000×2000	$\phi33×2.3×2756$	Q195	5.95
水平斜杆	A-SXG-900×900	$\phi48×2.5×1273$	Q235B	4.30
	A-SXG-900×1200	$\phi48×2.5×1500$	Q235B	5.00
	A-SXG-900×1500	$\phi48×2.5×1749$	Q235B	5.70
	A-SXG-1200×1200	$\phi48×2.5×1697$	Q235B	5.55
	A-SXG-1200×1500	$\phi48×2.5×1921$	Q235B	6.20
	A-SXG-1500×1500	$\phi48×2.5×2121$	Q235B	6.80
	B-SXG-900×900	$\phi42×2.5×1272$	Q235B	3.80
	B-SXG-900×1200	$\phi42×2.5×1500$	Q235B	4.30
	B-SXG-900×1500	$\phi42×2.5×1749$	Q235B	5.00
	B-SXG-1200×1200	$\phi42×2.5×1697$	Q235B	4.90
	B-SXG-1200×1500	$\phi42×2.5×1921$	Q235B	5.50
	B-SXG-1500×1500	$\phi42×2.5×2121$	Q235B	6.00

名称	型号	规格（mm）	材质	理论重量（kg）
可调托座	A-ST-500	$\phi48\times6.5\times500$	Q235B	7.12
	A-ST-600	$\phi48\times6.5\times600$	Q235B	7.60
	B-ST-500	$\phi38\times5.0\times500$	Q235B	4.38
	B-ST-600	$\phi38\times5.0\times600$	Q235B	4.74
可调底座	A-XT-500	$\phi48\times6.5\times500$	Q235B	5.67
	A-XT-600	$\phi48\times6.5\times600$	Q235B	6.15
	B-XT-500	$\phi38\times5.0\times500$	Q235B	3.53
	B-XT-600	$\phi38\times5.0\times600$	Q235B	3.89

注：1 立杆规格为 $\phi60\times3.2$ 的为 A 型承插型盘扣式钢管支架；立杆规格为 $\phi48\times3.2$ 的为 B 型承插型盘扣式钢管支架；

2 A-SG、B-SG 为水平杆适用于 A 型、B 型承插型盘扣式钢管支架；

3 A-SXG、B-SXG 为斜杆适用于 A 型、B 型承插型盘扣式钢管支架。

表 A-2 主要构配件的制作质量及形位公差要求

构配件名称	检查项目	公称尺寸（mm）	允许偏差（mm）	检测量具
立杆	长度	—	±0.7	钢卷尺
	连接盘间距	500	±0.5	钢卷尺
	杆件直线度	—	$L/1000$	专用量具
	杆端面对轴线垂直度	—	0.3	角尺
	连接盘与立杆同轴度	—	0.3	专用量具
水平杆	长度	—	±0.5	钢卷尺
	扣接头平行度	—	≤1.0	专用量具
水平斜杆	长度	—	±0.5	钢卷尺
	扣接头平行度	—	≤1.0	专用量具
竖向斜杆	两端螺栓孔间距	—	≤1.5	钢卷尺
可调托座	托板厚度	5	±0.2	游标卡尺
	加劲片厚度	4	±0.2	游标卡尺
	丝杆外径	$\phi48,\phi38$	±2	游标卡尺
	底板厚度	5	±0.2	游标卡尺
	丝杆外径	$\phi48,\phi38$	±2	游标卡尺
挂扣式钢脚手板	挂钩圆心间距	—	±2	钢卷尺
	宽度	—	±3	钢卷尺
	高度	—	±2	钢卷尺
挂扣式钢梯	挂钩圆心间距	—	±2	钢卷尺
	梯段宽度	—	±3	钢卷尺
	踏步高度	—	±2	钢卷尺
挡脚板	长度	—	±2	钢卷尺
	宽度	—	±2	钢卷尺

表 A-3　可调托座、可调底座承载力

轴心抗压承载力		偏心抗压承载力	
平均值（kN）	最小值（kN）	平均值（kN）	最小值（kN）
200	180	170	153

表 A-4　挂扣式钢脚手板承载力

项　目	平均值	最小值
挠度（mm）	≤10	
受弯承载力（kN）	＞5.4	＞4.9
抗滑移强度（kN）	＞3.2	＞2.9

附录 B　风压高度变化系数

B.0.1　对平坦或稍有起伏的地形，风压高度变化系数应根据地面粗糙度类别按表 B.0.1 确定。地面粗糙度可分为 A、B、C、D 四类：

　　——A 类指近海海面和海岛、海岸、湖岸及沙漠地区；

　　——B 类指田野、乡村、丛林、丘陵以及房屋比较稀疏的乡镇和城市郊区；

　　——C 类指有密集建筑群的城市市区；

　　——D 类指有密集建筑群且房屋较高的城市市区。

表 B.0.1　风压高度变化系数 μ_z

离地面或海拔高度（m）	A	B	C	D
5	1.17	1.00	0.74	0.62
10	1.38	1.00	0.74	0.62
15	1.52	1.14	0.74	0.62
20	1.63	1.25	0.74	0.62
30	1.80	1.42	1.00	0.62
40	1.92	1.56	1.13	0.73
50	2.03	1.67	1.25	0.84
60	2.12	1.77	1.35	0.93
70	2.20	1.86	1.45	1.02
80	2.27	1.95	1.54	1.11
90	2.34	2.02	1.62	1.19
100	2.40	2.09	1.70	1.27

μ_z　离地面或海拔高度（m）　地面粗糙度类别	A	B	C	D
150	2.64	2.38	2.03	1.61
200	2.83	2.61	2.30	1.92
250	2.99	2.80	2.54	2.19
300	3.12	2.97	2.75	2.45
350	3.12	3.12	2.94	2.68
400	3.12	3.12	3.12	2.91
≥450	3.12	3.12	3.12	3.12

B.0.2 全国基本风压应按现行国家标准《建筑结构荷载规范》GB 50009 的规定采用。

附录 C　有 关 设 计 参 数

表 C-1　钢材的强度和弹性模量（N/mm²）

Q345 钢材抗拉、抗压、抗弯强度设计值	300
Q235 钢材抗拉、抗压、抗弯强度设计值	205
Q195 钢材抗拉、抗压、抗弯强度设计值	175
弹性模量	2.06×10⁵

表 C-2　钢管截面特性

外径 ϕ（mm）	壁厚 t（mm）	截面积 A（cm²）	惯性矩 I（cm⁴）	截面模量 W（cm³）	回转半径 i（cm）
60	3.2	5.71	23.10	7.70	2.01
48	3.2	4.50	11.36	4.73	1.59
48	2.5	3.57	9.28	3.86	1.61
33	2.3	2.22	2.63	1.59	1.09

附录 D　轴心受压构件的稳定系数

表 D-1　Q235 钢管轴心受压构件的稳定系数 φ

λ	0	1	2	3	4	5	6	7	8	9
0	1.000	0.997	0.995	0.992	0.989	0.987	0.984	0.981	0.979	0.976

续表 D-1

λ	0	1	2	3	4	5	6	7	8	9
10	0.974	0.971	0.968	0.969	0.963	0.960	0.958	0.955	0.952	0.949
20	0.947	0.944	0.941	0.938	0.936	0.933	0.930	0.927	0.924	0.921
30	0.918	0.915	0.912	0.909	0.906	0.903	0.899	0.896	0.893	0.889
40	0.886	0.882	0.879	0.875	0.872	0.868	0.864	0.861	0.858	0.855
50	0.852	0.849	0.846	0.843	0.839	0.836	0.832	0.829	0.825	0.822
60	0.818	0.814	0.810	0.806	0.802	0.797	0.793	0.789	0.784	0.779
70	0.775	0.770	0.765	0.760	0.755	0.750	0.744	0.739	0.733	0.728
80	0.722	0.716	0.710	0.704	0.698	0.692	0.686	0.680	0.673	0.667
90	0.661	0.654	0.648	0.641	0.634	0.626	0.618	0.611	0.603	0.595
100	0.588	0.580	0.573	0.566	0.558	0.551	0.544	0.537	0.530	0.523
110	0.516	0.509	0.502	0.496	0.489	0.483	0.476	0.470	0.464	0.458
120	0.452	0.446	0.440	0.434	0.428	0.423	0.417	0.412	0.406	0.401
130	0.396	0.391	0.386	0.381	0.376	0.371	0.367	0.362	0.357	0.353
140	0.349	0.344	0.340	0.336	0.332	0.328	0.324	0.320	0.316	0.312
150	0.308	0.305	0.301	0.298	0.294	0.291	0.287	0.284	0.281	0.277
160	0.274	0.271	0.268	0.256	0.262	0.259	0.256	0.253	0.251	0.248
170	0.245	0.243	0.240	0.237	0.235	0.232	0.230	0.227	0.225	0.223
180	0.220	0.218	0.216	0.214	0.211	0.209	0.207	0.205	0.203	0.201
190	0.199	0.197	0.195	0.193	0.191	0.189	0.188	0.186	0.184	0.182
200	0.180	0.179	0.177	0.175	0.174	0.172	0.171	0.169	0.167	0.166
210	0.164	0.163	0.161	0.160	0.159	0.157	0.156	0.154	0.153	0.152
220	0.150	0.149	0.148	0.146	0.145	0.144	0.143	0.141	0.140	0.139
230	0.138	0.137	0.136	0.135	0.133	0.132	0.131	0.130	0.129	0.128
240	0.127	0.126	0.125	0.124	0.123	0.122	0.121	0.120	0.119	0.118
250	0.117	—	—	—	—	—	—	—	—	—

表 D-2 Q345 钢管轴心受压构件的稳定系数 φ

λ	0	1	2	3	4	5	6	7	8	9
0	1.000	0.997	0.994	0.991	0.988	0.985	0.982	0.979	0.976	0.973
10	0.971	0.968	0.965	0.962	0.959	0.956	0.952	0.949	0.946	0.943
20	0.940	0.937	0.934	0.930	0.927	0.924	0.920	0.917	0.913	0.909
30	0.906	0.902	0.898	0.894	0.890	0.886	0.882	0.878	0.874	0.870
40	0.867	0.864	0.860	0.857	0.853	0.849	0.845	0.841	0.837	0.833
50	0.829	0.824	0.819	0.815	0.810	0.805	0.800	0.794	0.789	0.783
60	0.777	0.771	0.765	0.759	0.752	0.746	0.739	0.732	0.725	0.718
70	0.710	0.703	0.695	0.688	0.680	0.672	0.664	0.656	0.648	0.640
80	0.632	0.623	0.615	0.607	0.599	0.591	0.583	0.574	0.566	0.558
90	0.550	0.542	0.535	0.527	0.519	0.512	0.504	0.497	0.489	0.482
100	0.475	0.467	0.460	0.452	0.445	0.438	0.431	0.424	0.418	0.411
110	0.405	0.398	0.392	0.386	0.380	0.375	0.369	0.363	0.358	0.352
120	0.347	0.342	0.337	0.332	0.327	0.322	0.318	0.313	0.309	0.304

λ	0	1	2	3	4	5	6	7	8	9
130	0.300	0.296	0.292	0.288	0.284	0.280	0.276	0.272	0.269	0.265
140	0.261	0.258	0.255	0.251	0.248	0.245	0.242	0.238	0.235	0.232
150	0.229	0.227	0.224	0.221	0.218	0.216	0.213	0.210	0.208	0.205
160	0.203	0.201	0.198	0.196	0.194	0.191	0.189	0.187	0.185	0.183
170	0.181	0.179	0.177	0.175	0.173	0.171	0.169	0.167	0.165	0.163
180	0.162	0.160	0.158	0.157	0.155	0.153	0.152	0.150	0.149	0.147
190	0.146	0.144	0.143	0.141	0.140	0.138	0.137	0.136	0.134	0.133
200	0.132	0.130	0.129	0.128	0.127	0.126	0.124	0.123	0.122	0.121
210	0.120	0.119	0.118	0.116	0.115	0.114	0.113	0.112	0.111	0.110
220	0.109	0.108	0.107	0.106	0.106	0.105	0.104	0.103	0.101	0.101
230	0.100	0.099	0.098	0.098	0.097	0.096	0.095	0.094	0.094	0.093
240	0.092	0.091	0.091	0.090	0.089	0.088	0.088	0.087	0.086	0.086
250	0.085	—	—	—	—	—	—	—	—	—

附录 E 承插型盘扣式钢管支架施工验收记录

使用规定：当承插型盘扣式钢管支架应用于模板支架施工时，其施工验收记录应采用表 E-1；当应用于双排外脚手架施工时，其施工验收记录应采用表 E-2。

表 E-1 模板支架施工验收记录表

项目名称									
搭设部位			高度		跨度		最大荷载		
搭设班组			班组长						
操作人员持证人数			证书符合性						
专项方案编审程序符合性			技术交底情况				安全交底情况		

钢管支架	进场前质量验收情况			
	材质、规格与方案的符合性			
	使用前质量检测情况			
	外观质量检查情况			

检查内容	允许偏差 (mm)	方案要求 (mm)	实际情况（mm）	符合性
立杆垂直度≤L/500 且±50	±5			

续表 E-1

检查内容		允许偏差 (mm)	方案要求 (mm)	实际情况（mm）								符合性
水平杆水平度		±5										
可调托座	垂直度	±5										
	插入立杆深度≥150	−5										
可调底座	垂直度	±5										
	插入立杆深度≥150	−5										
立杆组合对角线长度		±6										
立杆	梁底纵、横向间距											
	板底纵、横向间距											
	竖向接长位置											
	基础承载力											
水平杆	纵、横向水平杆设置											
	梁底纵、横向步距											
	板底纵、横向步距											
	插销销紧情况											
竖向斜杆	最底层步距处设置情况											
	最顶层步距处设置情况											
	其他部位											
剪刀撑	垂直纵、横向设置											
	水平向											
扫地杆设置												
与已建结构物拉结设置												
其他												

施工单位检查结论	结论： 检查日期： 年 月 日
	检查人员： 项目技术负责人： 项目经理：
监理单位验收结论	结论： 验收日期： 年 月 日
	专业监理工程师： 总监理工程师：

920

表 E-2 双排外脚手架施工验收记录表

项目名称									
搭设部位				高度		跨度		最大荷载	
搭设班组				班组长					
操作人员持证人数				证书符合性					
专项方案编审程序符合性				技术交底情况				安全交底情况	

		允许偏差(mm)	方案要求(mm)	实际情况(mm)						符合性
钢管支架	进场前质量验收情况									
	材质、规格与方案的符合性									
	使用前质量检测情况									
	外观质量检查情况									

	检查内容	允许偏差(mm)	方案要求(mm)	实际情况(mm)						符合性
立杆垂直度≤$L/500$且±50		±5								
水平杆水平度		±5								
可调底座	垂直度	±5								
	插入立杆深度≥150	-5								
立杆组合对角线长度		±6								
立杆	纵向间距									
	横向间距									
	竖向接长位置									
	基础承载力									
水平杆	纵、横向水平杆设置									
	纵向步距									
	横向步距									
	插销销紧情况									
竖向斜杆	拐角处设置情况									
	其他部位									
剪刀撑	垂直纵、横向设置									
连墙件设置										
扫地杆设置										
护栏设置										
脚手板设置										
挡脚板设置										

续表 E-2

检查内容	允许偏差(mm)	方案要求(mm)	实际情况（mm）	符合性
人行梯架设置				
其他				

施工单位检查结论	结论： 检查日期：　年　月　日 检查人员：　　项目技术负责人：　　项目经理：
监理单位验收结论	结论： 验收日期：　年　月　日 专业监理工程师：　　　　　　　总监理工程师：

本规程用词说明

1 为便于在执行本规程条文时区别对待，对要求严格程度不同的用词说明如下：

　1）表示很严格，非这样做不可的：
　　正面词采用"必须"，反面词采用"严禁"；

　2）表示严格，在正常情况下均应这样做的：
　　正面词采用"应"，反面词采用"不应"或"不得"；

　3）表示允许稍有选择，在条件许可时首先应这样做的：
　　正面词采用"宜"，反面词采用"不宜"；

　4）表示有选择，在一定条件下可以这样做的，采用"可"。

　2 条文中指明应按其他标准执行的写法为："应符合……的规定"或"应按……执行"。

引 用 标 准 名 录

1 《建筑地基基础设计规范》GB 50007

2 《建筑结构荷载规范》GB 50009

3 《钢结构设计规范》GB 50017

4 《冷弯薄壁型钢结构技术规范》GB 50018

5 《建筑结构可靠度设计统一标准》GB 50068

6 《碳素结构钢》GB/T 700

7 《低合金高强度结构钢》GB/T 1591

8 《气体保护电弧焊用碳钢、低合金钢焊丝》GB/T 8110

9 《一般工程用铸造碳钢件》GB/T 11352

10 《施工现场临时用电安全技术规范》JGJ 46

11 《建筑施工扣件式钢管脚手架安全技术规范》JGJ 130

中华人民共和国行业标准

建筑施工承插型盘扣式钢管支架
安全技术规程

JGJ 231—2010

条 文 说 明

制 定 说 明

《建筑施工承插型盘扣式钢管支架安全技术规程》JGJ 231－2010，经住房和城乡建设部 2010 年 11 月 17 日以第 807 号公告批准、发布。

本规程制定过程中，编制组进行了广泛的调查研究，总结了我国工程建设施工领域的实践经验，同时参考了国外先进技术法规、技术标准，通过试验，取得了多方面的重要技术参数。

为便于广大设计、施工、科研、学校等单位有关人员在使用本规程时能正确理解和执行条文规定，《建筑施工承插型盘扣式钢管支架安全技术规程》编制组按章、节、条顺序编制了本规程的条文说明，对条文规定的目的、依据以及执行中需注意的有关事项进行了说明，还着重对强制性条文的强制性理由作了解释。但是，本条文说明不具备与规程正文同等的法律效力，仅供使用者作为理解和把握规程规定的参考。

目　　次

1 总　　则

1.0.1 本条是承插型盘扣式钢管支架工程设计和施工必须遵循的基本原则。承插型盘扣式钢管支架有多种称谓，有称之为圆盘式钢管支架、菊花盘式钢管支架、插盘式钢管支架、轮盘式钢管支架以及扣盘式钢管支架等，本规程统一称为盘扣式钢管支架。

1.0.2 本条明确本规程主要适用建筑工程和市政工程模板支架及外脚手架的设计与施工，承插型盘扣式钢管支架应用在其他类型的工程中可参照本规程的有关规定执行，也可应用于搭建临时舞台、看台工程和灯光架、广告架等工程。

1.0.3 本条明确了承插型盘扣式钢管支架施工前应编制相应的专项施工方案，应结合具体工程情况选择适宜规格的支架，并进行设计计算，做到安全可靠、经济合理。

2　术　语　和　符　号

2.1　术　　语

本规程给出的术语是为了在条文的叙述中使承插型盘扣式钢管支架体系有关的俗称和不统一的称呼在本规程及今后的使用中形成统一的概念，并与其他类型的脚手架有关称呼相一致，利用已知的概念特征赋予其含义，所给出的英文译名是参考国外资料和专业词典拟定的。

2.2　符　　号

本规程的符号采用现行国家标准《标准编写规则　第2部分：符号》GB/T 20001.2的有关规定执行。

3　主要构配件的材质及制作质量要求

3.1　主　要　构　配　件

3.1.1 本条显示了承插型盘扣式钢管支架的节点构造，说明了水平杆、斜杆与立杆连接的具体构造形式。承插型盘扣式钢管支架焊接于立杆上的连接盘可以为正八边形孔板或圆形孔板的形式。

3.1.2 为了防止水平杆和斜杆的杆端扣接头的插销与连接盘在支架使用过程中滑脱，插销必须设计为具有自锁功能的楔形，同时插销端头设计有弧形弯钩段确保插销不会滑脱。搭设支架时要求用不小于0.5kg锤子击紧插销，插销尾部应保证有不小于15mm的外露量。为了验证击紧后的插销抗拔性能，东南大学进行了扣接头插销的抗拔试验。试验结果表明，在插销未用锤子击紧的条件下，插销的抗拔力达到 0.5kN～1kN，在一般锤子击紧 2～3 下的条件下，插销的抗拔力达到 2.5kN～5kN，能够满足施工现场扣接头在使用过程中的防滑脱拔出要求。支架搭设完成后，应目测检查扣接头插销的插入至规定刻度线的状况和击紧程度。

3.1.3、3.1.4 承插型盘扣式钢管支架的主要构配件是工厂化生产的标准系列构件，立杆盘扣节点按照国际上习惯做法，竖向每隔 0.5m 间距设置，则水平杆步距以 0.5m 为模数构成，使承插型盘扣式钢管支架具有标准化、通用性的特点，便于控制施工质量。

3.1.5 本条规定了承插型盘扣式钢管支架杆件及有关主要配件的规格，一般可参照附录 A 的要求。

3.2 材 料 要 求

3.2.1 本条规定了承插型盘扣式钢管支架杆件及有关主要配件的材料特性。

3.2.2、3.2.3 为了控制支架的产品质量，本条规定了承插型盘扣式钢管支架钢管及有关主要构配件的尺寸及其允许偏差，同时对产品制作提出了具体的要求。

3.3 制 作 质 量 要 求

3.3.3 本条规定杆端扣接头与立杆钢管外表面应有不小于 $500mm^2$ 的接触面积是为保证在节点处形成良好的抗扭能力。东南大学试验表明，在水平杆杆端与立杆紧密接触的条件下，盘扣式支架的节点抗扭能力与扣件钢管架基本相当。

3.3.5 目前国内立杆的接长连接方式有内插连接棒和外套连接套管两种。考虑到工地的方面和减少内插连接棒的损耗，逐渐趋向于立杆杆端设置外接套管的连接方式。采用铸钢套管的优点为同轴度高，套管管壁厚度可适当加厚，增加拆除支架时杆端管口的抗变形能力。

3.3.8 本条规定了可调底座和托座的丝杆外径与立杆钢管内径的最大间隙值，理论上该间隙值越小越好，考虑到丝杆上的铸钢调节手柄螺母端面上有与钢管外径匹配的限位凹口，因此，可适当放大间隙量，但限制使用直径过小的丝杆。

4 荷 载

4.1 荷 载 分 类

4.1.1～4.1.5 为了适应现行国家规范设计方法的需要，以《建筑结构荷载规范》GB 50009 为依据，本节将作用在承插型盘扣式钢管支架的荷载划分为永久荷载（恒荷载）和可变荷载（活荷载），分别列出模板支架及脚手架计算应当考虑的主要荷载项目。其中第 4.1.3 条第 2 款所述模板支架水平荷载主要是指考虑施工中的泵送混凝土、倾倒混凝土等各种未预见因素产生的水平荷载。

4.2 荷 载 标 准 值

4.2.2 本条模板支架水平荷载是参照美国规范 ACI347R-03 的有关规定给出的。本条规定的作用于模板支撑架及脚手架上的水平风荷载标准值计算公式是参照《建筑结构荷载规范》GB 50009－2001 第 7.1 条制定的：

　　1 基本风压 w_0 值是根据重现期为 10 年确定的；

　　2 μ_{stw}——风荷载体型系数按《建筑结构荷载规范》GB 50009－2001 表 7.3.1 桁架类选取。

4.2.5 本条脚手板自重标准值统一规定为 $0.35kN/m^2$ 系以 50mm 厚木脚手板为准；栏杆与挡脚板自重标准值是按两根 $\phi48.3\times2.5mm$ 钢管和 120mm 高木脚手板计算。密目安全网自重系根据 2000 目网的实际重量给定。

4.2.6 本条规定的脚手架施工荷载标准值是根据《建筑施工扣件式钢管脚手架安全技术规范》JGJ 130 及《建筑施工门式钢管脚手架安全技术规范》JGJ 128 等规范的相关规定采用。

4.3 荷 载 的 分 项 系 数

4.3.1、4.3.2 荷载分项系数均遵照现行国家标准《建筑结构荷载规范》GB 50009 的规定采用。当计算结构物倾覆稳定时，永久荷载的分项系数取 0.9，对保证结构稳定性有利。

4.4 荷 载 效 应 组 合

4.4.1 支架稳定按立杆稳定性验算形式进行计算时，应分别按考虑风荷载影响以及不考虑风荷载影响两种情况进行计算；模板支架抗倾覆整体稳定性验算考虑的荷载有永久荷载以及模板支架水平荷载。

5 结 构 设 计 计 算

5.1 基 本 设 计 规 定

5.1.5 对于独立方塔架计算整体稳定性时，按格构柱结构形式计算分析可借助计算软件建立整体模型，东南大学土木工程施工研究所试验表明，盘扣钢管支架水平杆与立杆连接节点具有一定的抗扭转能力，其抗扭转刚度可取 $8.6\times10^7N\cdot mm/rad$。

5.1.6 承插型盘扣式钢管支架用于模板支架时一般要求立杆顶部插入可调托座，传递水平模板上的各项荷载，使得立杆处于轴心受压形式，同时应根据水平模板的荷载情况选用适宜的顶部模板支撑梁。

5.1.8 表 5.1.8 给出的容许挠度是根据现行国家标准《冷弯薄壁型钢结构技术规范》GB 50018 的规定确定的。

5.1.9 承插型盘扣式钢管支架作为临时性结构，其容许长细比要高于《冷弯薄壁型钢结构技术规范》GB 50018－2002 表 4.3.3 的规定，本条的规定是参照国内外相关标准的规定给出的。

5.2 地基承载力计算

5.2.1 本条中公式是根据现行国家标准《建筑地基基础设计规范》GB 50007 的有关规定确定的。盘扣式钢管支架是一种临时性结构，故本条只规定对立杆进行地基承载力计算，不必进行地基变形验算。地基承载力标准值可以按照地质勘探报告建议值进行验算。当地质勘察报告未提供该值时，也可由载荷试验或其他原位测试、公式计算并结合工程实践经验等方法综合确定。

5.2.2 当模板支架或外脚手架搭设在混凝土楼面上时，为了保证支撑层混凝土楼面的安全，应按照《混凝土结构设计规范》GB 50010 的有关规定进行验算。

5.3 模 板 支 架 计 算

5.3.1～5.3.3 失稳坍塌破坏是承插型盘扣式钢管模板支架的主要破坏形式，考虑到该支架的设计计算一般由施工现场工程技术人员进行，因此采用单立杆稳定性验算的形式来验算模板支架的整体稳定性。

1 模板支架的计算模式

承插型盘扣式钢管支架结构本质上是一种半刚性空间框架钢结构，水平杆与立杆之间连接为介于"铰接"与"刚接"之间的一种连接形式。采用速接架作为模板支架一般要保证支架的立杆为轴心压杆件。

2 模板支架立杆计算长度修正系数 η 以及悬臂端计算长度折减系数 k 的确定。

2007 年，东南大学分别进行了一系列的承插型盘扣式速接整架支架试验，包括整架抗侧移试验，支撑单元极限承载力试验，试验及有限元模拟计算的结果得出，在不同步高以及不同悬臂长度 a 下支架的极限承载力 P_{cr}，根据公式 $\varphi = P_{cr}/fA$，得出按单根立杆稳定计算的形式表示支架整体稳定性的稳定性系数 φ，再根据《冷弯薄壁型钢结构技术规范》GB 50018 查出杆件的长细比 λ，从而得出模板支架立杆计算长度修正系数 η 以及立杆的悬臂端计算长度折减系数 k。

3 对模板支架立杆顶层或底层水平杆竖向步距宜比最大步距减少一个盘扣的距离，见图 1。

5.3.4 承插型盘扣式钢管支架作为支模架时可采用双槽钢搁置在连接盘上作为支撑模板面板及楞木的托梁，需要验算盘扣节点抗剪承载力，根据东南大学对八角盘进行的单侧弯剪、双侧弯剪以及内侧焊缝受剪极限承载力计算结果，并考虑材料抗力系数 1.087，取整得到连接盘抗剪承载力设计值；同时应另外验

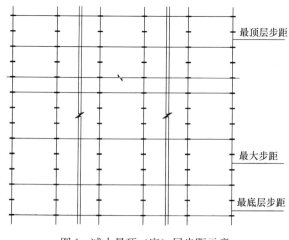

图 1 减小最顶（底）层步距示意

算双槽钢的强度、挠度。

1　双槽钢托梁受弯承载力计算（图2）

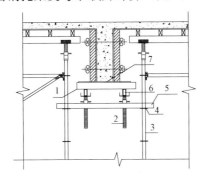
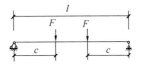

图2　双槽钢托梁承载力计算

1—模板外楞；2—可调托座；3—立杆；4—连接盘；5—双槽钢托梁；

6—支撑龙骨；7—模板

可将梁底模的均布荷载简化为作用到托梁上的两集中力 F，水平杆上的弯矩按下式计算：

$$M = F \cdot c \tag{1}$$

式中：M——双槽钢托梁弯矩；

　　　F——单根双槽钢托梁支撑范围内承担的竖向荷载的一半；

　　　c——模板木楞梁至双槽钢托梁端部水平距离。

双槽钢托梁的受弯承载力应满足：

$$\frac{M}{W} \leqslant f \tag{2}$$

式中：W——双槽钢的截面模量。

2　双槽钢托梁挠度计算

双槽钢托梁的挠度应符合下式规定：

$$v_{\max} = \frac{Fc}{24EI}(3l^2 - 4c^2) \leqslant [v] \tag{3}$$

式中：$v_{\max}$——双槽钢托梁最大挠度；

　　　E——钢材的弹性模量，$E = 2.06 \times 10^5\,\mathrm{N/mm^2}$；

　　　I——双槽钢的截面惯性矩；

　　　$[v]$——容许挠度，应按本规程表5.1.8采用；

　　　l——计算跨度。

5.3.5　架体高度8m以上，高宽比大于3的高大模板支架应验算支架整体抗倾覆稳定性。计算倾覆力矩时，作用在架顶的水平力指考虑施工中的混凝土浇筑时泵管振动等各种未预见因素产生的水平荷载，并且以线荷载的形式作用在架体顶部水平方向上，其荷载标准值应按照本规程第4.2.2条取值；计算抗倾覆力矩时，作用在架体的竖向荷载包括架体自重以及钢筋混凝土自重。

5.4 双排外脚手架计算

5.4.1、5.4.2 类似于模板支架，整体失稳是承插型盘扣式脚手架的主要破坏形式，为便于实际应用，可以用单根杆件计算的形式来验算脚手架的整体稳定承载力。有限元计算表明，整体失稳破坏时，脚手架呈现出内、外立杆与水平杆组成的横向框架，沿垂直主体结构方向大波鼓曲，波长大于步距，并与连墙件的间距有关。分别计算连墙件2步3跨以及3步3跨设置得出脚手架的稳定极限承载力 P_{cr} 后，得出考虑脚手架整体稳定承载力的单杆计算长度系数 μ 的取值，只适用于八角盘式承插型盘扣式钢管双排脚手架。

5.4.3 国内外发生的脚手架坍塌事故，几乎都是连墙件设置不合理或脚手架拆除过程中连墙件先被拆除引起的，为此承插型盘扣式脚手架计算的重要内容是连墙件的计算。连墙件承受的轴向力包括风荷载作用以及施工偏心荷载作用产生的水平力两部分，连墙件应为可承受的轴向拉力或轴向压力的刚性拉杆，因此需要分别验算连墙件的强度及稳定性。

5.4.4 本条明确了风荷载作用下连墙件水平力的简化计算方法。

6 构 造 要 求

6.1 模 板 支 架

6.1.3 承插型盘扣式钢管支架的立杆与水平杆采用精密铸钢的扣接头连接，在一般击紧的条件下，整架无斜杆侧移试验表明，该类架体具有一定的抗侧移能力，与扣件式钢管脚手架的抗侧移能力基本相当。为了确保盘扣式钢管支架的抗侧移能力，本条规定了基本斜杆或扣件钢管剪刀撑的设置要求。满堂支模架指由立杆、水平杆以及斜杆搭设形成连续多跨的空间立体支撑结构，在平面内架体纵横方向大于3跨，作为较大开间建筑物施工的支撑体系。模板支架搭设成独立方塔架可能会发生扭转失稳破坏，因此应加强支架的斜杆设置；当模板支架用于隧道侧墙、箱涵等具有一定水平抗侧移要求时，应设置顶层水平斜杆或扣件钢管水平剪刀撑；当模板支架用于一般建筑工程、市政道桥工程等，支架主要承受和传递垂直荷载时，可每5跨设置顶层水平斜杆或扣件钢管水平剪刀撑。

6.1.5 承插型盘扣式钢管支架立杆顶部插入可调托座，其伸出顶层水平杆的悬臂长度过大会导致支架立杆因局部失稳而造成支架整体坍塌。本条既规定了支架立杆顶部插入可调托座后，其伸出顶层水平杆的悬臂长度的限值，又限定了可调托座丝杆外露长度，以保证支架立杆的局部稳定性。

6.1.6 本条规定了高大模板支架最顶层的水平杆步距比标准步距缩小一个盘扣间距，以保证支架立杆的局部稳定性。

6.2 双 排 外 脚 手 架

6.2.3 本条规定了双排外脚手架的剪刀撑设置方法，可用斜杆或扣件钢管设置。

6.2.6 双排脚手架设置水平层斜杆是为保证平面刚度，参照德国的做法，按每5跨设置一个斜杆。

7 搭 设 与 拆 除

7.1 施 工 准 备

7.1.1 本条规定了承插型盘扣式钢管模板支架及脚手架应本着搭拆安全、实用、经济的原则编制专项施工方案，同时必要的管理程序可减少方案中存在的技术缺陷。

7.1.2 本条规定是为了保证支架搭设的质量，明确支架搭设操作人员必须经技术培训后，具有一定的专业技能后方可上岗。

7.1.3 本条的规定是希望通过加强现场管理，杜绝不合格产品进入现场，来保证架体的安全使用。

7.2 施 工 方 案

7.2.1 本条所述施工方案的内容是根据目前国内专项施工方案的内容，并结合模板支架及脚手架的特点确定的。本条加强了架体结构设计和绘制结构计算简图的内容，能够突出方案的重点，统一模板支架及脚手架施工方案的内容。

7.3 地 基 与 基 础

7.3.1 支架基础承载力不足会导致支架的整体坍塌，本条明确了支架基础的设计、施工的依据，是避免架体坍塌的重要技术措施。

7.3.2 为了防止基础不均匀沉降，本条提出了一些可供选择的操作方案。

7.4 模板支架搭设与拆除

7.4.1～7.4.3 明确了模板支架的搭设位置应按施工方案搭设立杆、水平杆，并明确了具体的操作流程。

7.4.4、7.4.5 本条提出了为了避免支架整体稳定承载力因立杆接头产生影响而采用的接头处理方式，同时应用锤子击紧插销，保证水平杆对立杆的有效支承作用。

7.4.6 本条明确了施工现场可以采用目测结合简单器具量测的手段来控制架体搭设的质量，并明确了架体整体竖向的搭设偏差。

7.4.7 建筑楼板多层连续施工，为避免支撑架体对下部支承楼面产生的压力导致楼面破坏，应采用上下层支撑立杆在同一轴线的方式有效传力。

7.4.8 本条明确了模板支架搭设完成后混凝土浇筑前的具体管理程序，保证混凝土浇筑期间支架的安全。

7.4.9、7.4.10 明确了模板支架拆除的顺序及有关的具体注意事项。

7.5 双排外脚手架搭设与拆除

7.5.11 脚手架拆除期间产生破坏的一个重要原因，是因为脚手架拆除时连墙件设置不足导致脚手架整片倾覆破坏，本条明确了脚手架拆除必须遵守的原则。

8 检 查 与 验 收

8.0.2 为了保证承插型盘扣式钢管模板支架整架搭设的质量，采取了分阶段检查及验收的措施，保证了各个施工阶段支架的安全使用。

8.0.4 本条明确了承插型盘扣式钢管模板支架重点检查的内容，从关键点控制上保证支架的安全。

8.0.5 本条明确了承插型盘扣式钢管脚手架重点检查的内容，从关键点控制上保证支架的安全。

9 安全管理与维护

9.0.3 本条是控制模板支架混凝土浇筑作业层上的施工荷载的规定，尤其要严格控制施工操作集中荷载，以保证支架的安全。

9.0.4 本条规定了模板支架混凝土浇筑期间应做好相应的监测工作，并做好紧急情况下的应急处理。

9.0.5 本条规定了模板支架及脚手架使用期间不允许随意拆除架体结构杆件，避免架体因随意拆除杆件导致承载力不足；如施工方便需要临时拆除的，应履行审批手续，并实施相应的安全措施。

9.0.6 本条规定为防止挖掘作业过程中或挖掘以后模板支架或脚手架因基础沉陷而坍塌。

9.0.7 盘扣式钢管支架的水平杆和立杆均为定尺长度，本条规定为防止采用抛掷方式拆除支架导致定尺杆件弯曲，影响后续使用的支架搭设。

9.0.9 本条规定了模板支架及脚手架对防火措施的基本要求。

中华人民共和国国家标准

预制组合立管技术规范

Technical code for pre-fabricated united pipe risers

GB 50682—2011

主编部门：中华人民共和国住房和城乡建设部
批准部门：中华人民共和国住房和城乡建设部
施行日期：2 0 1 2 年 1 月 1 日

中华人民共和国住房和城乡建设部
公　告

第 948 号

关于发布国家标准《预制组合立管
技术规范》的公告

现批准《预制组合立管技术规范》为国家标准，编号为 GB 50682－2011，自 2012 年 1 月 1 日起实施。其中，第 5.4.6、6.2.3 条为强制性条文，必须严格执行。

本规范由我部标准定额研究所组织中国建筑工业出版社出版发行。

中华人民共和国住房和城乡建设部

2011 年 2 月 18 日

前　　言

根据住房和城乡建设部《关于印发〈2009 年工程建设标准规范制订、修订计划〉的通知》（建标［2009］88 号）的要求，编制组经广泛调查研究，认真总结实践经验，参考有关国际标准和国内外先进经验，并在广泛征求意见的基础上，编制了本规范。

本规范共分 7 章和 3 个附录。主要技术内容是：总则，术语和符号，基本规定，设计，制作，安装，试验与验收等。

本规范中以黑体字标志的条文为强制性条文，必须严格执行。

本规范由住房和城乡建设部负责管理和对强制性条文的解释，由中建三局第一建设工程有限责任公司负责具体技术内容的解释。本规范在执行过程中，如发现需要修改或补充之处，请将意见和建议寄往中建三局第一建设工程有限责任公司（地址：武汉市东西湖区东吴大道特 1 号，邮政编码：430040，邮箱：sjygs@cscec.com），以供今后修订时参考。

本规范主编单位、参编单位和主要起草人、主要审查人：

主　编　单　位：中建三局第一建设工程有限责任公司
　　　　　　　　同济大学

参　编　单　位：中建三局建设工程股份有限公司
　　　　　　　　华东建筑设计研究院有限公司

　　　　　　　　　中国机械工业建设总公司

主要起草人员：黄　刚　戴　岭　王　亮　明　岗　张永红　尹　奎　刘献伟
　　　　　　　　宋明刚　褚庆翔　戴运华　刘新海　叶　渝　徐建中　钟宝华
　　　　　　　　张　杰　曹灵玲　肖开喜　刘　毅　叶大法　刘瑞敏　田洪润

主要审查人员：杨嗣信　杜昌熹　徐乃一　肖绪文　李德英　要明明　李传志
　　　　　　　　吴国庆　张广志　黄晓家　李　忠

目　次

Contents

1 总　则

1.0.1 为使预制组合立管的设计、施工及验收做到技术先进、经济适用、安全可靠，确保工程质量，制定本规范。

1.0.2 本规范适用于高层、超高层建筑中预制组合立管的设计、施工及验收。

1.0.3 预制组合立管的设计、施工与验收除应符合本规范外，尚应符合国家现行有关标准的规定。

2　术语和符号

2.1　术　语

2.1.1 预制组合立管　pre-fabricated united pipe risers

将一个管井内的拟组合安装的管道作为一个单元，以一个或几个楼层分为一个单元节，单元节内所有管道及管道支架预先制作并装配，运输至施工现场进行整体安装的一组管道。

2.1.2 套管撑板　supporting plate of sleeve

焊接于管道套管上的钢板，是套管与管道框架间的支撑件。

2.1.3 管道框架　supporting frame

由多根支架梁组成，通过可转动支架固定于主体结构上的一组管道组合支撑框架。

2.1.4 可转动支架　rotatable bracket

管道框架与主体结构连接的部件，通过螺栓与管道框架连接，可转动支架端头焊接连接板，与主体结构连接固定。

2.1.5 可转动支架连接板　process connection of rotatable bracket

可转动支架与主体结构的连接件。

2.1.6 管道框架封板　blocking plate of supporting frame

管道框架水平封堵钢板。

2.1.7 转立试验　hoist and standing test

预制组合立管在工厂进行的用于验证组合单元结构承载力、变形等的翻转、竖立试吊作业。

2.2　符　号

2.2.1 作用和作用效应设计值

F_t ——补偿器位移产生的轴向弹性力；

F_{ml} ——管道补偿对最下端固定支架的作用力；

F_{t1} ——最下端管道补偿器的轴向弹性力；

F_{h1} ——最下端管道补偿器的内压作用力；

F_{m2} ——管道补偿器对最上端固定支架的作用力；

F_{h2} ——最上端管道补偿器的内压作用力；

F_{t2} ——最上端管道补偿器的轴向弹性力；

F_n ——固定支架承受的荷载设计值；

F_1 ——最下端固定支架上承受的荷载设计值；

F_{p1} ——作用于最下端固定支架上的管道内压作用力；

F_2 ——最上部固定支架上承受的荷载设计值；

F_{p2} ——作用于最上端固定支架上的管道内压作用力；

F_{pn} ——作用于固定支架上的管道内压作用力；

F_b ——固定支架连接板承受的荷载设计值；

F_s ——套管撑板承受的荷载设计值；

F_f ——管道框架承受的荷载设计值；

F_c ——管架所承受的封堵材料的重量；

F_r ——可转动支架承受的荷载设计值；

F_u ——可转动支架连接板承受的荷载设计值；

M_x ——同一截面处绕 x 轴的弯矩。

2.2.2 计算指标

f_v^b ——抗剪强度设计值；

f_c^b ——螺栓的承压强度设计值；

f_f^w ——角焊缝的强度设计值；

K ——补偿器轴向刚度；

P_t ——管道试压压强；

σ_f ——垂直于焊缝长度方向的应力。

2.2.3 几何参数

A ——压力不平衡式补偿器的有效截面积；

A_0 ——螺栓的净截面积；

d ——螺栓杆直径；

I ——毛截面惯性矩；

h_e ——角焊缝的计算厚度；

ΔL ——管道轴向伸缩量；

L ——固定支架之间的管段长度；

l ——框架梁的跨度；

l_r ——可转动支架的跨度；

l_w ——角焊缝计算长度；

S ——计算剪应力处以上毛截面对中和轴的面积矩；

t ——承压构件总厚度；

t_w ——腹板厚度；

W_{nx} ——对 x 轴的净截面模量。

2.2.4 计算系数及其他

n_v——受剪面数目；

Δt——闭合温差；

α——管道的线膨胀系数；

β_f——正面角焊缝的强度设计值增大系数；

γ_x——截面塑性发展系数。

3 基 本 规 定

3.0.1 预制组合立管宜在工程设计阶段完成方案设计，施工阶段进行深化设计。

3.0.2 预制组合立管的深化设计应依据设计文件选用管材和管道连接方式，管材及连接材料等的选择必须符合国家现行的有关产品标准的规定。

4 设 计

4.1 设 计 原 则

4.1.1 预制组合立管设计应包括管道系统的工作压力、工作温度、流体特性、环境和各种荷载等。

4.1.2 预制组合立管设计应包括管道的热膨胀计算，通过计算选择合适的补偿器和固定支架形式，立管预留口标高应按热位移计算结果进行确定。

4.1.3 预制组合立管设计应包含构造设计与构件计算，并绘制立管系统图、单元节制作图、单元节装配图，编制制作及安装说明书。

4.1.4 预制组合立管的构造设计应符合下列规定：

1 应满足管井防火封堵设计和相关施工规范及设计文件的要求；

2 应满足后续施工作业及检修的要求，运输道路及现场水平、垂直运输条件和施工机械的性能；

3 其分节应与结构工程施工保持协调，满足各工序的流水作业。

4.2 一 般 规 定

4.2.1 预制组合立管的管道支架强度及变形计算时应对同时作用在管道支架上的所有荷载加以组合，按施工状态和运行状态的各种工况分别进行荷载计算，取其中最不利的组合进行计算。

4.2.2 预制组合立管的管道热补偿设计，应符合下列规定：

1 管道的轴向补偿及补偿量；

2 固定支架和结构承受的作用力；

3 补偿器的合理选型。

4.2.3 预制组合立管的管道支架进行计算时应包括下列内容：

1 固定支架连接板的强度计算；

2 套管撑板的强度计算；

3 管道框架的强度和变形计算；

4 可转动支架的强度和变形计算，紧固螺栓的强度计算；

5 可转动支架连接板的强度计算；

6 焊缝计算。

4.2.4 预制组合立管设计应满足管道压缩量与建筑主体结构压缩量相互协调。

4.2.5 组合立管单元节应进行吊装强度和变形验算，并应通过转立试验验证。

4.3 管道补偿产生的荷载计算

4.3.1 介质温度变化引起的管道轴向伸缩量，可按下式计算：

$$\Delta L = \alpha L \Delta t \tag{4.3.1}$$

式中：ΔL ——管道轴向伸缩量（mm）；

α ——管道的线膨胀系数 $[\text{mm}/(\text{m} \cdot \text{℃})]$；

L ——固定支架之间的管段长度（m）；

Δt ——闭合温差（℃）。

4.3.2 管道补偿产生的作用力应包括补偿器位移产生的轴向弹性力和内压作用力，其计算应符合下列规定：

1 补偿器位移产生的轴向弹性力可按下式计算：

$$F_t = K \Delta L \tag{4.3.2-1}$$

式中：F_t ——补偿器位移产生的轴向弹性力（N）；

K ——补偿器轴向刚度（N/mm）。

2 补偿器内压作用力可按下式计算：

$$F_h = P_t A \tag{4.3.2-2}$$

式中：F_h ——补偿器内压作用力（N）；

P_t ——管道试压压强（MPa）；

A ——压力不平衡式补偿器的有效截面积（m²）。

3 管道补偿对固定支架的作用力计算（图 4.3.2），应符合下列规定：

1） 两端固定支架的受力，可按下式计算：

$$F_{m1} = F_{t1} + F_{h1} \tag{4.3.2-3}$$

$$F_{m2} = F_{t2} + F_{h2} \tag{4.3.2-4}$$

式中：F_{m1} ——管道补偿对最下端固定支架的作用力（N）；

F_{t1} ——最下端管道补偿器的轴向弹性力（N）；

F_{h1} ——最下端管道补偿器的内压作用力（N）；

F_{m2} ——管道补偿器对最上端固定支架的作用力（N）；

F_{t2} ——最上端管道补偿器的轴向弹性力（N）；

F_{h2} ——最上端管道补偿器的内压作用力（N）。

2）中间固定支架的受力，可按下式计算：

$$F_{mn} = F_{t(n-1)} + F_{h(n-1)} + F_{t(n+1)} + F_{h(n+1)} \quad (4.3.2-5)$$

4.4 荷 载 组 合 计 算

4.4.1 预制组合立管施工阶段各层管架所承受的荷载计算，应符合下列要求：

1 各单元节最上层支架承受本单元节立管的全部荷载；

2 其他层支架承受其与下部相邻支架间的配管重量。

4.4.2 预制组合立管与其上部相邻固定支架间运行状态的配管荷载（图 4.4.2），在计算荷载时，应根据固定支架及补偿器的设置情况进行计算，并应符合下列规定：

1 不需要设补偿器时，应符合下列规定：

1）设多个固定支架时，每个固定支架分担本段管道重力荷载，其承受的荷载设计值应按下式计算：

$$F_n = 1.2G_n + 1.4F_{pn} \quad (4.4.2-1)$$

式中：F_n——固定支架承受的荷载设计值（N）；

G_n——该固定支架至上方相邻固定支架间的配管重量(N)；

F_{pn}——作用于该固定支架上的管道内压作用力（N）。

2）只在下部设固定支架时，固定支架承受全部荷载，最下端固定支架上承受的荷载设计值应按下式计算：

$$F_1 = 1.2G + 1.4F_{p1} \quad (4.4.2-2)$$

式中：F_1——最下端固定支架上承受的荷载设计值（N）；

G——整段管道的配管重量（N）；

F_{p1}——作用于最下端固定支架上的管道内压作用力（N）。

2 设补偿器时，应符合下列规定：

1）最下部固定支架上承受的荷载，最下端固定支架上承受的荷载设计值应按下式计算：

$$F_1 = 1.2G_1 + 1.4(F_{p1} + F_{m1}) \quad (4.4.2-3)$$

式中：G_1——最下端固定支架上方补偿器以下的管道的配管重量（N）。

2）最上部固定支架上承受的荷载，应按下式计算：

$$F_2 = 1.2G_2 + 1.4(F_{p2} + F_{m2}) \quad (4.4.2-4)$$

式中：F_2——最上部固定支架上承受的荷载设计值（N）；

G_2——最上端固定支架下方补偿器以上的配管重量（N）；

F_{p2}——作用于最上端固定支架上的管道内压作用力（N）。

3）多个补偿器时的中间固定支架承受的荷载，应按下式计算：

$$F_n = 1.2G_n + 1.4(F_{pn} + F_{mn}) \quad (4.4.2-5)$$

式中：G_n——该固定支架下方补偿器到上方补偿器之间的配管重量（N）。

4.4.3 固定支架连接板承受的荷载(图 4.4.3)，应按下式计算：

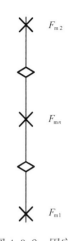

图 4.3.2 固定支架受力示意

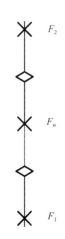

图 4.4.2 配管荷载示意

$$F_b = (F_1, F_2 \cdots F_n)_{\max} \qquad (4.4.3)$$

式中：F_b——固定支架连接板承受的荷载设计值（N）。

4.4.4 套管撑板承受的荷载(图 4.4.4)，计算应符合下列规定：

1 固定支架，应按下式进行计算：

$$F_s = F_b \qquad (4.4.4-1)$$

式中：F_s——套管撑板承受的荷载设计值（N）。

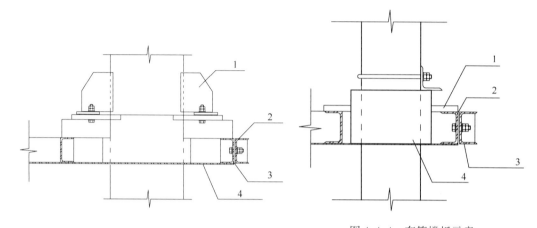

图 4.4.3 固定支架示意

1—连接板；2—可转动支架；3—管道框架；4—封堵板

图 4.4.4 套管撑板示意

1—撑板；2—框架；3—可转动支架；4—套管

2 导向或滑动支架，仅承受施工过程中的单元节内管道重量（G_s），应按下式进行计算：

$$F_s = 1.2 G_s \qquad (4.4.4-2)$$

4.4.5 管道框架承受荷载，应按下式计算：

$$F_f = \Sigma(F_{s1}, F_{s2} \cdots F_{sn}) + 1.2 F_c \qquad (4.4.5)$$

式中：F_f——管道框架承受的荷载设计值（N）；

F_c——管架所承受的封堵材料的重量（N）。

4.4.6 可转动支架承受的荷载，应按下式计算：

$$F_r = F_f + 1.2 G_f \qquad (4.4.6)$$

式中：F_r——可转动支架承受的荷载设计值（N）；

G_f——管道框架的重量（N）。

4.4.7 可转动支架连接板承受的荷载，应按下式计算：

$$F_u = F_r + 1.2 G_r \qquad (4.4.7)$$

式中：F_u——可转动支架连接板承受的荷载设计值（N）；

G_r——可转动支架的重量（N）。

4.5 管架构件计算

4.5.1 固定支架连接板、套管撑板计算时应将管道与连接板、或套管撑板与套管简化为简支梁，简支梁截面按连接板和套管撑板有效截面取值，将其承受的荷载简化为简支梁中点的集中荷载，计算应符合下列规定：

1 抗弯强度应按下式计算：

$$M_x / (\gamma_x W_{nx}) \leqslant f \tag{4.5.1-1}$$

式中：M_x——同一截面处绕 x 轴的弯矩；

$\quad W_{nx}$——对 x 轴的净截面模量；

$\quad \gamma_x$——截面塑性发展系数；

$\quad f$——钢材抗弯强度设计值。

2 抗剪强度应按下式计算：

$$\tau = VS / (I t_w) \leqslant f_v \tag{4.5.1-2}$$

式中：S——计算剪应力部位以上毛截面对中和轴的面积矩；

$\quad I$——毛截面惯性矩；

$\quad f_v$——钢材抗剪强度设计值；

$\quad t_w$——腹板厚度。

4.5.2 管道框架的计算，应符合下列要求：

1 抗弯强度应按下式计算：

$$M_x / (\gamma_x W_{nx}) \leqslant f \tag{4.5.2-1}$$

2 挠度 v 应按下式计算：

$$v / l \leqslant 1 / 400 \tag{4.5.2-2}$$

式中：l——框架梁的跨度。

4.5.3 可转动支架的计算，应符合下列要求：

1 抗弯强度应按下式计算：

$$M_x / (\gamma_x W_{nx}) \leqslant f \tag{4.5.3-1}$$

2 挠度 v 应按下式计算：

$$v / l_r \leqslant 1 / 400 \tag{4.5.3-2}$$

式中：l_r——可转动支架的跨度。

3 螺栓的计算，应符合下列要求：

1） 受剪承载力设计值，可按下式计算：

$$N_v^b = n_v A_0 f_v^b \tag{4.5.3-3}$$

2） 承压承载力设计值，可按下式计算：

$$N_c^b = d \sum t f_c^b \tag{4.5.3-4}$$

式中：n_v——受剪面数目；

$\quad A_0$——螺栓的净截面积；

$\quad d$——螺栓杆直径；

$\quad f_v^b$——螺栓的抗剪强度设计值；

$\quad f_c^b$——螺栓的承压强度设计值；

$\quad t$——承压构件总厚度。

4.5.4 可转动支架连接板（图 4.5.4）的计算，应符合下列要求：

1 抗弯强度应按下式计算：

$$M_x / (\gamma_x W_{nx}) \leqslant f \tag{4.5.4-1}$$

2 连接板的焊缝应按下式计算：

$$\sigma_f = F_u / (n h_e l_w) \leqslant \beta_f f_f^w \qquad (4.5.4\text{-}2)$$

式中：σ_f——垂直于焊缝长度方向的应力；

$\quad\quad n$——有效连接板数（连接板数大于等于3时，$n=3$；连接板数为2时，$n=2$）；

$\quad\quad h_e$——角焊缝的计算厚度（直角角焊缝 $h_e=0.7 h_f$，h_f 为焊脚尺寸）；

$\quad\quad l_w$——角焊缝计算长度；

$\quad\quad \beta_f$——正面角焊缝的强度设计值增大系数；

$\quad\quad f_f^w$——角焊缝的强度设计值。

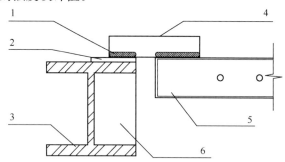

图 4.5.4　可转动支架连接板安装示意

1—焊缝；2—垫板；3—结构钢梁；4—可转动支架连接板；
5—可转动支架；6—加强肋板

4.6　立管系统图及组合平、剖面图

4.6.1　系统图应根据原设计各专业管线系统图绘制；系统图应注明各管道名称、材质、管径、结构标高、分支管预留口标高及管道组件、附件型号和规格。

4.6.2　系统图应反映立管所在各楼层的支架形式、套管类型；平、剖面图应与系统图及各专业的楼层平面图相对应。

4.6.3　平、剖面图根据系统图和布置方案，应按管组及楼层分别进行绘制。

4.6.4　平、剖面图应包括下列内容：

1　各管道的系统名称、规格及定位尺寸；

2　预留口的开口方向、开口尺寸、定位尺寸；

3　支架类型及定位尺寸。

4.7　制 作 及 装 配 图

4.7.1　制作及装配图应根据系统图及平面图分节绘制；宜分别绘制剖面图、相关层平面图和管架图，并应符合下列规定：

1　剖面图主要体现整节的形式，立管的尺寸、开口位置、制作和组对的尺寸等；

2　平面图主要体现各立管在本层的布置位置与形式；

3　管架图主要体现管架及其部件的加工要求。

4.7.2　制作及装配图应注明各管道及其附件的名称、材质、规格、尺寸，以及各管道与管架的定位尺寸。

4.7.3 各预留口的标高及开口方向应根据施工平面图在装配图上详细注明。

4.7.4 制作及装配图宜注明管道连接焊缝或法兰等的设置及管道下料要求。

4.7.5 管架图应详细注明所选用的型钢规格及尺寸。

4.7.6 管架图应包括各零部件、用于吊装及组对的临时部件等的加工制造详图。

4.7.7 制作前，应复核现场结构情况，必要时可适当调整加工制作详图。

4.7.8 制作说明书应包括下列内容：

 1 编制依据；

 2 制作流程；

 3 预制组合立管分节表；

 4 材料一览表；

 5 节间、节内连接方式；

 6 加工顺序；

 7 管道预处理要求及方法；

 8 加工要点；

 9 标识要求；

 10 检查要点；

 11 成品保护；

 12 场内转运储存要点。

5 制 作

5.1 一 般 规 定

5.1.1 预制组合立管制作前，应符合下列规定：

 1 管道预制加工工厂、车间或者有加工、组装条件的场地；

 2 完备的施工图纸、制作装配图、制作说明书及有关技术文件；

 3 管道清洗、脱脂、内防腐等预处理完成。

5.1.2 所有材料和产品的标识应清晰，质量、技术文件齐全，并按有关要求进行抽样检测。

5.1.3 预制组合立管装配完成后应组织有关部门验收。

5.2 管 道 加 工

5.2.1 管道切割加工尺寸允许偏差应符合表 5.2.1 的规定。

表 5.2.1 管道切割加工尺寸允许偏差（mm）

项 目			允许偏差
长 度			±2
切口垂直度	管 径	$DN<100$	1
		$100{\leqslant}DN{\leqslant}200$	1.5
		$DN>200$	3

5.2.2 管道下料，应将焊缝、法兰及其他连接件设置于便于检修的位置，不宜紧贴墙壁、楼板或管架，开孔位置不得在管道焊缝及其边缘。

5.2.3 切割后的管道，应做好标识。

5.2.4 管道焊接预制加工尺寸允许偏差应符合表5.2.4的规定。

表5.2.4 管道焊接预制加工尺寸允许偏差（mm）

项 目		允许偏差
管道焊接组对内壁错边量		不超过壁厚的10%，且不大于2mm
管道对口平直度	对口处偏差距接口中心200mm处测量	1
	管道全长	5
法兰面与管道中心垂直度	DN＜150	0.5
	DN≥150	1.0
法兰螺栓孔对称水平度		±1.0

5.2.5 管道内应无杂物，管道预制完成后应进行涂装、封堵，其涂装应符合下列规定：

1 涂层应符合设计文件的规定；

2 焊缝处、坡口处不应涂漆，当放置时间较长时，应进行防锈处理；

3 焊接预制加工完成后，需做镀锌处理的，应逐根试压并填写试验记录。

5.3 管 道 支 架 制 作

5.3.1 管道支架各组件在拼装前，应做好拼装标识。

5.3.2 管道支架制作尺寸允许偏差应符合表5.3.2的规定。

表5.3.2 管道支架制作尺寸的允许偏差（mm）

项 目			允许偏差
管道框架	边 长		±2
	对角线之差		3
	平面度		2
套 管	套管位置	套管中心线定位尺寸	3
	套管高度	相对于管道框架高度	±3
可转动支架	长 度		±5
	螺栓孔间距		±1
	对孔螺栓孔间偏差		1
部件安装位置	固定部件、吊装配件的位置		3
封 板	边长、对角线之差		3
	封板开孔与套管间隙		2

5.3.3 可转动支架应与管道框架配钻，且应进行螺栓的连接确认。

5.3.4 安装后需现浇混凝土覆盖的管道支架接触面不应涂漆。

5.4 装 配

5.4.1 预制组合立管单元节装配允许偏差应符合表5.4.1的规定。

表 5.4.1　单元节装配尺寸的允许偏差（mm）

项　　目	允许偏差
相邻管架间距	±5
管架与管道垂直度	5/1000
管道中心线定位尺寸	3
管道端头与管道框架间的距离	±5
管道间距	±5
管段全长平直度（铅垂度）	5

5.4.2 防滑块的安装位置应符合下列规定：

　1 在每节配管最上层的管卡上下方各设置 2 个防滑块；

　2 在每节配管中间层及最下层的管卡下方各设置 2 个防滑块；

　3 防滑块与管卡距离应大于管道的热膨胀量。

5.4.3 预留口的朝向、定位应符合制作装配图的要求。

5.4.4 预制组合立管单元节装配完成后应按装配图做标识，且应包括下列内容：

　1 单元节编号；

　2 安装楼层和方向标识；

　3 管井号和顺序编号；

　4 系统编号、介质、流向、压力等级等相关标识。

5.4.5 吊点的设置应进行受力计算，并应保证受力平衡。

5.4.6 预制组合立管单元节装配完成后必须进行转立试验，并应符合下列规定：

　1 应进行全数试验和检查。

　2 试验单元节应由平置状态起吊至垂立悬吊状态，静置 **5min**，过程无异响；平置后检查单元节，焊缝应无裂纹，紧固件无松动或位移，部件无形变为合格。

5.5　工　厂　验　收

5.5.1 预制组合立管单元节出厂前应按照本规范、制作装配图及制作说明书要求进行出厂验收。

5.5.2 预制组合立管单元节验收合格后，应按照本规范附录 A 的规定填写验收记录。

5.5.3 验收合格后，应在单元节上做好标识，且应包括下列内容：

　1 验收合格标识；

　2 验收负责人编码；

　3 验收日期。

5.6　半　成　品　保　护

5.6.1 预制组合立管单元节的保护应符合下列规定：

　1 构件堆放场地应平整压实，周围必须设排水沟；

　2 单元节宜架空存放，管口应做临时封堵；

　3 管道及构件表面涂层损伤处应及时修补；

　4 管道宜采用塑料薄膜缠绕进行保护。

5.6.2 预制组合立管单元节厂内转运和堆码应采取防止构件变形和单元节倾覆、碰撞的措施。

6 安 装

6.1 施 工 准 备

6.1.1 总体工程施工计划应符合预制组合立管施工特点。

6.1.2 单元节装车前及运输到现场后均应按照本规范附录 B 的规定进行交接检查。

6.1.3 单元节运输过程中应采取防止构件变形和单元节倾覆等措施。

6.1.4 预制组合立管单元节在吊装前,应对管井结构实际尺寸、标高进行技术复核,并应对其施工质量进行交接验收;交接验收后,应按预制组合立管施工图画定安装基准线。

6.1.5 预制组合立管吊装组对前应符合下列规定:

    1 施工图纸及技术文件应齐全,并经相关专业人员审核确认;

    2 吊装作业的施工方案及相关应急预案应编制完成并经审核确认;

    3 全面核查现场施工环境,应具备作业条件;

    4 吊装前,应按照本规范附录 C 的规定,办理《预制组合立管单元节吊装安全作业证》。

6.1.6 起重设备、吊具、辅具、绳索、滑轮等的选择应符合现行行业标准《施工现场机械设备检查技术规程》JGJ 160 的有关规定。

6.2 转 运 与 吊 装

6.2.1 预制组合立管单元节应严格按运输、吊装方案确定的顺序进行转运与吊装,在装卸、转立及吊装就位时,应采取避免旋转、摆动和磕碰等措施。

6.2.2 预制组合立管单元节应按标定的定位记号准确就位,就位后不应再进行横向移位。

6.2.3 单元节松钩前应就位稳定,且可转动支架与管道框架连接螺栓应全部紧固完成。

6.2.4 预制组合立管吊装过程中应保持通信畅通。

6.2.5 预制组合立管吊装及组对应符合安全施工相关标准的规定。

6.3 组 对

6.3.1 立管吊装完成后,应对管道及管架进行垂直水平精确定位,当无设计要求时,其安装允许偏差应符合表 6.3.1 的规定。

表 6.3.1 预制组合立管安装允许偏差(mm)

项 目	允许偏差
管道定位轴线	5
成排立管间距	±5
管架位移	5
立管铅垂度	3/1000 且最大 10

6.3.2 预制组合立管管口对接应符合下列要求：

1 立管管口对接时在接口中心 200mm 处测量平直度 a（图 6.3.2）。

2 立管管口对接平直度允许偏差应符合表 6.3.2 的规定：

表 6.3.2 立管管口对接平直度允许偏差（mm）

公称直径	允许偏差	
	对 口 处	全 长
<100	≤1	≤10
≥100	≤2	≤10

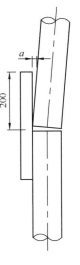

图 6.3.2 立管接口平直度测量

6.3.3 管道对接和坡口修正应符合现行国家标准《工业金属管道工程施工规范》GB 50235 的有关规定。

6.3.4 预制组合立管支管开口方向和标高应与设计一致，预留口应及时封堵。

6.3.5 补偿装置安装应符合现行国家标准《工业金属管道工程施工规范》GB 50235 的有关规定。

6.3.6 预制组合立管就位后，应按设计要求安装减振装置和增设管道承重支架。

6.3.7 有热位移的管道，应在固定支架安装并固定牢固后，调整导向、滑动、活动支架的设置形式。

6.3.8 单元节组对完成后，应实测管口标高、尺寸。

7 试 验 与 验 收

7.1 一 般 规 定

7.1.1 预制组合立管安装完成后，应按设计要求逐个核对管架形式和位置。

7.1.2 预制组合立管安装完成后，应对其进行外观检查，并应符合下列规定：

1 各管道应垂直，无倾斜和变形现象，成排管道间距应合理；

2 管道支架、各螺栓紧固件受力应均匀，连接应牢靠，各构件无变形；

3 管道对接处进行焊接后，应对其焊缝进行外观检验，焊缝外观检验质量应符合现行国家标准《现场设备、工业管道焊接工程施工及验收规范》GB 50236 的有关规定；

4 预制组合立管的外表涂层应完好、美观。

7.2 焊缝检验及压力试验

7.2.1 设计要求必须进行无损检测的管道，应按照现行国家标准《工业金属管道工程施工规范》GB 50235 及行业标准《承压设备无损检测》JB/T 4730 的有关规定进行检测。

7.2.2 预制组合立管安装完毕，无损检验合格后，应按各系统的设计及规范要求进行压力试验。试验前，应编制试压方案。

7.2.3 压力试验合格后，应填写试压记录。

7.3 验 收

7.3.1 竣工质量应符合设计要求和本规范的有关规定，同时还应符合现行各管道系统相关规范的有关规定。

7.3.2 验收时还应包括下列内容：

1 导向支架或滑动支架的滑动面应洁净平整，不得有歪斜和卡涩现象。其安装位置应从支承面中心向位移反方向偏移，偏移量应为位移值的1/2或符合设计文件规定，绝热层不得妨碍其位移。

2 临时固定、保护组件应清除或处置完毕，不得影响管道的滑动、绝热和减振，采用机械切割的，切割面应做防腐处理。

附录 A 预制组合立管单元节质量验收记录

表 A 预制组合立管单元节质量验收记录表　　　　编号：

项别		检 查 内 容	施工单位检查评定记录	监理（建设）单位验收记录
单位（子单位）工程名称				
分部（子分部）工程名称		单元节编号		
管井编号		所在楼层		
施工单位		项目经理		
加工单位		加工负责人		
施工执行标准名称及编号				

项别		检 查 内 容	施工单位检查评定记录	监理（建设）单位验收记录
质量保证资料	1	材料的合格证、质量证明书及复（校）验报告		
	2	阀门试验、阀门解体及安全阀调试记录		
	3	加工合格证或加工记录		
	4	设计变更及材料代用记录		
	5	焊工合格证、焊接工艺评定、焊接工作记录及焊条、焊剂烘干记录		
	6	管段、管件及阀门的清洗、脱脂记录		
	7	预拉伸（压缩）记录		
	8	管道系统试验记录		
	9	管道系统吹洗、脱脂、酸洗、钝化记录		
	10	管道试压和探伤检验记录资料齐全、填写正确，试验、检验结果符合设计要求		
	11	转立试验记录齐全，试验结果符合要求		

项别		检 查 内 容		施工单位检查 评定记录				监理(建设) 单位验收记录
检查项目	1	管道法兰、焊缝、其他连接件	管道法兰、焊缝及其他连接件的安装位置应与制作装配图相符					
	2	管道安装	管道安装顺序、位置与装配图相符；固定牢固					
			柔性卡箍连接处和膨胀器均有固定保护装置					
	3	管架制作	管架制作与装配图相符，位置正确、平正、牢固，与管子接触紧密、安装牢固，涂层符合要求					
			可转动支架转动灵活，与管道框架贴合紧密，螺栓能自由穿入，临时固定方法正确，固定牢固					
	4	转立试验记录	转立试验记录齐全，试验结果符合要求					
	5	标识	单元节编号					
			楼层和方向标识					
			管井号和顺序编号					
	6	管道、预留口保护	管道、预留口保护措施齐全、可靠					
	7	螺栓等安装配件	安装配件附带齐全					
	8	其他检验项目						

项别		项 目		允许偏差 （mm）					
允许偏差项目	1	管道框架	边长	±2					
	2		对角线之差	3					
	3		平面度	2					
	4		相邻管架间距	±5					
	5		管架与管道垂直度	±1°					
	6	套管	套管位置	3					
	7		套管高度	±3					
	8	可转动支架	长度	±5					
	9		螺栓孔间距	±1					
	10		对孔螺栓孔偏差	1					
	11	部件安装位置		3					

项别	检 查 内 容				施工单位检查评定记录					监理（建设）单位验收记录
允许偏差项目	项 目			允许偏差（mm）						
	12	封板	边长	3						
	13		对角线之差	3						
	14		封板与套管间隙	2						
	15	管道安装	管道中心线定位尺寸	3						
	16		管道端头与管道框架间的距离	±5						
	17		管道间距	±5						
	18		平直度（铅垂度） 管段全长	5						
	19		平直度（铅垂度） 管道对口处	1						
	20		法兰面与管子中心垂直度 $DN<150$	0.5						
	21		法兰面与管子中心垂直度 $DN\geqslant150$	1.0						

施工单位检查结果评定	项目专业质量检查员：　　　　　　　　　　　年　月　日
监理（建设）单位验收结论	监理工程师： （建设单位项目专业技术负责人）：　　　　　　　　　年　月　日

956

附录 B 预制组合立管单元节转运交接记录

表 B 预制组合立管单元节转运交接记录表 编号：

单位(子单位)工程名称			
单元节编号			
日期			
加工单位		加工负责人	
运输单位		运输负责人	
吊装单位		吊装负责人	

交接检查记录

序号	项目	检查要求	运输交接检查结果	吊装交接检查结果
1	构件	无松动、形变		
2	表面涂层	涂层完整，无剥落、气泡、锈蚀等		
3	标识	清晰、完整		
4	构件保护附件	完好、无松动		
5	现场安装附件	数量正确、绑扎牢固		
6	质量证明文件	齐全、有效		

运输安排情况

序号	项目	安排与措施
1	构件吊装设备	
2	构件运输车辆	
3	构件装载顺序	
4	构件固定方法	
5	运输保护措施	

交接确认记录	交接意见： 加工移交人：　　（签字）　　　　　　　　　年　月　日 运输接受人：　　（签字）　　　　　　　　　年　月　日 吊装接受人：　　（签字）　　　　　　　　　年　月　日

附录C 预制组合立管单元节吊装安全作业证

表C 预制组合立管单元节吊装安全作业证

编号：

单位(子单位)工程名称				
吊装工具名称		就位楼层		
作业时间		吊装指挥（负责人）		
吊装人员				
单元节编号				
起吊件重量（吨）				
序号	项目		检查情况	结论
1	就位点检查	管井洞口尺寸校核、垫板（过渡板）及定位线校核、已安装管道标高		
2	作业环境检查	操作台、安全围护搭设，安全网或封堵板搭设，障碍物清除，等待场所、行驶路线、吊装位置确认，风力、照明等作业环境		
3	吊装设施准备	吊装设备、辅具、绳索、滑轮等吊装工、用具，缓冲、保护设施		
4	吊件检查	构件稳定性检查，有无松动或形变，缓冲、保护附件检查		
5	施工方案核定			
6	操作人员安全及技术交底、教育			
7	指挥、通信检查			
安全措施： <div align="right">项目单位安全部门负责人：（签字）　年　月　日 项目单位负责人：（签字）　年　月　日 施工单位安全部门负责人：（签字）　年　月　日 施工单位负责人：（签字）　年　月　日</div>				
安监部门审批意见： <div align="right">安监部门负责人：（签字）　年　月　日</div>				

本规范用词说明

1 为便于在执行本规范条文时区别对待，对要求严格程度不同的用词说明如下：

   1）表示很严格，非这样做不可的：

     正面词采用"必须"，反面词采用"严禁"；

   2）表示严格，在正常情况下均应这样做的：

     正面词采用"应"，反面词采用"不应"或"不得"；

   3）表示允许稍有选择，在条件许可时，首先应这样做的：

     正面词采用"宜"，反面词采用"不宜"；

   4）表示有选择，在一定条件下可以这样做的，采用"可"。

2 条文中指明应按其他有关标准、规范的规定执行的写法为："应符合……规定"或"应按……执行"。

引 用 标 准 名 录

1 《工业金属管道工程施工规范》GB 50235

2 《现场设备、工业管道焊接工程施工及验收规范》GB 50236

3 《施工现场机械设备检查技术规程》JGJ 160

4 《承压设备无损检测》JB/T 4730

中华人民共和国国家标准

预制组合立管技术规范

GB 50682—2011

条 文 说 明

制 定 说 明

《预制组合立管技术规范》GB 50682-2011，经住房和城乡建设部 2011 年 2 月 18 日以第 948 号公告批准、发布。

预制组合立管是根据国际同类技术研制开发形成的管井内立管组成套设计与施工技术，该技术由中建三局第一建设工程有限责任公司首先成功应用于上海环球金融中心工程。

预制组合立管体系包括设计、计算、制作、装配、吊装、组对等主要技术，实现了设计施工一体化、加工制作工厂化、分散作业集中化，降低材料损耗，提高机械化作业率，加快了施工进度，符合国家建筑产业化政策，环保节能效果显著，在高层、超高层建筑施工中有着广泛的应用前景。本次编制组根据工程实践中的经验积累，总结各相关单位的意见以及专家的建议，并在参考现行国家标准和相关资料，国际标准和国际先进经验的基础上，编制了本规范。

为了广大设计、施工、科研、学校等单位有关人员在使用本规范时能正确理解和执行条文，《预制组合立管技术规范》编制组特按章、节、条的顺序编制了本规范的条文说明，对条文规定的目的、依据以及执行中需注意的有关事项进行了说明。

目　　次

1 总 则

1.0.3 预制组合立管设计与施工除应满足本规范要求外，同时应满足《通风与空调工程施工质量验收规范》GB 50243、《建筑给水排水及采暖工程施工质量验收规范》GB 50242、《自动喷水灭火系统工程施工及验收规范》GB 50261、《高层民用建筑设计防火规范》GB 50045、《建筑给水排水设计规范》GB 50015、《采暖通风与空气调节设计规范》GB 50019 及其他专业工程标准。

预制组合立管的防火封堵设计应满足《高层民用建筑设计防火规范》GB 50045 的规定。

金属管道、管道支吊架、管道附件的设计施工应满足《工业金属管道设计规范》GB 50316、《工业金属管道工程施工规范》GB 50235、《现场设备、工业管道焊接工程施工及验收规范》GB 50236、《钢结构设计规范》GB 50017、《钢结构工程施工质量验收规范》GB 50205 的规定。

2 术 语 和 符 号

2.1 术 语

2.1.1 预制组合立管如图 1 所示。

2.1.2 套管撑板用于固定套管并承担单根立管荷载，即管道的重量通过套管、套管撑板传递到管道框架。

2.1.4 可转动支架在运输及吊装过程中与管道框架呈垂直状态并临时固定，就位时旋转至水平状态，并紧固所有连接螺栓。

2.1.5 可转动支架连接板主要用于固定管道框架并承担立管荷载，连接板采用钢制构件焊接在可转动支架的端部。

2.1.6 管道框架封板在井道封堵时起模板支托作用。

2.1.7 为了验证吊装时预制组合立管单元节结构的整体安全性，需在工厂对每个单元节进行转立试验。

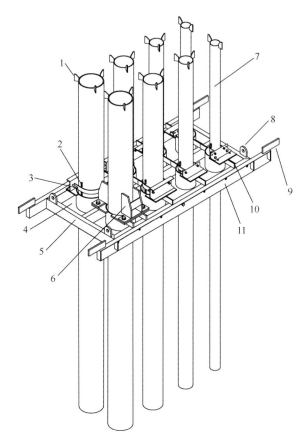

图 1 预制组合立管单元节示意

1—组对导板；2—防滑块；3—管卡；4—管架封板；5—管道框架；

6—连接板（固定支架用）；7—管道；8—吊耳；9—可转动支架连接板；

10—套管撑板；11—可转动支架（吊装时置于垂直状态并临时固定）

3 基 本 规 定

3.0.1 工程设计阶段预制组合立管初步设计包括以下内容：

1 各专业系统管道的排列；

2 组合支架的形式；

3 补偿器的选择和设置等；

4 固定（承重）支架的设置；

5 支架与结构连接节点。

3.0.2 预制组合立管所选用的管材和连接材料应符合《直缝电焊钢管》GB/T 13793、《输送流体用无缝钢管》GB/T 8163、《排水用柔性接口铸铁管、管件及附件》GB/T 12772 等国家现行的有关产品标准的规定。

4 设　　计

4.1　设 计 原 则

4.1.2　立管设有固定和限位支架，可以不考虑横向位移的影响。热变形管道的预留口设置需考虑水平分支管道的坡向、坡度、位移限制等影响因素。

4.1.4　预制组合立管的构造设计，要预留管井封堵施工时植筋和混凝土浇筑的空间；采用防火封堵材料封堵的，可在管道支架设计、制作时，一并完成封堵材料支撑构件的设计和制作。

预制组合立管设计，施工中需充分考虑施工荷载、结构误差以及施工进度的影响，在设计与施工中协调解决。

钢结构一般是分节施工，预制组合立管的分节应尽量和钢柱的分节保持一致，以便钢柱、钢梁、预制组合立管、楼板等工序能进行流水施工。

4.2　一 般 规 定

4.2.1　预制组合立管配管及管道框架承受的荷载按施工状态和运行状态分别考虑，取最不利荷载。

安装施工状态荷载包括管道、管道支架及组件、隔热材料等自重荷载以及施工临时荷载。

运行状态（含试运行、管道系统压力试验）荷载包括管道系统静荷载和运行动荷载。静荷载包括管道及管道附件、管道支架及组件、隔热材料等自重荷载；动荷载包括管道热胀冷缩和其他位移产生的作用力和力矩，压力不平衡式的波纹补偿器或填函式补偿器等的内压作用力及弹性反力，管道系统内压作用力，系统运行冲击力、水锤等。

4.4　荷 载 组 合 计 算

4.4.1　施工过程中，单元节对接前，该节最上层支架为吊装及就位后承重支架，各节对接后，在各楼层重新固定，荷载承受在每层的支架上，对已经施工好的预制组合立管没有影响，因此计算时仅考虑本节的荷载。

4.4.2　管架承受的荷载主要为其与上部相邻固定支架间的配管自重 G、管道补偿对固定支架的作用力 F_{pn} 及管道内压作用力 F_p，运行阶段固定支架承受全部荷载。

支架承受荷载分为静荷载和动荷载，静荷载的组合值系数取 1.2。静荷载包括管道及组成件、隔热材料、支架零部件、输送流体或试验流体等的重力以及由管道或管道支架支承的其他永久性荷载。

动荷载的组合值系数取 1.4。动力荷载包括管道系统内输送流体或试验用流体对管道的不平衡内压作用力及其他持续动力荷载和偶然荷载。

4.5　管　架　构　件　计　算

4.5.1　在工程实践中可按套管撑板厚度的60％确定套管的壁厚，套管撑板与套管可以简化为按套管撑板截面考虑的简支梁。受力计算简图与弯矩图如下图：

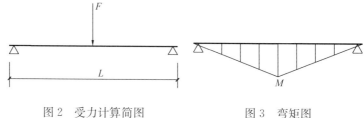

图2　受力计算简图　　　　　　　图3　弯矩图

4.5.2　参照《钢结构设计规范》GB 50017-2003，按主框架梁挠度允许值1/400，国外的预制组合立管加工企业有采用挠度允许值1/300。

4.5.3　对螺栓的受力计算，在工程上考虑剪切强度计算和承压计算。

4.5.4　可动支架与结构间的连接应根据结构选择合理的连接形式，本处考虑为正面角焊缝的计算。

4.6　立管系统图及组合平、剖面图

4.6.3　管井中不同楼层的立管数量、规格并不完全相同，因此作本条规定。

4.7　制作及装配图

4.7.7　现场施工条件复杂，结构及管道施工误差等因素会影响预制组合立管的安装，因此，在每节制造前必须对现场情况进行复核，再根据复核情况对图纸进行修正。

5　制　　作

5.2　管　道　加　工

5.2.2　管道切割下料，还需要考虑后续施工的要求，如增设管道支架、附件、开孔等，包括对管道焊缝、法兰的设置要求。

5.2.5　清扫是为了防止管道内存留杂物，在吊装过程中发生坠落等危险。

5.4　装　　配

5.4.4　预制组合立管单元节明确标识是为了防止吊装过程中发生单元节就位时方向、顺序、管井或楼层错误等。

5.4.6　预制组合立管单元节在吊装过程中，由于受力状态改变，可能发生空中解体、组件脱落等状况，因此要求进行转立试验验证。

5.6 半 成 品 保 护

5.6.1 在预制立管安装完成后，钢结构防火涂料及混凝土施工易对预制组合立管产生污染，故须做好成品保护。

5.6.2 预制组合立管单元节堆码时用垫木和钢丝绳固定，以防止构件变形；对不稳定预制组合立管（如柔性沟槽连接件连接的管道）采取临时加固措施。

6 安 装

6.1 施 工 准 备

6.1.1 预制组合立管吊装穿插于结构施工，其进度与总体工程施工进度相互制约。

6.1.2 检查主要针对单元节构件在储存、运输过程中发生的形变、螺栓、管卡等连接件松动，保证吊装时单元节结构稳定性。

6.1.3 预制组合立管单元节运输过程中应采用垫木和钢丝绳固定，做好保护工作，防止构件变形和刻断钢丝绳；对不稳定预制组合立管（如采用柔性沟槽连接件连接的管道）应采用临时加固措施。

6.1.4 预制组合立管单元节在吊装前，复核安装管井实际尺寸、安装位置、标高，检验结构是否按设计图纸进行施工，有无偏差，是否会影响预制组合立管单元节吊装及组对施工。为方便预制组合立管单元节在吊装就位时能快速初步定位，吊装前应安排人员在相关工作面上做好管架的定位标识。

6.1.5 预制组合立管单元节吊装所采用的起重设备、吊具、辅具、绳索、滑轮应参照相应计算进行选型，并考虑必要的安全系数，确保吊装的可靠性和安全性。

6.2 转 运 与 吊 装

6.2.1 预制组合立管单元节储存和运输时为水平放置，吊装时变为垂直状态，为防止预制组合立管单元节在从水平状态转为竖立状态时发生碰撞变形，宜采用双机抬吊完成卸货和竖立过程，并保证单元节竖立方向正确。

单元节竖立后，在单元节下部绑扎缆风绳，调整、控制单元节方向，并引导单元节按预定路线穿越管井。单元节穿越管井时，在其所经过的楼层安排人员监护，防止管组、吊索与管井结构发生碰撞。

6.2.3 单元节安装为高空吊装作业，在单元节良好就位、与相关建筑结构连接的螺栓全部安装和紧固完成之前，必须保证吊装设备吊钩处于受力状态，以确保吊装作业过程安全。

6.3 组 对

6.3.1 因超高层建筑有自身摆动，管道附着在结构上，其全长偏差很难测定，只能参照结构坐标进行控制。

6.3.6 预制组合立管的支架一般设置于管井内每层楼板处，安装于管道上的阀门、膨胀器等管道附件及管道连接件处需按相关规范增设支架，支架设置间距不符合相应规范要求的，也要增设支架。

6.3.7 预制组合立管单元节在装配、运输、吊装、组对时，管道均固定在管架上，支架形式的调整应在其上部的固定支架安装固定后进行。

6.3.8 单元节组对完成后及时实测管口标高、尺寸，可为下一单元节的制作、安装提供调整参考数据。

中华人民共和国行业标准

建筑施工扣件式钢管脚手架安全技术规范

Technical code for safety of steel tubular scaffold with couplers
in construction

JGJ 130－2011

批准部门：中华人民共和国住房和城乡建设部
施行日期：２０１１年１２月１日

中华人民共和国住房和城乡建设部
公　告

第 902 号

<hr>

关于发布行业标准《建筑施工
扣件式钢管脚手架安全技术规范》的公告

现批准《建筑施工扣件式钢管脚手架安全技术规范》为行业标准，编号为 JGJ 130－2011，自 2011 年 12 月 1 日起实施。其中，第 3.4.3、6.2.3、6.3.3、6.3.5、6.4.4、6.6.3、6.6.5、7.4.2、7.4.5、8.1.4、9.0.1、9.0.4、9.0.5、9.0.7、9.0.13、9.0.14 条为强制性条文，必须严格执行。原行业标准《建筑施工扣件式钢管脚手架安全技术规范》JGJ 130－2001 同时废止。

本规范由我部标准定额研究所组织中国建筑工业出版社出版发行。

中华人民共和国住房和城乡建设部

2011 年 1 月 28 日

前　　言

根据原建设部《关于印发〈二〇〇四年度工程建设城建、建工行业标准制订、修订计划〉的通知》（建标〔2004〕66 号）的要求，规范编制组经广泛调查研究，认真总结了我国扣件式钢管脚手架应用的经验，参考有关国际标准和国外先进标准，并在广泛征求意见的基础上，修订了本规范。

本规范的主要技术内容是：1. 总则；2. 术语和符号；3. 构配件；4. 荷载；5. 设计计算；6. 构造要求；7. 施工；8. 检查与验收；9. 安全管理。

本规范修订的主要技术内容是：荷载分类及计算；满堂脚手架、满堂支撑架、型钢悬挑脚手架、地基承载力的设计；构造要求；施工；检查与验收；安全管理。

本规范中以黑体字标志的条文为强制性条文，必须严格执行。

本规范由住房和城乡建设部负责管理和对强制性条文的解释，由中国建筑科学研究院负责具体技术内容的解释，在执行过程中如有意见或建议，请寄送中国建筑科学研究院（地址：北京市北三环东路 30 号；邮政编码：100013）。

本 规 范 主 编 单 位：中国建筑科学研究院

　　　　　　　　　　　江苏南通二建集团有限公司
本 规 范 参 编 单 位：天津大学
　　　　　　　　　　　哈尔滨工业大学
　　　　　　　　　　　浙江省建工集团有限责任公司
　　　　　　　　　　　九江信华建设集团有限公司
　　　　　　　　　　　中国建筑一局（集团）有限公司
　　　　　　　　　　　山西六建集团有限公司
　　　　　　　　　　　浙江大学
　　　　　　　　　　　杭州二建建设有限公司
　　　　　　　　　　　中太建设集团股份有限公司
　　　　　　　　　　　河北省建筑科学研究院
　　　　　　　　　　　河北建工集团有限责任公司
　　　　　　　　　　　河北省第四建筑工程公司
　　　　　　　　　　　北京城建五建设工程有限公司
　　　　　　　　　　　北京建科研软件技术有限公司
本规范主要起草人员：刘　群　杨晓东　徐崇宝　陈志华　陈建国　张有闻
　　　　　　　　　　　刘　杰　孙仲均　刘子金　金　睿　程　坚　陈　红
　　　　　　　　　　　梁福中　罗尧治　张国庆　谢良波　张振拴　安占法
　　　　　　　　　　　线登洲　毛　杰　沈　兵　石永周　马锦泰　薛　刚
　　　　　　　　　　　张心忠　高任清　张明礼　李云霄　陈增顺　燕振义
　　　　　　　　　　　王玉恒
本规范主要审查人员：郭正兴　秦春芳　应惠清　阎　琪　赵玉章　葛兴杰
　　　　　　　　　　　孙宗辅　耿洁明　房　标　刘新玉　胡　军　陶为农

目　　次

Contents

1 总 则

1.0.1 为在扣件式钢管脚手架设计与施工中贯彻执行国家安全生产的方针政策，确保施工人员安全，做到技术先进、经济合理、安全适用，制定本规范。

1.0.2 本规范适用于房屋建筑工程和市政工程等施工用落地式单、双排扣件式钢管脚手架、满堂扣件式钢管脚手架、型钢悬挑扣件式钢管脚手架、满堂扣件式钢管支撑架的设计、施工及验收。

1.0.3 扣件式钢管脚手架施工前，应按本规范的规定对其结构构件与立杆地基承载力进行设计计算，并应编制专项施工方案。

1.0.4 扣件式钢管脚手架的设计、施工及验收，除应符合本规范的规定外，尚应符合国家现行有关标准的规定。

2 术 语 和 符 号

2.1 术 语

2.1.1 扣件式钢管脚手架 steel tubular scaffold with couplers
为建筑施工而搭设的、承受荷载的由扣件和钢管等构成的脚手架与支撑架，包含本规范各类脚手架与支撑架，统称脚手架。

2.1.2 支撑架 formwork support
为钢结构安装或浇筑混凝土构件等搭设的承力支架。

2.1.3 单排扣件式钢管脚手架 single pole steel tubular scaffold with couplers
只有一排立杆，横向水平杆的一端搁置固定在墙体上的脚手架，简称单排架。

2.1.4 双排扣件式钢管脚手架 double pole steel tubular scaffold with couplers
由内外两排立杆和水平杆等构成的脚手架，简称双排架。

2.1.5 满堂扣件式钢管脚手架 fastener steel tube full hall scaffold
在纵、横方向，由不少于三排立杆并与水平杆、水平剪刀撑、竖向剪刀撑、扣件等构成的脚手架。该架体顶部作业层施工荷载通过水平杆传递给立杆，顶部立杆呈偏心受压状态，简称满堂脚手架。

2.1.6 满堂扣件式钢管支撑架 fastener steel tube full hall formwork support
在纵、横方向，由不少于三排立杆并与水平杆、水平剪刀撑、竖向剪刀撑、扣件等构成的承力支架。该架体顶部的钢结构安装等（同类工程）施工荷载通过可调托撑轴心传力给立杆，顶部立杆呈轴心受压状态，简称满堂支撑架。

2.1.7 开口型脚手架 open scaffold
沿建筑周边非交圈设置的脚手架为开口型脚手架；其中呈直线型的脚手架为一字形脚

手架。

2.1.8 封圈型脚手架 loop scaffold
沿建筑周边交圈设置的脚手架。

2.1.9 扣件 coupler
采用螺栓紧固的扣接连接件为扣件；包括直角扣件、旋转扣件、对接扣件。

2.1.10 防滑扣件 skid resistant coupler
根据抗滑要求增设的非连接用途扣件。

2.1.11 底座 base plate
设于立杆底部的垫座；包括固定底座、可调底座。

2.1.12 可调托撑 adjustable forkhead
插入立杆钢管顶部，可调节高度的顶撑。

2.1.13 水平杆 horizontal tube
脚手架中的水平杆件。沿脚手架纵向设置的水平杆为纵向水平杆；沿脚手架横向设置的水平杆为横向水平杆。

2.1.14 扫地杆 bottom reinforcing tube
贴近楼（地）面设置，连接立杆根部的纵、横向水平杆件；包括纵向扫地杆、横向扫地杆。

2.1.15 连墙件 tie member
将脚手架架体与建筑主体结构连接，能够传递拉力和压力的构件。

2.1.16 连墙件间距 spacing of tie member
脚手架相邻连墙件之间的距离，包括连墙件竖距、连墙件横距。

2.1.17 横向斜撑 diagonal brace
与双排脚手架内、外立杆或水平杆斜交呈之字形的斜杆。

2.1.18 剪刀撑 diagonal bracing
在脚手架竖向或水平向成对设置的交叉斜杆。

2.1.19 抛撑 cross bracing
用于脚手架侧面支撑，与脚手架外侧面斜交的杆件。

2.1.20 脚手架高度 scaffold height
自立杆底座下皮至架顶栏杆上皮之间的垂直距离。

2.1.21 脚手架长度 scaffold length
脚手架纵向两端立杆外皮间的水平距离。

2.1.22 脚手架宽度 scaffold width
脚手架横向两端立杆外皮之间的水平距离，单排脚手架为外立杆外皮至墙面的距离。

2.1.23 步距 lift height
上下水平杆轴线间的距离。

2.1.24 立杆纵（跨）距 longitudinal spacing of upright tube
脚手架纵向相邻立杆之间的轴线距离。

2.1.25 立杆横距 transverse spacing of upright tube
脚手架横向相邻立杆之间的轴线距离，单排脚手架为外立杆轴线至墙面的距离。

2.1.26 主节点 main node

立杆、纵向水平杆、横向水平杆三杆紧靠的扣接点。

2.2 符 号

2.2.1 荷载和荷载效应

g_k——立杆承受的每米结构自重标准值；

M_{Gk}——脚手板自重产生的弯矩标准值；

M_{Qk}——施工荷载产生的弯矩标准值；

M_{wk}——风荷载产生的弯矩标准值；

N_{G1k}——脚手架立杆承受的结构自重产生的轴向力标准值；

N_{G2k}——脚手架构配件自重产生的轴向力标准值；

ΣN_{Gk}——永久荷载对立杆产生的轴向力标准值总和；

ΣN_{Qk}——可变荷载对立杆产生的轴向力标准值总和；

N_k——上部结构传至基础顶面的立杆轴向力标准值；

P_k——立杆基础底面处的平均压力标准值；

w_k——风荷载标准值；

w_0——基本风压值；

M——弯矩设计值；

M_w——风荷载产生的弯矩设计值；

N——轴向力设计值；

N_l——连墙件轴向力设计值；

N_{lw}——风荷载产生的连墙件轴向力设计值；

R——纵向或横向水平杆传给立杆的竖向作用力设计值；

v——挠度；

σ——弯曲正应力。

2.2.2 材料性能和抗力

E——钢材的弹性模量；

f——钢材的抗拉、抗压、抗弯强度设计值；

f_g——地基承载力特征值；

R_c——扣件抗滑承载力设计值；

$[v]$——容许挠度；

$[\lambda]$——容许长细比。

2.2.3 几何参数

A——钢管或构件的截面面积，基础底面面积；

A_n——挡风面积；

A_w——迎风面积；

$[H]$——脚手架允许搭设高度；

h——步距；

i——截面回转半径；

l——长度，跨度，搭接长度；

l_a——立杆纵距；

l_b——立杆横距；

l_0——立杆计算长度，纵、横向水平杆计算跨度；

s——杆件间距；

t——杆件壁厚；

W——截面模量；

λ——长细比；

ϕ——杆件直径。

2.2.4 计算系数

k——立杆计算长度附加系数；

μ——考虑脚手架整体稳定因素的单杆计算长度系数；

μ_s——脚手架风荷载体型系数；

μ_{stw}——按桁架确定的脚手架结构的风荷载体型系数；

μ_z——风压高度变化系数；

φ——轴心受压构件的稳定系数；挡风系数。

3 构 配 件

3.1 钢 管

3.1.1 脚手架钢管应采用现行国家标准《直缝电焊钢管》GB/T 13793或《低压流体输送用焊接钢管》GB/T 3091 中规定的 Q235 普通钢管，钢管的钢材质量应符合现行国家标准《碳素结构钢》GB/T 700 中 Q235 级钢的规定。

3.1.2 脚手架钢管宜采用 $\phi48.3 \times 3.6$ 钢管。每根钢管的最大质量不应大于 25.8kg。

3.2 扣 件

3.2.1 扣件应采用可锻铸铁或铸钢制作，其质量和性能应符合现行国家标准《钢管脚手架扣件》GB 15831 的规定，采用其他材料制作的扣件，应经试验证明其质量符合该标准的规定后方可使用。

3.2.2 扣件在螺栓拧紧扭力矩达到 65N·m 时，不得发生破坏。

3.3 脚 手 板

3.3.1 脚手板可采用钢、木、竹材料制作，单块脚手板的质量不宜大于 30kg。

3.3.2 冲压钢脚手板的材质应符合现行国家标准《碳素结构钢》GB/T 700 中 Q235 级钢的规定。

3.3.3 木脚手板材质应符合现行国家标准《木结构设计规范》GB 50005 中 Ⅱa 级材质的规定。脚手板厚度不应小于 50mm，两端宜各设置直径不小于 4mm 的镀锌钢丝箍两道。

3.3.4 竹脚手板宜采用由毛竹或楠竹制作的竹串片板、竹笆板；竹串片脚手板应符合现行行业标准《建筑施工木脚手架安全技术规范》JGJ 164 的相关规定。

3.4 可 调 托 撑

3.4.1 可调托撑螺杆外径不得小于 36mm，直径与螺距应符合现行国家标准《梯形螺纹 第 2 部分：直径与螺距系列》GB/T 5796.2 和《梯形螺纹 第 3 部分：基本尺寸》GB/T 5796.3的规定。

3.4.2 可调托撑的螺杆与支托板焊接应牢固，焊缝高度不得小于 6mm；可调托撑螺杆与螺母旋合长度不得少于 5 扣，螺母厚度不得小于 30mm。

3.4.3 可调托撑受压承载力设计值不应小于 40kN，支托板厚不应小于 5mm。

3.5 悬挑脚手架用型钢

3.5.1 悬挑脚手架用型钢的材质应符合现行国家标准《碳素结构钢》GB/T 700 或《低合金高强度结构钢》GB/T 1591 的规定。

3.5.2 用于固定型钢悬挑梁的 U 形钢筋拉环或锚固螺栓材质应符合现行国家标准《钢筋混凝土用钢 第 1 部分：热轧光圆钢筋》GB 1499.1 中 HPB235 级钢筋的规定。

4 荷 载

4.1 荷 载 分 类

4.1.1 作用于脚手架的荷载可分为永久荷载（恒荷载）与可变荷载（活荷载）。

4.1.2 脚手架永久荷载应包含下列内容：

    1 单排架、双排架与满堂脚手架：

        1）架体结构自重：包括立杆、纵向水平杆、横向水平杆、剪刀撑、扣件等的自重；

        2）构、配件自重：包括脚手板、栏杆、挡脚板、安全网等防护设施的自重。

    2 满堂支撑架：

        1）架体结构自重：包括立杆、纵向水平杆、横向水平杆、剪刀撑、可调托撑、扣件等的自重；

        2）构、配件及可调托撑上主梁、次梁、支撑板等的自重。

4.1.3 脚手架可变荷载应包含下列内容：

    1 单排架、双排架与满堂脚手架：

        1）施工荷载：包括作业层上的人员、器具和材料等的自重；

        2）风荷载。

    2 满堂支撑架：

        1）作业层上的人员、设备等的自重；

        2）结构构件、施工材料等的自重；

        3）风荷载。

4.1.4 用于混凝土结构施工的支撑架上的永久荷载与可变荷载，应符合现行行业标准《建筑施工模板安全技术规范》JGJ 162 的规定。

4.2 荷载标准值

4.2.1 永久荷载标准值的取值应符合下列规定：

1 单、双排脚手架立杆承受的每米结构自重标准值，可按本规范附录 A 表 A.0.1 采用；满堂脚手架立杆承受的每米结构自重标准值，宜按本规范附录 A 表 A.0.2 采用；满堂支撑架立杆承受的每米结构自重标准值，宜按本规范附录 A 表 A.0.3 采用。

2 冲压钢脚手板、木脚手板、竹串片脚手板与竹笆脚手板自重标准值，宜按表 4.2.1-1 取用。

表 4.2.1-1 脚手板自重标准值

类　　别	标准值（kN/m²）
冲压钢脚手板	0.30
竹串片脚手板	0.35
木脚手板	0.35
竹笆脚手板	0.10

3 栏杆与挡脚板自重标准值，宜按表 4.2.1-2 采用。

表 4.2.1-2 栏杆、挡脚板自重标准值

类　　别	标准值（kN/m）
栏杆、冲压钢脚手板挡板	0.16
栏杆、竹串片脚手板挡板	0.17
栏杆、木脚手板挡板	0.17

4 脚手架上吊挂的安全设施（安全网）的自重标准值应按实际情况采用，密目式安全立网自重标准值不应低于 $0.01kN/m^2$。

5 支撑架上可调托撑上主梁、次梁、支撑板等自重应按实际计算。对于下列情况可按表 4.2.1-3 采用：

1）普通木质主梁（含 $\phi48.3 \times 3.6$ 双钢管）、次梁，木支撑板；

2）型钢次梁自重不超过 10 号工字钢自重，型钢主梁自重不超过 H100mm × 100mm × 6mm × 8mm 型钢自重，支撑板自重不超过木脚手板自重。

表 4.2.1-3 主梁、次梁及支撑板自重标准值 （kN/m²）

类　　别	立杆间距（m）	
	＞0.75×0.75	≤0.75×0.75
木质主梁（含 $\phi48.3 \times 3.6$ 双钢管）、次梁，木支撑板	0.6	0.85
型钢主梁、次梁，木支撑板	1.0	1.2

4.2.2 单、双排与满堂脚手架作业层上的施工荷载标准值应根据实际情况确定，且不应低于表 4.2.2 的规定。

表 4.2.2 施工均布荷载标准值

类　别	标准值(kN/m²)
装修脚手架	2.0
混凝土、砌筑结构脚手架	3.0
轻型钢结构及空间网格结构脚手架	2.0
普通钢结构脚手架	3.0

注：斜道上的施工均布荷载标准值不应低于 2.0kN/m²。

4.2.3 当在双排脚手架上同时有 2 个及以上操作层作业时，在同一个跨距内各操作层的施工均布荷载标准值总和不得超过 5.0kN/m²。

4.2.4 满堂支撑架上荷载标准值取值应符合下列规定：

1 永久荷载与可变荷载（不含风荷载）标准值总和不大于 4.2kN/m² 时，施工均布荷载标准值应按本规范表 4.2.2 采用；

2 永久荷载与可变荷载（不含风荷载）标准值总和大于 4.2kN/m² 时，应符合下列要求：

 1）作业层上的人员及设备荷载标准值取 1.0kN/m²；大型设备、结构构件等可变荷载按实际计算；

 2）用于混凝土结构施工时，作业层上荷载标准值的取值应符合现行行业标准《建筑施工模板安全技术规范》JGJ 162 的规定。

4.2.5 作用于脚手架上的水平风荷载标准值，应按下式计算：

$$w_k = \mu_z \cdot \mu_s \cdot w_0 \qquad (4.2.5)$$

式中：w_k——风荷载标准值（kN/m²）；

 μ_z——风压高度变化系数，应按现行国家标准《建筑结构荷载规范》GB 50009 规定采用；

 μ_s——脚手架风荷载体型系数，应按本规范表 4.2.6 的规定采用；

 w_0——基本风压值（kN/m²），应按现行国家标准《建筑结构荷载规范》GB 50009 的规定采用，取重现期 $n=10$ 对应的风压值。

4.2.6 脚手架的风荷载体型系数，应按表 4.2.6 的规定采用。

表 4.2.6 脚手架的风荷载体型系数 μ_s

背靠建筑物的状况		全封闭墙	敞开、框架和开洞墙
脚手架状况	全封闭、半封闭	1.0φ	1.3φ
	敞　开	μ_{stw}	

注：1 μ_{stw} 值可将脚手架视为桁架，按国家标准《建筑结构荷载规范》GB 50009-2001 表 7.3.1 第 32 项和第 36 项的规定计算；

 2 φ 为挡风系数，$\varphi=1.2A_n/A_w$，其中：A_n 为挡风面积；A_w 为迎风面积。敞开式脚手架的 φ 值可按本规范附录 A 表 A.0.5 采用。

4.2.7 密目式安全立网全封闭脚手架挡风系数 φ 不宜小于 0.8。

4.3 荷载效应组合

4.3.1 设计脚手架的承重构件时，应根据使用过程中可能出现的荷载取其最不利组合进行计算，荷载效应组合宜按表 4.3.1 采用。

表 4.3.1 荷载效应组合

计算项目	荷载效应组合
纵向、横向水平杆承载力与变形	永久荷载＋施工荷载
脚手架立杆地基承载力 型钢悬挑梁的承载力、稳定与变形	①永久荷载＋施工荷载
	②永久荷载＋0.9(施工荷载＋风荷载)
立杆稳定	①永久荷载＋可变荷载(不含风荷载)
	②永久荷载＋0.9(可变荷载＋风荷载)
连墙件承载力与稳定	单排架，风荷载＋2.0kN 双排架，风荷载＋3.0kN

4.3.2 满堂支撑架用于混凝土结构施工时，荷载组合与荷载设计值应符合现行行业标准《建筑施工模板安全技术规范》JGJ 162的规定。

5 设 计 计 算

5.1 基 本 设 计 规 定

5.1.1 脚手架的承载能力应按概率极限状态设计法的要求，采用分项系数设计表达式进行设计。可只进行下列设计计算：

    1 纵向、横向水平杆等受弯构件的强度和连接扣件的抗滑承载力计算；

    2 立杆的稳定性计算；

    3 连墙件的强度、稳定性和连接强度的计算；

    4 立杆地基承载力计算。

5.1.2 计算构件的强度、稳定性与连接强度时，应采用荷载效应基本组合的设计值。永久荷载分项系数应取 1.2，可变荷载分项系数应取 1.4。

5.1.3 脚手架中的受弯构件，尚应根据正常使用极限状态的要求验算变形。验算构件变形时，应采用荷载效应的标准组合的设计值，各类荷载分项系数均应取 1.0。

5.1.4 当纵向或横向水平杆的轴线对立杆轴线的偏心距不大于 55mm 时，立杆稳定性计算中可不考虑此偏心距的影响。

5.1.5 当采用本规范第 6.1.1 条规定的构造尺寸，其相应杆件可不再进行设计计算。但连墙件、立杆地基承载力等仍应根据实际荷载进行设计计算。

5.1.6 钢材的强度设计值与弹性模量应按表 5.1.6 采用。

表 5.1.6 钢材的强度设计值与弹性模量(N/mm²)

Q235 钢抗拉、抗压和抗弯强度设计值 f	205
弹性模量 E	2.06×10^5

5.1.7 扣件、底座、可调托撑的承载力设计值应按表 5.1.7 采用。

表 5.1.7 扣件、底座、可调托撑的承载力设计值（kN）

项 目	承载力设计值
对接扣件（抗滑）	3.20
直角扣件、旋转扣件（抗滑）	8.00
底座（受压）、可调托撑（受压）	40.00

5.1.8 受弯构件的挠度不应超过表5.1.8中规定的容许值。

表 5.1.8 受弯构件的容许挠度

构件类别	容许挠度[v]
脚手板，脚手架纵向、横向水平杆	$l/150$ 与 10mm
脚手架悬挑受弯杆件	$l/400$
型钢悬挑脚手架悬挑钢梁	$l/250$

注：l 为受弯构件的跨度，对悬挑杆件为其悬伸长度的2倍。

5.1.9 受压、受拉构件的长细比不应超过表5.1.9中规定的容许值。

表 5.1.9 受压、受拉构件的容许长细比

构件类别		容许长细比[λ]
立杆	双排架 满堂支撑架	210
	单排架	230
	满堂脚手架	250
横向斜撑、剪刀撑中的压杆		250
拉杆		350

5.2 单、双排脚手架计算

5.2.1 纵向、横向水平杆的抗弯强度应按下式计算：

$$\sigma = \frac{M}{W} \leqslant f \tag{5.2.1}$$

式中：σ——弯曲正应力；

$\quad\quad M$——弯矩设计值（N·mm），应按本规范第5.2.2条的规定计算；

$\quad\quad W$——截面模量（mm³），应按本规范附录B表B.0.1采用；

$\quad\quad f$——钢材的抗弯强度设计值（N/mm²），应按本规范表5.1.6采用。

5.2.2 纵向、横向水平杆弯矩设计值，应按下式计算：

$$M = 1.2M_{Gk} + 1.4\Sigma M_{Qk} \tag{5.2.2}$$

式中：M_{Gk}——脚手板自重产生的弯矩标准值（kN·m）；

$\quad\quad M_{Qk}$——施工荷载产生的弯矩标准值（kN·m）。

5.2.3 纵向、横向水平杆的挠度应符合下式规定：

$$v \leqslant [v] \tag{5.2.3}$$

式中：v——挠度（mm）；

$[v]$——容许挠度，应按本规范表5.1.8采用。

5.2.4 计算纵向、横向水平杆的内力与挠度时，纵向水平杆宜按三跨连续梁计算，计算跨度取立杆纵距 l_a；横向水平杆宜按简支梁计算，计算跨度 l_0 可按图5.2.4采用。

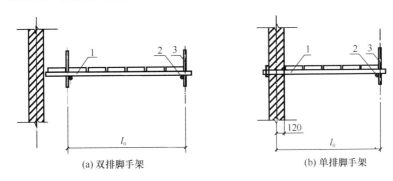

(a) 双排脚手架　　　　　　　　　(b) 单排脚手架

图5.2.4　横向水平杆计算跨度
1—横向水平杆；2—纵向水平杆；3—立杆

5.2.5 纵向或横向水平杆与立杆连接时，其扣件的抗滑承载力应符合下式规定：

$$R \leqslant R_c \qquad (5.2.5)$$

式中：R——纵向或横向水平杆传给立杆的竖向作用力设计值；

　　　R_c——扣件抗滑承载力设计值，应按本规范表5.1.7采用。

5.2.6 立杆的稳定性应符合下列公式要求：

不组合风荷载时：
$$\frac{N}{\varphi A} \leqslant f \qquad (5.2.6\text{-}1)$$

组合风荷载时：
$$\frac{N}{\varphi A} + \frac{M_w}{W} \leqslant f \qquad (5.2.6\text{-}2)$$

式中：N——计算立杆段的轴向力设计值（N），应按本规范式（5.2.7-1）、式（5.2.7-2）计算；

　　　φ——轴心受压构件的稳定系数，应根据长细比 λ 由本规范附录A表A.0.6取值；

　　　λ——长细比，$\lambda = \dfrac{l_0}{i}$；

　　　l_0——计算长度（mm），应按本规范第5.2.8条的规定计算；

　　　i——截面回转半径（mm），可按本规范附录B表B.0.1采用；

　　　A——立杆的截面面积（mm²），可按本规范附录B表B.0.1采用；

　　　M_w——计算立杆段由风荷载设计值产生的弯矩（N·mm），可按本规范式（5.2.9）计算；

　　　f——钢材的抗压强度设计值（N/mm²），应按本规范表5.1.6采用。

5.2.7 计算立杆段的轴向力设计值 N，应按下列公式计算：

不组合风荷载时：
$$N = 1.2(N_{G1k} + N_{G2k}) + 1.4 \Sigma N_{Qk} \qquad (5.2.7\text{-}1)$$

组合风荷载时：
$$N = 1.2(N_{G1k} + N_{G2k}) + 0.9 \times 1.4 \Sigma N_{Qk} \qquad (5.2.7\text{-}2)$$

式中：N_{G1k}——脚手架结构自重产生的轴向力标准值；

N_{G2k}——构配件自重产生的轴向力标准值；

ΣN_{Qk}——施工荷载产生的轴向力标准值总和，内、外立杆各按一纵距内施工荷载总和的 1/2 取值。

5.2.8 立杆计算长度 l_0 应按下式计算：

$$l_0 = k\mu h \tag{5.2.8}$$

式中：k——立杆计算长度附加系数，其值取 1.155，当验算立杆允许长细比时，取 $k=1$；

μ——考虑单、双排脚手架整体稳定因素的单杆计算长度系数，应按表 5.2.8 采用；

h——步距。

表 5.2.8　单、双排脚手架立杆的计算长度系数 μ

类　别	立杆横距 （m）	连墙件布置	
		二步三跨	三步三跨
双排架	1.05	1.50	1.70
	1.30	1.55	1.75
	1.55	1.60	1.80
单排架	≤1.50	1.80	2.00

5.2.9 由风荷载产生的立杆段弯矩设计值 M_w，可按下式计算：

$$M_w = 0.9 \times 1.4 M_{wk} = \frac{0.9 \times 1.4 w_k l_a h^2}{10} \tag{5.2.9}$$

式中：M_{wk}——风荷载产生的弯矩标准值（kN·m）；

w_k——风荷载标准值（kN/m²），应按本规范式（4.2.5）计算；

l_a——立杆纵距（m）。

5.2.10 单、双排脚手架立杆稳定性计算部位的确定应符合下列规定：

1 当脚手架采用相同的步距、立杆纵距、立杆横距和连墙件间距时，应计算底层立杆段；

2 当脚手架的步距、立杆纵距、立杆横距和连墙件间距有变化时，除计算底层立杆段外，还必须对出现最大步距或最大立杆纵距、立杆横距、连墙件间距等部位的立杆段进行验算。

5.2.11 单、双排脚手架允许搭设高度 $[H]$ 应按下列公式计算，并应取较小值：

1 不组合风荷载时：

$$[H] = \frac{\varphi A f - (1.2 N_{G2k} + 1.4 \Sigma N_{Qk})}{1.2 g_k} \tag{5.2.11-1}$$

2 组合风荷载时：

$$[H] = \frac{\varphi A f - \left[1.2 N_{G2k} + 0.9 \times 1.4 \left(\Sigma N_{Qk} + \frac{M_{wk}}{W} \varphi A \right) \right]}{1.2 g_k} \tag{5.2.11-2}$$

式中：$[H]$——脚手架允许搭设高度（m）；

g_k——立杆承受的每米结构自重标准值（kN/m），可按本规范附录 A 表 A.0.1 采用。

5.2.12 连墙件杆件的强度及稳定应满足下列公式的要求：

强度：

$$\sigma = \frac{N_l}{A_c} \leqslant 0.85f \qquad (5.2.12\text{-}1)$$

稳定：

$$\frac{N_l}{\varphi A} \leqslant 0.85f \qquad (5.2.12\text{-}2)$$

$$N_l = N_{lw} + N_0 \qquad (5.2.12\text{-}3)$$

式中：σ——连墙件应力值（N/mm²）；

A_c——连墙件的净截面面积（mm²）；

A——连墙件的毛截面面积（mm²）；

N_l——连墙件轴向力设计值（N）；

N_{lw}——风荷载产生的连墙件轴向力设计值，应按本规范第5.2.13条的规定计算；

N_0——连墙件约束脚手架平面外变形所产生的轴向力。单排架取 2kN，双排架取 3kN；

φ——连墙件的稳定系数，应根据连墙件长细比按本规范附录A表A.0.6取值；

f——连墙件钢材的强度设计值（N/mm²），应按本规范表5.1.6采用。

5.2.13 由风荷载产生的连墙件的轴向力设计值，应按下式计算：

$$N_{lw} = 1.4 \cdot w_k \cdot A_w \qquad (5.2.13)$$

式中：A_w——单个连墙件所覆盖的脚手架外侧面的迎风面积。

5.2.14 连墙件与脚手架、连墙件与建筑结构连接的承载力应按下式计算：

$$N_l \leqslant N_v \qquad (5.2.14)$$

式中：N_v——连墙件与脚手架、连墙件与建筑结构连接的受拉（压）承载力设计值，应根据相应规范规定计算。

5.2.15 当采用钢管扣件做连墙件时，扣件抗滑承载力的验算，应满足下式要求：

$$N_l \leqslant R_c \qquad (5.2.15)$$

式中：R_c——扣件抗滑承载力设计值，一个直角扣件应取 8.0kN。

5.3 满堂脚手架计算

5.3.1 立杆的稳定性应按本规范式（5.2.6-1）、式（5.2.6-2）计算。由风荷载产生的立杆段弯矩设计值 M_w，可按本规范式（5.2.9）计算。

5.3.2 计算立杆段的轴向力设计值 N，应按本规范式（5.2.7-1）、式（5.2.7-2）计算。施工荷载产生的轴向力标准值总和 ΣN_{Qk}，可按所选取计算部位立杆负荷面积计算。

5.3.3 立杆稳定性计算部位的确定应符合下列规定：

1 当满堂脚手架采用相同的步距、立杆纵距、立杆横距时，应计算底层立杆段；

2 当架体的步距、立杆纵距、立杆横距有变化时，除计算底层立杆段外，还必须对出现最大步距、最大立杆纵距、立杆横距等部位的立杆段进行验算；

3 当架体上有集中荷载作用时，尚应计算集中荷载作用范围内受力最大的立杆段。

5.3.4 满堂脚手架立杆的计算长度应按下式计算：

$$l_0 = k\mu h \qquad (5.3.4)$$

式中：k——满堂脚手架立杆计算长度附加系数，应按表 5.3.4 采用；

　　　h——步距；

　　　μ——考虑满堂脚手整体稳定因素的单杆计算长度系数，应按本规范附录 C 表 C-1 采用。

表 5.3.4　满堂脚手架立杆计算长度附加系数

高度 H(m)	$H \leqslant 20$	$20 < H \leqslant 30$	$30 < H \leqslant 36$
k	1.155	1.191	1.204

注：当验算立杆允许长细比时，取 $k=1$。

5.3.5　满堂脚手架纵、横水平杆计算应符合本规范第 5.2.1 条～第 5.2.5 条的规定。

5.3.6　当满堂脚手架立杆间距不大于 1.5m×1.5m，架体四周及中间与建筑物结构进行刚性连接，并且刚性连接点的水平间距不大于 4.5m，竖向间距不大于 3.6m 时，可按本规范第 5.2.6 条～第 5.2.10 条双排脚手架的规定进行计算。

5.4　满堂支撑架计算

5.4.1　满堂支撑架顶部施工层荷载应通过可调托撑传递给立杆。

5.4.2　满堂支撑架根据剪刀撑的设置不同分为普通型构造与加强型构造，其构造设置应符合本规范第 6.9.3 条的规定，两种类型满堂支撑架立杆的计算长度应符合本规范第 5.4.6 条的规定。

5.4.3　立杆的稳定性应按本规范式（5.2.6-1）、式（5.2.6-2）计算。由风荷载设计值产生的立杆段弯矩 M_w，可按本规范式（5.2.9）计算。

5.4.4　计算立杆段的轴向力设计值 N，应按下列公式计算：

不组合风荷载时：

$$N = 1.2\Sigma N_{Gk} + 1.4\Sigma N_{Qk} \tag{5.4.4-1}$$

组合风荷载时：

$$N = 1.2\Sigma N_{Gk} + 0.9 \times 1.4\Sigma N_{Qk} \tag{5.4.4-2}$$

式中：ΣN_{Gk}——永久荷载对立杆产生的轴向力标准值总和（kN）；

　　　ΣN_{Qk}——可变荷载对立杆产生的轴向力标准值总和（kN）。

5.4.5　立杆稳定性计算部位的确定应符合下列规定：

1　当满堂支撑架采用相同的步距、立杆纵距、立杆横距时，应计算底层与顶层立杆段；

2　应符合本规范第 5.3.3 条第 2 款、第 3 款的规定。

5.4.6　满堂支撑架立杆的计算长度应按下式计算，取整体稳定计算结果最不利值：

顶部立杆段：$\qquad\qquad l_0 = k\mu_1(h + 2a) \tag{5.4.6-1}$

非顶部立杆段：$\qquad\qquad l_0 = k\mu_2 h \tag{5.4.6-2}$

式中：k——满堂支撑架立杆计算长度附加系数，应按表 5.4.6 采用；

　　　h——步距；

a——立杆伸出顶层水平杆中心线至支撑点的长度；应不大于0.5m，当0.2m<a<0.5m时，承载力可按线性插入值；

μ_1、μ_2——考虑满堂支撑架整体稳定因素的单杆计算长度系数，普通型构造应按本规范附录C表C-2、表C-4采用；加强型构造应按本规范附录C表C-3、表C-5采用。

表5.4.6 满堂支撑架立杆计算长度附加系数

高度 H(m)	$H\leqslant 8$	$8<H\leqslant 10$	$10<H\leqslant 20$	$20<H\leqslant 30$
k	1.155	1.185	1.217	1.291

注：当验算立杆允许长细比时，取$k=1$。

5.4.7 当满堂支撑架小于4跨时，宜设置连墙件将架体与建筑结构刚性连接。当架体未设置连墙件与建筑结构刚性连接，立杆计算长度系数μ按本规范附录C表C-2～表C-5采用时，应符合下列规定：

1 支撑架高度不应超过一个建筑楼层高度，且不应超过5.2m；

2 架体上永久荷载与可变荷载（不含风荷载）总和标准值不应大于7.5kN/m²；

3 架体上永久荷载与可变荷载（不含风荷载）总和的均布线荷载标准值不应大于7kN/m。

5.5 脚手架地基承载力计算

5.5.1 立杆基础底面的平均压力应满足下式的要求：

$$p_k = \frac{N_k}{A} \leqslant f_g \qquad (5.5.1)$$

式中：p_k——立杆基础底面处的平均压力标准值（kPa）；

N_k——上部结构传至立杆基础顶面的轴向力标准值（kN）；

A——基础底面面积（m²）；

f_g——地基承载力特征值（kPa），应按本规范第5.5.2条的规定采用。

5.5.2 地基承载力特征值的取值应符合下列规定：

1 当为天然地基时，应按地质勘察报告选用；当为回填土地基时，应对地质勘察报告提供的回填土地基承载力特征值乘以折减系数0.4；

2 由载荷试验或工程经验确定。

5.5.3 对搭设在楼面等建筑结构上的脚手架，应对支撑架体的建筑结构进行承载力验算，当不能满足承载力要求时应采取可靠的加固措施。

5.6 型钢悬挑脚手架计算

5.6.1 当采用型钢悬挑梁作为脚手架的支承结构时，应进行下列设计计算：

1 型钢悬挑梁的抗弯强度、整体稳定性和挠度；

2 型钢悬挑梁锚固件及其锚固连接的强度；

3 型钢悬挑梁下建筑结构的承载能力验算。

5.6.2 悬挑脚手架作用于型钢悬挑梁上立杆的轴向力设计值，应根据悬挑脚手架分段搭设高度按本规范式（5.2.7-1）、式（5.2.7-2）分别计算，并应取其较大者。

5.6.3 型钢悬挑梁的抗弯强度应按下式计算：

$$\sigma = \frac{M_{\max}}{W_n} \leqslant f \tag{5.6.3}$$

式中：σ——型钢悬挑梁应力值；

$M_{\max}$——型钢悬挑梁计算截面最大弯矩设计值；

W_n——型钢悬挑梁净截面模量；

f——钢材的抗弯强度设计值。

5.6.4 型钢悬挑梁的整体稳定性应按下式验算：

$$\frac{M_{\max}}{\varphi_b W} \leqslant f \tag{5.6.4}$$

式中：φ_b——型钢悬挑梁的整体稳定性系数，应按现行国家标准《钢结构设计规范》GB 50017 的规定采用；

W——型钢悬挑梁毛截面模量。

5.6.5 型钢悬挑梁的挠度（图 5.6.5）应符合下式规定：

$$v \leqslant [v] \tag{5.6.5}$$

式中：$[v]$——型钢悬挑梁挠度允许值，应按本规范表 5.1.8 取值；

v——型钢悬挑梁最大挠度。

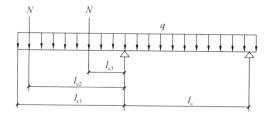

图 5.6.5　悬挑脚手架型钢悬挑梁计算示意图

N—悬挑脚手架立杆的轴向力设计值；l_c—型钢悬挑梁锚固点中心至建筑楼层板边支承点的距离；l_{c1}—型钢悬挑梁悬挑端面至建筑结构楼层板边支承点的距离；l_{c2}—脚手架外立杆至建筑结构楼层板边支承点的距离；l_{c3}—脚手架内杆至建筑结构楼层板边支承点的距离；q—型钢梁自重线荷载标准值

5.6.6 将型钢悬挑梁锚固在主体结构上的 U 形钢筋拉环或螺栓的强度应按下式计算：

$$\sigma = \frac{N_m}{A_l} \leqslant f_l \tag{5.6.6}$$

式中：σ——U 形钢筋拉环或螺栓应力值；

N_m——型钢悬挑梁锚固段压点 U 形钢筋拉环或螺栓拉力设计值（N）；

A_l——U 形钢筋拉环净截面面积或螺栓的有效截面面积（mm²），一个钢筋拉环或一对螺栓按两个截面计算；

f_l——U 形钢筋拉环或螺栓抗拉强度设计值，应按现行国家标准《混凝土结构设计规范》GB 50010 的规定取 $f_l = 50\text{N/mm}^2$。

5.6.7 当型钢悬挑梁锚固段压点处采用 2 个（对）及以上 U 形钢筋拉环或螺栓锚固连接时，其钢筋拉环或螺栓的承载能力应乘以 0.85 的折减系数。

5.6.8 当型钢悬挑梁与建筑结构锚固的压点处楼板未设置上层受力钢筋时，应经计算在楼板内配置用于承受型钢梁锚固作用引起负弯矩的受力钢筋。

5.6.9 对型钢悬挑梁下建筑结构的混凝土梁（板）应按现行国家标准《混凝土结构设计规范》GB 50010 的规定进行混凝土局部受压承载力、结构承载力验算，当不满足要求时，应采取可靠的加固措施。

5.6.10 悬挑脚手架的纵向水平杆、横向水平杆、立杆、连墙件计算应符合本规范第 5.2 节的规定。

6 构 造 要 求

6.1 常用单、双排脚手架设计尺寸

6.1.1 常用密目式安全立网全封闭单、双排脚手架结构的设计尺寸，可按表 6.1.1-1、表 6.1.1-2 采用。

表 6.1.1-1 常用密目式安全立网全封闭式双排
脚手架的设计尺寸（m）

连墙件设置	立杆横距 l_b	步距 h	下列荷载时的立杆纵距 l_a				脚手架允许搭设高度 $[H]$
			$2+0.35$ (kN/m²)	$2+2+2\times0.35$ (kN/m²)	$3+0.35$ (kN/m²)	$3+2+2\times0.35$ (kN/m²)	
二步三跨	1.05	1.50	2.0	1.5	1.5	1.5	50
		1.80	1.8	1.5	1.5	1.5	32
	1.30	1.50	1.8	1.5	1.5	1.5	50
		1.80	1.8	1.2	1.5	1.2	30
	1.55	1.50	1.8	1.5	1.5	1.5	38
		1.80	1.8	1.2	1.5	1.2	22
三步三跨	1.05	1.50	2.0	1.5	1.5	1.5	43
		1.80	1.8	1.2	1.5	1.2	24
	1.30	1.50	1.8	1.5	1.5	1.2	30
		1.80	1.8	1.2	1.5	1.2	17

注：1 表中所示 2+2+2×0.35(kN/m²)，包括下列荷载：2+2(kN/m²) 为二层装修作业层施工荷载标准值；2×0.35(kN/m²) 为二层作业层脚手板自重荷载标准值。

2 作业层横向水平杆间距，应按不大于 $l_a/2$ 设置。

3 地面粗糙度为 B 类，基本风压 $w_0=0.4kN/m^2$。

表 6.1.1-2 常用密目式安全立网全封闭式
单排脚手架的设计尺寸（m）

连墙件设置	立杆横距 l_b	步距 h	下列荷载时的立杆纵距 l_a		脚手架允许搭设高度 $[H]$
			2+0.35 (kN/m²)	3+0.35 (kN/m²)	
二步三跨	1.20	1.50	2.0	1.8	24
		1.80	1.5	1.2	24
	1.40	1.50	1.8	1.5	24
		1.80	1.5	1.2	24
三步三跨	1.20	1.50	2.0	1.8	24
		1.80	1.2	1.2	24
	1.40	1.50	1.8	1.5	24
		1.80	1.2	1.2	24

注：同表 6.1.1-1。

6.1.2 单排脚手架搭设高度不应超过 24m；双排脚手架搭设高度不宜超过 50m，高度超过 50m 的双排脚手架，应采用分段搭设等措施。

6.2 纵向水平杆、横向水平杆、脚手板

6.2.1 纵向水平杆的构造应符合下列规定：

1 纵向水平杆应设置在立杆内侧，单根杆长度不应小于 3 跨；

2 纵向水平杆接长应采用对接扣件连接或搭接，并应符合下列规定：

　1） 两根相邻纵向水平杆的接头不应设置在同步或同跨内；不同步或不同跨两个相邻接头在水平方向错开的距离不应小于 500mm；各接头中心至最近主节点的距离不应大于纵距的 1/3（图 6.2.1-1）。

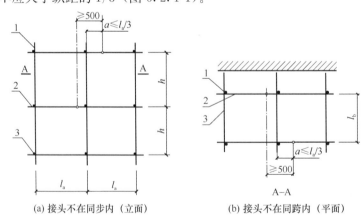

(a) 接头不在同步内（立面）　　(b) 接头不在同跨内（平面）

图 6.2.1-1 纵向水平杆对接接头布置
1—立杆；2—纵向水平杆；3—横向水平杆

　2） 搭接长度不应小于 1m，应等间距设置 3 个旋转扣件固定；端部扣件盖板边缘至搭接纵向水平杆杆端的距离不应小于 100mm。

3 当使用冲压钢脚手板、木脚手板、竹串片脚手板时，纵向水平杆应作为横向水平杆的支座，用直角扣件固定在立杆上；当使用竹笆脚手板时，纵向水平杆应采用直角扣件固定在横向水平杆上，并应等间距设置，间距不应大于400mm（图6.2.1-2）。

6.2.2 横向水平杆的构造应符合下列规定：

1 作业层上非主节点处的横向水平杆，宜根据支承脚手板的需要等间距设置，最大间距不应大于纵距的1/2；

2 当使用冲压钢脚手板、木脚手板、竹串片脚手板时，双排脚手架的横向水平杆两端均应采用直角扣件固定在纵向水平杆上；单排脚手架的横向水平杆的一端应用直角扣件固定在纵向水平杆上，另一端应插入墙内，插入长度不应小于180mm；

3 当使用竹笆脚手板时，双排脚手架的横向水平杆的两端，应用直角扣件固定在立杆上；单排脚手架的横向水平杆的一端，应用直角扣件固定在立杆上，另一端插入墙内，插入长度不应小于180mm。

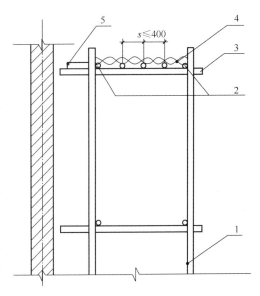

图6.2.1-2 铺竹笆脚手板时
纵向水平杆的构造
1—立杆；2—纵向水平杆；3—横向水平杆；
4—竹笆脚手板；5—其他脚手板

6.2.3 主节点处必须设置一根横向水平杆，用直角扣件扣接且严禁拆除。

6.2.4 脚手板的设置应符合下列规定：

1 作业层脚手板应铺满、铺稳、铺实。

2 冲压钢脚手板、木脚手板、竹串片脚手板等，应设置在三根横向水平杆上。当脚手板长度小于2m时，可采用两根横向水平杆支承，但应将脚手板两端与横向水平杆可靠固定，严防倾翻。脚手板的铺设应采用对接平铺或搭接铺设。脚手板对接平铺时，接头处应设两根横向水平杆，脚手板外伸长度应取130mm～150mm，两块脚手板外伸长度的和不应大于300mm[图6.2.4(a)]；脚手板搭接铺设时，接头应支在横向水平杆上，搭接长度不应小于200mm，其伸出横向水平杆的长度不应小于100mm[图6.2.4(b)]。

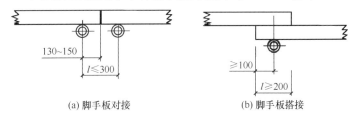

(a) 脚手板对接   (b) 脚手板搭接

图6.2.4 脚手板对接、搭接构造

3 竹笆脚手板应按其主竹筋垂直于纵向水平杆方向铺设，且应对接平铺，四个角应用直径不小于1.2mm的镀锌钢丝固定在纵向水平杆上。

4 作业层端部脚手板探头长度应取150mm，其板的两端均应固定于支承杆件上。

6.3 立 杆

6.3.1 每根立杆底部宜设置底座或垫板。

6.3.2 脚手架必须设置纵、横向扫地杆。纵向扫地杆应采用直角扣件固定在距钢管底端不大于200mm处的立杆上。横向扫地杆应采用直角扣件固定在紧靠纵向扫地杆下方的立杆上。

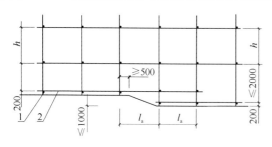

图6.3.3 纵、横向扫地杆构造
1—横向扫地杆；2—纵向扫地杆

6.3.3 脚手架立杆基础不在同一高度上时，必须将高处的纵向扫地杆向低处延长两跨与立杆固定，高低差不应大于1m。靠边坡上方的立杆轴线到边坡的距离不应小于500mm（图6.3.3）。

6.3.4 单、双排脚手架底层步距均不应大于2m。

6.3.5 单排、双排与满堂脚手架立杆接长除顶层顶步外，其余各层各步接头必须采用对接扣件连接。

6.3.6 脚手架立杆的对接、搭接应符合下列规定：

1 当立杆采用对接接长时，立杆的对接扣件应交错布置，两根相邻立杆的接头不应设置在同步内，同步内隔一根立杆的两个相隔接头在高度方向错开的距离不宜小于500mm；各接头中心至主节点的距离不宜大于步距的1/3；

2 当立杆采用搭接接长时，搭接长度不应小于1m，并应采用不少于2个旋转扣件固定。端部扣件盖板的边缘至杆端距离不应小于100mm。

6.3.7 脚手架立杆顶端栏杆宜高出女儿墙上端1m，宜高出檐口上端1.5m。

6.4 连 墙 件

6.4.1 脚手架连墙件设置的位置、数量应按专项施工方案确定。

6.4.2 脚手架连墙件数量的设置除应满足本规范的计算要求外，还应符合表6.4.2的规定。

表6.4.2 连墙件布置最大间距

搭设方法	高 度	竖向间距 （h）	水平间距 （l_a）	每根连墙件覆盖面积 （m^2）
双排落地	≤50m	$3h$	$3l_a$	≤40
双排悬挑	>50m	$2h$	$3l_a$	≤27
单排	≤24m	$3h$	$3l_a$	≤40

注：h—步距；l_a—纵距。

6.4.3 连墙件的布置应符合下列规定：

1 应靠近主节点设置，偏离主节点的距离不应大于300mm；

2 应从底层第一步纵向水平杆处开始设置，当该处设置有困难时，应采用其他可靠措施固定；

3 应优先采用菱形布置，或采用方形、矩形布置。

6.4.4 开口型脚手架的两端必须设置连墙件，连墙件的垂直间距不应大于建筑物的层高，并且不应大于**4m**。

6.4.5 连墙件中的连墙杆应呈水平设置，当不能水平设置时，应向脚手架一端下斜连接。

6.4.6 连墙件必须采用可承受拉力和压力的构造。对高度24m以上的双排脚手架，应采用刚性连墙件与建筑物连接。

6.4.7 当脚手架下部暂不能设连墙件时应采取防倾覆措施。当搭设抛撑时，抛撑应采用通长杆件，并用旋转扣件固定在脚手架上，与地面的倾角应在45°～60°之间；连接点中心至主节点的距离不应大于300mm。抛撑应在连墙件搭设后方可拆除。

6.4.8 架高超过40m且有风涡流作用时，应采取抗上升翻流作用的连墙措施。

6.5 门 洞

6.5.1 单、双排脚手架门洞宜采用上升斜杆、平行弦杆桁架结构形式（图6.5.1），斜杆与地面的倾角 a 应在45°～60°之间。门洞桁架的形式宜按下列要求确定：

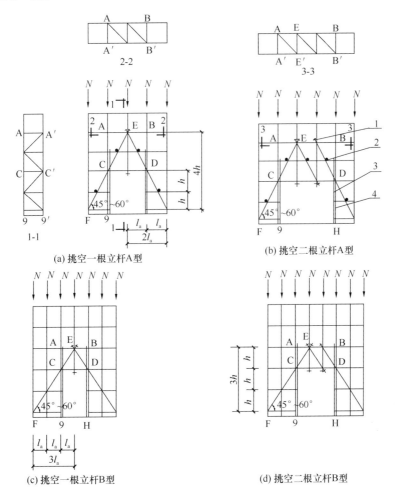

图 6.5.1 门洞处上升斜杆、平行弦杆桁架
1—防滑扣件；2—增设的横向水平杆；3—副立杆；4—主立杆

1 当步距（h）小于纵距（l_a）时，应采用 A 型；

2 当步距（h）大于纵距（l_a）时，应采用 B 型，并应符合下列规定：

   1）$h=1.8$m 时，纵距不应大于 1.5m；

   2）$h=2.0$m 时，纵距不应大于 1.2m。

6.5.2 单、双排脚手架门洞桁架的构造应符合下列规定：

1 单排脚手架门洞处，应在平面桁架（图 6.5.1 中 ABCD）的每一节间设置一根斜腹杆；双排脚手架门洞处的空间桁架，除下弦平面外，应在其余 5 个平面内的图示节间设置一根斜腹杆（图 6.5.1 中 1-1、2-2、3-3 剖面）。

2 斜腹杆宜采用旋转扣件固定在与之相交的横向水平杆的伸出端上，旋转扣件中心线至主节点的距离不宜大于 150mm。当斜腹杆在 1 跨内跨越 2 个步距（图 6.5.1A 型）时，宜在相交的纵向水平杆处，增设一根横向水平杆，将斜腹杆固定在其伸出端上。

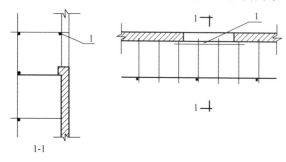

图 6.5.3　单排脚手架过窗洞构造
1—增设的纵向水平杆

3 斜腹杆宜采用通长杆件，当必须接长使用时，宜采用对接扣件连接，也可采用搭接，搭接构造应符合本规范第 6.3.6 条第 2 款的规定。

6.5.3 单排脚手架过窗洞时应增设立杆或增设一根纵向水平杆（图 6.5.3）。

6.5.4 门洞桁架下的两侧立杆应为双管立杆，副立杆高度应高于门洞口 1～2 步。

6.5.5 门洞桁架中伸出上下弦杆的杆件端头，均应增设一个防滑扣件（图 6.5.1），该扣件宜紧靠主节点处的扣件。

6.6 剪刀撑与横向斜撑

6.6.1 双排脚手架应设置剪刀撑与横向斜撑，单排脚手架应设置剪刀撑。

6.6.2 单、双排脚手架剪刀撑的设置应符合下列规定：

1 每道剪刀撑跨越立杆的根数应按表 6.6.2 的规定确定。每道剪刀撑宽度不应小于 4 跨，且不应小于 6m，斜杆与地面的倾角应在 45°～60° 之间；

表 6.6.2　剪刀撑跨越立杆的最多根数

剪刀撑斜杆与地面的倾角 α	45°	50°	60°
剪刀撑跨越立杆的最多根数 n	7	6	5

2 剪刀撑斜杆的接长应采用搭接或对接，搭接应符合本规范第 6.3.6 条第 2 款的规定；

3 剪刀撑斜杆应用旋转扣件固定在与之相交的横向水平杆的伸出端或立杆上，旋转扣件中心线至主节点的距离不应大于 150mm。

6.6.3 高度在 24m 及以上的双排脚手架应在外侧全立面连续设置剪刀撑；高度在 24m 以下的单、双排脚手架，均必须在外侧两端、转角及中间间隔不超过 15m 的立面上，各设置一道剪刀撑，并应由底至顶连续设置（图 6.6.3）。

6.6.4 双排脚手架横向斜撑的设置应符合下列规定：

　　1 横向斜撑应在同一节间，由底至顶层呈之字形连续布置，斜撑的固定应符合本规范第 6.5.2 条第 2 款的规定；

　　2 高度在 24m 以下的封闭型双排脚手架可不设横向斜撑，高度在 24m 以上的封闭型脚手架，除拐角应设置横向斜撑外，中间应每隔 6 跨距设置一道。

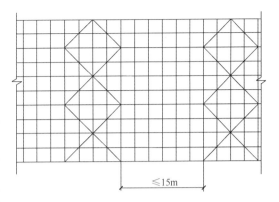

图 6.6.3　高度 24m 以下剪刀撑布置

6.6.5 开口型双排脚手架的两端均必须设置横向斜撑。

6.7 斜　　道

6.7.1 人行并兼作材料运输的斜道的形式宜按下列要求确定：

　　1 高度不大于 6m 的脚手架，宜采用一字形斜道；

　　2 高度大于 6m 的脚手架，宜采用之字形斜道。

6.7.2 斜道的构造应符合下列规定：

　　1 斜道应附着外脚手架或建筑物设置；

　　2 运料斜道宽度不应小于 1.5m，坡度不应大于 1∶6；人行斜道宽度不应小于 1m，坡度不应大于 1∶3；

　　3 拐弯处应设置平台，其宽度不应小于斜道宽度；

　　4 斜道两侧及平台外围均应设置栏杆及挡脚板；栏杆高度应为 1.2m，挡脚板高度不应小于 180mm；

　　5 运料斜道两端、平台外围和端部均应按本规范第 6.4.1 条～第 6.4.6 条的规定设置连墙件；每两步应加设水平斜杆；应按本规范第 6.6.2 条～第 6.6.5 条的规定设置剪刀撑和横向斜撑。

6.7.3 斜道脚手板构造应符合下列规定：

　　1 脚手板横铺时，应在横向水平杆下增设纵向支托杆，纵向支托杆间距不应大于 500mm；

　　2 脚手板顺铺时，接头应采用搭接，下面的板头应压住上面的板头，板头的凸棱处应采用三角木填顺；

　　3 人行斜道和运料斜道的脚手板上应每隔 250mm～300mm 设置一根防滑木条，木条厚度应为 20mm～30mm。

6.8 满堂脚手架

6.8.1 常用敞开式满堂脚手架结构的设计尺寸，可按表 6.8.1 采用。

表 6.8.1　常用敞开式满堂脚手架结构的设计尺寸

序号	步 距 (m)	立杆间距 (m)	支架高宽比不大于	下列施工荷载时最大允许高度(m)	
				2(kN/m²)	3(kN/m²)
1	1.7~1.8	1.2×1.2	2	17	9
2		1.0×1.0	2	30	24
3		0.9×0.9	2	36	36
4	1.5	1.3×1.3	2	18	9
5		1.2×1.2	2	23	16
6		1.0×1.0	2	36	31
7		0.9×0.9	2	36	36
8	1.2	1.3×1.3	2	20	13
9		1.2×1.2	2	24	19
10		1.0×1.0	2	36	32
11		0.9×0.9	2	36	36
12	0.9	1.0×1.0	2	36	33
13		0.9×0.9	2	36	36

注：1　最少跨数应符合本规范附录 C 表 C-1 的规定；

　　2　脚手板自重标准值取 0.35kN/m²；

　　3　地面粗糙度为 B 类，基本风压 $w_0=0.35$kN/m²；

　　4　立杆间距不小于 1.2m×1.2m，施工荷载标准值不小于 3kN/m²时，立杆上应增设防滑扣件，防滑扣件应安装牢固，且顶紧立杆与水平杆连接的扣件。

6.8.2　满堂脚手架搭设高度不宜超过 36m；满堂脚手架施工层不得超过 1 层。

6.8.3　满堂脚手架立杆的构造应符合本规范第 6.3.1 条~第 6.3.3 条的规定；立杆接长接头必须采用对接扣件连接。立杆对接扣件布置应符合本规范第 6.3.6 条第 1 款的规定。水平杆的连接应符合本规范第 6.2.1 条第 2 款的有关规定，水平杆长度不宜小于 3 跨。

6.8.4　满堂脚手架应在架体外侧四周及内部纵、横向每 6m 至 8m 由底至顶设置连续竖向剪刀撑。当架体搭设高度在 8m 以下时，应在架顶部设置连续水平剪刀撑；当架体搭设高度在 8m 及以上时，应在架体底部、顶部及竖向间隔不超过 8m 分别设置连续水平剪刀撑。水平剪刀撑宜在竖向剪刀撑斜杆相交平面设置。剪刀撑宽度应为 6m~8m。

6.8.5　剪刀撑应用旋转扣件固定在与之相交的水平杆或立杆上，旋转扣件中心线至主节点的距离不宜大于 150mm。

6.8.6　满堂脚手架的高宽比不宜大于 3，当高宽比大于 2 时，应在架体的外侧四周和内部水平间隔 6m~9m，竖向间隔 4m~6m 设置连墙件与建筑结构拉结，当无法设置连墙件时，应采取设置钢丝绳张拉固定等措施。

6.8.7　最少跨数为 2、3 跨的满堂脚手架，宜按本规范第 6.4 节的规定设置连墙件。

6.8.8　当满堂脚手架局部承受集中荷载时，应按实际荷载计算并应局部加固。

6.8.9　满堂脚手架应设爬梯，爬梯踏步间距不得大于 300mm。

6.8.10　满堂脚手架操作层支撑脚手板的水平杆间距不应大于 1/2 跨距；脚手板的铺设应

符合本规范第 6.2.4 条的规定。

6.9 满堂支撑架

6.9.1 满堂支撑架步距与立杆间距不宜超过本规范附录 C 表 C-2～表 C-5 规定的上限值,立杆伸出顶层水平杆中心线至支撑点的长度 a 不应超过 0.5m。满堂支撑架搭设高度不宜超过 30m。

6.9.2 满堂支撑架立杆、水平杆的构造要求应符合本规范第 6.8.3 条的规定。

6.9.3 满堂支撑架应根据架体的类型设置剪刀撑,并应符合下列规定:

1 普通型:

  1)在架体外侧周边及内部纵、横向每 5m～8m,应由底至顶设置连续竖向剪刀撑,剪刀撑宽度应为 5m～8m(图 6.9.3-1)。

  2)在竖向剪刀撑顶部交点平面应设置连续水平剪刀撑。当支撑高度超过 8m,或施工总荷载大于 15kN/m² ,或集中线荷载大于 20kN/m 的支撑架,扫地杆的设置层应设置水平剪刀撑。水平剪刀撑至架体底平面距离与水平剪刀撑间距不宜超过 8m(图 6.9.3-1)。

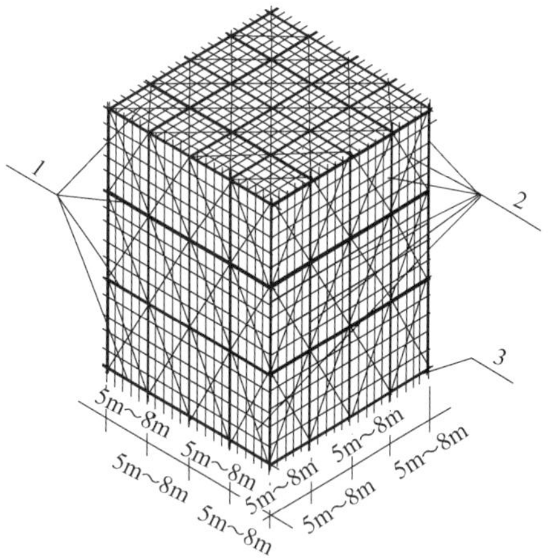

2 加强型:

  1)当立杆纵、横间距为 0.9m×0.9m～1.2m×1.2m 时,在架体外侧周边及内部纵、横向每 4 跨(且不大于 5m),应由底至顶设置连续竖向剪刀撑,剪刀撑宽度应为 4 跨。

  2)当立杆纵、横间距为 0.6m×0.6m～0.9m×0.9m(含 0.6m×0.6m,0.9m×0.9m)时,在架体外侧周边及内部纵、横向每 5 跨(且不小于 3m),应由底至顶设置连续竖向剪刀撑,剪刀撑宽度应为 5 跨。

  3)当立杆纵、横间距为 0.4m×0.4m～0.6m×0.6m(含 0.4m×0.4m)时,在架体外侧周边及内部纵、横向每 3m～3.2m 应由底至顶设置连续竖向剪刀撑,剪刀撑宽度应为 3m～3.2m。

  4)在竖向剪刀撑顶部交点平面应设置水平剪刀撑,扫地杆的设置层水平剪刀撑的设置应符合 6.9.3 条第 1 款第 2 项的规定,水平剪刀撑至架体底平面距离与水平剪刀撑间距不宜超过 6m,剪刀撑宽度应为 3m～5m(图 6.9.3-2)。

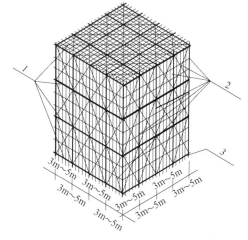

图 6.9.3-1　普通型水平、竖向剪刀撑布置图
1—水平剪刀撑;2—竖向剪刀撑;
3—扫地杆设置层

图 6.9.3-2　加强型水平、竖向剪刀撑
构造布置图
1—水平剪刀撑;2—竖向剪刀撑;3—扫地杆设置层

6.9.4 竖向剪刀撑斜杆与地面的倾角应为 45°～60°，水平剪刀撑与支架纵（或横）向夹角应为 45°～60°，剪刀撑斜杆的接长应符合本规范第 6.3.6 条的规定。

6.9.5 剪刀撑的固定应符合本规范第 6.8.5 条的规定。

6.9.6 满堂支撑架的可调底座、可调托撑螺杆伸出长度不宜超过 300mm，插入立杆内的长度不得小于 150mm。

6.9.7 当满堂支撑架高宽比不满足本规范附录 C 表 C-2～表 C-5 的规定（高宽比大于 2 或 2.5）时，满堂支撑架应在支架的四周和中部与结构柱进行刚性连接，连墙件水平间距应为 6m～9m，竖向间距应为 2m～3m。在无结构柱部位应采取预埋钢管等措施与建筑结构进行刚性连接，在有空间部位，满堂支撑架宜超出顶部加载区投影范围向外延伸布置（2～3）跨。支撑架高宽比不应大于 3。

6.10 型钢悬挑脚手架

6.10.1 一次悬挑脚手架高度不宜超过 20m。

6.10.2 型钢悬挑梁宜采用双轴对称截面的型钢。悬挑钢梁型号及锚固件应按设计确定，钢梁截面高度不应小于 160mm。悬挑梁尾端应在两处及以上固定于钢筋混凝土梁板结构上。锚固型钢悬挑梁的 U 形钢筋拉环或锚固螺栓直径不宜小于 16mm（图 6.10.2）。

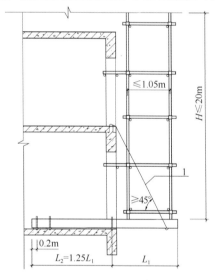

图 6.10.2 型钢悬挑脚手架构造
1—钢丝绳或钢拉杆

6.10.3 用于锚固的 U 形钢筋拉环或螺栓应采用冷弯成型。U 形钢筋拉环、锚固螺栓与型钢间隙应用钢楔或硬木楔楔紧。

6.10.4 每个型钢悬挑梁外端宜设置钢丝绳或钢拉杆与上一层建筑结构斜拉结。钢丝绳、钢拉杆不参与悬挑钢梁受力计算；钢丝绳与建筑结构拉结的吊环应使用 HPB235 级钢筋，其直径不宜小于 20mm，吊环预埋锚固长度应符合现行国家标准《混凝土结构设计规范》GB 50010 中钢筋锚固的规定（图 6.10.2）。

6.10.5 悬挑钢梁悬挑长度应按设计确定，固定段长度不应小于悬挑段长度的 1.25 倍。型钢悬挑梁固定端应采用 2 个（对）及以上 U 形钢筋拉环或锚固螺栓与建筑结构梁板固定，U 形钢筋拉环或锚固螺栓应预埋至混凝土梁、板底层钢筋位置，并应与混凝土梁、板底层钢筋焊接或绑扎牢固，其锚固长度应符合现行国家标准《混凝土结构设计规范》GB 50010 中钢筋锚固的规定（图 6.10.5-1、图 6.10.5-2、图 6.10.5-3）。

6.10.6 当型钢悬挑梁与建筑结构采用螺栓钢压板连接固定时，钢压板尺寸不应小于 100mm×10mm（宽×厚）；当采用螺栓角钢压板连接时，角钢的规格不应小于 63mm×63mm×6mm。

6.10.7 型钢悬挑梁悬挑端应设置能使脚手架立杆与钢梁可靠固定的定位点，定位点离悬挑梁端部不应小于 100mm。

6.10.8 锚固位置设置在楼板上时，楼板的厚度不宜小于 120mm。如果楼板的厚度小于 120mm 应采取加固措施。

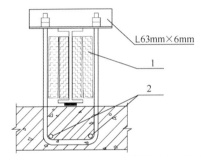

图 6.10.5-1 悬挑钢梁 U 形螺栓固定构造
1—木楔侧向楔紧；2—两根 1.5m 长直径
18mm 的 HRB335 钢筋

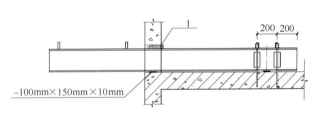

图 6.10.5-2 悬挑钢梁穿墙构造
1—木楔楔紧

6.10.9 悬挑梁间距应按悬挑架架体立杆纵距设置，每一纵距设置一根。

6.10.10 悬挑架的外立面剪刀撑应自下而上连续设置。剪刀撑设置应符合本规范第6.6.2条的规定，横向斜撑设置应符合规范第6.6.5条的规定。

6.10.11 连墙件设置应符合本规范第6.4节的规定。

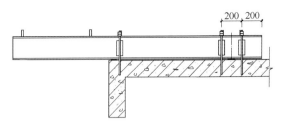

图 6.10.5-3 悬挑钢梁楼面构造

6.10.12 锚固型钢的主体结构混凝土强度等级不得低于C20。

7 施 工

7.1 施 工 准 备

7.1.1 脚手架搭设前，应按专项施工方案向施工人员进行交底。

7.1.2 应按本规范的规定和脚手架专项施工方案要求对钢管、扣件、脚手板、可调托撑等进行检查验收，不合格产品不得使用。

7.1.3 经检验合格的构配件应按品种、规格分类，堆放整齐、平稳，堆放场地不得有积水。

7.1.4 应清除搭设场地杂物，平整搭设场地，并应使排水畅通。

7.2 地 基 与 基 础

7.2.1 脚手架地基与基础的施工，应根据脚手架所受荷载、搭设高度、搭设场地土质情况与现行国家标准《建筑地基基础工程施工质量验收规范》GB 50202 的有关规定进行。

7.2.2 压实填土地基应符合现行国家标准《建筑地基基础设计规范》GB 50007 的相关规定；灰土地基应符合现行国家标准《建筑地基基础工程施工质量验收规范》GB 50202 的相关规定。

7.2.3 立杆垫板或底座底面标高宜高于自然地坪50mm～100mm。

7.2.4 脚手架基础经验收合格后，应按施工组织设计或专项方案的要求放线定位。

7.3 搭 设

7.3.1 单、双排脚手架必须配合施工进度搭设，一次搭设高度不应超过相邻连墙件以上两步；如果超过相邻连墙件以上两步，无法设置连墙件时，应采取撑拉固定等措施与建筑结构拉结。

7.3.2 每搭完一步脚手架后，应按本规范表8.2.4的规定校正步距、纵距、横距及立杆的垂直度。

7.3.3 底座安放应符合下列规定：

1 底座、垫板均应准确地放在定位线上；

2 垫板应采用长度不少于2跨、厚度不小于50mm、宽度不小200mm的木垫板。

7.3.4 立杆搭设应符合下列规定：

1 相邻立杆的对接连接应符合本规范第6.3.6条的规定；

2 脚手架开始搭立杆时，应每隔6跨设置一根抛撑，直至连墙件安装稳定后，方可根据情况拆除；

3 当架体搭设至有连墙件的主节点时，在搭设完该处的立杆、纵向水平杆、横向水平杆后，应立即设置连墙件。

7.3.5 脚手架纵向水平杆的搭设应符合下列规定：

1 脚手架纵向水平杆应随立杆按步搭设，并应采用直角扣件与立杆固定；

2 纵向水平杆的搭设应符合本规范第6.2.1条的规定；

3 在封闭型脚手架的同一步中，纵向水平杆应四周交圈设置，并应用直角扣件与内外角部立杆固定。

7.3.6 脚手架横向水平杆搭设应符合下列规定：

1 搭设横向水平杆应符合本规范第6.2.2条的规定；

2 双排脚手架横向水平杆的靠墙一端至墙装饰面的距离不应大于100mm；

3 单排脚手架的横向水平杆不应设置在下列部位：

　　1） 设计上不允许留脚手眼的部位；

　　2） 过梁上与过梁两端成60°角的三角形范围内及过梁净跨度1/2的高度范围内；

　　3） 宽度小于1m的窗间墙；

　　4） 梁或梁垫下及其两侧各500mm的范围内；

　　5） 砖砌体的门窗洞口两侧200mm和转角处450mm的范围内，其他砌体的门窗洞口两侧300mm和转角处600mm的范围内；

　　6） 墙体厚度小于或等于180mm；

　　7） 独立或附墙砖柱，空斗砖墙、加气块墙等轻质墙体；

　　8） 砌筑砂浆强度等级小于或等于M2.5的砖墙。

7.3.7 脚手架纵向、横向扫地杆搭设应符合本规范第6.3.2条、第6.3.3条的规定。

7.3.8 脚手架连墙件安装应符合下列规定：

1 连墙件的安装应随脚手架搭设同步进行，不得滞后安装；

2 当单、双排脚手架施工操作层高出相邻连墙件以上两步时，应采取确保脚手架稳定的临时拉结措施，直到上一层连墙件安装完毕后再根据情况拆除。

7.3.9 脚手架剪刀撑与双排脚手架横向斜撑应随立杆、纵向和横向水平杆等同步搭设，不得滞后安装。

7.3.10 脚手架门洞搭设应符合本规范第 6.5 节的规定。

7.3.11 扣件安装应符合下列规定：

1 扣件规格应与钢管外径相同；

2 螺栓拧紧扭力矩不应小于 40N·m，且不应大于 65N·m；

3 在主节点处固定横向水平杆、纵向水平杆、剪刀撑、横向斜撑等用的直角扣件、旋转扣件的中心点的相互距离不应大于 150mm；

4 对接扣件开口应朝上或朝内；

5 各杆件端头伸出扣件盖板边缘的长度不应小于 100mm。

7.3.12 作业层、斜道的栏杆和挡脚板的搭设应符合下列规定（图 7.3.12）：

1 栏杆和挡脚板均应搭设在外立杆的内侧；

2 上栏杆上皮高度应为 1.2m；

3 挡脚板高度不应小于 180mm；

4 中栏杆应居中设置。

7.3.13 脚手板的铺设应符合下列规定：

1 脚手板应铺满、铺稳，离墙面的距离不应大于 150mm；

2 采用对接或搭接时均应符合本规范第 6.2.4 条的规定；脚手板探头应用直径 3.2mm 的镀锌钢丝固定在支承杆件上；

3 在拐角、斜道平台口处的脚手板，应用镀锌钢丝固定在横向水平杆上，防止滑动。

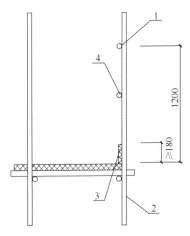

图 7.3.12 栏杆与挡脚板构造
1—上栏杆；2—外立杆；3—挡脚板；4—中栏杆

7.4 拆 除

7.4.1 脚手架拆除应按专项方案施工，拆除前应做好下列准备工作：

1 应全面检查脚手架的扣件连接、连墙件、支撑体系等是否符合构造要求；

2 应根据检查结果补充完善脚手架专项方案中的拆除顺序和措施，经审批后方可实施；

3 拆除前应对施工人员进行交底；

4 应清除脚手架上杂物及地面障碍物。

7.4.2 单、双排脚手架拆除作业必须由上而下逐层进行，严禁上下同时作业；连墙件必须随脚手架逐层拆除，严禁先将连墙件整层或数层拆除后再拆脚手架；分段拆除高差大于两步时，应增设连墙件加固。

7.4.3 当脚手架拆至下部最后一根长立杆的高度（约 6.5m）时，应先在适当位置搭设临时抛撑加固后，再拆除连墙件。当单、双排脚手架采取分段、分立面拆除时，对不拆除的脚手架两端，应先按本规范第 6.4.4 条、第 6.6.4 条、第 6.6.5 条的有关规定设置连墙件和横向斜撑加固。

7.4.4 架体拆除作业应设专人指挥，当有多人同时操作时，应明确分工、统一行动，且应具有足够的操作面。

7.4.5 卸料时各构配件严禁抛掷至地面。

7.4.6 运至地面的构配件应按本规范的规定及时检查、整修与保养，并应按品种、规格分别存放。

8 检 查 与 验 收

8.1 构配件检查与验收

8.1.1 新钢管的检查应符合下列规定：

1 应有产品质量合格证；

2 应有质量检验报告，钢管材质检验方法应符合现行国家标准《金属材料 室温拉伸试验方法》GB/T 228 的有关规定，其质量应符合本规范第 3.1.1 条的规定；

3 钢管表面应平直光滑，不应有裂缝、结疤、分层、错位、硬弯、毛刺、压痕和深的划道；

4 钢管外径、壁厚、端面等的偏差，应分别符合本规范表 8.1.8 的规定；

5 钢管应涂有防锈漆。

8.1.2 旧钢管的检查应符合下列规定：

1 表面锈蚀深度应符合本规范表 8.1.8 序号 3 的规定。锈蚀检查应每年一次。检查时，应在锈蚀严重的钢管中抽取三根，在每根锈蚀严重的部位横向截断取样检查，当锈蚀深度超过规定值时不得使用。

2 钢管弯曲变形应符合本规范表 8.1.8 序号 4 的规定。

8.1.3 扣件验收应符合下列规定：

1 扣件应有生产许可证、法定检测单位的测试报告和产品质量合格证。当对扣件质量有怀疑时，应按现行国家标准《钢管脚手架扣件》GB 15831 的规定抽样检测。

2 新、旧扣件均应进行防锈处理。

3 扣件的技术要求应符合现行国家标准《钢管脚手架扣件》GB 15831 的相关规定。

8.1.4 扣件进入施工现场应检查产品合格证，并应进行抽样复试，技术性能应符合现行国家标准《钢管脚手架扣件》GB 15831 的规定。扣件在使用前应逐个挑选，有裂缝、变形、螺栓出现滑丝的严禁使用。

8.1.5 脚手板的检查应符合下列规定：

1 冲压钢脚手板的检查应符合下列规定：

1）新脚手板应有产品质量合格证；

2）尺寸偏差应符合本规范表 8.1.8 序号 5 的规定，且不得有裂纹、开焊与硬弯；

3）新、旧脚手板均应涂防锈漆；

4）应有防滑措施。

2 木脚手板、竹脚手板的检查应符合下列规定：

    1） 木脚手板质量应符合本规范第 3.3.3 条的规定，宽度、厚度允许偏差应符合现行国家标准《木结构工程施工质量验收规范》GB 50206 的规定；不得使用扭曲变形、劈裂、腐朽的脚手板；

    2） 竹笆脚手板、竹串片脚手板的材料应符合本规范第 3.3.4 条的规定。

8.1.6 悬挑脚手架用型钢的质量应符合本规范第 3.5.1 条的规定，并应符合现行国家标准《钢结构工程施工质量验收规范》GB 50205 的有关规定。

8.1.7 可调托撑的检查应符合下列规定：

    1 应有产品质量合格证，其质量应符合本规范第 3.4 节的规定；

    2 应有质量检验报告，可调托撑抗压承载力应符合本规范第 5.1.7 条的规定；

    3 可调托撑支托板厚不应小于 5mm，变形不应大于 1mm；

    4 严禁使用有裂缝的支托板、螺母。

8.1.8 构配件允许偏差应符合表 8.1.8 的规定。

表 8.1.8　构配件允许偏差

序号	项　目	允许偏差 Δ (mm)	示意图	检查工具
1	焊接钢管尺寸（mm） 外径 48.3 壁厚 3.6	±0.5 ±0.36		游标卡尺
2	钢管两端面切斜偏差	1.70		塞尺、拐角尺
3	钢管外表面锈蚀深度	≤0.18		游标卡尺
4	钢管弯曲 ①各种杆件钢管的端部弯曲 l≤1.5m	≤5		钢板尺
	②立杆钢管弯曲 3m＜l≤4m 4m＜l≤6.5m	≤12 ≤20		
	③水平杆、斜杆的钢管弯曲 l≤6.5m	≤30		

序号	项　目	允许偏差 Δ （mm）	示意图	检查工具
5	冲压钢脚手板 ①板面挠曲 $l\leqslant4m$ $l>4m$	$\leqslant12$ $\leqslant16$		钢板尺
	②板面扭曲 （任一角翘起）	$\leqslant5$		
6	可调托撑支托板变形	1.0		钢板尺、 塞尺

8.2　脚手架检查与验收

8.2.1　脚手架及其地基基础应在下列阶段进行检查与验收：

1　基础完工后及脚手架搭设前；

2　作业层上施加荷载前；

3　每搭设完 6m～8m 高度后；

4　达到设计高度后；

5　遇有六级强风及以上风或大雨后，冻结地区解冻后；

6　停用超过一个月。

8.2.2　应根据下列技术文件进行脚手架检查、验收：

1　本规范第 8.2.3 条～第 8.2.5 条的规定；

2　专项施工方案及变更文件；

3　技术交底文件；

4　构配件质量检查表（本规范附录 D 表 D）。

8.2.3　脚手架使用中，应定期检查下列要求内容：

1　杆件的设置和连接，连墙件、支撑、门洞桁架等的构造应符合本规范和专项施工方案的要求；

2　地基应无积水，底座应无松动，立杆应无悬空；

3　扣件螺栓应无松动；

4　高度在 24m 以上的双排、满堂脚手架，其立杆的沉降与垂直度的偏差应符合本规范表 8.2.4 项次 1、2 的规定；高度在 20m 以上的满堂支撑架，其立杆的沉降与垂直度的偏差应符合本规范表 8.2.4 项次 1、3 的规定；

5　安全防护措施应符合本规范要求；

6　应无超载使用。

8.2.4 脚手架搭设的技术要求、允许偏差与检验方法，应符合表 8.2.4 的规定。

表 8.2.4 脚手架搭设的技术要求、允许偏差与检验方法

项次	项 目		技术要求	允许偏差 Δ (mm)	示意图	检查方法与工具
1	地基基础	表面	坚实平整	—	—	观察
		排水	不积水			
		垫板	不晃动			
		底座	不滑动			
			不沉降	—10		
2	单、双排与满堂脚手架立杆垂直度		最后验收立杆垂直度 (20～50) m	—	±100	用经纬仪或吊线和卷尺

下列脚手架允许水平偏差（mm）

搭设中检查偏差的高度 (m)	总高度		
	50m	40m	20m
$H=2$	±7	±7	±7
$H=10$	±20	±25	±50
$H=20$	±40	±50	±100
$H=30$	±60	±75	
$H=40$	±80	±100	
$H=50$	±100		

中间档次用插入法

项次	项目		技术要求	允许偏差 Δ（mm）	示意图	检查方法与工具
3	满堂支撑架立杆垂直度	最后验收垂直度 30m	—	±90		用经纬仪或吊线和卷尺
		下列满堂支撑架允许水平偏差（mm）				
		搭设中检查偏差的高度（m）	总高度 30m			
		$H=2$	±7			
		$H=10$	±30			
		$H=20$	±60			
		$H=30$	±90			
		中间档次用插入法				
4	单双排、满堂脚手架间距	步距	—	±20	—	钢板尺
		纵距	—	±50		
		横距	—	±20		
5	满堂支撑架间距	步距		±20	—	钢板尺
		立杆间距		±30		
6	纵向水平杆高差	一根杆的两端	—	±20		水平仪或水平尺
		同跨内两根纵向水平杆高差	—	±10		
7	剪刀撑斜杆与地面的倾角		45°～60°	—	—	角尺
8	脚手板外伸长度	对接	$a=$(130～150)mm $l⩽300$mm	—		卷尺
		搭接	$a⩾100$mm $l⩾200$mm	—		卷尺

项次	项 目		技术要求	允许偏差 Δ (mm)	示意图	检查方法 与工具
9	扣件 安装	主节点处各扣件中心点相互距离	$a \leqslant 150mm$	—		钢板尺
		同步立杆上两个相隔对接扣件的高差	$a \geqslant 500mm$	—		钢卷尺
		立杆上的对接扣件至主节点的距离	$a \leqslant h/3$			
		纵向水平杆上的对接扣件至主节点的距离	$a \leqslant l_a/3$	—		钢卷尺
		扣件螺栓拧紧扭力矩	$(40 \sim 65)$ N·m	—	—	扭力扳手

注：图中1—立杆；2—纵向水平杆；3—横向水平杆；4—剪刀撑。

8.2.5 安装后的扣件螺栓拧紧扭力矩应采用扭力扳手检查，抽样方法应按随机分布原则进行。抽样检查数目与质量判定标准，应按表8.2.5的规定确定。不合格的应重新拧紧至合格。

表8.2.5 扣件拧紧抽样检查数目及质量判定标准

项次	检查项目	安装扣件数量 （个）	抽检数量 （个）	允许的不合格数量 （个）
1	连接立杆与纵（横）向水平杆或剪刀撑的扣件；接长立杆、纵向水平杆或剪刀撑的扣件	51~90	5	0
		91~150	8	1
		151~280	13	1
		281~500	20	2
		501~1200	32	3
		1201~3200	50	5
2	连接横向水平杆与纵向水平杆的扣件（非主节点处）	51~90	5	1
		91~150	8	2
		151~280	13	3
		281~500	20	5
		501~1200	32	7
		1201~3200	50	10

9 安 全 管 理

9.0.1 扣件式钢管脚手架安装与拆除人员必须是经考核合格的专业架子工。架子工应持证上岗。

9.0.2 搭拆脚手架人员必须戴安全帽、系安全带、穿防滑鞋。

9.0.3 脚手架的构配件质量与搭设质量，应按本规范第 8 章的规定进行检查验收，并应确认合格后使用。

9.0.4 钢管上严禁打孔。

9.0.5 作业层上的施工荷载应符合设计要求，不得超载。不得将模板支架、缆风绳、泵送混凝土和砂浆的输送管等固定在架体上；严禁悬挂起重设备，严禁拆除或移动架体上安全防护设施。

9.0.6 满堂支撑架在使用过程中，应设有专人监护施工，当出现异常情况时，应立即停止施工，并应迅速撤离作业面上人员。应在采取确保安全的措施后，查明原因、做出判断和处理。

9.0.7 满堂支撑架顶部的实际荷载不得超过设计规定。

9.0.8 当有六级强风及以上风、浓雾、雨或雪天气时应停止脚手架搭设与拆除作业。雨、雪后上架作业应有防滑措施，并应扫除积雪。

9.0.9 夜间不宜进行脚手架搭设与拆除作业。

9.0.10 脚手架的安全检查与维护，应按本规范第8.2节的规定进行。

9.0.11 脚手板应铺设牢靠、严实，并应用安全网双层兜底。施工层以下每隔 10m 应用安全网封闭。

9.0.12 单、双排脚手架、悬挑式脚手架沿架体外围应用密目式安全网全封闭，密目式安全网宜设置在脚手架外立杆的内侧，并应与架体绑扎牢固。

9.0.13 在脚手架使用期间，严禁拆除下列杆件：

    1 主节点处的纵、横向水平杆，纵、横向扫地杆；

    2 连墙件。

9.0.14 当在脚手架使用过程中开挖脚手架基础下的设备基础或管沟时，必须对脚手架采取加固措施。

9.0.15 满堂脚手架与满堂支撑架在安装过程中，应采取防倾覆的临时固定措施。

9.0.16 临街搭设脚手架时，外侧应有防止坠物伤人的防护措施。

9.0.17 在脚手架上进行电、气焊作业时，应有防火措施和专人看守。

9.0.18 工地临时用电线路的架设及脚手架接地、避雷措施等，应按现行行业标准《施工现场临时用电安全技术规范》JGJ 46 的有关规定执行。

9.0.19 搭拆脚手架时，地面应设围栏和警戒标志，并应派专人看守，严禁非操作人员入内。

附录 A 计 算 用 表

A.0.1 单、双排脚手架立杆承受的每米结构自重标准值，可按表 A.0.1 的规定取用。

表 A.0.1　单、双排脚手架立杆承受的每米结构自重标准值 g_k（kN/m）

步距 （m）	脚手架 类型	纵距（m）				
		1.2	1.5	1.8	2.0	2.1
1.20	单排	0.1642	0.1793	0.1945	0.2046	0.2097
	双排	0.1538	0.1667	0.1796	0.1882	0.1925
1.35	单排	0.1530	0.1670	0.1809	0.1903	0.1949
	双排	0.1426	0.1543	0.1660	0.1739	0.1778
1.50	单排	0.1440	0.1570	0.1701	0.1788	0.1831
	双排	0.1336	0.1444	0.1552	0.1624	0.1660
1.80	单排	0.1305	0.1422	0.1538	0.1615	0.1654
	双排	0.1202	0.1295	0.1389	0.1451	0.1482
2.00	单排	0.1238	0.1347	0.1456	0.1529	0.1565
	双排	0.1134	0.1221	0.1307	0.1365	0.1394

注：$\phi 48.3 \times 3.6$ 钢管，扣件自重按本规范附录 A 表 A.0.4 采用。表内中间值可按线性插入计算。

A.0.2 满堂脚手架立杆承受的每米结构自重标准值，宜按表 A.0.2 取用。

表 A.0.2　满堂脚手架立杆承受的每米结构自重标准值 g_k（kN/m）

步距 h （m）	横距 l_b （m）	纵距 l_a（m）						
		0.60	0.9	1.0	1.2	1.3	1.35	1.5
0.60	0.4	0.1820	0.2086	0.2176	0.2353	0.2443	0.2487	0.2620
	0.6	0.2002	0.2273	0.2362	0.2543	0.2633	0.2678	0.2813
0.90	0.6	0.1563	0.1759	0.1825	0.1955	0.2020	0.2053	0.2151
	0.9	0.1762	0.1961	0.2027	0.2160	0.2226	0.2260	0.2359
	1.0	0.1828	0.2028	0.2095	0.2226	0.2295	0.2328	0.2429
	1.2	0.1960	0.2162	0.2230	0.2365	0.2432	0.2466	0.2567
1.05	0.9	0.1615	0.1792	0.1851	0.1970	0.2029	0.2059	0.2148

步距h (m)	横距l_b (m)	纵距l_a (m)						
		0.60	0.9	1.0	1.2	1.3	1.35	1.5
1.20	0.6	0.1344	0.1503	0.1556	0.1662	0.1715	0.1742	0.1821
	0.9	0.1505	0.1666	0.1719	0.1827	0.1882	0.1908	0.1988
	1.0	0.1558	0.1720	0.1775	0.1883	0.1937	0.1964	0.2045
	1.2	0.1665	0.1829	0.1883	0.1993	0.2048	0.2075	0.2156
	1.3	0.1719	0.1883	0.1939	0.2049	0.2103	0.2130	0.2213
1.35	0.9	0.1419	0.1568	0.1617	0.1717	0.1766	0.1791	0.1865
1.50	0.9	0.1350	0.1489	0.1535	0.1628	0.1674	0.1697	0.1766
	1.0	0.1396	0.1536	0.1583	0.1675	0.1721	0.1745	0.1815
	1.2	0.1488	0.1629	0.1676	0.1770	0.1817	0.1840	0.1911
	1.3	0.1535	0.1676	0.1723	0.1817	0.1864	0.1887	0.1958
1.60	0.9	0.1312	0.1445	0.1489	0.1578	0.1622	0.1645	0.1711
	1.0	0.1356	0.1489	0.1534	0.1623	0.1668	0.1690	0.1757
	1.2	0.1445	0.1580	0.1624	0.1714	0.1759	0.1782	0.1849
1.80	0.9	0.1248	0.1371	0.1413	0.1495	0.1536	0.1556	0.1618
	1.0	0.1288	0.1413	0.1454	0.1537	0.1579	0.1599	0.1661
	1.2	0.1371	0.1496	0.1538	0.1621	0.1663	0.1683	0.1747

注：同表 A.0.1注。

A.0.3 满堂支撑架立杆承受的每米结构自重标准值，宜按表 A.0.3取用。

表 A.0.3　满堂支撑架立杆承受的每米结构自重标准值 g_k（kN/m）

步距h (m)	横距l_b (m)	纵距l_a (m)							
		0.4	0.6	0.75	0.9	1.0	1.2	1.35	1.5
0.60	0.4	0.1691	0.1875	0.2012	0.2149	0.2241	0.2424	0.2562	0.2699
	0.6	0.1877	0.2062	0.2201	0.2341	0.2433	0.2619	0.2758	0.2897
	0.75	0.2016	0.2203	0.2344	0.2484	0.2577	0.2765	0.2905	0.3045
	0.9	0.2155	0.2344	0.2486	0.2627	0.2722	0.2910	0.3052	0.3194
	1.0	0.2248	0.2438	0.2580	0.2723	0.2818	0.3008	0.3150	0.3292
	1.2	0.2434	0.2626	0.2770	0.2914	0.3010	0.3202	0.3346	0.3490
0.75	0.6	0.1636	0.1791	0.1907	0.2024	0.2101	0.2256	0.2372	0.2488
0.90	0.4	0.1341	0.1474	0.1574	0.1674	0.1740	0.1874	0.1973	0.2073
	0.6	0.1476	0.1610	0.1711	0.1812	0.1880	0.2014	0.2115	0.2216
	0.75	0.1577	0.1712	0.1814	0.1916	0.1984	0.2120	0.2221	0.2323
	0.9	0.1678	0.1815	0.1917	0.2020	0.2088	0.2225	0.2328	0.2430
	1.0	0.1745	0.1883	0.1986	0.2089	0.2158	0.2295	0.2398	0.2502
	1.2	0.1880	0.2019	0.2123	0.2227	0.2297	0.2436	0.2540	0.2644

步距 h (m)	横距 l_b (m)	纵距 l_a (m)							
		0.4	0.6	0.75	0.9	1.0	1.2	1.35	1.5
1.05	0.9	0.1541	0.1663	0.1755	0.1846	0.1907	0.2029	0.2121	0.2212
1.20	0.4	0.1166	0.1274	0.1355	0.1436	0.1490	0.1598	0.1679	0.1760
	0.6	0.1275	0.1384	0.1466	0.1548	0.1603	0.1712	0.1794	0.1876
	0.75	0.1357	0.1467	0.1550	0.1632	0.1687	0.1797	0.1880	0.1962
	0.9	0.1439	0.1550	0.1633	0.1716	0.1771	0.1882	0.1965	0.2048
	1.0	0.1494	0.1605	0.1689	0.1772	0.1828	0.1939	0.2023	0.2106
	1.2	0.1603	0.1715	0.1800	0.1884	0.1940	0.2053	0.2137	0.2221
1.35	0.9	0.1359	0.1462	0.1538	0.1615	0.1666	0.1768	0.1845	0.1921
1.50	0.4	0.1061	0.1154	0.1224	0.1293	0.1340	0.1433	0.1503	0.1572
	0.6	0.1155	0.1249	0.1319	0.1390	0.1436	0.1530	0.1601	0.1671
	0.75	0.1225	0.1320	0.1391	0.1462	0.1509	0.1604	0.1674	0.1745
	0.9	0.1296	0.1391	0.1462	0.1534	0.1581	0.1677	0.1748	0.1819
	1.0	0.1343	0.1438	0.1510	0.1582	0.1630	0.1725	0.1797	0.1869
	1.2	0.1437	0.1533	0.1606	0.1678	0.1726	0.1823	0.1895	0.1968
	1.35	0.1507	0.1604	0.1677	0.1750	0.1799	0.1896	0.1969	0.2042
1.80	0.4	0.0991	0.1074	0.1136	0.1198	0.1240	0.1323	0.1385	0.1447
	0.6	0.1075	0.1158	0.1221	0.1284	0.1326	0.1409	0.1472	0.1535
	0.75	0.1137	0.1222	0.1285	0.1348	0.1390	0.1475	0.1538	0.1601
	0.9	0.1200	0.1285	0.1349	0.1412	0.1455	0.1540	0.1603	0.1667
	1.0	0.1242	0.1327	0.1391	0.1455	0.1498	0.1583	0.1647	0.1711
	1.2	0.1326	0.1412	0.1476	0.1541	0.1584	0.1670	0.1734	0.1799
	1.35	0.1389	0.1475	0.1540	0.1605	0.1648	0.1735	0.1800	0.1864
	1.5	0.1452	0.1539	0.1604	0.1669	0.1713	0.1800	0.1865	0.1930

注：同表 A.0.1 注。

A.0.4 常用构配件与材料、人员的自重，可按表 A.0.4 取用。

表 A.0.4 常用构配件与材料、人员的自重

名　　称	单位	自重	备注
扣件：直角扣件 　　　旋转扣件 　　　对接扣件	N/个	13.2 14.6 18.4	—
人	N	800～850	—
灰浆车、砖车	kN/辆	2.04～2.50	—
普通砖 240mm×115mm×53mm	kN/m³	18～19	684 块/m³，湿
灰砂砖	kN/m³	18	砂：石灰＝92：8
瓷面砖 150mm×150mm×8mm	kN/m³	17.8	5556 块/m³

名　　称	单位	自重	备注
陶瓷马赛克 $\delta=5mm$	kN/m³	0.12	—
石灰砂浆、混合砂浆	kN/m³	17	—
水泥砂浆	kN/m³	20	—
素混凝土	kN/m³	22～24	—
加气混凝土	kN/块	5.5～7.5	—
泡沫混凝土	kN/m³	4～6	—

A.0.5 敞开式单排、双排、满堂脚手架与满堂支撑架的挡风系数 φ 值，可按表 A.0.5 取用。

表 A.0.5　敞开式单排、双排、满堂脚手架与满堂支撑架的挡风系数 φ 值

步距 (m)	纵距（m）										
	0.4	0.6	0.75	0.9	1.0	1.2	1.3	1.35	1.5	1.8	2.0
0.60	0.260	0.212	0.193	0.180	0.173	0.164	0.160	0.158	0.154	0.148	0.144
0.75	0.241	0.192	0.173	0.161	0.154	0.144	0.141	0.139	0.135	0.128	0.125
0.90	0.228	0.180	0.161	0.148	0.141	0.132	0.128	0.126	0.122	0.115	0.112
1.05	0.219	0.171	0.151	0.138	0.132	0.122	0.119	0.117	0.113	0.106	0.103
1.20	0.212	0.164	0.144	0.132	0.125	0.115	0.112	0.110	0.106	0.099	0.096
1.35	0.207	0.158	0.139	0.126	0.120	0.110	0.106	0.105	0.100	0.094	0.091
1.50	0.202	0.154	0.135	0.122	0.115	0.106	0.102	0.100	0.096	0.090	0.086
1.60	0.200	0.152	0.132	0.119	0.113	0.103	0.100	0.098	0.094	0.087	0.084
1.80	0.1959	0.148	0.128	0.115	0.109	0.099	0.096	0.094	0.090	0.083	0.080
2.00	0.1927	0.144	0.125	0.112	0.106	0.096	0.092	0.091	0.086	0.080	0.077

注：　$\phi48.3\times3.6$ 钢管。

A.0.6 轴心受压构件的稳定系数 φ（Q235 钢）应符合表 A.0.6 的规定。

表 A.0.6　轴心受压构件的稳定系数 φ（Q235 钢）

λ	0	1	2	3	4	5	6	7	8	9
0	1.000	0.997	0.995	0.992	0.989	0.987	0.984	0.981	0.979	0.976
10	0.974	0.971	0.968	0.966	0.963	0.960	0.958	0.955	0.952	0.949
20	0.947	0.944	0.941	0.938	0.936	0.933	0.930	0.927	0.924	0.921
30	0.918	0.915	0.912	0.909	0.906	0.903	0.899	0.896	0.893	0.889
40	0.886	0.882	0.879	0.875	0.872	0.868	0.864	0.861	0.858	0.855
50	0.852	0.849	0.846	0.843	0.839	0.836	0.832	0.829	0.825	0.822

续表 A.0.6

λ	0	1	2	3	4	5	6	7	8	9
60	0.818	0.814	0.810	0.806	0.802	0.797	0.793	0.789	0.784	0.779
70	0.775	0.770	0.765	0.760	0.755	0.750	0.744	0.739	0.733	0.728
80	0.722	0.716	0.710	0.704	0.698	0.692	0.686	0.680	0.673	0.667
90	0.661	0.654	0.648	0.641	0.634	0.626	0.618	0.611	0.603	0.595
100	0.588	0.580	0.573	0.566	0.558	0.551	0.544	0.537	0.530	0.523
110	0.516	0.509	0.502	0.496	0.489	0.483	0.476	0.470	0.464	0.458
120	0.452	0.446	0.440	0.434	0.428	0.423	0.417	0.412	0.406	0.401
130	0.396	0.391	0.386	0.381	0.376	0.371	0.367	0.362	0.357	0.353
140	0.349	0.344	0.340	0.336	0.332	0.328	0.324	0.320	0.316	0.312
150	0.308	0.305	0.301	0.298	0.294	0.291	0.287	0.284	0.281	0.277
160	0.274	0.271	0.268	0.265	0.262	0.259	0.256	0.253	0.251	0.248
170	0.245	0.243	0.240	0.237	0.235	0.232	0.230	0.227	0.225	0.223
180	0.220	0.218	0.216	0.214	0.211	0.209	0.207	0.205	0.203	0.201
190	0.199	0.197	0.195	0.193	0.191	0.189	0.188	0.186	0.184	0.182
200	0.180	0.179	0.177	0.175	0.174	0.172	0.171	0.169	0.167	0.166
210	0.164	0.163	0.161	0.160	0.159	0.157	0.156	0.154	0.153	0.152
220	0.150	0.149	0.148	0.146	0.145	0.144	0.143	0.141	0.140	0.139
230	0.138	0.137	0.136	0.135	0.133	0.132	0.131	0.130	0.129	0.128
240	0.127	0.126	0.125	0.124	0.123	0.122	0.121	0.120	0.119	0.118
250	0.117	—	—	—	—	—	—	—	—	—

注：当 $\lambda > 250$ 时，$\varphi = \dfrac{7320}{\lambda^2}$。

附录 B 钢管截面几何特性

B.0.1 脚手架钢管截面几何特性应符合表 B.0.1 的规定。

表 B.0.1 钢管截面几何特性

外径 ϕ, d	壁厚 t	截面积 A	惯性矩 I	截面模量 W	回转半径 i	每米长质量
(mm)		(cm²)	(cm⁴)	(cm³)	(cm)	(kg/m)
48.3	3.6	5.06	12.71	5.26	1.59	3.97

附录C 满堂脚手架与满堂支撑架立杆计算长度系数 μ

表C-1 满堂脚手架立杆计算长度系数

步距 （m）	立杆间距（m）			
	1.3×1.3	1.2×1.2	1.0×1.0	0.9×0.9
	高宽比不大于2	高宽比不大于2	高宽比不大于2	高宽比不大于2
	最少跨数4	最少跨数4	最少跨数4	最少跨数5
1.8	—	2.176	2.079	2.017
1.5	2.569	2.505	2.377	2.335
1.2	3.011	2.971	2.825	2.758
0.9	—	—	3.571	3.482

注：1 步距两级之间计算长度系数按线性插入值。

2 立杆间距两级之间，纵向间距与横向间距不同时，计算长度系数按较大间距对应的计算长度系数取值。立杆间距两级之间值，计算长度系数取两级对应的较大的 μ 值。要求高宽比相同。

3 高宽比超过表中规定时，应按本规范6.8.6条执行。

表C-2 满堂支撑架（剪刀撑设置普通型）立杆计算长度系数 μ_1

步距 （m）	立杆间距（m）											
	1.2×1.2		1.0×1.0		0.9×0.9		0.75×0.75		0.6×0.6		0.4×0.4	
	高宽比 不大于2		高宽比 不大于2		高宽比 不大于2		高宽比 不大于2		高宽比 不大于2.5		高宽比 不大于2.5	
	最少跨数4		最少跨数4		最少跨数5		最少跨数5		最少跨数5		最少跨数8	
	$a=0.5$ （m）	$a=0.2$ （m）	$a=0.5$ （m）	$a=0.2$ （m）	$a=0.5$ （m）	$a=0.2$ （m）	$a=0.5$ （m）	$a=0.2$ （m）	$a=0.5$ （m）	$a=0.2$ （m）	$a=0.5$ （m）	$a=0.2$ （m）
1.8	—	—	1.165	1.432	1.131	1.388	—	—	—	—	—	—
1.5	1.298	1.649	1.241	1.574	1.215	1.540	—	—	—	—	—	—
1.2	1.403	1.869	1.352	1.799	1.301	1.719	1.257	1.669	—	—	—	—
0.9	—	—	1.532	2.153	1.473	2.066	1.422	2.005	1.599	2.251	—	—
0.6	—	—	—	—	1.699	2.622	1.629	2.526	1.839	2.846	1.839	2.846

注：1 同表C-1注1、注2。

2 立杆间距0.9m×0.6m计算长度系数，同立杆间距0.75m×0.75m计算长度系数，高宽比不变，最小宽度4.2m。

3 高宽比超过表中规定时，应按本规范6.9.7条执行。

表 C-3 满堂支撑架（剪刀撑设置加强型）立杆计算长度系数 μ_1

步距(m)	立杆间距 (m)											
	1.2×1.2		1.0×1.0		0.9×0.9		0.75×0.75		0.6×0.6		0.4×0.4	
	高宽比不大于2		高宽比不大于2		高宽比不大于2		高宽比不大于2		高宽比不大于2.5		高宽比不大于2.5	
	最少跨数4		最少跨数4		最少跨数5		最少跨数5		最少跨数5		最少跨数8	
	a=0.5 (m)	a=0.2 (m)	a=0.5 (m)	a=0.2 (m)	a=0.5 (m)	a=0.2 (m)	a=0.5 (m)	a=0.2 (m)	a=0.5 (m)	a=0.2 (m)	a=0.5 (m)	a=0.2 (m)
1.8	1.099	1.355	1.059	1.305	1.031	1.269	—	—	—	—	—	—
1.5	1.174	1.494	1.123	1.427	1.091	1.386	—	—	—	—	—	—
1.2	1.269	1.685	1.233	1.636	1.204	1.596	1.168	1.546	—	—	—	—
0.9	—	—	1.377	1.940	1.352	1.903	1.285	1.806	1.294	1.818	—	—
0.6	—	—	—	—	1.556	2.395	1.477	2.284	1.497	2.300	1.497	2.300

注：同表 C-2 注。

表 C-4 满堂支撑架（剪刀撑设置普通型）立杆计算长度系数 μ_2

步距(m)	立杆间距 (m)					
	1.2×1.2	1.0×1.0	0.9×0.9	0.75×0.75	0.6×0.6	0.4×0.4
	高宽比不大于2	高宽比不大于2	高宽比不大于2	高宽比不大于2	高宽比不大于2.5	高宽比不大于2.5
	最少跨数4	最少跨数4	最少跨数5	最少跨数5	最少跨数5	最少跨数8
1.8	—	1.750	1.697	—	—	—
1.5	2.089	1.993	1.951	—	—	—
1.2	2.492	2.399	2.292	2.225	—	—
0.9	—	3.109	2.985	2.896	3.251	—
0.6	—	—	4.371	4.211	4.744	4.744

注：同表 C-2 注。

表 C-5 满堂支撑架（剪刀撑设置加强型）立杆计算长度系数 μ_2

步距(m)	立杆间距 (m)					
	1.2×1.2	1.0×1.0	0.9×0.9	0.75×0.75	0.6×0.6	0.4×0.4
	高宽比不大于2	高宽比不大于2	高宽比不大于2	高宽比不大于2	高宽比不大于2.5	高宽比不大于2.5
	最少跨数4	最少跨数4	最少跨数5	最少跨数5	最少跨数5	最少跨数8
1.8	1.656	1.595	1.551	—	—	—
1.5	1.893	1.808	1.755	—	—	—
1.2	2.247	2.181	2.128	2.062	—	—
0.9	—	2.802	2.749	2.608	2.626	—
0.6	—	—	3.991	3.806	3.833	3.833

注：同表 C-2 注。

附录 D 构配件质量检查表

表 D 构配件质量检查表

项 目	要 求	抽检数量	检查方法
钢管	应有产品质量合格证、质量检验报告	750 根为一批，每批抽取 1 根	检查资料
	钢管表面应平直光滑，不应有裂缝、结疤、分层、错位、硬弯、毛刺、压痕、深的划道及严重锈蚀等缺陷，严禁打孔；钢管使用前必须涂刷防锈漆	全数	目测
钢管外径及壁厚	外径 48.3mm，允许偏差±0.5mm；壁厚 3.6mm，允许偏差±0.36，最小壁厚 3.24mm	3%	游标卡尺测量
扣件	应有生产许可证、质量检测报告、产品质量合格证、复试报告	《钢管脚手架扣件》GB 15831 的规定	检查资料
	不允许有裂缝、变形、螺栓滑丝；扣件与钢管接触部位不应有氧化皮；活动部位应能灵活转动，旋转扣件两旋转面间隙应小于 1mm；扣件表面应进行防锈处理	全数	目测
扣件螺栓拧紧扭力矩	扣件螺栓拧紧扭力矩值不应小于 40N·m，且不应大于 65N·m	按 8.2.5 条	扭力扳手
可调托撑	可调托撑受压承载力设计值不应小于 40kN。应有产品质量合格证、质量检验报告	3‰	检查资料
	可调托撑螺杆外径不得小于 36mm，可调托撑螺杆与螺母旋合长度不得少于 5 扣，螺母厚度不小于 30mm。插入立杆内的长度不得小于 150mm。支托板厚不小于 5mm，变形不大于 1mm。螺杆与支托板焊接要牢固，焊缝高度不小于 6mm	3‰	游标卡尺、钢板尺测量
	支托板、螺母有裂缝的严禁使用	全数	目测
脚手板	新冲压钢脚手板应有产品质量合格证	—	检查资料
	冲压钢脚手板板面挠曲≤12mm（l≤4m）或≤16mm（l>4m）；板面扭曲≤5mm（任一角翘起）	3%	钢板尺
	不得有裂纹、开焊与硬弯；新、旧脚手板均应涂防锈漆	全数	目测
	木脚手板材质应符合现行国家标准《木结构设计规范》GB 50005 中 Ⅱ级材质的规定。扭曲变形、劈裂、腐朽的脚手板不得使用	全数	目测
	木脚手板的宽度不宜小于 200mm，厚度不应小于 50mm；板厚允许偏差－2mm	3%	钢板尺
	竹脚手板宜采用由毛竹或楠竹制作的竹串片板、竹笆板	全数	目测
	竹串片脚手板宜采用螺栓将并列的竹片串连而成。螺栓直径为 3mm～10mm，螺栓间距宜为 500mm～600mm，螺栓离板端宜为 200mm～250mm，板宽 250mm，板长 2000mm、2500mm、3000mm	3%	钢板尺

1018

本规范用词说明

1 为了便于在执行本规范条文时区别对待，对要求严格程度不同的用词说明如下：

1）表示很严格，非这样做不可的：

正面词采用"必须"，反面词采用"严禁"；

2）表示严格，在正常情况下均应这样做的：

正面词采用"应"，反面词采用"不应"或"不得"；

3）表示允许稍有选择，在条件许可时首先应这样做的：

正面词采用"宜"，反面词采用"不宜"；

4）表示有选择，在一定条件下可以这样做的，采用"可"。

2 条文中指明应按其他有关标准执行的写法为："应符合……的规定"或"应按……执行"。

引 用 标 准 名 录

1 《木结构设计规范》GB 50005

2 《建筑地基基础设计规范》GB 50007

3 《建筑结构荷载规范》GB 50009

4 《混凝土结构设计规范》GB 50010

5 《钢结构设计规范》GB 50017

6 《建筑地基基础工程施工质量验收规范》GB 50202

7 《钢结构工程施工质量验收规范》GB 50205

8 《木结构工程施工质量验收规范》GB 50206

9 《金属材料　室温拉伸试验方法》GB/T 228

10 《碳素结构钢》GB/T 700

11 《钢筋混凝土用钢　第1部分：热轧光圆钢筋》GB 1499.1

12 《低合金高强度结构钢》GB/T 1591

13 《低压流体输送用焊接钢管》GB/T 3091

14 《梯形螺纹　第2部分：直径与螺距系列》GB/T 5796.2

15 《梯形螺纹　第3部分：基本尺寸》GB/T 5796.3

16 《直缝电焊钢管》GB/T 13793

17 《钢管脚手架扣件》GB 15831

18 《施工现场临时用电安全技术规范》JGJ 46

19 《建筑施工模板安全技术规范》JGJ 162

20 《建筑施工木脚手架安全技术规范》JGJ 164

中华人民共和国行业标准

建筑施工扣件式钢管脚手架安全技术规范

JGJ 130－2011

条 文 说 明

修 订 说 明

《建筑施工扣件式钢管脚手架安全技术规范》JGJ 130 - 2011，经住房和城乡建设部2011 年 1 月 28 日第 902 号公告批准、发布。

本规范是在《建筑施工扣件式钢管脚手架安全技术规范》JGJ 130 - 2001 的基础上修订而成，上一版的主编单位是中国建筑科学研究院、哈尔滨工业大学，参编单位是北京市建筑工程总公司第一建筑工程公司、天津大学、河北省建筑科学研究院、青岛建筑工程学院、黑龙江省第一建筑工程公司，主要起草人员是袁必勤、徐崇宝等。本次修订的主要技术内容是：1. 总则；2. 术语和符号；3. 构配件；4. 荷载；5. 设计计算；6. 构造要求；7. 施工；8. 检查与验收；9. 安全管理。

本规范修订过程中，编制组进行了广泛的调查研究，总结了我国扣件式钢管脚手架设计和施工实践经验，同时参考了英国等经济发达国家的同类标准，通过多项真型满堂脚手架与满堂支撑架整体稳定试验与支撑架主要传力构件的破坏试验，多组扣件节点半刚性试验，取得了满堂脚手架及满堂支撑架在不同工况下的临界荷载等技术参数。

为便于广大设计、施工、科研、学校等单位有关人员在使用本规范时能够正确理解和执行条文规定，《建筑施工扣件式钢管脚手架安全技术规范》编制组按章、节、条顺序编制了本规范的条文说明，对条文规定的目的、依据以及执行中需注意的有关事项进行了说明，还着重对强制性条文的强制理由作了解释。但是，本条文说明不具备与标准正文同等的法律效力，仅供使用者作为理解和把握标准规定的参考。

<h1 style="text-align: center;">目　次</h1>

1 总　　则

1.0.1 本条是扣件式钢管脚手架设计、施工时必须遵循的原则。

1.0.2 本条明确指出本规范适用范围，与原规范相比，增加了满堂脚手架与满堂支撑架、型钢悬挑脚手架等内容。通过大量真型满堂脚手架与满堂支撑架支架整体稳定试验，对满堂脚手架与满堂支撑架部分增加较多内容。

1.0.3 这是针对目前施工现场脚手架设计与施工中存在的问题而作的规定，旨在确保脚手架工程做到经济合理、安全可靠，最大限度地防止伤亡事故的发生。应当注意，施工、监理审核方案时，对专项方案的设计计算内容必须认真审核。设计计算条件与脚手架实际工况条件应相符。

1.0.4 关于引用标准的说明：

我国扣件式钢管脚手架使用的钢管绝大部分是焊接钢管，属冷弯薄壁型钢材，其材料设计强度 f 值与轴心受压构件的稳定系数 φ 值，应引用现行国家标准《冷弯薄壁型钢结构技术规范》GB 50018；在其他情况采用热轧无缝钢管时，则应引用现行国家标准《钢结构设计规范》GB 50017。

2　术　语　和　符　号

2.1　术　　语

本节术语所述脚手架各杆件的位置，示于图1。

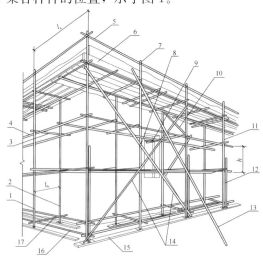

图 1　双排扣件式钢管脚手架各杆件位置

1—外立杆；2—内立杆；3—横向水平杆；4—纵向水平杆；5—栏杆；6—挡脚板；
7—直角扣件；8—旋转扣件；9—连墙件；10—横向斜撑；11—主立杆；12—副
立杆；13—抛撑；14—剪刀撑；15—垫板；16—纵向扫地杆；17—横向扫地杆

2.2 符 号

本规范的符号采用现行国家标准《工程结构设计基本术语和通用符号》GBJ 132 的规定。

3 构 配 件

3.1 钢 管

3.1.1 本条规定的说明：

1 试验表明，脚手架的承载能力由稳定条件控制，失稳时的临界应力一般低于 $100N/mm^2$，采用高强度钢材不能充分发挥其强度，采用现行国家标准《碳素结构钢》GB/T 700 中 Q235A 级钢比较经济合理；

2 经几十年工程实践证明，采用电焊钢管能满足使用要求，成本比无缝钢管低。为此，在德国、英国的同类标准中也均采用。

3.1.2 本条规定的说明：

1 根据现行国家标准《低压流体输送用焊接钢管》GB/T 3091－2008 第 4.1.1 条、第 4.1.2 条，《直缝电焊钢管》GB/T 13793－2008 第 5.1.1 条、第 5.1.2 条和《焊接钢管尺寸及单位长度重量》GB/T 21835 — 2008 第 4 节的规定，钢管宜采用 $\phi48.3\times3.6$ 的规格。欧洲标准 EN 12811－1：2003 也规定，脚手架用管，公称外径为 48.3mm。

2 限制钢管的长度与重量是为确保施工安全，运输方便，一般情况下，单、双排脚手架横向水平杆最大长度不超过 2.2m，其他杆最大长度不超过 6.5m。

3.2 扣 件

3.2.1 根据现行国家标准《钢管脚手架扣件》GB 15831 的规定，扣件铸件的材料采用可锻铸铁或铸钢。扣件按结构形式分直角扣件、旋转扣件、对接扣件，直角扣件是用于垂直交叉杆件间连接的扣件；旋转扣件是用于平行或斜交杆件间连接的扣件；对接扣件是用于杆件对接连接的扣件。

根据现行国家标准《钢管脚手架扣件》GB 15831 的规定，该标准适用于建筑工程中钢管公称外径为 48.3mm 的脚手架、井架、模板支撑等使用的由可锻铸铁或铸钢制造的扣件，也适用于市政、水利、化工、冶金、煤炭和船舶等工程使用的扣件。

3.2.2 本条的规定旨在确保质量，因为我国目前各生产厂的扣件螺栓所采用的材质差异较大。检查表明，当螺栓扭力矩达 70 N·m 时，大部分螺栓已滑丝不能使用。螺栓、垫圈为扣件的紧固件，在螺栓拧紧扭力矩达 65N·m 时，扣件本体、螺栓、垫圈均不得发生破坏。

3.3 脚 手 板

3.3.1 本条规定旨在便于现场搬运和使用安全。

3.4 可 调 托 撑

3.4.1、3.4.2 对可调托撑的规定是由可调托撑破坏试验确定的。

可调托撑是满堂支撑架直接传递荷载的主要构件,大量可调托撑试验证明:可调托撑支托板截面尺寸、支托板弯曲变形程度、螺杆与支托板焊接质量、螺杆外径等影响可调托撑的临界荷载,最终影响满堂支撑架临界荷载。

可调托撑抗压性能试验(图2):以匀速加荷,当 F 为50kN时,可调托撑不得破坏。可调托撑构造图见图3。

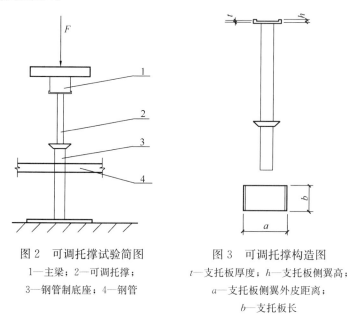

图2 可调托撑试验简图

1—主梁;2—可调托撑;

3—钢管制底座;4—钢管

图3 可调托撑构造图

t—支托板厚度;h—支托板侧翼高;

a—支托板侧翼外皮距离;

b—支托板长

3.4.3 可调托撑抗压性能试验结论,支托板厚度 t 为5.0mm,破坏荷载不小于50kN,50kN除以系数1.25为40kN。定为可调托撑受压承载力设计值,保证可调托撑不发生破坏。

4 荷 载

4.1 荷 载 分 类

4.1.1 本条采用的永久荷载(恒荷载)和可变荷载(活荷载)分类是根据现行国家标准《建筑结构荷载规范》GB 50009确定的。

在进行脚手架设计时,应根据施工要求,在脚手架专项方案中明确规定构配件的设置数量,且在施工过程中不能随意增加。脚手板粘积的建筑砂浆等引起的增重是不利于安全的因素,已在脚手架的设计安全度中统一考虑。

4.1.2 满堂支撑架可调托撑上主梁、次梁有木质的,也有型钢的,支撑板有木质的或钢材的。在钢结构安装过程中,如果存在大型钢构件,就要通过承载力较大的分配梁将荷载传递到满堂支撑架上，所以这类构、配件自重应按实际计算。

4.1.3 用于钢结构安装的满堂支撑架顶部施工层可能有大型钢构件，产生的施工荷载较大，应根据实际情况确定；在施工中，由于施工行为产生的偶然增大的荷载效应，也应根据实际情况考虑确定。

4.2 荷 载 标 准 值

4.2.1 对脚手架恒荷载的取值，说明如下：

1 对本规范附录 A 表 A.0.1 的说明：

立杆承受的每米结构自重标准值的计算条件如下：

1）构配件取值：

每个扣件自重是按抽样 408 个的平均值加两倍标准差求得：

直角扣件：按每个主节点处二个，每个自重：13.2N/个；

旋转扣件：按剪刀撑每个扣接点一个，每个自重：14.6N/个；

对接扣件：按每 6.5m 长的钢管一个，每个自重：18.4N/个；

横向水平杆每个主节点一根，取 2.2m 长；

钢管尺寸：$\phi 48.3 \times 3.6$，每米自重：39.7N/m。

2）计算图见图 4。

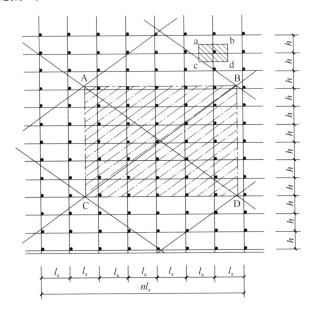

图 4 立杆承受的每米结构自重标准值计算图

由于单排脚手架立杆的构造与双排的外立杆相同，故立杆承受的每米结构自重标准值可按双排的外立杆等值采用。

为简化计算，双排脚手架立杆承受的每米结构自重标准值是采用内、外立杆的平均值。

由钢管外径或壁厚偏差引起钢管截面尺寸小于 $\phi 48.3 \times 3.6$，脚手架立杆承受的每米结构自重标准值，也可按本规范附录 A 表 A.0.1 取值计算，计算结果偏安全，步距、纵距中间值可按线性插入计算。

2 对本规范附录 A 表 A.0.2、表 A.0.3 的说明（计算图见图 5）：

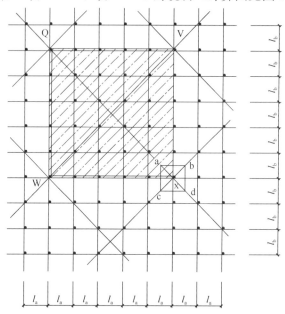

图 5 立杆承受的每米结构自重标准值计算图（平面图）

按本规范第六章满堂脚手架与满堂支撑架纵向剪刀撑、水平剪刀撑设置要求计算，一个计算单元（一个纵距、一个横距）计入纵向剪刀撑、水平剪刀撑。

由钢管外径或壁厚偏差引起钢管截面尺寸小于 $\phi48.3\times3.6$，脚手架立杆承受的每米结构自重标准值，也可按本规范附录 A 表 A.0.2、表 A.0.3 取值计算，计算结果偏安全，步距、纵距、横距中间值可按线性插入计算。

3 对表 4.2.1-1 的说明：

脚手板的自重，按分别抽样 12～50 块的平均值加两倍标准差求得。增加竹笆脚手板自重标准值。

对表 4.2.1-2 的说明：

根据本规范 7.3.12 条栏杆与挡脚板构造图，每米栏杆含两根短管，直角扣件按 2 个计，挡脚板挡板高按 0.18m 计。

栏杆、挡脚板自重标准值：

栏杆、冲压钢脚手板挡板　0.3×0.18＋0.0397×1×2＋0.0132×2＝0.1598kN/m＝0.16kN/m

栏杆、竹串片脚手板挡板　0.35×0.18＋0.0397×1×2＋0.0132×2＝0.1688kN/m＝0.17kN/m

栏杆、木脚手板挡板　0.35×0.18＋0.0397×1×2＋0.0132×2＝0.1688kN/m＝0.17kN/m

如果每米栏杆与挡脚板与以上计算条件不同，按实际计算。

对表 4.2.1-3 的说明：

根据工程实际，考虑最不利荷载情况下的主梁、次梁及支撑板的实际布置进行计算；

木质主梁根据立杆间距不同按截面 100mm×100mm～160mm×160mm 考虑，木质次梁按截面 50mm×100mm～100mm×100mm 考虑，间距按 200mm 计。支撑板按木脚手板荷载计。分别按不同立杆间距计算取较大值。型钢主梁按 H100mm×100mm×6mm×8mm 考虑、型钢次梁按 10 号工字钢考虑。木脚手板自重标准值取 0.35kN/m²。型钢主梁、次梁及支撑板自重，超过以上值时，按实际计算。如大型钢构件的分配梁。

4.2.2 本条规定的施工均布活荷载标准值，符合我国长期使用的实际情况，也与国外同类标准吻合。如欧洲标准 EN 12811−1：2003 规定的荷载系列为 0.75、1.5、2.0、3.0kN/m²。增加轻型钢结构及空间网格结构脚手架、普通钢结构脚手架施工均布活荷载标准值。

4.2.3 当有多层交叉作业时，同一跨距内各操作层施工均布荷载标准值总和不得超过 5.0kN/m²，与国外同类标准相当。

4.2.4 永久荷载与不含风荷载的可变荷载标准值总和 4.2kN/m²，为本规范表 4.2.1-3 中（主梁、次梁及支撑板自重标准值）最大值 1.2kN/m² 与表 4.2.2 中（施工均布活荷载标准值）最大值 3 kN/m² 之和。

　　钢结构施工一般情况下，施工均布活荷载标准值不超过 3kN/m²，支撑架上施工层恒载与施工活荷载标准值之和不大于 4.2kN/m²。对于有大型钢构件（或大型混凝土构件）、大型设备的荷载，或产生较大集中荷载的情况，施工均布活荷载标准值超过 3kN/m²，支撑架上施工层恒载与施工活荷载标准值之和大于 4.2kN/m² 的情况，满堂支撑架上荷载必须按实际计算。本条是对满堂支撑架给出的荷载，即：活荷载＝作业层上的人员及设备荷载＋结构构件（含大型钢构件、混凝土构件等）、大型设备的荷载及施工材料自重。

4.2.5 对风荷载的规定说明如下：

　　1 现行国家标准《建筑结构荷载规范》GB 50009 规定的风荷载标准值中，还应乘以风振系数 β_z，以考虑风压脉动对高层结构的影响。考虑到脚手架附着在主体结构上，故取 $\beta_z＝1.0$。

　　2 脚手架使用期较短，一般为（2～5）年，遇到强劲风的概率相对要小得多；所以基本风压 w_0 值，按《建筑结构荷载规范》GB 50009 的规定采用，取重现期 $n＝10$ 年对应的风压值。取消基本风压 w_0 值乘以 0.7 修正系数。

4.2.6 脚手架的风荷载体型系数 μ_s 主要按照现行国家标准《建筑结构荷载规范》GB 50009 的规定。

　　对本规范附录 A 表 A.0.5 的说明：

　　敞开式单排、双排、满堂扣件式钢管脚手架与支撑架的挡风系数是由下式计算确定：

$$\varphi = \frac{1.2A_n}{l_a \cdot h}$$

式中：1.2——节点面积增大系数；

　　　　A_n——一步一纵距（跨）内钢管的总挡风面积 $A_n＝(l_a+h+0.325l_ah)d$；

　　　　l_a——立杆纵距（m）；

　　　　h——步距（m）；

　　　　0.325——脚手架立面每平方米内剪刀撑的平均长度；

d——钢管外径（m）。

4.2.7 密目式安全立网全封闭脚手架挡风系数 φ 可取不小于 0.8，是根据密目式安全立网网目密度不小于 2000 目/100cm² 计算而得。现行行业标准《建筑施工碗扣式钢管脚手架安全技术规范》JGJ 166—2008 第 4.3.2 条第 1 款规定，密目式安全立网挡风系数可取 0.8。

4.3 荷载效应组合

4.3.1 表 4.3.1 中可变荷载组合系数原规范为 0.85，现根据《建筑结构荷载规范》GB 50009—2001（2006 年版）第 3.2.4 条第 1 款的规定改为 0.9。主要原因如下：

脚手架立杆稳定性计算部位一般取底层，立杆自重产生的轴压应力虽脚手架增高而增大，较高的单、双脚手架立杆的稳定性由永久荷载（主要是脚手架自重）效应控制，根据《建筑结构荷载规范》GB 50009—2001（2006 年版）第 3.2.4 条第 2 款的规定，由永久荷载效应控制的组合：

$$S = \gamma_G S_{Gk} + \sum_{i=1}^{n} \gamma_{Qi} \psi_{ci} S_{Qik}$$

永久荷载的分项系数应取 1.35。为简化计算，基本组合采用由可变荷载效应控制的组合：

$$S = \gamma_G S_{Gk} + 0.9 \sum_{i=1}^{n} \gamma_{Qi} S_{Qik}$$

永久荷载的分项系数应取 1.2，但原规范的考虑脚手架工作条件的结构抗力调整系数值不变（1.333），可变荷载组合系数由 0.85 改为 0.9 后与原规范比偏安全。

本条明确规定了脚手架的荷载效应组合，但未考虑偶然荷载，这是由于在本规范第 9 章中，已规定不容许撞击力等作用于架体，故本条不考虑爆炸力、撞击力等偶然荷载。

4.3.2 支撑架用于混凝土结构施工时，荷载组合与荷载设计值应符合现行行业标准《建筑施工模板安全技术规范》JGJ 162 的规定。对于高大、重载荷及大跨度支撑架稳定计算时，施工人员及施工设备荷载、混凝土施工时产生的荷载（水平支撑板为 2kN/m²）按最不利考虑（考虑同时参与组合）。

5 设 计 计 算

5.1 基 本 设 计 规 定

5.1.1～5.1.3 这几条所规定的设计方法，均与现行国家标准《冷弯薄壁型钢结构技术规范》GB 50018、《钢结构设计规范》GB 50017 一致。荷载分项系数根据现行国家标准《建筑结构荷载规范》GB 50009 规定采用。脚手架与一般结构相比，其工作条件具有以下特点：

　1 所受荷载变异性较大；

2 扣件连接节点属于半刚性，且节点刚性大小与扣件质量、安装质量有关，节点性能存在较大变异；

3 脚手架结构、构件存在初始缺陷，如杆件的初弯曲、锈蚀，搭设尺寸误差、受荷偏心等均较大；

4 与墙的连接点，对脚手架的约束性变异较大。

到目前为止，对以上问题的研究缺乏系统积累和统计资料，不具备独立进行概率分析的条件，故对结构抗力乘以小于1的调整系数 $\frac{1}{r_R}$，其值系通过与以往采用的安全系数进行校准确定。因此，本规范采用的设计方法在实质上是属于半概率、半经验的。

脚手架满足本规范规定的构造要求是设计计算的基本条件。

5.1.4 用扣件连接的钢管脚手架，其纵向或横向水平杆的轴线与立杆轴线在主节点上并不汇交在一点。当纵向或横向水平杆传荷载至立杆时，存在偏心距53mm（图6）。在一般情况下，此偏心产生的附加弯曲应力不大，为了简化计算，予以忽略。国外同类标准（如英、日、法等国）对此项偏心的影响也作了相同处理。由于忽略偏心而带来的不安全因素，本规范已在有关的调整系数中加以考虑（见第5.2.6条至第5.2.9条的条文说明）。

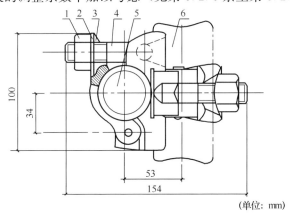

（单位：mm）

图6 直角扣件

1—螺母；2—垫圈；3—盖板；4—螺栓；5—纵向水平杆；6—立杆

5.1.6 关于钢材设计强度取值的说明

本规范根据现行国家标准《冷弯薄壁型钢结构技术规范》GB 50018 的规定，对Q235A级钢的抗拉、抗压、抗弯强度设计值 f 值确定为：205N/mm²。这是对一般结构进行可靠分析确定的。

5.1.7 表5.1.7给出的扣件抗滑承载力设计值，是根据现行国家标准《钢管脚手架扣件》GB 15831规定的标准值除以抗力分项系数1.25得到的。

5.1.8 表5.1.8的容许挠度是根据现行国家标准《冷弯薄壁型钢结构技术规范》GB 50018 及《钢结构设计规范》GB 50017 的规定确定的。

5.1.9 立杆长细比参考国外标准，根据国内长期脚手架搭设经验与脚手架试验确定。

根据国内工程实践经验与满堂脚手架整体稳定试验结果，满堂脚手架压杆容许长细比 $[\lambda]=250$。满堂支撑架压杆容许长细比，按脚手架双排受压杆容许长细比取值（210），这也符合整体稳定试验结果。

5.2 单、双排脚手架计算

5.2.1～5.2.4 对受弯构件计算规定的说明：

1 关于计算跨度取值，纵向水平杆取立杆纵距，横向水平杆取立杆横距，便于计算也偏于安全；

2 内力计算不考虑扣件的弹性嵌固作用，将扣件在节点处抗转动约束的有利作用作为安全储备。这是因为，影响扣件抗转动约束的因素比较复杂，如扣件螺栓拧紧扭力矩大小、杆件的线刚度等。根据目前所做的一些实验结果，提出作为计算定量的数据尚有困难；

3 纵向、横向水平杆自重与脚手板自重相比甚小，可忽略不计；

4 为保证安全可靠，纵、横向水平杆的内力（弯矩、支座反力）应按不利荷载组合计算；

5 一般情况下，横向水平杆外伸长度不超过300mm，符合我国施工工地的实际情况；一些工程要求外伸长度延长，需另进行设计计算，并应采取加固措施后使用；在脚手架专项方案中也应考虑此内容。

图5.2.4的横向水平杆计算跨度，适用于施工荷载由纵向水平杆传至立杆的情况，当施工荷载由横向水平杆传至立杆时，作用在横向水平杆上的是纵向水平杆传下的集中荷载，应注意按实际情况计算。此图只说明横向水平杆计算跨度的确定方法。

在本规范第5.2.1条中未列抗剪强度计算，是因为钢管抗剪强度不起控制作用。如$\phi 48.3 \times 3.6$的Q235A级钢管，其受剪承载力为：

$$[V] = \frac{A f_v}{K_1} = \frac{506 \text{mm}^2 \times 120 \text{N/mm}^2}{2.0} = 30.36 \text{kN}$$

上式中K_1为截面形状系数。一般横向、纵向水平杆上的荷载由一只扣件传递，一只扣件的抗滑承载力设计值只有8.0kN，远小于$[V]$，故只要满足扣件的抗滑力计算条件，杆件抗剪力也肯定满足。

5.2.5 脚手板荷载和施工荷载是由横向水平杆（南方作法）或纵向水平杆（北方作法）通过扣件传给立杆。当所传递的荷载超过扣件的抗滑承载能力时，扣件将沿立杆下滑，为此必须计算扣件的抗滑承载力。立杆扣件所承受的最大荷载，应按其荷载传递方式经计算确定。

5.2.6～5.2.9 考虑到扣件式钢管脚手架是受人为操作因素影响很大的一种临时结构，设计计算一般由施工现场工程技术人员进行，故所给脚手架整体稳定性的计算方法力求简单、正确、可靠。应该指出，第5.2.6条规定的立杆稳定性计算公式，虽然在表达形式上是对单根立杆的稳定计算，但实质上是对脚手架结构的整体稳定计算。因为式（5.2.8）中的μ值是根据脚手架的整体稳定试验结果确定的。

现就有关问题说明如下：

1 脚手架的整体稳定

脚手架有两种可能的失稳形式：整体失稳和局部失稳。

整体失稳破坏时，脚手架呈现出内、外立杆与横向水平杆组成的横向框架，沿垂直主体结构方向大波鼓曲现象，波长均大于步距，并与连墙件的竖向间距有关。整体失稳破坏始于无连墙件的、横向刚度较差或初弯曲较大的横向框架（图7）。一般情况下，整体失稳是脚手架的主要破坏形式。

局部失稳破坏时，立杆在步距之间发生小波鼓曲，波长与步距相近，内、外立杆变形方向可能一致，也可能不一致。

当脚手架以相等步距、纵距搭设，连墙件设置均匀时，在均布施工荷载作用下，立杆局部稳定的临界荷载高于整体稳定的临界荷载，脚手架破坏形式为整体失稳。当脚手架以不等步距、纵距搭设，或连墙件设置不均匀，或立杆负荷不均匀时，两种形式的失稳破坏均有可能。

由于整体失稳是脚手架的主要破坏形式，故本条只规定了对整体稳定按式（5.2.6-1）、式（5.2.6-2）计算。为了防止局部立杆段失稳，本规范除在第6.3.4条中将底层步距限制在2m以内外，尚在本规范第5.2.10条中规定对可能出现的薄弱的立杆段进行稳定性计算。

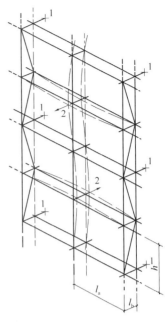

图7　双排脚手架的整体失稳
1—连墙件；2—失稳方向

2　关于脚手架立杆稳定性按轴心受压计算［式（5.2.6-1）、式（5.2.6-2）］的说明

1） 稳定性计算公式中的计算长度系数 μ 值，是反映脚手架各杆件对立杆的约束作用。本规范规定的 μ 值，采用了中国建筑科学研究院建筑机械化研究分院1964～1965年和1986～1988年、哈尔滨工业大学土木工程学院于1988～1989年分别进行的原型脚手架整体稳定性试验所取得的科研成果，其 μ 值在1.5～2.0之间。它综合了影响脚手架整体失稳的各种因素，当然也包含了立杆偏心受荷（初偏心 $e=53mm$，图6）的实际工况。这表明按轴心受压计算是可靠的、简便的。

2） 关于施工荷载的偏心作用。施工荷载一般是偏心地作用于脚手架上，作业层下面邻近的内、外排立杆所分担的施工荷载并不相同，而远离作业层的内、外排立杆则因连墙件的支撑作用，使分担的施工荷载趋于均匀。由于在一般情况下，脚手架结构自重产生的最大轴向力与由不均匀分配施工荷载产生的最大轴向力不会同时相遇，因此式（5.2.6-1）、式（5.2.6-2）的轴向力 N 值计算可以忽略施工荷载的偏心作用，内、外立杆可按施工荷载平均分配计算。

试验与理论计算表明，将3.0kN/m²的施工荷载分别按偏心与不偏心布置在脚手架上，得到的两种情况的临界荷载相差在5.6%以下，说明上述简化是可行的。

3　脚手架立杆计算长度附加系数 k 的确定

本规范采用现行国家标准《建筑结构可靠度设计统一标准》GB 50068规定的"概率极限状态设计法"，而结构安全度按以往容许应力法中采用的经验安全系数 K 校准。K 值为：强度 $K_1 \geqslant 1.5$，稳定 $K_2 \geqslant 2.0$。考虑脚手架工作条件的结构抗力调整系数值，可按承载能力极限状态设计表达式推导求得：

1） 对受弯构件

不组合风荷载

$$1.2S_{Gk} + 1.4S_{Qk} \leqslant \frac{f_k W}{0.9\gamma_m\gamma'_R} = \frac{fW}{0.9\gamma'_R}$$

组合风荷载

$$1.2S_{Gk} + 1.4 \times 0.9(S_{Qk} + S_{wk}) \leqslant \frac{f_k W}{0.9\gamma_m\gamma'_{Rw}} = \frac{fW}{0.9\gamma'_{Rw}}$$

2）对轴心受压构件

不组合风荷载

$$1.2S_{Gk} + 1.4S_{Qk} \leqslant \frac{\varphi f_k A}{0.9\gamma_m\gamma'_R} = \frac{\varphi f A}{0.9\gamma'_R}$$

组合风荷载

$$1.2S_{Gk} + 1.4 \times 0.9(S_{Qk} + S_{wk}) \leqslant \frac{\varphi f_k A}{0.9\gamma_m\gamma'_{Rw}} = \frac{\varphi f A}{0.9\gamma'_{Rw}}$$

式中： S_{Gk}、S_{Qk}——永久荷载与可变荷载的标准值分别产生的内力和；对受弯构件内力为弯矩、剪力，对轴心受压构件为轴力；

S_{wk}——风荷载标准值产生的内力；

f——钢材强度设计值；

f_k——钢材强度标准值；

W——杆件的截面模量；

φ——轴心受压杆的稳定系数；

A——杆件的截面面积；

0.9、1.2、1.4、0.9——分别为结构重要性系数、恒荷载分项系数、活荷载分项系数、荷载效应组合系数；

γ_m——材料强度分项系数，钢材为 1.165；

γ'_R、γ'_{Rw}——分别为不组合和组合风荷载时的结构抗力调整系数。

根据使新老规范安全度水平相同的原则，并假设新老规范（按单一安全系数法计算安全度进行校核的）采用的荷载和材料强度标准值相同，结构抗力调整系数可按下列公式计算：

1）对受弯构件

不组合风荷载

$$\gamma'_R = \frac{1.5}{0.9 \times 1.2 \times 1.165} \times \frac{S_{Gk} + S_{Qk}}{S_{Gk} + \frac{1.4}{1.2}S_{Qk}} = 1.19\frac{1+\eta}{1+1.17\eta}$$

组合风荷载

$$\gamma'_{Rw} = \frac{1.5}{0.9 \times 1.2 \times 1.165} \times \frac{S_{Gk} + 0.9(S_{Qk} + S_{wk})}{S_{Gk} + (S_{Qk} + S_{wk})\frac{0.9 \times 1.4}{1.2}}$$

$$= 1.19\frac{1+0.9(\eta+\xi)}{1+1.05(\eta+\xi)}$$

2）对轴心受压杆件

不组合风荷载

$$\gamma_R' = \frac{2.0}{0.9 \times 1.2 \times 1.165} \times \frac{S_{Gk} + S_{Qk}}{S_{Gk} + \frac{1.4}{1.2}S_{Qk}} = 1.59\frac{1+\eta}{1+1.17\eta}$$

组合风荷载

$$\gamma_{Rw}' = \frac{2.0}{0.9 \times 1.2 \times 1.165} \times \frac{S_{Gk} + 0.9(S_{Qk} + S_{wk})}{S_{Gk} + (S_{Qk} + S_{wk})\frac{0.9 \times 1.4}{1.2}}$$

$$= 1.59\frac{1+0.9(\eta+\xi)}{1+1.05(\eta+\xi)}$$

上列式中：

$$\eta = \frac{S_{Qk}}{S_{Gk}}$$

$$\xi = \frac{S_{wk}}{S_{Gk}}$$

对于受弯构件，$0.9\gamma_R'$ 及 $0.9\gamma_{Rw}'$ 可近似取 1.00；对受压杆件，$0.9\gamma_R'$ 及 $0.9\gamma_{Rw}'$ 可近似取 1.333，然后将此系数的作用转化为立杆计算长度附加系数 $k=1.155$ 予以考虑。

长细比计算时 k 取 1.0，k 是提高脚手架安全度的一个换算系数，与长细比验算无关。本规范式（5.2.8）、式（5.3.4）、式（5.4.6-1）、式（5.4.6-2）中的 k 都是如此。

应当注意，使用式（5.2.6-1）、式（5.2.6-2）时，钢管外径、壁厚变化时，钢管截面特性有关数据按实际调整。

施工现场出现 2 步 2 跨连墙布置，计算长度系数 μ 可参考 2 步 3 跨取值，计算结果偏安全。

5.2.11 对本条规定说明如下：

式（5.2.11-1）、式（5.2.11-2）是根据式（5.2.6-1）、式（5.2.6-2）推导求得。

5.2.12～5.2.15 国内外发生的单、双排脚手架倒塌事故，几乎都是由于连墙件设置不足或连墙件被拆掉而未及时补救引起的。为此，本规范把连墙件计算作为脚手架计算的重要部分。

式（5.2.12-1）、式（5.2.12-2）是将连墙件简化为轴心受力构件进行计算的表达式，由于实际上连墙件可能偏心受力，故在公式右端对强度设计值乘以 0.85 的折减系数，以考虑这一不利因素。

关于式（5.2.12-3）中 N_0 的取值，说明如下：

为起到对脚手架发生横向整体失稳的约束作用，连墙件应能承受脚手架平面外变形所产生的连墙件轴向力。此外，连墙件还要承受施工荷载偏心作用产生的水平力。

根据现行国家标准《钢结构设计规范》GB 50017—2003 第 5.1.7 条，考虑我国长期工程上使用经验，连墙件约束脚手架平面外变形所产生的轴向力 N_0（kN），由原规范规定的单排架 3kN 改为 2kN，双排架取 5kN 改为 3kN。

采用扣件连接时，一个直角扣件连接承载力计算不满足要求，可采用双扣件连接的连墙件。当采用焊接或螺栓连接的连墙件时，应按现行国家标准《冷弯薄壁型钢结构技术规范》GB 50018 规定计算；还应注意，连墙件与混凝土中的预埋件连接时，预埋件尚应按现行国家标准《混凝土结构设计规范》GB 50010 的规定计算。

每个连墙件的覆盖面积内脚手架外侧面的迎风面积（A_w）为连墙件水平间距×连墙

件竖向间距。

5.3 满堂脚手架计算

5.3.1~5.3.4 考虑工地现场实际工况条件,规范所给满堂脚手架整体稳定性的计算方法力求简单、正确、可靠。同单、双排脚手架立杆稳定计算一样,满堂脚手架的立杆稳定性计算公式,虽然在表达形式上是对单根立杆的稳定计算,但实质上是对脚手架结构的整体稳定计算。因为式(5.3.4)中的 μ 值(附录 C 表 C-1)是根据满堂脚手架的整体稳定试验结果确定的。脚手架有单排、双排、满堂脚手架(3 排以上),按立杆偏心受力与轴心受力划分为,满堂脚手架与满堂支撑架。本节所提的满堂脚手架是指荷载通过水平杆传入立杆,立杆偏心受力情况。满堂支撑架是指顶部荷载是通过轴心传力构件(可调托撑)传递给立杆的,立杆轴心受力情况。

现就有关问题说明如下:

1 满堂脚手架的整体稳定

满堂脚手架有两种可能的失稳形式:整体失稳和局部失稳。

整体失稳破坏时,满堂脚手架呈现出纵横立杆与纵横水平杆组成的空间框架,沿刚度较弱方向大波鼓曲现象。

一般情况下,整体失稳是满堂脚手架的主要破坏形式。

由于整体失稳是满堂脚手架主要破坏形式,故本条规定了对整体稳定按式(5.2.6-1)、式(5.2.6-2)计算。为了防止局部立杆段失稳,本规范除对步距限制外,尚在本规范第 5.3.3 条中规定对可能出现的薄弱的立杆段进行稳定性计算。

2 关于满堂脚手架整体稳定性计算公式中的计算长度系数 μ 的说明

影响满堂脚手架整体稳定因素主要有竖向剪刀撑、水平剪刀撑、水平约束(连墙件)、支架高度、高宽比、立杆间距、步距、扣件紧固扭矩等。

满堂脚手架整体稳定试验结论,以上各因素对临界荷载的影响都不同,所以,必须给出不同工况条件下的满堂脚手架临界荷载(或不同工况条件下的计算长度系数 μ 值),才能保证施工现场安全搭设满堂脚手架,才能满足施工现场的需要。

通过对满堂脚手架整体稳定实验与理论分析,同时与满堂支撑架整体稳定实验对比分析,采用实验确定的节点刚性(半刚性),建立了满堂脚手架及满堂支撑架有限元计算模型;进行大量有限元分析计算,找出了满堂脚手架与满堂支撑架的临界荷载差异,得出满堂脚手架各类不同工况情况下临界荷载,结合工程实际,给出工程常用搭设满堂脚手架结构的临界荷载,进而根据临界荷载确定:考虑满堂脚手架整体稳定因素的单杆计算长度系数 μ(附录 C)。试验支架搭设是按施工现场条件搭设,并考虑可能出现的最不利情况,规范给出的 μ 值,能综合反应了影响满堂脚手架整体失稳的各种因素。

3 满堂脚手架立杆计算长度附加系数 k 的确定

见条文说明第 5.2.6 条~第 5.2.9 条第 3 款关于"脚手架立杆计算长度附加系数 k 的确定"的解释。

根据满堂脚手架与满堂支撑架整体稳定试验分析,随着满堂脚手架与满堂支撑架高度增加,支架临界荷载下降。

满堂脚手架高度大于 20m 时,考虑高度影响满堂脚手架,给出立杆计算长度附加系数见表 5.3.4。可保证安全系数不小于 2.0。

4 满堂脚手架扣件节点半刚性论证见本规范条文说明第 5.4 节。

5 满堂脚手架高宽比＝计算架高÷计算架宽，计算架高：立杆垫板下皮至顶部脚手板下水平杆上皮垂直距离。计算架宽：脚手架横向两侧立杆轴线水平距离。

5.3.5 满堂脚手架纵、横水平杆与双排脚手架纵向水平杆受力基本相同。

5.3.6 满堂脚手架连墙件布置能基本满足双排脚手架连墙件的布置要求，可按双排脚手架要求设计计算。建筑物形状为"凹"形，在"凹"形内搭设外墙施工脚手架会出现 2 跨或 3 跨的满堂脚手架。这类脚手架可以按双排架布置连墙件。

5.4 满堂支撑架计算

5.4.1～5.4.6 考虑工地现场实际工况条件，规范所给满堂支撑架整体稳定性的计算方法力求简单、正确、可靠。同单、双排脚手架立杆稳定计算一样，满堂支撑架的立杆稳定性计算公式，虽然在表达形式上是对单根立杆的稳定计算，但实质上是对满堂支撑架结构的整体稳定计算。因为式（5.4.6-1）、式（5.4.6-2）中的 μ_1、μ_2 值（附录 C 表 C-2～表 C-5）是根据脚手架的整体稳定试验结果确定的。本节所提满堂支撑架是指顶部荷载是通过轴心传力构件（可调托撑）传递给立杆的，立杆轴心受力情况；可用于钢结构工程施工安装、混凝土结构施工及其他同类工程施工的承重支架。

现就有关问题说明如下：

1 满堂支撑架的整体稳定

满堂支撑架有两种可能的失稳形式：整体失稳和局部失稳。

整体失稳破坏时，满堂支撑架呈现出纵横立杆与纵横水平杆组成的空间框架，沿刚度较弱方向大波鼓曲现象，无剪刀撑的支架，支架达到临界荷载时，整架大波鼓曲。有剪刀撑的支架，支架达到临界荷载时，以上下竖向剪刀撑交点（或剪刀撑与水平杆有较多交点）水平面为分界面，上部大波鼓曲（图 8），下部变形小于上部变形。所以波长均与剪刀撑设置、水平约束间距有关。

一般情况下，整体失稳是满堂支撑架的主要破坏形式。

局部失稳破坏时，立杆在步距之间发生小波鼓曲，波长与步距相近，变形方向与支架整体变形可能一致，也可能不一致。

当满堂支撑架以相等步距、立杆间距搭设，在均布荷载作用下，立杆局部稳定的临界荷载高于整体稳定的临界荷载，满堂支撑架破坏形式为整体失稳。当满堂支撑架以不

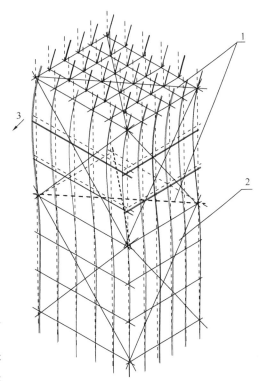

图 8　满堂支撑架整体失稳
1—水平剪刀撑；2—竖向剪刀撑；3—失稳方向

等步距、立杆横距搭设，或立杆负荷不均匀时，两种形式的失稳破坏均有可能。

由于整体失稳是满堂支撑架的主要破坏形式，故本条规定了对整体稳定按式（5.2.6-1）、式（5.2.6-2）计算。为了防止局部立杆段失稳，本规范除对步距限制外，尚在本规范第5.4.5条中规定对可能出现的薄弱的立杆段进行稳定性计算。

2 关于满堂支撑架整体稳定性计算公式中的计算长度系数 μ 的说明

影响满堂支撑架整体稳定因素主要有竖向剪刀撑、水平剪刀撑、水平约束（连墙件）、支架高度、高宽比、立杆间距、步距、扣件紧固扭矩、立杆上传力构件、立杆伸出顶层水平杆中心线长度（a）等。

满堂支撑架整体稳定试验结论，以上各因素对临界荷载的影响都不同，所以，必须给出不同工况条件下的支架临界荷载（或不同工况条件下的计算长度系数 μ 值），才能保证施工现场安全搭设满堂支撑架。才能满足施工现场的需要。

2008年由中国建筑科学研究院主持负责，江苏南通二建集团有限公司参加及大力支援，天津大学参加，并在天津大学土木工程检测中心完成了15项真型满堂扣件式钢管脚手架与满堂支撑架（高支撑）试验。13项满堂支撑架主要传力构件"可调托撑"破坏试验，多组扣件节点半刚性试验，得出了满堂支撑架在不同工况下的临界荷载。

通过对满堂支撑架整体稳定实验与理论分析，采用实验确定的节点刚性（半刚性），建立了满堂扣件式钢管支撑架的有限元计算模型；进行大量有限元分析计算，得出各类不同工况情况下临界荷载，结合工程实际，给出工程常用搭设满堂支撑架结构的临界荷载，进而根据临界荷载确定：考虑满堂支撑架整体稳定因素的单杆计算长度系数 μ_1、μ_2。试验支架搭设是按施工现场条件搭设，并考虑可能出现的最不利情况，规范给出的 μ_1、μ_2 值，能综合反应了影响满堂支撑架整体失稳的各种因素。

实验证明剪刀撑设置不同，临界荷载不同，所以给出普通型与加强型构造的满堂支撑架。

3 满堂支撑架立杆计算长度附加系数 k 的确定

见条文说明第5.2.6条~第5.2.9条第3款关于"脚手架立杆计算长度附加系数 k 的确定"的解释。

根据满堂支撑架整体稳定试验分析，随着满堂支撑架高度增加，支撑体系临界荷载下降，参考国内外同类标准，引入高度调整系数调降强度设计值，给出满堂支撑架立杆计算长度附系数见表5.4.6。可保证安全系数不小于2.0。

4 满堂脚手架与满堂支撑架扣件节点半刚性论证

扣件节点属半刚性，但半刚性到什么程度，半刚性节点满堂脚手架和满堂支撑架承载力与纯刚性满堂脚手架和满堂支撑架承载力差多少？要准确回答这个问题，必须通过真型满堂脚手架与满堂支撑架实验与理论分析。

直角扣件转动刚度试验与有限元分析，得出如下结论：

1）通过无量纲化后的 $M^* - \theta^*$ 关系曲线分区判断梁柱连接节点刚度性质的方法。试验中得到的直角扣件的弯矩-转角曲线，处于半刚性节点的区域之中，说明直角扣件属于半刚性连接。

2）扣件的拧紧程度对扣件转动刚度有很大影响。拧紧程度高，承载能力加强，而且在相同力矩作用下，转角位移相对较小，即刚性越大。

3）扣件的拧紧力矩为 40N·m、50N·m 时，直角扣件节点与刚性节点刚度比值为 21.86%、33.21%。

真型试验中直角扣件刚度试验：

在 7 组整体满堂脚手架与满堂支撑架的真型试验中，对直角扣件的半刚性进行了测量，取多次测量结果的平均值，得到直角扣件的刚度为刚性节点刚度的 20.43%。

半刚性节点整体模型与刚性节点整体模型的比较分析：

按照所作的 15 个真形试验的搭设参数，在有限元软件中，分别建立了半刚性节点整体模型及刚性节点整体模型，得出两种模型的承载力。由于直角扣件的半刚性，其承载能力比刚性节点的整体模型承载力降低很多，在不同工况条件下，满堂脚手架与满堂支撑架刚性节点整体模型的承载力为相应半刚性节点整体模型承载力的 1.35 倍以上。15 个整架实验方案的理论计算结果与实验值相比最大误差为 8.05%。

所以，扣件式满堂脚手架与满堂支撑架不能盲目使用刚性节点整体模型（刚性节点支架）临界荷载推论所得参数。

5 满堂支撑架高宽比＝计算架高÷计算架宽，计算架高：立杆垫板下皮至顶部可调托撑支托板下皮垂直距离。计算架宽：满堂支撑架横向两侧立杆轴线水平距离。

6 式（5.4.4-1）、式（5.4.4-2）ΣN_{Gk} 包括满堂支撑架结构自重、构配件及可调托撑上主梁、次梁、支撑板自重等；ΣN_{Qk} 包括作业层上的人员及设备荷载、结构构件、施工材料自重等。可按每一个纵距、横距为计算单元。

7 式（5.4.6-1）用于顶部、支撑架自重较小时的计算，整体稳定计算结果可能最不利；式（5.4.6-2）用于底部或最大步距部位的计算，支撑架自重荷载较大时，计算结果可能最不利。

5.4.7 满堂支撑架整体稳定试验证明，在一定条件下，宽度方向跨数减小，影响支架临界荷载。所以要求对于小于 4 跨的满堂支撑架要求设置了连墙件（设置连墙件可提高承载力），如果不设置连墙件就应该对支撑架进行荷载、高度限制，保证支撑架整体稳定。

施工现场，少于 4 跨的支撑架多用于受荷较小部位。高度控制可有效减小支架高宽比，荷载限制可保证支架稳定。

永久荷载与可变荷载（不含风荷载）总和标准值 7.5kN/m²，相当于 150mm 厚的混凝土楼板。计算如下：

楼板模板自重标准值为 0.3kN/m²；钢筋自重标准值，每立方混凝土 1.1kN；混凝土自重标准值 24 kN/m³；施工人员及施工设备荷载标准值为 1.5kN/m²。振捣混凝土时产生的荷载标准值 2.0 kN/m²，忽略支架自重。

永久荷载与可变荷载（不含风荷载）总和标准值：0.3＋1.5＋2＋25.1×0.15＝7.6 kN/m²

均布线荷载大于 7kN/m 相当于 400mm×500mm（高）的混凝土梁。计算如下：

钢筋自重标准值，每立方混凝土 1.5kN，混凝土自重标准值 24kN/m³。

均布线荷载标准值为：0.3(2×0.5＋0.4)＋0.4(2＋1.5)＋25.5×0.4×0.5＝6.92kN/m

5.5 脚手架地基承载力计算

5.5.1 式（5.5.1）是根据现行国家标准《建筑地基基础设计规范》GB 50007 给出的。

计算 p_k、N_k 时使用荷载标准值。

脚手架系临时结构，故本条只规定对立杆进行地基承载力计算，不必进行地基变形验算。考虑到地基不均匀沉降将危及脚手架安全，因此，在本规范第 8.2.3 条中规定了对脚手架沉降进行经常检测。

5.5.2 由于立杆基础（底座、垫板）通常置于地表面，地基承载力容易受外界因素的影响而下降，故立杆的地基计算应与永久建筑的地基计算有所不同。为此，对立杆地基计算作了一些特殊的规定，即采用调整系数对地基承载力予以折减，以保证脚手架安全。

有条件可由载荷试验确定地基承载力，也可根据勘察报告及工程实践经验确定。

5.6 型钢悬挑脚手架计算

5.6.1 悬挑脚手架的悬挑支撑结构有多种形式，本规范只规定了施工现场常用的以型钢梁作为悬挑支撑结构的型钢悬挑梁及其锚固的设计计算。

5.6.2 型钢悬挑梁上脚手架轴向力设计值计算方法与一般落地式脚手架计算方法相同。

5.6.3～5.6.5 考虑到型钢悬挑梁在楼层边梁（板）上搁置的实际情况，根据工程实践经验总结，本规范确定出悬挑钢梁的计算方法。

说明：悬挑钢梁挠度允许值可按 $2l/250$ 确定，l 为悬挑长度。是根据现行国家标准《钢结构设计规范》GB 50017—2003 第 3.5.1 条及附录 A 结构变形规定，考虑以下条件确定的。

    1 型钢悬挑架为临时结构；

    2 每纵距悬挑梁前端采用钢丝绳吊拉卸荷；钢丝绳不参与计算；

    3 受弯构件的跨度对悬臂梁为悬伸长度的两倍；

    4 经过大量计算，计算结果符合实际。

5.6.6、5.6.7 型钢悬挑梁固定段与楼板连接的压点处是指对楼板产生上拔力的锚固点处。采用 U 形钢筋拉环或螺栓连接固定时，考虑到多个钢筋拉环（或多对螺栓）受力不均的影响，对其承载力乘以 0.85 的系数进行折减。

5.6.8 用于型钢悬挑梁锚固的 U 形钢筋或螺栓，对建筑结构混凝土楼板有一个上拔力，在上拔力作用下，楼板产生负弯矩，此负弯矩可能会使未配置负弯矩筋的楼板上部开裂。因此，本规范提出经计算并在楼板上表面配置受力钢筋。

5.6.9 在施工时，应按现行国家标准《混凝土结构设计规范》GB 50010 的规定对型钢梁下混凝土结构进行局部受压承载力、受弯承载力验算。由于混凝土养护龄期不足等原因，在计算时，要注意取结构混凝土的实际强度值进行验算。

6 构 造 要 求

6.1 常用单、双排脚手架设计尺寸

6.1.1 对表 6.1.1-1、表 6.1.1-2 的说明：

    1 横距、步距是参考我国长期使用的经验值；

2 横距（横向水平杆跨度）、纵距（纵向水平杆跨度）是根据一层作业层上的施工荷载按本规范第 5.2.1 条～第 5.2.5 条的公式计算，取计算结果中能满足强度、挠度、抗滑三项要求的最小跨度值，偏于安全；

3 脚手架设计高度是根据式（5.2.11-2）计算，密目式安全立网全封闭式双排脚手架挡风系数取 $\varphi=0.8\sim0.9$，采用计算结果中的最小高度值，偏于安全。

4 地面粗糙度为 B 类，指田野、乡村、丛林、丘陵以及房屋比较稀疏的乡镇和城市郊区；地面粗糙度 C 类（指有密集建筑群的城市市区），D 类（指有密集建筑群且房屋较高的城市市区）地区，可参考 B 类地区的计算值使用。取重现期为 10 年（$n=10$）对应的风压 $w_0=0.4\text{kN/m}^2$。全国大部分城市已包括。地面粗糙度为 A 类，基本风压大于 0.4kN/m^2 的地区，脚手架允许搭设高度必须另计算。

6.1.2 规定脚手架高度不宜超过 50m 的依据：

1 根据国内几十年的实践经验及对国内脚手架的调查，立杆采用单管的落地脚手架一般在 50m 以下。当需要的搭设高度大于 50m 时，一般都比较慎重地采用了加强措施，如采用双管立杆、分段卸荷、分段搭设等方法。国内在脚手架的分段搭设、分段卸荷方面已经积累了许多可靠、行之有效的方法和经验。

2 从经济方面考虑。搭设高度超过 50m 时，钢管、扣件的周转使用率降低，脚手架的地基基础处理费用也会增加。

3 参考国外的经验。美国、德国、日本等也限制落地脚手架的搭设高度：如美国为 50m，德国为 60m，日本为 45m 等。

高度超过 50m 的脚手架，采用双管立杆（或双管高取架高的 2/3）搭设或分段卸荷等有效措施，应根据现场实际工况条件，进行专门设计及论证。

双管立杆变截面处主立杆上部单根立杆的稳定性，可按本规范式（5.2.6-1）式（5.2.6-2）进行计算。双管底部也应进行稳定性计算。

6.2 纵向水平杆、横向水平杆、脚手板

6.2.1 对搭接长度的规定与立杆相同，但中间比立杆多一个旋转扣件，以防止上面搭接杆在竖向荷载作用下产生过大的变形；对于铺设竹笆脚手板的纵向水平杆设置规定，是根据现场使用情况提出的。

纵向水平杆设在立杆内侧，可以减小横向水平杆跨度，接长立杆和安装剪刀撑时比较方便，对高处作业更为安全。

6.2.3 本条规定在主节点处严禁拆除横向水平杆，这是因为，它是构成脚手架空间框架必不可少的杆件。现场调查表明，该杆挪动他用的现象十分普遍，致使立杆的计算长度成倍增大，承载能力下降。这正是造成脚手架安全事故的重要原因之一。

6.2.4 本条规定脚手板的对接和搭接尺寸，旨在限制探头板长度，以防脚手板倾翻或滑脱。

6.3 立 杆

6.3.1 当脚手架搭设在永久性建筑结构混凝土基面时，立杆下底座或垫板可根据情况不设置。

6.3.2 本条规定设置扫地杆，是吸收了我国和英、日、德等国的经验。

6.3.3 脚手架地基存在高差时，纵向扫地杆、立杆应按要求搭设，保证脚手架基础稳固。

6.3.5 单排、双排与满堂脚手架立杆采用对接接长，传力明确，没有偏心，可提高承载能力。试验表明：一个对接扣件的承载能力比搭接的承载能力大 2.14 倍顶层顶步立杆指顶层栏杆立杆。

6.4 连 墙 件

6.4.1 设置连墙件，不仅是为防止脚手架在风荷和其他水平力作用下产生倾覆，更重要的是它对立杆起中间支座的作用。试验证明：增大其竖向间距（或跨度）使立杆的承载能力大幅度下降。这表明连墙件的设置对保证脚手架的稳定性至关重要。为此，在英、日、德等国的同类标准中也有严格的规定。

6.4.2 对表 6.4.2 的说明：

表中规定的尺寸与连墙件按 2 步 3 跨、3 步 3 跨设置，均是适应于本规范表 5.2.8 立杆计算长度系数的应用条件，可在计算立杆稳定性时取用。

6.4.3 对连墙件设置位置规定的说明：

1 限制连墙件偏离主节点的最大距离 300mm，是参考英国标准的规定。只有连墙件在主节点附近方能有效地阻止脚手架发生横向弯曲失稳或倾覆，若远离主节点设置连墙件，因立杆的抗弯刚度较差，将会由于立杆产生局部弯曲，减弱甚至起不到约束脚手架横向变形的作用。调研中发现，许多连墙件设置在立杆步距的 1/2 附近，这对脚手架稳定是极为不利的。必须予以纠正。

2 由于第一步立柱所承受的轴向力最大，是保证脚手架稳定性的控制杆件。在该处设连墙件，也就是增设了一个支座，这是从构造上保证脚手架立杆局部稳定性的重要措施之一。

6.4.4 若开口型脚手架两端不与主体结构相连，就相当于自由边界已成为薄弱环节。将其两端与主体结构加强连接，再加上横向斜撑的作用，可对这类脚手架提供较强的整体刚度。

6.4.5～6.4.8 这几条规定是总结了国内一些成熟的经验，并吸收了国外标准中的规定。连墙件在使用过程中，既受拉力也受压力，所以，必须采用可承受拉力和压力的构造。并要求连墙杆节点之间距离不能任意长，容许长细比按 150 控制。

6.5 门 洞

6.5.1 对门洞形式与选形条件的说明：

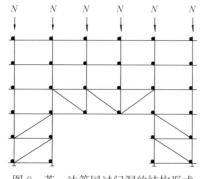

图 9 英、法等国过门洞的结构形式

我国脚手架过门洞处的结构形式，以采用落地式斜杆支撑（1～2）根架空立杆为主，英、法等国则用门式桥架（图 9）。

考虑到我国搭设门洞的习惯，并能增大门洞空间的使用面积和有一个较为简便、统一的验算方法，特列出图 6.5.1 以供选择。门洞采用图 6.5.1 所示落地式支撑，能减少两侧边立杆的荷载，并可将图中的矩形平面 ABCD 作为上升式斜杆的平行弦杆桁架计算。

6.5.5 本条规定是为防止杆件从扣件中滑脱，以保证门洞桁架安全可靠。

6.6 剪刀撑与横向斜撑

6.6.1、6.6.2 这两条规定是在总结我国经验的基础上，参考了英、美、德等国脚手架标准的规定提出的。这些规定，对提高我国现有扣件式钢管脚手架支撑体系的构造标准，对加强脚手架整体稳定、防止安全事故的发生将起重要的作用。具体说明如下：

对纵向剪刀撑作用大小的分析表明：若连接立杆太少，则纵向支撑刚度较差，故对剪刀撑跨越立杆的根数作了规定。

由于纵向剪刀撑斜杆较长，如不固定在与之相交的立杆或横向水平杆伸出端上，将会由于刚度不足先失去稳定。为此在设计时，应注意计算纵向剪刀撑斜杆的长细比，使其不超过本规范表5.1.9的规定。

6.6.3 根据实验和理论分析，脚手架的纵向刚度远比横向刚度强得多，一般不会发生纵向整体失稳破坏。设置了纵向剪刀撑后，可以加强脚手架结构整体刚度和空间工作，以保证脚手架的稳定。这也是国内工程实践经验的总结。

6.6.4 设置横向斜撑可以提高脚手架的横向刚度，并能显著提高脚手架的稳定承载力。

6.6.5 开口型脚手架两端是薄弱环节。将其两端设置横向斜撑，并与主体结构加强连接，可对这类脚手架提供较强的整体刚度。静力模拟试验表明：对于一字形脚手架，两端有横向斜撑（之字形），外侧有剪刀撑时，脚手架的承载能力可比不设的提高约20%。

6.7 斜　　道

6.7.1～6.7.3 这三条对斜道构造的规定，主要是总结国内工程的实践经验制定的。注意人行斜道严禁搭设在临近高压线一侧。

6.8 满堂脚手架

6.8.1 本条所提的满堂脚手架是指荷载通过水平杆传入立杆，立杆偏心受力情况。

对表6.8.1的说明：

1 横距、步距是参考我国长期使用的经验值。

2 横距（横向水平杆跨度）、纵距（纵向水平杆跨度）是根据一层作业层上的施工荷载按本规范第5.2.1条～第5.2.5条的公式计算，取计算结果中能满足强度、挠度、抗滑三项要求的最小跨度值，偏于安全；立杆间距1.2m×1.2m～1.3m×1.3m，施工荷载标准值不小于3kN/m²时，水平杆通过扣件传至立杆的竖向力为8 kN～11 kN之间，所以立杆上应增设防滑扣件。

3 满堂脚手架设计高度是根据本规范5.3节计算得出的，并根据工程实际适当调整，脚手架地基承载力另行计算。

4 计算条件不同另行计算。

5 满堂脚手架结构的设计尺寸按设计计算，但不应超过表6.8.1中的规定值。

6.8.2 根据我国工程使用经验及支架整体稳定试验确定。

6.8.4 根据脚手架试验，增加竖向、水平剪刀撑，可增加架体刚度，提高脚手架承载力。在竖向剪刀撑顶部交点平面设置一道水平连续剪刀撑，可使架体结构稳固。

当剪刀撑连续布置时，剪刀撑宽度，为剪刀撑相邻斜杆的水平距离。

6.8.6 试验证明，满堂脚手架增加连墙件可提高承载力，所以在有条件与结构连接时，应使脚手架与建筑结构进行刚性连接。本规范附录 C 表 C-1 的高宽比是试验所得高宽比，也是计算长度系数使用条件，不满足本规范附录 C 表 C-1 规定的高宽比时，应设置连墙件。在无结构柱部位采取预埋钢管等措施与建筑结构进行刚性连接；在有空间部位，也可超出顶部加载区投影范围向外延伸布置（2～3）跨。采取以上措施后，高宽比提高，但高宽比不宜大于 3。

6.8.8 局部承受集中荷载，根据实际荷载可按本规范附录 C 表 C-1 计算，局部调整满堂脚手架构造尺寸，进行局部加固。

6.8.9、6.8.10 根据我国工程使用经验确定。

6.9 满 堂 支 撑 架

6.9.1 本条规定明确满堂支撑架步距不宜超过 1.8m，立杆间距不宜超过 1.2m×1.2m。

6.9.3～6.9.5 满堂支撑架整体稳定试验证明，增加竖向、水平剪刀撑，可增加架体刚度，提高脚手架承载力。在竖向剪刀撑顶部交点平面设置一道水平连续剪刀撑，可使架体结构稳固。设置剪刀撑比不设置临界荷载提高 26%～64%（不同工况），剪刀撑不同设置，临界荷载发生变化，所以根据剪刀撑的不同设置给出不同的承载力，给出满堂支撑架不同的立杆计算长度系数（附录 C）。

施工现场满堂支撑架，经常不设剪刀撑或只是支架外围设置竖向剪刀撑，这种结构不合理，所以要求满堂支撑架在纵、横向间隔一定距离设置竖向剪刀撑，在竖向剪刀撑顶部交点平面、扫地杆的设置层设置水平剪刀撑，保证支架结构稳定。

普通型剪刀撑设置，剪刀撑的纵、横向间距较大，施工搭设相对简单，剪刀撑主要为支架的构造保证措施。

加强型剪刀撑设置，与满堂支撑架整体稳定试验剪刀撑设置设置基本相同，按本规范附录 C 表 C-3、表 C-5 计算支架稳定。竖向剪刀撑间距（4～5）跨，为（3～5）m，立杆间距在 0.4m×0.4m～0.6m×0.6m 之间（含 0.4m×0.4m），竖向剪刀撑间（3～3.2）m，0.4×8 跨=3.2m，0.5×6 跨=3m，均满足要求。

6.9.7 满堂支撑架，可用于大型场馆屋顶有集中荷载的钢结构安装支撑体系与其他同类工程支撑体系，大型场馆中部无法设置连墙件，为保证支架稳定或边部支架稳定，要求边部支架设置连墙件，在有空间部位，满堂支撑架宜超出顶部加载区投影范围向外延伸布置（2～3）跨。

试验表明，在支架 5 跨×5 跨内，设置两处水平约束，支架临界荷载提高 10% 以上。所以，有条件设置连墙件时，一定要设置连墙件。在支架受力较大的情况下更要设置连墙件。

大梁高度超过 1.2m（或相同荷载）或混凝土板厚度超过 0.5m（或相同荷载）或满堂支撑架横向高宽比不符合本规范附录 C 表 C-2～表 C-5 的规定，连墙件设置要严格控制。这样可提高支撑架承载力，保证支撑架稳定。如果无现成结构柱，设置连墙件，可采取预埋钢管等措施。

本规范附录 C 的高宽比是试验所得高宽比，也是计算长度系数使用条件，不满要求应设置连墙件。采取连墙等措施后，高宽比可适当增大，但高宽比不宜大于 3。

现行行业标准《建筑施工模板安全技术规范》JGJ 162 - 2008 第 6.2.4 条第 6 款规定的内容为，当支架立柱高度超过 5m 时，应在立柱周围外侧和中间有结构柱的部位，按水平间距(6～9)m、竖向间距(2～3)m 与建筑结构设置一个固结点。

6.10 型钢悬挑脚手架

6.10.2～6.10.5 双轴对称截面型钢宜使用工字钢，工字钢结构性能可靠，双轴对称截面，受力稳定性好，较其他型钢选购、设计、施工方便。

悬挑钢梁前端应采用吊拉卸荷，吊拉卸荷的吊拉构件有刚性的，也有柔性的，如果使用钢丝绳，其直径不应小于 14mm，使用预埋吊环其直径不宜小于 20mm（或计算确定），预埋吊环应使用 HPB235 级钢筋制作。钢丝绳卡不得少于 3 个。

悬挑钢梁悬挑长度一般情况下不超过 2m 能满足施工需要，但在工程结构局部有可能满足不了使用要求，局部悬挑长度不宜超过 3m。大悬挑另行专门设计及论证。

在建筑结构角部，钢梁宜扇形布置；如果结构角部钢筋较多不能留洞，可采用设置预埋件焊接型钢三脚架等措施。

悬挑钢梁支承点应设置在结构梁上，不得设置在外伸阳台上或悬挑板上，否则应采取加固措施。

6.10.7 定位点可采用竖直焊接长 0.2m、直径 25mm～30mm 的钢筋或短管等方式。

6.10.10、6.10.11 悬挑架设置连墙件与外立面设置剪刀撑，是保证悬挑架整体稳定的条件。

7 施 工

7.1 施 工 准 备

7.1.1 本条规定是为了明确岗位责任制，促进脚手架的设计及其专项方案在具体施工实施过程中得到认真严肃的贯彻。单位工程负责人交底时，应注意方案中设计计算使用条件与工程实际工况条件是否相符的问题。监理工程师检查交底记录时，对以上问题应作重点检查。

7.1.2 本条规定是为了加强现场管理，杜绝不合格产品进入现场，否则在脚手架工程中会造成隐患和事故。对钢管、扣件、可调托撑可通过检测手段来保证产品合格，即：在进入施工现场后第一次使用前，由施工总承包单位负责，对钢管、扣件、可调托撑进行复试。

7.2 地 基 与 基 础

7.2.1～7.2.4 本节明确规定了脚手架地基标高及其基础施工的依据和标准，是保证脚手架工程质量的重要环节。

压实填土地基、灰土地基是脚手架常用的地基，应按《建筑地基基础工程施工质量验收规范》GB 50202 的要求施工，应符合工程的地质勘察报告中要求。

7.3 搭　　设

7.3.1　为保证脚手架搭设中的稳定性，本条规定了一次搭设高度的限值。

7.3.2　本条规定明确脚手架搭设中允许偏差检查的时间，有利于防止累计误差超过允许偏差而导致难以纠正。

7.3.3　本条规定的技术要求有利于脚手架立杆受力和沉降均匀。对于其他材料用于脚手架基础，应是不低于木垫板承载力，不低于木垫板长度、宽度。

7.3.4～7.3.11　这 8 条规定是根据本规范第 6 章有关构造要求提出的具体操作规定，说明如下：

　　1　在第 7.3.6 条 3 款中规定搭设单排脚手架横向水平杆的位置，是根据现行国家标准《砌体工程施工质量验收规范》GB 50203 的规定确定的。

　　根据现行行业标准《砌筑砂浆配合比设计规程》JGJ 98 的规定，砌筑砂浆的最低强度等级为 M2.5。

　　2　在 7.3.11 条 2 款中规定扣件螺栓的拧紧扭力矩采用（40～65）N·m，是根据现行国家标准《钢管脚手架扣件》GB 15831 的规定确定的。

7.3.13　原规范 7.3.12 条规定，脚手板的铺设自顶层作业层的脚手板往下计，宜每隔 12m 满铺一层脚手板。考虑到原规定既增加防护设施投入，又增加脚手架荷载。故此次修订将此条取消，并在本规范第 9.0.11 条中规定，脚手板下应用安全网双层兜底。施工层以下每隔 10m 应用安全网封闭。

7.4 拆　　除

7.4.1　本条规定了拆除脚手架前必须完成的准备工作和具备的技术文件。

7.4.2　本条明确规定了脚手架的拆除顺序及其技术要求，有利于拆除中保证脚手架的整体稳定性。

7.4.5　本条规定的目的是为了防止伤人，避免发生安全事故，同时还可以增加构配件使用寿命。

8　检 查 与 验 收

8.1　构配件检查与验收

8.1.1　对新钢管允许偏差值的说明：

　　对本规范表 8.1.8 序号 1 说明，现行国家标准《低压流体输送用焊接钢管》GB/T 3091、《直缝电焊钢管》GB/T 13793 规定：$\phi 48.3 \times 3.6$ 的钢管，管体外径允许偏差 ±0.5mm，壁厚允许偏差 ±10%（壁厚），即：$\pm 3.6 \times 10\% = \pm 0.36$mm；所以，外径允许范围为（47.8～48.8）mm；壁厚允许范围为（3.24～3.96）mm；目前市场上 $\phi 48 \times 3.5$（或 3.24～3.5）在允许偏差范围内。

8.1.2 对旧钢管的检查项目与允许偏差值的说明：

1 使用旧钢管（已使用过的或长期放置已锈蚀的钢管）时主要应检查有无严重鳞皮锈。检查锈蚀深度时，应先除去锈皮再量深度。

2 本规范表8.1.8中序号3的规定，锈蚀深度不得大于壁厚负偏差的一半。

现行国家标准《钢结构工程施工质量验收规范》GB 50205 — 2001第4.2.5条第1款规定："当钢材的表面有锈蚀、麻点或划痕等缺陷时，其深度不得大于该钢材厚度负允许偏差值的1/2"。

3 本规范表8.1.8序号4中规定的根据：

    1）各种钢管的端部弯曲在1.5m长范围内限制允许偏差 $\Delta \leqslant 5mm$，以限制初始弯曲对立杆受力影响及纵向水平杆的水平程度；

    2）立杆钢管弯曲（初始弯曲）的允许偏差值 Δ 是考虑我国建筑施工企业施工现场的管理水平，按3/1000确定的，以限制初始弯曲过大，影响立杆承载能力；

    3）水平杆、斜杆为非受压杆件，故放宽允许偏差值 Δ，按4.5/1000考虑，以6.5m计，$\Delta \leqslant 30mm$。

8.1.4 由于目前建筑市场扣件合格率较低，要求每个工程在使用扣件前，进行复试，以保证使用合格产品。扣件有裂缝、变形的，螺栓滑丝的严重影响扣件承载力，最终导致影响脚手架的整体稳定。

8.1.7 可调托撑的规定是根据我国长期使用经验，满堂支撑架整体稳定试验、可调托撑破坏试验确定的。试验表明：支托板、螺母有裂缝临界荷载下降，支托板厚如果小于5mm，可调托撑承载力不满足要求。

钢管采用 $\phi48.3 \times 3.6$，壁厚3.6mm，允许偏差 ±0.36，最小壁厚3.24mm。钢管内径 $48.3 - 2 \times 3.24 = 41.82mm$，可调托撑螺杆外径与立杆钢管内壁之间的间隙（平均值）为 $(41.82 - 36) \div 2 = 2.91mm$，满足要求。

目前，在施工现场，存在着支托板变形较大仍然使用的现象，造成主梁向支托板传力不均匀，影响可调托撑承载力。

8.2 脚手架检查与验收

8.2.1 本条明确脚手架与满堂支撑架及其地基基础应进行检查与验收的阶段。

8.2.2 为提高施工企业管理水平，防患于未然，明确责任，提出了脚手架工程检查验收时应具备的文件。

8.2.3 本条明确脚手架使用中应定期检查的项目；也可随时抽查其规定项目。

8.2.4 对表8.2.4的说明：

1 关于立杆垂直度的允许偏差

立杆安装垂直度允许偏差值的规定，关系到脚手架的安全与承载能力的发挥。从国内实测数据分析可知，所规定的允许偏差值是代表国内大多城市中许多建筑企业搭设质量的平均先进水平的。满堂支撑架立杆垂直度的允许偏差为立杆高度的千分之三。

2 关于间距的允许偏差

根据现场实测调查，一般均可做到。

3 关于纵向水平杆高差的允许偏差

纵向水平杆水平度的允许偏差值关系到结构的承载力（立杆的计算长度）、施工安全等。

8.2.5 本条明确地规定了扣件螺栓扭力矩抽样检查数目与质量判定标准，有利于保证脚手架安全。

9 安 全 管 理

9.0.1 本条的规定旨在保证专业架子工搭设脚手架，是避免脚手架安全事故发生的措施之一。

9.0.4 本条的规定旨在保证钢管截面不被削弱。

9.0.5 本条的规定旨在防止脚手架因超载而影响安全施工。条文中规定的内容是通过调研，对工地实际存在的问题提出的。

9.0.6 本条规范是保证施工安全的重要措施。

9.0.7 支撑架实际荷载超过设计规定，就存在安全隐患，甚至导致安全事故发生。

9.0.8 大于六级风停止高处作业的规定是按照现行行业标准《建筑施工高处作业安全技术规范》JGJ 80 的规定确定的。

9.0.12 扣件式钢管脚手架应使用阻燃的密目式安全网，避免在脚手架上电焊施工引起火灾。

9.0.13 施工期间，拆除脚手架主节点处的纵向水平杆、横向水平杆、纵向扫地杆、横向扫地杆中任何一根杆件，都会造成脚手架承载力下降。严重时会导致事故。拆除连墙件也是如此。

9.0.14 如果在脚手架基础下开挖管沟，会影响脚手架整体稳定。室外管沟过脚手架基础必须在脚手架专项方案体现，必须有安全措施。

9.0.15 满堂脚手架与满堂支撑架在安装过程中，必须设置防倾覆的临时固定设施，如斜撑、揽风绳、连墙件等。抗倾覆稳定计算应保证，支架抗倾覆力矩≥支架倾覆力矩。

中华人民共和国行业标准

建筑施工竹脚手架安全技术规范

Technical code for safety of bamboo scaffold in construction

JGJ 254—2011

批准部门：中华人民共和国住房和城乡建设部
施行日期：2 0 1 2 年 5 月 1 日

中华人民共和国住房和城乡建设部
公　告

第 1192 号

关于发布行业标准《建筑施工
竹脚手架安全技术规范》的公告

现批准《建筑施工竹脚手架安全技术规范》为行业标准，编号为 JGJ 254-2011，自 2012 年 5 月 1 日起实施。其中，第 3.0.2、4.2.5、6.0.3、6.0.7、8.0.6、8.0.8、8.0.12、8.0.13、8.0.14、8.0.21、8.0.22、8.0.23 条为强制性条文，必须严格执行。

本规范由我部标准定额研究所组织中国建筑工业出版社出版发行。

中华人民共和国住房和城乡建设部

2011 年 12 月 6 日

前　　言

根据原国家计划委员会《关于印发〈1989 年年度工程建设城建、建工行业标准制订、修订计划〉的通知》（计综合［1989］30 号）的要求，规范编制组经广泛调查研究，认真总结实践经验，参考有关国际标准和国外先进标准，并在广泛征求意见的基础上，编制本规范。

本规范的主要技术内容是：1. 总则；2. 术语和符号；3. 基本规定；4. 材料；5. 构造与搭设；6. 拆除；7. 检查与验收；8. 安全管理。

本规范中以黑体字标志的条文为强制性条文，必须严格执行。

本规范由住房和城乡建设部负责管理和对强制性条文的解释，由深圳市建设（集团）有限公司负责具体技术内容的解释。执行过程中如有意见和建议，请寄送深圳市建设（集团）有限公司（地址：深圳市红岭中路 2118 号，邮政编码：518008）。

本 规 范 主 编 单 位：深圳市建设（集团）有限公司
　　　　　　　　　　　湖南长大建设集团股份有限公司
本 规 范 参 编 单 位：哈尔滨工业大学
　　　　　　　　　　　江西省建设工程安全质量监督管理局
　　　　　　　　　　　深圳市鹏城建筑集团有限公司

上海嘉实（集团）有限公司

本 规 范 参 加 单 位：芜湖第一建筑工程公司

本规范主要起草人员：刘宗仁　肖　营　陈志龙　郭　宁　张文祥　李天成
　　　　　　　　　　周妙玲　卢　亮　李　盛　王绍君　姜庆远　涂新华
　　　　　　　　　　陈晓辉　贾元祥　祝尚福　钱　勇　黄爱平　万　强
　　　　　　　　　　李世钟　蔡希杰　黄　秦　李发林　施五四

本规范主要审查人员：陈火炎　刘联伟　卓　新　葛兴杰　李根木　蓝九元
　　　　　　　　　　杨承恕　朱学农　刘新玉

目　　次

Contents

1 总　　则

1.0.1 为在竹脚手架的设计、搭设、验收和拆除中贯彻执行国家安全生产法规，做到技术先进、安全适用、经济合理，制定本规范。

1.0.2 本规范适用于工业与民用建筑工程施工中落地式双排竹脚手架、满堂竹脚手架的设计、搭设与使用。

1.0.3 竹脚手架不得用于模板支撑架，不得作为结构受力架体使用，也不得用于外墙使用易燃保温隔热材料的建筑物。

1.0.4 竹脚手架的设计、搭设与使用，除应符合本规范外，尚应符合国家现行有关标准的规定。

2　术　语　和　符　号

2.1　术　　语

2.1.1 竹脚手架　bamboo scaffold

　　由绑扎材料将以竹杆为立杆、纵向水平杆、横向水平杆、顶撑、剪刀撑等杆件连接而成的有若干侧向约束的脚手架。

2.1.2 外脚手架　external scaffold

　　设置在房屋或构筑物外围的施工脚手架。

2.1.3 双排脚手架　double-pole scaffold

　　由内外两排立杆和水平杆等构成的脚手架。

2.1.4 满堂脚手架　multi rank scaffold

　　由多排、多列立杆和水平杆、剪刀撑等构成的脚手架。

2.1.5 结构脚手架　construction scaffold

　　用于砌筑和结构工程施工作业的脚手架。

2.1.6 装饰脚手架　ornamental scaffold

　　用于装饰工程施工作业的脚手架。

2.1.7 立杆　vertical staff

　　脚手架中垂直于水平面的竖向杆件。

2.1.8 水平杆　level staff

　　脚手架中的水平杆件。

2.1.9 顶撑　top bracing

　　紧贴立杆，两端顶住上下水平杆，用于传递竖向力的杆件。

2.1.10 抛撑　cast support

下端支承在脚手架下端外侧，上端与脚手架立杆固定的杆件。

2.1.11 斜撑 inclined support

与立杆或水平杆斜交的杆件。

2.1.12 剪刀撑 scissors support

成对设置的交叉斜杆。

2.1.13 扫地杆 ground staff

贴近地面、连接立杆根部的水平杆。

2.1.14 连墙件 connected component

连接脚手架和建筑物、构筑物结构的构件。

2.1.15 搁栅 grid

与纵向或横向水平杆件连接用于支承脚手板的杆件。

2.1.16 斜道 inclined path

用于人员上下和施工材料、工具运输的斜向通道。

2.1.17 竹笆脚手板 bamboo fence scaffold board

采用平放的竹片纵横编织而成的脚手板。

2.1.18 竹串片脚手板 bamboo chips juxtaposed scaffold board

采用螺栓穿过并列的竹片拧紧而成的脚手板。

2.1.19 整竹拼制脚手板 integral bamboo fabricated scaffold board

采用整竹按大小头一顺一倒相互排列拼制而成的脚手板。

2.1.20 毛竹 mao bamboo

产于我国江南一带及四川、湖北、湖南的一种常绿多年生植物。其杆身茎节明显，节间多空，质地坚韧，表皮光滑。

2.1.21 竹龄 bamboo age

毛竹的生产年龄按年计算，以竹表皮颜色进行鉴别。一年生呈嫩青色，二年生呈老青色，三、四年生呈深绿色，五、六年生呈黄色或赤黄色，七年或七年以上生呈橘黄色。

2.1.22 有效直径 effective diameter

竹杆的有效部分的小头直径。

2.1.23 竹篾 thin bamboo strip

采用毛竹的竹黄部分劈割而成的绑扎材料。

2.1.24 塑料篾 plastic strips

由纤维材料制成带状，在竹脚手架中用以代替竹篾的一种绑扎材料。

2.1.25 节点 node

脚手架杆件的交汇点。

2.1.26 主节点 main joint

立杆、纵向水平杆和横向水平杆的三杆交汇点。

2.1.27 吊索 sling

用钢丝绳或合成纤维等为原料做成的用于加固架体的绳索。

2.1.28 缆绳 cable

采用钢索或合成纤维等材料制作的具有抗拉、抗冲击、耐磨损、柔韧轻软等性能的多股绳索。

2.2 符　号

2.2.1 几何参数

d——杆件直径、外径；

H——脚手架搭设高度；

h——步距；

h_w——连墙点竖距；

L——脚手架长度；

L_a——立杆纵距；

L_b——立杆横距；

L_0——计算跨度；

L_w——连墙点横距。

2.2.2 抗力

f_g——地基承载力设计值；

f_{gk}——地基承载力标准值。

3　基　本　规　定

3.0.1 在竹脚手架搭设和拆除前，应根据本规范的规定对竹脚手架进行设计，并应编制专项施工方案。专项施工方案应包括下列内容：

1　工程概况、设计依据、搭设条件、搭设方案设计。

2　脚手架搭设的施工图，且应包括以下各类图纸：

　　1）架体的平面、立面、剖面图；

　　2）连墙件的布置图；

　　3）转角、门洞口的构造；

　　4）斜道布置及构造图；

　　5）主要节点构造图。

3　基础做法及要求。

4　架体搭设和拆除的程序和方法。

5　季节性施工措施。

6　质量保证措施。

7　架体搭设、使用、拆除的安全技术措施。

8　应急预案。

3.0.2 严禁搭设单排竹脚手架。双排竹脚手架的搭设高度不得超过 **24m**，满堂架搭设高度不得超过 **15m**。

3.0.3 竹脚手架使用地区 10 年一遇的基本风压大于 0.50kN/m² 的，应对竹脚手架采取必要的加固措施。

3.0.4 竹脚手架作业层上的施工均布荷载标准值应符合表3.0.4的规定。

表3.0.4 施工均布荷载标准值

类 别	标准值（kN/m²）	类 别	标准值（kN/m²）
装修脚手架	≤2.0	结构脚手架	≤3.0

3.0.5 在两纵向立杆间的同一跨度内，用于结构施工的竹脚手架沿竖直方向同时作业不得超过1层；用于装饰施工的竹脚手架沿竖直方向同时作业不得超过2层。

3.0.6 竹脚手架构件的挠度控制值应符合表3.0.6的规定。

表3.0.6 构件挠度控制值

竹脚手架构件类型	挠度控制值	L_0 的取值
脚手板	$L_0/200$	取相邻两横向或纵向水平杆间的距离
横向水平杆	$L_0/150$	取 L_b，即内外两立杆间的距离
纵向水平杆	$L_0/150$	取 L_a，即相邻两立杆间的距离

3.0.7 竹脚手架的地基处理应按本规范第5.1.4条执行。

3.0.8 竹脚手架的基础、整体构造和连墙件，应进行必要的设计和验算。

3.0.9 连墙件应结合建筑物或构筑物的结构确定其使用材料、连接方法和设置位置。

3.0.10 竹脚手架的门洞口、通道应采取必要的加强措施和安全防护措施。

3.0.11 竹脚手架应绑扎牢固，节点应可靠连接。

3.0.12 竹脚手架的使用期限不宜超过1年，否则应对杆件及节点进行检查，并应按本规范第5.1.9条的绑扎要求进行加固。

4 材 料

4.1 竹 杆

4.1.1 竹脚手架主要受力杆件应选用生长期3年～4年的毛竹，竹杆应挺直、坚韧、不得使用严重弯曲不直、青嫩、枯脆、腐烂、虫蛀及裂纹连通两节以上的竹杆。

4.1.2 各类杆件使用的竹杆直径不应小于有效直径。竹杆有效直径应符合下列规定：

1 纵向及横向水平杆不宜小于90mm；对直径为60mm～90mm的竹杆，应双杆合并使用；

2 立杆、顶撑、斜撑、抛撑、剪刀撑和扫地杆不得小于75mm；

3 搁栅、栏杆不得小于60mm。

4.1.3 主要受力杆件的使用期限不宜超过1年。

4.2 绑 扎 材 料

4.2.1 竹杆的绑扎材料应采用合格的竹篾、塑料篾或镀锌钢丝，不得使用尼龙绳或塑料绳。竹篾、塑料篾的规格应符合表4.2.1的规定。

表 4.2.1 竹篾、塑料篾的规格

名称	长度（m）	宽度（mm）	厚度（mm）
竹篾	3.5～4.0	20	0.8～1.0
塑料篾	3.5～4.0	10～15	0.8～1.0

4.2.2 竹篾应由生长期3年以上的毛竹竹黄部分劈剖而成。竹篾使用前应置于清水中浸泡不少于12h，竹篾应新鲜、韧性强。不得使用发霉、虫蛀、断腰、大节疤等竹篾。

4.2.3 单根塑料篾的抗拉能力不得低于250N。

4.2.4 钢丝应采用8号或10号镀锌钢丝，不得有锈蚀或机械损伤。8号钢丝的抗拉强度不得低于$400N/mm^2$，10号钢丝的抗拉强度不得低于$450N/mm^2$。

4.2.5 竹杆的绑扎材料严禁重复使用。

4.2.6 竹杆的绑扎材料不得接长使用。

4.3 脚 手 板

4.3.1 脚手板应具有满足使用要求的平整度和整体性，并应符合本规范附录A的要求。

4.3.2 脚手板宜采用竹笆脚手板、竹串片脚手板和整竹拼制脚手板，不得采用钢脚手板。单块竹笆脚手板和竹串片脚手板重量不得超过250N。常用的竹脚手板构造形式应符合本规范附录A的规定。

4.4 安 全 网

4.4.1 外墙脚手架的安全网宜采用阻燃型安全网，其材料性能指标应符合现行国家标准《安全网》GB 5725的要求。

5 构 造 与 搭 设

5.1 一 般 规 定

5.1.1 竹脚手架应具有足够的强度、刚度和稳定性，在使用时，变形及倾斜程度应符合本规范第7.2.9条的规定。

5.1.2 竹脚手架搭设前，应按本规范第7.1节的规定进行检查验收。经检验合格的材料，应根据竹杆粗细、长短、材质、外形等情况合理挑选和分类，堆放整齐、平稳。宜将同一类型的材料用在相邻区域。

5.1.3 双排竹脚手架的构造与搭设应符合下列规定：

1 横向水平杆应设置于纵向水平杆之下，脚手板应铺在纵向水平杆和搁栅上，作业层荷载可由横向水平杆传递给立杆（图5.1.3-1）；

2 横向水平杆应设置于纵向水平杆之上，脚手板应铺在横向水平杆和搁栅上，作业层荷载可由纵向水平杆传递给立杆（图5.1.3-2）。

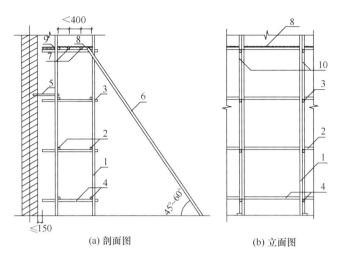

(a) 剖面图　　　　　　(b) 立面图

图 5.1.3-1　竹脚手架构造图（横向水平杆在下时）

1—立杆；2—纵向水平杆；3—横向水平杆；4—扫地杆；5—连墙件；
6—抛撑；7—搁栅；8—竹笆脚手板；9—竹串片脚手板；10—顶撑

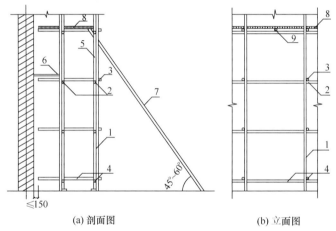

(a) 剖面图　　　　　　(b) 立面图

图 5.1.3-2　竹脚手架的构造图（纵向水平杆在下时）

1—立杆；2—纵向水平杆；3—横向水平杆；4—扫地杆；5—顶撑；
6—连墙件；7—抛撑；8—竹串片脚手板；9—搁栅

5.1.4　竹脚手架的立杆、抛撑的地基处理应符合下列规定：

1　当地基土为一、二类土时，应进行翻填、分层夯实处理；在处理后的基础上应放置木垫板，垫板宽度不得小于 200mm，厚度不得小于 50mm，并应绑扎一道扫地杆；横向扫地杆距垫板上表面不应超过 200mm，其上应绑扎纵向扫地杆；

2　当地基土为三类土～五类土时，应将杆件底端埋入土中，立杆埋深不得小于 200mm，抛撑埋深不得小于 300mm，坑口直径应大于杆件直径 100mm，坑底应夯实并垫以木垫板，垫板不得小于 200mm×200mm×50mm；埋杆时应采用垫板卡紧，回填土应分层夯实，并应高出周围自然地面 50mm；

3　当地基土为六类土～八类土或基础为混凝土时，应在杆件底端绑扎一道扫地杆。横向扫地杆距垫板上表面不得超过 200mm，应在其上绑扎纵向扫地杆。地基土平整度不满足要求时，应在立杆底部设置木垫板，垫板不得小于 200mm×200mm×50mm。

5.1.5 满堂脚手架地基允许承载力不应低于 80kPa。

5.1.6 竹脚手架搭设前，应对搭设和使用人员进行安全技术交底。

5.1.7 竹脚手架搭设前，应清理、平整搭设场地，并应测放出立杆位置线，垫板安放位置应准确，并应做好排水措施。

5.1.8 底层顶撑底端的地面应夯实并设置垫板，垫板不宜小于 200mm×200mm×50mm。垫板不得叠放。其他各层顶撑不得设置垫块。

5.1.9 竹脚手架绑扎应符合下列规定：

  1 主节点及剪刀撑、斜杆与其他杆件相交的节点应采用对角双斜扣绑扎，其余节点可采用单斜扣绑扎。双斜扣绑扎应符合表 5.1.9 的规定；

表 5.1.9 双斜扣绑扎法

步骤	文字描述	图　示
第一步	将竹篾绕竹杆一侧前后斜交绑扎 2～3 圈	
第二步	竹篾两头分别绕立杆半圈	
第三步	竹篾两头再沿第一步的另一侧相对绕行	
第四步	竹篾相对绕行 2～3 圈	
第五步	将竹篾两头相交缠绕后，从两竹杆空隙的一端穿入从另一端穿出，并用力拉紧，将竹篾头夹在竹篾与竹杆之中	

注：1—竹杆；2—绑扎材料。

2 杆件接长处可采用平扣绑扎法；竹篾绑扎时，每道绑扣应采用双竹篾缠绕 4 圈～6 圈，每缠绕 2 圈应收紧一次，两端头应拧成辫结构掖在杆件相交处的缝隙内，并应拉紧，拉结时应避开篾节（图 5.1.9）；

3 三根杆件相交的主节点处，相互接触的两杆件应分别绑扎，不得三根杆件共同绑扎一道绑扣；

4 不得使用多根单圈竹篾绑扎；

5 绑扎后的节点、接头不得出现松脱现象。施工过程中发现绑扎扣断裂、松脱现象时，应立即重新绑扎。

图 5.1.9 平扣绑扎法
1—竹杆；2—绑扎材料

5.1.10 受力杆件不得钢竹、木竹混用。

5.1.11 竹脚手架的搭设程序应符合下列规定：

1 竹脚手架的搭设应与施工进度同步，一次搭设高度不应超过最上层连墙件两步，且自由高度不应大于 4m；

2 应自下而上按步架设，每搭设完两步架后，应校验立杆的垂直度和水平杆的水平度；

3 剪刀撑、斜撑、顶撑等加固杆件应随架体同步搭设；

4 斜道应随架体同步搭设，并应与建筑物、构筑物的结构连接牢固。

5.1.12 竹脚手架沿建筑物、构筑物四周宜形成自封闭结构或与建筑物、构筑物共同形成封闭结构，搭设时应同步升高。

5.1.13 连墙件宜采用二步二跨（竖向间距不大于 2 步，横向间距不大于 2 跨）或二步三跨（竖向间距不大于 2 步，横向间距不大于 3 跨）或三步二跨（竖向间距不大于 3 步，横向间距不大于 2 跨）的布置方式。

5.1.14 连墙件的布置应符合下列规定：

1 应靠近主节点设置连墙件，当距离主节点大于 300mm 时应设置水平杆或斜杆对架体局部加强；

2 应从第二步架开始设置连墙件；

3 连墙件应采用菱形、方形或矩形布置；

4 一字形和开口型脚手架的两端应设置连墙件，并应沿竖向每步设置一个；

5 转角两侧立杆和顶层的操作层处应设置连墙件。

5.1.15 连墙件的材料及构造应符合下列规定：

1 连墙件应采用可承受拉力和压力的构造，且应同时与内、外杆件连接；

2 连墙件应由拉件和顶件组成，并应配合使用；

3 拉件可采用 8 号镀锌钢丝或 $\phi 6$ 钢筋，顶件可采用毛竹（图 5.1.15）；拉件宜水平设置；当不能水平设置时，与脚手架连接的一端应低于与建筑物、构筑物结构连接的一端。顶件应与结构牢固连接；

4 连墙件与建筑物、构筑物的连接应牢固，连墙件不得设置

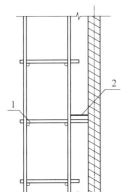

图 5.1.15 连墙件的构造
1—连墙件；2—8 号镀锌钢丝或 $\phi 6$ 钢筋

在填充墙等部位。

5.1.16 竹脚手架作业层外侧周边应设置两道防护栏杆,上道栏杆高度不应小于1.2m,下道栏杆应居中设置,挡脚板高度不应小于0.18m。栏杆和挡脚板应设在立杆内侧;脚手架外立杆内侧应采用密目式安全立网封闭。

5.2 双 排 脚 手 架

5.2.1 双排脚手架应由立杆、纵向水平杆、横向水平杆、连墙件、剪刀撑、斜撑、抛撑、顶撑、扫地杆等杆件组成。架体构造参数应符合表5.2.1的规定。

表5.2.1 双排脚手架的构造参数

用途	内立杆至墙面距离(m)	立杆间距(m)		步距(m)	搁栅间距(m)	
		横距	纵距		横向水平杆在下	纵向水平杆在下
结构	≤0.5	≤1.2	1.5~1.8	1.5~1.8	≤0.40	不大于立杆纵距的1/2
装饰	≤0.5	≤1.0	1.5~1.8	1.5~1.8	≤0.40	不大于立杆纵距的1/2

5.2.2 立杆的构造与搭设应符合下列规定:

1 立杆应小头朝上,上下垂直,搭设到建筑物或构筑物顶端时,内立杆应低于女儿墙上皮或檐口0.4m~0.5m;外立杆应高出女儿墙上皮1m、檐口1.0~1.2m(平屋顶)或1.5m(坡屋顶),最上一根立杆应小头朝下,并应将多余部分往下错动,使立杆顶平齐;

2 立杆应采用搭接接长,不得采用对接、插接接长;

3 立杆的搭接长度从有效直径起算不得小于1.5m,绑扎不得少于5道,两端绑扎点离杆端不得小于0.1m,中间绑扎点应均匀设置;相邻立杆的搭接接头应上下错开一个步距;

4 接长后的立杆应位于同一平面内,立杆接头应紧靠横向水平杆,并应沿立杆纵向左右错开。当竹杆有微小弯曲,应使弯曲面朝向脚手架的纵向,且应间隔反向设置。

5.2.3 纵向水平杆的构造与搭设应符合下列规定:

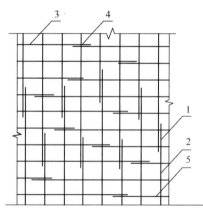

图5.2.3 立杆和纵向水平杆接头布置
1—立杆接头;2—立杆;3—纵向水平杆;
4—纵向水平杆接头;5—扫地杆

1 纵向水平杆应搭设在立杆里侧,主节点处应绑扎在立杆上,非主节点处应绑扎在横向水平杆上;

2 搭接长度从有效直径起算不得小于1.2m,绑扎不得少于4道,两端绑扎点与杆件端部不应小于0.1m,中间绑扎点应均匀设置;

3 搭接接头应设置于立杆处,并应伸出立杆0.2m~0.3m。相邻纵向水平杆的接头不应设置在同步或同跨内,并应上下内外错开一倍的立杆纵距。架体端部的纵向水平杆大头应朝外(图5.2.3)。

5.2.4 横向水平杆的构造与搭设应符合下列规定:

1 横向水平杆主节点处应绑扎在立杆上,非主节点处应绑扎在纵向水平杆上；

    2 非主节点处的横向水平杆，应根据支撑脚手板的需要等间距设置，其最大间距不应大于立杆纵距的 1/2；

    3 横向水平杆每端伸出纵向水平杆的长度不应小于0.2m；里端距墙面应为0.12m～0.15m，两端应与纵向水平杆绑扎牢固；

    4 主节点处相邻横向水平杆应错开搁置在立杆的不同侧面，且与同一立杆相交的横向水平杆应保持在立杆的同一侧面。

5.2.5 顶撑的构造与搭设应符合下列规定：

    1 顶撑应紧贴立杆设置，并应顶紧水平杆；顶撑应与上、下方的水平杆直径匹配，两者直径相差不得大于顶撑直径的 1/3；

    2 顶撑应与立杆绑扎且不得少于 3 道，两端绑扎点与杆件端部的距离不应小于100mm，中间绑扎点应均匀设置；

    3 顶撑应使用整根竹杆，不得接长，上下顶撑应保持在同一垂直线上；

    4 当使用竹笆脚手板时，顶撑应顶在横向水平杆的下方（图5.2.5）；当使用竹串片脚手板时，顶撑应顶在纵向水平杆的下方。

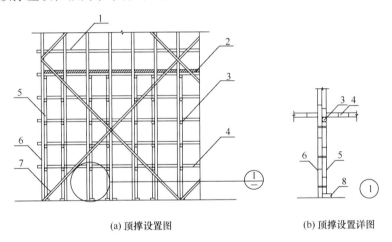

(a) 顶撑设置图   (b) 顶撑设置详图

图 5.2.5　顶撑设置
1—栏杆；2—脚手板；3—横向水平杆；4—纵向水平杆；5—顶撑；6—立杆；7—剪刀撑；8—垫板

5.2.6 连墙件的设置应符合本规范第5.1.13～5.1.15条的要求。当脚手架操作层高出相邻连墙件以上两步时，在连墙件安装完毕前，应采用确保脚手架稳定的临时拉结措施。

5.2.7 剪刀撑的设置应符合下列规定：

    1 架长30m以内的脚手架采用连续式剪刀撑，超过30m的应采用间隔式剪刀撑；

    2 剪刀撑应在脚手架外侧由底至顶连续设置，与地面倾角应为45°～60°（图5.2.7）；

    3 间隔式剪刀撑除应在脚手架外侧立面的两端设置外，架体的转角处或开口处也应加设一道剪刀撑，剪刀撑宽度不应小于$4L_a$；每道剪刀撑之间的净距不应大于10m；

    4 剪刀撑应与其他杆件同步搭设，并宜通过主节点；剪刀撑应紧靠脚手架外侧立杆，和与之相交的立杆、横向水平杆等应全部两两绑扎；

5 剪刀撑的搭接长度从有效直径起算不得小于1.5m，绑扎不得少于3道，两端绑扎点与杆件端部不应小于100mm，中间绑扎点应均匀设置。剪刀撑应大头朝下、小头朝上。

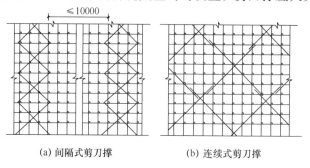

(a) 间隔式剪刀撑   (b) 连续式剪刀撑

图5.2.7 剪刀撑布置形式

5.2.8 斜撑、抛撑的设置应符合下列规定：

1 水平斜撑应设置在脚手架有连墙件的步架平面内，水平斜撑的两端与立杆应绑扎呈"之"字形，并应将其中与连墙件相连的立杆作为绑扎点（图5.2.8）；

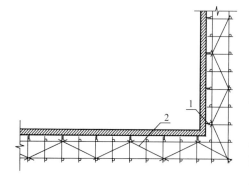

图5.2.8 水平斜撑布置
1—连墙件；2—水平斜撑

2 一字形、开口型双排脚手架的两端应设置横向斜撑；

3 横向斜撑应在同一节间由底至顶呈"之"字形连续设置，杆件两端应固定在与之相交的立杆上；

4 当竹脚手架搭设高度低于三步时，应设置抛撑。抛撑应采用通长杆件与脚手架可靠连接，与地面的夹角应为45°～60°角，连接点中心至主节点的距离不应大于300mm。抛撑拆除应在连墙件搭设后进行。

5.2.9 当作业层铺设竹笆脚手板时，应在内外侧纵向水平杆之间设置搁栅，并应符合下列规定：

1 搁栅应设置在横向水平杆上面，并应与横向水平杆绑扎牢固；

2 搁栅应在纵向水平杆之间等距离布置，且间距不得大于400mm；

3 搁栅的接长应采用搭接，搭接处应头搭头，梢搭梢；搭接长度从有效直径起算，不得小于1.2m；搭接端应在横向水平杆上，并应伸出200mm～300mm；

4 竹笆脚手板应按其主竹筋垂直于纵向水平杆方向铺设，且应采用对接平铺，四个角应采用14号镀锌钢丝固定在纵向水平杆上。

5.2.10 竹串片脚手板应设置在两根以上横向水平杆上。接头可采用对接或搭接铺设（图5.2.10）。当采用对接平铺时，接头处应设两根横向水平杆，脚手板外伸长度不应大于150mm，两块脚手板的外伸长度之和不应大于300mm；当采用搭接铺设时，接头应支承在横向水平杆上，搭接长度应大于200mm，其伸出横向水平杆的长度不应小于100mm。

5.2.11 作业层脚手板应铺满、铺稳，离开墙面距离不应大于150mm。

5.2.12 作业层端部脚手板探头长度不应超过150mm，其板长两端均应与支承杆可靠地固定。

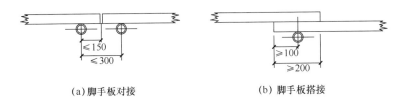

(a) 脚手板对接   (b) 脚手板搭接

图 5.2.10 脚手板对接、搭接的构造

5.2.13 脚手架内侧横向水平杆的悬臂端应铺设竹串片脚手板，脚手板距墙面不应大于 150mm。

5.2.14 防护栏杆和安全立网的设置应符合本规范第 5.1.16 条的要求。

5.2.15 门洞的搭设应符合下列要求：

1 门洞口应采用上升斜杆、平行弦杆桁架结构形式（图 5.2.15），斜杆与地面倾角应为 45°～60°；

2 门洞处的空间桁架除下弦平面处，应在其余 5 个平面内的节间设置一根斜腹杆，上端应向上连接交搭（2～3）步纵向水平杆，并应绑扎牢固；

3 门洞桁架下的两侧立杆、顶撑应为双杆，副立杆高度应高于门洞口 1 步～2 步；

4 斜撑、立杆加固杆件应随架体同步搭设，不得滞后搭设。

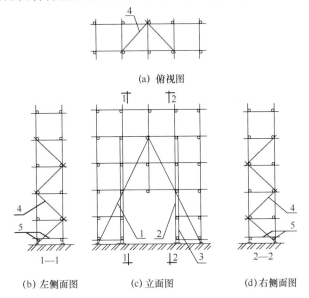

(a) 俯视图

(b) 左侧面图   (c) 立面图   (d) 右侧面图

图 5.2.15 门洞和通道脚手架构造（适用于两跨宽的门洞）
1—斜腹杆；2—主立杆；3—副立杆；4—斜杆；5—扫地杆

5.3 斜 道

5.3.1 斜道可由立杆、纵向水平杆、横向水平杆、顶撑、斜杆、剪刀撑、连墙件等组成。斜道应紧靠脚手架外侧设置，并应与脚手架同步搭设（图 5.3.1）。

5.3.2 当脚手架高度在 4 步以下时，可搭设"一"字形斜道或中间设休息平台的上折形斜道；当脚手架高度在 4 步以上时，应搭设"之"字形斜道，转弯处应设置休息平台。

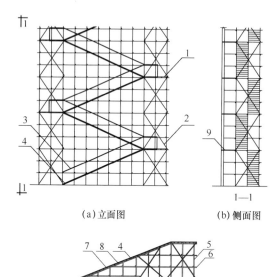

(a)立面图　　　　(b)侧面图

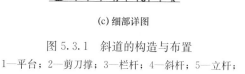

(c)细部详图

图 5.3.1　斜道的构造与布置

1—平台；2—剪刀撑；3—栏杆；4—斜杆；5—立杆；

6—纵向水平杆；7—斜道板；

8—横向水平杆；9—连墙件

5.3.3　人行斜道坡度宜为 1：3，宽度不应小于 1m，平台面积不应小于 2m²，斜道立杆和水平杆的间距应与脚手架相同；运料斜道坡度宜为 1：6，宽度不应小于 1.5m，平台面积不应小于 4.5m²，运料斜道及其对应的脚手架立杆应采用双立杆。

5.3.4　斜道外侧及休息平台两侧应设剪刀撑。休息平台应设连墙件与建筑物、构筑物的结构连接。连墙件的设置应符合本规范第 5.1.13～5.1.15 条的要求。

5.3.5　当斜道脚手板横铺时，应在横向水平杆上每隔 0.3m 加设斜平杆，脚手板应平铺在斜平杆上；当斜道脚手板顺铺时，脚手板应平铺在横向水平杆上。当横向水平杆设置在斜平杆上时，间距不应大于 1m；在休息平台处，不应大于 0.75m。脚手板接头处应设双根横向水平杆，脚手板搭接长度不应小于 0.4m。脚手板上每隔 0.3m 应设一道高 20mm～30mm 的防滑条。

5.3.6　斜道两侧及休息平台外侧应分别设置防护栏杆，斜道及休息平台外立杆内侧应挂设密目式安全立网。防护栏杆的设置应符合本规范第 5.1.16 条的规定。

5.3.7　斜道的进出口处应按现行行业标准《建筑施工高处作业安全技术规范》JGJ 80 的规定设置安全防护棚。

5.4 满堂脚手架

5.4.1　满堂脚手架搭设高度不得超过 15m。架体高宽比不得小于 2；当设置连墙件时，可不受限制。

5.4.2　满堂脚手架可由立杆、水平杆、斜杆、剪刀撑、连墙件、扫地杆等组成。满堂脚手架的构造参数应符合表 5.4.2 的规定。其地基处理应符合本规范第 5.1.4 条的规定。

表 5.4.2　满堂脚手架的构造参数

用途	立杆纵横间距（m）	水平杆步距（m）	作业层水平杆间距		靠墙立杆离开墙面距离（m）
			竹笆脚手板（m）	竹串片脚手板	
装饰	≤1.2	≤1.8	≤0.4	小于立杆纵距的一半	≤0.5

5.4.3　满堂脚手架搭设应先立四角立杆，再立四周立杆，最后立中间立杆，应保证纵向和横向立杆距离相等。当立杆无法埋地时，搭设前，立杆底部的地基土应夯实，在立杆底部应加设垫板，立杆根部应设置扫地杆。当架高 5m 及以下时，垫板的尺寸不得小于 200mm×200mm×50mm（长×宽×厚）；当架高大于 5m 时，应垫通长垫板，其尺寸不

得小于 200mm×50mm（宽×厚）。顶层纵（横）向水平杆应置于立杆顶端；立杆顶端应设帮条固定纵（横）向水平杆。

5.4.4 满堂脚手架四周及中间每隔四排立杆应设置纵横向剪刀撑，并应由底至顶连续设置，每道剪刀撑的宽度应为四个跨距。

5.4.5 满堂脚手架在架体的底部、顶部及中间应每3步设置一道水平剪刀撑。

5.4.6 横向水平杆应绑扎在立杆上，纵向水平杆可每隔一步架与立杆绑扎一道。

5.4.7 满堂脚手架应在架体四周设置连墙件，与建筑物或构筑物可靠连接。连墙件的设置应符合本规范第5.1.13～5.1.15条的要求。

5.4.8 作业层脚手板应满铺，并应与支承的水平杆绑扎牢固。作业层临空面应设置栏杆和挡脚板。防护栏杆和挡脚板的设置应符合本规范第5.1.16条的要求。

5.4.9 供人员上下的爬梯应绑扎牢固，上料口四边应设安全护栏。

<h2 style="text-align:center">5.5 烟囱、水塔脚手架</h2>

5.5.1 烟囱、水塔等圆形和方形构筑物脚手架宜采用正方形、六角形、八角形等多边形外脚手架，可由立杆、纵向水平杆、横向水平杆、剪刀撑、连墙件等组成（图5.5.1-1、图5.5.1-2）。烟囱、水塔脚手架的构造参数应符合表5.5.1的规定。

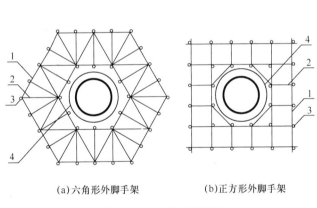

(a) 六角形外脚手架　　(b) 正方形外脚手架

图 5.5.1-1　烟囱脚手架

1—纵向水平杆；2—横向水平杆；3—立杆；4—烟囱

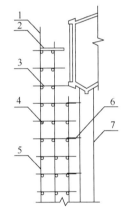

图 5.5.1-2　水塔脚手架

1—栏杆；2—脚手板；3—横向水平杆；4—纵向水平杆；5—立杆；6—连墙件；7—水塔塔身

表 5.5.1　烟囱、水塔脚手架构造参数

里排立杆至构筑物边缘的距离（m）	立杆横距（m）	立杆纵距（m）	纵向水平杆步距（m）
≤0.5	1.2	1.2～1.5	1.2

5.5.2 立杆搭设应先内排后外排，先转角处后中间，同一排立杆应齐直，相邻两排立杆接头应错开一步架。

5.5.3 烟囱脚手架搭设高度不得超过24m。烟囱脚手架立杆自下而上应保持垂直。搭设时可根据需要增设内立杆，并应利用烟囱结构作为增设内立杆的支撑点（图5.5.3）。

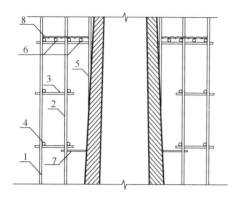

图 5.5.3 烟囱脚手架构造剖面图

1—外立杆；2—内立杆；3—横向水平杆；4—纵向
水平杆；5—新增内立杆；6—搁栅；7—连墙件；
8—脚手板

5.5.4 水塔脚手架应根据水箱直径大小搭设成三排架，在水箱处应搭设成双排架。

5.5.5 在纵向水平杆转角处应补加一根横向水平杆，并应使交叉搭接处形成稳定的三角形。作业层横向水平杆间距不应大于 1m，距烟囱壁或水塔壁不应大于 0.1m。

5.5.6 脚手架外侧应从下至上连续设置剪刀撑。当架高 10m～15m 时，应设一组（4 根以上双数）缆风绳对拉，每增高 10m 应加设一组。缆风绳应采用直径不小于 11mm 钢丝绳，不得用钢筋代替，与地面夹角应为 45°～60°，下端应单独固定在地锚上，不得固定在树木或电杆上。

5.5.7 脚手架应每二步三跨设置一道连墙件，转角处必须设置连墙件。可在结构施工时预埋连墙件的连接件，然后安装连墙件。连墙件的设置应符合本规范第 5.1.14、5.1.15 条的要求。

5.5.8 作业层应满铺脚手板，并应设置防护栏杆和挡脚板，防护栏杆外侧应挂密目式安全网，脚手板下方应设一道安全平网。防护栏杆和安全立网的设置应符合本规范第 5.1.16 条的要求。

5.5.9 爬梯的设置应符合本规范第 5.4.9 条的规定。

6 拆 除

6.0.1 竹脚手架拆除应按拆除方案组织施工，拆除前应对作业人员作书面的安全技术交底。

6.0.2 拆除竹脚手架前，应作好下列准备工作：

1 应对即将拆除的竹脚手架全面检查；

2 应根据检查结果补充完善竹脚手架拆除方案，并应经方案原审批人批准后实施；

3 应清除竹脚手架上杂物及地面障碍物。

6.0.3 拆除竹脚手架时，应符合下列规定：

1 拆除作业必须由上而下逐层进行，严禁上下同时作业，严禁斩断或剪断整层绑扎材料后整层滑塌、整层推倒或拉倒；

2 连墙件必须随竹脚手架逐层拆除，严禁先将整层或数层连墙件拆除后再拆除架体；分段拆除时高差不应大于 2 步。

6.0.4 拆除竹脚手架的纵向水平杆、剪刀撑时，应先拆中间的绑扎点，后拆两头的绑扎点，并应由中间的拆除人员往下传递杆件。

6.0.5 当竹脚手架拆至下部三步架高时，应先在适当位置设置临时抛撑对架体加固后，再拆除连墙件。

6.0.6 当竹脚手架需分段拆除时，架体不拆除部分的两端应按本规范第5.1.13～5.1.15条的规定采取加固措施。

6.0.7 拆下的竹脚手架各种杆件、脚手板等材料，应向下传递或用索具吊运至地面，严禁抛掷至地面。

6.0.8 运至地面的竹脚手架各种杆件，应及时清理，并应分品种、规格运至指定地点码放。

7 检 查 与 验 收

7.1 材料检查与验收

7.1.1 竹脚手架的各种材料，在进入施工现场时，应进行检查与验收，并应符合本规范第4章的规定。

7.1.2 塑料篾应具有合格证和检验报告，当无检验报告时，应每个批次抽取一组试件（3件）检测，检测结果应满足本规范第4.2.3条的规定。

7.1.3 经检查和验收不合格的材料，应及时清除出场。

7.2 竹脚手架检查与验收

7.2.1 搭设前，应对竹脚手架的地基进行检查，并应经验收合格。

7.2.2 竹脚手架搭设完毕或每搭设2个楼层高度，满堂脚手架搭设完毕或每搭设4步高度，应对搭设质量进行一次检查，并应经验收合格后交付使用或继续搭设。

7.2.3 竹脚手架应由单位工程负责人组织技术、安全人员进行检查验收。

7.2.4 竹脚手架搭设质量验收时，应具备下列技术文件：

    1 按本规范第3.0.1条要求编制的专项施工方案；

    2 材料质量检验记录；

    3 安全技术交底及搭设质量检验记录；

    4 竹脚手架工程施工验收报告。

7.2.5 竹脚手架工程验收，应对搭设质量进行全数检验。重点检验项目应符合下列要求，并应将检验结果记入施工验收报告：

    1 主要受力杆件的规格、杆件设置应符合专项施工方案的要求；

    2 地基应符合专项施工方案的要求，应平整坚实，垫板应符合本规范的规定；

    3 立杆间距应符合专项施工方案的要求，立杆垂直度应符合本规范的规定；

    4 连墙件应设置牢固，连墙件间距应符合专项施工方案的要求；

    5 剪刀撑、斜撑等加固杆件应设置齐全、绑扎可靠；

    6 竹脚手架门洞、转角等部位的搭设应符合本规范第5.2.15条的规定；

    7 安全网的张挂及防护栏杆设置应齐全、牢固。

7.2.6 竹脚手架在使用中应定期检查，并应符合下列规定：

    1 地基不得积水，垫板不得松动，立杆不得悬空；

    2 架体不得出现倾斜、变形；

3 加固杆件、连墙件应牢固；

4 绑扎材料应无松脱、断裂；绑扎钢丝应无锈蚀现象；

5 安全防护措施应符合本规范第5.1.16条的要求；

6 不得超载使用。

7.2.7 竹脚手架在使用中，遇到下列情况时，应进行检查，并应在确认安全后使用：

1 六级及以上大风、大雨、大雪或冰雪解冻后；

2 冻结的地基土解冻后；

3 由结构脚手架转为装饰脚手架使用前；

4 停止使用超过1个月后再次使用之前；

5 架体遭受外力撞击后；

6 在大规模加建或改建竹脚手架后；

7 架体部分拆除；

8 其他特殊情况。

7.2.8 竹脚手架在拆除前，应对架体进行检查，当发现有连墙件、剪刀撑等加固杆件缺少，架体倾斜失稳或立杆悬空等情况时，应对架体加固后再拆除。

7.2.9 竹脚手架搭设的技术要求、允许偏差与检验方法应符合表7.2.9的规定。

表7.2.9 竹脚手架搭设的技术要求、允许偏差与检验方法

项次	项目		技术要求	允许偏差 Δ（mm）	示意图	检查方法与工具
1	地基基础	表面	坚实平整	—	—	观察
		排水	不积水			
		垫板	不松动			
2	各杆件小头有效直径	纵向、横向水平杆	≥90mm	0	—	卡尺或钢尺
		搁栅、栏杆	≥60mm		—	
		其他杆件	≥75mm		—	
3	杆件弯曲	端部弯曲 $L≤1.5m$	≤20mm	0		钢尺
		顶撑	≤20mm	0		
		其他杆件	≤50mm			
4	立杆垂直度	搭设中检查偏差的高度	不得朝外倾斜，当高度为： $H=10m$ $H=15m$ $H=20m$ $H=24m$	25 50 75 100		用经纬仪或吊线和钢尺
		最后验收垂直度	不得朝外倾斜	100		

项次	项目		技术要求	允许偏差 Δ（mm）	示意图	检查方法与工具
5	顶撑	直径	与水平杆直径相匹配	与水平杆直径相差不大于顶撑的1/3	—	钢尺
6	间距	步距 纵距 横距	—	±20 ±50 ±20	—	钢尺
7	纵向水平杆高差	一根杆的两端	—	±20		水平仪或水平尺
		同跨内两根纵向水平杆	—	±10		
		同一排纵向水平杆	—	不大于架体纵向长度的1/300或200mm	—	
8	横向水平杆外伸长度偏差	出外侧立杆	≥200mm	0	—	钢尺
		伸向墙面	≤450mm	0		
9	杆件搭接长度	纵向水平杆	≥1.5m	0	—	钢尺
		其他杆件	≥1.2m	0		
10	斜道防滑条	外观	不松动	—	—	观察
		间距	300mm	±30	—	钢尺
11	连墙件	设置间距	二步三跨或三步二跨	—	—	观察
		离主节点距离	≤300mm	0	—	钢尺

注：1—立杆；2—纵向水平杆。

8 安 全 管 理

8.0.1 施工企业的项目负责人应对竹脚手架搭设和拆除的安全管理负责，并应组织制定和落实项目安全生产责任制、安全生产规章制度和操作规程。项目负责人应组织技术人员对所有进场的施工人员进行安全教育和技术培训。

8.0.2 工地应配备专、兼职消防安全管理人员，负责施工现场的日常消防安全管理工作。

8.0.3 竹脚手架的搭设、拆除应由专业架子工施工。架子工应经考核，合格后方可持证上岗。

8.0.4 竹杆及脚手板应相对集中放置，放置地点离建筑物不应少于10m，并应远离火源。堆放地点应有明显标识。

8.0.5 竹杆应按长短、粗细分别堆放。露天堆放时，应将竹杆竖立放置，不得就地平堆。竹篾在贮运过程中不得受雨水浸淋，不得沾染石灰、水泥，不得随地堆放，应悬挂在通风、干燥处。

8.0.6 当搭设、拆除竹脚手架时，必须设置警戒线、警戒标志，并应派专人看护，非作业人员严禁入内。

8.0.7 竹脚手架搭设过程中，应及时设置扫地杆、连墙件、斜撑、抛撑、剪刀撑以及必要的缆绳和吊索。搭设完毕应进行检查验收，并应确认合格后使用。

8.0.8 当双排脚手架搭设高度达到三步架高时，应随搭随设连墙件、剪刀撑等杆件，且不得随意拆除。当脚手架下部暂不能设连墙件时应设置抛撑。

8.0.9 搭设、拆除竹脚手架时，作业层应铺设脚手板，操作人员应按规定使用安全防护用品，穿防滑鞋。

8.0.10 竹脚手架外侧应挂密目式安全立网，网间应严密，防止坠物伤人。

8.0.11 临街搭设、拆除竹脚手架时，外侧应有防止坠物伤人的安全防护措施。

8.0.12 在竹脚手架使用期间，严禁拆除下列杆件：

    1 主节点处的纵、横向水平杆，纵、横向扫地杆；

    2 顶撑；

    3 剪刀撑；

    4 连墙件。

8.0.13 在竹脚手架使用期间，不得在脚手架基础及其邻近处进行挖掘作业。

8.0.14 竹脚手架作业层上严禁超载。

8.0.15 不得将模板支架、其他设备的缆风绳、混凝土泵管、卸料平台等固定在脚手架上。不得在竹脚手架上悬挂起重设备。

8.0.16 不得攀登架体上下。

8.0.17 在使用过程中，应对竹脚手架经常性地检查和维护，并应及时清理架体上的垃圾或杂物。

8.0.18 施工中发现竹脚手架有安全隐患时，应及时解决；危及人身安全时，应立即停止作业，并应组织作业人员撤离到安全区域。

8.0.19 6级及以上大风、大雾、大雨、大雪及冻雨等恶劣天气下应暂停在脚手架上作业。雨、雪、霜后上架操作应采取防滑措施，并应扫除积雪。

8.0.20 在竹脚手架使用过程中，当预见可能遇到8级及以上的强风天气或超过本规范第3.0.3条规定的风压值时，应对架体采取临时加固措施。

8.0.21 工地应设置足够的消防水源和临时消防系统，竹材堆放处应设置消防设备。

8.0.22 当在竹脚手架上进行电焊、机械切割作业时，必须经过批准且有可靠的安全防火措施，并应设专人监管。

8.0.23 施工现场应有动火审批制度，不应在竹脚手架上进行明火作业。

8.0.24 卤钨灯灯管距离脚手架杆件不应小于 0.5m，且应防范灯管照明引起杆件过热燃烧。通过架体的导线应设置用耐热绝缘材料制成的护套，不得使用具有延燃性的绝缘导线。

附录 A 脚 手 板

A.0.1 竹笆脚手板应采用平放的竹片纵横编织而成。纵片不得少于 5 道且第一道用双片，横片应一反一正，四边端纵横片交点应用钢丝穿过钻孔每道扎牢。竹片厚度不得小于 10mm，宽度应为 30mm。每块竹笆脚手板应沿纵向用钢丝扎两道宽 40mm 双面夹筋，夹筋不得用圆钉固定。竹笆脚手板长应为 1.5m～2.5m，宽应为 0.8m～1.2m（图 A.0.1）。

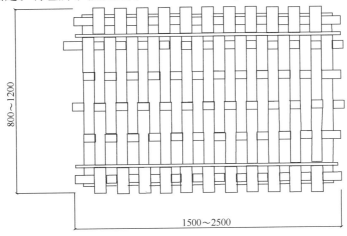

图 A.0.1 竹笆脚手板

A.0.2 竹串片脚手板应采用螺栓穿过并列的竹片拧紧而成，螺栓直径应为 8mm～10mm，间距应为 500mm～600mm，螺栓孔直径不得大于 10mm。板的厚度不得小于 50mm，宽度应为 250mm～300mm，长度应为 2m～3.5m（图 A.0.2）。

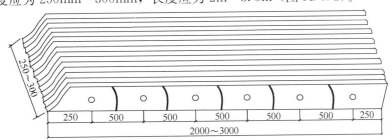

图 A.0.2 竹串片脚手板

A.0.3 整竹拼制脚手板应采用大头直径为 30mm，小头直径为 20mm～25mm 的整竹大小头一顺一倒相互排列而成。板长应为0.8m～1.2m，宽应为1.0m。整竹之间应用14号镀锌钢丝编扎，应150mm一道。脚手板两端及中间应对称设四道双面木板条，并应采用镀锌钢丝绑牢（图A.0.3）。

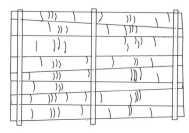

图 A.0.3 整竹拼制脚手板

本规范用词说明

1 为便于在执行本规范条文时区别对待，对要求严格程度不同的用词说明如下：

　1）表示很严格，非这样做不可的：
　　　正面词采用"必须"，反面词采用"严禁"；

　2）表示严格，在正常情况下均应这样做的：
　　　正面词采用"应"，反面词采用"不应"或"不得"；

　3）表示允许稍有选择，在条件许可时首先应这样做的：
　　　正面词采用"宜"，反面词采用"不宜"；

　4）表示有选择，在一定条件下可以这样做的，采用"可"。

2 条文中指明应按其他有关标准执行的写法为："应符合……的规定"或"应按……执行"。

引 用 标 准 名 录

1　《建筑施工高处作业安全技术规范》JGJ 80
2　《安全网》GB 5725

中华人民共和国行业标准

建筑施工竹脚手架安全技术规范

JGJ 254—2011

条 文 说 明

制 定 说 明

《建筑施工竹脚手架安全技术规范》JGJ 254-2011，经住房和城乡建设部 2011 年 12 月 6 日以第 1192 号公告批准、发布。

本规范制定过程中，编制组进行了广泛的调查研究，总结了我国竹脚手架设计、施工和使用的实践经验，同时参考了国外先进技术法规、技术标准，通过竹脚手架整架试验和节点试验取得了构造参数。

为便于广大设计、施工、科研、学校等单位有关人员在使用本规范时能正确理解和执行条文规定，《建筑施工竹脚手架安全技术规范》编制组按章、节、条顺序编制了本规范的条文说明，对条文规定的目的、依据以及执行中需注意的有关事项进行了说明，还着重对强制性条文的强制性理由作了解释。但是，本条文说明不具备与标准正文同等的法律效力，仅供使用者作为理解和把握标准规定的参考。

目　次

1 总　则

1.0.1 建筑施工竹脚手架是建筑工程施工中工人进行施工操作和运送材料的临时性设施。我国的竹材产量占世界总产量的 80％ 左右，生长在长江和珠江流域地区。竹材生长快，分布地区较广，资源丰富，建筑上大量采用竹材，作为传统形式的竹脚手架，我国南方各省广泛采用，最高的搭设高度达 60m。但我国目前尚无科学的完整的竹脚手架规范。为了获得更好的综合经济效益和社会效益，使施工现场安全得到进一步完善，特制定本规范。

1.0.2 规定了对于工业与民用建筑施工中竹脚手架的设计、施工与使用，均应遵守本规范的各项安全技术要求。本规范中竹脚手架的设计是指竹脚手架搭设施工设计。

1.0.3 外墙使用易燃保温隔热材料，施工作业过程中易因保温隔热材料燃烧而引燃竹脚手架，造成火灾事故。

1.0.4 在执行本规范时，尚应符合其他国家现行标准的有关规定。

2　术语和符号

2.1　术　语

2.1.20 产于四川、湖北、湖南等地的毛竹也称为楠竹。

3　基　本　规　定

3.0.1 作为施工中危险性较大的工作，必须引起施工人员的高度重视，因此在此作出明确规定，必须在脚手架施工前编制专项施工方案，方案内容要齐全。架体搭设、使用、拆除的安全技术措施应包含详细的防火安全技术措施。

3.0.2 单排竹脚手架整体刚度较差，承载能力较低，为保证安全施工，一般不得采用。双排竹脚手架搭设高度不超过 24m，满堂架不得超过 15m，是根据全国调研收集的资料和工程实践的总结。

3.0.3 根据调查和统计分析，规定了竹脚手架适用的 10 年一遇的基本风压值，超过该值的地区应采取加固措施。

3.0.4 施工均布荷载标准值是根据我国长期实践使用的 $2kN/m^2$ 和 $2.7kN/m^2$ 的实际情况，并参考了国外同类标准的荷载系列确定的。

3.0.5 结构工程竹脚手架施工均布活荷载标准值较大。

3.0.6 参考木脚手架、扣件式钢管脚手架取值。

3.0.7 竹脚手架搭设前，没有对地基认真处理会对脚手架安全造成影响，故予以强调说明。

3.0.8 要根据脚手架所处的场地地基的情况进行基础设计；根据建筑物的不同特点及使用要求，按照规范要求对外脚手架进行整体构造设计和连墙件验算。

3.0.9 根据使用地区的基本风压和建筑结构，确定连墙件的材料、连接方法和设置位置，确保连接可靠。

3.0.10 竹脚手架的门洞口是架体的薄弱位置，要进行局部加强。

3.0.12 根据调研总结，24m以下的竹脚手架，其使用期限一般不宜超过1年。当使用期限超过1年的应对架体进行检查和必要的加固。

4 材 料

4.1 竹 杆

4.1.1 竹材的生长期以3年～4年为最佳，质地较好，不易被虫蛀。竹材的承载能力受其材质影响很大，且又是不能补救的，因此对竹杆的选材非常重要。竹龄可按表1根据各种外观特点进行鉴别。

表1 竹龄鉴别方法

特点 ＼ 竹龄	3年以下	3年～4年	5年及以上
皮色	下山时呈青色如青菜叶，隔一年呈青白色	下山时呈冬瓜皮色，隔一年呈老黄色或黄色	呈枯黄色，并有黄色斑纹
竹节	单箍突出，无白粉箍	竹节不突出，近节部分凸起呈双箍	竹节间皮上生出白粉
劈开	劈开处发毛，劈成篾条后弯曲	劈开处较老，篾条基本挺直	

生长于阳山坡的竹材，竹皮呈白色带淡黄色，质地较好；生长于阴山坡的竹材，竹皮色青，质地较差，且易遭虫蛀，但仍可同样使用；嫩竹被水浸伤（热天泡在水中时间过长），表色也呈黄色，但其肉带紫褐色，质松易劈，不宜使用。

鉴别竹材采伐时间的方法为：将竹材在距离根部约（3～4）节处用锯锯断或用刀砍断观察，其断面上如呈有明显斑点者或将竹材浸入水中后，竹内有液体分泌出来，而水中有很多泡沫产生者，就可推断白露以前所采伐。反之，如果在杆壁断面上无斑点或在浸水后无液体分泌及泡沫产生者，则可推断为白露后采伐。

4.1.2 竹脚手架的竹杆有效部分的小头直径以及双杆合并规定，是根据全国调研收集和工程实践的分析结果确定。

4.1.3 对主要受力杆件的使用期限作出明确的规定。

4.2 绑 扎 材 料

4.2.1~4.2.4 绑扎材料是保证竹脚手架受力性能和整体稳定性的关键部件,对于外观检查不合格和材质不合要求的绑扎材料严禁使用。尼龙绳和塑料绳绑扎的绑扣易于松脱,故不得使用。

4.2.5 绑扎材料经过一个单位工程使用周期后,其材料质量无法满足后续工程的使用要求。

4.2.6 为了确保绑扎牢固,规定绑扎材料不得接长使用。

4.3 脚 手 板

4.3.1、4.3.2 脚手板可因地制宜选用竹、木脚手板,但不得采用钢脚手板,脚手板应便于搬运。

4.4 安 全 网

4.4.1 从防火角度考虑,外墙脚手架的安全网宜采用阻燃型安全网,其纵横方向的续燃及阴燃时间不应大于 4s。

5 构 造 与 搭 设

5.1 一 般 规 定

5.1.1 根据竹脚手架的受力特点,分析影响竹脚手架承载能力的重要因素和使竹脚手架首先失稳的薄弱部位,从而为有效地提高竹脚手架安全工作能力找到切实可行的方法,即为从竹脚手架的绑扎连接和构造措施方面给予保证。

5.1.2 搭设竹脚手架用的竹杆,首先要满足材质要求、保证质量,其次要考虑经济适用。

5.1.3 竹脚手架搭设的形式,根据全国调研收集的资料和工程实践的总结,两种结构形式均有采用。

5.1.4 为防止立杆底端不均匀沉降引起某些立杆超载而危及脚手架的安全,竹脚手架底端应进行处理。根据土的开挖难易程度列出三种处理方法。第一种为一、二类为土,即松软土、普通土,第二种为三类土~五类土,即坚土、砂砾坚土、软石。第三种为六类土~八类土,即次坚石、坚石、特坚石。由于竹杆直径较大且架子搭设高度不超过 24m,根据全国调研收集的资料和工程实践的结果,这些处理方法是可行的。

对立杆、抛撑埋深的规定是在保证杆件埋设稳定的前提下,按一般习惯性做法而规定的。

为了便于操作,横向扫地杆距垫板上表面不超过 200mm,这个尺寸比扣件式钢管脚手架的略为放宽。

5.1.5 本条界定了满堂脚手架的地基承载力范围。

5.1.7 做好排水措施是防止雨水渗入影响立杆的稳定。

5.1.8 本条规定了底层顶撑底端的要求。

5.1.9 绑扎是保证脚手架受力性能和整体稳定性的关键，必须严格执行规范规定。单斜扣绑扎方法可参照双斜扣绑扎。

5.1.11 为了确保搭设施工的安全，明确了架子的搭设程序及自由端高度、加固杆件等的搭设要求。

5.1.12 非封闭的脚手架将大大降低脚手架的整体刚度，因此必须采取加密连墙件及设置横向支撑等与建筑物或构筑物加强拉结的措施。

5.1.13 连墙件是阻止脚手架发生横向变形、保证脚手架整体稳定的约束。连墙件的设置及其牢固可靠程度是防止脚手架倾覆或整体失稳的关键。

连墙件竖向间距增大，将使脚手架的稳定承载力降低，一般其他条件相同，连墙件竖向间距由 2 步距增大到 3 步距时，稳定承载力降低 20% 左右；连墙件竖向间距由 2 步距增大到 4 步距时，稳定承载力降低 30% 左右。连墙件的竖向间距直接影响立杆的纵距与步距。

5.1.14 连墙件布置的规定：

1 连墙件紧靠主节点设置能有效地阻止脚手架发生横向弯曲失稳或倾覆，若远离主节点设置连墙件，因立杆的抗弯刚度较差，将会由于立杆产生局部弯曲，减弱甚至起不到约束脚手架横向变形的作用；

2 由于第一步立杆所承受的轴向力最大，是保证脚手架稳定性的控制杆件；在第二步纵向水平杆处设连墙件，是从构造上保证脚手架立杆局部稳定性的重要措施之一；

3 若一字形、开口型脚手架两端不与主体结构相连，就相当于自由边界而成为薄弱环节；将其两端与主体结构加强连接，再加上横向斜撑的作用，可对这类脚手架提供较强的整体刚度。

5.1.15 连墙件的材料及构造应符合下列规定：

1 连墙件是防止脚手架横向倾覆的，要求连墙件既能抗拉又能抗压；

2 拉件和顶件分别具有抗拉和抗压的作用，必须配合使用，确保架体横向稳定。

5.2 双 排 脚 手 架

5.2.1 竹脚手架是由绑扎材料将立杆、纵向水平杆、横向水平杆连接而成的、有若干侧向约束的多层多跨框架。该框架节点刚度和杆件线刚度较差，由于它符合结构构成原则，所以能够有效地承受荷载作用。通过全国调研收集的资料和工程实践的总结以及竹脚手架整架试验、节点试验的分析结果，竹脚手架的杆件组成和节点连接是构成脚手架空间结构的保证。

双排竹脚手架的组成和搭设参数是根据全国调研收集的资料和竹脚手架试验结果确定的。横向水平杆在下时适用于竹笆脚手板，纵向水平杆在下时适用于竹串片脚手板。

5.2.2 到建筑物或构筑物顶端后，立杆外高里低既是为了便于操作，又能搭设外围护，保证安全。

立杆采用对接、插接连接，会对下步立杆造成破坏，因此严禁对接或插接。

对立杆的搭接规定是为了保证搭接接头的安全可靠，减小偏心及对正常传力带来的影响，确保施工的顺利进行。

5.2.3 纵向水平杆绑在立杆的里侧，一方面是为了减小横向水平杆的跨度，另一方面是为了增加立杆的稳定。杆件接长时，搭接处应头搭头，梢搭梢。

5.2.4 根据采取的脚手板的种类，规定了横向水平杆的布置形式及绑扎方式。

当横向水平杆承受脚手板传来的荷载时，它的稳定与否，直接影响到脚手架的正常使用和操作人员的安全，据此对其作出了明确规定。

主节点处的横向水平杆要与立杆绑牢，是为了增加立杆的承载能力和整体稳定；错开搁置在相邻立杆的不同侧面，且同立杆横向水平杆应保持在同一侧面，主要是为了保证整个架体受力均匀。

5.2.5 本条规定了顶撑的布置形式及绑扎方式。

5.2.7 剪刀撑的作用是使脚手架在纵向形成稳定结构，本条的各项要求都是为了保证脚手架的纵向稳定，以防止脚手架纵向变形发生整体倒塌而规定的。

对剪刀撑作用大小的分析表明：若连接立杆太少，则纵向支撑刚度较差，故对剪刀撑跨越立杆的跨数作了规定。

由于剪刀撑斜杆较长，如不固定在与之相交的立杆上，将会由于刚度不足先失去稳定。

5.2.8 脚手架设置水平斜撑、横向斜撑可提高脚手架的横向刚度，显著地提高脚手架的稳定承载力。

在脚手架搭设的高度较低时或暂时无法设置连墙件时，必须设置抛撑。

5.2.9~5.2.13 各地使用的脚手板种类较多，本规范尽可能将现有各种在用脚手板汇集起来列为附录A以供参考，但应按照适用、安全的要求进行选择。实际使用时，竹串片脚手板因不好掌握推车方向，易发生翻车事故，不宜用于有水平运输的脚手架。

对于铺设竹笆脚手板的搁栅设置规定是根据现场使用情况提出的。

规定脚手板的对接和搭接尺寸旨在限制探头板长度以防脚手板倾翻或滑脱。

5.2.15 底层留有门洞时，门洞上边所承受的荷载通过斜杆及纵向水平杆传递给门洞两侧的立杆，本条根据受力情况对门洞脚手架的搭设方法作出规定。

5.3 斜 道

5.3.2 一字形斜道水平长度宜控制在20m以内，若操作人员负重走得过长易于疲累。"之"字形斜道应设置平台。

5.3.3 根据人体行走和不易于劳累的条件，对坡度作了规定。考虑使用和安全，规定了最小平台面积，运料斜道及其对应的外架立杆采用双立杆加密。

5.3.4 为了考虑斜道的稳定而提出的要求。

5.3.5、5.3.6 这两条是必须遵守的安全措施。横向水平杆绑扎在斜平杆上的间距规定是根据受力要求而限制的。

5.4 满 堂 脚 手 架

5.4.1 满堂脚手架的高宽比大于2，其稳定性较差。

5.4.2 满堂脚手架的构造参数，是根据全国调研收集的资料，结合工程实践的经验做法作出的规定。

5.4.3 本条是按照构造要求对垫板作出的规定，方便执行。

5.4.4 本条是为了保证满堂架的整体稳定而提出来的，要求在脚手架四周及中间搭设纵横向剪刀撑。

5.5 烟囱、水塔脚手架

5.5.1 本条从立杆构造需要和保证受力合理两个方面对其布置作了规定，并对纵向和横向水平杆的布置及其间距作了规定，以确保架子的安全。

5.5.6 架子每面的外侧均需设置。

5.5.7 烟囱、水塔均为高耸构筑物，除满足脚手架的强度和稳定外，还应防止架子的扭转和遇风摇晃，提出了必须设置连墙件的要求。因烟囱、水塔结构上不能留有洞眼，因此提出在浇筑混凝土或砌筑时，预先埋入连墙件的连接件，再与连墙件连接。

5.5.8 规定栏杆的具体做法和安全网必须设置的位置和方法。

6 拆 除

6.0.1 竹脚手架拆除前应编制拆除专项施工方案，并作书面的安全技术交底。

6.0.2 明确拆除竹脚手架的准备工作。

6.0.3 本条明确规定了竹脚手架的拆除顺序及技术要求，有利于拆除中保证竹脚手架的整体稳定性。

6.0.5、6.0.6 规定了竹脚手架拆至下部三步架高以及分段拆除时，对架体加固措施。

6.0.7 规定拆下的杆件、脚手板严禁抛掷，应采取向下传递等的安全措施。

7 检 查 与 验 收

7.1 材料检查与验收

7.1.1~7.1.3 竹脚手架的承载能力受竹杆及绑扎材料的材质影响很大，破坏形式为脆性破坏，且不能补救，在材料的选择上非常重要，在这里对材料的检查与验收作明确规定。

7.2 竹脚手架检查与验收

7.2.2、7.2.3 规定了竹脚手架搭设时间及验收的人员及组织方法。

7.2.4 为提高施工企业管理水平，防患于未然，明确责任，提出了脚手架工程检查验收时应具备的文件。

7.2.6 所列的检查项目均为保证竹脚手架的强度、刚度、整体稳定性及使用安全。

7.2.7 根据工程施工经验，脚手架在使用过程中遇到本条所列情况，应加强检查。

7.2.8 对竹脚手架在拆除前的检查提出要求。

7.2.9 对表 7.2.9 的说明：

1 关于杆件的小头有效直径及杆件弯曲的允许偏差，是根据全国调研收集和工程实践的分析结果而确定。

2 关于立杆垂直度的允许偏差

立杆安装垂直度允许偏差值的规定，关系到脚手架的安全与承载能力的发挥。

通过对全国调研收集的有关立杆垂直度的数据用数理统计方法分析，将偏差数据按架高 5m 分档，逐档绘制了直方图。经研究，确定不同总高的脚手架在最后验收时的垂直度允许偏差值均为 100mm，如表 7.2.9 项次 4 的上半部表。在搭设过程中，每 5m 检查一次，其允许偏差按最后验收的相对比值计算而得。保证了最后的控制数值。从国内实测数据分析可知，所规定的允许偏差值是代表国内许多建筑企业搭设质量的平均先进水平的。

3 关于间距的允许偏差

根据现场实测调查，一般均可做到。

4 关于纵向水平杆高差的允许偏差

纵向水平杆水平度的允许偏差值关系到结构的承载力、施工安全（架上推车）等。根据现场实测调查，一般均可做到。

5 项次 8 是为了防止横向水平杆顶墙不便操作，故不允许有正偏差。

8 安全管理

8.0.1 竹脚手架操作系高空作业，偶尔的疏忽，随时会发生伤亡事故，因此规定安全生产责任制，责任落实到人，保证施工安全。项目安全生产责任制、安全生产规章制度和操作规程应包括消防安全制度、消防安全操作规程和火灾隐患整改制度。

8.0.3 架子工是特殊工种，本规定要求架子工上岗前应经过专业技术培训，取得《特种作业操作证》，持证上岗。

8.0.4 竹杆、脚手板为易燃材料，其堆放地点应与建筑物、火源保持适当的距离。

8.0.5 竹脚手架搭设的质量和工作的可靠性受竹材材质影响很大，防止竹杆弯曲变形、开裂、腐烂，保证竹篾质地新鲜、韧性好，应注意竹材的储放。

8.0.6 明确拆除竹脚手架期间作业区的警戒管理工作。

8.0.7 竹脚手架搭设时，不及时设置扫地杆（立杆底端埋入土中的可不设置）、连墙件、斜撑、抛撑、剪刀撑以及必要的缆绳和吊索，会对脚手架整体安全造成影响。

8.0.8 设置连墙件、剪刀撑是确保脚手架整体稳定性的重要措施，本条规定脚手架搭设到三步架高时，应随搭随设连墙件、剪刀撑等杆件，且不得随意拆除。

8.0.11 临街搭设、拆除竹脚手架时，容易造成坠物伤人，应采取必要的安全防护措施。

8.0.12 在竹脚手架使用期间拆除主节点处的纵、横向水平杆，纵、横向扫地杆，剪刀撑、顶撑、连墙件将危及竹脚手架的使用安全，本条明确规定在竹脚手架使用期间严禁拆除。

8.0.13 在脚手架基础及其邻近处进行挖掘作业，会影响立杆的稳定，容易造成立杆悬空、架体倾斜、甚至倒塌。

8.0.14 架体使用过程中超载会对脚手架的安全造成严重影响。

8.0.15 不得随意改变其结构和用途，严格控制竹脚手架的荷载。

8.0.16 应通过爬梯或斜道上下架体。

8.0.17 竹脚手架在使用期间的检查和修复是保证竹脚手架正常工作的关键。竹脚手架使用时间较长，设专人定期或不定期进行检查是十分必要的，以确保施工安全。

8.0.19 大风、大雾、大雨、大雪及冻雨等特殊情况对竹脚手架整体影响较大，同时对施工人员在脚手架上作业也造成不利影响，因此必须加以检查并采取相应措施后才能使用。

8.0.21 竹脚手架施工现场应每层设置简易的消防给水系统，同时配备必要的灭火器材。架体立面每 100m² 应配备两个 10L 灭火器材，并符合《建筑灭火器配置设计规范》GB 50140 的规定。

8.0.22 竹材为易燃材料，进行电焊、机械切割作业必须有相应的防火措施。电焊、机械切割作业时，应配置灭火器材。作业层脚手架内立杆与建筑物之间应封闭，电焊及机械切割产生的火花及焊渣溅落范围内应铺设阻燃材料，并设专人监护。清除电焊、机械切割作业产生的可燃物质。作业完毕，要留有充足时间观察，确认无引火点后，方可离去。

8.0.23 严格执行临时动火作业"三级"审批制度，领取动火作业许可证后方可动火。在竹脚手架上不应进行明火作业，以免点燃竹脚手架和脚手板。

8.0.24 本条明确规定了卤钨灯的安全使用距离。

中华人民共和国行业标准

建筑施工临时支撑结构技术规范

Technical code for temporary support structures in construction

JGJ 300 — 2013

批准部门：中华人民共和国住房和城乡建设部
施行日期：2 0 1 4 年 1 月 1 日

中华人民共和国住房和城乡建设部
公　告

第 62 号

住房城乡建设部关于发布行业标准
《建筑施工临时支撑结构技术规范》的公告

现批准《建筑施工临时支撑结构技术规范》为行业标准，编号为 JGJ 300‑2013，自 2014 年 1 月 1 日起实施。其中，第 7.1.1、7.1.3、7.7.2 条为强制性条文，必须严格执行。

本规范由我部标准定额研究所组织中国建筑工业出版社出版发行。

中华人民共和国住房和城乡建设部

2013 年 6 月 24 日

前　　言

根据住房和城乡建设部《关于印发〈2008 年工程建设标准规范制订、修订计划（第一批）〉的通知》（建标［2008］102 号）的要求，标准编制组在广泛深入调查研究、认真总结实践经验、通过大量试验验证、参考有关国际标准和国外先进标准以及国内相关标准，并与相关标准规范相互协调的基础上，编制本规范。

本规范的主要技术内容是：1. 总则；2. 术语、符号；3 基本规定；4. 结构设计计算；5. 构造要求；6. 特殊支撑结构；7. 施工；8. 监测等。

本规范中以黑体字标志的条文为强制性条文，必须严格执行。

本规范由住房和城乡建设部负责管理和对强制性条文的解释，由中国建筑一局（集团）有限公司负责具体技术内容的解释。在执行过程中如有意见和建议，请寄送中国建筑一局（集团）有限公司（北京西四环南路 52 号中建一局大厦 A 座 1311 室，邮编：100161）。

本 规 范 主 编 单 位：中国建筑一局（集团）有限公司
　　　　　　　　　　　中国建筑股份有限公司
本 规 范 参 编 单 位：浙江大学
　　　　　　　　　　　西安建筑科技大学

四川华通建筑科技有限公司

上海宝冶集团有限公司

杭州二建建设有限公司

九江信华建设集团有限公司

中建一局集团第五建筑有限公司

中建一局华江建设有限公司

苏州科技学院

中建一局集团第二建筑有限公司

中建一局集团第三建筑有限公司

中建三局建设工程股份有限公司

本规范主要起草人员： 肖绪文　吴月华　陈　红　罗尧治　施炳华　薛　刚
　　　　　　　　　　　张晶波　郑延丰　李　钟　李志华　胡长明　董佩玲
　　　　　　　　　　　沈　勤　张国庆　帅长敏　程　坚　沈雁彬　刘嘉茵
　　　　　　　　　　　赵俭学　陈　娣　李松岷　张培建　周思钰　孙无二
　　　　　　　　　　　杜荣军　余宗明　杨旭东　杨焕宝

本规范主要审查人员： 杨嗣信　孙振声　张元勃　董　良　潘延平　姜传库
　　　　　　　　　　　汪道金　焦安亮　马荣全　金　睿　张有闻　秦桂娟

目　　次

Contents

1 总 则

1.0.1 为在建筑施工临时支撑结构的设计和施工中，贯彻执行国家现行的法律、法规，做到技术先进、设计合理、经济适用、安全可靠，制定本规范。

1.0.2 本规范适用于在建筑施工中用钢管脚手架搭设的建筑施工临时支撑结构的设计、施工与监测。

1.0.3 建筑施工临时支撑结构的设计、施工和监测除应符合本规范外，尚应符合国家现行有关标准的规定。

2 术语、符号

2.1 术 语

2.1.1 临时支撑结构 temporary support structure

为建筑施工临时搭设的由立杆、水平杆及斜杆等构配件组成的支撑结构，简称支撑结构。

2.1.2 扣件式钢管支撑结构 steel tubular support structure with couplers

采用钢管和扣件连接搭设的支撑结构。

2.1.3 碗扣式钢管支撑结构 steel tubular support structure with buckle bowls

采用钢管和碗扣连接搭设的支撑结构。

2.1.4 承插式钢管支撑结构 steel tubular support structure with disk locks

采用钢管和承插件连接搭设的支撑结构，包括盘扣式和盘销式等。

2.1.5 框架式支撑结构 frame support structure

由立杆与水平杆等构配件组成，节点具有一定转动刚度的支撑结构，包括无剪刀撑框架式支撑结构和有剪刀撑框架式支撑结构。

2.1.6 单元框架 frame unit

由纵向和横向竖向剪刀撑围成的矩形单元结构。

2.1.7 单元桁架 truss unit

由4根立杆、水平杆及竖向斜杆等组成的几何稳定的矩形单元结构。

2.1.8 桁架式支撑结构 truss support structure

单元桁架间通过连系杆组成的支撑结构。

2.1.9 悬挑支撑结构 cantilevered support structure

水平桁架支承在框架式或桁架式支撑结构上，且水平桁架一端为悬臂的支撑结构。

2.1.10 跨空支撑结构 bridge support structure

水平桁架的两端均支承在框架式或桁架式支撑结构上，且中间部位为跨空的支撑结构。

2.1.11 节点转动刚度 rotational stiffness of joint

支撑结构中的立杆与水平杆连接节点发生单位转角（弧度制）所需弯矩值。

2.2 符 号

2.2.1 荷载、荷载效应

G_{2k}——支撑结构自重标准值；

M——立杆或水平杆的弯矩设计值；

M_{LK}——风荷载直接作用于立杆引起的立杆局部弯矩标准值；

M_{TK}——风荷载作用于无剪刀撑框架式支撑结构引起的立杆弯矩标准值；

M_{WK}——风荷载引起的立杆弯矩标准值；

$\overline{M}$——单元桁架的弯矩设计值；

N——立杆轴力设计值；

N'_{E}——立杆的欧拉临界力；

N_{GK}——永久荷载引起的立杆轴力标准值；

N_{QK}——施工荷载引起的立杆轴力标准值；

N_{WK}——风荷载引起的立杆轴力标准值；

N_{s}——跨空支撑结构中落地部分的立杆附加轴力设计值；

N_{t}——悬挑支撑结构中落地部分的立杆附加轴力设计值；

$\overline{N}$——单元桁架的轴力设计值；

$\overline{N}'_{E}$——单元桁架的欧拉临界力；

R——水平杆剪力设计值；

g_{k}——支撑结构自重标准值与受风面积的比值；

p——立杆基础底面处的平均压力设计值；

p_{s}——跨空支撑结构中跨空部分的竖向荷载设计值（含跨空部分自重）；

$p_{s,max}$——跨空支撑结构中跨空部分的竖向荷载限值；

p_{t}——悬挑支撑结构中悬挑部分的竖向荷载设计值（含悬挑部分自重）；

$p_{t,max}$——悬挑支撑结构中悬挑部分的竖向荷载限值；

p_{wk}——风荷载的线荷载标准值；

w_{k}——风荷载标准值；

w_{0}——基本风压；

ψ_{Q}——可变荷载组合值系数；

β_{z}——高度 z 处的风振系数；

γ_{G}——永久荷载分项系数；

γ_{Q}——可变荷载分项系数；

μ_{s}——支撑结构风荷载体型系数；

μ_{stw}——按桁架确定的支撑结构风荷载体型系数；

μ_{z}——风压高度变化系数；

ϕ——挡风系数。

2.2.2 材料设计指标

E——钢材弹性模量；

V_R——节点抗剪承载力设计值；

f——钢材强度设计值；

f_{ak}——地基承载力特征值；

f_g——地基承载力设计值。

2.2.3 几何参数

A——杆件截面积；

A_g——立杆基础底面积；

$\overline{A}$——单元桁架的等效截面积；

B——支撑结构横向宽度；

B_s——跨空支撑结构中的跨空部分跨度；

B_t——悬挑支撑结构中的悬挑部分长度；

H——支撑结构高度；

H_l——特殊支撑结构中的落地部分高度；

H_s——跨空支撑结构中的跨空部分高度；

H_t——悬挑支撑结构中的悬挑部分高度；

I——杆件的截面惯性矩；

I_1——水平杆的截面惯性矩；

L——支撑结构纵向长度；

W——杆件截面模量；

$\overline{W}$——单元桁架的等效截面模量；

a——木垫板或木脚手板宽度；

b——沿木垫板或木脚手板铺设方向的相邻立杆间距；

h——立杆步距；

h_1——扫地杆高度；

h_2——悬臂长度；

i——杆件截面回转半径；

$\overline{i}$——单元桁架的等效截面回转半径；

l_a——立杆纵向间距；

l_b——立杆横向间距；

l_{max}——l_a、l_b 中的较大值；

l_{min}——l_a、l_b 中的较小值；

l_x——单元框架中立杆的 x 向间距；

l_y——单元框架中立杆的 y 向间距；

l_0——立杆计算长度；

n_b——立杆横向跨数；

n_s——跨空支撑结构中落地部分靠近跨空部分宽度 B_s 内的立杆跨数；

n_t——悬挑支撑结构中落地部分靠近悬挑部分宽度 $2B_t$ 内的立杆跨数；

n_{wa}——单元框架的纵向跨数；

n_x——单元框架的 x 向跨数；

n_z——立杆步数；

Φ——钢管外径；

ν——挠度；

$[\nu]$——受弯构件容许挠度。

2.2.4 计算系数

K——框架式支撑结构的刚度比；

k——框架式支撑结构的节点转动刚度；

k_c——地基承载力调整系数；

α_1——扫地杆高度 h_1 与步距 h 之比；

α_2——悬臂长度 h_2 与步距 h 之比；

α——α_1、α_2 中的较大值；

α_x——单元框架 x 向间距与步距 h 之比；

β_H——单元框架计算长度的高度修正系数；

β_a——单元框架计算长度的扫地杆高度与悬臂长度修正系数；

η_s——跨空支撑结构的附加轴力系数；

η_t——悬挑支撑结构的附加轴力系数；

λ——计算长细比；

$\bar{\lambda}$——单元桁架的等效长细比；

μ——立杆计算长度系数；

φ——构件的稳定系数；

$\bar{\varphi}$——单元桁架的稳定系数；

φ'——单元框架中加密区立杆的稳定系数。

3 基 本 规 定

3.0.1 支撑结构可分为框架式和桁架式。

3.0.2 支撑结构的承载能力计算应采用荷载效应基本组合；变形计算应采用荷载效应标准组合。

3.0.3 支撑结构所使用的构配件宜选用标准定型产品。

3.0.4 支撑结构地基应坚实可靠。当地基土不均匀时，应进行处理。

3.0.5 支撑结构应与既有结构做可靠连接。

3.0.6 施工前，应按有关规定编制、评审和审批施工方案，并应进行技术交底。

4 结构设计计算

4.1 一般规定

4.1.1 框架式支撑结构应采用半刚性节点连接的框架计算模型；桁架式支撑结构应采用铰接节点连接的桁架计算模型。

4.1.2 支撑结构的设计应包括下列内容：

1 水平杆设计计算；

2 构件长细比验算；

3 稳定性计算；

4 抗倾覆验算；

5 地基承载力验算。

4.1.3 支撑结构受压构件的长细比不应大于180；受拉构件及剪刀撑等一般连系构件的长细比不应大于250。

4.1.4 框架式支撑结构的节点转动刚度值 k 应按表4.1.4的规定取值，其他形式节点的转动刚度可通过试验确定。

表 4.1.4 节点转动刚度值 k

节点形式	k（kN·m/rad）
扣件式	35
碗扣式	25
承插式	20

4.1.5 钢材的强度设计值与弹性模量应按本规范表4.1.5取值。

表 4.1.5 钢材的强度设计值和弹性模量（N/mm²）

钢材抗拉、抗压、抗弯强度设计值 f	Q345 钢	300
	Q235 钢	205
弹性模量 E		2.06×10^5

4.1.6 对支撑结构不规则、荷载不均匀等情况，应另行设计计算。

4.2 荷载与效应组合

4.2.1 作用于支撑结构的荷载可分为永久荷载与可变荷载。

4.2.2 永久荷载可包括下列内容：

1 被支撑的结构自重（G_1）；

2 支撑结构自重（G_2）：包括立杆、纵向水平杆、横向水平杆、剪刀撑、斜杆和它们之间连接件等的自重；

3 其他材料自重（G_3）：包括脚手板、栏杆、挡脚板和安全网等防护设施的自重。

4.2.3 可变荷载可包括下列内容：

1 施工荷载（Q_1）；

2 风荷载（Q_2）；

3 泵送混凝土或不均匀堆载等因素产生的附加水平荷载（Q_3）。

4.2.4 永久荷载标准值应符合下列规定：

1 被支撑的结构自重（G_1）的标准值应按实际重量计算；

2 支撑结构自重（G_2）的标准值应按实际支撑结构重量计算；

3 其他材料自重（G_3）的标准值：脚手板自重标准值应按表4.2.4-1采用；栏杆与挡脚板自重标准值应按表4.2.4-2采用；支撑结构上的安全设施的荷载应按实际情况采用，密目式安全立网均布荷载标准值不应低于0.01kN/m²。

表 4.2.4-1 脚手板自重标准值

类　　别	标准值（kN/m²）
冲压钢脚手板	0.30
竹串片脚手板	0.35
木脚手板	0.35
竹笆脚手板	0.10

表 4.2.4-2 栏杆、挡脚板自重标准值

类　　别	标准值（kN/m）
栏杆、冲压钢脚手板挡板	0.16
栏杆、竹串片脚手板挡板	0.17
栏杆、木脚手板挡板	0.17

4.2.5 可变荷载标准值应符合下列规定：

1 施工荷载（Q_1）的标准值不应低于表4.2.5-1的规定。

表 4.2.5-1 施工荷载标准值

类　　别	标准值（kN/m²）
模板支撑结构	2.5
钢结构施工支撑结构	3
其他支撑结构	根据实际情况确定，不小于2

2 风荷载（Q_2）的标准值，应按下式计算：

$$w_k = \beta_z \mu_s \mu_z w_0 \qquad (4.2.5)$$

式中：w_k——风荷载标准值（N/mm²）；

β_z——高度 z 处的风振系数，应按现行国家标准《建筑结构荷载规范》GB 50009规定采用；

w_0——基本风压（N/mm²），应按现行国家标准《建筑结构荷载规范》GB 50009规定采用，取重现期 $n=10$ 对应的风压值；

μ_z——风压高度变化系数，应按现行国家标准《建筑结构荷载规范》GB 50009规定采用；

μ_s——支撑结构风荷载体型系数，应按本规范表4.2.5-2的规定采用。

表4.2.5-2　支撑结构风荷载体型系数 μ_s

背靠建筑物状况		全封闭墙	敞开、框架和开洞墙
支撑结构状况	全封闭、半封闭	1.0ϕ	1.3ϕ
	敞　开	μ_{stw}	

注：1　μ_{stw}值可将支撑结构视为桁架，按现行国家标准《建筑结构荷载规范》GB 50009的规定计算；
　　2　ϕ为挡风系数，$\phi = 1.2A_n/A_w$，其中A_n为挡风面积，A_w为迎风面积；
　　3　全封闭：沿支撑结构外侧全高全长用密目网封闭；
　　4　半封闭：沿支撑结构外侧全高全长用密目网封闭30%～70%；
　　5　敞开：沿支撑结构外侧全高全长无密目网封。

3　密目式安全立网全封闭支撑结构挡风系数 ϕ 不宜小于0.8；

4　泵送混凝土或不均匀堆载等因素产生的附加水平荷载（Q_3）的标准值应符合现行国家标准《混凝土结构工程施工规范》GB 50666的有关规定。

4.2.6　荷载分项系数应按表4.2.6确定。

表4.2.6　荷载分项系数

序号	验算项目		荷载分项系数	
			永久荷载 γ_G	可变荷载 γ_Q
1	稳定性验算 强度验算	永久荷载控制	1.35	1.4
		可变荷载控制	1.2	1.4
2	倾覆验算	倾覆	1.35	1.4
		抗倾覆	0.9	0
3	变形验算		1.0	1.0

4.2.7　支撑结构设计时应取最不利荷载计算，参与支撑结构计算的各项荷载组合应符合表4.2.7规定。

表4.2.7　参与支撑结构计算的各项荷载组合

计 算 内 容	荷 载 效 应 组 合
水平杆内力计算 水平杆变形计算 节点剪力计算	永久荷载(G_1，G_2，G_3)＋施工荷载(Q_1)
立杆内力计算 立杆基础底面处的平均压力计算 单元桁架内力计算	永久荷载(G_1，G_2，G_3)＋施工荷载(Q_1) 永久荷载(G_1，G_2，G_3)＋ 0.9[施工荷载(Q_1)＋风荷载(Q_2)]

注：表中"＋"仅表示各项荷载参与组合，而不代表数相加。

4.3　水平杆设计计算

4.3.1　当水平杆承受外荷载时，应进行水平杆的抗弯强度验算、变形验算及水平杆端部节点的抗剪强度验算。

4.3.2　水平杆抗弯强度验算应按下式计算：

$$\sigma = \frac{M}{W} \leqslant f \qquad (4.3.2)$$

式中：M——水平杆弯矩设计值（N·mm），应按本规范第4.3.5条计算；

$\quad\quad W$——杆件截面模量（mm^3）；

$\quad\quad f$——钢材强度设计值（N/mm^2），应按本规范表4.1.5采用。

4.3.3 节点抗剪强度验算应符合下式要求：

$$R \leqslant V_R \qquad (4.3.3)$$

式中：R——水平杆剪力设计值（N）；

$\quad\quad V_R$——节点抗剪承载力设计值，应按表4.3.3确定。

表4.3.3 节点抗剪承载力设计值 V_R

节点类型		V_R（kN）
扣件节点	单扣件	8
	双扣件	12
碗扣节点		60
承插节点		40

4.3.4 水平杆变形验算应符合下式要求：

$$\nu \leqslant [\nu] \qquad (4.3.4)$$

式中：ν——挠度（mm），应按本规范第4.3.5条计算；

$\quad\quad [\nu]$——受弯构件容许挠度，为跨度的 1/150 和 10mm 中的较小值。

4.3.5 水平杆的弯矩与挠度计算应符合下列规定：

1 对水平杆为连续的支撑结构，当连续跨数超过三跨时宜按三跨连续梁计算；当连续跨数小于三跨时，应按实际跨连续梁计算。对水平杆不连续的支撑结构，应按单跨简支梁计算。

2 当计算纵向水平杆时，跨度宜取立杆纵向间距（l_a），当计算横向水平杆时，跨度宜取立杆横向间距（l_b）。

4.4 稳 定 性 计 算

4.4.1 无剪刀撑框架式支撑结构应按本规范公式（4.4.4-1）或公式（4.4.4-2）进行立杆稳定性计算。

4.4.2 有剪刀撑框架式支撑结构应进行稳定性验算。当不组合风荷载时，应按本规范公式（4.4.4-1）对单元框架进行立杆稳定性计算；当组合风荷载时，还应按本规范公式（4.4.4-2）进行立杆局部稳定性计算。

4.4.3 桁架式支撑结构应对单元桁架进行稳定性验算，并应符合下列规定：

1 单元桁架的局部稳定性应按本规范公式（4.4.4-1）或公式（4.4.4-2）进行立杆稳定性验算；

2 单元桁架的整体稳定性应按本规范第4.4.13条进行计算。符合下列情况之一时，可不进行单元桁架的整体稳定性验算：

1） 支撑结构通过连墙件与既有结构做可靠连接时；

2） 当支撑结构的单元桁架按照本规范第 5.3.2 条中的梅花形布置时。

4.4.4 立杆稳定性计算公式应符合下列规定：

1 不组合风荷载时：

$$\frac{N}{\varphi A} \leqslant f \tag{4.4.4-1}$$

2 组合风荷载时：

$$\frac{N}{\varphi A} + \frac{M}{W\left(1 - 1.1\varphi \dfrac{N}{N'_{\mathrm{E}}}\right)} \leqslant f \tag{4.4.4-2}$$

式中：N——立杆轴力设计值（N），应按本规范第 4.4.5 条计算；

$\quad\quad \varphi$——轴心受压构件的稳定系数，应根据长细比 λ 按本规范附录 A 取值；

$\quad\quad A$——杆件截面积（mm^2）；

$\quad\quad f$——钢材的抗压强度设计值（$\mathrm{N/mm}^2$）；

$\quad\quad M$——立杆弯矩设计值（N·mm），应按本规范第 4.4.7 条计算；

$\quad\quad W$——杆件截面模量（mm^3）；

$\quad\quad N'_{\mathrm{E}}$——立杆的欧拉临界力（N），$N'_{\mathrm{E}} = \dfrac{\pi^2 EA}{\lambda^2}$；

$\quad\quad \lambda$——计算长细比，$\lambda = l_0/i$；

$\quad\quad l_0$——立杆计算长度（mm），应按本规范第 4.4.9～第 4.4.11 条计算；

$\quad\quad i$——杆件截面回转半径（mm）；

$\quad\quad E$——钢材弹性模量（$\mathrm{N/mm}^2$）。

4.4.5 立杆轴力设计值（N）应按下列公式计算：

1 不组合风荷载时：

$$N = \gamma_{\mathrm{G}} N_{\mathrm{GK}} + \gamma_{\mathrm{Q}} N_{\mathrm{QK}} \tag{4.4.5-1}$$

2 组合风荷载时：

$$N = \gamma_{\mathrm{G}} N_{\mathrm{GK}} + \psi_{\mathrm{Q}} \gamma_{\mathrm{Q}} (N_{\mathrm{QK}} + N_{\mathrm{WK}}) \tag{4.4.5-2}$$

式中：N_{GK}——永久荷载引起的立杆轴力标准值（N）；

$\quad\quad N_{\mathrm{QK}}$——施工荷载引起的立杆轴力标准值（N）；

$\quad\quad N_{\mathrm{WK}}$——风荷载引起的立杆轴力标准值（N），应按本规范第 4.4.6 条计算；

$\quad\quad \gamma_{\mathrm{G}}$——永久荷载分项系数；

$\quad\quad \gamma_{\mathrm{Q}}$——可变荷载分项系数；

$\quad\quad \psi_{\mathrm{Q}}$——可变荷载组合值系数，取 0.9。

4.4.6 风荷载作用于支撑结构，引起的立杆轴力标准值（N_{WK}）应按下列公式计算：

1 无剪刀撑框架式支撑结构：

$$N_{\mathrm{WK}} = \frac{p_{\mathrm{wk}} H^2}{2B} \tag{4.4.6-1}$$

2 有剪刀撑框架式支撑结构：

$$N_{\mathrm{WK}} = \frac{n_{\mathrm{wa}} p_{\mathrm{wk}} H^2}{2B} \tag{4.4.6-2}$$

3 桁架式支撑结构中的单元桁架按本规范第 5.3.2 条组合时：

图 5.3.2（a）矩阵形组合时：

$$N_{WK} = \frac{p_{wk}H^2}{B} \tag{4.4.6-3}$$

图 5.3.2（b）梅花形组合时：

$$N_{WK} = \frac{3p_{wk}l_b H^2}{B^2} \tag{4.4.6-4}$$

式中：p_{wk} ——风荷载的线荷载标准值（N/mm），$p_{wk} = w_k l_a$；

H ——支撑结构高度（mm）；

B ——支撑结构横向宽度（mm）；

n_{wa} ——单元框架的纵向跨数；

w_k ——H 高度处风荷载标准值（N/mm²），应按本规范第 4.2.5 条计算；

l_a ——立杆纵向间距（mm）；

l_b ——立杆横向间距（mm）。

4.4.7 立杆弯矩设计值（M）应按下列公式计算：

$$M = \gamma_Q M_{WK} \tag{4.4.7-1}$$

1 有剪刀撑框架式支撑结构、桁架式支撑结构：

$$M_{WK} = M_{LK} \tag{4.4.7-2}$$

2 无剪刀撑框架式支撑结构：

$$M_{WK} = M_{LK} + M_{TK} \tag{4.4.7-3}$$

其中

$$M_{LK} = \frac{p_{wk}h^2}{10} \tag{4.4.7-4}$$

$$M_{TK} = \frac{p_{wk}hH}{2(n_b + 1)} \tag{4.4.7-5}$$

式中：γ_Q ——可变荷载分项系数；

M_{WK} ——风荷载引起的立杆弯矩标准值（N·mm）；

M_{LK} ——风荷载直接作用于立杆引起的立杆局部弯矩标准值（N·mm）；

M_{TK} ——风荷载作用于无剪刀撑框架式支撑结构引起的立杆弯矩标准值（N·mm）；

h ——立杆步距（mm）；

n_b ——支撑结构立杆横向跨数。

4.4.8 当支撑结构通过连墙件与既有结构做可靠连接时，可不考虑风荷载作用于支撑结构引起的立杆轴力（N_{WK}）和弯矩（M_{TK}）。

4.4.9 无剪刀撑框架式支撑结构的立杆稳定性验算时，立杆计算长度（l_0）应按下式计算：

$$l_0 = \mu h \tag{4.4.9}$$

式中：μ——立杆计算长度系数，应按本规范附录 B 表 B-1 或表 B-2 取值。

4.4.10 有剪刀撑框架式支撑结构中的单元框架稳定性验算时，立杆计算长度（l_0）应按下式计算：

$$l_0 = \beta_H \beta_a \mu h \tag{4.4.10}$$

式中：μ——立杆计算长度系数，应按本规范附录 B 表 B-3 或表 B-4 取值；

β_a——扫地杆高度与悬臂长度修正系数，应按本规范附录 B 表 B-5 或表 B-6 取值；

β_H——高度修正系数，应按表 4.4.10 取值。

表 4.4.10 单元框架计算长度的高度修正系数 β_H

H	5	10	20	30	40
β_H	1.00	1.11	1.16	1.19	1.22

4.4.11 有剪刀撑框架式支撑结构和桁架式支撑结构的单元桁架在进行局部稳定性验算时，立杆计算长度（l_0）应按下式计算：

$$l_0 = (1 + 2\alpha)h \tag{4.4.11}$$

式中：α——为 α_1、α_2 中的较大值；

α_1——扫地杆高度 h_1 与步距 h 之比；

α_2——悬臂长度 h_2 与步距 h 之比。

4.4.12 有剪刀撑框架式支撑结构当单元框架进行加密时（图 4.4.12），加密区立杆的稳定系数（φ'）应按下列公式计算：

1 立杆步距不加密时：

$$\varphi' = 0.8\varphi \tag{4.4.12-1}$$

2 立杆步距加密时：

$$\varphi' = 1.2\varphi \tag{4.4.12-2}$$

式中：φ——未加密时立杆的稳定系数；

φ'——加密区立杆的稳定系数。

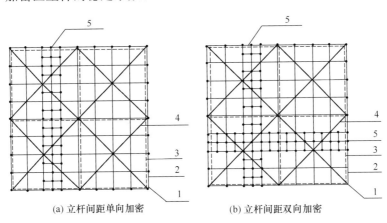

(a) 立杆间距单向加密　　　　(b) 立杆间距双向加密

图 4.4.12 有剪刀撑框架式支撑结构的立杆加密平面图
1—立杆；2—水平杆；3—竖向剪刀撑；4—水平剪刀撑；5—加密区

4.4.13 桁架式支撑结构中的单元桁架整体稳定性验算应按下列公式计算：

1 不组合风荷载时：

$$\frac{\overline{N}}{\overline{\varphi}\overline{A}} \leqslant f \qquad (4.4.13\text{-}1)$$

2 组合风荷载时：

$$\frac{\overline{N}}{\overline{\varphi}\overline{A}} + \frac{\overline{M}}{\overline{W}\left(1 - 1.1\overline{\varphi}\dfrac{\overline{N}}{\overline{N}'_{E}}\right)} \leqslant f \qquad (4.4.13\text{-}2)$$

其中

$$\overline{N} = 4N \qquad (4.4.13\text{-}3)$$

$$\overline{M} = \gamma_{Q}\frac{2p_{wk}l_{b}H^2}{B} \qquad (4.4.13\text{-}4)$$

式中：$\overline{N}$——单元桁架的轴力设计值（N）；

$\overline{\varphi}$——单元桁架的稳定系数，应根据等效长细比 $\overline{\lambda}$ 按本规范附录 A 取值；

$\overline{A}$——单元桁架的等效截面积（mm²），$\overline{A} = 4A$；

$\overline{M}$——单元桁架的弯矩设计值（N·mm）；

$\overline{W}$——单元桁架的等效截面模量（mm³），$\overline{W} = 2Al_{min}$；

$\overline{N}'_{E}$——单元桁架的欧拉临界力（N），$\overline{N}'_{E} = \dfrac{\pi^2 E\overline{A}}{\overline{\lambda}^2}$；

N——立杆轴力设计值（N），应按本规范公式（4.4.5-1）计算；

$\overline{\lambda}$——单元桁架的等效长细比，$\overline{\lambda} = 2H/\overline{i}$；

$\overline{i}$——单元桁架的等效截面回转半径（mm），$\overline{i} = l_{min}/2$；

l_{min}——立杆纵向间距 l_a、横向间距 l_b 中的较小值（mm）。

4.5 支撑结构抗倾覆验算

4.5.1 抗倾覆验算应符合下式要求：

$$\frac{H}{B} \leqslant 0.54\frac{g_{k}}{w_{k}} \qquad (4.5.1)$$

式中：g_{k}——支撑结构自重标准值与受风面积的比值（N/mm²），$g_{k} = \dfrac{G_{2K}}{LH}$；

G_{2K}——支撑结构自重标准值（N）；

L——支撑结构纵向长度（mm）；

B——支撑结构横向宽度（mm）；

H——支撑结构高度（mm）；

w_{k}——风荷载标准值（N/mm²），应按本规范第 4.2.5 条计算。

4.5.2 符合下列情况之一时，可不进行支撑结构的抗倾覆验算：

1 支撑结构与既有结构有可靠连接时；

2 支撑结构高度（H）小于或等于支撑结构横向宽度（B）的 3 倍时。

4.6 地基承载力验算

4.6.1 支撑结构立杆基础底面的平均压力应符合下式要求：

$$p \leqslant f_g \qquad (4.6.1)$$

式中：p——立杆基础底面的平均压力设计值（N/mm^2），$p = \dfrac{N}{A_g}$；

N——支撑结构传至立杆基础底面的轴力设计值（N）；

f_g——地基承载力设计值（N/mm^2）；

A_g——立杆基础底面积（mm^2）。

4.6.2 支撑结构地基承载力应符合下列规定：

1 支承于地基土上时，地基承载力设计值应按下式计算：

$$f_g = k_c f_{ak} \qquad (4.6.2)$$

式中：f_{ak}——地基承载力特征值。岩石、碎石土、砂土、粉土、黏性土及回填土地基的承载力特征值，应按现行国家标准《建筑地基基础设计规范》GB 50007 的规定确定；

k_c——支撑结构的地基承载力调整系数，宜按表 4.6.2 确定。

表 4.6.2 地基承载力调整系数 k_c

地基类别	岩石，混凝土	黏性土、粉土	碎石土、砂土、回填土
k_c	1.0	0.5	0.4

2 当支承于结构构件上时，应按现行国家标准《混凝土结构设计规范》GB 50010 或《钢结构设计规范》GB 50017 的有关规定对结构构件承载能力和变形进行验算。

4.6.3 立杆基础底面积（A_g）的计算应符合下列规定：

1 当立杆下设底座时，立杆基础底面积（A_g）取底座面积；

2 当在夯实整平的原状土或回填土上的立杆，其下铺设厚度为 50mm～60mm、宽度不小于 200mm 的木垫板或木脚手板时，立杆基础底面积可按下式计算：

$$A_g = ab \qquad (4.6.3)$$

式中：A_g——立杆基础底面积（mm^2），不宜超过 $0.3m^2$；

a——木垫板或木脚手板宽度（mm）；

b——沿木垫板或木脚手板铺设方向的相邻立杆间距（mm）。

5 构 造 要 求

5.1 一 般 规 定

5.1.1 支撑结构搭设高度宜符合下列规定：

1 框架式支撑结构搭设高度不宜大于 40m；当搭设高度大于 40m 时，应另行设计；

2 桁架式支撑结构搭设高度不宜大于 50m；当搭设高度大于 50m 时，应另行设计。

5.1.2 支撑结构的地基应符合下列规定：

1 搭设场地应坚实、平整，并应有排水措施；

2 支撑在地基土上的立杆下应设具有足够强度和支撑面积的垫板；

3 混凝土结构层上宜设可调底座或垫板；

4 对承载力不足的地基土或楼板，应进行加固处理；

5 对冻胀性土层，应有防冻胀措施；

6 湿陷性黄土、膨胀土、软土应有防水措施。

5.1.3 立杆宜符合下列规定：

1 起步立杆宜采用不同长度立杆交错布置；

2 立杆的接头宜采用对接。

5.1.4 支撑结构应设置纵向和横向扫地杆，且宜符合下列规定：

1 对扣件式支撑结构，扫地杆高度（h_1）不宜超过 200mm；

2 对碗扣式支撑结构，扫地杆高度（h_1）不宜超过 350mm；

3 对承插式支撑结构，扫地杆高度（h_1）不宜超过 550mm。

5.1.5 支撑结构顶端可调托撑伸出顶层水平杆的悬臂长度（h_2）应符合下列规定：

1 悬臂长度（h_2）不宜大于 500mm；

2 可调托撑螺杆伸出长度不应超过 300mm，插入立杆内的长度不应小于 150mm（图 5.1.5）；

3 可调托撑螺杆外径与立杆钢管内径的间隙不宜大于 3mm，安装时上下应同轴；

4 可调托撑上的主龙骨（支撑梁）应居中。

5.1.6 当有既有结构时，支撑结构应与既有结构可靠连接，并宜符合下列规定：

1 竖向连接间隔不宜超过 2 步，优先布置在水平剪刀撑或水平斜杆层处；

2 水平方向连接间隔不宜超过 8m；

3 附柱（墙）拉结杆件距支撑结构主节点宜不大于 300mm；

4 当遇柱时，宜采用抱柱连接措施（图 5.1.6）。

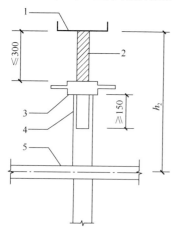

图 5.1.5 可调托座伸出立杆
顶层水平杆的悬臂长度

1—可调托座；2—螺杆；3—调节螺母；
4—立杆；5—顶层水平杆

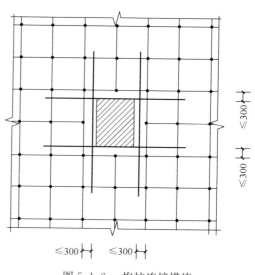

图 5.1.6 抱柱连接措施

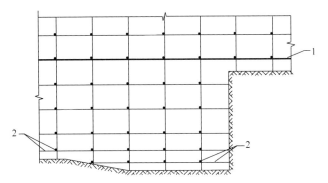

图 5.1.7 不同标高扫地杆布置图
1—拉通扫地杆；2—扫地杆

5.1.7 在坡道、台阶、坑槽和凸台等部位的支撑结构，应符合下列规定：

1 支撑结构地基高差变化时，在高处扫地杆应与此处的纵横向水平杆拉通（图 5.1.7）；

2 设置在坡面上的立杆底部应有可靠的固定措施。

5.1.8 当支撑结构高宽比大于 3，且四周无可靠连接时，宜在支撑结构上对称设置缆风绳或采取其他防止倾覆的措施。

5.1.9 支撑结构应采取防雷接地措施，并应符合国家相关标准的规定。

5.2 框架式支撑结构构造

5.2.1 竖向剪刀撑布置应符合下列规定：

1 框架式支撑结构应在纵向、横向分别布置竖向剪刀撑（图 5.2.1），剪刀撑布置宜均匀对称。竖向剪刀撑间隔不应大于 6 跨，每个剪刀撑的跨数不应超过 6 跨，剪刀撑倾斜角度宜在 45°～60°之间，支撑结构外围应设置连续封闭的剪刀撑；

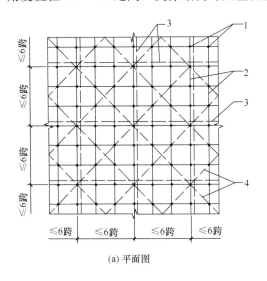

(a) 平面图

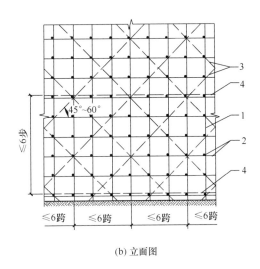

(b) 立面图

图 5.2.1 有剪刀撑框架式支撑结构的剪刀撑布置图
1—立杆；2—水平杆；3—竖向剪刀撑；4—水平剪刀撑

2 竖向剪刀撑两个方向的斜杆宜分别设置在立杆的两侧，底端应与地面顶紧；

3 竖向剪刀撑应采用旋转扣件固定在与之相交的立杆或水平杆上，旋转扣件中心宜靠近主节点。

5.2.2 水平剪刀撑布置应符合下列规定：

1 水平剪刀撑间隔层数不应大于 6 步；

2 顶层应设置水平剪刀撑；

3 扫地杆层宜设置水平剪刀撑；

4 水平剪刀撑应采用旋转扣件固定在与之相交的立杆或水平杆上。

5.2.3 剪刀撑接长时应采用搭接，搭接长度不应小于800mm，并应等距离设置不少于2个旋转扣件，且两端扣件应在离杆端不小于100mm处固定。

5.2.4 当同时满足下列规定时，可采用无剪刀撑框架式支撑结构：

1 搭设高度在5m以下；

2 被支撑结构自重的荷载标准值小于5kPa；

3 支撑结构支承于坚实均匀地基土或结构层上；

4 支撑结构与既有结构有可靠连接。

5.2.5 纵横水平杆均应与立杆连接，其连接点间距不应大于150mm。

5.2.6 当承受荷载较大，立杆需加密时，加密区的水平杆应向非加密区延伸至少两跨（图5.2.6）。

5.2.7 支撑结构非加密区立杆、水平杆间距应与加密区间距互为倍数（图5.2.7）。

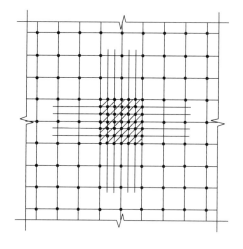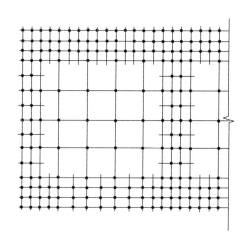

图5.2.6 支撑结构加密区立杆布置平面图　　图5.2.7 支撑结构不同立杆间距布置平面图

5.3 桁架式支撑结构构造

5.3.1 单元桁架的竖向斜杆布置可采用对称式和螺旋式（图5.3.1），且应在单元桁架各面满布。水平斜杆宜间隔（2~3）步布置一道，底层及顶层应布置水平斜杆。

5.3.2 桁架式支撑结构的单元桁架组合方式可采用矩阵形或梅花形（图5.3.2），单元桁架之间的每个节点应通过水平杆连接。

5.3.3 桁架式支撑结构的斜杆布置（图5.3.3）应符合下列规定：

1 外立面应满布竖向斜杆（图5.3.3a）；

2 支撑结构周边应布置封闭的水平斜杆（图5.3.3b)，其间隔不应超过6步；

3 顶层应满布水平斜杆；

4 扫地杆层宜满布水平斜杆。

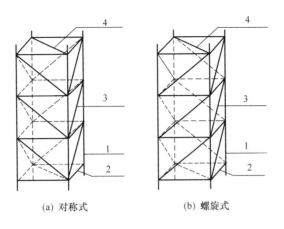

(a) 对称式　　　　　(b) 螺旋式

图 5.3.1　单元桁架斜杆布置立面图

1—立杆；2—水平杆；3—竖向斜杆；4—水平斜杆

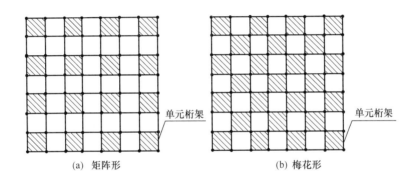

(a) 矩阵形　　　　　(b) 梅花形

图 5.3.2　单元桁架组合方式布置平面图

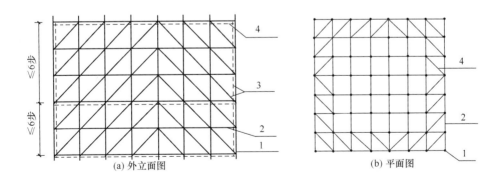

(a) 外立面图　　　　　(b) 平面图

图 5.3.3　桁架式支撑结构斜杆布置图

1—立杆；2—水平杆；3—竖向斜杆；4—水平斜杆

5.3.4　承插式支撑结构顶层和扫地杆层的步距宜比标准步距缩小一个盘扣间距。

6 特殊支撑结构

6.1 悬挑支撑结构

6.1.1 悬挑支撑结构（图 6.1.1）的竖向荷载设计值（p_t）应符合下式要求：

$$p_t \leqslant p_{t,\max} \tag{6.1.1}$$

式中：p_t——悬挑部分的竖向荷载设计值（含悬挑部分自重）（kN/m²）；

$p_{t,\max}$——悬挑部分的竖向荷载限值（kN/m²），按本规范附录 C 表 C-1 取值。

6.1.2 落地部分支撑结构的设计计算应符合下列规定：

1 应按本规范框架式支撑结构或桁架式支撑结构进行设计计算；

2 落地部分立杆稳定性验算时应计入悬挑部分受竖向荷载引起的附加轴力，总高度应取支撑结构的高度（H）。立杆附加轴力设计值（N_t）应按下式计算：

$$N_t = \eta_t p_t l_a B_t \tag{6.1.2}$$

式中：η_t——悬挑支撑结构的附加轴力系数，按表 6.1.2 取值；

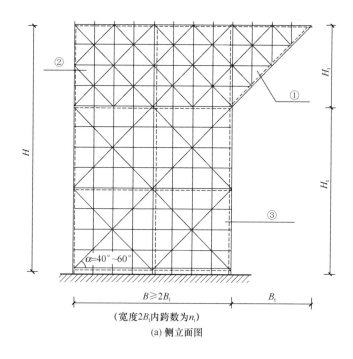

图 6.1.1 悬挑支撑结构示意图（一）

①—悬挑部分；②—平衡段；③—落地部分

注：虚线表示垂直于图面的剪刀撑或斜杆。

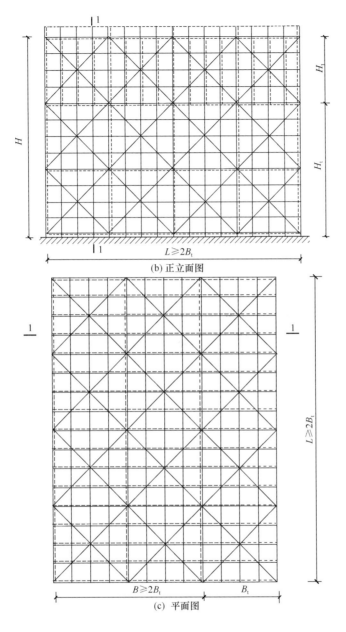

图 6.1.1 悬挑支撑结构示意图（二）
①—悬挑部分；②—平衡段；③—落地部分
注：虚线表示垂直于图面的剪刀撑或斜杆。

表 6.1.2 悬挑支撑结构的附加轴力系数（η_t）

n_t	4	8	12	16	20	24	28
η_t	0.75	0.45	0.32	0.25	0.20	0.17	0.15

l_a——悬挑部分的杆件纵向间距（mm）；

B_t——悬挑部分长度（mm）；

n_t——落地部分靠近悬挑部分宽度 $2B_t$ 内的立杆跨数。

6.1.3 悬挑支撑结构应进行抗倾覆验算，验算时应计入悬挑部分受荷载引起的附加倾覆力矩。

6.1.4 悬挑支撑结构应符合下列规定：

1 悬挑支撑结构的悬挑长度不宜超过 4.8m；

2 悬挑支撑结构的尺寸及杆件布置应符合下列规定（图 6.1.1）：

1）落地部分宽度（B）不应小于悬挑长度（B_t）的两倍；

2）支撑结构纵向长度（L）不应小于悬挑长度（B_t）的两倍；

3）竖向剪刀撑（或斜杆）与地面夹角宜为 $40°\sim60°$。

3 落地部分应满足框架式或桁架式支撑结构的构造要求；

4 平衡段除应满足框架式或桁架式支撑结构的构造要求外，还应增设剪刀撑或斜杆，使沿悬挑方向的每排杆件形成桁架（图 6.1.4）。平衡段的顶层与底层应设置水平剪刀撑或满布水平斜杆；

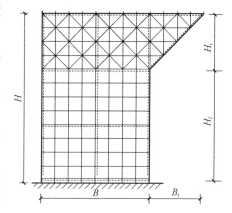

图 6.1.4　悬挑支撑结构剖面图（1-1）

5 悬挑部分沿悬挑方向的每排杆件应形成桁架。悬挑部分顶层及悬挑斜面应设置剪刀撑或满布斜杆；

6 悬挑部分的竖向斜杆倾角宜为 $40°\sim60°$；

7 悬挑部分不宜使用扣件传力；

8 使用前宜进行载荷试验。

6.2　跨 空 支 撑 结 构

6.2.1 跨空支撑结构（图 6.2.1）的竖向荷载设计值（p_s）应符合下式要求：

$$p_s \leqslant p_{s,\max} \tag{6.2.1}$$

式中：p_s——跨空部分的竖向荷载设计值（含跨空部分自重）（kN/m²）；

$p_{s,\max}$——跨空部分的竖向荷载限值（kN/m²），按本规范附录 C 表 C-2 取值。

6.2.2 落地部分支撑结构的设计计算应符合下列规定：

1 应按本规范框架式支撑结构或桁架式支撑结构进行设计计算；

2 落地部分立杆稳定性验算时应计入跨空部分受竖向荷载引起的附加轴力，总高度应取支撑结构的高度 H。立杆附加轴力设计值（N_s）应按下式计算：

$$N_s = \eta_s p_s l_a B_s \tag{6.2.2}$$

式中：η_s——跨空支撑结构的附加轴力系数，按表 6.2.2 取值；

表 6.2.2　跨空支撑结构的附加轴力系数 η_s

n_s	4	8	12	16	20	24	28
η_s	0.33	0.20	0.14	0.11	0.09	0.08	0.07

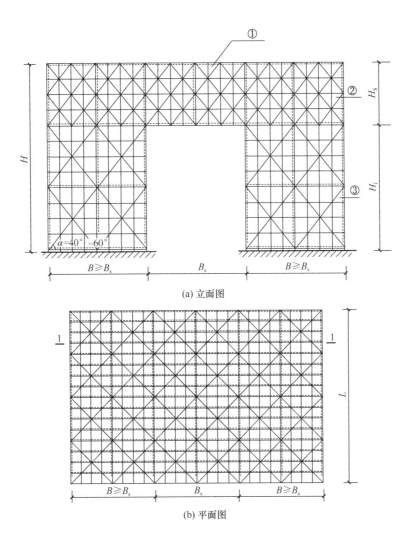

图 6.2.1 跨空支撑结构示意图

①—跨空部分；②—平衡段；③—落地部分

注：虚线表示垂直于图面的剪刀撑或斜杆

l_a——跨空部分的杆件纵向间距（mm）；

B_s——跨空部分跨度（mm）；

n_s——落地部分靠近跨空部分宽度 B_s 内的立杆跨数。

6.2.3 跨空支撑结构应符合下列规定：

1 跨空支撑结构的跨空跨度不宜超过 9.6m；

2 跨空支撑结构的尺寸及杆件布置应符合下列规定（图 6.2.1）：

1）落地部分宽度（B）不应小于跨空跨度（B_s）；

2）竖向剪刀撑（或斜杆）与地面夹角宜为 40°～60°。

3 落地部分应满足框架式或桁架式支撑结构的构造要求；

4 平衡段除应满足框架式或桁架式支撑结构的构造要求外，还应增设剪刀撑或斜杆，使沿跨空方向的每排杆件形成桁架（图 6.2.3）。平衡段的顶层与底层应设置水平剪刀撑

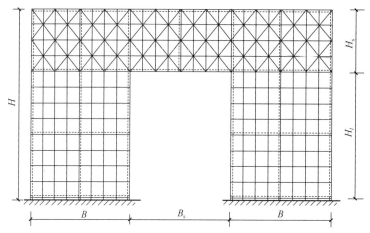

图 6.2.3 跨空支撑结构剖面图（1-1）

或满布水平斜杆；

    5 跨空部分应沿跨空方向的每排杆件形成桁架。跨空部分顶层与底层应设置水平剪刀撑或满布水平斜杆；

    6 悬挑部分的竖向斜杆倾角宜为 $40°\sim60°$；

    7 跨空部分不宜使用扣件传力；

    8 使用前宜进行载荷试验。

7 施 工

7.1 一 般 规 定

7.1.1 支撑结构严禁与起重机械设备、施工脚手架等连接。

7.1.2 当有下列条件之一时，宜对支撑结构进行预压或监测：

    1 承受重载或设计有特殊要求时；

    2 特殊支撑结构或需了解其内力和变形时；

    3 地基为不良的地质条件时；

    4 跨空和悬挑支撑结构；

    5 其他认为危险性大的重要临时支撑结构。

7.1.3 支撑结构使用过程中，严禁拆除构配件。

7.1.4 支撑结构搭设和拆除应设专人负责监督检查。特种作业人员应取得相应资格证书，持证上岗。

7.1.5 当有六级及以上强风、浓雾、雨或雪天气时，应停止支撑结构的搭设、使用及拆除作业。

7.1.6 材料检查与验收应符合本规范附录 D 表 D-1、表 D-2、表 D-3 的要求。

7.2 施 工 准 备

7.2.1 支撑结构专项施工方案应包括：工程概况、编制依据、施工计划、施工工艺、施工安全保证措施、劳动力计划、计算书及相关图纸等。

7.2.2 应清除搭设场地障碍物，对承载力不足的地基土或楼板应进行加固处理。

7.2.3 施工现场内各种支撑结构材料应按施工平面图统一布置，堆放场地不得有积水。

7.3 搭 设

7.3.1 支撑结构地基验收合格后，应按专项方案进行放线定位。

7.3.2 支撑结构搭设应按施工方案进行，并应符合下列规定：

1 剪刀撑、斜杆与连墙件应随立杆、纵横向水平杆同步搭设，不得滞后安装；

2 每搭完一步，应按规定校正步距、纵距、横距、立杆的垂直度及水平杆的水平偏差；

3 每步的纵向、横向水平杆应双向拉通；

4 在多层楼板上连续搭设支撑结构时，上下层支撑立杆宜对准。

7.3.3 当支撑结构搭设过程中临时停工，应采取安全稳固措施。

7.3.4 支撑结构作业面应铺设脚手板，并应设置防护措施。

7.4 检 查 与 验 收

7.4.1 支撑结构在下列阶段应进行检查与验收：

1 地基完工后及支撑结构搭设前；

2 每搭设完 4 步后；

3 达到设计高度后，进行下一道工序前；

4 停工超过 1 个月恢复使用前；

5 遇有六级及以上强风、大雨后；

6 寒冷和严寒地区冬施前、解冻后。

7.4.2 支撑结构地基检查与验收应符合下列规定：

1 回填土地基的压实系数应符合设计要求；

2 湿陷性黄土、膨胀土、软土地基应有防水措施；

3 寒冷和严寒地区地基应有防冻胀措施；

4 当支撑结构直接搭设在碎石土、砂土、粉土、黏性土及回填土地基表面时，应将地基表面整平、夯实，并应做好排水措施。

7.4.3 支撑结构搭设完毕、使用前检查项目应包括下列主要内容：

1 地基不均匀变形，立杆底座或垫板与地基面的接触状况；

2 可调托撑受力状况；

3 安全防护措施；

4 防雷接地；

5 扣件拧紧力矩；

6 碗扣式、承插式的水平杆与立杆连接节点锁紧状况；

7 斜杆设置状况；

8 抗倾覆措施设置情况。

7.4.4 支撑结构使用过程中的检查项目应包括下列主要内容：

1 地基不均匀变形，立杆底座或垫板与地基面的接触状况；

2 荷载状况；

3 节点的连接状况；

4 可调托撑受力状况；

5 安全防护措施；

6 监测记录。

7.4.5 支撑结构搭设的技术要求、允许偏差及检查验收项目应符合本规范附录 D 表 D-4、表 D-5 的要求。

7.4.6 支撑结构搭设完成后，施工单位应组织相关单位进行验收，并应做好验收记录。

7.5 使 用

7.5.1 支撑结构使用中构造或用途发生变化时，必须重新对施工方案进行设计和审批。

7.5.2 在沟槽开挖等影响支撑结构地基与地基的安全时，必须对其采取加固措施。

7.5.3 在支撑结构上进行施焊作业时，必须有防火措施。

7.5.4 支撑结构搭设和使用阶段的安全防护措施，应符合施工现场安全管理相关规定。

7.6 拆 除

7.6.1 支撑结构拆除应按专项施工方案确定的方法和顺序进行。

7.6.2 支撑结构的拆除应符合下列规定：

1 拆除作业前，应先对支撑结构的稳定性进行检查确认；

2 拆除作业应分层、分段，由上至下顺序拆除；

3 当只拆除部分支撑结构时，拆除前应对不拆除支撑结构进行加固，确保稳定；

4 对多层支撑结构，当楼层结构不能满足承载要求时，严禁拆除下层支撑；

5 严禁抛掷拆除的构配件；

6 对设有缆风绳的支撑结构，缆风绳应对称拆除；

7 有六级及以上强风或雨、雪时，应停止作业。

7.6.3 在暂停拆除施工时，应采取临时固定措施，已拆除和松开的构配件应妥善放置。

7.7 安 全 管 理

7.7.1 支撑结构操作人员应佩带安全防护用品。

7.7.2 支撑结构作业层上的施工荷载不得超过设计允许荷载。

7.7.3 支撑结构的防护措施应齐全、牢固、有效。

7.7.4 支撑结构在使用过程中，应设专人监护施工，当发现异常情况，应立即停止施工，并应迅速撤离作业面上的人员，启动应急预案。排除险情后，方可继续施工。

7.7.5 模板支撑结构拆除前，项目技术负责人、项目总监理工程师应核查混凝土同条件试块强度报告，达到拆模强度后方可拆除，并履行拆模审批签字手续。

7.7.6 支撑结构搭设和拆除过程中，地面应设置围栏和警戒标志，派专人看守，严禁非操作人员进入作业范围。

7.7.7 支撑结构与架空输电线应保持安全距离，接地防雷措施等应符合现行行业标准

《施工现场临时用电安全技术规范》JGJ 46 的有关规定。

8 监 测

8.0.1 支撑结构应按有关规定编制监测方案，包括测点布置、监测方法、监测人员及主要仪器设备、监测频率和监测报警值。

8.0.2 监测的内容应包括支撑结构的位移监测和内力监测。

8.0.3 位移监测点的布置可分为基准点和位移监测点。其布设应符合下列规定：

    1 每个支撑结构应设基准点；

    2 在支撑结构的顶层、底层及每 5 步设置位移监测点；

    3 监测点应设在角部和四边的中部位置。

8.0.4 当支撑结构需进行内力监测时，其测点布设宜符合下列规定：

    1 单元框架或单元桁架中受力大的立杆宜布置测点；

    2 单元框架或单元桁架的角部立杆宜布置测点；

    3 高度区间内测点数量不应少于 3 个。

8.0.5 监测设备应符合下列规定：

    1 应满足观测精度和量程的要求；

    2 应具有良好的稳定性和可靠性；

    3 应经过校准或标定，且校核记录和标定资料齐全，并应在规定的校准有效期内；

    4 应减少现场线路布置布线长度，不得影响现场施工正常进行。

8.0.6 监测点应稳固、明显，应设监测装置和监测点的保护措施。

8.0.7 监测项目的监测频率应根据支撑结构规模、周边环境、自然条件、施工阶段等因素确定。位移监测频率不应少于每日 1 次，内力监测频率不应少于 2 小时 1 次。监测数据变化量较大或速率加快时，应提高监测频率。

8.0.8 当出现下列情况之一时，应立即启动安全应急预案：

    1 监测数据达到报警值时；

    2 支撑结构的荷载突然发生意外变化时；

    3 周边场地出现突然较大沉降或严重开裂的异常变化时。

8.0.9 监测报警值应采用监测项目的累计变化量和变化速率值进行控制，并应满足表 8.0.9 规定。

表 8.0.9 监测报警值

监测指标	限　　值
内力	设计计算值
	近 3 次读数平均值的 1.5 倍
位移	水平位移量：$H/300$
	近 3 次读数平均值的 1.5 倍

    注：H 为支撑结构高度。

8.0.10 监测资料宜包括监测方案、内力及变形记录、监测分析及结论。

附录 A 轴心受压构件的稳定系数

表 A-1 Q235 钢管轴心受压构件的稳定系数 φ

λ	0	1	2	3	4	5	6	7	8	9
0	1.000	0.997	0.995	0.992	0.989	0.987	0.984	0.981	0.979	0.976
10	0.974	0.971	0.968	0.966	0.963	0.960	0.958	0.955	0.952	0.949
20	0.947	0.944	0.941	0.938	0.936	0.933	0.930	0.927	0.924	0.921
30	0.918	0.915	0.912	0.909	0.906	0.903	0.899	0.896	0.893	0.889
40	0.886	0.882	0.879	0.875	0.872	0.868	0.864	0.861	0.858	0.855
50	0.852	0.849	0.846	0.843	0.839	0.836	0.832	0.829	0.825	0.822
60	0.818	0.814	0.810	0.806	0.802	0.797	0.793	0.789	0.784	0.779
70	0.775	0.770	0.765	0.760	0.755	0.750	0.744	0.739	0.733	0.728
80	0.722	0.716	0.710	0.704	0.698	0.692	0.686	0.680	0.673	0.667
90	0.661	0.654	0.648	0.641	0.634	0.626	0.618	0.611	0.603	0.595
100	0.588	0.580	0.573	0.566	0.558	0.551	0.544	0.537	0.530	0.523
110	0.516	0.509	0.502	0.496	0.489	0.483	0.476	0.470	0.464	0.458
120	0.452	0.446	0.440	0.434	0.428	0.423	0.417	0.412	0.406	0.401
130	0.396	0.391	0.386	0.381	0.376	0.371	0.367	0.362	0.357	0.353
140	0.349	0.344	0.340	0.336	0.332	0.328	0.324	0.320	0.316	0.312
150	0.308	0.305	0.301	0.298	0.294	0.291	0.287	0.284	0.281	0.277
160	0.274	0.271	0.268	0.265	0.262	0.259	0.256	0.253	0.251	0.248
170	0.245	0.243	0.240	0.237	0.235	0.232	0.230	0.227	0.225	0.223
180	0.220	0.218	0.216	0.214	0.211	0.209	0.207	0.205	0.203	0.201
190	0.199	0.197	0.195	0.193	0.191	0.189	0.188	0.186	0.184	0.182
200	0.180	0.179	0.177	0.175	0.174	0.172	0.171	0.169	0.167	0.166
210	0.164	0.163	0.161	0.160	0.159	0.157	0.156	0.154	0.153	0.152
220	0.150	0.149	0.148	0.146	0.145	0.144	0.143	0.141	0.140	0.139
230	0.138	0.137	0.136	0.135	0.133	0.132	0.131	0.130	0.129	0.128
240	0.127	0.126	0.125	0.124	0.123	0.122	0.121	0.120	0.119	0.118
250	0.117	—	—	—	—	—	—	—	—	—

注：当 $\lambda > 250$ 时，$\varphi = \dfrac{7320}{\lambda^2}$。

表 A-2　Q345 钢管轴心受压构件的稳定系数 φ

λ	0	1	2	3	4	5	6	7	8	9
0	1.000	0.997	0.994	0.991	0.988	0.985	0.982	0.979	0.976	0.973
10	0.971	0.968	0.965	0.962	0.959	0.956	0.952	0.949	0.946	0.943
20	0.940	0.937	0.934	0.930	0.927	0.924	0.920	0.917	0.913	0.909
30	0.906	0.902	0.898	0.894	0.890	0.886	0.882	0.878	0.874	0.870
40	0.867	0.864	0.860	0.857	0.853	0.849	0.845	0.841	0.837	0.833
50	0.829	0.824	0.819	0.815	0.810	0.805	0.800	0.794	0.789	0.783
60	0.777	0.771	0.765	0.759	0.752	0.746	0.739	0.732	0.725	0.718
70	0.710	0.703	0.695	0.688	0.680	0.672	0.664	0.656	0.648	0.640
80	0.632	0.623	0.615	0.607	0.599	0.591	0.583	0.574	0.566	0.558
90	0.550	0.542	0.535	0.527	0.519	0.512	0.504	0.497	0.489	0.482
100	0.475	0.467	0.46	0.452	0.445	0.438	0.431	0.424	0.418	0.411
110	0.405	0.398	0.392	0.386	0.380	0.375	0.369	0.363	0.358	0.352
120	0.347	0.342	0.337	0.332	0.327	0.322	0.318	0.313	0.309	0.304
130	0.300	0.296	0.292	0.288	0.284	0.280	0.276	0.272	0.269	0.265
140	0.261	0.258	0.255	0.251	0.248	0.245	0.242	0.238	0.235	0.232
150	0.229	0.227	0.224	0.221	0.218	0.216	0.213	0.210	0.208	0.205
160	0.203	0.201	0.198	0.196	0.194	0.191	0.189	0.187	0.185	0.183
170	0.181	0.179	0.177	0.175	0.173	0.171	0.169	0.167	0.165	0.163
180	0.162	0.160	0.158	0.157	0.155	0.153	0.152	0.150	0.149	0.147
190	0.146	0.144	0.143	0.141	0.140	0.138	0.137	0.136	0.134	0.133
200	0.132	0.130	0.129	0.128	0.127	0.126	0.124	0.123	0.122	0.121
210	0.120	0.119	0.118	0.116	0.115	0.114	0.113	0.112	0.111	0.110
220	0.109	0.108	0.107	0.106	0.106	0.105	0.104	0.103	0.101	0.101
230	0.100	0.099	0.098	0.098	0.097	0.096	0.095	0.094	0.094	0.093
240	0.092	0.091	0.091	0.090	0.089	0.088	0.088	0.087	0.086	0.086
250	0.085	—	—	—	—	—	—	—	—	—

附录 B 支撑结构的计算长度系数

表 B-1 无剪刀撑框架式支撑结构的计算长度系数 μ（水平杆连续）

n_z	K \ α	0.1	0.2	0.3	0.4	0.5	0.6	0.7	0.8
1	0.4	1.89	1.94	2.00	2.07	2.17	2.29	2.42	2.57
	0.6	2.17	2.24	2.32	2.41	2.52	2.63	2.77	2.91
	0.8	2.43	2.51	2.60	2.70	2.82	2.94	3.07	3.22
	1.0	2.65	2.75	2.85	2.96	3.09	3.21	3.35	3.49
	2.0	3.57	3.72	3.86	4.01	4.16	4.32	4.47	4.63
	3.0	4.30	4.48	4.65	4.82	5.01	5.18	5.36	5.53
	4.0	4.89	5.09	5.30	5.52	5.70	5.90	6.11	6.32
2	0.4	2.09	2.12	2.15	2.19	2.26	2.34	2.45	2.59
	0.6	2.42	2.46	2.50	2.56	2.63	2.71	2.82	2.94
	0.8	2.71	2.76	2.81	2.87	2.95	3.04	3.14	3.26
	1.0	2.97	3.02	3.08	3.15	3.23	3.32	3.42	3.55
	2.0	4.01	4.09	4.18	4.27	4.37	4.48	4.59	4.71
	3.0	4.83	4.93	5.03	5.15	5.26	5.38	5.50	5.64
	4.0	5.51	5.63	5.76	5.87	6.00	6.14	6.29	6.41
3	0.4	2.18	2.20	2.22	2.25	2.29	2.36	2.46	2.59
	0.6	2.53	2.56	2.59	2.62	2.68	2.74	2.84	2.95
	0.8	2.84	2.87	2.90	2.95	3.01	3.08	3.16	3.27
	1.0	3.11	3.15	3.19	3.24	3.30	3.37	3.46	3.57
	2.0	4.21	4.27	4.33	4.40	4.47	4.55	4.64	4.74
	3.0	5.07	5.14	5.21	5.30	5.38	5.47	5.57	5.68
	4.0	5.79	5.87	5.97	6.05	6.15	6.25	6.37	6.47
4	0.4	2.23	2.24	2.25	2.27	2.31	2.37	2.47	2.59
	0.6	2.60	2.61	2.63	2.66	2.70	2.76	2.85	2.95
	0.8	2.91	2.93	2.96	2.99	3.04	3.10	3.18	3.28
	1.0	3.19	3.22	3.25	3.29	3.34	3.40	3.47	3.57
	2.0	4.33	4.37	4.41	4.47	4.53	4.60	4.67	4.76
	3.0	5.21	5.26	5.32	5.38	5.45	5.53	5.61	5.70
	4.0	5.95	6.02	6.09	6.16	6.24	6.32	6.41	6.50

续表 B-1

n_z	K \ α	0.1	0.2	0.3	0.4	0.5	0.6	0.7	0.8
5	0.4	2.26	2.27	2.28	2.29	2.32	2.38	2.47	2.59
	0.6	2.63	2.64	2.66	2.68	2.72	2.77	2.85	2.95
	0.8	2.96	2.97	2.99	3.02	3.06	3.11	3.18	3.28
	1.0	3.25	3.26	3.29	3.32	3.36	3.41	3.48	3.58
	2.0	4.40	4.43	4.47	4.51	4.57	4.62	4.69	4.77
	3.0	5.30	5.34	5.39	5.44	5.50	5.56	5.63	5.72
	4.0	6.06	6.11	6.17	6.22	6.29	6.36	6.44	6.52

注：1 表中字母含义为：

n_z——立杆步数；

K——无剪刀撑框架式支撑结构的刚度比，按 $K = \dfrac{EI}{hk} + \dfrac{l_{max}}{6h}$ 计算；

E——弹性模量（N/mm^2）；

I——杆件的截面惯性矩（mm^4）；

α——α_1、α_2 中的较大值；

α_1——扫地杆高度 h_1 与步距 h 之比；

α_2——悬臂长度 h_2 与步距 h 之比；

l_{max}——立杆纵向间距 l_a、横向间距 l_b 中的较大值（mm）；

h——立杆步距（mm）；

k——节点转动刚度，按表4.1.4取值。

2 当水平杆与立杆截面尺寸不同时，$K = \dfrac{EI}{hk} + \dfrac{l_{max}}{6h} \dfrac{I}{I_1}$

式中：I——立杆的截面惯性矩（mm^4）；

I_1——水平杆的截面惯性矩（mm^4）。

3 采用扣件节点的无剪刀撑框架式支撑结构的计算长度系数 μ 可按本表计算。

表 B-2 无剪刀撑框架式支撑结构的计算长度系数 μ（水平杆不连续）

n_z	K \ α	0.1	0.2	0.3	0.4	0.5	0.6	0.7	0.8
1	0.4	1.65	1.68	1.73	1.79	1.88	2.00	2.14	2.31
	0.6	1.87	1.91	1.97	2.04	2.13	2.25	2.38	2.54
	0.8	2.06	2.12	2.19	2.27	2.36	2.48	2.61	2.75
	1	2.24	2.30	2.38	2.47	2.57	2.68	2.81	2.96
	2	2.97	3.07	3.18	3.29	3.41	3.54	3.68	3.82
	3	3.55	3.68	3.81	3.95	4.08	4.23	4.38	4.53
	4	4.05	4.20	4.35	4.50	4.66	4.82	4.98	5.14
2	0.4	1.79	1.81	1.83	1.86	1.92	2.02	2.15	2.31
	0.6	2.04	2.06	2.09	2.14	2.20	2.28	2.40	2.54
	0.8	2.26	2.29	2.33	2.37	2.44	2.52	2.63	2.76
	1	2.46	2.49	2.54	2.59	2.66	2.74	2.85	2.97
	2	3.27	3.33	3.39	3.46	3.54	3.63	3.74	3.85
	3	3.91	3.99	4.07	4.15	4.24	4.34	4.45	4.56
	4	4.47	4.55	4.64	4.74	4.84	4.95	5.06	5.18

续表 B-2

n_z	K	α 0.1	0.2	0.3	0.4	0.5	0.6	0.7	0.8
3	0.4	1.85	1.86	1.88	1.90	1.94	2.02	2.15	2.31
	0.6	2.12	2.13	2.15	2.18	2.23	2.30	2.41	2.55
	0.8	2.35	2.37	2.39	2.42	2.47	2.54	2.64	2.77
	1	2.56	2.58	2.61	2.65	2.70	2.77	2.86	2.98
	2	3.41	3.45	3.49	3.54	3.60	3.68	3.76	3.86
	3	4.08	4.13	4.19	4.25	4.32	4.40	4.48	4.58
	4	4.66	4.72	4.78	4.85	4.93	5.01	5.10	5.20
4	0.4	1.89	1.89	1.90	1.92	1.95	2.03	2.15	2.31
	0.6	2.16	2.17	2.18	2.20	2.24	2.31	2.41	2.55
	0.8	2.40	2.41	2.43	2.45	2.49	2.55	2.65	2.77
	1	2.62	2.63	2.65	2.68	2.72	2.78	2.87	2.98
	2	3.49	3.52	3.55	3.59	3.64	3.70	3.78	3.87
	3	4.18	4.21	4.26	4.30	4.36	4.43	4.50	4.59
	4	4.77	4.81	4.86	4.92	4.98	5.05	5.12	5.21
5	0.4	1.91	1.91	1.92	1.93	1.96	2.03	2.16	2.31
	0.6	2.19	2.19	2.20	2.22	2.25	2.31	2.41	2.55
	0.8	2.43	2.44	2.45	2.47	2.50	2.56	2.65	2.77
	1	2.65	2.66	2.68	2.70	2.73	2.79	2.87	2.98
	2	3.54	3.56	3.59	3.62	3.66	3.71	3.78	3.87
	3	4.24	4.27	4.30	4.34	4.39	4.45	4.51	4.59
	4	4.84	4.87	4.91	4.96	5.01	5.07	5.14	5.22

注：1 表中字母含义与附录 B 表 B-1 相同。

2 当水平杆与立杆截面尺寸不同时，应按附录 B 表 B-1 注 2 计算。

3 本表适用于立杆横向跨数 $n_b \geqslant 5$ 的水平杆连续的无剪刀撑框架式支撑结构。

4 采用碗扣节点、承插节点的无剪刀撑框架式支撑结构的计算长度系数 μ 可按本表计算。

表 B-3 有剪刀撑框架式支撑结构中单元框架的 计算长度系数 μ（水平杆连续）

n_x	K	α_x 0.4	0.6	0.8	1.0	1.2	1.4	1.6
3	0.4	0.89	1.11	1.29	1.42	1.54	1.62	1.67
	0.6	0.94	1.17	1.38	1.53	1.68	1.78	1.85
	0.8	0.98	1.22	1.45	1.62	1.78	1.91	2.00
	1.0	1.01	1.25	1.50	1.68	1.86	2.00	2.11
	2.0	1.11	1.34	1.62	1.83	2.04	2.24	2.38
	3.0	1.18	1.39	1.67	1.90	2.11	2.33	2.50
	4.0	1.25	1.44	1.72	1.95	2.16	2.38	2.57

续表 B-3

n_x \ α_x / K	0.4	0.6	0.8	1.0	1.2	1.4	1.6
4 0.4	1.11	1.36	1.54	1.69	1.76	1.79	1.81
0.6	1.17	1.46	1.67	1.86	1.97	2.02	2.04
0.8	1.22	1.54	1.77	1.99	2.12	2.19	2.23
1.0	1.25	1.59	1.84	2.09	2.24	2.33	2.38
2.0	1.34	1.72	2.01	2.33	2.56	2.70	2.79
3.0	1.39	1.78	2.08	2.43	2.70	2.88	3.00
4.0	1.45	1.84	2.14	2.49	2.79	3.00	3.15
5 0.4	1.30	1.53	1.73	1.82	1.85	1.85	1.86
0.6	1.39	1.66	1.92	2.04	2.09	2.11	2.12
0.8	1.45	1.75	2.05	2.21	2.28	2.31	2.32
1.0	1.50	1.83	2.16	2.34	2.43	2.47	2.49
2.0	1.61	2.01	2.42	2.70	2.86	2.95	3.00
3.0	1.67	2.09	2.53	2.87	3.08	3.20	3.28
4.0	1.73	2.16	2.61	2.99	3.24	3.39	3.49
6 0.4	1.44	1.69	1.83	1.87	1.88	1.88	1.88
0.6	1.56	1.86	2.05	2.12	2.14	2.15	2.15
0.8	1.64	1.99	2.22	2.31	2.35	2.36	2.37
1.0	1.70	2.08	2.35	2.47	2.52	2.54	2.54
2.0	1.86	2.32	2.72	2.92	3.03	3.08	3.11
3.0	1.94	2.42	2.90	3.17	3.31	3.39	3.44
4.0	2.00	2.50	3.03	3.34	3.52	3.62	3.69

注：1 x 向定义如下：

① 当纵向、横向立杆间距相同时，x 向为单元框架立杆跨数大的方向；

② 当纵向、横向立杆间距不同时，x 向应分别取纵向、横向进行计算，μ 取计算结果的较大值。

2 表中字母含义为：

n_x——单元框架的 x 向跨数；

K——有剪刀撑框架式支撑结构的刚度比，按 $K = \dfrac{EI}{hk} + \dfrac{l_y}{6h}$ 计算；

E——弹性模量（N/mm²）；

I——杆件的截面惯性矩（mm⁴）；

α_x——单元框架 x 向跨距与步距 h 之比，按 $\alpha_x = \dfrac{l_x}{h}$ 计算；

l_x——立杆的 x 向间距（mm）；

l_y——立杆的 y 向间距（mm）；

h——立杆步距（mm）；

k——节点转动刚度，按表 4.1.4 取值。

3 当水平杆与立杆截面尺寸不同时，$K = \dfrac{EI}{hk} + \dfrac{l_y}{6h} \dfrac{I}{I_1}$，$\alpha_x = \dfrac{l_x}{h} \dfrac{I}{I_1}$

式中：I——立杆的截面惯性矩（mm⁴）；

I_1——水平杆的截面惯性矩（mm⁴）。

4 采用扣件节点的有剪刀撑框架式支撑结构的计算长度系数 μ 可按本表计算。

表 B-4 有剪刀撑框架式支撑结构中单元框架的 计算长度系数 μ（水平杆不连续）

n_x	K / α_x	0.4	0.6	0.8	1.0	1.2	1.4	1.6
3	0.4	1.40	1.46	1.49	1.51	1.52	1.53	1.54
	0.6	1.55	1.63	1.68	1.71	1.72	1.74	1.75
	0.8	1.66	1.76	1.82	1.86	1.89	1.91	1.92
	1.0	1.75	1.86	1.94	1.99	2.02	2.04	2.06
	2.0	1.96	2.13	2.25	2.33	2.40	2.44	2.48
	3.0	2.07	2.26	2.41	2.51	2.59	2.66	2.71
	4.0	2.16	2.37	2.53	2.65	2.74	2.81	2.87
4	0.4	1.52	1.57	1.60	1.61	1.61	1.61	1.61
	0.6	1.70	1.76	1.80	1.82	1.82	1.83	1.83
	0.8	1.84	1.92	1.97	1.99	2.00	2.01	2.01
	1.0	1.95	2.04	2.10	2.13	2.15	2.16	2.17
	2.0	2.24	2.39	2.49	2.55	2.60	2.63	2.65
	3.0	2.39	2.58	2.71	2.79	2.85	2.90	2.93
	4.0	2.52	2.73	2.88	2.98	3.05	3.10	3.15
5	0.4	1.59	1.63	1.66	1.67	1.67	1.67	1.67
	0.6	1.78	1.84	1.87	1.88	1.88	1.88	1.88
	0.8	1.94	2.01	2.04	2.05	2.06	2.06	2.06
	1.0	2.07	2.14	2.19	2.20	2.21	2.22	2.22
	2.0	2.43	2.56	2.64	2.68	2.71	2.73	2.75
	3.0	2.63	2.80	2.90	2.97	3.01	3.05	3.07
	4.0	2.78	2.98	3.11	3.19	3.25	3.29	3.32
6	0.4	1.63	1.67	1.73	1.74	1.74	1.74	1.74
	0.6	1.84	1.88	1.90	1.91	1.91	1.91	1.91
	0.8	2.00	2.06	2.08	2.09	2.09	2.09	2.09
	1.0	2.14	2.20	2.23	2.24	2.25	2.25	2.25
	2.0	2.55	2.67	2.73	2.76	2.78	2.80	2.81
	3.0	2.79	2.95	3.03	3.09	3.12	3.15	3.16
	4.0	2.98	3.16	3.27	3.34	3.38	3.41	3.44

注：1 x 向定义与附录 B 表 B-3 相同。

    2 表中字母含义与附录 B 表 B-3 相同。

    3 当水平杆与立杆截面尺寸不同时，应按附录 B 表 B-3 注 3 计算。

    4 采用碗扣节点、承插节点的有剪刀撑框架式支撑结构的计算长度系数 μ 可按本表计算。

表 B-5 有剪刀撑框架式支撑结构的扫地杆高度与悬臂长度修正系数 β_a（水平杆连续）

n_x	α \ α_x	0.4	0.6	0.8	1.0	≥1.2
3	≤0.2	1.000	1.000	1.000	1.000	1.000
	0.4	1.280	1.188	1.105	1.077	1.065
	0.6	1.602	1.438	1.279	1.210	1.171
4	≤0.2	1.000	1.000	1.000	1.000	1.000
	0.4	1.193	1.087	1.075	1.048	1.036
	0.6	1.441	1.250	1.187	1.124	1.097
5	≤0.2	1.000	1.000	1.000	1.000	1.000
	0.4	1.121	1.074	1.046	1.037	1.031
	0.6	1.306	1.190	1.119	1.087	1.077
6	≤0.2	1.000	1.000	1.000	1.000	1.000
	0.4	1.085	1.056	1.033	1.033	1.031
	0.6	1.225	1.144	1.088	1.078	1.074

注：表中字母含义为：

α —— α_1、α_2 中的较大值；

α_1 —— 扫地杆高度 h_1 与步距 h 之比；

α_2 —— 悬臂长度 h_2 与步距 h 之比；

其余字母含义与附录 B 表 B-3 相同。

表 B-6 有剪刀撑框架式支撑结构的扫地杆高度与悬臂长度修正系数 β_a（水平杆不连续）

α \ n_x	3	4	5	6
≤0.2	1.000	1.000	1.000	1.000
0.4	1.036	1.030	1.028	1.026
0.6	1.144	1.111	1.101	1.096

注：表中字母 α 含义与附录 B 表 B-5 相同，n_x 含义与附录 B 表 B-3 相同。

附录 C 特殊支撑结构相关设计参数

表 C-1 悬挑部分的竖向荷载限值 $p_{t,max}$

B_t （m）	$l_a \times l_b$ （m×m）	$p_{t,max}$ （kN/m²）
2.4	0.6×0.6	40
	0.9×0.9	22
	1.2×1.2	14

续表 C-1

B_t （m）	$l_a \times l_b$ （m×m）	$p_{t,max}$ （kN/m²）
4.8	0.6×0.6	20
	0.9×0.9	11
	1.2×1.2	7

注：1 本表适用于钢管截面尺寸为 $\phi48 \times 3.5$ 的悬挑支撑结构。

2 表中 $p_{t,max}$ 是竖向外荷载和悬挑部分自重之和的限值。

3 本表适用于悬挑部分通过杆件直接传力的情况，不适用于通过扣件抗滑传力的情况。

4 表中字母含义为：

B_t——悬挑部分长度；

l_a、l_b——悬挑部分杆件的纵向、横向间距。

表 C-2 跨空部分的竖向荷载限值 $p_{s,max}$

B_s （m）	H_s （m）	$l_a \times l_b$ （m×m）	$p_{s,max}$ （kN/m²）
4.8	1.2	0.6×0.6	17
		0.9×0.9	7
	2.4	0.6×0.6	29
		0.9×0.9	11
		1.2×1.2	6
7.2	2.4	0.6×0.6	20
		0.9×0.9	7
	3.6	0.6×0.6	30
		0.9×0.9	12
		1.2×1.2	5
	4.8	0.6×0.6	42
		0.9×0.9	16
		1.2×1.2	7
9.6	3.6	0.6×0.6	24
		0.9×0.9	10
	4.8	0.6×0.6	30
		0.9×0.9	11
		1.2×1.2	5
	6	0.6×0.6	38
		0.9×0.9	14
		1.2×1.2	7

注：1 本表适用于钢管截面尺寸为 $\phi48 \times 3.5$ 的跨空支撑结构。

2 表中 $p_{s,max}$ 是竖向外荷载和跨空部分自重之和的限值。

3 本表适用于跨空部分通过杆件直接传力的情况，不适用于通过扣件抗滑传力的情况。

4 表中字母含义为：

B_s——跨空部分跨度；

H_s——跨空部分高度；

l_a、l_b——跨空部分杆件的纵向、横向间距。

附录 D 附　表

表 D-1　钢管构配件检查与验收项目

项目	要　求	抽检数量	检查方法
钢管	有产品质量合格证、性能检验报告	—	检查资料
	钢管表面应平直光滑，不得有裂缝、结疤、分层、错位、硬弯、毛刺、压痕、深的划道及严重锈蚀等缺陷，严禁打孔；钢管外壁使用前必须涂刷防锈漆，钢管内壁宜涂刷防锈漆	全数	目测
钢管外径及壁厚	符合相关规范的规定	3%	游标卡尺测量
扣件	有生产许可证、质量检测报告、产品质量合格证、复试报告	—	检查资料
	不允许有裂缝、变形、螺栓滑丝存在；扣件与钢管接触部位不应有氧化皮；活动部位应能灵活转动，旋转扣件两旋转面间隙应小于1mm；扣件表面应进行防锈处理	全数	目测
	扣件螺栓拧紧扭力矩值不应小于40N·m，且不应大于65N·m	按表D-2	扭力扳手
碗扣节点及套管	碗扣的铸造件表面应光滑平整，不得有砂眼、缩孔、裂纹等缺陷，表面粘砂应清除干净；冲压件不得有毛刺、裂纹、氧化皮等缺陷；碗扣的各焊缝应饱满，不得有未焊透、夹砂、咬肉、裂纹等缺陷；立杆的上碗扣应能上下串动、转动灵活，不得有卡滞现象；立杆与立杆的连接孔应能插入φ10mm连接销；安装横杆时上碗扣均能锁紧	全数	目测
	碗扣架的立杆连接套管，其壁厚不应小于3.5mm，内径不应大于50mm，套管长度不应小于160mm，外伸长度不应小于110mm	3%	游标卡尺测量
承插节点及套管	插销外表面应与水平杆和斜杆杆端扣接头内表面吻合，插销连接应保证锤击自锁后不拔脱，抗拔力不得小于3kN	10%	榔头
	插销应具有可靠放拔脱构造措施，且应设置便于目测检查楔入深度的刻痕或颜色标记	全数	目测
	铸钢或钢板热锻制作的连接盘的厚度不得小于8mm，允许尺寸偏差±0.5mm；钢板冲压制作的连接盘厚度不应小于10mm，允许尺寸偏差±0.5mm；铸钢、钢板热锻或钢板冲压制作的插销厚度不应小于8mm，允许尺寸偏差为±0.1mm	3%	游标卡尺测量
	采用铸钢套管形式的立杆连接套长度不应小于90mm，可插入长度不应小于75mm；采用无缝钢管套管形式的立杆套管内径与立杆钢管外径间隙不应大于2mm	3%	游标卡尺测量

项目		要　求	抽检数量	检查方法
可调底座及可调托撑		可调托撑及底座抗压承载力设计值不应小于40kN；应有产品质量合格证、质量检验报告	3‰	检查资料
		可调托撑螺杆外径不得小于36mm，可调托撑螺杆与螺母旋合长度不得少于5扣，螺母厚度不小于30mm；插入立杆内的长度不得小于150mm；厚度不小于5mm，变形不大于1mm；螺杆与支托板焊接要牢固，焊缝高度不小于6mm	3%	游标卡尺、钢板尺测量
脚手板	冲压钢脚手板	应有产品质量合格证	—	检查资料
		冲压钢脚手板板面挠曲≤12mm（l≤4m）或≤16mm（l>4m）；板面扭曲≤5mm（任一角翘起）	3%	钢板尺
		不得有裂纹、开焊与硬弯；新、旧脚手板均应涂防锈漆	全数	目测
	木脚手板	材质应符合现行国家标准《木结构设计规范》GB 50005中 II$_a$ 级材质的规定；扭曲变形、劈裂、腐朽的脚手板不得使用	全数	目测
		木脚手板的宽度不宜小于200mm，厚度不应小于50mm，板厚允许偏差 －2mm	3%	钢板尺
	竹脚手板	宜采用由毛竹或楠竹制作的竹串片板、竹笆板	全数	目测
		竹串片脚手板宜采用螺栓将并列的竹片串联而成。螺栓直径宜为3mm～10mm，螺栓间距宜为500mm～600mm，螺栓离板端宜为200mm～250mm，板宽250mm，板长2000mm、2500mm、3000mm	3%	钢板尺
安全网		安全网绳不得损坏和腐朽，平支安全网宜使用锦纶安全网；密目式阻燃安全网除满足网目要求外，其锁扣间距应控制在300mm以内	全数	目测

表 D-2　扣件拧紧抽样检查数目及质量判定标准

项次	检查项目	安装扣件数量（个）	抽检数量（个）	允许不合格数
1	连接立杆与纵（横）向水平杆或剪刀撑的扣件；接长立杆、纵向水平杆或剪刀撑的扣件	51～90	5	0
		91～150	8	1
		151～280	13	1
		281～500	20	2
		501～1200	32	3
		1201～3200	50	5
2	连接横向水平杆与纵向水平杆的扣件（非主节点处）	51～90	5	1
		91～150	8	2
		151～280	13	3
		281～500	20	5
		501～1200	32	7
		1201～3200	50	10

表 D-3　构配件允许偏差

序号	项　目		允许偏差 Δ (mm)	示意图	检查 工具
1	外径、壁厚		符合相关 规范的 规定		游标 卡尺
2	钢管两端面切斜偏差		1.70		塞尺、 拐角尺
3	钢管外表面锈蚀深度		≤0.18		游标 卡尺
4	钢管弯曲	各种杆件钢管的 端部弯曲 l≤1.5m	≤5		钢板尺
		立杆钢管弯曲 3m<l≤4m 4m<l≤6.5m	≤12 ≤20		
		水平杆、斜杆的 钢管弯曲 l≤6.5m	≤30		
5	冲压 钢脚 手板	板面挠曲 l≤4m l>4m	≤12 ≤16		钢板尺
		板面扭曲（任 一角翘起）	≤5		
6	可调托撑支托板变形		1.0		钢板尺 塞尺

表 D-4 支撑结构搭设的技术要求、允许偏差与检查方法

项次	项　目		技术要求	允许偏差 Δ (mm)	示意图	检查方法与工具
1	地基基础	表面	坚实平整	—		观察
		排水	不积水			
		垫板	不晃动			
		底座	不滑动			
			不沉降	−10		
2	立杆垂直度	垂直偏差	≤$H/200$ 且≤±100			用经纬仪或吊线和卷尺
3	支撑结构间距	步距	—	±20		钢板尺
		立杆间距	—	±30		
4	纵向水平杆高差	一根杆的两端	—	±20		水平仪或水平尺
		同跨内两根纵向水平杆高差	—	±10		
5	扣件安装	主节点处各扣件中心点相互距离	≤150mm	—		钢板尺
		同步立杆上两个相隔对接扣件的高差	≥500mm	—		钢卷尺
		立杆上的对接扣件至主节点的距离	≤$h/3$	—		
		扣件螺栓拧紧扭力矩	(40～65) N·m	—		扭力扳手
6	剪刀撑斜杆与地面的倾角		45°～60°	—		角尺

注：图中 1—立杆；2—纵向或横向水平杆。

表 D-5　支撑结构检查验收项目

序号	检查项目		检查内容及要求
1		施工方案	搭设前应编制专项施工方案，进行结构设计计算，并应按照规定进行审核、审批； 按照相关规定组织专家论证
2	保证项目	基础	基础应坚实、平整，承载能力应符合设计要求，并能承受全部荷载； 回填土压实系数应符合设计和规范要求； 立杆底部应按规范要求设置底座或垫板； 纵向、横向扫地杆设置应符合规范要求； 地基应采取排水设施，排水畅通； 楼面上的支撑结构，应对楼面结构的承载力进行验算，必要时应对楼面结构采取加固措施
3		构造	立杆纵、横间距及步距应符合设计和规范要求； 竖向、水平剪刀撑或专用斜杆的设置应符合规范要求
4		稳定性	支撑结构应与既有结构做可靠连接； 可调托撑伸出顶层水平杆的悬臂长度应符合本规范要求； 支撑结构基础沉降、变形及内力应在允许范围内
5		施工荷载	施工荷载应在设计允许范围内； 当浇筑混凝土时，应对混凝土堆积高度进行控制
6		交底与验收	支撑结构搭设、拆除前应进行交底，并有交底记录； 搭设完毕，应按照规定组织验收
1	一般项目	杆件连接	立杆应采用对接或套接的连接方式，并应符合规范要求； 水平杆的连接应符合规范要求； 当剪刀撑斜杆搭接时，搭接长度不应小于 0.8m，且不应少于 2 个扣件连接； 杆件节点应检查扣件的拧紧力矩、上碗扣锁紧情况、插销销紧情况、插销销入深度情况
2		底座与托撑	可调底座、托撑螺杆直径及与立杆内径间隙应符合规范要求； 可调托撑螺杆与螺母旋合长度不得少于 5 扣； 插入立杆内的长度不得小于 150mm
3		支撑结构拆除	支撑结构拆除前确认混凝土强度达到设计要求； 当上部结构是网架、钢桁架等，应核查其自身承载能力； 支撑结构拆除前应设置警戒区，并应设专人监护
4		安全防护	作业层应铺脚手板，并设安全平网兜底； 卸料平台、泵管、缆风绳等不能固定在支撑结构上，支撑结构与外电架空线之间的距离符合规范要求，特殊情况须采取防护措施

本规范用词说明

1　为便于在执行本规范条文时区别对待，对要求严格程度不同的用词说明如下：

　　1）表示很严格，非这样做不可的：

　　　　正面词采用"必须"，反面词采用"严禁"；

2）表示严格，在正常情况下均应这样做的：

正面词采用"应"，反面词采用"不应"或"不得"；

3）表示允许稍有选择，在条件许可时首先应这样做的：

正面词采用"宜"，反面词采用"不宜"；

4）表示有选择，在一定条件下可以这样做的，采用"可"；

2 条文中指明应按其他有关标准执行的写法为："应符合……的规定"或"应按……执行"。

引 用 标 准 名 录

1 《建筑地基基础设计规范》GB 50007

2 《建筑结构荷载规范》GB 50009

3 《混凝土结构设计规范》GB 50010

4 《钢结构设计规范》GB 50017

5 《混凝土结构工程施工规范》GB 50666

6 《施工现场临时用电安全技术规范》JGJ 46

中华人民共和国行业标准

建筑施工临时支撑结构技术规范

JGJ 300－2013

条 文 说 明

制 订 说 明

《建筑施工临时支撑结构技术规范》JGJ 300－2013，经住房和城乡建设部 2013 年 6 月 24 日以第 62 号公告批准、发布。

本标准制订过程中，编制组进行了广泛的调查研究，认真总结我国工程建设工程实践经验、通过大量试验验证、参考有关国际标准和国外先进标准以及国内相关标准，并与相关标准规范相互协调的基础上，编制本规范。

为便于广大设计、施工、科研、学校等单位有关人员在使用本标准时能正确理解和执行条文规定，《建筑施工临时支撑结构技术规范》编制组按章、节、条顺序编制了本标准的条文说明，对条文规定的目的、依据以及执行中需注意的有关事项进行了说明。但是，本条文说明不具备与本规范正文同等的法律效力，仅供使用者作为理解和把握本规范规定的参考。

目　　次

1 总 则

1.0.1 本条是建筑工程支撑结构设计和施工必须遵循的基本原则。

1.0.2 建筑工程施工搭设的支撑结构，一般由钢管及配件等组成，包括钢管扣件式支撑结构、碗扣式支撑结构及承插式支撑结构等（不含门式支撑结构）。主要用于模板支撑、安装工程支撑、物料平台支撑等。由于其构配件节点简单、安装方便等特点，在建筑工程施工中广泛应用。

1.0.3 明确了支撑结构的承载能力（强度、稳定性及抗倾覆）、刚度、构造及构配件性能除应符合本规范规定外，尚应符合其他的国家现行有关标准的规定。

2 术语、符号

本章所规定的术语和符号是按照现行国家标准《工程结构设计基本术语和通用符号》GBJ 132规定编写的，并根据需要适当增加了一些内容，以便在本规范及今后的实施中统一概念。

2.1 术 语

2.1.5～2.1.8 这4条是从结构概念出发，根据受力性能的不同，将当前建筑工程所采用的临时支撑结构划分为两种类型：框架式和桁架式支撑结构。

单元框架是有剪刀撑框架式支撑结构中的基本计算单元，如图1所示；单元桁架是桁架式支撑结构中的基本计算单元。

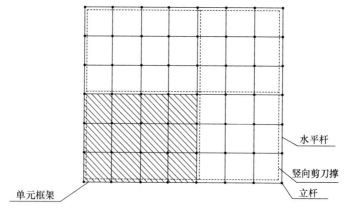

图1 单元框架平面示意图

2.2 符 号

本节给出了本规范有关章节中引用的93个符号，并分别给予了定义。

3 基 本 规 定

3.0.1 本条规定了支撑结构的分类。

通常扣件式或碗扣式支撑结构属于框架式支撑结构，如果承插式支撑结构不设竖向斜杆也属于框架式支撑结构，扣件式、碗扣式和承插式支撑结构的节点转动刚度各不相同。

按照单元桁架构造要求设置斜杆的承插式支撑结构属于桁架式支撑结构。

3.0.2 规定了支撑结构承载能力极限状态设计和正常使用极限状态设计时应采用的荷载效应组合。

3.0.3 构配件标准化，施工便捷，便于现场材料管理，满足文明施工要求。支撑结构所采用的钢管、构配件应符合下列规定：

钢材质量应符合现行国家标准《碳素结构钢》GB/T 700 和《低合金高强度结构钢》GB/T 1591 的规定；

钢管应符合国家现行标准《直缝电焊钢管》GB/T 13793、《低压流体输送用焊接钢管》GB/T 3091 及《建筑脚手架用焊接钢管》YB/T 4202 的规定。

可锻铸铁件或钢铸件材料应符合现行国家标准《一般工程用铸造碳钢件》GB/T 11352 和《可锻铸铁件》GB/T 9440 的规定。

3.0.4 本节明确规定了支撑结构的地基要求，是保证支撑结构承载能力的重要环节。

压实填土地基、灰土地基是支撑结构常用的地基，应按《建筑地基基础工程施工质量验收规范》GB 50202 要求进行施工，且应符合工程地质勘察报告要求。

3.0.5 如果有既有结构时，支撑结构要与其做可靠连接，提高结构抗倾覆和整体稳定性。可靠连接是指与既有结构的连接既能承受拉力又能承受压力，如扣件式支撑结构可以采取水平杆与结构顶紧，碗扣式、承插式支撑结构可采用可调底座、可调托撑或增加短的水平杆方式与结构顶紧，也可采用抱柱等构造措施。连接宜符合本规范第5.1.6条的规定。

3.0.6 施工单位应结合工程的实际情况进行方案的编制，方案应具有适用性和操作性，并进行认真的审核和审批，按照相关的规定组织好专家论证工作。

实施前项目技术负责人应向现场管理人员、操作人员进行安全技术交底（包括架体搭设参数、工艺、工序、作业要点和安全要求等），并形成书面记录。交底方和全体被交底人员应在交底文件上签字确认，并归档。

4 结 构 设 计 计 算

4.1 一 般 规 定

4.1.1 在试验研究的基础上，本条明确了支撑结构种类的划分和计算模型的假定。无剪刀撑框架式支撑结构和有剪刀撑框架式支撑结构均考虑了节点半刚性的影响。桁架式支撑结构不考虑节点半刚性。

4.1.3 本条规定了支撑结构的构件长细比要求，构件的允许长细比计算时构件的长度取节点间钢管的长度。

4.1.4 经试验测得框架式支撑结构节点的转动刚度：扣件式 55kN·m/rad、碗扣式 50kN·m/rad、承插式 40kN·m/rad。碗扣式节点与承插式节点刚度的安全系数取 2.0，扣件式节点刚度的安全系数取 1.5，得到表 4.1.4 节点刚度取值，供计算时取用。

为达到本条的节点转动刚度值，要求：扣件的拧紧扭力矩不应小于 40N·m，且不应大于 65N·m；碗扣节点的上碗扣应锁紧；承插节点的抗拔力不得小于 3kN。由于实际工程中，扣件式节点质量差异较大，而且往往长期重复使用，表面产生磨损和锈蚀，导致扣件式节点的转动刚度离散性较大。为了安全考虑，对长期重复使用的扣件式节点的转动刚度取值进行折减，折减系数取 0.8，在此情况下节点转动刚度为 $25 \times 0.8 = 20$kN·m/rad。

4.1.6 当搭设的支撑结构存在平面与立面布置凹凸不平、作用荷载不均匀等超出本规范规定的情况，其计算不能采用本规范规定的方法，应另采用计算机软件对支撑结构作整体分析计算。

4.2 荷载与效应组合

4.2.1~4.2.3 这 3 条规定了作用在支撑结构上的荷载分类及每类荷载的组成。一般情况下，作用在支撑结构荷载分为两类：永久荷载和可变荷载。

4.2.5 本条规定了可变荷载标准值的取值方法。

模板支撑结构上的施工荷载（Q_1）标准值按《混凝土结构工程施工规范》GB 50666 规定取用；常用的结构施工和钢结构施工采用的支撑结构施工荷载（Q_1）标准值，参考《建筑施工扣件式钢管脚手架安全技术规范》JGJ 130 取值。

风荷载（Q_2）的标准值，按现行国家标准《建筑结构荷载规范》GB 50009 的规定取值，基本风压 w_0 取重现期 $n = 10$ 对应的风压值。

泵送混凝土或不均匀堆载等因素产生的附加水平荷载（Q_3），根据《混凝土结构施工规范》GB 50666 附录 A，按照计算工况下竖向永久荷载标准值的 2% 取值，并作用在支撑结构上端水平方向。通过理论分析，Q_3 对支撑结构稳定影响较小，本规范计算没有考虑其影响。

4.2.6 本条按现行国家标准《建筑结构荷载规范》GB 50009 第 3.2.5 条的规定及《混凝土结构工程施工规范》GB 50666 第 4.3.11 规定，明确了荷载分项系数的取值。

4.2.7 本条规定支撑结构的工况组合。承载力计算时荷载效应按基本组合，变形计算时荷载效应按标准组合。当有施工荷载与风荷载组合时，设计值应乘以组合值系数 $\psi_Q = 0.9$。

4.3 水平杆设计计算

4.3.2 纵向、横向水平杆的抗弯强度，采用《钢结构设计规范》GB 50017 中 4.1.1 的公式进行验算，只考虑杆件单向弯曲，不考虑塑性开展。

4.3.3 节点抗剪强度的须进行验算，是因为纵向、横向水平杆上的荷载通过连接节点传给立杆，所以节点强度必须保证。

扣件式节点的抗剪强度设计值参考了《建筑施工扣件式钢管脚手架安全技术规范》JGJ 130，碗扣节点的抗剪强度设计值参考了《建筑施工碗扣式钢管脚手架安全技术规范》JGJ 166，承插节点的抗剪强度设计值参考了《建筑施工承插型盘扣式钢管支架安全技术规程》JGJ 231。

4.3.5 本条规定了不同类型的支撑结构纵向、横向水平杆简化计算时的计算模型以及弯矩、剪力、挠度的计算方法。

4.4 稳 定 性 计 算

4.4.1~4.4.3 此 3 条规定了各类支撑结构需要进行的稳定性验算内容，如表 1 所示。

表 1　各类支撑结构需要进行的稳定性验算内容

类型		计算内容	稳定性验算公式	l_0 计算公式
框架式支撑结构	无剪刀撑	立杆稳定性	不组合风荷载（4.4.4-1）	（4.4.9）
			组合风荷载（4.4.4-2）	
	有剪刀撑	单元框架稳定性	不组合风荷载（4.4.4-1）	（4.4.10）
		立杆局部稳定性	组合风荷载（4.4.4-2）	（4.4.11）
桁架式支撑结构		单元桁架局部稳定性	不组合风荷载（4.4.4-1）	（4.4.11）
			组合风荷载（4.4.4-2）	
		单元桁架整体稳定性	不组合风荷载（4.4.13-1）	—
			组合风荷载（4.4.13-2）	

1　无剪刀撑框架式支撑结构

无剪刀撑框架式支撑结构存在整体失稳，需要对立杆进行稳定性验算（图 2）。稳定性验算时分两种情况，一是不组合风荷载，按轴压公式计算；二是组合风荷载，按压弯公式计算。

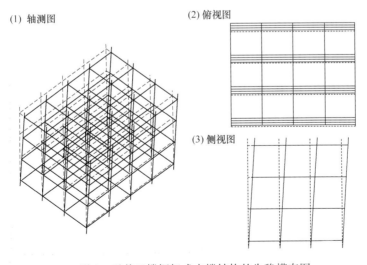

(1) 轴测图　　(2) 俯视图　　(3) 侧视图

图 2　无剪刀撑框架式支撑结构的失稳模态图

2 有剪刀撑框架式支撑结构

研究表明，单元框架的稳定性反映了有剪刀撑框架式支撑结构的稳定性，单元框架的失稳模态如图3所示。

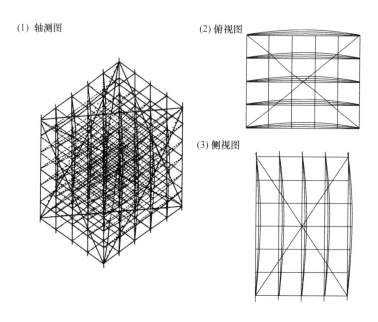

(1) 轴测图　(2) 俯视图　(3) 侧视图

图3　单元框架的失稳模态图

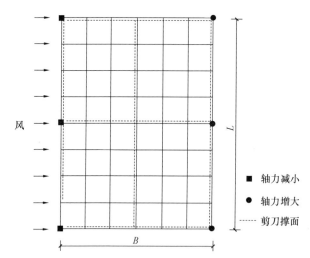

■ 轴力减小
● 轴力增大
---- 剪刀撑面

图4　风荷载作用于有剪刀撑框架式支撑
结构引起的立杆轴力图（俯视图）

当组合风荷载时，风荷载作用在有剪刀撑框架式支撑结构上，会引起局部立杆轴力变化（图4），需要对背风面轴力增大的立杆进行局部稳定性验算。

当无竖向密目安全网时，风荷载引起的立杆轴力较小，可不进行立杆局部稳定性验算。

3 桁架式支撑结构

桁架式支撑结构的稳定性是由单元桁架决定的。单元桁架按格构柱的设计方法，分为局部稳定性验算和整体稳定性验算。局部失稳模态如图5所示，整体失稳模态如图6所示。

当支撑结构有侧向约束或单元桁架组合方式为梅花形时，可不进行单元桁架的整体稳定性验算，只进行局部稳定性验算。

4.4.4 当只考虑竖向荷载作用时，立杆按轴压构件计算；当考虑竖向荷载和水平荷载（如风荷载）作用时，立杆按压弯构件计算。当采用《钢结构设计规范》GB 50017 中轴压构件和压弯构件稳定性验算方法时，不考虑杆件的塑性开展。

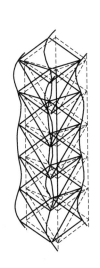
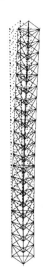

图 5　单元桁架局部失稳模态图　　图 6　单元桁架整体失稳模态图

4.4.5　本条规定了立杆轴力设计值计算时的荷载效应组合。组合风荷载时应考虑风荷载引起的立杆轴力。

4.4.6　风荷载作用于支撑结构，会增加立杆的轴力。本条规定了风荷载作用于支撑结构上引起立杆轴力的计算方法。公式是依据规整矩形平面支撑结构推导得到的，同时假定支撑结构的立杆在荷载作用下不脱离地面。此外，被支撑结构的风荷载（主要指混凝土结构的侧模承受的风荷载）对支撑结构的影响应另行考虑。

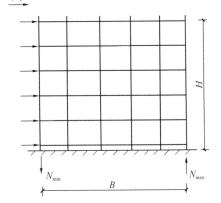

图 7　无剪刀撑框架式支撑结构
风荷载引起的立杆轴力图

本条对不同类型的支撑结构分别推导了在风荷载作用下的立杆轴力公式。

1　无剪刀撑框架式支撑结构风荷载引起的立杆轴力计算

立杆轴力的计算简图如图 7 所示，迎风面和背风面立杆轴力最大。

2　有剪刀撑框架式支撑结构风荷载引起的立杆轴力计算

风荷载作用于有剪刀撑框架式支撑结构，由于剪力滞后效应，迎风面和背风面纵向、横向竖向剪刀撑面相交处的立杆轴力发生变化，如图 4 所示。

3　桁架式支撑结构风荷载引起的立杆轴力计算

（1）矩阵形布置：

立杆轴力的计算简图如图 8 所示。风荷载作用于支撑结构产生的弯矩按抗侧刚度分配到顺风方向的每个单元桁架。

（2）梅花形布置：

立杆轴力的计算简图如图9所示。顺风方向的立杆轴力为线性分布，迎风侧立杆轴力减小，背风侧立杆轴力增大。

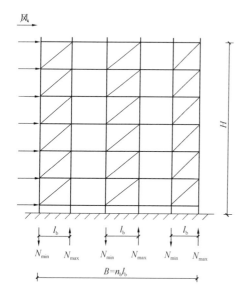

图 8　桁架式支撑结构（矩阵形）
风荷载引起的立杆轴力图

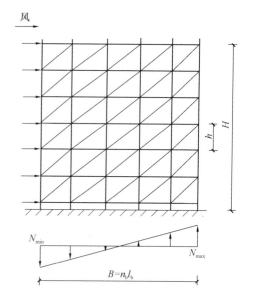

图 9　桁架式支撑结构（梅花形）
风荷载引起的立杆轴力图

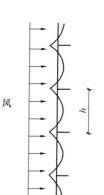

图 10　立杆节间局部
弯矩立面图

4.4.7　本条规定了立杆弯矩设计值计算时的荷载效应组合。组合风荷载时应考虑风荷载引起的弯矩。

风荷载引起的立杆弯矩分两种情况：一是风荷载直接作用于立杆引起的立杆节间局部弯矩，二是风荷载作用于支撑结构引起的立杆弯矩。

1　有剪刀撑框架式支撑结构、桁架式支撑结构

这两种支撑结构应计算风荷载直接作用于立杆引起的立杆节间局部弯矩，如图10所示。

2　无剪刀撑框架式支撑结构

对于无剪刀撑框架式支撑结构，不仅要考虑风荷载直接作用于立杆引起的立杆节间局部弯矩，同时应考虑风荷载作用于独立支撑结构引起的立杆弯矩，如图11所示。

4.4.8　支撑结构与既有结构可靠连接时，风荷载作用于支撑结构引起的立杆轴力（N_{WK}）和弯矩（M_{TK}）可不考虑，但应考虑风荷载直接作用于立杆上引起的立杆节间局部弯矩（M_{LK}）。

4.4.9　无剪刀撑框架式支撑结构的失稳通常表现为整体失稳，而不是单根立杆的局部失稳。公式（4.4.9）沿用了以前的相关规范步距 h 表达的计算长度公式，计算长度系数 μ 是通过理论推导和大量算例计算确定的。

理论分析表明，计算长度系数主要与 K、α、n_z 及节点连接形式有关。其中，K 为刚度比，即立杆步距内的线刚度与节点等效转动刚度之比；α 为伸长比，即扫地杆高度与悬臂

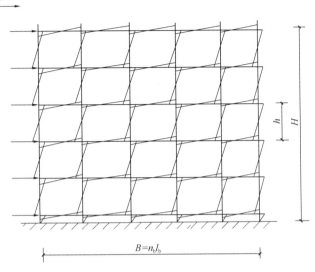

图 11　风荷载作用于无剪刀撑框架式支撑结构引起的立杆弯矩图

长度中较大值与步距之比；n_z 为步数。同时，由于支撑结构水平杆与立杆的连接形式不同，可分为水平杆连续和水平杆不连续两种情形，附录 B 表 B-1 及表 B-2 分别给出了对应的计算长度系数。采用扣件式节点连接的无剪刀撑框架式支撑结构可参照水平杆连续的情形计算，采用碗扣式或承插式节点连接的无剪刀撑框架式支撑结构可参照水平杆不连续的情形计算。

立杆横向跨数 n_b 对无剪刀撑框架式支撑结构的计算长度系数 μ 有影响，如图 12 所示。当 $n_b = 1$ 时，水平杆连续（情形 1）与水平杆不连续（情形 2）对应的 μ 相同；当 $1 < n_b < 5$ 时，情形 1 对应的 μ 基本不变，情形 2 对应的 μ 有较大减小；当 $n_b \geqslant 5$ 时，两种情形对应的 μ 都基本不变。对于情形 1，μ 可直接按本规范附录 B 表 B-1 计算；对于情形 2，$n_b = 1$ 的 μ 对应本规范附录 B 表 B-1，$n_b \geqslant 5$ 的 μ 对应本规范附录 B 表 B-2，当 $1 < n_b < 5$ 时，情形 2 的 μ 可按两表插值计算。

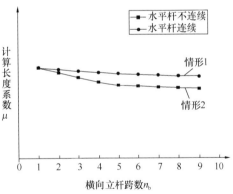

图 12　无剪刀撑框架式支撑结构 μ 随立杆横向跨数 n_b 变化示意图

4.4.10　本条规定了有剪刀撑框架式支撑结构的单元框架立杆计算长度的计算方法。单元框架的失稳通常表现为整体失稳，而不是单根立杆的局部失稳。

理论分析表明，单元框架的计算长度系数主要与 K、n_x、α_x 及节点连接形式有关。其中，K 为刚度比，即立杆步距内的线刚度与 y 向节点等效转动刚度之比；n_x 为单元框架的 x 向跨数；α_x 为单元框架 x 向跨距与步距 h 之比。同时，由于支撑结构水平杆与立杆的连接形式不同，可分为水平杆连续和水平杆不连续两种情形，附录 B 表 B-3 及表 B-4 分别给出了对应的计算长度系数。采用扣件式节点连接的有剪刀撑框架式支撑结构可参照水平杆连续的情形计算，采用碗扣式或承插式节点连接的有剪刀撑框架式支撑结构可参照水平杆不连续的情形计算。

分析表明，支撑结构高度增加会使计算长度系数 μ 有所增大，所以需要考虑支撑结构高度对计算长度系数的修正，即高度修正系数 β_H。此时水平剪刀撑的设置应满足本规范第5.2.2条的规定。

另外，悬臂长度（或扫地杆高度）过大时，可能对支撑结构的稳定性起控制作用。本规范给出了有剪刀撑框架式支撑结构的扫地杆高度与悬臂长度修正系数 β_a 的计算表格。

4.4.11 局部失稳为单根立杆的节间波形失稳，扫地杆高度和悬臂长度对局部失稳有影响。本条规定了有剪刀撑框架式支撑结构、桁架式支撑结构中的单元桁架局部稳定性验算时立杆计算长度的计算公式。

4.4.12 本条规定了加密的有剪刀撑框架式支撑结构稳定承载力的计算方法，其承载力通过稳定系数反映。

分析表明，当加密区立杆间距加密1倍（但步距不加密）时，加密区立杆的稳定系数约为未加密时的0.8倍；当加密区立杆间距加密1倍、步距也加密1倍时，加密区立杆的稳定系数约为未加密时的1.2倍。

4.4.13 独立的单元桁架有可能发生整体失稳，应进行整体稳定性验算。整体稳定性验算参考格构柱整体稳定性验算方法。

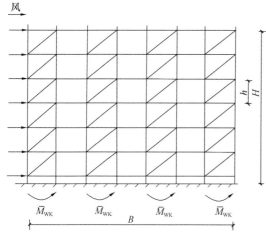

图13 风荷载作用于支撑结构引起
单元桁架的整体弯矩图

1 单元桁架的轴力

风荷载作用于单元桁架，不会引起单元桁架的轴力，因此计算轴力时不考虑风荷载组合，即本规范公式（4.4.13-3）中的立杆轴力（N）采用不组合风荷载的公式（4.4.5-1）。

当单元桁架4根立杆的轴力不均匀时，单元桁架的轴力为4根立杆的轴力之和，同时应考虑4根立杆轴力不均匀引起的偏心弯矩。

2 单元桁架的弯矩

风荷载作用在桁架式支撑结构上，各单元桁架将承受弯矩，如图13所示。

4.5 支撑结构抗倾覆验算

4.5.1 在搭设、施工和停工三种工况下，应根据平面、立面和荷载的实际情况对支撑结构进行抗倾覆验算。

本条计算公式是依据平面和立面无凹凸不平的矩形支撑结构进行推导的。抗倾覆验算时只考虑支撑结构自重和风荷载作用，由风荷载产生的倾覆力矩 M_{ov} 为：

$$M_{ov} = 1.4 w_k \frac{LH^2}{2}$$

由支撑结构自重产生的抗倾覆力矩 M_r 为：

$$M_r = 0.9g_k \frac{LHB}{2} \ \text{或} \ M_r = 0.9g_{k2} \frac{LB^2}{2}$$

式中：g_k——支撑结构自重标准值与受风面积的比值（N/mm²），$g_k = \dfrac{G_{2K}}{LH}$；

g_{k2}——支撑结构自重标准值与平面面积的比值（N/mm²），$g_{k2} = \dfrac{G_{2K}}{BL}$；

由 $k_0 M_{ov} \leqslant M_r$，引入抗倾覆系数 $k_0 = 1.2$，整理得：

$$\frac{H}{B} \leqslant 0.54 \frac{g_k}{w_k} \ \text{或} \ \frac{H}{B} \leqslant 0.7319 \sqrt{\frac{g_{k2}}{w_k}}$$

为计算简便，采用公式 $\dfrac{H}{B} \leqslant 0.54 \dfrac{g_k}{w_k}$。

4.6 地基承载力验算

4.6.2 支撑结构支承于地基土上时，应根据现行国家标准《建筑地基基础设计规范》GB 50007 对支撑结构底下的地基土具体情况进行地基承载能力计算。当地基土均匀时，一般可不进行地基的变形验算。如果对地基变形量有要求时，则应采取措施加以控制。

5 构 造 要 求

5.1 一 般 规 定

5.1.1 本条限定了2种类型支撑结构的搭设高度，当超过高度要求时应另行设计。

5.1.4 本条扫地杆高度设置是参考《建筑施工扣件式钢管脚手架安全技术规范》JGJ 130、《建筑施工碗扣式钢管脚手架安全技术规范》JGJ 166、《建筑施工承插型盘扣式钢管支撑结构安全技术规程》JGJ 231 及《混凝土结构工程施工规范》GB 50666 中的规定。施工中可根据支撑结构搭设的实际情况适当进行调整。

5.1.5 立杆顶部插入可调托座，其伸出顶层水平杆的悬臂长度过大会导致支撑结构立杆因局部失稳而导致整体坍塌。本条既规定了支撑结构立杆顶部插入可调托撑后，其伸出顶层水平杆的悬臂长度的限值，又限定了可调托撑螺杆外露长度，以保证支撑结构立杆的局部稳定性。

5.1.6 为保证支撑结构稳定，要求支撑结构与既有结构进行拉、顶或抱柱等连接措施，这样可提高支撑结构的承载力，保证支撑结构的稳定。

5.1.8 支撑结构四周无可靠连接的既有结构或拉结的结构（如设置格构柱等）时，应设缆风绳。缆风绳应对称在同一水平高度上设置，设置道数可根据支撑结构的高度及高宽比确定。缆风绳与水平夹角宜在 45°～60° 之间，并采用与缆风绳拉力相适应的花篮螺栓拉紧，缆风绳下端应与地锚拉结。

5.1.9 针对在空旷场地搭设的独立高位支撑结构，支撑结构应采取防雷接地措施。

5.2 框架式支撑结构构造

5.2.1 支撑结构在纵向或横向竖向剪刀撑间隔距离是由计算确定。剪刀撑不仅可增加支撑结构刚度和承载力，还保证支撑结构稳定承载能力。

5.2.2 水平剪刀撑能够为立杆提供有效的刚性侧向支撑，将立杆失稳模态的波形限制在水平剪刀撑之间。本规范有剪刀撑框架式支撑结构中计算长度系数的计算要求水平剪刀撑的间隔层数不大于 6 步。理论计算表明，在顶层位置设置水平剪刀撑可较大幅度提高支撑结构的稳定承载力，所以本规范规定顶层应设置水平剪刀撑。当立杆支撑在地基上但得不到有效水平约束时，扫地杆段的受力状态如同顶层悬臂段，为安全起见，扫地杆层也宜设置水平剪刀撑。

5.2.3 为保证接长后剪刀撑杆件抗弯刚度，本条规定了最小搭接长度及搭接方法。

5.2.4 如果框架式支撑结构搭设高度 5m 以下，承受荷载较小、支撑在地质条件好或支撑在楼板上（如住宅结构楼板支撑结构），并且与既有结构进行抱柱或水平杆与结构顶紧时可不设置竖向或水平向剪刀撑。

上述 4 个条件缺一不可，全部满足时框架式支撑结构可以不设剪刀撑。

5.2.6、5.2.7 在钢结构安装及梁板结构等有较大荷载时，较大荷载下立杆要加密，且应伸至非加密区内至少 2 跨。

支撑结构非加密区立杆、水平杆的间距与加密区间距互为倍数，才可保证加密的杆件伸入非加密区。

5.3 桁架式支撑结构构造

5.3.1 本条规定单元桁架的斜杆布置方式。单元桁架应满布竖向斜杆以满足承载力要求，竖向斜杆布置宜规则均匀。理论分析表明对称式或螺旋式斜杆布置方式承载力相同。另外应布置水平斜杆以提高单元桁架几何稳定性。

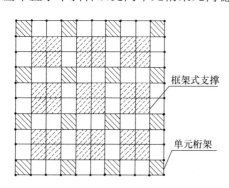

图 14 混合式支撑结构单元桁架布置方式

5.3.2 在实际工程中还有单元桁架间隔（2～3）跨布置的情况，这实际上是单元桁架和框架式支撑混合使用的支撑结构，故称之为混合式支撑结构，如图 14 所示。

在混合式支撑结构中有框架式和桁架式两种计算模型，需要对不同的计算模型分别进行稳定性验算。单元桁架应按本规范第 4.4.3 条进行稳定性验算，单元桁架间的框架式支撑应按本规范第 4.4.2 条进行稳定性验算。风荷载引起的内力应根据支撑结构中单元桁架的平面布置进行计算。

混合式支撑结构中的单元桁架应满足桁架式支撑结构的构造要求，单元桁架间的框架式支撑应满足框架式支撑结构的构造要求。同时支撑结构应满足本规范第 5.3.3 条的规定。

5.3.3 为保证结构体系不变性，支撑结构应满足本条第 1、3 款。为了防止结构出现整体扭转，支撑结构应满足本条第 2 款。当立杆支撑在地基上但得不到有效水平约束时，扫地杆段的受力状态如同顶层悬臂段，为安全起见，扫地杆层也宜设置水平斜杆。

5.3.4 本条规定参考了《建筑施工承插型盘扣式钢管支架安全技术规程》JGJ 231，以保证支撑结构立杆的局部稳定性。

6 特殊支撑结构

6.1 悬挑支撑结构

6.1.1 悬挑支撑结构可分为悬挑部分、平衡段、落地部分，如图 15 所示。本条规定了悬挑部分的竖向荷载限值 $p_{t,max}$，以保证悬挑部分的强度、稳定性以及挠度要求，简化悬挑部分的验算。

超出附录 C 表 C-1 中要求的可建立整体结构有限元模型进行验算，必要时可进行现场载荷试验。

6.1.2 悬挑部分受竖向荷载作用时，将在落地部分的立杆中形成线性分布的附加轴力，靠近悬挑部分的立杆附加轴力 N_t 最大，应在稳定性验算时考虑。附加轴力 N_t 通过简化模型推导而来，计算时应叠加到落地部分中靠近悬挑部分的立杆轴力中去。总高度取 H 是因为考虑到平衡段垂直悬挑方向并未用桁架加强，则验算落地部分时高度仍取支撑结构总高。

公式（6.1.2）未考虑由风荷载引起的落地部分立杆的附加轴力，应根据具体情况考虑风荷载的影响。

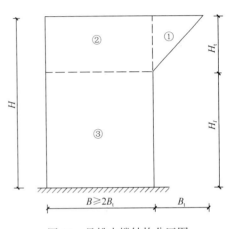

图 15　悬挑支撑结构分区图
①—悬挑部分；②—平衡段；③—落地部分

6.1.3 悬挑支撑结构与规整的矩形支撑结构不同，应考虑悬挑部分受荷载引起的附加倾覆力矩。

6.1.4 本条规定悬挑支撑结构的构造要求。斜腹杆倾角宜满足 $40°\sim60°$，此时受力性能较好。由于扣件节点容易发生滑动，不宜使用扣件传力方式。

6.2 跨空支撑结构

6.2.1 跨空支撑结构可分为跨空部分、平衡段、落地部分，如图 16 所示。本条规定了跨空部分的竖向荷载限值 $p_{s,max}$，以保证跨空部分的强度、稳定性以及挠度要求，简化跨空部分的验算。

超出附录 C 表 C-2 中要求的可建立整体结构有限元模型进行验算，必要时可进行现场载荷试验。

6.2.2 跨空部分受竖向荷载作用时，将在落地部分的立杆中形成线性分布的附加轴力，靠近跨空部分的立杆附加轴力 N_s 最大，应在稳定性验算时考虑。附加轴力 N_s 通过简化模型推导而来，计算时应叠加到落地部分中靠近跨空部分的立杆轴力中去。总高度取 H 是因为考虑到平衡段垂直跨空方向并未用桁架加强，则验算落地部分时高度仍取支撑结构总高。

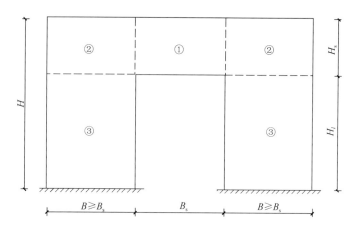

图 16 跨空支撑结构分区图
①—跨空部分；②—平衡段；③—落地部分

公式（6.2.2）未考虑由风荷载引起的落地部分立杆的附加轴力，应根据具体情况考虑风荷载的影响。

6.2.3 本条规定跨空支撑结构的构造要求。斜腹杆宜满足倾角 40°～60°，此时受力性能较好。由于扣件节点容易发生滑动，不宜使用扣件传力方式。

7 施 工

7.1 一 般 规 定

7.1.1 支撑结构与其他设施相连接，其受力状态会发生变化，存在安全隐患，甚至会导致安全事故发生。

7.1.2 根据工程特点、结构形式、荷载大小、地基基础类型、施工工艺条件等需要预压或监测的支撑结构，预压按照《钢管满堂支架预压技术规程》JGJ/T 194 执行，监测按照本规范第 8 章规定执行，并应编制专项施工方案。对于大型的梁（板）的支撑结构，在浇筑混凝土前应对支撑结构进行预压。

7.1.3 支撑结构使用过程中随意拆除构配件会影响支撑结构的承载能力，存在安全隐患，甚至会导致倾覆及坍塌事故发生。

7.1.4 按照《特种作业人员安全技术考核管理规则》GB 5036 的相关规定进行培训和考核。

7.1.5 六级及以上大风停止高处作业的规定，是根据现行行业标准《建筑施工高处作业安全技术规范》JGJ 80 的规定。

7.2 施 工 准 备

7.2.2 本条是对支撑结构搭设场地的要求，地基承载力影响支撑结构的稳定性，地基坚实牢固是避免架体坍塌的重要措施之一。

7.3 搭　　设

7.3.2 由于支撑结构组件较为单薄易发生倾覆、滑移、甚至坍塌，为了防止事故发生应采取稳定措施，确保安全施工。

多层楼板连续施工时，当支撑层楼板承载力或挠度不满足要求时，应采用上下层支撑立杆在同一轴线上的传力方式，以避免支承楼面承载力不够导致楼面破坏。

7.4　检查与验收

7.4.1 明确支撑结构进行检查与验收的阶段。

7.4.2 明确支撑结构地基与基础检查验收的要求，是保证支撑结构稳定、施工安全的重要措施。

7.4.3、7.4.4 明确支撑结构搭设完毕、使用前与使用中的检查项目。

7.4.6 支撑结构搭设完成后，由项目负责人组织验收，验收人员应包括：施工单位和项目两级技术、安全、质量等相关人员；监理单位的总监和专业监理工程师。验收合格，经施工单位项目技术负责人及项目总监理工程师签字后，方可进入下道工序施工。验收记录按要求存档。

7.5　使　　用

7.5.1 支撑结构在使用过程中构造或用途发生变化时，将影响支撑结构的稳定性，应重新进行复核验算，并按相关的审批程序进行审批。

7.5.2 开挖管沟会影响支撑结构地基与基础的承载能力，进而影响架体的稳定性，必须有安全专项保障措施。

7.5.3 施工现场有许多易燃材料，尤其支撑结构的主龙骨和次龙骨经常采用木方，在其上进行电气焊作业时，必须有防火措施。

7.6　拆　　除

7.6.2 本条规定了支撑结构拆除必须遵守的要求，有利于拆除过程中保证支撑结构的整体稳定性。

7.7　安　全　管　理

7.7.1 专业架子工佩带安全防护用品搭设支撑结构，是避免安全事故发生的重要措施。

7.7.2 在施工过程中，当支撑结构实际荷载超过设计规定时，就存在安全隐患，甚至导致安全事故发生。本条的规定旨在防止支撑结构因超载而影响支撑结构安全。

7.7.5 由于混凝土结构强度的增长与温度及龄期有关，为保证结构工程不受破坏，在拆模板支撑结构前应检查混凝土同条件试块的强度报告，未达到拆模要求强度不允许拆模板及其支撑结构。

8 监 测

8.0.1 支撑结构应按《危险性较大的分部分项工程安全管理办法》（建质［2009］87 号文）等有关规定编制监测方案。

8.0.3 位移监测点的布置原则应最大程度地反映出结构的变形模态。本条规定了对支撑结构位移监测点的具体位置。

8.0.4 内力监测反映杆件实际工作状态下的受力状态，是评价支撑结构承载情况的重要指标。内力监测点的布置原则应根据其杆件所处位置的重要性和实际受力情况考虑，并同时兼顾监测方案的成本。

8.0.5 本条规定保证了监测设备在精度、可靠性等方面满足工程监测需求。

8.0.7 本条对监测频率做了基本规定。

8.0.8 本条规定了结构在出现数据异常、事故征兆与周边荷载环境变化较大等情况下，加大监测频率，进行实时监测及启动应急预案的要求。

8.0.9 本条规定了监测报警值的取值参考范围，其同时兼顾了累计变化量与变化速率值两个参考量。

8.0.10 监测记录是整个监测过程的重要环节，应做到记录工作的规范性、记录人员的诚实性、并确保不遗漏主要信息、及时作出反馈。

上海市工程建设规范

建筑施工附着升降脚手架安全技术规程

Safety and technology code of self-climbing
scaffold attached to structure in construction

DGJ 08—905—99

主编单位：上海市建设委员会科学技术委员会
批准部门：上 海 市 建 设 委 员 会
施行日期：1 9 9 9 年 7 月 1 日

1999 上海

上海市建设委员会

沪建建（99）第 0327 号

关于批准《建筑施工附着升降脚手架
安全技术规程》为上海市工程建设规范的通知

各有关单位：

根据我委沪建建（98）第 0088 号文下达的上海市工程建设规范编制计划的要求，由上海市建设委员会科学技术委员会主编的《建筑施工附着升降脚手架安全技术规程》，经有关专家审查和我委审核，现批准为上海市工程建设强制性规范，统一编号为 DGJ 08—905—99，自 1999 年 7 月 1 日起实施。

该强制性规范由上海市工程建设标准化办公室负责组织实施，上海市建设委员会科学技术委员会负责解释。

上海市建设委员会

一九九九年五月三十一日

前　　言

本《规程》是根据上海市建设委员会沪建建（98）第 0088 号文下达的上海市工程建设地方标准、规范和标准设计编制计划的要求，由上海市建设委员会科学技术委员会任主编单位编制的。

附着升降脚手架是一项发展中的新技术，编制组在编写过程中进行了大量调研及科学试验，并广泛征求意见，经反复修改，先后完成初稿、讨论稿、征求意见稿和送审稿，并于 1999 年 2 月由专家审查会审查定稿。

《规程》分七章和三个附录，内容包括总则、名词术语、一般规定、设计及计算、构配件制作、安装和使用、检验。

《规程》的编制对进一步加强建筑市场管理，规范附着升降脚手架的使用和确保施工安全以及推动技术进步等方面具有重大现实意义。

为进一步完善《规程》，各单位在执行本《规程》时有何意见和建议，请寄至上海市建设委员会科学技术委员会（地址：上海市宛平南路 75 号，邮编：200032），以供今后修订时参考。

主编单位：上海市建设委员会科学技术委员会

参编单位：上海市建设工程安全监督总站
上海市建设机械检测中心
上海市第八建筑工程公司
上海东南模板公司

主要起草人：吴君候　陈卫星　严　训　李海光　兰　幼　马兴宝

参加起草人：陈士良　金长庚　杨友根　顾瑞昌　孙锦强　刘　军　刘　震　程史扬
周湜畈

上海市工程建设标准化办公室

一九九九年六月十六日

目　　次

1 总 则

1.0.1 为加强建筑施工附着升降脚手架设计、制作、使用、检验的管理以及确保施工安全，特制定本《规程》。

1.0.2 附着升降脚手架是指采用各种形式的架体结构及附着支承结构、依靠设置于架体上或工程结构上的专用升降设备实现升降的施工外脚手架。

1.0.3 本《规程》适用于在高度小于150m的高层、超高层建筑物或高耸构筑物上使用并不携带施工外模板的附着升降脚手架。对使用高度超过150m或携带施工外模板的附着升降脚手架，应对风荷载取值、架体构造等方面进行专门研究后作出相应的加强设计。

1.0.4 附着升降脚手架的设计、制作、使用、检验除应遵守本《规程》外，还应遵守其他相关的现行国家和上海市的规范、规程、标准和规定。

2 名词、术语

2.0.1 架体结构

附着升降脚手架架体的组成结构，一般由竖向主框架、水平支承结构和架体板组成。

2.0.2 水平支承结构

脚手架架体结构中承受架体竖向荷载，并将竖向荷载传至竖向主框架和附着支承结构的传力结构。

2.0.3 竖向主框架

用以构造附着升降脚手架架体并与附着支承结构连接、承受和传递竖向与水平荷载的竖向框架。

2.0.4 架体板

脚手架架体结构中除去竖向主框架和水平支承结构的剩余部分。

2.0.5 附着支承结构

与工程结构附着并与架体结构连接、承受并传递脚手架荷载作用的结构。

2.0.6 整体式附着升降脚手架

升降时跨数在二跨以上（包括二跨）并实行联控升降的附着升降脚手架。

2.0.7 单片式附着升降脚手架

实行单跨升降的附着升降脚手架。

2.0.8 附着支承点

附着支承结构对架体形成的具有独立支承作用的支承点。

2.0.9 架体高度

架体底面至架体上横杆顶面的高度。

2.0.10 架体宽度

架体内外排立杆轴线之间的水平距离。

2.0.11 悬臂高度

架体位于上部附着支承点或其他形式刚性拉结点之上的自由高度。

2.0.12 悬挑长度

单跨架体或架体边跨端部处于附着支承结构中心轴线之外的水平长度。

2.0.13 架体跨度

架体中心立面在两榀竖向主框架中心轴线之间并沿着架体平面布置方向的水平投影长度。

3 一 般 规 定

3.0.1 附着升降脚手架应具有足够强度和刚度且构造合理的架体结构，应具有安全可靠，适应于工程结构特点且满足支承与防倾要求的附着支承结构，应具有可靠的升降动力设备和能保证同步性能及限载要求的控制系统或控制措施，应具有可靠的防坠等方面的安全装置。

3.0.2 在附着升降脚手架中采用的升降动力设备、防坠装置、同步及限载控制系统等定型产品的技术性能与安全度应满足附着升降脚手架的安全技术要求。

3.0.3 附着升降脚手架在保证安全的前提下应力求技术先进、经济合理、方便施工。

3.0.4 各类附着升降脚手架设计时应明确其技术性能指标和适用范围，使用中不得违反技术性能规定，扩大使用范围。

3.0.5 使用附着升降脚手架的工程项目必须根据工程特点及使用要求编制专项安全施工组织设计，履行审批手续后予以执行。

4 设 计 及 计 算

4.1 一 般 规 定

4.1.1 附着升降脚手架的设计计算应执行本《规程》和现行的《建筑结构荷载规范》(GBJ 9)、《钢结构设计规范》(GBJ 17)、《冷弯薄壁型钢结构技术规范》(GBJ 18)、《混凝土结构设计规范》(GBJ 10)、《编制建筑施工脚手架安全技术标准的统一规定》以及其他有关的标准和规定。

4.1.2 附着升降脚手架的架体结构和附着支承结构应按以概率理论为基础的极限状态设计法进行设计计算，承载力按下式进行计算：

$$\gamma_0 S \leqslant R$$

S——作用效应组合的设计值；

R——结构抗力的设计值；

γ_0——结构重要性系数，按脚手架结构设计时取 0.9，按工程结构设计时取 1.0。

4.1.3 附着升降脚手架升降机构中的吊具、索具，按机械设计的容许应力设计法进行设计计算，即按下式进行计算：

$$\sigma \leqslant [\sigma]$$

σ——设计应力；

$[\sigma]$——材料容许应力；

4.1.4 附着升降脚手架应按其结构形式与构造特点确定不同工况下的计算简图，分别进行荷载计算、强度、刚度、稳定性计算或验算，必要时应通过整体模型试验验证脚手架架体结构的强度与刚度。

4.1.5 附着升降脚手架的设计除应满足计算要求外，还应符合有关构造及装置规定。

4.1.6 在满足结构安全与使用要求的前提下，附着升降脚手架的设计应尽量减轻架体的自重。

4.2 构造及装置规定

4.2.1 整体式附着升降脚手架的架体尺寸应符合如下规定：

1 架体高度不应大于 4.5 倍建筑层高，架体每步步高宜取 1.8m；

2 架体宽度不应大于 1.2m；

3 直线布置的架体跨度不应大于 8m，折线或曲线布置的架体跨度不应大于 5m。悬挑长度不宜大于 1/4 相邻跨架体跨度，最大值不得超过 2m。悬挑长度超过 1/4 限值时，架体结构上必须采取相应的措施，确保结构安全；

4 架体悬臂高度不宜大于 4.8m，当悬臂高度超过 4.8m 时，架体结构上必须采取相应的措施，确保结构安全；

5 架体全高与支承跨度的乘积不应大于 110m²。

4.2.2 单片式附着升降脚手架的架体尺寸应符合如下要求：

1 架体高度不应大于 4 倍建筑层高，架体每步步高宜取 1.8m；

2 架体宽度不应大于 1.2m；

3 架体跨度不应大于 6m，悬挑长度不应大于 1/4 相邻跨架体跨度；

4 架体悬臂高度在使用工况下与升降工况下均不应大于 4.8m 和 1/2 架体全高。

4.2.3 附着升降脚手架的架体结构应符合如下规定：

1 单片式附着升降脚手架在相邻两个机位之间的架体必须直线布置，实行互爬升降的附着升降脚手架在工程结构转角部位应设计专门的转角结构；整体式附着升降脚手架在相邻两个机位之间的架体宜直线布置，当采用折线或曲线布置时必须进行力矩平衡设计与计算或进行整体模型试验；

2 架体跨度大于 3.0m 时，架体结构中必须设置水平支承结构，水平支承结构可采用水平桁架形式或水平框架形式；

3 架体在与附着支承结构相连的竖向平面内必须设置具有足够刚度与强度的定型竖向主框架。竖向主框架不得采用一般脚手管和扣件搭设。竖向主框架与附着支承结构的连接不得采用脚手扣件或碗扣方式；

4 架体内外立面应按跨设置剪刀撑，剪刀撑斜角为 $45°\sim60°$；

5 架体板内部应设置必要的竖向斜杆和水平斜杆，以确保架体结构的整体稳定性。

4.2.4 架体结构在下列部位应采取可靠的加强构造措施：

1 与附着支承结构连接处；

2 位于架体上的升降机构的设置处；

3 位于架体上的防坠装置的设置处；

4 平面布置的转角处；

5 碰到塔吊、施工电梯、物料平台等设施而断开或开洞处；

6 其他有加强要求的部位。

4.2.5 附着升降脚手架架体安全防护措施应满足以下要求：

1 架体外侧必须用密目安全网（2000 目/100cm^2）围挡并兜过架体底部，底部还必须加设小眼网；密目安全网及小眼网必须可靠的固定在架体上；

2 每一作业层靠架体外侧必须设置防护栏杆、围护笆等防护设施；

3 使用工况下架体与工程结构外表面之间、单片架体之间的间隙必须封闭，升降工况下架体开口处必须有可靠的防止人员及物料坠落措施。

4.2.6 升降动力设备、防坠装置与架体结构的连接应通过水平支承结构或竖向主框架来实现。正常使用工况下与升降工况下附着支承结构的防倾构件与架体结构的连接应通过竖向主框架来实现。

4.2.7 物料平台等可能增大架体外倾力矩的设施必须单独设置、单独升降，不得与附着升降脚手架连接。

4.2.8 附着支承结构采用螺栓与工程结构连接时，应采用双螺母，螺杆露出螺母不应少于 3 牙。螺栓宜采用穿墙螺栓。若必须采用预埋螺栓时，则预埋螺栓的长度及构造应满足承载力要求。螺栓钢垫板应根据设计确定，最小不得小于 100mm×100mm×8mm（厚）。

4.2.9 架体结构内侧与工程结构之间的距离不宜超过 0.4m，超过时对附着支承结构应予以加强。位于阳台等悬挑结构处的附着支承结构应进行特别设计，确保悬挑结构与附着支承结构的安全。附着支承结构应采取腰形孔、可调节螺杆等构造措施，以适应工程结构在允许范围内的施工误差。

4.2.10 附着支承结构与工程结构连接处混凝土强度要求应按计算确定，并不得小于 C10。

4.2.11 附着支承结构应有防止脚手架侧向移位的构造措施。

4.2.12 附着升降脚手架的升降动力设备应具有满足附着升降脚手架使用要求的工作性能，用于整体式附着升降脚手架的升降动力设备应有相应的同步及限载控制系统相配套。升降动力设备的额定起重量不应小于吊点最大设计荷载（不考虑荷载附加计算系数）的 1.8 倍。

4.2.13 同步及限载控制系统应通过控制吊点实际荷载来控制各机位间的升降差。吊点实际荷载的变化值应不大于吊点最大设计荷载（不考虑荷载附加计算系数）的 ±50%。同步及限载控制系统应具备超载报警停机、失载报警停机等功能，并宜与防坠装置实现联动。中央控制台宜具有显示每一机位的设置荷载值、即时荷载值、机位状态等功能。升降时控制中心宜设置于工程结构上，对单片式附着升降脚手架，可通过人工控制来实现同步升降。

4.2.14 整体式附着升降脚手架的升降动力控制台应具备点控、群控等功能，采用电动系统时，控制台还应具备逐台工作显示、故障信号显示、漏电保护、缺相保护、短路保护等功能，并符合其他相关的安全用电规定。

4.2.15 脚手架平面布置中，升降动力机位应与架体主框架对应布置，并且每一个机位设置一套防坠装置。防坠装置的技术性能除满足承载力的要求外，制动时间和制动距离应符合表 4.2.15 的规定。

表 4.2.15　防坠装置技术性能

脚手架类别	制动时间（秒）	制动距离（mm）
整体式附着升降脚手架	≤0.2	≤80
单片式附着升降脚手架	≤0.5	≤150

4.2.16 防坠装置可以单独设置，也可以作为保险装置附着于升降设施中。

4.2.17 附着升降脚手架使用中除有防止坠落、倾覆的设施外，还应结合工程特点采取防止其他事故的保险设施。

4.3　荷　载

4.3.1 恒载标准值 G_K 取值应按如下规定：

包括架体结构、围护设施，作业层设施、固定于架体上的升降机构及其他设备、装置等的自重，可按现行的《建筑结构荷载规范》（GBJ 9）附录一确定。对木脚手板、竹串片脚手板，考虑到搭接、吸水、沾浆等因素，取自重标准值为 $0.35kN/m^2$（按厚度 50mm 计）。

4.3.2 施工活荷载标准值 Q_K 取值应按如下规定：

使用工况下可按三层作业、每层 $2kN/m^2$ 或二层作业、每层 $3kN/m^2$ 计算。

升降工况与坠落工况下按作业层水平投影面积上 $0.5kN/m^2$ 计算。

4.3.3 风荷载标准值 W_K 按下式计算：

$$W_K = k\beta_z u_s u_z W_0$$

其中：k——按 5 年重现期计算的风压折减系数，取 $k=0.7$，对某些特殊情况可采用高于 0.7 的值，但不得低于此值；当按六级风计算风压值时，不考虑风压折减，取 $k=1.0$。

u_s——风荷载体形系数，按表 4.3.3 选用：

表 4.3.3　风荷载体形系数表

背靠建筑物的状况	全封闭	敞开、开洞
u_s	1.0ϕ	1.3ϕ

表中：

ϕ 为根据脚手架封闭情况确定的挡风系数

$$\phi = \frac{脚手架挡风面积}{脚手架迎风面积}$$

u_z——风压高度变化系数，应按现行的《建筑结构荷载规范》（GBJ 9）规定取用；

β_z——风振系数，仅在附着升降脚手架使用高度超过100m时考虑，应按现行的《建筑结构荷载规范》（GBJ 9）规定取用；

W_0——风压值，使用工况下取基本风压值 $W_0=0.55kN/m^2$，升降工况下按六级风考虑，取 $W_0=0.11kN/m^2$。

4.3.4 按"概率极限状态设计法"进行设计计算时，荷载效应组合的设计值按下式计算：

不考虑风荷载：$S=K（\gamma_G S_{GK}+\gamma_Q S_{QK}）$

考虑风荷载：$S=K（\gamma_G S_{GK}+\varphi\gamma_Q S_{QK}）+\varphi\gamma_Q S_{WK}$

其中：K——荷载附加计算系数，按表4.3.4取用。

表4.3.4 荷载附加计算系数表

项次	计算项目	荷载附加计算系数 K		
		使用工况	升降工况	坠落工况
1	扣件式脚手杆件搭设的架体板的立杆、斜杆	K_e	K_e	—
2	除第1项外的架体板杆件、节点或其他形式架体板的杆件	1.0	1.0	—
3	水平支承结构杆件、节点	K_{J1}	K_{J2}	K_C
4	附着支承结构	K_{J1}	K_{J2}	K_C
5	竖向主框架	K_{J1}	K_{J2}	K_C

表中：

K_C：冲击系数，根据防坠装置性能确定，取试验值1.2倍，最小值不得低于1.8；

K_{J1}、K_{J2}：荷载变化系数，取 $K_{J1}=1.3$，$K_{J2}=1.8$；单跨脚手架计算时取 $K_{J1}=1.0$，$K_{J2}=1.0$；

K_e：扣件式钢管脚手架体立杆的偏心作用系数，取 $K_e=1.15$。

S_{GK}、S_{QK}、S_{WK}——恒载、活载、风载效应标准值。

φ——荷载效应组合系数：当考虑六级风载时取 $\varphi=1.0$；当考虑基本风压下的风载时取 $\varphi=0.85$。

γ_G、γ_Q——荷载分项系数：对恒载，一般情况下取 $\gamma_G=1.2$，有利于抗倾覆验算时取 $\gamma_G=0.9$；对施工荷载和风荷载，取 $\gamma_Q=1.4$。

4.3.5 附着升降脚手架升降机构中的吊具、索具荷载计算时，应在荷载标准值的基础上再按表4.3.5考虑荷载附加计算系数：

表4.3.5 吊具、索具荷载附加计算系数表

计算项目	荷载附加计算系数 K	
	升降工况	坠落工况
升降机构中与升降动力相连的吊具、索具	K_{J2}	—
升降机构中与防坠装置相连的吊具、索具	—	K_C

表中系数取值同第4.3.4条。

4.4 设 计 指 标

4.4.1 钢材宜采用力学性能适中的Q235A钢，钢材强度设计值与弹性模量按表4.4.1取

用：

表 4.4.1　钢材的强度设计值与弹性模量（N/mm²）

厚度或直径（mm）	抗拉、抗弯、抗压 f	抗剪 f_v	端面承压（刨平顶紧）f_{ce}	弹性模量 E
≤16	215	125	320	2.06×10⁵
17～40	200	115	320	

4.4.2　扣件应符合现行《钢管脚手架扣件》（JGJ 22）的要求，承载力设计值按表 4.4.2 采用：

表 4.4.2　扣件抗滑力 N_c^v 设计值（kN）

项　目	扣件数量（个）	承载力设计值
对接扣件抗滑力	1	3.2
直角扣件、旋转扣件抗滑力	1	8.5

4.4.3　焊缝强度设计值按表 4.4.3 取用：

表 4.4.3　焊缝强度设计值（N/mm²）

焊接方法和焊条型号	钢号	厚度或直径（mm）	对接焊缝			角焊缝
			抗拉和抗弯 f_t^w	抗压 f_c^w	抗剪 f_v^w	抗拉、抗压、抗剪 f_f^w
自动焊、半自动焊和 E43xx 型焊条的手工具	Q235	≤16	185	215	125	160
		17～40	170	200	115	160

4.4.4　螺栓连接强度设计值按表 4.4.4 取用：

表 4.4.4　螺栓连接强度设计值（N/mm²）

钢号	抗拉 f_t^b	抗剪 f_v^b
Q235	170	130

4.4.5　受压构件的长细比不应超过表 4.4.5 规定的容许值。

表 4.4.5　受压、受拉构件的容许长细比 [λ]

构件类别	容许长细比 [λ]
受压构件	150

4.4.6　受弯构件的容许挠度不应超过表 4.4.6 规定的容许值。

表 4.4.6　受弯构件的容许挠度值

构件类别	容许挠度
大横杆、小横杆	$L/150$
水平支承结构	$L/350$

注：L 为受弯构件的跨度。

4.4.7　吊具、索具材料容许应力取值参照相关的设计规范。

4.5 结构计算规定

4.5.1 附着升降脚手架的各部分应按使用、升降与坠落三种工况分别进行计算，脚手架计算结果应按单一系数法进行复核，并符合《编制建筑施工脚手架安全技术标准的统一规定》的有关要求。

4.5.2 材料强度设计值与容许应力值取用时应考虑材料强度调整系数 m，m 取值按表4.5.2取用；

表 4.5.2 材料强度调整系数 m

钢材的壁厚（mm）	强度调整系数 m
≤3.5	0.80
>3.5	0.85

4.5.3 升降机构中吊具、索具的安全系数不得小于6.0。

4.5.4 附着升降脚手架的设计计算应包括下列项目：

1 水平支承结构的变形计算，杆件的强度与稳定性计算，节点及连接件的强度验算；

2 竖向主框架的整体稳定性与变形计算，杆件的强度与稳定性计算，节点及连接件的强度验算；

3 架体板的整体稳定性计算，杆件的强度与稳定性计算，节点及连接件的强度验算；

4 附着支承结构的强度与稳定性计算，节点及连接件的强度验算；

5 升降机构中吊具、索具的强度计算；

6 附着处工程结构混凝土强度验算，必要时还应进行变形验算；

7 确保安全的其他项目。

5 构配件制作

5.1 一般规定

5.1.1 附着升降脚手架的构配件制作单位应根据设计单位提供的设计图和设计技术文件编绘全套制作工艺文件，对构配件的各部件均应编制工艺卡。

5.1.2 加工附着升降脚手架构配件的设备、机具应满足构配件制作精度的要求，其计量器具应定期进行计量检定。

5.1.3 构配件的贮存应有防雨、防腐蚀措施，堆放、运输应保证构配件的制作质量不受影响。

5.2 材料要求

5.2.1 制作构配件的原材料应有生产厂家产品合格证及材质单。

5.2.2 钢管、型钢、钢板应符合现行《碳素结构钢》（GB 700）中 Q235A 钢的规定，并满足设计技术要求。材料代用应征得设计单位的同意。

5.2.3 焊条等连接材料应符合设计技术要求。

5.3 制 作 工 艺

5.3.1 构配件制作过程应实行工序控制，保证构配件制作质量。

5.3.2 原材料进厂时必须进行材料物理力学性能与化学成分的抽检。

5.3.3 原材料下料前应进行校直调整，下料应按照设计图纸准确进行，剖口等质量应满足相关国家标准的技术要求。

5.3.4 钢结构的焊接工艺应符合现行《钢结构工程施工及验收规范》（GB 50205）、《建筑钢结构焊接规程》（JGJ 81）或《冷弯薄壁型钢结构技术规范》（GBJ 18）中相应的要求。焊接截面有突变的部位，焊缝必须有分散应力的措施。

5.3.5 铸造工艺应符合现行《可锻铸铁分类及技术条件》（GB 968）等标准中相应的规定。

5.3.6 附着升降脚手架的螺纹连接件，除标准件厂生产的标准螺栓、螺母外，凡自行加工的螺纹必须按相应国家标准的规定进行加工，严禁采用钣牙套丝或螺攻攻丝牙。

5.3.7 脚手架构配件的油漆、电镀等工艺流程应满足相关国家标准的技术要求。

5.4 制作质量标准及检验

5.4.1 构配件制作应制定制作质量评定标准，有焊接工艺、油漆电镀工艺的还应另行制定焊接质量评定标准和油漆电镀质量评定标准。质量评定标准中对各分项各等级的质量标准应根据国家有关标准和企业标准作出明确规定。

5.4.2 制作单位应制定全面的制作质量检验制度，对每一部件及每一组装件均应达到 100％的抽检率，按质量评定标准评定质量等级。

5.4.3 附着升降脚手架构配件出厂时，制作单位应提供出厂合格证等书面资料。

5.4.4 构配件合格证宜包括下列内容：

    1 名称、型号、规格、基本技术性能参数；

    2 加工单位名称、地址、电话、邮编；

    3 产品的等级；

    4 加工日期、批号；

    5 单件最大尺寸与质量；

    6 质量检验人员编号、印章。

6 安 装 和 使 用

6.1 一 般 规 定

6.1.1 附着升降脚手架安装、每一次升降、拆除前均应根据专项施工组织设计要求组织技术人员与操作人员进行技术、安全交底。

6.1.2 附着升降脚手架安装使用过程中使用的计量器具应定期进行计量检定。

6.1.3 遇六级以上（包括六级）大风、大雨、大雪、浓雾等恶劣天气时禁止上附着升降脚手架作业，遇六级以上（包括六级）大风时还应事先对脚手架采取必要的加固措施或其他应急措施并撤离架体上的所有施工活荷载。夜间禁止进行附着升降脚手架的升降作业。

6.1.4 附着升降脚手架施工区域应有防雷措施。

6.1.5 附着升降脚手架在安装、升降、拆除过程中，在操作区域及可能坠落范围均应设置安全警戒。

6.1.6 采用整体式附着升降脚手架时，施工现场应配备必要的通信工具，以加强通信联系。

6.1.7 在附着升降脚手架使用全过程中，施工人员应遵守现行《建筑施工高处作业安全技术规范》（JGJ 80）、《建筑安装工人安全技术操作规程》（［80］建工劳字第 24 号）的有关规定。各工种操作人员应基本固定，并按规定持证上岗。

6.1.8 附着升降脚手架施工用电应符合现行《施工现场临时用电安全技术规范》（JGJ 46）的要求。

6.1.9 在单项工程中使用的升降动力设备、同步及限载控制系统、防坠装置等设备应分别采用同一厂家、同一规格型号的产品，并应编号使用。

6.1.10 动力设备、控制设备、防坠装置等应有防雨、防尘等措施，对一些保护要求较高的电子设备还应有防晒、防潮、防电磁干扰等方面的措施。

6.1.11 整体式附着升降脚手架的控制中心应专人负责操作，并应有安全防备措施，禁止闲杂人员入内。

6.1.12 附着升降脚手架在空中悬挂时间超过 30 个月或连续停用时间超过 10 个月时必须予以拆除。

6.1.13 附着升降脚手架上应设置必要的消防设施。

6.2 施 工 准 备

6.2.1 根据工程特点与使用要求编制专项施工组织设计。对特殊尺寸的架体应进行专门设计，架体在使用过程中因工程结构的变化而需要局部变动时，应制定专门的处理方案。

6.2.2 根据施工组织设计要求，落实现场施工人员及组织机构。

6.2.3 核对脚手架搭设材料与设备的数量、规格，查验产品质量合格证（出厂合格证）、材质检验报告等文件资料，必要时应进行抽样检验。主要搭设材料应满足以下规定：

    1 脚手管外观表面质量平直光滑，没有裂纹、分层、压痕、硬弯等缺陷，并应进行防锈处理；立杆最大弯曲变形应小于 L/500，横杆最大弯曲变形应小于 L/150；端面平整，切斜偏差应小于 1.70mm；实际壁厚不得小于标准公称壁厚的 90%；

    2 焊接件焊缝应饱满；焊缝高度符合设计要求，没有咬肉、夹渣、气孔、未焊透、裂纹等缺陷；

    3 螺纹连接件应无滑丝、严重变形、严重锈蚀等现象；

    4 扣件应符合现行《钢管脚手架扣件》（JGJ 22）的规定；

    5 安全围护材料及其他辅助材料应符合相应国家标准的有关规定。

6.2.4 准备必要的电工工具、机械工具和机电设备并检查其是否合格，限载控制系统的传感器等在每一个单体工程使用前均应进行标定。

6.2.5 附着升降脚手架安装与拆除时需要施工塔吊配合时，应核验塔吊的施工技术参数是否满足需要。

6.2.6 附着升降脚手架升降采用电动设备时，应核验施工现场的供电容量。

6.3 安 装

6.3.1 附着升降脚手架安装搭设前，应核验工程结构施工时设置的预留螺栓孔或预埋件的平面位置、标高和预留螺栓孔的孔径、垂直度等，还应核实预留螺栓孔或预埋件处混凝土的强度等级。预留螺栓孔或预埋件的中心位置偏差应小于15mm，预留螺栓孔孔径最大值与螺栓直径的差值应小于5mm，预留孔应垂直于结构外表面。不能满足要求时应采取合理可行的补救措施。

6.3.2 附着升降脚手架安装搭设前，应设置可靠的安装平台来承受安装时的竖向荷载。安装平台上应设有安全防护措施。安装平台的水平精度应满足架体安装精度要求，任意两点间的高差最大值不应大于20mm。

6.3.3 附着升降脚手架的安装搭设应按照施工组织设计规定的程序进行。

6.3.4 安装过程中应严格控制水平支承结构与竖向主框架的安装偏差。水平支承结构相邻二机位处的高差应小于20mm；相邻两榀竖向主框架的水平高差应小于20mm；竖向主框架的垂直偏差应小于3‰；若有竖向导轨，则导轨垂直偏差应小于2‰。

6.3.5 安装过程中架体与工程结构间应采取可靠的临时水平拉撑措施，确保架体稳定。

6.3.6 扣件式或碗扣式脚手杆件搭设的架体，搭设质量应符合相关标准的要求。

6.3.7 扣件螺栓螺母的预紧力矩应控制在40～50N·m范围内。

6.3.8 作业层与安全围护设施的搭设应满足设计与使用要求。

6.3.9 架体搭设的整体垂直偏差应小于4‰，底部任意二点间的水平高差不大于50mm。

6.3.10 脚手架邻近高压线时，必须有相应的防护措施。

6.4 调 试 验 收

6.4.1 施工单位应自行对下列项目进行调试与检验，调试与检验情况应作详细的书面记录：

 1 架体结构中采用扣件式脚手杆件搭设的部分，应对扣件拧紧质量按50%的比例进行抽检，合格率应达到100%；

 2 采用碗扣式脚手杆件搭设的架体，应对碗扣联结点拧紧情况进行全数检查；

 3 对所有螺纹连接处进行全数检查；

 4 进行架体提升试验，检查升降动力设备是否正常运行；

 5 对电动系统进行用电安全性能测试；

 6 整体式附着升降脚手架按机位数30%的比例进行超载与失载试验，检验同步及限载控制系统的可靠性；

 7 对防坠装置制动可靠性进行检验；

 8 其他必须的检验调试项目。

6.4.2 脚手架调试验收合格后方可办理投入使用的手续。

6.5 升 降 作 业

6.5.1 升降前应均匀预紧机位，以避免预紧引起机位过大超载。

6.5.2 在完成下列项目检查后方能发布升降令，检查情况应作详细的书面记录：

    1 附着支承结构附着处混凝土实际强度已达到脚手架设计要求；

    2 所有螺纹连接处螺母已拧紧；

    3 应撤去的施工活荷载已撤离完毕；

    4 所有障碍物已拆除，所有不必要的约束已解除；

    5 动力系统能正常运行；

    6 所有碗扣式脚手架的碗扣联结点碗扣已拧紧；

    7 所有相关人员已到位，无关人员已全部撤离；

    8 所有预留螺栓孔洞或预埋件符合第 6.3.1 条的要求；

    9 所有防坠装置功能正常；

    10 所有安全措施已落实；

    11 其他必要的检查项目。

6.5.3 升降过程中必须统一指挥，指令规范，并应配备必要的巡视人员。

6.5.4 升降过程中，若出现异常情况，必须立即停止升降进行检查，彻底查明原因、消除故障后方能继续升降。每一次异常情况均应作详细的书面记录。

6.5.5 整体式附着升降脚手架升降过程中由于升降动力不同步引起超载或失载过度时，应通过点控予以调整。

6.5.6 采用葫芦作为升降动力时，升降过程中应严防发生翻链、铰链现象。

6.5.7 整体式附着升降脚手架和邻近塔吊、施工电梯的单片式附着升降脚手架进行升降作业时，塔吊、施工电梯等设备应暂停使用。

6.5.8 升降到位后，脚手架必须及时予以固定。在没有完成固定工作且未办妥交付使用手续前，脚手架操作人员不得交班或下班。

6.5.9 架体升降到位，完成下列检查项目后方能办理交付使用的手续，检查情况应作详细的书面记录：

    1 附着支承结构已固定完毕；

    2 所有螺纹连接处已拧竖；

    3 所有安全围护措施已落实；

    4 所有碗扣联结点及脚手扣件未松动；

    5 其他必要的检查项目。

6.5.10 脚手架由提升转入下降时，应制定专门的升降转换措施，确保转换过程的安全。

6.6 使 用

6.6.1 在使用过程中，脚手架上的施工荷载必须符合设计规定，严禁超载，严禁放置影响局部杆件安全的集中荷载、建筑垃圾应及时清理。

6.6.2 脚手架只能作为操作架，不得作为施工外模板的支模架。

6.6.3 使用过程中，禁止进行下列违章作业：

1 利用脚手架吊运物料；

2 在脚手架上推车；

3 在脚手架上拉结吊装线缆；

4 任意拆除脚手架杆部件和附着支承结构；

5 任意拆除或移动架体上的安全防护设施；

6 塔吊起吊构件碰撞或扯动脚手架；

7 其他影响架体安全的违章作业。

6.6.4 使用过程中，应以一个月为周期，按第 6.4.1 条中 1、2、3、7 的要求作安全检查，不合格部位应立即整改。

6.6.5 脚手架在空中暂时停用时，应以一个月为周期，按第 6.4.1 条中 1、2、3、7 的要求进行检查，不合格部位立即整改。

6.6.6 脚手架在空中停用时间超过一个月后或遇六级以上（包括六级）大风后复工时，应按第 6.4.1 条的要求进行检查，检查合格后方能投入使用。

6.7 拆　　除

6.7.1 脚手架的拆除工作必须按施工组织设计中有关拆除的规定执行。拆除工作宜在低空进行。

6.7.2 脚手架的拆除工作应有安全可靠的防止人员与物料坠落措施。

6.7.3 拆下的材料做到随拆随运，分类堆放，严禁抛扔。

6.8 维修保养及报废

6.8.1 每浇捣一次工程结构混凝土或完成一层外装饰，即应及时清理架体上、设备上、构配件上的混凝土残渣、尘土等建筑垃圾。

6.8.2 升降动力设备、控制设备应每月一次进行维护保养，其中升降动力设备的链条、钢丝绳等应每升降一次就进行一次维护保养。

6.8.3 螺纹连接件应每月一次进行维护保养。

6.8.4 每完成一个单体工程，应对脚手杆件及配件、升降动力设备、控制设备、防坠装置进行一次检查、维修和保养，必要时应送生产厂家检修。

6.8.5 附着升降脚手架的各部件及专用装置、设备均应制定相应的报废制度，标准不得低于以下规定：

1 焊接件严重变形或严重锈蚀时即应予以报废；

2 穿墙螺栓与螺母在使用 1 个单体工程后、或严重变形、或严重磨损、或严重锈蚀时即应予以报废；其余螺纹连接件在使用 2 个单体工程后、或严重变形、或严重磨损、或严重锈蚀时即应予以报废；

3 动力设备一般部件损坏后允许进行更换维修，但主要部件损坏后应予以报废；

4 防坠装置的部件有明显变形时应予以报废，其弹簧件使用 1 个单体工程后应予以更换。

7 检 验

7.0.1 检验前应具备下列文件资料

1 设计文件

1） 设计计算书及设计图纸

设计计算书及设计图纸应符合本标准第四章的规定；

2） 安装、使用操作规程

安装、使用操作规程应注明附着升降脚手架的跨度、最大使用高度、搭设步数等基本技术参数。

2 外购设备的使用说明书

主要包括升降动力设备和防坠装置。

3 电气控制升降动力系统的电气原理图。

7.0.2 试验架等硬件及环境应满足附录 B 要求。

7.0.3 检验项目

1 结构性能检验

1） 架体主尺寸测量；

2） 主要构件应力测试；

3） 最大跨度挠度测量；

4） 竖向主框架顶端水平变形。

2 升降同步及限载性能检验

1） 非人工动力设备升降同步性能检验；

2） 限载装置性能检验

3 防坠装置检验。

4 电动动力系统的用电安全性能检验

1） 电控柜用电安全性能检验；

2） 绝缘电阻测试；

3） 接地电阻测试。

7.0.4 检验标准

1 结构性能检验标准

1） 架体主尺寸与计算书上的相应尺寸误差不得超过 5%；

2） 主要构件应力与设计值基本一致；

3） 大横杆最大跨度挠度不得大于跨度的 1/150，水平支承结构最大跨度挠度不得大于跨度的 1/350；

4） 使用工况的水平荷载作用下或升降工况的水平荷载作用下，竖向主框架的顶端水平变形均不得大于相应悬臂高度的 1/80。

2 升降同步性能检验标准

1）非人工动力设备在行程不小于 1000mm 的情况下，相邻机位之间的高差不得大于 20mm，最大倾斜度不得大于跨度的 2.5‰；

2）限载装置应具有超载保护和失载保护功能，载荷超载或失载 50％以上应能停止上升、下降动作并通过声光报警。

3 防坠装置检验标准参照附录 A。

4 电动动力系统的用电安全性能检验标准

1）电控柜应有缺相保护、短路保护及超失载断电报警等功能；

2）绝缘电阻不得小于 $0.5\text{M}\Omega$；

3）接地电阻不得大于 4Ω。

附录 A 防坠装置性能试验方法

A.1 术 语

A.1.1 额定载荷

每个防坠装置允许承受的最大设计载荷值。

A.1.2 制动杆件

与防坠装置配合作用，阻止工作荷载坠落的杆件。

A.1.3 防坠装置的冲击力

防坠装置在工作荷载以自由落体状态坠落时，瞬时锁住制动杆件所受到的冲击力。

A.1.4 允许冲击力

防坠装置允许承受的最大安全冲击力。

A.1.5 制动距离

从工作载荷自由坠落开始到防坠装置锁住制动杆件止，防坠装置相对于制动杆件的移动距离。

A.2 技 术 要 求

A.2.1 一般技术要求

1 防坠装置应按照规定程序批准的技术文件进行制造和检验。

2 防坠装置零部件的原材料，必须符合国家有关标准的规定。

3 制动杆件的要求

1）材料宜选用 Q235B 或优于 Q235B 的低碳优质钢；

2）制动杆件表面不允许金属切削加工，不允许有裂纹等缺陷；

3）制动杆件一旦有"缩颈"现象，即行报废。

4 防坠装置所受冲击力不得大于允许冲击力。

5 防坠装置的使用应具备下列条件：

1）在有效标定期限内；

2）具有有效的铅封或漆封；

3）使用规定的制动杆件；

4）在正常工况下使用，由经培训的人员按照使用说明书要求进行操作。

A.2.2 技术性能和工作性能要求

1 附着升降脚手架在提升或下降中，当因升降动力设备失效致使架体以任何速度下坠时，防坠装置均能自动锁住制动杆件，其制动距离对于整体式附着升降脚手架不得大于80mm，对于单片式附着升降脚手架不得大于150mm。

2 单个防坠装置在承受150％额定载荷静置工况下，悬挂48小时，其滑移量不得大于2mm。

3 防坠装置可靠性制动试验次数不少于100次，其可靠工作率不得小于96％。

4 防坠装置应保证制动杆件在其内部畅通，不得有阻滞现象，防坠装置在附着升降脚手架的正常运行中制动杆件正常通过的可靠性试验次数不少于100次，其可靠工作率不得少于98％。

5 防坠装置的有效标定期限为一个单体工程使用周期，最长不超过30个月。

A.3 试 验 方 法

A.3.1 防坠装置的试验装置规定如下并应经检测部门认定。

1 制动距离及静拉力试验装置主要由支承架、制动杆件及试验载荷等组成。

2 模拟脚手架自由坠落试验装置，主要由试验架、提升装置、模拟断绳机构、配重、配重提升架及制动杆件等组成。该装置应能模拟二跨三机位架体最大设计跨度的形式并能满足架体自由坠落的试验要求。

A.3.2 试验条件

1 试验环境温度－20℃～＋40℃

2 试验载荷应准确，与其名义值相差不得超过5％。

A.3.3 防坠装置非带载制动距离试验

防坠装置不承受载荷时的制动试验，连续测试10次，制动距离应符合相关规定值。

A.3.4 防坠装置主参数的试验

在刚性架离吊点3m处，作自由坠落试验。调整载荷，使防坠装置所受冲击力达到规定的主参数值。

A.3.5 防坠装置带载制动距离试验

将待测防坠装置固定在试验装置上，将试验装置上的制动杆件穿入防坠装置，起动试验装置，防坠装置应立即锁住制动杆件。连续测试10次，其制动距离值应符合规定值，将试验数据及情况记入附表A-1。

A.3.6 防坠装置静拉力试验

将待测防坠装置固定在试验装置上，使之锁紧制动杆件，施加相当于150％防坠装置额定载荷的静拉力，静量10分钟，防坠装置相对制动杆件不得有可见滑移现象。将试验情况记入附表A-1。

A.3.7 防坠装置模拟架体坠落试验

1 将待测防坠装置固定于模拟架体坠落试验装置的承力架上，配重置于架体上，将试验装置的制动杆件穿入防坠装置内，提升承力架至1m～1.5m处静止，模拟动力失效工况，按附表 A-2 载荷情况进行试验。测试制动距离，次数不得少于三次，将每次试验数据及试验情况记入附表 A-2。

2 试验结果应符合下列要求：

1） 防坠装置应能迅速锁住制动杆件，其中每次制动距离对于整体式附着升降脚手架不得超过 80mm，对于单片式附着升降脚手架不得超过 150mm；

2） 防坠装置锁住制动杆件，静置 10 分钟，不得有可见滑移现象。

A.3.8 防坠装置承受静载工况可靠性试验

1 将防坠装置置于测试装置上，并使之锁住制动杆件，悬挂 150％额定载荷静置 48 小时，测量防坠装置相对制动杆件的滑移量。

2 防坠装置工作工况可靠性试验

1） 将防坠装置置于测试装置上，将额定载荷悬挂于穿过制动杆件的安全锁上，升至 1m 处静止，模拟动力失效工况，测量其制动距离；

2） 工作工况可靠性试验应采取连续试验方法，其试验次数不少于 100 次，在试验过程中不允许换零部件，不允许带故障作用；

3） 制动杆件在防坠装置非工作状态通过性的可靠性试验，应采取二跨三机位的架体形式进行试验，运行中制动杆件正常通过的可靠性试验次数不少 100 次；

4） 解体检验

防坠装置可靠性试验后，应进行解体检验，并详细记录检查情况。

拆检零部件及检查项目见表 A.3.8-1。

检查结果：损伤程度要求在设计允许范围内。

表 A.3.8-1 解体试验项目

零部件名称	检验项目
锁杆机构和制动杆件	接触斑点、裂纹、磨损、变形、作用齿数、长度、深度等

3 可靠性试验记录

可靠性试验结果应记入附表 A-3。

4 故障分类内容及统计方法

1） 故障分类

按故障的情况和程度可分为大、中、小三类故障。在规定的试验次数内，出现制动失效或制动距离超过 200mm，则可靠性试验为不合格。

A）大故障：在规定的试验次数内，出现对防坠装置的基本功能有影响的零部件发生损坏，使安全锁不能正常工作的故障；

B）中故障：由于某些零部件的失效，导致功能降低的故障；

C）小故障：零部件产生只对防坠装置的性能有轻微影响的缺陷，并不影响防坠装置正常工作。

2） 故障内容见表 A.3.8-2。

表 A.3.8-2 故障分类表

序号	故障内容	故障分类
1	150＜S≤200（180＜S≤200）	大故障

序号	故障内容	故障分类
2	$100 < S \leqslant 150$（$160 < S \leqslant 180$）	中故障
3	$80 < S \leqslant 100$（$150 < S \leqslant 160$）	小故障
4	回转不灵活	小故障
5	有阻滞现象	大故障

注：1. S 为制动距离。

2. 括号内数据针对单片式附着升降脚手架防坠装置而言。

3）故障次数统计方法

根据故障大小，用折算系数方法对故障次数进行统计，其折算系数见表 A.3.8-3。

表 A.3.8-3　故障统计折算系数表

故障分类	故障折算系数
大故障	2
中故障	1
小故障	0.2

4）可靠性工作率 B 的计算

（1）可靠性工作率按下式计算：

$$B = （1 - N_l / N_a） \times 100\%$$

B——可靠性工作率；

N_l——在试验期间所发生的故障折算系数，次；

N_a——工作工况下总的试验次数，次。

注：其中 N_a 不得小于 100 次

（2）可靠性工作率 B 应符合表 A.3.8-4 规定。

表 A.3.8-4　可靠性工作率分类表

项　目	合格品	一等品	优等品
可靠性工作率	（$\geqslant 96\%$）	（$\geqslant 98\%$）	（100%）

附表 A-1　防坠装置制动距离及静拉力试验记录表

次数	制动距离 cm	静拉力 N	制动情况	静拉力试验情况	备注

试验人员：　　　　　　　　　　　　　　　　　　　　　　　　　　记录人员：

附表 A-2 防坠装置模拟架体自由坠落试验记录表

序号	载荷情况	次数	制动距离 mm	平均值 mm	试验情况	备注
1	额定载荷	1				
		2				
		3				
2	150%载荷	1				
		2				
		3				

试验人员：　　　　　　　　　　　　　　　　　　　　记录人员：

附表 A-3 可靠性试验记录表

制造厂名称：　　　　　　　　　产品名称：
制造日期：　　　　　　　　　　出厂日期：
试验日期：　　　　　　　　　　试验地点：
环境温度：　　℃

序号	工作次数	载荷情况	制动距离	工作时间	故障次数			试验情况	故障情况	修理情况	备注
					大	中	小				

试验人员：　　　　　　　　　　　　　　　　　　　　记录人员：

附录 B　附着升降脚手架试验方法

B.1　性　能　试　验

B.1.1　试验样机

样机应装备全部装置及附件，其架体应搭设到设计所规定的最大步数及最大高度，上下各有 1m 左右的升降空间。对单片式附着升降脚手架，其跨度应为设计最大跨度；对整体式附着升降脚手架，除同步性能试验外，应至少搭设四机位三跨，其中间一跨应为设计最大跨度；而对整体式附着升降脚手架的动力设备的同步性能试验，则应搭设不少于 20 个机位的脚手架。

B.1.2　试验条件

1　环境温度为 $-20 \sim +40$℃。

2　现场风速不应大于 13m/s。

3　电源电压值偏差为 ± 5%。

4　备齐所需的技术文件。

B.1.3 试验仪器及工具

1 试验仪器的精确度，除有特殊规定外应符合下列偏差范围：

1）质量、力、长度、时间和速度为±1%；

2）电压、电流为±1%；

3）温度为±2%。

2 试验用的仪器和工具，应具有产品合格证，使用前应进行检查和校准；试验过程中，应使用同一仪器和工具。

B.1.4 单片式附着升降脚手架

1 架体主尺寸测量

测量下列架体主尺寸：

1）架体跨度；

2）架体步高；

3）架体宽度；

4）架体高度；

5）架体离墙距离。

2 空载试验

提升、下降脚手架各 1m 左右，观察架体运行情况是否正常，有无异常情况。

B.1.5 整体式附着升降脚手架

1 试验前的检查与测量

1）检查升降动力系统及防坠装置；

2）检查各金属结构的连接件是否牢固可靠；

3）测量架体跨度、架体宽度、架体步高、架体高度及架体离墙距离；

4）测量各种构配件的尺寸。

2 动力设备的同步性能试验

同步性能试验应在不少于 20 个机位的整体式附着升降脚手架上进行。

同时升降所有机位，升降距离不得小于 1000mm，测量各机位实际升降的距离，求出相邻机位最大同步偏差和相邻机位最大倾斜度，其值应满足本标准第 7.0.4 条的要求。

同步性能试验应进行三个升降循环，试验过程中不得进行升降差调整。

3 防坠装置性能试验

防坠装置性能试验按照本标准附录 A 的规定进行。

4 超载、失载试验

在空载情况下，先测量好中间机位载荷，然后保持左右机位不动，单独提升或下降中间机位，观察控制台是否能切断电源。断电后，测量中间机位载荷。

超载、失载试验应进行三次。其结果应符合本标准第 7.1.2 条的规定。

5 对于升降动力系统为电气控制的还应进行下列试验：

1）绝缘试验

在电源接通前，测量主电路及控制电路的绝缘电阻，测量值应符合本标准第 7.0.4 条的规定。

2）电控箱性能试验

A）缺相试验

在空载情况下开动电动葫芦提升架体，任选一机位，拉掉该机位电动葫芦电源进线中的任意一根，观察整机是否自动停机，测读从缺相到停机所需时间。

缺相试验应进行三次。

B）短路试验

在空载情况下，提升或下降脚手架，取任一机位做短路试验，观察电控箱是否能迅速切断电源。

B.2 结构应力与变形测试

B.2.1 试验样机

样机应符合 B.1.1 的规定，并已按规定完成性能试验。

B.2.2 试验条件

1 环境温度为 0~30℃；

2 现场风速不大于 5m/s；

3 电源电压值允差为±5%；

4 载荷的质量允差为±1%；

5 备齐所需的全部技术文件。

B.2.3 试验仪器及工具

试验仪器及工具应符合 B.1.3 的规定。

B.2.4 测试工况

结构应力测试工况与内容见表 B.2.5-1 和表 B.2.5-2。

表 B.2.5-1　单片式附着升降脚手架应力测试项目

序号	测试工况	测试项目
1	空载升降	附着支承结构、架体结构
2	标准载荷	附着支承结构、架体结构
3	125%的标准载荷	附着支承结构、架体结构
4	标准载荷下偏载 30%[1]	附着支承结构、架体结构
5	标准水平载荷	竖向主框架

注 1：在 2/3 跨度内，取出相当于整跨标准载荷的 30%的载荷加到另外 1/3 的跨度内。偏载的方向取附着支承结构应力最大的机位。

注 2：序号 1~4 测试工况是针对竖向荷载而言。

表 B.2.5-2　整体式附着升降脚手架应力测试项目

序号	测试工况	测试项目
1	空载升降工况	附着支承结构、架体结构
2	空载工况	附着支承结构、架体结构
3	标准载荷	附着支承结构、架体结构
4	125%的标准载荷	附着支承结构、架体结构
5	标准载荷下偏载 30%[1]	附着支承结构、架体结构
6	标准水平载荷	竖向主框架

注 1：在 2/3 跨度内，取出相当于整跨标准载荷的 30%的载荷加到另外 1/3 的跨度内。偏载的方向取附着支承结构应力最大的机位。

注 2：序号 1~5 测试工况是针对竖向荷载而言。

特殊型式或有特殊要求的附着升降脚手架应增补的测试项目，按相应的技术文件规定的工况进行。

B.2.5 测点的规定

1 测点的选择

一般情况下，宜选择表 B.2.5-1 和表 B.2.5-2 中列出的各部分结构的关键部位作为测点，并确定贴应变片形式。

有特殊要求的，应根据试验目的和要求来选择测试点。

2 平面应力区的应变片

结构处于平面应力状态，当能预先用分析等方法确定主应力方向，则沿应力方向贴上应变片；当主应力方向无法确定时，则应贴上应变花。

B.2.6 测试程序

1 单片式附着升降脚手架

　　1）检查和调整试验样机；

　　2）贴应变片；接好应变检测系统，调试有关仪器，选好灵敏系数，消除一切不正常的现象；

　　3）结构的空载升降应力状态，架体空载，架体自重载荷由升降机构承受，在此状态下应变仪调零；

　　4）使架体自重载荷全部由附着支承结构承受，测读附着支承结构应变值；

　　5）结构的载荷应力状态，架体上加标准载荷、125%的标准载荷及偏载，测读附着支承结构及承受竖向载荷的水平结构的应变值。标准载荷工况试验应进行三次，取其平均值。标准载荷工况时还应测量承受竖向载荷的水平结构挠度值；

　　6）使架体于升降状态、工作状态和非工作状态（最大抗风状态），叠加相对应的横向载荷，测量结构的横向挠度值；

　　7）超载试验后，若结构出现永久变形或局部损坏，应立即终止试验，进行检查和分析；

　　8）测试情况方面的说明和测试过程中的问题应及时作记录。

2 整体式附着升降脚手架

　　1）检查和调整试验样机；

　　2）贴应变片，接好应变检测系统，调试有关仪器，选好灵敏系数，消除一切不正常的现象；

　　3）检测结构自重应力；在空载时，须对被测结构件测点调零；

　　4）测读结构件的自重应力值；

　　5）检测结构的载荷应力，额定载荷、125%的额定载荷及偏载下，测读结构件应变值。额定载荷工况时还应测量承受竖向载荷的水平结构的挠度值；

　　6）使架体处于升降状态、工作状态和非工作状态（最大抗风状态），叠加相对应的横向载荷，测量结构的横向挠度值；

　　7）超载试验后，若结构出现永久变形或局部损坏，应立即终止试验，进行检查和分析；

　　8）试验情况方面的说明和试验过程中的问题应及时作记录。

B. 2. 7 安全的判据

1 应力测试

根据表 B. 2. 5-1 和表 B. 2. 5-2 结构应力测试的工况，载荷取标准载荷时所测出的结构最大应力，应满足下式给出的安全判据。超载工作状况只用于考核结构的完整性，不作安全判据检查。

$$n = \sigma_s / \sigma_r \tag{B.2.7}$$

式中：σ_s——材料的屈服极限，Pa；

σ_r——最大应力，Pa。

安全判据 $n \geqslant 2.0$。

2 挠度测试

水平结构挠度应满足本标准第 7. 0. 4 条的规定。

3 竖向主框架顶端水平变形应满足本标准第 7. 0. 4 条的规定。

B. 3 试 验 报 告

B. 3. 1 附着升降脚手架在进行性能试验和结构应力及变形测试后，应整理试验记录并编写试验报告。

B. 3. 2 试验报告应包括：

1 试验原始记录；

2 试验过程汇总表；

3 试验结果汇总表；

4 分析意见及结论。

B. 3. 3 必备的技术资料

1 结构应力测试测点及挠度（变形）测点布置图；

2 测试仪器；

3 其他所需的资料

B. 3. 4 试验原始记录

试验原始记录应包括性能试验、结构应力试验的各种工况，载荷、试验程序以及试验过程中的维修保养和异常现象。

试验原始记录还包括结构应力测试的动态应变曲线记录。

B. 3. 5 试验过程记录表

B. 3. 6 试验结果汇总表

试验结束后，应填写试验结果汇总表。

B. 3. 7 分析意见及结论

试验过程中（包括性能试验和结构应力及变形测试）发生的问题或异常现象应作出分析意见，并应作出明确的结论。对结构应力及变形测试中个别部位的应力或结构的变位超出规定值时，即使未发生破坏或不正常现象，也应提出分析意见，作出结构是否能正常工作的明确结论。

对被测的附着升降脚手架应作出明确的结论。

附录 C 本规程用词说明

C.0.1 执行本规程条文时，对要求严格程度不同的用词说明如下：

    1 表示很严格，非这样做不可的用词

        正面词采用"必须"；

        反面词采用"严禁"。

    2 表示严格，在正常情况下均应这样做的用词

        正面词采用"应"；

        反面词采用"不应"或"不得"。

    3 表示允许稍有选择，在条件许可时首先应这样做的用词

        正面词采用"宜"；

        反面词采用"不宜"。

        表示有选择，在一定条件下可以这样做的，采用"可"。

C.0.2 条文中指明应按其他有关标准、规范执行的写法为："应按……执行"或"应符合……的要求（或规定）"。非必须按所指定的标准、规范或其他规定执行的写法为"可参照……的要求（或规定）。"

上海市工程建设规范

建筑施工附着升降脚手架
安全技术规程

DGJ 08—905—99

条 文 说 明

目　　次

1 总　　则

1.0.1 自八十年代中期开始，随着高层建筑的大规模建设，各地施工单位在挑、吊、挂和桥式脚手架的技术基础上推出了各种类型的附着升降脚手架。对附着升降脚手架，各单位自定的名称也多种多样，如整体提升脚手架、自升式脚手架、爬升脚手架、爬架等。由于附着升降脚手架具有适应高层建筑施工要求的突出特点和显著的经济效益，自出现伊始，就出现了普及应用之势。但是从总体上看，附着升降脚手架的技术尚未完全成熟，在设计、制作、使用、检验等方面均存在许多不容忽视的问题，需要进一步发展与完善，实际应用过程中也发生了多起安全事故。在这种情况下迫切需要政府行业主管部门在技术上加以引导与规范，推动、促进此类脚手架技术的成熟与进步，以确保施工安全。编制本规程正是出于此目的。

1.0.2 专用升降设备是指专门用于作为脚手架升降动力的设备，一般有手拉葫芦、电动葫芦、液压千斤顶等。塔吊等施工起重设备不属于此列。

1.0.3 不携带施工外模板是指脚手架升降时不携带施工外模板。本规程将使用高度限于150m以下，主要是从二方面考虑：（一）与现行的《高层建筑钢结构设计规程》和《钢筋混凝土高层建筑结构设计与施工规程》相协调；（二）到目前为止使用高度超过150m的工程实践经验还不太多，还需要在架体构造、风荷载取值等方面进行专门的研究。

1.0.4 本规程是根据现行的《编制建筑施工脚手架安全技术标准的统一规定》（建设部〈97〉建标工字第20号文批复）、《建筑结构荷载规范》（GBJ 9）、《钢结构设计规范》（GBJ 17）、《冷弯薄壁型钢结构技术规范》（GBJ 18）、《建筑施工高处作业安全技术规范》（JGJ 80）、《建筑安装工人安全技术操作规程》（〔80〕建工劳字第24号）等标准的有关条文，结合附着升降脚手架的特点和上海地区的实际情况而制定的。附着升降脚手架的设计、制作、使用、检验等各环节除应遵守本规程的规定外，还应符合上述标准的有关规定。

2　名 词、术 语

2.0.1 竖向主框架与架体板是组成架体结构必不可少的两部分，水平支承结构依据架体跨度确定是否需要设置，详见本《规程》第4.2.3条。

2.0.4 架体板主要由两榀竖向框架之间的内外立杆、大横杆、小横杆、剪刀撑及必要的水平或竖向斜杆等组成。

2.0.5 软拉结与临时性的硬拉结不属于附着支承结构的一部分。

2.0.6～2.0.7 附着升降脚手架的分类有多种多样，按附着支承形式分，可分为悬挑式、吊拉式、导轨式、导座式等；按升降动力类型分，可分为电动、手拉葫芦、液压等；按升降方式分，可分为单片式、分段式、整体式等；按控制方式分，可分为人工控制、自动控制等。从技术发展的角度看，附着支承方式或升降动力类型均会不断变化或改进，不宜作为本规程的分类标准。考虑到脚手架跨数超过二跨（包括二跨）后，通过人工控制同步升降已有一定的难度，应采用自动同步控制方式来实现升降，也就是应按整体式脚手架的要求来对待，因此本规程将附着升降脚手架分为单片式与整体式，并以此作为相应的技术规定。

2.0.11 条文中其他形式的刚性拉结点是针对互爬式附着升降脚手架而言。互爬式附着升降脚手架在升降工况下的依附点是在相邻跨的架体上，它的水平稳定需要设置在相邻架体上的刚性拉结来保证。

2.0.13 折线或曲线布置的架体，其跨度按水平投影的折线或曲线长度计算。

3 一 般 规 定

3.0.1 防坠、防倾、同步与限载控制是附着升降脚手架的三大技术要点。已发生的工程安全事故大部分缘于这三大问题没有妥善解决。

防倾是从水平约束上解决脚手架的稳定问题，本规程从附着支承结构技术性能的角度提出相应的要求，而不再从增设防倾装置角度予以要求。附着支承结构增加防倾要求后，在使用与升降工况下，工程结构对附着支承结构应至少形成上下或左右布置的两个独立的竖向约束和上下布置的两个独立的平面外水平约束，附着支承结构对架体结构也应至少形成上下或左右布置的两个独立的竖向约束和上下布置的两个独立的平面外水平约束。

从竖向约束看，脚手架坠落的原因主要有两种，即附着支承结构破坏和升降过程中动力失效。引起附着支承结构破坏的原因主要有两方面：（一）现场管理失控，附着支承结构与工程结构的固定未按要求进行；（二）升降不同步或升降过程中遇障碍物导致机位荷载超出附着支承结构的极限承载力。引起动力失效的原因也主要有两方面：（一）机位荷载在正常范围内，动力设备因自身质量问题或使用保养维修不当引起；（二）升降不同步或升降过程中遇障碍物导致机位荷载超出动力设备极限承载力引起。对引起附着支承结构破坏的第（一）方面原因，只能通过加强施工现场管理来避免。对引起动力失效的第（一）方面原因，除要求设置防坠装置外，本规程还在第 6 章使用维修保养上作出相应的要求；针对引起附着支承结构破坏的第（二）方面原因及引起动力失效的第（二）方面原因，本规程要求升降动力系统必须具有保证同步性能及限载要求的控制系统，即从消极防坠转向积极防坠。

保证同步性能及限载要求的控制措施是针对单片式附着升降脚手架而言，原因是允许单片式附着升降脚手架采用手拉葫芦等作为升降动力。

3.0.2 同步及限载控制系统与防坠装置一般是针对附着升降脚手架特点开发的定型产品，其常规的技术性能与安全度可按本规程附录 A 与附录 B 的要求进行检测或检验，此外同步与限载控制系统还应具有良好的抗干扰性。升降动力设备方面，目前还没安全成熟的附着升降脚手架的专用设备，因此选择产品时应按第 4 章的有关要求确保动力设备的技术性能与安全度。

3.0.4 技术性能指标主要包括架体高度、架体跨度、架体悬挑长度、架体悬臂高度、组架方式、同步控制及限载方式、防坠装置等，使用范围主要包括工程结构类型、最大使用高度等。

3.0.5 鉴于工程结构形式的多样性，附着升降脚手架的具体实施方案必须结合工程结构的特点，在符合技术性能指标及使用范围的前提下，作专项施工组织设计。

4 设 计 及 计 算

4.1 一 般 规 定

4.1.2～4.1.3 目前，我国机械方面的设计仍是按容许应力的设计法进行设计，因此本标准按两套设计原则对不同构件的设计作出相应的规定。

4.1.4 由于受节点力学模型等方面的约束，附着升降脚手架的整体或局部精确力学模型较难建立，因此进行整体模型实验来验证计算结果的可靠性是很有必要的，特别是在设计一种新的附着升降脚手架时。

4.1.5 由于理论计算与工程实际之间有一定的差距，理论方面的不足之处必须在构造与装置上予以弥补。

4.1.6 减轻脚手架的自重，对动力装置和防坠装置的选型、附着支承结构的优化均较为有利，因此设计时，应从优化结构的角度减轻脚手架的自重。

4.2 构造及装置规定

4.2.1～4.2.2 脚手架架体尺寸一方面应满足使用需要，另一方面从保证强度、刚度、稳定性的角度出发应对各类主要尺寸作出必要的限制。综合目前各类常用的附着升降脚手架的实际情况，本条文对架体高度、架体宽度、架体跨度、悬臂高度、悬挑长度、架体面积等方面作了相应的规定。

4.2.3 本条文对架体结构的基本模式作出了规定。

对第 1 款，如果两个机位之间的架体成曲线布置或折线布置，必然产生扭转等问题，设计计算中架体结构的力学模型就更难处理，到目前为止也未进行这方面的试验。但对整体附着升降脚手架，曲线布置或折线布置在实际工程中已有很大程度的应用，鉴于工程结构的复杂性，如完全要求直线布置在工程中有一定的难度，因此本标准要求单片式附着升降脚手架在相邻两个机位之间必须直线布置，整体式附着升降脚手架在相邻两个机位之间宜直线布置，若成曲线布置或折线布置，则应进行力矩平衡设计计算或进行整体模型试验。同时本规程在第 4.2.1 条中对曲线或折线布置的架体跨度也作出了更严格的规定。

4.2.4 本条文对脚手架受力较大部位、架体结构削弱处或薄弱处作出加强构造的规定。

4.2.5 本条文在安全围护设施方面作出了规定。

4.2.6 本条文就升降动力设备、防坠装置、附着支承结构与架体结构间的传力路径作出了规定。

4.2.7 物料平台等设施设置于脚手架上并通过脚手架的杆件传递荷载的方案对脚手架的抗倾覆极为不利，因此本条文规定此类设施必须独立设置。

4.2.8 附着支承结构与工程结构的连接是附着升降脚手架的"根"，它的安全度直接关系到脚手架的整体安全度，因此应予以高度重视。附着支承结构与工程结构的连接方式有穿墙螺栓、预埋螺栓、杠杆式挑梁等，主要是穿墙螺栓与预埋螺栓，本条文对穿墙螺栓与预埋螺栓的构造作出了具体规定，杠杆式挑梁的构造还有待进一步的研究。

4.2.12～4.2.13 本条文就升降动力设备、同步及限载控制系统等的技术性能指标作出了规定。升降动力设备额定起重量的确定原则与升降工况下机位荷载变化系数的确定原则是一样的。

4.2.14 本条文就控制台应具备的功能及安全用电等方面作出了规定。

4.2.15 根据上海市建设机械检测中心提供的部分防坠装置的检测结果，结合工程实际情况，本条文就防坠装置的两大技术性能指标——制动时间与制动距离作出了规定。

4.3 荷 载

4.3.2 施工作业层层数的确定与使用工况下每层活荷载的取值允许根据脚手架的使用特点自行确定，但最少层数不得少于二层；使用工况下每层活荷载取值不得低于 $2kN/m^2$。升降工况与坠落工况下活荷载按作业层水平投影面积上 $0.5kN/m^2$ 计算，主要是考虑建筑垃圾等的影响。

4.3.4 防坠装置的冲击系数与制动时间、制动距离等参数有关，根据掌握的检测数据，不同类型的防坠装置冲击系数相差较大，分布幅度大致在 $1.1～2.5$ 之间。防坠装置在实际使用过程中，影响冲击系数的因素就更多，数值更难确定，因此条文中对冲击系数的取值仅作出最小值的规定。

由于脚手架的整体刚度较大，升降不同步引起的荷载重分布极为明显，因此设计时必须考虑荷载变化系数。根据第 4.2.13 条的规定，同步控制系统对荷载变化作了 50％ 的限制，考虑增加 20％ 的富余度，因此升降工况下荷载变化系数取 1.8。当脚手架升降到位予以固定后，因升降不同步引起的自重方面的荷载重分布依然存在，虽然数值可能已有所变化，但仍应考虑此问题。整体式附着升降脚手架使用工况下恒载标准值与活载标准值的比例大致为 1：1，按残留的自重荷载变化为最不利时的 50％ 考虑，使用工况下荷载的变化系数应取 1.25 左右，本规程定为 1.3。

由于脚手架升降开始与结束时的加速度均比较小，惯性对升降动力的影响不大，加上其他方面的安全系数已考虑比较充分，因此本规程不再考虑升降时的动力系数。

4.4 设 计 指 标

4.4.3 本条文中焊缝等级按三级考虑。

4.4.4 鉴于附着升降脚手架不同于一般的钢结构工程，施工现场管理水平与工人素质均不太高，容易出现高强螺栓与普通螺栓混用的情况，本规程建议采用普通螺栓，因此条文中仅列出普通螺栓的连接强度设计值。

4.5 结 构 计 算 规 定

4.5.2 脚手架的工作环境是极为恶劣的，构件的锈蚀或磨损情况比较突出；对此问题设计上应予以考虑。本条文从调整材料强度角度对此问题作了处理。

4.5.3 安全系数 6.0 是针对材料的极限强度而言。

5 构 配 件 制 作

5.1 一 般 规 定

5.1.1 本规程所谓的构配件制作是指各类附着升降脚手架专用构配件的制作，其中包括竖向主框架构件的制作。标准构配件宜采用符合质量标准的外购产品。制作工艺文件应根据制作单位自身的设备条件和技术条件制定，加工图纸应规范详细，以便于执行。

5.4 制作质量标准及检验

5.4.1 制作质量评定标准中应分别列出保证项目的评定标准和允许偏差项目的评定标准。允许偏差项目的评定标准应分等级制定。

5.4.4 竖向主框架、水平支承结构、附着支承结构中的定型构配件除有书面合格证外，还应将型号、批号、加工日期等参数用钢印刻制于构配件上。

6 安 装 和 使 用

6.1 一 般 规 定

6.1.1 安装、升降、拆除三个阶段的交底内容、出席对象等在施工组织设计中应予以明确。

6.1.3 遇大风前的加固措施包括架体结构上的加固措施、附着支承结构上的加固措施以及架体结构的防上翻措施等，应急措施是指临时拆除密目安全网等有利于减少风荷载作用的措施。夜间禁止的升降作业活动包括升降前移动动力设备、移动附着支承结构等升降准备活动。

6.1.4 施工区域的防雷措施可以利用塔吊的避雷系统、工程结构的避雷系统等。当外部的避雷系统保护区域未能将附着升降脚手架施工区域全部包括时，附着升降脚手架自身应安装避雷系统。

6.1.9 升降动力装置、同步控制系统、防坠装置等设备分别采用同一厂家、同一规格型号的产品是为了避免作业误差或可能的相互干扰。编号使用是为了便于维修保养和报废工作的开展。

6.1.12 高度 150m 左右的建筑上使用附着升降脚手架，正常情况下，其使用时间一般不超过 2 年。为了避免脚手架在恶劣的室外环境下过度锈蚀或磨损，本条文作了悬挂时间与连续停用时间上的规定。

6.2 施 工 准 备

6.2.1 附着升降脚手架在实际应用过程中除架体结构中的竖向主框架可以定型化外，水平支承结构、架体板、附着支承结构、组架方式等均可能因工程结构的需要在技术性能指标允许范围内进行适当的调整，调整方案与安全技术措施等均应在施工组织设计中作出详细的专门说明，也就是制定专门的处理方案。

6.2.3 第1款中的要求主要针对最常用的 $\phi48 \times 3.5$ 的脚手管。对其他类型的脚手管应根据相关的标准予以确定。

6.3 安 装

6.3.2 附着升降脚手架从地面或裙房屋面开始安装时，若地面、裙房屋面的平整度及承载力等满足要求时，可以利用它们作为安装平台进行脚手架安装。

6.5 升 降 作 业

6.5.1 升降前的机位预紧过程是极易产生机位超载的一个过程，特别是电动葫芦的预紧过程，实际工程中也已发生了一些预紧过度引起动力失效的情况。实际操作中应尽量起用限载控制系统来避免机位过大超载。

6.5.4 升降过程中出现异常情况，如控制台报警、手拉葫芦拉力不正常等，在没有彻底查明原因并处理完毕的情况下决不可强行继续升降，由于单片式附着升降脚手架允许采取人工升降，因此应特别注意，一方面应加强对工人的培训；另一方面升降过程中应有富有经验的技术人员在现场指挥升降作业。

6.7 拆 除

6.7.1 拆除分低空拆除与高空拆除，从安全与技术要求出发，应尽量采取低空拆除方案。

6.8 维修保养及报废

6.8.5 确定脚手杆件的使用周期难度较大，但每一次投入附着升降脚手架中使用的常规脚手杆件，其壁厚控制标准应严格执行第6.2.3条的规定。部件锈蚀或磨损后损失的材料抗力与原标准截面材料抗力之比大于（$1-m$）值的80%，即认为已严重锈蚀或严重磨损，应予以报废。m 为第4.5.2条中相应的材料强度调整系数。

江苏省工程建设标准

建筑施工悬挑式钢管脚手架
安全技术规程

Technical specification for safety of cantilever steel tubular
scaffolding in construction

DGJ32/J 121—2011

江苏省住房和城乡建设厅
2011-07-01　实施

江苏省住房和城乡建设厅
公　告

第 121 号

关于发布江苏省工程建设标准《建筑施工悬挑式钢管脚手架安全技术规程》的公告

现批准《建筑施工悬挑式钢管脚手架安全技术规程》为江苏省工程建设强制性标准，编号为 DGJ32/J 121—2011，自 2011 年 7 月 1 日起实施。其中，第 3.2.4、3.2.10、3.3.4、3.3.5、3.3.9（1）、6.2.4（1）、6.2.6、6.3.4、6.3.7（1）、8.0.1、8.0.9、8.0.11、8.0.12 条（款）为强制性条文，必须严格执行。

该规程由江苏省工程建设标准站组织出版、发行。

江苏省住房和城乡建设厅

二〇一一年五月十二日

主要起草人：张建忠　周　健　郭正兴　王志刚　蔡国新　温惠清　李　明　王晓峰
　　　　　　顾　奕　吴　伟
主要审查人：王群依　王鸣军　田正宏　成小竹　程建军　仓恒芳　鲁开明

目　　次

1 总　　则

1.0.1　为了规范建筑施工悬挑式钢管脚手架的应用和管理，统一技术要求，确保建筑施工安全，制定本规程。

1.0.2　本规程适用于建筑施工用悬挑式钢管脚手架的设计、施工、验收和使用，不适用于模板支撑等特殊用途的悬挑结构。

1.0.3　悬挑式钢管脚手架在施工前应编制专项施工方案，并应由施工单位技术负责人和项目总监理工程师签字批准后方可组织实施。每一悬挑段钢管脚手架架体高度不宜大于24m。对于架体高度达到20m及以上或施工荷载大于6kPa的悬挑式钢管脚手架，施工单位应组织专家对专项施工方案进行论证。

1.0.4　悬挑式钢管脚手架的设计、制作、安装、验收、使用、维护和拆除管理，除应执行本规程的规定外，尚应符合国家现行有关标准的规定。

2　术　语　和　符　号

2.1　术　　语

2.1.1　悬挑式钢管脚手架　cantilever steel tubular scaffolding

悬挑于主体结构的荷载承力钢梁支承的钢管脚手架，包含底部的悬挑承力架和上部的钢管脚手架两部分。

2.1.2　悬挑承力架　cantilevered bearing scaffolding

设置在钢管脚手架底部并将荷载传递给建（构）筑物主体结构的悬挑钢构件。悬挑承力架根据构造不同，主要分为挑梁式、上拉式、下撑式等基本形式。

2.1.3　纵向承力钢梁　longitudinal supporting steel beam

沿脚手架立杆纵向设置在立杆底端并将荷载传至悬挑承力架的承力钢构件。

2.1.4　钢管脚手架　steel tubular scaffolding

采用扣件式钢管脚手架等形式搭设在悬挑承力架上的双排脚手架架体。按用途分为结构施工用脚手架，装修施工用脚手架；按外侧面围护状态分为全封闭脚手架、敞开式脚手架。

2.1.5　立杆定位件　locating elements of upright tube

设置在悬挑承力架或纵向承力钢梁上用于固定脚手架立杆位置的物件。

2.1.6　吊拉构件　hanging member

在建（构）筑物主体结构与悬挑承力架之间设置的具有卸载作用的斜向吊拉钢丝绳或钢筋等拉杆。

2.1.7　U形钢筋拉环　U-shaped steel ring-pull

预埋在混凝土结构中的 U 形钢筋锚固体，用于吊拉构件与主体结构的连接。

2.1.8　U 形钢筋锚环　U-shaped steel anchor ring

预埋在混凝土结构中的 U 形钢筋锚固体，用于悬挑承力架与主体结构的连接。

2.1.9　开口形脚手架　open scaffold

沿建筑周边非交圈设置的脚手架为开口形脚手架，其中呈直线形的脚手架为一字形脚手架。

2.1.10　敞开式脚手架　open type scaffold

仅设有栏杆和挡脚板，无其他遮挡设施的脚手架。

2.1.11　立杆　upright tube

脚手架中垂直于水平面的竖向杆件。靠近建筑物墙体一侧的立杆为内立杆；远离墙体一侧的立杆为外立杆。

2.1.12　水平杆　horizontal tube

脚手架中的水平杆件。沿脚手架纵向设置的水平杆为纵向水平杆；沿脚手架横向设置的水平杆为横向水平杆。

2.1.13　扫地杆　bottom reinforcing tube

贴近承力钢梁，连接立杆根部的纵向水平杆、横向水平杆。包括纵向扫地杆、横向扫地杆。

2.1.14　连墙件　tie member

连接脚手架与建（构）筑物的构件。采用钢管等刚度较大的材料制作的连墙件为刚性连墙件；采用直径小于 8mm 等小规格钢筋或粗铁丝等材料制作的连墙件为柔性连墙件。

2.1.15　横向斜撑　diagonal brace

与双排脚手架内、外立杆或水平杆斜交呈之字形的斜杆。

2.1.16　剪刀撑　bridging

在脚手架竖向或水平向成对设置的交叉斜杆。

2.1.17　立杆间距　spacing of upright tube

脚手架相邻立杆之间的轴线距离。

2.1.18　立杆纵距（跨）longitudinal spacing of upright tube

脚手架相邻立杆之间的纵向间距。

2.1.19　立杆横距　transverse spacing of upright tube

脚手架相邻立杆之间的横向间距。双排脚手架为内、外立杆轴线间的距离。

2.1.20　步距　lift height

上下水平杆轴线间的距离。

2.1.21　主节点　main node

立杆、纵向水平杆、横向水平杆三杆紧靠的扣接点。

2.1.22　扣件　coupler

采用螺栓紧固的扣接连接件。包括直角扣件、旋转扣件、对接扣件。

2.2　符　　号

2.2.1　荷载和荷载效应：

P——集中荷载设计值；

q——均布荷载设计值；

M——弯矩设计值；

N——轴向力设计值；

V——剪力设计值；

R——支座反力；

g_k——每米立杆承受的结构自重标准值；

N_{G1k}——脚手架结构自重标准值产生的立杆轴向力；

N_{G2k}——构配件自重标准值产生的立杆轴向力；

N_l——连墙件轴向力设计值；

N_m——型钢悬挑梁锚固段压点 U 形钢筋拉环或螺栓拉力设计值；

$\sum N_{Qk}$——施工均布活荷载标准值产生的立杆轴向力总和；

υ——挠度；

σ——弯曲正应力；

τ——剪应力；

S——荷载效应组合的设计值；

w_k——风荷载标准值；

w_0——基本风压。

2.2.2 材料性能和抗力：

E——钢材的弹性模量；

R_c——扣件抗滑承载力设计值；

f——钢材的抗拉、抗压、抗弯强度设计值；

f_c^w——对接焊缝抗压强度设计值；

f_t^w——对接焊缝抗拉强度设计值；

f_v^w——对接焊缝抗剪强度设计值；

f_f^w——角焊缝抗拉、抗弯、抗剪强度设计值；

f_t^b——螺栓抗拉强度设计值；

f_v^b——螺栓抗剪强度设计值；

R——结构构件的承载力设计值；

$[\upsilon]$——容许挠度。

2.2.3 几何参数

A——钢管或构件的截面面积；

A_1——U 形钢筋拉环净截面面积或螺栓的有效截面面积；

A_n——净截面面积，挡风面积；

A_w——迎风面积；

W——截面模量；

α——外伸长度，伸出长度；

α_1——计算外伸长度；

ϕ, d——杆件直径，外径；

h——步距；

i——截面回转半径；

I——毛截面惯性矩；

I_n——净截面惯性矩；

y_1——计算点至型钢中和轴的距离；

S——计算剪应力处以上毛截面对中和轴的面积矩；

l——长度，跨度，搭接长度；

l_a——立杆纵距；

l_b——立杆横距；

t——杆件壁厚；

t_w——型钢腹板厚度；

θ——下撑式悬挑承力架斜撑的水平夹角。

2.2.4 设计系数：

μ_s——脚手架风荷载体形系数；

μ_{stw}——按桁架确定的脚手架结构的风荷载体形系数；

μ_z——风压高度变化系数；

φ——轴心受压构件的稳定系数，挡风系数；

λ——长细比；

$[\lambda]$——容许长细比；

γ_0——结构重要性系数；

β_1——计算折算应力的强度设计增大系数。

3 材料和构造

3.1 材料

3.1.1 用于制作悬挑承力架及纵向承力钢梁的热轧型钢、钢板等应符合《碳素结构钢》GB/T 700 中 Q235A 级钢和《低合金高强度结构钢》GB/T 1591 中 Q345 级钢的规定。冷弯薄壁型钢的质量应符合《冷弯薄壁型钢结构技术规范》GB 50018 的规定。

3.1.2 用于搭设扣件式钢管脚手架的钢管、扣件、连墙件、脚手板等构配件的质量应符合《建筑施工扣件式钢管脚手架安全技术规范》JGJ 130 的规定；用于搭设门式钢管脚手架、碗扣式钢管脚手架和盘扣式钢管脚手架等构配件的质量应符合相应的现行国家标准的规定。

3.1.3 用于构件连接的螺栓应符合《六角头螺栓》GB/T 5782 的规定，其机械性能应符合《紧固件机械性能 螺栓、螺钉和螺丝》GB/T 3089 的规定。

3.1.4 制作悬挑承力架等的焊接材料应与主体金属材料的技术性能相适应。手工焊接采用的焊条应符合《碳钢焊条》GB/T 5117 和《低合金钢焊条》GB/T 5118 的规定，自动焊和半自动焊所采用的焊丝和焊剂应符合《埋弧焊用碳钢焊丝和焊剂》GB/T 5293 和

《低合金钢埋弧焊用焊剂》GB/T 12470 的规定。

3.1.5 U 形钢筋拉环、U 形钢筋锚环和锚固螺栓的材质应采用 HPB235 或 HPB300 级光圆钢筋制作，其技术性能应符合《钢筋混凝土用钢 第 1 部分：热轧光圆钢筋》GB 1499.1 的规定，不得采用冷加工钢筋制作。

3.1.6 悬挑承力架吊拉构件的材料应符合下列要求：

1 吊拉构件采用钢丝绳时，其技术性能应符合《一般用途钢丝绳》GB/T 20118 的规定。

2 吊拉构件采用钢筋拉杆时，其技术性能应符合《钢筋混凝土用钢 第 1 部分：热轧光圆钢筋》GB 1499.1 中 HPB235 或 HPB300 级钢筋的规定。

3.1.7 悬挑式钢管脚手架常用的型钢和钢管等材料的力学特征应符合本规程附录 B 的规定。

3.2 悬挑承力架构造

3.2.1 悬挑式钢管脚手架的悬挑承力架宜采用工具式结构，并应能可靠地承受和传递脚手架传来的荷载，悬挑承力架应具有防止产生水平位移和保证侧向稳定的构造措施。

3.2.2 悬挑承力架和纵向承力钢梁的受弯、受压构件宜采用双轴对称截面的型钢。

3.2.3 钢丝绳、钢筋等吊拉构件应具有保证可靠工作的调紧装置，吊拉构件与悬挑构件的轴线宜在同一垂直面内，吊拉构件的水平夹角应不小于 45°。

3.2.4 预埋于主体结构的 U 形锚环、U 形拉环和螺栓应伸入主体结构钢筋骨架或钢筋网内，并与钢筋骨架或网片绑扎牢固，其直径不应小于 16mm，锚固长度应符合《混凝土结构设计规范》GB 50010 中钢筋锚固的规定。

3.2.5 挑梁式悬挑承力架的构造应符合下列规定：

1 挑梁宜采用双轴对称截面的型钢，型号按设计计算确定，当采用 I 形截面的型钢时，其截面高度不应小于 160mm。

2 挑梁尾端与楼面结构宜设置两道锚固件，其相邻间距宜取 150～200mm（图 3.2.5）。当楼板厚度大于 100mm 时，宜设置 U 形钢筋锚环或 U 形螺栓；当楼板厚度不大于 100mm 时，宜设置穿过楼板的对拉螺栓，用钢夹板固定。

3 固定挑梁的锚环钢筋和螺栓的直径应按设计确定，且应不小于 16mm。

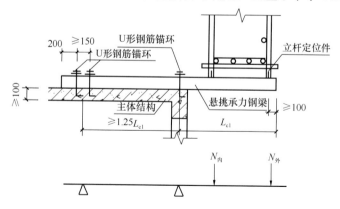

图 3.2.5 挑梁式悬挑承力架构造及计算简图

3.2.6 钢丝绳辅助吊拉挑梁式承力架的构造（图 3.2.6）应符合下列规定：

1 挑梁的构造及锚固方式应符合本规程第 3.2.5 条的规定，在挑梁与钢丝绳的吊拉位置应焊接 U 形钢筋拉环或连接耳板。拉环应穿过钢梁上翼缘板焊接固定于腹板两侧，其直径应不小于 16mm。连接耳板应焊接固定于翼缘中间部位，连接耳板的尺寸及焊缝长度由设计确定。

2 钢丝绳直径应不小于 14mm，其两端连接部位应设置鸡心环，钢丝绳绳卡的设置应符合《建筑机械使用安全技术规程》JGJ 33 的规定。钢丝绳与钢梁的水平夹角应不小于 45°。

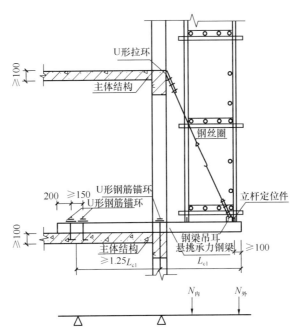

图 3.2.6　钢丝绳辅助吊拉挑梁式承力架构造及计算简图

3.2.7 上拉式悬挑承力架的构造（图 3.2.7）应符合下列规定：

1 当钢梁固定于建筑物楼面结构时，钢梁的构造及其锚固方式应满足本规程第 3.2.5 条的规定；当钢梁锚固于建筑物主体结构外侧时，钢梁应采用锚固螺栓和钢垫板与主体结构连接。

2 钢筋拉杆直径应按计算确定，且不小于 16mm。钢筋拉杆两端和钢梁吊拉位置应焊接耳板，耳板厚度应不小于 8mm。钢梁上的耳板应设置在集中力作用位置附近。钢筋拉杆上端与建筑物主体结构连接位置应设置吊挂支座，吊挂支座应采用锚固螺栓与建筑物主体结构连接。钢筋拉杆与钢梁耳板以及吊挂支座宜采用高强螺栓连接。

3 锚固螺栓应预埋或穿越建筑物主体结构，其数量应不少于 2 个，直径应由设计确定；螺栓应设置双螺母，螺杆露出螺母应不少于 3 扣和 10mm。锚固螺栓穿越主体结构设置时应增设钢垫板，钢垫板尺寸应不小于 $100mm \times 100mm \times 8mm$。

4 钢梁悬挑长度小于等于 1800mm 时，宜设置 1 根钢筋拉杆；悬挑长度大于 1800mm 且小于等于 3000mm 时，宜设置内外 2 根钢筋拉杆。钢筋拉杆的水平夹角应不小

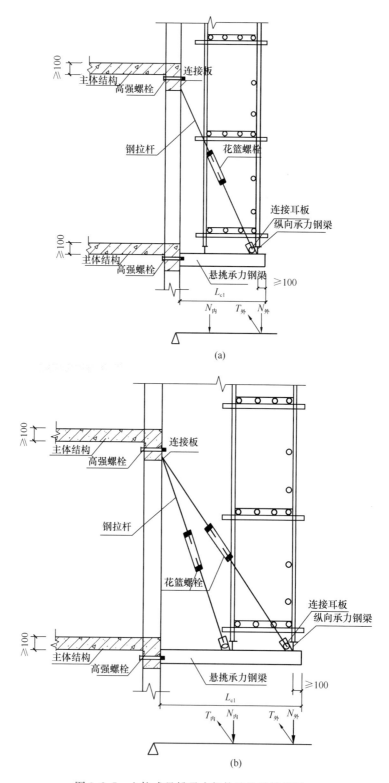

图 3.2.7 上拉式悬挑承力架构造及计算简图

（a）钢梁悬挑长度≤1800mm；（b）1800mm＜钢梁悬挑长度≤3000mm

于 45°。

3.2.8 下撑式悬挑承力架的构造（图 3.2.8）应符合下列规定：

1 悬挑承力架与主体结构宜采用工具式连接。当采用锚固螺栓连接时，应符合本规程第 3.2.7 条的规定。

2 斜撑杆应具有保证平面内和平面外稳定的构造措施，水平夹角不应小于 45°。

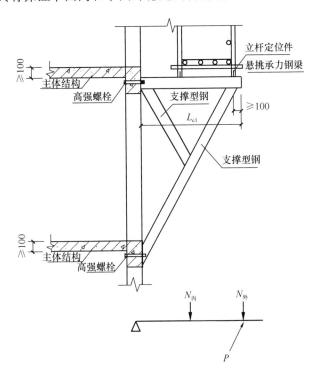

图 3.2.8 下撑式悬挑承力架构造及计算简图

3.2.9 当悬挑承力架的钢梁、吊挂支座和斜撑杆等与主体结构采用焊接连接时，其预埋件应符合《混凝土结构设计规范》GB 50010 的规定。

3.2.10 脚手架立杆应支承于悬挑承力架或纵向承力钢梁上。

3.2.11 悬挑承力架及纵向承力钢梁应设置脚手架的立杆定位件，其位置应符合设计要求。立杆定位件宜采用直径 36mm、壁厚不小于 3mm 的钢管制作，高度宜不小于 100mm，并宜有排水措施。

3.2.12 悬挑式门式钢管脚手架、碗扣式钢管脚手架和盘扣式钢管脚手架的底部承力架上应设置纵向承力钢梁。

3.3 扣件式钢管脚手架构造

3.3.1 脚手架钢管宜采用 $\phi 48mm$ 钢管，不同规格的钢管严禁混合使用。

3.3.2 钢管脚手架应搭设成双排形式，步距不得大于 2m，立杆底部应设置纵向和横向扫地杆。纵向扫地杆应采用直角扣件固定在距悬挑钢梁上表面不大于 200mm 处的立杆上，横向扫地杆应紧靠纵向扫地杆下方用直角扣件固定在立杆上。

3.3.3 钢管脚手架外侧必须沿全高和全长连续设置剪刀撑，每道剪刀撑跨度不应小于

6m，且不应小于 4 跨和不应大于 7 跨，其水平夹角宜在 $45°\sim60°$ 之间。

3.3.4 钢管脚手架的转角部位，一字形、开口形脚手架的端部必须设置横向斜撑，横向斜撑应由底至顶之字形连续布置。

3.3.5 钢管脚手架连墙件必须采用刚性连墙件，直接与主体结构可靠连接。连墙件的布置应符合下列规定：

    1 宜靠近主节点设置，偏离主节点的距离不应大于 **300mm**。

    2 应从每一悬挑段的第一步架开始设置，有困难时，应采取其他可靠措施固定。

    3 宜水平设置，不能水平设置时，与脚手架连接的一端不应高于与主体结构连接的一端。

    4 一字形、开口形脚手架的两端必须设置连墙件，连墙件的垂直间距不应大于建筑物的层高，并不应大于 **4m**（两步）。

3.3.6 连墙件的设置间距除应满足计算要求外，尚应符合表 3.3.6 的规定。

表 3.3.6　脚手架连墙件布置最大间距

脚手架离地高度（m）	竖向间距（m）	水平间距（m）	每个连墙件覆盖面积（m²）
≤50	$2h$	$3l_a$	≤27
50～100	$2h$	$2l_a$	≤20

注：表中 h 为脚手架步高，l_a 为脚手架立杆纵向间距。

3.3.7 分段悬挑的钢管脚手架立杆、剪刀撑等杆件，在分段处应全部断开，不得上下连续设置。

3.3.8 脚手架外立面应采用 2000 目/100cm² 密目网全封闭围护。钢管脚手架及其与建筑物之间空挡的底部必须严密封闭，宜满铺木制脚手板，木脚手板拼缝应紧密，与脚手架绑扎牢固；当采用满铺竹笆片脚手板时，底部应采用 2000 目/100cm² 密目网兜底封闭。上部脚手架内侧空当处，应沿高度每隔 4 个步高设置 30mm×30mm 平网封闭。

3.3.9 脚手架立杆接长应符合下列规定：

    1 立杆接长除顶层顶步外，其余各层各步接头必须采用对接扣件连接。

    2 立杆的对接扣件应交错布置：两根相邻立杆的接头不应设置在同步内，同步内隔一根立杆的两个相隔接头在高度方向错开的距离不宜小于 500mm；各接头中心至主节点的距离不宜大于步距的 1/3。

3.3.10 钢管脚手架的立杆横距大于 800mm 时，每步横向水平杆上扣接的纵向水平杆不应少于 4 根，立杆的纵距不应大于 1700mm；钢管脚手架的立杆横距小于等于 800mm 时，每步横向水平杆上扣接的纵向水平杆不应少于 3 根，立杆的纵距不应大于 1500mm。

4 荷 载

4.1 荷 载 分 类

4.1.1 作用于悬挑式钢管脚手架上的荷载可分为永久荷载和可变荷载。

4.1.2 悬挑式钢管脚手架的永久荷载应根据实际计算，并应包括下列内容：

    1 悬挑承力架和纵向承力钢梁的自重。

    2 上部脚手架架体的自重，根据相应规范及本规程规定计算。

    3 附着在脚手架上的标语、广告设施等的自重。

4.1.3 悬挑式钢管脚手架的可变荷载计算应包括下列内容：

    1 作业层上的操作人员、器具及材料等施工荷载。

    2 风荷载。

4.2 荷载标准值

4.2.1 悬挑承力架结构自重标准值按施工方案设计计算确定。

4.2.2 扣件式钢管脚手架每米立杆承受的结构自重标准值可按本规程表 A.0.1 采用。

4.2.3 构配件自重标准值可按下列规定采用：

    1 脚手板自重标准值可按表 4.2.3-1 采用。

表 4.2.3-1 脚手板自重标准值

类别	标准值（kPa）	类别	标准值（kPa）
冲压钢板脚手板	0.3	竹串片脚手板	0.35
木脚手板	0.35	竹笆片脚手板	0.10

注：竹笆片脚手板是指采用平放的竹片纵横编织而成的脚手板，一般竹片宽 30～40mm，横筋正反间隔布置，边缘部位纵横筋交点处用铁丝扎紧。

    2 栏杆与挡脚板自重标准值可按表 4.2.3-2 采用。

表 4.2.3-2 栏杆、挡脚板自重标准值

类别	标准值（kN/m）
栏杆、冲压钢脚手板挡板	0.16
栏杆、竹笆片脚手板挡板	0.2
栏杆、木脚手板挡板	0.17

注：栏杆、竹笆片脚手板挡板的自重标准值按照钢管栏杆两道及竹笆片 1m 高度计算。

    3 密目安全网、布制标语及广告自重标准值可按本规程表 A.0.2 取值。

    4 其他安全设施自重标准值按实际值采用。

4.2.4 悬挑式钢管脚手架作业层的施工荷载标准值根据脚手架用途不同，应符合表 4.2.4 的规定。

表 4.2.4 作业层均布施工荷载标准值

脚手架用途	荷载标准值（kPa）
装饰脚手架	2.0
结构脚手架	3.0

注：1 悬挑脚手架设计计算的施工荷载应根据脚手架用途和作业层数采用，且不少于两层装饰施工荷载，即不小于 4kPa。

    2. 石材幕墙、玻璃幕墙等施工荷载较大的分项工程施工，应按实际情况采用。

4.2.5 作用于悬挑式钢管脚手架的水平风荷载应按下式计算：

$$w_k = \mu_z \mu_s w_0 \qquad (4.2.5)$$

式中 w_k——风荷载标准值（kPa）；

μ_z——风压高度变化系数，应按《建筑结构荷载规范》GB 50009 的规定采用。若计算脚手架立杆承载力，取每一悬挑段底步架的离地高度计算；若计算脚手架连墙件承载力，取每一悬挑段的最大离地高度计算；

μ_s——脚手架风荷载体形系数，按本规程第 4.2.6 条的规定采用；

w_0——基本风压（kPa），按《建筑结构荷载规范》GB 50009 的规定采用，并按该规范附录 D.4 取重现期 $n=10$ 对应的风压。

4.2.6 悬挑式钢管脚手架风荷载体形系数按表 4.2.6 的规定采用。

表 4.2.6　悬挑式钢管脚手架的风荷载体形系数 μ_s

背靠建筑物的状况		全封闭墙	敞开、框架和开洞墙
脚手架状态	全封闭、半封闭	1.0φ	1.3φ
	敞开	μ_{stw}	

注：1. μ_{stw} 值可将脚手架视为桁架，按《建筑结构荷载规范》GB 50009 表 7.3.1 第 32 项和第 36 项的规定计算。
2. φ 为挡风系数，$\varphi=1.2A_n/A_w$，其中：A_n 为挡风面积，A_w 为迎风面积。

4.2.7 采用密目安全网全封闭的脚手架挡风系数可按下式计算：

$$\varphi = \varphi_1 + \varphi_2 - \frac{\varphi_1 \varphi_2}{1.2} \qquad (4.2.7)$$

式中 φ_1——敞开式扣件式钢管脚手架的挡风系数，按本规程表 A.0.3 采用；

φ_2——密目安全网的挡风系数，2000 目/100cm^2 密目安全网宜取 0.841。

4.2.8 采用密目安全网加竹笆片脚手板双重防护时，脚手架挡风系数宜取 1.0；在脚手架上张挂广告设施、宣传标语时，相应部位的脚手架挡风系数宜取 1.0。

4.3　荷　载　效　应　组　合

4.3.1 设计悬挑式钢管脚手架的承重构件时，应根据使用过程中可能出现的荷载，取其最不利组合进行计算。荷载效应组合宜按表 4.3.1 采用。

表 4.3.1　荷载效应组合

计算项目	荷载组合
钢管脚手架纵向、横向水平杆承载力与变形	永久荷载＋施工均布活荷载
悬挑承力架、纵向承力钢梁的承载力与变形	①永久荷载＋施工均布活荷载 ②永久荷载＋0.9（施工均布活荷载＋风荷载）
钢管脚手架立杆承载力	①永久荷载＋施工均布活荷载 ②永久荷载＋0.9（施工均布活荷载＋风荷载）
连墙件承载力	风荷载＋3.0kN

5 设　　计

5.1　基　本　规　定

5.1.1　悬挑式钢管脚手架设计应采用概率理论为基础的极限状态设计法，以分项系数设计表达式进行设计。

5.1.2　悬挑式钢管脚手架的设计应列入分项工程的专项施工方案，包括下列设计内容：

    1　上部脚手架架体及连墙件的承载力验算。

    2　悬挑承力架和纵向承力钢梁的承载力，悬挑承力架与主体结构的连接及相应部位的主体结构承载力验算。

5.1.3　悬挑式钢管脚手架的施工图设计应包括下列内容：

    1　悬挑式钢管脚手架的平面图、立面图、剖面图，应准确标明脚手架立杆、纵向水平杆、横向水平杆、扫地杆、剪刀撑等的布置。

    2　悬挑承力架和纵向承力钢梁的平面布置图，应准确标注悬挑承力架和纵向承力钢梁的位置、间距、悬挑构件的长度等详细尺寸以及转角处、阳台、雨篷、楼（电）梯、卸料平台等特殊部位的施工详图。

    3　悬挑承力架的 U 形钢筋锚环及楼层吊拉构件的钢筋拉环或固定支座等预埋件的布置位置尺寸及其节点详图。

    4　脚手架连墙件的布置及其节点详图等。

5.1.4　脚手架内、外立杆的轴力应根据其实际承受的永久荷载和可变荷载分别计算。

5.1.5　验算悬挑式钢管脚手架构件的承载力时，应采用荷载效应基本组合设计值；验算变形时，应采用荷载效应标准组合设计值。

5.1.6　验算悬挑式钢管脚手架构件的强度时，应采用构件的净截面面积；验算变形、稳定性时，应采用构件的毛截面面积。

5.1.7　悬挑承力架和纵向承力钢梁宜采用 Q235 钢，钢材的强度设计值和弹性模量应符合表 5.1.7 的规定。

表 5.1.7　钢材的强度设计值和弹性模量（MPa）

钢材牌号	厚度或直径（mm）	抗拉强度、抗弯强度、抗压强度 f	抗剪强度 f_v	弹性模量 E
Q235	≤16	215	125	2.06×10^5
	>16～40	205	120	2.06×10^5
	冷弯薄壁型钢	205	120	2.06×10^5

注：计算钢筋拉环和锚环时，一个钢筋拉环或锚环可按两个截面计算，其应力不应大于50MPa。

5.1.8　焊缝的强度设计值应符合表 5.1.8 的规定。

表 5.1.8　焊缝的强度设计值（MPa）

钢材种类	焊接方法和焊条型号	构件钢材的厚度或直径（mm）	对接焊缝			角焊缝
			抗压强度 f_c^w	抗拉强度 f_t^w	抗剪强度 f_v^w	抗拉强度、抗弯强度、抗剪强度 f_f^w
Q235	自动、半自动焊和 E43 型焊条的手工焊	≤16	215	185	125	160
		>16～40	205	175	120	160
		冷弯薄壁型钢	205	175	120	140

注：现场焊缝强度设计值按上表乘以折减系数 0.90 计算。

5.1.9 螺栓连接的强度设计值应符合表 5.1.9 的规定。

表 5.1.9　螺栓连接的强度设计值（MPa）

钢号	抗拉强度 f_t^b	抗剪强度 f_v^b
Q235	170	140

5.1.10 扣件的抗滑承载力设计值应符合表 5.1.10 的规定。

表 5.1.10　扣件抗滑承载力设计值（kN）

项目	承载力设计值	
	单扣件	双扣件
对接扣件	3.2	—
直角、旋转扣件	8	12

注：扣件螺栓拧紧力矩值不应小于 40N·m，且不应大于 65N·m。

5.1.11 Q235 冷弯薄壁型钢轴心受压构件的稳定系数应符合本规程表 C.0.1 的规定，b 类截面轴心受压构件的稳定系数应符合本规程表 C.0.2 的规定。

5.1.12 悬挑承力架的轴心受力构件容许长细比应符合表 5.1.12 的规定。

表 5.1.12　轴心受力构件的容许长细比

构件类型	容许长细比 [λ]
受压构件	150
受拉构件	350

注：张紧的钢丝绳、圆钢除外。

5.1.13 悬挑承力架和纵向承力钢梁的受弯构件允许挠度值 [υ] 应符合表 5.1.13 的规定。

表 5.1.13　悬挑承力架和纵向承力钢梁的受弯构件允许挠度值

构件类型		允许挠度 [υ]
悬挑承力架和纵向承力钢梁	悬臂构件	L/360
	一般构件	L/250

注：L 为受弯构件的跨度（对于悬臂梁和伸臂梁，为悬伸长度的 2 倍）。

5.2 悬挑承力架和纵向承力钢梁设计

5.2.1 悬挑承力架及纵向承力钢梁应根据不同的构造形式进行设计计算，包括下列内容：

1 钢梁的抗弯强度、抗剪强度、整体稳定性和挠度。

2 吊拉构件的抗拉强度。

3 斜撑的抗压强度和稳定性。

4 悬挑承力架锚固件及其锚固连接的抗拉强度和抗剪强度。

5 悬挑承力架各节点的连接强度。

6 支承悬挑承力架的主体结构构件的承载力及支座局部承压验算。

5.2.2 主体结构的悬挑构件不宜作为悬挑承力架的支座，必须采用时，应对主体悬挑结构进行加固，并作承载力验算。

5.2.3 悬挑承力架和纵向承力钢梁的结构重要性系数应根据悬挑脚手架所处的地理位置确定，有密集人员通行的沿街建筑应取1.1，一般地区的建筑物应取1.0。

5.2.4 验算悬挑承力架和纵向承力钢梁的承载力时，应采用荷载效应基本组合的设计值。荷载分项系数应符合表5.2.4的规定。

表5.2.4 荷载分项系数

	由可变荷载效应控制时	由永久荷载效应控制时
永久荷载分项系数	1.2	1.35
可变荷载分项系数	1.4	1.4

5.2.5 验算悬挑承力架和纵向承力钢梁受弯构件的变形时，应采用荷载效应标准组合，各类荷载分项系数应取1.0。

5.2.6 悬挑承力架和纵向承力钢梁的承载力应按下列规定计算：

1 在主平面内受弯的实腹构件，其抗弯强度可按下式计算：

$$\sigma = \frac{M_{max}}{W} \leqslant f \qquad (5.2.6\text{-}1)$$

式中 M_{max}——钢梁计算截面最大弯矩设计值；

W——钢梁的截面模量；

f——钢材的抗弯强度设计值。

2 在主平面内受弯的实腹构件，抗剪强度可按下式计算：

$$\tau = \frac{V_{max}S}{lt_w} \leqslant f_v \qquad (5.2.6\text{-}2)$$

式中 V_{max}——计算截面沿腹板平面作用的最大剪力设计值；

S——计算剪应力处以上毛截面对中和轴的面积矩；

l——型钢毛截面惯性短；

t_w——型钢腹板厚度；

f_v——钢材的抗剪强度设计值。

3 当钢梁同时承受较大的正应力和剪应力时，应按下式进行组合应力验算：

$$\sqrt{\sigma^2 + 3\tau^2} \leqslant \beta_1 f \qquad (5.2.6\text{-}3)$$

$$\sigma = \frac{M}{I_n} y_1 \quad\quad\quad\quad (5.2.6\text{-}4)$$

式中 σ、τ——腹板计算高度边缘同一点上同时产生的正应力、剪应力、τ 按式（5.2.6-2）计算；

β_1——计算折算应力的强度设计增大系数，$\beta_1 = 1.1$；

I_n——净截面惯性矩；

y_1——计算点至型钢中和轴的距离。

5.2.7 轴心受力构件强度可按下式计算：

$$\sigma = \frac{N}{A_n} \leqslant f \quad\quad\quad\quad (5.2.7)$$

式中 N——计算截面轴力设计值；

A_n——有效净截面积。

5.2.8 轴心受压构件的稳定性应按下式计算：

$$\sigma = \frac{N}{\varphi A} \leqslant f \qu\quad\quad\quad (5.2.8)$$

式中 N——构件最大轴向力设计值；

φ——轴心受压稳定系数（取截面两主轴稳定系数中的较小者），应符合本规程附录 C 的规定；

A——计算截面面积。

5.2.9 受弯构件的变形应按下式验算：

$$\upsilon \leqslant [\upsilon] \quad\quad\quad\quad (5.2.9)$$

式中 υ——受弯构件的挠度；

$[\upsilon]$——受弯构件的允许挠度值。

5.2.10 挑梁式悬挑承力架和钢丝绳辅助吊拉的挑梁式悬挑承力架，其设计验算可采用以建筑主体结构支承点为平衡点的结构计算简图（图 5.2.10）。

5.2.11 上拉式悬挑承力架的设计验算应根据不同的构造和工况分别进行计算：

1 当钢梁固定于建筑物楼面结构时，应按下列两种工况计算：

　　1）吊拉构件锚固点的混凝土强度未达到本规程第 6.1.7 条的规定，吊拉构件不能正常工作时，应根据本规程第 5.2.10 条验算脚手架最大搭设高度；

　　2）当吊拉构件正常工作时，其设计验算可采用以建筑主体结构支承点为支点的结构计算简图（图 5.2.11）。

2 当钢梁锚固于建筑物主体结构外侧时，应按下列两种工况计算：

　　1）吊拉构件锚固点的混凝土强度未达到本规

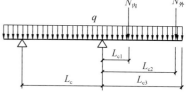

图 5.2.10 挑梁式悬挑承力架和钢丝绳辅助吊拉的挑梁式悬挑承力架结构计算简图

$N_内$—脚手架内立杆轴向力设计值；$N_外$—脚手架外立杆轴向力设计值；q—型钢梁自重线荷载标准值；L_c—悬挑承力钢梁锚固点中心至建筑主体结构支承点的距离；L_{c1}—悬挑承力钢梁悬挑端面至建筑主体结构支承点的距离；L_{c2}—脚手架外立杆至建筑主体结构支承点的距离；L_{c3}—脚手架内立杆至建筑主体结构支承点的距离

程第 6.1.7 条的规定，吊拉构件不能正常工作时，应增加临时支撑，并根据本规程第 5.2.12 条验算脚手架最大搭设高度；

2）当吊拉构件正常工作时，其设计验算可采用以建筑主体结构支承点为支点的结构计算简图（图 5.2.11）。

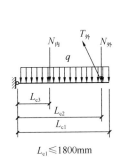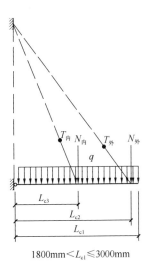

$L_{c1} \leqslant 1800mm$　　　　　　　　　$1800mm < L_{c1} \leqslant 3000mm$

图 5.2.11　上拉式悬挑承力架结构计算简图

$N_{内}$—脚手架内立杆轴向力设计值；$N_{外}$—脚手架外立杆轴向力设计值；q—型钢梁自重线荷载标准值；L_{c1}—悬挑承力钢梁悬挑端面至建筑主体结构支承点的距离；L_{c2}—脚手架外立杆至建筑主体结构支承点的距离；L_{c3}—脚手架内立杆至建筑主体结构支承点的距离；$T_{内}$—内道钢筋承受的拉力；$T_{外}$—外道钢筋承受的拉力

5.2.12　下撑式悬挑承力架，其设计验算可采用以建筑主体结构支承点为支点的结构计算简图（图 5.2.12）。

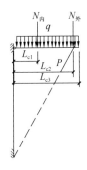

图 5.2.12　下撑式悬挑承力架结构计算简图

$N_{内}$—脚手架内立杆轴向力设计值；$N_{外}$—脚手架外立杆轴向力设计值；q—型钢梁自重线荷载标准值；L_{c1}—悬挑承力钢梁悬挑端面至建筑主体结构支承点的距离；L_{c2}—脚手架外立杆至建筑主体结构支承点的距离；L_{c3}—脚手架内立杆至建筑主体结构支承点的距离；P—下部斜撑承受的压力

5.2.13　悬挑承力架设计计算时，支承点的确定应符合下列规定：

1　悬挑承力架搁置于建筑物楼面结构时，支承点位置应取主体结构边梁轴线位置或外边缘向内不小于 100mm。

2 悬挑承力架与主体结构外侧面连接时，支承点应取实际连接位置。

5.2.14 吊拉构件采用钢筋时在最不利工况下的实际应力与强度设计值之比应小于 0.5。

5.2.15 将型钢悬挑梁锚固在主体结构上的 U 形钢筋拉环或螺栓的强度应按下式计算：

$$\sigma = \frac{N_{ut}}{A_1} \leqslant f_t \tag{5.2.15}$$

式中 σ——U 形钢筋拉环或螺栓应力值；

N_{ut}——型钢悬挑梁锚固段压点 U 形钢筋拉环或螺栓拉力设计值；

A_1——U 型钢筋拉环净截面面积或螺栓的有效截面面积，一个钢筋拉环或一对螺栓按两个截面计算；

f_t——U 形钢筋拉环或螺栓抗拉强度设计值，应按《混凝土结构设计规范》GB 50010 的规定取 $f_t = 50$MPa。

5.2.16 当型钢悬挑梁锚固段压点处采用 2 个 U 形钢筋拉环或螺栓锚固连接时，其钢筋拉环或螺栓的承载能力应乘以 0.85 的折减系数。

5.3 扣件式钢管脚手架设计

5.3.1 扣件式钢管脚手架的设计计算，应按照《建筑施工扣件式钢管脚手架安全技术规范》JGJ 130 的规定进行，钢管的壁厚应按实际情况采用。

5.3.2 脚手架立杆的稳定性验算应根据各悬挑段脚手架离地高度、连墙件的设置等进行。连墙件的强度、稳定性和连接强度按照每悬挑段分别计算。

5.3.3 脚手架上广告、标语的绑扎点应设置在主节点处，偏离主节点时，应考虑风吸力作用对脚手架立杆的不利影响。脚手架上广告、标语的绑扎点处应增设连墙件，并进行连墙件强度、稳定性和连接强度的验算。

6 施 工

6.1 施 工 准 备

6.1.1 单位工程负责人应组织悬挑式钢管脚手架专项施工方案的编制人员、施工员、安全员，按照专项施工方案和安全技术规程的要求，对安装搭设人员进行书面技术交底，并履行签字手续。

6.1.2 悬挑式钢管脚手架搭设前，安装搭设人员应认真阅读专项施工方案，掌握悬挑承力架的构造、布置方式、布置间距、特殊部位〔如阳台、转角、楼（电）梯间等〕的具体做法、纵向承力钢梁和脚手架架体的搭设要求等，并核对现场实际情况，必要时与方案设计人员协调，修改设计。

6.1.3 应按照专项施工方案、施工图的要求，制作、安装预埋铁件、预埋螺栓，并进行隐蔽工程验收，隐蔽验收应手续齐全。

6.1.4 应按照专项施工方案、施工图纸和相关技术规范的规定，对进场的悬挑承力架及纵向承力钢梁构件、脚手架钢管、扣件及构配件、预埋铁件、螺栓等进行检查验收，不得使用不合格产品。

6.1.5 经检验合格的材料、构配件应分类堆放整齐、平稳，堆放场地不得有积水。

6.1.6 悬挑式钢管脚手架的钢管、扣件和悬挑承力架等应做好油漆防腐。

6.1.7 安装悬挑承力架时，对应的主体结构混凝土强度不应低于 10MPa；搭设脚手架时，对应的主体结构混凝土强度不应低于 15MPa；安装连墙件时，对应的主体结构混凝土强度应满足设计要求。

6.2 安 装 搭 设

6.2.1 悬挑式钢管脚手架的安装搭设作业，必须明确专人统一指挥，严格按照专项施工方案和安全技术操作规程进行。作业过程中，应加强安全检查和质量验收，确保施工安全和安装质量。

6.2.2 安装搭设作业应有可靠措施，防止人员、物料坠落。

6.2.3 悬挑承力架、纵向承力钢梁应按设计的施工平面布置图准确就位、安装牢固。安装过程中，应随时检查构件型号、规格、安装位置的准确性、螺栓紧固情况及焊接质量。

6.2.4 脚手架搭设进度应符合下列规定：

1 脚手架搭设必须配合施工进度进行，一次搭设高度不应超过相邻连墙件以上两步。

2 脚手架搭设过程中，应及时安装连墙件或与主体结构临时拉结。

6.2.5 脚手架每搭设完一步，应按照规定及时校正步距、纵距、横距和立杆垂直度。

6.2.6 剪刀撑、横向斜撑应随立杆、纵向水平杆、横向水平杆等同步搭设。

6.3 拆 除

6.3.1 拆除作业前，应认真检查脚手架构造是否符合安全技术规定，并根据检查结果补充完善专项施工方案中拆除顺序和措施，经企业安全技术部门和监理工程师批准后方可实施。

6.3.2 拆除作业前，单位工程负责人应组织专项方案编制人员、安全员等按照专项施工方案和安全技术操作规程对拆除作业人员进行书面安全技术交底，并履行签字手续。

6.3.3 拆除作业前，应清除脚手架上的垃圾、杂物及影响拆卸作业的障碍物。

6.3.4 拆除作业时，应由专人负责统一指挥。脚手架必须由上而下逐层拆除，严禁上下同时作业。连墙件必须随脚手架逐层拆除，严禁先将连墙件整层或数层拆除后再拆脚手架。分段拆除高差不应大于两步，如高差大于两步，应增设连墙件加固。

6.3.5 当采取分段、分立面拆除时，应制定技术方案，对不拆除的脚手架两端必须采取可靠加固措施，然后方可实施拆除作业。

6.3.6 拆除作业必须严格按照专项施工方案和安全技术操作规程进行，严禁违章指挥、违章作业。

6.3.7 卸料时应符合下列要求：

1 拆除作业应有可靠措施防止人员与物料坠落，拆除的构配件应传递或吊运至地面，严禁抛掷。

2 运至地面的构配件应及时检查、修整和保养，按不同品种、规格分类存放。存放场地应干燥、通风，防止构配件锈蚀。

7 检 查 和 验 收

7.1 材料的检查和验收

7.1.1 进入现场的脚手架材料和构配件质量应符合《建筑施工扣件式钢管脚手架安全技术规范》JGJ 130、《建筑施工碗扣式钢管脚手架安全技术规范》JGJ 166、《建筑施工门式钢管脚手架安全技术规范》JGJ 128 等的要求。

7.1.2 悬挑承力架和纵向承力钢梁的质量应符合下列要求：

　　1 制作悬挑承力架、纵向承力钢梁的材料应有产品合格证、质量检验报告等质量证明文件。

　　2 构件焊缝的高度和长度应满足设计要求，不得有焊接裂缝、构件变形、锈蚀等缺陷。

　　3 悬挑承力架的制作质量应符合本规程表 D.0.1 的规定。

7.2 悬挑式钢管脚手架的检查与验收

7.2.1 悬挑式钢管脚手架应在下列阶段进行检查验收：

　　1 悬挑承力架、纵向承力钢梁安装完成后，脚手架搭设前。

　　2 作业层上施加荷载前。

　　3 每搭设 10m 左右高度后。

　　4 达到设计高度后。

　　5 遇有六级及以上大风，大雨或大雪后。

　　6 使用超过 1 个月。

　　7 停工超过 1 个月后复工时。

7.2.2 悬挑式钢管脚手架的检查与验收应根据下列技术文件进行：

　　1 专项施工方案及变更设计文件。

　　2 安全技术交底。

　　3 悬挑承力架的安装技术要求及检验方法应符合本规程表 D.0.2 的规定。

　　4 悬挑式钢管脚手架架体搭设的技术要求及检验方法应符合本规程表 D.0.3 的规定。

7.2.3 悬挑式钢管脚手架在使用过程中应加强日常巡查和定期检查，主要检查下列项目：

　　1 悬挑承力架与主体结构连接的锚环、预埋螺栓是否有松动，吊拉构件是否有松弛，各节点连接螺栓是否有松动，构（杆）件及节点是否有变形、锈蚀。

　　2 脚手架架体构造、连墙件是否符合要求，扣件螺栓是否有松动。

　　3 脚手板是否有腐朽、损坏和绑扎松动。

　　4 安全防护措施是否符合要求。

　　5 是否有超载和使用范围的扩大。

7.2.4 应经常检查悬挑式钢管脚手架吊拉构件的松紧程度，并及时进行调整，保证吊拉构件受力均衡、可靠工作。

7.2.5 应经常检查悬挑承力架锚环、锚固螺栓、连接螺栓的紧固程度。

8 安 全 管 理

8.0.1 悬挑式钢管脚手架安装拆卸人员必须经过建设行政主管部门培训考试合格，持证上岗，在合格证有效期内从事安装架设和拆除作业。

8.0.2 悬挑式钢管脚手架安装拆卸人员应定期体检，健康状况应符合架子工职业安全健康要求。

8.0.3 安装拆卸作业必须戴好安全帽、系好安全带、穿防滑鞋，正确使用安全防护用品。

8.0.4 悬挑式钢管脚手架安装、拆除作业前，应根据脚手架高度及坠落半径，在地面对应位置设置临时围护和警告标志，并应设专人监护。

8.0.5 悬挑式钢管脚手架安装拆卸作业，必须严格执行专项施工方案、安全技术交底和安全技术操作规程，应有防止高空坠落和落物伤人的防护措施。

8.0.6 悬挑式钢管脚手架构配件的质量和安装质量应符合本规程规定，并经检查验收合格后方可使用。

8.0.7 当遇到六级及六级以上大风和雾、雨、雪天气时，应停止作业。雨、雪后上架作业应有防滑措施。禁止夜间从事脚手架安装、拆除作业。

8.0.8 架体上的施工荷载必须符合设计要求，严禁超载使用。架体上的建筑垃圾及杂物应及时清理。

8.0.9 严禁扩大悬挑式钢管脚手架的使用范围，不得将模板支架、缆风绳、混凝土和砂浆输送管道、卸料平台等固定在脚手架上，严禁借助脚手架起吊重物。

8.0.10 应每月不少于1次定期组织悬挑式钢管脚手架使用安全检查、明确专人做好日常维护工作，及时消除安全隐患。

8.0.11 悬挑式钢管脚手架在使用期间，严禁进行任何可能影响悬挑式钢管脚手架安全的违章作业。严禁任意拆除悬挑承力架构件、松动吊拉构件调紧装置和锚环、螺栓及其锁定装置，改变其受力状态，降低承载能力。严禁任意拆除主节点处的纵向水平杆、横向水平杆、纵向扫地杆、横向扫地杆和连墙件。

8.0.12 在悬挑式钢管脚手架上进行电、气焊等动火作业，必须实行审批制度，有可靠的防火措施，并设专人进行监护。

8.0.13 工地临时用电线路的架设及悬挑式钢管脚手架的接地、避雷措施等，应按《施工现场临时用电安全技术规范》JGJ 46 的规定执行。

8.0.14 悬挑式钢管脚手架沿架体外围必须用密目式安全网全封闭，密目式安全网宜设置在脚手架外立杆的内侧，并顺环扣逐个与架体绑扎牢固。

8.0.15 悬挑式钢管脚手架底部与墙体之间的间隙应封堵牢固、严密。

附录 A 悬挑式钢管脚手架荷载计算常用数据

表 A.0.1 扣件式钢管脚手架每米立杆承受的结构自重标准值 g_k（kN/m）

步距（m）	脚手架类型	钢管规格	脚手架立杆	横距（m）							
				1.05				0.8			
				纵距（m）				纵距（m）			
				1.2	1.5	1.8	2.0	1.2	1.5	1.8	2.0
1.5	双排	φ48×3.5	内立杆	0.1528	0.1690	0.1852	0.1959	0.1291	0.1413	0.1534	0.1615
			外立杆	0.1785	0.1972	0.2161	0.2288	0.1548	0.1695	0.1843	0.1944
		φ48×3.2	内立杆	0.1433	0.1583	0.1733	0.1832	0.1211	0.1323	0.1435	0.1510
			外立杆	0.1675	0.1848	0.2023	0.2140	0.1452	0.1588	0.1725	0.1819
		φ48×3.0	内立杆	0.1370	0.1512	0.1653	0.1748	0.1157	0.1263	0.1370	0.1440
			外立杆	0.1602	0.1766	0.1930	0.2043	0.1388	0.1516	0.1648	0.1735
		φ48×2.8	内立杆	0.1307	0.1440	0.1574	0.1663	0.1103	0.1204	0.1304	0.1371
			外立杆	0.1529	0.1682	0.1839	0.1944	0.1324	0.1446	0.1569	0.1653
1.7	双排	φ48×3.5	内立杆	0.1396	0.1539	0.1681	0.1777	0.1187	0.1294	0.1401	0.1472
			外立杆	0.1640	0.1804	0.1969	0.2080	0.1431	0.1559	0.1689	0.1775
		φ48×3.5	内立杆	0.1309	0.1441	0.1573	0.1661	0.1112	0.1211	0.1310	0.1376
			外立杆	0.1539	0.1690	0.1843	0.1945	0.1341	0.1460	0.1580	0.1661
		φ48×3.0	内立杆	0.1250	0.1375	0.1501	0.1584	0.1063	0.1156	0.1250	0.1313
			外立杆	0.1470	0.1614	0.1761	0.1856	0.1283	0.1394	0.1509	0.1585
		φ48×2.8	内立杆	0.1192	0.1310	0.1428	0.1507	0.1013	0.1101	0.1190	0.1249
			外立杆	0.1403	0.1538	0.1675	0.1767	0.1223	0.1328	0.1437	0.1509
1.8	双排	φ48×3.5	内立杆	0.1341	0.1476	0.1610	0.1700	0.1143	0.1244	0.1346	0.1413
			外立杆	0.1580	0.1733	0.1889	0.1993	0.1382	0.1501	0.1625	0.1706
		φ48×3.5	内立杆	0.1257	0.1382	0.1506	0.1590	0.1071	0.1165	0.1258	0.1321
			外立杆	0.1482	0.1624	0.1768	0.1865	0.1295	0.1407	0.1520	0.1596
		φ48×3.0	内立杆	0.1201	0.1319	0.1437	0.1516	0.1023	0.1112	0.1200	0.1259
			外立杆	0.1417	0.1551	0.1688	0.1779	0.1238	0.1343	0.1451	0.1522
		φ48×2.8	内立杆	0.1145	0.1256	0.1367	0.1442	0.0975	0.1059	0.1142	0.1198
			外立杆	0.1351	0.1478	0.1607	0.1693	0.1180	0.1280	0.1381	0.1450

步距 (m)	脚手 架类 型	钢管 规格	脚手 架立杆	横距（m）							
				1.05				0.8			
				纵距（m）				纵距（m）			
				1.2	1.5	1.8	2.0	1.2	1.5	1.8	2.0
2.0	双排	$\phi48\times3.5$	内立杆	0.1247	0.1369	0.1490	0.1571	0.1069	0.1160	0.1251	0.1312
			外立杆	0.1479	0.1616	0.1754	0.1848	0.1300	0.1406	0.1515	0.1589
		$\phi48\times3.2$	内立杆	0.1169	0.1281	0.1393	0.1468	0.1002	0.1086	0.1170	0.1226
			外立杆	0.1387	0.1513	0.1641	0.1728	0.1219	0.1317	0.1418	0.1486
		$\phi48\times3.0$	内立杆	0.1116	0.1222	0.1329	0.1400	0.0956	0.1036	0.1116	0.1169
			外立杆	0.1324	0.1444	0.1567	0.1648	0.1163	0.1257	0.1353	0.1418
		$\phi48\times2.8$	内立杆	0.1064	0.1164	0.1264	0.1331	0.0911	0.0986	0.1062	0.1112
			外立杆	0.1263	0.1376	0.1491	0.1569	0.1109	0.1197	0.1288	0.1349

注：除剪刀撑、连接剪刀撑钢管的扣件、剪刀撑同立杆的扣件单独作用于外立杆外，其余结构自重标准值按平均值作用于内外立杆。

表 A.0.2 悬挑式钢管脚手架常用材料自重

名　　称		单位	重量
直角扣件		N/个	13.2
旋转扣件		N/个	14.6
对接扣件		N/个	18.4
钢管	$\phi48\times3.5$	N/m	37.6
	$\phi48\times3.2$	N/m	34.6
	$\phi48\times3.0$	N/m	32.6
	$\phi48\times2.8$	N/m	30.6
人员		N/人	800～850
花岗岩、大理石		kN/m³	28
玻璃		kN/m³	26
布制标语		Pa	3
布制广告		Pa	10
2000 目安全网		Pa	5

表 A.0.3 敞开式钢管脚手架的挡风系数

步距 h （m）	纵距 l（m）			
	1.2	1.5	1.8	2.0
1.5	0.182	0.172	0.166	0.163
1.7	0.168	0.159	0.152	0.149
1.8	0.163	0.153	0.147	0.144
2.0	0.153	0.144	0.137	0.134

附录 B 悬挑式脚手架常用材料力学特征

表 B.0.1 常用热轧普通工字钢的规格、每米长质量及截面特征

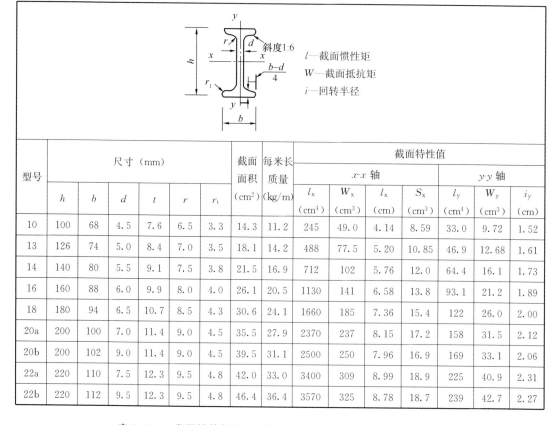

l—截面惯性矩
W—截面抵抗矩
i—回转半径

型号	尺寸（mm）						截面面积 (cm²)	每米长质量 (kg/m)	截面特性值						
									x-x 轴				y-y 轴		
	h	b	d	t	r	r_t			l_x (cm⁴)	W_x (cm³)	l_x (cm)	S_x (cm³)	l_y (cm⁴)	W_y (cm³)	i_y (cm)
10	100	68	4.5	7.6	6.5	3.3	14.3	11.2	245	49.0	4.14	8.59	33.0	9.72	1.52
13	126	74	5.0	8.4	7.0	3.5	18.1	14.2	488	77.5	5.20	10.85	46.9	12.68	1.61
14	140	80	5.5	9.1	7.5	3.8	21.5	16.9	712	102	5.76	12.0	64.4	16.1	1.73
16	160	88	6.0	9.9	8.0	4.0	26.1	20.5	1130	141	6.58	13.8	93.1	21.2	1.89
18	180	94	6.5	10.7	8.5	4.3	30.6	24.1	1660	185	7.36	15.4	122	26.0	2.00
20a	200	100	7.0	11.4	9.0	4.5	35.5	27.9	2370	237	8.15	17.2	158	31.5	2.12
20b	200	102	9.0	11.4	9.0	4.5	39.5	31.1	2500	250	7.96	16.9	169	33.1	2.06
22a	220	110	7.5	12.3	9.5	4.8	42.0	33.0	3400	309	8.99	18.9	225	40.9	2.31
22b	220	112	9.5	12.3	9.5	4.8	46.4	36.4	3570	325	8.78	18.7	239	42.7	2.27

表 B.0.2 常用热轧轻型工字钢的规格、每米长质量及截面特性

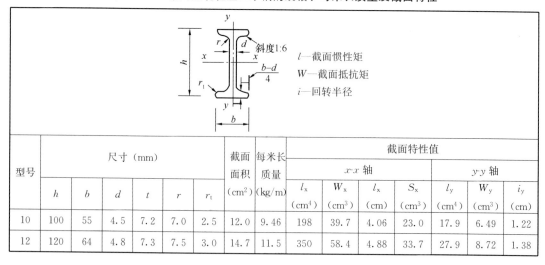

l—截面惯性矩
W—截面抵抗矩
i—回转半径

型号	尺寸（mm）						截面面积 (cm²)	每米长质量 (kg/m)	截面特性值						
									x-x 轴				y-y 轴		
	h	b	d	t	r	r_t			l_x (cm⁴)	W_x (cm³)	l_x (cm)	S_x (cm³)	l_y (cm⁴)	W_y (cm³)	i_y (cm)
10	100	55	4.5	7.2	7.0	2.5	12.0	9.46	198	39.7	4.06	23.0	17.9	6.49	1.22
12	120	64	4.8	7.3	7.5	3.0	14.7	11.5	350	58.4	4.88	33.7	27.9	8.72	1.38

型号	尺寸（mm）						截面面积（cm²）	每米长质量（kg/m）	截面特性值						
									x-x 轴				y-y 轴		
	h	b	d	t	r	r_t			I_x (cm⁴)	W_x (cm³)	i_x (cm)	S_x (cm³)	I_y (cm⁴)	W_y (cm³)	i_y (cm)
14	140	73	4.9	7.5	8.0	3.0	17.4	13.7	572	81.7	5.73	46.8	41.9	11.5	1.55
16	160	81	5.0	7.8	8.5	3.5	20.2	15.0	873	109	6.57	62.3	58.6	14.5	1.70
18	180	90	5.1	8.1	9.0	3.5	23.4	18.4	1290	143	7.42	81.4	82.6	18.4	1.88
18a	180	100	5.1	8.3	9.0	3.5	25.4	19.9	1430	159	7.51	89.8	114	22.8	2.12
20	200	100	5.2	8.4	9.5	4.0	26.8	21.0	1840	184	8.28	104.0	115	23.1	2.07
20a	200	110	5.2	8.6	9.5	4.0	28.9	22.7	2030	203	8.37	114.0	155	28.2	2.32
22	220	110	5.4	8.7	10.0	4.0	30.6	24.0	2550	232	9.13	131.0	157	28.6	2.27
22a	220	120	5.4	8.9	10.0	4.0	32.8	25.8	2790	254	9.22	143.0	206	34.3	2.50

表 B.0.3　脚手架钢管截面力学特征

外径 ϕ, d	壁厚 t	截面积 A (cm²)	惯性矩 J (cm⁴)	截面模量 W (cm³)	回转半径 i (cm)	每米长质量 (kg/m)
(mm)						
48	3.5	4.89	12.19	5.08	1.58	3.84
48	3.2	4.50	11.35	4.73	1.59	3.53
48	3.0	4.24	10.78	4.49	1.59	3.33
48	2.8	3.97	10.19	4.24	1.60	3.12

附录 C　轴心受压构件的稳定系数

表 C.0.1　Q235 冷弯薄壁型钢轴心受压构件的稳定系数

λ	0	1	2	3	4	5	6	7	8	9
0	1.000	0.997	0.995	0.992	0.989	0.987	0.984	0.981	0.979	0.976
10	0.974	0.971	0.968	0.966	0.963	0.960	0.958	0.955	0.952	0.949
20	0.947	0.944	0.941	0.938	0.936	0.933	0.930	0.927	0.924	0.921
30	0.918	0.915	0.912	0.909	0.906	0.903	0.899	0.896	0.893	0.889
40	0.886	0.882	0.879	0.875	0.872	0.868	0.864	0.861	0.858	0.855
50	0.852	0.849	0.846	0.843	0.839	0.836	0.832	0.829	0.825	0.822
60	0.818	0.814	0.810	0.806	0.802	0.797	0.793	0.789	0.784	0.779
70	0.775	0.770	0.765	0.760	0.755	0.750	0.744	0.739	0.733	0.728
80	0.722	0.716	0.710	0.704	0.698	0.692	0.686	0.680	0.673	0.667
90	0.661	0.654	0.648	0.641	0.634	0.626	0.618	0.611	0.603	0.595
100	0.588	0.580	0.573	0.566	0.558	0.551	0.544	0.537	0.530	0.523

λ	0	1	2	3	4	5	6	7	8	9
110	0.516	0.509	0.502	0.496	0.489	0.483	0.476	0.470	0.464	0.458
120	0.452	0.446	0.440	0.434	0.428	0.423	0.417	0.412	0.406	0.401
130	0.396	0.391	0.386	0.381	0.376	0.371	0.367	0.362	0.357	0.353
140	0.349	0.344	0.340	0.336	0.332	0.328	0.324	0.320	0.316	0.312
150	0.308	0.305	0.301	0.298	0.294	0.291	0.287	0.284	0.281	0.277
160	0.274	0.271	0.268	0.265	0.262	0.259	0.256	0.253	0.251	0.248
170	0.245	0.243	0.240	0.237	0.235	0.232	0.230	0.227	0.225	0.223
180	0.220	0.218	0.216	0.214	0.211	0.209	0.207	0.205	0.203	0.201
190	0.199	0.197	0.195	0.193	0.191	0.189	0.188	0.186	0.184	0.182
200	0.180	0.179	0.177	0.175	0.174	0.172	0.171	0.169	0.167	0.166
210	0.164	0.163	0.161	0.160	0.159	0.157	0.156	0.154	0.153	0.152
220	0.150	0.149	0.148	0.146	0.145	0.144	0.143	0.141	0.140	0.139
230	0.138	0.137	0.136	0.135	0.133	0.132	0.131	0.130	0.129	0.128
240	0.127	0.126	0.125	0.124	0.123	0.122	0.121	0.120	0.119	0.118
250	0.117	—	—	—	—	—	—	—	—	—

表 C.0.2 b 类截面轴心受压构件的稳定系数（采用轧制或焊接截面）

$\lambda \sqrt{f_y/235}$	0	1	2	3	4	5	6	7	8	9
0	1.000	1.000	1.000	0.999	0.999	0.998	0.997	0.996	0.995	0.994
10	0.992	0.991	0.989	0.987	0.985	0.983	0.981	0.978	0.976	0.973
20	0.970	0.967	0.963	0.906	0.957	0.953	0.950	0.946	0.943	0.939
30	0.936	0.932	0.929	0.925	0.922	0.918	0.914	0.910	0.906	0.903
40	0.899	0.895	0.891	0.887	0.882	0.878	0.874	0.870	0.865	0.861
50	0.856	0.852	0.847	0.842	0.838	0.833	0.828	0.822	0.818	0.813
60	0.807	0.802	0.797	0.791	0.786	0.780	0.774	0.769	0.763	0.757
70	0.751	0.745	0.739	0.732	0.726	0.720	0.714	0.707	0.701	0.694
80	0.688	0.681	0.675	0.668	0.661	0.655	0.648	0.641	0.635	0.628
90	0.621	0.614	0.608	0.601	0.594	0.588	0.581	0.575	0.568	0.561
100	0.555	0.549	0.542	0.536	0.529	0.523	0.517	0.511	0.505	0.499
110	0.493	0.487	0.481	0.475	0.470	0.464	0.458	0.453	0.447	0.442
120	0.437	0.432	0.426	0.421	0.416	0.411	0.406	0.402	0.397	0.392
130	0.387	0.383	0.378	0.374	0.370	0.365	0.361	0.357	0.353	0.349
140	0.345	0.341	0.337	0.333	0.329	0.326	0.322	0.318	0.315	0.311
150	0.308	0.304	0.301	0.298	0.295	0.291	0.288	0.285	0.282	0.279
160	0.276	0.273	0.270	0.267	0.265	0.262	0.259	0.256	0.254	0.251
170	0.249	0.246	0.244	0.241	0.239	0.236	0.234	0.232	0.229	0.227
180	0.225	0.223	0.220	0.218	0.216	0.214	0.212	0.210	0.208	0.206

$\lambda \sqrt{f_y/235}$	0	1	2	3	4	5	6	7	8	9
190	0.204	0.202	0.200	0.198	0.197	0.195	0.193	0.191	0.190	0.188
200	0.186	0.184	0.183	0.181	0.180	0.178	0.176	0.175	0.173	0.172
210	0.170	0.159	0.167	0.166	0.165	0.163	0.162	0.160	0.159	0.158
220	0.156	0.155	0.154	0.153	0.151	0.150	0.149	0.148	0.146	0.145
230	0.144	0.143	0.142	0.141	0.140	0.138	0.137	0.136	0.135	0.134
240	0.133	0.132	0.131	0.130	0.129	0.128	0.127	0.126	0.125	0.124
250	0.123	—	—	—	—	—	—	—	—	—

附录D 悬挑式钢管脚手架质量验收表

表D.0.1 悬挑承力架的制作技术要求、检验方法

悬挑承力架型号_____ 生产数量_____ 施工图编号_____ No.____

序号		检验项目		技术要求		检验方法
1	原材料	钢材的品种、规格、型号、性能		应符合现行国家标准规定和设计要求		检查出厂合格证、中文标识及检验报告
		焊接材料的品种、规格、性能				
		螺栓、螺母、垫圈等的品种、规格、性能				
2	零部件加工	零件的长度，宽度（mm）		±3.0		观察或用钢尺、塞尺检查
		型钢端部垂直度（mm）		2.0		
		螺栓孔制孔精度允许偏差（mm）	直径	+1.0, 0.0		游标卡尺或孔径圆规检查
			圆度	2.0		
		螺栓孔孔距允许偏差（mm）	孔距范围	同一组任意两孔间距	相邻两组端孔间距	钢尺检查
			≤500	±1.0	±1.5	
			501～1200	±2.0	±1.5	
			1201～3000	—	±2.5	
			>3000	—	±3.0	
3	组装	杆件轴线交点错位（mm）		≤3.0		用钢尺、塞尺或水平尺检查
		立杆定位件偏差（mm）		≤5.0		
		受压杆件弯曲矢高（mm）		L/1000，且≤10.04		
4	焊接	焊工		需经考试合格，持证上岗，在其考试合格项目及其认可范围内施焊		检查焊工合格证及其认可范围、有效期
		焊接质量		焊缝尺寸需符合设计要求；焊缝表面应平整，无裂缝、气孔、夹渣、漏焊等明显缺陷		观察和用放大镜、焊缝量规、钢尺检查
5		油漆		应除锈，涂两遍防锈漆，不得漏漆，无透底、流坠、起皮		观察

表 D.0.2 悬挑承力架的安装技术要求、检验方法

序号	检验项目			技术要求	检验方法
1	进场验收			应符合表 D.0.1 的规定，构件无变形、损坏，油漆无脱落、损坏，构件无锈蚀	观察和检查悬挑承力架制作质量检验报告
2	预埋件、预埋螺栓规格、品种			应符合设计要求	检查预埋件、预埋螺栓质量验收记录和隐蔽工程验收记录
	支承面	标高（mm）		±10.0	
		水平度（mm）		L/500	
	预埋件	中心偏移（mm）		15.0	
	预留孔	中心偏移（mm）		10.0	
	预埋螺栓	中心偏移（mm）		5.0	用钢尺、水平尺检查
		露出长度（mm）		+30.0，0.0	
		螺纹长度（mm）		+30.0，0.0	
3	不同部位悬挑承力架的选用			应符合专项施工方案的要求	现场检查核对悬挑承力架平面布置图
4	安装允许偏差（mm）	横向轴线		±20.0	用钢尺、水平尺检查
		纵向轴线		±20.0	
		悬挑承力架垂直度		h/250，且≤15.0	
		挑梁水平度		L/500，且≤20.0	
5	与建筑主体结构连接	焊接	焊工	需经考试合格，持证上岗，在其考试合格项目及其认可范围内施焊	检查焊工合格证及认可范围、有效期
			焊缝	焊缝尺寸需符合设计要求；焊缝无裂缝、气孔、夹渣、漏焊等缺陷	观察和用焊缝量规、钢尺检查
		螺栓连接		螺栓、螺母、垫圈（板）的品种、规格、性能、数量应符合要求	观察、钢尺
				螺栓应紧固，并有锁定措施，外露丝扣不少于 3 扣和 10mm	观察、小锤轻击或用扭力扳手检查
6	锚环、拉环			数量、规格、做法、预埋位置应符合要求	观察，小锤轻击
				应有预紧装置并预紧	
7	吊拉构件			数量规格符合设计要求	观 察
				钢丝绳端部应设鸡心环、绳卡，规格、数量、安装方法符合设计及相关规定	
				两端连接螺栓的规格和数量符合设计要求并紧固，钢筋与耳板的焊接质量应符合设计要求	
				应设调紧装置，并调紧、锁定，调紧装置应有足够的调节空间	观察、扭力扳手

表 D.0.3 悬挑式钢管脚手架架体搭设技术要求、检验方法

序号	检验项目		技术要求	检验方法
1	立杆	平面位置	立杆位置符合设计要求	观察
		垂直度（mm）	$\leqslant 0.3\%H$	用经纬仪或吊线和尺量检查
2	杆件间距（mm）	步距	±20	尺量检查
		纵距	±20	
		横距	±20	
3	纵向水平杆	纵向水平杆间距（mm）	$\leqslant 400$	尺量检查
		一根水平杆的两端高差（mm）	±20	水平仪或水平尺
		同跨内两根纵向水平杆的高差（mm）	±10	
4	横向水平杆外伸长度（mm）	外伸$\leqslant 500$	−50	尺量检查
5	扣件安装	主节点处各扣件中心相互位置（mm）	$\leqslant 150$	尺量检查
		同步内立杆上两个相邻接头对接扣件的高差（mm）	$\geqslant 500$	
		立杆上对接扣件至主节点的距离（mm）	$\leqslant h/3$	
		纵向水平杆上对接扣件至主节点的距离（mm）	$\leqslant l_n/3$	
		扣件螺栓拧紧力矩（N·m）	40～65	扭力扳手
6	剪力撑	布置	符合设计要求	观察
		搭接长度、扣件数量	符合相关规范	观察
		跨越立杆根数	符合本规程规定	观察
		水平夹角	45°～60°	角尺检查
7	连墙件	构造	必须采用刚性连墙件	观察检查
		间距	$\leqslant$设计规定	尺量检查
		与主节点间距（mm）	$\leqslant 300$	尺量检查
8	脚手板		铺设严密，绑扎牢固，无探头板	观察检查
9	防护		脚手架外侧设置栏杆，密目网围护；施工层增设挡脚板；底部满铺木板或竹笆片，密目网兜底全封闭；沿高度每隔4步设置内挡防护	观察检查

江苏省工程建设标准

建筑施工悬挑式钢管脚手架
安全技术规程

DGJ 32/J 121—2011

条 文 说 明

目　　次

1 总　　则

1.0.1　本条明确了本规程的编制目的。随着高层建筑的出现，悬挑式脚手架应运而生。长期以来，悬挑式钢管脚手架的设计、制作、安装和使用管理缺乏统一的标准，做法各异，种类较多，有的甚至存在安全隐患。为了保证悬挑式钢管脚手架的质量安全，制订本规程。

1.0.2　本条主要明确了本规程的适用范围。模板支撑等特殊用途的悬挑结构不属于本规程规范的范围。

1.0.3　关于每道悬挑承力架承受的脚手架高度不宜超过24m的问题，主要是考虑悬挑式钢管脚手架的技术经济效果和对应的建筑物主体结构承载力等提出的。

　　悬挑式钢管脚手架技术较为复杂，特别是在建筑平面复杂的情况下，悬挑承力架的布局和设计有一定的难度。悬挑式钢管脚手架一般用于高层建筑，施工危险性和出现安全事故的影响都较大，施工企业应编制安全专项施工方案。若悬挑式钢管脚手架架体高度达到20m及以上，或一个悬挑段各层施工荷载合计超过6kPa，需通过专家论证审查。要求施工方案经企业技术负责人和总监理工程师批准后方可实施，主要是为了落实企业技术负责人和项目总监理工程师的责任。

1.0.4　悬挑式钢管脚手架的设计、制作、安装、验收、使用、维护和拆除管理，除应遵守本规程的规定外，尚应同时遵守的相关标准、规范主要包括：

　　《建筑结构荷载规范》GB 50009

　　《钢结构设计规范》GB 50017

　　《混凝土结构设计规范》GB 50010

　　《钢结构施工质量验收规范》GB 50205

　　《冷弯薄壁型钢结构技术规范》GB 50018

　　《钢筋混凝土用热轧光圆钢筋》GB 13013

　　《碳素结构钢》GB/T 700

　　《低合金高强度结构钢》GB/T 1591

　　《建筑施工高处作业安全技术规范》JGJ 80

　　《一般用途钢丝绳》GB/T 20118

　　《钢结构焊接技术规程》JGJ 81

　　《建筑施工安全检查标准》JGJ 59

　　《建筑施工扣件式钢管脚手架安全技术规范》JGJ 130

　　《建筑施工碗扣式钢管脚手架安全技术规范》JGJ 166

　　《建筑施工门式钢管脚手架安全技术规范》JGJ 128

　　目前施工现场使用的钢管脚手架形式有扣件式、碗扣式、盘扣式、门式等，这几种脚手架也已发布了相应的行业规范或江苏省地方标准，其中关于构造、设计、计算、安装等的要求不完全相同。考虑到目前江苏省普遍使用扣件式钢管脚手架作为悬挑式钢管脚手架的实际情况，规程编制组对扣件式钢管悬挑脚手架进行了重点调查和研究，在材料、构造、荷载等方面做了调整和补充。本规程有规定的，以本规程为准；本规程未涉及的，以相应的标准、规范为准。

2 术 语 和 符 号

本规程的符号采用《工程结构设计基本术语和通用符号》GBJ 132 的规定。

3 材 料 和 构 造

3.1 材 料

3.1.1 调查中发现，脚手架的悬挑承力架和纵向承力钢架的主要受力构件一般采用热轧型钢制作，但也有部分工程采用冷弯薄壁型钢制作悬挑承力架的支撑构件，无论是热轧型钢还是冷弯薄壁型钢，其质量都应符合国家相关技术标准的规定。

3.2 悬挑承力架构造

3.2.1 采用工具式结构主要考虑通过定型化、标准化的设计，使悬挑结构构件成为一种可重复利用的工具，提高周转利用率，降低工程成本。下撑式和上拉式的悬挑承力架分别具有向外和向内的水平分力，可通过支座加以固定约束。保证悬挑承力架的平面外稳定的构造措施，可通过脚手架底部的扫地杆、纵向承力钢梁来实现。

3.2.2 目前施工现场用于制作悬挑承力架的型钢最常见的为槽钢和工字钢。槽钢为单轴对称截面，立杆一般作用在翼缘板的宽度中心，存在偏心距 e，构件容易发生扭曲；而工字钢为双轴对称截面，其翼缘中部即为腹板位置，截面受力比较合理，故本规程推荐采用双轴对称截面构件。当受条件限制或利用既有材料，采用非对称截面时，应在设计时考虑构件受扭的不利影响，采取在立杆下部增设加强肋或在截面开口处加焊钢筋撑杆等措施，改善构件的力学性能。

3.2.3 钢丝绳作为安全储备的受拉构件，如果没有可靠的调紧装置，将达不到安全储备的目的。钢筋作为受拉构件，如果没有可靠的调紧装置，将导致悬挑承力架受力不均衡，产生危险。

3.2.4 要求 U 形锚环、U 形拉环应伸入主体结构钢筋骨架（或钢筋网）内，并与钢筋骨架（网）绑扎牢固，是为了防止锚环或拉环从混凝土中拉拔破坏，影响悬挑式钢管脚手架的使用安全。

3.2.6 本规程规定钢丝绳只能作为挑梁式悬挑承力架的辅助吊拉装置，主要是基于以下考虑：

　1　钢丝绳的弹性模量比钢筋拉杆低，挑梁外端即使有钢丝绳吊拉，仍可能会导致变形大而使脚手架外倾，对脚手架的安全不利。

    2 现场使用调研中发现，即使采用调紧装置，也难以保证钢丝绳受力均匀。

    3 钢丝绳吊拉点的弯曲半径过小，易散股，降低钢丝绳的承载力。

3.2.7 结合江苏省实际使用的悬挑式钢管脚手架状况，本规程增加了上拉式悬挑承力架的构造，用钢筋拉杆作为吊拉构件。龙信建设集团有限公司在苏州和南京均采用了该形式悬挑脚手架，应用效果良好。该形式的挑梁和吊拉构件的固定要求和施工要求基本等同于升降脚手架的同类构件。

3.2.9 悬挑承力架与主体结构推荐采用螺栓等工具式连接，但实际调查中发现部分工程中也有采用焊接的，故本条做出了相应规定。

3.2.10 当悬挑承力架的纵向间距与钢管脚手架立杆纵向间距相符时，立杆轴力可直接传递至悬挑承力架上。当悬挑承力架的纵向间距与钢管脚手架立杆纵向间距不符时，应在悬挑承力架上设置纵向承力钢梁。

3.2.11 悬挑承力架和纵向承力钢梁上的定位件是确保脚手架立杆位置正确的重要保障，因此，定位件的外径应与脚手架钢管内径匹配，防止脚手架立杆出现滑移。为防止定位件锈蚀，宜设置排水构造措施。

3.3 扣件式钢管脚手架构造

3.3.1 江苏省普遍采用 $\phi48$mm 钢管，不同外径的钢管混合使用时，相互之间无法可靠固定。

3.3.10 规定扣接在横向水平杆上的纵向水平杆最少根数，主要是为了作业层铺放竹笆片下的纵向水平杆间距不大于 400mm。规定立杆的最大纵距，主要是为了保证脚手架的整体刚度。

4 荷 载

4.1 荷 载 分 类

    本节主要规定了作用在悬挑式钢管脚手架上的荷载及其分类。

    广告、标语在脚手架上客观存在，一般是建设单位为了庆祝建筑物主体结构封顶或开发商为了销售需要等在建筑物主要立面的脚手架上大面积悬挂，采用禁止悬挂的方法往往难以奏效，为保证脚手架安全，增加了相关的内容。广告、标语一旦张挂后，在一定时间内长期存在，其位置、自重、作用范围等相对固定，划分为永久荷载比较合理。

4.2 荷 载 标 准 值

4.2.2 根据《建筑施工扣件式钢管脚手架安全技术规范》GBJ 130 给出的有关扣件重量，采用不同壁厚钢管理论重量，计算出不同步高、不同跨度的扣件式钢管脚手架每米立杆承受的结构自重，作为附表供参考使用。

    对本规程表 A.0.1 的说明：

1 测算单元选择：沿脚手架高度方向取五步，沿脚手架纵向取五跨。

2 构配件取值：

    1）直角扣件：按每根小横杆六个，每个自重：13.2N/个；

    2）旋转扣件：按剪刀撑同每根立杆一个，每个自重：14.6N/个；

        剪刀撑接长按每5m三个旋转扣件；

    3）对接扣件：按每6.5m长的钢管一个，每个自重18.4N；

    4）钢管自重：每米钢管自重根据附表B.0.3取值；横向水平杆：每个主节点一根，每根取1.7m长；纵向水平杆：横距1.05m时，每步按四根计算；横距0.8m时，每步按三根计算；

    5）剪刀撑：按单位面积0.325m计算。

3 除剪刀撑、连接剪刀撑的扣件、剪刀撑同立杆的扣件单独作用于外立杆外，其余结构自重标准值按平均值作用于内外立杆。

4.2.3 考虑到江苏省普遍采用竹笆片作为脚手板的实际情况，调查了7个建筑工地和1个供应点，分别对自然干燥状态和吸水饱和状态下竹笆片的自重进行了调查。对新旧竹笆板的重量进行比较，发现新竹笆板较旧竹笆板稍重些，故采用了4个工地1个供应点共250块新脚手板数据进行数理统计分析，提出了竹笆片脚手板自重标准值，并按式（1）计算出采用栏杆、竹笆片围护时的栏杆、挡脚板自重标准值：

$$G = G_1 + G_2 + G_3 \tag{1}$$

式中 G——单位长度内栏杆（包括扣件）、竹笆片脚手板自重（kN/m）；

    G_1——单位长度内竹笆板自重，当竹笆围护高度1m时，$G_1 = 0.1$kN/m；

    G_2——单位长度内钢管自重，考虑设置踢脚杆、扶手杆各一道，采用 $\phi48$mm×3.5mm钢管，$G_2 = 3.84$kg/m×2×9.8N/kg=75.26N/m=0.075kN/m；

    G_3——单位长度内扣件自重，考虑上下栏杆各一只直角扣件，$G_3 = 0.013 \times 0.026$kN/m。

4.2.4 施工荷载标准值直接采用《建筑施工扣件式钢管脚手架安全技术规范》JGJ 130给出的数据，编制施工方案时可根据实际施工需要进行计算。在进行悬挑式钢管脚手架设计计算时，至少应考虑两层装饰施工的荷载，主要是考虑施工现场情况复杂多变，设计时荷载考虑太少，当施工进度安排等现场情况发生变化时，将会影响到脚手架的使用和安全，应留有适当的余地。石材幕墙等的施工荷载较大，直接套用装饰用脚手架的荷载标准值将影响到脚手架的使用安全，应按实际情况采用。同时，应加强对悬挑式钢管脚手架的使用管理，石材、玻璃、钢材等材料应尽量做到随搬随用，防止材料在脚手架上囤积和集中堆放，应禁止超载。

4.2.5 风压高度变化系数按不同的计算对象做不同的取值，主要是考虑：

1 计算脚手架立杆承载力时，一般取每一悬挑段的底部架立杆进行计算复核，取该部位离地高度的风压高度变化系数计算主要是考虑安全性与经济性的统一。编制组对此进行了大量演算比较，结果显示，采用每一悬挑段的底部架所处高度的风压高度变化系数计算比较符合实际，较为合适。

2 计算脚手架连墙件承载力时取每一悬挑段的最大离地高度计算主要是考虑在一个悬挑段内连墙件的布置间距能够做到一致，便于施工和管理，确保架体的稳定和安全。

4.2.7 根据脚手架所采用的不同防护方式提出了相应的脚手架挡风系数 φ 的计算方法。其中 2000 目/$100cm^2$ 密目安全网的挡风系数取值为参考值，也可在购买安全网时向生产厂家咨询。

采用密目安全网全封闭防护的脚手架挡风系数计算说明：

1 密目安全网挡风系数计算见式（2）：

$$\varphi_1 = \frac{1.2A_{n1}}{A_{w1}} = \frac{1.2（100-nA_0）}{100} \tag{2}$$

式中 A_{n1}——密目安全网在 $100cm^2$ 内的挡风面积；

A_{w1}——密目安全网在 $100cm^2$ 内的迎风面积，$A_{w1}=100cm^2$；

n——密目安全网在 $100cm^2$ 内的网目数，$n \geqslant 2000$；

A_0——每目空隙面积。

2 敞开式钢管扣件脚手架的挡风系数计算见式（3）：

$$\varphi_2 = \frac{1.2A_{n2}}{l_a h} = 1.2\phi\left(\frac{3}{h} + \frac{1}{l_a} + 0.325\right) \tag{3}$$

式中 A_{n2}——每一步一跨内钢管的挡风面积；

l_a——脚手架立杆的纵向间距；

h——脚手架步高；

ϕ——钢管外径。

对本规程表 A.0.3 的说明：在每一步一跨迎风面积内，起到挡风作用的钢管包括水平杆、挡脚杆、扶手杆、立杆和剪刀撑各一根，其中剪刀撑按单位面积 $0.325m$ 计算，即挡风面积：$A_{n2} = （3l_a + h + 0.325l_a h）\phi$。

3 密目安全网全封闭脚手架的挡风面积＝密目网的挡风面积＋脚手架钢管的挡风面积－两者重叠部分的挡风面积，其挡风系数计算见式（4）：

$$\varphi = \frac{1.2A_n}{A_w} = \frac{1.2\left(\dfrac{A_{n1}}{A_{w1}}l_a h + A_{n2} - \dfrac{A_{n1}}{A_{w1}}A_{n2}\right)}{l_a h}$$

$$= \frac{1.2A_{n1}}{A_{w1}} + \frac{1.2A_{n2}}{l_a h} - \left(\frac{1.2A_{n1}}{A_{w1}} \cdot \frac{1.2A_{n2}}{l_a h}/1.2\right)$$

$$= \varphi_1 + \varphi_2 - \frac{\varphi_1\varphi_2}{1.2} \tag{4}$$

5 设　　计

5.1 基　本　规　定

5.1.2、5.1.3 规定了悬挑式钢管脚手架专项施工方案的内容和要求。悬挑式钢管脚手架专项施工方案编制粗糙是当前存在的主要问题之一，编制深度不够的方案缺乏对实际施工的指导作用，造成施工中执行上的困难。规定施工方案应绘制施工图，并准确标注尺寸和针对阳台等特殊部位进行深化设计是保证方案编制深度的重要一环。

5.1.4 脚手架上的脚手板、横向水平杆、纵向水平杆等构件自重以及活荷载等一般均匀地分配给内外立杆，但剪刀撑、密目安全网、栏杆、挡脚板、广告牌等仅与外立杆相连的设施，其自重仅由外立杆承担，内外立杆承受的荷载明显不同；且外立杆轴力的大小对悬挑承力架影响较大，所以要求脚手架内外立杆轴力分别计算。

5.1.7～5.1.13 给出了悬挑式钢管脚手架设计计算中常用的材料指标、参数等，便于计算。

5.2 悬挑承力架和纵向承力钢梁设计

5.2.1 列明了悬挑承力架和纵向承力钢梁的设计计算内容。悬挑式钢管脚手架上的荷载，最终通过悬挑承力架传递给建筑物主体结构，所以主体结构上相应部位构件的承载能力是脚手架安全的重要保证，故本条第6款提出了验算相应部位主体结构构件承载力和支座局部承压能力的要求。

5.2.3 根据《建筑结构可靠度设计统一标准》GB 50068，按结构破坏后可能产生的后果（危及人的生命、造成经济损失、产生社会影响等）的严重性，将建筑结构的安全等级分为三级：1级破坏后果很严重，2级破坏后果严重，3级破坏后果不严重。结构重要性系数一般根据安全等级和设计年限确定，悬挑式钢管脚手架虽然为临时结构，但是对于地处城市闹市区繁华地段的沿街建筑，有密集人流通行，一旦发生事故，影响极大，故做此规定。

5.2.14 规定实际应力与强度设计值的比应小于0.5是为了防止悬挑承力架产生过大变形。

5.3 扣件式钢管脚手架设计

5.3.1 编制组在调查中发现，施工现场实际采用的脚手架钢管壁厚基本上达不到3.5mm，最薄的在2.2mm左右，普遍在2.5～3.0mm之间，故规定设计计算时钢管壁厚应按实际情况采用。编制组也进行了相关试验研究，对于壁厚小于2.5mm的钢管，在扣件拧紧力矩或外荷载作用下，部分钢管发生塑性变形，导致扣件抗滑承载力下降甚至丧失，考虑到壁厚现场抽查误差、测量偏差等因素，编制组建议现场使用的脚手架钢管壁厚不应小于2.8mm。

5.3.3 在风吸力作用下，两端绑扎的标语向外的作用力将全部由绑扎点处构件承担。横幅绑扎在主节点处立杆上，竖幅绑扎在大横杆上，向外的作用力最终由连墙件承担。如果绑扎在扶手杆及踢脚杆上，向外的作用力不利于立杆的稳定。在风压力作用下，标语承受的力由接触的各根构件分担，每根构件上的力较小，不做考虑。

6 施 工

6.1 施 工 准 备

6.1.1、6.1.2 了解和掌握悬挑式钢管脚手架设计意图，熟悉专项施工方案的内容和施工要求，是确保悬挑式钢管脚手架制作安装质量的前提条件。在进行技术交底和熟悉专项施工方案的基础上，核对施工现场实际情况，是一项重要的工作。对设计有疏漏或与实际不符的情况，应与设计人员协调，进行补充或修改设计，使专项施工方案更加切合实际，便于操作，确保安全。

6.1.3 预埋件应在相应主体结构混凝土浇筑开始前埋设完成，预埋件的规格、型号及其安装位置的正确是保证悬挑承力架安装质量的基础，必须正确预埋并及时做好隐蔽工程验收，履行验收手续。

6.1.4～6.1.6 主要强调对悬挑式钢管脚手架的材料、构配件的规格、型号、数量和质量的验收，进场后的存储保管应防止构件发生变形和锈蚀。

6.1.7 综合考虑悬挑承力架及主体结构安全和施工工期等因素提出的混凝土最低强度要求，必须严格遵守。过早安装悬挑承力架、搭设脚手架，将会破坏混凝土的内部结构，影响悬挑承力架与主体混凝土的锚固性能。本条中"连墙件安装时，对应主体结构的混凝土强度应满足设计要求"是指脚手架连墙件设计时对混凝土强度的要求。

6.2 安 装 搭 设

6.2.1 悬挑式钢管脚手架构件种类较多，转角、阳台、楼梯等特殊部位构造较为复杂；搭设安装作业需要互相配合，协调操作。为了保证悬挑式钢管脚手架施工的有序进行和施工安全，故规定整个安装搭设作业过程应由专人负责，统一指挥。作业过程中加强检查和验收，及时纠正一切违章行为和施工误差，是保证悬挑式钢管脚手架施工质量和安全的重要措施。

6.2.2 悬挑式钢管脚手架安装搭设作业是高空作业，应严格遵守《建筑施工高处作业安全技术规范》JGJ 80，采取有效的安全技术措施保证施工安全。

6.2.3 根据专项施工方案的要求，将各种型号的悬挑承力架、纵向承力钢梁正确就位、安装牢固，是确保悬挑式钢管脚手架搭设符合设计要求的重要环节，在安装过程中必须认真检查、核对，保证质量。在安装悬挑承力架、纵向承力钢梁时，因混凝土的强度较低，若采用锚环、预埋螺栓等锚固件固定悬挑承力架，开始时紧固力不宜过大，可先做初步固定，待开始搭设脚手架前再做进一步紧固。

6.2.4～6.2.6 为满足安全防护要求和保证脚手架架体的稳定，做出此规定。

6.3 拆 除

6.3.1～6.3.3 规定了悬挑式钢管脚手架拆除作业前的准备工作和拆除作业应遵守的技术文件。

6.3.4～6.3.7 为保证脚手架在拆除过程中的稳定，提出相应的拆除施工安全技术措施。

7 检查和验收

7.1 材料的检查和验收

本节规定了悬挑式钢管脚手架材料、构配件的质量要求和检验方法。悬挑式钢管脚手架长期在室外工作，条件较为恶劣，构件的防腐至关重要，使用前必须做好防腐处理。构件焊接质量验收应在防腐工作开始前完成。

7.2 悬挑式钢管脚手架的检查与验收

7.2.1、7.2.2 根据《建筑施工扣件式钢管脚手架安全技术规范》JGJ 130 及悬挑式钢管脚手架的特点提出。架体在搭设过程中每 10m 左右验收一次，主要是为防止架体搭设出现累积偏差过大，并考虑每一悬挑段在搭设 1/2 高度和达到设计高度进行 2 次验收。悬挑承力架和纵向承力钢梁完成后应及时组织安装质量验收，验收合格方可进行脚手架的搭设。在脚手架的搭设过程中，应按本规程的规定进行检查和验收，合格后方可交付使用。

7.2.3 规定了悬挑式钢管脚手架在使用过程中应检查的主要内容。在定期检查的同时，还应加强日常巡查，及时发现和纠正存在的问题，保证悬挑式钢管脚手架的安全。

7.2.4 吊拉构件的松紧程度不同，将会导致悬挑承力架力学模型的改变和吊拉构件的不均衡受力，甚至出现严重超载，影响悬挑式钢管脚手架的安全，故应经常检查和及时调整，确保各吊拉构件的受力均衡和可靠工作。

8 安 全 管 理

8.0.1～8.0.3 规定了从事悬挑式钢管脚手架施工作业人员的资格、职业健康要求和作业时应配备的基本个人防护用品。

8.0.4～8.0.7 提出了悬挑式钢管脚手架施工作业应遵循的技术文件和安全注意事项。

8.0.8、8.0.9 为防止悬挑式钢管脚手架超载，必须严格控制脚手架的使用范围、使用荷载及其作用方式。根据现场调查，随意扩大脚手架使用范围、建筑垃圾不及时清理和集中堆载的情况时有发生，影响脚手架的安全、必须加强管理。

8.0.11 这种情况虽属个别现象，但严重影响悬挑式钢管脚手架的安全，必须坚决制止。

8.0.12 在悬挑式钢管脚手架上进行动火作业，必须实行审批制度，并采取切实可行的防火措施，防止火灾事件的发生。

上海市工程建设规范

钢管扣件式模板垂直支撑系统
安 全 技 术 规 程

Technology code for safety of fastener type steel pipe formwork vertical supporting system

DG/TJ 08—16—2011

主编单位：上海市建工设计研究院有限公司
批准部门：上海市城乡建设和交通委员会
施行日期：2012 年 3 月 1 日

上海市城乡建设和交通委员会文件

沪建交〔2012〕32 号

上海市城乡建设和交通委员会
关于批准《钢管扣件式模板垂直支撑系统
安全技术规程》为上海市工程建设规范的通知

各有关单位：

由上海市建工设计研究院有限公司主编的《钢管扣件式模板垂直支撑系统安全技术规程》，经市建设交通委科技委技术审查和我委审核，现批准为上海市工程建设规范，统一编号为 DG/TJ 08—16—2011，自 2012 年 3 月 1 日起实施。原《钢管扣件水平模板的支撑系统安全技术规程》（DG/TJ 08—016—2004）同时废止。

本规范由上海市城乡建设和交通委员会负责管理、上海市建工设计研究院有限公司负责解释。

上海市城乡建设和交通委员会
二〇一二年一月十一日

前　　言

在建设施工中，为浇筑混凝土，常用脚手架钢管、扣件组成模板支撑系统。2004 年本市制订了《钢管扣件水平模板的支撑系统安全技术规程》DG/TJ 08—016—2004，用于指导施工。本次修订是在此基础上，总结了多年的工程实践，力求准确、简洁、实用，调整了章节和内容，并将名称修改为《钢管扣件式模板垂直支撑系统安全技术规程》。经反复修改征求意见后，最终完成修订。

本规程修订的主要技术内容：1. 设计计算中规定了模板自重的标准值、支架的风荷载体型系数、立杆计算长度附加系数，新增了连墙件的设计计算。2. 规定了支架高度不大于 5m 和大于 5m 的构造要求，补充了一般要求的内容。3. 增加了检验和验收的量化值。4. 新增了安全管理内容。5. 增加了支撑系统构造图例，可供设计、施工搭设和验收时参照。

本规程在执行过程中，请各单位随时将意见和建议反馈给上海市建工设计研究院有限公司（地址：上海市武夷路 150 号，邮编：200050），以供今后修订时参考。

主 编 单 位：上海市建工设计研究院有限公司

参 编 单 位：上海建浩工程顾问有限公司

上海市建设机械检测中心

上海市建设工程安全质量监督总站

上海市第二建筑有限公司

上海市第七建筑有限公司

上海市建设安全协会

主要起草人：施雯钰　李海光　栗新　刘震　王美华　马爱民　葛兆源　钱进
　　　　　　孙锦强　姜向红　席金虎　李强

参加起草人：张常庆　张振礼　严　训　茹国和

主要审查人：吴君侯　居世钰　陈韵兴　张铭　周红波　顾瑞昌　王允恭　范庆国

上海市建筑建材业市场管理总站

二〇一一年十月

1231

目　　次

Contents

1 总 则

1.0.1 为规范建设工程施工用钢管扣件式模板垂直支撑系统的设计、施工管理，确保混凝土施工安全和工程质量，制定本规程。

1.0.2 本规程适用于市政、建筑施工中的钢筋混凝土梁、板、高架道路、桥梁等构件，搭设高度不大于 30m 的钢管扣件式模板垂直支撑系统。

1.0.3 本规程不包括模板本身的结构构造及相关规定。

1.0.4 钢管扣件式模板垂直支撑系统的设计、施工搭设、使用、拆除、检验和验收等除应符合本规程外，尚应符合国家、行业和本市现行有关标准的规定。

2 术语、符号

2.1 术 语

2.1.1 模板垂直支撑系统 Formwork vertical support system

用于竖向支承浇筑混凝土模板而组成的钢管、扣件受力支架系统（简称：模板支撑系统）。

2.1.2 支架 Support

支撑模板的立杆、横杆、连接杆件、斜撑、剪刀撑和连接零配件等。

2.1.3 钢管 Steel tube

用于搭设模板垂直支撑系统的通用钢管，其标准规格为 $\phi48mm \times 3.5mm$。

2.1.4 扣件 Fastener

用于搭设模板垂直支撑系统采用螺栓紧固的扣接连接件。

2.1.5 立杆 Upright

支架中用于承受垂直荷载的竖向杆件。

2.1.6 水平杆 Horizontal bar

支架中的水平连接杆件。

2.1.7 扫地杆 Bottom horizontal bar

支架中接近楼地面、连接立杆根部的水平杆件。

2.1.8 封顶杆 Capping bar

支架中接近模板面、连接立杆顶部的水平杆件。

2.1.9 剪刀撑 Bridging

在支架中纵、横向或特殊部位成对设置的交叉斜杆，在垂直平面内设置的剪刀撑称为垂直剪刀撑，在水平平面内设置的剪刀撑称为水平剪刀撑。

2.1.10 水平加强层 Horizontal reinforced layer

在同一平面内具有纵横向水平杆和水平剪刀撑组成的水平杆件结构。

2.1.11 支架高度 Height of the support

支架立杆底面至支架立杆上部顶面的垂直距离。

2.1.12 底支座 Base support

位于立杆底部，承托支架，可在一定范围内调节支架高度，并能和钢管支撑立杆连接成整体的部件。

2.1.13 连墙件 Wall connecting bar

连接支架与建筑物的构件。

2.1.14 顶托 Capping support

位于立杆顶部，可在一定范围内调节支架高度并能和钢管支撑立杆连接成整体的部件，也称 U 型顶托。

2.1.15 步距（步） Step pitch

上下相邻水平杆轴线的距离。

2.1.16 跨距（跨） Span

沿水平杆方向，相邻立杆轴线间的距离。

2.1.17 抛撑 Skewed bracing

与支架外侧面斜交的杆件。

2.2 符 号

2.2.1 荷载和荷载效应 Load and load effect

S——结构作用效应组合的设计值；

M_o——在设计荷载作用下支架的倾覆力矩；

M_W——计算立杆段由风荷载设计值产生的弯矩；

M_{WK}——计算立杆段由风荷载标准值产生的弯矩；

N——计算立杆段的轴向力设计值；

N_g——上部模板支撑结构传至基础顶面的竖向力设计值

$\sum N_{GK}$——模板及支架自重、新浇混凝土自重与钢筋自重标准值产生的轴向力总和；

$\sum N_{QK}$——施工人员及施工设备荷载标准值、振捣混凝土时产生的荷载标准值产生的轴向力总和；

W_k——风荷载的标准值；

W_0——基本风压值；

R_S——支架立杆或其他受力杆件通过扣件连接所传递的最大轴向力的设计值；

P——立杆基础底面的平均压力；

n——一根立杆实际高度 H 范围内接头的数量；

$\triangle$——立杆竖向变形的总量；

$\triangle1$——立杆弹性压缩变形；

$\triangle2$——立杆接头处的非弹性变形；

$\triangle3$——立杆由于温度作用而产生的线弹性变形；

δ——每个立杆接头处的非弹性变形值。

2.2.2 材料性能与抗力 Material performance and resistance

R——结构抗力的设计值；

M_r——在设计荷载作用下支架的抗倾覆力矩；

f——钢材的抗压强度设计值；

R_c——扣件抗滑承载力的设计值；

f_g——地基承载力特征值；

$[\triangle]$——立杆允许的变形量；

E——弹性模量；

μ_z——风压高度变化系数；

μ_s——支架及模板系统风荷载体型系数。

2.2.3 几何参数 Geometric parameter

A——立杆截面面积；

A_g——立杆基础底面积；

H_0——支架计算高度；

h——步距；

a——支架立杆伸出顶层横向水平杆中心线至模板支撑点的长度；

i——立杆截面回转半径；

W——立杆截面抗弯模量；

H——立杆实际高度。

2.2.4 计算系数 Calculation coefficient

γ_0——结构的重要性系数；

Φ——轴心受压杆件的稳定系数；

λ——长细比；

α——立杆钢材的线膨胀系数。

3 设 计 计 算

3.1 一 般 规 定

3.1.1 模板支撑系统的设计应包括以下内容：

1 工程概况：工程名称、结构类型、施工面积、平面形状等；说明模板支撑系统的应用部位及所支撑的梁板结构断面尺寸、标高、层高等以及支架的地基及承载结构的情况。

2 设计方案：总体文字说明；支架结构图（平、立、剖）及计算简图；荷载计算；验算的计算书。

3 支撑系统各部位的构造设计和措施，并绘制包括垂直剪刀撑、水平剪刀撑或水平加强层和立杆顶端、底部节点、连墙件等重要构造详图。

4 结构施工流程，对上部混凝土浇捣的要求，架体搭设、使用和拆除方法等。

5 支撑系统搭设的质量要求、安全技术措施等。

3.1.2 模板支撑系统所用的钢管应符合现行国家标准《直缝电焊钢管》（GB/T 13793）和《低压流体输送用焊接钢管》（GB/T 3092）中规定的 Q235 普通钢管的要求，并应符合现行国家标准《碳素结构钢》（GB/T 700）中 Q235A 级钢的规定；扣件应采用铸钢制作，其材质应符合现行国家标准《钢管脚手架扣件》（GB 15831）的规定。

3.1.3 模板支撑系统应以概率理论为基础的极限状态设计方法进行设计计算，按下式计算：

$$\gamma_0 S \leqslant R \qquad\qquad (3.1.3)$$

式中 γ_0——结构的重要性系数，对作为临时结构的支撑系统应为 0.9；

S——结构作用效应组合的设计值，当计算支撑的强度、稳定性时应采用荷载效应基本组合的设计值；

R——结构抗力的设计值。

3.1.4 模板支撑系统应按工程特点、荷载大小、施工工艺和材料设备进行设计计算，计算应包含以下内容：

1 支架的整体稳定性计算和抗倾覆计算；

2 立杆的稳定计算；

3 连接件的承载力计算；

4 支撑系统地基或承载结构的承载力和沉降计算；

5 立杆竖向变形计算。

3.2 荷 载

3.2.1 模板支撑系统的荷载分为永久荷载和可变荷载。

1 永久荷载：模板与支架自重、需浇筑钢筋混凝土自重以及埋入钢筋混凝土内的各类附加重量等。

2 可变荷载：施工人员及所用设备重量，振捣混凝土时产生的荷载以及风荷载。

3.2.2 永久荷载、可变荷载的标准值

1 模板及支架自重的标准值应按模板和支架设计图纸确定；肋型或无梁楼板的模板自重标准值，可按表 3.2.2-1 采用。

表 3.2.2-1 楼板模板自重的标准值（kN/m²）

模板构件的名称	木模板	定型组合钢模板
无梁楼板的模板	0.30	0.50
楼板模板（包括有梁的模板）	0.50	0.75
楼板模板及其支架（楼层高度为 4m 以下）	0.75	1.10

2 钢筋混凝土构件自重的标准值：普通混凝土应取 25kN/m³，其他混凝土可根据实际的重度确定；钢筋应根据设计图纸确定，房屋建筑楼板应取 1.1kN/m³、梁应取 1.5kN/m³；型钢与混凝土组合结构自重标准值应根据设计图纸确定。

3 施工人员及设备荷载标准值：应取均布荷载，房屋建筑工程取 1.0kN/m²，高架桥梁工程取 1.5kN/m²；有大型浇筑设备的，按实际情况计算。

4 振捣混凝土时产生的垂直荷载标准值：取 2.0kN/m²。

5 风荷载标准值应按下列公式计算

$$W_k = \mu_z \cdot \mu_s \cdot W_0 \qquad (3.2.2)$$

式中　W_k——风荷载的标准值（kN/m²）；

μ_z——风压高度变化系数，按现行标准《建筑结构荷载规范》（GB 50009）规定采用；

μ_s——支架及模板系数风荷载体型系数，应按表 3.2.2-2 规定采用；

W_0——基本风压值（kN/m²），按现行国家标准《建筑结构荷载规范》（GB 50009）的规定采用，取重现期 $n=10$ 对应的风压值。

表 3.2.2-2　支架的风荷载体系系数 μ_s

背靠建筑物的状况		全封闭墙	敞开、框架和开洞墙
支架状况	全封闭、半封闭	$1.0\Phi_0$	$1.3\Phi_0$
	敞开		μ_{stw}

注：1. μ_{stw} 值可将支架视为桁架，按现行国家标准《建筑结构荷载规范》GB 50009 的规定计算；

　　2. Φ_0 为挡风系数：$\Phi_0 = 1.2\dfrac{An}{Aw}$，其中 An 为挡风面积；Aw 为迎风面积；当外围挂有密目式安全立网时，取 $\Phi_0 = 0.8$。

3.2.3　模板支撑系统的计算应符合表 3.2.3 的规定。

表 3.2.3　荷载效应组合

计　算　项　目	荷　载　效　应　组　合
支架整体稳定	永久荷载 ＋0.9 可变荷载 永久荷载＋振捣混凝土产生的垂直荷载＋风荷载
支架抗倾覆	模板及支架自重＋风荷载
立杆稳定	永久荷载 ＋0.9 可变荷载
立杆扣件连接	永久荷载＋振捣混凝土时产生的垂直荷载＋风荷载
支撑系统地基承载力和沉降立杆的竖向变形	永久荷载 ＋振捣混凝土时产生的垂直荷载 ＋风荷载
连墙件承载力	风荷载＋3.0kN
斜杆承载力	风荷载

3.2.4　计算支架整体稳定性和抗倾覆时，永久荷载的分项系数应取 1.2；可变荷载的分项系数应取 1.4，其他情况时应取 1.0。

3.3　支撑系统整体稳定计算

3.3.1　当支架高度大于等于 5m，且高宽比大于等于 2 时，支撑系统的设计应进行支架整体稳定计算和抗倾覆计算。

3.3.2　支架整体稳定计算应使用结构分析方法，计算在荷载效应组合和边界条件下最不利的支架轴向力，进行稳定验算。当满足本规程 4.1 节且设有水平加强层时，按 3.4.1 条规定验算；当支架在周围及中部设置连墙件，与建筑结构柱、墙、梁和板等进行刚性连接时，可不进行抗倾覆计算。

3.3.3 支架抗倾覆计算应按下式进行：

$$M_r \geqslant M_0 \qquad\qquad (3.3.3)$$

式中　M_r——在设计荷载作用下支架的抗倾覆力矩（kN・m）；

　　　M_0——在设计荷载作用下支架的倾覆力矩（kN・m）。

3.4　立　杆　稳　定　计　算

3.4.1 立杆的稳定计算按下式进行：

不考虑风荷载时，

$$\frac{N}{\Phi A} \leqslant f \qquad\qquad (3.4.1\text{-}1)$$

考虑风荷载时，

$$\frac{N}{\Phi A} + \frac{M_w}{W} \leqslant f \qquad\qquad (3.4.1\text{-}2)$$

式中　N——计算立杆段的轴向力设计值，应按本规程式（3.4.2）计算；

　　　Φ——轴心受压构件的稳定系数，应根据长细比 λ 按表 3.4.1 取值；

　　　λ——长细比，$\lambda = \dfrac{l_0}{i}$；

　　　l_0——计算长度，应按本规程 3.4.3 条的规定计算；

　　　i——立杆截面回转半径；

　　　A——立杆的截面面积；

　　　M_w——计算立杆段由风荷载设计值产生的弯矩，$M_w = 0.9 \times 1.4 M_{wk}$；

　　　M_{wk}——计算立杆段由风荷载标准值产生的弯矩，应按本规程式（3.2.2）计算；

　　　f——钢材的抗压强度设计值，应取 $f = 205 \text{N/mm}^2$；

　　　W——立杆截面抗弯模量（cm^3）。

表 3.4.1　轴心受压构件的稳定系数 Φ（Q235 钢）

λ	0	1	2	3	4	5	6	7	8	9
0	1.000	0.997	0.995	0.992	0.989	0.987	0.984	0.981	0.979	0.976
10	0.974	0.971	0.968	0.966	0.963	0.960	0.958	0.955	0.952	0.949
20	0.947	0.944	0.941	0.938	0.936	0.933	0.930	0.927	0.924	0.921
30	0.918	0.915	0.912	0.909	0.906	0.903	0.899	0.896	0.893	0.889
40	0.886	0.882	0.879	0.875	0.872	0.868	0.864	0.861	0.858	0.855
50	0.852	0.849	0.846	0.843	0.839	0.836	0.832	0.829	0.825	0.822
60	0.818	0.814	0.810	0.806	0.802	0.797	0.793	0.789	0.784	0.779
70	0.775	0.770	0.765	0.760	0.755	0.750	0.744	0.739	0.733	0.728
80	0.722	0.716	0.710	0.704	0.698	0.692	0.686	0.680	0.673	0.667
90	0.661	0.654	0.648	0.641	0.634	0.626	0.618	0.611	0.603	0.595

λ	0	1	2	3	4	5	6	7	8	9
100	0.588	0.580	0.573	0.566	0.558	0.551	0.544	0.537	0.530	0.523
110	0.516	0.509	0.502	0.496	0.489	0.483	0.476	0.470	0.464	0.458
120	0.452	0.446	0.440	0.434	0.428	0.423	0.417	0.412	0.406	0.401
130	0.396	0.391	0.386	0.381	0.376	0.371	0.367	0.362	0.357	0.353
140	0.349	0.344	0.340	0.336	0.332	0.328	0.324	0.320	0.316	0.312
150	0.308	0.305	0.301	0.298	0.294	0.291	0.287	0.284	0.281	0.277
160	0.274	0.271	0.268	0.265	0.262	0.259	0.256	0.253	0.251	0.248
170	0.245	0.243	0.240	0.237	0.235	0.232	0.230	0.227	0.225	0.223
180	0.220	0.218	0.216	0.214	0.211	0.209	0.207	0.205	0.203	0.201
190	0.199	0.197	0.195	0.193	0.191	0.189	0.188	0.186	0.184	0.182

注：当 $\lambda > 250$ 时，$\Phi = \dfrac{7320}{\lambda^2}$。

3.4.2 立杆的轴向力设计值 N，应按下列公式计算

不组合风荷载时，

$$N = 1.2 \sum N_{GK} + 1.4 \sum N_{QK} \qquad (3.4.2\text{-}1)$$

组合风荷载时，

$$N = 1.2 \sum N_{GK} + 0.9 \times 1.4 \sum N_{QK} \qquad (3.4.2\text{-}2)$$

式中　$\sum N_{GK}$——模板及支架自重、新浇混凝土自重与钢筋自重标准值产生的轴向力总和；

$\sum N_{QK}$——施工人员及施工设备荷载标准值、振捣混凝土时产生的荷载标准值轴向力总和。

3.4.3 立杆的计算长度 l_0 应按下式计算：

$$l_0 = k_1 \cdot k_2 (h + 2a) \qquad (3.4.3)$$

式中　k_1——计算长度附加系数，应按表 3.4.3-1 采用；

k_2——考虑支架整体稳定因素的单根立杆计算长度附加系数，应按表 3.4.3-2 采用。

表 3.4.3-1　单根立杆计算长度附加系数 k_1

步距 h（m）	$h \leqslant 0.9$	$0.9 < h \leqslant 1.2$	$1.2 < h \leqslant 1.5$	$1.5 < h \leqslant 1.8$
k_1	1.243	1.185	1.167	1.163

表 3.4.3-2　立杆计算长度附加系数 k_2

$\dfrac{H_0（\text{m}）}{h+2a}$	4	6	8	10	12	14	16	18	20	25	30	35*
1.35	1.0	1.014	1.026	1.039	1.042	1.054	1.061	1.081	1.092	1.113	1.137	1.155
1.44	1.0	1.012	1.022	1.031	1.039	1.047	1.056	1.064	1.072	1.092	1.111	1.129
1.53	1.0	1.007	1.015	1.024	1.031	1.039	1.047	1.055	1.062	1.079	1.097	1.114

H_0（m） $h+2a$	4	6	8	10	12	14	16	18	20	25	30	35*
1.62	1.0	1.007	1.014	1.021	1.029	1.036	1.043	1.051	1.056	1.074	1.090	1.106
1.80	1.0	1.007	1.014	1.020	1.026	1.033	1.040	1.046	1.052	1.067	1.081	1.096
*1.92	1.0	1.007	1.012	1.018	1.024	1.030	1.035	1.042	1.048	1.062	1.076	1.090

注：1. * 该项数值仅为计算 l_0 时采用；

2. h——步距，取 $h \leqslant 1800$mm；

3. a——支架立杆伸出封顶杆（水平杆）中心线至模板支撑点的长度。当立杆设顶托时，a 按实际高度取值；当立杆不设顶托时或顶托高度 $\leqslant 200$mm，取 $a=200$mm；

4. H_0——支架计算高度，即立杆支座面至顶部承力支撑点之间的竖向距离。

3.5 连接件承载力计算

3.5.1 支撑系统的钢管杆件采用扣件连接时，其扣件的抗滑承载力应按下列公式计算：

$$R_s \leqslant R_c \qquad (3.5.1)$$

式中 R_s——支架立杆或其他受力杆件通过扣件连接所传递的最大轴向力的设计值；

R_c——扣件抗滑承载力的设计值；直角、旋转扣件取 8.0kN；采用双扣件时取 12kN。

3.5.2 支撑系统的连墙件杆件的强度、稳定性和连接强度应按现行国家标准《冷弯薄壁型钢结构技术规范》（GB 50018）、《钢结构设计规范》（GB 50017）、《混凝土结构设计规范》（GB 50010）等的规定计算。

1 连墙件的轴向力设计值应按下式计算

$$N_L = N_{LW} + N_0 \qquad (3.5.2)$$

式中 N_L——连墙件轴向力设计值（kN）；

N_{LW}——风荷载产生的连墙件轴向力设计值，$N_{LW} = 1.4 W_k \cdot A_w$；

A_w——每个连墙件的覆盖面积内支架外侧面的迎风面积；

N_0——连墙件约束支架平面外变形所产生的轴向力，取 3kN。

2 连墙件的连接扣件按本规程第 3.5.1 条规定验算扣件抗滑承载力。

3 连墙件及其预埋件螺栓、焊缝的设计承载力应大于扣件抗滑承载力。

3.6 支撑系统地基承载力与沉降计算

3.6.1 立杆底端地基的平均压力应按下式进行计算

$$P \leqslant K_C \cdot f_g \qquad (3.6.1)$$

式中 P——立杆底垫板面的平均压力，$P = \dfrac{N_g}{A_g}$；

N_g——上部模板支撑结构传至垫板顶面的竖向力设计值；

A_g——立杆垫板底面积；

K_C——支撑下部地基承载力调整系数，按表 3.6.1 取值；

f_g——地基承载力特征值。应按现行国家标准《建筑地基基础设计规范》（GB 50007）的规定采用。

表 3.6.1　地基承载力调整系数 K_C

地基	碎石土	砂土	回填土	黏土	混凝土
K_C	0.8	0.8	0.4	0.9	1.0

注：1. 立杆基础应有良好的排水措施，安置立杆垫板前应适当洒水将原土表面夯实夯平；

　　2. 当下部地基为回填土时，支撑系统搭设前，地基应夯实或预压。

3.6.2　支撑系统上部建筑结构形成中对沉降有明确限值要求时，应验算支撑系统地基沉降量；当验算结果不满足时，应采取减少沉降量的措施。

3.6.3　模板支撑立杆的地基为建筑楼面结构时，应对楼面结构的承载力进行验算。

3.7　立杆竖向变形计算

3.7.1　立杆的竖向变形按下式进行计算

$$\triangle = \triangle1 + \triangle2 + \triangle3 \leqslant [\triangle] \qquad (3.7.1)$$

式中　$\triangle$——立杆竖向变形的总量；

　　　　$\triangle1$——立杆弹性压缩变形，$\triangle1 = \dfrac{N_k H}{EA}$

　　　　N_k——支撑系统永久荷载，可变荷载标准值产生的轴向力之和，$N_k = \sum N_{GK} + \sum N_{QK}$；

　　　　H——立杆实际高度；

　　　　E——立杆钢材的弹性模量；

　　　　A——立杆截面面积；

　　　　$\triangle2$——立杆接头处的非弹性变形；$\triangle2 = n \cdot \delta$

　　　　n——单根立杆在实际高度 H 范围内接头的数量；

　　　　δ——每个立杆接头处的非弹性变形值，$\delta = 0.5mm$，

　　　　$\triangle3$——立杆由于温度作用而产生的线弹性变形，$\triangle3 = H \cdot \alpha \cdot \triangle t$；

　　　　α——立杆钢材的线膨胀系数；$\alpha = 1.2 \times 10^{-5}$（以每℃计）；

　　　　$\triangle t$——钢管的计算温差（℃）；

　　　　$[\triangle]$——立杆允许的变形量；可取 $\leqslant H/1000$。

3.7.2　计算的立杆竖向变形总量超过 10mm，应在设计支撑高度上有预留量，计算时予以调整，支架搭设后应做预压。

4　构　造　要　求

4.1　一　般　要　求

4.1.1　立杆纵横向水平间距不应大于 1200mm，底端应设有垫板或底支座。

4.1.2　水平杆步距不应大于 1800mm，每步均应纵、横向设置并采用直角扣件与立杆连接。

4.1.3　水平剪刀撑应在水平面上与纵横向水平杆形成 45°～60°夹角，并与立杆用旋转扣

件相连接，不能与立杆连接时，应在靠近立杆节点处与水平杆连接。水平剪刀撑设置还应符合以下规定：

1 单榀水平剪刀撑宽度不应大于6m。

2 同一平面应满设水平剪刀撑。

3 水平剪刀撑应延伸至排架最外侧立杆。

4.1.4 垂直剪刀撑应在垂直面上和立杆形成45°～60°夹角，并与立杆用旋转扣件相连接。垂直剪刀撑设置还应符合以下规定：

1 单榀垂直剪刀撑宽度应不大于6m。

2 同一立面应满设垂直剪刀撑。

3 垂直剪刀撑水平间距不应大于6m。

4 垂直剪刀撑底部应延伸至支撑基础面，顶部应延伸至支架最顶层水平杆。

5 支架周边应设置垂直剪刀撑并形成封闭；支架中部还应设置纵横向垂直剪刀撑，有连墙件部位侧可不设垂直剪刀撑。

4.1.5 支架周边有主体结构时，应设置连墙件，连墙件必须采用可承受拉力和压力的构造，应靠近节点设置，偏离不应大于300mm，垂直间距应不大于2步，水平间距应不大于3跨。

4.1.6 垫板是立杆底端或底支座与支撑基础之间的承载件。垫板长度应大于1.2倍立杆的跨距。

4.1.7 杆件搭接接长时，搭接长度应大于1m，搭接扣件数量不得少于2个，且扣件的间距应为450mm～800mm，扣件盖板边缘距离杆件端部不得小于100mm。同一根立杆搭接的接头不得超过一个，同一步内的相邻立杆不得同时搭接。同一步内立杆搭接点不得大于全数的50%，同一跨内的杆件搭接点不得大于全数的30%。

4.1.8 高低跨支架的支撑设置应符合以下规定：

1 立杆：距离高跨边应大于等于200mm；距离低跨边应大于等于100mm。

2 水平杆：必须延伸不少于两跨，用扣件与立杆固定。

4.1.9 支架中门洞、通道等临时设施构造的设置应符合《建筑施工扣件式钢管脚手架安全技术规范》（JGJ 130）规定。

4.2 支撑高度不大于5m的构造要求

4.2.1 钢管扣件式模板垂直支撑系统除满足4.1条外，最大竖向荷载标准值不大于10kN/m² 时，可通过计算进行组合搭设。

4.2.2 支架下端应设纵横向扫地杆，扫地杆应紧靠底支座，距离支承面不大于200mm。

4.2.3 支架上端与上部的模板系统应连接牢固。

4.2.4 支架上端应设封顶杆，其位置应接近立杆顶端。

4.2.5 立杆的接长方式以对接为主。对接扣件与支架节点扣件的中心距不得大于支架步距的三分之一，且离最近的支架主节点扣件不得大于300mm。其四周相邻的立杆接头不应设置在同一步内，同步内隔一根立杆的两个相隔接头在高度方向应错开500mm以上。

4.2.6 剪刀撑杆件的接长方式应采用搭接，严禁对接。其搭接长度应不小于1m，杆件应连续设置。剪刀撑与支架杆件连接还应符合以下规定：

1 与立杆相交的剪刀撑两端部均应与立杆用扣件连接。

2 跨越立杆根数小于等于 4 根时，应全数与立杆用扣件连接。

3 跨越立杆根数大于 4 根时，与立杆的连接点应大于等于 4，并不少于相交立杆总数的 50%。

4.2.7 同一位置中的支承立杆应连续，严禁将上段与下段立杆错开或分别与水平杆连接。

4.2.8 结构中的梁下支撑，应按设计要求与支架立杆同步搭设。梁侧边的立杆与梁净距宜为 300mm～350mm。

4.2.9 扣件与钢管的接触面应贴合紧密，双扣件承载方式的，应在设计图中详细标明。

4.3 支撑高度大于 5m 的构造要求

4.3.1 钢管扣件式垂直支撑系统除满足 4.1 和 4.2 节相关要求外，施工总荷载不大于 10kN/m² 时，还应符合下列要求：

1 承载支撑系统的平面与浇筑平面构件之间的最大支撑高度不应大于 30m；

2 按浇筑平面构件和模板工程支撑系统全部的永久荷载、可变荷载及支撑系统各层纵横向水平杆之间的高度，应通过计算来确定立杆的纵横向间距。

4.3.2 支架应设置水平加强层，并符合以下规定：

1 当支撑高度不大于 20m，且上部的施工总荷载不大于 15kN/m² 时，至少每三步应设置一个水平加强层。

2 当支撑高度不大于 20m，且上部的施工总荷载大于 15kN/m² 时，至少每二步应设置一个水平加强层。

3 当支撑高度大于 20m 小于等于 30m，且上部的施工总荷载小于 10kN/m² 时，至少每三步应设置一个水平加强层。

4 当支撑高度大于 20m 小于等于 30m，且上部的施工总荷载大于 10kN/m² 时，至少每二步应设置一个水平加强层。

4.3.3 双立杆应符合以下构造要求：

1 每步高度内相邻立杆的接头应错开设置；

2 立杆的接头至主节点的距离不应大于步距的三分之一；

3 立杆接头应采用对接扣件，且上、下各加一个旋转扣件。

4.3.4 梁底支撑立杆，其顺梁方向应与周边板下立杆成模数设置，并通过水平杆与相邻支撑立杆连成整体。

4.3.5 当整体稳定或抗倾覆不满足本规程 3.3.3 条要求时，应按设计要求在支架四周设置连墙件或抛撑等构造措施。

5 施 工

5.1 施 工 准 备

5.1.1 施工钢管扣件式模板支撑系统应编制专项施工方案，施工专项方案应履行规定的审核、审批手续。

5.1.2 操作人员必须经过专业技术培训及专业考试合格，持证上岗。

5.1.3 进入现场的钢管、扣件等配件应进行验收，并有质量合格证、质检报告等证明材料。

5.1.4 施工现场应建立钢管、扣件使用台账，详细记录钢管、扣件的来源、数量和质量检验情况。

5.1.5 按照支撑系统专项施工方案，必须对地基进行平整、夯实，并设置排水措施，必要时也可采取预压等措施；支撑系统范围内的地基承载力应满足设计要求。

5.1.6 模板支撑系统的搭设及拆除应设置安全警戒区域。

5.2 搭 设

5.2.1 模板支架搭设前，应进行安全技术交底。交底的内容应与模板支架专项施工方案一致，安全技术交底应形成书面记录，交底各方人员应在交底文件上签字确认。

5.2.2 底座、垫板均应准确地放在定位线上。采用木垫板的厚度应不小于50mm、宽度不小于150mm；采用槽钢垫板的，规格应不小于10号。

5.2.3 模板支撑系统的立杆间距应按施工方案进行设置，先在支承面放线，确定立杆位置，将立杆与水平杆用扣件连接成第一步支架，完成一步搭设后，应对立杆的垂直度进行校正，然后搭设扫地杆并再次对立杆的垂直度进行校正，逐步搭设支架，每搭设一层纵向、横向水平杆时，应对立杆进行垂直校正，支架的水平杆位置必须按施工方案的要求设置，搭设应顺序、按步进行，不得错步搭设。

5.2.4 立杆接长应满足支撑高度的最少节点原则。支撑立杆接长后仍不能满足所需高度时可以在立杆上部采用扣件搭接接长，用于调节立杆顶部标高。搭接长度不应小于1m，应采用不少于2个旋转扣件固定。

5.2.5 垂直、水平剪刀撑应符合下列规定：

1 应与立杆、水平杆同步搭设；

2 应紧贴立杆（水平杆）；

3 杆件的接长方式应采用搭接；

4 杆件应采用旋转扣件固定在与之相交的立杆或横向水平杆上，旋转扣件中心线至主节点的距离不宜大于150mm。

5.2.6 扣件规格必须与钢管外径相匹配；在主节点处固定横向水平杆、纵向水平杆、剪刀撑等用的直角扣件、旋转扣件的中心点的相互距离应不大于150mm；对接扣件开口应朝上或朝内；各杆件端头伸出扣件盖板边缘的长度应不小于100mm。扣件螺栓应采用扭力扳手拧紧，拧紧力矩应为40N·m～65N·m。

5.2.7 连墙件应按设计要求设置。搭设时必须与支撑架体同步连接。

5.3 使 用

5.3.1 在模板支撑系统搭设后至拆除的使用过程中，立杆底部不得松动，不得拆除杆件，不得松动扣件，不得用作起重缆风的拉结。

5.3.2 支架搭设在土体上时，地基周边应做好排水措施。搭设范围内不应有其他施工开挖活动。当地基承载力不满足时，应按设计要求进行加固。

5.3.3 严格控制模板支撑系统的施工总荷载，模板、钢筋及其他材料等施工荷载应均匀放置，不得超过设计荷载，在施工中应有专人监控。

5.3.4 混凝土浇筑时应均匀铺摊，不得集中堆置。

5.3.5 在混凝土浇筑过程中应有专人对模板支撑系统进行监护，发现有松动、变形等情况时应立即报告施工负责人，停止浇筑，采取加固措施。必要时，应采取迅速撤离人员等应急措施。

5.3.6 在模板支架上进行电、气焊作业时，必须有防火措施和专人监护。

5.4 拆 除

5.4.1 模板支架拆除前应对拆除人员进行安全技术交底，并做好交底书面手续。

5.4.2 混凝土强度符合表5.4.2规定的，方可拆除模板支撑系统。

表 5.4.2 支撑拆除时的混凝土强度要求

结构类型	结构跨度（m）	按设计的混凝土标准值的百分率计（%）
板	≤2	≥50
	>2，≤8	≥75
	>8	≥100
梁、拱、壳	≤8	≥75
	>8	≥100
悬臂构件		≥100

5.4.3 模板支撑系统拆除，应由专业操作人员作业，由专人进行监护，在拆除区域周边设置围栏和警戒标志，由专人看管，严禁非操作人员入内。

5.4.4 模板支撑系统的拆除作业应符合下列规定：

1 按照先支的后拆原则，自上而下逐层进行，严禁上下层同时进行拆除作业。

2 拆除顺序依次为次承重模板、主承重模板、支撑架体。同一层的构配件和加固件应按先上后下、先外后里的顺序拆除。

3 拆除大跨度梁下支柱时，应先从跨中开始，分别向两端拆除。

4 水平杆和剪刀撑，必须在支架立杆拆卸到相应的位置时方可拆除。

5 设有连墙件的模板支撑系统，连墙件必须随支架逐步拆除，严禁先将连墙件全部或数步拆除后再拆支架。

6 在拆除过程中，支架的自由悬空高度不得超过两步。当自由悬空高度超过两步时，应加设临时拉结。

5.4.5 支架拆除时，严禁超过两人在同一垂直平面上操作。严禁将拆卸的杆件、零配件向地面抛掷。

5.4.6 对后张法预应力混凝土结构构件，侧模板应在预应力张拉前拆除；底模支架应在结构构件建立预应力后拆除。

5.4.7 混凝土后浇带未施工前，支撑不得拆除。

5.4.8 当有多层混凝土结构，在上层混凝土未浇筑时，除经验证支承面已有足够的承载能力外，严禁拆除下一层的模板支撑系统。

6 检 验 和 验 收

6.1 构配件检查与验收

6.1.1 钢管验收应符合下列规定：

1 应有产品质量合格证；

2 应有质量检验报告，钢管材质检验方法应符合现行国家标准《金属拉伸试验方法》（GB/T 228）有关规定，质量应符合《碳素结构钢》（GB/T 700）中 Q235A 钢材的规定，且壁厚不得小于设计计算值；

3 钢管表面应平直光滑、壁厚均匀，有防锈处理，不应有裂缝、结疤、分层、错位、硬弯、电焊结疤、毛刺、压痕和深的划道，严禁使用有打孔、洞的钢管；

4 钢管外径偏差不得大于 0.5mm；壁厚不得小于公称尺寸的 90%；端面等斜切偏差不得大于 1.5mm；表面锈蚀深度不得大于 0.5mm；

5 钢管弯曲形变不得大于 3‰，且全长不得大于 20mm；

6 钢管使用前应对其壁厚进行抽检，抽检比例不低于 30%，对于壁厚减小量超过 10% 的应予以报废，不合格比例大于 30% 的，应扩大抽检比例；不合格比例大于 50% 的，应 100% 检验。

6.1.2 扣件应符合下列规定：

1 应符合《钢管脚手架扣件》（GB 15831）中的有关规定；

2 有生产许可证、产品质量合格证；

3 应按《钢管脚手架扣件》（GB 15831）的规定抽样检测；

4 不得有裂纹、变形，螺纹不得滑丝；

5 应有防锈处理。

6.2 模板支架的验收

6.2.1 模板支架验收应根据专项施工方案，检查现场实际搭设情况与方案的符合性。

6.2.2 安装后的扣件螺栓拧紧力矩应采用扭力扳手检查，扣件螺栓拧紧扭力矩应为 40N·m～65N·m；抽样方法应按随机分布原则进行。

6.2.3 符合以下条件的扣件螺栓拧紧扭力矩应全数检查：

1 对高度超过 8m，或跨度超过 18m，或施工总荷载大于 10kN/m²，或集中线荷载大于 15kN/m 的模板支架，梁底水平杆与立杆连接扣件；

2 采用双扣件方式承载抗滑力的扣件。

6.2.4 拧紧扭力矩未达到要求的扣件必须重新拧紧，直至符合要求。

6.2.5 模板支架验收后应形成记录。

6.2.6 模板支架应按以下分阶段进行检查验收，验收合格的方可浇筑混凝土：

1 地基基础完工后支架搭设之前，应对支承底面检查；

2 支架搭设后，模板未装设前，应对支架杆件设置、扣件紧固、连墙件连接和剪刀撑等进行检查；

    3 模板支架完成后、浇筑混凝土之前，应对模板支架进行全面检查验收。

6.2.7 检查验收的主要项目、技术要求和检查方法等均应符合表6.2.7的要求。

表6.2.7 模板支撑安装质量检验项目、要求和方法

序号	项 目		技 术 要 求	检查方法	备 注
1	钢管、扣件的质量证明材料		须有检测报告和产品质量合格证等质量证明材料	检查	扣件须提供生产许可证
2	专项施工方案		须有审批手续	检查	—
3	地基基础	承载能力	复核设计要求	检查	对支撑基础须有隐蔽工程验收记录
4		排水性能	排水性能良好	观察	—
5		底座或垫块	无晃动、滑动	观察	—
6	立杆		垂直度≤3‰；底端与垫板或基础面不得有空隙或松动	用经纬仪或垂直线和钢尺，观察检查	—
7	杆件间距	步高	±50mm	钢卷尺测量	—
8		纵距	±50mm	钢卷尺测量	—
9		横距	±50mm	钢卷尺测量	—
10	水平加强层		按设计规定的间距和要求设置	钢卷尺测量	—
11	垂直、水平剪刀撑		按设计规定的间距和要求设置	钢卷尺测量	—
12	扣件拧紧力矩		安装扣件数量　抽检数　允许不合格数 51～90　　5　　0 91～150　　8　　1 151～280　　13　　1 281～500　　20　　2 501～1200　　32　　3 1201～3200　　50　　5	力矩扳手	对梁底及双扣件应全数检验
13	钢管壁厚		按30%比例抽检，壁厚小于3.0时为不合格	≤10%	卡尺或超声波测厚仪	不合格比例大于30%的应扩大抽检比例；不合格比例大于50%的，应100%检验

7 安 全 管 理

7.0.1 模板支撑系统的专项施工方案必须经单位技术负责人批准后方可实施。

7.0.2 支架搭设必须严格按照专项施工方案的要求，设计变更必须通过技术负责人确认。

7.0.3 搭设时必须对支撑基础的承载能力进行复核。

7.0.4 搭设高度 2m 以上的支撑架体，应设置作业人员登高措施，作业面应按有关规定设置安全防护设施。

7.0.5 模板支架投入使用前，应组织验收，验收合格后方能投入使用。

7.0.6 搭设高度 8m 及以上；跨度 18m 及以上；施工总荷载 15kN 及以上；集中线荷载 20kN 及以上的模板支撑系统，应当组织专家对专项方案进行论证。施工时应当严格遵照实施，不得随意变更。

附录 A 支撑系统构造图例

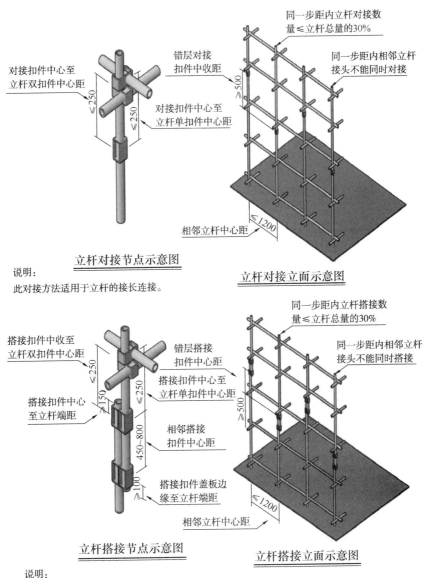

立杆对接节点示意图

说明：
此对接方法适用于立杆的接长连接。

立杆对接立面示意图

立杆搭接节点示意图

立杆搭接立面示意图

说明：
此搭接方法适用于立杆高度的调节连接。

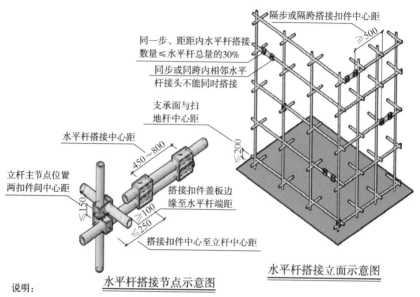

隔步或隔跨搭接扣件中心距
≥500

同一步、距距内水平杆搭接
数量≤水平杆总量的30%

同步或同跨内相邻水平
杆接头不能同时搭接

支承面与扫
地杆中心距
≤200

水平杆搭接中心距
450~800

立杆主节点位置
两扣件间中心距
≤150

搭接扣件盖板边
缘至水平杆端距
≥100

≤250

搭接扣件中心至立杆中心距

水平杆搭接节点示意图

说明:
此搭接方法适用于水平杆水平距离的调节连接。

水平杆搭接立面示意图

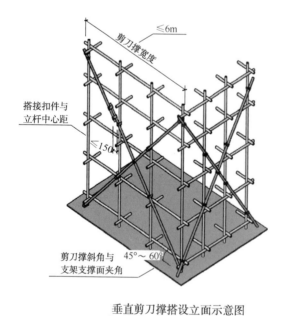

剪刀撑宽度
≤6m

搭接扣件与
立杆中心距
≤150

剪刀撑斜角与　45°~60°
支架支撑面夹角

垂直剪刀撑搭设立面示意图

说明:
1、单一立面须不间断连续设
置,相邻剪刀撑段相互连接。
2、每一垂直剪刀撑斜杆与支
架立杆搭接扣件数;跨越立杆
根数≥4时,与立杆扣件连接
点≥4,且≥50%相交立杆总
数;跨越立杆根数≤4时,与
立杆扣件须全数连接,与支架
水下杆搭接数量不限。
3、斜杆接长只允许搭接,不
可对接、搭接标准按支架立杆
搭接执行。

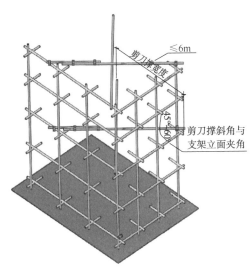

说明：
1、单一立面须不间断连续设置，相邻剪刀撑需相互连接。
2、每一水平剪刀撑斜杆与支架杆搭接扣件数；跨越立杆根数≥4时，与支架杆扣件连接点≤4，且≥50%相交立杆总数；跨越立杆根数≤4时，与支架杆须全数连接。
3、斜杆接长只允许搭接，不可对接。
4、水平剪刀撑设置条件：
a、支撑高度≤20m，且上部荷载不大于10~15kN/m²时，至少每三步设置一道水平加强层；
b、支撑高度≤20m，且上部荷载＞15kN/m。至少每二步设置一道水平加强层；
c、30m≥支撑高度＞20m，且上部荷载≤10kN/m²时，至少每三步设置一道水平加强层；
d、30m≥支撑高度＞20m，且上部荷载＞10kN/m²时，至少每二步设置一道水平加强层。

水平剪刀撑搭设立面示意图

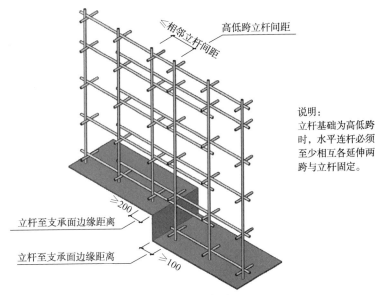

说明：
立杆基础为高低跨时，水平连杆必须至少相互各延伸两跨与立杆固定。

高低跨搭设立面示意图

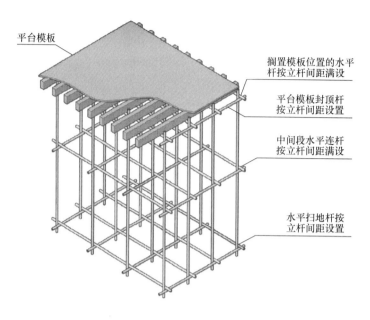

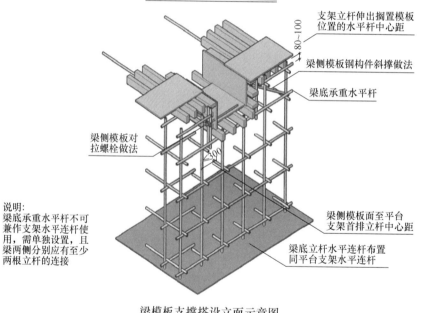

平台模板

搁置模板位置的水平
杆按立杆间距满设

平台模板封顶杆
按立杆间距设置

中间段水平连杆
按立杆间距满设

水平扫地杆按
立杆间距设置

平台模板支撑搭设示意图

支架立杆伸出搁置模板
位置的水平杆中心距

梁侧模板钢构件斜撑做法

梁底承重水平杆

梁侧模板对
拉螺栓做法

说明:
梁底承重水平杆不可
兼作支架水平连杆使
用,需单独设置,且
梁两侧分别应有至少
两根立杆的连接

梁侧模板面至平台
支架首排立杆中心距

梁底立杆水平连杆布置
同平台支架水平连杆

梁模板支撑搭设立面示意图

本规程用词说明

1 为便于在执行本规程条文时区别对待,对要求严格程度不同的用词说明如下:

  1) 表示很严格,非这样做不可的:

    正面词采用"必须",反面词采用"严禁"。

2）表示严格，在正常情况下均应这样做的：

正面词采用"应"，反面词采用"不应"或"不得"。

3）表示允许稍有选择，在条件许可时首先应这样做的：

正面词采用"宜"，反面词采用"不宜"。

表示有选择，在一定条件下可以这样做的，采用"可"。

2 条文中指明应按其他有关标准、规范执行的，写法为"应符合……的规定"或"应按……执行"。

引用标准名录

《钢结构设计规范》（GB 50017）《冷弯薄壁型钢结构技术规范》（GB 50018）《混凝土结构工程施工质量验收规范》（GB 50204）《直缝电焊钢管》（GB/T 13793）《低压流体输送用焊接钢管》（GB/T 3092）《碳素结构钢》（GB/T 700）《钢管脚手架扣件》（GB 5831）《建筑结构荷载规范》（GB 50009）《地基基础设计规程》（DGJ 08—11）《建筑施工扣件式钢管脚手架安全技术规程》（JGJ 130）《建筑施工模板安全技术规范》（JGJ 162）

上海市工程建设规范

钢管扣件式模板垂直支撑系统
安 全 技 术 规 程

DG/TJ 08—16—2011

条 文 说 明

目　　次

Contents

1 总 则

1.0.2 本规程适用于建设施工中的钢筋混凝土梁、楼板、高架道路等平面构件的模板支撑系统，该模板支撑系统由扣件、脚手钢管组合而成，适用高度为不大于30m。

模板支撑系统高度大于30m的，可参照本规程进行专项审核，审核合格后方可实施。

3 设 计 计 算

3.1 一 般 规 定

3.1.4 本条列出了模板支撑系统设计计算共有5个方面的内容，具体应按工程特点、荷载大小、施工规模进行必要的计算。

1 对于支撑高度≤5m的多、高层建筑的一般楼板结构，仅须做支撑立杆的稳定性等计算；若有成熟经验时，可直接应用有关的手册、图集。

2 对于支撑高度≥8m且支撑高度≥2倍支撑系统的水平投影宽度的高架道路、城市桥梁以及房屋建筑结构的模板支撑系统，必须进行整体稳定性计算；

3 支撑系统如有横向起支承、约束作用的连接杆件，则应按支撑系统所传递的荷载作相应的计算；

4 对于从地面支承的高架道路、城市桥梁的模板支撑，宜对地基承载力进行计算，必要时尚应验算软弱下卧层，计算地基沉降。

5 对于模板支撑高度较高的工程，宜做支撑立杆压缩变形计算。

3.2 荷 载

3.2.1 模板支撑系统的荷载分类参照现行国家标准《建筑结构荷载规范》（GB 50009）确定。永久荷载中如有预埋的支座、管道和型钢等部件也应计入重量。

3.2.2 可变荷载中的风荷载：

1 基本风压值按照现行国家标准《建筑结构荷载规范》的规定采用，考虑模板支撑使用期短，遇到强劲风的概率相对较小，故采用重现期 $n=10$ 年的基本风压值已属安全；

2 混凝土堆积高度超过100mm以上者按实际高度计算；

3 采用支架承载，使用布料机进行浇筑混凝土时，荷载标准值取4kN/m²；

4 风振对钢管扣件式支架影响很小，可忽略不计。

3.2.4 当验算支架的整体倾覆且对结构有利时，永久荷载的分项系数可取0.9。

3.3 支撑系统整体稳定计算

3.3.2～3.3.3 前一版本规范对支架整体稳定计算和抗倾覆计算提供了诱发荷载法的方

法。现规定，当满足本规范的构造措施后，可简化为单根立杆的稳定计算。当不满足本规程的构造措施时，应做支架整体稳定计算和抗倾覆计算。

3.4 立杆稳定计算

3.4.1～3.4.2 对于多、高层建筑的一般楼板结构模板的支撑，可按不考虑风荷载计算，其结果的误差较小。

3.4.3 计算长度附加系数：

1 计算长度附加系数 k_1，系考虑扣件节点嵌固性能对单根立杆计算长度的调整。参照《建筑施工扣件式钢管脚手架安全技术规程》（JGJ 130—2011）的立杆计算长度附加系数 k_1，给出表 3.4.3-1。

2 计算长度附加系数 k_2，系考虑支架整体稳定因素对单根立杆计算长度的调整。k_2 值与支架高度、步距有关，并对立杆伸出顶层长度 a 相应有所限制。按住房和城乡建设部《编制建筑施工脚手架安全技术标准统一规定》按概率极限状态设计法要求，安全系数 $\geqslant$ 2，从搭设高度系数转化而来（$[H]$ 为搭设高度），给出了表 3.4.3-2。

式（3.4.3）借鉴英国规范，计算较简便，适合于接近钢架几何不可变的杆系结构，而扣件式钢管支架为半刚性节点并非几何不可变，过去相关试验不多，现《建筑施工扣件式钢管脚手架安全技术规程》（JGJ 130—2011）条文说明 5.4.1～5.4.6 中给出了 2008 年中国建筑科学研究院的 15 项钢管扣件式支架试验结果，刚性节点模型的承载力为半刚性节点模型的 1.35 倍。故在比较了与本规程相似的其附表 C—3μ_1 值，在此基础上确定 k_2 值。

3.6 支撑系统地基承载力与沉降计算

3.6.1 地基承载力调整系数参照了原规程和《建筑施工模板安全技术规程》（JGJ 162—2008）中的条文。

3.6.2 基础预压方法应参照《钢管满堂支架预压技术规程》（JGJ/T 194—2009）中的条文。

3.7 立杆竖向变形计算

3.7.1 立杆竖向变形计算中包括了弹性压缩变形和非弹性压缩变形。

4 构 造 要 求

4.1 一 般 要 求

4.1.4 当周边有固定结构可采用连墙件等形式与支架相连的，此侧面的支架周边可不设竖向剪刀撑。

4.1.6 底部垫板应能与立杆共同承力并适当增大承力面积及微调支撑高度。

4.1.9 门洞、通道等构造，还应符合以下要求：

1 上部应架设专用横梁，横梁结构应经过设计计算确定；

2 横梁下的立杆应加密，并应与架体连接牢固，且两侧应加设八字斜撑；

3 通道宽度应小于或等于 4.8m；

4 门洞及通道顶部必须采用木板或其他硬质材料全封闭，两侧应设置安全网；

5 通行机动车的洞口，必须设置防撞击设施。

4.2 支架高度不大于 5m 的构造要求

4.2.1 最大竖向荷载标准值为作用在支架上的全部竖向荷载之和。当最大竖向荷载标准值大于 $10kN/m^2$ 时，除计算可进行组合搭设外，还应设置一道水平加强层。

4.2.3 支架与模板应无间隙接触，使支撑系统能均匀受力。

4.2.7 规定了支架受力的传递路径。

4.3 支撑高度大于 5m 的构造要求

4.3.1 规定了钢管扣件式支撑系统搭设的高度上限和取值标准；最大支撑高度系指承载支撑系统的平面与浇筑平面构件之间的最大垂直距离。

4.3.4 梁底支撑立杆的等间距设置，可以使梁底支撑均匀受力；与相邻支撑连成整体，可以增加梁底支撑与周边支架的整体稳定。

4.3.5 当支架计算整体稳定或抗倾覆不满足要求时，支架四周如有已建建筑，需设置连墙件，如支架四周无已建建筑，可增设剪刀撑、抛撑等构造措施。

5 施 工

5.1 施 工 准 备

5.1.1 模板支架专项施工方案应包括如下内容：

1 工程概况；

2 编制依据；

3 设计计算支撑系统强度、刚度和稳定性（包括扣件抗滑移、地基或楼板承载力验算）；

4 施工搭设要点，支撑材料的选用、规格尺寸及接头方法、剪刀撑等构造措施；

5 模板支架搭设平面、立面布置图、剖面图和节点图；

6 混凝土浇捣程序及方法、模板支撑的安装拆除顺序以及其他安全技术措施；

7 模板支架验收。

8 应急预案

5.1.3～5.1.4 规定了对钢管、扣件材料、规格、品质、性能进行验收的要求。

5.1.5 规定了模板支架地基与基础施工的质量要求。

5.2 搭　　设

5.2.1 安全技术的重点内容为搭设参数、构造措施和安全注意事项。

5.2.2 本条规定的技术要求有利于支架立杆受力，防止产生不均匀沉降。当立杆设置在有足够承载能力的混凝土等基面上时，也可不设垫板或减小垫板规格。

5.2.3 规定了搭设的基本操作顺序。

5.2.4～5.2.6 规定了搭设的细部构造要求。

5.3 使　　用

5.3.1 模板支撑应牢靠，否则易造成模板移位、变形、倾覆等安全事故；与脚手架连接搭接将存在安全隐患。

5.3.5 浇筑混凝土时，由于泵送混凝土的流动堆载量、振捣等动力影响和人为操作的不确定因素，施工中设专人对模板使用情况监控，以便发生异常情况时能及时得到妥善处理。

5.4 拆　　除

5.4.2 规定了底模及其支架拆除时的混凝土强度的要求，并提供表格便于查阅。拆模时的混凝土强度，可参照与结构同条件养护混凝土试件的强度值。

5.4.4 规定了模板支架拆除的顺序及其技术要求，有利于在拆除中保证模板支架的整体稳定性。

5.4.6 预应力结构应严格保证在混凝土产生自重挠度前进行预应力张拉，避免造成预应力张拉值的损失或未张拉混凝土就已产生裂缝，致使结构产生隐患。

5.4.8 本条专门针对多层模板支撑体系的模板支撑拆除做出了规定。

6　检验和验收

6.1　构配件检查与验收

规定了支架系统使用的钢管、扣件的基本验收要求。

6.2　模板支架的验收

提供了模板支架的验收次数、顺序、部位和项目的方法，判断合格的技术条件。